UMWELTGUTACHTEN 1996

Erschienen im April 1996
Preis: DM 68,—
ISBN 3-8246-0545-7
Bestellnummer: 7 800 205-96 902
Druck: Bonner Universitäts-Buchdruckerei, Bonn

Der Rat von Sachverständigen
für Umweltfragen

UMWELTGUTACHTEN
1996

Februar 1996

VERLAG METZLER-POESCHEL STUTTGART

Die Erstellung auch dieses Gutachtens wäre ohne die unermüdliche Arbeit der Mitarbeiterinnen und Mitarbeiter in der Geschäftsstelle sowie bei den Ratsmitgliedern nicht möglich gewesen.

Zum wissenschaftlichen Stab des Umweltrates gehörten während der Arbeiten an diesem Gutachten: DirProf Dr. Hubert Wiggering (Generalsekretär), Dipl.-Volksw. Lutz Eichler (Stellvertretender Geschäftsführer), Dr. Helga Dieffenbach-Fries, Dipl.-Theol. Stefan Feldhaus (München), Dipl.-Ing. agr. Volker Hilmer (Greifswald), Dr. László Kacsóh, Dipl.-Volksw. Bettina Mankel, Dipl.-Ing. agr. Dorte Meyer-Marquart, Dr. Sabine Monnerjahn, Dr. Rudolf Neuroth, Dipl.-Kfm. Sven Rutkowsky (Münster), Dr. Armin Sandhövel, Ass. jur. Stephan Schilde, RA Christoph Schmihing (Frankfurt), Dr. Markus Vogt, M.A. (München). Beratend wirkte Dr. Burkhard Huckestein vom Umweltbundesamt zeitweise bei der Erarbeitung des Kapitels „Umweltgerechte Finanzreform" mit.

Zum Stab der nichtwissenschaftlichen Mitarbeiterinnen und Mitarbeiter gehörten: Nicola Albus, Dipl.-Sek. Klara Bastian, Dipl.-Bibl. Ursula Belusa, Dipl.-Geogr. Georgia Born, Christine Disterheft, Annelie Gottlieb, Luzia Kleschies, Martina Lilla, M.A., Barbara Saß, Dipl.-Verwaltungsw. Jutta Schindehütte, Dagmar Schlinke.

Anschrift: Geschäftsstelle des Rates von Sachverständigen für Umweltfragen, Postfach 55 28, 65180 Wiesbaden, Tel.: (06 11) 75 42 10, Telefax: (06 11) 73 12 69

Der Umweltrat dankt den Vertretern der Ministerien des Bundes, insbesondere dem Ministerium für Umwelt, Naturschutz und Reaktorsicherheit, dem Ministerium für Wirtschaft, dem Ministerium für Ernährung, Landwirtschaft und Forsten, dem Ministerium für Raumordnung, Bauwesen und Städtebau und dem Ministerium für Verkehr sowie der Leitung und den Mitarbeitern des Umweltbundesamtes, des Bundesamtes für Naturschutz und des Statistischen Bundesamtes, ebenso wie allen Personen und Institutionen, die den Umweltrat bei der Erarbeitung des Gutachtens unterstützt haben.

Des weiteren dankt der Umweltrat den externen Gutachtern für die Zuarbeit zu diesem Sondergutachten. Im einzelnen flossen folgende Gutachten und Stellungnahmen als Ausarbeitungen in das Gutachten ein:

Dipl.-Soz. G. Jochum (Münchner Projektgruppe für Sozialforschung, München): Zur Rezeption des Leitbildes dauerhaft-umweltgerechte Entwicklung.

Prof. Dr. F. Hengsbach und Mitarbeiter (Oswald von Nell-Breuning-Institut für Wirtschafts- und Gesellschaftsethik, Frankfurt): Die Rolle der Umweltverbände in den demokratischen und ethischen Lernprozessen der Gesellschaft.

Dr. O. Hohmeyer und Mitarbeiter (Zentrum für Europäische Wirtschaftsforschung, Mannheim): Umweltauswirkungen einer ökologischen Steuerreform.

Dipl.-Volksw. B. Hillebrand (Rheinisch-Westfälisches Institut für Wirtschaftsforschung, Essen): Progressive Besteuerung von Energie – nationaler Alleingang oder international abgestimmte Lösung.

Dipl.-Ökonom A. Oberheitmann (Rheinisch-Westfälisches Institut für Wirtschaftsforschung, Essen): Auswirkungen einer progressiven Energiesteuer auf die Produktion, den Energieverbrauch und die CO_2-Emissionen in der ökologischen und konventionellen Landwirtschaft der Bundesrepublik Deutschland.

(Redaktionsschluß des Umweltgutachtens 1996 war der 31. Dezember 1995.)

Vorwort

Die Umweltpolitik der zurückliegenden 25 Jahre hat Deutschland in den Kreis der im Umweltschutz fortschrittlichen Staaten geführt. Damit korrespondiert eine führende Rolle Deutschlands als Exporteur von Umwelttechnik. Um die international anerkannte Position beim Umweltschutz auch in Zukunft zu halten und die Umweltsituation Deutschlands zu verbessern, muß das bestehende Instrumentarium ständig in seiner Effektivität überprüft und zusätzlich durch marktwirtschaftliche Konzepte verstärkt werden.

Die unter Etiketten wie ökologische Marktwirtschaft, öko-soziale Marktwirtschaft oder ökologische Modernisierung geführten Debatten sind ein Zeichen dafür, daß sich die Voraussetzungen für einen umweltpolitischen Modernisierungsprozeß in Wirtschaft und Gesellschaft mittlerweile verbessert haben. Das bedeutet aber keineswegs, daß nicht weiterhin tiefgreifende Dissense über die konkret einzuschlagenden Wege bestehen. In der Diskussion über die Beschleunigung von Genehmigungsverfahren zeigen sich überdies retardierende Elemente. Wesentlich erscheint unter dieser Voraussetzung eine grundsätzliche Orientierung an dem seit der Umweltkonferenz in Rio de Janeiro für alle verbindlich gewordenen Leitbild einer dauerhaft-umweltgerechten Entwicklung (sustainable development).

Der Rat von Sachverständigen für Umweltfragen (Umweltrat) hat in seinem Umweltgutachten 1994 dieses Leitbild ins Zentrum seiner Überlegungen gerückt und den Versuch unternommen, es durch methodische Grundlagenreflexionen zu einem sektorübergreifenden, in sich abgestimmten Handlungskonzept zu entwickeln, das der Umweltpolitik einen kohärenten Bezugsrahmen für konkrete Entscheidungen und damit zugleich eine langfristige Perspektive zu geben vermag. Das vorliegende Gutachten hat das Ziel, weitere Markierungen für den langwierigen und konfliktträchtigen Weg zur Umsetzung dieses Leitbildes einer dauerhaft-umweltgerechten Entwicklung zu setzen. In diesem Zusammenhang wird auch auf das zu gleicher Zeit veröffentlichte Sondergutachten „Konzepte einer dauerhaft-umweltgerechten Nutzung ländlicher Räume" hingewiesen.

In vielen vom Umweltrat aufgegriffenen Umweltpolitikbereichen wird deutlich, daß Beharrlichkeit und eine Vielzahl einzelner staatlicher und gesellschaftlicher Initiativen erforderlich sind, um die Umsetzung einer Politik der dauerhaft-umweltgerechten Entwicklung allmählich wachsen zu lassen, wobei die pädagogische Vermittlung des Leitbildes im Rahmen unseres Bildungssystems zukünftig eine herausragende Rolle spielen muß.

Der Umweltrat kommt auch in diesem Gutachten seinem Auftrag nach, im Rahmen der periodischen Begutachtung übergreifende Fragen des Umweltschutzes zu analysieren und für ausgewählte Umweltschutzsektoren die Umweltsituation in Deutschland zu beschreiben und die Umweltpolitik kritisch zu bewerten.

Im einzelnen handelt es sich bei den übergreifenden Fragen um Themen aus dem Umweltrecht, Umwelt und Wirtschaft sowie zur Umweltinformation und -berichterstattung. Hierbei werden auch wichtige umweltpolitische Entwicklungen in der Europäischen Union aufgezeigt und besonders für die Fortentwicklung des Maastrichter Vertrages (Maastricht II) Vorschläge im Umweltbereich unterbreitet. Für die Umweltpolitikbereiche Naturschutz und Landschaftspflege, Bodenschutz und Altlasten, Gewässerschutz, Abfallwirtschaft, Luftreinhaltung und Klimaschutz, Lärmbekämpfung sowie Gefahrstoffe und Gesundheit werden jeweils die Situation beschrieben sowie getroffene und beabsichtigte Maßnahmen aufgegriffen und kommentiert. Auf dieser Grundlage werden Erfolge und Defizite benannt sowie Schlußfolgerungen und Handlungsempfehlungen im Sinne einer wissenschaftlichen Politikberatung formuliert.

Auch in diesem Gutachten greift der Umweltrat einige Schwerpunktthemen auf. Umweltstandards spielen bei der Umsetzung von Leitlinien und Umweltqualitätszielen im Rahmen des Leitbildes einer dauerhaft-umweltgerechten Entwicklung eine entscheidende Rolle. Sie sind Mittel zum Erreichen oder Erhalten und der Kontrolle einer bestimmten Umweltqualität und stellen somit die Konkretisierung von Umweltqualitätszielen dar. Die vom Umweltrat durchgeführte Analyse der Umweltstandards – man bezeichnet sie auch als Grenzwerte – in Deutschland läßt einen Wildwuchs erkennen, der eine Vereinheitlichung des Systems zur Erzielung eines besseren Verständisses als Grundlage einer breiten Akzeptanz in der Öffentlichkeit dringend erforderlich machte. Der Umweltrat schlägt ein Modell zur Standardsetzung mit klar definierten Grundanforderungen vor.

Als weiteres Schwerpunktthema wurde die Bedeutung der Umweltverbände für den umweltpolitischen Willenbildungsprozeß untersucht. Aufgrund ihrer Öffentlichkeitsorientierung vermögen die Umweltverbände eine bedeutende Rolle bei der Ausbildung eines Ethos integrierter Verantwortung zu übernehmen. Die hierfür notwendigen Voraussetzungen, die das Selbstverständnis und die Zielsetzung der Verbände sowie ihre Koordination und Zusammenarbeit betreffen, lassen erkennen, daß alte Handlungs- und Wahrnehmungsmuster überwunden werden können und eine aktive Mitwirkung an einer dauerhaft-umweltgerechten Entwicklung zu realisieren ist.

Beim dritten Schwerpunktthema geht es um die Grundsätze und die konzeptionellen Bausteine einer umweltgerechten Finanzreform. Neben den Möglichkeiten und Grenzen von Abgaben- und Lizenzmodellen zur Reduktion der CO_2-Emissionen werden systematisch die verschiedenen Arten von Maßnahmen einer umweltgerechten Finanzreform erörtert und mit Beispielen verdeutlicht. Der Umweltrat reagiert damit auf die im Regierungsprogramm vorgesehene Fortentwicklung der Programme zur Reduzierung von Kohlendioxid und zur Einführung einer EU-weiten aufkommensneutralen CO_2-/Energiesteuer sowie auf die mittlerweile lebhaft geführte Diskussion um Ökosteuern.

Der Umweltrat ist der Auffassung, daß auch in den letzten Jahren vieles auf den Weg gebracht wurde, insbesondere hält er es für einen Fortschritt, daß sich in den vergangenen Jahren die Umweltpolitik erkennbar von einer Politik der bloßen Gefahrenabwehr zu einer Vorsorgepolitik entwickelt hat.

Noch vorhandene Defizite und noch zu ergreifende Maßnahmen hat der Umweltrat in seinen Schlußfolgerungen und Handlungsempfehlungen dargelegt, die teilweise detailliert an vielfältige Politikbereiche und gesellschaftliche Gruppen gerichtet sind. Die erkannten Probleme können nicht durch gegenseitige Schuld- oder Versäumniszuweisungen gelöst werden; die weitere Umsetzung des Leitbildes einer dauerhaft-umweltgerechten Entwicklung bedarf der Bündelung und aktiven Mitwirkung aller gesellschaftlichen Gruppen.

Der Umweltrat dankt allen an der Erarbeitung des Umweltgutachtens 1996 Beteiligten. Für den Inhalt des Umweltgutachtens sind allein die Unterzeichner verantwortlich.

H. J. Ewers,   D. Henschler,   W. Korff,   E. Rehbinder,   M. Succow,   H. W. Thoenes

Inhalt

Anhang

Verzeichnis der Abbildungen im Text

Verzeichnis der Tabellen im Text

Kurzfassung

– Zur Umsetzung einer dauerhaft-umweltgerechten Entwicklung –

1 Zum Umgang mit dem Leitbild dauerhaft-umweltgerechter Entwicklung

1.* Auf der Konferenz der Vereinten Nationen für Umwelt und Entwicklung von Rio de Janeiro im Jahre 1992 hat sich die Weltgemeinschaft zu dem Leitbild dauerhaft-umweltgerechter Entwicklung als dem gesellschaftspolitischen Leitbild der Zukunft verpflichtet. Auch in Deutschland hat damit die Frage des Umweltschutzes einen anderen Stellenwert erhalten. Umweltschutz wird in einen Bezugsrahmen gestellt, der ihn vom Begrenzungsfaktor zum Zielfaktor gesellschaftlicher Entwicklung werden läßt. Indem das Leitbild dauerhaft-umweltgerechter Entwicklung die ökologischen, ökonomischen und sozialen Problemfelder einander zuordnet, weitet es den ökologischen Diskurs zu einem gesellschaftspolitischen Diskurs aus und wird so zum Impulsgeber für eine neue Grundlagenreflexion über die Zukunft der Gesellschaft.

Angesichts der tiefgreifenden Herausforderungen, die sich mit der Umgestaltung der Gesellschaft auf eine dauerhaft-umweltgerechte Entwicklung hin stellen, wäre es jedoch verfehlt zu glauben, daß das Leitbild schon hinreichend aufgenommen und ein Konsens über die Wege seiner Operationalisierung tatsächlich erreicht wäre. Vielfach wird der Begriff dauerhaft-umweltgerechte oder auch nachhaltige Entwicklung als eine unverbindliche Formel gebraucht, gerade dadurch aber auch um sein kritisches Potential gebracht. Um so wichtiger ist deshalb die Auseinandersetzung mit den besonders markanten Versuchen einer expliziten Formulierung des konzeptionellen Gehalts des Leitbildes und seiner Handlungsrelevanz, wie sie im Umweltgutachten 1994 entfaltet wurden.

2.* Die gesellschaftliche und politische Bedeutung des Leitbildes einer dauerhaft-umweltgerechten Entwicklung besteht besonders darin, daß sich mit ihm zwischen den unterschiedlichsten Akteuren eine gemeinsame Gesprächsebene in Umweltfragen abzuzeichnen beginnt. Dieses gilt für die Bundes- und Länderebene – aber auch auf regionaler und kommunaler Ebene gibt es mittlerweile eine Vielzahl am Leitbild dauerhaft-umweltgerechter Entwicklung orientierter konkreter Initiativen, aufgrund derer sich teilweise schon neue organisatorische Strukturen herausgebildet haben, die in effizienter Weise zwischen den Akteuren und den Sektoren zur Vermittlung beitragen. Der Umweltrat analysiert deshalb in seinem Umweltgutachten 1996, wie die Leitbildsystematik rezipiert wurde.

Aus der Analyse wird vor allem die Schrittmacherfunktion der Regionen und Kommunen für die Verwirklichung einer dauerhaft-umweltgerechten Entwicklung deutlich. Ebenso wären ohne die Initiative von Umwelt- und Entwicklungsverbänden sowie der Kirchen viele solcher Projekte zur Umsetzung einer dauerhaft-umweltgerechten Entwicklung nicht ins Leben gerufen worden. Des weiteren kommt den Hochschulen, Akademien und Volkshochschulen bei der Vermittlung und Konkretisierung des Sustainability-Konzepts eine besondere Bedeutung zu. Der Umweltrat hofft daher, daß die vielversprechenden Aktivitäten zur „Lokalen Agenda 21" nicht mit dem Zieljahr 1996 beendet werden, und begrüßt das Vorhaben, auf der Habitat II eine Verlängerung des Mandats für das Programm einer lokalen Agenda 21 bis zum Jahre 2000 zu beantragen.

2 Zur Umweltsituation und Umweltpolitik

2.1 Umweltpolitische Entwicklungen

3.* Die derzeitige umweltpolitische Entwicklung unterliegt gegenläufigen Tendenzen: Einserseits gibt es Bemühungen um die Verwirklichung des Konzeptes einer dauerhaft-umweltgerechten Entwicklung. Andererseits zeichnen sich Tendenzen in Richtung auf eine gewisse Zurückhaltung, wenn nicht gar auf eine Reduktion des Anforderungsniveaus im Umweltschutz ab.

4.* Die umweltpolitische Strategie der Bundesregierung, wie sie sich in der Koalitionsvereinbarung niederschlägt und in bereits auf den Weg gebrachten politischen Initiativen zu konkretisieren beginnt, setzt die Schwerpunkte auf Nutzung der Marktkräfte, Einführung neuer Technologien, Deregulierung und Privatisierung. Zentrale Bedeutung hat die Sicherung des Standortes Deutschland. Die aktuelle Umweltpolitik scheint sich in einer Übergangsphase zu befinden: Das bestehende Instrumentarium wird einer systematischen Effektivitätsüberprüfung unterzogen, neue Steuerungsformen werden entwickelt und auf ihre Brauchbarkeit hin geprüft. Gleichzeitig muß auf bewährte konventionelle Regelungen zurückgegriffen werden, um dringliche Maßnahmen kurzfristig auf den Weg zu bringen. Inzwischen ist jedoch durch den immer größer werdenden Vermittlungs- und Einigungszwang im Hinblick auf europäische und internationale Maßnahmen in der Umweltpolitik der Druck groß geworden, eine konsistente umweltpolititische Strategie zu entwickeln, die dann auch auf Dauer nach außen vertreten werden kann.

5.* Maßnahmen zur Sicherung des Standortes Deutschland hält auch der Umweltrat für geboten. Er sieht es dabei als unverzichtbar an, die aus verschiedenen Bereichen der Politik herrührenden Ursachen von Standortproblemen und die zur Lösung dieser Probleme zu leistenden Beiträge sachlich zu bewerten. Der Umweltrat betrachtet es als verfehlt, den Bereich Umweltpolitik einseitig in den Vordergrund zu stellen, die Defizite in anderen, in diesem Zusammenhang wesentlich bedeutenderen Politikfeldern aber nicht ausreichend zu berücksichtigen. Gefordert sind zur Bewältigung der Krise neue Konzeptionen in der Forschungs- und Technologiepolitik, in der Regional- und Strukturpolitik, in der Steuerpolitik, in der Arbeitsmarktpolitik und im Bildungs- und Ausbildungssystem. Mit Zugriffen, wie sie im Zusammenhang mit der sogenannten Beschleunigungsdiskussion geplant sind, wird sich die Sicherung eines modernen Produktionsstandortes, der sich auch als ökologisch überlebensfähig und sozial stabil erweisen muß, allein nicht erreichen lassen.

6.* Der Umweltrat mißt den mit der Umsetzung des Leitbildes einer dauerhaft-umweltgerechten Entwicklung verbundenen Defiziten und Spannungen auf Bundes- und Länderebene sowie der Weiterentwicklung der politisch-administrativen und gesellschaftlichen Entscheidungsverfahren, dem Trend zu Kooperationen zwischen Staat und Wirtschaft und der Entwicklung des Umweltbewußtseins und Umweltverhaltens der Bevölkerung besondere Bedeutung zu.

Bei Entscheidungs- und Konfliktregelungsverfahren empfiehlt der Umweltrat, das Potential alternativer Konsensverfahren zu erproben und Erfahrungen darüber zu sammeln, unter welchen Bedingungen nationale Verständigungsprozesse hinsichtlich umweltpolitischer Politiken und Ziele erfolgreich sein können. Für den Prozeß der Modernisierung staatlichen Handels mahnt der Umweltrat insbesondere eine umfassende und frühzeitige Beteiligung von Umweltverbänden an. Die Diskussion um Bestrebungen, statt auf allgemein verbindliche Regeln stärker auf kooperative Lösungen in Form von Branchenabkommen und Verbandslösungen zu setzen, hat erheblich an Bedeutung gewonnen und verläuft äußerst kontrovers. Die Akzeptanz und der Erfolg der Umweltpolitik hängt dabei nach Ansicht des Umweltrates ganz wesentlich vom Umweltbewußtsein der Bürger ab. Wenn die Bürger ihre eigenen Möglichkeiten der Verhaltensänderung als sehr gering einschätzen und statt dessen Schuldzuweisungen an gesellschaftliche Institutionen (Verwaltungen, Verbände, Parteien etc.) richten, gebührt diesem Zusammenhang mehr Aufmerksamkeit.

7.* Ein besonderes Anliegen ist dem Umweltrat die Umsetzung des Leitbildes einer dauerhaft-umweltgerechten Entwicklung in konkrete Politik. Im Bericht des Bundesministeriums für Umwelt, Naturschutz und Reaktorsicherheit „Umwelt 1994 – Politik für eine nachhaltige, umweltgerechte Entwicklung" wird die Verknüpfung wirtschaftlicher, sozialer und ökologischer Aspekte zwar als zentraler Handlungsansatz der deutschen Umweltpolitik herausgestellt und die Förderung der nachhaltigen Entwicklung als bedeutende Aufgabe erkannt. Im Regierungsprogramm der 13. Legislaturperiode fehlen aber Leitlinien und deutliche Zielsetzungen, die eine Perspektive zur Überwindung einer vielfach noch defensiven und sektoral ausgerichteten Umweltpolitik eröffnen und weitere Schritte zur Verwirklichung des langfristig angelegten Konzeptes einer dauerhaft-umweltgerechten Entwicklung aufzeigen. Vor allem der hierzu unbedingt erforderlichen Integration umweltpolitischer Belange in alle Politikbereiche wird noch nicht in gebotenem Maße Rechnung getragen.

2.2 Übergreifende Fragen der Umweltpolitik

Umweltrecht

8.* In jüngster Zeit wird in der Diskussion über *Verfahrensbeschleunigung und Deregulierung* die Dauer von Genehmigungsverfahren als Investitionshemmnis in der Standortdiskussion besonders hervorgehoben. Der Umweltrat bemängelt hier das Fehlen empirischer Belege für den behaupteten Zusammenhang der Dauer von Genehmigungsverfahren und Standortentscheidungen. Neuere Untersuchungen zeigen, daß – selbst wenn es einen Zusammenhang zwischen diesen gäbe – er in der Hierarchie der Standortfaktoren ganz weit hinten rangiert. Neuere Zahlen aus einzelnen Bundesländern belegen im übrigen, daß sich als Folge von untergesetzlichen Maßnahmen die Genehmigungszeiten nicht unerheblich verkürzen lassen.

Vor diesem Hintergrund warnt der Umweltrat anläßlich der durch den Bericht der Schlichter-Kommission angestoßenen Aktivitäten vor voreiligem legislativen Aktionismus. Gesetzesänderungen wirken sich – unabhängig von der Materie – in der Regel zunächst verfahrenshemmend aus; Novellierungen sollten daher mit Bedacht angegangen werden. Soweit sich die Vorschläge auf Aspekte des Verfahrensrechts und des Rechtsschutzes beziehen, sind die verfassungsrechtlichen Vorgaben an das Verfahren und umweltpolitische Gesichtspunkte nicht oder zu wenig beachtet worden. Die Vorschläge dürfen nicht dazu führen, daß die Beschleunigung einen Wegfall oder eine Verkürzung der Schutzrechte Dritter und der Allgemeinheit bewirkt. Zum Teil werden diese Bedenken von einer Arbeitsgruppe aus Vertretern der Koalitionsfraktionen und der Bundesressorts zur Umsetzung der Vorschläge der Schlichter-Kommission geteilt und es wird insoweit weiterer Prüfbedarf festgestellt.

Im Gegensatz zur Schlichter-Kommission hält der Umweltrat zunächst eine Bewährung der Öko-Audit-Verordnung in der Praxis für erforderlich, bevor der Versuch unternommen wird, sie in eine Beschleunigungsstrategie einzubinden. Wegen der künftigen Richtlinie über die integrierte Vermeidung und Verminderung der Umweltverschmutzung (IVU-Richtlinie) wird die Öko-Audit-Verordnung in näherer Zukunft nicht zur Beschleunigung von Genehmigungsverfahren mobilisiert werden können. Wenn die Erfahrungen mit der Öko-Audit-Verordnung nach einer Erprobungsphase positiv bewertet werden, sollte allerdings eine Verknüpfung der Öko-Audit-Verordnung mit der IVU-Richtlinie erwogen werden.

Einer Überführung von Genehmigungsverfahren für Anlagen, die typischerweise mit geringfügigen Umweltauswirkungen verbunden sind und mit Standardtechnologie betrieben werden sowie von Änderungsverfahren, die ausschließlich umweltverbessernde Wirkung zeigen, aus dem Genehmigungsverfahren in das Anzeigeverfahren steht der Umweltrat grundsätzlich positiv gegenüber. Ein entsprechender Entwurf der Bundesregierung hat entgegen dem Vorschlag der Schlichter-Kommission der Anzeige zu Recht keine genehmigungsersetzende Wirkung beigemessen.

Die Vorschläge, die sich mit der Verbesserung des Verfahrensmanagements beschäftigen, werden ausdrücklich begrüßt. Diese Vorschläge, die zum Teil auf die Praxis zurückgreifen, verdeutlichen, daß es in dem bestehenden System noch erhebliche Beschleunigungsmöglichkeiten gibt, die ohne weitreichende Gesetzesänderungen realisierbar sind.

9.* Der Umweltrat ist der Auffassung, daß mit der Aufnahme der umweltrelevanten Strafvorschriften in das Strafgesetzbuch der richtige Weg beschritten wurde. Der Vorwurf, das *Umweltstrafrecht* sei zu einem Instrument gesellschaftlicher Konfliktlösung geworden, läßt sich nicht bestätigen. Trotz der festzustellenden Zunahme erfaßter Umweltdelikte bestehen insbesondere bei komplexen Organisationen wegen der Kompliziertheit der Schadensvorgänge, daraus resultierender Schwierigkeiten bei der Beweisführung sowie Problemen bei der Ermittlung des strafrechtlich Verantwortlichen gewisse Lücken. Insofern erscheint es folgerichtig, daß die Einführung einer Unternehmensstrafbarkeit vorgeschlagen wird, die an die kollektive Verantwortung des Unternehmens anknüpft und auf einem gesonderten System von Sanktionen aufbaut. Eine Unternehmensstrafbarkeit könnte sowohl im Ordnungswidrigkeitenrecht als auch im Strafgesetzbuch angesiedelt sein. Der Umweltrat sieht wegen der politischen Signalwirkung gewisse Vorteile für eine Implantierung in das Strafgesetzbuch. Der Umweltrat ist jedoch der Auffassung, daß vor derartig einschneidenden Veränderungen abgewartet werden muß, ob die positiven Ansätze der neueren Rechtsprechung und die Novellierung des Umweltstrafrechts und des Ordnungswidrigkeitenrechts ausreichen, um die Defizite zu verringern. Eine gesetzliche Regelung müßte im übrigen mit anderen Bereichen, insbesondere dem Wirtschaftsstrafrecht, abgestimmt werden.

10.* Der Umweltrat hält seine Kritik am Umwelthaftungsgesetz aus dem Umweltgutachten 1994 aufrecht. Er kritisiert insbesondere die Ausklammerung von ökologischen Schäden, die Beschränkung auf Kataloganlagen und die Versagung von Beweiserleichterungen außerhalb des Bereichs von Störfällen. Er fordert eine verbesserte Statistik, um die Wirksamkeit des *Umwelthaftungsrechts* überprüfen zu können. Der Umweltrat steht der Konvention des Europarates über die zivilrechtliche Haftung für Umweltschäden positiv gegenüber. Da ein großer Radius umweltgefährlicher Aktivitäten einem einheitlichen Haftungsregime unterstellt und ökologische Schäden einbezogen werden, bestünde eine denkbare Alternative zu den Harmonisierungsbestrebungen der Europäischen Union.

Der Umweltrat begrüßt die Novellierung des privatrechtlichen Immissionsschutzes (§ 906 BGB). Die Regelung beseitigt zwar nicht alle Divergenzen zwischen privatrechtlichen und öffentlich-rechtlichen Betreiberpflichten, sie wird allerdings für den privatrechtlichen Nachbarschutz klarere Maßstäbe begründen.

Im Bereich der Umwelthaftpflichtversicherung sieht der Umweltrat weiteren Handlungsbedarf. Es ist insbesondere die in § 20 UmweltHG vorgesehene Verordnung über die Einzelheiten der Versicherung baldmöglichst zu verabschieden. Der Umweltrat ist der Auffassung, daß den Versicherungen im Rahmen der neuen Umwelthaftungspolice verstärkt nichthoheitliche Kontrollfunktionen zuwachsen werden. Für die individuelle Risikobewertung werden künftig Ergebnisse von Umweltaudits nach der Öko-Audit-Verordnung eine besondere Rolle spielen.

Für Bereiche, in denen das individuelle Haftungsrecht keine adäquaten Lösungen zu erbringen vermag, bieten sich Haftungsfonds an. Diese unterstützen allerdings kaum die Vermeidungsbemühungen der potentiellen Schadensverursacher, so daß der Umweltrat Versicherungsmodellen als Vermeidungsstrategie den Vorzug gewährt. Den Solidarfonds Abfallrückführung, der eine Haftung der gesetzestreuen Abfallexporte für „schwarze Schafe" begründet, sieht der Umweltrat als ordnungspolitisch verfehlt und verfassungspolitisch problematisch an.

11.* Im Bereich der Umweltverträglichkeitsprüfung begrüßt der Umweltrat die neue UVP-Verwaltungsvorschrift. Die Pläne der Europäischen Union zur Novellierung der UVP-Richtlinie werfen die Grundsatzfrage nach dem Anforderungsniveau der UVP und nach einer Harmonisierung dieser Richtlinie mit der IVU-Richtlinie auf. Die Erweiterung der UVP-pflichtigen Anlagen der Liste I erscheint dem Umweltrat sinnvoll.

Der Entwurf für eine *Richtlinie über die integrierte Vermeidung und Verminderung der Umweltverschmutzung* stellt einen Fortschritt gegenüber dem bisherigen Gemeinschaftsrecht dar. Die Definition der besten verfügbaren Technik geht über die Anforderungen der gültigen Industrieanlagen-Richtlinie (84/360/EWG) mit dem dort definierten Technik-Standard hinaus. Die Auswirkungen der IVU-Richtlinie auf die deutschen Umweltgesetze werden im wesentlichen darin bestehen, daß eine integrierte Umweltgenehmigung eingeführt werden muß. Für den Umweltschutz sind auf Gemeinschaftsebene durchaus positive Effekte zu erwarten. Für die deutsche Industrie dürfte die Verabschiedung der Richtlinie Vorteile aufgrund verbesserter Wettbewerbsbedingungen, aber auch Anpassungsprobleme mit sich bringen.

Umwelt und Wirtschaft

12.* Für die Regelung von Konflikten zwischen Umweltschutz und wirtschaftlicher Entwicklung ist die Kenntnis der Zusammenhänge zwischen Ökonomie und Ökologie eine wichtige Voraussetzung. Zwar können aus Ergebnissen entsprechender Untersuchungen keine einheitlichen und eindeutigen Aussagen getroffen, immerhin aber Entwicklungstrends zum Beispiel im Hinblick auf die Wettbewerbssituation, auf die technische Innovation oder auf die Beschäftigungslage abgeleitet werden. Einen wichtigen Beitrag zur Gesamtbetrachtung leisten die Arbeiten zur *„Umweltökonomischen Gesamtrechnung"*, die nach Auffassung des Umweltrates fortgesetzt werden sollten. Um das Ziel der allmählichen Ablösung konventioneller additiver durch effektivere prozeß- und produktintegrierte *Umwelttechniken* zu erreichen, sind Preislösungen, die zur vollen Internalisierung externer Effekte führen, am besten geeignet. Soweit solche Lösungen gegenwärtig noch nicht einzusetzen sind, müssen auch weiterhin positive Anreize in Form der Vergabe von Fördermitteln geschaffen werden. Die von Umweltschutzmaßnahmen ausgehenden positiven *Beschäftigungseffekte* dürfen nicht überschätzt werden. Der Umweltrat hält an der Auffassung fest, daß Umweltpolitik und Beschäftigungspolitik an unterschiedlichen Zielen orientiert sind und jeweils eigenen Kriterien folgen. Umweltpolitik bedarf keiner beschäftigungspolitischen und Beschäftigungspolitik keiner umweltpolitischen Begründung. Das entbindet aber nicht von der Pflicht, bei Wahlmöglichkeiten die umweltpolitische Maßnahme mit positiven Nettoeffekten der Beschäftigung zu ergreifen.

13.* Der Umweltrat hebt die Notwendigkeit hervor, *stoffökologische Aspekte* bei der Steuerung und Verteilung von Stoffströmen sowohl auf der gesamtwirtschaftlichen wie auf der einzelwirtschaftlichen Ebene zu beachten. Er betont aber, daß die Einführung eines umfassenden Systems der Stoffstromlenkung in Form eines stoffpolitischen Regimes zum Hemmnis für Produktinnovationen werden würde und daher nicht in Betracht kommt. Die bestehenden rechtlichen Regelungen, die sich mit der Kontrolle von Stoffen befassen, weisen Lücken auf, die mit Augenmaß und ohne Gefährdung der Innovationsfähigkeit der Wirtschaft, geschlossen werden müssen.

14.* *Selbstverpflichtungen der Wirtschaft* werden grundsätzlich als Möglichkeit zur Stärkung der Eigenkräfte der Unternehmen im Dienst umweltgerechter Produkt- und Verfahrensinnovationen angesehen. Sie können der Praxis eines lediglich nachsorgenden Umweltschutzes entgegenwirken und stehen für die Erwartung, daß die Unternehmen freiwillig mehr an Umweltschutz leisten sollen, als der Staat ihnen gegenwärtig abzuverlangen vermag. Voraussetzung für einen erfolgreichen Einsatz ist allerdings,

daß die ökologischen Ziele richtig gesetzt werden und ihre Erreichung gesichert ist. Befürchtungen, daß im Geleitzug der Beteiligten derartiger Verpflichtungen das jeweils schwächste Glied das Tempo bestimmt und die Wirtschaft sich nur zu Zielen verpflichtet, die sie ohnehin ansteuert, wiegen schwer. Deshalb sollte die Eignung dieses Instruments nicht auf breiter Front, sondern äußerst selektiv und befristet erprobt werden. Ungeeignet sind solche Lösungen, wenn sie der Öffentlichkeit nicht glaubwürdig vermittelbar sind, oder wenn sie zu Wettbewerbsbeschränkungen oder zum Verlust des Vertrauens in die staatliche Umweltpolitik führen.

Um bestehende Zweifel an der Funktionsfähigkeit von Selbstverpflichtungen abzubauen, hält es der Umweltrat für dringend erforderlich, Kriterien für funktionsfähige freiwillige Vereinbarungen zu erarbeiten. Selbstverpflichtungen sind in jedem Fall auf den Prüfstand des Wettbewerbsrechts zu stellen.

15.* Der Umweltrat unterstützt trotz seiner punktuellen Kritik die *Öko-Audit-Verordnung* als ein Instrument zur freiwilligen Verbesserung der Umweltleistungen von Unternehmen. Er hält allerdings eine Ergänzung der Umwelt-Audits durch (Betriebs-)Umwelt-Bilanzen für erforderlich. Die Öko-Audit-Verordnung sollte derzeit nur auf freiwilliger Basis angewendet werden. Nach Auffassung des Umweltrates kommt ein Einsatz der Öko-Audit-Verordnung zur Deregulierung erst in Betracht, wenn ausreichende Praxiserfahrungen vorliegen. Ein Rückbau materieller Umweltstandards als Reaktion auf die Öko-Audit-Verordnung ist grundsätzlich nicht empfehlenswert. Der Staat muß weiterhin die rechtlichen Rahmenbedingungen für eine effektive Gefahrenabwehr und Vorsorge vorgeben. Der Umweltrat empfiehlt eine möglichst rasche Verabschiedung einer die Öko-Audit-Verordnung ergänzenden CEN-Norm. Diese Norm muß jedoch inhaltlich gleichwertig zur Öko-Audit-Verordnung sein.

Im Rahmen der nationalen Umsetzung durch das Umwelt-Audit-Gesetz haben die Kammern in diesem Tätigkeitsbereich insbesondere auf ihre Unabhängigkeit und Unparteilichkeit zu achten, um die Glaubwürdigkeit der Umwelt-Audits nicht zu gefährden. Der Umweltrat hält ferner eine sorgfältige Revision der vorläufigen Prüfungsordnung für Umweltgutachter durch den Umweltgutachterausschuß für geboten.

Umweltbeobachtung und Umweltinformation

16.* Der Umweltrat hält den Aufbau einer erweiterten integrierenden Umweltbeobachtung für unverzichtbar. Bestehende sektorale Beobachtungsnetze müssen dabei vervollständigt, harmonisiert und zusammengeführt und durch eine *ökosystemar orientierte Umweltbeobachtung* an repräsentativen Standorten ergänzt werden. Die ökosystemar orientierte Umweltbeobachtung muß weiterhin den Nutzungsgradienten von Natur und Landschaft sowie die unterschiedliche Empfindlichkeit der Systeme berücksichtigen.

Die mittlerweile initiierten Arbeiten an einem Konzept für ein Umweltbeobachtungsprogramm und die stufenweise Aufnahme des Vollbetriebes der Umweltprobenbank werden vom Umweltrat begrüßt. Das Umweltbeobachtungsprogramm darf aber nicht in der Erfassung sektoraler Umweltinformationen verharren, sondern bedarf der vollständigen Umsetzung. Die eigentlich wichtige Aufgabe sieht der Umweltrat in der Konzeption und Einführung einer ökosystemar orientierten Umweltbeobachtung. Die ökosystemare Umweltbeobachtung sollte vorrangig in den Biosphärenreservaten in Form eines harmonisierten Pflichtprogramms mit der Erhebung eines Kerndatensatzes eingeführt werden. Darüber hinaus sollten weiterreichende, regionalisierte Beobachtungen zu einer inhaltlichen Arbeitsteilung zwischen den Biosphärenreservaten und zu einer Vertiefung spezifischer ökosystemarer Fragestellungen führen. Der Umweltrat sieht insbesondere auch Lücken in der Darstellung der biologischen Vielfalt und ihren Veränderungen, die es zu schließen gilt. Im Rahmen der Umweltbeobachtung sollte deshalb die Populationsökologie einen Untersuchungsschwerpunkt bilden.

Der Umweltrat ist der Meinung, daß bei der Umsetzung der ökologischen Umweltbeobachtung – bestehend aus sektoraler und ökosystemarer Beobachtung – Bund und Länder gleichermaßen beteiligt werden sollten. Die erforderliche Abstimmung hierüber sollte baldmöglichst stattfinden. Für die ökologische Umweltbeobachtung sollte eine gesetzliche Grundlage im Bundesnaturschutzgesetz geschaffen werden.

17.* Der Umweltrat tritt dafür ein, die Nutzung der *Satellitenfernerkundung* in Kombination mit konventionellen Methoden des Umweltmonitoring zu einer verbesserten Beobachtung der Umwelt voranzutreiben. Um die zur Zeit schon gemessenen Daten operationeller Satelliten umweltstrategisch besser zu nutzen und die Entstehung von „Datengräbern" zu vermeiden, sieht der Umweltrat im zu verstärkenden Dialog von Forschungs- sowie Entwicklungsinstitutionen einerseits und den umweltpolitischen Anwendern von Satellitendaten (z.B. Umweltämter, Naturschutzbehörden) andererseits den Schwerpunkt zukünftigen Handelns.

18.* Eine Voraussetzung für die Umsetzung des Leitbildes einer dauerhaft-umweltgerechten Entwicklung in praktische Politik ist die Verfügbarkeit von *Indikatoren*. Der Umweltrat macht darauf aufmerksam, daß neben der grundsätzlichen Schwierigkeit, inwieweit die Aussagefähigkeit der einzelnen ausgewählten Indikatoren gegeben ist, sich das Problem der Datenverfügbarkeit und -belastbarkeit stellt. Der Umweltrat hat mehrfach auf den Mangel an aktuellen, flächendeckenden und vergleichbaren Umweltdaten hingewiesen und die Notwendigkeit der Verbesserung der Datenlage hervorgehoben. Dieses Problem wird durch ein Indikatorensystem nicht gelöst, sondern im Gegenteil potenziert. Deshalb weist der Umweltrat darauf hin, daß die verfügbaren Daten nicht die Einzelindikatorenbildung, sondern die Indikatoren die zu erhebenden Daten bestimmen müssen.

Der Umweltrat unterstützt die gegenwärtigen Aktivitäten zur Umweltindikatorenbildung und empfiehlt, die Indikatorenbildung durch Bereitstellung entsprechender finanzieller und personeller Kapazitäten zu forcieren. Gerade im Bereich der Funktionalität von Ökosystemen, für die bisher keine operationalisierten, empirisch erfaßten Indikatoren vorliegen und auch auf absehbare Zeit keine im statistischen Sinne repräsentativen Aussagen möglich sein werden, ergibt sich erheblicher Forschungsbedarf, der weit über die Integration von Erkenntnissen und Forschungsergebnissen der Zentren der Ökosystemforschung hinausgeht.

In Ergänzung zu den oben genannten Umweltindikatoren im engeren Sinne werden von zahlreichen Institutionen Nachhaltigkeitsindikatoren entwickelt. Die methodische Weiterentwicklung eines Systems von Nachhaltigkeitsindikatoren erfordert vor allem eine bessere Erfassung von Interdependenzen der ökologischen, ökonomischen und sozialen Bereiche. Die Berücksichtigung der institutionellen Problematik, die eine andere Ebene anspricht, ist noch nicht befriedigend gelöst. Des weiteren gilt es, soziale und ökonomische Faktoren mit einem „driving forces-state-response"-Ansatz angemessen zu erfassen. Auch stellt sich die Frage nach der Sinnhaftigkeit hochaggregierter Indikatoren für einzelne Themen, etwa im institutionellen Bereich. Durch die von der Bundesregierung bereits eingeleitete Koordination der nationalen Aktivitäten zur Weiterentwicklung von Indikatorensystemen sollte von deutscher Seite Einfluß auf die internationale Diskussion der Indikatorenbildung genommen werden.

19.* Nach Auffassung des Umweltrates stellt das neue *Umweltstatistikgesetz* die dringend geforderte Grundlage zur Verbesserung der Datenbasis für eine zeitnahe nationale Umweltberichterstattung dar. Die Lücken in den Bereichen Lärm, Altlasten und Naturschutz, in denen statistische Erhebungen noch fehlen, und im unvollständig erfaßten Sektor Emissionen, wo Daten zur Emissionstätigkeit von mobilen Quellen (z.B. Verkehr) oder stationären Quellen (z.B. Private Haushalte) nicht in der Statistik enthalten sind, sollten mittel- bis langfristig geschlossen werden. Zur Umsetzung der erfolgten umfangreichen Neugestaltung ist eine entsprechende personelle und sächliche Ausstattung der Statistikbehörden und der diese bei den Erhebungen unterstützenden Behörden zu schaffen.

20.* Hinsichtlich der *Verwaltungsvereinbarung zum Umweltdatenaustausch* sollten durch die einheitlich abgestimmten Datenanforderungen Fehlinvestitionen und Doppelarbeit vermieden und Rationalisierungen ermöglicht werden. Bei der nun anstehenden Umsetzung der Verwaltungsvereinbarung mahnt der Umweltrat an, diese nicht wegen finanzieller Engpässe der öffentlichen Haushalte zu verzögern oder im Umfang zu reduzieren. Die Erarbeitung konkreter weiterer Anhänge zur Vereinbarung und ihre Einbeziehung in den Datenaustausch sollte zügig in Angriff genommen werden.

21.* Das Mitte 1994 eingeführte *Umweltinformationsgesetz* (UIG) ist in mehreren Punkten in umweltpolitischer Hinsicht unbefriedigend. So sind die Ausnahmevorschriften über den Ausschluß des Informationsanspruches zu weit gefaßt. Es muß sichergestellt werden, daß alle mit Umweltbelangen befaßten Behörden zur Auskunft verpflichtet sind. Genehmigungsverfahren dürfen nicht generell ausgenommen werden. Die anerkennenswerten Geheimhaltungsinteressen der Wirtschaft sollten klarer abgegrenzt werden, wofür die Regelung im Chemikaliengesetz ein Vorbild bieten kann; keinesfalls dürfen – auch von den Behörden geduldete – Verstöße gegen Umweltschutzvorschriften unter dem Deckmantel des Betriebsgeheimnisses verborgen bleiben. Der Umweltrat würde es zudem begrüßen, wenn das Gesetz ausdrücklich auch umweltmedizinische Daten verfügbar machen würde.

Die Gebührenregelungen sollten im Rahmen der allgemeinen Grundsätze der Gebührenerhebung an der Intention der Richtlinie orientiert werden, den Umweltschutz durch Bürgerbeteiligung voranzubringen. Der Kostendeckungsaspekt sollte im Vergleich zu anderen Regelungsmaterien nicht überbetont und eine prohibitive Wirkung der Gebühren in jedem Falle vermieden werden.

Insgesamt bedauert es der Umweltrat, daß der Gesetzgeber die EG-Informationsrichtlinie nur mit Zurückhaltung umgesetzt hat, die dem Fehlen einer Tradition der Öffentlichkeit des Verwaltungshandelns in Deutschland entspringt. Wenn auch die Möglichkeiten des Mißbrauchs nie auszuschließen sind, sollte ein größeres Vertrauen in das Interesse der Bürger am Umweltschutz in dem Gesetz zum Ausdruck kommen, da Umweltpolitik auf deren Mitarbeit dringend angewiesen ist.

Europäische Umweltpolitik

22.* Der Umweltrat hat sich bereits in seinen letzten Gutachten mit den Entwicklungen der Umweltpolitik in der Europäischen Union intensiv beschäftigt. Ein zentrales politisches Ereignis ist die anstehende *Revision des Vertrages von Maastricht*, insbesondere auch hinsichtlich der Notwendigkeit, dem Umweltschutz noch mehr Gewicht im EG-Vertrag einzuräumen.

23.* Im Hinblick auf die im Vertragstext formulierte Zielsetzung der „Hebung der Lebenshaltung und Lebensqualität" in der Gemeinschaft erscheint es notwendig, die Ziele der Europäischen Union stärker als bisher am Prinzip einer dauerhaft-umweltgerechten Entwicklung auszurichten. Der Wachstums- und Fortschrittsbegriff müßte nach Ansicht des Umweltrates durch die Zielsetzung einer dauerhaft-umweltgerechten wirtschaftlichen Entwicklung unter Einschluß der damit verbundenen Managementregeln und Handlungsmaximen ersetzt werden. Damit einhergehend erscheint es zudem erforderlich, diese Zielsetzung über Artikel 130r EG-Vertrag hinaus auch in den sektoralen Politikbereichen zu verankern und somit dem Integrationsprinzip mehr Gewicht zu verschaffen.

24.* Der Umweltrat ist der Auffassung, daß der komplizierte Entscheidungsprozeß in der Europäischen Union im allgemeinen zur Verzögerung umweltpolitisch wichtiger Regelungen führt. Im Bereich der Umweltpolitik gibt es für die Vielzahl der Entscheidungsverfahren, vor allem im Hinblick auf die jeweilige unterschiedliche Beteiligung des Europäi-

schen Parlaments, keine überzeugende Begründung. Im gesamteuropäischen Interesse sollte grundsätzlich zu einem einzigen vereinfachten Mitentscheidungsverfahren übergegangen werden, das das Europäische Parlament in jedem Fall beteiligt und ihm ein nicht überstimmbares Vetorecht zugesteht. Die Aufwertung des Europäischen Parlaments muß auch in den Bereichen Verkehrs- und Energiepolitik, Landnutzung, „Ökosteuern" und Finanzierungsinstrumente vorangetrieben werden, auch wenn der Umweltrat die Schwierigkeiten bei der Aufwertung des Parlaments insbesondere hinsichtlich steuerpolitischer Maßnahmen nicht verkennt.

Im Ministerrat sollte zukünftig zumindest das Prinzip der qualifizierten Mehrheit oder besser noch der einfachen Mehrheit in allen umweltrelevanten Entscheidungsprozessen gelten. Die Möglichkeit der Kommission, nach Artikel 189a EG-Vertrag einen gemeinsamen Standpunkt des Ministerrats zu blockieren, ist im Zuge der Verfahrensvereinfachung ebenso zu beseitigen wie das Initiativmonopol der Kommission. Zudem sollte die Rechenschaftspflichtigkeit der Kommission gegenüber dem Parlament gestärkt werden.

Eine wichtige Veränderung im Sinne des Integrationsprinzips und des Querschnittscharakters von Umweltpolitik wären personell gut ausgestattete und über einzelne Umweltbeamte hinausgehende Spiegelreferate in umweltrelevanten Generaldirektionen.

25.* Der Umweltrat wiederholt seine Forderung, die grundsätzliche Ausrichtung der deutschen europabezogenen Umweltpolitik zu überdenken. Dazu gehört auch, daß die rechtlichen und organisatorischen Voraussetzungen für die *Umsetzung und Durchführung des gemeinschaftlichen Umweltrechts* in Deutschland verbessert werden, um die Schwierigkeiten mit der Umsetzung des Gemeinschaftsrechts zu antizipieren. Eine Möglichkeit dazu wäre eine stärkere Vernetzung von Gremien, etwa Bund/Länder-Arbeitsgemeinschaften oder auch Arbeitsgemeinschaften der Fachoberbehörden in den Mitgliedstaaten. Sichergestellt sein muß jedoch, daß solche Gremien Tendenzen der europäischen Zentralisierung nicht verstärken. Andererseits sollte die Kommission ihre Praxis der Einleitung von Vertragsverletzungsverfahren überdenken und diese auf umweltpolitisch wichtige Verstöße konzentrieren.

26.* Eine Verlagerung von Entscheidungskompetenzen von der nationalen Ebene auf europäische Institutionen hat auch im Bereich der *Setzung von Umweltstandards* stattgefunden. Von zunehmender Bedeutung ist dabei die private Normung. Der Umweltrat empfiehlt, die Anforderungen an private Normierungsverfahren hinsichtlich der Transparenz, der Öffentlichkeitsbeteiligung und der Berücksichtigung wissenschaftlichen Sachverstandes zu verbessern. Insbesondere sollten auch die organisatorischen und institutionellen Voraussetzungen geschaffen werden, um Umweltverbänden mehr Gewicht im Normungsprozeß zu verleihen, etwa durch eine stärkere Beteiligung der Umweltverbände im sogenannten Programmkomitee Umwelt oder durch die Möglichkeit, durch einen Gaststatus von Umweltvertretern in den eigentlichen Entscheidungsgremien von CEN/CENELEC unmittelbaren Einfluß auf die Normierung zu nehmen.

27.* Der Umweltrat begrüßt die Einrichtung der *Europäischen Umweltagentur*. Allerdings darf sich der Tätigkeitsbereich der Agentur nicht nur auf rein statistische Fragen beschränken. Im Rahmen der Aufgabenerweiterung der Europäischen Umweltagentur sollte zukünftig die Kontrolle der Einhaltung jeweils qualitätsbezogener europäischer Umweltstandards in den Mitgliedstaaten – in Kooperation mit der Kommission und den jeweils zuständigen Behörden in den Mitgliedstaaten – ebenso ein wichtiges Tätigkeitsfeld sein wie die umweltrelevante Beratung der Europäischen Institutionen.

28.* Ein Defizit der EU-Umweltpolitik stellt die mangelnde *umweltbezogene Beratung*, insbesondere im Gesetzgebungsverfahren dar. Eine Arbeitsgruppe von Rechts- und Wirtschaftswissenschaftlern hat hierzu den Vorschlag gemacht, als Teil der Entscheidungsstruktur der Europäischen Union einen vom Parlament bestellten unabhängigen „Ökologischen Rat" mit weitreichenden Befugnissen einzurichten. Der Vorschlag vermag nach Auffassung des Umweltrates jedenfalls wichtige Anstöße dafür zu geben, in Parallele zu den Umwelträten in den Mitgliedstaaten auch auf der EU-Ebene sachverständige Beratung in der Umweltpolitik institutionell zu verankern.

Die zunehmende Vernetzung der Umweltpolitik in Europa und die daraus folgenden Konsequenzen für die Entwicklung der nationalen Politiken bedeutet auch für die nationalen Umwelträte eine zentrale Herausforderung. Der Umweltrat betrachtet es als eine wichtige Aufgabe, die Zusammenarbeit der Europäischen Umwelträte zu verstärken und langfristig ein Netzwerk europäischer Politikberatung zu bilden. Einen Anstoß für weitergehende Aktivitäten geben dabei bilaterale Kooperationen zwischen einzelnen Räten.

29.* Das fünfte EU-Umweltaktionsprogramm „Für eine dauerhafte und umweltgerechte Entwicklung" (1993 bis 1998) fordert im Maßnahmenteil insbesondere die Weiterentwicklung der *finanziellen Instrumente*. Nach Auffassung des Umweltrates ist eine Diskussion über die Kriterien notwendig, nach denen Strukturfondsmittel vergeben werden, um im Hinblick auf eine dauerhaft-umweltgerechte Entwicklung umweltschädliche Nebenwirkungen der Mittelvergabe zu vermeiden. Da die Integration von Umweltbelangen in den Zielkatalog der Förderprogramme noch nicht ausreicht, sollten Maßnahmen zur konkreten Umsetzung der Umweltbelange in der Förderung ergriffen werden. Zu denken ist vor allem an eine differenzierte Förderung von Maßnahmen im Bereich der wirtschaftsnahen Infrastruktur.

Auf dem Gebiet von Naturschutz und Umwelttechnologien ist LIFE das wichtigste Finanzierungsinstrument. Hier müssen zukünftig scharfe und eindeutige Kriterien im Sinne einer innovativen Entwicklung der europäischen Umweltpolitik, getrennt nach Naturschutzvorhaben und Umwelttechnologien, festgelegt werden. Darüber hinaus muß die Transparenz der Bewilligungs- und Auswahlkriterien gewährleistet werden. Der Umweltrat empfiehlt zudem, im Zuge und im Vorfeld der im Jahr 1996 anstehenden Änderung der Verordnung, Möglichkeiten für die grenzüberschreitende Projektbeteiligung und -förderung unter Einbeziehung der osteuropäischen Anrainerstaaten zu erkunden.

2.3 Ausgewählte Umweltpolitikbereiche

Naturschutz und Landschaftspflege

30.* Naturschutz und Landschaftspflege sind wie kein anderer Umweltpolitikbereich durch Stagnation, teilweise auch durch deutliche Verschlechterung gekennzeichnet. Von der Erhaltung der Nutzungsfähigkeit, das heißt einer dauerhaft-umweltgerechten Nutzung von Natur und Landschaft, ist die Naturschutzpolitik weit entfernt. Die anhaltende Gefährdung des Artenbestandes und der Lebensräume macht eine Neukonzeption des Naturschutzes erforderlich. Naturschutzmaßnahmen dürfen nicht nur auf ausgewählte Schutzgebiete oder auf die Schaffung eines Biotopverbundes beschränkt bleiben, sondern müssen auf die gesamte, das heißt auch auf die genutzte Fläche gelenkt werden. Vor allem bei der Minderung der Nutzungsintensität ist der Naturschutz auf die Mitwirkung der Hauptflächennutzer Landwirtschaft und Forstwirtschaft angewiesen.

Naturschutz soll nicht auf der ganzen Fläche mit gleicher Intensität betrieben werden, sondern es ist ein Naturschutzkonzept mit abgestufter Schutzintensität erforderlich. Erkennbaren Tendenzen, Naturschutz nur auf Schutzgebiete sowie kraft Gesetzes geschützte Biotope zu beschränken, muß entschieden entgegengewirkt werden.

31.* Im Rahmen der Neuorientierung des Naturschutzes sieht der Umweltrat die *Novellierung des Bundesnaturschutzgesetzes* als vordringliche Aufgabe. Er wiederholt seine Forderung nach Abschaffung des Agrarprivilegs im Bundesnaturschutzgesetz, da Eingriffe land- und forstwirtschaftlicher Nutzer nicht anders behandelt werden dürfen als die gewerblicher und industrieller Nutzer. Die Landwirtschaftsklauseln des Bundesnaturschutzgesetzes und der entsprechenden Ländergesetze sollten aufgehoben und statt dessen in diesen Gesetzen zum Schutz der natürlichen Lebensgrundlagen Betreiberpflichten für Land- und Forstwirte eingeführt werden.

32.* Die *Schutzgebietskategorien* müssen ergänzt, ihre Inhalte weiterentwickelt und insbesondere stärker an einem flächendeckenden Naturschutz orientiert werden. Es ist erforderlich, die Schutzkategorie Biosphärenreservat neu in das Bundesnaturschutzgesetz aufzunehmen. Eine bundeseinheitliche Regelung über die Zonierung von Biosphärenreservaten ist für ihre weitere Entwicklung unerläßlich. Die vorgelegten Leitlinien sollten bei gesetzlichen Regelungen über Biosphärenreservate in Bund und Ländern als fachliche Grundlage herangezogen werden. Um alle Landschaften und das gesamte Nutzungsspektrum repräsentativ abzudecken, hält der Umweltrat eine begrenzte Ausweisung weiterer Biosphärenreservate auch im stark besiedelten Bereich, in landwirtschaftlichen Intensivnutzungsgebieten und in Bergbaufolgelandschaften für erforderlich.

33.* Die Schutzkategorie Landschaftsschutzgebiet sollte gestärkt und ihrem ursprünglichen Inhalt entsprechend auf den großräumigen Schutz und die Entwicklung von Kulturlandschaften konzentriert werden. Differenzierte Schutzzweckformulierungen und Beschreibungen des Gebietscharakters in aktuellen Schutzgebietsverordnungen sowie Zonierungskonzepte sind wesentliche Voraussetzungen für einen wirksamen Landschaftsschutz; dies schließt die auf den Schutzzweck bezogenen Verbote, Erlaubnisvorbehalte oder zulässigen Handlungen ein. Der Flächenanteil solchermaßen qualifizierter Landschaftsschutzgebiete sollte erhöht werden.

34.* Der Umweltrat ist der Meinung, daß die Kategorie Naturpark zumindest in den alten Bundesländern Erfordernisse eines zeitgemäßen Naturschutzes nicht oder nur unzureichend erfüllt. Auch die vorliegenden Reformentwürfe zum Bundesnaturschutzgesetz bringen keine wesentliche Verbesserung dieser Schutzgebietskategorie.

Die Beibehaltung der Kategorie Naturpark im Bundesnaturschutzgesetz ist nach Ansicht des Umweltrates aber nur dann zielführend, wenn Naturschutzaufgaben einschließlich der Ökologisierung der Landnutzung ausdrücklich verankert werden.

35.* Zur Verdeutlichung der Aufgabentrennung im Naturschutz macht der Umweltrat ausdrücklich darauf aufmerksam, daß die Kategorie Naturschutzgebiet für den Arten- und Biotopschutz im engeren Sinne unverzichtbar ist. Die Aufgabe der Erhaltung der biologischen Vielfalt kann nicht allein im genutzten Bereich verwirklicht werden, sondern es bedarf auch strenger Schutzgebiete, in denen allenfalls Pflege und Entwicklung erwünscht ist, sowie Gebiete mit uneingeschränkter Naturentwicklung. Diese Kerngebiete des Naturschutzes mit der nur hier schützbaren biotischen Vielfalt, die vielfach nicht oder kaum regenerierbar ist, müssen – auch im Hinblick auf das europäische Netz besonderer Schutzgebiete, NATURA 2000 – umfassender als bisher vor Eingriffen und stofflichen (Rand-)Einwirkungen geschützt werden. Nur durch weiterreichende Schutzanstrengungen, zum Beispiel die Schaffung von Pufferzonen, Verhinderung von Eingriffen und die Aufrechterhaltung natürlicher Dynamik, kann die Tendenz der Zustandsverschlechterung dieser Schutzgebietskategorie aufgehalten werden. Der Umweltrat empfiehlt, die Regelungen dahingehend auszugestalten, daß die Schutzverordnung auch Handlungen untersagen kann, die geeignet sind, den Bestand des Naturschutzgebietes zu gefährden; dies muß gegebenenfalls auch den Umgebungsschutz einschließen.

36.* Nach Auffassung des Umweltrates ist es erforderlich, *Naturschutz-Vorrangflächen* einzurichten; auf etwa 10 % der Landesfläche Deutschlands sollte der Naturschutz absolute Priorität genießen; davon sollten etwa 5 % einem Totalschutz unterliegen, das heißt, gänzlich der Eigendynamik der Natur überlassen bleiben (Naturentwicklungsgebiete). Bei ausreichender Größe sind sie als Nationalparke zu sichern. Für den forstlich genutzten Bereich sollten 5 % Totalreservate, 10 % naturnahe Naturschutz-Vorrangflächen und 2 bis 4 % naturnahe Waldränder

einem Waldbiotopverbundsystem vorbehalten bleiben. Diese Zahlen sind aber nur grobe Richtzahlen, die von Region zu Region erheblich schwanken können und müssen.

Unter Berücksichtigung der jeweiligen Zuständigkeiten von Bund und Ländern kann der Aufbau von Verbundsystemen allerdings keine auf Bundesebene zu erfüllende raumordnerische Aufgabe sein. Vielmehr können Verbundsysteme nur von den Ländern und dann letzlich nur aus den Regionen heraus aufgebaut werden.

37.* Zukünftig erscheint es erforderlich, regionalisierte und nutzungsbezogene Qualitätsziele und Mindeststandards für den Natur- und Landschaftsschutz zu entwickeln und anzuwenden, die die unterschiedliche Naturausstattung und das entsprechende Naturschutzpotential sowie die jeweilige Nutzung berücksichtigen. Regionen mit einem beispielsweise hohen Potential für biologische Vielfalt benötigen dementsprechend einen höheren Schutzanteil.

38.* Besondere Bedeutung für einen international abgestimmten und repräsentativen Naturschutz mißt der Umweltrat der *Umsetzung der FFH-Richtlinie* bei, das heißt der Einrichtung eines kohärenten europäischen Netzes besonderer Schutzgebiete, NATURA 2000. Die für die Umsetzung notwendige Anpassung nationalen Umwelt- und Naturschutzrechts sollte schnellstmöglich erfolgen. Die nach FFH-Richtlinie bedeutsamen Gebiete müssen nach Meinung des Umweltrates unter strengen Schutz gestellt werden. Wegen der Dringlichkeit empfiehlt der Umweltrat, die Umsetzung der FFH-Richtlinie gegebenenfalls unabhängig von der generellen Novellierung des Bundesnaturschutzgesetzes vorab vorzunehmen.

39.* Naturschutz muß endlich als eigene Raumnutzungskategorie der *Raumordnung* und der räumlichen Planung aufgefaßt und dementsprechend zum Beispiel im Raumordnungsbericht behandelt werden. Im derzeit in Bearbeitung befindlichen Handlungsrahmen zum Raumordnungspolitischen Orientierungsrahmen, besser noch im Orientierungsrahmen selbst, sollten Empfehlungen zur Umsetzung des *Biotopverbundkonzeptes* und zu einem umfassenden raumbezogenen Ressourcenschutz unbedingt ergänzt werden.

Ein Handlungskonzept zur Gestaltung eines nationalen Biotopverbundkonzeptes sollte neben Fragen der raumordnerischen Abwägung miteinander konkurrierender Flächennutzungsansprüche auch Vorschläge enthalten, an welcher Stelle von wem in welchem zeitlichen Rahmen die flächenbezogenen Daten zu einer raumordnerischen Gesamtkarte des Biotopverbundsystems zusammengeführt werden. Bei der Erarbeitung des Handlungskonzeptes sollte auf die Empfehlungen der Länderarbeitsgemeinschaft für Naturschutz und Landschaftspflege, die Vorarbeiten und Erfahrungen des Bundesamtes für Naturschutz im Zuge der Umsetzung der FFH-Richtlinie sowie die behördeninterne Erfassung und Bewertung bundesweit bedeutsamer Flächen für den Naturschutz zurückgegriffen werden. Ein nationales Biotopverbundkonzept sollte, abgesehen von der Einlösung internationaler Verpflichtungen, zum Beispiel bei der Überarbeitung des Bundesverkehrswegeplanes oder anderen Bundesplanungen Berücksichtigung finden.

40.* Die Erhaltung der biologischen Vielfalt setzt einheitliche und praktikable Bewertungsmaßstäbe voraus. Das *Instrument der Roten Listen* gefährdeter Tier- und Pflanzenarten hat sich im Rahmen des Arten- und Biotopschutzes trotz gewisser Schwächen als eine wichtige Argumentations- und Bewertungshilfe bewährt. Im Bewußtsein für die Leistungsgrenzen dieser Listen begrüßt der Umweltrat ausdrücklich die Aufstellung der „Roten Liste der gefährdeten Biotoptypen". Diese Liste ist als eine unverzichtbare fachgutachterliche Beurteilung der Gefährdungssituation von Lebensräumen in Deutschland aufzufassen.

Um die Gefährdung der biologischen Vielfalt zukünftig noch besser bewerten zu können, bedarf das Instrument der Roten Listen einer fachlichen Weiterentwicklung. Vor allem ist eine Konzentration auf empfindliche Arten mit hohem Zeigerwert und auf besonders vielfältige, gefährdete und nicht oder kaum wiederherstellbare Lebensräume (Biotopkomplexe) erforderlich sowie eine kontinuierliche Aktualisierung und Differenzierung der Bewertung nach biogeographischen Regionen zu ermöglichen. Die großen Kenntnislücken in der Systematik, Taxonomie und Ökologie wenig attraktiver und wenig bekannter Arten sind verstärkt zu schließen. Aufgrund der wachsenden Bedeutung der Biodiversität sollte ein entsprechendes Forschungsprogramm aufgelegt werden.

41.* Unveränderte Sorge bereiten dem Umweltrat die durch das *Investitionserleichterungs- und Wohnbaulandgesetz* und die *Beschleunigungsgesetze* veränderten Rahmenbedingungen für den Schutz von Natur und Landschaft, die insbesondere auf einen Abbau der Bürgerbeteiligung sowie eine Verminderung der Anwendung der Umweltverträglichkeitsprüfung hinauslaufen. Es ist daher in geringerem Maße als bisher möglich, Beeinträchtigung und Zerschneidungen großer unzerschnittener und schutzwürdiger Räume und die Isolierung wertvoller Lebensräume zu vermeiden; sie müssen jedoch unter allen Umständen so gering wie möglich gehalten werden, um eine weitere Verschlechterung des Zustandes von Natur und Landschaft zu verhindern.

42.* Die Anstrengungen zu einem direkten Flächenschutz reichen jedoch nicht aus, solange nicht gleichzeitig weitere Maßnahmen zum Schutz vor diffusen und kumulierenden *Stoffeinträgen* greifen. Der Umweltrat hält eine weitere Reduzierung der Emissionen von säurebildenden Substanzen und Stickstoffverbindungen aus Industrie und Verkehr, aber auch aus der Landwirtschaft für notwendig. In diesem Zusammenhang sollten regionalisierte Umweltqualitätsziele und Mindeststandards für stoffliche Belastungen nach dem Vorbild der kritischen Eintragsraten eingeführt werden. Schutzgebiete sollten durch Zonierungskonzepte und Pufferzonen besser vor direkten Stoffeinträgen geschützt werden. Um die Waldschäden abzumildern und die Stabilität der Wälder zu erhöhen, ist eine verstärkte Hinwendung zur

naturnahen Waldbewirtschaftung mit standorttypischen Baumarten erforderlich.

43.* Um die Entwicklungen für den Bereich Natur und Landschaft zu dokumentieren, bedarf es eines medienübergreifenden *ökologischen Monitoringsystems*. Künftig ist auch die Verankerung bundesweiter *ökologischer Mindeststandards* erforderlich. Wesentlich ist ferner, den Flächenschutz gegenüber baulichen Belangen zu gewährleisten. Um den Naturschutz in den Bundesländern zu stärken, hält der Umweltrat eine bundeseinheitliche Regelung für die Einführung der *Verbandsklage* für geboten.

44.* Wie im Sondergutachten zu einer dauerhaft-umweltgerechten Nutzung ländlicher Räume dargestellt (SRU, 1996), soll ein Teil der Verantwortung für den Naturschutz den Regionen überlassen werden. Der Umweltrat hält deshalb neben den aufgezeigten Korrekturen des ordnungsrechtlichen Instrumentariums eine verstärkte Anwendung *marktwirtschaftlicher Anreizinstrumente* im Naturschutz für erforderlich. Die Honorierung ökologischer Leistungen von Land- und Forstwirtschaft sollte ein höheres Gewicht erhalten und der Finanzausgleich um ökologische Komponenten erweitert werden.

45.* Schutzgebietsbezogener und flächendeckender Naturschutz bedürfen einer aktuellen Bewertung und Richtungsbestimmung. Um die Aufgabenzuweisungen zu konkretisieren, hält der Umweltrat deshalb die Erarbeitung einer *Bundes-Naturschutzkonzeption* für erforderlich.

Bodenschutz und Altlasten

46.* Als vordringliche Aufgabe der Bodenschutzpolitik sieht der Umweltrat die Verabschiedung des *Bundes-Bodenschutzgesetzes* und des untergesetzlichen Regelwerkes an. Sollte dieses umweltpolitisch wichtige Vorhaben auch in dieser Legislaturperiode nicht gelingen, besteht die Gefahr des endgültigen Scheiterns. Im weiteren Abstimmungsprozeß sollten die in diesem Gutachten und im Sondergutachten Altlasten II aus dem Jahre 1995 gemachten Vorschläge nach Möglichkeit noch in die Überlegungen einbezogen werden. Auch wenn nicht alle Kritikpunkte ausgeräumt sind, manche Forderung nicht in vollem Maße umgesetzt werden kann und einige Pflichten als zu allgemein geregelt erscheinen, sollte eine erneute Verzögerung vermieden werden. Nachbesserungen auf der Grundlage von Erfahrungen aus der Anwendung des Gesetzes sind im Vergleich zu einem Scheitern des Gesetzesvorhabens als die bessere Alternative anzusehen.

47.* Mit Inkrafttreten des Kreislaufwirtschafts- und Abfallgesetzes im Oktober 1996 wird vom Umweltrat wegen des Vorzugs der Verwertung vor der Beseitigung die Zunahme des bereits bestehenden „Drucks auf den Boden" zur *flächenhaften „Verwertung" von Abfällen* befürchtet. Der Umweltrat bezweifelt, daß die – nur fakultative – Überwachung der Verwertung von Abfällen (§ 45 KrW-/AbfG) Schadstoffdispersionen auf weite Flächen wird verhindern können. Es ist vielmehr anzunehmen, daß die Kombination von Entsorgungsdruck einerseits und „Umstellungsdruck" in der Landwirtschaft andererseits eine Entwicklung nach sich ziehen wird, bei der das abfallrechtliche Instrumentarium einen Schutz der natürlichen Bodenfunktionen nicht mehr wird gewährleisten können. Die Verwertung darf nicht den Charakter einer flächenhaften Deponierung gewinnen. Um einer solchen Fehlentwicklung rechtzeitig vorzubeugen, ist es erforderlich, die Nutzung am tatsächlichen Bedarf der verfügbaren Flächen zu orientieren und einheitliche Qualitätskriterien für alle Bundesländer und für alle organischen Reststoffe festzulegen und bestehende Regelungslücken zu schließen.

48.* Sowohl im Hinblick auf die Nährstoffeinträge als auch für die Anwendung von Pflanzenschutzmitteln sind Verbesserungen der in der *Düngeverordnung* beziehungsweise im *Pflanzenschutzgesetz* vorgesehenen ordnungsrechtlichen Maßnahmen erforderlich.

49.* Die begonnenen Arbeiten für den Aufbau eines bundesweiten *Bodeninformationssystems* sollten zügig vorangetrieben werden. Bereits verfügbare Daten aus den bestehenden Dauerbeobachtungsflächen und aus den Bodeninformationssystemen der Länder sollten dabei genutzt werden.

Die Datenlage im Bereich Bodenschutz und Altlasten ist generell verbesserungsbedürftig. Das trifft für Daten zur Bodennutzung (z. B. Erosion, Verdichtung, Versauerung, Humusbestand) und zu Stoffgehalten ebenso zu wie für wirkungsbezogene Daten.

Die Fortführung der begonnenen Arbeiten zur Erfassung des Standes und der Veränderungen von Bodennutzung und -bedeckung und zur Ermittlung von *Hintergrund- und Referenzwerten für Böden* sollte unbedingt sichergestellt werden.

Wichtige Voraussetzungen für die Verbesserung der Datenerhebung und -nutzung sind einheitliche Meßkriterien und -maßstäbe sowie ein funktionierender Datenverbund zwischen Bund und Ländern.

Der Umweltrat empfiehlt, die Erstellung eines *Bodenzustandsberichtes* anzustreben, der in Perioden von etwa fünf bis zehn Jahren eine bilanzierende Betrachtung im Hinblick auf die langfristige Erhaltung der Ressource Boden und auf die Bodenqualität ermöglicht.

Gewässerschutz

50.* Eine wesentliche Voraussetzung für die Erfolge im Gewässerschutz in Deutschland ist die Strategie der Reduzierung des Schadstoffeintrags in die Gewässer durch Maßnahmen an der Emissionsquelle und flächendeckend nach dem Stand der Technik, von der nach Auffassung des Umweltrates nicht abgewichen werden sollte. Eine Ergänzung dazu ist die gewässerqualitätsbezogene Betrachtung. Die international bevorzugte Vorgehensweise, die Maßnahmen ausschließlich von der Tragfähigkeit der Gewässer her ableiten will und damit eingeführte technische Standards in Frage stellt, wird vom Umweltrat abgelehnt. Für die zukünftige Gewässerschutzpolitik kommt es auf die Kombination von quellen- und qualitätsorientierten Maßnahmen an.

51.* Im Rahmen der beabsichtigten Novellierung des *Wasserhaushaltsgesetzes* befürwortet der Umweltrat die generelle Anpassung der Anforderungen der Abwasserreinigung an den Stand der Technik. Dies ist jedoch nur geboten, wenn eine sinnvoll ausgestaltete Abwasserabgabe nicht durchzusetzen ist. Unter dieser Voraussetzung kann eine solche Maßnahme die Emittenten zur Einführung integrierter Technik auffordern, welche die Kosten für die Eliminierung weiterer Schadstofffrachten senkt. Eine ausdrückliche Verankerung des Verhältnismäßigkeitsprinzips im Wasserhaushaltsgesetz ist nicht nur entbehrlich, sondern birgt die Gefahr einer Schwächung des wasserrechtlichen Vollzuges mit der Folge einer schleichenden Absenkung des Niveaus des Gewässerschutzes.

Die Übertragung von Aufgaben der Abwasserreinigung an Private kann eine sinnvolle Alternative zu herkömmlichen Strukturen sein und sollte eine klare gesetzliche Grundlage erhalten. Ebenso eindeutiger Maßstäbe bedarf es dabei aber für die Überwachung und insbesondere auch für die Kriterien der Preisgestaltung.

Der Gesetzentwurf sieht auch vor, unter bestimmten Voraussetzungen Maßnahmen des Gewässerausbaus ohne Planfeststellungsverfahren und damit ohne Umweltverträglichkeitsprüfung zu ermöglichen. Die vielfältigen – auch ökologischen – Auswirkungen und durch Maßnahmen des Gewässerausbaus betroffenen Interessen werden jedoch am besten im Rahmen eines Planfeststellungsverfahrens zum Ausgleich gebracht, das um der Erzielung bestmöglicher Ergebnisse willen nicht zurückgedrängt werden sollte.

52.* Die vierte Novelle zum *Abwasserabgabengesetz* hat durch den Verzicht auf eine Dynamisierung des Abgabensystems und durch die umfangreichen Verrechnungsmöglichkeiten aus der Abgabe ein reines Finanzierungsinstrument gemacht. Der Umweltrat empfiehlt, die Erfahrungen aus der zweiten und dritten Novellierung auszuwerten und auf dieser Basis durch eine Reform der vierten Novellierung die Preisgabe der Lenkungswirkung rückgängig zu machen.

53.* Im Bereich der *Fließgewässer* hält der Umweltrat weitere Maßnahmen zur Reduzierung der Stoffeinträge durch Pflanzenschutzmittel sowie durch Nebenprodukte und Ausgangsstoffe der Herstellung von Pflanzenschutzmitteln für dringend erforderlich. Zur Verbesserung der Datenlage zur Belastungssituation der Fließgewässer, insbesondere im Hinblick auf die Aktualität der Daten, regt der Umweltrat den weiteren Ausbau und die Koordinierung der Meßprogramme an. Die Schadstoffbelastungsinventare sollten über die Kontrolle der Gewässergüte hinaus auch verstärkt zur Entwicklung von Minderungsmaßnahmen genutzt werden.

54.* Im Zusammenhang mit der Eutrophierungsproblematik hält es der Umweltrat für erforderlich, in Teilräumen ausgewählte, durch Stickstoffeinträge potentiell gefährdete Gewässer zu beobachten und deren Veränderungen zu dokumentieren. Eine Darstellung des Säurezustandes sollte an gefährdeten

Gewässern bei gleichzeitiger Untersuchung der Überbeanspruchung der Pufferkapazitäten umliegender Böden erfolgen.

55.* Nach Auffassung des Umweltrates ist eine umfassende ökologische Zustandserfassung und -bewertung der Seen erforderlich, die sowohl auf biotischer als auch abiotischer Kennzeichnung beruht. Insbesondere für das nordostdeutsche Tiefland mit seinem großen natürlichen Seenreichtum besteht ein dringender Handlungsbedarf. Aus den Erhebungen sind Schutz- und Sanierungsmaßnahmen abzuleiten.

56.* Dringend geboten ist eine deutliche Verringerung der Konzentration von schwer abbaubaren starken Komplexbildnern in den Fließgewässern. Zudem sollte die EDTA-Vereinbarung auf alle schwer abbaubaren organischen Komplexbildner ausgeweitet werden. Der Umweltrat sieht unvermindert Forschungsbedarf für die Minderung des Eintrags von Chelatbildnern aus Wasch- und Reinigungsmitteln. Zur weiteren Analyse der Entwicklung der Gewässerbelastung mit starken Komplexbildnern erachtet er den Aufbau einer zuverlässigen Datenbasis für notwendig.

57.* Der Umweltrat hält es für erforderlich, *die Beschreibung und Bewertung der Gewässergüte* weiterzuentwickeln. Die Methodik zur Ermittlung der saprobiellen Gewässergüte sollte, soweit möglich, vereinheitlicht und um tierische und pflanzliche Parameter ergänzt werden. Die in den Fachgremien diskutierte Erweiterung der Erfassung physikalisch-chemischer Kenngrößen, vor allem der gefährlichen Stoffe um die Stoffklasse der Industriechemikalien und der Pflanzenschutzmittel sowie um Phosphatersatzstoffe, sollte baldmöglichst umgesetzt werden. Für die physikalisch-chemischen Parameter ist eine Klassifikation der Gefährlichkeit nach Nutzungen, das heißt für den gesundheitlichen, ökologischen/ökotoxikologischen und technischen Bereich erforderlich. Diese Untersuchungen und Bewertungen müssen auch das Gewässersediment einbeziehen. Um die ökomorphologische Qualität der Gewässer beurteilen zu können, ist außerdem die Gewässerstruktur und der Gewässerausbau zu erfassen. Für eine integrierte Gewässerbewertung ist zusätzlich eine naturschutzfachliche Biotoperfassung und -bewertung erforderlich.

58.* Künftig ist dem Erhalt der natürlichen Gewässerstruktur der großen Ströme stärkere Beachtung zu schenken. Die letzten noch in ihrer natürlichen Funktionalität erhaltenen Fließgewässer sind in ihrem Zustand zu belassen. Eingriffe in die Flußmorphologie und den damit verbundenen Wasserhaushalt sind zu unterlassen. Statt dessen sind bei Bedarf bestehende Kanalsysteme entsprechend den Erfordernissen auszubauen.

Aus ökologischen und verkehrspolitischen Gründen lehnt der Umweltrat deshalb den Ausbau der Ober- und Mittelelbe zur hochleistungsfähigen Wasserstraße in der jetzigen Form entschieden ab und fordert ein Gesamtkonzept, das den Ausbau des bestehenden Kanalnetzes einschließt. Die sogenannte Optimierung von Wasserstraßenverbindungen darf den ökologischen Erfordernissen nicht übergeordnet sein. Auch den Bau von Staustufen und weitere Aus-

baumaßnahmen an den anderen wenigen noch vorhandenen nicht aufgestauten naturnahen Fließgewässern, wie beispielsweise an der Saale und an der Havel, hält der Umweltrat für nicht vertretbar. Die negativen Erfahrungen mit dem Ausbau der Donau sollten berücksichtigt werden.

Maßnahmen zur Renaturierung von Gewässern müssen verstärkt in Angriff genommen werden. Dabei sollten die Eigendynamik und die strukturierenden Kräfte des Fließgewässers soweit wie möglich ausgenutzt werden, um teure und zum Teil ökologisch ineffiziente bauliche Gestaltungsmaßnahmen an Gewässern gering zu halten.

59.* Hochwasser sind natürliche Vorgänge, die akzeptiert und künftig auch verstärkt als solche in das Bewußtsein der Bevölkerung gebracht werden müssen. Der Umweltrat ist deshalb der Meinung, daß alle Möglichkeiten für einen vorsorgenden *Hochwasserschutz* ausgeschöpft werden müssen. Es muß so viel Wasser wie möglich und solange wie möglich auf der Fläche gehalten werden. Die von alters her bekannten natürlichen Überschwemmungsgebiete müssen erhalten und gegebenenfalls soweit möglich wiederhergestellt werden. Hierbei handelt es sich um eine integrierte Aufgabe für Wasserwirtschaft, Raumordnung, Landnutzung und Naturschutz; aber auch andere Politikbereiche, wie Verkehr, sind einzubeziehen. Überschwemmungsgebiete müssen darüber hinaus von Nutzungen, die ein hohes Schadenspotential besitzen, freigehalten werden. Ein solchermaßen begründeter vorsorgender Hochwasserschutz sollte in § 32 Wasserhaushaltsgesetz den allein auf schadlosen Abfluß des Hochwassers aus Überschwemmungsgebieten gerichteten Ansatz ersetzen. Außerdem sollte die Erhaltung beziehungsweise Wiederherstellung eines naturnahen Zustandes aller Gewässer verpflichtender als bisher in das Gesetz aufgenommen werden. Entsprechende Ergänzungen sind auch im Planungs- und Baurecht von Bund und Ländern sowie im Naturschutzrecht erforderlich.

Um das Speicher- und Wasserrückhaltevermögen von Boden und Landschaft zu erhalten oder wiederherzustellen, sollten flächendeckend alle Möglichkeiten der Entsiegelung und Beschränkung der Versiegelung, Verhinderung von Bodenverdichtung sowie der Regenwasserversickerung genutzt werden. Entsprechende und ergänzende Regelungen sind im Raumordnungsgesetz, im Bundes-Bodenschutzgesetz sowie im Planungs- und Baurecht der Länder vorzusehen. Auch sollten im kommunalen Bereich für Bürger Anreize geschaffen werden, Regenwasser entsprechend umweltverträglich zu behandeln. Gegebenenfalls sind Änderungen von Abwassersatzungen (Lockerung des Anschluß- und Benutzungszwangs der Kanalisation für Niederschlagswasser) und eine Ökologisierung des kommunalen Gebührenwesens erforderlich.

Die Anhäufung von Schadenspotentialen in überschwemmungsgefährdeten Bereichen ist soweit wie möglich zu vermeiden, um die Risiken für die Umwelt und die Betroffenen so gering wie möglich zu halten. Lücken in der Datenbasis und den Modellen für die Hochwasservorhersage sollten geschlossen werden.

60.* Der Umweltrat fordert für den *Schutz von Nordsee und Ostsee* nachdrücklich eine weitergehende Verringerung der Nährstoffeinträge. Dabei sollten die Reduktionsstrategien bei den Frachten aller Verursachergruppen ansetzen, das heißt, Maßnahmen zur Reduzierung der landwirtschaftlich bedingten sowie der atmosphärischen Stickstoffeinträge ergriffen werden.

Der Umweltrat hat in diesem Zusammenhang einige Möglichkeiten zur Verbesserung der Düngeverordnung aufgezeigt und unter anderem für eine Festlegung von am Konzept der kritischen Eintragsraten orientierte maximale Nährstoffbilanz-Überschüsse plädiert, deren Einhaltung auf effiziente Weise kontrolliert werden muß. Sollten die Maßnahmen der Düngeverordnung nicht greifen, schlägt der Umweltrat die Einführung einer Abgabe auf stickstoffhaltige Mineraldünger vor. Des weiteren fordert der Umweltrat, den Anteil des Verkehrs am atmosphärischen Eintrag polyzyklischer aromatischer Kohlenwasserstoffe in die Nordsee zu reduzieren. Die Begrenzung der Nährstofffrachten muß sich an den natürlichen Grenzen der betroffenen marinen Teilökosysteme orientieren.

Will man zudem die in der politischen Grundsatzerklärung der 4. Nordseeschutzkonferenz formulierte Nullemission von gefährlichen Stoffen erreichen, muß zunächst die Stoffliste erweitert werden, zum Beispiel durch die Aufnahme der in der ursprünglichen Verbotsliste aufgeführten Agrarpestizide oder des Komplexbildners EDTA. Auch muß die Informationsbasis für eine genaue Quantifizierung der organischen Spurenkontaminanten wesentlich verbessert werden.

Die Möglichkeit der kostenlosen Abgabe von ölhaltigen Abfällen und Rückständen in deutschen Küsten- und Binnenhäfen sollte nach Auffassung des Umweltrates wieder gewährleistet werden. Zur Finanzierung könnte eine mit der Hafengebühr erhobene Entsorgungsgebühr beitragen.

61.* Die ökologisch äußerst sensiblen und anthropogen stark veränderten Ökosysteme der deutschen Ostseeküste sind durch eine ökologische Zustandserfassung und -bewertung zu dokumentieren. Insbesondere im Gefolge des sich ständig ausweitenden Tourismus sind Vegetationszerstörungen mit ihren Auswirkungen auch auf die Fauna sowohl im Strandbereich (Dünen, Steilküsten, Salzwiesen) wie auch im marinen Flachwasserbereich eingetreten, die es unbedingt zu erfassen gilt. Daraus sind Handlungsempfehlungen abzuleiten, die umgehend umgesetzt werden sollten.

62.* *Grundwasserschutz* ist aus Vorsorgegesichtspunkten grundsätzlich flächendeckend zu gewährleisten. Hiervon können nur bereits belastete Grundwasserzonen als Zonen minderer Güte ausgenommen werden. Nicht zuletzt ist der vorsorgende Grundwasserschutz auch ein Schutz der Trinkwasserressourcen. Die im Bereich Grundwasserbeschaffenheit lückenhafte Datenlage gilt es durch Vereinheitlichung der Datengrundlagen in den Ländern zu verbessern.

63.* Nach dem Vorschlag zur Novellierung der Trinkwasser-Richtlinie sollen für chlororganische Verbindungen wie Tri- und Tetrachlorethen Konzentrationen erlaubt sein, die den in Deutschland erlaubten Wert bis zum Faktor zehn übersteigen, wogegen Bedenken zumindest unter dem Aspekt der Gesundheitsvorsorge bestehen. Kritikwürdig ist zudem die Aufgabe des bisherigen Summengrenzwertes für Pestizide von 0,5 µg/L; bleiben soll nur der isolierte Einzelgrenzwert pro Substanz von 0,1 µg/L. In bestimmten Gebieten mit intensiver Landwirtschaft und Gartenbau könnte danach eine Einhaltung des bisherigen Summengrenzwertes nicht mehr gewährleistet werden. Der am Vermeidungsgrundsatz orientierte Summengrenzwert ist toxikologisch nicht begründet, sondern stellt praktisch einen Ersatz für fehlende Vorschriften für den Grundwasser- und allgemeinen Gewässerschutz dar. Die Gesundheitsvorsorge und auch das Vertrauen der Verbraucher in die Unbedenklichkeit des Lebensmittels Wasser rechtfertigen die zur Einhaltung dieses Wertes erforderlichen Anstrengungen. Im Interesse eines umfassenden gesundheitlichen Verbraucherschutzes sollte deshalb bei den weiteren Beratungen über die Richtlinie die deutsche Delegation darauf einwirken, daß die bisherige Grenzwertkombination von Einzel- und Summenparametern ungeachtet der daran geäußerten Kritik bestehen bleibt.

64.* Im Bereich der *Behandlung und Erfassung von Abwässern* darf der zunehmende Kostendruck nicht dazu führen, die Anforderungen an die Abwasserreinigung aufzuweichen, Umweltschutzstandards zu senken und die flächendeckende Einführung der weitergehenden Reinigungsstufe zu verzögern. Nach Auffassung des Umweltrates muß die Durchführung der kommunalen Aufgaben dagegen zukünftig stärker auf der Grundlage von Wirtschaftlichkeitsvergleichen erfolgen. Die Umsetzung der von der Länderarbeitsgemeinschaft Wasser vorgeschlagenen Maßnahmen zur Kostenreduzierung der Abwasserreinigung kann dazu wesentlich beitragen. Eine Verkürzung der Genehmigungsverfahren sollte allerdings nur in Betracht kommen, wenn nicht die Verfahrensanforderungen (z.B. Öffentlichkeitsbeteiligung) zur Disposition stehen, sondern das Projekt- und Verfahrensmanagement verbessert wird.

Für die Lösung der bestehenden Vollzugsprobleme in den Ländern ist nach neuen Wegen, die zu einer Entlastung führen können, zu suchen (z.B. Kooperationslösungen, Selbsterklärungen).

65.* Auf *europäischer Ebene* scheint der Verzicht auf einheitliche materielle Standards auch durch die geplante Neukonzeption des Gewässerschutzes seine Fortsetzung zu finden. Nach Auffassung des Umweltrates sind jedoch sowohl gemeinschaftliche, auf hohem Schutzniveau festgesetzte Emissionsstandards als auch eine einheitliche Definition und Anwendung der besten verfügbaren Technik für den flächendeckenden Gewässerschutz eine wesentliche Voraussetzung. Dies sollte ergänzt, aber nicht ersetzt werden durch Immissionsstandards/Qualitätsziele, die in besonders schutzwürdigen oder belasteten Gebieten zusätzliche Vorkehrungen möglich machen.

Der Umweltrat weist zudem darauf hin, daß in einer Neukonzeption der europäischen Gewässerschutzpolitik die in diesem Bereich eklatanten Vollzugsdefizite mehr Aufmerksamkeit erfahren müssen.

Angesichts der Überschneidungsbereiche zahlreicher Umweltschutzrichtlinien muß bei der Richtlinie über die ökologische Qualität der Gewässer sichergestellt werden, daß die Formulierung des zu verlangenden Techniknivaus einheitlich ausfällt, denn das Nebeneinander von Anforderungen an die beste verfügbare Technik und an die besten Umweltpraktiken birgt die Gefahr uneinheitlicher und damit unklarer Maßstäbe.

Schließlich sollten die angekündigten europäischen Programme zur Verringerung des Phosphateinsatzes sowie zur Überwachung des Verkaufs und des Einsatzes von Pflanzenschutzmitteln angestoßen werden.

Abfallwirtschaft

66.* Eine am Leitbild einer dauerhaft-umweltgerechten Entwicklung ausgerichtete Abfallwirtschaft muß der *Vermeidung und Verwertung von Abfällen* im Produktions- und Konsumbereich grundsätzlich Vorrang vor der Beseitigung einräumen, wobei im Einzelfall zu prüfen ist, welche Maßnahme mit den geringsten Umweltbelastungen verbunden ist. Eine gezielte Betrachtung und Bewertung von Stoffströmen trägt dazu bei, Maßnahmen zur Abfallvermeidung und -verwertung systematischer und wirkungsvoller einzuleiten und durchzuführen. Alle Vorgänge der Ver- und Entsorgung müssen wegen ihrer Zusammengehörigkeit durchgehend auch unter stoffökologischen Gesichtspunkten betrachtet und geprüft werden. Eine noch stark sektorale Betrachtungsweise in der Abfallpolitik muß dabei ersetzt werden durch eine integrale stoffbezogene Sicht auf Güter und Abfälle. Um die Leitvorstellungen einer umweltverträglichen Abfallwirtschaft praktikabel umsetzen zu können, bedarf es sowohl der Änderung der Verhaltensweisen von Produzenten und Konsumenten als auch des Einsatzes sowie der Weiterentwicklung des umweltpolitischen Instrumentariums. Auf seiten der Unternehmen ist die Entwicklung verwertungs- beziehungsweise beseitigungsfreundlicher Produkte sowie die Vermeidung und Verwertung von Reststoffen und Abfällen weiter voranzutreiben. Auf seiten der Konsumenten handelt es sich nicht nur um ein verändertes Verhalten bei der Sammlung von Haushaltsabfällen, sondern um tiefgreifende Veränderungen der Kauf-, Konsum- und Lebensgewohnheiten der einzelnen Menschen, die Ausdruck neuer, umweltbewußter Lebens- und Verhaltensweisen sind.

67.* Im *Kreislaufwirtschafts- und Abfallgesetz* ist eine Konkretisierung durch Rechtsverordnungen notwendig. Es ist dringend anzuraten, die Beratungen zu diesen untergesetzlichen Regelwerken voranzutreiben, um ein rechtzeitiges Funktionieren des Kreislaufwirtschafts- und Abfallgesetzes sicherzustellen. Insbesondere bei der Abfallbestimmungsverordnung besteht noch erheblicher Abstimmungsbedarf hinsichtlich des Umfangs des Katalogs gefährlicher Abfälle. Der Umweltrat befürwortet grundsätzlich die Erweiterung des Abfallkatalogs.

68.* Eine Einflußnahme auf Stoffströme muß stärker als bisher über eine Hinwendung zu Produktanforderungen hinsichtlich der Stoffzusammensetzungen erfolgen. Ein Schritt in diese Richtung sind die lange geplanten *produktbezogenen Verordnungen* für Elektronikschrott, Altautos und Batterien sowie die bereits in Kraft getretene Verpackungsverordnung.

Die Verzögerungen hinsichtlich der Entwürfe zu den noch anstehenden Verordnungen rühren auch daher, daß die Wirtschaft trotz Ankündigungen noch keine überzeugenden Alternativen zu ordnungsrechtlichen Eingriffen in Form von Selbstverpflichtungen vorgelegt hat, die einer Überprüfung standhalten. Der Umweltrat sieht die Vorteile von Selbstverpflichtungen gegenüber ordnungsrechtlichen Maßnahmen, gibt aber Abgabenlösungen unter ordnungsrechtlichen Gesichtspunkten eindeutig den Vorzug. Im Vergleich zum Ordnungsrecht ermöglichen Selbstverpflichtungen ein größeres Maß an Flexibilität, da sie ein breiteres Spektrum von Handlungsmöglichkeiten für die Betroffenen anbieten. Es ist allerdings erforderlich, daß die Selbstverpflichtungen der Wirtschaft die zentralen ökologischen Eckpunkte entsprechender produktbezogener Verordnungen aufnehmen. Andernfalls besteht die Gefahr, daß die erwünschten Effekte nicht verwirklicht werden. Die produktbezogenen Selbstverpflichtungen müssen diese Regelungen zur Produktverantwortung gemäß den §§ 22 ff. KrW-/AbfG umsetzen. Die bisherigen Vorschläge für Selbstverpflichtungen hinsichtlich der Rücknahme und Verwertung von Elektronikschrott und Altautos sind nicht ausreichend. Soweit hier nicht nachgebessert wird, werden entsprechende Verordnungen nicht zu vermeiden sein. Es ist im übrigen nicht hinzunehmen, daß wichtige Bereiche ungeregelt bleiben, weil funktionsfähige Selbstverpflichtungen abgewartet werden.

69.* Gegenwärtig ist der Trend zu beobachten, unter Hinweis auf in allen Bereichen sinkende Abfallströme Druck auf eine Änderung des Kreislaufwirtschafts- und Abfallgesetzes im Hinblick auf eine Abschwächung der Vermeidungsanstrengungen auszuüben, obwohl das Gesetz erst im Oktober 1996 in Kraft tritt und Auswirkungen auf die Entsorgungssituation überhaupt noch nicht abzuschätzen sind.

Der Umweltrat hält ein Überangebot an *Entsorgungskapazitäten*, daß heißt nicht ausgelastete Verbrennungsanlagen und Deponien, keineswegs für ein Übel, dem man mit verringerten Anstrengungen bei der Abfallvermeidung begegnen muß. Mehr Wettbewerb könnte im Entsorgungs- und Recyclingbereich durch Aufhebung der kleinräumlichen Begrenzung des Einzugsbereichs der Entsorgungsanlagen und durch einen bundeseinheitlichen Entsorgungsmarkt erreicht werden. Hier könnten länderübergreifende Kooperationen, wie etwa nach dem Plan zwischen Niedersachsen und Sachsen-Anhalt, hilfreich sein. Die hiermit verbundenen Transporte und ihre Emissionen sollten durch die Verlagerung der Transporte auf die Schiene eingeschränkt werden.

70.* Der Umweltrat weist darauf hin, daß eine Voraussetzung für wirkungsvolle Maßnahmen eine wesentliche Verbesserung der *Datenlage im Abfallbe-*

reich ist. In den meisten Fällen müssen bislang Schätzungen und Prognosen verläßliche Daten ersetzen. Das Umweltstatistikgesetz wird hier nur in einigen Fällen Abhilfe schaffen können. Wirkungsseitig ist die Datensituation mangelhaft: Für die vom Umweltrat bereits im Umweltgutachten 1994 angesprochene fundierte Abschätzung der Wirkung auf Akzeptoren fehlen weiter ausreichende Daten. Darüber hinaus sind auch Kenntnisse über Ursache-Wirkungs-Zusammenhänge zumeist zu lückenhaft, um verläßliche Wirkungsanalysen zu ermöglichen. Der Umweltrat empfiehlt daher eine konzertierte Aktion von Bund und Ländern, um in einem ersten Schritt ein Gesamtkonzept zur Datenlage im Abfallbereich unter Einschluß der wirkungsseitigen Daten und Fakten zu erstellen. Dazu wäre eine Anbindung an die Arbeiten zu Indikatorensystemen im Abfallbereich dringend anzuraten.

71.* Der Umweltrat hält eine grundsätzliche Überprüfung der im Abfallbereich realisierten *Abgabenlösungen* für erforderlich und schlägt vor, insbesondere die Möglichkeiten einer Einführung von Pfand-Systemen für bestimmte Stoffe und Produkte zu überprüfen. Die in den Ländern praktizierten Sonderabfallabgaben sind dagegen nur dann geeignet, tatsächliche Lenkungswirkungen zu entfalten und Entsorgungsknappheiten zu verdeutlichen, wenn zukünftig ein nach Branchen- und Abfallarten stärker differenziertes Abgabensystem zur Anwendung kommt und die Abgabe auch daran bemessen wird, welche Kosten für umweltverträgliche Vermeidungs- und Verwertungsverfahren aufzubringen sind.

72.* Teil einer Abfallvermeidungsstrategie und einer Kreislaufwirtschaft ist der Umgang mit *Verpackungen.* Dazu zählt die Sicherung von Mehrwegsystemen und das Zurückdrängen von Einwegverpackungen durch die Novellierung der Verpackungsverordnung, soweit dies auf der Basis von Öko-Bilanzen zu rechtfertigen ist. Unter diesen Voraussetzungen empfiehlt der Umweltrat eine deutliche Verteuerung von Einwegverpackungen, insbesondere bei Einweggetränkedosen sowie die Einführung von Pfand-Systemen gerade in diesen Bereichen.

73.* Der über das Duale System gewählte Weg der Verpackungserfassung, -verwertung und -entsorgung ist immer noch mit Mängeln behaftet. Zunächst gibt die monopolartige Struktur der Duales System Deutschland GmbH, die auch Kritik von seiten des Kartellamtes auf sich gezogen hat, und die starke Verflechtung mit der Entsorgungswirtschaft Anlaß zur Sorge. Angesichts des großen Kostenanstiegs durch dieses zweite Entsorgungssystem lassen sich zudem Zweifel äußern, ob eine Kosten-Nutzen-Analyse über die Vorteilhaftigkeit des Systems durchgehend positiv ausgehen würde. Schließlich stellt sich das Problem des zunehmenden Einsatzes von DSD-Kunststoffabfällen als Reduktionsmittel in der Stahlherstellung und die Tendenz, dies mit enormen Kosten zu „subventionieren". Gefährdet wird dadurch das werkstoffliche Recycling. Im Ergebnis verringert sich auch der Druck auf die Müllvermeidung.

Dabei ist auch zu berücksichtigen, daß für einen sinnvollen Materialkreislauf die Rohstoffqualität aus-

schlaggebend ist. Eine mit Abwärmeverwertung gekoppelte thermische Inertisierung heterogener, heizwertreicher Abfälle – inklusive Verpackungsabfälle – wäre in vielen Fällen ökologisch und ökonomisch sinnvoller als der arbeits-, kosten- und energieintensive Entzug dieser Fraktionen aus dem Restmüll zur forcierten roh- und werkstofflichen Verwertung mit hohem Eigenenergie-, insbesondere Strombedarf. Zugleich sinkt der Heizwert des Restmülls, so daß dessen selbstgängige Verbrennung immer weniger möglich ist. Unter diesen Gesichtspunkten können weitere, möglicherweise sehr kostenträchtige Bemühungen um Sortierung und Fraktionierung durchaus kritisch beurteilt werden. Es erscheint darüber hinaus äußerst notwendig, die heutige Praxis auf diesem Gebiet grundsätzlich zu überdenken.

74.* Im Hinblick auf die Sortier- und Sammelbereitschaft der Bevölkerung können sich sowohl die Kostensteigerungen bei der Abfallentsorgung als auch die wachsende Tendenz zur Verbrennung des Restmülls höchst kontraproduktiv auswirken: Hier wäre es einmal mehr die Aufgabe der staatlichen und privaten Entscheidungsträger, der breiten Öffentlichkeit eine differenzierte Sichtweise und eine angemessene Entscheidungsfindung zu ermöglichen. Die Gründe, die für oder gegen die jeweils unterschiedlich einzuschlagenden Wege in der Abfallpolitik sprechen, sind transparent zu machen, damit Vor- und Nachteile in nachvollziehbarer Weise gegeneinander abgewogen werden können. Wie in keinem anderen Bereich sind im Abfallsektor politische Entscheidungen von großen Akzeptanzrisiken begleitet. Der Umweltrat weist nachdrücklich darauf hin, daß die Umweltpolitik in Zukunft gerade dem Problem gesamtwirtschaftlicher Akzeptanzbildung große Bedeutung zumessen sollte.

75.* Der Umweltrat bekräftigt seine im Sondergutachten Abfallwirtschaft aus dem Jahre 1991 festgelegten Maßstäbe zur Endlagerung von Restabfällen. Sie entsprechen dem Leitgedanken einer dauerhaft-umweltgerechten Entwicklung. Eine Gleichstellung der thermischen Inertisierung mit einer vorläufigen Stabilisierung, das heißt einer *mechanisch-biologischen Restabfallbehandlung*, von immer komplexer und inhomogener werdenden Restabfällen ist aus naturgesetzlichen Gründen ausgeschlossen, höchstens emissionsseitig vorstellbar. Eine rechtliche Gleichstellung beider Behandlungsformen ist daher auch künftig zu vermeiden. Es ist zu begrüßen, daß die Bundesregierung beabsichtigt, an den Zielen der TA Siedlungsabfall festzuhalten.

76.* Im Bereich der Entsorgung ist die zunehmende Tendenz zur *Ablagerung bergbaufremder und besonders überwachungsbedürftiger Abfälle* festzustellen. Die Nutzung untertägiger Hohlräume, zum Beispiel in Steinkohlen-, Braunkohlen-, Erz-, Gips-, Kalk-, Granitbergwerken und so weiter ist, wenn solche überhaupt geeignet sind, sehr differenziert zu betrachten. Der Umweltrat empfiehlt, vor einer Ausweitung untertägiger Deponierung den Abfallkatalog der unter Tage zu verbringenden Abfälle beziehungsweise Abfallarten gesteins- und bergwerksspezifisch zu überprüfen und auszurichten. Auch wäre zu überlegen, Massenabfälle wie kontaminierter

Bodenaushub und Bauschutt mit in die Betrachtungen einzubeziehen.

77.* Auf *europäischer Ebene* standen neben der Entsorgungsseite die fortgesetzten Bemühungen um eine Verpackungsrichtlinie im Mittelpunkt der EU-Aktivitäten. Der Umweltrat hält nach wie vor eine Verpackungsrichtlinie, die nicht nur Mindestquoten, sondern auch Höchstquoten für eine stoffliche Verwertung von Verpackungsabfällen festlegt, aus Gründen des Ressourcenschutzes und der Umweltschonung weder für erforderlich noch für nützlich. Die Innovationsfähigkeit der Industrie und die Bemühungen, Recyclingprodukte auf den Märkten zu etablieren, sollten nicht durch Höchstquotenvorgaben gebremst werden. Die innovativen Ansätze der Richtlinie, insbesondere hinsichtlich des Kennzeichnungs- und Identifizierungssystems für Verpackungen und die Unterrichtung der Verpackungsnutzer, könnten unter anderem durch einen deutlich lesbaren Hinweis auf die Kosten des „grünen Punkts" für mehr Preistransparenz sorgen.

Im Hinblick auf die Richtlinie über die Verbrennung gefährlicher Abfälle sollte auf deutscher Seite bei der Festlegung von Einleitungsgrenzwerten von Abwasser aus der Rauchgaswäsche nachdrücklich auf die Einhaltung eines hohen Gewässerschutzstandards bestanden werden.

Mit Blick auf den Vorschlag für eine Richtlinie über Abfalldeponien empfiehlt der Umweltrat zur Sicherung des hohen Umweltschutzniveaus, die Anforderungen der TA Siedlungsabfall beizubehalten. Nach Auffassung des Umweltrates wird die vorgesehene Richtlinie die grenzüberschreitende Abfallverbringung weiter fördern, da die niedrigen Anforderungen an Abfalldeponien in anderen Mitgliedstaaten die Kostenentwicklung wesentlich beeinflussen werden. Der Umweltrat lehnt darüber hinaus eine Begrenzung der vorgesehenen Haftung des Betreibers für die durch deponierte Abfälle verursachten Umweltschäden auf lediglich zehn Jahre ab.

78.* Während durch die Beschlüsse der Vertragsstaatenkonferenzen der *Baseler Konvention* die Grundlagen für eine wirkungsvolle Kontrolle von Abfallexportverboten sowie für eine Überprüfung von Verwertungskapazitäten in Empfängerländern geschaffen worden sind, müssen zukünftig vor allem die Vollzugsdefizite beseitigt werden. Der Abfallrückführungsfonds, der, sofern der Verursacher nicht ermittelt werden kann, eine verursachernahe Regelung der Kostenübernahme bei der Gesamtheit der Exporteure vorsieht, trägt zwar zur Beseitigung der Folgen von Vollzugsdefiziten bei, ist aber aus ordnungspolitischen Gründen außerordentlich problematisch.

Luftreinhaltung

79.* Zur *Lösung der Sommersmogproblematik* fordert der Umweltrat Maßnahmen zur Reduzierung der Ozonkonzentration auf gesundheitlich unbedenkliche Werte. Hierzu sind die Emissionen von Stickstoffoxiden und von flüchtigen organischen Verbindungen bis zum Jahre 2005 um 80 % bezogen auf 1987 zurückzuführen. Die sich im wesentlichen auf ord-

nungsrechtliche Regelungen stützenden Maßnahmen zur Emissionsminderung von Stickstoffoxiden müssen bei allen Emittenten ansetzen. Bei der Ausgestaltung der Maßnahmen ist auch den zwischen den Sektoren unterschiedlichen Vermeidungskosten Rechnung zu tragen. Entsprechendes gilt für die Minderung von flüchtigen organischen Verbindungen (VOC) aus dem Verkehr sowie aus dem Bereich Lösemittelverwendung. Da die bisher erzielten Fortschritte im Bereich der Lösemittelverwendung unzureichend sind, besteht hier besonderer Handlungsbedarf.

80.* Bei der Klärung der komplexen Bildungs- und Abbaumechanismen von Photooxidantien besteht Forschungsbedarf; entsprechende Untersuchungen sollten zügig angegangen werden. In diesem Zusammenhang sollte auch der Einfluß biogener VOC-Emissionen auf die Photooxidantienbildung untersucht werden.

81.* Bei der Entwicklung von *FCKW- und Halonersatzstoffen* sind nicht nur technische, sondern auch ökologische und toxische Eigenschaften umfassend zu untersuchen. Es sollten nur solche Ersatzstoffe zur Anwendung kommen, die weder klimawirksam sind noch die stratosphärische Ozonschicht zerstören und darüber hinaus aber auch in keiner anderen Form die Umwelt und den Menschen schädigen.

82.* Einen weiteren Schwerpunkt umweltpolitischen Handelns sieht der Umweltrat in der *CO_2-Minderungspolitik*. Er weist in diesem Zusammenhang auch auf die Empfehlungen der Deutschen Physikalischen Gesellschaft zur Nutzung von Strom, von Treibstoffen im Verkehr und von Wärme in Gebäuden und in der industriellen Produktion hin, die aus Anlaß der ersten Vertragsstaatenkonferenz zur Klimarahmenkonvention 1995 in Berlin abgegeben wurden.

83.* Die Novellierung der *Wärmeschutzverordnung* und das damit eingeführte Energiebilanzverfahren stellen einen Fortschritt dar, der für alle Beteiligten des Bauwesens Anreize zu Verbesserungen im baulichen Wärmeschutz bringt. Die Wirkung der Verordnung könnte noch verbessert werden, wenn die Energiebilanzierung auch für kleinere Wohngebäude vorgeschrieben würde. Sie sollte möglichst bald nach Auswertung der damit gemachten Erfahrungen auch für ·Ein- und Zweifamilienhäuser vorgeschrieben werden. Da sich bei Neubauten auch die neuen Wärmebedarfswerte deutlich unterschreiten lassen, sollte der Standard der Niedrigenergie-Häuser Zielvorgabe für Neubauten werden. Dies ist notwendig, weil mit dem Hausbau Energiebedarfsprofile für längere Zeiträume vorgegeben werden; klare Vorgaben in dieser Hinsicht sind aber auch wegen der Deregulierung im Bauordnungsrecht erforderlich. Eine weitere Novellierung der Verordnung sollte daher alsbald vorbereitet werden. Für den Baubestand hängt die Motivation für die technisch und finanziell aufwendigere wärmetechnische Nachrüstung davon ab, ob die – besteuerungsabhängigen – Preise für Heizenergieträger eine entsprechende Höhe erreichen. Der Umweltrat erwartet, daß der Wärmebedarfsausweis bald zum preisbildenden Faktor im Immobilienmarkt wird und auch auf diesem Wege Anreize für die energiesparende Bauausführung entstehen.

Langfristig könnte die Wärmeschutzverordnung in dem Umfang entbehrlich werden, wie entsprechende Anreize zum energiesparenden Bauen von den um die externen Effekte korrigierten Energiepreise ausgehen, sei es im Wege von Emissionsabgaben oder von handelbaren Emissionsrechten.

84.* Die das Energieeinsparungsgesetz ausfüllende *Heizungsanlagenverordnung* ist 1994 grundlegend novelliert worden und setzt die EU-Heizkessel-Richtlinie um. Die Klassifikation von Wärmeerzeugern richtet sich nun nach dem Wirkungsgrad, an den Mindestanforderungen gestellt werden, die ab 1998 den Einbau von Brennwert- oder Niedrigenergiekesseln bei Neubauten notwendig machen. Die Einhaltung der energetischen Anforderungen wird durch entsprechende europäische Produktnormen gewährleistet. Weitere Energiesparpotentiale werden dadurch genutzt, daß künftig für Brauchwasseranlagen Anforderungen an die Wärmedämmung und die Begrenzung von Verteilungsverlusten gestellt werden.

85.* Die Novelle zur *Kleinfeuerungsanlagenverordnung* sollte alsbald verabschiedet werden. Der Umweltrat unterstützt die Forderung, dabei auch den Kohlenmonoxidausstoß zu begrenzen. Der inzwischen erreichte Industriestandard ermöglicht es, die rasche Nachrüstung vorhandener Anlagen vorzuschreiben, was im Interesse der Emissionsbegrenzung auch geschehen sollte. Es sollte erwogen werden, in der Kleinfeuerungsanlagenverordnung grundsätzlich nur noch die Emissionsbegrenzung zu regeln und Anforderungen an den Wirkungsgrad in einer auch kleinere Anlagen erfassenden Heizungsanlagenverordnung zu stellen; auf diese Weise ließen sich Schwierigkeiten bei der Umsetzung der Richtlinie 92/42/EWG umgehen.

86.* Die starken Widerstände gegen die schon lange im Entwurf vorliegende *Wärmenutzungsverordnung* haben ihre Verabschiedung weiter verhindert, so daß das gesetzliche Gebot der Nutzung industrieller Abwärme weiterhin nicht durchgesetzt wird. Bis auf weiteres will die Bundesregierung abwarten, ob die von den Spitzenverbänden der Wirtschaft erklärte Selbstverpflichtung zur CO_2-Reduktion erfüllt wird. Der Umweltrat wird deren Wirksamkeit weiter kritisch beobachten und erinnert daran, daß damit die technologische Innovationsfähigkeit und die Ernsthaftigkeit der abgegebenen Zusagen hinsichtlich der investiven Anstrengungen auf die Probe gestellt ist. Der Umweltrat empfiehlt der Bundesregierung, einen konkreten Umsetzungspfad mit der Wirtschaft zu vereinbaren. Wird von diesem abgewichen und besteht auch keine Aussicht, daß Umsetzungsdefizite durch an anderer Stelle des Gutachtens empfohlene Abgabenlösungen vermieden werden, hält es der Umweltrat trotz aller Skepsis gegenüber einer Politik des *technology forcing* für erforderlich, das gesetzliche Gebot durch den Erlaß einer Verordnung durchzusetzen.

Die von der Politik bevorzugte Investitionsförderung ist in letzter Zeit stark verändert worden. Der Umweltrat begrüßt diese Umstellung und hält es für umweltpolitisch gerechtfertigt, die Zuschußförderung den regenerativen Energiequellen vorzubehalten.

Von der Investitionsförderung durch ERP-Kredite, die nun schwerpunktmäßig der Entwicklung und Markteinführung oder -durchsetzung von Einsparungstechnologien im Rahmen konventionell erzeugter Energie dient, erwartet der Umweltrat, daß sie die Umstellungsprozesse im notwendigen Umfang beschleunigt.

87.* Der Umweltrat begrüßt die Anstrengungen zur *Sanierung von Altanlagen* nach TA Luft und beurteilt den möglichst bald abzuschließenden Vollzug der noch ausstehenden Sanierungen als wichtigen Beitrag zur weiteren Verbesserung der Luftqualität.

88.* Der auf der Grundlage eines Berichtes des Länderausschusses für Immissionsschutz von der Umweltministerkonferenz empfohlene Anforderungskatalog zur *Emissionsbegrenzung von Dioxinen und Furanen* aus genehmigungsbedürftigen Anlagen wird unterstützt. Hinsichtlich der Möglichkeiten, Dioxinemissionen aus nicht genehmigungsbedürftigen Anlagen einzuschränken, sind insbesondere die Betreiber von Hausbrandfeuerstätten darüber aufzuklären, daß in solchen Anlagen keine behandelten Holzreste (z.B. Spanplatten oder alte Möbel) oder Verpackungsabfälle eingesetzt werden dürfen und daß der unzulässige Einsatz von Kunststoffen, Altpapier, Pappe und ähnlichen Stoffen in der Regel zu erhöhten Dioxinemissionen führt.

89.* Im Verkehrsbereich ist eine drastische Emissionsreduzierung, vor allem zur CO_2- und zur Stickstoffoxidminderung, dringend erforderlich. Zu dem insgesamt zur Verfügung stehenden Instrumentarium und zu dem einzusetzenden Maßnahmenbündel zur Reduzierung der Umweltbelastungen aus dem Verkehrsbereich hat sich der Umweltrat ausführlich in seinem Umweltgutachten 1994 geäußert. Erneut wird insbesondere auf die Notwendigkeit weiterer Verschärfungen der Abgasgrenzwerte für Kfz, Motorräder und Mopeds, der Verringerung der Fahrleistung und Begrenzung des Kraftstoffverbrauchs, der Verbesserung der Kraftstoffqualitäten zur Reduzierung der Partikel- und Benzolemissionen sowie der Förderung des Einsatzes gasbetriebener Fahrzeuge in Innenstädten und Ballungsräumen hingewiesen.

90.* Um bessere Entscheidungsgrundlagen für Maßnahmen zur Luftreinhaltung im Luftverkehr zur Verfügung stellen zu können, sind die Zusammenhänge zwischen Flugverkehr und Umweltbeeinträchtigung im Rahmen international koordinierter Forschungsvorhaben intensiv zu untersuchen.

Lärmbekämpfung

91.* Die Grundlagen der Lärmschutzpolitik, die sich bisher auf die separate Betrachtung von Geräuschsegmenten beschränken, muß im Hinblick auf das Mandat des Bundes-Immissionsschutzgesetzes überdacht werden. Wenngleich die Gesamtbetrachtung aller Lärmquellen dem Zweck des Bundes-Immissionsschutzgesetzes entspricht, müssen dabei doch die unterschiedlichen Störqualitäten verschiedener Lärmarten und die Kosten von Lärmminderungsmaßnahmen berücksichtigt werden. Soweit es nicht um die Verhütung von Gesundheitsgefahren, sondern um den Schutz gegen Belästigungen geht, haben Kostenargumente ein erhebliches Gewicht. Zur grundsätzlichen Überprüfung der Politik des Lärmschutzes gehört auch, daß die Ungleichgewichtigkeit beim Neubau von Verkehrsanlagen im Vergleich zur Sanierung bestehender Anlagen geändert wird.

92.* Der Umweltrat betrachtet es in diesem Sinne als wichtige Aufgabe, weitergehende administrative, technische und planerische Maßnahmen zur Lärmminderung zu ergreifen. Dabei muß die Bekämpfung des Verkehrslärms, insbesondere des Straßenverkehrslärms im Vordergrund stehen.

93.* Die weitergehende Minderung von Antriebsgeräuschen, insbesondere bei Lastkraftwagen und Zweirädern, in zunehmendem Maße aber auch die Reduzierung der in bestimmten Bereichen inzwischen dominierenden Abrollgeräusche sind weitere Maßnahmenschwerpunkte. Die bestehenden Minderungspotentiale sollten sowohl durch Verbesserung der Reifenqualität als auch der Qualität der Straßenbeläge ausgeschöpft werden. Von Geschwindigkeitsbeschränkungen und -kontrollen sollte verstärkt Gebrauch gemacht werden.

Zur Verminderung der Geräuschbelastung durch den Schienenverkehr sind Maßnahmen im fahrzeugtechnischen Bereich und zum Schallschutz an Schienenwegen dringend erforderlich. Für die Lärmsanierung bestehender Schienenwege ist die Schaffung einer rechtlichen Grundlage vordringlich.

94.* Die Technische Anleitung zum Schutz gegen Lärm entspricht nicht mehr dem heutigen Rechts- und Erkenntnisstand und bedarf dringend einer Novellierung. Die Bundesregierung sollte möglichst bald einen entsprechenden Überarbeitungsvorschlag vorlegen.

95.* Im Zusammenhang mit den Lärmwirkungen betrachtet es der Umweltrat als notwendig, im Hinblick auf die Gesundheitsgefährdung Forschungsarbeiten zügig voranzutreiben, um Schwellenwerte festzustellen und gegebenenfalls Grenzwerte zu revidieren.

Gefahrstoffe und Gesundheit

96.* Regelungen auf dem Gebiet des *Gefahrstoffrechts* sind aufgrund der vielfältigen internationalen Verflechtungen einerseits und der häufig globalen Auswirkungen von gefährlichen Stoffen andererseits vielfach nur noch in internationalem oder jedenfalls europäischem Konsens möglich. Dies gilt vor allem für Stoffverbote. Nach Muster des weltweiten Verbots der ozonschädigenden Fluor-Chlor-Kohlenwasserstoffe sollten nach Meinung des Umweltrates weitere gefährliche Stoffe wie polychlorierte Biphenyle weltweit verboten oder geregelt werden.

97.* Die 14. Änderungsrichtlinie zur *Beschränkungs-Richtlinie* (76/769/EWG) führt erstmals Verbote des Inverkehrbringens an private Verwender für Stoffgruppen ein, die nur durch bestimmte Gefährlichkeitsmerkmale definiert sind (krebserzeugend, fortpflanzungsgefährdend oder erbgutverändernd der Kategorie 1 und 2). Dies ist auch vom Standpunkt

des deutschen Stoffrechts eine Neuerung. Auch bleibt die Richtlinie in bezug auf Teeröle hinter dem hohen Standard des deutschen Rechts zurück. Die Beibehaltung der strengeren deutschen Regelung stößt auf gewisse gemeinschaftsrechtliche Schwierigkeiten. Gleichwohl ist der Umweltrat der Ansicht, daß die Bundesregierung die Regelungen der *Chemikalien-Verbotsverordnung* aufrechterhalten sollte.

98.* Der Umweltrat ist der Auffassung, daß die jetzige Struktur – Verteilung der Verbote und Beschränkungen auf zwei Verordnungen – langfristig nicht sinnvoll beibehalten werden kann, sondern daß entsprechend der Beschränkungs-Richtlinie (76/769/EWG) eine Zusammenfassung aller Verbote und Beschränkungen in einer Verordnung die leichter verständliche Lösung darstellt.

99.* In der vom Bundesumweltministerium geplanten Verordnung zur Ergänzung der Verbote und Beschränkungen nach § 17 ChemG um Regelungen zu bestimmten umweltgefährlichen neuen Stoffen müssen nach Ansicht des Umweltrates gerade für Stoffe, die in geschlossenen Kreisläufen geführt werden, Störfallsituationen und Arbeitsschutz berücksichtigt werden.

100.* Der Umweltrat begrüßt, daß es bei der 2. Novelle zum *Chemikaliengesetz* gelungen ist, bei EG-rechtlich nicht geregelten Zwischenprodukten und Exportstoffen den bisherigen hohen Stand der Präventivkontrolle zu halten. Obwohl das Prüfprogramm erweitert wurde, sind freilich nicht alle Forderungen des Umweltrates aus seinem Umweltgutachten 1994 erfüllt worden.

101.* Die *Bewertungs-Richtlinie* (93/67/EWG), auf die § 12 Abs. 2 Satz 2 ChemG verweist, ist ein wichtiger Schritt zu einer harmonisierten Stoffbewertung auf EU-Ebene. Der Umweltrat weist jedoch darauf hin, daß die Richtlinie nur methodische Bewertungsgrundsätze, aber keine materiellen Kriterien für die Bewertung im Sinne einer akzeptablen Dosis aufstellt. Das Fehlen materieller Kriterien dürfte insbesondere für ökologische Bewertungen ein Problem sein. Insofern bleibt noch erhebliche Harmonisierungsarbeit zu leisten. Unbefriedigend ist auch die starke Orientierung an separaten Umweltkompartimenten, die zu einer Ausblendung von Wechselwirkungen führen könnte.

102.* Der Umweltrat mahnt eine rasche Verabschiedung der *EG-Biozid-Richtlinie* an. Er begrüßt die Forderung des Bundestages, in die Richtlinie eine Bestimmung aufzunehmen, nach der die Europäische Kommission zur Entwicklung von Grundsätzen für die integrierte Schädlingsbekämpfung verpflichtet wird. Eine solche Minimierungsstrategie ist aus Gründen des Umweltschutzes wie auch des unmittelbaren Schutzes der menschlichen Gesundheit unerläßlich. Außerdem sollen Stoffe, für die kein ADI-Wert bekannt ist, und solche, für die funktionell gleichwertige, aber weniger umweltbelastende Alternativen zur Verfügung stehen, nicht zugelassen werden. Für Biozide, deren Umweltauswirkungen – insbesondere auf das Grundwasser – aufgrund ihrer Anwendung denen von Pflanzenschutzmitteln vergleichbar sind, sollten insofern gleichbehandelt werden. Unter den gleichen Voraussetzungen sind auch hohe Anforderungen an die Abbaubarkeit der Wirkstoffe zu stellen. Die Gemeinschaftsregelung des Zulassungsverfahrens sollte diese Gesichtspunkte in den Vordergrund stellen, im übrigen aber möglichst flexibel sein.

103.* Die Aufarbeitung von Altstoffen hat durch die *EG-Altstoffverordnung* (Nr. 793/93/EWG) eine neue Richtung erhalten. Der Umweltrat begrüßt, daß ein Verfahren entwickelt worden ist, in dem die Bundesbehörden auf gutachterliche Stellungnahmen des Beratergremiums für umweltrelevante Altstoffe und der Berufsgenossenschaft der chemischen Industrie zurückgreifen können. Allerdings sollten auf der EU-Prioritätenliste vor allem solche Stoffe erscheinen, für die bisher keinerlei Bewertungen vorliegen. Durch das bisherige Vorgehen werden Aktivitäten vorgetäuscht, da im Grunde nur einige Ergänzungen zu den vorliegenden Stoffberichten nötig sind. Diejenigen Stoffe, für die bereits Stoffberichte existieren, sollten nach dem Vorbild der Bearbeitung durch Umweltbundesamt und Bundesinstitut für gesundheitlichen Verbraucherschutz und Veterinärmedizin außerhalb der Prioritätenliste nach der neuen Verordnung bewertet werden. Dadurch würden Mehrfacharbeit sowie Mehrfachpublikation ein und derselben Arbeit vermieden und die Aufarbeitung der Altstoffe weiter beschleunigt. Allerdings warnt der Umweltrat davor, bei unzureichender Datenlage von weiteren Untersuchungen abzusehen, wenn das schematisierte Bewertungsverfahren der EG-Bewertungs-Verordnung (Nr. 1488/94/EG) keinen Handlungsbedarf anzeigt („keine Exposition zu erwarten"). Gerade in diesem Fall fordert der Umweltrat, die Bewertung nur als vorläufig anzusehen und weitere Daten einzufordern.

Deutschland hat durch starke Einflußnahme auf die Struktur der EG-Altstoffverordnung nicht nur seine Erfahrungen an die anderen EU-Mitgliedsstaaten weitergegeben, sondern auch das bisherige Tempo in der nationalen Aufarbeitung von Altstoffen durch das Beratergremium für umweltrelevante Altstoffe beibehalten können und damit erwiesen, daß eine deutsche Vorreiterrolle durchaus sinnvoll sein kann. Dennoch sollte angesichts der Vielzahl der zu bewertenden Altstoffe nach Wegen zu einer weiteren Beschleunigung der Aufarbeitung gesucht werden.

104.* Der *Vollzug des Chemikalienrechts* ist immer noch dadurch behindert, daß viele verschiedene Ressorts daran beteiligt sind. Durch diese Aufteilung kommt es zu Verzögerungen bei der Bewertung von Stoffen und zu Mehrfacharbeit infolge mangelnden Informationsflusses. Der Umweltrat empfiehlt, den Vollzug des Chemikalienrechts durch eine geeignetere Verwaltungsstruktur zu effektivieren.

105.* Der Umweltrat begrüßt die Initiative zu den *Umweltsurveys* und empfiehlt eine rasche Auswertung der vorhandenen Daten. Die Erhebung sollte in regelmäßigen Abständen wiederholt werden, um zeitliche Trends aufzeigen zu können.

106.* Bei der geplanten *Gesundheitsberichterstattung des Bundes* sollte nach Ansicht des Umweltrates dem Themenkomplex „Risikomerkmale der Umwelt"

mehr Gewicht gegeben werden. Um weitergehende Vergleiche zwischen Umweltbelastungen und Gesundheitsstatus auf regionaler und überregionaler Ebene zu ermöglichen, sollten die beim Umweltbundesamt gesammelten Daten einbezogen werden. Ferner können geeignete Umweltindikatoren, die der Umweltrat in seinem Gutachten 1994 ausführlich behandelt und zum Umweltmonitoring empfohlen hat, die Indikatoren des Gesundheitsberichtssystems, die auf rein gesundheitliche Kriterien abheben, ergänzen. Ebenso sollten die Ergebnisse der Umweltsurveys Berücksichtigung finden. Es ist wünschenswert, die Fortschreibung der Datenerhebung für Umwelt und Gesundheit zu synchronisieren, um Korrelationsansätze auf eine sichere Basis zu stellen und zeitliche Trends besser zu erkennen.

107.* Der Umweltrat begrüßt in diesem Zusammenhang das *Aktionsprogramm „Umwelt und Gesundheit"*, das von einer gemeinsamen Arbeitsgruppe von Bundesumweltministerium, Bundesgesundheitsministerium, Umweltbundesamt, Robert-Koch-Institut und Bundesinstitut für gesundheitlichen Verbraucherschutz und Veterinärmedizin erarbeitet wird. Die künftigen Aktivitäten sollten in jedem Falle mit der Gesundheitsberichterstattung abgeglichen werden und die Ergebnisse der Umweltsurveys einbeziehen, um inhaltliche Redundanzen zu vermeiden.

108.* Die Diskussion um die Wirkung von niederfrequenten *elektromagnetischen Feldern* auf den Menschen ist durch Vorabveröffentlichungen von Teilen einer US-amerikanischen Studie weiter verstärkt worden. Die bisher veröffentlichten Aussagen sind nicht geeignet, die Studie zu bewerten. Der Umweltrat empfiehlt daher, die Veröffentlichung des vollständigen Berichts der US-amerikanischen Strahlenschutzkommission abzuwarten, bevor weitere Überlegungen über die Aufstellung von Grenzwerten im Rahmen der 23. BImSchV angestellt werden.

109.* Der Umweltrat empfiehlt, die Forschungsanstrengungen zu Fragen der Kanzerogenität der *polychlorierten Dibenzo-p-dioxine und Dibenzofurane* (PCDD/F) zu verstärken, um das Fehlen oder Vorhandensein einer Wirkungsschwelle rasch durch weitere Daten zu überprüfen. Auch die Einbeziehung von koplanaren polychlorierten Biphenylen in die Bewertung sollte geprüft werden. Die Arbeiten an der Datenbank DIOXINE sind zu verstärken, damit möglichst bald verläßliche Daten über die Belastung und über zeitliche Trends vorliegen.

In jedem Fall ist eine weitere Reduktion der PCDD/F-Belastung von Mensch und Umwelt anzustreben. Um die PCDD/F-Belastung der Frauenmilch und damit der Säuglinge zu senken, sollte die duldbare tägliche Aufnahmemenge für diese Schadstoffe stufenweise verringert werden. Als ersten Schritt schlägt der Umweltrat vor, den Zielwert von 1 µg I-TEQ/kg Körpergewicht für PCDD/F als duldbare tägliche Aufnahmemenge festzuschreiben. Dies würde zu einer Halbierung der derzeitigen Belastung in Deutschland führen.

Erste Anstrengungen, die Emissionen aus metallerzeugenden Anlagen zu reduzieren, sollten möglichst schnell in verbindliche Auflagen für PCDD/F emittierende Anlagen überführt werden. Hierbei sollten die von dem Länderausschuß für Immissionsschutz und der Umweltministerkonferenz vorgeschlagenen „Anforderungen zur Emissionsminderung von Dioxinen und Furanen" berücksichtigt werden.

110.* Die Forschung auf dem Gebiet umweltrelevanter *Stoffe mit hormonaler Wirksamkeit* befindet sich in einer frühen Phase. Eine besondere Schwierigkeit besteht dabei darin, daß eine rein analytische Bestandsaufnahme ebenso wenig erfolgreich sein kann wie das alleinige Abtasten von Stoffen auf hormonale Wirksamkeit. Nur eine sinnvolle methodische Kombination und zielorientierte Koordination dieser an sich ganz unterschiedlich ausgerichteten Arbeitsfelder verspricht Erfolg. Ziel der Bemühungen muß sein, aufgefundene hormonale Aktivitäten umweltrelevanter Stoffe qualitativ und quantitativ so zu charakterisieren, daß Gefährdungen und Risiken richtig eingeordnet und abgeschätzt werden können, um Strategien der Ausschaltung oder Minderung zu entwickeln und dabei sinnvolle Prioritäten zu setzen. Natürlich vorkommende hormonwirksame Stoffe werden stets mit pflanzlicher und tierischer Nahrung aufgenommen, wodurch sich eine Beschränkung der Bewertungen und Regelungen auf synthetische Chemikalien grundsätzlich verbietet. Der Umweltrat anerkennt die Notwendigkeit einer breit angelegten Forschungsförderung auf diesem neuen, aber auch komplexen Gebiet. Er empfiehlt aber im Hinblick auf die Vielfalt der Einzelprobleme und der noch wenig entwickelten Systematik eine zentral gesteuerte Entwicklung von Förderprogrammen mit klar definierten Ziel- und Rahmensetzungen. Darüber hinaus empfiehlt der Umweltrat, dem Problem der Herkunft und Verbreitung hormonal wirksamer Substanzen mehr Aufmerksamkeit zu widmen.

111.* Der Umweltrat begrüßt es, daß *Bauprodukte* nunmehr einer Verträglichkeitsprüfung unterworfen werden. Damit ist einer seit langem erhobenen Forderung Rechnung getragen. Insbesondere stellen die erstmals durchgeführten, systematischen Belastungsmessungen bei *künstlichen Mineralfasern* im Wohnbereich nach Auffassung des Umweltrates einen wichtigen Beitrag zur Situationsanalyse dar. Über die Hälfte der hierbei erfaßten Fasern waren anorganische Fasern unbekannter Herkunft. Da sie die für die kanzerogene Wirkung erforderlichen geometrischen Anforderungen erfüllen, sollte ihre Herkunft nach Ansicht des Umweltrates unbedingt abgeklärt werden. In diesem Zusammenhang müssen zugleich Möglichkeiten zur Reduzierung der Immissionen ausgearbeitet werden.

Der Umweltrat hatte in seinem Umweltgutachten 1994 eine schnelle Entscheidung über die Einstufung von künstlichen Mineralfasern angemahnt, um das hohe Maß an Verunsicherung über deren gesundheitliche Bewertung zu beenden und für den Bausektor verläßliche Grundlagen für Investitionsentscheidungen zu schaffen. Die Einstufung durch die MAK-Kommission in eine neu geschaffene Kategorie „als ob IIIA2" hält der Umweltrat für unbefriedigend, da sie die bestehenden Unsicherheiten nicht zerstreute, sondern im Gegenteil noch förderte. Die Einstufung durch den Ausschuß für Gefahrstoffe ist eindeutiger, aber aufgrund der unzureichenden Prüfung der einzelnen Faserarten ebenfalls unbefriedigend. Nach Auffassung des Umweltrates kann die Einstufung allein aufgrund der Berechnung des „Kanzerogenitätsindex" nur vorläufig sein. In jedem Fall, auch bei einem Kanzerogenitätsindex über 40, ist die Einstufung durch entsprechende weitere Versuche zu verifizieren.

Der Umweltrat begrüßt die Initiative der Bundesregierung, sich für eine Einstufung von zahlreichen künstlichen Mineralfaserarten als krebserzeugende Stoffe gemäß der Richtlinie 93/21/EWG auf EU-Ebene einzusetzen. Diese Einstufung würde auch eine entsprechende Kennzeichnung nach sich ziehen.

Die Abgabe solcher mineralfaserhaltigen Dämmprodukte an Heimwerker sollte im Sinne der 14. Änderungsrichtlinie zur EG-Beschränkungs-Richtlinie beschränkt werden. Der Umweltrat ist der Auffassung, daß über bloße Appelle an die Wirtschaft hinaus, durch Reduzierung des atembaren Faseranteils in den Dämmprodukten und der Biobeständigkeit der Fasern das Krebsrisiko zu vermindern, zwingende Regelungen sinnvoll und erforderlich sind.

112.* Aufgrund der derzeitigen wissenschaftlichen Datenlage hält der Umweltrat irreversible Nervenschädigungen durch *Pyrethroide* für sehr unwahrscheinlich. Grundsätzlich sollten jedoch Schädlingsbekämpfungsmittel, die im nichtagrarischen Bereich auch von Laien angewendet werden, nur mit ausführlichen Produkt- und Gebrauchsinformationen versehen in den Handel gelangen. Auf die Ausstattung von Kleidungsstücken mit Pyrethroiden sollte wegen der allergieauslösenden Wirkung grundsätzlich verzichtet werden. Notfalls ist ein Anwendungsverbot zu erlassen. Aus dem gleichen Grund muß für mit Pyrethroiden behandelte weitere Produkte (Teppiche, Auslegeware) eine Kennzeichnungspflicht eingeführt werden. Im übrigen wird auf die Ausführungen zur EG-Biozid-Richtlinie verwiesen.

3 Die Bedeutung der Umweltverbände für die Operationalisierung des Leitbildes einer dauerhaft-umweltgerechten Entwicklung

113.* Aufgrund ihrer Öffentlichkeitsorientierung vermögen die Umweltverbände eine bedeutende Rolle bei der Ausbildung eines Ethos integrierter Verantwortung zu übernehmen. Ethosbildung muß vor allem von der Gesellschaft und ihren Institutionen geleistet werden. Der Staat kann lediglich subsidiär wirken, indem er gesellschaftliche Initiativen unterstützt. Bereits in der Vergangenheit haben die Umweltverbände entscheidend dazu beigetragen, daß Umweltbewußtsein im Sinne der Erkenntnis ökologischer Gefahren und der Notwendigkeit der Gefahrenabwehr heute zunehmend in der Bevölkerung verankert ist. Nach Auffassung des Umweltrates muß es in Zukunft vermehrt ihre Aufgabe sein, auf eine Integration individual-, sozial- und umweltverträglichen Handelns hinzuwirken. Sie sollten damit immer mehr die wichtige Rolle von Multiplikatoren des Leitbildes einer dauerhaft-umweltgerechten Entwicklung übernehmen. Dazu genügt es zweifelsohne nicht mehr, Aufklärungsarbeit über ökologische Zusammenhänge und Gefahren zu leisten. Vielmehr geht es verstärkt darum, den Erwerb sozialer und kommunikativer Kompetenz zu fördern und so die Voraussetzungen dafür zu schaffen, daß umweltverträgliches Handeln gesamtgesellschaftlich umsetzbar wird. Wer sich für Umweltschutz einsetzt, muß zugleich befähigt werden, die unterschiedlichen individuellen, gesellschaftlichen und ökonomischen Interessenlagen ernst zu nehmen und den Diskurs mit den Vertretern unterschiedlicher Interessen zu führen. Wichtig ist es, Erfahrungsfelder zu schaffen, in denen umweltverträgliches Handeln als in die verschiedensten menschlichen Lebens- und Kulturbereiche integriert erlebt werden kann. Der Umweltrat weist darauf hin, daß es nicht mehr nur um Informationen über den Zustand unserer natürlichen Lebensgrundlagen geht, sondern wesentlich um die Vermittlung des Zusammenhangs zwischen menschlichem Zivilisationshandeln und der dieses Handeln tragenden Natur. Dieser Lernprozeß ist nicht allein auf kognitiver Ebene zu leisten, sondern verlangt die Vermittlung über Erlebnisse und Erfahrungen.

Zur Koordination und Zusammenarbeit der Umweltverbände

114.* Voraussetzung dafür, daß die Umweltverbände umweltpolitische Veränderungsinteressen gesellschaftlich bündeln und in die politischen Entscheidungsebenen einbringen können, ist die Anerkennung individueller, sozialer und ökonomischer Interessenlagen möglicher Bündnispartner und das Bemühen um einen Interessenausgleich im Sinne des Leitbildes einer dauerhaft-umweltgerechten Entwicklung. Potentielle Bündnispartner der Umweltverbände, wie zum Beispiel Gewerkschaften, Kirchen oder wirtschaftliche Gruppierungen, werden sich mit ihnen nur dann zu gesellschaftlichen oder umweltpolitischen Koalitionen zusammenfinden, wenn sie gleichzeitig ihre sozialen und wirtschaftlichen Interessen gefördert oder zumindest gewahrt sehen. Dies verlangt nach Auffassung des Umweltrates von den Umweltverbänden die Weitung des Blickwinkels von rein ökologischen Fragestellungen hin zur Berücksichtigung der individuellen, sozialen und ökonomischen Bedingungen und Folgen umweltpolitischer Reformen. Eine solche Umorientierung ist auf der Ebene der Entscheidungsträger und Fachleute innerhalb der Umweltverbände bereits weitgehend vollzogen. Die einstmals polarisierende Gegenüberstellung von Ökonomie und Ökologie ist mehr und mehr der Auffassung gewichen, daß nicht ökonomische Rationalität an sich, sondern unzureichende wirtschaftliche Rahmenbedingungen sowie das unkorrekte Verhalten einzelner wichtige Teilursachen von Umweltschädigungen darstellen. Die Umweltverbände haben daher ihre ursprünglich pauschalisierend ablehnende Haltung gegenüber Wirtschaftsinteressen zunehmend revidiert und sich die Forderung nach einem ökologischen und gleichzeitig sozialverträglichen Umbau des Wirtschaftssystems zu eigen gemacht. Zunehmend erheben die großen primären Umweltverbände das Leitbild einer „dauerhaft-umweltgerechten" oder „zukunftsfähigen" Entwicklung explizit zu ihrer Handlungsmaxime.

115.* Allerdings scheint ein solcher „vernetzter" Denkansatz durchaus noch nicht in der gesamten Bandbreite der Mitgliedschaft der Umweltverbände vorhanden. Insbesondere soziale Gesichtspunkte werden von vielen Verbandsmitgliedern bei ihrem umweltpolitischen Engagement noch zu wenig in den Blick genommen. Eine wichtige Aufgabe der Umweltverbände sollte deshalb darin bestehen, nicht nur nach außen für das neue integrative Leitbild zu werben, sondern auch bei ihrer eigenen Basis dafür einzutreten, daß Umweltinteressen nicht isoliert verfochten werden, sondern daß ein Ausgleich mit individuellen, sozialen und ökonomischen Erfordernissen angestrebt wird. Umweltverbände werden deshalb immer häufiger mit der Frage konfrontiert, wie Umweltpolitik sozialverträglich ausgestaltet und ökonomisch umgesetzt werden kann.

116.* Die neue Rolle der Umweltverbände als Motoren der Bündelung gesellschaftlicher Umweltinteressen erfordert Korrekturen an ihrem während der Polarisierungsphase gewachsenen Selbstverständnis als politische Protestakteure. Die mittlerweile weite Verbreitung von Umweltbewußtsein in einem Großteil der Bevölkerung sollte nach Meinung des Umweltrates die Umweltverbände dazu veranlassen, ihre Kompetenz in den Dienst der Bündelung der nunmehr in der ganzen Gesellschaft anzutreffenden umweltrelevanten Interessen zu stellen. Dies erfordert von Umweltverbandsvertretern die Fähigkeit zum Dialog, vor allem aber die Bereitschaft, die umweltpolitische Kompetenz und Redlichkeit anderer gesellschaftlicher Akteure anzuerkennen, eigene Defizite und begrenzte Ressourcen wahrzunehmen und damit eine Abkehr von überkommenen Freund-Feind-Schemata einzuleiten. Die Bildung gesellschaftlicher Interessenbündnisse setzt die Anerkennung legitimer gesellschaftlicher Pluralität und Interessenvielfalt und die Akzeptanz des ethischen Kompromisses als Mittel gesellschaftlichen Interessenausgleichs voraus. Dies schließt die Beibehaltung der bisherigen umweltpolitischen Wächterfunktion der Umweltverbände und im Einzelfall auch Konfrontationen mit Vertretern umweltpolitischer Status quo-Interessen nicht aus.

117.* Neben der Mobilisierung von öffentlicher Aufmerksamkeit und Zustimmung stellt nach Überzeugung des Umweltrates die Schaffung einer größeren verbandsinternen Transparenz einen wichtigen Beitrag der Umweltverbände für die Zukunft dar. Interne Thementabuisierungen, Diskussionsdefizite und unklare Kompetenzverteilungen sollten überwunden werden. Gleichzeitig erfordern staatsbezogene intermediäre Aktivitäten eine hohe zeitliche Flexibilität, fachliche Kompetenz und konstante Kontaktpflege. Sie können daher ab Landesebene fast nur von Hauptamtlichen geleistet werden und setzen eine umfangreiche personelle und verwaltungsorganisatorische Infrastruktur der Umweltverbände voraus. Intermediäres Handeln schafft mithin Zentralisierungs- und Professionalisierungszwänge und scheitert nicht selten an den fehlenden finanziellen Ressourcen der Umweltverbände. Weiterhin hat eine Teilnahme an staatlichen Planungs- und Entscheidungsprozessen in der Regel eine neue Aufgabenverteilung zwischen Haupt- und Ehrenamt zur Folge, indem die Repräsentation nach außen zunehmend von ehren- auf hauptamtliche Akteure übergeht. Die Vertreter von Umweltverbänden in den staatlichen Planungs- und Entscheidungsprozessen brauchen zudem Verhandlungsspielräume für Kompromißlösungen und damit ein entsprechendes Mandat sowie das Vertrauen seitens der Verbandsmitglieder. Innerverbandliche Transparenz und Partizipation sowie intermediäre Professionalität müssen innerhalb der Umweltverbände ausbalanciert werden. Eine weitere Klärung und Vertiefung des eigenen gesellschaftlichen Selbstverständnisses und eine darauf aufbauende strategische Schulung der Mitarbeiter ist deshalb nach Meinung des Umweltrates dringend erforderlich.

118.* Eine Interessenbündelung fordert von den Umweltverbänden eine verstärkte und besser aufeinander abgestimmte Zusammenarbeit untereinander. Angesichts einer sich ausdifferenzierenden Umweltverbändelandschaft, steigender Anforderungen an die Interessenvermittlung auf Bundes- und EU-Ebene sowie der durch die föderale Struktur der Bundesrepublik bedingten Notwendigkeit einer engen Koordination von bundes- und landespolitischer Arbeit erscheint darüber hinaus auch eine effektive Zusammenarbeit auf Dachverbandsebene notwendig.

Wesentliche Voraussetzung einer engeren und effektiveren Kooperation der Umweltschutzverbände ist dabei die Bereitschaft zu thematischen oder strategischen Arbeitsteilungen. Kein Verband wird kompetent alle Themenbereiche abdecken, Mitglieder aus allen gesellschaftlichen Schichten rekrutieren und alle denkbaren Handlungsinstrumente verwenden können. Daraus muß sich nach Auffassung des Umweltrates auch die Notwendigkeit einer kritischen Sicht der eigenen Verbandspolitik, eigener Defizite und begrenzter Ressourcen und der daraus resultierenden Kooperationserfordernisse ergeben. Kooperation setzt aber nicht zuletzt die Bereitschaft voraus, Erfolge und gesellschaftliche Anerkennung zu teilen. Dabei werden Profil und Verdienste der Einzelverbände in der Außendarstellung erkennbar bleiben müssen, da ansonsten die Motivation für verbandliches Engagement schwindet. Instrumente einer verbesserten Zusammenarbeit können dabei nach Auffassung des Umweltrates sein:

– die Intensivierung informeller Kontakte, auch auf Länder- und regionaler Ebene

– gemeinsame Foren und Facharbeitskreise

– gemeinsame Regionalgeschäftsstellen (insbesondere zu einer abgestimmten, professionalisierten Bearbeitung der Stellungnahmen der nach § 29 BNatSchG anerkannten Naturschutzverbände)

– gemeinsame Fortbildungslehrgänge, Tagungen, Kongresse und dergleichen

– abgestimmte gemeinsame Aktionen.

119.* Die Arbeit der Umweltverbände wird nach wie vor in weiten Teilen von einem enormen Einsatz ehrenamtlichen Engagements getragen. Gleichzeitig nimmt der Grad der Professionalisierung auch im Bereich des Verbandsumweltschutzes rasant zu. Damit stellt sich für die Umweltverbände die Frage, wie das Verhältnis zwischen ehrenamtlichem Engagement und hauptamtlicher Tätigkeit neu bestimmt und ob beziehungsweise wie dabei die Errungenschaften uneigennütziger Ehrenamtlichkeit unter den Bedingungen fortschreitender Professionalisierung erhalten und fortentwickelt werden können. Notwendig erscheint dazu ein Dialog innerhalb der Umweltverbände über das Verhältnis von haupt- und ehrenamtlichem Engagement, zum Beispiel darüber, welche Aufgaben künftig von haupt- und welche von ehrenamtlichen Mitarbeitern geleistet werden sollen.

Letztlich müssen sich die Umweltverbände entscheiden, ob sie den Weg anderer Großverbände gehen wollen, indem sie sich so professionalisieren, daß alle Führungspositionen nur noch von hauptamtlichen Funktionären wahrgenommen werden, oder ob sie tragfähige neue Modelle der Zusammenarbeit von Haupt- und Ehrenamt erarbeiten können, indem bestimmte Führungspositionen weiterhin allein von Ehrenamtlichen eingenommen werden. Letzteres würde ehrenamtlich tätigen Bürgern auf Dauer ein hohes Maß an politischer Partizipation im Umweltbereich eröffnen und darüber hinaus einen wichtigen Beitrag zum Erhalt und zur Förderung ehrenamtlichen Engagements leisten.

Zum staatlichen Umgang mit den Umweltverbänden

120.* Die Umweltverbände haben sich in den vergangenen Jahren zunehmend von Protestakteuren zu intermediären, an eine kritische Öffentlichkeit zurückgebundenen Institutionen entwickelt, die umweltbezogene Interessen, gleichsam stellvertretend, aus der Gesellschaft in staatliche Entscheidungsprozesse hinein zu vermitteln vermögen. Für politische Entscheidungsträger und Verwaltungen bietet sich dadurch die Möglichkeit, durch rechtzeitige und umfassende Einbeziehung der Umweltverbände in Planungs- und Entscheidungsprozesse gesellschaftliche Umweltschutzinteressen so zu berücksichtigen, daß ein größtmöglicher Ausgleich sozialer, ökonomischer und ökologischer Erfordernisse im Sinne des Konzeptes einer dauerhaft-umweltgerechten Entwicklung angestrebt werden kann.

Aufgrund nachwirkender Erfahrungen aus der Zeit umweltpolitischer Polarisierung und aus der Furcht vor ökologisch motivierten Blockadehaltungen neigen nicht wenige Entscheidungsträger in Politik und Verwaltung aber nach wie vor dazu, Umweltverbandsvertreter aus Entscheidungsprozessen herauszuhalten oder sie erst möglichst spät einzubeziehen. Der Wandel, der sich seit Mitte der achtziger Jahre im Selbstverständnis und im Politikstil der Umweltverbände vollzieht, wird auf staatlicher Seite noch nicht überall zur Kenntnis genommen. Um die Chancen zu nutzen, die sich aus diesem Wandel und der im Gefolge zunehmend feststellbaren Bereitschaft der Umweltverbände zur konstruktiven Zusammenarbeit für staatliches Handeln ergeben, erscheint es deshalb nach Meinung des Umweltrates angemessen und erforderlich, daß auch auf seiten der Politik und Verwaltung alte polarisierte Wahrnehmungsmuster überwunden und ein Prozeß der Normalisierung im staatlichen Umgang mit den Umweltverbänden vorangebracht wird. Umweltverbände sollten nicht mehr als Verzögerer und Verhinderer betrachtet werden, sondern als legitime Vertreter notwendiger gesellschaftlicher Interessen.

Verbandsbeteiligung

121.* Umweltverbände können bei politischen und administrativen Entscheidungen ein hohes Maß an fachlicher Kompetenz beisteuern. Darüber hinaus trägt ihre Beteiligung aber vor allem dazu bei, daß gerade bei Entscheidungen, die im starken Widerstreit sozialer, ökonomischer und ökologischer Erfordernisse gefällt werden müssen, Umweltbelange eine Lobby erhalten und damit zugleich die Chance, angemessen berücksichtigt zu werden. Damit werden Wettbewerbsverzerrungen im politischen Prozeß ausgeglichen. Da sich Umweltverbände in der Regel für ihre Positionen breiten öffentlichen Rückhalt verschaffen, kann ihre Einbeziehung gleichzeitig dazu beitragen, die gesellschaftliche Akzeptanz von Entscheidungen der Regierung und Verwaltung zu verbessern. Als Verbindungsglied zu einer größeren Öffentlichkeit kommt den Umweltverbänden auch im Prozeß der Modernisierung staatlichen Verwaltungshandelns nach Auffassung des Umweltrates eine wachsende Bedeutung zu, etwa als Vertreter gesell-

schaftlicher Umweltschutzinteressen in Mediationsverfahren und an „Runden Tischen", bei denen unter neutraler Moderation der Dialog zwischen den Vertretern unterschiedlicher Interessen in Gang gesetzt und gemeinsam ein von allen Betroffenen mitgetragener Kompromiß ausgehandelt wird.

122.* Um die Integration von Umwelterfordernissen in andere Entwicklungsziele zu gewährleisten, ist es notwendig, Umweltbelange in einem möglichst frühen Entscheidungsstadium einzubringen, da sie nur so auf einer grundsätzlichen Ebene in die Abwägungsprozesse einbezogen werden können. Entscheidungen werden um so eher dem Leitbild einer dauerhaft-umweltgerechten Entwicklung entsprechen, je mehr Umwelterfordernisse von vornherein berücksichtigt und strukturell mit anderen Interessen verknüpft oder gegeneinander abgewogen werden. Daher sollten Umweltverbände als Vertreter gesellschaftlicher Umweltschutzinteressen nach Auffassung des Umweltrates möglichst frühzeitig, nämlich bereits im Stadium der Zusammenstellung des Abwägungsmaterials sowie – bei UVP-pflichtigen Vorhaben – der Bestimmung des Untersuchungsrahmens und vorgelagerter Verfahren an Planungs- und Zulassungsverfahren beteiligt werden. Angestrebt werden sollte eine Beteiligung grundsätzlich an allen Verfahren, die einer Umweltverträglichkeitsprüfung unterliegen oder Eingriffe in Natur und Landschaft nach sich ziehen können. Die Verbandsbeteiligung sollte auch in jenen Bereichen gesetzlich geregelt werden, von denen die Umweltverbände bisher ausgeschlossen sind, so zum Beispiel bei UVP-pflichtigen Zulassungsverfahren nach dem Bundes-Immissionsschutzgesetz, dem Atomgesetz, dem Wasserhaushaltsgesetz und bei bergrechtlichen Genehmigungsverfahren oder bei grundlegenden forstwirtschaftlichen Nutzungsänderungen wie Erstaufforstungen. Einer Revision bedürfen überdies die Beschränkungen der Verbandsbeteiligung, die im Zuge des Investitionserleichterungs- und Wohnbaulandgesetzes eingeführt worden sind. Weitere Beschränkungen, die in der jüngeren Diskussion über die Beschleunigung von Zulassungsverfahren vorgesehen sind, lehnt der Umweltrat grundsätzlich ab. Auf jeden Fall ist eine Kompensation für die Verkürzung der Öffentlichkeitsbeteiligung aufgrund der Einführung von Anzeigeverfahren oder Überlassung der Prüfung wesentlicher Zulassungsvoraussetzungen an das Umwelt-Audit in der Form erforderlich, daß den Umweltverbänden Verfahrensrechte auf nachträgliche behördliche Überprüfung und gegebenenfalls behördliches Einschreiten eingeräumt werden.

Bei UVP-pflichtigen Vorhaben ist nach Meinung des Umweltrates zu erwägen, anstelle oder jedenfalls neben der Ausdehnung der Verbändebeteiligung eine allgemeine Öffentlichkeitsbeteiligung nach dem Modell des Immissionsschutz- und Atomrechts einzuführen und damit – entgegen § 9 Abs. 1 Satz 2 UVPG – eine einheitliche Beteiligungsregelung für alle UVP-pflichtigen Vorhaben zu schaffen. Damit würde auch den Beteiligungsanforderungen der UVP-Richtlinie eher entsprochen als mit der Mindestregelung des UVP-Gesetzes, die nur eine Beteiligung derjenigen, die durch das Vorhaben in ihren Belangen berührt – das heißt örtlich betroffen –, vorsieht.

123.* Von besonderer Bedeutung ist nach Meinung des Umweltrates die Beteiligung der Umweltverbände bei der Vorbereitung von Entscheidungen über wichtige Programme und Pläne im Bereich des Umweltschutzes sowie von Umweltstandards. Aufgrund der historischen Entwicklung der Partizipation als eines Instruments des vorgezogenen Rechtsschutzes besteht im deutschen Umweltrecht ein ausgesprochenes Defizit an rechtlich gewährleisteter Öffentlichkeitsbeteiligung bei derartigen Entscheidungen, die für die Qualität des Umweltschutzes von größerer Bedeutung sind als Entscheidungen über örtliche Pläne und Einzelvorhaben. Die Ansätze im geltenden Recht (§ 51 BImSchG, § 60 KrW-/AbfG, § 17 ChemG), die nur zum Teil ausdrücklich eine Beteiligung der Umweltverbände vorsehen, bedürfen der Verdeutlichung und Ausweitung, um einen Ausgleich zu dem starken Einfluß der wirtschaftlichen Interessengruppen zu schaffen und eine offene Diskussion zu ermöglichen.

124.* Im Zuge der Integration des Umweltschutzes in sämtliche gesellschaftliche Handlungsbereiche erscheint es nach Auffassung des Umweltrates auch als sinnvoll, Umweltverbandsvertreter in solche Beratungs-, Aufsichts- und Entscheidungsgremien zu berufen, die sich nicht mit den klassischen Bereichen des Naturschutzes oder technischen Umweltschutzes befassen, also etwa, wie teilweise schon geschehen, in Rundfunkräte oder Bildungskommissionen. Auch bei der Besetzung von Beratungsgremien sollte Umweltverbänden verstärkt ein Vorschlagsrecht eingeräumt werden. Die Mitwirkungsrechte der Öffentlichkeit sind so zu gestalten, daß die Umweltverbände ihre spezifischen Anliegen und Kompetenzen frühzeitig und konstruktiv in Planungsprozesse einbringen können, statt daß sie – wie es gegenwärtig aufgrund der Rahmenbedingungen noch häufig der Fall ist – ihren Anliegen erst nachträglich mit Hilfe von Protestaktionen Geltung verschaffen können. Oft werden durch klärende Gespräche im Vorfeld von Entscheidungen unnötige Konfrontationen und Verhärtungen vermieden. Hierzu ist es in verstärktem Maße notwendig, auch informelle, nicht institutionalisierte Kontakte aufzubauen und zu pflegen.

Zu den wichtigen Voraussetzungen der Verbandsbeteiligung gehört, daß die Umweltverbände ihr neuerdings gefundenes Selbstverständnis der Kooperation und der aktiven Mitwirkung an einer dauerhaft-umweltgerechten Entwicklung beibehalten und langfristig eine Koordination mit engerer Zusammenarbeit (z.B. unter einem Dachverband) unter den Verbänden realisieren.

Verbandsklage

125.* Der Umweltrat fordert die bundesrechtliche Einführung der Verbandsklage in all den Bereichen, in denen den Umweltverbänden eine Verbandsbeteiligung eingeräumt ist. Im Naturschutzrecht haben mittlerweile zwölf von sechzehn Ländern die Verbandsklage eingeführt, allerdings in zwei Ländern (Hamburg und Sachsen) mit sehr begrenztem Anwendungsbereich. Bei der Einführung des Verbandsklagerechts geht es um die rechtliche Absicherung von bisher nicht einklagbaren Allgemeininteressen. Wenn allgemeine Umweltschutzinteressen im Widerspruch zu gesetzlichen Bestimmungen bei Verwaltungsentscheidungen bislang nicht oder unzureichend berücksichtigt werden, ist dies in der Regel nicht einklagbar, soweit nicht das Recht auf den Schutz vor Gefahren oder private Eigentums- oder Nutzungsrechte einzelner betroffen sind. Der Staat kann und sollte die Durchsetzung von Umweltinteressen entsprechend den gesetzlichen Zielvorstellungen dadurch stärken, daß er Umweltverbänden die Möglichkeit einräumt, Verwaltungsentscheidungen auf ihre umweltrechtliche Legalität hin überprüfen zu lassen. Die Verbandsklage stellt keine Privilegierung von Umweltinteressen dar. Vielmehr gleicht sie lediglich Wettbewerbsverzerrungen und Ungleichgewichte im gegenwärtigen System des verwaltungsgerichtlichen Rechtsschutzes aus, die Umweltnutzungs- auf Kosten von Umweltschutzinteressen begünstigen. Deshalb besteht keine Veranlassung, Wirtschaftsverbänden entsprechende Klagerechte einzuräumen. Allerdings sollte bedacht werden, inwieweit Vertretern von gesellschaftlichen Gruppen, die andere Allgemeininteressen vertreten, das Klagerecht einzuräumen ist. Die wichtigste Wirkung des Verbandsklagerechtes besteht nicht in der faktischen Verhinderung umweltschädigender Planungsvorhaben, sondern darin, daß durch die potentielle Einklagbarkeit von Umweltschutzinteressen Verwaltungen veranlaßt werden, Umweltbelange bei ihren Entscheidungen von vornherein angemessen zu berücksichtigen. Demgegenüber sind nach Auffassung des Umweltrates verfassungspolitische Einwände, die sich vor allem auf die Letztverantwortung der Verwaltung für das Gemeinwohl und das System des subjektiven Rechtsschutzes stützen, nicht von solchem Gewicht, daß sie die Vorteile der Verbandsklage überwiegen. Dem Interesse an Beschleunigung von Zulassungsverfahren kann durch Einschränkung des automatischen Suspensiveffekts sowie durch eine Modifizierung des § 44a VwGO dahingehend Rechnung getragen werden, daß nach Ermessen des Verwaltungsgerichts über Verfahrensfragen gegebenenfalls ein Zwischenrechtsstreit geführt werden kann.

Anerkennung von Verbänden

126.* Weiterhin sollte darüber nachgedacht werden, ob deutlicher als bislang künftig die grundlegende typologische Unterscheidung zwischen primären und sekundären Umweltverbänden auch in der Praxis der staatlichen Anerkennung von Naturschutzverbänden nach § 29 BNatSchG ihren Niederschlag finden sollte. Sekundäre Umweltverbände vertreten in erster Linie partikulare Interessen ihrer Mitglieder an einer bestimmten Form von Naturnutzung, erst sekundär aber allgemeine umweltrelevante Interessen. Die sich hieraus potentiell ergebenden Konfliktfelder zwischen partikularem Nutzerinteresse und allgemeinen Umweltbelangen sind bisher bei der Anerkennung sekundärer Umweltschutzorganisationen als Naturschutzverbände gemäß § 29

BNatSchG häufig zu wenig berücksichtigt worden. Der Kreis der Organisationen, denen von staatlicher Seite über Beteiligungsrechte eine gesellschaftliche Stellvertreterfunktion zur Vertretung allgemeiner umweltrelevanter Interessen eingeräumt wird, sollte im Prinzip auf solche Verbände begrenzt werden, die stellvertretend für die Gesamtgesellschaft Umweltschutzbelange als ausschließliches oder zumindest hauptsächliches Ziel verfolgen und bei denen nicht die Gefahr der Vermischung der Vertretung von umweltrelevanten Interessen mit der Verfolgung partikularer, auf Naturnutzung angelegter Verbandsinteressen besteht. Denkbar wäre es, sekundären Umweltverbänden nur dann die Anerkennung zu gewähren, wenn sie in ihrer Satzung und Praxis eine Ökologisierung des Nutzerinteresses gewährleisten. Berücksichtigt werden sollte auch, daß in dem Maße, wie in Zukunft immer mehr Interessenverbände, zum Beispiel Verkehrs-, Unternehmer- und Verbraucherverbände, sich das Leitbild einer dauerhaft-umweltgerechten Entwicklung zu eigen machen, auch die Zahl der Organisationen steigt, die legitimerweise als „sekundäre Umweltschutzverbände" bezeichnet werden können. Schon deshalb erscheint eine differenziertere juristische Behandlung primärer und in ihrer Zahl stark zunehmender sekundärer Umweltverbände überlegenswert.

Finanzierung

127.* Die Schwierigkeiten der Finanzierung von Umweltverbänden liegen nicht zuletzt darin begründet, daß diese Organisationen umweltrelevante Interessen und somit Allgemeininteressen vertreten, also solche, die im Gegensatz zu Partikularinteressen ein öffentliches, jedem zugängliches Gut einfordern. Gerade weil die Vertretung von Umweltbelangen jedermann zugute kommt, umgekehrt jedoch niemand einen direkten Erwerbsvorteil hieraus zieht, ist der Anreiz, die verbandsförmige Vertretung von Umweltbelangen wirksam finanziell zu unterstützen, gering. Anders als die Vertretungen partikularer Erwerbsinteressen (z. B. Gewerkschaften und Industrieverbände) können Umweltverbände die Spenden- und Beitragsbereitschaft ihrer Mitglieder nicht durch das Versprechen von Erwerbsvorteilen, die sich aus der Interessenvertretung ergeben, motivieren.

128.* Die hieraus resultierenden Finanzierungsschwierigkeiten sollten nach Meinung des Umweltrates jedoch nicht durch eine staatliche Bezuschussung ausgeglichen werden. Eine staatliche Subventionierung würde die Kreativität, Eigenständigkeit und Unabhängigkeit von Umweltverbänden auf Dauer in Frage stellen. Überall dort allerdings, wo Leistungen der Umweltverbände im Bereich der Politikberatung (z.B. Stellungnahmen im Rahmen von Planungsverfahren oder Gesetzesvorhaben) erbracht werden, sollten diese Leistungen nach formalen Kriterien entgolten werden.

129.* Darüber hinaus sollte der Staat durch die Schaffung geeigneter rechtlicher Rahmenbedingungen dazu beitragen, daß den Umweltverbänden eine selbständige Eigenfinanzierung erleichtert wird. Hierzu gehört einerseits die steuerrechtliche Verbesserung der Absetzbarkeit von Spenden und Sponsoring an Umweltverbände etwa nach amerikanischem Vorbild sowie die Vereinfachung des Stiftungsrechts (Erleichterung der Gründung privater Umweltstiftungen), aber auch die Eröffnung bislang verschlossener Einnahmequellen wie etwa von Lotterieerlösen, die den Umweltschutzverbänden bisher im Unterschied zu anderen gemeinnützigen privatrechtlichen Institutionen nicht anteilmäßig zur Verfügung stehen.

4 Umweltstandards: Bedeutung, Situationsanalyse, Verfahrensvereinheitlichung

130.* Umweltstandards sind quantitative Festlegungen zur Begrenzung verschiedener Arten von anthropogenen Einwirkungen auf den Menschen und/ oder die Umwelt, die aus Umweltqualitätszielen abgeleitet werden. Überwiegend handelt es sich dabei um maximal zulässige Konzentrationen von Stoffen (Chemikalien) oder um Dosisleistungen (energiereiche Strahlen) oder um andere physikalische Einwirkungen (z.B. Lärm). Man bezeichnet sie auch als Grenzwerte. Daneben werden auch Verbote und Gebote als Umweltstandards im weiteren Sinne verstanden.

Der Umweltrat unterscheidet Umweltstandards ferner nach ihrer rechtlichen Verbindlichkeit und unterteilt sie in hoheitliche und nichthoheitliche Umweltstandards. Hoheitliche Umweltstandards sind in Rechtsvorschriften festgelegt und werden nach Grenz- und Richtwerten unterschieden. Die nichthoheitlichen Umweltstandards umfassen demgegenüber diejenigen Standards, die nicht in Rechtsvorschriften festgelegt sind. Sie können von privatrechtlich organisierten Sachverständigengremien oder auch von Zusammenschlüssen von Trägern öffentlicher Aufgaben, öffentlich-rechtlichen Sachverständigengremien sowie vergleichbaren Einrichtungen empfohlen werden.

131.* Umweltstandards sind in Form von Grenzwerten vor mehr als einhundert Jahren eingeführt worden. Sie dienten als wirkungsbezogene Zahlenwerte lange Zeit ausschließlich dem Gesundheitsschutz. Dabei spielte der Arbeitsschutz eine Vorreiterrolle, die etwa 60 Jahre lang vorwiegend von Deutschland wahrgenommen wurde. Standards zum Schutz der weiteren Umwelt existieren erst seit Mitte dieses Jahrhunderts.

Bis in die sechziger Jahre wurden Standards weitgehend durch nichthoheitliche Körperschaften in Wahrnehmung bestimmter Aufgaben und Interessen aufgestellt. Seither findet eine zunehmende rechtliche Einbindung statt, ohne daß auf nichthoheitliche Standards, die rascher und flexibler festgelegt werden können, verzichtet wurde.

Ursprünglich orientierten sich Standards ausschließlich am Prinzip der regelhaften Abhängigkeit von Dosis und Wirkung. Damit beschränkte sich die Grenzwertfindung weitgehend auf die rein naturwissenschaftliche Ermittlung von Schwellenwerten, bei deren Unterschreitung Schäden verhindert oder weitgehend vermindert werden sollten. Dieses Prinzip war im Gesundheitsschutz ohne weiteres durchsetzbar. Seit etwa zwei Jahrzehnten werden zunehmend neue Bewertungselemente in Betracht gezogen, vor allem durch die Aufdeckung neuartiger, irreversibler Schadeffekte (Erbschäden und Krebs) und durch die Einbeziehung weiterer Aspekte in die Standardsetzung: Kostenbelastungen, Einschränkungen im Individualverhalten, unterschiedliche Prioritäten verschiedener Umweltgüter und Fragen der Akzeptanz und politischen Durchsetzbarkeit. Damit wurden Standardsetzungen über die rein naturwissenschaftliche Ebene hinaus zum politischen Entscheidungsprozeß angehoben. Dieser erfordert die Einbeziehung gesellschaftlicher Gruppen zum Abgleich unterschiedlicher Interessen.

Zunehmende Aktivitäten im Umweltbereich, gestützt von Medien in intensiver Wechselwirkung mit einem ständig steigenden Umweltbewußtsein und Sicherheitsbedürfnis der Öffentlichkeit, erzeugten wachsenden Handlungsdruck sowohl bei staatlichen Einrichtungen als auch bei nichthoheitlichen Körperschaften, ständig neue Standardsetzungsverfahren in Gang zu setzen. Immer häufiger wird dabei, vor allem bei angeschuldigten Schadstoffen, die Situation angetroffen, daß keine oder keine hinreichenden Daten für eine wirkungsbezogene Standardsetzung vorliegen. Dieses Defizit – in Verbindung mit mehr oder weniger auch in nicht naturwissenschaftlichen Disziplinen diskutierten Zweifeln an der Solidität naturwissenschaftlicher Aussagen schlechthin, die pauschal als „Wissensdefizite" zusammengefaßt werden – hat immer häufiger dazu geführt, den Weg der Vorsorge zu beschreiten. Das Vorsorgeprinzip verwischt zwar die herkömmlichen Bewertungsmaßstäbe, gewinnt aber in zunehmendem Maße bei Standardsetzungen, zumindest als Teilkomponente, in der Entscheidungsfindung an Einfluß.

132.* Die vorgenannten Entwicklungen haben mit dem ständigen Ansteigen der Zahl von Umweltstandardtypen und -systemen zu einer kaum noch überschaubaren Vielfalt von Standards geführt. Der Umweltrat hat in einer umfassenden Bestandsaufnahme der in Deutschland etablierten Standards 154 Listen mit Umweltstandards unterschiedlichster Art ermittelt. Eine kritische Auswertung dieser Zusammenstellung ergibt zahlreiche grundsätzliche Unterschiede und verfahrensmäßige Unzulänglichkeiten im System. Die wichtigsten sind:

– eine begriffliche und nomenklatorische Vielfalt mit weitgehend undefinierten Inhalten,

– mangelnde Beteiligung von Öffentlichkeit und gesellschaftlichen Gruppen,

– fehlende oder unzureichende Begründung für die getroffene Entscheidung bei der weit überwiegenden Zahl von Standards,

– mit wenigen Ausnahmen das Fehlen klarer Verfahrensordnungen sowie die häufige Nichtveröffentlichung der Rekrutierung und der Zusammensetzung von Entscheidungsgremien,

– uneinheitliche Zuordnung der rechtlichen Verbindlichkeit; in den meisten Fällen das Fehlen klarer Regelungen der Überwachung und zeitlichen Fortschreibung gesetzter Standards. Die Gründe hat der Umweltrat im einzelnen zu ermitteln und zu bewerten versucht.

133.* Dieser Wildwuchs von Standards, der gerade in den letzten Jahren überproportional zunimmt, führt zu Mißverständnissen, Verunsicherungen und Vertrauensschwund in der Öffentlichkeit. Als Folge wird das in vielen Belangen bewährte und in zahlreichen Gefährdungssituationen unverzichtbare Prinzip der Umweltstandards von verschiedenen Seiten in Frage gestellt. Der Umweltrat hält ungeachtet dessen am Instrument der Standards zur Lösung von Umweltproblemen fest. Er sieht aber zugleich eine Vereinfachung, Vereinheitlichung und Normierung der Standardsetzungsprozesse als eine vordringliche staatliche Aufgabe an, um die Glaubwürdigkeit des Systems zu verbessern.

134.* Als handlungsweisende Empfehlung hat der Umweltrat zur Festlegung von Umweltstandards ein mehrstufiges Verfahrensmodell entwickelt (Abb. A). Es sieht einen sequentiellen Ablauf von elf Stufen vor, bei denen die Informationsgewinnung als Voraussetzung der Diskussion zum Interessenausgleich verschiedener gesellschaftlicher Gruppen sowie der Entscheidungsfindung mehrere Rückkopplungen erfordert. Die erste Stufe (1) besteht in der Festlegung von Schutzobjekten (Mensch, Umweltgüter). Sie wird gefolgt von der Stufe (2) mit der Definition der Schutzziele, zum Beispiel voller Schutz oder teilweiser Schutz, Art der Vermeidungsstrategie und so weiter. Die Stufe (3) dient der Sammlung aller relevanten naturwissenschaftlichen Daten zu Vorkommen, Entstehung und Ausbreitung, chemischer Umwandlung und Wirkung von Schadstoffen beziehungsweise von physikalischen Noxen. Danach werden in Stufe (4) die Daten kritisch auf ihre Aussagefähigkeit überprüft und bewertet und eventuelle Informations- und Kenntnislücken aufgezeigt. Es folgt in Stufe (5) ein aus den Stufen (3) und (4) abgeleiteter Vorschlag eines Standards oder auch mehrerer Alternativen aus naturwissenschaftlicher Sicht. Für die weitere Behandlung dieser ersten Vorschläge bedarf es der Ermittlung technischer Reduktionsmöglichkeiten in Stufe (6), gefolgt von einer Kosten-Nutzen-Analyse in Stufe (7), die die mit der Realisation von Standardsetzungen in verschiedener Höhe verbundenen Belastungen betroffener Kreise abschätzt. Auf der Basis der in den Stufen (6) und (7) gewonnenen Informationen erfolgt in Stufe (8) eine Diskussion unter Beteiligung verschiedener gesellschaftlicher Gruppen, die ihre Ziele und Interessen geltend machen. Die Diskussion dient vor allem einer Optimierung der Akzeptanz von Standards in der Öffentlichkeit. Die eigentliche Entscheidung über den Standard erfolgt in der Verfahrensstufe (9) durch den oder die Entscheidungsträger, bei hoheitlichen Umweltstandards regelmäßig durch die Exekutive und bei nichthoheitlichen durch die zuständigen öffentlich-rechtlichen oder privaten Gremien. Gesetzte Standards bedürfen der Kontrolle ihrer Einhaltung, deren Art und Organisation in der anschließenden Stufe (10) noch als Teil des Entscheidungsprozesses festzulegen ist. Abschließend ist in Stufe (11) eine Fortschreibungspflicht nach Maßgabe neuer wissenschaftlicher Erkenntnisse oder veränderter gesellschaftlicher Bedürfnisse zu bestimmen.

Abbildung A

Modell eines Mehrstufenverfahrens zur Festlegung von Umweltstandards

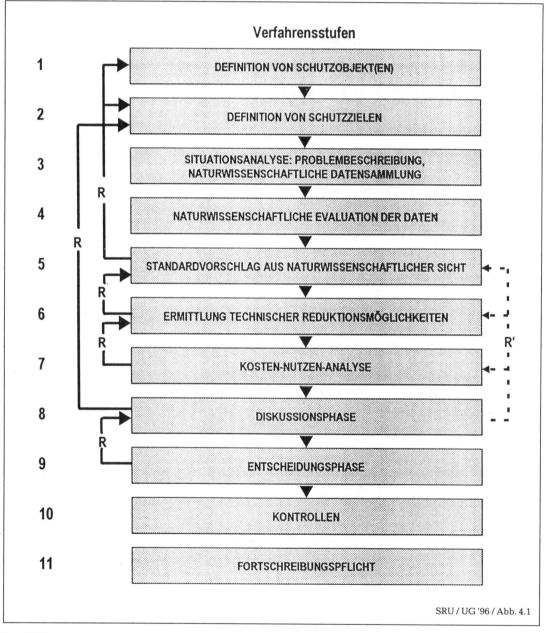

SRU / UG '96 / Abb. 4.1

R = Rückkopplung
R' = Rückfragen

Das elfstufige Verfahren basiert auf den folgenden Grundanforderungen:

Bei dem stufenweisen Vorgehen der Standardsetzung wird eine klare Rollenzuweisung an Entscheidungsträger, staatliche Organe, Wissenschaftler und gesellschaftliche Gruppen als am Prozeß Beteiligte gefordert. Dabei ist nach Auffassung des Umweltrates eine operative Trennung zwischen Arbeitsstufen, in denen ausschließlich primär naturwissenschaftlicher und technischer Sachverstand eine Rolle spielt, und solchen Phasen, in denen politische Bewertungen vorzunehmen sind, durchaus möglich und sinnvoll. Die Rolle der Wissenschaftler sollte frei von Interessenbindungen sein. Wissenschaftler, die bei der Festlegung von Schutzobjekten und Schutzzielen, bei der naturwissenschaftlichen Zustandsanalyse sowie bei der Ermittlung technischer Reduktionsmöglichkeiten beteiligt sind, können nicht als Vertreter gesellschaftlicher Gruppen zugelassen werden. Die gesellschaftlichen Gruppen werden durch Vorschlagsrecht bei der Definition von Schutzobjekten und Schutzzielen, Beteiligung an der Erarbeitung von Kosten-Nutzen-Analysen sowie Teilnahme an der Diskussion über Höhe und Art der Standards am Verfahren beteiligt. Die Festlegung der Standards erfolgt letztlich – unter Berücksichtigung der Belange und Argumente aller Interessengruppen – durch die zuständigen Entscheidungsträger.

Umweltstandards sollen in voller Transparenz erarbeitet und angewendet werden. Dazu gehört die veröffentlichte Begründung von Bewertungen und Entscheidungen in allen Stufen des Standardsetzungsprozesses. Ausführliche, laienverständliche Begründungen sollen nicht nur für die naturwissenschaftliche Zustandsanalyse und den dazugehörigen Standardvorschlag geliefert werden; ebenso wichtig sind Begründungen für die Kosten-Nutzen-Analysen. Des weiteren sollen die Entscheidungsträger die Festlegung der Höhe des Standards in einer ausführlichen Begründung darlegen, aus der auch die Verantwortung der an der Entscheidung Beteiligten klar ersichtlich wird. Bei exekutivischer Setzung von Umweltstandards sollte nach Auffassung des Umweltrates auch die Entscheidung des Bundesrates, jedenfalls soweit sie vom Vorschlag der Bundesregierung abweicht, nach den gleichen Maßstäben eingehend begründet werden.

Zur Transparenz von Umweltstandards gehört auch, daß sich die Mitgliedschaft von Experten in Gremien zur Standardsetzung nach klar definierten Kriterien, wie zum Beispiel dem der wissenschaftlichen Reputation, richten muß und die Zusammensetzung der Gremien veröffentlicht wird. Der Umweltrat sieht bei der Frage, wie Wissenschaftler, die in der Industrie tätig sind, in die Analyse und die weitere Diskussion einbezogen werden, Klärungsbedarf von seiten des Staates.

Umweltstandards sind nur wirksam, wenn eine Kontrolle ihrer Einhaltung durchgeführt werden kann. Dazu bedarf es der Festlegung geeigneter Methoden, in der Regel Meßverfahren und Meßstrategien. Es erhöht die Akzeptanz von Umweltstandards, wenn die Meßergebnisse der Überwachung veröffentlicht werden. Neben der Überwachung soll auch eine Fortschreibungspflicht der Umweltstandards vorgeschrieben werden. Besonders effektiv ist eine Überprüfung auf Aktualität in regelmäßigen Zeitabständen.

135.* Dieses Stufenmodell ist als Idealtypus eines transparenten und auch vom Laien nachvollziehbaren Standardfindungsprozesses konzipiert. Aufgrund der Formalisierung ist das Modell nicht für alle Felder und Fragestellungen der Umweltpolitik gleichermaßen durchgängig anwendbar. Es kann und soll nach Maßgabe der jeweiligen Schutzobjekte und Schutzziele flexibel gehandhabt werden, sofern die oben aufgeführten Grundanforderungen erfüllt bleiben.

136.* Der Umweltrat verkennt nicht die Schwierigkeiten, die sich Bestrebungen nach Vereinheitlichung bei den Umweltstandardsetzungsverfahren entgegenstellen, wie etwa fachspezifische, konzeptionelle Besonderheiten, die zur Ausbildung von Domänen der Standardsetzung in einzelnen Wissenschaftsbereichen und Verwaltungen geführt haben, und die Verteilung von Regelungskompetenzen im föderalen System, die sich dann besonders deutlich zeigen, wenn übergreifende gesetzliche Regelungen fehlen (z.B. im Bereich Boden). Er betrachtet deshalb seine Vorschläge als ersten Anstoß für staatliches Handeln in einem längerfristigen Prozeß.

Den einleitenden, vordringlichen Schritt sieht der Umweltrat in der Schaffung eines Prototyps einer Verfahrensordnung im Sinne des vorgestellten Mehrstufenmodells. Dabei kommt der Festschreibung der nachfolgend genannten Elemente besondere Bedeutung zu, da sie bei den derzeitigen Standardsetzungsprozessen nur selten erfüllt sind. Die Kriterien der Festlegung von Schutzzielen und Schutzobjekten müssen offengelegt werden. Zur Erreichung einer hohen Transparenz des Verfahrens und damit verbunden hoher Akzeptanz der Standards sollen Neuerstellungen und Änderungen von Umweltstandards angekündigt und eine Begründungspflicht auf allen Stufen festgeschrieben werden. Mechanismen der Diskussion und Entscheidungsfindung mit Rollenbeschreibung aller Beteiligten, insbesondere der der Wissenschaftler, sowie eine Überwachungs- und Fortschreibungspflicht sollen in der Verfahrensordnung geregelt sein. Die Bildung der Gremien und Fragen der Mitgliedschaft sollen festgelegt werden.

137.* Bei der Schaffung eines solchen Prototyps einer Verfahrensordnung zur Standardfestsetzung ist der Staat auf fortlaufende Beratung angewiesen. Dazu schlägt der Umweltrat die Einrichtung eines zentralen Beratungsgremiums vor, das aus Vertretern der wesentlichen Fachdisziplinen, gesellschaftlichen Gruppen und der Verwaltung, jeweils mit Erfahrung auf dem Gebiet der Standardsetzung, besteht.

138.* Mit dem Vorschlag eines Verfahrens- und Organisationsmodells für die Setzung von Umweltstandards nimmt der Umweltrat die rechtswissenschaftliche Kritik an der gegenwärtigen Praxis auf. Zwar bestehen an der grundsätzlichen Notwendigkeit von Umweltstandards aus untergesetzlichen Regelungen keine durchgreifenden Zweifel, jedoch bedarf es aus verfassungspolitischer Sicht verfahrensrechtlicher Vorschriften, um die fehlende Mitwirkung des Parlaments und die schwache Gesetzesabhängigkeit der Standardsetzung zu kompensieren. Diese Rahmenregelungen müssen durch Gesetz oder Rechtsverordnung erfolgen. Zu erwägen ist dabei eine übergreifende Regelung für alle Verfahren.

139.* Die vom Umweltrat vorgeschlagenen Elemente des Modells der Setzung von Umweltstandards entsprechen weitgehend den Forderungen der rechtswissenschaftlichen Diskussion, die die Kriterien Öffentlichkeit, Transparenz der Entscheidungsfindung, Interessenrepräsentation, Regelungen über die Zusammensetzung und das Verfahren der Gremien und Revisionspflichten in den Vordergrund gestellt hat. Soweit Gremien bei der Setzung von Umweltstandards – letztlich politische – Wertungen treffen, fordert der Umweltrat im Einklang mit der rechtswissenschaftlichen Diskussion die gesetzliche Verankerung einer pluralistischen Zusammensetzung; dies schließt die ausdrückliche Berücksichtigung von Umweltinteressen ein. Hinsichtlich der Feststellung des Standes der wissenschaftlichen Erkenntnisse geht der Umweltrat von der Notwendigkeit aus, Perspektivenpluralismus zu gewährleisten. Dieser muß aber nicht durch Aufnahme von Vertretern unterschiedlicher wissenschaftlicher Positionen, sondern kann auch durch inhaltliche Berücksichtigung solcher Positionen bei der Erarbeitung und Begründung der Entscheidung erreicht werden.

140.* Als Rechtsform hoheitlicher Umweltstandards verdient die Rechtsverordnung den Vorzug vor der Verwaltungsvorschrift. Dem Bedürfnis nach Verbindlichkeit von Umweltstandards kann bei Festsetzung als Verwaltungsvorschrift nur mit juristischen Kon-

struktionen genügt werden, die inhaltlich umstritten und im europäischen Kontext vom Europäischen Gerichtshof ausdrücklich abgelehnt worden sind. Die Rechtsverordnung als Rechtsform bringt auch mehr als die Verwaltungsvorschrift die zentrale Bedeutung zum Ausdruck, die Umweltstandards in der Umweltpolitik zukommt. Die angenommenen Vorteile von Verwaltungsvorschriften – keine Anwendung in atypischen Fällen und bei Veraltung – lassen sich durch entsprechende Regelungen wie Härte- und Dynamisierungsklauseln sowie Revisionspflichten auch bei der Rechtsverordnung erreichen.

141.* Nichthoheitliche Umweltstandards sind nach Auffassung des Umweltrates, insbesondere im Hinblick auf die rasch voranschreitende wissenschaftliche und technische Entwicklung, auch in Zukunft unentbehrlich. Sie besitzen besondere Bedeutung für besonders komplexe Sachverhalte sowie für die „Experimentierphase" der Entwicklung und den Unterbau hoheitlicher Umweltstandards. Allerdings müssen als Voraussetzung für die staatliche Anerkennung solcher Standards Vorgaben für die Organisation und das Verfahren der Entscheidungsfindung beachtet werden, die sich an dem Modell orientieren, das der Umweltrat für hoheitliche Umweltstandards entwickelt hat.

142.* Im Recht der Europäischen Union bedarf die Setzung hoheitlicher Umweltstandards durch die Kommission im sogenannten Ausschußverfahren sowie die Setzung nichthoheitlicher Umweltstandards durch europäische Normungsinstitutionen einer grundlegenden Reform, die die Grundzüge des vorgeschlagenen Verfahrensmodells berücksichtigt; das Verfahren der europäischen Normungsinstitutionen muß stärker für Umweltinteressen geöffnet werden.

5 Umweltgerechte Finanzreform: Perspektiven und Anforderungen

143.* Die Forderung nach einer umweltgerechten Finanzreform entspringt der Erkenntnis, daß wirtschaftliche Anreize über die Wirkungen des klassischen ordnungsrechtlichen Instrumentariums hinaus und zum Teil erheblich effizienter als das Ordnungsrecht zur Reduktion der Inanspruchnahme unserer natürlichen Lebensgrundlagen beitragen können. Insofern ist der systematische Einbau preislicher Lösungen in die Umweltpolitik ein folgerichtiger Schritt, den der Umweltrat bereits in mehreren Gutachten (1987 und 1994) empfohlen hat. Die Diskussion über die Nutzung ökonomischer Instrumente in der Umweltpolitik und erste Erfahrungen mit solchen Instrumenten im In- und Ausland zeigen freilich auch, daß Preisinstrumente oder Mengenlösungen (wie z.B. handelbare Emissionsrechte) nicht einfach an die Stelle von oder zusätzlich zu vorhandenen ordnungsrechtlichen Instrumenten eingesetzt werden können, sondern zu ihrer Entfaltung oft spezieller ordnungsrechtlicher Voraussetzungen bedürfen. Insofern erscheint eine einzelfallbezogene, sorgfältige

Prüfung der Einführung solcher Instrumente angezeigt.

144.* Die Umgestaltung des öffentlichen Finanzsystems im Hinblick auf die Erfordernisse einer dauerhaft-umweltgerechten Entwicklung läßt sich nicht in einer einmaligen Anstrengung bewältigen, sondern stellt eine langfristige Aufgabe dar. Die Gründe dafür sind offensichtlich: Einerseits erfordert eine umweltgerechte Finanzreform – neben der Einführung neuer Lenkungsabgaben und der Schaffung finanzieller Anreize für ökologisch richtiges Handeln –, daß jede Einnahmen- und Ausgabenposition in den öffentlichen Haushalten auf ihre Eignung zur Lenkung des Verhaltens von Haushalten und Unternehmen in die umweltpolitisch gewünschte Richtung beziehungsweise auf unerwünschte ökologische Effekte hin untersucht und gegebenenfalls verändert wird. Andererseits muß bei solchen Änderungen beachtet werden, daß sich die Steueradressaten in vielfältiger, oft nicht ausreichend bekannter Weise an das gewachsene Steuer- und Staatsausgabensystem angepaßt haben und deshalb die Wirkungen großer Veränderungen dieses Systems immer nur unzureichend abgeschätzt werden können. Beides legt eine Politik der kleinen Schritte nahe.

145.* Eine Politik der kleinen Schritte wird auch durch den schwierigen Auftrag nahegelegt, den das Leitbild der dauerhaft-umweltgerechten Entwicklung an die Gesellschaft stellt, nämlich ökologische, wirtschaftliche und soziale Entwicklung miteinander in Einklang zu bringen. Umweltpolitik nützt wenig, wenn sie durch einseitig ökologisch ausgerichtete Bemühungen die wirtschaftliche und soziale Anpassungsfähigkeit der Menschen überfordert. Auf der anderen Seite ist es wenig sinnvoll, einer umweltgerechten Finanzreform, die den überfälligen Strukturwandel in der Wirtschaft hin zu einem Pfad einer dauerhaft-umweltgerechten Entwicklung stimulieren soll, genau diesen Strukturwandel vorzuwerfen, wie es in vielen Aussagen verschiedener gesellschaftlicher Gruppen mit Hinweis auf die Anzahl der Arbeitsplätze in den umweltintensiven Branchen und bei ihren Zulieferern immer wieder geschieht. Klar muß sein, daß es umweltintensive Arbeitsplätze in einer am Leitbild einer dauerhaft-umweltgerechten Entwicklung ausgerichteten Wirtschaft nicht geben kann. Insofern erfordert eine der dauerhaft-umweltgerechten Entwicklung entsprechende Politik den Abbau solcher Arbeitsplätze. Hier gibt es keinen Besitzstand. Gestritten werden kann allerdings über das Tempo des Abbaus solcher Arbeitsplätze, das mit einem weitgehend friktionslosen Übergang zu einer dauerhaft-umweltgerechten Wirtschaftsform verträglich ist.

146.* Ob ökologische Lenkungsabgaben neben der Einkommens- und Umsatzbesteuerung zu einer „dritten Säule" des Steuersystems werden oder nicht, bleibt zur Zeit eine offene Frage. Ziel einer ökologischen Finanzreform ist es, zusammen mit anderen Maßnahmen der Umweltpolitik die Inanspruchnahme der natürlichen Lebensgrundlagen zu geringsten Kosten auf jenes Maß zurückzuführen, das mit einer dauerhaft-umweltgerechten Entwicklung verträglich wird. Im Zuge der dazu erforderlichen schrittweisen Veränderung des öffentlichen Finanzsystems wird sich jedoch erst zeigen, welchen Anteil umweltpolitisch induzierte Lenkungsabgaben am Gesamtbudget haben werden. Eine bestimmte Höhe des Aufkommens aus solchen Abgaben kann nicht Ziel einer umweltgerechten Finanzreform sein.

147.* Eine umweltgerechte Finanzreform umfaßt die folgenden Bausteine (vgl. Abb. B):

– Abbau von Vergünstigungen mit ökologisch negativer Wirkung

– Verstärkung bereits bestehender, umweltpolitisch motivierter Vergünstigungen und Abgaben

– Einbau von Anreizen zu umweltgerechtem Verhalten in bestehende Abgaben

– Einführung neuer Umwelt(lenkungs)abgaben.

Abbildung B

Bausteine einer umweltgerechten Finanzreform

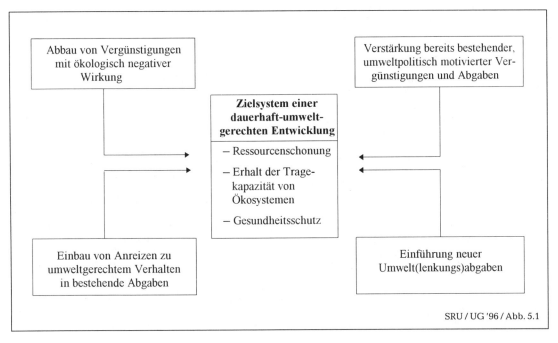

SRU / UG '96 / Abb. 5.1

Abbau von Vergünstigungen mit ökologisch negativer Wirkung

148.* Im geltenden Steuer- und Beihilferecht sind verschiedene Tatbestände festgelegt, die zu einer Befreiung von der Mineralölsteuer führen und damit aus ökologischer Sicht kontraproduktiv wirken. Der Umweltrat empfiehlt daher die Abschaffung der Mineralölsteuerbefreiung für

- die nichtenergetische Verwendung von Rohölderivaten und Gasen,

- den Eigenverbrauch der Mineralölherstellung („Herstellerprivileg"), zu deren Abschaffung eine Änderung der entsprechenden EU-Richtlinie vorangetrieben werden sollte,

- die gewerbliche Binnenschiffahrt auf europäischer Ebene sowie

- den inländischen Flugverkehr. Die Aufhebung der Befreiung im internationalen Flugverkehr ist nur dann sinnvoll, wenn diese zumindest auf europäischer Ebene durchsetzbar ist.

Darüber hinaus wird empfohlen, die Gasölverbilligung für die Landwirtschaft zu streichen und durch Kompensationen ohne negative ökologische Nebenwirkungen zu ersetzen. Da die umweltpolitisch erwünschten Effekte der Abschaffung der Gasölbeihilfe nicht exakt zu bestimmen sind, sollten zum Beispiel flankierende Instrumente zur Beschränkung des Dünge- und Pflanzenschutzmitteleintrags eingesetzt werden. Die unterschiedliche Besteuerung von leichtem Heizöl und Dieselkraftstoff ist aufzuheben, die Belastung von Otto- und Dieselkraftstoff bei der Mineralölsteuer auf eine einheitliche Emissionsbasis umzustellen sowie die ökologisch nicht gerechtfertigte Begünstigung von Kohle gegenüber anderen, über die Mineralölsteuer erfaßten Energieträgern aufzuheben.

149.* Da die derzeitige Kilometerpauschale bei der Einkommensteuer für die Fahrt zum Arbeitsplatz die Pkw-Nutzung gegenüber umweltverträglicheren Alternativen bevorzugt, schlägt der Umweltrat ihre Umwandlung in eine verkehrsmittelunabhängige Entfernungspauschale in Höhe der vergleichbaren Benutzerkosten des öffentlichen Verkehrs vor. Bei nichtvorhandenem direkten Anschluß an öffentliche Verkehrsmittel sollte entsprechend eine Erstattung der für die Fahrt bis zur nächsten Haltestelle des Öffentlichen Personennahverkehrs aufzuwendenden Betriebskosten eines repräsentativen Kleinwagens gewährt werden. Wird der Nachweis der Unzumutbarkeit der Nutzung des Öffentlichen Personennahverkehrs erbracht, kann die Kleinwagenpauschale für die gesamte Entfernung bis zum Arbeitsplatz erstattet werden.

Daneben spricht sich der Umweltrat gegen die steuerliche Ungleichbehandlung der vom Arbeitgeber bereitgestellten Parkplätze und Jobtickets aus. Wie die Bezahlung von Jobtickets durch den Arbeitgeber sollte auch die Parkplatzbereitstellung als geldwerter Vorteil bei der Einkommensteuer berücksichtigt werden.

150.* Die Grund- und Vermögensteuerbefreiung für Häfen und Flughäfen sollte nach Ansicht des Umweltrates ebenso abgeschafft werden wie die Umsatzsteuerbefreiung für Treib- und Schmierstoffe in der See- und Luftfahrt und die Umsatzsteuerermäßigung für die Seeschiffahrt und den Luftverkehr. Im Bereich des internationalen Verkehrs muß darauf hingewirkt werden, zur Vermeidung von Wettbewerbsverzerrungen entsprechende Veränderungen der Abgabenbelastungen durch internationale Abkommen zu erreichen.

151.* Der Abbau der steuerlichen Ungleichbehandlung öffentlicher und privater Leistungen erscheint dort geboten, wo diese in direktem Wettbewerb stehen oder stehen können. Solche Maßnahmen begünstigen einen effizienzsteigernden Wettbewerb, wodurch die Kosten der Durchsetzung umweltpolitischer Ziele gesenkt werden. Begleitet werden sollten diese Maßnahmen durch eine weitgehende Deregulierung bestehender Ver- und Entsorgungsmonopole, gleich, ob sie der öffentlichen Hand oder (wie bei der Energieversorgung) privaten Anbietern gehören, um auch hier dem Wettbewerb mehr Raum zu bieten und innovative Lösungen zur Senkung von Emissionen zuzulassen.

152.* Eine Neuorientierung des bestehenden agrarpolitischen Subventionssystems wird vom Umweltrat im Hinblick auf zu internalisierende positive externe Effekte, die sich aus einer das Naturraumpotential fördernden land- und forstwirtschaftlichen Landnutzung ergeben, empfohlen. Von privaten Entscheidungsträgern erbrachte ökologische Leistungen sollten demnach finanziell honoriert werden. Durch eine leistungsorientierte Entlohnung wird das Interesse des Anbieters am ökologischen Erfolg geweckt. Die Mittelvergabe kann nach noch zu entwickelnden Ökopunkte-Systemen erfolgen.

Verstärkung bereits bestehender, umweltpolitisch motivierter Vergünstigungen und Abgaben

153.* Zur Förderung einer umweltverträglichen Flächennutzung kann an bereits bestehende Abgaben und Vergünstigungen angeknüpft werden. Besonders geeignet erscheint hier der Ausbau der naturschutzrechtlichen Ausgleichsabgaben der Länder. Der Umweltrat hält eine Verpflichtung der Länder zur Einführung solcher Ausgleichsabgaben sowie bundesweite Vorgaben für die Struktur der Abgabe, insbesondere eine Anbindung an Naturschutzziele, für erforderlich.

154.* Mit der Abwasserabgabe liegt bereits ein Konzept vor, das stärker in den Dienst der Lenkung mittels Abgaben für eine umweltgerechte Wassernutzung gestellt werden sollte. Damit die Abwasserabgabe die ihr zugedachte Lenkungsfunktion ökonomisch effizient erfüllt, schließt sich der Umweltrat Forderungen nach einer Erhöhung der Abgabensätze mit progressiven Aufschlägen bei gewässerspezifischen Spitzenbelastungen sowie Einschränkungen der Verrechnungsmöglichkeiten an; ein effizienter Einsatz der Abwasserabgabe setzt überdies voraus, daß die ordnungsrechtlichen Anforderungen nicht ständig verschärft werden; vielmehr sollte die Bewirkung weiterer Vorsorgemaßnahmen der Steuerung durch die Abgabe überlassen bleiben.

Einbau von Anreizen zu umweltgerechtem Verhalten in bestehende Abgaben

155.* Die Mineralölsteuer ist durchaus als umweltpolitische Lenkungsabgabe geeignet, zumindest im Falle von CO_2-Emissionen, die in einem linearen Zusammenhang mit dem Brennstoffverbrauch stehen. Allerdings bleibt bei den Begründungen für die derzeitige Höhe der Mineralölsteuer unklar, welchen Zwecken die Steuer dient und welcher Teil der Steuer auf welche Zwecke entfällt. In Frage kommen rein fiskalische Zwecke, (umweltpolitische) Lenkungszwecke und Finanzierungszwecke (Wegekostenabdeckung). Der Umweltrat hält eine Trennung dieser Zwecke und dementsprechend eine Abschaffung der heutigen Mineralölsteuer beziehungsweise Reduzierung dieser Steuer auf den rein fiskalischen Zweck auf Dauer für den besten Weg. Das erfordert die Schaffung eines je eigenen Systems von Wegekostenanlastung und Emissionsabgaben. Solange es solche Systeme nicht gibt und gleichzeitig die europaweite Verpflichtung eines Mindeststeuersatzes für die Mineralölsteuer bestehen bleibt, läßt sich diesem Petitum nur dadurch Rechnung tragen, daß eventuelle CO_2-Abgaben auf die Mineralölsteuer beziehungsweise auf jenen Teil dieser Steuer, der als Emissionsabgabe gedacht ist, angerechnet werden.

156.* Für eine ökonomisch möglichst effiziente Lenkung sollten die Emissionsabgaben im Verkehrssektor an den tatsächlich emittierten Schadstoffmengen oder an Kennziffern der Umweltbelastung ansetzen, zum Beispiel an den im Abgas gemessenen Emissionen oder hilfsweise an der Motorcharakteristik, der Fahrleistung, den Betriebszuständen und anderem. Während für CO_2-Emissionen ein weitgehend linearer Zusammenhang mit dem Kraftstoffverbrauch sichergestellt ist, können Abgaben auf andere Schadstoffe des Verkehrs allenfalls als zweitbeste Lösung über die Kraftstoffverbräuche erhoben werden, da sie nur teilweise mit dem Kraftstoffverbrauch korrelieren und ihre Umweltwirkung unter anderem von Ort und Zeit des Ausstoßes abhängt. Wie der Umweltrat bereits in seinem Umweltgutachten 1994 betont hat, muß die Umweltpolitik deshalb den Ersatz der Erhebung von Emissionsabgaben langfristig über den Kraftstoffinput durch Errechnung der Emissionen verschiedener Schadstoffe über die Daten aus dem elektronischen Motormanagement anstreben. Mittelfristig kann eine Anrechnung von überwiegend fahrzeug- beziehungsweise motortypabhängigen Emissionen, zum Beispiel an kanzerogenen Stoffen und NO_x, auch über eine emissionsorientierte Differenzierung der Kfz-Steuer erfolgen.

157.* Die Kfz-Steuer in ihrer heutigen Form wird vor allem mit der Anlastung der nutzungsunabhängigen Wegekosten begründet, kann diese aber bei weitem nicht decken. Bei der Anlastung der tatsächlichen fixen Wegekosten über die Kfz-Steuer käme es folglich zu einer erheblichen zusätzlichen Steuerbelastung, die entsprechend dem individuellen Nutzen auf die Fahrzeughalter aufzuteilen wäre. Bis zur Realisierung einer elektronischen Lösung zur Anlastung der (fixen und variablen) Wegekosten schlägt der Umweltrat eine Erhebung der fixen Wegekosten

über Vignetten vor, zum Beispiel eine Vignette für den eigenen und alle angrenzenden Kreise (Regionalvignette) und eine Vignette für die Benutzung aller anderen Straßen (Fernverkehrsvignette), jeweils gestaffelt nach den Kategorien Pkw, Lkw, Busse, Krafträder sowie unterschieden in private und gewerbliche Nutzer, wobei die Regionalvignette als Zwangsbeitrag erhoben wird und damit der Kfz-Steuer gleichkommt. Die Erhebung der Wegekosten in Form einer Vignette gestattet auch die Erfassung ausländischer Fahrzeuge.

Nutzungsabhängige (variable) Wegekosten sind (abgesehen von den Staukosten) beim Pkw vernachlässigbar gering, bei Lkw hingegen hoch genug, um fahrleistungsabhängig erhoben zu werden. Über Fahrtenschreiber könnten diese Nutzungsgrenzkosten verursachungsgerecht angelastet werden. Da ein deutscher Alleingang mit entsprechenden Grenzkontrollen nicht zulässig ist, empfiehlt der Umweltrat, bis zur Einführung einer europäischen Lösung, die Anlastung der variablen Wegekosten für Lkw über zusätzliche Vignetten, die dem Kilometerkriterium in pauschalierter Weise Rechnung tragen. Damit wird ein Ausflaggen der Flotten im Straßengüterverkehr verhindert.

Langfristig werden road pricing-Systeme die Möglichkeit bieten, sowohl die fixen Beiträge als auch Gastbeiträge zu erheben, Knappheits- oder Rationierungsgebühren anzulasten, eine fahrleistungsabhängige Belastung mit den Grenznutzungskosten für Lkw vorzunehmen sowie fahrleistungs-, strecken- oder fahrzeitabhängige Emissionen verursachungsgerecht in Rechnung zu stellen.

158.* Forderungen nach einer Differenzierung der Umsatzsteuer nach ökologischen Kriterien werden abgelehnt, da keine echten Relationen zwischen den Produkten und den durch ihre Herstellung, ihren Gebrauch und ihre Entsorgung ausgelösten Emissionen bestehen.

Dagegen wird vom Umweltrat eine einheitliche Regelung in den Landesgesetzen über Kommunalabgaben empfohlen, um den Spielraum der Kommunen bei der Ausgestaltung ihrer Gebührensatzungen zum Zwecke der Internalisierung von nachzuweisenden Umweltkosten und Knappheitspreisen (Opportunitätskosten) über Gebühren und Beiträge (z. B. Abfallgebühren) zu vergrößern.

Einführung neuer Umwelt(lenkungs)abgaben

159.* Der zur Zeit am meisten diskutierte Vorschlag für den Einstieg in eine umweltgerechte Finanzreform ist die Erhebung einer Energieabgabe. Energieabgaben werden von ihren Verfechtern als eine Art „Breitbandtonikum" gegen jede Art von Schadstoffemissionen angesehen. Dagegen steht freilich, daß Energieabgaben, selbst wenn sie das Emissionsziel für einen Schadstoff treffen sollten, nicht das gezielte Nacharbeiten mit spezifischen Schadstoffabgaben für andere Schadstoffe ersparen, um die Einhaltung der Emissionsziele auch für diese sicherzustellen, wie die ökologischen Wirkungsanalysen dieses

Gutachtens zeigen. Darüber hinaus muß das Gesamtaufkommen einer Energieabgabe zur Erfüllung eines schadstoffspezifischen Emissionszieles wesentlich höher sein als das Aufkommen aus einer schadstoffspezifischen Emissionsabgabe. Der Wirtschaft und den Haushalten würde also mit einer Energiebesteuerung ein überflüssiges „excess burden" auferlegt.

Zwar wird bisweilen zugunsten einer Energieabgabe angeführt, daß sie auch den Risiken der Kernenergie Rechnung trage (was durch schadstoffspezifische Emissionsabgaben der Natur der Sache nach nicht geschieht). Es ist nicht plausibel, so unterschiedlichen Risiken wie der Gefahr eines weltweiten Treibhauseffektes und dem Restrisiko der Kernenergie mit Hilfe ein und derselben Abgabe Rechnung zu tragen. Festzuhalten ist allerdings, daß es zur Einführung eines Systems von Emissionsabgaben für Schadstoffe eines energiepolitischen Konsenses über die künftige Bedeutung der Kernenergie bedarf und daß aus diesem Konsens heraus ein Verfahren zur kostenmäßigen Anlastung der Restrisiken des Stroms aus Kernkraftwerken entwickelt werden muß.

Der Umweltrat ist insgesamt der Auffassung, daß CO_2-Abgaben aufgrund ihrer höheren Effizienz im Klimaschutz einer pauschalen Besteuerung des Energiegehaltes von Energieträgern vorzuziehen und durch zusätzliche Maßnahmen zur Reduzierung anderer Massenschadstoffe und Treibhausgase beziehungsweise zur Anlastung der Restrisiken der Kernenergienutzung zu ergänzen wären. Der EU-Vorschlag einer kombinierten CO_2-/Energieabgabe steht hinsichtlich der ökologischen Treffsicherheit und der ökonomischen Effizienz zwischen einer reinen Energieabgabe und einer CO_2-Abgabe. Sollte der Kommissionsentwurf in seiner gegenwärtigen Form vom Ministerrat verabschiedet werden, besteht ein nationaler Gestaltungsspielraum lediglich bei der Höhe und in begrenztem Umfang bei der Quote der beiden Steuerbestandteile sowie dem Anpassungspfad der Abgabe. Allerdings ist gegenwärtig unsicher, wie die künftige Richtlinie ausgestaltet sein wird.

Zur Erreichung des von der Bundesregierung für das Jahr 2005 gesetzten CO_2-Reduktionsziels von 25 bis 30 % auf der Basis von 1990 müssen die im EU-Vorschlag vorgesehenen Konvergenzsätze als unzureichend angesehen werden. Der Umweltrat schlägt deshalb ein deutlich höheres Abgabenniveau mit einer stärkeren Progression vor, das bis zur Erreichung des Emissionsreduktionsziels verbindlich festgeschrieben werden sollte, um ökonomisch effiziente Anpassungsformen anzuregen.

160.* Für den Fall, daß eine Einigung über eine EU-weit einheitlich gestaltete Abgabe nicht zustande kommt, könnte sich die Bundesregierung an sich frei zwischen den möglichen Gestaltungsformen einer Emissions- beziehungsweise CO_2-Abgabe entscheiden.

Die Schaffung eines Systems handelbarer CO_2-Emissionsrechte ist hinsichtlich der ökologischen Treffsicherheit einer Abgabenlösung (zumindest theoretisch) eindeutig überlegen. Zudem stellt ein solches System auf globaler Ebene höchstwahrscheinlich die einzige Lösung für eine weltweite CO_2-Politik dar. Verschiedene Steuersysteme sowie Unterschiede in den Inflationsraten der Länder sind unüberwindbare Hindernisse bei der Festlegung eines weltweit gültigen Abgabensatzes. Bei Lizenzen vollzieht der Markt hingegen die erforderlichen Anpassungen. Insofern fordert der Umweltrat die Bundesregierung dazu auf, sich für einen weltweiten, in einer Vorstufe zumindest europaweiten Lizenzmarkt für CO_2-Emissionen anstelle der geplanten Abgabe einzusetzen.

Dazu gehört auch die Konzeption von Importabgaben für Produkte jener Drittländer, die sich einer Politik gegen die Emission weltweit wirkender Schadstoffe entziehen; dies macht allerdings eine Ausnahmeregelung in GATT notwendig. Der Umweltrat will hier keinesfalls einem neuen Protektionismus unter dem Stichwort „Ökodumping" das Wort reden. Soweit aber Länder ihre eigenen Umweltressourcen mehr oder weniger schonen und demzufolge ihre Bürger mehr oder weniger mit Umweltkosten belasten, zählt dies genauso zu den komparativen Standortvor- oder -nachteilen, wie die unterschiedliche Gestaltung von Bildungs- und Sozialsystemen. Hier soll freier Wettbewerb der Systeme bestehen. Dies gilt jedoch nicht in jenen Fällen, in denen das Nichtergreifen umweltpolitischer Maßnahmen andere Länder schädigt.

Bis ein einheitliches europäisches System von handelbaren Umweltrechten oder anderen Maßnahmen gegen klimarelevante Emissionen Realität ist (von einem weltweiten System nicht zu reden), wird vermutlich viel Zeit vergehen. In der Zwischenzeit kann die Bundesrepublik Deutschland als führender Industriestaat nicht untätig bleiben, sondern muß zumindest den Anschluß an die Vorreiterstaaten in Europa suchen, um mit diesen in glaubwürdiger Weise Druck in Richtung auf eine europäische (und später eine weltweite) Lösung entfalten zu können, ganz abgesehen davon, daß sich ja die Bundesregierung auch in jüngerer Zeit mehrfach auf das CO_2-Minderungsziel von 25 bis 30 % des Emissionswertes von 1990 verpflichtet hat. Da unsicher ist, welche Lösung sich in Europa durchsetzen wird, sollte ein nationaler Alleingang der Bundesrepublik auf einem Ansatz basieren, der möglichst geringe institutionelle Kosten verursacht. Deshalb erscheint die Einführung einer CO_2-Emissionsabgabe zunächst geeigneter als die Einführung eines Systems handelbarer CO_2-Emissionsrechte. Der Umweltrat empfiehlt daher die unverzügliche Einführung einer CO_2-Emissionsabgabe als nationale Lösung.

161.* Um zu verhindern, daß bei einem nationalen Alleingang die CO_2-Emissionen lediglich vom Inland ins Ausland verlagert werden, schlägt der Umweltrat vor, Ausnahmeregelungen für die von der Abgabe besonders betroffenen Sektoren festzulegen, soweit diese Sektoren unter Importkonkurrenz stehen. Faktisch bedeutet dies, daß der Haushaltssektor und der Verkehr voll besteuert würden, während insbesondere für die Industrie – je nach ihrer Belastung durch die Abgabe – Ausnahmetatbestände gelten würden. Der damit verbundene Nachteil, daß nämlich die angestrebte Emissionsvermeidung in Nicht-Ausnahme-

Sektoren zu höheren Kosten erbracht werden muß und damit ein Teil der ökonomischen Effizienz marktwirtschaftlicher Instrumente eingebüßt wird, muß aus volks- und betriebswirtschaftlicher Sicht in Kauf genommen werden. Um die zusätzliche Belastung anderer Sektoren jedoch so klein wie möglich zu halten, schlägt der Umweltrat vor, das Ausnahmekriterium (Energiekostenanteil am Produktionswert oder der Bruttowertschöpfung) auf einzelne Prozesse und nicht auf ganze Branchen oder Betriebe zu beziehen. Für diese werden dann je nach Importkonkurrenz und Vermeidungsmöglichkeiten prozeßspezifische Grenzen festgelegt, ab denen eine Kompensation vorgenommen wird. Bei der vorgeschlagenen Einbeziehung der nichtenergetischen Nutzung fossiler Brennstoffe in die Steuer gelten die gleichen Ausnahmekriterien.

Als Bemessungsgrundlage für CO_2-Abgaben sollte grundsätzlich der Kohlenstoffgehalt der Primärenergieträger herangezogen werden, um Anreize zur Wirkungsgradverbesserung und zur Brennstoffsubstitution bei der Erzeugung von Sekundärenergieträgern zu setzen. Abgaben müssen dennoch auch im Inland an den Sekundärenergieträgern ansetzen, da sonst eine Gleichbehandlung von Importen nicht verwirklicht werden kann. Möglich erscheint aber, die Abgabensätze für inländische sowie ausländische Sekundärenergieträger in Abhängigkeit vom individuellen Brennstoffinput festzulegen. Sollte sich dabei herausstellen, daß die Schwierigkeiten bei der Ermittlung dieser Werte erheblich sind, könnte die Abgabe ersatzweise nach dem durchschnittlichen Brennstoffinput im Herkunftsland bemessen werden. Für den Strom aus Kernkraftwerken bedarf es bei einer am individuellen Brennstoffinput orientierten CO_2-Abgabe einer Kontingentierung der Kernenergie und der Besteuerung eventueller „windfallprofits". Hier sind internationale Regelungen anzustreben. Regenerative Energiequellen einschließlich der nachwachsenden Brennstoffe sollten von der CO_2-Abgabe ausgenommen werden.

162.* Die Einbeziehung weiterer Klimaschadstoffe wie Methan, Lachgas und FCKW in eine Abgaben- oder Lizenzlösung auf der Basis von CO_2-Äquivalenten erscheint wegen der diffusen Quellen nicht möglich. Neben dem verursacherspezifischen Einsatz von Abgaben zum Beispiel auf den Düngemitteleinsatz werden hier vor allem auch ordnungsrechtliche Regelungen empfohlen.

163.* Der Umweltrat empfiehlt weiterhin, bei Herstellern und Importeuren cadmiumhaltiger Produkte eine fühlbare Abgabe zu erheben, die bei Nachweis des Rücklaufs der in Verkehr gebrachten Mengen und deren sicherer Endlagerung rückzahlbar ist („deposit refund"-System). Zur Bestimmung der erforderlichen Abgabenhöhe muß der Kostenunterschied zu den Substituten herangezogen werden.

164.* Zur Verminderung der Umweltbelastung durch die Land- und Forstwirtschaft tritt der Umweltrat je nach Wirkung der in Vorbereitung befindlichen Düngeverordnung gegebenenfalls für die Erhebung einer am Stickstoffgehalt bemessenen Mineraldüngerabgabe ein, die vom Hersteller abzuführen ist. Da die Einführung von CO_2-Abgaben die Herstellung und Ausbringung von Düngemitteln bereits verteuert, muß die Abgabe im Rahmen des Gesamtpaketes einer umweltgerechten Finanzreform und unter Berücksichtigung der zukünftigen Gestaltung der Transferzahlungen an die Landwirte bestimmt werden.

165.* Der Umweltrat hält eine grundsätzliche Überprüfung der bislang im Abfallsektor realisierten Abgabenlösungen für geboten. Die von einigen Bundesländern erhobene Sonderabfallabgabe sowie das in Nordrhein-Westfalen eingeführte Lizenzentgelt für die Behandlung und Ablagerung von Sonderabfällen sind weder als Instrument zur Verdeutlichung der Knappheit von Entsorgungskapazitäten noch als Instrument zur Berücksichtigung der von den verschiedenen Stoffen ausgehenden Entsorgungsrisiken geeignet. Die neuerdings von den Kommunen favorisierten Abgaben für Einweggeschirr und Serviceverpackungen dürften vielfach eher fiskalischen als abfallpolitischen Motiven entspringen. Aus der Sicht der Abfallpolitik genügt es, die Inverkehrbringer von Einweggeschirr und Serviceverpackungen aus der Trittbrettfahrerposition gegenüber der Duales System Deutschland GmbH zu bringen, da sich die Rücknahmepflicht der Verpackungsverordnung auch auf sie bezieht.

Auf der anderen Seite erscheinen die Möglichkeiten, über das geltende Ordnungsrecht hinaus, zum Teil auch anstelle von noch zu schaffenden Verordnungen nach dem Kreislaufwirtschafts-/Abfallgesetz mit ökonomischen Instrumenten auf Vermeidung und Verwertung hinzuwirken, im Bereich der Abfallpolitik nicht ausgeschöpft. Insofern empfiehlt der Umweltrat, weitere Forschung auf diesem Gebiet zu veranlassen und eine systematische Bestandsaufnahme durchzuführen.

166.* Das vorliegende Konzept umreißt verschiedene, in eine umweltgerechte Finanzreform einzubeziehende Sachverhalte. Es wird hier die Reichweite eines derartigen Ansatzes unter Einbeziehung der wesentlichen Bausteine aufgezeigt. Die Konkretisierung und Umsetzung dieses Konzeptes sollte einer von der Bundesregierung einzurichtenden ad hoc-Kommission anvertraut werden, in der neben Vertretern des Umwelt-, Wirtschafts- und Finanzministeriums auch umwelt- und finanzpolitische Experten aus den Umweltverbänden, den Unternehmensverbänden, den Gewerkschaften und der Wissenschaft Mitglieder sind. Diese Kommission sollte so schnell wie möglich Vorschläge für umsetzbare Maßnahmen unterbreiten, am schnellsten im Hinblick auf die CO_2-Problematik. Die Kommission sollte gleichzeitig ein die Umsetzung begleitendes Forschungsprogramm ausarbeiten, um aus den ersten Wirkungen die nächsten Schritte für die Gestaltung eines umweltgerechten Finanzsystems bestimmen zu können.

167.* Ohne dabei den Gedanken der Verursachergerechtigkeit grundsätzlich preiszugeben, erscheint eine komplementäre soziale Entlastungsstrategie zur Einlösung des Anspruchs der sozialen Gerechtigkeit einer umweltgerechten Finanzreform unerläßlich. Was im Einzelfall den Verursachern ohne unverhältnismäßigen Schaden für sie und das Gemeinwohl nicht in vollem Umfang angelastet werden darf, muß in jeweils geeigneter Weise über den allgemeinen Haushalt kompensiert werden. Denkbar sind hier im wesentlichen vier Entlastungsstrategien:

- progressive Pfade für die Abgabenhöhe: Ökologisch ausgerichtete Abgaben dürfen bei ihrer Einführung nicht als ökonomischer Schock wirken. Sie müssen mit einem angemessenen Tempo eingeführt und in ihren Lenkungswirkungen fortlaufend auf ihre Effizienz hin geprüft werden.

- Alternativangebote zur Verbesserung der Wahlmöglichkeiten der Betroffenen.

- Kompensation auf der Produzenten- wie auf der Konsumentenseite.

- Transfers zur Sicherung sozialer Mindestniveaus.

Es fällt nicht in den Aufgabenbereich des Umweltrates, hier im einzelnen konkrete Umsetzungsmodelle zu entwickeln. Der Umweltrat macht jedoch nachdrücklich darauf aufmerksam, daß für eine künftige ökologische Reform der Abgabenpolitik die Ausarbeitung solcher Umsetzungsmodelle unverzichtbar ist. Dies gilt nicht zuletzt auch im Hinblick auf die Akzeptanz und damit die politische Durchsetzbarkeit einer umweltgerechten Finanzreform.

168.* Der Umweltrat geht davon aus, daß durchgreifende rechtliche Bedenken gegen die Einführung einer CO_2-/Energieabgabe nicht bestehen. Zwar erlaubt die Regelung der bundesstaatlichen Finanzverfassung (Art. 105, 106 GG) wohl nicht die Einführung neuer, ihrem Typ nach im Steuerkatalog des Artikels 106 Absatz 2 GG nicht aufgeführter Steuerarten. Das Grundgesetz enthält für derartige Steuern keine Regelung der Ertragshoheit, die von der Verfassung verliehen werden müßte. Mit der Einführung derartiger Steuern wären Störungen der Ertragsverteilung zwischen Bund und Ländern verbunden, für deren Behebung kein verfassungsrechtlich geregeltes Verfahren zur Verfügung steht.

169.* Eine CO_2-/Energieabgabe kann jedoch als Verbrauchsteuer ausgestaltet werden, für die dem Bund die Sachkompetenz und die Ertragshoheit zusteht. Der Begriff der Verbrauchsteuer beschränkt sich nicht auf Konsumausgaben der Privaten Haushalte, sondern kann auch den produktiven Verbrauch erfassen. In einigen bestehenden Verbrauchsteuergesetzen ist dies bereits gegenwärtig der Fall; durchgreifende Bedenken gegen eine Erweiterung sind nicht ersichtlich. Es ist auch nicht erforderlich, daß das im Produktionsvorgang verbrauchte Gut substanziell im Endprodukt enthalten ist, wenn es nur als Faktor, ohne den das hergestellte Produkt nicht existent wäre, enthalten ist. Letztlich entscheidend muß sein, daß auch eine derartige Steuer auf Abwälzung auf den Letztverbraucher angelegt ist.

170.* Die Einführung einer Verbrauchsteuer auf den Kohlenstoffgehalt von Energieträgern und auf Sekundärenergie stellt auch keinen Verstoß gegen das steuerrechtliche Leistungsfähigkeitsprinzip dar. Dieses ist bei indirekten Steuern notwendig nur mit Abstrichen maßgeblich. Bei einer Abwägung mit

dem Lenkungszweck der einzuführenden Verbrauchsteuer sind die aus dem Gleichheitssatz fließenden Minimalanforderungen erfüllt, da dem Konsumenten Wahlmöglichkeiten verbleiben und soziale Härten durch Transferleistungen ausgeglichen werden können.

171.* Es ist gegenwärtig noch nicht absehbar, welche Bindungen für die Einführung einer CO_2-/Energieabgabe auf nationaler Ebene sich durch die vorgeschlagene EU-Richtlinie ergeben werden. Der Umweltrat geht davon aus, daß die Mitgliedstaaten keine weiterreichenden Bindungen hinsichtlich der Struktur der Steuer eingehen werden und es daher möglich sein wird, das Schwergewicht der Besteuerung auf den Kohlenstoffgehalt von Energieträgern – und weniger auf den Energiegehalt – zu legen. Gegenwärtig zu beachten sind lediglich die Verpflichtungen aufgrund der Richtlinie 92/12/EWG, die eine Abschaffung der Mineralölsteuer zugunsten der CO_2-Abgabe ausschließen, einem Anrechnungssystem aber nicht im Wege stehen.

172.* Das in Artikel 99 EG-Vertrag enthaltene Verbot, neue indirekte Steuern in den Mitgliedstaaten einzuführen, die die Harmonisierung der indirekten Steuern in der Europäischen Union erschweren könnten, wird durch eine CO_2-/Energieabgabe nicht berührt, weil diese Steuer keine neuen Grenzkontrollen erfordert. Aus Artikel 95 EG-Vertrag ergeben sich jedoch Anforderungen hinsichtlich der Ausgestaltung der neuen Verbrauchsteuer. Diese darf ausländische Produkte grundsätzlich nicht nach herkunftsabhängigen Bemessungskriterien belasten. Dies wäre der Fall, wenn, wie der Umweltrat aus Praktikabilitätsgründen erwogen hat, die Energieabgabe nach dem durchschnittlichen Brennstoffinput des Herkunftslandes bemessen würde. Die Schwierigkeiten der Feststellung des individuellen Brennstoffinputs sind nach Einschätzung des Umweltrates nicht derart, daß eine solche herkunftsabhängige Bemessungsgrundlage ausnahmsweise zulässig sein könnte. Der Umweltrat tritt daher dafür ein, grundsätzlich an den individuellen Brennstoffinput anzuknüpfen und als Nachweis Herkunftsbescheinigungen der Behörden der Mitgliedstaaten – und parallel dazu anderer Nachbarstaaten Deutschlands – genügen zu lassen.

173.* Was die Verwendung des Aufkommens aus ökologisch induzierten Abgabenspreizungen oder der Einführung von Emissionsabgaben betrifft, so gelten drei Grundsätze:

- Jede ökologisch kontraproduktive Verausgabung dieser Mittel sollte unterbleiben.

- Von jeder Zweckbindung des Aufkommens aus Lenkungsabgaben ist abzuraten. Einerseits werden dadurch Entscheidungsspielräume der Politik unangemessen eingeschränkt. Andererseits werden selbst von der Politik hoch priorisierte umweltpolitische Ausgabenzwecke dann benachteiligt, wenn das Aufkommen aus einer für diese Zwecke gebundenen Lenkungsabgabe niedriger ist als es der Finanzierungszweck erfordert. Denn die Legitimation der Erhöhung einer Lenkungsabgabe endet dort, wo das festgelegte Lenkungsziel erreicht ist.

– Angesichts der jetzt schon sehr hohen Abgabenlast sollten ökologisch induzierte Abgabenspreizungen und Lenkungsabgaben aufkommensneutral sein. Soweit also zusätzliche Budgetmittel durch eine umweltgerechte Finanzreform gewonnen werden, sollten sie – über Transfers oder Entlastungen an anderer Stelle – an die Bürger und die Unternehmen zurückgegeben werden. Auf welche Weise dies erfolgt, ist – abgesehen von jenen Transfers, die die Sozialverträglichkeit und damit auch die Durchsetzbarkeit von Maßnahmen der umweltgerechten Finanzreform selber sicherstellen – nicht mehr Sache der Umweltpolitik. Die „doppelte Rente", die die Vertreter des Vorschlags einer Entlastung bei den Lohnnebenkosten für ihren Vorschlag in Anspruch nehmen, ist auch bei anderen, möglicherweise überlegenen Entlastungsvorschlägen sichergestellt. Welcher dieser Vorschläge zum Zuge kommt, muß anhand der voraussichtlichen Wohlfahrtswirkungen des jeweiligen Vorschlages beurteilt werden.

1 Umgang mit dem Leitbild dauerhaft-umweltgerechter Entwicklung

1.1 Das Leitbild „sustainable development" als Impulsgeber für eine neue gesellschaftspolitische Grundlagenreflexion

1. Auf der Konferenz der Vereinten Nationen für Umwelt und Entwicklung von Rio de Janeiro im Jahre 1992 hat sich die Weltgemeinschaft zu dem Leitbild dauerhaft-umweltgerechter Entwicklung als dem gesellschaftspolitischen Leitbild der Zukunft verpflichtet. Auch in Deutschland hat damit die Frage des Umweltschutzes einen anderen Stellenwert erhalten. Umweltschutz wird in einen Bezugsrahmen gestellt, der ihn vom Begrenzungsfaktor zum Zielfaktor gesellschaftlicher Entwicklung werden läßt. Indem das Leitbild dauerhaft-umweltgerechter Entwicklung die ökologischen, ökonomischen und sozialen Problemfelder einander zuordnet, weitet es den ökologischen Diskurs zu einem gesellschaftspolitischen Diskurs aus und wird so zum Impulsgeber für eine neue Grundlagenreflexion über die Zukunft der Gesellschaft.

2. Die gesellschaftliche und politische Bedeutung des Leitbildes besteht besonders darin, daß sich mit ihm zwischen den unterschiedlichsten Akteuren eine gemeinsame Gesprächsebene in Umweltfragen abzuzeichnen beginnt: So bekennt sich die Bundesregierung ausdrücklich zum Leitbild dauerhaft-umweltgerechter Entwicklung (BMU, 1994 und 1992a). Dies gilt nicht weniger auch für die politischen Parteien, den Deutschen Gewerkschaftsbund, zahlreiche Industrieverbände sowie über dreißig deutsche Nichtregierungsorganisationen. Letztere haben nach der Rio-Konferenz 1992 das Forum Umwelt & Entwicklung gegründet (Projektstelle Umwelt und Entwicklung, 1994, S. 23). Dem korrespondiert auf regionaler und kommunaler Ebene eine Vielzahl am Leitbild dauerhaft-umweltgerechter Entwicklung orientierter konkreter Initiativen, aufgrund derer sich teilweise schon neue organisatorische Strukturen herausgebildet haben, die in effizienter Weise zwischen Akteuren und Sektoren vermitteln (vgl. Tz. 29).

Angesichts der tiefgreifenden Herausforderungen, die sich mit der Umgestaltung der Gesellschaft auf eine dauerhaft-umweltgerechte Entwicklung hin stellen, wäre es jedoch verfehlt zu glauben, daß das Leitbild schon hinreichend aufgenommen und ein Konsens über die Wege seiner Operationalisierung tatsächlich erreicht wäre. Vielfach wird der Begriff dauerhaft-umweltgerechte oder auch nachhaltige Entwicklung als eine unverbindliche Formel gebraucht, gerade dadurch aber auch um sein kritisches Potential gebracht. Um so wichtiger ist deshalb die Auseinandersetzung mit den besonders markanten Versuchen einer expliziten Formulierung des konzeptionellen Gehalts des Leitbildes und seiner Handlungsrelevanz. Im folgenden soll daher zunächst die Leitbildsystematik, wie sie im Umweltgutachten 1994 entfaltet wurde (SRU, 1994), unter besonderer Berücksichtigung der Rezeptionen, die sie seitdem erfahren hat, weiter präzisiert werden. Daran anschließend werden exemplarisch einige wichtige Beiträge zur Operationalisierung des Leitbilds vorgestellt und kritisch gewürdigt.

1.2 Präzisierungen der im Umweltgutachten 1994 entfalteten Leitbildsystematik

3. Ausgangspunkt für die Entfaltung des Leitbildes der dauerhaft-umweltgerechten Entwicklung durch den Umweltrat im Umweltgutachten 1994 war die Tatsache, daß „sustainable development" auf der Konferenz der Vereinten Nationen für Umwelt und Entwicklung in Rio de Janeiro als für die Völkergemeinschaft verbindliche Programmatik festgeschrieben wurde. Dabei sah es der Umweltrat als eine notwendige Aufgabe an, die umfassende Zielbestimmung des Leitbildes in einer systematischen Reflexion zu erschließen, um es so gegen mögliche ideologische Verkürzungen abzusichern und seiner Verwendung als rein deklamatorischer Formel entgegenzuwirken (SRU, 1994, Kap. I).

4. Die wegweisende Bedeutung des Sustainability-Konzepts liegt darin, daß es die ökologische Frage aus ihrer Isolierung heraushobt und als unabdingbaren Bestandteil der gesellschaftlichen Gesamtentwicklung erkennen läßt. Der Umgang mit der Natur betrifft keine Randbedingung der gesellschaftlichen Entwicklung, sondern erweist sich als ein Faktor, ohne dessen verantwortliche Gestaltung letztlich alles Bemühen um wirtschaftliches Wachstum und soziale Konsolidierung in eine Sackgasse gerät. Umgekehrt läßt das Sustainability-Konzept aber ebensowenig einen Zweifel daran, daß es hier zugleich wesentlich um ökonomische und soziale Entwicklung geht. Dauerhaft-umweltgerechte Entwicklung meint weder eine prinzipielle Absage an die sich mit der modernen technisch-wissenschaftlichen Kultur eröffnenden Möglichkeiten noch eine prinzipielle Absage an deren rational fundierte ökonomische Nutzung noch gar eine prinzipielle Absage an die sich erst daraus ergebenden Chancen für eine sozial gerechtere Welt. Sie meint aber wohl eine Entwicklung, deren Zukunftsfähigkeit in jedem ihrer Schritte grundsätzlich von der funktionalen Leistungskraft der naturalen Systeme abhängt. Als Fortschritt kann nur bezeichnet werden, was von den Bedingungen der Natur mitgetragen wird.

5. Mit dem Leitbild dauerhaft-umweltgerechter Entwicklung wird sonach ein Denken auf den Weg gebracht, das entschieden gegen simple Polarisierungen im umweltpolitischen Diskurs gerichtet ist und damit eingefahrene „Lagermentalitäten" überwinden hilft. Es geht darum zu lernen, außerordentlich komplexe Wirkungsgefüge, wie sie nicht nur ökologische Systeme, sondern ebenso auch moderne ökonomische und soziale Systeme darstellen, in vertretbarer Weise miteinander zu vernetzen und so zu einem funktionsfähigen Ganzen zu machen. Hier kann durchaus dem Wahrnehmen übergreifender Wirkgesetzlichkeiten eine wichtige Bedeutung zukommen. So wie sich wirtschaftlicher Wettbewerb durch geeignete rechtliche Rahmenordnungen zugleich zu einem wirksamen Instrument der Gesellschaftspolitik ausgestalten ließ, so setzt sich heute zunehmend die Überzeugung durch, daß er nicht weniger auch als ein effizientes Instrument der Umweltpolitik genutzt werden kann. Der hohe Grad an struktureller Diversifizierung in relativ selbständige gesellschaftliche Teilsysteme, dem die moderne Gesellschaft überhaupt erst ihre Produktivität verdankt, zwingt zu genau dieser Art integrativer Anstrengungen. Es geht um Integrationsleistungen, die letztlich nur über ein Leitbild sicherzustellen sind, das die fundamentalen Überlebens- und Entwicklungsbedingungen dieser Gesellschaft durchgängig präsent hält. Dem Auseinanderdriften der wirtschaftlichen, sozialen und ökologischen Entwicklungen, das sich als wesentliche Ursache der ökologischen Krise erwiesen hat, muß eine Zuordnungslogik entgegengestellt werden, die jede isolierte Betrachtungsweise ausschließt. Hier hat das Sustainability-Konzept zu einer entscheidenden Perspektivenveränderung in der politischen Diskussion geführt: Indem es die Zielkoordinaten für die Entwicklung der Industriegesellschaften neu vermißt, schafft es die wesentliche Grundlage dafür, das zentrale Dilemma der bisherigen Umweltpolitik, nämlich ihren weitgehend defensiven, nachsorgenden Charakter, zu überwinden.

6. Ein Leitbild, das mit der Eigenlogik der unterschiedlichen gesellschaftlichen Teilsysteme vereinbar ist und das sich selbst unter den Voraussetzungen des weltanschaulichen und ethischen Pluralismus moderner Gesellschaften als integrierender und konsensstiftender Orientierungsrahmen im Prinzip bewährt, bietet freilich aus sich alleine heraus noch keine zureichende Voraussetzung für die Lösung konkreter Konfliktkonstellationen. Zu seiner Umsetzung bedarf es vielfältiger, je von der Sache her geforderter ökologischer, technischer, ökonomischer, juristischer und politischer Kompetenzen. Das Leitbild benennt lediglich die unabdingbaren Orientierungslinien, ohne damit schon konkrete Lösungen für seine Umsetzung im Hier und Heute vorzugeben. Seine spezifische Aufgabe ist es, „höchst komplexe, langfristige Zusammenhänge und Anliegen auf eine griffige Form zu bringen, eine grundsätzliche Richtung zu weisen und einen Suchprozeß in die gezeigte Richtung in Gang zu setzen" (MÜNCK, 1995, S. 61). Es geht darum, Umweltbelange in einer systemübergreifenden Weise in die gesellschaftlichen und politischen Entscheidungsprozesse einzubringen und so ökologische, ökonomische und soziale Erfordernisse miteinander zu vermitteln.

7. Der Umweltrat sah sich durch die Sustainability-Programmatik ermutigt, neue Wege zu beschreiten, indem er die normativen Grundlagen seiner Forderungen explizit benannt und damit auch in ethischer Hinsicht „Flagge gezeigt" hat (vgl. HALTER, 1995, S. 27; MÜNCK, 1995, S. 64). Soll die Vielfalt der aus wissenschaftlichen Einsichten ableitbaren Handlungskonsequenzen und Handlungsempfehlungen wirklich konsistent sein, müssen die generellen Bedingungszusammenhänge, in denen sich menschliches Handeln bewegt und bewegen muß, ausdrücklich auch in ihrem normativen Anspruch transparent gemacht werden.

8. Der hier beschrittene Weg hat aber noch ein weiteres deutlich gemacht: Das Leitbild der dauerhaft-umweltgerechten Entwicklung ist in seiner Zielbestimmung gerade nicht eindimensional angelegt, sondern versteht sich als ein umfassendes „Zielsystem" nicht aufeinander rückführbarer Teilkomponenten (vgl. JISCHA, 1995, S. 29). Dies zwingt zu einem interdisziplinären Vorgehen. Hierbei ist im Beachten der Reichweite und Grenzen der Problemlösungskompetenz der unterschiedlichen Disziplinen die notwendige Voraussetzung dafür, die ökologischen, ökonomischen und sozialen Einzelprobleme sachgerecht zu bündeln und so deren Lösung in der Perspektive des übergreifenden Zielsystems voranzubringen. Nur auf diesem Weg wird sich das Leitbild der dauerhaft-umweltgerechten Entwicklung als gesellschaftlicher und politischer Orientierungsrahmen bleibend bewähren und seine stimulierende Kraft entfalten können. Gleichzeitig macht das dem Leitbild inhärente Spannungsgefüge aber auch deutlich, daß seine Operationalisierung und Umsetzung nicht in einfachen und glatten Lösungen bestehen kann. Eine an der Würde und Verantwortungsfähigkeit des Menschen orientierte ökonomische und soziale Entwicklung, die zugleich dauerhaft-umweltgerecht sein soll, schließt kreative Prozesse in technischen Neuerungen und organisatorischen Optimierungen ebenso ein wie vielfältige Güterabwägungen und die immer neue Bereitschaft, tragfähige Kompromisse auszuhandeln und unter Umständen Verzichte in Kauf zu nehmen. In eben diesem Sinne bleibt das Leitbild der dauerhaft-umweltgerechten Entwicklung auch für die Zukunft wissenschaftlicher Politikberatung der integrierende normative Bezugspunkt aller einzelnen Analysen und Handlungsempfehlungen.

9. Angesichts der Erfahrung, daß eine sachgerechte Rezeption des Sustainability-Konzeptes immer wieder durch einseitige Interpretationen unterlaufen wird, weist der Umweltrat mit Nachdruck darauf hin, daß die theoretische Durchdringung des Leitbildes in seiner allgemeinen Struktur und inneren Systematik unverzichtbar bleibt. Andernfalls ist es kaum zu vermeiden, daß das Leitbild als semantisch griffige Formel dazu mißbraucht wird, einzelne seiner Komponenten zur Stützung der jeweils vorherrschenden Anliegen zu verwenden und es so für die eigenen Interessen maßzuschneidern. Dies gilt zum einen im Hinblick auf eine romantisch aufgeladene Deutung von Nachhaltigkeit, die den tragenden Sinn des Sustainability-Konzeptes unmittelbar aus der Ökologie abzuleiten sucht und so Natur zur alleinigen normativen Instanz werden läßt. Mit Recht spricht HABER hier von einem „placeboartigen Konzept" (HABER, 1993, S. 98). Dies gilt zum anderen aber auch – gleichsam als Kontrapunkt – für solche Deutungen, die das Leitbild der „nachhaltigen Entwicklung" primär auf die Systemgesetze der Wirtschaft beziehen und es so als tragendes Prinzip zur Rechtfertigung ökonomischer Wachstumsprozesse in Anspruch nehmen (vgl. hierzu DALY, 1992, S. 8–10). Kritisch sind aber nicht zuletzt auch solche Rezeptionen des Leitbildes einzuordnen, in deren Rahmen der ökologische Faktor unter Ausblendung seiner Eigenwertigkeit und Eigenbedeutung lediglich als Funktion der sozialen Zielbestimmung des Menschen erscheint (vgl. STOIBER, 1995, S. 6 f. und 9).

10. Derartigen Engführungen gegenüber ist zu betonen, daß die mit der ökonomischen Komponente verbundene *Produktionsproblematik*, die sich aus der sozialen Komponente ergebende *Verteilungsproblematik* sowie die sich mit der ökologischen Komponente stellende *Vernetzungsproblematik* in einem durchgängigen und unaufhebbaren Zusammenhang zu sehen sind. Die eigentlich neue Dimension ist hierbei die Vernetzungsproblematik (SRU, 1994, Tz. 31 ff.). Der Beziehung Mensch-Natur, die heute angesichts der zunehmend deutlich werdenden Grenzen der Tragekapazität ökologischer Systeme die Bereitschaft des Menschen zu verantwortlichem Handeln in eine bisher nie gekannte existentielle Pflicht nimmt, muß in allen Arrangements gesellschaftlicher Prozesse Rechnung getragen werden (vgl. HÖHN, 1994, S. 21). Die hier zu leistende Vernetzungsaufgabe reklamiert der Umweltrat in dem von ihm eingeführten Begriff der „Retinität" als dem übergreifenden Handlungsprinzip, das nach MÜNCK als „eigentliches Sustainability-Prinzip" gelten kann (MÜNCK, 1995, S. 63). Die diesem Prinzip gemäß zu leistende Einbindung der menschlichen Zivilisationssysteme in das sie tragende Netzwerk der Natur beschränkt sich nicht allein auf ökospezifische Rückkopplungsfragen, sondern berührt Struktur- und Querschnittsprobleme der modernen Industriegesellschaft insgesamt. Insofern bedarf also das Retinitätsprinzip einer weiteren Operationalisierung. Es geht darum, mit seiner Hilfe Entscheidungsstrategien und Managementregeln zur Steuerung komplexer, also vernetzter Systeme zu entwickeln. In dieser Perspektive gewinnt das Retinitätsprinzip zugleich die Bedeutung eines handlungsleitenden Organisationsprinzips für die jeweils problemadäquate Vernetzung ökonomischer, ökologischer und sozialer Prozesse in den konkreten Aufgabenfeldern (vgl. VOGT, 1996).

11. Eine wesentliche Voraussetzung für eine ausgewogene, rationale Abwägung zwischen humanen und ökologischen Erfordernissen bietet die ethische Grundlagenreflexion des Umweltrates im Umweltgutachten 1994 mit ihrer strikten Abwehr jeder quasi-personalen Aufladung des Naturbegriffs. Allein der Mensch ist verantwortungsfähig und gerade dadurch konstitutiv aus der übrigen Natur herausgeho-

ben. Damit aber erweist er sich als der einzige Adressat, nicht jedoch als einziger Inhalt umweltethischer Forderungen. Der in diesem Zusammenhang vom Umweltrat verwendete Begriff der „Anthropozentrik" wird von HÖHN mit der Formel „ökologisch aufgeklärte Anthropozentrik" gekennzeichnet (vgl. HÖHN, 1994, S. 16). Darin sind auch terminologisch die hier notwendigen Differenzierungen festgehalten.

1.3 Zur pädagogischen Vermittlung des Leitbildes

12. In der Auseinandersetzung mit dem Begriff des Sustainability-Ethos als Ethos integrierter Verantwortung wurde wiederholt die Frage nach den gesellschaftlichen Vermittlungsgrößen dieses Ethos gestellt (vgl. MÜNCK, 1995, S. 64; WINGER, 1995, S. 110; HÖHN, 1994, S. 21). Mit seiner Unterscheidung der vier gesellschaftlichen Expertengruppen hat der Umweltrat im Umweltgutachten 1994 hierfür den generellen Rahmen abgesteckt (SRU, 1994, Tz. 381–393). Bezüglich der besonderen Bedeutung der *Umweltverbände* für die gesellschaftliche Willensbildung wird dies im vorliegenden Gutachten weiter konkretisiert (vgl. Kap. 3). In bezug auf die *bildungspolitischen Möglichkeiten* zur Vermittlung des Sustainability-Ethos wurde schon im Umweltgutachten 1994 vor allem auf die organisatorischen Aspekte gerichteter Maßnahmenkatalog entwickelt (SRU, 1994, Tz. 404–441), dessen tatsächliche Umsetzung jedoch noch in weiter Ferne liegt. Dabei nehmen sich die Voraussetzungen für die Durchführung einer solchen Aufgabe im Hinblick auf den zentralen schulischen Bereich vergleichsweise günstig aus. Maßgeblich ist hier bis heute der Beschluß der Kultusministerkonferenz zu „Umwelt und Unterricht" vom Oktober 1980, der, als regionale Adaption der auf der UNESCO-Konferenz in Tiflis (1977) formulierten bildungspolitischen Umweltprogrammatik, die Erschließung der Umweltthematik erstmals als eine eigene Aufgabe der Schule definiert (vgl. Kultusministerkonferenz, 1980, S. 2). Die in diesem Beschluß eingeforderte Verantwortung „für die Folgen der Eingriffe in das System der Umweltbedingungen", und zwar sowohl unter dem Anspruch der „Verantwortung für die nachfolgenden Generationen" als auch unter dem Anspruch „individueller Entfaltung" und „allgemeiner Wohlfahrt" (ebd., S. 1) kennzeichnet zweifellos die entscheidenden Zielmargen ökologisch orientierter Erziehung und Bildung (BÖLTZ, 1995, S. 2–5; MERTENS, 1996). Gerade angesichts dieser zügigen und produktiven Rezeption der hier genannten Programmatik sowie ihrer intensiven Fortschreibung in den turnusmäßig verfaßten „Berichten" hält es der Umweltrat nunmehr für dringend geboten, die konzeptionelle Vertiefung, die der Umweltgedanke mit dem Sustainability-Leitbild der Rio-Konferenz erfahren hat, ebenso entschieden aufzunehmen und damit bei einem umgreifenden Verständnis von Entwicklung anzusetzen, mit dem sich neue Wege zu einer sachgerechteren Entfaltung der umweltspezifischen Bildungs- und Erziehungsinhalte eröffnen.

13. Selbst in der wissenschaftlichen Pädagogik ist eine fachspezifische und theorieprägende Rezeption des Sustainability-Konzeptes erst in Ansätzen zu erkennen. Sah die „Ökopädagogik" der späten achtziger Jahre den Schlüssel zur Lösung der Umweltprobleme in der Ausbildung neuer, erlebnispädagogisch vermittelter Werthaltungen im Umgang mit der Natur bei gleichzeitiger Distanzierung der technisch-ökonomischen Vernunft (de HAAN, 1985; BEER und de HAAN, 1984), so sehen im Gegenzug neuere Ansätze analytischer Provenienz diesen Schlüssel im kognitiven Erfassen der primär gesellschaftstheoretisch verstandenen Zusammenhänge des Umweltkomplexes, ohne dies zugleich an die Ausbildung einer bestimmten emotionalen und moralischen Verantwortungshaltung rückzukoppeln (HEID, 1992; KAHLERT, 1991). Ein gemessen an diesen beiden entgegengesetzten Positionen vermittelnder Ansatz hatte sich schon bald auf der Grundlage der Tiflis-Konferenz, nicht zuletzt unter intensiver wissenschaftlicher Vorarbeit des Instituts für die Pädagogik der Naturwissenschaften (IPN) (vgl. SEYBOLD, 1987; EULEFELD et al., 1981; EULEFELD et al., 1980; EULEFELD und KAPUNE, 1979), unter dem Titel „Umwelterziehung" als zunehmend bestimmende Richtung ökologisch orientierter Erziehung und Bildung allmählich herauskristallisiert und in der Folge eine systematische erziehungswissenschaftliche Fundierung gefunden (vgl. MERTENS, 1995).

14. Es ist zu wünschen, daß die Sustainability-Programmatik in die weitere Theoriebildung des Konzepts der Umwelterziehung einbezogen wird, um so die Synthese von engagierten umweltrelevanten Haltungen und kritisch-analytischer Sachkompetenz im Sinne des Sustainability-Ethos als eines „Ethos integrierter Verantwortung" (SRU, 1994, Tz. 377–380) weiterzuentwickeln. Trotz bemerkenswerter Ansätze auch im didaktischen Bereich (vgl. Bayerische Landeszentrale für politische Bildung, 1995; de HAAN, 1994; Staatsinstitut für Schulpädagogik und Bildungsforschung, 1994) liegt bisher noch kein wirklicher Versuch vor, die Frage der Umwelterziehung aus dem übergreifenden Zusammenhang der Zielperspektive des Leitbildes anzugehen (FISCHER, 1995, S. 10). Hier sind nach Meinung des Umweltrats neue Anstrengungen erforderlich, um den Paradigmenwechsel, der sich mit dem Leitbild einer dauerhaft-umweltgerechten Entwicklung gegenüber jeder bisherigen Vorstellung von Fortschritt geltend macht, in die Erziehungsprozesse hinein zu vermitteln. So müßte die Sustainability-Thematik in ihrer inneren Zuordnungslogik in einer Weise didaktisch umgesetzt werden, daß dabei die ganze curriculare Bandbreite umweltbezogenen Unterrichts, angefangen vom naturwissenschaftlichen und technischen Bereich über die ökonomische und politisch-soziale Dimension bis hin zu den ökologischen Bezügen einer Wertschätzung der Natur auch in ihrer Eigenbedeutung ausgemessen wird (vgl. MERTENS, 1996). Die für ökologische Lernprozesse konstitutiven Merkmale wie Interdisziplinarität (Systemorientierung) sowie Situations-, Problem- und Handlungsorientierung (vgl. SEYBOLD, 1990) müßten hierbei als didaktische Prinzipien durchgängig berücksichtigt werden. Der Umweltrat betont deshalb besonders nachdrücklich die Notwendigkeit, die Systematik des Leitbildes auch didaktisch zu operationalisieren und hierfür fachspezifische wie fächerübergreifende Unterrichtsmaterialien zu erarbeiten.

1.4 Ansätze zur Operationalisierung des Leitbildes

15. Die praktische Umsetzung des Leitbildes der dauerhaft-umweltgerechten Entwicklung stellt hohe Anforderungen. Wenn schon seine theoretische Durchdringung und Entfaltung keineswegs als abgeschlossen gelten kann, dann gilt dies erst recht für seine Operationalisierung in all ihren Konsequenzen. Nur eine Vielfalt konkreter staatlicher wie gesellschaftlicher Initiativen kann das allmähliche Wachsen vernetzter Strukturen und Handlungsmuster voranbringen. Gefordert ist hier nicht nur entschiedenes Engagement, sondern auch ein langer Atem.

Bericht der Enquête-Kommission
„Schutz des Menschen und der Umwelt"

16. Im Februar 1992 wurde vom Bundestag die Einrichtung der Enquête-Kommission „Schutz des Menschen und der Umwelt" beschlossen. Mit dem Endbericht „Die Industriegesellschaft gestalten – Perspektiven für einen nachhaltigen Umgang mit Stoff- und Materialströmen" legte die Kommission im September 1994 das Ergebnis ihrer Arbeit vor. Ursprüngliche Aufgabe der Kommission war es, Perspektiven für umweltverträgliche Stoffkreisläufe in der Industriegesellschaft zu entwickeln. Der Gedanke einer „nachhaltig zukunftsverträglichen Entwicklung" – so die von der Kommission gewählte Bezeichnung für „sustainable development" – war im Kommissionsauftrag noch nicht enthalten, fand jedoch bald Eingang in die Diskussion und wurde zum übergeordneten Leitbild. Gegenüber einer nur auf die ökologische Auswirkung bezogenen Betrachtung von Stoffströmen wurde mit dem Leitbild die Perspektive in verschiedener Weise auf soziale und ökonomische Dimensionen ausgeweitet.

17. Mit nachhaltig zukunftsverträglicher Entwicklung verbindet die Kommission die Erkenntnis, daß Umweltpolitik nicht allein Naturschutzanliegen zu vertreten hat, sondern daß es hier zugleich um „handfeste ökonomische Interessen" geht, „die die ökologischen Voraussetzungen des Wirtschaftens betreffen" (Enquête-Kommission „Schutz des Menschen und der Umwelt", 1994, S. 43). Ausgehend von der Forderung nach dem dauerhaften Erhalt des natürlichen Kapitals im Sinne einer zirkulären Ökonomie werden von der Kommission vier grundlegende Regeln für die Nutzung natürlicher Ressourcen aufgestellt. Die ersten drei Regeln beziehen sich auf die Nutzungsrate von erneuerbaren und nichterneuerbaren Ressourcen sowie auf die Stoffeinträge in die Umwelt. Sie stellen weitgehend eine Übernahme von bereits im Brundtland-Bericht skizzierten und insbesondere in der angelsächsischen Debatte um „sustainable development" gängigen Nutzungsregeln dar (PEARCE und TURNER, 1990, S. 45 f.; HAUFF,

1987, S. 47). Mit der Aufstellung folgender vierter Regel erfolgt eine spezifizierende Erweiterung: *„Das Zeitmaß anthropogener Einträge beziehungsweise Eingriffe in die Umwelt muß im ausgewogenen Verhältnis zum Zeitmaß der für das Reaktionsvermögen der Umwelt relevanten natürlichen Prozesse stehen"* (Enquête-Kommission „Schutz des Menschen und der Umwelt", 1994, S. 32). Diese Regel verweist darauf, daß Natur nicht als ein statisches System anzusehen ist, sondern daß Prozesse eines reversiblen Fließgleichgewichtszustands vorherrschend sind. Eine dauerhaft-umweltgerechte Entwicklung erfordert die Abstimmung der Zeitmaße anthropogener Eingriffe mit denen natürlicher reaktiver Prozesse.

Der Umweltrat hat im Umweltgutachten 1994 die Nutzungsregeln um eine weitere Hauptregel ergänzt. Dabei geht es um die Akzentuierung des Vorsorgegebots zum Schutz der Gesundheit und des menschlichen Lebens (SRU, 1994, Tz. 11–13).

Die Kommission interpretiert den Nachhaltigkeitsbegriff in einer teilweise vom spezifisch ökologischen Bezug losgelösten Weise, indem sie diesen gesondert auch auf soziale und ökonomische Systeme anwendet. Dabei wird jeder Eckpunkt des „magischen Dreiecks" Ökologie, Ökonomie und Soziales als eine „tragende Säule" von nachhaltiger Entwicklung unter Aufstellung je eigener Schutz- und Gestaltungsziele operationalisiert (Enquête-Kommission „Schutz des Menschen und der Umwelt", 1994, S. 54; vgl. auch KLEMMER, 1994, S. 22 f.). Da die gegenwärtige Form des Umgangs mit Natur den genannten Kriterien nicht genügt, wird die Forderung nach einer Veränderung der derzeit vorherrschenden Wirtschaftsweise erhoben, und zwar insbesondere durch technische Innovationen und die Einführung eines Stoffstrommanagements (Enquête-Kommission „Schutz des Menschen und der Umwelt", 1994, S. 64 f.). Angesprochen wird in diesem Zusammenhang auch die Notwendigkeit eines Wandels der umweltbezogenen Wertvorstellungen (ebd., S. 85), wobei dieser Aspekt methodisch und inhaltlich nicht weiter entfaltet wird.

Nach Ansicht der Kommission fordert das Nachhaltigkeitskonzept die Entwicklung eines eigenen „Stoffstrommanagements", das heißt „das zielorientierte, verantwortliche, ganzheitliche und effiziente Beeinflussen von Stoffsystemen (. . .), wobei die Zielvorgaben aus dem ökologischen und dem ökonomischen Bereich kommen unter Berücksichtigung von sozialen Aspekten" (ebd., S. 549). Das Konzept des Stoffstrommanagements kann – unabhängig von der strittigen Diskussion über die zu seiner Umsetzung erforderlichen Wege – als ein wichtiger Beitrag zur Operationalisierung des Leitbildes der dauerhaft-umweltgerechten Entwicklung angesehen werden.

18. Mit ihrer Ausformulierung von Regeln, Produktionsbedingungen und tragenden Säulen nachhaltiger Entwicklung hat sich die Kommission die Grundlage für eine daraus „deduktiv" abzuleitende Bewertung von speziellen Stoffströmen geschaffen. Insbesondere die hier für den Bereich Textilien/Bekleidung vorgelegte Stoffstromanalyse zeichnet sich durch eine präzise und umfassende Berücksichti-

gung der komplexen Zusammenhänge aus. Der Einbezug von Haupt- und Nebenlinien bei der Analyse der Produktion von Textilien stellt eine Abkehr von bisher vielfach üblichen Vorgehensweisen dar und entspricht somit – unter dem Motto „von der Wiege bis zur Bahre" (ebd., S. 547) – der vom Umweltrat bereits im Abfallwirtschaftsgutachten (SRU, 1990, Tz. 80 ff.) geforderten Betrachtungsweise (vgl. auch SRU, 1994, Tz. 268).

19. Die Kommission hat wichtige Vorarbeiten für eine notwendige parteiübergreifende Einigung auf die im Leitbild angelegten Grundannahmen erbracht. Damit wurde zugleich die Basis für einen bisher unerreichten Konsens zwischen den chemiepolitischen Schlüsselakteuren geschaffen (vgl. BARTHE und DREYER, 1995, S. 27). Innerhalb des Diskussionsprozesses der Kommission hat sich das Leitbild als wichtige Bezugsbasis für die Vermittlung zwischen unterschiedlichen Positionen erwiesen, wenngleich eine gewisse Tendenz nicht übersehen werden kann, daß man sich eher auf theoretischer Ebene zu einigen vermochte, statt verbindliche Handlungsziele und Maßnahmenkataloge festzulegen.

Die Kommission vollzog die Abkehr von einem sektoralen Denken und die Hinwendung zu einer integrierten Betrachtungsweise. Dennoch bleibt kritisch anzumerken, daß die isolierte Anwendung des Nachhaltigkeitsbegriffs auf die einzelnen Teilbereiche von Ökologie, Ökonomie und Sozialem einem Denken Vorschub leisten kann, das daraus die Forderung nach Dauerhaftigkeit jedes Teilsystems für sich ableitet und so die integrative Funktion des Konzeptes wiederum letztlich außer acht läßt. Hier zeigen sich in der Systematik auf der Ebene der Operationalisierung noch Brüche und Inkonsequenzen, die es weiter aufzuarbeiten gilt.

Die Studie „Zukunftsfähiges Deutschland" des Wuppertal-Instituts

20. Mit dem Bericht „Zukunftsfähiges Deutschland" des Wuppertal-Instituts wurde im Oktober 1995 ein zu radikalem Umdenken herausfordernder Beitrag zur Konkretisierung des Sustainability-Konzeptes vorgestellt. Das Besondere dieser Studie liegt darin, daß sie nicht bei naturwissenschaftlich eruierten Grenzbestimmungen stehenbleibt, sondern darüber hinaus Szenarien im Sinne von praxisrelevanten gesellschaftlichen Handlungsvorgaben für eine zukunftsfähige soziale und ökonomische Entwicklung entwirft. Als leitend wird hierbei ein doppelter sozialethischer Verantwortungsbegriff vorausgesetzt: die Verantwortung für künftige Generationen und die Verantwortung für die Dritte Welt. Die Verknüpfung dieser beiden Verantwortungsdimensionen liegt bereits dem Brundtland-Bericht als ethische Rahmenoption seiner Sustainability-Programmatik zugrunde. Von daher läßt sich die Koalition zwischen den beiden Auftraggebern der Studie, nämlich dem in besonderer Weise mit Zukunftsverantwortung befaßten Umweltverband BUND und dem in der Dritte-Welt-Arbeit tätigen katholischen Entwicklungswerk MISEREOR auch als eine Frucht eben dieser Rahmenoption verstehen. Die Studie des Wuppertal-Instituts definiert die geforderte Verantwortung nach dem doppelten Gleichheitsgrundsatz: 1. Die künftigen Generationen sollen gleiche Rechte auf eine intakte Natur erheben dürfen 2. Jeder Mensch hat das gleiche Recht, global zugängliche Ressourcen in Anspruch zu nehmen, solange die Umwelt nicht übernutzt wird (Wuppertal-Institut, 1995, S. 15; vgl. auch Kurzfassung dieser Studie, S. 7).

21. Unmittelbares Vorbild des Konzeptes „Zukunftsfähiges Deutschland" waren die niederländischen Modellvorstellungen im National Environmental Policy Plan „NEPP plus" und „NEPP 2" sowie der vom Umweltverband Milieudefensie erstellte Aktionsplan „Sustainable Netherlands" (1992), von dem insbesondere das Umweltraum-Konzept als methodische Grundlage übernommen wurde. Im Unterschied zu den niederländischen Modellvorstellungen verzichtet die Wuppertal-Studie aber darauf, das Modell des Umweltraumes auf die Nutzungsrechte einzelner Personen zu beziehen. Im deskriptiv-empirischen Teil der Studie werden Reduktionsziele für Material-, Energie-, Wasser- und Flächenverbräuche abgeschätzt. Für notwendig erachtet wird eine Verringerung von Energie- und Stoffumsätzen um etwa 80 bis 90 % bis zum Jahre 2050 (Wuppertal-Institut, 1995, S. 61). Darüber hinaus wird versucht zu ermitteln, inwieweit unterschiedliche Maßnahmen und insbesondere die Umsetzung der in der Studie selbst empfohlenen Strategien ausreichen, um die gesetzten Ziele zu erreichen (ebd., S. 219 f.).

22. Der Schwerpunkt der Studie liegt jedoch nicht in solchen Bilanzierungen und zahlenmäßigen Festlegungen von Grenzen, sondern in der sozialwissenschaftlich geprägten, „qualitativ-historischen" Beschreibung des Wandels hin zu einer „zukunftsfähigen Gesellschaft" (ebd., S. 111 f.) und damit in der Skizzierung von „Leitbildern" für einen sozialen Veränderungsprozeß. Dies ist Ausdruck einer Sichtweise, derzufolge eine Reduktion der Umweltproblematik auf Zahlen zu einer die sozialen Bedingungen und Ursachen ausblendenden und damit verzerrten Wahrnehmung der ökologischen Krise führt. Die Studie zielt vorrangig auf die Mobilisierung neuer Werthaltungen und auf den Entwurf eines Wohlstandsmodells, das durch ein „rechtes Maß für Zeit und Raum" sowie durch eine optimale Balance zwischen „Effizienz und Suffizienz" gekennzeichnet ist. Durch „Entschleunigung und Entflechtung" soll die Basis für umweltverträgliche Lebensstile und Produktionsprozesse geschaffen werden (ebd., S. 115). Die Autoren beschreiben die neue anzustrebende Lebensform nicht nur unter dem Aspekt des Verzichts auf bisherige Wohlfahrtsstandards, sondern gerade unter dem Aspekt neuer, konstruktiver und human angemessenerer Lösungen für gegenwärtige soziale und ökonomische Probleme. „Zukunftsfähiges Deutschland" ist somit der Entwurf eines Entwicklungsszenarios, das wesentliche Dimensionen des Leitbildes einer dauerhaft-umweltgerechten Entwicklung umfaßt. Indem die Studie diese Zielbestimmungen in einer anschaulichen und praxisrelevanten Sprache zu konkretisieren sucht, vermag sie zugleich entsprechende personale Einstellungen zu wecken und Werthaltungen zu vermitteln. Darin geht sie über jede reine Expertenreflexion hinaus

und leistet so einen eigenen, wesentlichen Beitrag zur Vermittlung des Sustainability-Gedankens in eine breite Öffentlichkeit.

23. Im einzelnen ist zu begrüßen, daß die Studie die Bedeutung der Region als zentralen räumlichen Bezugspunkt für die Verwirklichung einer dauerhaftumweltgerechten Entwicklung hervorhebt. Im Hinblick auf die Tatsache, daß ein beträchtlicher Teil der Umweltprobleme lokaler oder regionaler Natur ist, gewinnt gerade diese Ebene für die Operationalisierung des Leitbildes besondere Bedeutung (vgl. auch Sondergutachten des Umweltrats „Konzepte einer dauerhaft-umweltgerechte Nutzung ländlicher Räume", SRU, 1996). In Anbetracht der Komplexität der anstehenden strukturübergreifenden Planungsaufgaben können Veränderungen auf der Ebene der Regionen effektiver und zugleich bürgernäher eingeleitet werden. Die Szenarien der Studie des Wuppertal-Instituts zur Stadt- und Landentwicklung geben durchaus einzelne sinnvolle Hinweise für eine nachhaltige Regionalentwicklung.

24. Erhebliche Bedenken müssen hingegen in bezug auf die methodischen Grundlagen der Operationalisierungen von „sustainable development" in der Wuppertal-Studie geltend gemacht werden. Im Begriff der „Materialintensität" wird ein Maßstab zugrundegelegt, der heterogenes zusammenbindet, notwendige Differenzierungen nivelliert und so das Sustainability-Konzept der Tendenz nach vorrangig auf ein Verzichtsmodell des Umgangs mit Natur verkürzt. Darüber hinaus wird mit dem Umweltraum-Konzept für ein Gleichheitsdenken votiert, das alle individuellen und kulturellen Unterschiede in der Bereitschaft und Fähigkeiten der Menschen, sich Ressourcen zu erschließen und mit ihrer Umwelt umzugehen, im Prinzip unberücksichtigt läßt. Eine solche egalitäre Auslegung von Rechtsansprüchen hinsichtlich des Ressourcenverbrauchs läuft in seiner politischen Umsetzung letztlich auf einen „Zuteilungsmechanismus" (vgl. VOSS, 1994) hinaus, der die Eigenverantwortung und Freiheit des einzelnen unzulässig zu verkürzen droht. Der Umweltrat teilt zwar in vollem Maße das Anliegen einer globalen Gerechtigkeit im Miteinander der Menschen und Völker, ist aber davon überzeugt, daß es für eine politische Umsetzung dieses Ziels entscheidend auf die systematische Integration ökologischer, ökonomischer und sozialer Aufgaben ankommt. Gerade dies ist der Kern des Sustainability-Konzeptes (vgl. Tz. 4), der mit einer Reduktion auf bloße Verteilungsgerechtigkeit verfehlt wird.

25. Trotz aller Kritik an den methodischen Grundlagen der Studie sollte festgehalten werden, daß sie wichtige Akzente in der Diskussion um „sustainable development" gesetzt hat. Durch plastische Szenarien spannt sie den Bogen zwischen Grundlagenreflexion und Anwendungsorientierung, naturwissenschaftlichen Analysen und sozialwissenschaftlichen Perspektiven, globalem Horizont und Maximen individueller Lebensgestaltung. Zur Erarbeitung eines tatsächlich konsensfähigen „Kursbuches" für eine dauerhaft-umweltgerechte Entwicklung bedarf es freilich weit darüber hinausgehender Differenzierungen und Anstrengungen.

1.5 Politische und gesellschaftliche Ansätze zur Umsetzung des Leitbildes

Wenn auch die Umsetzung des Leitbildes in praxisnahe Handlungskonzepte erst am Anfang steht, lassen sich dennoch bereits einige Initiativen erkennen.

Bund und Länder

26. Ein wichtiges Zeichen wurde mit dem auf Initiative des Bundesumweltministeriums bereits 1992 im Hinblick auf die Konferenz von Rio de Janeiro gegründeten und 1994 wieder einberufenen „Nationalen Komitee für Nachhaltige Entwicklung" gesetzt. Dem Komitee gehören 35 Persönlichkeiten aus den Verbänden des Natur- und Umweltschutzes, der Entwicklungszusammenarbeit, der Wissenschaft und Forschung, des Handels und der Industrie, der Landwirtschaft, der Gewerkschaften, der Kirchen sowie der Frauen- und Jugendorganisationen an. Darüber hinaus sind Repräsentanten der politischen Parteien, des Bundes, der Länder, der Städte und Gemeinden sowie prominente Einzelpersonen vertreten. Das Komitee hat bisher vor allem eine Funktion als nationales Spiegelgremium zur Commission for Sustainable Development (CSD) übernommen und befindet sich nach wie vor in einem organisatorischen und inhaltlichen Strukturierungsprozeß. Inwieweit das Komitee in Zukunft auch die Aufgabe übernehmen wird, zu einer umsetzungsorientierten, auf den nationalen Kontext bezogenen Konkretisierung des Leitbildes beizutragen, ist derzeit noch offen.

27. Das Bundesumweltministerium legte 1994 einen Bericht über die Umweltpolitik der Bundesregierung während der vorausgegangenen vier Jahre vor, der den Titel „Für eine nachhaltige, umweltgerechte Entwicklung" trägt und inhaltlich auf dem 5. Umweltaktionsprogramm der Europäischen Union „Für eine dauerhafte und umweltgerechte Entwicklung" aufbaut. Durch das Bundesministerium für wirtschaftliche Zusammenarbeit und Entwicklung werden zunehmend Entwicklungshilfeprojekte initiiert und unterstützt, die einen spezifischen Beitrag zur Verwirklichung nachhaltiger Entwicklung in der Dritten Welt leisten (vgl. BMU, 1994). Besonders zu begrüßen ist die zunehmende Bedeutung, die das Leitbild innerhalb des Bundesbauministeriums gewinnt. Bereits weitgehend fertiggestellt wurde der Bericht „Nachhaltige Stadtentwicklung" (BfLR, 1996). Vorgesehen ist ein Nationalbericht für die Habitat II-Konferenz in Istanbul im Sommer 1996. Im Oktober 1995 trat das „Deutsche Nationalkomitee zur Habitat II" zur konstituierenden Sitzung zusammen. Das Komitee hat sich insbesondere die Erstellung eines Aktionsplans „Nachhaltige Stadtentwicklung" zum Ziel gesetzt. Auch in anderen Bundesministerien findet zunehmend eine Auseinandersetzung mit dem Sustainability-Konzept statt. Dennoch ist es noch nicht im erforderlichen Maße zu einem übergeordneten gesellschaftspolitischen Leitbild für die politische Praxis der deutschen Bundesregierung geworden; es wird noch überwiegend als rein umweltpolitisches Thema verstanden (vgl. Koalitionsvereinbarungen, 1994).

28. Auch für die Bundesländer gilt weitgehend, daß die ökologische Frage noch nicht zureichend mit ökonomischen und sozialen Aufgabenfeldern verknüpft wird, wenngleich hier durchaus Unterschiede in den einzelnen Bundesländern festgestellt werden können. Eine Entwicklung, die der Umweltrat mit Sorge beobachtet, betrifft die Tendenz, Umweltministerien aus koalitionstaktischen Überlegungen aufzulösen oder mit anderen sachfremden Bereichen zusammenzulegen. So haben die Koalitionsvereinbarungen in Mecklenburg-Vorpommern 1994 eine Auflösung des dortigen Ministeriums und eine Zersplitterung der Kompetenzen bewirkt. Ähnliche Entwicklungen hat es in Thüringen, in Hessen und in Bremen gegeben. Eine Integration von Umweltschutz in andere Politikbereiche bedeutet nach Auffassung des Umweltrats nicht, die Kompetenzen im Umweltschutz anderen Ressorts zuzuschlagen, sondern eigenständige Umweltministerien beizubehalten und gleichzeitig mit den nötigen Verfahrensinstrumentarien bestückte Umweltabteilungen (Spiegelreferate) in anderen Ministerien einzurichten.

Regionen und Kommunen

29. Am weitesten fortgeschritten ist die Entwicklung von Konzepten zu einer dauerhaft-umweltgerechten Entwicklung derzeit auf der Ebene der Regionen und Kommunen. Zunehmend werden dort Initiativen zur Konkretisierung des Leitbilds ins Leben gerufen.

Im November 1993 wurde in Ulm der „Ulmer Initiativkreis nachhaltige Wirtschaftsentwicklung e.V" (*unw*) als Träger einer „Forschungsgruppe Zukunftsfragen" gegründet. Ziel der Gründer – darunter an vorderster Stelle Personen aus dem Hochschulbereich – war es, durch die Verbreitung von Forschungsergebnissen in der Ulmer Region einen Strukturwandel hin zu einer dauerhaft-umweltgerechten Entwicklung anzuregen. Der Ulmer Initiativkreis sucht vor allem die Zusammenarbeit mit Verantwortlichen aus Wirtschaft und Verwaltung und konzentriert sich primär auf den Bereich Energieversorgung. Mehr und mehr übernimmt er über seine Rolle als Wissensvermittler hinaus auch die Funktion des Vermittlers zwischen den Akteuren (vgl. MAJER, 1995, S. 5 f.). Kennzeichnend für das Ulmer Beispiel ist, daß es dort – im Gegensatz zu vielen anderen Initiativen zu „sustainable development" – von Beginn an gelungen ist, Wirtschaftsakteure in den Prozeß der Entwicklung und Umsetzung von „Nachhaltigkeit" miteinzubeziehen.

30. Ziel des seit Anfang 1994 laufenden universitären Forschungsprojekts „NARET – Nachhaltige Regionalentwicklung Trier" ist die Schaffung eines Ökonomie-Modells, das durch innerregionale Stoff- und Wertschöpfungskreisläufe gekennzeichnet ist. Für die Region Trier wurde – unter Einbezug von Vertretern aus Verwaltung, Unternehmen und Kammern – ein Zukunftsszenario für die Handlungsfelder Holznutzung und Ernährung entwickelt und damit das Leitbild in einem für die Vernetzung von Gesellschaft mit Natur zentralen Themenbereich konkretisiert (NARET, 1995).

31. Die Weltausstellung Expo 2000 in Hannover steht unter dem Leitmotiv „Mensch-Technik-Umwelt". Damit vollzieht sich eine Abkehr von der bislang üblichen Praxis der Präsentation isolierter Exponate und die Hinwendung zu einer dem Leitbild der dauerhaft-umweltgerechten Entwicklung verpflichteten, übergreifenden Perspektive. Diese Neuorientierung spiegelt sich besonders in der Wahl der Region Bitterfeld-Dessau-Wittenberg als Korrespondenzstandort der Expo 2000 wider. Der Grundstein für dieses Modellvorhaben wurde bereits 1989 durch das vom Bauhaus in Dessau ins Leben gerufene Projekt „Industrielles Gartenreich" gelegt (KUHN, 1995, S. 50 f.). Aufbauend auf dem sozial-ökologischen Erbe der Region – Wittenberg als Stadt der Reformation, das Dessau-Anhaltinische „Gartenreich" (ab 1769) als aufklärerischer Natur-Kultur-Dialog und die Prägung der Region durch Industrialisierung und Bergbau im 20. Jahrhundert – wird der Versuch unternommen, eine Reformlandschaft des 21. Jahrhunderts zu entwickeln (vgl. Kuratorium zum Expo-Beitrag des Landes Sachsen-Anhalt, 1995). Damit wird erstmals eine Region als „Exponat" geschaffen – ein angemessenes Symbol für die dem Leitbild dauerhaft-umweltgerechter Entwicklung verpflichtete Zielsetzung der Expo 2000.

32. Neben diesen Projekten lassen sich noch weitere nennen, so etwa die Bemühungen der Stadt Heidelberg, ihre bereits umfangreichen Maßnahmen um eine umweltgerechte Stadtplanung unter dem Begriff der Nachhaltigkeit neu zu bündeln und zu vernetzen (vgl. ZIRKWITZ, 1995), der Workshop „Nachhaltige Entwicklung in der Region Leipzig" (vgl. Regierungspräsidium Leipzig, 1994), das Leipziger Ostraum-Projekt sowie das Projekt „Umweltgerechte Region Güstrow" (vgl. Informationsstelle Lokale Agenda 21, 1995 a).

33. Eine zunehmende Bedeutung gewinnt in Deutschland die von gesellschaftlichen Gruppen und/oder den Stadtverwaltungen initiierte Erstellung einer „Lokalen Agenda 21". Legitimationsgrundlage ist das Kapitel 28 der Agenda 21, demzufolge bis 1996 die lokalen Behörden weltweit einen Konsultationsprozeß mit der Bevölkerung abgeschlossen und einen Konsens über eine Lokale Agenda 21 erzielt haben sollen (BMU, 1992 b, S. 231). Im Mai 1994 wurde die „Charta der Europäischen Städte und Gemeinden auf dem Weg zur Zukunftsbeständigkeit" (Charta von Aalborg) verabschiedet (van ERMEN, 1995). Im Sommer 1995 hatten bereits 130 Kommunen – darunter die deutschen Städte Berlin, Heidelberg, Dresden, Neuruppin, Kiel, Nürnberg, Rostock, Freiburg, Saarbrücken sowie der Landkreis Mühlhausen – die Charta unterzeichnet und sich damit verpflichtet, in Lokale Agenda 21-Prozesse einzutreten und langfristige Handlungsprogramme aufzustellen (vgl. ICLEI, 1995).

34. Nach einem bereits im Oktober 1992 begonnenen umfangreichen Erarbeitungs- und Abstimmungsprozeß verabschiedete das Präsidium des Deutschen Städtetags im Februar 1995 eine „Orientierungshilfe für das Vor-Ort-Handeln" in den deutschen Städten, die in enger Anlehnung an die Gliederung der Agenda 21 mit einer jeweiligen kurzen Bestandsaufnahme, dem Aufzeigen von Zielen und Handlungsmöglichkeiten „in insgesamt 19 kommunalen Handlungsfeldern ... Material für örtliche Diskussionen und konkrete Aktivitäten im Sinne des ‚Geistes von Rio' und dem Motto ‚Global denken – lokal handeln'" (Deutscher Städtetag, 1995, S. 3) bietet. Mit dieser Materialsammlung will der Deutsche Städtetag die einzelnen Mitgliedsstädte dazu anregen, im Rahmen ihrer spezifischen Stadtstrukturen eine eigene, am Leitbild dauerhaft-umweltgerechter Entwicklung orientierte verbindliche Lokale Agenda 21 zu formulieren. Am Ende dieses lokal einzuleitenden Prozesses soll die „Sustainable City" stehen, die Stadt, die „überall in der Welt sich ihrer Verpflichtung für eine andauernde umweltgerechte Entwicklung zum Wohle ihrer Bürger und des gesamten Naturhaushaltes bewußt ist" (ebd.). Erste konkrete Beschlüsse zu einer Lokalen Agenda 21 wurden bereits in Berlin-Köpenick und -Lichtenberg, Hannover, Leipzig, Bonn, Münster, Osnabrück, München und Karlsruhe gefaßt (Informationsstelle Lokale Agenda 21, 1995 b). Auf die Modelle Berlin-Köpenick und München soll im folgenden kurz eingegangen werden.

In Berlin-Köpenick entstand bereits 1993 eine Initiative zur Umsetzung der Agenda 21. Im März 1995 faßte das Bezirksamt einen entsprechenden Beschluß. Die Besonderheit des sogenannten Köpenicker Modells liegt zum einen in der Bedeutung der Kirchen, die neben Bezirksverwaltung und Öffentlichkeit eine der drei Säulen des Prozesses bilden, zum anderen in der zentralen Stellung des Forums „Umwelt und Entwicklung" als offene Basis für die Beteiligung der interessierten gesellschaftlichen Gruppen. Anläßlich des Klimagipfels in Berlin wurde vom Forum ein „10-Punkte-Forderungsprogramm für eine nachhaltige Entwicklung im Bezirk Köpenick" beschlossen, das zugleich auch die Vorbereitung einer kommunalen Nord-Süd-Partnerschaft enthält (vgl. Forum Umwelt und Entwicklung Köpenick, 1995). Im Oktober 1995 wurde durch die Senatsverwaltung eine „Lokale Agenda 21 Berlin" vorgelegt (vgl. Senatsverwaltung für Stadtentwicklung und Umweltschutz, 1995). Der Umweltrat hofft, daß diese begrüßenswerte behördliche Übernahme der Initiative durch die Stadt Berlin zu einer Ergänzung, nicht aber zu einem Zurückdrängen und Austrocknen der Aktivitäten auf Bezirksebene führt.

Durch eine Initiative der Münchner Volkshochschule wurde im Frühjahr 1994 ein Münchner Agenda-21-Prozeß initiiert, an dem mittlerweile über 30 Initiativen und Organisationen beteiligt sind. Mit dem Stadtratsbeschluß vom 31. Mai 1995 wurde die Organisation einer Lokalen Agenda 21 auch zugleich als städtische Aufgabe festgeschrieben und die Gestaltung des Prozesses verstärkt von der Stadt übernommen. Die besondere Bedeutung der Münchner Agenda 21 liegt zum einen in einer für Deutschland vorbildhaften Strukturierung des Planungsprozesses (vgl. SEMRAU, 1995). Zum anderen vollzieht sich derzeit ein Zusammenfließen mit dem zunächst ohne Bezug auf das Programm einer dauerhaft-umweltgerechten Entwicklung erstellten neuen Stadtentwicklungsplan „Perspektiven München". Damit besteht in München die Chance, daß die gesamte zukünftige

Entwicklung einer Stadt unter die Leitidee einer dauerhaft-umweltgerechten Entwicklung gestellt wird. Der Umweltrat würde eine solche umfassende gesellschaftspolitische Konkretisierung des Leitbilds begrüßen.

35. Nach Ansicht des Umweltrats wird an diesen Beispielen die Schrittmacherfunktion der Regionen und Kommunen für die Verwirklichung einer dauerhaft-umweltgerechten Entwicklung deutlich, wenngleich man im Hinblick auf die beschränkten Handlungsmöglichkeiten dieser Akteure die realen Auswirkungen nicht überschätzen sollte. Die Eigeninitiative sollte auch dann nicht abnehmen, wenn auf nationaler Ebene vermehrt eine Konkretisierung und Umsetzung des Leitbilds in Angriff genommen würde: Wo immer es um integrierte Strategien zu einer dauerhaft-umweltgerechten Entwicklung geht, in deren Rahmen ökologische, ökonomische und soziale Entwicklungsdimensionen aufeinander abzustimmen sind, lassen sich diese nicht allein über zentrale staatliche Regelungen realisieren (vgl. BRAND, 1995, S. 4). Es kommt hier in besonderer Weise darauf an, gegebene Wirtschaftsstrukturen, soziale Problemlagen und regionale Umweltbedingungen zu berücksichtigen. Entsprechende Strategien lassen sich häufig am sinnvollsten auf der Ebene der Regionen oder Kommunen entwickeln und realisieren. Nach Maßgabe des Subsidiaritätsprinzips ist eine Stärkung der Handlungsmöglichkeiten der Regionen und Kommunen erforderlich.

36. Ohne die Initiative von Umwelt- und Entwicklungsverbänden sowie der Kirchen wären viele solcher Projekte zur Umsetzung einer dauerhaft-umweltgerechten Entwicklung nicht ins Leben gerufen worden. Sehr zu begrüßen ist auch das erwähnte Engagement von Hochschulen, Akademien und Volkshochschulen. Ihnen kommt bei der Vermittlung und Konkretisierung des Sustainability-Konzepts eine besondere Bedeutung zu, und es ist zu wünschen, daß solche Beispiele zum Vorbild für weitere Projekte werden. Der Umweltrat hofft daher, daß die vielversprechenden Aktivitäten zur Lokalen Agenda 21 nicht mit dem Zieljahr 1996 beendet werden, und begrüßt das Vorhaben, auf der Habitat II–Konferenz in Istanbul eine Verlängerung des Mandats für das Programm einer Lokalen Agenda 21 bis zum Jahre 2000 zu beantragen (vgl. Mediterranean LA 21 Conference, 1995). Dadurch könnte das, was hier im Kleinen seinen Anfang nahm, die Städte, Gemeinden und Landkreise insgesamt erfassen und sich zu einem umfassenden Prozeß dauerhaft-umweltgerechter Entwicklung ausweiten.

2 Zur Umweltsituation und Umweltpolitik

2.1 Umweltpolitische Entwicklungen

37. Der Umweltrat kommt im nachfolgenden Kapitel seinem Auftrag nach, die Umweltsituation und die Umweltbedingungen in Deutschland periodisch zu begutachten, indem er Entwicklungstendenzen für allgemeine und sektorübergreifende umweltpolitische Probleme sowie für ausgewählte Umweltpolitikbereiche darstellt. Ausgehend von Ausführungen im Umweltgutachten 1994 werden aktuelle Themen der Umweltpolitik aufgegriffen, kurze Situationsanalysen in einzelnen Sektoren erstellt, wichtige umweltpolitische Maßnahmen und Initiativen der Bundesregierung in der ersten Hälfte der 13. Legislaturperiode dargestellt und kommentiert sowie Einschätzungen zum Stand der Umweltpolitik in Deutschland und Empfehlungen zu ihrer Fortentwicklung abgegeben.

2.1.1 Rahmenbedingungen der Umweltpolitik

38. Die umweltpolitische Entwicklung im Übergang von den achtziger zu den neunziger Jahren war sehr stark von grundlegenden politischen, wirtschaftlichen und gesellschaftlichen Veränderungen beeinflußt worden (SRU, 1994, Tz. 442 ff.). Für die Beschreibung des Umfeldes der Umweltpolitik Mitte der neunziger Jahre läßt sich noch kein bestimmender Trend erkennen. Einerseits gibt es gewisse Anzeichen für Bemühungen um die Verwirklichung des Konzeptes der dauerhaft-umweltgerechten Entwicklung, andererseits zeichnen sich Tendenzen in Richtung auf eine gewisse Zurückhaltung, wenn nicht gar auf eine teilweise Rücknahme des Anforderungsniveaus im Umweltschutz ab.

Die allgemeine politische Situation ist ein halbes Jahrzehnt nach der Vereinigung der beiden deutschen Staaten von einer zunehmenden Konsolidierung und Normalisierung des Verhältnisses zwischen alten und neuen Bundesländern gekennzeichnet. Zwar müssen noch in vielen Bereichen erhebliche Anstrengungen unternommen werden, um nach wie vor bestehende Diskrepanzen weiter abzubauen. Sie binden aber administrative Kapazitäten nicht mehr in dem Anfang der neunziger Jahre erforderlichen Maße und können auch nicht generell als Bremse für eine kontinuierliche Weiterentwicklung der Umweltpolitik geltend gemacht werden.

39. Nach fünf Jahren „Umweltunion" kann mehr als eine Zwischenbilanz der Umweltsanierung in Ostdeutschland noch nicht gezogen werden. Das Ergebnis einer vorläufigen Bestandsaufnahme weist – teilweise als Folge des Zusammenbruchs stark umweltbelastender Industriezweige – Erfolge auf dem Weg zu einer umfassenden ökologischen Sanierung auf, wie zum Beispiel die Emissionsreduzierung für Luftschadstoffe, die Verbesserung der Gewässerqualität oder die Erhaltung naturnaher Landschaften. Es zeigt aber auch die mit erhöhten wirtschaftlichen Aktivitäten verbundenen Nachteile, zum Beispiel in Form erhöhten Abfallaufkommens, zunehmender Emissionen aus dem Verkehrsbereich sowie von Landschaftszerschneidung und Bebauung (BELITZ et al., 1995; BLAZEJCZAK und KOMAR, 1995; FRITZ, 1995; PETSCHOW, 1995). Zu Beginn des Sanierungsprozesses von manchen geäußerte Vorstellungen, man könne in Ostdeutschland einen umfassenden ökologischen Neubeginn mit Modellcharakter verwirklichen, der auf der einen Seite Schwächen und Fehler der bisherigen nationalen und internationalen Umweltpolitik zu vermeiden, auf der anderen Seite deren positive Erfahrungen zu nutzen sucht, haben sich, wie von nüchternen Beobachtern nicht anders erwartet, als unrealistisch erwiesen. Es ist aber auch nicht zu einer „Erosion" der umweltpolitischen Standards gekommen, die einige wegen des vom ökonomischen Umwandlungsprozeß ausgehenden Drucks befürchtet hatten.

Insgesamt ist festzustellen, daß in Ostdeutschland insofern ein ökologischer Umwandlungsprozeß stattfindet, als durch erhebliche Neuinvestitionen weitgehend modernste Umwelttechnik zum Einsatz kommt, die für die Staaten in Mittel- und Osteuropa einen gewissen Vorbildcharakter gewinnen kann. Auf dem Pfad hin zu einer dauerhaft-umweltgerechten Entwicklung, wie sie vom Umweltrat aufgezeigt worden ist, befindet man sich damit aber noch nicht.

40. Die wirtschaftliche Aktivität hat sich in Deutschland nach dem Durchschreiten des Rezessionstales Anfang der neunziger Jahre unerwartet stark belebt. Auch die Weltwirtschaft, insbesondere die westeuropäische Wirtschaft, befindet sich weiter in einer Aufschwungphase. Allerdings mußten die Erwartungen hinsichtlich des Maßes und der Stabilität des Aufschwungs deutlich korrigiert werden (DIW, 1995 a; SRW, 1995). Nach wie vor ungelöst ist aber das Problem der hohen Arbeitslosigkeit und der auch von ihr ausgehenden sozialen Spannungen. Hinzu kommt die Erkenntnis, daß die Sozialsysteme grundlegender Reformen bedürfen und dadurch der Spielraum für die Umweltpolitik enger werden wird.

41. Wichtige umweltpolitische Maßnahmen, die von der Bundesregierung in der 12. Legislaturperiode ergriffen wurden, hat der Umweltrat in seinem letzten Umweltgutachten beschrieben und bewertet (SRU, 1994, Kap. II). Begonnene Initiativen, wie etwa das Bundes-Bodenschutzgesetz, konnten in der letzten Phase der 12. Legislaturperiode nicht mehr abgeschlossen werden. Immerhin ist es noch gelungen, den Schutz der natürlichen Lebensgrundlagen als Staatsziel in das Grundgesetz aufzunehmen, wie dies auch vom Umweltrat befürwortet worden ist.

Die Bundestagswahl Ende 1994 hat zu keiner Veränderung in der Regierungsverantwortung geführt, so daß von einer gewissen Kontinuität auch in der Umweltpolitik ausgegangen werden konnte. Grundlage für eine Bewertung des vorgesehenen Umweltpolitikkonzeptes sind Aussagen zur Umweltpolitik in der Regierungserklärung und in der Koalitionsvereinbarung zur 13. Legislaturperiode. Darin erklärt die Bundesregierung generell, das bestehende Übermaß an Reglementierung und Bürokratie abschaffen und den „schlanken Staat" zu wollen. Das bedeutet, auch im Umweltschutz auf Verkürzung der Planungs- und Genehmigungsverfahren und auf Instrumente zu drängen, die den Adressaten mehr Flexibilität lassen. In der Regierungserklärung heißt es weiter, daß für eine zukunftsgerichtete Standortpolitik auch ökologische Notwendigkeiten im richtigen Maße berücksichtigt werden müssen. Daher sollen die wirtschaftlichen Anreize zum schonenden Umgang mit der Umwelt und den natürlichen Ressourcen weiter verstärkt werden. Als wichtige Maßnahmen werden der ökologisch ausgewogene Aus- und Neubau des Verkehrssystems, die Weiterentwicklung der Fahrzeugtechnik, die Beibehaltung eines ausgewogenen Mix in der Energiepolitik und die Förderung von Umwelttechnologien hervorgehoben.

42. Die Koalitionsvereinbarung betont in Teil VI „Ökologie und Marktwirtschaft" die Nutzung des technischen Fortschritts und des Wettbewerbs für den Schutz der Umwelt. Es wird festgestellt, daß der Staat die Rahmenbedingungen für eine ökologisch orientierte soziale Marktwirtschaft schaffen müsse, und daß die Verantwortung für die Schöpfung, die in der Regierungserklärung von 1987 als Leitmotiv der Umweltpolitik erscheint, auch wirtschaftliches Handeln leiten müsse. Im einzelnen hat sich die Regierung zur Durchführung dieses Programms folgende Aufgaben gestellt:

– Umsetzung und Fortentwicklung des Programms zur Reduzierung von Kohlendioxid; Einführung einer EU-weiten, aufkommensneutralen CO_2-/Energiesteuer

– Vorlage von Verordnungen zur Regelung der Produktverantwortung der Wirtschaft im Rahmen des Kreislaufwirtschafts- und Abfallgesetzes (Altautos, Elektronikschrott, Batterien); hier sollen Selbstverpflichtungen der Wirtschaft Vorrang haben

– Novellierung der Verpackungsverordnung mit dem Ziel, mehr Wettbewerb zu ermöglichen

– Umsetzung der EG-Richtlinie zum Öko-Audit; dabei soll die Eigenverantwortung der Wirtschaft gestärkt und die behördlichen Überwachung nach Möglichkeit vermindert werden

– steuerliche Gleichstellung von Privaten mit öffentlich-rechtlichen Organisationsformen beim Bau und Betrieb von Anlagen zur Wasserver- und -entsorgung und zur Abfallentsorgung

– Effizienzüberprüfung von Vorschriften und Verfahren

– Durchführung von Pilotprojekten zur Erprobung marktwirtschaftlicher Instrumente.

Im Ordnungsrecht steht die Novellierung des Wasserhaushaltsgesetzes im Programm, wobei vor allem im Abwasserbereich der Grundsatz der Verhältnismäßigkeit stärker als bisher berücksichtigt werden soll. Weiter sollen ein Bundes-Bodenschutzgesetz geschaffen, das Naturschutzrecht fortentwickelt, Maßnahmen zur Verringerung der Vorläufersubstanzen für Ozon und zur Reduzierung des Benzolgehaltes im Benzin ergriffen werden.

Schließlich ist beabsichtigt, zur Nutzung des technischen Fortschritts im Straßenverkehr die Schadstoffgrenzwerte europaweit weiter zu reduzieren und den Benzinverbrauch von Neufahrzeugen um mehr als ein Drittel bis zum Jahre 2005 zu senken. Im Energiesektor sollen Maßnahmen zur Energieeinsparung, zur stärkeren Nutzung erneuerbarer Energien und zum Abbau von Wettbewerbsverzerrungen zwischen einzelnen Energieträgern erörtert werden.

43. Am 26. Juli 1995 ist das von der Regierungskoalition eingebrachte Gesetz zur Änderung des Bundes-Immissionsschutzgesetzes („Ozongesetz") in Kraft getreten, das die Verkehrsbehörde ermächtigt, bei sehr hohen Ozonkonzentrationen Verkehrsverbote auszusprechen. Damit wurde zwar eine langwierige Auseinandersetzung zwischen Bund und Ländern über eine bundeseinheitliche Sommersmog-Regelung vorerst beendet, nicht aber die Diskussion in der Öffentlichkeit um Sinnhaftigkeit und Wirksamkeit dieser Maßnahme. Ebenfalls nach langwierigen Verhandlungen wurde inzwischen auch das Umweltauditgesetz (UAG) beschlossen, das bestimmte Regelungen der im April 1995 in Kraft getretenen EG-Verordnung „Über die freiwillige Beteiligung gewerblicher Unternehmen an einem Gemeinschaftssystem für das Umweltmanagement und die Umweltbetriebsprüfung" (Öko-Audit-Verordnung) ausfüllt. Weitere bereits auf den Weg gebrachte und beschlossene Maßnahmen werden in den Kapiteln 2.2 und 2.3 erörtert. Aufmerksamkeit in der öffentlichen Diskussion haben auch die Bemühungen der Bundesregierung und einiger Länderregierungen um Vereinbarungen mit der Automobilindustrie zur Reduzierung des durchschnittlichen Kraftstoffverbrauches beziehungsweise zur Einführung eines sogenannten Dreiliterautos gefunden.

44. Für die umweltpolitische Entwicklung sind neben nationalen auch internationale Absichtserklärungen richtungsweisend. Einflüsse auf die deutsche Umweltpolitik gehen in erster Linie von Initiativen der Europäischen Union aus. Diese Initiativen finden ihren Ausdruck auf den Tagungen der Staats- und Regierungschefs der Europäischen Union. Sowohl das Treffen des Europäischen Rates im Juni 1994 auf Korfu als auch das Treffen im Dezember 1994 in Essen haben insbesondere Beschlüsse zur Entwicklung der transeuropäischen Netze in den Bereichen Verkehr, Energie und Umwelt gefaßt. In Essen wurde außerdem die Absicht der Kommission zur Kenntnis genommen, Leitlinien für eine CO_2-/Energiesteuer auf Grundlage gemeinsamer Parameter zu entwickeln. Der Europäische Gipfel von Cannes im Juni 1995 war eine Weichenstellung für die Regierungskonferenz 1996 zur Revision des Maastrichter Vertrages. Als wesentliche Ziele dieser Revision wurden unter anderem eine stärkere Demokratisierung sowie eine besondere Berücksichtigung der Erfordernisse von Beschäftigung und Umweltschutz genannt.

45. In der zweiten Jahreshälfte 1994 übernahm Deutschland turnusgemäß die EU-Ratspräsidentschaft und damit auch den Vorsitz über den Rat der Umweltminister. Im Hinblick auf den Umweltschutz legte die Bundesregierung in ihrem Programm für die Zeit der Präsidentschaft besonderes Gewicht auf die Bereiche Klimapolitik (EU-Maßnahmenpaket zum Klimaschutz), Umwelt und Verkehr, Grundwasserschutz sowie auf die Biozid-Richtlinie, auf die umweltverträgliche Beseitigung von polychlorierten Biphenylen und polychlorierten Terphenylen (PCB und PCT) sowie die Richtlinie über die integrierte Vermeidung und Verminderung der Umweltverschmutzung (IVU-Richtlinie).

Die von der deutschen Ratspräsidentschaft selbst geweckten Erwartungen konnten jedoch nur teilweise erfüllt werden. Verabschiedet wurden auf der letzten Ratstagung unter deutscher Ägide am 15./16. Dezember 1994 mehrere Gesetzesvorhaben, die zum Teil schon einen sehr langen Vorlauf hatten: eine Änderung der Richtlinie 88/609/EWG zur Begrenzung von Schadstoffemissionen aus Großfeuerungsanlagen in die Luft (94/66/EG), die Verordnung über Stoffe, die zum Abbau der Ozonschicht führen (3093/94/EG), die Richtlinie über die Verbrennung gefährlicher Abfälle (94/67/EG), eine Änderung des Anhangs I der Verordnung Nr. 2455/92 betreffend die Aus- und Einfuhr bestimmter gefährlicher Chemikalien (3135/94/EG) sowie ein Vierjahresprogramm zur Umweltstatistik (KOM (92) 483).

Eine politische Einigung erzielte der Rat über eine Gemeinschaftsstrategie zur CO_2-Reduktion, deren Element ursprünglich auch eine kombinierte CO_2-/Energiesteuer sein sollte. Als Reaktion auf die Ablehnung einer europaweiten Steuer durch die Staats- und Regierungschefs der Europäischen Union auf dem Essener Gipfel im Dezember 1994 konnte sich der Ministerrat jedoch nur zu einer Bekräftigung der Notwendigkeit steuerlicher Maßnahmen entschließen. Statt gemeinschaftliche steuerliche Maßnahmen einzufordern, wurde der Finanzministerrat gebeten, Parameter für die Einführung nationaler CO_2-/Energiesteuern vorzulegen. Auch diese Mindestforderung wird noch relativiert durch den Entschluß der französischen Ratspräsidentschaft in der ersten Jahreshälfte 1995, das Thema CO_2-/Energiesteuer völlig von der Agenda zu nehmen. Gleichwohl hat die Kommission im Juni 1995 einen geänderten Vorschlag vorgelegt (KOM (95) 172) (vgl. Tz. 1009 ff.).

Einigen konnte sich der Rat im Zusammenhang mit einer Strategie zum Klimaschutz über eine gemeinschaftliche Position zur Berliner Klimavertragsstaatenkonferenz mit dem Ziel einer rechtlich verbindlichen CO_2-Stabilisierung ab dem Jahre 2000. Kaum konkrete Übereinkünfte konnten zum von der Ratspräsidentschaft vorgelegten Konzept einer umwelt- und sozialverträglichen Verkehrspolitik getroffen werden. Erst eine von konkreten Zahlen und Fakten, etwa Reduktionsziele beim Kraftstoffverbrauch, bereinigte Vorlage fand die Mehrheit im Rat. Eine vorläufige Einigung erzielte der Ministerrat über die vollständige Beseitigung von polychlorierten Biphenylen bis zum Jahr 2010. Verabschiedet wurde vom Rat zudem ein Grundwasseraktionsprogramm. Außerdem wurde im Rahmen der deutschen Ratspräsidentschaft ein internationaler Workshop eingerichtet, der regelmäßig über Fragen der Bodenkontamination und Altlasten diskutiert (BMU und UBA, 1994).

Angesichts der kurzen Dauer der Ratspräsidentschaft und der Vielfalt der Themen konnten nicht alle Vorhaben abgeschlossen werden. So wurden zum Beispiel sowohl bei der Biozid-Richtlinie als auch bei der IVU-Richtlinie keine wesentlichen Fortschritte erreicht. Auch die Regelung des Besitzes von und des Handels mit Exemplaren wildlebender Tier- und Pflanzenarten (CITES) ist über eine Orientierungsaussprache nicht hinausgekommen. Einige anstehende Themen wurden darüber hinaus nicht auf die Tagesordnungen gesetzt: so die Richtlinie über die ökologische Qualität der Gewässer, die Novellierung der Trinkwasserrichtlinie, die Badegewässerrichtlinie sowie die Novellierung der UVP-Richtlinie.

46. Der zum 1. Januar 1995 vollzogene Beitritt Österreichs, Finnlands und Schwedens in die Europäische Union ist im Hinblick auf die zum Teil strengeren Umweltnormen in diesen Ländern deshalb von Bedeutung, weil dadurch die Gewichte in der Diskussion um das anzustrebende Niveau im Umweltschutz verschoben werden könnten. Schließlich ist auch der begonnene Dialog des EU-Umweltministerrates mit den assoziierten Staaten Mittel- und Osteuropas ein wichtiger Beitrag zur Fortentwicklung der Umweltpolitik in Europa.

47. Auch auf internationaler Ebene findet eine am Leitbild einer dauerhaft-umweltgerechten Entwicklung ausgerichtete Umweltpolitik im Gefolge der Umweltkonferenz von Rio de Janeiro im Jahre 1992 immer mehr Beachtung. Das zeigt sich unter anderem daran, daß sich zum Beispiel die Staats- und Regierungschefs der sieben wichtigsten Industriestaaten (G7-Staaten) in den Kommuniqués der Gipfeltreffen in Neapel 1994 und in Halifax 1995 ausdrücklich zu Umweltfragen geäußert und dem nationalen und internationalen Handeln zum Schutz der Umwelt höchste Priorität eingeräumt haben. Die Erfüllung und gegebenenfalls Überprüfung der im Rahmen des Rio-Prozesses eingegangenen Verpflichtungen werden besonders betont. Große Bedeutung wird der Rolle des Umweltschutzes bei der Entwicklung und Anwendung innovativer Technologien beigemessen, die Grundlage für Wachstum und für die Schaffung von Arbeitsplätzen ist. Anläßlich des Treffens der Umweltminister der G7-Staaten im Frühjahr 1995 in Hamilton wurden vor allem Probleme der institutionellen Reform der internationalen Organisationen, die sich mit Umweltfragen befassen, verhandelt. Auch anläßlich des Weltgipfeltreffens für Soziale Entwicklung in Kopenhagen im März 1995 wurde in der Erklärung der Staats- und Regierungschefs an hervorgehobener Stelle die Überzeugung geäußert, daß wirtschaftliche Entwicklung, soziale Entwicklung und Umweltschutz voneinander abhängige und sich gegenseitig unterstützende Komponenten einer dauerhaft-umweltgerechten Entwicklung sind. In den verschiedenen Kapiteln des Aktionsprogramms werden zahlreiche Bezüge zwischen dem Schutz der Umwelt und der sozialen Entwicklung hergestellt.

Wenn auch von solchen allgemeinen Absichtserklärungen zum Umweltschutz noch keine unmittelbaren Fortschritte bei der Umsetzung des Leitbildes einer dauerhaft-umweltgerechten Entwicklung erwartet werden können, so erfordern sie doch, in gewissen Abständen Rechenschaft über die unternommenen Schritte abzulegen, so daß langfristige Wirkungen immerhin denkbar sind.

48. Von zentraler Bedeutung für die internationale Umweltpolitik waren die erste und die zweite Vertragsstaatenkonferenz des „Übereinkommens über die biologische Vielfalt" der Vereinten Nationen im Dezember 1994 in Nassau/Bahamas beziehungsweise im November 1995 in Jakarta (Tz. 236) und die erste Vertragsstaatenkonferenz der Klimarahmenkonvention im April/Mai 1995 in Berlin (Tz. 478). Anläßlich der 7. Ministerkonferenz der Vereinten Nationen zum Montrealer Protokoll im Dezember 1995 in Wien wurden Vereinbarungen über weitere Maßnahmen zum Schutz der Ozonschicht getroffen. Auf OECD-Ebene wurden Rahmenbedingungen für die Umweltpolitik durch die Vorschläge und Beschlüsse des 1992 gegründeten Umweltausschusses „Environment Policy Committee" (EPOC) geschaffen.

2.1.2 Neuorientierung der Umweltpolitik

49. Die Umweltpolitik der zurückliegenden 25 Jahre hat die Bundesrepublik Deutschland in den Kreis der umweltpolitisch fortschrittlichen Staaten geführt. In einigen Bereichen hat sie die Vorreiterrolle übernommen und ist damit an eine führende, international anerkannte Position gerückt. Nicht selten waren schwerwiegende Interessenkonflikte, zum Teil auch Überzeugungskonflikte auszutragen (Tz. 678 ff.). Das hat oft dazu geführt, daß im umweltpolitischen Entscheidungsprozeß nach komplizierten und zeitraubenden Kompromißlösungen gesucht werden mußte und die Politik folglich nur mühsam vorankam. Im Ergebnis hat sich aber gezeigt, daß auf diesem Wege erzielte Lösungen oft tragfähiger sind als solche, die zwar zügig, aber gegen die Interessen wichtiger gesellschaftlicher Gruppen durchgesetzt werden. Insgesamt ist die umweltpolitische Entwicklung des letzten Vierteljahrhunderts durchaus als eine beachtliche Integrationsleistung des politischen Systems zu bezeichnen (WEIDNER, 1995; WZB, 1995).

50. Mittlerweile besteht jedoch weitgehend Übereinstimmung, daß das überkommene Umweltpolitikkonzept der neuen Herausforderung, eine dauerhaft-umweltgerechte Entwicklung einzuleiten und voranzutreiben, ohne eine grundlegende Reformierung nicht mehr gerecht werden kann. Das inzwischen hochentwickelte und stark ausdifferenzierte ordnungsrechtliche Instrumentarium stößt immer mehr an die Grenzen seiner Leistungsfähigkeit. Es ist den neuartigen Aufgaben zur Steuerung des zukünftigen umweltrelevanten Verhaltens aller Akteure, so zum Beispiel im Stoffflußbereich, allein nur noch bedingt gewachsen.

51. Das Umweltpolitikkonzept der Bundesregierung, wie es sich in der Koalitionsvereinbarung niederschlägt und in bereits auf den Weg gebrachten politischen Initiativen zu konkretisieren beginnt, setzt die Schwerpunkte auf die Nutzung der Marktkräfte, Einführung neuer Technologien, Deregulierung und Privatisierung. Zentrale Bedeutung hat die Sicherung des „Standorts Deutschland".

Die aktuelle Umweltpolitik scheint sich in einer Übergangsphase zu befinden, die dadurch gekennzeichnet ist, daß das bestehende Instrumentarium einer systematischen Effektivitätsüberprüfung unterzogen, neue Steuerungsformen entwickelt und auf ihre Brauchbarkeit hin geprüft werden sollen, gleichzeitig aber durchaus auch noch auf bewährte konventionelle Regelungen zurückgegriffen werden muß, um dringliche Maßnahmen kurzfristig auf den Weg bringen zu können. Hinzu kommt, daß ein immer größer werdender Vermittlungs- und Einigungszwang bezüglich umweltpolitischer Regelungen auf europäischer und internationaler Ebene entsteht, der die Entwicklung einer in sich geschlossenen nationalen Verhandlungsstrategie erfordert.

52. Beobachtet man die öffentliche Diskussion, verstärkt sich der Eindruck, daß sich die Voraussetzungen für einen umweltpolitischen Modernisierungsprozeß in Wirtschaft und Gesellschaft trotz retardierender Momente wesentlich verbessert haben. Es gibt kaum eine gesellschaftliche oder wirtschaftliche Gruppe, die nicht die Notwendigkeit eines ökologischen Strukturwandels der Industriegesellschaft in ihren programmatischen Äußerungen ausdrücklich betont. Das bedeutet, daß auch immer wieder, gegenwärtig sogar zunehmend, Meinungen vertreten werden, die eine Atempause im Umweltschutz für erforderlich halten.

Die unter Etiketten wie „ökologische Marktwirtschaft", „ökologische Wirtschaft", „ökologische Wirtschaftsordnung", „öko-soziale Marktwirtschaft", „nachhaltiges Wirtschaften" oder „ökologische Modernisierung" geführte Debatte ist ein Zeichen für einen gesellschaftlichen Bewußtseinswandel. Das bedeutet keineswegs, daß nicht weiterhin tiefgreifende Dissense über die konkret einzuschlagenden Wege bestehen. Wesentlich erscheint unter dieser Voraussetzung eine grundsätzliche Orientierung an dem seit der Umweltkonferenz in Rio de Janeiro für alle Umweltpolitik verbindlich gewordenen Leitbild einer dauerhaft-umweltgerechten Entwicklung.

Ordnungsrechtliche Neuorientierung

53. Die von der Bundesregierung auf den Weg gebrachte systematische Überprüfung bestehender umweltpolitischer Instrumente und Verfahren stützt sich auf die vorwiegend von ökonomischer Seite immer wieder vorgebrachte Kritik, das Ordnungsrecht sei unter Allokationsgesichtspunkten ineffizient. Vollzugsdefizit, mangelnde Flexibilität, Technikfixierung und Ökonomiedefizit sind bekannte und zum Teil zutreffende Stichworte, mit denen die sogenannte bürokratische Umweltpolitik häufig in Verbindung gebracht wird (HOLZWARTH, 1995). Für einen effizienteren Umweltschutz müßten verstärkt Marktkräfte genutzt werden.

54. In einem Ausblick des Bundesumweltministeriums auf die Schwerpunkte der Umweltpolitik in der 13. Legislaturperiode wird, aufbauend auf den Festlegungen in der Koalitionsvereinbarung, unter der Überschrift „Marktwirtschaftliche Instrumente" unter anderem die Prüfung der Einführung folgender Instrumente angekündigt:

– Senkung der Anforderungen an das Genehmigungsverfahren, vor allem bei Änderungsgenehmigungen für solche Unternehmen, die sich dem Öko-Audit unterziehen

– Einführung eines Versicherungsmodells für geeignete Teilbereiche, in dem das Genehmigungserfordernis durch eine Versicherungspflicht ersetzt wird

– Vereinfachung von Änderungsgenehmigungen (BMU, 1995).

Im Jahreswirtschaftsbericht 1995 stellt die Bundesregierung fest, daß zur Sicherung der wirtschaftlichen Entwicklung erhebliche Strukturveränderungen erforderlich seien. Dabei soll eine marktwirtschaftliche Strukturpolitik unter anderem bei der Privatisierung und Deregulierung auch im Umweltbereich ansetzen. Bund, Länder und Gemeinden sollen verstärkt Aufgaben im Bereich Umweltinfrastruktur an Private übertragen. In allen Bereichen sollen Möglichkeiten der Rechts- und Verwaltungsvereinfachung geprüft werden. Ein wichtiger Aspekt ist dabei die Verkürzung von Planungs- und Genehmigungsverfahren (Jahreswirtschaftsbericht, 1995, S. 36).

Die von der Bundesregierung eingesetzte „Unabhängige Expertenkommission zur Vereinfachung und Beschleunigung von Planungs- und Genehmigungsverfahren" (Schlichter-Kommission) hat im Dezember 1994 ihren Bericht „Investitionsförderung durch flexible Genehmigungsverfahren" vorgelegt. Zur Umsetzung der Kommissionsempfehlungen wurde Anfang 1995 eine Arbeitsgruppe der Ressorts und der Koalitionsfraktionen beim Bundesministerium für Wirtschaft eingesetzt (Ludewig-Kommission). Den meisten im Abschlußbericht der Arbeitsgruppe vorgelegten Empfehlungen hat die Bundesregierung mit Kabinettsbeschluß vom 29. Juni 1995 zugestimmt (Tz. 74 ff.). Außerdem hat das Bundeskabinett im Juli 1995 einen neuen „Sachverständigenrat Schlanker Staat" eingerichtet, der Vorschläge zum Abbau der Bürokratie und zur Reduzierung der Staatsaufgaben vorlegen soll.

55. Der Umweltrat hat sich zum Stellenwert des Ordnungsrechts im Umweltgutachten 1994 geäußert (SRU, 1994, Tz. 61 ff., 297 ff.) und ist dabei unter anderem auf Ansätze für eine Deregulierung und auf Fragen zur Reform im Bereich von Verfahren und Vollzug eingegangen. Insbesondere hat er darauf hingewiesen, daß für die oft beklagte lange Dauer von Genehmigungsverfahren nicht so sehr die Öffentlichkeitsbeteiligung oder materielle Umweltanforderungen, sondern vielmehr ungenügendes Verfahrens- und Projektmanagement sowohl bei den Antragstellern als auch bei den Behörden verantwortlich sind. Diese Einschätzung wird von empirischen Befunden gestützt. So hat die Umweltministerkonferenz im Jahre 1993, anknüpfend an den Bericht der Bundesregierung zur Zukunftssicherung des „Standorts Deutschland", festgestellt, daß die Dauer von Planungs- und Genehmigungsverfahren gegenüber anderen Faktoren einen geringeren Stellenwert für die Investitionsbereitschaft und Innovationsfähigkeit der Wirtschaft hat. Auch neuere Ergebnisse einer Auswertung über die Dauer von immissionsschutzrechtlichen Genehmigungsverfahren in den Jahren 1992/93 bestätigen diesen Befund (Tz. 80). Die Studie „Bürgerrechte und Umweltschutz" des Öko-Instituts kommt unter anderem zu dem Ergebnis, daß die Dauer der Genehmigungsverfahren in der Regel kein Problem ist. So waren zum Beispiel im Jahre 1993 in Nordrhein-Westfalen rund 80 % und in Baden-Württemberg rund 72 % aller immissionsschutzrechtlichen Verfahren innerhalb eines Jahres abgeschlossen. Auch die These, Bürgerbeteiligung und das Einlegen von Rechtsmitteln sei ein Investitionshemmnis, wird von den Ergebnissen der Auswertung der Berichte von Gewerbeaufsichtsämtern nicht gestützt. Insgesamt wird festgestellt, daß sich die Notwendigkeit einer Beschleunigung von Genehmigungsverfahren zur Sicherung des Standorts Deutschland zu Lasten des Umweltschutzes wissenschaftlich nicht belegen läßt (GEBERS et al., 1995).

56. Der oben genannte Bericht der Schlichter-Kommission hat inzwischen eine zum Teil heftige Diskussion in der Öffentlichkeit, aber auch auf Länderebene ausgelöst. So hat die Amtschefkonferenz Ende März 1995 das Land Nordrhein-Westfalen um die Erarbeitung des Entwurfs einer Stellungnahme gebeten. Der Entwurf wurde Anfang Mai 1995 im Länderausschuß für Immissionsschutz erörtert. Einvernehmen über alle Teile der Stellungnahme konnte dabei nicht erzielt werden. In der Stellungnahme wird unter anderem betont, daß zunächst Auswirkungen der bereits in der vorherigen Legislaturperiode vorgenommenen, zum Teil tiefgreifenden und weitreichenden Rechtsänderungen (Investitionserleichterungs- und Wohnbaulandgesetz, Änderung der 4. Verordnung zur Durchführung des Bundes-Immissionsschutzgesetzes, Änderung der Verordnung über das Genehmigungsverfahren) bewertet werden sollten, bevor weitere Änderungen auf den Weg gebracht werden. Weiter wird zum Beispiel festgestellt, daß die Vorschläge zu wissenschaftlich und abstrakt gehalten seien und der Bezug zur Vollzugspraxis fehle. In praktischer Hinsicht wird in den Vorschlägen der Expertenkommission keine Innovation gesehen.

In einer Stellungnahme des Öko-Instituts heißt es zu den Vorschlägen, ihre Umsetzung hätte zur Folge, daß sich der Staat seiner Schutzpflicht gegenüber Bürgern und Umwelt weitgehend entziehe und sich vom Vorsorgeprinzip verabschiede, und daß im Umweltschutz mit einer weitreichenden Verschlechterung gerechnet werden müsse (GEBERS et al., 1995). Auch von den Umweltverbänden wurde massiver Protest gegen die geplante Vereinfachung und Beschleunigung von Genehmigungsverfahren angemeldet.

Einer systematischen Überprüfung aller Möglichkeiten, das Genehmigungsrecht zu straffen und seine Anwendungen zum Beispiel durch bessere Organisationsstrukturen bei den Behörden zu verbessern, ist zweifellos zuzustimmen. Dabei ist allerdings sorgfältig zu prüfen, ob mit den geplanten Vereinfachungen substantielle Veränderungen des Umweltrechts verbunden sind. Im Abschnitt 2.2.1.1 wird darauf näher eingegangen.

57. Die Diskussion über die Notwendigkeit der Beschleunigung von Planungs- und Genehmigungsverfahren im Umweltschutz ist, wie oben bereits ausgeführt, eng mit der Debatte über den Wirtschaftsstandort Deutschland verknüpft, die in der wirtschaftlichen Rezessionsphase der Jahre 1992 und 1993 begonnen hatte. Es ist nicht Aufgabe des Umweltrates, im einzelnen der Frage nachzugehen, ob Deutschland im Vergleich zur Weltmarktkonkurrenz ein Standortproblem hat. Im Vergleich mit den europäischen Nachbarländern ist eine geringere oder nachlassende Wettbewerbsfähigkeit jedenfalls noch nicht zu erkennen. Insgesamt ist aber nicht zu übersehen, daß erhebliche Anstrengungen unternommen werden müssen, um den Herausforderungen eines tiefgreifenden Strukturwandels gerecht werden zu können. Das trifft sowohl für wirtschaftspolitische als auch für unternehmerische und tarifpolitische Entscheidungen zu. Als Stichworte für die in der Rezession deutlich hervorgetretenen, aber schon vorher angelegten Defizite werden unter anderem angeführt: hohes Lohnniveau, unflexible Arbeitsmärkte, kurze Arbeits- und Maschinenlaufzeiten, überholte Produktionskonzepte, nachlassende Innovationsbereitschaft, zu hohe Steuerbelastungen und Überbürokratisierung (vgl. z.B. Bericht der Bundesregierung zur Zukunftssicherung des Standorts Deutschland, BT-Drs. 12/5620; DIW, 1995 b; SRW, 1995, 1994).

58. Maßnahmen zur Überwindung dieser Defizite und damit zur Sicherung des Standorts Deutschland hält auch der Umweltrat für geboten. Er sieht es dabei als unverzichtbar an, die aus verschiedenen Bereichen der Politik herrührenden Beiträge zu Standortproblemen und die zur Lösung dieser Probleme zu leistenden Beiträge sachlich zu bewerten. Daher betrachtet der Umweltrat es als verfehlt, dabei den Bereich Umweltpolitik in den Vordergrund zu stellen, die genannten Defizite in den anderen, in diesem Zusammenhang wesentlich bedeutenderen Politikfeldern aber nicht adäquat zu thematisieren. Gefordert sind neue Konzeptionen in der Forschungs- und Technologiepolitik, in der Regional- und Strukturpolitik, in der Steuerpolitik, in der Arbeitsmarktpolitik sowie im Bildungs- und Ausbildungssystem. Mit Regelungen, wie sie im Zusammenhang mit der sogenannten Beschleunigungsdiskussion geplant sind, wird sich die Sicherung eines modernen Produktionsstandorts, der sich auch als ökologisch überlebensfähig und sozial stabil erweisen muß, allein nicht erreichen lassen.

Europäische Sachzwänge

59. Eine weitere Gefahr für die Aufrechterhaltung anerkannter Prinzipien deutscher Umweltpolitik und die Einhaltung gesetzter Ziele und Standards ist in der Anpassung an die Regelungsphilosophie einiger europäischer Partnerstaaten und des fünften Umweltaktionsprogramms der Europäischen Union zu sehen, die darin besteht, daß statt auf „harte Instrumente" in Form von verbindlichen Standards mehr auf allgemein formulierte Umweltschutzziele und Rahmenbedingungen gesetzt wird. Wie die festgelegten Ziele erreicht werden, soll – unter Bezug auf das (falsch verstandene) Subsidiaritätsprinzip – den Mitgliedstaaten und gegebenenfalls den Unternehmen überlassen werden. Zwar kann es nicht Aufgabe der europäischen Umweltpolitik sein, für den Ausgleich der Wettbewerbsbedingungen zu sorgen, jedoch besteht bei den neuen Ansätzen die Gefahr, daß die im Interesse einer dauerhaft-umweltgerechten Entwicklung gebotene Mindestqualität der Umwelt nicht gewährleistet ist.

Um die Überreglementierung im europäischen Gemeinschaftsrecht, darunter auch im Umweltrecht, unter die Lupe zu nehmen, hat die Europäische Kommission im September 1994 eine Gruppe unabhängiger Sachverständiger (Molitor-Gruppe) berufen. Der Bericht dieser Expertengruppe für die Vereinfachung der Rechts- und Verwaltungsvorschriften (KOM (95) 288 endg./2) wurde im Juni 1995 veröffentlicht; er ist für die Kommission nicht verbindlich. Rechtsvorschriften für die Sektoren Maschinennormen, Lebensmittelhygiene, Sozialrecht und Umweltschutz wurden analysiert. Die Vorschläge zum Umweltschutz sind bei einer großen Mehrheit der Mitgliedstaaten auf Ablehnung gestoßen. Selbst innerhalb der Gruppe bestand kein Einvernehmen, was sich in einer Nicht-Mitzeichnung und in einigen Minderheitsvoten niederschlägt.

2.1.3 Spannungsfelder der Umweltpolitik

60. Auf politische und gesellschaftliche Ansätze zur Umsetzung des Leitbildes einer dauerhaft-umweltgerechten Entwicklung und auf damit verbundene Defizite und Spannungen auf Bundes- und Länderebene wurde bereits in Kapitel 1 näher eingegangen (Tz. 26 ff.). Aufmerksamkeit in diesem Zusammenhang verdienen auch die Weiterentwicklung der politisch-administrativen und gesellschaftlichen Entscheidungsverfahren, der Trend zu Kooperationen zwischen Staat und Wirtschaft sowie die Entwicklung des Umweltbewußtseins und Umweltverhaltens der Bevölkerung.

Konfliktregelungsverfahren im Umweltbereich

61. Eine Weiterentwicklung der politisch-administrativen und gesellschaftlichen Entscheidungsverfahren ist ein wesentliches Element für eine Verbesserung der Problemlösungskapazität des politischen Systems im Bereich des Umweltschutzes. In diesem Zusammenhang sind in den letzten Jahren verstärkt die sogenannten alternativen Konfliktregelungsverfahren diskutiert worden. Durch eine Abkehr von hierarchischen Entscheidungsstrukturen und die Einbindung der von bestimmten Entwicklungen und Projekten Betroffenen in Entscheidungsverfahren werden im Rahmen dieser Verfahren mehrere Ziele verfolgt: Umweltpolitische Handlungsoptionen sollen erweitert und die Akzeptanz der getroffenen Entscheidungen soll erhöht werden. Zudem wird den sogenannten alternativen Konfliktregelungsverfahren im Vergleich zu autoritativen Handlungsmustern zugetraut, insgesamt effizienter zu sein, eine demokratische Integrationsleistung zu erbringen und eine höhere Rationalität durch verstärkte Kommunikation untereinander zu ermöglichen (WEIDNER und FIETKAU, 1995; ZILLEßEN et al., 1993).

Dabei ist eine genaue Abgrenzung der in den letzten Jahren in der Wissenschaft diskutierten und in der Praxis zum Teil auch erprobten Verfahren nicht immer möglich. Mediationsverfahren (Vermittlungsverfahren) sowohl als Moderation als auch als Negotiation (Verhandlung), Kooperationsverfahren im Verwaltungshandeln beziehungsweise konsensuales Verwaltungshandeln, erweiterte Partizipation (in der üblichen Öffentlichkeitsbeteiligung bei Umweltverträglichkeitsprüfungen usw.), „Runde Tische" und Diskursverfahren überschneiden sich teilweise konzeptionell. Unter welchen Bedingungen die einzelnen Verfahren in Deutschland verstärkt angewendet werden können und welchen Erfolg sie jeweils erzielen, ist dabei die eigentliche Frage, denn die sozialen, politischen und rechtlichen Voraussetzungen hängen im wesentlichen davon ab, in welchem Bereich die Verfahren eingesetzt werden.

62. Praktische Erfahrungen liegen für einzelne Projekte (Sonderabfalldeponie Münchehagen, Müllverbrennungsanlage Bielefeld, Flughafen Berlin-Brandenburg, Altlastensanierung Bille-Siedlung usw.) und für regionale Konzepte (Abfallwirtschaftskonzept Kreis Neuss, Verkehrsforen Heidelberg, Salzburg und Tübingen usw.) vor. Die Erfahrungsberichte haben die Leistungsmöglichkeiten, aber auch die Grenzen der Verfahren zumeist deutlich gemacht (AGU, 1995; WEIDNER und FIETKAU, 1995; CLAUS und WIEDEMANN, 1994; STRIEGNITZ, 1990). Die Grenzen der Verfahren resultieren vor allem daraus, daß sie das, was sie zu erzeugen vorgeben, allzu oft voraussetzen, nämlich Konsens und Akzeptanz. Die meisten Zielkonflikte sind bereits auf übergeordneter Ebene nicht gelöst.

Kaum Erfahrungen gibt es mit Konfliktregelungsverfahren, die auf übergeordnete Politiken, Programme und Ziele gerichtet sind. Erste Ansätze dazu bieten das Sonderabfallwirtschaftsforum Baden-Württemberg und das Abfallforum Berlin. Gesamtgesellschaftliche Konsensgespräche oder Gespräche an „Runden Tischen" zu zentralen umweltpolitischen Fragen sowie nationale Umweltgipfel zur Verständigung auf umweltpolitische Ziele (z.B. Umweltqualitätsziele) stellen besonders hohe Anforderungen an die Kommunikations- und Konfliktfähigkeit der umweltpolitischen Akteure. Der Umweltrat empfiehlt gerade auch in diesem Bereich, das Potential alternativer Konsensverfahren zu erproben und Erfahrungen darüber zu sammeln, unter welchen Bedingungen nationale Verständigungsprozesse hinsichtlich umweltpolitischer Programme und Ziele erfolgreich sein können.

63. Zu diesem Zweck ist es notwendig, alle allgemeingesellschaftlichen Interessen einzubinden. Der Umweltrat mahnt für den Prozeß der Modernisierung staatlichen Handels insbesondere eine umfassende und frühzeitige Umweltverbändebeteiligung und damit eine Berücksichtigung gesellschaftlicher Interessen an (Tz. 671 f. und 701 ff.). Auf der Seite von Politik und Verwaltung sollten in diesem Zusammenhang stärker als bisher Widerstände gegen konsensorientierte Verfahren abgelöst werden durch die Einsicht, daß eine Integration des Umweltschutzes in sämtliche gesellschaftliche Handlungsbereiche mit einer Weiterentwicklung der Öffentlichkeitsbeteiligung über die augenblickliche institutionelle Verankerung von Partizipation hinaus notwendigerweise verbunden ist. Rechtliche Hindernisse können durch die Aufnahme einer Öffnungsklausel in das Verwaltungsverfahrensgesetz oder in die speziellen umweltrechtlichen Verfahrensregeln ausgeräumt werden (vgl. § 54 Abs. 4 UGB-AT).

Kooperationen zwischen Staat und Wirtschaft

64. Die kontroversen Diskussionen um Bestrebungen, statt auf allgemein verbindliche Regeln stärker auf kooperative Lösungen in Form von Branchenabkommen und Verbandslösungen zu setzen, haben durch die Festlegung in der Koalitionsvereinbarung zur 13. Legislaturperiode, daß im Zuge der Umsetzung des Kreislaufwirtschaftsgesetzes Selbstverpflichtungen der Vorrang gegeben werden soll (Tz. 42), erheblich an Bedeutung gewonnen. Befürworter sehen in solchen Lösungen eine sinnvolle Entlastung von staatlicher Verantwortung und der zu ihrer Wahrnehmung erforderlichen Kontrolle. Sie würden der Eigenverantwortung der Verursacher und der unverzichtbaren Zusammenarbeit und Arbeitsteilung zwischen Wirtschaft und Staat Rechnung tragen und seien geeignet, eine grundsätzliche Wende in der Umweltpolitik einzuleiten. Andere Stimmen sprechen dagegen von einer schleichenden Verabschiedung des Staates aus seiner politischen Verantwortung, von einer gefährlichen Zunahme von organisierten Partikularinteressen, von der Abhängigkeit bestimmter, im Trend liegender Meinungsbilder, von der Entstehung „ökologischer Kartelle" und schließlich gar von einem schleichenden Prozeß in eine andere Wirtschaftsordnung. Dies würde bedeuten, daß sich die Akteure der privaten Wirtschaft hinsichtlich der Umweltnutzung selbst die Grenzen setzen würden und die effizienzfördernden Anreize des Marktes in der Selbstblockade besitzstandswahrender Interessengruppen untergehen würden. Auf die aktuellen Selbstverpflichtungsangebote von Teilen der Wirtschaft wird sowohl im Zusammenhang mit den übergreifenden umweltpolitischen Problemen (Tz. 162) als auch in einzelnen Umweltpolitikbereichen eingegangen (Tz. 391 ff., 451, 459).

Umweltbewußtsein und Umweltverhalten

65. Der Umweltrat hat bereits in seinen Umweltgutachten 1978 und 1987 auf der Grundlage von Ergebnissen der Umfrageforschung feststellen können, daß sich an der Einstellung der Bevölkerung gegenüber

Umweltproblemen auch über einen längeren Zeitraum wenig ändert (SRU, 1988, Tz. 43; 1978, Tz. 1416 ff.). Wesentliche Veränderungen in den Normbildungen und in den Handlungsrationalitäten vollziehen sich im Generationenwechsel. Auch neuere Untersuchungen und Zeitreihen betonen eher die Kontinuität der Beobachtungen, als daß sie Brüche in den Beurteilungen von Umweltproblemen konstatieren. Bei der Interpretation der Ergebnisse entsprechender Umfragen, die seit längerem von verschiedenen Meinungsforschungsinstituten durchgeführt werden, dürfen allerdings die methodisch bedingten Grenzen nicht aus dem Auge verloren werden (WBGU, 1995).

66. Neben anderen Instituten (z. B. Sample-Institut, Forschungsgruppe Wahlen) ermittelte das Institut für Praxisorientierte Sozialforschung (IPOS) in einer vergleichenden Untersuchung zum wiederholten Male die Einstellungen der Bürger zum Umweltschutz (IPOS, 1995). Die Ergebnisse der Meinungsumfrage zeigen, daß hinsichtlich der allgemeinen Beurteilung sowohl der gegenwärtigen als auch der erwarteten Umweltverhältnisse nach wie vor Unterschiede zwischen Ost und West bestehen. So beurteilten 1994 weniger als die Hälfte der Westdeutschen, aber drei Viertel der Ostdeutschen ihre jeweiligen gegenwärtigen Umweltverhältnisse als schlecht. Die Erwartungshaltung war, dieser Ausgangslage entsprechend, im Osten optimistischer als im Westen; knapp zwei Drittel der ostdeutschen Bürger erwarteten eine Verbesserung der dortigen Umweltverhältnisse, während in Westdeutschland etwa 40 % von einer Verbesserung ausgingen.

Auch hinsichtlich einer genauen Differenzierung befürchteter Umweltentwicklungen nach Medien und Themen ergaben sich zwischen Ost- und Westdeutschland noch einige Unterschiede. In Westdeutschland war die Reihenfolge unverändert: Die größte Sorge galt der Luftverschmutzung (37 %), gefolgt von den Themen Ozonloch (27 %), Waldsterben (21 %), Atomunfall (21 %), Trinkwasserverschmutzung (18 %) und Müll (17 %). In den neuen Ländern dominierte die Sorge um das Ozonloch (39 %), gefolgt von den Themen Luftverschmutzung (36 %), Waldsterben (35 %), Müll (33 %), Klimaveränderungen (20 %) und Verkehr (19 %).

Schlecht beurteilten die Bundesbürger die Umweltschutzgesetze und ihre Einhaltung: 82 % der Westdeutschen und 89 % der Ostdeutschen sahen die Kontrolle hinsichtlich der Einhaltung der Gesetzgebung als nicht ausreichend an. Auch die Zufriedenheit mit den Leistungen des Bundesumweltministeriums fiel gering aus. 1994 beurteilten West- und Ostdeutsche das Bundesumweltministerium nahezu gleichermaßen schlecht (Skalenmittelwert West: – 0,6; Ost: – 0,5).

67. Nicht verwechselt werden darf Umweltbewußtsein dabei jedoch mit der Kenntnis ökologischer Zusammenhänge (Umweltwissen). Auch neuere Studien belegen, daß die Sensibilisierung für Umweltbeeinträchtigungen nicht notwendigerweise mit dem Wissen über Umweltveränderungen korreliert

(KRUSE, 1995, S. 87), sondern daß es hier erhebliche Defizite abzubauen gilt (Tz. 12 ff.).

Einstellungen zu und Wissen über Umweltfragen werden einerseits durch die Massenmedien mitbestimmt, andererseits sind Art und Umfang der Medienberichterstattung auch Ausdruck des öffentlichen Interesses am Thema (SRU, 1988, Tz. 56). Auch 1994 haben Umweltthemen große Beachtung gefunden. Das Institut der Deutschen Wirtschaft registrierte über die Umweltdatenbank UMEBIA pro Quartal rund 500 Artikel der in Deutschland veröffentlichten Wissenschafts- und Wochenpresse (ohne Tagespresse). Dabei dominierten wie im Vorjahr die Themen Verkehrspolitik (12 %) und Artenschutz (12 %) gefolgt von Kernenergie (11 %), Abfallpolitik (9 %), Landschaftsschutz, Klima und Gentechnik (jeweils 8 %) (vgl. iwd, 8/1995, S. 8).

68. Unter ökologischen und politischen Gesichtspunkten sind Handlungsweisen wichtiger als Einstellungen. Deshalb kommt der Bereitschaft der Bürger zur Verhaltensänderung eine wesentliche Bedeutung zu. Indikatoren für ein Umweltengagement des einzelnen sind zum einen die Bereitschaft, für den Umweltschutz höhere Kosten zu akzeptieren, zum anderen die Akzeptanz einer persönlichen Einschränkung in umweltrelevanten Lebensbereichen. Leider spiegeln sich die Sorgen der Bundesbürger nur wenig in der Bereitschaft zur Verhaltensänderung wider (IPOS, 1995).

Einer der bedeutendsten Verursacher von Umweltbelastungen ist der Verkehr, insbesondere der Straßenverkehr. Die Akzeptanz für Einschränkungen im Verkehrsbereich ist 1994 gegenüber den Vorjahren gesunken. Im Westen plädieren 61 % für ein allgemeines Tempolimit, 36 % sind dagegen. In den neuen Ländern sprechen sich 71 % für ein Tempolimit aus, 15 % lehnen dies ab und 14 % machen ihre Zustimmung von der Höhe des Tempolimits abhängig. Damit ist die Zustimmung zu einer zulässigen Höchstgeschwindigkeit auf Autobahnen so gering wie nie zuvor. Ähnliches gilt auch für eine Sperrung der Innenstädte für den Autoverkehr. Auch hier ist die Akzeptanz dieser Maßnahme gegenüber dem Vorjahr gesunken. Eine grundsätzliche Verteuerung des Autofahrens lehnt die Mehrzahl der Bundesbürger ab: Nur 31 % in Westdeutschland und 20 % in den neuen Ländern unterstützen eine Kostenanlastung. Genausowenig Unterstützung findet die Forderung nach einer Erhöhung des Kraftstoffpreises: 32 % der Westdeutschen und 17 % in Ostdeutschland stimmen diesem Vorschlag zu. Bei den Befürwortern der Preiserhöhung plädiert die Mehrzahl für eine Erhöhung um 25 Pfennige pro Liter. Eine Verteuerung des Kraftstoffpreises hat auf das Fahrverhalten der Deutschen keinen Einfluß: Die Preiserhöhung von Januar 1994 hat wenige Monate später dazu geführt, daß lediglich 19 % der Westdeutschen und 12 % der Ostdeutschen seltener mit dem Auto fuhren als zuvor. Erfahrungsgemäß verringert sich diese Zahl nach der Übergangszeit noch einmal.

Die Bereitschaft der Bundesbürger, für den Umweltschutz höhere Kosten zu akzeptieren, ist auch bei der Müllproblematik gesunken. Höhere Müllgebühren zur Vermeidung des Müllaufkommens lehnen 92 % der Ostdeutschen und 81 % der Westdeutschen ab. Damit ist die Akzeptanz einer Gebührenerhöhung so gering wie noch nie. Im Bereich der Entsorgung sprechen sich 70 % in den alten Ländern und 72 % in Ostdeutschland für die Müllverbrennung aus, aber nur 26 % der Westdeutschen und 21 % der Ostdeutschen würden der Einrichtung einer Müllverbrennungsanlagen in Wohnnähe zustimmen. Die Akzeptanz einer Müllbeseitigungsanlage in unmittelbarer Nähe ist noch geringer. Nur 14 % in Westdeutschland und gar nur 9 % in Ostdeutschland würden der Errichtung einer Mülldeponie in Wohnnähe zustimmen.

Eine gewachsene Bereitschaft zur Verhaltensveränderung läßt sich lediglich bei der Sammlung und Trennung von Hausmüll, insbesondere Verpackungsmüll erkennen. 82 % der Westdeutschen und 85 % der Ostdeutschen wären bereit, in Zukunft noch nach weiteren Abfallfraktionen zu trennen.

69. Ein in Meinungsumfragen vermitteltes Bild vom Umweltbewußtsein der Bevölkerung darf jedoch nicht darüber hinwegtäuschen, daß die Auseinandersetzung um Umweltbewußtsein als Forschungsgegenstand in den Wissenschaften immer noch weitgehend defizitär erscheint (WBGU, 1995). Der Begriff Umweltbewußtsein wird zumeist gleichgesetzt mit einer von der empirischen Sozialforschung (Umfrageforschung) zur Messung dieses Phänomens konstruierten „Einstellung", die lediglich die sehr eindimensionale Fragestellung nach einem hohen oder niedrigen Umweltbewußtsein zuläßt. Tiefergehende Kontextualisierungen werden weitgehend ausgeblendet. Eine von DIERKES und FIETKAU (1988) geforderte, über eine bloße Demoskopie hinausgehende vertiefende sozialwissenschaftliche Forschung ist bislang noch zu wenig fortentwickelt. Die von DIERKES und FIETKAU gestellten Fragen und Forschungsansätze erscheinen zudem noch aktuell: Das letztlich ungeklärte Problem, wie Umweltbewußtsein aus unmittelbarer Umwelterfahrung entsteht, verweist auf die tieferliegenden Ebenen von Motivation und Wahrnehmung (UBA, 1995, S. 36). Auch das Wechselspiel zwischen alltäglicher und wissenschaftlicher Umweltrekonstruktion ist immer noch kaum analysiert; gleiches gilt für das Verhältnis von medialer und alltäglicher Umweltvermittlung und insgesamt für die Frage nach der angemessenen sozialwissenschaftlichen Abbildung von Umweltbewußtsein.

70. Auch die offenkundige Diskrepanz zwischen Bewußtsein und Verhalten erklärt sich zu einem großen Teil aus der wenig komplexen Betrachtung der Einstellung der Bevölkerung unter Ausblendung der oben genannten Ebenen Motivation und Wahrnehmung. Wenn zu beobachten ist, daß die Bürger ihre eigenen Möglichkeiten der Verhaltensänderung als sehr gering einschätzen und durch Schuldzuweisung den gesellschaftlichen Institutionen die Rollen der letztlich uneinsichtigen und zur Veränderung unwilligen Verursacher beimessen, gegen die man machtlos sei, dann gebührt diesem Zusammenhang mehr Aufmerksamkeit.

Der Umweltrat empfiehlt daher, die Hinderungsgründe für umweltschonendes Verhalten im Zusammenhang mit der Wirkung institutioneller Verhaltensmuster zum Forschungsgegenstand zu machen. Weiterhin stellt sich auch die Notwendigkeit, erweiterte Beteiligungsformen der Bürger an Thematisierungs- und Entscheidungsprozesse zu erkunden. Auch in diesem Punkt bieten sich Ansatzpunkte einer erweiterten sozialwissenschaftlichen Umweltforschung.

Dazu bedarf es jedoch einer sehr viel stärkeren Förderung der humanökologischen Forschung als dies bis jetzt der Fall ist. Die mangelnde Verankerung der Umweltforschung in den Sozial- und Geisteswissenschaften und die geringe interdisziplinäre Ausrichtung der humanökologischen Forschung kann insbesondere durch eine Weiterentwicklung der institutionellen Voraussetzungen überwunden werden (Wissenschaftsrat, 1994, S. 104 f.). Eine stärker integrative Umweltforschung sollte unter anderem durch eine stärkere Einbeziehung der Sozial- und Geisteswissenschaften in Sonderforschungsbereiche, Umweltforschungszentren und Graduiertenkollegs erreicht werden.

71. Die mangelnde Übereinstimmung von Umweltbewußtsein und der Veränderung von Verhaltensgewohnheiten kann also folglich nicht unabhängig vom Zusammenhang allgemeiner gesellschaftlicher Veränderungsprozesse beurteilt werden. In diesen Prozessen haben institutionelle Leitbilder und Organisationskulturen prägenden Einfluß auf Urteils- und Verhaltensgewohnheiten der Bürger. Die Diskrepanz von Umweltbewußtsein und Umweltverhalten der Bevölkerung bildet sich auch in den Verhaltensgewohnheiten der Entscheidungsträger- und -institutionen ab. Das Konzept einer dauerhaft-umweltgerechten Entwicklung verlangt einen gleichzeitigen Veränderungsprozeß der Handlungs- und Entscheidungsgewohnheiten der zentralen gesellschaftlichen Institutionen (Verwaltungen, Verbände, Parteien usw.) und der Unternehmen. Dies gilt um so mehr, als sich aus zunehmenden sozialen Spannungen infolge hoher Arbeitslosigkeit auch negative Auswirkungen für den Umweltschutz in Form nachlassenden Engagements oder wieder zunehmender umweltunverträglicher Verhaltensweisen ergeben können.

2.1.4 Fazit

72. Schon dieser allgemeine, einleitende Überblick über Rahmenbedingungen, Neuorientierungen und Spannungsfelder der Umweltpolitik zeigt, daß die Konzeption der Bundesregierung vor allem dadurch gekennzeichnet ist, einzelne umweltpolitische Mittel und zeitlich absehbare, konkrete Aktivitäten in den Vordergrund zu stellen. Ein solcher handlungsorientierter, pragmatischer Politikansatz hat den Vorteil, daß man sich auf die Erfüllung bestimmter Aufgaben konzentrieren und den Erfolg am Erreichen der gesteckten Einzelziele in einem bestimmten Zeitraum messen kann. Er ist ohne Zweifel geeignet, Umweltbelastungen und -inanspruchnahmen in einzelnen Bereichen gezielt weiter zu vermindern oder gar zu vermeiden.

Der Umweltrat ist allerdings der Auffassung, daß dies allein nicht ausreicht, um das Leitbild einer dauerhaft-umweltgerechten Entwicklung in konkrete Politik umzusetzen. Während im Bericht des Bundesumweltministeriums „Umwelt 1994 – Politik für eine nachhaltige, umweltgerechte Entwicklung" die Verknüpfung wirtschaftlicher, sozialer und ökologischer Aspekte als zentraler Handlungsansatz der deutschen Umweltpolitik herausgestellt und die Förderung der nachhaltigen Entwicklung als bedeutende Aufgabe erkannt wird (BMU, 1994), vermißt man im Regierungsprogramm der 13. Legislaturperiode grundsätzliche Leitlinien und Zielsetzungen, die eine Perspektive zur Überwindung einer vielfach noch defensiven und sektoral ausgerichteten Umweltpolitik eröffnen und erste Schritte zur Verwirklichung des langfristig angelegten Konzeptes einer dauerhaft-umweltgerechten Entwicklung aufzeigen. Vor allem der hierzu unbedingt erforderlichen Integration umweltpolitischer Belange in alle Politikbereiche wird noch nicht in gebotenem Maße Rechnung getragen.

2.2 Übergreifende Fragen des Umweltschutzes

73. Übergreifende Fragen des Umweltschutzes sind dadurch gekennzeichnet, daß sie sowohl als verbindende Elemente in alle oder mehrere Fachbereiche der Umweltpolitik hineinreichen, als auch nicht-sektorbezogene, für sich stehende Problemfelder des Umweltschutzes betreffen können. Im einzelnen kann es sich dabei um konkrete, sektorübergreifende Maßnahmen, wie etwa das Öko-Audit-Verfahren, oder um mehr allgemeine und grundlegende Sachverhalte, wie etwa das Thema Umwelt und Beschäftigung, handeln. Die Aktualität insbesondere letztgenannter Problemfelder wird nicht selten von generellen gesellschaftspolitischen Entwicklungen bestimmt, unabhängig davon, ob sie aus Sicht des Umweltschutzes vorrangig oder eher nachrangig sind. Der Umweltrat greift einige übergreifende Aspekte auf, die in der laufenden umweltpolitischen Diskussion eine wichtige Rolle spielen. Sie werden nachfolgend in den Abschnitten Umweltrecht, Umwelt und Wirtschaft sowie Umweltinformation und -berichterstattung behandelt. Abschließend werden wichtige umweltpolitische Entwicklungen in der Europäischen Union aufgezeigt.

2.2.1 Umweltrecht

2.2.1.1 Zur Diskussion über Verfahrensbeschleunigung und Deregulierung

Einführung

74. Bereits Ende der achtziger Jahre rückte in der politischen Diskussion verstärkt die Beschleunigung von Planungs-, Genehmigungs-, aber auch von Gerichtsverfahren in das Zentrum der Auseinandersetzung. Nach Ansicht von Verbandsvertretern und Politikern in Bund und Ländern verzögerten die ihrer Ansicht nach zu langen Verfahren wichtige Investitionen, die zur Schaffung und zum Erhalt von Arbeitsplätzen, zur Bereitstellung von Wohnraum und nach der Wiedervereinigung insbesondere zum Aufbau der neuen Bundesländer erforderlich waren. Im Rahmen dieser Debatte wurden unterschiedliche Modelle erörtert, die zum Teil im Zuge der Wiedervereinigung als sogenannte Beschleunigungsgesetze beschlossen wurden. Diese Maßnahmen standen in besonderer Beziehung zu den Aufgaben, die bei der Wiedervereinigung Deutschlands zu bewältigen waren. Mit dem Planungsvereinfachungsgesetz und dem Investitionserleichterungs- und Wohnbaulandgesetz wurden eine Vielzahl von Änderungen im Straßen-, Planungs-, Immissions- und Abfallrecht eingeführt.

75. Bestimmte Gesichtspunkte der Beschleunigung von Verfahren, die bereits im Rahmen der sogenannten Beschleunigungsgesetze diskutiert wurden, finden sich auch in der derzeitigen Beschleunigungsdebatte wieder, die von dem Bericht der Unabhängigen Expertenkommission zur Vereinfachung und Beschleunigung von Planungs- und Genehmigungsverfahren (Tz. 77 ff.) neu entfacht wurde. Der Umweltrat hat im Umweltgutachten 1994 zu einem Teil der Beschleunigungsmaßnahmen kritisch Stellung genommen. Inhaltlicher Kernpunkt der Kritik war, daß – trotz gegenteiliger Beteuerungen der Verantwortlichen – umweltrelevante Schutzstandards im Bereich des Natur- und Landschaftsschutzes (SRU, 1994, Tz. 454 ff., 470 und 508) und des Bodenschutzes abgeschwächt sowie Beteiligungsrechte, insbesondere bei der Genehmigung von Abfallverbrennungsanlagen abgebaut werden. Bemängelt wurde ferner, daß zwar allgemein ein Beschleunigungsbedarf festgestellt wird (z. B. BULLINGER, 1993, S. 492), diese Aussage aber nicht durch empirische Untersuchungen abgesichert werde. In der Beschleunigungsdiskussion wurden darüber hinaus zu undifferenziert bestimmte Aspekte in den Vordergrund gerückt, die bei näherer Betrachtung nur eine untergeordnete Rolle für Genehmigungsverfahren spielen. So wurde beispielsweise der Beteiligung der Öffentlichkeit für die Dauer von Genehmigungsverfahren eine Schlüsselrolle zugeordnet, obwohl ihr tatsächlich nur eine nachrangige Bedeutung zukommt (SRU, 1994, Tz. 508; STEINBERG et al., 1991, S. 13).

76. Der Umweltrat hält angesichts der sich verschärfenden Wettbewerbssituation – vor allem mit den europäischen Nachbarstaaten – Maßnahmen zur Sicherung des Wirtschaftsstandortes Deutschland für erforderlich, bringt aber deutlich zum Ausdruck, daß die inhaltliche Standortdiskussion dringend der Versachlichung bedarf. Standorterhebliche Fragen müssen entsprechend ihrer tatsächlichen Bedeutung angegangen und dürfen nicht als Begründung für andere Ziele benutzt werden (Tz. 57 f. und 81).

Bericht der Schlichter-Kommission und Reaktionen

77. Die Bundesregierung hat Anfang 1994 im Rahmen der Fortführung ihres Deregulierungsprogrammes eine Unabhängige Expertenkommission zur Vereinfachung und Beschleunigung von Planungs-

und Genehmigungsverfahren (Schlichter-Kommission) eingesetzt. Der Kommission kam die Aufgabe zu, Vorschläge zur weiteren Beschleunigung von Genehmigungsverfahren zu erarbeiten. Die Ergebnisse sind im Bericht „Investitionsförderung durch flexible Genehmigungsverfahren" zusammengefaßt und vom Bundesministerium für Wirtschaft veröffentlicht worden (BMWi, 1994). Zur Bewertung dieser Vorschläge wurde eine Arbeitsgruppe aus Vertretern der Koalitionsfraktionen und der Bundesressorts zur Umsetzung der Vorschläge der Schlichter-Kommission eingesetzt (sog. Ludewig-Arbeitsgruppe). Den Vorschlägen wurde von dieser Arbeitsgruppe ganz überwiegend zugestimmt. Eine Stellungnahme der Umweltministerkonferenz zu den Ergebnissen der Schlichter-Kommission ist vorbereitet, aber noch nicht beschlossen. Der Bericht der Schlichter-Kommission hat die Beschleunigungsdiskussion neu entfacht und war wiederholt Diskussionsgegenstand bei verschiedenen Fachtagungen. Die Reaktion von Vertretern aus Wissenschaft, Verwaltung, zum Teil aber auch aus Wirtschaftsverbänden war überwiegend skeptisch. Mit dem Entwurf eines Gesetzes zur Änderung des Bundes-Immissionsschutzgesetzes und einer Dritten Änderungsverordnung zur Verordnung über das Genehmigungsverfahren vom 29. Dezember 1995 wurden einzelne Vorschläge bereits konkretisiert.

78. Auf europäischer Ebene wurde eine Gruppe unabhängiger Experten (Molitor-Gruppe) von der Kommission beauftragt, die Bedeutung gemeinschaftlicher und einzelstaatlicher Rechts- und Verwaltungsvorschriften für den Wettbewerb zu prüfen und gegebenenfalls eine Vereinfachung vorzuschlagen. Die Molitor-Gruppe hat ihren Bericht im Juni 1995 vorgelegt und darin die grundsätzliche Notwendigkeit für eine Vereinfachung festgestellt, und für mehrere Bereiche, unter anderem den Bereich Umwelt, eine Reihe von Vorschlägen gemacht (Tz. 59).

*Standortrelevanz der Dauer
von Genehmigungsverfahren*

79. Ein Teil der Skepsis gegenüber den Vorschlägen der Schlichter-Kommission rührt daher, daß der Beschleunigungsbedarf für Genehmigungsverfahren im Rahmen der Standortsicherung in dem Bericht nicht ausreichend diskutiert und belegt wird. Der Bericht hat sich ausdrücklich nicht auf breiteres empirisches Datenmaterial oder wissenschaftliche Untersuchungen gestützt, die geeignet wären, die Dauer von Genehmigungsverfahren als zentrales Problem bei der Standortwahl zu interpretieren. Der Bericht bezieht sich nur auf einzelne veraltete Daten, verweist auf spektakuläre Einzelfälle und konstatiert zudem, daß die empirische Basis (hinsichtlich vergleichender Studien über die Dauer von Genehmigungsverfahren) besonders wenig tragfähig sei (BMWi, 1994, Rn. 123). Ob, und gegebenenfalls um wieviel zu lange die Genehmigungsverfahren in Deutschland sind, wurde in dem Bericht ebensowenig erörtert wie die Frage, ob die Dauer der Genehmigungsverfahren überhaupt standortrelevant ist. Anderslautende empirische Erkenntnisse zweier vom Bundeswirtschaftsministerium in Auftrag gegebener Studien wurden,

soweit sie der Schlichter-Kommission vorlagen, nur unzureichend gewürdigt (Tz. 80). Der Bericht stellt letztlich darauf ab, daß beschleunigte Verfahren das Image des Wirtschaftsstandortes verbessern und sich dadurch vorteilhaft auswirken (a. a. O., Rn. 004). Diese Behauptung läßt sich unter Zugrundelegung bereits durchgeführter Untersuchungen wahrscheinlich nicht halten (ebenso die Umweltministerkonferenz in ihrer 41. Sitzung am 24./25. November 1993).

80. In zwei großen empirischen Untersuchungen wurde die Dauer der Genehmigungsverfahren und ihre Auswirkung auf Standortentscheidungen analysiert. In der ersten Studie (STEINBERG et al., 1991) lag der Schwerpunkt der Untersuchungen bei den mittelständischen Unternehmen. Die zweite Studie (STEINBERG et al., 1995) konzentrierte sich dagegen auf große Unternehmen in Deutschland und im europäischen Ausland. In der ersten Studie stellte sich heraus, daß die Dauer der Genehmigungsverfahren keinen entscheidenden Einfluß auf die Standortentscheidungen mittelständischer Unternehmen hat. Die befragten Unternehmen bewerteten die Dauer der Genehmigungsverfahren vielmehr als eine neutrale Größe bei Standortentscheidungen. Unter zwanzig Entscheidungskriterien für die Wahl eines Standortes nahm die Dauer der Genehmigungsverfahren nur den 17. Rang ein. Der Bericht der Schlichter-Kommission interpretiert dieses Ergebnis folgendermaßen: „Befragungen deutscher Unternehmen haben jedoch anscheinend ergeben, daß die Länge von Genehmigungsverfahren bei ihren Standortentscheidungen gewöhnlich nicht an erster Stelle stehen" (a. a. O., Rn. 125).

Als entscheidungserheblich wurden in der ersten Studie hingegen Arbeitsproduktivität, Arbeitskosten, soziales Klima, gesunde Umwelt, Qualifikationsniveau, Verkehrs- und Infrastruktur oder Unternehmenssteuern eingestuft (STEINBERG et al., 1991, S. 10). Weiter wurde darauf hingewiesen, daß das Ergebnis wegen der geringeren Mobilität mittelständischer Unternehmen möglicherweise nicht auf große Unternehmen übertragbar sei. Allerdings zeigte sich in der zweiten Untersuchung, daß auch für große Unternehmen die Dauer von Genehmigungsverfahren bei der Standortwahl nur eine untergeordnete Rolle spielt.

81. Zusammenfassend läßt sich daher feststellen, daß die Dauer von Genehmigungsverfahren für die Standortentscheidung mittelständischer, aber auch großer, international tätiger Unternehmen nahezu irrelevant ist (STEINBERG et al., 1995, S. 47). Damit ist eine der Kernaussagen des Berichts der Schlichter-Kommission, volkswirtschaftlich brächte jede Beschleunigung von Genehmigungsverfahren einen Gewinn (a. a. O., Rn. 208), zumindest fraglich. Jedenfalls legitimiert sie nicht den sachverständigen und legislativen Aktionismus, den nachrangige Maßnahmen (Dauer der Genehmigungsverfahren) im Vergleich zu anderen, erheblicheren Standortnachteilen erfahren. Bei der negativen Einschätzung des Wirtschaftsstandortes Deutschland scheint es sich im übrigen um eine nationale Besonderheit zu handeln, die vom gegenwärtigen Wirtschaftsklima geprägt ist, während Entscheidungsträger aus anderen europäischen Ländern den Standort Deutschland immer noch an erster Stelle sehen (STEINBERG et al., 1995, S. 135 f.). Der Umweltrat warnt davor, den Wirtschaftsstandort Deutschland weiter dadurch zu diskreditieren, daß seine Gefährdung überbetont wird; diese Politik fügt dem Image auf jeden Fall Schaden zu.

Beschleunigungsbedarf

82. Auch wenn man die Dauer der Genehmigungsverfahren zwischen Deutschland und dem übrigen Europa vergleicht, lassen sich keine übermäßigen Abweichungen beobachten, die berechtigten Anlaß für die unausgewogene Einschätzung der Dauer von Genehmigungsverfahren bieten (STEINBERG et al., 1995, S. 49 ff.). Während die Gesamtdauer eines Genehmigungsverfahrens (bestehend aus Projektierungs-/Planungsphase, Genehmigungsphase und Phase von Genehmigungserteilung bis zur Inbetriebnahme) bei einer Neuinvestition beziehungsweise Änderung im europäischen Ausland im Durchschnitt bei 22 Monaten beziehungsweise bei 20 Monaten für Änderungen liegt, dauern entsprechende Verfahren in Deutschland mit 26 Monaten für Neuinvestitionen beziehungsweise 21 Monaten für Änderungen nur unwesentlich länger. Die eigentliche Genehmigungsphase dauerte nach dieser Untersuchung in Deutschland durchschnittlich 11 Monate beziehungsweise 12 Monate für Änderungen, im übrigen Europa rund 6 bis 7 Monate beziehungsweise 7 bis 8 Monate für Änderungen. Dazu kommt, daß etwa 95 % aller Verfahren Änderungsgenehmigungen betreffen; die entsprechenden Genehmigungsverfahren dauern hier nur einen Monat länger als im europäischen Vergleich.

Neuere Zahlen aus einzelnen Bundesländern belegen darüber hinaus, daß sich als Folge von untergesetzlichen Maßnahmen die Genehmigungszeiten weiter verkürzen lassen. In Hessen hat sich beispielsweise die Dauer der Verfahren seit der Anwendung des Erlasses des Hessischen Umweltministeriums zur Beschleunigung der Verfahren vom 23. März 1994 auf einige Monate verkürzt. Diese Erkenntnis verdeutlicht, daß in dem gegenwärtigen System erhebliche Beschleunigungsreserven bestehen, die auch ohne weitere Gesetzesänderungen genutzt werden. Konsequenterweise wird von Teilen der Industrie die Dauer von Genehmigungsverfahren auch nicht mehr als vorrangiges Problem erachtet, vielmehr werden die besonders raschen Genehmigungsverfahren sogar ausdrücklich gewürdigt.

83. Im übrigen ist es wenig angemessen, die Dauer der Genehmigungsverfahren als Standortfaktor isoliert zu betrachten, ohne andere Gesichtspunkte in eine Gesamtbewertung miteinzubeziehen. Bei einer vergleichenden Bewertung müssen auch das politische und gesellschaftliche Umfeld, die Bedeutung der Verwaltungsverfahren, Aufgaben des Rechtsschutzes und der Schutzauftrag des Staates berücksichtigt werden. Behördlichen Entscheidungen kommt in den europäischen Staaten entsprechend der Prüfungstiefe eine unterschiedlich stark ausgeprägte Bestandskraft zu. Während eine deutsche Anlagengenehmigung unbefristet erteilt wird, dem

Unternehmen also für seine strategische Planung ein hohes Maß an Investitionssicherheit bietet, werden in anderen Staaten zum Teil nur zeitlich begrenzte Genehmigungen erteilt. Genehmigungsverfahren besitzen nicht nur eine zeitliche Komponente, sondern haben eine Vielzahl von Auswirkungen, die gemeinsam evaluiert werden müssen. Solange nur auf die Dauer der Verfahren als Kriterium für Standortentscheidungen rekurriert wird, bleibt die Analyse unvollständig und führt zu einem verzerrten und damit falschen Ergebnis.

84. Trotz des empirisch nicht nachweisbaren Beschleunigungsbedarfs wird in einem Gesetzentwurf des Bundesrates zur Sicherung des Wirtschaftsstandortes Deutschland durch Beschleunigung und Vereinfachung der Anlagenzulassungsverfahren unverändert die vermeintliche Überlänge der Verfahren im Vergleich mit anderen Industrieländern beklagt und die Beschleunigung der Verfahren gefordert (BR-Drs. 422/94). Der Umweltrat wiederholt daher seine Forderung, daß Maßnahmen zur Sicherung des Wirtschaftsstandortes Deutschland entsprechend ihrer tatsächlichen Bedeutung zu ergreifen sind und keine „Nebenkriegsschauplätze" eröffnet werden.

Verfahrensrechtliche Aspekte

85. Die Schlichter-Kommission begreift in ihrem Bericht das Genehmigungsverfahren als eine Dienstleistung des Staates für den Antragsteller. Die Verfahren sollen vor allem „nachfragegerecht" beschleunigt werden. Entsprechend dem individuellen Beschleunigungsbedarf eines Antragstellers oder Betreibers sollen verschiedene Beschleunigungsmodelle („Sonderbeschleunigung" in verschiedenen Varianten, z. B. Rahmengenehmigung) angeboten werden. Grundsätzlich gibt es keine vernünftigen Einwände gegen eine Rahmengenehmigung für wechselnde Betriebszustände. Die daneben vorgesehene gestreckte Genehmigung hat etwas Bestechendes an sich, weil sie geeignet wäre, die für das deutsche Recht typische Überbetonung der Präventivkontrolle bei Vernachlässigung der nachträglichen Kontrolle zu revidieren. Allerdings wirft sie ähnliche Probleme auf, wie sie bei Vorbescheid und Teilgenehmigung aufgetreten sind. Auch bedarf dieses Konzept einer Weiterentwicklung, um mögliche Defizite insbesondere bei der Öffentlichkeitsbeteiligung und beim Rechtsschutz auszugleichen (Tz. 97; BMWi, 1995a, S. 18). Die vorgeschlagene Änderung des § 12 Abs. 2 BImSchG, die die Einführung einer gestreckten Genehmigung unter Auflagenvorbehalt zuläßt, berücksichtigt diese Bedenken zum Teil dadurch, daß nur hinreichend bestimmte allgemeine Anforderungen nachträglich festgelegt werden können. Es bleibt jedoch offen, welches die unabdingbaren Voraussetzungen für die Erteilung der „Grundgenehmigung" sind.

86. Darüber hinaus werden von der Schlichter-Kommission Vorschläge zur Regelbeschleunigung gemacht. Diese Vorschläge dürfen aber nach Auffassung der Kommission nicht dazu führen, daß die Beschleunigung einen Wegfall oder eine Verkürzung der Schutzrechte Dritter und der Allgemeinheit bewirkt. Es ist jedoch fraglich, ob diese Aussage mehr als nur ein Lippenbekenntnis darstellt. In dem Bericht wird an verschiedenen Stellen pauschal Kritik an der Zweckmäßigkeit des Umweltrechts und der Qualität der bestehenden Schutzziele geübt (a. a. O., Rn. 143, 144, 147, 236). Offensichtlich ist die Schlichter-Kommission der Auffassung, daß eine Reihe von Schutzzielen völlig überzogen ist (a. a. O., Rn. 143). Jede nähere Auseinandersetzung mit einzelnen Rechtsgebieten wird allerdings ebenso vermieden wie die Beschäftigung mit der Frage, ob und inwieweit Genehmigungsverfahren für das effektive Niveau des Umweltschutzes relevant sind (LÜBBE-WOLFF, 1995, S. 59). Dies verstärkt den Eindruck, daß der Bericht zu sehr die Verbesserung der Bedingungen für Investitionen aus der Sicht des Investors im Auge hatte und die umweltrechtlichen Gesichtspunkte nicht oder zu wenig beachtete. Der Umweltrat hält es für bedenklich, wenn offensichtlich wichtige, das Umweltrecht betreffende Fragen so zielgruppenspezifisch und damit unausgewogen diskutiert werden.

87. Die „kundengerechte" Beschleunigung im Sinne der Schlichter-Kommission birgt die Gefahr in sich, das Wesen und den Zweck der umweltrelevanten Verfahren nicht ausreichend zu berücksichtigen. Das Verfahren ist nicht Selbstzweck oder dispositives Instrument eines Antragstellers, sondern in erster Linie ein Mittel zur Realisierung materieller Schutzzwecke zum Schutz der Allgemeinheit und zur Durchsetzung des Grundrechtsschutzes Dritter (BVerfGE 53, 30, 65 ff.). Es ist fraglich, ob durch die Privatisierung der Genehmigungsverfahren der Staat seiner verfassungsrechtlich gebotenen Schutzpflicht überhaupt noch nachkommen kann. Die Schlichter-Kommission hätte ferner darlegen müssen, ob der gegenwärtige Schutzstandard gewährleistet werden kann, wenn in ihrem Prüfungsumfang reduzierte behördliche Verfahren, Einschränkungen hinsichtlich der Bestandskraft der behördlichen Entscheidungen und der sonstigen Ausgleichsmechanismen eingeführt werden. Die Ludewig-Arbeitsgruppe hat die verfassungsrechtlichen Probleme, die sich aus den Vorschlägen der Schlichter-Kommission ergeben, erkannt und eine verfassungsrechtliche Prüfung angemahnt. Allerdings bestehen gegen Wahlmöglichkeiten der Unternehmen hinsichtlich der Verfahrensart, die ein Verhältnis zwischen förmlichen und nicht förmlichen Verfahren bereits als geltendes Recht kennt, keine grundsätzlichen Bedenken, sofern das am wenigsten schutzintensive Verfahren noch den verfassungsrechtlichen und umweltpolitischen Erfordernissen entspräche.

88. Abgesehen von möglichen verfassungsrechtlichen sowie europarechtlichen Schranken ist es an sich nicht zwingend erforderlich, behördliche Präventivkontrollen zur Gewährleistung der Umweltanforderungen durchzuführen. Die Umsetzung materieller Vorgaben kann auch, wie bei nicht genehmigungsbedürftigen Anlagen, durch gesetzliche Pflichten und deren nachträgliche Kontrolle erfolgen. Der Verzicht auf vollzugsfreundliche Präventivkontrollen bedeutet jedoch, daß die Vollzugsbehörde bei der Wahrnehmung ihrer Kontrollaufgaben auf die Zusammenarbeit mit dem Unternehmen angewiesen ist, ihre Prüfung also von dem Zurverfügungstellen von Informationen des Unternehmens abhängt. An dieser Kooperation hat ein Unternehmen in der Regel wenig Interesse. Die Behörde müßte mit den ineffektiveren Mittel des nicht antragsinitiierten Vollzugs vorgehen. Der Wegfall beziehungsweise die Reduktion der Präventivkontrolle wirkt sich im Ergebnis vollzugserschwerend aus (LÜBBE-WOLFF, 1995, S. 57, 59 f.). Eine weitere Verstärkung des bestehenden Vollzugsdefizits wäre vorprogrammiert. An einer solchen Entwicklung kann kein Interesse bestehen, da eine Verschlechterung des Vollzugs materiellen Umweltrechts letztlich zu einer Verkürzung des Schutzes Dritter und der Allgemeinheit führt. Mit einer Verringerung des Schutzniveaus würden sich die Gefahren für eine intakte Umwelt vergrößern und damit auf andere Weise die Sicherung des Standortes Deutschland gefährden (Tz. 80; STEINBERG et al., 1991, S. 41). Soweit grundsätzlich beabsichtigt ist, die präventive Kontrolle zu Gunsten der derzeit defizitären nachträglichen Kontrolle abzubauen, wären ergänzende Maßnahmen erforderlich, um das Vollzugsdefizit nicht weiter zu vergrößern. Vorschläge für eine Verbesserung der nachträglichen Kontrolle werden von der Kommission nicht vorgetragen.

89. Die Schlichter-Kommission sieht in ihrem Bericht einen Ausgleich für den Wegfall behördlicher Verfahren im Einsatz privater, nichtstaatlicher Verfahren oder Instrumente (a. a. O., Rn. 290 ff.). Dieser Ausgleich soll insbesondere durch Einschaltung privater Sachverständiger, die Einführung eines Versicherungsmodells und die Teilnahme an Umwelt-Audits geschaffen werden. Der Umweltrat begrüßt an anderer Stelle die deregulierenden Effekte durch die Teilnahme an Umwelt-Audits, weist allerdings darauf hin, daß erst Erfahrungen mit auditierten Unternehmen gesammelt und analysiert werden müssen, bevor Maßnahmen zur Deregulierung ergriffen werden (Tz. 169 ff.).

Rechtsschutz

90. Verwaltungsverfahren dienen unter anderem im Sinne eines vorgelagerten Rechtsschutzes der Durchsetzung von Rechtspositionen betroffener Dritter. In dem Umfang, in dem Genehmigungsverfahren verkürzt werden oder wegfallen, verkürzen sich zunächst einmal die Beteiligungsrechte Dritter und der Rechtsschutz. Dem vorgelagerten Rechtsschutz kommt aber eine eminent wichtige Bedeutung zu (BVerfGE 53, 30, 66). Er ermöglicht bereits im Vorfeld einen Schutz gegen umweltrelevante Gefahren und vermag die Schaffung nur noch schwer revidierbarer Fakten zu verhindern. Die Betroffenen wären zur Verwirklichung ihrer Interessen auf Rechtsschutz durch Verpflichtungsklagen beziehungsweise zivilrechtliche Unterlassungsklagen angewiesen; ein effektiverer Rechtsschutz durch Anfechtungsklagen vor dem Verwaltungsgericht bliebe ihnen in der Regel verwehrt.

Die Schlichter-Kommission schlägt ergänzend vor, bei besonders beschleunigungsbedürftigen Investitionen das Widerspruchsverfahren zu streichen beziehungsweise den Prüfungsumfang auf die Rechtmäßigkeit zu beschränken (a. a. O., Rn. 258). Die Ludewig-Arbeitsgruppe hält in ihrer Stellungnahme eine entsprechende Regelung in den einzelnen Fachgesetzen für erforderlich (BMWi, 1995a, S. 15). Der Entwurf eines Gesetzes zur Änderung des Bundes-Immissionsschutzgesetzes vom 29. Dezember 1995 greift diesen Vorschlag auf und stellt die Entscheidung, ob ein Widerspruchsverfahren vor einem verwaltungsgerichtlichen Verfahren durchgeführt werden soll, in die Hand des Vorhabenträgers.

Diese Regelung berücksichtigt nicht, daß das Widerspruchsverfahren gerade zur Beschleunigung des Verfahrens und zur Entlastung der Gerichte eingeführt wurde. Im Widerspruchsverfahren hat die Behörde Gelegenheit, eventuelle Fehler auszuräumen und dadurch das Verfahren weiter zu beschleunigen (BMI, 1990, S. 66 f.). Durch den Wegfall des Widerspruchsverfahrens würde außerdem ein Rechtsbehelf für die Betroffenen wegfallen. Die Erfahrung zeigt, daß der Verzicht auf Widerspruchsverfahren nur zu einer Verlagerung der Probleme in das verwaltungsgerichtliche Verfahren führt (SENDLER, 1995, S. 21).

91. Ferner wird im Bericht der Schlichter-Kommission unter Verweis auf § 10 Abs. 2 BauGB-MaßnahmenG vorgeschlagen, das bisherige Regel-/Ausnahmeverhältnis bei der Gewährung der aufschiebenden Wirkung von Rechtsbehelfen Dritter umzukehren (a. a. O., Rn. 1010 ff.). Widerspruch und Anfechtungsklage hätten dann grundsätzlich keine aufschiebende Wirkung mehr. Diese Änderung, die die Bundesregierung sich im wesentlichen zu eigen machen will, ist aus drei Gründen abzulehnen. Faktisch verlagert sich dadurch die Behauptungs- und Begründungslast von der Behörde auf den Bürger. Effektiver Rechtsschutz für Betroffene würde im Ergebnis sachlich und finanziell wesentlich erschwert. Mit einer Ausweitung dieser Regelung auf alle Fälle oder auch nur die wichtigsten Industrieanlagen würde ein bewährtes Grundprinzip deutschen Verwaltungsrechts aufgegeben werden. Dem Suspensiveffekt kommt bei der Gewährung effektiven Rechtsschutzes eine verfassungsrechtliche Bedeutung zu (BVerfGE 35, 263, 274 f.). Irreparable Entscheidungen sollen so weit wie möglich vermieden werden. Die Schlichter-Kommission verkennt ferner, daß § 10 Abs. 2 BauGBMaßnG nur eine befristete Regelung zur Befriedigung dringenden Wohnbedarfs darstellt. Der Gesetzgeber hat sich zu dieser befristeten Ausnahme entschlossen, weil die Risiken, die mit der Errichtung von Wohngebäuden verbunden sind, als überschaubar eingestuft wurden, und somit die befristete Aussetzung der aufschiebenden Wirkung hinnehmbar erschien. In § 17 Abs. 6 a Fernstraßengesetz hat der Gesetzgeber den Fortfall der aufschiebenden Wirkung nur für die Ausnahmefälle angeordnet, in denen der durch Bundesgesetz festgestellte Bundesfernstraßenplan den dringenden Bedarf bejaht hat.

Schließlich würde sich auch die Prüfung in einstweiligen Rechtsschutzverfahren von der Behörde auf das Verwaltungsgericht verlagern. Es ist außerordentlich fraglich, ob die Verwaltungsgerichte, die ja wesentlich sachfremder als die zuständige Behörde prüfen können, bessere und vor allem schnellere Entscheidungen treffen werden. Es zeigt sich schon jetzt, daß die baurechtlichen Nachbar-Eilverfahren die Gerichte allein zahlenmäßig überfordern (SENDLER, 1995, S. 24) und letztlich kontraproduktiv wirken.

Modell des Umwelt-Audits

92. Die Schlichter-Kommission hat in ihrem Bericht vorgeschlagen, im Rahmen eines abgestuften Genehmigungsverfahrens Unternehmen, die sich der Öko-Audit-Verordnung unterwerfen, Erleichterungen zu offerieren. Gegenwärtig führe die Einbeziehung der Umwelt-Audits eher zu einer Verlängerung und damit geringeren Effizienz der Genehmigungsverfahren. Für Unternehmen, die freiwillig an einer regelmäßigen Überprüfung durch Umwelt-Audits – verbunden mit einer Pflicht zur umgehenden Anpassung an deren Ergebnisse – teilnehmen, sollen nach Auffassung der Schlichter-Kommission Teile der üblichen Genehmigungserfordernisse erst nachfolgend im Rahmen eines Umwelt-Audits geprüft werden (a. a. O., Rn. 293, 507 f.). Für Genehmigungsbehörden und Unternehmen, im Konfliktfalle aber auch für Verwaltungsgerichte, würde es zukünftig zwei mögliche Genehmigungsverfahren geben: Ein Genehmigungsverfahren für Unternehmen, die ein Umwelt-Audit durchgeführt haben, und daneben ein zweites Genehmigungsverfahren für Unternehmen, die nicht auditiert sind. Die Bundesregierung berücksichtigt diese Vorschläge bisher nur mit der unklaren Neuregelung des § 4 Abs. 1 der 9. BImSchV, wonach Unterlagen aus dem Öko-Audit-Verfahren bei der Prüfung der notwendigen Unterlagen zu berücksichtigen sind.

93. Solange noch keine aussagekräftigen Erfahrungen mit Umwelt-Audits vorliegen, sind angesichts dieser Ungewißheit (LÜBBE-WOLFF, 1995, S. 62; SENDLER, 1995, S. 27) und der Probleme mit der Implementierung neuer Gesetze erhebliche Zweifel an der praktischen Tauglichkeit des Vorschlages angebracht, Genehmigungsverfahren und Öko-Audit zu verknüpfen. Der Vorschlag verkennt auch, daß sich die Öko-Audit-Verordnung auf bereits existierende Standorte und nicht auf die Errichtung von neuen Anlagen bezieht. Die Öko-Audit-Verordnung ist zur Planung neuer Anlagen nicht vorgesehen und auch nicht geeignet. Das „Auditmodell" setzt daher voraus, daß die Anlage erst einmal längere Zeit ohne umfassende Genehmigung betrieben wird. Das Umwelt-Audit wird sich im übrigen auf die Prüfung emissionsseitiger und technischer Anforderungen beschränken und kaum immissionsseitige Anforderungen berücksichtigen können. Im Rahmen eines abgestuften Genehmigungsverfahrens würde dies eine sachliche Konzentration des Genehmigungsverfahrens auf die Gefahrenabwehr und eine Beschränkung der späteren Prüfungsschritte im Rahmen von Umwelt-Audits auf den Vorsorgebereich bedingen.

94. Wegen der Konzentrationswirkung immissionsschutzrechtlicher Genehmigungen wäre auch das Verhältnis zu den eingeschlossenen Genehmigungen klärungsbedürftig. Da die Öko-Audit-Verordnung sich auf Umweltaspekte beschränkt, müßte wohl ergänzend ein vollständiges Baugenehmigungsverfahren durchgeführt werden. Eine pauschale Ergänzung der Öko-Audit-Verordnung um baurechtliche Vorgaben würde den Charakter dieses Instruments zu weitgehend verändern. Der Umweltrat hält aber Modelle für denkbar, bei denen die Prüfungsanforderungen im Rahmen eines Umwelt-Audits so gestaltet sind, daß auch die Einhaltung weiterer gesetzlicher Anforderungen überprüft wird. Insoweit bedarf es aber der Entwicklung operabler Modelle.

95. Der Vorschlag berücksichtigt auch nur unzureichend, daß es sich bei den Umwelt-Audits um ein freiwilliges Instrument zur kontinuierlichen Verbesserung der Umweltleistungen handelt. Es bestehen Bedenken, daß Umwelt-Audits dann nur unter dem Aspekt der Genehmigungserleichterung durchgeführt werden (LÜBBE-WOLFF, 1995; GEBERS et al., 1995, S. 13). Die in Abschnitt 2.2.2.4 angesprochene Gefahr, daß sich Umwelt-Audits mit geringerem Anforderungsniveau auf dem Markt durchsetzen (race to the bottom), wird dadurch weiter erhöht (Tz. 174). Bedenken bestehen auch für den Fall, daß ein Antragsteller – aus welchen Gründen auch immer – nach Genehmigungserteilung kein Umwelt-Audit durchführt beziehungsweise sich die Durchführung wesentlich verzögert. Die Behörde müßte zwangsweise die Überprüfung der fehlenden Genehmigungsvoraussetzungen durchsetzen. Die vollzugstechnischen Probleme, die dabei entstehen, wurden bereits oben erörtert (Tz. 88).

96. Im übrigen wäre der Genehmigungsbehörde faktisch das Verfahren entzogen. Bei der Durchführung des Umwelt-Audits sind die Genehmigungsbehörden ebensowenig wie sonstige Fach- beziehungsweise Umweltbehörden beteiligt. Weder bei der Durchführung der Umwelt-Betriebsprüfung, noch bei der Implementierung des Umweltschutzmanagementsystems, der Erstellung der Umwelterklärung oder der nachfolgenden Validierung durch die Umweltgutachter ist eine Partizipation vorgesehen. In dem Umwelt-Audit-Gesetz ist zwar normiert, daß den zuständigen Umweltbehörden innerhalb einer vierwöchigen Frist vor der Eintragung Gelegenheit zur Äußerung gegeben wird. An dieses Äußerungsrecht sind aber keine weiteren Rechtsfolgen (z. B. Widerspruch) geknüpft. Dieses Äußerungsrecht verschafft den Umweltbehörden im übrigen keinen Zugang zu genehmigungsrelevanten Unterlagen. Der zuständigen Behörde wäre in dem Umfang, in dem sie bei Genehmigungserteilung auf eine Prüfung der Genehmigungsvoraussetzungen verzichtet, die Prüfung insoweit tatsächlich entzogen.

97. Der Vorschlag der Schlichter-Kommission vernachlässigt darüber hinaus, daß mit diesem Modell die Öffentlichkeitsbeteiligung im Rahmen der Genehmigungsverfahren nicht unerheblich reduziert wird. Die Umwelterklärung gemäß Artikel 5 Öko-Audit-Verordnung, die für die Öffentlichkeit verfaßt wird, ist kein ausreichender Ersatz für diese geminderte Öffentlichkeitsbeteiligung. Der Umweltrat hat verschiedentlich festgestellt, daß die Öffentlichkeitsbeteiligung unverzichtbarer Bestandteil der Verfahren ist.

Neuere europarechtliche Entwicklungen lassen eine vollständige Umsetzung der die Öko-Audit-Verordnung betreffenden Vorschläge wenig wahrscheinlich werden. Anläßlich der Beratungen über die IVU-Richtlinie (Tz. 133 ff.) haben alle übrigen Mitgliedstaaten dem Wunsch Deutschlands widersprochen, Teile des dort vorgesehenen Genehmigungsverfahrens optional durch ein Umwelt-Audit ersetzen zu können. Bei diesem eindeutigen Votum ist es derzeit wenig sinnvoll, die Öko-Audit-Verordnung bei der Beschleunigung maßgeblich zu berücksichtigen. Wenn die Erfahrungen mit der Öko-Audit-Verordnung nach einer Erprobungsphase als positiv bewertet werden, sollte allerdings eine Verknüpfung der Öko-Audit-Verordnung mit der IVU-Richtlinie erwogen werden.

Versicherungsmodell

98. Die Schlichter-Kommission schlägt ferner vor, dem Investor eine vorläufige Genehmigung zu erteilen beziehungsweise auf ein Genehmigungserfordernis zu verzichten, wenn er die Haftung für noch nicht ermittelte Risiken übernimmt und sich gegen auftretende Schäden entsprechend versichert. Knüpft die Haftung an das Umwelthaftungsgesetz an, so sei hier nur auf die nicht unerheblichen Haftungslücken nach geltendem Recht hingewiesen (SRU, 1994, Tz. 568 f.). Solange das Umwelthaftungsgesetz keine Regulierung ökologischer Schäden vorsieht, kann ein Versicherungsmodell keinen Ersatz für das Genehmigungserfordernis darstellen. Angesichts der Probleme der Versicherungswirtschaft mit der Versicherung nach dem Umwelthaftungsgesetz bestehen berechtigte Zweifel, ob eine weitergehende Haftung für irreversible Schäden, die auf der Realisierung eines noch unbekannten Risikos beruhen, überhaupt versicherbar wäre. Der Einsatz von Versicherungsmodellen wäre nur diskutabel, wenn man darauf bauen könnte, daß die Versicherungsgesellschaften zum Zwecke der Ermittlung und Reduzierung von Risiken Kontrollen in Unternehmen durchführen und Schutzmaßnahmen veranlassen. Hierfür sind bisher nur Ansätze ersichtlich, die der weiteren Ausarbeitung bedürfen (vgl. Tz. 123). Auch die Kommission sieht hier noch Forschungsbedarf. Jedenfalls ist die Entwicklung im Zusammenhang mit dem Umwelthaftungsgesetz zu beobachten.

Anzeigeverfahren

99. Die Schlichter-Kommission erwägt, bestimmte immissionsschutzrechtliche Genehmigungsverfahren durch bloße Anzeigeverfahren zu ersetzen (a. a. O., Rn. 519 f., 526 ff., 579 ff.). Gegen den Vorschlag bestehen Bedenken. Grundsätzlich lassen die negativen Erfahrungen, die mit baurechtlichen Anzeigeverfahren gemacht wurden, eine Übertragung auf das Immissionsschutzrecht als wenig sinnvoll erscheinen. Nach Eingang der Anzeige nebst den erforderlichen Anlagen hat die Behörde innerhalb von zwei Monaten die Anzeigefähigkeit zu prüfen und gegebenenfalls die Durchführung eines Genehmigungsverfahrens zu fordern. Praktisch läuft dieses Verfahren auf eine extrem kurze Genehmigungsfrist hinaus. Nehmen die Behörden ihre Aufgaben ernst, so werden sie sich auf die Prüfung der angezeigten Vorhaben konzentrieren müssen, wodurch der ohnehin defizitäre Bereich der nachträglichen Kontrolle weiter geschwächt wäre. Soweit die Behörden ihren Aufgaben im Anzeigeverfahren nicht ausreichend nachkommen, leidet im Ergebnis der Umweltschutz. Dieses Dilemma würde sich noch weiter verschärfen, wenn – wie auch die Ludewig-Arbeitsgruppe in ihrer Stellungnahme (BMWi, 1995a, S. 40) vorschlägt – auch der Anzeige eine sogenannte genehmigungsersetzende Wirkung zukäme; nach Ansicht der Schlichter-Kommission soll die genehmigungsersetzende Anzeige auch bauliche Änderungen (Konzentrationswirkung gem. § 13 Abs. 1 BImSchG) erfassen.

In bestimmten Fällen ist ein Anzeigeverfahren jedoch in Erwägung zu ziehen. Bei Erstgenehmigungen mag dies für potentiell wenig umweltbelastende Anlagen mit standardisierter Technik gelten, die gegenwärtig bereits im vereinfachten Verfahren genehmigt werden. Man muß dann aber prüfen, ob sie nicht ganz aus der Genehmigungspflicht zu entlassen sind. Darüber hinaus könnten Änderungsvorhaben, die ausschließlich umweltverbessernde Wirkung haben, nach Ansicht des Umweltrates durchaus von dem Anzeigeverfahren erfaßt werden. Einem Anzeigeverfahren für derartige Änderungen stehen die Industrieanlagen-Richtlinie (84/360/EWG) und die UVP-Richtlinie (85/337/EWG) nicht entgegen, weil der Begriff der „wesentlichen Änderung" beziehungsweise der Änderung, die eine Umweltverträglichkeitsprüfung erfordert, in Abweichung vom sehr weiten deutschen Begriffsverständnis dahin gehend ausgelegt werden kann, daß nur solche Änderungen gemeint sind, die mit erheblichen negativen Umweltauswirkungen verbunden sein können. In den Entwürfen einer IVU-Richtlinie (Tz. 133 ff.) und zur Änderung der UVP-Richtlinie (Tz. 129 ff.) wird dies ausdrücklich klargestellt.

Die umweltverbessernde Wirkung muß sich aber auf die tatsächlichen Emissionen, nicht auf die im Genehmigungsbescheid festgesetzten Emissionswerte beziehen. Die Festsetzungen in den Genehmigungsbescheiden orientieren sich in der Regel an teilweise überholten Werten der Verwaltungsvorschriften. Tatsächlich ermöglicht der Stand der Technik aber wesentlich geringere Werte. Die Ludewig-Arbeitsgruppe hat an diesem Punkt weiteren Klärungsbedarf gesehen und gefordert, daß der Begriff der umweltverbessernden Wirkung zu definieren ist (BMWi, 1995a, S. 34).

100. Den oben geäußerten Bedenken hat die Bundesregierung im Entwurf eines Gesetzes zur Änderung des Bundes-Immissionsschutzgesetzes vom 29. Dezember 1995 zum Teil Rechnung getragen. Zum einen hat sie die genehmigungsersetzende Wirkung der Anzeige nicht realisiert und zum anderen das Anzeigeverfahren auf Änderungen gem. § 15 Abs. 1 BImSchG beschränkt, die keine nachteiligen Auswirkungen hervorrufen können, die für die Genehmigung erheblich sein können. Entgegen dem Vorschlag, der sich an die künftige IVU-Richtlinie anlehnt, kann dies jedoch nach Meinung des Umweltrates nicht von der subjektiven Auffassung der Ge-

nehmigungsbehörde, sondern muß von den objektiven Gegebenheiten abhängen und gesetzlich nachprüfbar sein. Ein erwünschter gewisser Beurteilungsspielraum kann durch Abstellen auf die Offensichtlichkeit der Unwesentlichkeit geschaffen werden. Bedenklich ist auch der Vorschlag, wonach eine Anlage, die eine bestehende Anlage im Rahmen der erteilten Genehmigung ersetzt oder austauscht, in keinem Falle einer Genehmigung bedarf. Hierdurch können Altanlagen auf unabsehbare Zeit perpetuiert werden.

Änderungen im Verfahrensmanagement

101. Die Schlichter-Kommission hat eine Reihe von Vorschlägen zusammengestellt, die sich mit der Verbesserung des Verfahrensmanagements beschäftigen. Diesem Teil des Berichts kommt eine große Bedeutung zu, da zumindest über die Notwendigkeit der Verbesserung des Verfahrensmanagements von Verwaltung und Antragstellern Einigkeit besteht. Die Schlichter-Kommission fordert in ihrem Bericht, eine effizientere und transparentere Verwaltungsstruktur einzuführen. Zu diesem Zweck sollen die zahlreichen Fach- und Sonderbehörden bei den Mittelbehörden oder gegebenenfalls bei den Unterbehörden gebündelt werden. Mit dieser Maßnahme würde ein erheblicher Teil der Koordinations- und Abstimmungsarbeiten entfallen. Der Umweltrat hat die Zersplitterung der Zuständigkeiten verschiedentlich kritisiert. Er begrüßt die Anregungen der Schlichter-Kommission und verknüpft mit einer Behördenkonzentration die Hoffnung, daß die nach wie vor unbefriedigende personelle sowie finanzielle Ausstattung der Umweltbehörden verbessert werden könnte (vgl. SRU, 1994, Tz. 312).

Im Bericht der Schlichter-Kommission wird die Bedeutung eines sternförmigen Verfahrens anläßlich eines Genehmigungsverfahrens hervorgehoben (a. a. O., Rn. 256). Dieses Verfahren sieht vor, daß die Antragsunterlagen gleichzeitig an alle beteiligten Behörden versendet werden, um die zeitaufwendigen, hintereinander erfolgenden Prüfungen durch die einzelnen Behörden zu vermeiden. Das sternförmige Verfahren wurde 1993 in der Verordnung über das Genehmigungsverfahren (9. BImSchV) als Soll-Vorschrift eingeführt. Der Umweltrat hält eine Anwendung dieses Verfahrens auch in anderen Regelungsbereichen für zweckmäßig. Eine sinnvolle Ergänzung des sternförmigen Verfahrens kann mit Antragskonferenzen erreicht werden, bei denen frühzeitig die beteiligten Behörden und der Antragsteller den Ablauf des Verfahrens erörtern.

Im Bericht der Schlichter-Kommission wird auch ein Bedarf nach Verfahrensmanagern in der Behörde für die Abwicklung der Genehmigungsverfahrens gesehen (a. a. O., Rn. 275 ff.). Die Schlichter-Kommission ist der Auffassung, daß es keinen einheitlichen Typus Verfahrensmanager geben soll, sondern verschiedene Ausprägungen vorstellbar sind. Besonders erwähnt wird der behördliche Projektmanager, der projektbezogen eingesetzt wird, und das Verfahren insbesondere durch Koordinierung beschleunigt, ohne aber selbst Entscheidungsträger zu sein. Eine vergleichbare Vorschrift findet sich schon in § 2 Abs. 2

Satz 3 Nr. 5 der 9. BImSchV. Die Aufgabe eines Verfahrensmanagers könnte aber auch von einem behördlich beauftragten privaten Projektmanager wahrgenommen werden. Dieses Modell scheint wegen der fehlenden hoheitlichen Gewalt des privaten Projektmanagers weniger geeignet zu sein. Auf der anderen Seite vermag er möglicherweise ein höheres Maß an Erfahrung und Kontinuität einzubringen, da er im Gegensatz zum Behördenmitarbeiter nicht von der Stellenrotation in der Administration betroffen ist. Die Schlichter-Kommission stellt in ihrem Bericht auch den Mediator als Verfahrensmanager vor. Nach Ansicht des Umweltrates sollte in der Tat ein möglichst breites Spektrum an Modellen für Verfahrensmanager angeboten werden, um den individuellen Anforderungen unterschiedlicher Verfahren flexibel begegnen zu können.

102. Der Umweltrat begrüßt diejenigen Vorschläge der Schlichter-Kommission, die sich mit dem Verfahrensmanagement beschäftigen. Sie verdeutlichen, daß in dem bestehenden System noch erhebliche Beschleunigungsmöglichkeiten existieren, die ohne weitreichende Gesetzesänderungen realisierbar sind. Die positiven Beispiele aus einzelnen Ländern könnten hier Anlaß zur Nachahmung bieten.

Die Novellierung der Landesbauordnungen

103. Im Rahmen der Beschleunigungsdiskussion wurden insbesondere im Baurecht des Bundes Neuerungen zur Beschleunigung der Verfahren eingeführt. Mittlerweile haben einzelne Länder nachgezogen und ihre Landesbauordnungen neu gefaßt. Im Jahr 1994 wurden bei neun Landesbauordnungen gesetzliche Regelungen zur Beschleunigung des Wohnungsbaus aufgenommen. Kernpunkt dieses Bestrebens ist die zumindest teilweise Abschaffung des Baugenehmigungsverfahrens. Bedauerlicherweise haben die einzelnen Länder eine Vielzahl von unterschiedlichen Verfahren normiert. Diese Aufgabe der Rechtseinheit im Baugenehmigungsrecht ist schwerlich geeignet, insgesamt beschleunigend zu wirken. Es ist nicht nachzuvollziehen, warum diese Rechtszersplitterung von der Kommission positiv bewertet wird (HOFFMANN, 1995, S. 240). Bauträger, die in mehreren Ländern tätig sind, sind nunmehr in der Situation, für jedes Land unterschiedliche Verfahren vorbereiten und durchführen zu müssen. Erschwerend kommt hinzu, daß die Wahl des Verfahrens von materiell-rechtlichen Fragen abhängt. Dem Bauherrn bleibt eine Prüfung dieser Punkte nicht erspart. Durch die Vielzahl der in Frage kommenden Verfahren sind gerichtliche Auseinandersetzungen um die Wahl des richtigen Verfahrens „vorprogrammiert" (ORTLOFF, 1995, S. 118). Letztlich wird auch hier die Prüfung eines Vorhabens von der Verwaltung auf die Gerichte verlagert. Die von Praktikern vorgetragene Befürchtung, daß Genehmigungsfreiheit bei diesen Vorhaben zu rechtswidrigen Zuständen führt, scheint sich zu bestätigen (RING, 1995, S. 239; SENDLER, 1995, S. 25). Unabhängig von der Frage, ob sich die Neuerungen tatsächlich beschleunigend auswirken, darf dieser Abbau materieller Anforderungen nicht hingenommen werden.

2.2.1.2 Zum Umweltstrafrecht

104. Der Umweltrat hat in den Umweltgutachten 1987 und 1994 zum Umweltstrafrecht keine Stellung genommen. Die Verabschiedung des 2. Gesetzes zur Bekämpfung der Umweltkriminalität im Jahre 1994 und die anhaltende Diskussion um die Sinnhaftigkeit des Umweltstrafrechts veranlassen den Umweltrat nunmehr zu einer kurzen Betrachtung dieses Themas.

Entwicklung der Umweltkriminalität

105. Tatbestände zum Schutz der Umwelt wurden ursprünglich nicht in das Strafgesetzbuch aufgenommen. Bis 1980 waren die einzelnen umweltrelevanten Strafvorschriften auf die verschiedenen Gesetze verteilt; in der Kriminalstatistik spielten Delikte gegen die Umwelt praktisch keine Rolle. Erst mit dem 1. Gesetz zur Bekämpfung der Umweltkriminalität wurden die Mehrzahl umweltrelevanter Vorschriften in dem 28. Abschnitt des Strafgesetzbuches zusammengefaßt. Seither kann man von einem „einheitlichen" Umweltstrafrecht sprechen. Die Einführung des 1. Gesetzes zur Bekämpfung der Umweltkriminalität sollte dem gestiegenen Umweltbewußtsein der Bevölkerung Rechnung tragen und die generalpräventive Wirkung erhöhen (DREHER und TRÖNDLE, 1995, vor § 324 Rn. 4). Trotz anfänglicher Kritik hinsichtlich der Effizienz des Umweltstrafrechts durch die Übernahme der Vorschriften in das Strafgesetzbuch ist seit 1980 eine deutliche Zunahme erfaßter Umweltdelikte festzustellen (Abb. 2.1).

Die Polizeiliche Kriminalstatistik des Bundeskriminalamtes gibt nach überwiegender Ansicht nicht die tatsächliche Anzahl der begangenen Straftaten gegen die Umwelt wieder; im Bereich der Umweltdelikte wird mit einer erheblichen Dunkelziffer gerechnet. Gleichwohl läßt sich aus der Statistik ein Trend ablesen. Mit der Aufnahme der Tatbestände in das Strafgesetzbuch räumte der Gesetzgeber der Umwelt einen höheren politischen Stellenwert ein. Gleichzeitig wurde der Rahmen des strafbaren Verhaltens erweitert sowie spezielle Stellen bei Polizei und Staatsanwaltschaft eingerichtet. Diese Aufwertung hat sich im Ergebnis auch auf das Anzeigeverhalten – vor allem der Strafverfolgungs- und Umweltbehörden – ausgewirkt. Dadurch lassen sich wohl größtenteils die Zuwächse bei den erfaßten Fällen erklären.

106. Bemerkenswert ist die hohe Aufklärungsquote im Bereiche des Umweltstrafrechts (Abb. 2.2). Sie liegt in den letzten 10 Jahren bei rund 70 % und übertrifft bei weitem die Aufklärungsquote der Restkriminalität (ca. 42 %). Die hohe Quote läßt sich zum Großteil mit dem qualifizierten Anzeigeverhalten (überwiegend durch Strafverfolgungs- und Ordnungsbehörden) und den Besonderheiten einzelner Delikte (z. B. § 327 Unerlaubtes Betreiben von Anlagen) erklären.

Trotz dieser hohen Aufklärungsquote enden die Verfahren überwiegend mit ihrer Einstellung. Die verbleibenden Fälle werden im Strafbefehls- beziehungsweise Hauptsacheverfahren erledigt. In diesen Verfahren werden größtenteils Geldstrafen verhängt;

Abbildung 2.1

Entwicklung der erfaßten Umweltstraftaten

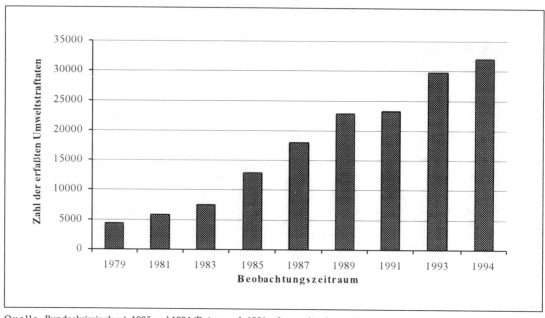

Quelle: Bundeskriminalamt, 1995 und 1994 (Daten nach 1991 erfassen die alten und neuen Länder)

Abbildung 2.2

Aufklärungsquote im Bereich des Umweltstrafrechts 1993

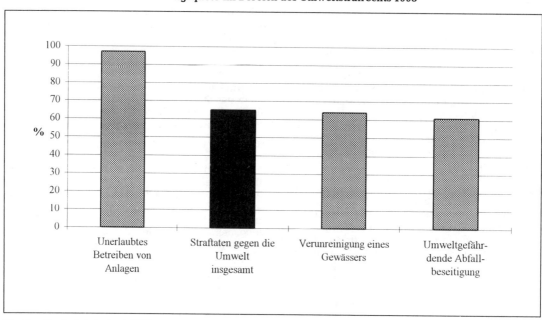

Quelle: Bundeskriminalamt, 1994

Freiheitsstrafen bleiben im Umweltstrafrecht die Ausnahme. Seit der Einführung der Straftaten gegen die Umwelt werden durchschnittlich nur etwa 3 % der Angeklagten zu Freiheitsstrafen verurteilt (HEINE, 1995a, S. 64; Bundeskriminalamt, 1994).

107. Die Kompliziertheit der Schadensvorgänge (HEINE, 1995a, S. 65), daraus resultierende Schwierigkeiten bei der Beweisführung sowie Probleme bei der Ermittlung des strafrechtlich Verantwortlichen innerhalb komplexer Organisationen sind mit ursächlich für diese Entwicklung. Diese mangelnde „Verurteilungseffizienz" wird zum Teil beklagt. Nach Ansicht des Umweltrates ist diese Entwicklung aber auch ein Hinweis darauf, daß sich der Vorwurf, das Umweltstrafrecht sei zu einem Instrument gesellschaftlicher Konfliktlösung (HASSEMER, 1992) geworden, nicht bestätigt hat. Das Umweltstrafrecht ist nicht zum Mittelpunkt der ökologischen Auseinandersetzung geworden. Dies liegt unter anderem daran, daß mit dem 1. Gesetz zur Bekämpfung der Umweltkriminalität nur bereits bestehende Strafrechtsnormen in das Strafgesetzbuch aufgenommen wurden. Im übrigen hat sich funktional an den Tatbeständen des Umweltstrafrechts nichts geändert; das Umweltstrafrecht bleibt ultima ratio, wenngleich die Aufnahme der Tatbestände in das Strafgesetzbuch selbstverständlich eine politische Aufwertung bedeutet. Diese Anpassung an gesellschaftliche Entwicklungen stellt aber nach Ansicht des Umweltrates keine unzulässige oder gar bedrohliche Ausweitung des Strafrechts dar. Das Umweltstrafrecht ist vielmehr in die umweltrelevanten Aktivitäten des Gesetzgebers eingebunden. Es ist gerade nicht festzustellen, daß das Umweltstrafrecht in den vergangenen 15 Jahren seit der Verabschiedung des 1. Geset-

zes zur Bekämpfung der Umweltkriminalität das legitime Betätigungsfeld des Strafrechts verlassen hat. Im Vergleich zu der sonstigen Regelungsaktivität des Gesetzgebers im Bereich der Umwelt ist eher eine gewisse Vernachlässigung des Umweltstrafrechts zu vermerken. Auch das oben beschriebene Wachstum der Umweltkriminalität deutet allenfalls auf eine dem gestiegenen Umweltbewußtsein entsprechende Entwicklung hin. Das Umweltstrafrecht flankiert die Umweltpolitik; es nimmt keine aktive Rolle ein.

108. Untersuchungen über die Umweltstrafrechtspraxis in Deutschland zeigen signifikante Unterschiede bei der Behandlung von Fällen aus der Industrie im Gegensatz zu kleinen und mittleren Unternehmen sowie landwirtschaftlichen Betrieben. Die gesammelten Daten lassen allerdings keine zwingenden Schlußfolgerungen auf das konkrete umweltrelevante Verhalten dieser Gruppen zu; es sind allenfalls praktische Gründe für die unterschiedliche Handhabung auszumachen. Kleine und mittlere Unternehmen, landwirtschaftliche Betriebe sowie Private sind im Verhältnis zur Industrie überdurchschnittlich häufig von umweltstrafrechtlichen Verfahren betroffen. Eine Befragung bei den Strafverfolgungsbehörden ergab, daß bei den quantitativ bedeutendsten Tatbeständen (Gewässerverunreinigungen, Abfall- und Immissionsdelikte) vergleichsweise selten gegen die Industrie ermittelt wurde (HOCH, 1994, S. 202). Soweit Ermittlungsverfahren gegen die Industrie eingeleitet werden, führen diese besonders häufig zur Einstellung (73,4 %; HEINE, 1995a, S. 65). Ermittlungen gegen kleine und mittlere Unternehmen, landwirtschaftliche Betriebe und Private münden dagegen wesentlich öfter in ein Strafbefehls- beziehungsweise Hauptsacheverfahren (Abb. 2.3).

Abbildung 2.3

Staatsanwaltliche Entscheidungen

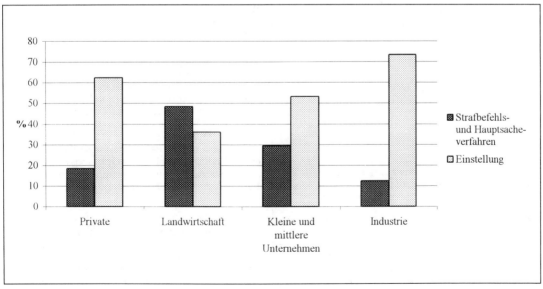

Quelle: nach HEINE, 1995a, S. 65

Gleichzeitig messen die Strafverfolgungsbehörden den der Industrie angelasteten Umweltdelikten eine besonders hohe ökologische Signifikanz bei (HOCH, 1994, S. 205). Diese Einschätzung läßt sich wohl in erster Linie mit dem besonderen quantitativen und qualitativen Risikopotential der Industrie erklären. Die bereits oben genannten Gründe, die zu den vergleichsweise hohen Einstellungsquoten im gesamten Umweltstrafrecht führen, scheinen sich allerdings im industriellen Bereich stärker auszuwirken. Vor allem die Schwierigkeiten bei der Ermittlung der strafrechtlich Verantwortlichen innerhalb komplexer Organisationen haben häufig die Einstellung des Verfahrens zur Folge.

109. Der Umweltrat ist gleichwohl der Ansicht, daß diese Schwierigkeiten nicht zu einer Überstrapazierung des Schuldprinzips im Strafrecht Anlaß geben dürfen. Er ist vielmehr der Auffassung, daß die Rechtsprechung mit der sogenannten Lederspray-Entscheidung des Bundesgerichtshofes (BGHSt 37, 106, 114) gezeigt hat, daß auch innerhalb komplexer Organisationen die strafrechtlich Verantwortlichen festgestellt werden können. In dem Lederspray-Urteil wird bei unternehmensbezogenen Vorfällen eine Primärverantwortung der Geschäftsleitung begründet. Ansatzpunkt für die Strafbarkeit der Unternehmensleitung ist die Verletzung von Organisations-, Aufsichts- und Überwachungs- sowie besonderer Handlungspflichten. Mit der Einführung der Mitteilungspflichten zur Betriebsorganisation gemäß § 52 a BImSchG und § 53 KrW-/AbfG sind weitere Verbesserungen bei der Ermittlung des strafrechtlich Verantwortlichen zu erwarten. Positive Effekte verspricht man sich auch von der Öko-Audit-Verordnung. Unternehmen, die an diesem freiwilligen Gemeinschaftssystem für das Umweltmanagement und die Umweltbetriebsprüfung teilnehmen, müssen zusätzliche betriebsorganisatorische Anforderungen erfüllen, welche sukzessive auch die strafrechtlichen Ermittlungen vereinfachen werden. Trotz dieser positiven Ansätze ist noch nicht abzusehen, ob die neuere Rechtsprechung und die Novellierung des Umweltstrafrechts ausreichen werden, um die Defizite zu verringern. In der gerichtlichen Praxis hat sich die Lederspray-Doktrin bisher nicht entscheidend durchgesetzt. Seit der Lederspray-Entscheidung wurden nur wenige Fälle (z. B. Holzschutzmittel-Entscheidung, BGH NJW 1995, 2930) bekannt, die sich in den Urteilsgründen auf diese Doktrin berufen. Im übrigen betrifft das Urteil auch nur die Mitglieder der Unternehmensleitung.

Unternehmensstrafbarkeit

110. Aus der Sicht des Umweltrates ist daher ergänzend auch die Diskussion um die Einführung einer Unternehmensstrafbarkeit weiter zu beobachten.

Die Befürworter einer Unternehmensstrafbarkeit argumentieren, daß die staatliche Steuerung der Unternehmen, vermittelt durch die Strafandrohung gegenüber einzelnen Funktionsträgern, nicht ausreichend sei. Vielmehr sei neben dem Individualstrafrecht ein „separates System" des Strafrechts einzurichten, das unabhängig vom Individualstrafrecht bestehen soll

(HEINE, 1995a, S. 71). Diese Zweigleisigkeit sei notwendig, da die Strafbarkeit Einzelner aufgrund individuellen Fehlverhaltens in konkreten Situationen nicht entbehrlich werde und auch nicht aufgegeben werden solle. Die kollektive Verantwortung des Unternehmens ergänze das Individualstrafrecht in Fällen, die „typischerweise das Ergebnis systematischer Fehlentwicklungen sind, die sich nicht punktuell auf einzelne Entscheidungen zurückführen lassen, sondern einem meist langjährigen Defizit an Risikobewußtsein und Risikovorsorge entsprechen" (HEINE, 1995b, S. 307). Ansatzpunkt für ein Verbandsstrafrechts ist ein fehlerhaftes Risikomanagement. Der Gesetzentwurf von HEINE (1995b, S. 316 f.) konkretisiert die Pflichten, deren Mißachtung Voraussetzung für eine Bestrafung des Unternehmens sind:

– Langfristige Sicherung betrieblicher Gefahrenquellen mittels organisatorischer Maßnahmen und innerbetrieblicher Strukturanpassungen

– Vorkehrungen zur Aufrechterhaltung des Sicherheitsniveaus bei Delegation betrieblicher Kompetenzen

– Überwachung und Kontrolle betrieblicher Gefahren.

Eine Sanktion kommt nur dann in Betracht, wenn die Verletzung einer dieser Pflichten einen erheblichen betrieblichen Störfall verursacht. Dazu zählen nach dem vorliegenden Gesetzesvorschlag die Tötung oder schwere Körperverletzung mehrerer Personen, Gemeingefahren sowie besonders schwerwiegende Umweltschäden. Der Katalog der Sanktionen reicht von Geldstrafen bis hin zur Betriebsschließung und Sequestration des Unternehmens in Extremfällen. Die Betriebsschließung kann jedoch nur als letztes Mittel bei außergewöhnlich gravierenden Delikten angewendet werden. Abgestuft nach Art und Ausmaß des Schadens kommen auch Auflagen gegenüber dem Unternehmen in Betracht.

Im geltenden Recht findet sich eine ähnliche Form der Unternehmenshaftung in den §§ 30 und 130 OWiG (Tz. 111). Daß bestimmte pflichtwidrige Handlungen von Organen oder Vertretern eines Unternehmens, die dem Unternehmen zugerechnet werden, zu repressiven Maßnahmen gegen das Unternehmen führen, stellt als solches keinen Systembruch dar. Der Entwurf HEINEs zur Unternehmensstrafbarkeit geht jedoch in einem zentralen Punkt selbst über das gegenwärtige Ordnungswidrigkeitenrecht hinaus. Während das Ordnungswidrigkeitenrecht an konkrete Taten von Individuen anknüpft, soll die Unternehmensstrafbarkeit parallel dazu auch nicht individuell zurechenbares Fehlverhalten sanktionieren. Insoweit bedürfte auch das Ordnungswidrigkeitenrecht einer Änderung. Die grundsätzliche Frage ist aber, ob eine derartige Regelung im Kriminalstrafrecht angesiedelt werden sollte.

111. Der Umweltrat gibt zu bedenken, daß das vorgestellte Modell eines Unternehmensstrafrechts auch in das Ordnungswidrigkeitenrecht eingeordnet werden könnte. Die Bekämpfung umweltrelevanter Handlungen, vor allem innerhalb komplexer Organisationen, ließe sich gerade mit den Mitteln des Ordnungswidrigkeitenrechts realisieren. Die in dem Entwurf von HEINE vorgeschlagenen Sanktionen entsprechen strukturell dem ordnungsrechtlichen Instrumentarium. Die Verhängung höchstpersönlicher Strafen verbietet sich von selbst und ist auch in den Ländern, die eine Unternehmensstrafbarkeit eingeführt haben (z. B. Belgien, Frankreich, Niederlande, USA), nicht vorgesehen. Der Vorteil einer Lösung im Rahmen des Ordnungswidrigkeitenrechts läge auch darin, daß der sozialethisch begründete Schuldvorwurf des Strafrechts (BGHSt 5, 28, 32) nur gegenüber Individuen begründet werden, während der Präventivzweck auch gegenüber Organisationen geltend gemacht werden kann.

Mit der Einführung des Unternehmensstrafrechts wird jedoch ein wesentlich deutlicheres politisches Signal gesetzt. Während eine Ordnungswidrigkeit allgemein nur als Ermahnung wahrgenommen wird, kommt der strafrechtlichen Sanktion eine größere soziale Bedeutung zu. Gerade im Umweltstrafrecht zeigen auch symbolische Aktivitäten (wie z. B. die Einführung des 1. Gesetzes zur Bekämpfung der Umweltkriminalität als Zusammenfassung bereits bestehender Vorschriften) reale Wirkung. Auch im internationalen Vergleich besteht eine Tendenz zu einem eigenständigen Unternehmensstrafrecht.

112. Die Vorschläge zum Unternehmensstrafrecht stoßen nicht auf grundsätzliche rechtstaatliche Bedenken. Die Beschreibung der Tatbestandsvoraussetzungen ist ausreichend konturiert. Schwierigkeiten können allenfalls bei der genauen Bestimmung, welche konkrete organisatorische Pflicht verletzt wurde, entstehen. Da sich konkrete Organisationspflichtverletzungen meist nur ex post bestimmen lassen, könnte hierin ein Verstoß gegen das Bestimmtheitsgebot gesehen werden. Das Bestimmtheitsgebot erfordert nicht, daß jeder Tatbestand bis ins Detail beschrieben wird. Allgemeine und ausfüllungsbedürftige Begriffe sind notwendig und zulässig (DREHER und TRÖNDLE, 1995, § 1 Rn. 5 m. w. N.). Andernfalls „wäre der Gesetzgeber nicht in der Lage, der Vielgestaltigkeit des Lebens Herr zu werden" (BVerfGE 11, 237; 26, 41). Hinsichtlich des zur Diskussion gestellten Sanktionskataloges begegnet nur die „Betriebsschließung" gewissen Bedenken. Von dieser Unternehmensstrafe wären durch den Verlust der Arbeitsplätze alle Arbeitnehmer eines Unternehmens betroffen. Die Betriebsschließung wäre nach Ansicht des Umweltrates daher nur als ultima ratio in ganz außergewöhnlichen Fällen eine zulässige Sanktion.

Im Ergebnis wäre zu erwarten, daß mit der gesetzlichen Fixierung eines eigenständigen Straftatbestandes der Unternehmenshaftung die Bedeutung der Unternehmenskriminalität und ihrer Bekämpfung weiter aufgewertet würde. Letztlich könnte das Unternehmensstrafrecht sich mittelbar auch auf das Verhalten der Unternehmensmitarbeiter auswirken. Sollte sich zeigen, daß die Grundsätze der Unternehmenshaftung nach der Ledersspray-Entscheidung des Bundesgerichtshofes (BGHSt 37, 106, 114) und die Neuregelung der Unternehmenshaftung nach der Reform des Ordnungswidrigkeitengesetzes nicht ausreichen, um gravierende Verstöße gegen Umweltvorschriften einzudämmen, sieht der Umweltrat

durchaus Handlungsbedarf für den Gesetzgeber. Er gibt zu bedenken, daß in jedem Falle eine gesetzliche · Einführung der strafrechtlichen Unternehmenshaftung, abgesehen von gewissen grundsätzlichen Bedenken, mit anderen Bereichen, insbesondere dem Wirtschaftsstrafrecht, koordiniert werden müßte.

Novellierung des Umweltstrafrechts

113. Das 2. Gesetz zur Bekämpfung der Umweltkriminalität trat im November 1994 in Kraft. Ursprünglich wurde ein Entwurf dieses Gesetzes schon in der 11. Legislaturperiode eingebracht, der allerdings erst nach vierjährigen Beratungen verabschiedet werden konnte. Das Gesetz verfolgt das Ziel, „zu einer wirksameren Bekämpfung umweltschädlicher und umweltgefährlicher Handlungen beizutragen", indem ein gleichmäßigerer Schutz der einzelnen Umweltmedien angestrebt wird. Der Gesetzgeber hat mit dem Gesetz keine konzeptionellen Änderungen an dem Umweltstrafrecht vorgenommen. Im wesentlichen wurden Gesetzeslücken beseitigt sowie Korrekturen beim Strafrahmen und den Strafbarkeitsgrenzen durchgeführt. Der Umweltrat ist der Auffassung, daß die Weiterführung des bestehenden Konzeptes der flankierenden Funktion des Umweltstrafrechts gerecht wird und punktuelle Änderungen in den Tatbeständen ausreichen, um Schwachpunkte zu beseitigen.

114. Die Novellierung des Umweltstrafrechts bestätigt grundsätzlich das Prinzip der Verwaltungsakzessorität. In verschiedenen Vorschriften wurde das Merkmal „unter Verletzung verwaltungsrechtlicher Pflichten" eingefügt. In § 330d Nr. 4 des Strafgesetzbuches (StGB) hat der Gesetzgeber definiert, was unter einer verwaltungsrechtlichen Pflicht, an die ein Straftatbestand anknüpft, zu verstehen ist. Entgegen dieser Regelung knüpfen andere Vorschriften des Umweltstrafrechts allerdings nur an bestimmte verwaltungsrechtliche Pflichten an (z. B. „unbefugt" in § 324 StGB; „entgegen einem Verbot" in § 326 Abs. 2 StGB). Diese unterschiedlichen Regelungen sind nach Ansicht des Umweltrates nicht geeignet, das gesetzgeberische Ziel eines gleichmäßigeren Schutzes der einzelnen Medien zu erreichen. Die derzeitige Regelung dient auch nicht der Vereinfachung der Materie. Der Umweltrat begrüßt ausdrücklich die Einführung von § 330d Nr. 5 StGB. Damit ist klargestellt, daß rechtsmißbräuchlich erworbene bestandskräftige Genehmigungen beziehungsweise ähnliche Bescheide zukünftig dem Handeln ohne Genehmigung gleichgestellt werden.

115. Der Gesetzgeber hat in dem 2. Gesetz zur Bekämpfung der Umweltkriminalität neben einer Vielzahl kleiner Modifikationen hinsichtlich des Strafrahmens und der Qualifizierung eines besonders schweren Falls einer Umweltstraftat (§ 330 StGB) im materiellen Umweltstrafrecht einige bedeutendere Änderungen vorgenommen. Die auffälligste Neuerung stellt § 324a StGB (Bodenverunreinigung) dar. Der Umweltrat begrüßt die Einführung dieser eigenständigen Bodenschutznorm. Diese gezielte Pönalisierung bodenrelevanter Eingriffe entspricht der erhöhten Aufmerksamkeit, die das Umweltmedium Boden in den letzten Jahren erfahren hat. Mittlerweile haben sowohl die Länder als auch der Bund verstärkt eigenständige Maßnahmen zum Schutz des Bodens auf den Weg gebracht.

Der Gesetzgeber hielt ferner § 325 StGB, alte Fassung, für überarbeitungsbedürftig, da er in der Praxis keine Bedeutung entfalten konnte. Von dem § 325, neue Fassung, werden nunmehr nur noch die Luftverunreinigungen, von dem neugeschaffenen § 325a Immissionen von Lärm, Erschütterungen und nichtionisierenden Strahlen erfaßt. Mit der Ausweitung des Merkmals „unter Verletzung verwaltungsrechtlicher Pflichten" wird der Anwendungsbereich von § 325 StGB deutlich vergrößert. Der Umweltrat bemängelt jedoch, daß auch weiterhin nur Verstöße gegen verwaltungsrechtliche Pflichten, die dem Schutz der Umwelt dienen, sanktioniert werden. Er hält diese Einschränkung weder für notwendig noch für sinnvoll. Der neue § 325 Absatz 2 StGB, der zur Abrundung des Luftverunreinigungstatbestandes gefordert wurde (Verhandlungen des 57. Deutschen Juristentages, 1988, Beschluß B 14d), ist als abstraktes Gefährdungsdelikt ausgestaltet. Er bezieht sich im Gegensatz zu Absatz 1 auf Emissionen, da bei Immissionen von Luftschadstoffen Nachweisschwierigkeiten entstanden sind (MÖHRENSCHLÄGER, 1994, S. 518). Der Umweltrat begrüßt diese Novellierung, wenngleich kritisch zu beobachten sein wird, ob die verschiedenen Einschränkungen nicht die Praktikabilität der Vorschrift zu stark beschneiden werden. Der Tatbestand der umweltgefährdenden Abfallbeseitigung hat sich in der Praxis bewährt und war grundsätzlich nicht überarbeitungsbedürftig. Der Gesetzgeber hat in § 326 Absatz 2 StGB lediglich die Änderungen, die durch die Umsetzung des Baseler Übereinkommens (Tz. 408 ff.) notwendig wurden, umgesetzt. Zu einem allgemeinen abstrakten Gefährdungstatbestand über den illegalen Umgang mit gefährlichen Stoffen konnte sich der Gesetzgeber nicht entscheiden. Seiner Ansicht nach hätte dies zu einer zu weitgehenden Kriminalisierung beim Umgang mit gefährlichen Wirtschaftsgütern geführt. Statt dessen hat er mit § 328 Absatz 3 StGB ein konkretes Gefährdungsdelikt für gefährliche Stoffe eingeführt.

Novellierung des Ordnungswidrigkeitenrechts

116. Im Rahmen des 2. Gesetzes zur Bekämpfung der Umweltkriminalität wurde auch das Ordnungswidrigkeitenrecht (OWiG) novelliert. Mit § 30 OWiG – Geldbuße gegen juristische Personen und Personenvereinigungen – hat der Gesetzgeber den Kreis der Personen in einem Unternehmen, an deren Verhalten die sogenannte Verbandsgeldbuße anknüpft, erweitert. Bisher konnte nur aufgrund pflichtwidriger beziehungsweise strafbarer Handlungen eines Organs einer juristischen Person beziehungsweise eines vergleichbaren Vertreters eine Verbandsgeldbuße gegen das Unternehmen verhängt werden. Zukünftig reicht es bereits aus, daß die pflichtwidrige Tat von einem Angestellten in leitender Position begangen wird. Der Umweltrat befürwortet diese Anpassung an die tatsächlichen Organisationsstruktu-

ren in den Unternehmen. Zwar können mit dieser Regelung die Schwierigkeiten, die bei der Täterermittlung in Unternehmen bestehen, nicht gelöst werden. Allerdings ermöglicht es § 30 OWiG neue Fassung in größerem Umfang als bisher, die Unternehmen für das Verhalten ihrer Mitarbeiter in die Verantwortung zu nehmen.

Eine weitere bedeutsame Änderung im Ordnungswidrigkeitenrecht findet sich in § 130 – Verletzung der Aufsichtspflicht in Betrieben und Unternehmen. Durch die Streichung von Absatz 2 wurde der Kreis der potentiellen Täter erheblich vergrößert und den Erfordernissen, welche die arbeitsteiligen Prozesse sowie die zunehmende Delegation von Aufgaben in den Unternehmen mit sich bringen, angepaßt. Nicht nur Vertreter eines Betriebsinhabers, Organe einer juristischen Person und Betriebsleiter, sondern auch Angestellte, die mit der Verrichtung einzelner Aufgaben beauftragt sind, werden jetzt von der Vorschrift erfaßt. Darüber hinaus wurden die Anforderungen an den Kausalzusammenhang zwischen Aufsichtspflichtverletzung eines Aufsichtspflichtigen und der Zuwiderhandlung verringert. In der neuen Fassung genügt es bereits, daß die Zuwiderhandlung bei Wahrnehmung der Aufsichtspflicht wesentlich erschwert worden wäre. Es wird nicht mehr verlangt, daß die gehörige Aufsicht die Zuwiderhandlung verhindert hätte. Damit entspricht der Gesetzgeber einer alten Forderung, die zum Ziel hatte, den Anwendungsbereich der Vorschrift auszuweiten.

2.2.1.3 Entwicklungen im Bereich der Umwelthaftung

117. Mit dem Umwelthaftungsgesetz (UmweltHG) ist die zivilrechtliche Gefährdungshaftung für Umweltschäden als ein Instrument einer präventiven Umweltpolitik etabliert worden. Dem Gesetz liegt allerdings ein recht begrenzter Ansatz zugrunde; gehaftet wird nur für Individualschäden, die auf dem Umweltpfad verursacht wurden, und die Haftung beschränkt sich auf bestimmte, in einem Anlagenkatalog genannte Anlagen (SRU, 1994, TB. 568). Neben der Regelung des Umwelthaftungsgesetzes besteht eine Gefährdungshaftung auch nach § 22 des Wasserhaushaltsgesetzes, die alle wassergefährdenden Anlagen sowie wassergefährdende Aktivitäten außerhalb von Anlagen umfaßt.

Der Umwelthaftung kommt eine dreifache Funktion zu: Entschädigung des Opfers, Internalisierung der Schadenskosten und die vorbeugende Wirkung (ZWEIFEL und TYRAN, 1994). Dazu gehört auch, daß die betroffenen Unternehmen oder Versicherungen Forschungsarbeiten über die Umweltwirkungen von bestimmten Stoffen durchführen oder veranlassen. Die Vorwirkungen des Haftungsrisikos, das heißt die durch die Haftpflicht induzierten Sicherheitsvorkehrungen und Vermeidungsanstrengungen sind aus umweltpolitischer Sicht von größerem Interesse als die Kompensationsfunktion, so wichtig diese für einzelne Geschädigte auch ist. Zu den Vermeidungsanstrengungen, deren Notwendigkeit durch die Haftpflicht verstärkt wird, gehört auch die Forschung über die außerhalb des Bereiches Arbeitsschutz bestehenden Gefahrenpotentiale der industriell verwendeten Substanzen. Die Vermeidungswirkung ist, obwohl sie inzwischen als Hauptzweck der umweltrechtlichen Gefährdungshaftung gilt (PANTHER, 1992; REHBINDER, 1992; WAGNER, 1991, S. 175), von der Ausgestaltung der Haftung im einzelnen abhängig. Wegen der Ausrichtung auf Individualschäden, der Beschränkung auf Kataloganlagen und der Versagung von Beweiserleichterungen außerhalb des Bereichs von Störfällen und des rechtswidrigen Betriebs, enthält das Gesetz Wirkungsbrüche, die seine Präventivwirkung beeinträchtigen. Überdies ist die Präventivwirkung nicht meßbar und nur schwierig abzuschätzen, zumal die eingetretenen Schadensfälle, die bisher zu Ansprüchen nach dem Umwelthaftungsgesetz geführt haben, statistisch nicht erfaßt werden (BT-Drs. 12/7500), so daß ein Rückgang nicht belegbar ist. Der Eindruck von Umweltschäden in der Öffentlichkeit wird geprägt von einzelnen spektakulären Unfällen wie beispielsweise dem Austritt von ortho-Nitroanisol aus einer chemischen Anlage im Jahre 1993, die verständlicherweise große öffentliche Aufmerksamkeit erregen, aber keinen Beleg für die Schadenshäufigkeit insgesamt darstellen. Eine verbesserte Statistik wäre daher nötig, um bisher nicht erhobene zuverlässige Angaben über die Wirksamkeit des Umwelthaftungsrechts zu gewinnen. Diese Rahmenbedingungen tragen dazu bei, daß die Politik nach wie vor große Zurückhaltung vor dem umweltpolitisch intendierten Einsatz des Haftungsrechts übt und eine Verbesserung des Umwelthaftungsgesetzes derzeit nicht erwogen wird.

Europäische Entwicklungen

118. Nach der Vorlage des Grünbuches über die Sanierung von Umweltschäden (KOM (93) 47 endg., BR-Drs. 436/93) im Jahre 1993 war eine Initiative der Europäischen Kommission für eine Umwelthaftungsrichtlinie erwartet worden. Die Vorarbeiten sind in den dafür angesetzten sehr knappen Zeiträumen (KIETHE und SCHWAB, 1993) nicht so weit vorangekommen, daß das Projekt schon in das Legislativprogramm der Kommission für 1994 hätte aufgenommen werden können. Das Europäische Parlament hat im März 1994 in einer „Entschließung zur Notwendigkeit der Bestimmung der wirklichen Kosten einer ‚Nicht-Umwelt' für die Gemeinschaft" (A3-0112/94, Ziff. 4; ABl. C 91, S. 130) die Präventivwirkung der Haftung für Umweltschäden betont und die Kommission aufgefordert, diese „weitreichenden Auswirkungen" in ihrer Politik zu berücksichtigen. Jedoch übergeht der Gesamtbericht über die Tätigkeiten der Europäischen Union 1994 das Thema völlig, und das Legislativprogramm der Kommission für 1995 sieht lediglich eine Mitteilung, aber keinen Richtlinienvorschlag vor, was für ein Zurückweichen der Kommission vor den absehbaren Problemen spricht. Die Umweltkommissarin hat sich allerdings vorbehalten, doch noch im Laufe des Jahres 1995 einen Richtlinienvorschlag vorzulegen. Da die Kommission hierzu zwei umfangreiche Studien in Auftrag gegeben hat

und deren Fertigstellung abwarten wird, ist fraglich, ob vor Ende des Jahres 1996 mit einer solchen Initiative zu rechnen ist. Das Europäische Parlament hingegen billigt diesem Vorhaben größere Dringlichkeit zu und hat in seiner Entschließung zum Jahresarbeits- und zum Gesetzgebungsprogramm der Kommission vom 15. März 1995 die Kommission ausdrücklich zur Vorlage eines Richtlinienvorschlags aufgefordert (ABl. C 89, S. 60, 63, Ziff. 9 Bst. co). Die meisten Mitgliedstaaten scheinen allenfalls eine eng begrenzte Umwelthaftung für individuelle Schäden akzeptieren zu wollen, so daß Skepsis daran angebracht ist, ob die Kommission weitergehende Vorstellungen wird durchsetzen können.

119. Der Umweltrat hatte die Konvention des Europarates über die zivilrechtliche Haftung für Umweltschäden als eine denkbare Alternative zu Harmonisierungsbestrebungen der Europäischen Union bezeichnet (SRU, 1994, Tz. 568). Die Konvention ist gekennzeichnet durch das Bestreben, einen möglichst großen Radius umweltgefährlicher Aktivitäten einem einheitlichen Haftungsregime zu unterstellen. Die dafür erforderliche generalklauselartige Umschreibung der Haftpflichtigen ist aber der hauptsächliche Grund dafür, daß wichtige Mitgliedstaaten des Europarates wie Frankreich oder Großbritannien die Konvention nicht unterzeichnet haben. Eine Abkehr vom Prinzip der Beschränkung der Haftpflichtigen nach Maßgabe eines Anlagenkatalogs, das dem deutschen Umwelthaftungsgesetz zugrunde liegt, wird auch vom Bundesjustizministerium abgelehnt, das die Federführung beim allgemeinen Umwelthaftungsrecht innehat. Die Bundesregierung hat daher öffentlich erklärt, daß sie die Konvention nicht unterzeichnen wolle (BT-Drs. 12/8352, Nr. 7).

Gleichwohl ist die Konvention aus umweltpolitischer Sicht neben der Ausweitung des Kreises der haftpflichtigen Aktivitäten vor allem wegen des Versuches von Interesse, ökologische Schäden zu definieren und in die Schadensersatzpflicht einzubeziehen sowie hierfür die Verbandsklage zu eröffnen. Auch wenn die bei einer völkerrechtlichen Konvention notwendige Offenheit der Formulierungen der begrifflichen Präzision Grenzen setzt, hält es der Umweltrat für sinnvoll, die neuartigen Ansätze der Konvention für das deutsche und das Recht der Europäischen Union nutzbar zu machen. Das betrifft vor allem den Ansatz, einen außerstrafrechtlichen Schutz von Naturgütern zu gewährleisten, an denen kein Privateigentum besteht (z. B. Fließgewässer, Meere, wildlebende Tiere).

Privatrechtliche Betreiberpflichten

120. Die auch nach Einführung des Umwelthaftungsgesetzes bedeutsame, nicht auf Daueremissionen beschränkte, sondern auch auf Stör- und Unfälle anwendbare Vorschrift des privatrechtlichen Immissionsschutzes, § 906 BGB, wurde durch Art. 2 des Sachenrechtsänderungsgesetzes (vom 21. September 1994, BGBl. I S. 2457, in Kraft seit 1. Oktober 1994) um eine Legaldefinition der vom Betroffenen zu duldenden „unwesentlichen Beeinträchtigung" ergänzt. Die Neufassung beseitigt einen Teil, aber nicht alle der zuvor häufig beklagten Divergenzen zwischen privatrechtlichen und öffentlich-rechtlichen Betreiberpflichten. Mit der Regelung wird eine Besserstellung der Emittenten verfolgt. Sie liegt vor allem in einer Umkehr der Beweislast zu Lasten des klagenden Nachbarn einer Anlage, weil dieser den vollen Beweis für eine wesentliche Beeinträchtigung erbringen muß, wenn der Emittent die Einhaltung der öffentlich-rechtlich vorgegebenen Grenzwerte darlegen kann (BT-Drs. 12/7245, S. 88). Allerdings geht die Neuregelung damit nicht wesentlich über die bisherige neuere Rechtsprechung hinaus, die in der Nichteinhaltung öffentlich-rechtlicher Umweltstandards ein Indiz für eine Verletzung zivilrechtlicher Pflichten sah, ohne eine solche automatisch daraus zu schließen (BGHZ 120, 239, 255; 121, 248, 251; 122, 76, 80 ff.).

121. Der Versuch, für den privatrechtlichen Nachbarschutz klare Maßstäbe zu begründen, wird vom Umweltrat zwar begrüßt, doch ist nicht zu übersehen, daß die Neuregelung auch neue Probleme schafft. Problematisch ist zunächst, daß die Wesentlichkeit der Beeinträchtigung, also eine auf die Immissionen bezogene Wertung, an der Einhaltung von Anforderungen gemessen wird, die sich auf die Begrenzung von Emissionen (§ 7 Abs. 1 Nr. 2 BImSchG) der jeweils einzelnen Anlage beschränken. Hat eine unzulängliche Genehmigungspolitik Summationswirkungen mit der Folge unzulässiger Immissionen zugelassen, so ist weder dem Geschädigten geholfen, weil jeder Emittent sich im Rahmen des immissionsschutzrechtlich Erlaubten hält und daher nicht schadenersatzpflichtig ist, noch wird der Behörde die Notwendigkeit größerer Sorgfalt signalisiert. Zum anderen wird die Frage nach der Verbindlichkeit von Umweltstandards und den Anforderungen an ihre Aufstellung im Gesetz so gelöst, daß neben in Gesetzen oder Verordnungen festgelegten Emissions- oder Immissionswerten auch Grenzwerte in Verwaltungsvorschriften nach § 48 BImSchG, die den Stand der Technik wiedergeben, „in der Regel" den privatrechtlichen Maßstab bilden sollen. Durch diese Einschränkung wird eine direkte Bindungswirkung, die auch nicht zulässig wäre, vermieden. Im Streitfalle aber bleibt die Angemessenheit solcher Standards damit, wie es in den Gesetzesmaterialien schon anklingt (BT-Drs. 12/7425, S. 90), dem Urteil des – sachverständig beratenen – Zivilgerichts überlassen, was das Prozeßrisiko für die unmittelbar Beteiligten erhöht; andererseits könnten daraus auch Novellierungs- und Dynamisierungsimpulse hervorgehen.

122. Auch wenn durch die Novellierung des § 906 BGB die privatrechtlichen Betreiberpflichten wenigstens teilweise präzisiert wurden, bleibt doch ein weiteres Problem unbefriedigender Verzahnung öffentlich-rechtlicher und privatrechtlicher Pflichten in Gestalt der Beweislastregel in § 6 Abs. 3 UmweltHG, weil diese nach überwiegender Meinung nur den Verstoß gegen öffentlich-rechtliche Pflichten sanktioniert. Die häufig fehlende Dynamisierung dieser Pflichten und die hingenommenen Unterschiede zwischen Alt- und Neuanlagen führen zu unterschiedlichen Haftungsmaßstäben, wenn man den Verstoß gegen privatrechtliche Betreiberpflichten nach § 906 BGB – und eventuell auch nur allgemein aus § 823 Abs. 1 BGB folgende – nicht in den Regelungsbereich des Umwelthaftungsgesetzes einbezieht und damit zu einer Vereinheitlichung der Maßstäbe beiträgt. Aus § 6 Abs. 4 des Umwelthaftungsgesetzes ergibt sich jedoch, daß der Gesetzgeber diese unterschiedliche Behandlung gewollt hat (VERSEN, 1994, S. 221 f.).

Umwelthaftung und Versicherung

123. Es entspricht dem marktwirtschaftlichen Charakter des Instruments Haftungsrecht, daß die Versicherung gegen das Umwelthaftungsrisiko und damit die Deckung gewährenden Versicherungsunternehmen eine besondere Rolle spielen (SRU, 1994, Tz. 351), und zwar über den Bereich derjenigen Anlagen hinaus, die nach § 19 UmweltHG zur Deckungsvorsorge verpflichtet sind. Seit 1993 wird in Ergänzung zur konventionellen Betriebshaftpflichtversicherung eine erweiterte Umwelthaftungspolice nach dem Bausteinsystem angeboten, die die Risiken der Inanspruchnahme nach dem Umwelthaftungsgesetz, aber auch nach § 906 BGB und § 22 WHG umfaßt. Über den tatsächlichen Umfang der abgeschlossenen Versicherungen und die Deckungssummen ist nichts bekannt, wie auch innerhalb der Versicherungswirtschaft beklagt wird (SCHMIDT-SALZER, 1993a, S. 1318). Auch steht die in § 20 UmweltHG vorgesehene Verordnung der Bundesregierung über Einzelheiten, insbesondere den Umfang, der Deckungsvorsorge noch immer aus, so daß deren Sicherungsfunktion nicht gewährleistet ist und es dem Gesetz an einem seiner wesentlichen Instrumente mangelt. Die Schwierigkeiten bei der Findung einer angemessenen Regelung (SCHMIDT-SALZER, 1993a, S. 1314) werden vom Umweltrat nicht verkannt; er erwartet gleichwohl die baldige Vorlage der Verordnung im Interesse der Schutzfunktion des Gesetzes für die Opfer von Umweltbelastungen.

124. Die Notwendigkeit, die von ihnen übernommen Risiken überschaubar zu halten, zwingt die Versicherer, sich einen realistischen Überblick über die tatsächlichen Verhältnisse, insbesondere im Hinblick auf das Umweltmanagement, zu verschaffen. Hierzu dient eine Risikoanalyse, die sich mangels eines einheitlichen Bewertungsmodells auf Erfahrungswerte stützt. Diese, der Prämienfindung vorausgehende Stufe, ist der Ort für konkrete Empfehlungen zur Verbesserung der betrieblichen Umweltschutzmaßnahmen. In Fällen mit schweren Mängeln muß der Versicherungsnehmer sich zur Erfüllung von Auflagen verpflichten oder aber den Ausschluß bestimmter Anlagen oder Gefahren hinnehmen (ENDRES et al., 1992, S. 159 ff.; VOGEL, 1995a). Daneben kommt die Durchführung oder Veranlassung von Wirkungsforschung in Betracht.

Mit diesen Aktivitäten wird eine Art nichthoheitlicher Kontrolle bewirkt. Sie ist Bedingung dafür, daß die Absicherung gegen das Haftungsrisiko nicht zu einem Nachlassen der Vermeidungsanstrengungen der Versicherungsnehmer führt

(ZWEIFEL und TYRAN, 1994). Unterbleibt sie und führt das Informationsgefälle zwischen Versicherer und Unternehmen zu risikoinadäquaten Prämien, wie im bisherigen System der Durchschnittstarifierung, kann die Absicherung des Haftpflichtrisikos unter Präventionsaspekten kontraproduktiv wirken (BRÜGGEMEIER, 1989, S. 228). Für die Unternehmen bleibt jedenfalls für einen begrenzten Zeitraum die Wahl zwischen der Nachbesserung oder Erneuerung von Anlagenteilen oder einer kurzfristig billigeren Beitragserhöhung und damit eine Alternative, die ihnen bei der behördlichen Anordnung nicht zugebilligt wird.

Im Rahmen der neuen Umwelthaftungspolice wird für die Risikobewertung empfohlen, auf die Anlagenklassifikation der Verordnung über genehmigungsbedüftige Anlagen und der Störfallverordnung zurückzugreifen, dabei aber eine betriebsbezogene Bewertung vorzunehmen, deren Tragfähigkeit weitgehend von der technischen Qualifikation des für die Risikoabschätzung zuständigen Mitarbeiters abhängt (VOGEL, 1995b). Bisher ist noch eine erhebliche Zurückhaltung der deutschen Versicherungswirtschaft zu beobachten, sich den Anforderung einer risikogerechten Tarifierung und der Einwirkung auf die betriebliche Umweltorganisation wirklich zu stellen.

Wenn die Umweltbetriebsprüfung nach der Öko-Audit-Verordnung (Tz. 169 ff.) von einer Vielzahl von Unternehmen durchgeführt werden wird, könnten die Versicherer für die Tarifierung auf deren Ergebnisse beziehungsweise die erteilten Zertifikate zurückgreifen, womit dieses Instrument für die betreffenden Unternehmen einen sehr greifbaren ökonomischen Effekt bekäme. Im übrigen läßt die Verstärkung des Wettbewerbs als Folge der Europäisierung der Versicherungswirtschaft mittelfristig Verbesserungen erwarten.

125. Im Rahmen der herkömmlichen Betriebshaftpflichtversicherung übten die Industrieversicherer schon länger Kontrollfunktionen aus, die sich aber erst neuerdings auch auf eine umfassende Kontrolle von Umweltrisiken erstrecken. In der Vergangenheit hatten sie unerkannt gebliebene Risiken versichert, insbesondere industrielle Bodenkontaminationen, die weder in der Prämiengestaltung noch in der Rückversicherungspolitik berücksichtigt worden waren. Die jetzt aus diesem Bereich zu regulierenden Großschäden sowie die von Öltankerhavarien, Überschwemmungen oder Wirbelstürmen verursachten Schäden belasten neuerdings auch das internationale Rückversicherungssystem ganz erheblich (BACCHUS, 1994). Befürchtungen, daß durch Klimaveränderungen bewirkte Naturkatastrophen das Versicherungssystem zum Zusammenbruch bringen könnten, veranlassen manche Unternehmen der Branche zu öffentlichen Warnungen, die sich auch an die politisch Verantwortlichen richten. Da diese Branche – vor allem die Rückversicherer – am ehesten die volkswirtschaftliche Dimension von Umweltschäden zu spüren bekommt, erscheint es denkbar, daß ihre Interessenvertretung ein Gegengewicht zu den auf das Brancheninteresse begrenzten, aber mächtigen Stimmen einiger Wirtschaftszweige bilden könnte. Es zeichnet sich ab, daß die Versicherungswirtschaft eine solchermaßen veränderte Rolle aufnimmt und zum Beispiel durch eine begrenzte Zusammenarbeit mit Umweltverbänden auch in den politischen Raum hineinwirkt (Tz. 657).

126. Eine Besonderheit gegenüber vielen anderen durch Haftpflichtversicherungen abgedeckten Bereichen besteht bei den Umweltschäden hinsichtlich des Zeitaspektes, vor allem bei den aus der Altlastendiskussion bekannten Langzeitschäden aufgrund langsamer Freisetzung von Schadstoffen. Dies scheint der strukturellen Angewiesenheit des Haftungsrechts auf eindeutige Maßstäbe, zum Beispiel hinsichtlich des Zeitpunkts des Schadenseintritts, entgegenzustehen. Die Versicherungspraxis schließt Industriehaftpflichtversicherungen jedoch in der Regel nur für jeweils ein Jahr ab (SCHMIDT-SALZER, 1993b, S. 353), so daß Langzeitschäden nur unter engen Voraussetzungen ersetzt werden. Andererseits sorgt die kurze Vertragsdauer dafür, daß die Angemessenheit der Prämien und damit das Risiko von Umweltschäden regelmäßig überprüft und dadurch die wünschenswerten Impulse für eine Risikominimierung gegeben werden.

Haftungsfonds

127. Haftungsfonds dienen vor allem den Kompensationsinteressen von Geschädigten, die unentschädigt bleiben würden, weil eine Vielzahl von nicht abgrenzbaren Verursachungsbeiträgen die Verantwortlichkeit nicht eindeutig zuzuordnen erlaubt (Waldschadensfonds), ein identifizierbarer Schädiger wirtschaftlich überfordert wäre (Arzneimittelhaftung) oder aus anderen Gründen eine Verantwortlichkeit nicht besteht oder nicht realisierbar ist (Altlastenfonds). Unter dem Gesichtspunkt der Schadensverhütung sind sie nur von untergeordneter Bedeutung, weil sie keine präventiven Zwecke verfolgen (HOHLOCH, 1994, S. 204) und sich hierzu auch nur bedingt eignen. Im Zusammenhang mit Haftungsfonds wird über eine Erleichterung der Anforderungen an den Beweis des Ursachenzusammenhangs – auch zwischen unmittelbaren und mittelbaren Schäden – diskutiert, die, führte man sie ein, eine Haftung aufgrund überwiegender Wahrscheinlichkeit bedeutete, wie sie in den Niederlanden praktiziert wird (HOHLOCH, 1994, S. 158). Die genannten Beispiele demonstrieren sinnvolle Einsatzgebiete für Haftungsfonds, nämlich die Bereiche, in denen das individuelle Haftungsrecht keine adäquaten Lösungen zu erbringen vermag; sie zeigen aber auch deren Grenzen. Nach den ausländischen Erfahrungen ist die Inanspruchnahme der bisher errichteten Fonds eher gering. Ein auslösendes Moment für weitere Vermeidungsbemühungen der potentiellen Schadensverursacher können Haftungsfonds nur in sehr engem Rahmen sein; eine Grundvoraussetzung ist, daß die Beiträge möglichst nah an die Aktivitäten anknüpfen, die zu Schäden führen können (REHBINDER, 1992, S. 143 ff.) und daß der Fonds gegen den Verursacher Regreß nehmen kann. Hinzu kommt, daß Fonds wettbewerbsbeschränkende Effekte auslösen können. Die Ansätze der Haftpflichtversicherer erscheinen dem Umweltrat in dem von ihnen abgedeckten Bereich weitaus eher geeignet, unmittelbares ökonomisches Interesse an der notwendigen Verringerung der laufenden Belastung und der erforderlichen Schadensprävention zu induzieren.

128. In jüngster Zeit sind mit dem Klärschlamm-Entschädigungsfonds (Art. 4 Kreislaufwirtschafts- und Abfallgesetz, § 9 Düngemittelgesetz) und dem Solidarfonds Abfallrückführung (§ 8 Abfallverbringungsgesetz) zwei Fondslösungen geschaffen worden, die unterschiedlich zu bewerten sind. Der Klärschlamm-Entschädigungsfonds stellt eine sinnvolle versicherungsähnliche Lösung für Schäden aus dem Aufbringen von Klärschlamm dar, die sich nicht individuell zurechnen lassen (Tz. 287; DESELAERS, 1995). Beim Solidarfonds Abfallrückführung werden dagegen die gesetzestreuen Exporteure für die Folgen illegaler Abfallverbringungen durch „Schwarze Schafe" in Anspruch genommen. Eine solche Lösung ist nicht nur ordnungsrechtlich verfehlt, sondern auch verfassungsrechtlich problematisch (OSSENBÜHL, 1995).

2.2.1.4 Zur Umweltverträglichkeitsprüfung

129. Im Umweltgutachten 1994 hat der Umweltrat hinsichtlich der Umweltverträglichkeitsprüfung (UVP) die Erwartung ausgesprochen, daß die Allgemeine Verwaltungsvorschrift zur Ausführung des Gesetzes über die Umweltverträglichkeitsprüfung (UVPG) den von der UVP-Richtlinie (85/337/EWG) vorgegebenen integrativen Ansatz stärker als bisher aufnimmt (SRU, 1994, Tz. 566). Der Umweltrat begrüßt es, daß die am 17. Mai 1995 nach langer, kontroverser Diskussion beschlossene Verwaltungsvorschrift jetzt nicht nur allgemein, sondern auch hinsichtlich der einzelnen UVP-pflichtigen Vorhaben Bewertungsgrundsätze für Wechselwirkungen und für Grenzbelastungen aufstellt. Damit sind jedenfalls auf der Ebene der abstrakt-generellen Regelung die im Rahmen des wenig geglückten § 12 UVPG gegebenen Möglichkeiten ausgeschöpft, um der Bedeutung der Umweltverträglichkeitsprüfung für den vorsorgenden Umweltschutz Rechnung zu tragen.

130. Die weiteren Entwicklungen im Bereich der Umweltverträglichkeitsprüfung sind vor allem durch Aktivitäten der Europäischen Union geprägt. Die künftige Richtlinie über die integrierte Vermeidung und Verminderung der Umweltverschmutzung (IVU-Richtlinie, Tz. 133 ff.) wird, wenn sie umgesetzt sein wird, Hemmnisse für eine konsequente Durchsetzung des integrativen Ansatzes der Umweltverträglichkeitsprüfung aufgrund der Struktur des deutschen Anlagenzulassungsrechts weitgehend beseitigen.

131. Weiterhin hat die Europäische Kommission im Frühjahr 1994 einen Vorschlag für eine Änderung der UVP-Richtlinie vorgelegt (KOM (93) 575), der im Dezember 1995 vom Rat der Europäischen Union grundsätzlich gebilligt worden ist. Der Vorschlag erweitert den Kreis der UVP-pflichtigen Anlagen der

Anhänge I und II, konkretisiert die Voraussetzungen, unter denen im Einzelfall für Vorhaben des Anhangs II eine Umweltverträglichkeitsprüfung durchgeführt werden muß, führt – weitgehend entsprechend § 5 UVPG – ein Verfahren der Festlegung des Untersuchungsrahmens (Scoping-Verfahren) ein und trifft nähere Regelungen über die internationale Zusammenarbeit in Umsetzung der Espoo-Konvention. Der Vorschlag stellt nach Auffassung des Umweltrates im Hinblick auf die Mängel bei der Anwendung der UVP-Richtlinie in den Mitgliedstaaten (KOM (93) 28) eine gewisse Verbesserung dar, vermag aber nicht in allem zu befriedigen.

Die Ausdehnung der in jedem Fall UVP-pflichtigen Vorhaben der Liste I erfaßt überwiegend Anlagen, die bereits nach dem UVP-Gesetz einer Umweltverträglichkeitsprüfung unterliegen. Soweit zusätzliche Anlagen – es handelt sich im wesentlichen um bestimmte Hafenanlagen, Vorhaben der Grundwasserförderung, Wasserfernleitungen, Staudämme, elektrische Überlandleitungen und Lager für Erdöl-, petrochemische und chemische Produkte – in die Liste I aufgenommen worden sind, erscheint dies im Hinblick auf deren Gefährdungspotential oder Raumbedeutsamkeit umweltpolitisch durchaus sinnvoll. Die Liste II der nur nach Maßgabe einer Risikoabschätzung UVP-pflichtigen Vorhaben ist nur geringfügig erweitert worden. Daher ist eine Inflationierung der Umweltverträglichkeitsprüfung allein aufgrund der Neufassung der Anlagenlisten nicht zu befürchten. Richtig ist allerdings, daß die Änderung – wie auch die neue IVU-Richtlinie (Tz. 133 ff.) – den Deregulierungsbestrebungen der Bundesregierung Grenzen setzt. Auch werden nunmehr Kriterien für die Beurteilung von Vorhaben der Liste II vorgegeben und die Mitgliedstaaten verpflichtet, für diese Vorhaben anhand von generellen Schwellenwerten oder Kriterien oder aufgrund einer Einzelfallbewertung über die UVP-Pflicht zu entscheiden. Dies macht weitgehend die von vielen Mitgliedstaaten, unter anderem auch von Deutschland, verfolgte Strategie unmöglich, bestimmte Vorhaben der Liste II von vornherein nicht der UVP-Pflicht zu unterwerfen. Bei richtiger Auslegung des Artikel 4 Abs. 2 der Richtlinie war aber ein derartiger Totalausschluß bereits nach bisherigem Recht nicht zulässig.

132. Zu bemängeln ist nach Auffassung des Umweltrates, daß – abgesehen von der verfahrensrechtlichen Regelung des neuen Artikels 2a – eine wirkliche Abstimmung mit der neuen IVU-Richtlinie nicht gelungen ist (vgl. Bund/Länder-Arbeitskreis „Fachübergreifendes Umweltrecht", 1994). Es wird nicht deutlich, in welchem Verhältnis das Konzept integrierter Vermeidung und Kontrolle von Umweltbelastungen zum Konzept der gesamthaft-integrierten Umweltverträglichkeitsprüfung steht. Lösungswege sieht der Umweltrat darin, entweder beide Ansätze zu verschmelzen oder aber die Umweltverträglichkeitsprüfung auf solche, wenige Vorhabentypen zu beschränken, die eine besondere Raumbedeutsamkeit aufweisen. Weiterhin ist es nicht gelungen, gemeinschaftsrechtliche Vorstellungen über das Anforderungsniveau an eine Umweltverträglichkeitsprüfung zu entwickeln. Die Vielzahl und die unterschiedliche Umwelt- und Raumbedeutsamkeit der der Umweltverträglichkeitsprüfung unterliegenden Vorhaben der Listen I und II birgt die Gefahr in sich, daß die Umweltverträglichkeitsprüfung in vielen Mitgliedstaaten zu einem bloßen Genehmigungsverfahren wird, während andere Mitgliedstaaten, unter anderem Deutschland, in jedem Fall eine anspruchsvolle Umweltverträglichkeitsprüfung durchführen. Die Entscheidung des Europäischen Gerichtshofs im Fall des Kraftwerks Staudinger (vgl. EuGH, Rs. C-431/92, ZUR 1995, 258) nährt solche Bedenken. Nach Auffassung des Umweltrates liegt eine realistische Lösung der Problematik allerdings nicht in einer strikten „Ablehnungshaltung" und dem Verlangen nach Abbau der Umweltverträglichkeitsprüfung, sondern darin, konstruktive Auswege zu finden, wie zum Beispiel die Aufteilung der Umweltverträglichkeitsprüfung in eine tiefgreifende und eine eher summarische Prüfung nach französischem Muster oder die Ermächtigung an die Mitgliedstaaten, innerhalb eines Gemeinschaftsrahmens im Einzelfall die Tiefe der Prüfung festzulegen; Voraussetzung hierfür wäre allerdings, daß in einem Scoping-Verfahren mit Öffentlichkeitsbeteiligung der Untersuchungsrahmen bestimmt wird. Nach Ansicht des Umweltrates ist es zudem bedauerlich, daß in dem Änderungsvorschlag eine Ausweitung der Alternativen-Prüfung nicht mehr vorgesehen ist.

Der Umweltrat fordert die Bundesregierung auf, Entscheidungsspielräume im Rat der Europäischen Union, die sich nach der Stellungnahme des Parlaments zum Richtlinienvorschlag ergeben mögen, in dieser Richtung zu nutzen.

2.2.1.5 Zur EG-Richtlinie über die integrierte Vermeidung und Verminderung der Umweltverschmutzung

133. Mit dem von der Europäischen Kommission im September 1993 vorgelegten Vorschlag für eine „Richtlinie über die integrierte Vermeidung oder Verminderung der Umweltverschmutzung" (IVU- oder IPPC-Richtlinie, KOM (93) 423) wird angestrebt, ein gemeinschaftsweites System zur Vermeidung und Verminderung von Emissionen in Luft, Wasser und Boden bei der Zulassung und beim Betrieb von Industrieanlagen einzuführen. Mit diesem Ansatz, mit dem Emissionsstandards nicht einzelmedienbezogen, sondern durch eine integrierte Betrachtungsweise bestimmt werden sollen, soll ein hohes Schutzniveau für die Umwelt insgesamt erreicht und eine bloße Verschiebung von Umweltbelastungen von einem Medium in ein anderes vermieden werden. Es handelt sich um eine Rahmenrichtlinie, das heißt, es werden gemeinschaftsweite Mindestanforderungen, aber keine detaillierten Regelungen für Genehmigungsverfahren und Standards vorgeschrieben.

Nach langwierigen und schwierigen Verhandlungen, in denen der ursprüngliche Kommissionsvorschlag mehrfach geändert worden ist, hat der Europäische Umweltministerrat im Juni 1995 eine Einigung über die politischen Inhalte der IVU-Richtlinie einstimmig beschlossen. Die endgültige Verabschiedung der Richtlinie steht noch aus.

134. Die deutsche Umweltpolitik hat es in der frühen Phase der Erörterung des britisch geprägten Kommissionsvorschlages der IVU-Richtlinie versäumt, mit eigenen Vorschlägen aktiv zu werden. Erst später, zum Ende der eigenen Ratspräsidentschaft (Tz. 45), wurden dann zum Teil gravierende Änderungsvorschläge eingebracht. Eine von deutscher Seite gegen den Kommissionsvorschlag vorgebrachte Hauptsorge bestand darin, daß der Entwurf bei der Emissionsbegrenzung nicht durchgängig der Verpflichtung zur Einhaltung des Standes der Technik Rechnung trage. In noch unbelasteten oder wenig belasteten Gebieten sollte danach zum einen die Einhaltung der gültigen europäischen Umweltqualitätsnormen oder der rechtlich unverbindlichen WHO-Leitlinien für die Anlagengenehmigung ausreichen. Damit wären so die Sorge von deutscher Seite die Gefahr des „Auffüllens" von Immissionsfreiräumen und der Verlust von Anreizen zur Durchsetzung eines konsequenten Umweltschutzes mit der Folge von Wettbewerbsverzerrungen verbunden. Zum anderen sollte im ursprünglichen Entwurf bei der Definition der „besten verfügbaren Technik" (siehe Kasten) die wirtschaftliche Vertretbarkeit Berücksichtigung finden, wobei die Kriterien für die Wirtschaftlichkeit aber unklar blieben. In dem nunmehr gefundenen Kompromiß wurde den Einwänden zum Teil Rechnung getragen (Dokument 8519/95, ENV 154). Im Artikel zu den Genehmigungsauflagen heißt es zwar noch, daß bei der Anwendung der besten verfügbaren Technik die Beschaffenheit der betreffenden Anlage, ihr geographischer Standort und die jeweiligen örtlichen Umweltbedingungen zu berücksichtigen sind, aber in jedem Falle Vorkehrungen zur weitestgehenden Verminderung der weiträumigen oder grenzüberschreitenden Umweltverschmutzung zu treffen und ein hohes Schutzniveau für die Umwelt insgesamt sicherzustellen (Art. 8 Abs. 2a). Ob damit die oben genannte Besorgnis des Auffüllens vorhandener Freiräume ausgeräumt ist, bleibt abzuwarten Hinsichtlich des Wirtschaftlichkeitsprinzips wird in den Begriffsbestimmungen klargestellt, daß als Maßstab die Situation in dem betreffenden industriellen Sektor gelten soll. Im Begriff „beste verfügbare Technik" bedeutet „verfügbar", daß die Techniken in einem Maßstab entwickelt sein müssen, der unter Berücksichtigung des Kosten-Nutzen-Verhältnisses die Anwendung in dem betreffenden industriellen Sektor zu wirtschaftlich und technisch vertretbaren Verhältnissen ermöglicht, sofern sie zu vertretbaren Bedingungen für den Betreiber zugänglich sind (Art. 2 Pkt. 10 Abs. 3).

Zum Begriff „beste verfügbare Technik"

Das deutsche Recht verwendet traditionell bestimmte Begriffskonventionen zur Bezeichnung verschiedener Niveaus technischer Anforderungen: „Allgemein anerkannte Regeln der Technik", „Stand der Technik", „Stand von Wissenschaft und Technik" sind die herkömmlichen Abstufungen, mit denen Rechtsnormen einen bestimmten Standard vorschreiben. Diese allgemeinen Begriffe werden meist durch die Verweisung auf technische Regelwerke konkretisiert, seien es staatlich gesetzte (Beispiel: Abwasserverwaltungsvorschriften), seien es solche von Normungsorganisationen (Beispiel: DIN).

Über die internationale Umweltpolitik, durch völkerrechtliche Verträge und nicht zuletzt durch die auf europäischer Ebene vorgesehene IVU-Richtlinie hat der Begriff der „besten verfügbaren Technik" („best available technology") auch für das deutsche Recht Bedeutung gewonnen. Er entspricht ungefähr dem herkömmlichen Verständnis des „Standes der Technik" in der technisch-juristischen Fachsprache und bezeichnet somit ein mittleres Technikniveau, das voraussetzt, daß ein bestimmtes Verfahren sich bereits in der Anwendung bewährt und etabliert hat. Der Begriff ist nicht statisch, sondern dynamisch zu verstehen, indem er technische Fortschritte unter der Voraussetzung ihrer praktischen Bewährung mit einbezieht.

Mittels der Voraussetzung der „Verfügbarkeit" wird jedoch auch die Frage der wirtschaftlichen Tragbarkeit aufgeworfen. In einer bereits verbindlichen Definiton des Begriffs (Anlage I des Übereinkommens zum Schutz und zur Nutzung grenzüberschreitender Wasserläufe und internationaler Seen, zu dessen Unterzeichnern auch Deutschland gehört) ist ausdrücklich festgehalten, daß die „wirtschaftliche Durchführbarkeit" einer Technologie ein bei der Bestimmung des Standes der Technik zu berücksichtigender Aspekt ist. Damit findet ein ökonomisches Argument Eingang in einen zunächst von der Technikentwicklung bestimmten Begriff.

Des weiteren wurden in der politischen Einigung auf einen gemeinsamen Standpunkt zur IVU-Richtlinie unter anderem gemeinsame Betreiberpflichten nach dem Muster des Grundpflichtenkatalogs im deutschen Bundes-Immissionsschutzgesetz aufgenommen. Das heißt, daß geeignete Vorsorgemaßnahmen gegen Umweltverschmutzung getroffen, Abfälle vermieden oder verwertet werden müssen und Energie effizient zu verwenden ist. Wenn sich aus dem Informationsaustausch zwischen den Mitgliedstaaten und der betroffenen Industrie über die beste verfügbare Technik ergibt, daß die Gemeinschaft tätig werden muß, legt die Umweltministerrat nach dem jetzigen Text auf Vorschlag der Europäischen Kommission gemeinschaftliche Emissionsgrenzwerte fest, die für alle Staaten verbindlich sind. Hinsichtlich des Informationsaustausches ist vorgesehen, alle drei Jahre verfügbare repräsentative Daten über Emissionsgrenzwerte und beste verfügbare Techniken zu veröffentlichen. Schließlich ist auf Betreiben der deutschen Seite eine Reduzierung der Verfahrensvorschriften erreicht worden, wenn bestimmte Voraussetzungen erfüllt sind.

135. Die Auswirkungen der IVU-Richtlinie auf die deutschen Umweltgesetze werden im wesentlichen darin bestehen, daß eine integrierte Umweltgenehmigung eingeführt werden muß. Insgesamt stellt die Richtlinie einen Fortschritt gegenüber dem bisher geltenden Gemeinschaftsrecht dar, weil die Definition der besten verfügbaren Technik über die Anforderungen der gültigen Industrieanlagen-Richtlinie (84/360/EWG) mit dem dort definierten Technik-Standard hinausgeht (SCHNUTENHAUS, 1994). Auf Gemeinschaftsebene sind für den Umweltschutz durchaus positive Effekte zu erwarten. Für die deutsche Industrie dürfte die Verabschiedung der Richtlinie Vorteile aufgrund einer gewissen Angleichung der Wettbewerbsbedingungen, aber auch Anpassungsprobleme mit sich bringen.

2.2.2 Umwelt und Wirtschaft

2.2.2.1 Umweltschutz und wirtschaftliche Entwicklung

136. Der Konflikt zwischen Umweltschutz und wirtschaftlicher Entwicklung hat in den zurückliegenden 25 Jahren seit der Verabschiedung des Umweltprogramms der Bundesregierung im Jahre 1971 immer wieder, allerdings mit wechselnder Intensität, im Mittelpunkt der Diskussion gestanden. Je nach wirtschaftlicher Lage einerseits und Schärfe der umweltpolitischen Anforderungen andererseits standen dabei abwechselnd mehr konfliktbetonende oder mehr harmonieorientierte Argumente im Vordergrund. Die im Zusammenhang mit der Wirtschaftsrezession Anfang der neunziger Jahre von Repräsentanten der deutschen Wirtschaft häufig, und auch heute noch vereinzelt geäußerten Standpunkte können als jüngstes Beispiel dafür herangezogen werden, wie schnell überwunden geglaubte Positionen, die den Umweltschutz generell als Hemmschuh für die wirtschaftliche Entwicklung bezeichnen, wieder in den Vordergrund treten können.

Über Art und Ausmaß der Wirkungen von Umweltschutzmaßnahmen auf die gesamtwirtschaftlichen Zielgrößen Stabilität des Preisniveaus, hoher Beschäftigungsstand, außenwirtschaftliches Gleichgewicht sowie stetiges und angemessenes Wachstum (§ 1 des Gesetzes zur Förderung der Stabilität und des Wachstums der Wirtschaft vom 8. Juni 1967) können aus vorliegenden Ergebnissen einschlägiger Untersuchungen in der Regel keine einheitlichen und eindeutigen Aussagen getroffen werden. Bei allen bisher vorgenommenen Abschätzungen konkreter umweltschutzinduzierter Wirkungen, zum Beispiel in Form ermittelter positiver oder negativer Nettoeffekte auf die Beschäftigung, spielen die jeweils getroffenen Annahmen und insbesondere die angewendeten Methoden eine entscheidende Rolle. Auf die damit verbundenen Probleme hat auch der Umweltrat wiederholt in seinen Gutachten hingewiesen (SRU, 1978, Tz. 1738 ff. und 1988, Tz. 241 ff.).

Immerhin sind Trends ökonomischer Wirkungsketten etwa im Hinblick auf wachsende und neu entstehende Märkte, auf die Förderung von umwelttechnischen Innovationsprozessen und auf damit verbundene Wettbewerbsvorteile sowie auf den schon genannten Beschäftigungsstand zu erkennen, die per Saldo zu einer Differenzierung der Diskussion um den Konflikt zwischen Ökologie und Ökonomie geführt haben. Jedenfalls scheint sich mehr und mehr die Auffassung durchzusetzen, Umweltschutz nicht länger als einen systemfremden Störfaktor für Wirtschaftsstruktur und Wirtschaftsentwicklung anzusehen, sondern ihn als systemimmanentes Element wirtschaftlicher Entscheidungsprozesse, als Veränderung der Präferenzstruktur zu akzeptieren, um so einen ökologisch orientierten Strukturwandel einzuleiten.

In diesem Zusammenhang wird seit einigen Jahren unter anderem über die Bedeutung eines „Öko-Sozialprodukts" diskutiert, mit dem die traditionelle Sozialproduktsberechnung durch die Berücksichtigung des Bereichs Umwelt „bereinigt" werden soll. Außerdem werden von verschiedener Seite immer wieder hohe Erwartungen an den sogenannten Wachstumsmarkt Umwelttechnik und auf damit verbundene Entlastungseffekte für die angespannte Lage auf dem Arbeitsmarkt geknüpft.

Öko-Sozialprodukt und umweltökonomische Gesamtrechnung

137. In der seit Jahren anhaltenden Diskussion über die Modifizierung der Volkswirtschaftlichen Gesamtrechnung durch im Umweltbereich auftretende Effekte werden auch immer wieder Vorstellungen geäußert, die darauf hinauslaufen, das Sozialprodukt durch ein Öko-Sozialprodukt zu ersetzen. Dahinter steht die Intention, das traditionelle Sozialprodukt als zwar unvollkommenes, aber dennoch unverzichtbares Maß für die Beurteilung der Entwicklung einer Volkswirtschaft würde durch Einrechnung von Inanspruchnahmen, Nutzung und Belastung der Umwelt als Öko-Sozialprodukt zu einem besser geeigneten Wohlstandsindikator taugen. So werden etwa in dem 1993 von den Vereinten Nationen beschlossenen System „Integrierte Volkswirtschaftliche und Umweltgesamtrechnung" (System for Integrated Environmental and Economic Accounting, SEEA; UN, 1993) Ansätze für die Ermittlung eines Öko-Sozialprodukts gesehen (ZIMMERMANN, 1995). Auch im jüngsten Bericht „Mit der Natur rechnen" des Club of Rome wird zur Berechnung eines Öko-Sozialprodukts aufgerufen (van DIEREN, 1995). Dieser Bericht war

auch Anlaß einer unter dem gleichen Thema stehenden internationalen Tagung im Juni 1995 in Brüssel, auf der die Problematik eines „Green Accounting" kontrovers diskutiert wurde. In der Literatur findet die jüngste Auseinandersetzung in einer Reihe von Beiträgen ihren Niederschlag (z. B. CANSIER und RICHTER, 1995; REICH, 1995 und 1994; STAHMER, 1995; ZIMMERMANN, 1995).

Der Umweltrat hat es als nicht sinnvoll angesehen, Umwelteffekte in vollem Maße in das Rechenwerk der Volkswirtschaftlichen Gesamtrechnung mit dem Ziele der Berechnung eines Öko-Sozialprodukts zu integrieren, weil neben Abgrenzungsschwierigkeiten die Gefahr besteht, daß das Sozialprodukt seine Aussagefähigkeit für im engeren Sinne wirtschaftliche Vorgänge verliert (SRU, 1988, Tz. 211). Er unterstützt aber weiterhin alle Bemühungen, die geeignet sind, Gesamtbetrachtungen durch die Verknüpfung von Wirtschafts- und Umweltdaten zu ermöglichen und zu verbessern (SRU, 1994, Tz. 561). Hierzu gehören insbesondere die Arbeiten des Statistischen Bundesamtes zur *Umweltökonomischen Gesamtrechnung*, deren Schwerpunkte auf der Verbindung physischer Umweltdaten mit Wirtschaftsstatistiken liegen (RADERMACHER und STAHMER, 1994). Der im Jahre 1990 vom Bundesumweltministerium eingerichtete erste Beirat „Umweltökonomische Gesamtrechnung", dessen Aufgabe die wissenschaftliche Begleitung der entsprechenden Arbeiten ist, hat seine grundsätzlichen Überlegungen über die Ausgestaltung einer Umweltökonomischen Gesamtrechnung und ihrer Positionierung gegenüber der Volkswirtschaftlichen Gesamtrechnung in einer Stellungnahme niedergelegt, in der er unter anderem auf die Problematik der Ermittlung und Verwendung eines Öko-Sozialprodukts eingeht. Der zweite Beirat, der seit 1993 die Weiterentwicklung des Konzeptes der Gesamtrechnung wissenschaftlich begleitet, dokumentiert in seiner im Herbst 1995 veröffentlichten Stellungnahme die Beratungstätigkeit und empfiehlt hinsichtlich der weiteren konzeptionellen und umsetzungsbezogenen Arbeiten des Statistischen Bundesamtes für Zwecke der Umweltökonomischen Gesamtrechnung unter anderem

– die privaten Haushalte und die öffentlichen Verwaltungen als Verursacher von Umweltbelastungen stärker als bisher in das Konzept der Umweltökonomischen Gesamtrechnung einzubinden,

– die Datenerhebung und Indikatorenentwicklung auf der makroökonomischen Ebene mit vergleichbaren Entwicklungen auf der Unternehmensebene abzugleichen, um Stimmigkeit der Daten zu erreichen und die Kosten der Erhebung niedrig zu halten,

– die Diskussion über die Tragfähigkeit monetärer Bewertungsansätze fortzuführen und zu vertiefen,

– die Entwicklung und Auswahl einer begrenzten Zahl von Umweltindikatoren in Abstimmung mit den politischen Entscheidungsträgern und unter Einbeziehung internationaler Entwicklungen weiterzuführen,

– zu prüfen, ob und wie sich Querverbindungen zwischen Umweltschutz und Beschäftigung systematisch in das Konzept der Umweltökonomischen Gesamtrechnung integrieren lassen (Beirat Umweltökonomische Gesamtrechnung, 1995).

Der Umweltrat unterstützt diese auch von ihm in früheren Gutachten bereits vorgeschlagene Vorgehensweise (SRU, 1994, Tz. 561; 1988, Kap. 1.5) und empfiehlt, die Arbeiten entsprechend der formulierten zukünftigen Beratungsschwerpunkte nicht nur fortzusetzen, sondern auch durch die Bereitstellung entsprechender finanzieller und personeller Kapazitäten zu forcieren.

138. Neuerdings wird in Anlehnung an die Umweltökonomische Gesamtrechnung auch die Erstellung einer *Umweltdemographischen Gesamtrechnung* vorgeschlagen (von CUBE, 1995). Damit sollen die Zusammenhänge zwischen Umwelt und Bevölkerung näher beleuchtet werden. Ziel der Umweltdemographischen Gesamtrechnung ist es, anthropogene Eingriffe in allen Bereichen der Biosphäre systematisch in Relation zur demographischen Entwicklung zu setzen. Durch nationale und internationale Vergleichbarkeit der Ergebnisse dieser Umweltdemographischen Gesamtrechnung sollen wichtige Informationsgrundlagen geschaffen werden, um die Tragfähigkeit der Biosphäre für zukünftige Generationen zu erhalten und die Regeneration der Biosphäre bei vorhandenen Umweltbelastungen zu fördern.

Der Umweltrat begrüßt diesen Ansatz einer engeren Verknüpfung von Ökologie und Bevölkerungswissenschaften und unterstützt das Bestreben, das Potential der Bevölkerungswissenschaften systematisch in den Dienst der Umwelt zu stellen.

Wirtschaftliche Entwicklung durch Umwelttechnik

139. Strengere umweltpolitische Anforderungen können Struktur und Entwicklung wirtschaftlicher Unternehmen in zweifacher Weise beeinflussen. Zum einen führen sie zu Ausgaben für die erforderlichen Umweltschutzinvestitionen und für die laufenden Umweltschutzkosten, die aus kurzfristiger Sicht jedenfalls in bestimmten Branchen zunächst einen belastenden Faktor im Blick auf die internationale Wettbewerbsfähigkeit darstellen können. Langfristig ziehen diese Ausgaben allerdings auch positive Effekte für die Unternehmen nach sich, zum Beispiel in Form von Modernisierungen der Produktionsanlagen und verbesserter Standortbedingungen. Zum anderen entwickelt sich durch die Nachfrage nach Umweltschutzgütern und -diensten ein Markt für moderne Umweltschutztechnik, woraus sich Vorteile für die internationale Wettbewerbsfähigkeit ergeben können.

Zieht man ein Resümee aus den zahlreichen sowohl angebotsorientierten als auch nachfrageorientierten Untersuchungen, die im Verlauf von knapp zwanzig Jahren von verschiedenen Forschungsinstituten durchgeführt worden sind, so scheint weitgehend Übereinstimmung darüber zu bestehen, daß die genannten Belastungen von der deutschen Wirtschaft bisher ohne wesentliche Nachteile verkraftet beziehungsweise durch Rationalisierungsmaßnahmen kompensiert werden konnten. Von Teilen der Wirt-

schaft werden entsprechende Ergebnisse zwar regelmäßig in Zweifel gezogen. Unbestritten ist aber, daß sich das Angebot von Umwelttechnologien und -dienstleistungen insbesondere in den achtziger Jahren zu einem wichtigen Wirtschaftszweig entwickelt hat, der auch auf dem Weltmarkt eine führende Position einnimmt, und daß von diesem Markt per Saldo positive Effekte für die ökonomische und technologische Entwicklung ausgegangen sind. Dabei wird oft übersehen, daß diese Mobilisierung wirtschaftlicher Kräfte ganz wesentlich von einer Politik der Umweltstandardsetzung angestoßen worden ist. Auch für die Zukunft werden überdurchschnittliche Wachstumsraten sowohl für den inländischen als auch für den Weltmarkt und gute Exportchancen für die deutsche „Umweltschutzindustrie" prognostiziert.

140. In einer vom Rheinisch-Westfälischen-Institut für Wirtschaftsforschung (RWI) und vom Institut für Wirtschaftsforschung Halle (IWH) gemeinsam erarbeiteten und 1994 veröffentlichten Studie (HALSTRICK-SCHWENK et al., 1994) werden sowohl die Nachfrage nach als auch das Angebot von Umweltschutzgütern und -diensten untersucht und quantifiziert. Das gesamte Marktvolumen im Umweltbereich für das Jahr 1993 wird auf knapp 65 Mrd. DM geschätzt, wovon etwa 55 Mrd. DM dem Umsatz der umwelttechnischen Industrie und 5 bis 8 Mrd. DM dem Bereich Umweltdienste zugerechnet werden. In den rund 2 500 vorwiegend kleineren bis mittleren Unternehmen werden 170 000 Arbeitskräfte beschäftigt. Die Exportquote im Umweltbereich liegt bei rund 21 %; damit liegt Deutschland auf dem Weltmarkt weiterhin vor den Vereinigten Staaten (16,9 %), Japan (13,1 %) und Italien (9,6 %) an der Spitze. Nach wie vor muß davon ausgegangen werden, daß additive Umweltschutztechnologien eine größere Bedeutung haben als integrierte Technologien und daß die Schwerpunkte in den klassischen Sektoren Luftreinhaltung und Gewässerschutz, Abwasserbehandlung sowie neuerdings im Abfallbereich liegen. Zukünftig wird es verstärkt darauf ankommen, die für das inländische Nachfrageprofil zum Teil hochentwickelten Technologien dem unterschiedlichen Bedarf der Exportländer anzupassen, ohne dabei aus Umweltschutzgründen unerwünschten „Billiglösungen" Vorschub zu leisten.

141. Untersuchungen über den sogenannten Umweltschutzmarkt haben sicher eine gewisse Berechtigung. Vermitteln sie doch einen Eindruck über die umweltschutzinduzierten Wirkungen auf die Gesamtwirtschaft, auf einzelne Branchen und auch auf Unternehmen. Die Ergebnisse derartiger Analysen sind aber einerseits wegen nicht unerheblicher methodischer Erfassungsprobleme relativ unscharf; die Autoren weisen zwar ausdrücklich und regelmäßig darauf hin, dennoch tritt dies bei der Verwendung der Daten meist in den Hintergrund. Andererseits sagen die Analysen natürlich nichts über den Erfolg der Umweltschutzpolitik hinsichtlich der Verbesserung der Umweltqualität aus. Ein gut ausgebauter und wachsender Markt für Umweltschutzgüter und damit verbundene positive wirtschaftliche Effekte zum Beispiel für den Arbeitsmarkt können nicht ohne weiteres als quantitative Belege für eine verbesserte Umweltqualität dienen, insbesondere dann nicht, wenn additive Technologien im Vordergrund stehen, die zwar Belastungen der Umwelt durch Emissionen verhindern oder vermindern können, meist aber nur zur Verlagerung der Probleme in andere Umweltbereiche führen. Von größerem Interesse aus der Sicht des Umweltschutzes ist deshalb die Frage nach dem Potential für und vor allem nach den Anforderungen an eine integrierte, an den Quellen von Belastungen ansetzende Umwelttechnik, von der eine wesentlich höhere ökologische Effizienz erwartet wird.

142. In der oben genannten Studie wird unter anderem darauf hingewiesen, daß sich die Bedeutung des integrierten Umweltschutzes nur näherungsweise ermitteln läßt. Die Erfassung eines entsprechenden Marktpotentials ist wegen der im Vergleich zur additiven Umweltschutztechnik noch schwierigeren Abgrenzungsprobleme kaum möglich. Je mehr die Entwicklung hin zu integrierten Umwelttechnologien gehen wird, um so weniger wird es möglich und sinnvoll sein, einen „Umwelttechnikmarkt" beziehungsweise eine „Umweltschutzindustrie" zu definieren, von anderen Märkten oder Industriebranchen abzugrenzen und ein Marktvolumen zu quantifizieren. Immer häufiger werden Umweltschutzaufgaben dadurch gelöst werden, daß produktionsintegrierte Techniken eingesetzt und produktintegrierte Maßnahmen ergriffen werden. Der additiv-nachsorgende Umweltschutz wird mit dem Fortschritt integrierter Technologiekonzepte mehr und mehr an Bedeutung verlieren. Deshalb sollten die Entwicklungschancen für die sogenannte umwelttechnische Industrie, für die es trotz der Tatsache, daß sie Gegenstand zahlreicher Untersuchungen ist, bis heute keine nachvollziehbare, eindeutige und endgültige Abgrenzung gibt, mit Zurückhaltung bewertet werden (HALSTRICK-SCHWENK et al., 1994). Die für Umweltschutzzwecke getätigten Investitionen und Betriebsausgaben werden zukünftig nicht mehr gesondert ausgewiesen werden, sondern immer häufiger Bestandteil der üblichen Investitionsrechnung und Produktionstätigkeit werden. Die „Umweltschutzindustrie" wird nach und nach im Investitionsgütersektor, aus dem sie in der Regel erwachsen ist, aufgehen.

143. Auch der Umweltrat hat bereits zum Ausdruck gebracht, daß der Weg zu einer dauerhaft-umweltgerechten Entwicklung zum produktions- und produktintegrierten Umweltschutz als Teil einer umweltgerechten Technik führen muß, deren Ziel es ist, mit Hilfe sogenannter integrierter Technologien das Entstehen von Emissionen „an der Quelle" zu vermeiden. Sie löst nach und nach die vorherrschende additive Umwelttechnik ab (SRU, 1994, Tz. 259). Allerdings hat sich bis heute kein klares Konzept für diese neue, ökologisch angepaßte Technik herausgebildet. Lediglich allgemeine Bedingungen und Kriterien für die Entwicklung einer integrierten Umwelttechnik sind formuliert. Auf einige hat der Umweltrat in seinem Umweltgutachten 1994 hingewiesen (SRU, 1994, Tz. 257 ff.):

– Überwindung der zwischen den natur- und ingenieurwissenschaftlichen Fachdisziplinen bestehenden „Kulturschranken"

– Verfahrenstechnische Optimierung oder Änderung durch Übergang von offenen, linearen Produktionsweisen zur Produktion in weitgehend geschlossenen Systemen

– Konsequente Verfolgung des Zieles der Durchsatzminimierung (Steigerung der Ausbeute).

144. Das Büro für Technikfolgenabschätzung des Deutschen Bundestages (TAB) nennt im Bericht „Integrierte Umwelttechnik – Chancen erkennen und nutzen" des TA-Projektes „Umwelttechnik und wirtschaftliche Entwicklung" folgende Eigenschaften und Kriterien für eine integrierte Umwelttechnik:

– Sparsamer Umgang mit beziehungsweise verringerter Einsatz von Energien und stofflichen Ressourcen in Produktionsprozessen (Quellenorientierung)

– Sparsamer Umgang mit Energie durch Abwärmenutzung

– Produktionsprozeßinternes Recycling beziehungsweise Kreislaufführung (primäres Recycling)

– Verringerung des unvermeidlichen Reststoffanfalls

– Substitution umweltschädlicher Einsatzstoffe

– Gänzliche Substitution von Produkten und Produktionsprozessen durch weniger umweltschädliche

– Weitgehender Verzicht auf End-of-pipe- beziehungsweise additive Technologien

– Berücksichtigung von Vor- und Folgestufen eines Produktionsprozesses

– Umweltverträglichere Eigenschaften von Produkten, zum Beispiel Langlebigkeit, Reparaturfreundlichkeit, geringerer Energieverbrauch bei der Nutzung, umweltverträgliche Entsorgung von Produkten

– Recyclingfähigkeit beziehungsweise umweltverträglichere Entsorgung unvermeidbarer Reststoffe und nicht mehr brauchbarer Produkte (COENEN et al., 1995).

Die in diesem TA-Projekt entwickelten Handlungsansätze zur Förderung integrierter Umwelttechnik greifen letztlich weitgehend bekannte Rahmenbedingungen und Instrumente wieder auf. Auf der Ebene der Rahmenbedingungen laufen die Vorschläge auf die Erarbeitung eines langfristigen Umweltplans für Deutschland und auf die Initiierung eines kooperativen Prozesses zu dessen Entwicklung hinaus. Bei der instrumentellen Ausgestaltung werden drei Optionen vorgestellt, bei denen jeweils eine Instrumentenart (ordnungsrechtliche Instrumente, ökonomische Instrumente und freiwillige Selbstverpflichtungen) im Vordergrund steht (COENEN et al., 1995).

145. Die Enquête-Kommission „Schutz des Menschen und der Umwelt" des Deutschen Bundestages formuliert in ihrem Bericht „Die Industriegesellschaft gestalten" in diesem Zusammenhang, „integrierter Umweltschutz strebt langfristig eine Verminderung des dissipativen Einsatzes von Produkten, einen Mindereinsatz von fossilen Energieträgern, eine Hinwendung zu langlebigen und reparaturfreundlichen Produkten sowie einen verstärkten Einsatz alternativer Energieversorgung und nachwachsender Rohstoffe an" (Enquête-Kommission „Schutz des Menschen und der Umwelt", 1994, S. 41).

146. Ansätze zur Einführung integrierter Umwelttechnologien finden sich auch im Kreislaufwirtschafts- und Abfallgesetz, das 1996 in Kraft tritt (Tz. 386). Es zielt etwa mit den Regelungen über die Produktverantwortung der Hersteller und Vertreiber auf die Entwicklung von produktions- und produktintegrierten Techniken zur Schließung von Stoffkreisläufen.

Der Umweltrat weist in diesem Zusammenhang auf seine Ausführungen im Sondergutachten „Abfallwirtschaft" zur verwertungsgerechten Gestaltung technischer Produkte und zum produktionsintegrierten Umweltschutz sowie auf die dort dargestellten prozeß- und produktbezogenen Beispiele der Verwertung und Vermeidung hin (SRU, 1991a; Kap. 4.4 und 4.5 mit Anhang I). Diese Ansätze sollten zielstrebig weiterentwickelt und umgesetzt werden.

147. Der Wandel von der konventionellen, additiven Umwelttechnik hin zu einer am Leitbild einer dauerhaft-umweltgerechten Entwicklung orientierten Technologie wird längere Zeiträume benötigen. Das Beharren auf eingeführten Techniken ist erfahrungsgemäß stark ausgeprägt. Innovationshemmnisse können sowohl innerhalb als auch außerhalb der Unternehmen bestehen (z. B. betriebswirtschaftliche Ertragsrechnungen, Angebots- und Nachfragestrukturen). Die beste Lösung zur Überwindung dieser Hemmnisse wäre die Bepreisung der entsprechenden Emissionen, sei es im Wege einer Abgabe, sei es im Wege von handelbaren Emissionsrechten. So lange ausreichende Anreize dieser Art nicht bestehen, bleibt als zweitbester Weg nur die Förderung solcher Innovationen über die Forschungs- und Technologiepolitik. Die Erweiterung der Mittelbasis für die Forschung ist erforderlich, um die im Zweifel wesentlich teurere Entwicklung produktions- und produktintegrierter Technologien angemessen fördern zu können.

Umweltschutz und Beschäftigung

148. Sowohl in der wirtschaftspolitischen (arbeitsmarktpolitischen) wie in der umweltpolitischen Diskussion hat die Frage nach den volkswirtschaftlichen Beschäftigungswirkungen von Umweltschutzmaßnahmen in den vergangenen zwei Jahrzehnten immer wieder Beachtung gefunden. Auch heute wird die These „Umweltschutz schafft Arbeitsplätze" in der politischen Auseinandersetzung unverändert kontrovers diskutiert und ist vor allem vor dem Hintergrund der anhaltenden und massiven Arbeitslosigkeit und der damit verbundenen sozialen Probleme erneut in den Vordergrund getreten. Es stellt sich die Frage, ob häufig geäußerte Hoffnungen berechtigt sind, in denen zum Ausdruck kommt, daß von Umweltschutzmaßnahmen auch zukünftig ein wesentlicher Beitrag zur Verringerung der Arbeitslosigkeit zu erwarten sein wird.

149. Bisherige einschlägige Untersuchungen konnten ausschließlich die Auswirkungen additiver Umweltschutzmaßnahmen auf den Arbeitsmarkt analysieren und versuchen, positive oder negative Netto-

effekte zu quantifizieren. Es handelt sich um kurz- bis mittelfristige Betrachtungen, deren methodische Ansätze entweder vom Angebot an Umweltschutzgütern und -diensten, also von der Produktion dieser Güter, ausgehen, und die Anzahl der dort beschäftigten Personen zu quantifizieren versuchen (unmittelbare Umweltschutzbeschäftigung), oder die Nachfrage nach solchen Gütern und Diensten (quantifizierte Aufwendungen) zugrunde legen, um die mittelbaren Umweltschutzbeschäftigten zu ermitteln, die zur Herstellung von Investitionsgütern und Vorleistungen erforderlich sind. In einigen Analysen werden beide Ansätze verfolgt. Zuletzt ist die umweltschutzinduzierte Beschäftigung in einer nachfrageorientierten Studie vom ifo-Institut für Wirtschaftsforschung (SPRENGER, 1989) und in einer erstmals gesamtdeutschen Status quo-Analyse (1990) und Szenario-Analyse (2000) vom Deutschen Institut für Wirtschaftsforschung (DIW) unter Beteiligung mehrerer Experten und Forschungseinrichtungen ausführlich untersucht worden (BLAZEJCZAK et al., 1993). In diesen Studien findet sich auch ein Überblick über alle gesamtwirtschaftlich wie auch regional oder sektoral angelegten einschlägigen Untersuchungen, die seit 1977 in der Bundesrepublik Deutschland erarbeitet worden sind (BLAZEJCZAK et al., 1993, S. 6 ff.; SPRENGER, 1989, S. 27 f.).

Die DIW-Studie prognostiziert, ausgehend von fast 684 000 direkt oder indirekt durch den Umweltschutz ausgelasteten Arbeitsplätzen im Jahre 1990, für das Jahr 2000 eine entsprechende Beschäftigungszahl von rund 1,1 Mio. in Deutschland, davon rund 785 000 Personen in Westdeutschland (70 %) und rund 340 000 Personen in Ostdeutschland (30 %). Die negativen Beschäftigungseffekte durch umweltschutzinduzierte Verdrängung in anderen Bereichen werden auf 55 000 Arbeitsplätze (ohne Ostdeutschland) geschätzt, so daß in Westdeutschland ein positiver Nettoeffekt von 185 000 im Zeitraum von 1990 bis 2000 entsteht. Abbildung 2.4 zeigt die Entwicklung im einzelnen. Nicht berücksichtigt sind in dieser Berechnung Beschäftigungseffekte einer ökologisch orientierten Energie- und Verkehrspolitik, die nur partiell quantifiziert werden konnten.

150. Wie die Abschätzung des Volumens des Umwelttechnikmarktes ist auch die quantitative Gesamtbilanzierung von Beschäftigungswirkungen mit erheblichen methodischen Problemen verbunden, freilich in einem anderen Sinne als gewöhnlich gemeint wird. Denn das Ergebnis dieser Studien kann nicht im Sinne eines „Ja oder Nein" zum Ergreifen umweltpolitischer Maßnahmen verwendet werden. Dies würde unterstellen, es gäbe eine Alternative zu dem beschriebenen ökonomisch-ökologischen Entwicklungspfad. Was man allerdings wissen muß, sind die mit diesem Entwicklungspfad verbundenen qualitativen und quantitativen Beschäftigungswirkungen, um ihnen gegebenenfalls mit Mitteln der Arbeitsmarktpolitik entgegensteuern zu können. Der Umweltrat hält deshalb an seiner bereits früher geäußerten Zurückhaltung hinsichtlich der Bewertung von Berechnungsergebnissen entsprechender Untersuchungen fest, ohne deren Notwendigkeit grundsätzlich in Frage zu stellen (SRU, 1988, Tz. 241 ff. und 1978, Tz. 1738 ff.).

Abbildung 2.4

Beschäftigung durch Umweltschutz
(in Tausend Personen)

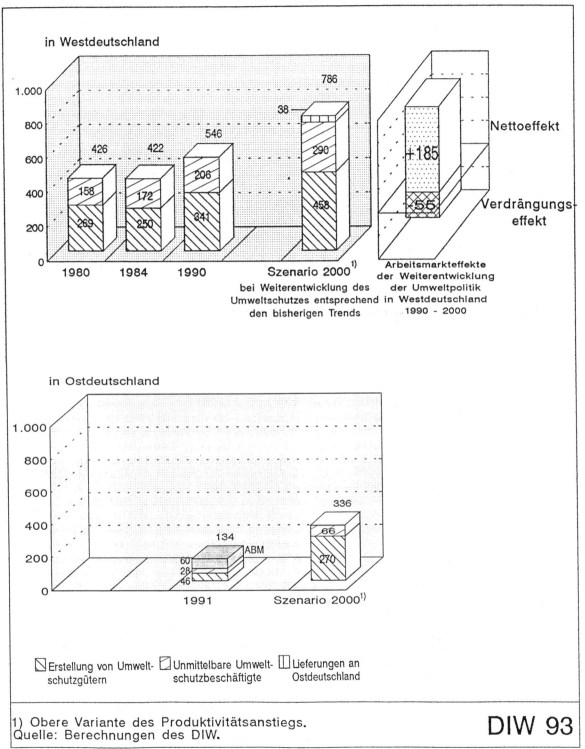

in Westdeutschland

786
38
546
426   422   290
158   172   206   458
269   250   341

1980   1984   1990   Szenario 2000[1]
bei Weiterentwicklung des
Umweltschutzes entsprechend
den bisherigen Trends

Nettoeffekt
+185
55
Verdrängungs-
effekt

Arbeitsmarkteffekte
der Weiterentwicklung
der Umweltpolitik
in Westdeutschland
1990 - 2000

in Ostdeutschland

336
66
134   ABM
60
28   270
46

1991   Szenario 2000[1]

◻ Erstellung von Umwelt-   ◻ Unmittelbare Umwelt-   ◻ Lieferungen an
schutzgütern   schutzbeschäftigte   Ostdeutschland

1) Obere Variante des Produktivitätsanstiegs.
Quelle: Berechnungen des DIW.

DIW 93

Quelle: BLAZEJCZAK et al., 1993

151. Bei zukünftigen Arbeiten auf diesem Gebiet sollten insbesondere zwei Gesichtspunkte, die in den bisherigen Analysen keine oder wenig Beachtung fanden, stärker in die Betrachtung einbezogen werden. Zum einen wäre zu untersuchen, wie es um Art und Qualität der geschaffenen Arbeitsplätze steht, und zum anderen, wie sich die Verlagerung von additiven Umweltschutztechnologien hin zu integrierten Technologien auf den Beschäftigungsstand auswirken wird. Schwerpunkte der Beschäftigung bei den vorherrschenden additiven Umwelttechnologien liegen im öffentlichen Dienstleistungsbereich, in einigen klassischen Bereichen des verarbeitenden Gewerbes (z. B. Maschinenbau) und in der Bauwirtschaft. Darauf weisen unter anderem auch jüngste Ergebnisse einer regionalen Analyse von Beschäftigungschancen durch Umweltschutz in Berlin hin (DIW, 1995a). Aus ihnen geht zum Beispiel hervor, daß der überwiegende Anteil der im Dienstleistungsbereich Beschäftigten auf die klassischen Entsorgungsbereiche einer Großstadt, also auf die Stadtreinigungs- und Abwasserreinigungsbetriebe, entfällt. Diese Arbeitsplätze sind in der Regel nur in geringem Ausmaß mit besonderen Qualitätsanforderungen, meist aber mit relativ hohen Arbeitsplatzbelastungen verbunden. Relativ instabil sind zum Beispiel die Arbeitsplätze in Organisationen ohne Erwerbscharakter (z. B. Verbände) und solche, die durch Arbeitsbeschaffungsmaßnahmen geschaffen werden. Auch bei der Beschäftigung im Baugewerbe muß man von einer gewissen Instabilität ausgehen.

152. Mit dem allmählichen Übergang von der additiven Umwelttechnik zu effektiveren umweltgerechten Techniken bis hin zum produktions- und produktintegrierten Umweltschutz werden zwar die qualitativen Anforderungen an die Arbeitsplätze erhöht werden. Die Schaffung zusätzlicher Arbeitsplätze ist aber fraglich; eher sind in traditionellen Umweltschutzbereichen Freisetzungen zu erwarten. In jedem Falle wird aber die Berechnung der umweltschutzinduzierten Beschäftigung in der bisherigen Art und Weise immer unpräziser und wegen fehlender Abgrenzungskriterien an Bedeutung verlieren.

Fazit

153. Umweltforschung und umwelttechnische Innovationen sind die Grundlage sowohl für weitere Reduzierung der Umweltbelastungen als auch für wirtschaftliche Entwicklung. Deshalb betrachtet es der Umweltrat als dringend erforderlich, einerseits die Anreize zur Minderung von Restemissionen durch ökonomische Instrumente zu verstärken und damit auch Anreize für die Entwicklung hin zum produktions- und produktintegrierten Umweltschutz zu geben, andererseits Fördermittel so lange in genügendem Maße einzusetzen, wie ausreichende Anreize durch ökonomische Instrumente nicht bestehen. Eine Kürzung der Mittel für das Programm „Investitionen zur Verminderung von Umweltbelastungen" des Bundesumweltministeriums, das in der Vergangenheit in entscheidendem Maße erfolgreich zur Entwicklung eines fortschrittlichen Standes der Technik beigetragen hat, wäre deshalb ein falsches Signal. Der Erhalt der gewonnenen Vorrangstellung in der

Umwelttechnologie wird im Vergleich zu früheren Jahren schwieriger werden, weil auch andere Länder die Chancen des Wachstumsmarktes erkennen und nutzen werden. Mit der von den USA und von Japan gemeinsam begonnenen Offensive, Deutschland die führende Rolle in der Umwelttechnologie unter anderem durch die Einrichtung von Transferzentren für Umwelttechnik (z. B. UNEP-Transferzentrum und US-Asia-Environmental Partnership) streitig zu machen, wurde bereits ein Zeichen gesetzt. Deshalb ist es besonders wichtig, noch stärker als bisher darauf zu achten, daß die Fördermittel gezielt eingesetzt werden, das heißt vor allem für Vorhaben der ingenieurwissenschaftlichen Grundlagenforschung im Bereich von zukunftsweisenden umweltgerechten Technologien. Insgesamt sind zukünftig erhebliche Anstrengungen zur Schaffung von Innovationsanreizen nötig, wenn das gesetzte Ziel eines umweltverträglichen Technologiewandels erreicht werden soll. Fördermittel für innovative Technologien sollten auch dann eingesetzt werden, wenn die kurzfristigen beschäftigungspolitischen Nebeneffekte im Vergleich zur Förderung konventioneller Umwelttechniken geringer ausfallen.

154. Die Gefahr, unter dem Druck der Lage am Arbeitsmarkt mittels umweltpolitischer Maßnahmen zwar kurzfristig Arbeitsplätze zu schaffen, damit aber auf lange Sicht falsche Strukturen durchzusetzen, darf nicht übersehen werden. Eine langfristige Vorhersage der Arbeitsmarkteffekte stößt auf erhebliche methodische Probleme, und eine Garantie für die Schaffung neuer Arbeitsplätze durch einen ökologischen Modernisierungsprozeß gibt es nicht. In jedem Falle ist mit erheblichen Umschichtungen auf dem Arbeitsmarkt, wahrscheinlich auch mit dem Wegfall von Arbeitsplätzen, zu rechnen. Der Umweltrat hält an der Auffassung fest, daß Umweltpolitik und Beschäftigungspolitik an unterschiedlichen Zielen orientiert sind und jeweils eigenen Kriterien folgen. Umweltpolitik bedarf keiner beschäftigungspolitischen und Beschäftigungspolitik keiner umweltpolitischen Begründung. Das entbindet aber nicht von der Pflicht, bei Wahlmöglichkeiten die umweltpolitische Maßnahme mit positiven Nettoeffekten der Beschäftigung zu ergreifen.

2.2.2.2 Zur Stoffflußwirtschaft

155. Stoffflußwirtschaftliche Betrachtungen sind für Naturwissenschaften und Technik nicht neu. Stoffbilanzen, Materialbilanzen oder Energiebilanzen sind bekannte Beispiele für die Ermittlung von Inputs, Umwandlungen und Outputs eines Systems. Auch in den Wirtschaftswissenschaften findet stoffflußorientiertes Denken in Form von Input-Output-Rechnungen seit langem Anwendung. Seit einigen Jahren findet die stoffflußwirtschaftliche Sichtweise zunehmend Eingang auch in umweltpolitische Konzepte und Maßnahmen.

Stoffflußwirtschaft ist nicht einheitlich definiert. Ganz allgemein handelt es sich um die Transformation von der Natur entnommenen Materialien in – durch Veredlung und Umwandlung – nutzbar gemachte Produkte und letztlich in wertlose Abfälle, wobei im Verlaufe des gesamten „Entwertungsprozesses" wiederum Rohstoffe und Energie verbraucht werden. Die Stoffökologie betrachtet Stoffe systematisch unter ökologischen Gesichtspunkten und bildet einen allgemeinen theoretischen Rahmen für das Verständnis der Stoffwirtschaft (SCHENKEL und REICHE, 1992). Der Umweltrat hat im Rahmen seines Abfallwirtschaftsgutachtens (SRU, 1991a, Tz. 23 ff.) grundlegende stoffökologische Betrachtungen angestellt und auf die umweltpolitische Bedeutung von Stoffströmen, allerdings vorwiegend unter Gesichtspunkten der Abfallvermeidung und -verwertung, hingewiesen. Im Umweltgutachten 1994 wurde die Stoffstromproblematik im Zusammenhang mit der Entwicklung des Leitbildes einer dauerhaft-umweltgerechten Entwicklung wieder aufgenommen und insbesondere im Hinblick auf die Aktivierung von Reduktions- und Entlastungspotentialen zur Verminderung anthropogener Umweltnutzungen behandelt.

Eine am Leitbild der dauerhaft-umweltgerechten Entwicklung ausgerichtete Stoffwirtschaft bedeutet auch, daß sich die Beeinflussung und Steuerung von Stoffströmen nicht nur an wirtschaftlichen Bedingungen, sondern auch an ökologischen Zielvorgaben und sozialen Aspekten orientieren muß. Art und Ausmaß der Stoffstrombeeinflussung und -steuerung sind an ressourcenökonomische, ökologische und gesundheitliche Anforderungen gebunden, die in umweltpolitischen Handlungsanweisungen („Managementregeln") formuliert worden sind (SRU, 1994, Tz. 136). Hauptakteur des zielgerichteten Beeinflussens von Stoffströmen ist neben dem Staat die Wirtschaft. Gewinnung, Veredlung, Verteilung, Nutzung und Entsorgung von Stoffen gehören unmittelbar zum Aktionsfeld von Produzenten, Handel und Verbrauchern. Dem Staat kommt vor allem die Aufgabe zu, Rahmenbedingungen für einen schonenden und umweltverträglichen Umgang mit Stoffen zu setzen.

Stoffstromanalysen dienen unter anderem dazu, die Datenbasis zu verbessern, Prozeßabläufe verständlich zu machen und Reduktionspotentiale zu ermitteln; sie haben also instrumentellen Charakter. Aufgabe des Stoffstrommanagements ist es, auf der Grundlage von Stoffstromanalysen mit Hilfe geeigneter Instrumente Stoffströme im Sinne des Leitbildes einer dauerhaft-umweltgerechten Entwicklung zu beeinflussen und zu kontrollieren. In den letzten Jahren sind die Arbeiten zur Stoffstromanalyse und zum Stoffstrommanagement weiter vorangekommen. Einen Überblick über den wissenschaftlichen Stand des Stoffflußkonzeptes gibt REICHE (1995).

Nationale Stoffflußanalysen

156. Stoffflußwirtschaftliche Konzepte müssen sich auf konkrete Stoffstromanalysen stützen. Bei gesamtwirtschaftlichen Stoffflußanalysen und -bilanzen steht die Darstellung mengenmäßig relevanter Stoffströme (Massenströme) im Vordergrund. Die Analyse und Berechnung regionaler und nationaler, aber auch internationaler Energie- und Materialflüsse ist notwendig, weil mit ihrer Hilfe wichtige Ansatzpunkte für den ökologischen Strukturwandel der Wirtschaft in Richtung auf eine dauerhaft-umweltge-

rechte Entwicklung erkannt und entsprechende Steuerungsmaßnahmen ergriffen werden können.

Grundsätzliche Überlegungen zur Bedeutung volkswirtschaftlicher Stoffstromanalysen finden sich bereits in der ökonomischen Literatur der fünfziger und sechziger Jahre. So haben etwa AYRES und KNEESE (1969) mit ihren Materialbilanzmodellen und ersten Materialstromberechnungen für die USA ihre Überzeugung zum Ausdruck gebracht, „daß es ... nützlich ist, die Umweltverschmutzung und ihre Kontrolle zuerst als ein Materialbilanzproblem für die gesamte Wirtschaft zu betrachten". Aber auch andere Autoren haben sich schon früh dieser Problematik angenommen (z. B. GEORGESCU-ROEGEN, 1974, 1971; SOLOW, 1971; KAPP, 1950). In den achtziger Jahren gingen wichtige Impulse von verschiedenen in der Schweiz erarbeiteten Stoffflußstudien aus. Grundlage dieser Studien waren die an der Eidgenössischen Anstalt für Wasserversorgung, Abwasserreinigung und Gewässerschutz (EAWAG) geleisteten Arbeiten (z. B. BACCINI und BRUNNER, 1990; BACCINI et al., 1985). Unter dem Begriff „industrieller Metabolismus" wurde in jüngerer Zeit ein Konzept vorgestellt, mit dem die Gesamtheit aller physikalisch-chemischen Prozesse, die Materialien, Energie und Arbeit zu Endprodukten und Abfallstoffen verwandeln, beschrieben werden soll (AYRES und SIMONIS, 1993; AYRES, 1989).

In Deutschland stehen zwar schon seit längerer Zeit Input-Output-Analysen der Energieströme und auch Rohstoffbilanzen seitens des Statistischen Bundesamtes zur Verfügung; deren Aussagewert für die hier anstehenden Umweltfragestellungen ist aber begrenzt. Die verstärkte Nutzung und der Ausbau zu einem vollständigeren Berichtssystem hat erst in den letzten Jahren im Rahmen der Arbeiten zur umweltökonomischen Gesamtrechnung begonnen (Tz. 137; RADERMACHER und STAHMER, 1994). In diesem Zusammenhang ist unter anderem auch auf Arbeiten zur volkswirtschaftlichen Materialintensität des Wuppertal-Instituts für Klima, Umwelt und Energie hinzuweisen (BEHRENSMEIER und BRINGEZU, 1995; SCHMIDT-BLEEK, 1994, 1993; HINTERBERGER, 1993).

157. Die Umweltökonomische Gesamtrechnung enthält im Modul „Material- und Energieflußrechnungen – Rohstoffverbrauch – Emittentenstruktur" Daten, die zur Erstellung einer Mengenbilanz für Deutschland herangezogen werden. In einem ersten Versuch hat das Statistische Bundesamt nicht nur für Energieströme, Bodennutzungen und Umweltschutzaktivitäten, sondern erstmals auch für gesamtwirtschaftliche Materialströme Trends von 1960 bis 1990 für das Gebiet der alten Bundesrepublik aufgezeigt (Statistisches Bundesamt, 1995; KUHN et al., 1994). Das derartigen Rechnungen zugrundeliegende vereinfachende Schema des wirtschaftlichen Stoffwechsels ist in Abbildung 2.5 wiedergegeben. Nach diesen Materialflußrechnungen beträgt der Index (1960 = 100) auf der Entnahmeseite für Feststoffe und Energieträger 168, für Sauerstoff in Verbrennungsprozessen 160 und für Wasser 230. Die entsprechenden Indexzahlen auf der Abgabeseite betragen 178 für Feststoffe, 159 für Luftemissionen und 230 für Wasser (Tab. 2.1). Die Zahlen

Abbildung 2.5

Wirtschaftlicher Stoffwechsel

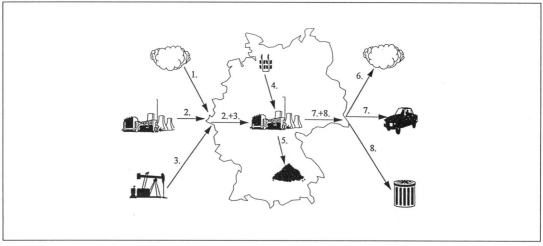

Legende ...:
1. = Stoffzufuhr über Wasser und Luft; 2. = Importe von Gütern und Residuen; 3. = Importe von Rohstoffen; 4. = Entnahme von Rohstoffen (verwertet/nicht verwertet); 5. = Abgabe von Rest- und Schadstoffen an die inländische Natur; 6. = Stoffabfluß über Wasser und Luft; 7. und 8. = Exporte von Rohstoffen, Gütern und Residuen

Quelle: Statistisches Bundesamt, 1995

verdeutlichen, daß im Zeitraum von dreißig Jahren die Mengendurchsätze durch die Volkswirtschaft beträchtlich gestiegen und insbesondere bei der Entnahme von Wasser erhebliche Zuwächse zu verzeichnen sind. Zu beachten ist dabei allerdings auch, daß im Betrachtungszeitraum das Bruttoinlandprodukt um das 2½-fache gewachsen ist. Mit diesen beispielhaften Ergebnissen wird dokumentiert, welche wichtigen Beiträge die Statistik für die Erarbeitung langfristiger Trends für eine dauerhaft-umweltgerechte Entwicklung leisten kann und daß erhebliche Anstrengungen zur Stabilisierung und Reduzierung von anthropogenen Umweltnutzungen für eine dauerhaft-umweltgerechte Entwicklung erforderlich sind.

Stoffstrommanagement

158. Die Enquête-Kommission „Schutz des Menschen und der Umwelt – Bewertungskriterien und Perspektiven für umweltverträgliche Stoffkreisläufe in der Industriegesellschaft" des 12. Deutschen Bundestages hat in ihrem im Jahre 1994 vorgelegten Bericht „Die Industriegesellschaft gestalten – Perspektiven für einen nachhaltigen Umgang mit Stoff- und Materialströmen" der Stoffwirtschaft einen hohen umweltpolitischen Stellenwert beigemessen. Sie entwickelt Leitbilder einer Stoffpolitik, analysiert ausgewählte Stoffströme, diskutiert Bewertungsverfahren und -kriterien, erörtert die Einführung eines Stoffstrommanagements in Unternehmen und beschreibt Instrumente einer Stoffpolitik. Unter Management von Stoffströmen der beteiligten Akteure wird das zielorientierte, verantwortliche, ganzheitliche und effiziente Beeinflussen von Stoffströmen verstanden (Enquête-Kommission „Schutz des Menschen und der Umwelt", 1994).

Auch wenn der Umweltrat nicht in jeder Frage der instrumentellen Umsetzung die Auffassung der Enquête-Kommission teilt, kann er sich den Empfehlungen zur Einführung eines Stoffstrommanagements in Unternehmen im Grundsatz anschließen. So gibt es Übereinstimmungen mit Aussagen des Umweltrates zu organisatorischen Einwirkungen auf die Unternehmen (SRU, 1994, Tz. 326 ff.). Insbesondere die Reformierung und Ergänzung bestehender sowie – wo dies notwendig ist – der Aufbau neuer Informationssysteme, ist zu unterstützen. Ohne zuverlässige und gut dokumentierte Daten über Stoffströme auch auf der einzelwirtschaftlichen Ebene ist eine Bewertung von Umweltauswirkungen nicht zu erreichen. Hierzu gehören unter anderem unternehmensbezogene Aufzeichnungspflichten, insbesondere in Form von Produktlinienanalysen, Umweltaudits und Umweltbilanzen oder auf bestimmte Gebiete bezogene Sachbilanzen. Der Umweltrat wiederholt in diesem Zusammenhang, daß über neue Informations- und Kontrollinstrumente, wie sie partielle oder gesamthafte ökologische Rechnungslegungen von Unternehmen darstellen, auf freiwilliger Basis zunächst ausreichende Erfahrungen gesammelt werden sollten, bevor über weitergehendere Schritte befunden wird.

159. Stoffstrommanagement mit dem Ziel des schonenden Einsatzes von Ressourcen und der Reduzierung von Stoffen kann an verschiedenen Stellen des Produktions- und Konsumbereichs ansetzen. Minderung des spezifischen Stoffeinsatzes pro Produkteinheit, Erhöhung der Nutzungsintensität, Verlängerung der Lebensdauer von Produkten, Verminderung von Stoffverlusten durch bessere Nutzung der Recyclingtechnik (Aufbau von Sekundärkreisläufen),

Materialflußrechnung[1])

Materialien	1960	1990	1960 = 100	·Materialien	1960	1990	1960 = 100
	Mio. t				Mio. t		
Entnahme				**Abgabe**			
Feststoffe Energieträger[2])							
Rohstoffentnahme	1 282	1 977	154	Stoffausbringung	226	251	111
Verwertbare Entnahme	780	995	128	Wirtschaftsdünger ...	224	246	110
Biotische Rohstoffe .	133	188	142	Handelsdünger	3	5	162
Abiotische Rohstoffe	647	807	125	Pestizide	0,01	0,03	330
Energieträger	248	193	78	Klärschlamm	–	0,71	x
Sonstige	399	614	154				
Nicht verwertbare Entnahme (Abraum) ..	503	982	195	Nicht verwertbare Entnahme (Abraum) ...	503	982	195
Bodenaushub	59	91	155	Bodenaushub	59	83	141
				Abfälle (ohne Abraum, Bodenaushub)	54	79	146
Eingeführte Güter	136	387	286	Ausgeführte Güter	75	207	274
Biotische Güter	25	65	255	Biotische Güter	6	46	833
Abiotische Güter	110	323	292	Abiotische Güter	70	160	230
Energieträger......	45	169	373	Energieträger......	35	24	70
Sonstige	65	153	236	Sonstige	35	136	386
Wiederverwendung	16	57	359	Wiederverwendung	16	57	359
Zusammen ...	**1 493**	**2 513**	**188**	**Zusammen ...**	**933**	**1 659**	**178**
Sauerstoffverbrauch und Luftemissionen							
Sauerstoffverbrauch in Verbrennungsprozessen (CO_2, CO)	409	533	130	Luftemissionen	570	738	130
				NO_x	1,6	2,6	168
				SO_2	3,3	1,0	31
				CO	9,8	7,3	74
				CO_2	555	727	131
Insgesamt ...	**1 902**	**3 045**	**150**	**Insgesamt ...**	**1 503**	**2 397**	**159**
Wasser							
Wasserentnahme	18 880	42 970	228	Abwassereinleitung	16 510	43 570	264
Niederschlags-/ Fremdwasser[3])	1 270	3 470	273	Unbehandelte Einleitung	11 480	34 130	297
				Einleitung nach Behandlung[4])	5 030	9 440	188
				Ungenutzt abgeleitetes Wasser	1 290	815	63
				Wasserverbrauch[5])	2 350	2 055	87
Insgesamt ...	**20 150**	**46 440**	**230**	**Insgesamt ...**	**20 150**	**46 440**	**230**

[1]) Vorläufige Ergebnisse, Abweichungen in den Summen durch Runden der Zahlen.
[2]) Einschließlich Nutzgasen und bestimmter flüssiger Materialien.
[3]) Niederschlags- und Fremdwasser, das in Kläranlagen anfällt.
[4]) Einschließlich Niederschlags- und Fremdwasser, das in Kläranlagen anfällt.
[5]) Überwiegend beim Wassereinsatz verdunstetes oder versickertes Wasser.

Quelle: KUHN et al., 1994

Schließen von Stoffkreisläufen sind Beispiele. Das Stoffstrommanagement bedient sich verschiedener Verfahren der ökologischen Bilanzierung von Stoff- und Energieströmen, für die es aber im Gegensatz zur Bilanzierung in den Wirtschaftswissenschaften noch kein standardisiertes Verfahren gibt. Die meisten Erfahrungen liegen aus der Entwicklung und Durchführung von Produkt-Ökobilanzierungen vor, deren erste Ansätze bis in die siebziger Jahre zurückreichen (FÜHR, 1995; KLÖPFFER und RENNER, 1994). Daneben wurde die Produktlinienanalyse entwickelt, die sich von der Ökobilanz dadurch unterscheidet, daß im Vorfeld eine Bedarfs- und Nutzenanalyse gefordert wird und neben ökologischen zusätzlich soziale und ökonomische Aspekte einbezogen werden. Gesamtökologische Betrachtungsweisen, die auf vollständige Produktstammbäume abstellen, sollen den Rahmen der Betrachtung durch die Einbeziehung relevanter Vor-, Neben- und Kuppelprodukte erweitern und sich damit für komplexe Verbundstrukturen besser eignen (GENSCH et al., 1995).

Die Meinungen über die Eignung der einzelnen Verfahren gehen auseinander, und es bestehen zum Teil auch noch Abgrenzungs- und Definitionsunterschiede. In jüngster Zeit ist die Diskussion um die Möglichkeiten und Grenzen von Ökobilanzen verstärkt in den Vordergrund gerückt, was sicherlich auch im Zusammenhang mit der Veröffentlichung konkreter Ökobilanzstudien zum Beispiel über Rapsöl (FRIEDRICH et al., 1993) und Getränkeverpackungen (SCHMITZ et al., 1995) steht.

Kritiker, die die Methodik der Ökobilanzierung bemängeln und die Fragwürdigkeit von Ergebnissen aus konkreten Beispielen betonen, heben vor allem das Fehlen eines einheitlichen und allgemein verbindlichen Konzeptes hervor. In der Tat hat die Entwicklung sehr unterschiedlicher Ansätze in der Vergangenheit dazu geführt, daß nicht nachvollziehbare und nicht vergleichbare Ergebnisse das Instrument insgesamt in Mißkredit gebracht haben. Inzwischen sind jedoch erhebliche Fortschritte im Bemühen um eine Verbesserung und Standardisierung der Ökobilanzierung erzielt worden. Sowohl zur Methodik der Wirkungsbilanz als auch zur Lösung des Bewertungsproblems und zur Verbesserung der Vergleichsmöglichkeiten durch die Entwicklung von Standardberichtsbögen liegen neue Arbeiten und Vorschläge vor (GIEGRICH et al., 1995; KLÖPFFER und RENNER, 1994; RUBIK et al., 1995). Diese Studien stehen in einer Reihe mit Anstrengungen zur Entwicklung einer konsensfähigen Methodik auf nationaler und internationaler Ebene. Zu nennen ist hier insbesondere die Gründung von speziellen Normungsausschüssen innerhalb des DIN (Normenausschuß Grundlagen des Umweltschutzes, Arbeitsausschuß 3 – DIN/NAGUS/AA3) und der internationalen Normungsorganisation ISO (Technisches Komitee 207 Umweltmanagement – ISO/TC 207), beide im Jahre 1993, sowie die Erarbeitung von Richtlinien durch die internationale Wirtschaftsvereinigung Society for Environmental Toxicology and Chemistry (SETAC), ebenfalls im Jahre 1993.

160. Der Umweltrat vertritt die Auffassung, die noch bestehenden erheblichen Unsicherheiten und Probleme bei der Erarbeitung von Produktbilanzstudien nicht zum Anlaß zu nehmen, auf dieses Instrument grundsätzlich zu verzichten. Ökobilanzen können komplizierte Abläufe und Zusammenhänge transparenter machen und als Grundlage für umweltpolitische Entscheidungen herangezogen werden. Voraussetzung ist allerdings die Entwicklung und Anerkennung eines methodologisch einheitlich normierten und auf wissenschaftlichen Grundlagen beruhenden Verfahrens unter Einbeziehung aller Komponenten einer Ökobilanz (Bilanzierungsziel, Sachbilanz, Wirkungsbilanz, Bilanzbewertung). Weiterführende Arbeiten sollten dem Ziel dienen, möglichst bald verbindliche und international abgestimmte Grundsätze für die ökologische Bilanzierung zu entwickeln. Die Entwicklung von Konventionen wäre ein erster wichtiger Schritt auf diesem Wege.

161. Zusammenfassend betont der Umweltrat nochmals die Notwendigkeit, stoffökologische Aspekte bei der Steuerung und Verteilung von Stoffströmen sowohl auf der gesamtwirtschaftlichen als auch auf der einzelwirtschaftlichen Ebene zu beachten. Andererseits würde die Einführung eines umfassenden Systems der Stoffstromlenkung in Form eines stoffpolitischen Regimes zum Hemmnis für Produktinnovationen und wäre allgemein ordnungspolitisch verfehlt. Die bestehenden rechtlichen Regelungen, die sich mit der Kontrolle von Stoffen befassen, weisen Lücken auf, die mit Augenmaß und ohne die Innovationsfähigkeit der Wirtschaft zu gefährden, geschlossen werden müssen (SRU 1994, Tz. 570 ff.). Darüber hinaus sollten nicht nur inhaltliche Regeln, sondern auch verbindliche Qualifikationsstandards für den Berufsstand, dem die Durchführung von Ökobilanzen anvertraut ist, angestrebt werden. Ebenfalls sollten entsprechende Aus- und Weiterbildungsangebote zur Sicherstellung der fachlichen Qualifikation bereitgestellt werden.

2.2.2.3 Selbstverpflichtungen der Wirtschaft

162. Selbstverpflichtungen der Wirtschaft gegenüber dem Staat sind ein Mittel zur Umsetzung des in der deutschen Umweltpolitik anerkannten und praktizierten Kooperationsprinzips. Bereits in den „Leitlinien Umweltvorsorge" der Bundesregierung aus dem Jahre 1986 wird zur Verwirklichung der Vorsorgepolitik die Unterstützung aller gesellschaftlicher Gruppen und der einzelnen Bürger eingefordert (Leitlinien Umweltvorsorge, 1986). Sie ist eine Bedingung für die langfristige Umstrukturierung zu umweltschonenden Produktionsprozessen und Produkten. Kooperationen werden an Bedeutung gewinnen, weil es zur Verwirklichung eines ökologischen Strukturwandels noch stärker als bisher auf ein abgestimmtes Vorgehen aller verantwortlichen Akteure und auf die Ausnutzung deren spezifischer Stärken ankommen wird und hoheitliche Vorgaben in Form von ordnungsrechtlichen oder fiskalischen Instrumenten engere Grenzen gesetzt sein werden. Kooperationslösungen sind auf verschiedenen Ebenen, zum Beispiel zwischen Industrieverbänden und

Tabelle 2.2

Verbandliche Kooperationslösungen

	Informationsverpflichtung	Selbstverpflichtung	Kooperationsabkommen
Art der Vereinbarung	freiwillige einseitige Erklärung der Industrie	freiwillige einseitige Erklärung der Industrie	freiwillige vertragliche Regelung
Hauptbeteiligte	Staat und eine/mehrere Branchen (Verbände)	Staat und eine/mehrere Branchen (Verbände)	Staat und eine/mehrere Branchen (Verbände)
Anwendungsbereich und/oder Organisations- form	freiwillige Erklärung der Industrie zur Mitteilung von Informationen zur Lösung ökologischer Probleme	freiwillige Erklärung der Industrie zu passiven und aktiven Sanierungs- maßnahmen	freiwillig geschaffenes, gemeinsames Gremium; Zusammenführung von Know how und Finan- zierungsmitteln

Quelle: LAUTENBACH et al., 1992

Staat, zwischen Firmen, auf lokaler Ebene oder zwischen Herstellern und Nutzern einsetzbar (FÜHR, 1995). Verbandliche Kooperationslösungen können – wie in Tabelle 2.2 dargestellt – nach drei Typen unterschieden werden.

163. Kooperationslösungen haben schon in den vergangenen Jahren eine gewisse Rolle in der Umweltpolitik gespielt (DIW, 1994; LAUTENBACH et al., 1992). In den Zeitraum von 1971 bis 1993 fallen etwa 40 Selbstverpflichtungen. In jüngster Zeit sind sie wieder stärker in den Vordergrund getreten. Das liegt einmal an der Festlegung der Bundesregierung in der Koalitionsvereinbarung für die 13. Legislaturperiode, bei der Verwertung von Altautos, Elektronikschrott und Batterien (Tz. 391 ff.) freiwilligen Lösungen den Vorrang vor dem Ordnungsrecht, das heißt vor entsprechenden im Kreislaufwirtschaftsgesetz vorgesehenen Verordnungen, zu geben. Zum anderen wurde durch die Erklärung der deutschen Wirtschaft vom 10. März 1995 gegenüber der Bundesregierung, auf freiwilliger Basis ihre spezifischen CO_2-Emissionen beziehungsweise den spezifischen Energieverbrauch bis zum Jahre 2005 um bis zu 20 % zu reduzieren, wenn die Bundesregierung auf entsprechende ordnungsrechtliche Regelungen sowie fiskalische Maßnahmen verzichtet, ein öffentlichkeitswirksamer Akzent gesetzt (BDI, 1995). Der Verband der Automobilindustrie (VDA) hat im März 1995 ein gemeinsames Konzept zum Kfz-Recycling vorgelegt, das von der betroffenen Wirtschaft im Konsens zwischen 15 beteiligten Verbänden entwickelt wurde (Tz. 392). Im gleichen Monat hat die Automobilindustrie der Bundesregierung zugesagt, den durchschnittlichen Kraftstoffverbrauch der von ihr hergestellten und in Deutschland abgesetzten Pkw/Kombi bis zum Jahre 2005 um 25 % gegenüber 1990 zu vermindern (VDA, 1995). Auch für die Lösung des Elektronikschrottproblems liegt ein Selbstverpflichtungsangebot vor (Tz. 391). Schließlich ist in diesem Zusammenhang noch die öffentlichkeitswirksame Vereinbarung zwischen einigen deutschen Automobilherstellern und verschiedenen Bundeslän-

dern aufzuführen. In dem Konsenspapier erklären die Automobilhersteller unter anderem, bis zum Jahre 2000 ein dieselmotorgetriebenes „3-Liter-Auto" auf den Markt zu bringen; im Gegenzug werden von den Regierungschefs der drei Länder stabile politische Rahmenbedingungen versprochen.

164. Die Selbstverpflichtungen der Industrie sind wohl deshalb auf relativ große Beachtung gestoßen, weil man in ihnen einen richtungsweisenden Trend für die Umweltpolitik der kommenden Jahre zu erkennen glaubt. Befürworter reden von einem Durchbruch auf dem Weg zu einer neuen Umweltpolitik der Arbeitsteilung zwischen Staat und Wirtschaft, Skeptiker befürchten einen beginnenden Erosionsprozeß staatlicher Verantwortung bei der Festlegung umweltpolitischer Ziele. Entscheidend für eine Bewertung derartiger Lösungen sind aus Sicht des Umweltrates in erster Linie die ökologische Effektivität und die Akzeptanz in der Bevölkerung. Daneben sind auch ökonomische, rechtliche und administrative Bezüge von Bedeutung. Ausschlaggebend für den Erfolg derartiger Vereinbarungen waren in der Vergangenheit in erster Linie der Druck der Öffentlichkeit und drohende ordnungsrechtliche Maßnahmen, wie es sich etwa an den Beispielen der Selbstverpflichtungen der Asbestzementindustrie (1984) und der Aerosolindustrie (1977/87) gezeigt hat. Die Substitution von Asbest und FCKW lag wegen drohender massiver Absatzeinbußen zum Interesse der Industrie. Die Hersteller von Spraydosen konnten die Produktumstellung durch entsprechendes Marketing sogar zu einer Imageverbesserung nutzen. Wenn mit den Verpflichtungen aber aufwendige Prozeßveränderungen oder Anwendungsnachteile verbunden waren, die sich zudem relativ schlecht vermarkten lassen, haben sich Abschluß und Umsetzung der Vereinbarungen meist schwieriger gestaltet.

165. In einzelnen Studien sind Evaluierungen von Selbstverpflichtungen durchgeführt worden, allerdings nicht auf Grundlage von einheitlichen Kriterien, die eine Vergleichbarkeit von Ergebnissen ermöglichen würden (z.B. FÜHR, 1995; LAUTENBACH et al., 1992). KOHLHAAS und PRAETORIUS (1994) haben die Selbstverpflichtung der Industrie zur Minderung der energiebedingten spezifischen CO_2-Emissionen im Vergleich zu einer Besteuerung und zur Wärmenutzungsverordnung insbesondere hinsichtlich des rechtlichen Rahmens näher analysiert. In der Untersuchung wird unter anderem in Frage gestellt, ob die behauptete gesamtwirtschaftlich günstigere Umsetzung von umweltpolitischen Zielen durch Selbstverpflichtungen tatsächlich erreicht werden kann. Voraussetzung dafür ist unter anderem, daß bei Branchenabkommen die Verbände erreichen müßten, daß Reduktionsmaßnahmen verbandsintern an der wirtschaftlich günstigsten Stelle vorgenommen werden können und zugleich gewährleisten, daß die eingegangenen Verpflichtungen eingehalten werden. Da sie hierfür grundsätzlich über keine anderen Instrumente verfügen als der Staat, ist kaum mit Effizienzvorteilen für Selbstverpflichtungen zu rechnen.

Aus einer Analyse der Entwicklung des spezifischen Endenergieverbrauchs, also des Verbrauchs von Energie bezogen auf den Produktionswert, im verarbeitenden Gewerbe in den alten Bundesländern für den Zeitraum von 1970 bis 1993 ergibt sich eine durchschnittliche jährliche Verbrauchssenkung von 2,3 %. Unter anteiliger Anrechnung der Umwandlungsverluste in der Stromerzeugung ergibt sich noch immer ein jahresdurchschnittlicher Rückgang von 1,8 %. Das Angebot der Wirtschaft, den spezifischen Verbrauch von 1987 bis 2005 – also innerhalb von 18 Jahren – um bis zu 20 % zu verringern, entspricht nur einer Minderung von 1,2 % im Jahresdurchschnitt. Die Analyse des spezifischen Endenergieverbrauchs und der spezifischen CO_2-Emissionen im verarbeitenden Gewerbe seit 1973 und deren Fortschreibung bis 2005 zeigen, daß technologische, organisatorische und strukturelle Entwicklungen bereits im Trend eine stärkere spezifische Verbrauchsminderung erwarten lassen, als von der Industrie angeboten wurde (DIW, 1995 b).

166. Auch die anderen oben genannten Entwürfe für Vereinbarungen im Bereich der Automobilindustrie sind auf Skepsis und zum Teil auf harte Kritik gestoßen. Dem Angebot zur Altautoentsorgung wurde entgegengehalten, es widerspreche in wesentlichen Punkten den Anforderungen des 1996 in Kraft tretenden Kreislaufwirtschaftsgesetzes. Zudem sei es ein gutes Beispiel für die Ineffizienz von Verbandsinitiativen: nicht die fortschrittlichsten Mitglieder, sondern diejenigen mit dem größten Beharrungsvermögen geben das Tempo vor. Außerdem wurde seitens mittelständischer Recyclingbetriebe massive Kritik an den Vorstellungen der Hersteller geübt (ada, 1995). Hinsichtlich der Verpflichtung zur Reduzierung des Kraftstoffverbrauchs besteht weitgehend Einigkeit darüber, daß das Ziel einer Kraftstoffverbrauchssenkung um 25 % in 15 Jahren, ausgehend von einem relativ hohen Durchschnittsverbrauch, im Rahmen der ohnehin zu erwartenden technischen Entwicklung liegt. Auch die Zusage, bis zum Jahre 2 000 Automodelle mit Dieselmotoren auf den Markt zu bringen, die drei bis vier Liter pro 100 km verbrauchen, kann nicht den Anspruch erheben, eine besondere technologische Leistung zu sein. Der Umweltrat weist in diesem Zusammenhang auf seine Ausführungen zum Risikopotential von Dieselmotoren, das von der Partikelemission ausgeht, hin (SRU, 1994, Tz. 669-700).

167. Der Umweltrat ist grundsätzlich der Auffassung, Selbstverpflichtungen – als eine Form kollektiver Lösungen – nicht von vornherein als Möglichkeit zur Stärkung der Eigenkräfte der Unternehmen im Dienst umweltgerechter Produkt- und Verfahrensinnovationen auszuschließen. Sie können der verbreiteten Praxis eines lediglich nachsorgenden Umweltschutzes entgegenwirken und stehen für die Erwartung, daß die Unternehmen freiwillig mehr an Umweltschutz leisten sollen, als der Staat ihnen gegenwärtig abzuverlangen vermag (SRU, 1994, Tz. 326). Voraussetzung für einen erfolgreichen Einsatz von Selbstverpflichtungen ist allerdings, daß die ökologischen Ziele richtig gesetzt werden und ihre Erreichung gesichert ist. Befürchtungen, daß im Geleitzug der Beteiligten derartiger Verpflichtungen das jeweils schwächste Glied das Tempo bestimmt und die Wirtschaft sich nur zu Zielen verpflichtet, die sie ohnehin ansteuert, wiegen schwer. Deshalb sollte die Eignung dieses Instruments nicht auf breiter Front, sondern äußerst selektiv und befristet erprobt werden. In jedem Falle ungeeignet sind solche Lösungen dann, wenn sie der Öffentlichkeit nicht glaubwürdig vermittelbar sind oder wenn sie zu erheblichen Wettbewerbsbeschränkungen oder zum Verlust des Vertrauens in die staatliche Umweltpolitik führen. Die jetzt vorliegenden oder bekanntgewordenen Selbstverpflichtungen vermitteln nicht den Eindruck, daß sie geeignet sind, den gestellten Anforderungen gerecht zu werden. Es bestehen vielmehr Zweifel, ob auf diesem Weg ein wirklicher und langfristiger Fortschritt in der Umweltpolitik erreicht werden kann. Im übrigen weist der Umweltrat darauf hin, daß kein Weg daran vorbeiführt, daß sich Selbstverpflichtungen der Wirtschaft der Überprüfung durch Kartellbehörden nach §§ 1 ff. GWB und Artikel 85 EGV stellen müssen.

168. Um die bestehenden Zweifel zu klären und objektive Prüfungen des Leistungsvermögens von Selbstverpflichtungen zu ermöglichen, regt der Umweltrat an, Kriterien für die Funktionsfähigkeit freiwilliger Vereinbarungen zu erarbeiten. Als Beispiele für wichtige Prüfkriterien sind zu nennen:

- Sind Zielvorgaben einschließlich Zwischenzielen in zeitlicher und quantitativer Hinsicht klar und überprüfbar definiert?

- Ist ein anspruchsvolles und nachvollziehbares Monitoring vorgesehen?

- Kann ein effizienter Kontrollmechanismus eingerichtet werden?

- Sind Sanktionsmöglichkeiten bei Nichterfüllung einsetzbar?

- Ist die Veröffentlichung von Inhalt und Ergebnis vorgesehen?

Für die weitere Arbeit könnte unter anderem auf erste Ergebnisse des Ende Oktober 1995 in Bonn stattgefundenen Workshops zum Thema „Freiwillige

Selbstverpflichtungen zur Klimavorsorge" zurückgegriffen werden.

2.2.2.4 Öko-Audit-Verordnung

169. Der Umweltrat hat im Umweltgutachten 1994 (SRU, 1994, Tz. 333, 596) zur Öko-Audit-Verordnung Stellung genommen und sie als ein Instrument zur freiwilligen Verbesserung der Umweltleistungen von Unternehmen begrüßt. Bereits damals wurde kritisiert, daß sich die Öko-Audit-Verordnung überwiegend auf die Einrichtung und Bewertung eines Umweltmanagementsystems beschränkt und nur in unzureichender Weise die eigentlichen Umweltbelastungen durch die Unternehmen erfaßt und bewertet. Der Umweltrat hat daher vorgeschlagen, die Umwelt-Audits durch (Betriebs-)Umwelt-Bilanzen zu ergänzen. Der Umweltrat hält an diesem Vorschlag fest.

170. Ungeachtet des potentiellen positiven Beitrags zur Verbesserung des vorsorgenden Umweltschutzes im Unternehmen sollte die Öko-Audit-Verordnung derzeit nur auf freiwilliger Basis angewandt werden. Zwar scheinen grundsätzlich die Unternehmen bei der Ausgestaltung des betrieblichen Umweltschutzes sehr viel stärker auf gesetzliche Forderungen zu reagieren, als sich von anderen Motiven leiten zu lassen (Innosys und Orgconsult, 1992). Es ist aber zweifelhaft, ob dies auch für den nichttechnischen, insbesondere den organisatorischen Bereich gilt, oder ob freiwillige Modelle unternehmerischer Selbstkontrolle nicht stärkere Anreize bieten können. Die Ausgestaltung des Unternehmensmanagements orientiert sich sehr stark an der individuellen Unternehmensstruktur. Verbindliche organisationsrelevante Normen mit einem substantiellen Inhalt bergen die Gefahr in sich, die Eigenheiten der einzelnen Unternehmen nicht ausreichend zu erfassen und im Ergebnis ineffektive Organisationsstrukturen zu fördern. Im übrigen könnte eine obligatorische Öko-Audit-Verordnung mit der grundsätzlichen Organisationsfreiheit der Unternehmen kollidieren. Der Umweltrat sieht an diesem Punkt weiteren Forschungsbedarf und hält eine gesetzlich vorgeschriebene Regelung beim gegenwärtigen Stand der Diskussion für nicht zweckmäßig. Inwieweit die Regelungen der Öko-Audit-Verordnung überhaupt geeignet sind, läßt sich erst beantworten, wenn das gegenwärtige Modell beobachtet sowie die gewonnenen Erkenntnisse ausgewertet worden sind, und in einen breiten, branchenübergreifenden Diskurs von Wissenschaft und Praxis zum Stand der Organisationstechnik gemündet haben.

Deregulierung

171. Der Umweltrat hält die Öko-Audit-Verordnung grundsätzlich für geeignet, Impulse für eine Deregulierung des Umweltverwaltungsrechts zu geben. Auch in der wissenschaftlichen Diskussion besteht Einigkeit darüber, daß die Öko-Audit-Verordnung deregulierende Wirkung entfalten kann (Tz. 92 ff.), soweit sich die mit ihrer Einführung verbundenen Erwartungen erfüllen. Insbesondere bei der Überwachung, den Erklärungs- und Mitteilungspflichten sowie den Dokumentationspflichten, aber auch bei Genehmigungsverfahren sind Erleichterungen denkbar.

172. Gegenwärtig sollte die Öko-Audit-Verordnung aber nicht zum Anlaß für eine weitere Entrechtlichung des Umweltschutzes genommen werden. Der Abbau ordnungsrechtlicher Mittel war zwar ursprünglich in Artikel 12 des Vorschlages für eine Öko-Audit-Verordnung vorgesehen, wurde jedoch nicht in die endgültige Fassung übernommen. Die Öko-Audit-Verordnung ist vielmehr in das bestehende ordnungsrechtliche System integriert. Die Erwartung, daß von der Verabschiedung der Öko-Audit-Verordnung gleichsam automatisch deregulierende Effekte zu erwarten seien, die sowohl den Überwachungsdruck für die Unternehmen als auch das Vollzugsdefizit verringern, hat sich nicht erfüllt (LÜBBE-WOLF, 1994, S. 361, 372).

Der Umweltrat hält es für erforderlich, daß die Öko-Audit-Verordnung sich zunächst in der Praxis bewährt. Ein seriöses Deregulierungskonzept kann erst dann entwickelt werden, wenn aussagefähige Erkenntnisse über Umwelt-Audits vorliegen. Andernfalls besteht die Gefahr, daß ohne vorherige sorgfältige Problemanalyse wenig praxisgerechte und dem Umweltschutz abträgliche Lösungen entwickelt werden. Nur wenn sich herausstellt, daß auch die Umweltbetriebsprüfungen gründlich und mit ausreichender inhaltlicher Tiefe durchgeführt werden und die anschließende Validierung den hohen Anforderungen des bestehenden Rechts gerecht wird, sind deregulierende Maßnahmen zu erwägen. Es wird in besonderem Maße von der Glaubwürdigkeit der Umwelt-Audits abhängen, inwieweit deregulierende Effekte erzielt und von der Öffentlichkeit akzeptiert werden können.

173. Einen Rückbau materieller Umweltstandards als Reaktion auf die Öko-Audit-Verordnung sieht der Umweltrat grundsätzlich nicht als angemessen an. Der Staat muß die rechtlichen Rahmenbedingungen für eine effektive Gefahrenabwehr und Vorsorge vorgeben. Dieser Aufgabe darf er sich nicht entledigen.

Normen zur Öko-Audit-Verordnung

174. Die Öko-Audit-Verordnung sieht in Artikel 12 vor, daß nationale, europäische und internationale Normen für Umweltmanagementsysteme und Betriebsprüfungen an Stelle der entsprechenden Regelungen der Öko-Audit-Verordnung angewendet werden dürfen. Wenn diese Normen von der Europäische Kommission anerkannt sind, gelten Standorte, die ein Umweltmanagement anhand einer dieser Normen einrichten, insoweit als der Öko-Audit-Verordnung entsprechend. Eine anschließende Validierung der Umwelterklärung ermöglicht eine Registrierung des Standortes im Sinn der Öko-Audit-Verordnung. Einzelne nationale Normungsinstitute haben zwischenzeitlich Normentwürfe erarbeitet, die zum Teil in das Anerkennungsverfahren vor der Europäischen Kommission gemäß Artikel 19 gegangen sind. Auf internationaler Ebene ist mit dem Entwurf der Norm ISO 14001, die mittlerweile in den DIS-Status (Draft International Standard) übergeleitet wurde, ein Normentwurf für ein Umweltmanagementsystem entwickelt worden, über den im Frühjahr 1996 entschieden werden wird. Eine eigenständige CEN-Norm wurde bisher nicht erarbeitet. Allerdings besteht Einigkeit, eine CEN-Norm auf der Basis der ISO 14001 zu verabschieden.

Der Umweltrat sieht zwar das Bedürfnis nach nationalen „Übersetzungen" der Öko-Audit-Verordnung. Eine Vielzahl von Umweltmanagementnormen trägt aber nicht zu einer weiteren Vereinheitlichung des Umweltrechts bei und ist eher geeignet, die bestehenden nationalen Unterschiede unnötig festzuschreiben. Vor allem ist aber zu befürchten, daß der Wettbewerb der verschiedenen Systeme zu einem „race to the bottom" führen kann, weil Unternehmen im Zweifel das ökonomisch günstigste und das die geringsten inhaltlichen Anforderungen stellende System wählen (LÜBBE-WOLFF, 1994, S. 361, 372). Dieses Problem ließe sich allerdings durch die Verabschiedung einer CEN-Norm entschärfen, wenn die nationalen Normungsinstitute sechs Monate nach dem Inkrafttreten einer CEN-Norm die nationalen Normen zurückziehen werden. Der Umweltrat fordert, daß unbedingt die inhaltliche Gleichwertigkeit der verschiedenen nationalen Normen, aber auch einer CEN-Norm mit der Öko-Audit-Verordnung gewahrt werden muß.

Umwelt-Audit-Gesetz

175. Wenngleich der Umweltrat den sich aus der Öko-Audit-Verordnung ergebenden Chancen durchweg positiv gegenübersteht, hält er eine kritische Begleitung der nationalen Umsetzungsakte für erforderlich, da insbesondere die Fachkompetenz, Neutralität und Akzeptanz der Umweltgutachter und Zertifizierungsstellen entscheidend für die Glaubwürdigkeit des Umwelt-Audits sein werden.

176. Der Bundesverband der Deutschen Industrie e. V. (BDI) und der Deutsche Industrie und Handelstag (DIHT) konnten in der Diskussion um das Umwelt-Audit-Gesetz – insbesondere gegen den Widerstand des Umweltbundesamtes – ein sogenanntes wirtschaftsnahes Modell durchsetzen. Danach sind Industrie- und Handelskammern beziehungsweise Handwerkskammern für die Registrierung der auditierten Unternehmen zuständig. Eine Eintragung der Standorte durch die Kammern erfolgt, nachdem glaubhaft gemacht ist, daß alle Bedingungen der Öko-Audit-Verordnung erfüllt sind. Die Zulassungsstelle ist auch für die Streichung und vorübergehende Aufhebung von Eintragungen zuständig, soweit Verstöße gegen Artikel 8 Abs. 3 beziehungsweise Abs. 4 festgestellt werden. Diese Regelung ist nach Ansicht des Umweltrates jedenfalls dann bedenklich, wenn bei den Kammern kein besonderer Sachverstand für diese Aufgabe vorhanden ist. Darüber hinaus müssen die Kammern auf diesem Tätigkeitsgebiet besonders darauf achten, Unabhängigkeit und Unparteilichkeit zu wahren, um die Glaubwürdigkeit der Umwelt-Audits nicht zu gefährden.

177. Die Regelungen zur Unabhängigkeit der Umweltgutachter begegnen auch in ihrer überarbeiteten Fassung Vorbehalten. In § 6 des Umwelt-Audit-Gesetzes sind weitgehende Unvereinbarkeitsregelungen aufgenommen. Ein Kammerbediensteter, der mit der Eintragung eines Standortes befaßt ist, darf nicht gleichzeitig Umweltgutachter sein. Diese Fassung schwächt zwar die Vorbehalte hinsichtlich der Unabhängigkeit ab, stellt gleichwohl aber eine Bevorzugung im Vergleich zu Behördenmitarbeitern dar. Eine ähnliche Regelung hätte sich auch für Behördenmitarbeiter treffen lassen. Es ist ferner sicherzustellen, daß Umweltgutachter und externe Umweltberater, die gesellschaftsrechtlich miteinander verbunden sind, nicht an dem gleichen Standort tätig werden. Andernfalls ist die erforderliche Unabhängigkeit nicht garantiert.

178. Darüber hinaus werfen die Modalitäten der Prüfung der Umweltgutachter einige Fragen auf. Das Umwelt-Audit-Gesetz sieht vor, daß eine oder mehrere juristische Personen des Privatrechts als Zulassungsstellen zur Prüfung der Umweltgutachter eingerichtet werden. Da das Umwelt-Audit-Gesetz nicht rechtzeitig in Kraft trat, wurde zwischenzeitlich von verschiedenen Wirtschaftsverbänden (BDI, DIHT, ZDH, Bundesverband der freien Berufe) eine vorläufige Zulassungsstelle für Umweltgutachter gegründet: Deutsche Akkreditierungs- und Zulassungsgesellschaft für Umweltgutachter mbH (DAU). Sie hat mittlerweile eine Prüfungsordnung erstellt, nach der vorläufig – mit Zustimmung der Bundesländer – die Umweltgutachter geprüft werden sollen. Ungeachtet der Tatsache, daß der noch zu bestellende Umweltgutachterausschuß eine Neugestaltung beziehungsweise Revision dieser Prüfungsordnung durchführen kann, steht zu befürchten, daß eine bereits eingeführte und angewendete Prüfungsordnung nicht mehr geändert wird. Im übrigen weist der Umweltgutachterausschuß, dessen Mitglieder von den Wirtschaftsverbänden (6), den Umweltgutachtern (4), der Umweltverwaltung von Bund und Ländern (6), der Wirtschaftsverwaltung von Bund und Ländern (3), den Umweltverbänden (3) und den Gewerkschaften (3) entsendet werden, eine Zusammensetzung auf, die eine kritische Gesamtrevision der Prüfungsordnung wenig wahrscheinlich erscheinen läßt. Der Umweltrat empfiehlt geeignete Maßnahmen um sicherzustellen, daß Revisionen der geltenden Regelung erleichtert werden und die Anforderungen an die Umweltgutachterprüfung sowie die Registrierung der Standorte den inhaltlichen Vorgaben der Öko-Audit-Verordnung entsprechen. Andernfalls ist zu befürchten, daß die Glaubwürdigkeit der Öko-Audit-Verordnung Schaden nehmen wird und im Ergebnis weder deregulierende noch innovative Effekte erwartet werden können.

179. Insgesamt unterstützt der Umweltrat trotz seiner punktuellen Kritik das Konzept der Öko-Audit-Verordnung. Mit dieser Verordnung wird ein Instrument in das Umweltrecht eingeführt, das neue Impulse für die Kooperation von Staat und Unternehmen zu geben und insbesondere die Eigeninitiative der Unternehmen zu fördern vermag. Erst nach einer Evaluierung der Erfahrungen mit der Öko-Audit-Verordnung sollte der Gesetzgeber prüfen, ob weiterer Regelungsbedarf besteht.

2.2.3 Umweltbeobachtung und Umweltinformation

2.2.3.1 Umweltbeobachtung

Ökologische Umweltbeobachtung

180. Der Umweltrat hat in der Vergangenheit mehrfach darauf aufmerksam gemacht, daß er den Aufbau einer erweiterten integrierenden Umweltbeobachtung für unverzichtbar hält (SRU, 1994, Tz. 144, 562; SRU, 1991 b). Bestehende sektorale Beobachtungsnetze müssen dabei vervollständigt, harmonisiert und zusammengeführt und durch eine ökosystemar orientierte Umweltbeobachtung an repräsentativen Standorten ergänzt werden. Die ökosystemar orientierte Umweltbeobachtung muß weiterhin den Nutzungsgradienten von Natur und Landschaft sowie die unterschiedliche Empfindlichkeit der Systeme berücksichtigen. Eine solchermaßen organisierte ökologische Umweltbeobachtung – bestehend aus sektoraler und ökosystemarer Beobachtung – erhebt den Anspruch, integrierend und sektorübergreifend Wirkungszusammenhänge im Naturhaushalt nachzuweisen und darzustellen, die durch einfache sektorale Betrachtung nicht erfaßbar wären, zum Beispiel die Auswirkungen von Stickstoffeinträgen auf Böden, Wasser und Lebensgemeinschaften.

Die Ergebnisse der Umweltbeobachtung sollten in Umweltinformationssysteme münden, das heißt in Datenbanken gesammelt werden. Damit können sie als fachliches Instrument, zum Beispiel für die Ermittlung von Umweltqualitätszielen, für die Festlegung von Umweltstandards oder zur Bereitstellung von aktuellen Zustandsdaten für die Raumplanung, dienen. Weiterhin bilden sie eine Grundlage für die Umweltberichterstattung zur Unterrichtung der Öffentlichkeit über die Umweltsituation. Die ökologische Umweltbeobachtung dient auch der Früherkennung von Umweltschäden und damit dem vorsorgenden Umweltschutz.

181. Die mittlerweile initiierten Arbeiten an einem Konzept für ein Umweltbeobachtungsprogramm (BMU und UBA, 1995, 1994) und die stufenweise Aufnahme des Vollbetriebes der Umweltprobenbank werden vom Umweltrat begrüßt. Das Umweltbeobachtungsprogramm darf aber nicht in der Erfassung sektoraler Umweltinformationen verharren, sondern bedarf der vollständigen Umsetzung. Die eigentlich wichtige Aufgabe sieht der Umweltrat in der Konzeption und Einführung einer ökosystemar orientierten Umweltbeobachtung. Hierzu haben SCHÖNTHALER et al. (1994) umfangreiche konzeptionelle Vorschläge gemacht und damit die Empfehlungen im Sondergutachten „Allgemeine ökologische Umweltbeobachtung" (SRU, 1991 b) aufgegriffen und weiterentwickelt. Der Umweltrat hält diese Vorschläge insgesamt für richtungsweisend. Die ökosystemare Umweltbeobachtung sollte vorrangig in den Biosphärenreservaten in Form eines harmonisierten Pflichtprogramms mit der Erhebung eines Kerndatensatzes eingeführt werden. Darüber hinaus sollten weiterreichende, regionalisierte Beobachtungen zu einer inhaltlichen Arbeitsteilung zwischen den Biosphärenreservaten und zu einer Vertiefung spezifischer

ökosystemarer Fragestellungen führen. Hier sollten vor allem Funktions- und Prozeßzusammenhänge berücksichtigt und Bilanzierungen vorgenommen werden, um das Wirkungsgeflecht in Ökosystemen, Böden und Gewässern abzubilden (SRU, 1994, Kap. I.2).

Eine weitere Aufgabe muß die Abbildung von Nutzungen und von Eingriffen in Natur und Landschaft sein. Dies wird jedoch vielfach nur außerhalb der Biosphärenreservate geleistet werden können. Der Umweltrat sieht insbesondere auch Lücken in der Darstellung der biologischen Vielfalt und ihren Veränderungen, die es zu schließen gilt. Arten- und Biotoplisten, die viele Jahre bis Jahrzehnte für eine Erstellung oder eine Aktualisierung benötigen, bilden weder die raschen Veränderungen kontinuierlich ab, noch werden sie dem Beziehungsgeflecht aller Organismen in Ökosystemen und damit der biologischen Vielfalt gerecht. Im Rahmen der Umweltbeobachtung sollte deshalb die Populationsökologie einen Untersuchungsschwerpunkt bilden.

182. Zur Einführung einer ökologischen Umweltbeobachtung unter Einbeziehung der Umweltforschung ist die Zusammenarbeit von Bund und Ländern erforderlich. Während aus Bundessicht vor allem internationale und nationale Berichtspflichten und die Erfolgskontrolle umweltpolitischer Maßnahmen für eine Erweiterung und Harmonisierung der Umweltbeobachtung sprechen, steht aus Ländersicht neben den Aufgaben der Umweltbeobachtung in Biosphärenreservaten die anwendungsorientierte Umweltbeobachtung im Vordergrund. Das Immissionsökologische Wirkungskataster Baden-Württemberg leistet beispielsweise wesentliche Schritte in Richtung einer harmonisierten Umweltbeobachtung (ZIMMERMANN, 1991). Für Fachplanungen und für die Raumplanung erforderliche Grunddaten lassen sich in der ökologischen Umweltbeobachtung bündeln und auf aktuellem Stand halten (vgl. hierzu für Schleswig-Holstein FRÄNZLE et al., 1991); Doppelerhebungen durch verschiedene Fachplanungen können zunehmend vermieden werden. Über die Ermittlung von bundeseinheitlichen Mindestanforderungen hinaus (SRU, 1996, Abschn. 2.1.3.2) sollten in der begleitenden Forschung im Rahmen der ökologischen Umweltbeobachtung auch Grundlagen für regionsspezifische Umweltstandards bereitgestellt werden.

Der Umweltrat ist der Meinung, daß sich an der Umsetzung der ökologischen Umweltbeobachtung Bund und Länder gleichermaßen beteiligen sollten. Die erforderliche Abstimmung hierüber sollte baldmöglichst stattfinden. Für die ökologische Umweltbeobachtung sollte eine gesetzliche Grundlage im Bundesnaturschutzgesetz geschaffen werden.

Umweltbeobachtung und Satellitenfernerkundung

183. Die Satellitenfernerkundung eröffnet für die Umweltbeobachtung Möglichkeiten zum Ausgleich wichtiger Informationsdefizite (SRU, 1991 b, Tz. 93). Stehen heute zur Bestimmung von „in situ"-Umweltdaten ausgereifte bodengestützte Beobachtungs- und Meßmethoden zur Verfügung, so zeichnen sich satellitengestützte Systeme dadurch aus, daß sie in der Lage sind, auch große Flächen und diese gleichfalls in schwer zugänglichen Gebieten kontinuierlich zu erfassen, so daß regionale und globale Umweltinformationen im Zeitablauf ermittelt werden können. Die Satellitenfernerkundung bietet damit die Möglichkeit, großräumige und langfristige Wechselwirkungen in Ökosystemen zu überwachen und den umweltpolitisch oder administrativ verantwortlichen Einrichtungen fortlaufend Informationen, zum Beispiel über die Bewertung des aktuellen Ökosystemzustandes, zu liefern.

Die Verwendung von Satellitendaten hat allerdings derzeit in der Umweltbeobachtung nur geringe Verbreitung, und von den bereits zur Verfügung stehenden technischen Möglichkeiten der Erdbeobachtung aus dem Weltraum wird bislang nur in begrenztem Maße Gebrauch gemacht. Eine der Ursachen hierfür ist, daß in der Vergangenheit die Verbesserung der Sensortechnik und Analysemethoden im Mittelpunkt standen. Die Auswertung und Weiterverarbeitung der ermittelten Meßdaten, die zudem beispielsweise aufgrund der höheren räumlichen Auflösung enorm anwuchsen, wurde nicht intensiv genug betrieben. Die Folge sind lange Wege zwischen Messung und Auswertung, so daß die Nutzung der Erfassung oft nicht mehr nachkommen kann. Hinzu kann eine häufig fehlende Abstimmung zwischen den Betreibern und den umweltbezogenen Nutzern von Satelliteninformationen kommen. Erst in jüngerer Zeit findet hier eine intensivere Zusammenarbeit statt. Durch die Definition von Anforderungen und die Abstimmung untereinander ist die Entwicklung von Satellitenprogrammen und Auswertungsmethoden in Gang gekommen, die umweltpolitische Anwendungsinteressen stärker berücksichtigt und die Möglichkeiten der Satellitenfernerkundung für dauerhafte Umweltbeobachtungen in größerem Maße ins Bewußtsein rückt (EU-Konferenzen „Nutzung von Satellitendaten für Umweltzwecke" in Bonn [1992] und Brüssel [1994]).

Die Satellitenfernerkundung kann die konventionellen Methoden der Umweltbeobachtung nicht ersetzen. Die Verbesserung der Umweltbeobachtung ist vielmehr in einer Ergänzung und Optimierung vorhandener Beobachtungssysteme durch die Satellitenfernerkundung zu sehen. Gegenwärtig sind beispielsweise der Komplex Klimaveränderung und stratosphärischer Ozonabbau Gegenstand umfangreicher internationaler beziehungsweise international abgestimmter Forschungs- und Monitoring-Programme unter Einbeziehung von Erdbeobachtungsdaten. Satellitenbilder stellen neben Luftbildern und topographischen Karten auch die wichtigste Grundlage bei der Erhebung eines geographischen Datenbestandes über die Bodenbedeckung dar, den das Statistische Bundesamt im Rahmen eines europaweiten Vorhabens und im Auftrag des Bundesumweltministeriums derzeit aufbaut (Tz. 264).

184. Der Umweltrat empfiehlt, die Nutzung der Satellitenfernerkundung in Kombination mit konventionellen Methoden des Umweltmonitorings zu einer verbesserten Beobachtung der Umwelt voranzutreiben. Um die zur Zeit schon gemessenen Daten opera-

tioneller Satelliten umweltstrategisch besser zu nutzen und die Entstehung von „Datengräbern" zu vermeiden, sieht der Umweltrat im zu verstärkenden Dialog von Forschungs- sowie Entwicklungsinstitutionen einerseits und den umweltpolitischen Anwendern von Satellitendaten (z. B. Umweltämter, Naturschutzbehörden) andererseits den Schwerpunkt zukünftigen Handelns.

2.2.3.2 Umweltindikatorensysteme

185. Eine Voraussetzung für die Umsetzung des Leitbildes einer dauerhaft-umweltgerechten Entwicklung in praktische Politik ist die Verfügbarkeit von Indikatoren, die eine Überprüfung der Umsetzung von Umweltzielen auf der Grundlage einer Situationsanalyse ermöglichen. Der Umweltrat hat in seinem Umweltgutachten 1994 ein wirkungsseitig ausgerichtetes umfassendes Konzept für ein Indikatorensystem vorgeschlagen und Beispiele für eine Indikatorenfindung im stofflichen und im strukturellen Bereich aufgezeigt. Dabei hat er hervorgehoben, daß für die Indikatorenbildung die rasche Weiterentwicklung und Ausfüllung des Konzeptes der kritischen Konzentrationen, der kritischen Eintragsraten und der kritischen strukturellen Veränderungen von besonderer Bedeutung sind (SRU, 1994, Tz. 256).

186. Angesichts der zunehmenden Internationalität der Umweltprobleme und der wachsenden Regelungsdichte im europäischen und internationalen Bereich müssen die nationalen Indikatorensysteme mit den internationalen Systemen kompatibel sein. In diesem Zusammenhang entwickelt das Umweltbundesamt Indikatorensysteme weiter, die darauf ausgerichtet sind, kurzfristig verfügbare Indikatoren im Rahmen des Ansatzes der Organization for Economic Cooperation and Development (OECD) zu ermitteln. Der von der OECD bereits 1991 vorgelegte Satz von Umweltindikatoren ist 1993 durch ein revidiertes Indikatorensystem ersetzt worden (OECD, 1993), das Indikatoren über die Belastung der Umwelt durch menschliche Aktivitäten („pressure"), zum Umweltzustand im Sinne der Umweltqualität sowie zur Qualität und Quantität natürlicher Ressourcen („state") und zu Maßnahmen als Reaktion auf Verschlechterungen des Umweltzustandes („response") umfaßt. Dabei werden insgesamt 14 Indikatorenbereiche ausgewiesen: Treibhauseffekt, Ozonabbau, Eutrophierung, Versauerung, toxische Kontaminierung, Umweltqualität in Städten, biologische Vielfalt, Landschaftsschutz, Abfall, Wasserressourcen, Wälder, Fischressourcen, Bodenqualitätsverschlechterung sowie generelle Indikatoren. Eine räumliche Disaggregation der Umweltindikatoren ist nicht vorgesehen, jedoch eine sektorale (z. B. Landwirtschaft, Fischerei, Bergbau, Energie usw.), insbesondere der Belastungsindikatoren. Als Kriterien für die selbstgestellten Anforderungen an die Indikatoren gelten Politikrelevanz, analytische Fundierung und empirische Durchführbarkeit.

Auch wenn der OECD-Ansatz den Bezug zu den Zielgrößen einer dauerhaft-umweltgerechten Entwicklung nicht oder nur bedingt herstellt, es ihm teilweise auch an Transparenz mangelt und vor allem hinsichtlich der ökologischen Grundanforderungen durchaus Zweifel an diesem Modell anzumelden sind (SRU, 1994, Tz. 178), so genügt der Ansatz den politischen und pragmatischen Anforderungen im Sinne der politischen Steuerbarkeit, der ökonomisch-ökologischen Relevanz, der Verständlichkeit, der Vertretbarkeit des Aufwandes und der internationalen Kompatibilität.

187. Die kurzfristige Umsetzbarkeit dieses Ansatzes für Deutschland wird im Rahmen eines Forschungs- und Entwicklungsvorhabens „Entwicklung von Umweltindikatorensystemen für die Umweltberichterstattung" des Umweltbundesamtes geprüft. Als Abschluß des Projekts soll ein Umweltindikatorenbericht mit Prototypcharakter für Deutschland vorgelegt werden. Der gegenwärtige Satz von Indikatoren umfaßt rund siebzig Sachverhalte mit etwa 140 Einzelindikatoren in zwölf Umweltkategorien (FhG-ISI, 1995): Treibhauseffekt und stratosphärischer Ozonabbau, Eutrophierung, Versauerung, urbane Umwelt, biologische Vielfalt und Landschaftsschutz, Abfall, Wasser, Wald, Fisch, Boden, Strahlenbelastung sowie generelle Indikatoren. Damit erfolgte bei den Einzelindikatoren eine Ausweitung des OECD-Systems. Schwieriger ist die Indikatorenbildung in den übergreifenden Bereichen Eutrophierung, Versauerung, toxische Kontamination und urbane Umwelt sowie im Bereich Biologische Vielfalt, da sich weder in den für Umweltdaten jeweils zuständigen Einrichtungen organisatorisch eine Entsprechung für sie findet, noch übergreifende Bereiche durch das Umweltstatistikgesetz (Tz. 191) erhoben werden und somit kurzfristig bundesweit repräsentative Daten nicht zur Verfügung stehen. Insbesondere Indikatoren in den Bereichen Versauerung und Eutrophierung sind Prozeßindikatoren und beruhen auf Bilanzierungen, denen ökologische Modelle zugrundeliegen. Sie sind im Rahmen der ökologischen Umweltbeobachtung (Tz. 180) weiterzuentwickeln und bereitzustellen. Im Vergleich mit dem OECD-Vorschlag ergibt sich zudem für das deutsche Modell eine nur geringe Gewichtung der ressourcenorientierten Kategorien Wasser, Fisch, Wald und Boden, weil diese im OECD-Modell lediglich eine besonders intensive Bewirtschaftung einer Ressource als Umweltschutzerfolg ausweisen.

Neben der grundsätzlichen Schwierigkeit, inwieweit die Aussagefähigkeit der einzelnen ausgewählten Indikatoren gegeben ist, stellt sich das Problem der Datenverfügbarkeit und -belastbarkeit. Der Umweltrat hat mehrfach auf den Mangel an aktuellen, flächendeckenden und vergleichbaren Umweltdaten hingewiesen und die Notwendigkeit der Verbesserung der Datenlage hervorgehoben (SRU, 1994, Tz. 557). Dieses Problem wird durch ein Indikatorensystem nicht gelöst, sondern im Gegenteil potenziert. Deshalb weist der Umweltrat darauf hin, daß die verfügbaren Daten nicht die Einzelindikatorenbildung, sondern die Indikatoren die zu erhebenden Daten bestimmen müssen. Der Mangel an belastbaren Daten betrifft vor allem Zustands- und Reaktionsindikatoren, in geringerem Maße aber auch Belastungsindikatoren, die im einzelnen evaluiert werden müssen.

188. Während das Indikatorenmodell des Umweltbundesamtes kurz- bis mittelfristig angelegt ist, setzt die wissenschaftliche Diskussion eher mittel- bis langfristig an und versucht unter anderem, die Beziehung von Ökonomie und Umwelt umfassend zu beschreiben (u.a. RENNINGS und WIGGERING, 1995). Das Indikatorenprojekt des Statistischen Bundesamtes im Rahmen der Umweltökonomischen Gesamtrechnung (UGR) bezweckt, diesen Ansatz unmittelbar umzusetzen (RADERMACHER et al., 1995), das heißt, den Zustand und die Qualität des Naturvermögens in physischen Größen zu ermitteln als Voraussetzung, um eine entsprechende ökonomische Bewertung vorzunehmen. Abnutzung und Verbrauch des Naturvermögens gehen genau wie die des produzierenden Kapitals in eine vollständige Wirtschaftsbilanz ein (Tz. 136 f.). Dabei wird der Schwerpunkt im Bereich der Zustandsindikatoren gesetzt. Die Indikatoren werden an definierten Beobachtungsobjekten, sogenannten Akzeptoren, erfaßt. Akzeptoren sind danach Ökosystemgruppen (Landschaften), Ökosysteme und Biotope sowie Bestandteile von Ökosystemen (Organismen, Böden, Sedimente, Grundwasser usw.). Der Umweltzustand wird unter den Blickwinkeln der Funktionalität (am Akzeptor Ökosystemgruppe), der physischen Struktur (am Akzeptor Ökosysteme) und von Beeinträchtigungen (am Akzeptor Bestandteile von Ökosystemen) betrachtet. Bis 1997 sollen für den Aspekt Beeinträchtigungen Daten zum Boden und zum Grundwasser eines Testgebietes ausgewertet und dargestellt werden sowie für den Beobachtungsaspekt physische Struktur in einer ökologischen Flächenstichprobe Primärdaten erhoben werden, die dann zu Indikatoren auszubilden sind. Abschließend soll ein für Deutschland möglichst flächendeckendes und für die Anforderungen der Umweltökonomischen Gesamtrechnung einsetzbares Konzept eines raumbezogenen Umweltindikatorensystems präsentiert werden (SCHÄFER et al., 1995).

Der Umweltrat unterstützt diese Aktivitäten und empfiehlt, die Indikatorenbildung durch Bereitstellung entsprechender finanzieller und personeller Kapazitäten zu forcieren. Gerade im Bereich der Funktionalität von Ökosystemen, für die bisher keine operationalisierten, empirisch erfaßten Indikatoren vorliegen und auch auf absehbare Zeit keine im statistischen Sinne repräsentativen Aussagen möglich sein werden, ergibt sich erheblicher Forschungsbedarf, der weit über die Integration von Erkenntnissen und Forschungsergebnissen der Zentren der Ökosystemforschung hinausgeht.

189. Auf europäischer Ebene werden erhebliche Anstrengungen unternommen, um einen gemeinsamen Rahmen der EU-Mitgliedstaaten für eine umweltökonomische Gesamtrechnung zu schaffen (s. auch Tz. 137). Dazu hat die Kommission einen Vorschlag „Leitlinien der EU über Umweltindikatoren und ein ‚grünes' Rechnungswesen" (KOM (94) 670) vorgelegt. Wesentliche Bestandteile dieser Leitlinien sind die Erarbeitung eines europäischen Handbuchs für eine umweltökonomische Gesamtrechnung als Voraussetzung eines gemeinsamen Bezugrahmens für eine Buchführung, die Integration von

Indizes der wirtschaftlichen Leistung und der Umweltbelastung (ESI), die Fortführung und Ausweitung der Arbeiten für nationale Satellitenkonten sowie eine Verbesserung der Methodologie und Ausweitung des Anwendungsbereichs der Umweltschadensbewertung und der monetären Bewertung. Ein weiterer·wichtiger Beitrag dazu ist die Erarbeitung eines Systems von Umweltbelastungsindizes (European System of Environmental Pressure Indices – ESEPI). In Anknüpfung an das Fünfte Umweltaktionsprogramm der Europäischen Union werden dabei die Bereiche Energie, Landwirtschaft, Verkehr, Industrie und Tourismus betrachtet; zusätzlich wird der Bereich Abfallwirtschaft einbezogen. Für jeden dieser Bereiche werden zunächst Listen der wichtigsten Schadstoffe erstellt und eine Bestandsaufnahme der vorhandenen Daten für eine Indikatorenbildung vorgenommen. Dieses Vorhaben der Europäischen Union beschränkt sich allerdings auf Belastungsindikatoren und ist insgesamt noch sehr emissionslastig. Zudem werden noch eine Fülle von methodologischen Schwierigkeiten zu bewältigen sein. Insgesamt kann dieses Projekt jedoch einen wesentlichen Beitrag zur Harmonisierung der europäischen Aktivitäten zur Entwicklung einer umweltökonomischen Gesamtrechnung leisten.

190. In Ergänzung zu den oben genannten Umweltindikatoren im engeren Sinne werden von zahlreichen Institutionen Beurteilungskriterien für eine nachhaltige Entwicklung, sogenannte Nachhaltigkeitsindikatoren, entwickelt, die die verschiedenen Dimensionen einer dauerhaft-umweltgerechten Entwicklung berücksichtigen sollen. Bereits in der Agenda 21 wird in Kapitel 40.6 die Entwicklung von Nachhaltigkeitsindikatoren durch die Staaten auf nationaler Ebene sowie durch staatliche und nichtstaatliche Organisationen auf internationaler Ebene angeregt. Einigkeit auf nationaler und internationaler Ebene besteht darüber, daß zugleich die ökologischen, ökonomischen, sozialen und institutionellen Belange in einem Indikatorensystem zu berücksichtigen sind. Auch hier hat sich als methodischer Rahmen der „pressure-state-response"-Ansatz durchgesetzt, mit der Besonderheit, daß zur besseren Abbildung der sozialen und ökonomischen Bereiche statt des Begriffes „pressure" der Begriff „driving forces" verwendet wird. In diesem Zusammenhang hat die Commission on Sustainable Development (CSD) 1995 ein mehrjähriges Arbeitsprogramm zur Entwicklung von Indikatoren vorgelegt mit dem Ziel, einen ersten Indikatorensatz in ausgewählten Ländern zu prüfen (CSD, 1995).

Zu nennen ist auch der Ansatz von Syndromen als Kriterien für fehlende Nachhaltigkeit (WBGU, 1994).

Die Entwicklung von Nachhaltigkeitsindikatoren muß langfristig angelegt werden. Die methodische Weiterentwicklung eines Indikatorensystems erfordert vor allem eine bessere Erfassung von Interdependenzen der ökologischen, ökonomischen und sozialen Bereiche („interlinkages"). Die Berücksichtigung der institutionellen Problematik, die eine andere Ebene anspricht, ist noch nicht befriedigend gelöst. Des weiteren gilt es, soziale und ökonomische Faktoren mit einem „driving forces-state-response"-

Ansatz angemessen zu erfassen. Auch stellt sich die Frage nach der Sinnhaftigkeit hochaggregierter Indikatoren für einzelne Themen, etwa im institutionellen Bereich.

Die Vielzahl der methodischen Probleme macht eine institutionelle Koordination notwendig. Seit 1993 übernimmt das Scientific Committee on Problems of the Environment (SCOPE) diese Funktion der wissenschaftlichen Koordinierung zum Thema Nachhaltigkeitsindikatoren. Die Berichte von SCOPE werden die Grundlage für den weiteren Prozeß der Indikatorenbildung auf CSD-Ebene sein (SCOPE, 1995). Auch das Umweltbundesamt hat ein neues Forschungsvorhaben „Entwicklung von Indikatoren zur Beurteilung der Nachhaltigkeit von Wirtschaft und Gesellschaft (Indikatoren für eine nachhaltige Entwicklung)" aufgelegt. Der Umweltrat begrüßt diese Aktivitäten und regt an, die methodische Weiterentwicklung von Indikatorensystemen voranzutreiben und durch die vom Bundesumweltministerium bereits eingeleitete Koordination der nationalen Aktivitäten von deutscher Seite Einfluß auf die internationale Diskussion der Indikatorenbildung zu nehmen.

2.2.3.3 Umweltstatistik und Umweltdatenaustausch

191. Seit der Verabschiedung des Gesetzes über Umweltstatistik im Jahre 1974 hat sich der Bedarf an aktuellen Daten über die Umwelt auf nationaler und internationaler Ebene erheblich vergrößert. So besteht ein zum Teil zusätzlicher Informationsbedarf über die Umweltsituation und ihre Entwicklung in den neuen Ländern, und die Bundesregierung ist in zunehmendem Maße gefordert, nationale Umweltdaten in internationale Informationssysteme, Statistiken und Umweltberichte einzubringen. Bereits im Umweltgutachten 1994 hat der Umweltrat daher eine möglichst rasche Neufassung des Umweltstatistikgesetzes zur Verbesserung der Umweltdatenbasis angemahnt (SRU, 1994, Tz. 558). Nachdem der von der Bundesregierung im August 1993 beschlossene Gesetzesentwurf wegen befürchteter hoher Erhebungskosten für zusätzliche Umweltdaten auf Ablehnung der Länder gestoßen war, hat sich der Vermittlungsausschuß von Bundestag und Bundesrat erst im Mai 1994 über die Novellierung des Umweltstatistikgesetzes geeinigt. Das neue Gesetz (BGBl. 1994 I, 2530), das 1997 in Kraft tritt und außer im Wasserbereich den Beginn der Erhebung im Jahr 1997, jeweils für das Vorjahr, festschreibt, trägt dem gestiegenen Bedarf an Umweltdaten durch die teilweise Verkürzung von Erhebungszeiträumen und der Erweiterung der Bereiche der amtlichen Statistik Rechnung. Ein Ziel der Novellierung ist es auch, durch Nutzung vorliegender Verwaltungsdaten die Befragten, insbesondere diejenigen des gewerblichen Bereiches, von statistischen Erhebungen zu entlasten.

192. Im Abfallbereich werden neue jährliche beziehungsweise zweijährliche Erhebungen über Abfallverwertungs- und Abfallvermeidungsaktivitäten, die im neuen Abfallrecht hohe Priorität haben und die deutlich veränderte und erweiterte Datennachfrage mitbegründen, in die Umweltstatistik aufgenommen. Eine vierjährliche Erhebung bezieht sich auf die Einsammlung der gesamten Abfälle. Informationen über Aufkommen, Beseitigung sowie Verwertung besonders überwachungsbedürftiger Abfälle werden in einer neuen Sekundärstatistik jährlich erfaßt. Die erstmalige Erhebung von Daten über die Verwertung und Entsorgung von Bauschutt und Sekundärrohstoffen (z. B. Altöl, Kunststoff, Altglas und -papier) wird alle zwei Jahre, die von gebrauchten Verpackungen und zurückgenommenen Erzeugnissen jährlich durchgeführt.

In die Wasserstatistik wird der Bereich Landwirtschaft, in dem dreijährliche Erhebungen vorgesehen sind, neu aufgenommen. Im Bereich der öffentlichen Abwasserbeschaffenheit und Wasserversorgung, der Trink- und Rohwasserbeschaffenheit, wasserwirtschaftlicher Informationen der gewerblichen Wirtschaft sowie bei öffentlichen Wärmekraftwerken werden die Erhebungszeiträume für Daten zur Umweltstatistik von vier auf ebenfalls drei Jahre verkürzt. Die Beschaffenheit des Trinkwassers soll jedoch nicht mehr bei den Wasserversorgungsunternehmen, sondern bei den für die Überwachung der Trinkwasserbeschaffenheit zuständigen staatlichen Stellen erhoben werden. In Anlehnung an das Wasserhaushaltsgesetz wird die Erhebung der Unfälle bei der Lagerung wassergefährdender Stoffe um Unfälle beim Umgang mit diesen Stoffen erweitert. Neu in die Statistik aufgenommen wird die Bestandsaufnahme aller in Nutzung befindlichen Anlagen zum Umgang mit wassergefährdenden Stoffen.

Erstmals sieht das Umweltstatistikgesetz eine Erfassung von Daten über die Luftbelastung vor, wodurch eine Lücke im statistischen Gesamtbild geschlossen wird. Die Statistik erfaßt alle zwei Jahre die Emissionen von genehmigungsbedürftigen Anlagen, für die nach dem Bundes-Immissionsschutzgesetz eine Emissionserklärung abzugeben ist. Die Angaben werden allerdings nicht bei den Betreibern der Anlagen, sondern bei den für den Vollzug der Emissionserklärungsverordnung zuständigen Behörden erhoben. Neu aufgenommen werden auch Informationen über Herstellung und Verwendung bestimmter ozonschichtschädigender und klimawirksamer Stoffe.

Im Bereich der Umweltökonomie werden zu den jährlich erhobenen Investitionen des Produzierenden Gewerbes, die ausschließlich oder überwiegend dem Schutz der Umwelt dienen, zusätzlich Angaben über die laufenden Aufwendungen des Produzierenden Gewerbes sowie Angaben über die erstellten Güter und Dienstleistungen, die ausschließlich dem Umweltschutz dienen, neu in die Statistik aufgenommen. Ergänzt wird dies durch die alle vier Jahre durchzuführende Erhebung über die Zusammensetzung der Umweltschutzinvestitionen bei ausgewählten Investoren.

193. Nach Auffassung des Umweltrates stellt das neue Umweltstatistikgesetz die dringend geforderte Grundlage zur Verbesserung der Datenbasis für eine zeitnahe nationale Umweltberichterstattung dar. Obgleich das novellierte Gesetz um vierzig neue Statistiken erweitert wurde, gibt es dennoch Bereiche wie Lärm, Altlasten und Naturschutz, in denen statistische Erhebungen noch fehlen. Unvollständig wird der Sektor Emissionen erfaßt, in dem Daten zur Emissionstätigkeit von mobilen Quellen (z. B. Verkehr) oder stationären Quellen (z. B. Private Haushalte) nicht in der Statistik enthalten sind. Diese Lücken sollten mittel- bis langfristig geschlossen werden. Zur Umsetzung der erfolgten umfangreichen Neugestaltung ist eine entsprechende personelle und sächliche Ausstattung der Statistikbehörden und der diese bei den Erhebungen unterstützenden Behörden zu schaffen, um nach 1997 mehr und bessere Umweltdaten als bisher rasch verfügbar zu haben. Dies gilt insbesondere vor dem Hintergrund, daß bei der Novellierung des Gesetzes großer Wert darauf gelegt wurde, die Wirtschaftsunternehmen durch zusätzliche Erhebungen nicht weiter zu belasten, sondern im Gegenteil teilweise zu entlasten, indem soweit wie möglich vorliegende Verwaltungsunterlagen genutzt werden.

194. Für eine erfolgreiche umweltpolitische Arbeit von Bund und Ländern ist eine ausreichende Datenbasis gleichermaßen eine unverzichtbare Grundlage. Flächendeckende und regional vergleichbare Umweltdaten sind zudem notwendige Grundlage für eine aussagefähige Umweltberichterstattung zur Erfüllung nationaler und internationaler Informationsbedürfnisse und Berichtspflichten, deren Umfang und Menge beständig zunimmt. Neben dem novellierten Umweltstatistikgesetz ist die im August 1995 in Kraft getretene Verwaltungsvereinbarung zwischen Bund und Ländern über den Datenaustausch im Umweltbereich ein weiterer wichtiger Beitrag zur Verbesserung der aktuellen Informationen über den Stand und die Entwicklung des Umweltzustandes. Hierbei sollten durch die einheitlich abgestimmten Datenanforderungen Fehlinvestitionen und Doppelarbeit bei Bund und Ländern vermieden und Rationalisierungen ermöglicht werden, was angesichts des hohen Aufwandes, der sich mit dem Auf- und Ausbau von Umweltinformationssystemen verbindet, unbedingt geboten ist. Bei der anstehenden Umsetzung der Verwaltungsvereinbarung mahnt der Umweltrat an, diese nicht wegen finanzieller Engpässe der öffentlichen Haushalte zu verzögern oder im Umfang zu reduzieren. Die Erarbeitung weiterer Anhänge und ihre Einbeziehung in den Datenaustausch sollte zügig in Angriff genommen werden.

2.2.3.4 Zum Umweltinformationsgesetz

Dem Gesetz verpflichtete Behörden

195. Das Umweltinformationsgesetz (UIG), das der Umsetzung der EG-Richtlinie 90/313/EWG dient (SRU, 1994, Tz. 560, 594), ist am 16. Juli 1994 in Kraft getreten. Nach der amtlichen Begründung des Gesetzentwurfs (BT-Drs. 12/7138, S. 11) soll § 3 Abs. 1 UIG nur diejenigen Behörden zur Erteilung von Umweltinformationen verpflichten, deren Hauptaufgabe der Umweltschutz ist. Ein während der Beratungen eingebrachter Änderungsantrag (BT-Drs. 12/7583), der jede Behörde einbeziehen wollte, „die Aufgaben des Umweltschutzes oder bei anderen Aufgaben kraft Gesetzes Belange des Umweltschutzes wahrzunehmen hat", wurde im Bundestag abgelehnt, obwohl diese Formulierung den Vorgaben der Richtlinie eher entsprochen hätte. Artikel 2 der Richtlinie setzt in der deutschen Fassung voraus, daß die Behörde „Aufgaben im Bereich der Umweltpflege" wahrnimmt. Ein – bei europäischen Rechtsquellen stets angebrachter (SCHERZBERG, 1994, S. 735) – Vergleich mit der Formulierung in anderen Amtssprachen der Gemeinschaft zeigt, daß alle Behörden erfaßt sein sollen, die Verantwortlichkeiten in bezug auf die Umwelt haben (z.B. in der französischen Fassung „toute administration ayant des responsabilités relatives à l'environnement"). Dies hätte im Gesetzestext selbst klargestellt werden müssen; eine Erklärung in diesem Sinne wie in der Beschlußempfehlung des federführenden Bundestagsausschusses (BT-Drs. 12/7582, S. 11 f.) genügt den Anforderungen an die Rechtssicherheit nicht (TURIAUX, 1994). Die Kritik an der Unklarheit der Regelung und der durch sie ermöglichten Tendenz zu einer einengenden Interpretation ist daher berechtigt (SCHINK, 1995).

196. Die Praxis zeigt, daß in der Tat die Gefahr einer einengenden Auslegung besteht. So hat das Bundesverkehrsministerium die Auffassung vertreten, das Gesetz gelte nicht für die Straßenbaubehörden (Rundschreiben vom 28. August 1994, zitiert nach RÖGER, 1995, S. 181). Diese Auffassung ist von der Europäische Kommission als nicht richtlinienkonform bezeichnet worden (ABl. C 6 (1995), S. 23) und wurde schließlich aufgegeben (BANTLE, 1995).

Eine richtlinienkonforme Praxis muß das Gesetz auch auf Gewerbeaufsichtsbehörden anwenden (ERICHSEN, 1992, S. 10 f.). Dies ist offenbar auch beabsichtigt, wie die durch Artikel 2 des Umweltinformationsgesetzes erfolgte Änderung des § 139 b Gewerbeordnung zeigt, der für die Befugnis der Behörde zur Offenbarung von Geschäfts- und Betriebsverhältnissen auf das Umweltinformationsgesetz verweist.

Der Auskunftsanspruch muß zum Beispiel auch für die Liegenschaftsverwaltung gelten, soweit sie Aufgaben bei der Bewältigung militärischer Altlasten (SRU, 1995, Tz. 346) und damit solche des Umweltschutzes wahrnimmt.

Auch bei den Finanzbehörden können Daten vorliegen, die Informationen über die Umwelt vor allem im Sinne des § 3 Abs. 2 Nr. 2 UIG darstellen und über die die Umweltbehörden gerade nicht verfügen, weil die Steuerpflichtigen sie aus wirtschaftlichem Interesse und im Vertrauen auf das Steuergeheimnis ausschließlich den Finanzbehörden offenbaren. Für das Verhältnis zwischen Finanzverwaltung und anderen Behörden wurde durch Erlaß des Bundesfinanzministeriums vom 1. Juli 1993 (BStBl. 1993 I, 525) die Weitergabe von Steuerdaten, die auf Verstöße schließen lassen, im wesentlichen auf die Fälle schwerer Straftaten beschränkt. Mit einem Ergänzungserlaß vom 9. Januar 1995 (BStBl. 1995 I, 83) wurde die Weitergabe von Daten aufgrund des Umweltinformationsgesetzes generell ausgeschlossen, wodurch der gegen alle Behörden, bei denen Informationen über die Umwelt vorliegen, gerichtete Rechtsanspruch unzulässig verkürzt wird. Hier bedarf es nach Auffassung des Umweltrates noch einer handhabbaren Regelung durch den Gesetzgeber, die es unter grundsätzlicher Wahrung des Steuergeheimnisses erlaubt, auch solche Verstöße gegen zwingendes Umweltrecht aufzudecken, die die Qualität schwerer Straftaten nicht erreichen.

197. Gegenstand verbreiteter Kritik (STOLLMANN, 1995, S. 147; SCHERZBERG, 1994, S. 735; ARZT, 1993, S. 18) ist der Ausschluß von Informationen über Normgebungsverfahren, der durch die Einengung des Behördenbegriffs in § 3 Abs. 1 Satz 2 Nr. 1 UIG bewirkt wird. Die Vorschrift ist zwar durch Art. 2 Buchst. b) der Richtlinie gedeckt, läßt aber die Chance zu einer Innovation ungenutzt, die unter umweltpolitischem Blickwinkel wünschenswert gewesen wäre und vor allem der verbreiteten oder jedenfalls vielfach kritisierten Politikabstinenz oder gar -verdrossenheit ein positives Signal hätte entgegensetzen können (vgl. Tz. 621 f.). Für eine abgewogene Regelung liegt in Gestalt des Neunten Kapitels des Umweltgesetzbuches, Allgemeiner Teil, ein ausgearbeiteter Entwurf vor. Der Umweltrat bedauert, daß der Gesetzgeber insbesondere den Vorgang der Verordnungsgebung nicht wenigstens im gleichen Maße transparent zu machen bereit war, wie es für seine eigene Arbeit selbstverständlich ist. Das ist um so bedenklicher, als Verordnungen eine immer größere Bedeutung für die Ausgestaltung des materiellen Umweltrechts erlangen. Zudem liegt eine Widersprüchlichkeit darin, Verordnungsentwürfe betroffenen Fachkreisen zur Stellungnahme bekanntzugeben, aber anderen Interessierten einen gesetzlichen Informationsanspruch zu verweigern.

Ausgestaltung des Auskunftsrechts

198. Der von der Richtlinie vorgesehene Spielraum der Mitgliedstaaten zur näheren Ausgestaltung des Informationsanspruches wird vom Umweltinformationsgesetz dahingehend genutzt, daß es in das Ermessen der Behörde gestellt wird, ob diese Einsicht in die Originalakten gewährt oder nur einen Aktenauszug übermittelt, anstatt die Wahl dem Bürger zu überlassen. Das Gesetz gibt keine Kriterien für die Ausübung dieses Ermessens an, obwohl von vielen Seiten gefordert worden war, einen klaren Vorrang für die unmittelbare Einsichtnahme zu verankern (RÖGER, 1994, S. 127). Dadurch wird die Ausübung von Informationsansprüchen entgegen seinem Sinn und Zweck erschwert. Die Möglichkeiten, den Zugang zu bestimmten Daten aus Gründen des öffentlichen oder privaten Interesses zu beschränken, stellen einen ausreichenden Schutz gegebenenfalls bestehender Geheimhaltungsinteressen dar.

199. Artikel 3 der Richtlinie ermöglicht es den Mitgliedstaaten, zum Schutz von Geschäfts- und Betriebsgeheimnissen einschließlich des geistigen Eigentums den Zugang zu Umweltinformationen auszuschließen. Diese Bestimmung betrifft überwiegend Emissionsdaten, aus denen Rückschlüsse auf industrielle Verfahren oder Rezepturen gezogen werden können. Sie wurde schon bei ihrem Erlaß skeptisch eingeschätzt, weil sie allzu viele Möglichkeiten eröffne, die Herausgabe von Umweltinformationen restriktiv zu handhaben (KREMER, 1990). Der deutsche Gesetzgeber ist in § 8 Abs. 1 UIG von einem Vorrang der Privatnützigkeit derartiger Daten ausgegangen und hat dabei den Aspekt ihrer „Öffentlichkeitswidmung" (UGB-AT, 1991, S. 455) zu sehr in den Hintergrund treten lassen. Das Kriterium der Schutzwürdigkeit von Interessen soll nach § 8 Abs. 1 Satz 1 Nr. 1 UIG lediglich für die Abwägung über die Offenbarung personenbezogener Daten eine Rolle spielen, während die Geschäfts- und Betriebsgeheimnisse in § 8 Abs. 1 Satz 2 UIG einen weiterreichenden Schutz gegen „unbefugte" Offenbarung genießen. Das allen natürlichen und juristischen Personen ohne Bindung an einen bestimmten Verwendungszweck zustehende Recht auf Information eröffnet zwar Möglichkeiten des Mißbrauchs oder der zweckfremden Verwendung der so erlangten Information, doch lassen die damit zusammenhängenden Probleme sich nicht durch eine interessengeleitete extensive Interpretation des Begriffspaares „Betriebs- und Geschäftsgeheimnis" (FLUCK, 1994, S. 1052 ff.) lösen. Für den Bereich des Chemikalienrechts besteht eine abgestufte gesetzliche Regelung; nach § 22 Abs. 3 ChemG sind eine Reihe von unter Umweltaspekten wichtigen, bei der Anmeldung eines Stoffes anzugebenden Daten von Gesetzes wegen vom Geheimnisschutz ausgenommen, so daß eine Offenbarung befugt ist. Anders hingegen ist die Lage bei den Emissionserklärungen nach § 27 BImSchG. Absatz 3 der Vorschrift verbietet die Veröffentlichung von darin enthaltenen Einzelangaben, wenn daraus Rückschlüsse auf Betriebs- und Geschäftsgeheimnisse gezogen werden können, wobei die betreffenden Einzelangaben vom Anlagenbetreiber der Behörde mitzuteilen und die Geheimhaltungsbedürftigkeit zu begründen ist. Zwar ist „Veröffentlichung" als von der Behörde initiierte Bekanntmachung gegenüber der Öffentlichkeit zu verstehen und vom „zugänglich machen" im Sinne des § 8 Abs. 1 UIG zu unterscheiden, doch wird man diese immissionsschutzrechtlichen Maßstäbe auch auf die Entscheidung über den Informationsanspruch anwenden müssen (Begründung des Gesetzentwurfes, BT-Drs. 12/7138, S. 14).

Das Umweltinformationsgesetz sollte nach alldem um eine klarstellende, an die Regelung im Chemikaliengesetz angelehnte Befugnisnorm ergänzt werden, um zu verhindern, daß Fälle der Nichterfüllung von Umweltstandards unter dem Deckmantel des Betriebsgeheimnisses verborgen bleiben. Der Möglichkeit, daß Behörden ein eigenes Interesse daran haben, daß allzu großzügig gewährte Ausnahmeregelungen nicht öffentlich bekannt werden, ist allerdings auch auf diese Weise nicht zu begegnen.

200. Der Umweltrat würde es begrüßen, wenn das Gesetz ausdrücklich auch umweltmedizinische Daten umfassen und dem Informationsanspruch unterwerfen würde. Die Diskussion um das Krebsregistergesetz hat gezeigt, daß es sehr schwierig ist, die Interessen eines institutionell gut vertretenen und mit einem sehr weiten Verständnis des eigenen Aufgabenbereiches ausgestatteten Datenschutzes mit

den berechtigten Anliegen der umweltmedizinischen Forschung in einen hinlänglichen Ausgleich zu bringen. Der diesbezügliche Forschungsbedarf wird von niemandem ernstlich bezweifelt, doch stoßen Forschungsanstrengungen zum Beispiel zur Kanzerogenität von Stoffen schnell an Hürden, deren Höhe zuweilen überzogen erscheint und die Fortschritte in der besonders wichtigen analytischen Epidemiologie behindern (ZIEGLER und STEGMAIER, 1989).

201. Eine Unklarheit in der Formulierung, die Defizite in der Praxis nach sich ziehen kann, weist die Ausschlußvorschrift des § 7 Abs. 1 UIG auf, derzufolge kein Auskunftsanspruch besteht „während der Dauer eines Gerichtsverfahrens oder eines strafrechtlichen Ermittlungsverfahrens sowie eines verwaltungsbehördlichen Verfahrens hinsichtlich derjenigen Daten, die der Behörde aufgrund des Verfahrens zugehen".

Die Bundesregierung versteht die Regelung dahin gehend, daß umweltrelevante Genehmigungsverfahren „verwaltungsbehördliche" Verfahren seien, über die generell keine Informationen erteilt werden dürften. Ein solch enges Begriffsverständnis widerspricht dem Sinn des Informationsrechts und läßt sich in dieser Allgemeinheit auch nicht mit dem Schutz des Entscheidungsprozesses (Art. 3 Abs. 2 der Richtlinie) begründen. Der beschlossene Richtlinientext verwendet in der deutschen Fassung die Formulierung „Sachen, die bei Gericht anhängig oder Gegenstand von Ermittlungsverfahren sind oder waren oder die Gegenstand von Vorverfahren sind". Schon dieser enge Zusammenhang ist Beleg dafür, daß „Vorverfahren" im Sinne der Richtlinie ausschließlich solche der Sachverhaltsermittlung durch Polizei, Staatsanwaltschaft oder Ordnungsbehörde sind und deren Ahndungsfunktion eine besondere Schutzbedürftigkeit desjenigen begründet, gegen den sie sich richten (STOLLMANN, 1995, S. 147; WEGENER, 1992, S. 216). Dieses Verständnis wird auch in der gemeinsamen Protokollerklärung von Rat und Kommission festgehalten (EG-Dokument ENV 136, bei MEYER-RUTZ, 1995, S. 33 ff.). Daher ist auch insoweit eine Klarstellung im Gesetzestext angebracht.

202. Die von der Richtlinie eröffnete Ausschlußmöglichkeit ist auch nicht auf das Vorverfahren bei der Verwaltungsbehörde nach §§ 68 ff. VwGO (Widerspruchsverfahren) zugeschnitten. Das folgt daraus, daß es sich dabei, ungeachtet seines Charakters als Vorstufe zum gerichtlichen Verfahren, um ein den allgemeinen Regeln unterliegendes Verwaltungsverfahren im Sinne des § 9 des Verwaltungsverfahrensgesetzes handelt, das auf den Erlaß eines Verwaltungsaktes oder die Herbeiführung seiner Bestandskraft gerichtet ist. Hinsichtlich des Schutzzwecks dieser Ausnahmemöglichkeit besteht kein Unterschied zum Ausgangsverfahren, ebenso bezüglich der denkbaren Behinderung eines zügigen Ablaufs oder der Objektivität der behördlichen Entscheidungsfindung, wie sie von manchen befürchtet wird (ERICHSEN, 1992, S. 66).

203. Schließlich ist die Praxis der Erhebung von Gebühren für die Informationsübermittlung von größter Bedeutung für das praktische Wirksamwerden des

Gesetzes. Art. 5 der Richtlinie ermöglicht den Mitgliedstaaten die Erhebung einer Gebühr für die Übermittlung der Informationen nur mit der Maßgabe, daß diese eine angemessene Höhe nicht überschreiten darf. Die Ablehnung eines Informationsbegehrens darf nicht mit Gebühren belegt werden. § 10 UIG begründet eine grundsätzliche allgemeine Kostenpflicht und überläßt deren nähere Ausgestaltung für die Behörden des Bundes einer Rechtsverordnung. Diese Umweltinformationsgebührenverordnung (BGBl. 1994 I, 3732) wurde am 7. Dezember 1994 erlassen. Das Gebührenverzeichnis enthält nur einen Gebührenrahmen, der sehr weit gefaßt ist und zum Beispiel für die Erteilung einer umfassenden schriftlichen Auskunft eine Spanne zwischen DM 50 und DM 1 000 und für „außergewöhnlich aufwendige Maßnahmen" zwischen DM 2 000 und DM 10 000 vorsieht. Der Umweltrat verkennt nicht, daß die Bearbeitung von Informationsbegehren unter Umständen einen erheblichen Aufwand nach sich ziehen kann, gibt aber zu bedenken, daß für die Höhe dieses Aufwandes auch eine Behördenorganisation verantwortlich sein kann, die nicht an Kriterien der Transparenz orientiert ist oder keine ausreichenden Verknüpfungsmöglichkeiten zwischen Teilbereichen bietet, die aus der Sicht des Umweltschutzes zusammengehören, jedoch herkömmlich verwaltungsorganisatorisch getrennt sind. Solche Erschwernisse hat eine Verwaltung als Dienstleistungsbetrieb für den „Dienst am Bürger" selbst zu vertreten. Erste Berichte über die Praxis der Gebührenerhebung (KELLER, 1995; WEBER, 1995) lassen befürchten, daß der Gebührenrahmen von einem Teil der Behörden so weit ausgeschöpft wird, daß von der Gebührenerhebung eine abschreckende Wirkung ausgeht.

204. Der Umweltrat hatte gefordert, die überfällige Umsetzung der Richtlinie über den freien Zugang zu Umweltinformationen (90/313/EWG) in nationales Recht nicht restriktiv auszugestalten, sondern in Erkenntnis der akzeptanzstiftenden Wirkung umfassender Information (SRU, 1994, Tz. 560), die auch für die Aufnahme umweltbezogener Informationszugangsrechte in die Landesverfassungen einiger der neuen Länder maßgebend war. Das Umweltinformationsgesetz wird diesem Anspruch nicht gerecht. In einzelnen Punkten ist seine Vereinbarkeit mit dem, was von der europäischen Richtlinie gefordert wird, zweifelhaft (SCHERZBERG, 1994, S. 745). Wenn auch die Möglichkeiten des Mißbrauchs nie auszuschließen sind, sollte ein größeres Vertrauen in das Interesse der Bürger am Umweltschutz in dem Gesetz zum Ausdruck kommen. So müßten allzu restriktive Regelungen einschließlich derjenigen über die Gebühren korrigiert werden. Die anerkennswerten Geheimhaltungsinteressen der Wirtschaft sollten klarer abgegrenzt werden, während im Bereich staatlichen Handelns ohnehin die Maxime größtmöglicher Transparenz gelten muß.

2.2.4 Europäische Umweltpolitik

205. Der Umweltrat hat sich bereits in seinem letzten Gutachten mit den Entwicklungen der Umweltpolitik in der Europäischen Union intensiv beschäftigt (SRU, 1994, Tz. 573 ff.). Dabei hat er den verän-

derten Stellenwert des Umweltschutzes seit der Gipfelkonferenz von Paris im Jahre 1972 gewürdigt und die weitere Aufwertung begrüßt, die der Umweltschutz über die Einheitliche Europäische Akte von 1987 hinaus im Vertrag von Maastricht von 1992 erfahren hat.

2.2.4.1 Revision des Vertrages von Maastricht

206. Bereits 1991 hatten die EU-Mitgliedstaaten festgelegt, daß unter den veränderten Rahmenbedingungen der Europäischen Union im Jahre 1996 eine Regierungskonferenz zusammentreffen soll, die sich auf die Fortentwicklung des Maastrichter Vertrages verständigt. Auch wenn die Nachfolgekonferenz sich in erster Linie mit der Vertiefung der Wirtschafts- und Währungsunion sowie der Erweiterung der Europäischen Union um neue Mitgliedstaaten und den damit zwingend erforderlichen Reformen der europäischen Institutionen beschäftigen wird, hat eine Diskussion begonnen, im Zuge der Vertragsrevision dem Umweltschutz noch mehr Gewicht im EG-Vertrag einzuräumen.

Zur umweltpolitischen Zielsetzung

207. In den Vertragstexten von Maastricht sind die Ziele der Europäischen Union festgelegt, insbesondere in der Präambel und im Eingangskapitel des Vertrages über die Europäische Gemeinschaft (EGV) sowie in der Präambel und in den gemeinsamen Bestimmungen des Vertrages über die Europäische Union (EUV).

Im Hinblick auf die im Vertragstext formulierte Zielsetzung der „Hebung der Lebenshaltung und Lebensqualität" in der Gemeinschaft (Art. 2 EGV) erscheint es notwendig, die Ziele der Europäischen Union stärker als bisher am Prinzip einer dauerhaft-umweltgerechten Entwicklung auszurichten. Im Vertrag vom Maastricht werden jedoch an ganz anderen Begrifflichkeiten orientierte Prinzipien formuliert. Eines der wesentlichen Ziele der Gemeinschaft ist danach die Förderung eines beständigen, nichtinflationären und umweltverträglichen Wachstums (Art. 2 EGV). Auch in der Präambel ist das Prinzip einer beständigen Wirtschaftsausweitung als Voraussetzung verbesserter Lebensbedingungen formuliert. Im Vertrag über die Europäische Union wird als erstes Ziel die Förderung eines ausgewogenen und dauerhaften wirtschaftlichen und sozialen Fortschritts genannt.

Der Wachstums- und Fortschrittsbegriff müßte nach Ansicht des Umweltrates durch die Zielsetzung einer dauerhaft-umweltgerechten wirtschaftlichen Entwicklung unter Einschluß der damit verbundenen Managementregeln und Handlungsmaximen ersetzt werden (SRU, 1994, Tz. 136).

Erwägenswert erscheint es zunächst, in Artikel B EUV festzuhalten, daß die Förderung eines ausgewogenen und dauerhaften wirtschaftlichen und sozialen Fortschrittes letztlich nur durch die Verwirklichung einer dauerhaft-umweltgerechten Entwicklung zu erreichen ist. Die Erfordernisse des Umweltschutzes müssen deshalb in allen Bereichen der Wirtschafts-

und Sozialpolitik berücksichtigt werden. Artikel 2 EGV sollte um das Ziel einer dauerhaft-umweltgerechten Entwicklung als untrennbaren Bestandteil einer langfristigen Hebung von Lebenshaltung und -qualität ergänzt werden. Durch die Festlegung auf das Prinzip einer dauerhaft-umweltgerechten Entwicklung sollte in Artikel 3k EGV die gemeinsame Politik auf dem Gebiet der Umwelt eindeutiger als bisher definiert werden. In diesem Sinne sollten auch die umweltpolitischen Ziele in Artikel 130r EGV angepaßt werden. Insbesondere kann überlegt werden, die Handlungsmaximen für eine dauerhaft-umweltgerechte Entwicklung, das heißt Ressourcenschonung, Erhalt der ökologischen Tragekapazität und Gesundheitsschutz, in einem neuen Absatz in Artikel 130 EGV explizit zu nennen (BUND, 1995).

Damit einhergehend erscheint es zudem erforderlich, diese Zielsetzung über Artikel 130r EGV hinaus auch in den sektoralen Politikbereichen zu verankern und somit dem Integrationsprinzip mehr Gewicht zu verschaffen. Im Bereich der gemeinsamen Agrarpolitik sollte Artikel 39 EGV dahingehend ergänzt werden, eine umweltverträgliche und nachhaltige Landwirtschaft und Forstwirtschaft zu fördern sowie Maßnahmen und Investitionen der Gemeinschaft im Bereich der Landwirtschaft mit den agrar- und umweltpolitischen Grundsätzen des Maastrichter Vertrages in Übereinstimmung zu bringen. Ähnlich sollte auch in Artikel 74 EGV eine gemeinsame Verkehrspolitik unter Berücksichtigung des Prinzips einer dauerhaft-umweltgerechten Entwicklung, also der Ressourcenschonung, des Erhaltes der ökologischen Tragekapazität und des Schutzes der menschlichen Gesundheit, vorrangiges und verbindliches Ziel sein.

In dieser Weise definierte Ziele würden den Willen zur Entwicklung einer zukunftsfähigen europäischen Gesellschaft angemessen ausdrücken.

Entscheidungsprozesse und Rechtsetzungsverfahren

208. Eine wichtige Änderung des Maastrichter Vertrags im Vergleich zur Einheitlichen Europäischen Akte betrifft die Entscheidungsprozesse und das Rechtsetzungsverfahren im Bereich des Umweltschutzes. So ist der Grundsatz der Einstimmigkeit nur noch für die Bereiche steuerlicher Maßnahmen, Raumordnung, Bodennutzung, Wasserbewirtschaftung und partiell Energiewirtschaft vorgesehen (Art. 130s Abs. 2 EGV). Grundsätzlich entscheidet der Rat unter Beteiligung des Parlaments mit qualifizierter Mehrheit (Art. 130s Abs. 2 EGV). Änderungen ergeben sich auch für Umweltregelungen im Wege der binnenmarktbezogenen Rechtsangleichung nach Artikel 100a EGV. Hier gilt das mehrstufige Mitentscheidungsverfahren nach Artikel 189b EGV.

Der Umweltrat hat bereits darauf aufmerksam gemacht, daß der komplizierte Entscheidungsprozeß im allgemeinen zur Verzögerung umweltpolitisch wichtiger Regelungen führt (SRU, 1994, Tz. 576). So erkennt auch die Europäische Kommission in ihrem „Bericht über das Funktionieren des Vertrages über die Europäische Union" (SEK 95/731), daß der Maastrichter Vertrag erhebliche strukturelle Defizite enthält. Insbesondere erschwert die Komplexität der Beschlußfassungssysteme und deren mangelnde Transparenz eine effiziente Entscheidungsfindung und verhindert eine klare Zuweisung von Verantwortlichkeiten. Die Kommission plädiert daher dafür, statt der derzeit möglichen zwanzig Verfahrenstypen nur noch drei Verfahrenstypen zur Anwendung zu bringen: das Zustimmungsverfahren, das vereinfachte Mitentscheidungsverfahren und das Konsultationsverfahren.

Auch für den Umweltbereich gilt, daß es für die Vielzahl der Entscheidungsverfahren, vor allem im Hinblick auf die jeweils unterschiedliche Beteiligung des Europäischen Parlaments, keine überzeugende Begründung gibt. Im gesamteuropäischen Interesse muß grundsätzlich zu einem einzigen vereinfachten Mitentscheidungsverfahren übergegangen werden, das das Europäische Parlament in jedem Fall beteiligt und ihm – als demokratisch legitimiertem Organ – ein nicht überstimmbares Vetorecht zugesteht. De facto ist die Rolle des Europäischen Parlaments im Maastrichter Vertrag nur beim produktbezogenen Umweltschutz (nach Art. 100a EGV) aufgewertet worden, die Mitentscheidung auf anderen Feldern betrifft nur die Programmebene (Forschungsrahmenprogramme, Umweltaktionsprogramme, Grundlinien der Europäischen Netze). In umweltpolitisch strategisch wichtigen Politikfragen (Verkehrspolitik, Energiepolitik, Landnutzung, Ökosteuern, Finanzierungsinstrumente) ist es bei der schwachen Position des Parlaments geblieben. Die Aufwertung des Europäischen Parlaments muß auch auf diesen Politikfeldern vorangetrieben werden, auch wenn der Umweltrat deren Problematik im Bereich steuerpolitischer Maßnahmen nicht verkennt.

209. Eng damit zusammen hängt das Abstimmungsverfahren im Ministerrat: In den Bereichen, in denen das Parlament nur schwache Einflußmöglichkeiten hat, sind die Entscheidungshürden durch das Prinzip der Einstimmigkeit im Ministerrat besonders hoch. Im Ministerrat muß deshalb zukünftig zumindest das Prinzip der qualifizierten Mehrheit oder, besser noch, der einfachen Mehrheit in allen umweltrelevanten Entscheidungsprozessen gelten. Während das Prinzip der qualifizierten Mehrheit umweltpolitisch ebenfalls nicht unproblematisch ist, weil auch danach wichtige umweltpolitische Entscheidungen noch blockiert werden können, gewährleistet das Verfahren der einfachen Mehrheit am besten eine Fortentwicklung des europäischen Umweltschutzes (HOLZINGER, 1994).

210. Demokratietheoretisch bedenklich und prozedural zeitaufwendig ist auch die Möglichkeit der Kommission, nach Artikel 189a EGV einen gemeinsamen Standpunkt des Ministerrats zu blockieren. Im Falle, daß sich die Kommission gegen eine Änderung ihres Vorschlags ausspricht, kann der Ministerrat – will er sich etwa der Meinung des Europäischen Parlaments anschließen – dies nur durch Einstimmigkeit erreichen. Diese Blockademöglichkeit eines demokratisch nicht legitimierten Organs ist im Zuge der Verfahrensvereinfachung ebenso zu beseitigen wie das Initiativmonopol der Kommission. Zudem sollte die Rechenschaftspflichtigkeit der Kommission gegenüber dem Parlament gestärkt werden. Dazu gehört auch, daß die Ernennung der Mitglieder der Europäischen Kommission einzeln und nicht als Gesamtliste durch das Europäische Parlament erfolgt.

211. Eine wichtige Veränderung im Sinne des Integrationsprinzips und des Querschnittscharakters von Umweltpolitik wäre die Errichtung personell gut ausgestatteter und über einzelne Umweltbeamte hinausgehender Spiegelreferate in umweltrelevanten Generaldirektionen. Ressourcenkräftige und mit den nötigen Verfahrensinstrumentarien bestückte Umweltabteilungen müßten insbesondere in folgenden Generaldirektionen eingerichtet werden: Binnenmarkt (GD III), Landwirtschaft (GD VI), Verkehr (GD VII), Energie (GD XVII) und Koordinierung der strukturpolitischen Instrumente (GD XXII).

212. Nicht zuletzt ist es auch eine wichtige Aufgabe, die nationalen Parlamente im europäischen Entscheidungsprozeß zu stärken. So wird das deutsche Parlament zumeist erst dann mit europäischen Regelungsvorhaben konfrontiert, wenn über diese im Vorfeld der nationalen parlamentarischen Beratungen auf europäischer Ebene bereits entschieden ist. Eine stärkere Einflußnahme auf europäische Politik setzt jedoch möglichst frühzeitige Auseinandersetzungen – ähnlich denen der dänischen und britischen Parlamente – mit den europäischen Entwicklungen voraus: Europapolitische Themen sind letztlich innenpolitische Themen.

2.2.4.2 Zur Umsetzung des Gemeinschaftsrechts

213. Bereits in seinem letzten Gutachten (SRU, 1994, Tz. 600) hat der Umweltrat darauf hingewiesen, daß das Verhältnis zwischen nationalem und EG-Umweltrecht in Zukunft problematischer werden könnte. Als ein Signal dafür dienten die zahlreichen Vertragsverletzungsverfahren gegen Deutschland bis 1991. Diese Entwicklung hat sich seither fortgesetzt.

Die Europäische Kommission hat 1995 den 12. Jahresbericht über die Kontrolle der Anwendung des Gemeinschaftsrechts (1994) herausgegeben, der auch ein Kapitel über die Anwendung des gemeinschaftlichen Umweltrechts in den Mitgliedstaaten enthält. Dem Vorwurf der mangelhaften Umsetzung von Richtlinien in nationales Recht sowie der mangelhaften Anwendung des gemeinschaftlichen Rechts ist auch Deutschland ausgesetzt. In sechzig umweltrelevanten Fällen ist gegen Deutschland 1994 wegen mutmaßlicher Vertragsverletzungen aufgrund von parlamentarischen Anfragen, Petitionen, Beschwerden oder von Amts wegen ermittelt worden. Auch wenn man aus der Einleitung des informellen Vertragsverletzungsverfahrens noch nicht auf einen Verstoß schließen kann, können solche Verfahren ein Indiz für Spannungen im Verhältnis zwischen einem Mitgliedstaat und der Gemeinschaft sein. Eine Übersicht von März 1995 gibt zudem für das Jahr 1994 18 in Deutschland noch nicht beziehungsweise noch nicht komplett umgesetzte umweltrelevante Richtlinien der Europäischen Union an (BMWi, 1995 b).

Auch von den durch Urteile des Europäischen Gerichtshofes (EuGH) festgestellten Gemeinschaftsrechtsverstößen ist Deutschland in erheblichem Umfang betroffen. In sieben Fällen ist Deutschland durch den EuGH verurteilt worden: Dies betraf unter anderem die Vogelschutzrichtlinie und die Richtlinien über Schwefeldioxid und Schwebstaub (80/779/EWG) sowie den Bleigehalt in der Luft (82/884/EWG). Insgesamt sind davon vier EuGH-Urteile immer noch nicht umgesetzt, unter anderem die Urteile betreffend die Grundwasserrichtlinie und die Oberflächenwasserrichtlinie. Ein weiterer Schwerpunkt mangelnder Übereinstimmung des nationalen Durchführungsmaßnahmen mit dem Gemeinschaftsrecht beziehungsweise der nicht ordnungsgemäßen Anwendung ist nach wie vor die Richtlinie über die Umweltverträglichkeitsprüfung (vgl. Tz. 129 ff.). Im September 1995 hat die Kommission Klage gegen Deutschland vor dem Europäischen Gerichtshof wegen Verletzung der Verpflichtungen der UVP-Richtlinie im Zusammenhang mit den Projekten Sondermülldeponie Mainhausen und dem Autobahnbau bei Lüneburg erhoben. Eine weitere Klage ist wegen Verletzung der Bestimmungen verschiedener Richtlinien betreffend bestimmte gefährliche Stoffe anhängig. Bei der Bewertung der Vertragsverletzungsverfahren ist allerdings zu berücksichtigen, daß das Gewicht der einzelnen Verstöße durchaus unterschiedlich ist und sich die Verfolgungspraxis der Kommission vielfach durch einen eher kleinlichen Formalismus auszeichnet. Da sich die Kommission weitgehend auf die rechtsnormative Umsetzungskontrolle der Richtlinien beschränkt, ist andererseits aus dem Jahresbericht eine Schlußfolgerung über die tatsächliche Anwendung des Gemeinschaftsrechts nicht abzuleiten.

Die Schwierigkeiten bei der Umsetzung und Anwendung des gemeinschaftlichen Rechts ergeben sich in vielfachen Bereichen: So ist die Umsetzung insbesondere bei der Integration neuer Regelungs- und Handlungsinstrumente in das bestehende deutsche Recht problematisch; ein Beispiel dafür ist die Umsetzung der Richtlinien über Schwefeldioxid und den Bleigehalt in der Luft (80/779/EWG und 82/884/EWG) durch die 22. BImSchV. Auch die Einhaltung der oft sehr knapp bemessenen Umsetzungsfristen gestaltet sich häufig schwierig: Das durch die föderale Struktur mühevolle nationale Instrumentarium führt immer wieder zu Verzögerungen bei der Umsetzung. Hinsichtlich der Durchführung des europäischen Umweltrechts bestehen Schwierigkeiten bei der Auslegung etwa des zutreffenden Inhalts der anzuwendenden Normen (Beispiel Abfallbegriff, vgl. Tz. 386) oder bei der Feststellung der Bindung an europarechtliche Vorgaben (HANSMANN, 1995).

214. Der Umweltrat wiederholt seine Forderung, die grundsätzliche Ausrichtung der deutschen europabezogenen Umweltpolitik zu überdenken und insbesondere die rechtlichen und organisatorischen Voraussetzungen für die Umsetzung und Durchführung des gemeinschaftlichen Umweltrechts in Deutschland mit dem Ziel zu verbessern, die oben genannten Schwierigkeiten mit dem Gemeinschaftsrecht in der nationalen Rechtsgebung zu antizipieren. Eine Möglichkeit dazu wäre eine stärkere Vernetzung von Gremien, etwa Bund/Länder-Arbeitsgemeinschaften oder auch Arbeitsgemeinschaften der Fachoberbehörden in den Mitgliedstaaten, in die Deutschland dann einige Vertreter entsendet. Sichergestellt sein muß jedoch, daß solche Gremien Tendenzen der europäischen Zentralisierung nicht verstärken.

Andererseits sollte die Kommission ihre Praxis der Einleitung von Vertragsverletzungsverfahren überdenken und diese auf umweltpolitisch wichtige Verstöße konzentrieren (vgl. EuGH NVwZ 1995, 885, Rs. C-422/92 – Richtlinie über gefährliche Abfälle, Tz. 15–18; EuGH ZUR 1995, 258, Rs. C-431/92 – Kraftwerk Staudinger).

2.2.4.3 Zur Setzung von Umweltstandards

215. Eine Verlagerung von Entscheidungskompetenzen von der nationalen Ebene auf europäische Institutionen hat auch im Bereich der Setzung von Umweltstandards stattgefunden. Dies gilt zum einen für die hoheitliche Standardsetzung. Besonders für die private Normung sollen diese in den Fällen, in denen umweltrelevante EG-Richtlinien nur die allgemeinen Anforderungen an Produkte und Anlagen festlegen, durch technische Normen von privaten europäischen Normungsinstitutionen (CEN/CENELEC) konkretisiert werden. Das gleiche gilt für das Verfahren der Öko-Audit-Verordnung hinsichtlich der Standardisierung der Durchführungsvorschriften (Tz. 174). Dadurch werden wichtige umweltrelevante Entscheidungen dem gestaltenden Einfluß der Politik entzogen.

Die Verfahren der Setzung hoheitlicher Umweltstandards in der Europäischen Union sind gekennzeichnet durch Informalität, fehlende Transparenz, Asymmetrie in der Vertretung von Interessen von Betroffenen (etwa von wirtschaftlichen und Umweltinteressen) sowie die fehlende Trennung der Ermittlung des Standes wissenschaftlicher Erkenntnis und der politischen Entscheidung (Tz. 830). Auch im Bereich der Erstellung von Umweltstandards durch private Normungsorganisationen sind erhebliche Mängel im Verfahren festzustellen, insbesondere aufgrund der Mediatisierung des Entscheidungsprozesses und der Ungleichgewichte in der Interessenvertretung (Tz. 842).

216. Der Umweltrat legt in bezug auf die Setzung von Umweltstandards in Kapitel 4 dieses Gutachtens ein Modell zur Verbesserung der Anforderungen an die Verfahren hinsichtlich der Transparenz, der Öffentlichkeitsbeteiligung und der Berücksichtigung wissenschaftlichen Sachverstandes vor. Dieses Modell dürfte grundsätzlich auch anwendbar sein, wenn es nicht um die Erstellung von Umweltstandards, sondern um andere umwelterhebliche Entscheidungen geht.

Darüber hinaus sollten bei der europäischen privaten Normung die organisatorischen und institutionellen Voraussetzungen geschaffen werden, um den benachteiligten Interessen mehr Gewicht im Nor-

mungsprozeß zu verleihen, etwa durch eine stärkere Beteiligung der Umweltverbände im Programmkomitee Umwelt oder durch die Möglichkeit, durch einen Gaststatus der Umweltvertreter in den eigentlichen Entscheidungsgremien von CEN/CENELEC unmittelbaren Einfluß auf die Normierung zu nehmen. Ferner ist auch eine stärkere Beteiligung der Umweltverbände in den nationalen Spiegelgremien erforderlich (s. näher Tz. 909).

2.2.4.4 Einrichtung der Europäischen Umweltagentur

217. Ein wesentlicher Beitrag zur gemeinschaftlichen Umweltpolitik ist die Einrichtung der Europäischen Umweltagentur (EUA) in Kopenhagen. Auf der Grundlage der Verordnung des Rates zur Errichtung einer Europäischen Umweltagentur und eines europäischen Informations- und Umweltbeobachtungsnetzes (1210/90/EWG) vom 7. Mai 1990 hat die Umweltagentur im Dezember 1993 ihre Arbeit aufgenommen.

Die wichtigste Aufgabe der Agentur ist es, zuverlässige und auf europäischer Ebene vergleichbare Daten und Informationen zusammenzustellen und verfügbar zu machen. Auf der Basis dieser Informationen und Daten soll insbesondere die Kommission in die Lage versetzt werden, notwendige Umweltmaßnahmen zu ergreifen beziehungsweise zu evaluieren sowie die Kontrolle der Durchführung des gemeinschaftlichen Rechts in den Mitgliedstaaten zu verbessern.

Neben der Erfassung und Aufbereitung von Daten und Informationen über den Zustand der Umwelt hat die Agentur zudem die Aufgaben, einheitliche Bewertungskriterien für Umweltdaten vorzugeben, die Vergleichbarkeit der Daten auf europäischer Ebene gegebenenfalls zu fördern (z. B. durch die stärkere Harmonisierung der Meßverfahren), die Entwicklung von Methoden zur Kostenerfassung für Umweltschäden sowie für Sanierungs-, Schutz- und Vorsorgemaßnahmen anzuregen und nicht zuletzt den gemeinschaftlichen Informationsaustausch über die besten verfügbaren Technologien im Umweltschutz zu fördern.

Zu diesem Zweck hat die Europäische Umweltagentur ein Mehrjahresarbeitsprogramm und ein erstes Jahresarbeitsprogramm (1994/95) vorgelegt. Vorrangige Bereiche der Informationsgewinnung und -aufbereitung, so wie sie im Aufgabenkatalog der Agentur insgesamt definiert werden, sind dabei Luftqualität und atmosphärische Emissionen, Wasserqualität und Wasserressourcen, Zustand des Bodens, der Tier- und Pflanzenarten und der Biotope, Bodennutzung, Abfallbewirtschaftung, Geräuschemissionen, umweltgefährliche Chemikalien sowie der Schutz der Küstengebiete. Aus diesen Vorrangbereichen hat das erste Mehrjahresarbeitsprogramm die Themenfelder Luft, Wasser, Boden, Naturschutz und Abfall ausgewählt und dazu insgesamt neunzig Einzelprojekte vergeben. Darüber hinaus hat die Europäische Umweltagentur die ersten themenspezifischen Anlauf- und Koordinationsinstitutionen festgelegt; federführend ist beispielsweise im Bereich Luftemissionen das Umweltbundesamt.

Ziele, Aufgaben und Arbeitsbereiche der Agentur sind somit zunächst beschlossen, jedoch entscheidet der Rat der Europäischen Union noch über weitere Aufgaben der Agentur.

218. Der Umweltrat begrüßt die Einrichtung eines europäischen Umweltinformations- und Umweltbeobachtungsnetzes; allerdings darf sich der Tätigkeitsbereich der Europäischen Umweltagentur nicht nur auf rein statistische Fragen beschränken. Im Rahmen der Aufgabenerweiterung der Europäischen Umweltagentur sollte zukünftig die Kontrolle der Einhaltung jeweils qualitätsbezogener europäischer Umweltstandards in den Mitgliedstaaten – in Kooperation mit der Kommission und den jeweils zuständigen Behörden in den Mitgliedstaaten – ein ebenso wichtiges Tätigkeitsfeld sein wie die umweltrelevante Beratung der europäischen Institutionen.

2.2.4.5 Zur umweltpolitischen Beratung

219. Ein weiteres Defizit der Umweltpolitik der Europäischen Union stellt die mangelnde umweltbezogene Beratung, insbesondere im Gesetzgebungsverfahren dar. Die Erfahrung hat gezeigt, daß diese – angesichts der Fülle und Komplexität umweltrelevanter Regelungen – durch den Wirtschafts- und Sozialausschuß nicht gewährleistet werden kann, auch wenn, was erwägenswert wäre, den Mitgliedstaaten zwingend vorgeschrieben wird, einen Umweltvertreter in den Wirtschafts- und Sozialausschuß zu entsenden.

Eine Arbeitsgruppe von Rechts- und Wirtschaftswissenschaftlern hat hierzu den Vorschlag gemacht, als Teil der Entscheidungsstruktur der Europäischen Union einen vom Parlament bestellten unabhängigen *„Ökologischen Rat"* einzurichten (Arbeitskreis „Europäische Umweltunion", 1994, S. 346 ff.). Dieser wäre bei allen umweltbezogenen Gesetzesvorhaben zu konsultieren und hätte sogar das Recht, gegebenenfalls ein Entscheidungsverfahren zu verzögern, um die Entscheidungsträger zu zwingen, sich nochmals mit den Umweltauswirkungen ihres Gesetzesvorhabens auseinanderzusetzen. Trotz Verknüpfung mit dem Europäischen Parlament durch das Bestellungsrecht ist der Ökologische Rat kein demokratisches Organ, sondern ein Organ, das kraft seiner Sachkompetenz die im politischen Prozeß eher vernachlässigte Langzeitverantwortung für den Umweltschutz zur Geltung bringen soll. In der möglichen Kollision mit dem Demokratieprinzip und der Verkomplizierung des ohnehin schwerfälligen Entscheidungsverfahrens in der Europäischen Union liegen gewichtige Bedenken gegen den Vorschlag (RENGELING, 1995). Andererseits vermag der Vorschlag nach Auffassung des Umweltrates wichtige Anstöße dafür zu geben, in Parallele zu den Umwelträten in anderen Mitgliedstaaten auch auf der EU-Ebene sachverständige Beratung in der Umweltpolitik institutionell zu verankern.

220. Die zunehmende Vernetzung einer europäischen Umweltpolitik und die daraus folgenden Konsequenzen für die Entwicklung der nationalen Politiken bedeutet auch für die nationalen Umwelträte eine zentrale Herausforderung. Wichtige Schritte in Richtung einer verstärkten Kooperation waren das Berliner Treffen der *Europäischen Umwelträte* im November 1994, das unter Beteiligung von 17 Ratsinstitutionen aus neun Mitgliedstaaten und analog zur deutschen EU-Ratspräsidentschaft der nationalen Umsetzung der Agenda 21 gewidmet war (WIGGERING und SANDHÖVEL, 1995) sowie das dem Thema „Sustainable Land Use" gewidmete Nachfolgetreffen in Reading im Dezember 1995.

Eine langfristige Perspektive europäischer Ratszusammenarbeit – auch hinsichtlich gemeinsamer Stellungnahmen und Übereinkünfte – entwickelt sich vor allem aus einer Schwerpunktsetzung in den einzelnen Themenbereichen. Der Umweltrat betrachtet insbesondere eine Evaluierung des fünften Umweltaktionsprogramms der Europäischen Union, eine dauerhaft-umweltgerechte Landnutzung (in Zusammenhang mit der anstehenden Überarbeitung der EU-Agrarpolitik sowie dem europäischen Naturschutzjahr), die Bereiche Ressourcenmanagement sowie Verkehr und Infrastruktur als Themen von gesamteuropäischem Interesse. Eine gemeinschaftliche Politikberatung hat hierbei erhebliche Bedeutung für künftige Ausgestaltung europäischer Umweltpolitik.

Um eine Kontinuität der gemeinsamen Aktivitäten zu ermöglichen, ist es eine vordringliche Aufgabe, einen verbesserten Informationsaustausch der Umwelträte durch einen gemeinsamen Verteiler der Forschungs- und Politikberichte zu realisieren. Durch die Einrichtung von Arbeitsgruppen soll zu wichtigen Fragen zukünftiger Zusammenarbeit eine vorbereitende Ausarbeitung von Lösungsmöglichkeiten gewährleistet werden, etwa zu der Frage, wie Expertenberatung auf EU-Ebene überhaupt gestaltet werden kann, ob und wie ein europäisches Organ (als Vermittlungsausschuß, Diskussionsforum usw.) auf EU-Ebene angesiedelt werden soll und so weiter. Wesentlich wird dabei auch die Beobachtung und Analyse der Organisationsformen und Arbeiten anderer Institutionen (Europäische Umweltagentur, Konsultativforum, Verbandszusammenschlüsse und dergleichen) sein.

Ein Anstoß für weitergehende Aktivitäten kommt dabei auch bilateralen Kooperationen zwischen einzelnen Räten zu. Hier ergeben sich durch gemeinsame Resolutionen und Stellungnahmen unabhängig von der notwendigerweise doch sehr starken Ausrichtung einzelner Umwelträte auf ihre Regierungen Handlungsspielräume, um auf die künftige europäische Umweltpolitik einzuwirken. Diese Form gemeinsamer Arbeit gilt es zu vertiefen.

Langfristig wird es dann möglich werden, einen gemeinsamen Mittelpunkt („focal point") der europäischen Umwelträte zu bilden, der sowohl interne als auch externe Aufgaben wahrnehmen kann: intern als Informationsschnittstelle und -mittelpunkt eines Netzwerks europäischer Politikberatung. Extern kann eine solcher „focal point" die Organisation von

Konferenzen übernehmen, die regelmäßigen Zusammenkünfte der Ratsvorsitzenden etablieren und ein informelles oder formelles Forum für Kontakte zu Repräsentanten der Europäischen Union und ihren Institutionen bilden (SANDHÖVEL und WIGGERING, 1995, S. 270 f.).

2.2.4.6 Finanzierungsinstrumente

221. Das fünfte EU-Umweltaktionsprogramm „Für eine dauerhafte und umweltgerechte Entwicklung" (1993 bis 1998) fordert im Maßnahmenteil insbesondere die Weiterentwicklung der finanziellen Instrumente. Umweltrelevante Finanzierungsinstrumente der Europäischen Union sind die Strukturfonds, der Kohäsionsfonds und das „Finanzierungsinstrument für die Umwelt" (LIFE). Während der Kohäsionsfonds nur von den strukturschwächeren EU-Mitgliedstaaten Portugal, Griechenland, Spanien und Irland in Anspruch genommen werden kann, sind von deutscher Seite neben LIFE die Strukturfonds von Interesse: der Europäische Fonds für regionale Entwicklung (EFRE), der Europäische Ausrichtungs- und Garantiefonds für die Landwirtschaft (EAGFL), der Europäische Sozialfonds (ESF), das Finanzinstrument zur Ausrichtung der Fischerei (FIAF) und die zahlreichen Gemeinschaftsinitiativen.

Die Strukturfonds sind ein wesentliches Element einer aufeinander bezogenen ökonomischen und sozialen Entwicklung in Europa. Letztlich ist es das Ziel dieser Fonds, unterschiedliche Entwicklungsstände der europäischen Regionen auszugleichen und die Benachteiligung weniger entwickelter Regionen zu beseitigen. Die Strukturfonds haben deshalb vielfältige Auswirkungen auf die Umweltsituation in den Mitgliedstaaten.

Zunächst besteht die Möglichkeit der direkten Finanzierung von Umweltschutzmaßnahmen: zum Beispiel im Rahmen von EFRE durch die Förderung von Infrastrukturmaßnahmen bei der Wasserversorgung und Abfallentsorgung oder auch im Rahmen der Gemeinschaftsinitiative LEADER durch Mittelvergabe bei der biologischen Abfallaufbereitung oder bei der Direktvermarktung von Produkten des ökologischen Landbaus.

Darüber hinaus kann die Finanzierung aus Strukturfonds indirekte Auswirkungen auf die Umwelt haben, die negativ zu werten sind. Bei der intensiven Förderung beispielsweise bei landwirtschaftlichen Vorhaben werden Umweltgesichtspunkte zu wenig berücksichtigt, gerade weil das Integrationsprinzip der Umweltpolitik in andere Politikbereiche (Art. 130r Abs. 2 Satz 3) in der gesamten Europäischen Union nur unzureichend gewährleistet ist. Davon ist neben der Maßnahmenförderung in der Entwicklung ländlicher Räume (vgl. SRU, 1996, Abschn. 2.2.1), auch die Mittelvergabe im Bereich der produktiven Investitionen, der Beschäftigungspolitik, der Mittelstandsförderung sowie von Forschung, technologischer Entwicklung und Innovation betroffen.

Im Rahmen des EU-Haushaltsplans werden für 1995 insgesamt 22,37 Mrd. ECU für die Strukturfonds ausgewiesen (1994: 21,55 Mrd. ECU). Davon werden lediglich 8 % mit dem Schwerpunkt Umweltschutz angewandt: Die weitaus größten Mittel kommen Maßnahmen der Arbeitsmarktpolitik und der Förderung der Landwirtschaft und der Entwicklung ländlicher Räume zugute. In Deutschland profitieren vor allem die neuen Länder (als Ziel 1-Gebiete mit höchster Förderpriorität) von den Förderinstrumenten: Im Zeitraum von 1995 bis 1996 werden die neuen Länder insgesamt über 26 Mrd. DM aus den Strukturfonds erhalten.

Die oben beschriebene Schwerpunktsetzung läßt es um so notwendiger erscheinen, die Kriterien zu überprüfen, nach denen Strukturfondsmittel vergeben werden, um im Hinblick auf eine dauerhaft-umweltgerechte Entwicklung einseitigen Tendenzen der Mittelvergabe entgegenzuwirken. Wichtigster Kritikpunkt ist die Ausrichtung der Strukturfonds auf quantitatives ökonomisches Wachstum. Sozio-ökonomische und ökologische Faktoren werden nicht berücksichtigt. Die ausschließliche Orientierung an ökonomischen Indikatoren hat seine Ursache darin, daß ein auf dauerhaft-umweltgerechte Entwicklung bezogener Indikatorensatz bislang nicht vorliegt. Eine Studie zur Integration von Nachhaltigkeitsindikatoren in die EU-Strukturfonds liegt zwar bereits vor (vgl. SRU, 1996, Tz. 89), allerdings besteht noch weiterer Forschungsbedarf. Diese Indikatoren müßten zudem über die Anwendung im Bereich der Regionalentwicklung hinaus angelegt sein.

Da die Integration von Umweltbelangen in den Zielkatalog der Förderprogramme noch nicht ausreicht, sollten Maßnahmen zur konkreten Berücksichtigung der Umweltbelange in der Förderung ergriffen werden. Zu denken ist vor allem an eine differenzierte Förderung von Maßnahmen im Bereich der wirtschaftsnahen Infrastruktur, je nach dem, ob bei der Auslegung dieser Maßnahmen Umweltbelangen in besonderem Maße Rechnung getragen wird. Weitergehende Anforderungen, auch an die Qualität der geförderten privaten Investitionen, kann die Europäische Union für solche Mitgliedstaaten formulieren, in denen die Regelwerke für den Umgang mit der Umwelt noch nicht so weit entwickelt sind, wie es für Deutschland und seine westlichen Nachbarstaaten der Fall ist.

222. Auf dem Gebiet von Naturschutz und Umwelttechnologien ist LIFE das wichtigste Finanzierungsinstrument. Im Mai 1992 vom Rat beschlossen und von 1991 bis 1995 zunächst mit insgesamt 400 Mio. ECU ausgestattet, wurden auf Initiative des Europäischen Parlaments die Finanzmittel erhöht; 1994 standen 100 Mio. ECU zur Verfügung. Für Maßnahmen im Naturschutz (Arten- und Biotopschutz, Bodenschutz, Schutz mariner Ökosysteme und Süßwassergebiete sowie Umsetzung der Vogelschutz- und der FFH-Richtlinie) stehen 50 % der Mittel bereit; 30 bis 40 % werden für umwelttechnische Modellprojekte aufgewendet. Mit den restlichen Mitteln werden unter anderem Verbesserungen in Umweltverwaltungen gefördert. Die Förderprioritäten werden dabei jährlich neu festgesetzt.

Nach Deutschland wurden 1994 Fördermittel in Höhe von 28,77 Mio. DM vergeben; davon wurden rund 14 Mio. DM für 23 Projekte im Bereich von Umweltschutztechnologien aufgewendet, im Arten- und Biotopschutz wurden fünf Projekte in Höhe von 14,76 Mio. DM gefördert. Insgesamt überstiegen EU-weit die Förderanträge die tatsächlich bezuschußten Projekte um das fünfzehnfache. Die große Zahl der Förderanträge und der Fördermaßnahmen sowie die Bandbreite der Projekte führen unter anderem zu einer notwendigen Korrektur im administrativen Procedere.

Die Vielzahl der geförderten Maßnahmen hat dazu geführt, daß über eine Zweiteilung der Verordnung in einen Naturschutzteil und in einen Teil für den technischen Umweltschutz nachgedacht wird.

Als besonders nachteilig hat sich erwiesen, daß nur allgemeine Kriterien für die Mittelvergabe existieren. Auch wenn die Kommission offiziell keinen Förderschlüssel verwendet, werden faktisch Standardmaßnahmen nach einer Quotenbildung für größere und kleinere Mitgliedstaaten bezuschußt. Eingerichtet ist dieses Instrument jedoch für die Förderung von neuen Konzepten, Innovationen und Demonstrationsvorhaben.

Die Trennschärfe zwischen LIFE und den übrigen Finanzierungsinstrumenten (Strukturfonds etc.) ist zudem zumeist nicht gegeben. Deshalb ist es notwendig, scharfe und eindeutige Kriterien im Sinne einer innovativen Entwicklung der europäischen Umweltpolitik getrennt nach Naturschutzvorhaben und Umwelttechnologien festzulegen. Darüber hinaus muß die Transparenz der Bewilligungs- und Auswahlkriterien gewährleistet werden.

Von Nachteil ist auch, daß gerade bei grenzüberschreitenden Naturschutzprojekten die EU-Anrainerstaaten nicht in die Förderung mit einbezogen werden können. Hier greifen zwar zum Teil andere Finanzierungsinstrumente, zum Beispiel für die koordinierte Hilfe für Polen und Ungarn (PHARE) oder auch der Mittelmeerfonds für die Mittelmeeranrainer, jedoch ist es administrativ nicht sehr effizient, für eine Projektförderung mehrere Instrumentarien in Anspruch nehmen zu müssen. Der Umweltrat empfiehlt daher, im Zuge und im Vorfeld der Änderung der Verordnung ab 1996 Möglichkeiten für die grenzüberschreitende Projektbeteiligung und -förderung unter Einbeziehung der osteuropäischen Anrainerstaaten zu erkunden.

2.3 Ausgewählte Umweltpolitikbereiche

223. Für die Umweltpolitikbereiche Naturschutz und Landschaftspflege, Bodenschutz und Altlasten, Gewässerschutz, Abfallwirtschaft, Luftreinhaltung und Klimaschutz, Lärmbekämpfung sowie Gefahrstoffe und Gesundheit werden nachfolgend anhand vorliegender Daten die jeweilige Situation, zum Teil auch Wirkungen, in einem kurzen Überblick beschrieben, getroffene und beabsichtigte Maßnahmen

aufgegriffen und kommentiert, Erfolge und Defizite benannt sowie Schlußfolgerungen und Empfehlungen formuliert.

2.3.1 Naturschutz und Landschaftspflege

2.3.1.1 Zur Situation

224. Auf die defizitäre Situation von Naturschutz und Landschaftspflege hat der Umweltrat in seinen Gutachten immer wieder hingewiesen (SRU, 1978, 1985, 1988, 1994) und als wesentliche Elemente der bedenklichen Entwicklung die Gefährdung und den Verlust von Lebensräumen und den damit einhergehenden Artenrückgang hervorgehoben. Die verfügbaren neuen Daten weisen auf eine unverändert anhaltende Gefährdung hin. Als Instrument zur Beschreibung der Gefährdungssituation dienen Verzeichnisse gefährdeter Tier- und Pflanzenarten sowie gefährdeter Biotoptypen – die Roten Listen. Bei Beachtung der Grenzen dieses Instruments können die Roten Listen eine wichtige Grundlage für die Arbeit im Bereich des Naturschutzes und für die Bewertung der Gefährdungssituation bilden.

Rote Liste gefährdeter Biotoptypen
und Biotopkomplexe

225. Unter Federführung des Bundesamtes für Naturschutz (BfN) wurde erstmals eine Rote Liste der in Deutschland gefährdeten Biotoptypen erarbeitet und 1994 veröffentlicht (RIECKEN et al., 1994). Unter Biotoptyp wird die räumliche Komponente eines Ökosystemtyps verstanden, wobei die dazugehörige Pflanzen- und Tiergemeinschaft oft wesentliche Merkmale für die Typisierung und Abgrenzung der jeweiligen Biotoptypen bildet. In dieser Liste werden von den insgesamt 509 unterschiedlichen Biotoptypen mehr als zwei Drittel (69,4 %) aller vorkommenden Biotoptypen und nahezu alle schutzwürdigen Biotoptypen (rund 92 %) als gefährdet eingestuft. Die Verteilung auf die einzelnen Gefährdungskategorien zeigt Abbildung 2.6. Gefährdungskriterien sind die Gefährdung durch direkte Vernichtung (Flächenverlust) und die Gefährdung durch qualitative Veränderungen (schleichende Degradierung, Vernichtung bestimmter Ausprägungen). Als Zusatzkriterium wird die Einschätzung der „Regenerationsfähigkeit", das heißt Wiederherstellbarkeit, in der Roten Liste verzeichnet.

Insbesondere der relativ hohe zahlenmäßige Anteil (15,4 %) der von vollständiger Vernichtung bedrohten Biotope gibt Anlaß zur Besorgnis, weil davon auszugehen ist, daß diese bei anhaltender negativer Entwicklung völlig verloren gehen. Bei den nicht gefährdeten Lebensräumen (30,6 %) handelt es sich überwiegend um aus Naturschutzsicht nicht besonders schutzwürdige, stark anthropogen überformte, oder gar „unerwünschte" Typen. Rein technische Lebensraumtypen, wie Straßen, Gebäude und Deponieflächen, bleiben in dieser Betrachtung unberücksichtigt (RIECKEN et al., 1994).

Abbildung 2.6

**Übersicht über die Gefährdungssituation der Biotoptypen Deutschlands
(ohne „Technische Biotoptypen")**

Bundesrepublik Deutschland: 509 unterschiedene Biotoptypen (%-Angabe bezogen auf n = 509)

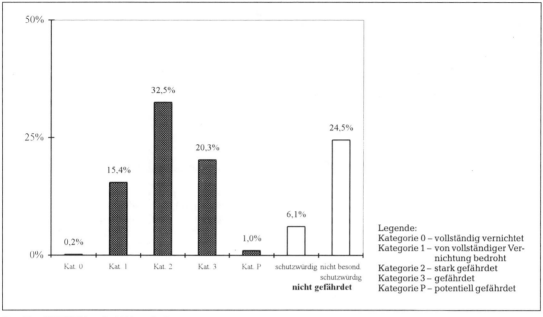

Quelle: RIECKEN et al., 1994, verändert

Abbildung 2.7

Relative Anteile der den einzelnen Kategorien zugeordneten gefährdeten Biotopkomplexe Deutschlands

Bundesrepublik Deutschland: 67 gefährdete Biotopkomplexe (%-Angabe bezogen auf n = 67)

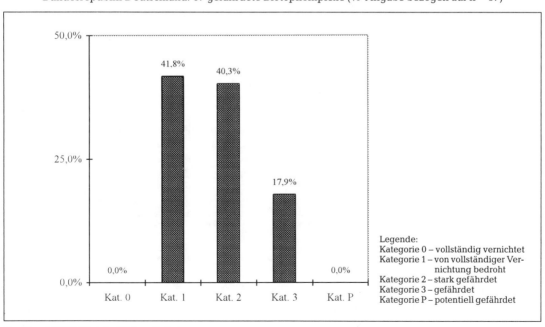

Quelle: RIECKEN et al., 1994, verändert

226. Für die Biotopkomplextypen, die komplexe zusammengehörige Lebensraumeinheiten darstellen, kann eine vergleichbare Bewertung derzeit noch nicht durchgeführt werden, da bislang ausschließlich die gefährdeten Biotopkomplexe mit überregionaler Verbreitung aufgelistet wurden und somit ungefährdete Typen nicht verzeichnet sind. Entsprechend beziehen sich die in Abbildung 2.7 aufgeführten relativen Anteile der Gefährdungskategorien nur auf die Gesamtzahl der gefährdeten Komplextypen. Im Gegensatz zu den Biotoptypen, bei denen die Mehrzahl der gefährdeten Typen den Kategorien stark gefährdet und gefährdet zugeordnet ist, überwiegt bei den Biotopkomplexen die Kategorie der von vollständiger Vernichtung bedrohten Komplexe. Dies muß als akute Warnung dahingehend verstanden werden, daß bei anhaltender negativer Entwicklung mit einem vollständigen Verlust von einer großen Zahl naturraum- und landschaftstypischer komplexer Lebensraumeinheiten gerechnet werden muß (RIECKEN et al., 1994).

227. Nimmt man bei einer Betrachtung der regionalen Unterschiede der Gefährdungssituation den Meeres- und Küstenbereich aus, sind die Unterschiede beim Gesamtanteil der gefährdeten Biotoptypen relativ gering; nur für die Alpen ist die Gefährdung etwas niedriger (Abb. 2.8). Anders ist das Bild bei der Region Meere und Küsten; von den 84 vorkommenden Biotoptypen werden insgesamt 94 % als gefährdet eingestuft, und die Hälfte gilt als stark gefährdet. Ein ähnlich ungünstiges Bild ergibt sich für

die 35 im engeren Sinn alpinen Biotoptypen, von denen drei Viertel als gefährdet gelten.

228. Die Auswertung des Kriteriums „Regenerationsfähigkeit" ergibt, daß von den insgesamt 350 gefährdeten Lebensraumtypen 12 % als nicht, 22,9 % als kaum und 37,7 % als schwer regenerierbar eingestuft werden; nur etwa ein Fünftel kann mit Hilfe von Naturschutzmaßnahmen „wiederhergestellt" werden. Vor allem stark gefährdete Biotope, zum Beispiel Feuchtlebensräume (Moore, naturnahe Bäche und Flüsse, Seen und Kleingewässer) sowie trockene und nährstoffarme Biotoptypen (Trockenrasen, Binnendünen) und viele ursprüngliche Wälder, sind gar nicht oder kaum regenerierbar.

Rote Liste gefährdeter Arten

229. Die Gefährdung und Veränderung der Biotope durch Zerschneidung und direkten Flächenverlust sowie qualitative Veränderungen der Lebensräume haben auch den massiven Artenrückgang begünstigt. In der ersten gesamtdeutschen Roten Liste der gefährdeten Wirbeltiere (NOWAK et al., 1994) werden 589 einheimische, in Deutschland regelmäßig sich vermehrende Wirbeltierarten erfaßt. Die Hälfte gilt als gefährdet einschließlich der 5,3 % bereits ausgestorbenen Arten. Tabelle 2.3 gibt einen Überblick über den Gefährdungsgrad der einzelnen Tierklassen.

Abbildung 2.8

**Übersicht über die Gefährdungssituation der Biotoptypen in den einzelnen Regionen Deutschlands
(ohne die Region Meere und Küsten)**

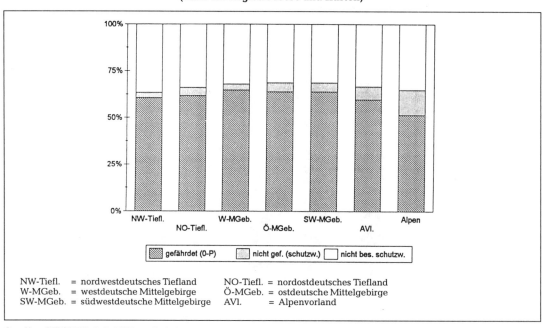

Quelle: RIECKEN et al., 1994, verändert

Gesamtartenzahlen und prozentuale Anteile ausgestorbener und gefährdeter Arten in den Klassen der Wirbeltiere Deutschlands

| Tierklasse | Artenzahl in Deutschland | Gefährdet in der Kategorie | | | | | Summe 0 bis 3 bzw. ? | P Potentiell gefährdet | I Vermehrungsgäste | II gefährdete Wandertiere |
		0 ausgestorben	1 vom Aussterben bedroht	2 stark gefährdet	3 gefährdet	? Gefährdungsgrad unbekannt				
Säugetiere	98+3[1]	10 (10%)	10 (10%)	20 (20%)	11 (11%)	–	51 (52%)	5 (5%)	1 (1%)	3
Vögel	273+55[1]	14 (5%)	32 (12%)	37 (14%)	39 (14%)	–	122 (45%)	14 (45%)	23 (8%)	18
Kriechtiere	13	–	6 (46%)	2 (15%)	2 (15%)	–	10 (77%)	–	–	–
Lurche	20	–	–	5 (25%)	8 (40%)	–	13 (65%)	–	–	–
Limnische Fische und Rundmäuler	ca. 70[2]	4 (6%)	9 (13%)	21 (30%)	17 (24%)	–	51 (72%)	3 (4%)	–	–
Marine Fische und Rundmäuler	115[3]+64	3 (3%)	3 (3%)	4 (3%)	13 (11%)	26[4] (23%)	49 (43%)	11 (10%)	–	18
Wirbeltiere gesamt	589+122 (=711)	31 (5,3%)	60 (10,2%)	89 (15,1%)	90 (15,3%)	26 (4,4%)	296 (50,3%)	33 (5,6%)	24 (4,1%)	39

[1]) Anzahl der einheimischen Arten mit (erste Zahl) und ohne (zweite Zahl) Reproduktion in Deutschland.
[2]) Ungeklärte taxonomische Fragen erlauben es nicht, die Artenzahl genauer anzugeben.
[3]) Nicht berücksichtigt sind hier 33 limnische Fischarten, die außerdem in Küstengewässern leben.
[4]) Bei 26 marinen Fischarten konnte der genaue Grad der Gefährdung nicht ermittelt werden.
Quelle: NOWAK et al., 1994

Da sich der Bezugsraum durch die Betrachtung Gesamtdeutschlands gegenüber den Roten Listen von 1977 und 1984 geändert hat und eine neue Tierklasse (marine Fische) in die Liste aufgenommen wurde, sind Zahlenvergleiche schwierig. Die Gefährdung der Wirbeltierklassen verbleibt auf sehr hohem Niveau. Insgesamt fällt die Bilanz der Roten Liste der gefährdeten Wirbeltiere für das letzte Jahrzehnt negativ aus. Für den Bereich der Säugetiere läßt sich insbesondere feststellen, daß einer abnehmenden Gefährdung von sechs Arten eine zunehmende Gefährdung von elf Arten gegenübersteht. Bei den Vogelarten hat das vergrößerte Bezugsgebiet des vereinten Deutschlands zwar dazu geführt, daß sich positive und negative Veränderungen die Waage halten. Es ist jedoch zu befürchten, daß sich gerade der Bestand in den neuen Ländern durch zunehmende Zerschneidung, wachsende Verkehrsdichte und steigenden Tourismus in den Brutgebieten nachteilig entwickeln wird.

230. Artenschutz darf sich aber nicht nur an den der Bevölkerung am besten bekannten Wirbeltieren orientieren, denn sie repräsentieren nur etwa 1,6% des Gesamtbestandes der in Deutschland nachgewiesenen rund 45 000 Tierarten, von denen allein die Klasse der Insekten etwa 30 000 Arten umfaßt. Mit der zunehmenden Gefährdung und dem Verlust der Lebensräume sind eine Vielzahl weniger bekannter Arten akut gefährdet. Eindrucksvolle Beispiele liefern zahlreiche Veröffentlichungen im Rahmen des Artenschutzprogramms Baden-Württembergs, zum Beispiel zu den Schmetterlingen (EBERT, 1991 bis 1995) und den Goldwespen (KUNZ, 1994). Der extrem geringe Kenntnisstand bei den wenig attraktiven und wenig bekannten Biota macht erhebliche Anstrengungen in der taxonomischen und ökologischen Grundlagenforschung erforderlich.

231. Im Bereich der Pflanzenarten fehlen aktuelle Daten zum Grad der Gefährdung. Einzig für die gefährdeten Großpilze existiert eine neuere gesamtdeutsche Liste zur Artengefährdung. Danach sind 1992 von den in Deutschland früher vorkommenden 4 385 Großpilzarten rund 1 400 Arten ausgestorben, verschollen, gefährdet oder potentiell gefährdet (31,9%) (Deutsche Gesellschaft für Mykologie, 1992). Ein Vergleich der Zahlen von 1984 und 1992 ist wegen des veränderten Bezugsraums auch hier nicht möglich. Insgesamt kommt die Bestandsaufnahme in der Roten Liste jedoch zu der Feststellung, daß sich die Gefährdungssituation weiter verschärft hat.

Schutzgebiete

232. Bei den Schutzgebieten nach dem Bundesnaturschutzgesetz hat die Zahl der Naturschutzgebiete leicht zugenommen, während der Flächenanteil, die ökologisch aussagekräftigere Größe, stagniert. Der Anteil an der Gesamtfläche Deutschlands beträgt 1995 etwas weniger als 2 %. Zudem ist der Großteil der Naturschutzgebiete weiterhin kleiner als 50 ha. Zahl und Fläche der Nationalparke, Biosphärenreservate und Landschaftsschutzgebiete sind seit 1993 weitgehend unverändert geblieben. Bei den Landschaftsschutzgebieten fehlen jedoch aus einigen Bundesländern aktuelle Zahlen. Die qualitativen Mängel beim Schutz von Naturschutzgebieten, Nationalparken und Landschaftsschutzgebieten durch andere, zum Teil unerlaubte Nutzungen oder Eingriffe sind im Beobachtungszeitraum nicht abgestellt worden.

Waldzustand

233. Der Zustand der Wälder ist auch 1994 und 1995 unverändert besorgniserregend. Während der Anteil der Waldbäume mit deutlichen Schäden von 1993 bis 1994 gestiegen ist, ist im Jahr 1995 gegenüber dem Vorjahr ein leichter Rückgang zu verzeichnen. Der Schadanteil erreicht damit das niedrigste Niveau der letzten fünf Jahre (BML, 1995). Regional sind erhebliche Unterschiede in den Schäden mit teilweise gegenläufiger Entwicklungsrichtung festzustellen. Am niedrigsten sind die Schäden in Nordwestdeutschland mit stagnierender Tendenz. In den süddeutschen Ländern sind sie nach einem Schadensschub 1994 und einem leichten Rückgang 1995 weiterhin am höchsten. In den ostdeutschen Ländern hält die seit 1991 zu beobachtende Tendenz rückläufiger Waldschäden an. Abbildung 2.9 gibt die aktuelle Waldschadenssituation im Überblick wieder. Der Schadensverlauf ist bei den einzelnen Baumarten, wahrscheinlich witterungsbedingt, in den Jahren 1994 und 1995 uneinheitlich. Für alle Baumarten gilt, daß ältere Bäume stärker geschädigt sind als jüngere. Tabelle 2.4 zeigt die Entwicklung der Waldschäden nach Schadstufen von 1991 bis 1995. In Abbildung 2.10 ist die Schadensentwicklung in den Schadstufen 2 bis 4 nach Baumarten differenziert.

Die jährliche Erhebung der Wirtschaftskommission der Vereinten Nationen für Europa und der Europäischen Kommission weist aus, daß neuartige Waldschäden in ganz Europa ein ernstzunehmendes Problem darstellen. Auch wenn Standortbedingungen, natürliche und witterungsbedingte Faktoren an der Schadensentwicklung unterschiedlich beteiligt sind, können sie allein die Waldschäden nicht ausreichend erklären. Nach den Ergebnissen des staatenübergreifenden Stichprobennetzes ist für 1994 ein Anstieg deutlich geschädigter Bäume in Europa auf mehr als 26 % zu verzeichnen (EC-UN/ECE, 1995).

234. Die Methodik der Waldschadenserhebung gibt unverändert Anlaß zur Kritik, wenn es wegen der Entnahme abgestorbener Bäume (Schadstufe 4) gebietsweise zu Bestandsverlichtungen kommt (vgl. SRU, 1994, Tz. 463). Die terrestrische Waldschadenserhebung kann für solche Fälle keine Aussage treffen. In der Regel werden bei der Erhebung die entnommenen Bäume durch benachbarte Bäume ersetzt. Diese Ersatzbäume werden im Bericht einer näheren Analyse unterzogen und statistisch ausgewiesen. Bei einer großflächigen Verlichtung ist dies nicht möglich. Statt der Altbäume werden Bäume aus der Verjüngung in die Statistik einbezogen oder der Stichprobenpunkt ruht solange, bis der Nachfolgebestand die erforderliche Größe erreicht hat. Diese Bäume gehen jedoch nicht in die Ersatzbaumstatistik ein. Da eine solche Verjüngung für die Statistik allerdings eine deutliche Verschiebung bedeuten kann, empfiehlt der Umweltrat, neben den Ersatzbäumen auch Veränderungen auszuweisen, die sich aus einer Verjüngung der Bestände ergeben.

2.3.1.2 Maßnahmen zum Naturschutz

235. Naturschutz ist als komplexer Naturhaushaltsschutz zu begreifen. Deshalb dürfen die Ziele des Naturschutzes sich nicht nur auf den Schutz einzelner Flächen oder Gebiete beziehen, sondern müssen auf den Schutz der gesamten natürlichen Umwelt gerichtet sein. Maßnahmen in allen Umweltsektoren und -medien müssen folglich dem Anspruch auf Sicherung und dauerhafte Erhaltung der Funktionsfähigkeit des Naturhaushaltes gerecht werden. Das internationale Übereinkommen über die biologische Vielfalt, die EG-Richtlinie zur Erhaltung der natürlichen Lebensräume sowie der wildlebenden Tiere und Pflanzen (Flora-Fauna-Habitat-Richtlinie 92/43/EWG), das Konzept eines „Europäischen Ökologischen Netzes" und auf nationaler Ebene die Entschließung der Ministerkonferenz für Raumordnung zum „Aufbau eines ökologischen Verbundsystems in der räumlichen Planung" sind wichtige Schritte zu einem staatenübergreifenden und umfassenden Naturschutz.

236. Das internationale *Übereinkommen über die biologische Vielfalt* ist anläßlich der Konferenz der Vereinten Nationen für Umwelt und Entwicklung im Jahre 1992 von 153 Nationen und der Europäischen Gemeinschaft gezeichnet worden. Die Konvention ist am 29. Dezember 1993 völkerrechtlich in Kraft getreten; die Bundesrepublik Deutschland ist mit der Hinterlegung der Ratifizierungsurkunde am 21. Dezember 1993 Vertragsstaat des Übereinkommens geworden.

Mit dem Abschluß der ersten Vertragsstaatenkonferenz im Dezember 1994 in Nassau/Bahamas kann die Konvention in die Praxis umgesetzt werden. Die Vertragsstaaten haben ein Haushaltsbudget und die Einrichtung eines ständigen Konventionssekretariats unter dem Dach der Weltumweltorganisation UNEP beschlossen und damit die institutionellen Voraussetzungen verbessert. Auf der zweiten Vertragsstaatenkonferenz in Jakarta im November 1995 ist der unter

Abbildung 2.9

Waldschäden in der Bundesrepublik Deutschland 1995
(Schadstufen 2 bis 4)
– Ergebnisse der Länder –

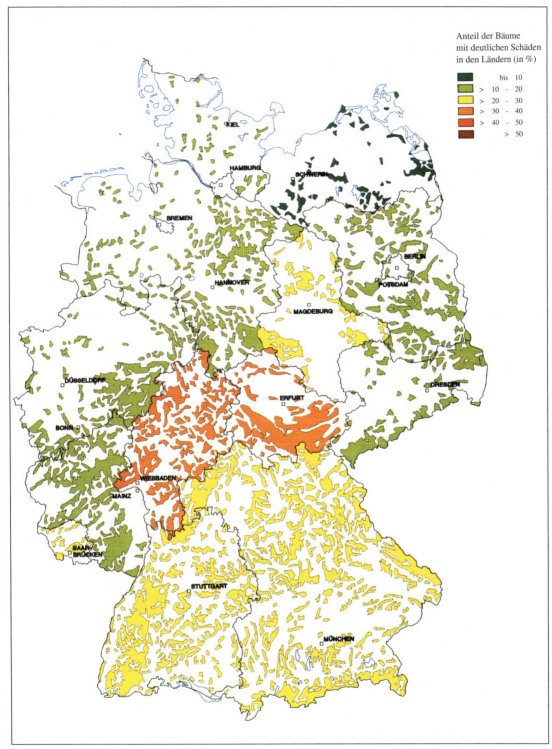

Anteil der Bäume
mit deutlichen Schäden
in den Ländern (in %)

■	bis 10
■	> 10 - 20
■	> 20 - 30
■	> 30 - 40
■	> 40 - 50
■	> 50

Quelle: BML, 1995

Tabelle 2.4

Waldschäden in der Bundesrepublik Deutschland

Bundesrepublik Deutschland	Anteil der Schadstufen (in %)					
	0	**1**	**2–4**	2	3	4
	ohne Schadmerkmale	schwach geschädigt (Warnstufe)	deutlich geschädigt	mittelstark geschädigt	stark geschädigt	abgestorben
1991*)	36	39	25	23,0	2,0	0,2
1992	32	41	27	24,5	1,8	0,4
1993	36	40	24	22,0	2,0	0,4
1994	36	39	25	22,7	1,6	0,4
1995	39	39	22	20,3	1,5	0,4

*) 1991 = Beginn einer neuen Zeitreihe für das seit 1990 erweiterte Bundesgebiet.
Quelle: BML, 1995

Abbildung 2.10

Entwicklung der Waldschäden nach Baumarten in Deutschland
Anteil der Schadstufen 2–4 in %

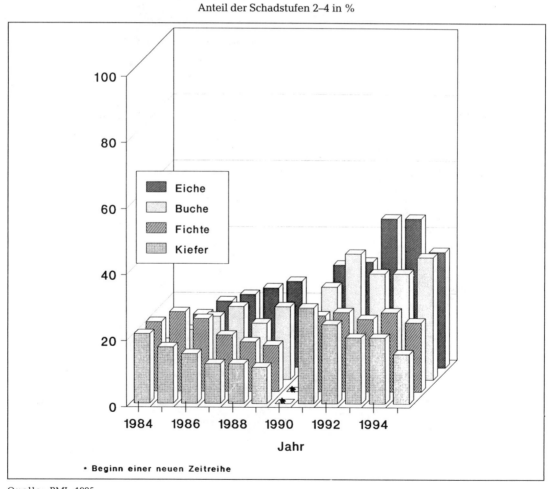

Quelle: BML, 1995

Federführung des Bundesumweltministeriums fertiggestellte Bericht der Bundesregierung zur biologischen Vielfalt in Deutschland vorgelegt worden (BMU, 1995a). Danach ist die Erhaltung der biologischen Vielfalt ein zentraler Bestandteil der deutschen Umweltpolitik. Aus dem Bericht geht hervor, daß bereits konzeptionelle Ansätze zur Erhaltung der biologischen Vielfalt mit folgenden Schwerpunkten bestehen:

– Schaffung von Biotopverbundsystemen

– angemessene Berücksichtigung der Naturschutzbelange in relevanten Nutzungsbereichen (um eine nachhaltige, umweltgerechte Nutzung zu gewährleisten bzw. zu erreichen)

– Schutz vor stofflichen Belastungen

– Maßnahmen des direkten Artenschutzes und zur Erhaltung der Vielfalt von Nutzpflanzen und Nutztieren.

Trotz eines umfangreichen Instrumentariums und teilweise erkennbar positiven Auswirkungen auf die biologische Vielfalt besteht in Deutschland weiterer Handlungsbedarf für die Umsetzung dieser Konzeption, insbesondere beim Naturschutz auf der gesamten, auch der genutzten Fläche.

237. Mit der *EG-Richtlinie zur Erhaltung der natürlichen Lebensräume sowie der wildlebenden Tiere und Pflanzen* vom Juni 1992 (Fauna-Flora-Habitat-Richtlinie 92/43/EWG – FFH-Richtlinie) wird der Aufbau eines kohärenten repräsentativen europäischen Schutzgebietssystems unter der Bezeichnung „NATURA 2000" angestrebt. Die Richtlinie ist eine der zentralen gesetzlichen Grundlagen für die Umsetzung der Konvention über die biologische Vielfalt (Tz. 48, 236) in der Europäischen Union und mithin auch in Deutschland.

Einige Vorschriften gehen weit über das bestehende nationale Umwelt- und Naturschutzrecht hinaus. Zum Beispiel sind für die nach der FFH-Richtlinie zu schützenden Gebiete Anpassungen bei der Umweltverträglichkeitsprüfung nach dem UVP-Gesetz und bei der Eingriffsregelung nach § 8 BNatSchG erforderlich. So verlangt die FFH-Richtlinie im Prinzip eine Art Umweltverträglichkeitsprüfung für alle Pläne und Projekte, die die besonderen Schutzgebiete beeinträchtigen könnten. Damit wird insoweit die Rücknahme der Einschränkung des Anwendungsbereichs der Umweltverträglichkeitsprüfung erforderlich, wie sie durch das Investitionserleichterungs- und Wohnbaulandgesetz (Art. 11) vorgesehen ist. Vielmehr muß darüber hinaus auch eine Ausdehnung der Umweltverträglichkeitsprüfung auf Projekte, die bisher nach deutschem Recht keiner Zulassung bedürfen, und auf Pläne, die nicht durch prüfpflichtige Vorhaben realisiert werden, erfolgen. Weiter wird verlangt, daß das Ergebnis der Umweltverträglichkeitsprüfung – entgegen geltendem nationalem Recht – die Entscheidung über die Zulässigkeit eines Eingriffs präjudiziert. Zudem schränkt die FFH-Richtlinie die Ausnahmefälle, in denen die Unabwendbarkeit eines Eingriffs mit einem Überwiegen des öffentlichen Interesses begründet wird, im Vergleich zur Eingriffsregelung nach § 8 BNatSchG

deutlich ein. Außerdem ist bundesrechtlich festzulegen, welche Schutzgebietstypen des deutschen Naturschutzrechts dem besonderen Schutzgebiet im Sinne der Richtlinie entsprechen und besser vor Eingriffen zu schützen sind. Vor allem aber verlangen die allgemeinen Vorschriften der FFH-Richtlinie in der Konsequenz einen bundesländerübergreifenden Biotopverbund.

Bis Juni 1994 hätte die FFH-Richtlinie in nationales Recht umgesetzt werden müssen. Änderungen des deutschen UVP-Gesetzes sollten unter anderem bereits Regelungen vorwegnehmen, die ohnehin auch aufgrund der geplanten EU-Richtlinie über die Umweltverträglichkeitsprüfung von Plänen und Programmen zu erwarten sind. Derzeit ist allerdings nicht absehbar, wann die erforderlichen Regelungen vorgenommen werden. Soweit die EU-Bestimmungen hinreichend genau sind, gelten diese zunächst unmittelbar.

238. Die nationalen Schutzgebietslisten für FFH-Gebiete hätten bis zum Juni 1995 bei der Europäischen Union eingereicht werden müssen. Aufgrund der verfassungsrechtlich geregelten Zuständigkeit für Naturschutz können nur die Bundesländer über das Bundesumweltministerium Meldungen vornehmen. Trotz frühzeitiger umfangreicher Vorarbeiten des Bundesamtes für Naturschutz liegen immer noch nicht von allen Obersten Naturschutzbehörden offizielle Meldungen vor. Behördenintern wurde bereits eine bundesweite naturschutzfachliche Vorauswahl erarbeitet, die den Ländern für die weitere Umsetzung mitgeteilt worden ist. Die trotz der Vorarbeiten vorhandene Zurückhaltung der Länder ist vor allem auf noch ungeklärte Fragen der rechtlichen Umsetzung auf Bundesebene zurückzuführen. Auch unter diesem Gesichtspunkt ist daher eine unverzügliche Novellierung des Bundesnaturschutzgesetzes dringend anzumahnen (Tz. 244).

239. Von nationalen Umsetzungsproblemen abgesehen, sind auf europäischer Ebene bislang keine befriedigenden finanziellen Voraussetzungen für die Umsetzung der FFH-Richtlinie geschaffen worden. Daher ist darauf zu drängen, daß über das Finanzierungsinstrument LIFE hinaus Mittel der weitaus besser ausgestatteten EU-Strukturfonds für die Zwecke der FFH-Richtlinie bereitgestellt werden.

240. Unabhängig vom Schutzgebietskonzept der FFH-Richtlinie wurde 1993 im Rahmen einer internationalen Konferenz in Maastricht die Idee eines *Europäischen Ökologischen Netzes* (European Ecological Network – EECONET) entwickelt, das sich auf die Anwendung sämtlicher internationaler Vereinbarungen im Naturschutz stützt (u.a. Berner-, Bonner-, Helsinki- und Ramsar-Konvention, „Man and Biosphere"-Gebiete des UNESCO-Programms). EECONET greift unter anderem den Aktionsplan für Schutzgebiete in Europa von der Internationalen Naturschutzunion auf. Der Aktionsplan der Internationalen Naturschutzunion betont die Bedeutung des EECONET für die Prioritätensetzung auf europäischer und nationaler Ebene. Des weiteren kann EECONET in Teilen auf das Netz der Schutzgebiete nach der FFH-Richtlinie und ähnliche europäische Initiativen aufbauen. Schließlich soll es einen Zusammenhang zwischen einem europäischen Verbundsystem auf der einen Seite und den nationalen und regionalen Verbundsystemen auf der anderen Seite herstellen.

241. Ein außerordentlich wichtiger Schritt zur Umsetzung der Biodiversitätskonvention und der FFH-Richtlinie ist die Erarbeitung eines *nationalen Biotopverbundkonzepts*. Ohne eine nationale Koordination und ohne eine länderübergreifende Zusammenarbeit können die internationalen Verpflichtungen nicht erfüllt werden. Die mittlerweile erreichte internationale Dimension des Naturschutzes stellt somit grundsätzlich neue Anforderungen an die Aufgabenverteilung zwischen Bund und Ländern.

Über die Schaffung eines ökologischen Verbundsystems als raumordnerisches Ziel wurde zwischen Bund und Ländern bereits Einigkeit erzielt. Zwar erhebt die betreffende Entschließung der Ministerkonferenz für Raumordnung vom 27. November 1992 zum „Aufbau eines ökologischen Verbundsystems in der räumlichen Planung" keine grundsätzlich neuen Forderungen (vgl. SRU, 1994, Tz. 896, 1988, Tz. 492 ff., 1985, Tz. 1214 ff.; LANA, 1992), aber sie bietet eine Grundlage dafür, die verschiedenen Bemühungen der Länder um einen Biotopverbund zu verknüpfen und ein bundesweites Verbundsystem aufzubauen. Im Gegensatz zum Raumordnungspolitischen Orientierungsrahmen des Bundesbauministeriums (BMBau, 1993), in dem ebenfalls die Schaffung eines ökologischen Verbundsystems für notwendig erachtet wird und dem die Ministerkonferenz für Raumordnung zum selben Zeitpunkt zugestimmt hat, enthält die Entschließung der Ministerkonferenz konkrete Empfehlungen zur Realisierung eines ökologischen Verbundes und eine Aufforderung an die für Naturschutz und Landschaftspflege sowie Land- und Forstwirtschaft zuständigen Fachressorts, ihren Beitrag dazu zu leisten.

242. Der deutsche Beitrag zum *UNESCO-Programm „Man and Biosphere"* (MAB) für den Zeitraum Juli 1992 bis Juni 1994 (ERDMANN und NAUBER, 1995) sowie die Leitlinien für Schutz, Pflege und Entwicklung stellen die jüngste Entwicklung von Biosphärenreservaten im vereinigten Deutschland dar. Die allgemeingültigen Leitlinien für Schutz, Pflege und Entwicklung dieser Gebiete wurden auf der Grundlage der zwölf in Deutschland bestehenden Biosphärenreservate von der Ständigen Arbeitsgruppe der Biosphärenreservate in Deutschland (1995) erarbeitet. Nach einem Anerkennungsschub für Biosphärenreservate durch die UNESCO zu Beginn der neunziger Jahre sollten die Länder nunmehr verstärkt weitere, auch anthropogen stärker überformte Landschaften zur Anerkennung vorschlagen.

243. Am 5. Dezember 1994 hinterlegte Deutschland die Ratifizierungsurkunde zur *Alpenkonvention*; am 6. März 1995 ist die Alpenkonvention in den Ratifizierungsstaaten in Kraft getreten. Die ersten drei Durchführungsprotokolle zur Alpenkonvention in den Bereichen „Naturschutz und Landschaftspflege", „Raumplanung und nachhaltige Entwicklung" sowie „Berglandwirtschaft" sind durch die Umweltminister der beteiligten Alpenstaaten und die Vertreter der Europäischen Gemeinschaft angenommen worden. Nun gilt es, die Alpenkonvention durch Vereinbarung konkreter Maßnahmen zum Schutz von Natur und Umwelt, aber auch zur Förderung der im Alpenraum ansässigen Bevölkerung mit Leben zu erfüllen. Die Konvention legt auch die Grundlagen für ein Alpenbeobachtungs- und Fachinformationssystem sowie einen internationalen integrierten Alpenzustandsbericht.

244. Im Vergleich zu anderen Umweltbereichen und trotz der vielfältigen, erweiterten Anforderungen an die Naturschutzpolitik hat es auf Bundesebene in den letzten zwei Jahren neue rechtliche Regelungen zur Verbesserung des Zustandes von Natur und Landschaft nicht gegeben. Die von der Bundesregierung angekündigte und vom Umweltrat wiederholt angemahnte *Novellierung des Bundesnaturschutzgesetzes* (SRU, 1994, 1988, 1985) ist im Berichtszeitraum nicht erfolgt. Mit der Novellierung sollen lange erkannte Schwächen beseitigt und ein ganzheitlicher Schutz des Naturhaushaltes erreicht werden. Um so mehr begrüßt der Umweltrat die durch die Initiativen im Parlament zum Bundesnaturschutzgesetz in Gang gekommene Diskussion. Der zwischen Bund und Ländern stattfindende Abstimmungsprozeß zur Umsetzung der FFH-Richtlinie zeigt, daß auch aus diesem Grund eine rasche Novellierung des Bundesnaturschutzgesetzes erforderlich ist. Die anläßlich des 2. Europäischen Naturschutzjahres verabschiedete gemeinsame Erklärung von Umweltministerkonferenz und Deutschem Naturschutzring zu den Zielen der weiteren Naturschutzarbeit, die sich im wesentlichen mit den Vorstellungen des Umweltrates deckt, wird ausdrücklich begrüßt.

2.3.1.3 Schlußfolgerungen und Empfehlungen zur Naturschutzpolitik

245. Naturschutz und Landschaftspflege sind wie kein anderer Umweltpolitikbereich durch Stagnation, teilweise auch durch deutliche Verschlechterung gekennzeichnet. Von der Erhaltung der Nutzungsfähigkeit, das heißt einer dauerhaft-umweltgerechten Nutzung von Natur und Landschaft, ist die Naturschutzpolitik weit entfernt. Die anhaltende Gefährdung des Artenbestandes und der Lebensräume macht eine Neukonzeption des Naturschutzes erforderlich. Naturschutzmaßnahmen dürfen nicht nur auf ausgewählte Schutzgebiete oder auf die Schaffung eines Biotopverbundes beschränkt bleiben, sondern müssen auf die gesamte, das heißt auch auf die genutzte Fläche gelenkt werden. Dazu müssen neben den landschaftsverbrauchenden Nutzungsformen vor allem die Landnutzer, wie Landwirtschaft, Forstwirtschaft und Wasserwirtschaft, in das Schutzkonzept integriert werden. Dies bedeutet nicht, daß Naturschutz auf der ganzen Fläche mit gleicher Intensität betrieben werden soll, sondern daß ein Naturschutzkonzept mit abgestufter Schutzintensität erforderlich ist. Es wird also auch künftig Gebiete geben, in denen intensive Land- und Forstwirtschaft betrieben werden kann – unter der Voraussetzung, daß dort ökologische Mindeststandards eingehalten werden. Erkennbaren Tendenzen, Naturschutz nur auf

Schutzgebiete sowie kraft Gesetzes geschützte Biotope zu beschränken, muß entschieden entgegengewirkt werden.

Zentrales Anliegen müssen der flächendeckende Erhalt der Leistungsfähigkeit, gegebenenfalls auch die Wiederherstellung des Naturhaushaltes und die Erhaltung der biologischen Vielfalt sein. Hierunter ist gleichermaßen die Erhaltung der Artenvielfalt und der Vielfalt der Lebensräume mit ihrer abiotischen und biotischen Ausstattung wie die Erhaltung des Nutzpflanzen- und Nutztierspektrums zu verstehen. Dies schließt auch den Erhalt von dynamischen Prozessen in Natur und Landschaft ein.

Im Vordergrund künftiger Maßnahmen muß die Eindämmung der Uniformierung von Natur und Landschaft einschließlich der Eingriffe in den Landschaftswasserhaushalt stehen. Weiterhin ist die andauernde Zufuhr von Nährstoffen, Schadstoffen und Energie auf die Fläche zu begrenzen, die zum Beispiel zu Belastungen des Nährstoffhaushaltes, zu Grundwasser- und Gewässerverunreinigungen, Meeresverschmutzung, Erosion und Bodenverdichtung führt. Um diese Ziele zu erreichen, ist der Naturschutz vor allem bei der Minderung der Nutzungsintensität auf die Mitwirkung der Hauptflächennutzer Land- und Forstwirtschaft angewiesen.

246. Im Rahmen der Neuorientierung des Naturschutzes sieht der Umweltrat die *Novellierung des Bundesnaturschutzgesetzes* als vordringliche Aufgabe. Er wiederholt seine Forderung nach Abschaffung des Agrarprivilegs im Bundesnaturschutzgesetz, da Eingriffe land- und forstwirtschaftlicher Nutzer nicht anders behandelt werden dürfen als die gewerblicher und industrieller Nutzer. Die Landwirtschaftsklauseln des Bundesnaturschutzgesetzes und der entsprechenden Ländergesetze sollten aufgehoben und statt dessen Betreiberpflichten für Land- und Forstwirte zum Schutz der natürlichen Lebensgrundlagen eingeführt werden. Hierin sollte auch die besondere Verantwortung dieser Nutzergruppen für die Erhaltung der biologischen Vielfalt und den Erhalt der Leistungsfähigkeit des Naturhaushaltes zum Ausdruck gebracht werden.

247. Die *Schutzgebietskategorien* müssen ergänzt und ihre Inhalte weiterentwickelt, insbesondere stärker an einem flächendeckenden Naturschutz orientiert werden. Es ist erforderlich, die Schutzkategorie Biosphärenreservat neu in das Bundesnaturschutzgesetz aufzunehmen. In Biosphärenreservaten sollten Aufgaben des Naturschutzes sowie die Pflege und Entwicklung von Kulturlandschaften mit den Bedürfnissen der hier lebenden und wirtschaftenden Menschen in Einklang gebracht werden. Sie dienen auch der Umweltforschung, der Umweltbeobachtung und der Umweltbildung. Eine bundeseinheitliche Regelung über die Zonierung von Biosphärenreservaten ist für ihre weitere Entwicklung unerläßlich. Die vorgelegten Leitlinien (Ständige Arbeitsgruppe der Biosphärenreservate in Deutschland, 1995) sollten bei gesetzlichen Regelungen über Biosphärenreservate in Bund und Ländern als fachliche Grundlage herangezogen werden. Um alle Landschaften und das gesamte Nutzungsspektrum repräsentativ abzudecken,

hält der Umweltrat eine begrenzte Ausweisung weiterer Biosphärenreservate auch im stark besiedelten Bereich, in landwirtschaftlichen Intensivnutzungsgebieten und in Bergbaufolgelandschaften für erforderlich (vgl. auch Deutsches Nationalkommittee – MAB, 1995).

248. Die Schutzkategorie Landschaftsschutzgebiet sollte gestärkt und ihrem ursprünglichen Inhalt entsprechend auf den großräumigen Schutz und die Entwicklung von Kulturlandschaften konzentriert werden. Hiermit bieten sich Schutzmöglichkeiten, wie sie von keiner anderen Schutzkategorie übernommen werden können. Allerdings müssen die erheblichen Vollzugsdefizite im praktischen Umgang mit Landschaftsschutzgebieten beseitigt werden. Differenzierte Schutzzweckformulierungen und Beschreibungen des Gebietscharakters in aktuellen Schutzgebietsverordnungen sind wesentliche Voraussetzung für einen wirksamen Landschaftsschutz. Dies schließt auch die auf den Schutzzweck bezogenen Verbote, Erlaubnisvorbehalte oder zulässigen Handlungen ein. Mit dem Instrument des Landschaftschutzgebietes kann die künftige Pflege und Entwicklung von Landschaften sowie die Erhaltung und Wiederherstellung der Leistungsfähigkeit des Naturhaushaltes und auch die dauerhaft-umweltgerechte Nutzung von Landschaften angemessen berücksichtigt werden. Die betroffene Bevölkerung ist künftig in den Entscheidungsprozeß einzubeziehen. Um alle Nutzungen von Natur und Landschaft gleichermaßen zu erfassen, ist die Berücksichtigung der Erholungs- und Freizeitnutzung bei der Schutzzweckformulierung erforderlich. Einer zu undifferenzierten Ausweisung der großflächigen Gebiete sollte durch Zonierungskonzepte mit teilflächenbezogener Formulierung von Schutzzwecken, Verboten und Erlaubnisvorbehalten entgegengesteuert werden. Ein solchermaßen weiterentwickeltes Landschaftsschutzgebiet vermag die traditionelle Trennung von Schutzgebieten und intensiv genutzten Gebieten zu überwinden und dient damit einem flächendeckenden Naturschutz. Der Flächenanteil solchermaßen qualifizierter Landschaftsschutzgebiete sollte erhöht werden.

249. Der Umweltrat ist der Meinung, daß die Kategorie Naturpark zumindest in den alten Bundesländern Erfordernisse eines zeitgemäßen Naturschutzes nicht oder nur unzureichend erfüllt. Auch die vorliegenden Reformentwürfe zum Bundesnaturschutzgesetz bringen keine wesentliche Verbesserung dieser Schutzgebietskategorie.

Die Aufnahme der Kategorie Naturpark im Bundesnaturschutzgesetz ist nach Ansicht des Umweltrates aber nur dann zielführend, wenn Naturschutzaufgaben einschließlich der Ökologisierung der Landnutzung ausdrücklich verankert werden. Naturparke sollten, dem Konzept der Biosphärenreservate folgend, auf regionaler Ebene unterschiedliche Schutzgebiete (Naturschutzgebiete, Landschaftsschutzgebiete) unter Einbeziehung der Siedlungen zusammenführen. Sie sollten nach einem einheitlichen Konzept geplant, entwickelt, geleitet und gepflegt werden. Formen einer dauerhaft-umweltgerechten Landnutzung einschließlich einer landschaftsverträglichen Erholungsnutzung müssen festgeschrieben werden. Die „Naturparke neuer Prägung", die seit der Wiedervereinigung in den neuen Ländern ausgewiesen und in den Landesnaturschutzgesetzen verankert worden sind, können als Beispiel für die Umsetzung integrierender Konzepte von Nutzung und Schutz der Landschaft gelten. Der Umweltrat empfiehlt daher, im Rahmen der Novellierung des Bundesnaturschutzgesetzes eine stärker auf Naturschutzinhalte ausgerichtete Inhaltsbestimmung der Naturparke einzubringen, wie es auch in anderen europäischen Ländern geschehen ist. Die alleinige Fixierung auf die Erholungsnutzung ist nicht mehr ausreichend.

Der Umweltrat hat statt dessen auch erwogen, den Schutzstatus des Landschaftsschutzgebietes (SRU, 1996, Tz. 118 f.) in der Weise aufzuwerten, daß er inhaltlich den Gedanken der „Vorbildlandschaft" des „Naturparks neuer Prägung" aufnehmen kann. Hierfür sprechen die negativen Erfahrungen mit der Schutzkategorie Naturpark in den alten Bundesländern. Der Begriff Naturpark hat hier vielfach einen zu positiven Eindruck des Naturzustandes vermittelt, obwohl intensive Erholungsnutzung mit gleichzeitiger „Möblierung" und „gärtnerischer Pflege" der Landschaft im Vordergrund der Gebietsentwicklung stehen. Andererseits sprechen die positiven Erfahrungen in den neuen Bundesländern dafür, den Naturpark im Sinne eines aktiven Naturschutzes weiterzuentwickeln.

250. Zur Verdeutlichung der Aufgabentrennung im Naturschutz macht der Umweltrat ausdrücklich darauf aufmerksam, daß die Kategorie Naturschutzgebiet für den Arten- und Biotopschutz im engeren Sinne unverzichtbar ist. Die Aufgabe der Erhaltung der biologischen Vielfalt kann nicht allein im genutzten Bereich verwirklicht werden, sondern es bedarf auch strenger Schutzgebiete, in denen allenfalls Pflege und Entwicklung erwünscht sind, sowie Gebiete mit uneingeschränkter Naturentwicklung. Diese Kerngebiete des Naturschutzes mit der nur hier schützbaren biotischen Vielfalt, die vielfach nicht oder kaum regenerierbar ist, müssen – auch im Hinblick auf das europäische Netz besonderer Schutzgebiete (NATURA 2000) – umfassender als bisher vor Eingriffen und stofflichen (Rand-)Einwirkungen geschützt werden. Nur durch weiterreichende Schutzanstrengungen, zum Beispiel die Schaffung von Pufferzonen, Verhinderung von Eingriffen und die Aufrechterhaltung natürlicher Dynamik, kann die Tendenz der Zustandsverschlechterung dieser Schutzgebietskategorie aufgehalten werden. Der Umweltrat empfiehlt, die Regelungen dahingehend auszugestalten, daß die Schutzverordnung auch Handlungen untersagen kann, die geeignet sind, den Bestand des Naturschutzgebietes zu gefährden; dies muß gegebenenfalls auch den Umgebungsschutz einschließen.

251. Nach Auffassung des Umweltrates ist es erforderlich, *Naturschutz-Vorrangflächen* einzurichten. Auf etwa 10 % der Landesfläche Deutschlands sollte der Naturschutz absolute Priorität genießen; davon sollten etwa 5 % einem Totalschutz unterliegen, das heißt gänzlich der Eigendynamik der Natur überlassen bleiben (Naturentwicklungsgebiete). Bei ausrei-

chender Größe sind sie als Nationalparke zu sichern. Für den forstlich genutzten Bereich sollten 5 % Totalreservate, 10 % naturnahe Naturschutz-Vorrangflächen und 2 bis 4 % naturnahe Waldränder einem Waldbiotopverbundsystem vorbehalten bleiben (SRU, 1996, Tz. 121 f.). Diese Zahlen sind aber nur grobe Richtzahlen, die von Region zu Region erheblich schwanken können und müssen.

Unter Berücksichtigung der jeweiligen Zuständigkeiten von Bund und Ländern kann der Aufbau von Verbundsystemen allerdings keine auf Bundesebene zu erfüllende raumordnerische Aufgabe sein. Vielmehr können Verbundsysteme nur von den Ländern und dann letzlich nur aus den Regionen heraus aufgebaut werden.

252. Zukünftig erscheint es erforderlich, regionalisierte und nutzungsbezogene Qualitätsziele und Mindeststandards für den Natur- und Landschaftsschutz zu entwickeln und anzuwenden, die die unterschiedliche Naturausstattung und das entsprechende Naturschutzpotential sowie die jeweilige Nutzung berücksichtigen. Regionen mit einem beispielsweise hohen Potential für biologische Vielfalt benötigen dementsprechend einen höheren Schutzanteil. Schwerpunkte des Naturschutzes sollten bei der Einrichtung von großen Schutzgebieten, wie Nationalparken und großen Naturschutzgebieten sowie Biosphärenreservaten, Landschaftsschutzgebieten und mit Naturschutzinhalten ausgestatteten Naturparken (Tz. 249), in denen dauerhaft-umweltgerechte Nutzung Teil des Schutzkonzeptes ist, gesetzt werden.

253. Besondere Bedeutung für einen international abgestimmten und repräsentativen Naturschutz mißt der Umweltrat der *Umsetzung der FFH-Richtlinie* bei, das heißt der Einrichtung eines kohärenten europäischen Netzes besonderer Schutzgebiete. Die für die Umsetzung notwendige Anpassung nationalen Umwelt- und Naturschutzrechts sollte schnellstmöglich erfolgen (Tz. 237). Die nach FFH-Richtlinie bedeutsamen Gebiete müssen nach Meinung des Umweltrates unter strengen Schutz gestellt werden. Nachteilige Einwirkungen aus der Umgebung sind auszuschließen. Wegen der Dringlichkeit empfiehlt der Umweltrat, die Umsetzung der FFH-Richtlinie gegebenenfalls unabhängig von der generellen Novellierung des Bundesnaturschutzgesetzes vorab vorzunehmen.

254. In der über das Schutzgebietskonzept der FFH-Richtlinie hinausgehenden Idee eines *Europäischen Ökologischen Netzes* (EECONET) sieht der Umweltrat einen wichtigen Anstoß zur Präzisierung einerseits repräsentativer europäischer und andererseits nationaler Schutzanstrengungen. Die vielen kleinen, aber dennoch besonders schutzwürdigen Gebiete Deutschlands, die im internationalen Vergleich zunächst nicht ausreichend berücksichtigt worden sind, können über dieses Konzept angemessen von der regionalen über die nationale bis hin zur europäischen Ebene in einen europäischen Biotopverbund integriert werden.

255. Im Kontext des Aufbaus eines ökologischen Verbundsystems ist es wichtig, daß Naturschutz endlich als eigene Raumnutzungskategorie der *Raumordnung* und der räumlichen Planung aufgefaßt wird und dementsprechend zum Beispiel im Raumordnungsbericht behandelt werden sollte. Im Raumordnungspolitischen Orientierungsrahmen wird nicht genügend berücksichtigt, daß ein wirkungsvoller Naturschutz auf einen umfassenden Ressourcenschutz auf der gesamten Fläche angewiesen ist (Tz. 245). Es entsteht sogar der Eindruck, daß Naturschutz in Gestalt des Arten- und Biotopschutzes nur innerhalb des *Biotopverbundsystems* betrieben würde und daß nach dem Konzept der funktionsräumlichen Arbeitsteilung auf der verbleibenden Fläche andere Belange absoluten Vorrang hätten. Im derzeit in Bearbeitung befindlichen Handlungsrahmen zum Raumordnungspolitischen Orientierungsrahmen, besser noch im Orientierungsrahmen selbst, sollten Empfehlungen zur Umsetzung des Biotopverbundkonzeptes und zu einem umfassenden raumbezogenen Ressourcenschutz ergänzt werden.

Der Bund verfügt im Bereich der Raumordnung (Art. 75 Nr. 4 GG) nur über eine Rahmenkompetenz. Das Bundesverfassungsgericht hat jedoch in seinem Baurechtsgutachten (BVerfGE 3, 407, 425 ff.) dem Bund neben der Rahmenkompetenz eine ausschließliche und volle Gesetzgebungskompetenz kraft Natur der Sache für die Raumordnung im Gesamtstaat zugesprochen. Diese schließt auch die Verwaltungskompetenz ein (vgl. BVerfGE 22, 180, 256 f.; 41, 291, 312; §§ 1 Abs. 3, 3 Abs. 1, 4 Abs. 1 ROG). Aufgrund dieser Kompetenz sind dem Bund für länderübergreifende oder die Europäische Union betreffende raumordnerische Aspekte gewisse Handlungsmöglichkeiten eröffnet. Gleichwohl dürfte der Bund nicht in der Lage sein, die Ausweisung von Biotopverbundsystemen zur Erhaltung der biologischen Vielfalt in eigener Verantwortung vorzunehmen. Daher empfiehlt der Umweltrat, die anstehende Aufgabe einer informellen Kooperation mit den Ländern zu erfüllen. Ein Handlungskonzept zur Gestaltung eines nationalen Biotopverbundkonzepts sollte neben Fragen der raumordnerischen Abwägung miteinander konkurrierender Flächennutzungsansprüche auch Vorschläge enthalten, an welcher Stelle, von wem und in welchem zeitlichen Rahmen die flächenbezogenen Daten zu einer raumordnerischen Gesamtkarte des Biotopverbundsystems zusammengeführt werden. Bei der Erarbeitung des Handlungskonzepts sollte auf die Empfehlungen der Länderarbeitsgemeinschaft für Naturschutz und Landschaftspflege von 1992, die Vorarbeiten und Erfahrungen des Bundesamtes für Naturschutz im Zuge der Umsetzung der FFH-Richtlinie sowie die behördeninterne Erfassung und Bewertung bundesweit bedeutsamer Flächen für den Naturschutz zurückgegriffen werden. Ein nationales Biotopverbundkonzept sollte, abgesehen von der Einlösung internationaler Verpflichtungen, zum Beispiel bei der Überarbeitung des Bundesverkehrswegeplanes oder anderen Bundesplanungen Berücksichtigung finden (SRU, 1994, Tz. 758).

256. Die Erhaltung der biologischen Vielfalt setzt einheitliche und praktikable Bewertungsmaßstäbe voraus. Das Instrument der *Roten Listen* gefährdeter Tier- und Pflanzenarten hat sich im Rahmen des Arten- und Biotopschutzes trotz gewisser Schwächen (SRU, 1988, 361 ff.; 1985, 572 ff.) als eine wichtige Argumentations- und Bewertungshilfe bewährt. Aus vielfältigen Gründen reichen sie aber als alleiniges Bewertungskriterium nicht aus. Auch die Übertragung dieses Instrumentes auf Pflanzengesellschaften, Tiergemeinschaften und vor allem Lebensräume kann nur ein weiterer Baustein eines ganzheitlichen Ansatzes im Naturschutz sein. Denn sachgerechte Konzeptionen zum Schutz, zur Pflege und zur Entwicklung von Natur und Landschaft bedingen auch die Einbeziehung der anderen Schutzgüter, wie zum Beispiel Wasser- und Bodenhaushalt. Da die Lebensräume eine wesentliche Grundlage für einen erfolgreichen Naturschutz sind und sie durch ihren Flächenbezug eine geeignete Größe für die räumliche Planung darstellen, kommt der Übertragung der Gefährdungsbeurteilung nach dem Konzept der roten Listen auf Biotoptypen sowie komplexe Lebensräume aber besondere Bedeutung zu. Im Bewußtsein für die Leistungsgrenzen dieser Listen begrüßt der Umweltrat ausdrücklich die Aufstellung der Roten Liste der gefährdeten Biotoptypen (Tz. 225 ff.). Diese Liste ist als eine unverzichtbare fachgutachterliche Beurteilung der Gefährdungssituation von Lebensräumen in Deutschland aufzufassen.

Die Gefährdungseinstufung und die Hinweise zur Erhaltung, Pflege und Wiederherstellbarkeit in der Liste sollten neben anderen Instrumenten unverzüglich zur Begründung und Umsetzung von Schutzgebietsausweisungen und Biotopverbundkonzepten, von Maßnahmen gegen allgemeine qualitative Veränderungen der Lebensräume durch Immissionen, Maßnahmen für einen flächendeckenden Naturschutz – auch in der genutzten Landschaft – sowie zur Prioritätensetzung innerhalb der anstehenden Aufgaben genutzt werden.

Um die Gefährdung der biologischen Vielfalt zukünftig noch besser bewerten zu können, bedarf das Instrument der Roten Listen einer fachlichen Weiterentwicklung. Vor allem ist eine Konzentration auf empfindliche Arten mit hohem Zeigerwert und auf besonders vielfältige, gefährdete und nicht oder kaum wiederherstellbare Lebensräume (Biotopkomplexe) erforderlich sowie eine kontinuierliche Aktualisierung und Differenzierung der Bewertung nach biogeographischen Regionen zu ermöglichen. Die großen Kenntnislücken in der Systematik, Taxonomie und Ökologie wenig attraktiver und wenig bekannter Arten sind verstärkt zu schließen. Aufgrund der wachsenden Bedeutung der Biodiversität sollte ein entsprechendes Forschungsprogramm aufgelegt werden.

257. Unveränderte Sorge bereiten dem Umweltrat die durch das *Investitionserleichterungs- und Wohnbaulandgesetz* und die *Beschleunigungsgesetze* veränderten Rahmenbedingungen für den Schutz von Natur und Landschaft, die insbesondere auf einen Abbau der Bürgerbeteiligung sowie eine Verminderung der Anwendung der Umweltverträglichkeitsprüfung hinauslaufen. Beeinträchtigungen und Zerschneidungen großer unzerschnittener und schutzwürdiger Räume und die Isolierung wertvoller Lebensräume können daher in geringerem Maße als bisher vermieden werden; solche Eingriffe müssen jedoch unter allen Umständen so gering wie möglich gehalten werden, um eine weitere Verschlechterung des Zustandes von Natur und Landschaft zu verhindern.

258. Auf einen direkten Flächenschutz gerichtete Anstrengungen reichen jedoch nicht aus, solange nicht gleichzeitig weitere Maßnahmen zum Schutz vor diffusen und kumulierenden *Stoffeinträgen* greifen. Vor allem ist der Eintrag von säurebildenden Substanzen und von Stickstoff immer noch so hoch, daß es zu Veränderungen des Bodenzustandes, Belastungen von durch Nährstoffarmut gekennzeichneten Ökosystemen und empfindlichen Gewässern sowie zu Stoffausträgen, Grundwasserbelastungen und anderen Beeinträchtigungen des Naturhaushaltes kommt. Auch die mit geringen Schwankungen nach wie vor besorgniserregenden neuartigen Waldschäden sind sichtbares Zeichen dieser Entwicklung. Der Umweltrat hält eine weitere Reduzierung der Emissionen von säurebildenden Substanzen und Stickstoffverbindungen aus Industrie und Verkehr, aber auch aus der Landwirtschaft für notwendig. In diesem Zusammenhang sollten regionalisierte Umweltqualitätsziele und Mindeststandards für stoffliche Belastungen nach dem Vorbild der kritischen Eintragsraten eingeführt werden. Schutzgebiete sollten durch Zonierungskonzepte und Pufferzonen besser vor direkten Stoffeinträgen geschützt werden. Um die Waldschäden abzumildern und die Stabilität der Wälder zu erhöhen, ist eine verstärkte Hinwendung zur naturnahen Waldbewirtschaftung mit standorttypischen Baumarten erforderlich.

259. Um die Entwicklungen für den Bereich Natur und Landschaft zu dokumentieren, bedarf es eines medienübergreifenden ökologischen Monitoringsystems. Die *ökosystemare Umweltbeobachtung* sollte vornehmlich in den Biosphärenreservaten erfolgen (Tz. 180 ff.). Eine entsprechende Verankerung ist im Bundesnaturschutzgesetz vorzusehen. Künftig ist auch die Verankerung bundesweiter *ökologischer Mindeststandards* erforderlich (SRU, 1996, Abschn. 2.1.3.2). Wesentlich ist ferner, den Flächenschutz gegenüber baulichen Belangen zu gewährleisten. Um den Naturschutz in den Bundesländern zu stärken, hält der Umweltrat eine bundeseinheitliche Regelung für die Einführung der *Verbandsklage* für geboten (Tz. 705).

260. Wie im Sondergutachten zu einer dauerhaft-umweltgerechten Landnutzung dargestellt (SRU, 1996), soll ein Teil der Verantwortung für den Naturschutz den Regionen überlassen werden. Der Umweltrat hält deshalb neben den aufgezeigten Korrekturen des ordnungsrechtlichen Instrumentariums eine verstärkte Anwendung *marktwirtschaftlicher Anreizinstrumente* im Naturschutz für erforderlich. Die Honorierung ökologischer Leistungen von Land- und Forstwirtschaft sollte ein höheres Gewicht erhalten. Allerdings dürfen ohnehin zu erbringende Leistungen zur Einhaltung von Mindestanforderungen an den Umgang mit Natur und Landschaft nicht entlohnt werden, um nicht das Verursacherprinzip zu konterkarieren. Um die von Region zu Region unterschiedlichen Natur- und Umweltschutzaufgaben an-

gemessen berücksichtigen und gegebenenfalls einen freiwilligen und über das ohnehin erforderliche Maß hinausgehenden Verzicht auf umweltbeeinträchtigende Nutzungen ausgleichen zu können, empfiehlt der Umweltrat, den Finanzausgleich um ökologische Komponenten zu erweitern.

261. Das den Naturschutz berührende *Planungsinstrumentarium* sollte stärker vom direkten Lenkungsanspruch hin zur informellen Entscheidungsvorbereitung gerichtet werden. Die überörtlichen Planungsebenen sollten dabei vorrangig Vorgaben für Umweltqualitätsziele und Mindeststandards machen, während die unteren Ebenen die gewünschten Naturschutzleistungen in Eigenverantwortung erbringen können. Die Landschaftsplanung als Instrument eines vorsorgenden Naturschutzes ist zu stärken (SRU, 1996, Abschn. 2.3.3).

262. Schutzgebietsbezogener und flächendeckender Naturschutz bedürfen einer aktuellen Bewertung und Richtungsbestimmung. Um die Aufgabenzuweisungen in den Bereichen

– Arten- und Biotopschutz,

– Naturschutzanspruch auf der gesamten, auch der genutzten Fläche,

– Sicherung, Pflege und Wiederherstellung von Lebensräumen,

– Vernetzung von Schutzflächen durch den Biotopverbund,

– Erhaltung der biologischen Vielfalt und

– Erhalt, gegebenenfalls auch Wiederherstellung der Leistungsfähigkeit des Naturhaushaltes,

zu konkretisieren, hält der Umweltrat deshalb die Erarbeitung einer *Bundes-Naturschutzkonzeption* für erforderlich.

2.3.2 Bodenschutz und Altlasten

2.3.2.1 Zur Situation

263. Wirksamer Schutz zur dauerhaften Erhaltung der ökologischen Funktionen des Bodens erfordert eine systematische und zuverlässige Grundlage an Daten über die Bodenbeschaffenheit. Hierzu gehören vor allem Daten über den Bodenzustand, über die Nutzung von Bodenflächen und über Stoffeinträge. Nicht zuletzt wegen der im Vergleich zur Luftreinhaltung und zum Gewässerschutz wesentlich später begonnenen Bodenschutzpolitik, aber auch wegen der Heterogenität der in den Bundesländern und auf Bundesebene vorliegenden Datenbestände, ist die derzeitige Datensituation sowohl im Hinblick auf Vollständigkeit und Vergleichbarkeit als auch bezüglich der fachlichen Qualität sehr unterschiedlich und vielfach unbefriedigend. Ein Überblick über Bestand und Bedarf an bodenschutzrelevanten Daten findet sich in einer entsprechenden Analyse des Umweltbundesamtes (UBA, 1994a).

Auf die unzureichende Datenlage ist vom Umweltrat zuletzt im Umweltgutachten 1994 hingewiesen worden. Immerhin sind aber Fortschritte zum Beispiel im

Bereich der Nutzung von Bodenflächen und im Bereich des Bodenzustandes im Hinblick auf Stoffgehalte, aber auch im Zusammenhang mit der Altlastenerhebung zu verzeichnen. Dagegen bestehen weiterhin Datendefizite in den Bereichen physikalischer Bodenzustand (Verdichtung, Erosion), Bodenbiologie (Mikroorganismen, Humusbildung) und hinsichtlich der Wirkungen (Ökotoxikologie).

264. Die Datenbasis über Stand und Veränderungen von *Bodennutzung und -bedeckung* wird im Statistischen Informationssystem zur Bodennutzung (STABIS) des Statistischen Bundesamtes bereitgestellt. Informationsgrundlage für das ursprüngliche Konzept zum Aufbau eines Datenbestandes über die Bodennutzung für STABIS bildeten Luftbilder. Die gegenwärtigen Erhebungen zum Aufbau eines geographischen Datenbestandes über die Bodenbedeckung beruhen in erster Linie auf Satellitenbildern. Die Erhebung von Bodenbedeckungsdaten ist eingebettet in ein europaweites Vorhaben und stützt sich methodisch auf das inzwischen ausgelaufene EG-Programm CORINE (CoORdination of INformation on the Environment). Im Vergleich zur herkömmlichen Flächennutzungserhebung mit lediglich 12 Bodennutzungskategorien wird in der Corine Land Cover Nomenklatur nach 44 Bodenbedeckungsarten differenziert. Eine regelmäßige Aktualisierung des Datenbestandes würde eine Beschreibung der Veränderungen in der Bodenbedeckung ermöglichen und so beispielsweise die zunehmende Versiegelung von Böden aufzeigen können. Darüber hinaus eröffnet die Aufnahme des Straßen- und Schienennetzes in den Datenbestand die Möglichkeit, die unter Umweltgesichtspunkten relevante Zerschneidung der Landschaft besser beschreiben zu können.

Für die neuen Länder liegen mittlerweile Daten über die Bodenbedeckung vor (Statistisches Bundesamt, 1995a und b, S. 726). Abbildung 2.11 zeigt beispielhaft die Karte der Bodenbedeckung für Magdeburg (hinter S. 132). Die Erhebung in den alten Ländern wird Ende 1996 abgeschlossen sein. Der Umweltrat begrüßt die im Auftrage des Bundesumweltministeriums und Umweltbundesamtes laufenden Arbeiten des Statistischen Bundesamtes und hält es für dringend erforderlich, nach Abschluß der Erhebungsarbeiten sicherzustellen, daß ausreichende Mittel für die Fortschreibung der Daten sowohl auf nationaler als auch auf europäischer Ebene zur Verfügung stehen.

265. Ein wichtiger Beitrag zur Verbesserung des Datenbestandes im Bodenschutz ist der Bericht der Bund/Länder-Arbeitsgemeinschaft Bodenschutz (LABO) *„Hintergrund- und Referenzwerte für Böden"*. Mit diesem Bericht (LABO, 1995) werden erstmals Hintergrundwerte für Böden auf der Basis vorliegender – teils bundesweiter, teils länderspezifischer – Daten ermittelt. Hintergrundwerte geben die naturbedingten Grundgehalte sowie die allgemein vorhandene anthropogene Zusatzbelastung der Böden an (Ist-Zustand der geogenen und ubiquitären anthropogenen Gehalte). Die ermittelten Werte sind das Ergebnis einer zusammenfassenden Auswertung von Analysedaten von mehr als 16 000 bundesweit entnommenen Proben für die in Deutschland typischen Böden. Sie geben großräumig einen Überblick, besitzen allerdings kleinräumig noch keine ausreichende Repräsentanz. Sie können unter andcrem für die Beschreibung des stoffbezogenen Bodenzustands herangezogen werden und bilden die Grundlage für die Ableitung von Referenzsituationen, die für die Bewertung von zukünftigen Bodenbelastungen und damit für den vorsorgenden Bodenschutz erforderlich sind. Im einzelnen hat die Bund/Länder-Arbeitsgemeinschaft Bodenschutz

– länderübergreifende Hintergrundwerte für anorganische Stoffe in Böden und

– landesspezifische Hintergrundwerte für anorganische und organische Stoffe in Böden

erarbeitet.

Tabelle 2.5 zeigt als Beispiel länderübergreifende Hintergrundwerte für das Substrat Sande, das gemessen an der gesamten Landesfläche am häufigsten vorkommt, nach Nutzungsarten und für den Gebietstyp ländliche Region. Besonders auffällig sind die hohen Bleiwerte beim Nutzungstyp „Wald Auflage".

In Abbildung 2.12 werden beispielhaft länderübergreifende Hintergrundwerte für Arsen, Cadmium, Quecksilber und Blei dargestellt und in Tabelle 2.6 sind die nur für die Länder Baden-Württemberg, Bayern, Nordrhein-Westfalen, Hamburg und Schleswig-Holstein vorliegenden Werte für polychlorierte Dibenzodioxine und -furane (PCDD/F) zusammengestellt.

266. Die von der Bund/Länder-Arbeitsgemeinschaft Bodenschutz durchgeführte Bestandsaufnahme hat unter anderem gezeigt, daß die landesspezifischen Erhebungen von Stoffgehalten nicht systematisch und nicht nach einheitlicher Methodik durchgeführt werden. Das führt zu mangelhafter Vergleichbarkeit der vorliegenden Daten. Der Umweltrat schließt sich deshalb der Empfehlung der Bund/Länder-Arbeitsgemeinschaft Bodenschutz an, zukünftige Erhebungen bundesweit zu vereinheitlichen oder zumindest vergleichbare Methoden anzuwenden. Auch die Fortschreibung im zweijährigen Turnus unter Berücksichtigung der im Bericht genannten Kriterien wird ausdrücklich unterstützt, um eine zeitliche Entwicklung der Stoffgehalte darstellen zu können. Auf dem vorgeschlagenen Wege käme die vom Umweltrat geforderte Überwachung der Stoffgehalte in Böden zur Realisierung einer Kontrolle der Immissionen weiter voran (SRU, 1994, Tz. 474) und es würde ein wichtiger Beitrag für die Erarbeitung eines bundesweiten Bodeninformationssystems geleistet.

267. Der Bedarf an einem bundesweiten *Bodeninformationssystem* ergibt sich nicht nur aus den Erfordernissen der nationalen Bodenschutzpolitik, sondern auch und in verstärktem Maße aus den internationalen Umweltberichtspflichten im Rahmen der Europäischen Union, der OECD und der Agenda 21. Der Umweltrat ist der Auffassung, daß nach mehr als zehnjährigen Überlegungen über Aufgabe und Struktur eines Bodeninformationssystems nunmehr die begonnenen Arbeiten zügig vorangetrieben werden sollten. Voraussetzung hierfür ist unter anderem die Verbesserung der Bereitstellung von Daten durch

Tabelle 2.5

Länderübergreifende Hintergrundwerte für Böden [1])

Anorganische Stoffe (Gesamtgehalte) [2]) [3])

* Gebietstyp III, ländlich geprägte Regionen

Substrat: Sande

mg/kg	n	As	Cd	Cr	Cu	Hg	Ni	Pb	Sb	Zn
Acker Oberboden	27									
50. P.		2.0	< 0.3		3	0.03	< 3	13	< 0.3	14
90. P.		3.0	< 0.3		13	0.35	< 3	40	< 0.3	51
Grünland Oberboden										
50. P.										
90. P.										
Wald Oberboden	120			n = 71						
50. P.		2.0	< 0.3	7	< 3	0.04	4	19	0.4	14
90. P.		4.0	< 0.3	21	< 3	0.14	10	38	1.0	33
Wald Auflage	107									
50. P.		3.0	0.9		24	0.45	13	141	2.8	117
90. P.		10.0	1.7	·	69	0.95	25	356	7.5	231

[1]) Quelle: Die Werte wurden auf der Grundlage von Ergebnissen aus den UBA-F+E-Vorhaben GRUPE, M.; H. KUNTZE (1992); HINDEL, R.; H. FLEIGE (1991) und HINDEL et al. (1994) erstellt.

[2]) Leerfelder = es liegen keine Angaben vor (n < 20!)

[3]) Analytik: Pb, Cu, Zn, Cd, Ni HF + HClO$_4$ (Druck)
          As, Sb   Königswasser
          Hg   Pyrolyse (900°)
          Cr   Röntgenfluoreszenzanalyse

P = Perzentilwert

Quelle: LABO, 1995

die Länder. Das vorgesehene Bundes-Bodenschutzgesetz sollte hierfür die rechtliche Grundlage schaffen und auch die Verwaltungsvereinbarung zwischen Bund und Ländern über den Datenaustausch im Umweltbereich sollte zur Verbesserung des Informationsstandes beitragen (Tz. 194).

268. Im Zusammenhang mit dem Aufbau eines Bodeninformationssystems müssen auch die Kenntnisse über *Stoffeinträge und Depositionen* verbessert werden. Dies gilt sowohl für Immissionen, die von den Bereichen Industrie, Verkehr, Kleinverbraucher und Haushalte verursacht werden (z. B. Schwefeldioxid, Stickoxide, Schwermetalle, organische Verbindungen) als auch für direkte Stoffeinträge wie Düngemittel, Pflanzenschutzmittel, Klärschlämme oder mineralische/organische Reststoffe.

Ein Beispiel dafür, daß bisher verfügbare Daten allein nicht ausreichen, um verläßliche Rückschlüsse auf die tatsächliche Belastung und Belastbarkeit der Böden ziehen zu können, ist die mengenmäßige Entwicklung des *Absatzes von Pflanzenschutzmitteln* und des *Verbrauches von Düngern* in der Landwirtschaft; die Abbildun-

gen 2.13 und 2.14 zeigen rückläufige Trends. Der Pflanzenschutzmittelabsatz je Hektar landwirtschaftlich genutzter Fläche ist seit 1988 langsam verringert worden – seit der Wiedervereinigung insbesondere in den neuen Ländern. Daraus sind jedoch kaum Rückschlüsse auf die Umweltgefährdung möglich, weil von den Aufwandsmengen nicht auf die Toxizität oder Persistenz der eingesetzten Wirkstoffe geschlossen werden kann. Auch dürfen diese Angaben nicht darüber hinwegtäuschen, daß die immissionsbezogenen Daten noch keinen Anlaß zur Entwarnung geben. Beim Einsatz von Pflanzenschutzmitteln ist nach Maßgabe der Persistenz von schwer kalkulierbaren Langfristeffekten auf die Umwelt auszugehen. Die Tatsache, daß es sich bei der Mehrzahl der Funde um das seit 1991 verbotene Atrazin und das Abbauprodukt Desethylatrazin sowie um das damit verwandte Simazin handelt, ist ein deutlicher Hinweis darauf.

Auch aus dem Rückgang des Handelsdüngerverbrauchs lassen sich kaum Rückschlüsse auf die tatsächlich ausgebrachten und verlagerten Nährstoffmengen beziehungsweise -konzentrationen ziehen.

Abbildung 2.12

**Länderübergreifende Hintergrundwerte für Böden
(hier beispielhaft für 90. Perzentil/Acker/Substrat/Gebietstyp III)**

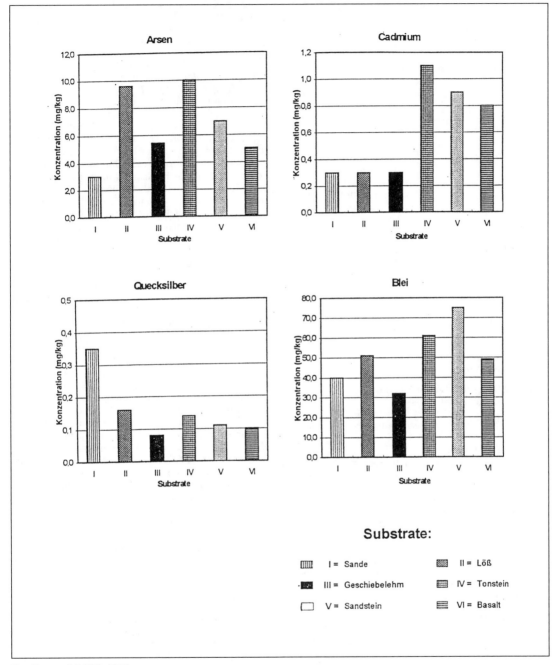

Quelle: nach LABO, 1995

Tabelle 2.6

Hintergrundwerte für PCDD/F-Konzentration in Böden für einzelne Länder

Land/Bodentyp		PCDD/F Konzentrationen (ng I-TEQ*)/kg)
Baden-Württemberg (ländlicher Raum)		
Acker Oberboden	50-Perzentil	1
	90-Perzentil	5
Grünland Oberboden	50-Perzentil	0,5
	90-Perzentil	2
Wald Oberboden	50-Perzentil	4
	90-Perzentil	40
Wald Auflage	50-Perzentil	15
	90-Perzentil	20
Bayern (ländlicher Raum)		
Acker Grünland	50-Perzentil	0,16
	90-Perzentil	1,1
Wald Oberboden	50-Perzentil	0,3
	90-Perzentil	3,3
Wald Auflage	50-Perzentil	4,6
	90-Perzentil	30
Nordrhein-Westfalen (Grünland Oberboden)		
ohne Differenzierung nach siedlungsstrukturellen Gebietstypen	50-Perzentil	5
	90-Perzentil	8,9
Regionen mit großen Verdichtungsräumen	50-Perzentil	7,4
	90-Perzentil	18
Regionen mit Verdichtungsansätzen	50-Perzentil	6,3
	90-Perzentil	11
ländlich geprägte Regionen	50-Perzentil	4,7
	90-Perzentil	7,9
Freie und Hansestadt Hamburg		
ohne Differenzierung nach Nutzungstyp und siedlungsstrukturellen Gebietstypen	50-Perzentil	10
	90-Perzentil	79
Schleswig Holstein		
ohne Differenzierung nach Nutzungstyp und siedlungsstrukturellen Gebietstypen	50-Perzentil	0,51
	90-Perzentil	1,823

*) I-TEQ = internationales Toxizitätsäquivalent.
Quelle: nach LABO, 1995

Regionale und lokale Belastungsschwerpunkte bestehen weiterhin. In der Vergangenheit hervorgerufene „Nährstoff-Altlasten" werden auch durch den aktuellen Trend nicht verringert. So ist beispielsweise wegen der je nach lokalen Bodenverhältnissen langfristig wirksamen Verlagerungseffekte bislang noch keine Abnahme der Nitratbelastung des Trinkwassers zu verzeichnen (vgl. UBA, 1994b, S. 444).

269. In jüngster Zeit gewinnen auch die Gefährdungen des Bodens durch Stoffeinträge an Bedeutung, die mit der *bodenbezogenen Verwertung von Rückständen* verbunden sind. Sowohl durch das Verwertungsgebot im Kreislaufwirtschafts- und Abfallgesetz als auch durch die TA Siedlungsabfall, nach der zukünftig Stoffe mit einem Gehalt an organischen Substanzen mit über 5 % Trockensubstanz nicht mehr deponiert werden dürfen, wird ein zusätzlicher Verwertungsdruck entstehen. Die zunehmenden Mengen an Klärschlämmen, Biokomposten und sonstigen, aus dem kommunalen, gewerblichen und industriellen Bereich stammenden Stoffen, können eine starke Inanspruchnahme des Bodens durch flächenhaftes Ein- beziehungsweise Ausbringen in oder auf landwirtschaftlich, forstwirtschaftlich oder gärtnerisch genutzte Böden nach sich ziehen.

Nach den zuletzt verfügbaren Statistiken (Erhebungsjahr 1991) wird die jährlich anfallende *Klärschlammmenge* aus dem kommunalen Bereich mit 3,2 Mio. t (Trockenmasse) und aus dem gewerblichen und industriellen Bereich mit 2,2 Mio. t (Trockenmasse) angegeben. Für Klärschlämme aus der öffentlichen Abwasserbeseitigung wird mit einem Anstieg um 15 bis 20 % gerechnet. Der Anteil der landwirtschaftlichen Klärschlammverwertung am Gesamtaufkommen an kommunalen Klärschlämmen lag in den letzten Jahren innerhalb der Bandbreite von 25 bis 30 %. Von den im gewerblichen Bereich anfallenden Klärschlämmen wurden weniger als 7 % landwirtschaftlich verwertet. Der Gesamtdurchsatz der bestehenden 137 Kompostierungsanlagen betrug 1993 rund 1,57 Mio. t organischer Siedlungsabfall. Für Ende 1995 wird mit 3,7 Mio. t gerechnet; mittelfristig geht man von 5 bis 6 Mio. t/Jahr organischen Siedlungsabfällen aus, die in Kompostierungsanlagen behandelt werden sollen. Als wichtigste Absatzbereiche für Komposte haben sich in einer Erhebung des Bundesverbandes der Deutschen Entsorgungswirtschaft die Bereiche Garten- und Landschaftsbau, Landwirtschaft, Rekultivierung, Erwerbsgartenbau und Hobbygartenbau herausgestellt (BT-Drs. 13/921).

270. Für die Formulierung von Bodenqualitätszielen und für die Begründung von Bodenwerten ist die Verbesserung des Wissenstandes im Hinblick auf die Humantoxikologie, auf Wirkungsdaten zum Boden und insbesondere auf die Bodenbiologie durch verstärkte bodenökologische Forschung aber unerläßlich. Die biotische Ausstattung des Bodens (Stoffumsatz) detailliert zu bestimmen, bereitet Schwierigkeiten. Es wird deshalb vorgeschlagen, neben der Erfassung eigenständiger biologischer Bodenparameter in Form von Arten (Destruenten und Konsumenten) auf prozeßbezogene Parameter wie „Mineralisationsrate" oder „Nitrifikationsrate" abzustellen (SCHÖN-

Abbildung 2.13

Inlandabsatz von Pflanzenschutzmitteln je ha landwirtschaftlicher Nutzfläche*)

*) 1975 bis 1990 Früheres Bundesgebiet; 1991 bis 1993 Deutschland
Quelle: Statistisches Jahrbuch für Ernährung, Landwirtschaft und Forsten, verschiedene Jahrgänge

THALER et al., 1994). Der Umweltrat unterstützt diese pragmatische Vorgehensweise und hält eine Nutzung der Bodendauerbeobachtungsflächen der Länder zum Zwecke des Bodenmonitorings für ein wichtiges Instrument zur Verbesserung der Datenlage.

271. Im Gegensatz zum allgemeinen Bodenschutz verfügt der Bund im Bereich *Altlasten* über eine bessere Datengrundlage. In seinem Sondergutachten „Altlasten II" hat der Umweltrat den Informationsstand über Erfassung, Bewertung und Sanierung von Altlastverdachtsflächen und Altlasten in den einzelnen Ländern ausführlich dargestellt und empfohlen, alle Anstrengungen zu unternehmen, das Stadium der vorläufigen Ergebnisse möglichst rasch zu überwinden und eine zuverlässige, bundeseinheitliche und vergleichbare Datenbasis zum Aufbau eines bundesweiten Altlastenkatasters zu schaffen (SRU, 1995a, Tz. 429 ff.). Diese Empfehlung wird nochmals bekräftigt.

2.3.2.2 Maßnahmen zum Bodenschutz

272. Im Vordergrund der Fortentwicklung bodenschutzrechtlicher Grundlagen steht nach wie vor die Verabschiedung eines Bundes-Bodenschutzgesetzes. Daneben sind die Verabschiedung der Düngeverordnung, die Novellierung des Pflanzenschutzgesetzes und der Pflanzenschutzmittelverordnung, die Erarbeitung einer Biokompostverordnung und einer Klär-

schlamm-Entschädigungsfonds-Verordnung sowie die Verbesserung der Datenlage wichtige Aufgaben für die 13. Legislaturperiode.

Zum Bundes-Bodenschutzgesetz

273. Der überarbeitete Entwurf für ein Bundes-Bodenschutzgesetz (E.-BBodSchG) vom August 1995 enthält im Unterschied zu den Vorgängerentwürfen keine Rahmenvorschriften für die Landesgesetzgebung mehr, sondern beschränkt sich im Rahmen der in Anspruch genommenen konkurrierenden Gesetzgebungskompetenz des Bundes (die allerdings umstritten ist) auf unmittelbar geltende Regelungen. Damit wird denjenigen Ländern entgegengekommen, die Bodenschutzgesetze vorbereiten oder bereits beschlossen haben.

Die neu formulierte Zwecksetzung (§ 1) berücksichtigt die Wechselbeziehung zwischen Böden und dem Grundwasser, indem sie die Sanierungsziele um die Sanierung von Gewässerverunreinigungen erweitert; damit wird bei der Altlastensanierung das gesundheits- wie umweltpolitisch wichtige Ziel der Grundwassersanierung verankert. Dementsprechend ist bei den zu schützenden Bodenfunktionen die Filter- und Pufferwirkung des Bodens für das Grundwasser ausdrücklich genannt (§ 2 Nr. 1 Bst. c) und damit einem früheren Kritikpunkt abgeholfen.

274. Eine schon an den vorangegangenen Entwurfsfassungen geübte Kritik betrifft die Nachran-

Abbildung 2.14

Verbrauch von Handelsdünger in der Landwirtschaft *)[1]
1 000 t Nährstoffe

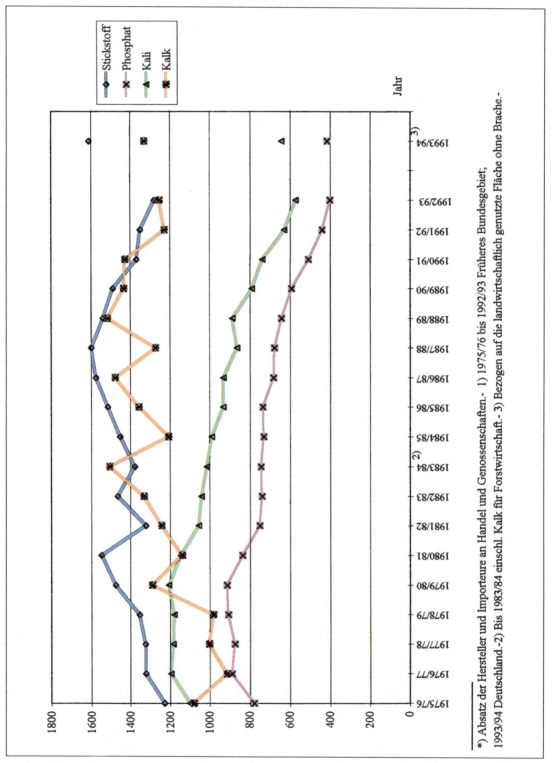

*) Absatz der Hersteller und Importeure an Handel und Genossenschaften.- 1) 1975/76 bis 1992/93 Früheres Bundesgebiet; 1993/94 Deutschland.-2) Bis 1983/84 einschl. Kalk für Forstwirtschaft.- 3) Bezogen auf die landwirtschaftlich genutzte Fläche ohne Brache.-

Quelle: Statistisches Bundesamt, Produzierendes Gewerbe, Fachserie 4, Reihe 8.2, Düngemittelversorgung, verschiedene Jahrgänge

gigkeit des Gesetzes infolge der zahlreichen Ausnahmen vom Anwendungsbereich, die Zweifel an der zu erwartenden Wirkung des Gesetzes haben laut werden lassen. Bereichsspezifische Bodenschutzklauseln werden zwar in immer mehr Einzelgesetze eingefügt, ändern jedoch deren nutzungsorientierte und tendenziell bodenverbrauchende grundsätzliche Ausrichtung nicht. Die entsprechende Prägung der Vollzugspraxis führt dazu, daß solche Bodenschutzklauseln nur im Einzelfall einer überdurchschnittlich engagierten Umsetzung entscheidenden Einfluß gewinnen. Ebenfalls zu wiederholen ist die Kritik an der Relativierung der Vorsorgepflichten, die durch die definitorische Koppelung an den nutzungsorientierten Begriff der schädlichen Bodenveränderung bewirkt wird (SRU, 1994, S. 335).

Der Katalog der Ausnahmen vom Anwendungsbereich wurde im neuen Entwurf noch um den Fall erweitert, daß inhaltliche Festsetzungen nach den Vorschriften des Flurbereinigungsgesetzes (FlurbG) über den Flurbereinigungsplan eingehalten werden. Nach § 37 Abs. 1 FlurbG sind bei der Neugestaltung des Flurbereinigungsgebietes bodenschützende und -verbessernde Maßnahmen vorzunehmen. Es ist jedoch zweifelhaft, ob bodenschützende Maßnahmen nach diesem Gesetz eine Vernachlässigung der natürlichen Bodenfunktionen ausschließen können. Da im Flurbereinigungsverfahren nur der Wege- und Gewässerplan mit landschaftspflegerischem Begleitplan nach § 41 FlurbG eine Umweltverträglichkeitsprüfung durchläuft (§ 3 mit Nr. 14 der Anlage, § 19 UVPG), ist auch auf diesem Wege der Schutz der natürlichen Bodenfunktionen nicht gewährleistet. Das Bodenschutzgesetz sollte deswegen auch im Rahmen des Flurbereinigungsverfahrens beachtet werden müssen.

275. Durch Änderungen in anderen Fachgesetzen wird versucht, die Abgrenzung zu und die Abstimmung mit deren Anwendungsbereichen zu verbessern. Im Bundesnaturschutzgesetz, dessen Grundsätze allerdings unverändert bleiben sollen, soll die Landschaftsplanung Sanierungs- und Vorsorgemaßnahmen zum Schutz vor flächenhaft auftretenden oder zu besorgenden schädlichen Bodenveränderungen vorsehen. Im Wasserhaushaltsgesetz sollen die anlagenbezogenen Pflichten der §§ 19 g bis 19 l auch für Stoffe gelten, die die Bodenfunktionen erheblich beeinträchtigen können (§ 19 m neu). Damit werden die Regelungen über Anlagen zum Umgang mit wassergefährdenden Stoffen, die bisher allein dem Grundwasserschutz dienten, auch in den Dienst des Bodenschutzes gestellt. Auf diese Weise werden auch Anlagen insbesondere der Agrarwirtschaft erfaßt, die nicht dem Zugriff des Immissionsschutzrechts unterliegen (§ 19 g Abs. 2 WHG) und Boden- und Grundwasserschutz in einem Bereich integriert, für den ein einheitliches Schutzkonzept erforderlich ist, obwohl damit nicht alle Zusammenhänge zwischen Boden und Wasser erfaßt sind (Tz. 277).

276. Auch die Neufassung des Gesetzentwurfs sieht eine Abgrenzung zwischen Bodenschutz- und Immissionsschutzrecht vor, die in der Anwendung problematisch werden kann, weil sie für genehmigungsbedürftige Anlagen die bodenbezogene Vorsorgepflicht zwischen luftgetragenen Immissionen und anderen Einwirkungspfaden aufspaltet. Außerdem werden den nicht genehmigungsbedürftigen Anlagen Vorsorgepflichten auferlegt, die ihnen unter dem Gesichtspunkt des Immissionsschutzes nicht obliegen und deren Einhaltung zu überwachen die Immissionsschutzbehörden in der Regel vor Schwierigkeiten stellen wird. Dagegen wird die von § 4 Abs. 3 Satz 5 in Verbindung mit § 10 Abs. 2 Nr. 2 E.-BBodSchG für den Bereich der Vorsorge vorgesehene Festlegung von Zusatzbelastungen, die unter dem Gesichtspunkt des Bodenschutzes tolerierbar erscheinen, der Rechtssicherheit dienen. Die Vorsorgepflicht ohne Einzelfallprüfung allein bei Unterschreiten bestimmter Emissionsmassenströme als erfüllt anzusehen, ist allerdings nur für bestimmte Emissionen vertretbar, die im Boden einem schnellen Abbau in Stoffe ohne Gefährdungspotential unterliegen. In diesem Zusammenhang ist noch die als Auffangvorschrift konzipierte Verordnungsermächtigung in § 8 zu erwähnen, die für die von Fachgesetzen nicht abgedeckten Bereiche ein eigenständig bodenschutzrechtliches Instrument zur Begrenzung oder zum Verbot der Einbringung von Stoffen vorsieht. In der Ermächtigung sollte allerdings zum Ausdruck kommen, ob derartige Bestimmungen der Gefahrenabwehr oder der Vorsorge dienen sollen.

277. Aufgrund der Hochwasserereignisse der letzten Jahre (Tz. 306 ff.) haben die Maßnahmen zur Begrenzung der Bodenversiegelung im neuen Entwurf deutlich an Gewicht gewonnen. Für das Baugesetzbuch, das die hierfür maßgebliche Steuerungsfunktion im Siedlungsbereich hat, sind wichtige Ergänzungen vorgesehen. Die Begrenzung der Bodenversiegelung soll in die Planungsgrundsätze des § 1 Baugesetzbuch aufgenommen werden und Flächennutzungs- und Bebauungspläne ausdrücklich dem Bodenschutz gewidmete Flächen ausweisen können. Auch die Wiedernutzbarmachung nicht mehr genutzter Flächen zur Wiederherstellung der Bodenfunktionen soll im Bebauungsplan festgesetzt werden können. Die dem Bauen im Außenbereich entgegenstehenden Belange sollen um die des Bodenschutzes erweitert werden und die im Außenbereich zulässigen Vorhaben auf eine flächensparende und die Bodenversiegelung auf das notwendige Maß begrenzende Ausführung verpflichtet werden. Diese Ergänzung ist von besonderer Bedeutung vor dem Hintergrund der Erleichterungen für das Bauen im Außenbereich, die § 4 Abs. 3 des Maßnahmengesetzes zum Baugesetzbuch eingeführt hat. Schließlich soll ein Entsiegelungsgebot als städtebauliches Gebot erlassen werden können, wenn der Bebauungsplan entsprechende Festsetzungen getroffen hat. Für hiervon nicht erfaßte Flächen begründet § 7 E.-BBodSchG eine eigenständige bodenschutzrechtliche Pflicht zur Entsiegelung nach Maßgabe einer noch zu erlassenden Verordnung.

278. Die *besonderen Vorschriften für Altlasten*, die im dritten Teil des Gesetzentwurfes zusammengefaßt sind, haben keine wesentlichen sachlichen Veränderungen gegenüber den vorherigen Entwürfen erfahren, so daß auf die Ausführungen des Umweltrates im Sondergutachten Altlasten II (SRU, 1995a, Tz. 61,

Abschn. 1.6.1.2) verwiesen werden kann. Der Umweltrat betont jedoch ausdrücklich sein Bedauern darüber, daß die militärischen Altlasten auch im neuen Entwurf ausgenommen werden. Der Sanierungsbegriff wird, da er nunmehr auch auf schädliche Bodenveränderungen, die keine Altlasten sind, angewendet werden soll, um Maßnahmen zur Beseitigung oder Verminderung schädlicher Veränderungen der physikalischen oder biologischen Beschaffenheit des Bodens erweitert.

Der Sanierungsplan wird im neuen Entwurf dadurch aufgewertet, daß seine Genehmigung mit einer weitgehenden Konzentrationswirkung verbunden werden soll. Dies gilt aber nicht für Folgeentscheidungen, die ihrerseits einer Umweltverträglichkeitsprüfung unterliegen. Diese Einschränkung hat den Zweck, die Umweltverträglichkeitsprüfung nicht auf die Entscheidung über Sanierungsziele und -maßnahmen auszudehnen.

Der Umweltrat begrüßt, daß in § 10 Abs. 4 die Möglichkeit geschaffen werden soll, einen wissenschaftlichen Beirat einzurichten, der das Umweltministerium in Fragen der stofflichen Bodenbelastung berät. Vor allem zur Erarbeitung toxikologischer Grundlagen für Entscheidungen in der Altlastensanierung hat der Umweltrat ein solches Expertengremium für erforderlich erachtet (SRU, 1995a, Tz. 92).

279. Im Bereich der *landwirtschaftlichen Bodennutzung* wurden die allgemeinen Ziele der guten fachlichen Praxis, deren Einhaltung nach § 22 verpflichtend werden soll, im neuen Entwurf erweitert und ausdifferenziert. Allerdings ist unterhalb der Schwelle der Gefahrenabwehr keine Anordnungsbefugnis im Einzelfall mehr vorgesehen. Die Verordnungsermächtigung zur Festlegung konkreter Anforderungen beschränkt sich auf Stoffeinträge (§ 10 Abs. 2). Auch die in § 28 den Ländern überlassenen Ausführungsregelungen sparen den Landwirtschaftsbereich aus. Damit enthält der Entwurf eines Bundes-Bodenschutzgesetzes für die Vorsorge gegen schädliche Bodenveränderungen im sehr wichtigen Bereich der landwirtschaftlichen Bodennutzung überwiegend lediglich Programmsätze mit Richtliniencharakter. Der Umweltrat hält es jedoch für zweifelhaft, ob die als zentrales Instrument vorgesehene Beratung die notwendige Umorientierung der Landbearbeitung herbeiführen kann. Auf die Befugnis, jedenfalls als Ultima ratio konkrete Regelungen oder Einzelanordnungen zur Bodenbearbeitung treffen zu können, sollte deswegen nicht verzichtet werden.

280. Ein weiteres wichtiges Ziel, die Begrenzung von Stoffeinträgen, überläßt der Entwurf des Bundes-Bodenschutzgesetzes den jeweiligen Fachgesetzen, vor allem dem Pflanzenschutz- und Düngemittelrecht (SRU, 1996, Tz. 194-206). Diese Regelungstechnik hat den Vorteil, bei den betreffenden Stoffgruppen selbst anzusetzen und damit den Zielkonflikt zwischen Ertragsorientierung und Bodenschutz an die „richtige" Stelle zu verlagern, erzeugt dort aber neuen Regelungsbedarf. Da die Ungefährlichkeit für den Naturhaushalt, die Zulassungsvoraussetzung ist, unter dem Vorbehalt sachgerechter Anwendung ermittelt wird (§ 2 Abs. 2 Satz 1 DüngemittelG, § 15

Abs. 1 Nr. 3 PflSchG), bedarf es auf den jeweiligen Bodentyp ausgerichteter verbindlicher Anwendungsvorschriften, die deshalb die Erfordernisse des Bodenschutzes strikt beachten müssen. Die entsprechenden Gesetze ermöglichen dies insbesondere durch den Verweis auf Gefahren für den Naturhaushalt (§ 7 Abs. 1, § 6 Abs. 1 und § 15 Abs. 3 PflSchG) oder – insoweit unzulänglich – den Bedarf des Bodens (§ 1a Abs. 2 DüngemittelG). Die Orientierung an Bodentypen, die nach den bekannten schlechten Erfahrungen in die Klärschlammverordnung eingefügt wurde (§ 3 Abs. 4, § 4 Abs. 8 S. 2, Abs. 9, Abs. 12 S. 2) und über Ziffer 5.2.7 der TA Siedlungsabfall auch für die nichtlandwirtschaftliche Verwertung von Klärschlämmen gilt, muß auch in diesen Bereichen verbindlich werden.

Vorschriften des Düngemittel- und Pflanzenschutzrechts

281. Das Bundes-Bodenschutzgesetz findet keine Anwendung, soweit inhaltliche Festsetzungen der Vorschriften des Düngemittel- und Pflanzenschutzrechts zum Schutze des Bodens eingehalten werden (§ 4 Abs. 1 Nr. 4 E.-BBodSchG). Das Düngemittel- und Pflanzenschutzrecht regelt die mit der landwirtschaftlichen Bodennutzung verbundenen stofflichen Einwirkungen auf den Boden jedoch von einem produktionsorientierten Ausgangspunkt. Auch wenn in den letzten Novellen der Grundwasserschutz berücksichtigt wurde, fehlt dem Düngemittelgesetz und letztlich auch dem Pflanzenschutzgesetz nach wie vor eine umfassende ökologische Orientierung (SRU, 1996, Abschn. 2.4.3.3). Die Berücksichtigung der Belange des Bodenschutzes im aktuellen gesetzgeberischen Vorhaben einer Düngeverordnung stößt daher an Grenzen, die schon in der Ermächtigungsgrundlage begründet sind. Das Düngemittelgesetz bedarf daher einer Änderung schon seiner Zwecksetzung.

Zur Düngeverordnung

282. Die Verordnung über die Grundsätze der guten fachlichen Praxis beim Düngen (Düngeverordnung) soll auf der Grundlage des § 1a Abs. 3 des Düngemittelgesetzes die Anwendung von Düngemitteln auf landwirtschaftlich einschließlich gartenbaulich genutzten Flächen regeln. Mit der Verordnung werden die die Düngung betreffenden Teile der Richtlinie des Rates zum Schutz der Gewässer vor Verunreinigungen durch Nitrat aus landwirtschaftlichen Quellen (91/676/EWG) in nationales Recht umgesetzt. Die Umsetzung hätte innerhalb von zwei Jahren, also Ende 1993 erfolgen sollen, was aber in keinem Mitgliedstaat erreicht worden ist. Der vom Bundesministerium für Ernährung, Landwirtschaft und Forsten vorgelegte Entwurf (Stand Juni 1995) befindet sich in der abschließenden Beratung im Bundesrat.

Kernpunkte des Entwurfs sind die Grundsätze der Düngebedarfsermittlung und der Anwendung von Düngemitteln einschließlich Wirtschaftsdüngern tierischer Herkunft, die Begrenzung des Einsatzes von Wirtschaftsdüngern sowie die Aufzeichnungspflicht in Form einer betrieblichen Nährstoffbilanz.

Von einigen Ländern, Umweltverbänden und der deutschen Wasserversorgungswirtschaft wird auf eine mangelnde Umsetzung der Nitratrichtlinie durch den Verordnungsentwurf hingewiesen. Die Kritik bezieht sich unter anderem auf die noch unzureichende Konkretisierung der „guten fachlichen Praxis", auf die fehlende Anpassung an den Stand der Technik bei der Ausbringung von Düngern, auf die nicht sachgerechte Düngemittelbedarfsermittlung und nicht umweltgerechte Ausbringungsbedingungen für Wirtschaftsdünger, auf die fehlende Festlegung von ausreichendem Fassungsvermögen für Güllelagerbehälter und auf das Fehlen eines Ausbringungsverbots für Wirtschaftsdünger in den Wintermonaten.

283. Der Umweltrat geht in seinem Sondergutachten „Konzepte einer dauerhaft-umweltgerechten Nutzung ländlicher Räume" (SRU, 1996, Tz. 194 ff.) näher auf die Düngeverordnung ein und vertritt die Auffassung, daß sie nicht nur mit Blick auf den Bodenschutz, sondern auch hinsichtlich des Gewässer- und Klimaschutzes ein zu zögerlicher Schritt zur Senkung der Nährstoffemissionen ist. Insgesamt ist festzustellen, daß noch Verbesserungen der ordnungsrechtlichen Maßnahmen im Bereich der Düngemittelanwendung erforderlich sind, zum Beispiel durch ein Konzept kritischer Eintragsraten. Sollte von der Düngeverordnung allein eine flächendeckende und ausreichende Reduzierung bei den Nährstoffeinträgen aus der Landwirtschaft nicht gewährleistet werden, schlägt der Umweltrat ergänzend die Einführung einer Abgabe auf stickstoffhaltigen Mineraldünger vor (SRU, 1996, Tz. 197).

Zur Änderung des Pflanzenschutzgesetzes

284. Im Juli 1991 wurde die Richtlinie des Rates über das Inverkehrbringen von Pflanzenschutzmitteln (91/414/EWG) verabschiedet. Die Richtlinie macht eine Anpassung des nationalen Rechts erforderlich. Das Bundesministerium für Ernährung, Landwirtschaft und Forsten hat 1993 einen ersten Entwurf zur Änderung des Pflanzenschutzgesetzes vorgelegt. Der letzte überarbeitete Entwurf (Stand Juli 1995) befindet sich noch in der Abstimmung zwischen den Ressorts. Der Umweltrat hat sich bereits im Umweltgutachten 1994 zur Richtlinie geäußert (SRU, 1994, Tz. 582).

Durch die Richtlinie wird eine stärkere Einbeziehung der Anwendung von Pflanzenschutzmitteln in die Zulassung erforderlich; bisher war die Zulassung vor allem auf das Inverkehrbringen abgestellt. So ist die Anwendung nur für in der Zulassung bestimmte Anwendungsgebiete (bestimmte Pflanzen, Pflanzenarten und Pflanzenerzeugnisse, wie zum Beispiel Weizen, Kohlarten, Ziergehölze, zusammen mit denjenigen Schadorganismen, gegen die geschützt werden soll) zugelassen. Des weiteren bringt die Richtlinie unter anderem Änderungsbedarf bezüglich der Regelung für die Zulassung und Anwendung von Pflanzenschutzmitteln im Haus- und Gartenbereich, der Anzeigepflicht für gewerbliche Berater im Pflanzenschutz, der Einführung eines sogenannten Nach-Zulassungs-Monitoring und der Bußgeldbewehrung

von Verstößen im Bereich von in Gebrauch befindlichen Pflanzenschutzmittel-Geräten mit sich.

285. Eine wichtige Forderung an das Gesetzesvorhaben ist es, den praktischen Vollzug dadurch sicherzustellen, daß von der im Entwurf vorgesehenen Ermächtigung, die Grundsätze der guten fachlichen Praxis im Pflanzenschutz durch eine Rechtsverordnung näher zu bestimmen, unverzüglich Gebrauch gemacht wird. Ein praktisch zeitgleicher Erlaß der Rechtsverordnung ist Bedingung dafür, daß – neben der Erhaltung gleicher Wettbewerbsverhältnisse – der Schutz von Mensch, Tier und Naturhaushalt gewährleistet wird. Um die Grundsätze der guten fachlichen Praxis besonderen regionalen Gegebenheiten anpassen zu können, sollte die Möglichkeit der Übertragung der Ermächtigung auf die Landesregierungen, soweit es erforderlich ist, vorgesehen werden. Des weiteren sollte, insbesondere zur Verbesserung des Schutzes der ökologischen Funktionen der Gewässer, ein einheitliches Schutzniveau für alle Gewässerarten, also nicht nur im Hinblick auf den Trinkwasserschutz, gewährleistet und bei der Ausbringung von Pflanzenschutzmitteln ein Mindestabstand zu Oberflächengewässern konkret vorgeschrieben werden. Als weitere Aspekte sind unter anderen zu nennen: eine Rücknahmepflicht der Hersteller und Verteiler für Behälter und Reste, eine Fortbildungspflicht der Anwender, die Anwendung nur mit Verfahren nach dem Stand der Technik und die Führung von Schlagkarteien.

Sonstige Regelungen

286. In Zusammenhang mit der bereits erwähnten zunehmenden Bedeutung der bodenbezogenen Verwertung von Rückständen (Tz. 269) und wegen der Unterschiedlichkeit der in Betracht zu ziehenden Materialien aus dem kommunalen, gewerblichen und industriellen Bereich stellt sich verstärkt die Frage nach einer Harmonisierung der materiellen Anforderungen des Bodenschutzes. Die Ausbringung von biogenen organischen Reststoffen in der Landwirtschaft ist bisher nur für Klärschlämme bundeseinheitlich durch die Klärschlammverordnung geregelt. Die Verordnung regelt aber nicht, in welcher Art und Weise Landwirte Klärschlämme in ihrer Düngemitteleinsatzplanung zu berücksichtigen haben. Dies soll zukünftig durch die Düngeverordnung geregelt werden (Tz. 282). Ein Schritt zu mehr Transparenz für die Anwender ist die Deklarationspflicht für die Beimischung von Abwasser, Klärschlamm, Fäkalien und ähnlichen Abfallstoffen zu Düngemitteln, die mit der Änderung der Düngemittelverordnung (vom 22.8.1995, BGBl. I, S. 1060) eingeführt wurde.

Als rechtliche Regelung für die Verwertung von Komposten bereitet die Bundesregierung eine *Biokompostverordnung* vor, die zusammen mit dem Kreislaufwirtschafts- und Abfallgesetz 1996 in Kraft treten soll. Die Länder-Arbeitsgemeinschaft Abfall (LAGA) hat ihr Merkblatt M10 „Qualitätskriterien und Anwendungsempfehlungen für Kompost aus Müllklärschlamm" aus dem Jahre 1984 überarbeitet und im Frühjahr 1995 verabschiedet. Ziel der Neufassung ist es, Herstellern und Anwendern von Komposten und zuständigen Behörden Handlungshilfen in Form von Qualitätskriterien und Anwendungsempfehlungen zu geben.

Neben den Aktivitäten zur Regelung der Verwertung von organischen Reststoffen auf landwirtschaftlich und gartenbaulich genutzten Flächen gibt es Bemühungen, auch für die Verwertung solcher Stoffe auf devastierten Flächen Regelungen zu erarbeiten. Eine Arbeitsgruppe aus Vertretern der Länder-Arbeitsgemeinschaft Boden und der Länder-Arbeitsgemeinschaft Abfall hat einen Vorschlag über einheitliche Grundsätze für die Verwertung von Biokomposten und Klärschlämmen zur Rekultivierung devastierter Flächen erarbeitet (LABO/LAGA AG, 1994).

287. Trotz der Verschärfung der Klärschlammverordnung im Jahre 1992 läßt sich ein verbleibendes Risiko durch die mit Schadstoffen belasteten Rückstände aus der Abwasserreinigung nicht völlig ausschließen. Die Landwirtschaft hat deshalb schon seit langem eine Absicherung gefordert. Die Haftung der Klärschlammabgeber richtet sich, da vom Produkthaftungsgesetz nicht erfaßt (§ 1 Abs. 1 Satz 2 ProdHaftG), alleine nach allgemeinem Schadensersatzrecht. Sie erfaßt damit nicht alle Schadensfälle und greift insbesondere bei nicht erkennbaren, stoffbezogenen Risiken des Klärschlamms und den daraus resultierenden Schäden der Landwirte nicht. Da sich auch die Versicherungswirtschaft bislang nicht in der Lage sah, für weiterreichende vertragliche Haftungsvereinbarungen zwischen Klärschlammabgeber und Landwirt einen ausreichenden Deckungsschutz anzubieten, bot sich als gangbarer Ausweg ein sogenanntes Fondsmodell an (PAETZ, 1995). Die Kritik an einem seit Anfang 1991 eingerichteten freiwilligen Klärschlammfonds und die weiter zunehmenden Akzeptanzprobleme sowie der Entsorgungsdruck der Kommunen haben schließlich zur Forderung der Einrichtung eines gesetzlichen *Klärschlamm-Entschädigungsfonds* geführt. Durch Artikel 4 des Gesetzes zur Vermeidung, Verwertung und Beseitigung von Abfällen vom 27. Dezember 1994 (BGBl. I, S. 2705) wurde in das Düngemittelgesetz die Ermächtigung zum Erlaß einer Rechtsverordnung über einen Entschädigungsfonds für die landbauliche Klärschlammverwertung eingefügt. Die Rechtsverordnung zur näheren Ausgestaltung des Klärschlamm-Entschädigungsfonds muß wichtige Einzelheiten der Entschädigungslösung regeln (zum Beispiel Beitragserhebung, Entschädigungsfragen, Beweislastverteilung). Durch das Bundesministerium für Ernährung, Landwirtschaft und Forsten wird die Verordnung derzeit erarbeitet. Ziel ist es, zeitgleich mit dem Inkrafttreten des Kreislaufwirtschafts- und Abfallgesetzes am 6. Oktober 1996 auch die Klärschlamm-Entschädigungsfondsverordnung erlassen zu können (BT-Drs. 13/921).

2.3.2.3 Schlußfolgerungen und Empfehlungen zur Bodenschutzpolitik

288. Als vordringliche Aufgabe der Bodenschutzpolitik sieht der Umweltrat die Verabschiedung des Bundes-Bodenschutzgesetzes und des untergesetzli-

chen Regelwerkes an. Sollte dieses umweltpolitisch wichtige Vorhaben auch in dieser Legislaturperiode nicht gelingen, besteht die Gefahr des endgültigen Scheiterns. Im weiteren Abstimmungsprozeß sollten die in diesem Gutachten und im Sondergutachten Altlasten II gemachten Vorschläge nach Möglichkeit noch in die Überlegungen einbezogen werden. Auch wenn nicht alle Kritikpunkte ausgeräumt sind, manche Forderung nicht in vollem Maße umgesetzt werden kann und einige Pflichten als zu allgemein geregelt erscheinen, sollte eine erneute Verzögerung vermieden werden. Nachbesserungen auf der Grundlage von Erfahrungen aus der Anwendung des Gesetzes sind im Vergleich zu einem Scheitern des Gesetzesvorhabens als die bessere Alternative anzusehen.

289. Mit Inkrafttreten des Kreislaufwirtschafts- und Abfallgesetzes wird vom Umweltrat wegen des Vorzugs der Verwertung vor der Beseitigung die Zunahme des bereits bestehenden „Drucks auf den Boden" zur flächenhaften „Verwertung" von Abfällen befürchtet. Der Umweltrat bezweifelt, daß die – nur fakultative – Überwachung der Verwertung von Abfällen (§ 45 KrW-/AbfG) Schadstoffdispersionen auf weite Flächen wird verhindern können. Es ist vielmehr anzunehmen, daß die Kombination von Entsorgungsdruck einerseits und „Umstellungsdruck" in der Landwirtschaft andererseits eine Entwicklung nach sich ziehen wird, bei der das abfallrechtliche Instrumentarium einen Schutz der natürlichen Bodenfunktionen nicht mehr wird gewährleisten können. Die Verwertung darf nicht den Charakter einer flächenhaften Deponierung gewinnen. Um einer solchen Fehlentwicklung rechtzeitig vorzubeugen, ist es erforderlich, die Nutzung am tatsächlichen Bedarf der verfügbaren Flächen zu orientieren und einheitliche Qualitätskriterien für alle Länder und für alle organischen Reststoffe festzulegen und bestehende Regelungslücken zu schließen. Der Ort der Regelung (Abfall- oder Bodenschutzrecht) ist nur von sekundärer Bedeutung; der Sache nach bedarf dieser Schutz einer vollzugsfähigen Regelung. Sollte die Regelung im Rahmen des Bodenschutzrechts erfolgen, ist ein zeitgleiches Inkrafttreten mit dem Gesetz, spätestens jedoch zum 7. Oktober 1996, notwendig.

290. Sowohl im Hinblick auf die Nährstoffeinträge als auch für die Anwendung von Pflanzenschutzmitteln sind Verbesserungen der in der Düngeverordnung beziehungsweise im Pflanzenschutzgesetz vorgesehenen ordnungsrechtlichen Maßnahmen erforderlich. Die beim Umweltressort bestehende Fachkompetenz für die Umweltwirkungen von Pflanzenschutzmitteln sollte nicht in Frage gestellt werden, insbesondere sollte die Einvernehmensregelung (§ 15 Abs. 2 PflSchG) aufrecht erhalten bleiben.

291. Die begonnenen Arbeiten für den Aufbau eines bundesweiten Bodeninformationssystems sollten zügig vorangetrieben werden. Bereits verfügbare Daten aus den bestehenden Dauerbeobachtungsflächen und aus den Bodeninformationssystemen der Länder sollten dabei genutzt werden.

Die Datenlage im Bereich Bodenschutz und Altlasten ist generell verbesserungsbedürftig. Das trifft für Daten zur Bodennutzung (z. B. Erosion, Verdichtung,

Versauerung, Humusbestand) und zu Stoffgehalten ebenso zu wie für wirkungsbezogene Daten.

Die Fortführung der begonnenen Arbeiten zur Erfassung des Standes und der Veränderungen von Bodennutzung und -bedeckung und zur Ermittlung von Hintergrund- und Referenzwerten für Böden sollte unbedingt sichergestellt werden.

Wichtige Voraussetzungen für die Verbesserung der Datenerhebung und -nutzung sind einheitliche Meßkriterien und -maßstäbe sowie ein funktionierender Datenverbund zwischen Bund und Ländern.

Der Umweltrat empfiehlt, die Erstellung eines Bodenzustandsberichtes anzustreben, der in Perioden von etwa fünf bis zehn Jahren eine bilanzierende Betrachtung im Hinblick auf die langfristige Erhaltung der Ressource Boden und auf die Bodenqualität ermöglicht.

2.3.3 Gewässerschutz

2.3.3.1 Zur Situation

2.3.3.1.1 Belastungen von Fließgewässern

Rhein

292. Die in den letzten Jahren erzielte Verbesserung der Rheinwasserqualität ist vor allem auf den Bau von Kläranlagen durch Kommunen und Industrie, den Einsatz phosphatfreier Waschmittel und den Ersatz bestimmter Einzelstoffe bei der Produktion (z. B. Ersatz von Chlor in der Papier- und Chemieindustrie) zurückzuführen. Durch die Reduzierung der Schadstoffbelastungen im Rhein konnte sich zwischen 1970 und 1990 der Sauerstoffgehalt fast verdoppeln (UBA, 1994 c). Zwischen 1990 und 1992 zeigt sich keine signifikante Änderung (Deutsche Kommission zur Reinhaltung des Rheins, 1994).

Diese insgesamt positive Entwicklung, daß der Rhein heute in weiten Bereichen die Gewässergüteklasse II (mäßig belastet) aufweist (LAWA, 1991), soll jedoch nicht darüber hinwegtäuschen, daß der Rhein in bestimmten Abschnitten noch immer erheblich belastet ist. Bei den Nährstoffeinträgen sind von den frühen siebziger Jahren bis Anfang der neunziger Jahre wesentliche Reduzierungen bei der Phosphat- und Ammoniumbelastung erreicht worden. Die gegenwärtige Stickstoffbelastung ist dennoch beträchtlich, da die Nitratkonzentrationen, deren Hauptquelle die Landwirtschaft mit ihren hohen Düngereinsätzen darstellt, weiterhin leicht erhöht sind. Eine Ausnahme zeigt sich für das Jahr 1992, in dem auf der Strecke von Koblenz bis Bad Honnef ein Rückgang der Konzentration zu verzeichnen ist (Deutsche Kommission zur Reinhaltung des Rheins, 1994).

Als problematisch stellt sich, neben der erhöhten Nährstoffbelastung durch Nitrat, nach Einschätzung des Umweltbundesamtes auch die Belastung des Rheinwassers mit organischen Substanzen, insbesondere mit Pflanzenschutzmitteln dar. So zeigen die Atrazin- und Simazinkonzentrationen im saisonalen Verlauf (spätes Frühjahr und Spätsommer) Konzen-

trationsspitzen, die auf landwirtschaftliche Anwendung schließen lassen. Bemerkenswert ist, daß sich beim Atrazin Konzentrationsspitzen auch noch nach dem im Frühjahr 1991 verhängten Anwendungsverbot zeigen.

Trotz weitgehender Abwasserreinigungsmaßnahmen bei den Produktionsbetrieben werden Nebenprodukte und Ausgangsstoffe von Pflanzenschutzmitteln immer noch in teilweise erheblichem Umfang industriell eingeleitet (UBA, 1994c).

Bei den leichtflüchtigen Halogenkohlenwasserstoffen ist vor allem für Chloroform (Trichlormethan) im Zeitraum von 1988 bis 1991 ein signifikanter Rückgang festzustellen. Vereinzelt werden allerdings dennoch im Bereich der Abwassereinleitung der chemischen Industrie Spitzenwerte über 0,1 μg/L gemessen. Die Schwermetallbelastungen des Rheins sind zwischen 1970 und 1990 erheblich gesunken.

Elbe

293. Bereits an der deutsch-tschechischen Grenze ist die Elbe stark verschmutzt. So ist bei dem größten ostdeutschen Fließgewässer eine erhebliche Belastung mit sauerstoffzehrenden Stoffen festzustellen, die insbesondere in den Sommermonaten streckenweise zu sehr niedrigen Sauerstoffgehalten führt. Durch die insgesamt zu verzeichnende deutliche Verbesserung der Wasserbeschaffenheit der Elbe und ihrer am stärksten belasteten Hauptnebenflüsse (Saale, Mulde, Schwarze Elster) hat sich zwischenzeitlich jedoch der Sauerstoffgehalt verbessert (Tab. 2.7). Die Verbesserung der Sauerstoffverhältnisse zeigt sich auch bei der Sauerstoffsättigung. In den Jahren 1992 und 1993 traten vereinzelt erstmalig

Tabelle 2.7

Wasserqualität der Elbe an der Meßstation Schnackenburg (Mittelwerte)

Kenngröße	1985	1989	1990	1992
Sauerstoff [mg/L] . . .	5,5	6,3	7,9	11,4
Gesamt-Phosphor [mg/L]	0,7	0,7	0,66	0,41
Gesamt-Stickstoff [mg/L]	8,8	8,3	8,1	6,7
Ammonium-N [mg/L]	4,0	2,6	1,7	0,45
Nitrat-N [mg/L]	3,0	3,6	4,3	4,7
Quecksilber [μg/L] . .	1,6	0,78	0,46	0,27
Cadmium [μg/L]	0,85	0,45	0,45	0,38
Blei [μg/L]	6,8	7,0	6,0	5,0
Nickel [μg]	11,4	13,8	10,7	9,0
Zink [μg/L]	118,0	157,0	118,0	98,0
Kupfer [μg/L]	15,5	16,5	13,6	9,9
Chrom [μg/L]	8,9	14,1	11,9	8,3
Arsen [μg/L]	6,1	3,4	3,1	4,3

Quelle: UBA, 1994 c

wieder Werte der Sättigung beziehungsweise Übersättigung auf. Die bis Ende der achtziger Jahre sehr hohen Nährstoffbelastungen sind seitdem zurückgegangen. Dies gilt insbesondere für Phosphat infolge der Verwendung phosphatfreier Waschmittel sowie für Ammonium. Dem steht allerdings ein weiterer Anstieg der Nitratkonzentration gegenüber (Tab. 2.7). Der allgemein leichte Anstieg der Nitratkonzentration in den letzten Jahren deutet auf verstärkte Nitrifikationsprozesse hin, in denen Ammonium unter aeroben Bedingungen zu Nitrat oxidiert wird (Internationale Kommission zum Schutz der Elbe, 1994). Die Schwermetallbelastung des Elbwassers hat zwar seit 1989 deutlich abgenommen, ist aber dennoch als relativ hoch zu bezeichnen. Obschon sich die Konzentration des Quecksilbers als Hauptproblem seit 1990 im mittleren Bereich der Elbe um mehr als 50 % vermindert hat (Tab. 2.7), lagen die Mittelwerte 1993 an allen deutschen Elbemeßstellen zwischen 0,1 und 0,35 μg/L (Internationale Kommission zum Schutz der Elbe, 1994).

Die Konzentrationen der schwerflüchtigen chlorierten Kohlenwasserstoffe haben seit 1989 ebenfalls deutlich abgenommen. Dies gilt insbesondere für den wichtigsten Problemstoff Hexachlorbenzol, aber auch für Lindan und DDT. Bei den Pflanzenschutzmitteln traten vier Hauptproblemwirkstoffe (Atrazin, Dimethoat, Parathion-methyl, Simazin) regelmäßig und in außergewöhnlich hohen Konzentrationen in der Elbe auf, wobei allerdings die mittleren Konzentrationen zwischen 1990 und Anfang 1992 deutlich abnahmen. Hohe Sommer-Konzentrationen von Atrazin und Simazin traten sowohl in der mittleren als auch in der unteren Elbe bis in das Elbeästuar auf. Die Konzentrationsverläufe deuten in erster Linie auf diffuse Einträge aus der Landwirtschaft hin. Anscheinend wurde das Anwendungsverbot für Atrazin nicht eingehalten (UBA, 1994c). In der ersten gesamtdeutschen Gewässerkarte (LAWA, 1991) weist die Elbe von der deutsch-tschechischen Grenze bis zur Mündung in die Nordsee überwiegend die Gewässergüteklasse III (stark verschmutzt) auf. Unterhalb von Pirna und Dresden ist die Elbwasserqualität in einem 10 km langen Bereich sogar in die zusätzlich eingeführte achte Stufe, die Gewässergüteklasse IV (ökologisch zerstört), einzuordnen.

Die insgesamt erzielte Verbesserung der Elbwasserqualität ist in erster Linie auf die drastisch gesunkene industrielle Produktion und auf Betriebsschließungen in den neuen Bundesländern zurückzuführen. Trotz der erheblichen Minderung der Schadstoffbelastung, die seit 1989 zu beobachten ist, gehört die Elbe immer noch zu den am stärksten belasteten Gewässern ihrer Größenordnung in Europa (Internationale Kommission zum Schutz der Elbe, 1994).

Andere Fließgewässer

294. Die Belastung der *Oder* mit sauerstoffzehrenden Stoffen aus Kläranlageneinleitungen ist geringer als die der Elbe, zum Teil aber höher als die westlicher Flüsse. In der biologischen Gewässergütekarte Deutschlands weist die Oder überwiegend die Güteklasse II bis III (kritisch belastet) auf (LAWA, 1991). Die hohe Nährstoffbelastung fördert in der Ostseebucht das Auftreten von Algenblüten. Erste Messungen von organischen Schadstoffen, darunter Pflanzenschutzmittel, ergaben im Vergleich zu anderen Flüssen meist geringere Konzentrationen (UBA, 1994c). Für einen Überblick über die Belastung der Oder mit Schwermetallen ist die Datenlage nicht ausreichend.

Zu einem speziellen Belastungsproblem der oberen *Weser* führt das Zusammentreffen des stark salzhaltigen Wassers der Werra mit dem der Fulda. Eine Verbesserung der Gewässergüte in der Weser ist erst dann zu erwarten, wenn die übermäßige hohe Belastung durch Einleitungen aus der Kaliindustrie Thüringens in die Werra und die Ulster reduziert wird. Daneben sind zum Teil erhöhte Werte für Nitrat, Gesamt-Phosphor und Schwermetalle festzustellen (UBA, 1994b). In der gesamten Mittelweser kommt es darüber hinaus in den Sommermonaten infolge von Phytoplanktonentwicklungen zu anhaltenden Sauerstoffmangelsituationen. In diesem mittleren Bereich muß die Weser, die ansonsten fast überwiegend in der Güteklasse II bis III (kritisch belastet) liegt, in die Klasse III (stark verschmutzt) eingestuft werden (LAWA, 1991).

295. Die *Donau* ist in Deutschland vergleichsweise gering belastet; große Teile können der Gewässergüteklasse II (mäßig belastet) zugeordnet werden. Bei den Nährstoffkonzentrationen finden sich allerdings stellenweise erhöhte Werte für Nitrat. Bei den Donauzuflüssen wurden in Salzach und Inn hohe bis sehr hohe Schwermetallkonzentrationen unterhalb der österreichischen Grenze festgestellt (UBA, 1994b).

296. Im *Neckar* ist durch den Ausbau der kommunalen Abwasserreinigung bei den Ammonium- und Phosphatwerten ein rückläufiger Trend erkennbar. Demgegenüber sind zwischen 1982 und 1991 die Nitratkonzentrationen unverändert (UBA, 1994b).

297. Wie beim Neckar so zeigen sich auch bei der Nährstoffbelastung des *Mains* in den letzten Jahren Reduzierungen der Ammonium- und Phosphatkonzentrationen, während die Nitratwerte durchweg erhöht sind. Chloroform (Trichlormethan) zeigt bis 1990 sehr hohe Konzentrationen und die Schwermetallwerte sind an der Main-Mündung mit Ausnahme von Quecksilber erhöht bis sehr hoch, insgesamt jedoch mit fallender Tendenz. Aufgrund verbesserter Abwasserreinigungsmaßnahmen der Kommunen sowie der chemischen Industrie konnten die Belastungen im unteren Main erheblich vermindert werden, so daß sich der Gütezustand zum Beispiel im Stadtbereich Frankfurt auf die Klasse II bis III (kritisch belastet) verbesserte (LAWA, 1991).

298. Die obere *Mosel* ist vor allem durch zwei Sodafabriken, die auf französischem Gebiet liegen, hoch mit Chlorid belastet. In diesem Bereich liegen bereits über 80 % der gesamten Chloridfracht der Mosel bei Koblenz vor. Der Sauerstoffgehalt hat sich im gesamten Flußverlauf seit 1985 verbessert, demgegenüber sind die Nährstoffgehalte durch Phosphat und insbesondere Nitrat nach wie vor als zu hoch anzusehen. Bei den Schwermetallen Cadmium, Nickel und Chrom treten gelegentlich hohe bis sehr hohe Einzelwerte auf (UBA, 1994 b). In der Mosel stellen polychlorierte Biphenyle (PCB) und ein seit einigen Jahren im Bergbau gebräuchliches Ersatzstoffgemisch mit dem Namen Ugilec 141 ein deutliches Belastungsproblem dar (BMU, 1995 b).

299. Nach der Gewässergütekarte ist die *Emscher*, die mit ihren Nebenflüssen einen von Kohle, Stahl und Chemie geprägten Ballungsraum durchfließt, der am stärksten belastete Fluß in Westdeutschland (LAWA, 1991). Bis auf einen kurzen Abschnitt vor der Einmündung in den Rhein ist die Wasserqualität der Emscher in die Güteklasse IV (übermäßig verschmutzt) einzuordnen. Eutrophierungsrelevante beziehungsweise sauerstoffzehrende Stoffe wie Phosphor, Ammoniumstickstoff und der gesamte organisch gebundene Kohlenstoff liegen bereits wenig unterhalb der Quelle in deutlich erhöhten Konzentrationen vor. Die Konzentrationen der beispielhaft ausgewählten Schwermetalle Blei, Zink und Eisen nehmen von der Emscherquelle bis oberhalb der Emschermündungskläranlage zu. Deutlich erhöht sind auch die Belastungen durch Benzol und Homologe (BTEX) sowie polyzyklische aromatische Kohlenwasserstoffe (MÜNZINGER et al., 1995). Zur Verbesserung der Gewässerqualität ist unter anderem der Bau von sechs Kläranlagen, die für die Abwasserfreiheit der Emscherzuflüsse sorgen sollen, geplant. Darüber hinaus ist im Rahmen der ökologischen Erneuerung der gesamten Industrieregion an der Emscher mit dem „Ökologieprogramm Emscher-Lippe" auch der ökologische Umbau des Emschersystems in einem Zeitraum von etwa 25 bis 30 Jahren vorgesehen.

Zur Versauerung der Oberläufe von Fließgewässern

300. Aufgrund ihrer stofflichen Zusammensetzung wirken die meisten Abwassereinleitungen in die deutschen Fließgewässer der Versauerung durch Luftschadstoffe entgegen. Es werden sogar mitunter erhöhte pH-Werte gemessen, die einen alkalischen Charakter der Gewässer anzeigen (Internationale Kommission zum Schutz der Elbe, 1994; UBA, 1994 b). Die Auswirkungen versauernder Luftschadstoffe, vor allem der durch Schwefeldioxid, Stickstoffoxide und Ammoniak – nach Umsetzung zu NO_x –, zeigen sich jedoch beim Eintrag in unbelastete Gewässeroberläufe in Gebieten, in denen wegen ihrer geologischen Gegebenheiten das Säurepuffervermögen gering ist. Zu den folgenschweren Auswirkungen der Gewässerversauerung gehört eine Verschiebung der Zusammensetzung der Lebensgemeinschaften hin zu solchen Arten, die weniger säureempfindlich sind. Die Artenvielfalt ist verringert, die Individuendichte nimmt ab, teilweise kommt es zum völligen Verlust höheren Lebens. In einigen Ländern werden zur Darstellung der Belastungssituation bereits Versauerungskarten erstellt, in denen die Fließgewässer in vier Säurezustandsklassen eingestuft werden. Eine Darstellung der Zustandsklassen in Oberläufen von Fließgewässern im granit- und gneishaltigen Fichtelgebirge zeigt die höchsten Säurebelastungen in den Quellbereichen und den daran anschließenden Flußläufen (Bayerisches Landesamt für Wasserwirtschaft, 1994).

Der Umweltrat hält eine genauere Untersuchung der Versauerungstendenzen in den Oberläufen der Gewässer, insbesondere in Landschaftsräumen mit primär schwachem Puffervermögen, die äußerst empfindlich reagieren, für unbedingt erforderlich. Versauerungszustandskarten, wie sie beispielsweise für das Fichtelgebirge vorliegen, sollten für alle gefährdeten Fließgewässer, wie der der kalkarmen Mittelgebirge sowie der Sandergebiete Norddeutschlands, erstellt werden. Zur Reduzierung der Gewässerversauerung fordert der Umweltrat die massive Senkung des Schadstoffausstoßes der für die Versauerung verantwortlichen Vorläufersubstanzen. Nach den erfolgten Verringerungen der Schwefeldioxidemissionen (siehe Tz. 434 und 472) sind hier insbesondere Minderungen der Stickstoffoxidemissionen des Verkehrs (SRU, 1994, Tz. 848) und der Ammoniakemissionen der Landwirtschaft dringend erforderlich.

Zur Belastung der Gewässer mit EDTA und NTA

301. Die für die deutschen Fließgewässer ermittelten Konzentrationen von Ethylendiamintetraacetat (EDTA) weisen für die einzelnen Gewässer stark unterschiedliche Belastungssituationen aus. In den zurückliegenden Jahren läßt sich in Neckar, Rur, Wupper und Lippe eine leichte Abnahme ausmachen. Demgegenüber ist die EDTA-Belastung in Erft, Lenne und Swist eher angestiegen. In Main, Rhein, Ruhr und Sieg zeichnet sich eine signifikante Veränderung bislang nicht ab (UBA, 1995, schriftl. Mitt.). Für EDTA, das in der Foto-, Metall-, Zellstoff- und Papierindustrie sowie im Bereich der Wasch- und Reinigungsmittel eingesetzt wird, ist im Ergebnis festzuhalten, daß sich die Gewässerbelastung durch diesen Komplexbildner bis heute nicht merklich verringert hat (UBA, 1994 d). Der Ersatz von EDTA durch Alternativstoffe (z. B. in der Galvanotechnik oder der Fotoindustrie) oder auch der teilweise Verzicht, auf den hauptsächlich die Minderung der EDTA-Absatzmengen in Deutschland um 16 % zurückgeht (1991 bis 1993), hat sich also noch nicht auf die Gewässerkonzentration ausgewirkt.

Die vom Bund-Länder-Arbeitskreis „Qualitätsziele" vorgeschlagenen Werte für Oberflächengewässer von je 10 $\mu g/L$ für EDTA und dessen Substitut Nitrilotriacetat (NTA) schützen nach bisherigem Kenntnisstand die menschliche Gesundheit ausreichend.

302. Problematisch sind die Auswirkungen von NTA und vor allem von EDTA jedoch auf aquatische Ökosysteme. Beide Substanzen stimulieren die Algenproduktion und führen zu Artenverschiebungen (bei EDTA ab 20 $\mu g/L$ belegt). Sie behindern die Sorption von Schwermetallen an Feststoffe in Klärschlamm und remobilisieren Schwermetalle aus Sedimenten (LEYMANN, 1991). Zudem beeinflußt EDTA wegen seiner Komplexbildungseigenschaften die Verfügbarkeit von Spurenstoffen für Wasserorganismen (RHEINHEIMER et al., 1992). NTA behindert die Phosphatfällung in Kläranlagen. EDTA greift in relativ geringen Konzentrationen Beton an, so daß Abwasserrohre aus diesem Material leichter korrodieren, was zu Leckagen und zum Eintrag von Abwasser und Schadstoffen in die Umwelt führt.

Fazit

303. In den vergangenen Jahren sind bei den Belastungen der deutschen Fließgewässer mit sauerstoffzehrenden, leicht abbaubaren organischen Verbindungen, mit Schwermetallen und auch mit einigen Industriechemikalien im allgemeinen, teils sogar deutliche, abnehmende Trends zu beobachten. Trotz dieser insgesamt positiven Entwicklung sind in den Fließgewässern derzeit zum Teil noch erhebliche stoffliche Belastungen zu verzeichnen. So wurde zwar auch für die Nährstoffe Ammonium und Phosphat eine wesentliche Minderung erreicht, jedoch ist die Belastung der Fließgewässer mit Nitrat, das durch die stickstoffhaltigen Düngegaben der Landwirtschaft eingetragen wird, weiterhin zu hoch. Der Umweltrat hält deshalb weitere Reduzierungsmaßnahmen für dringend notwendig (SRU, 1996, Tz. 194 ff.). Das gilt gleichermaßen für Pflanzenschutzmittel sowie für deren Nebenprodukte und Ausgangsstoffe bei der Herstellung. Zur Verbesserung der Datenlage über die Belastungssituation der Fließgewässer, insbesondere der Aktualität der Daten, regt der Umweltrat den weiteren Ausbau der Meßprogramme an.

Zur Darstellung der Gewässergüte

304. Die von der Länderarbeitsgemeinschaft Wasser (LAWA) seit 1975 alle fünf Jahre herausgegebene biologische Gewässergütekarte beschreibt die Verschmutzung der Fließgewässer nach biologisch-ökologischen Kriterien, dem sogenannten Saprobiensystem. Im Juni 1992 wurde die erste gesamtdeutsche Gewässergütekarte veröffentlicht (Stand 1990). Während die Belastung der Fließgewässer in den alten Ländern in den letzten 15 Jahren durch verstärkte Abwasserreinigungsmaßnahmen deutlich abgenommen hat, weisen die ostdeutschen Gewässer, vor allem die Elbe und einige bedeutende Zuflüsse, eine teilweise noch besorgniserregende Qualität auf (Tz. 293).

Neben der biologischen Gewässergüte werden von der Länderarbeitsgemeinschaft Wasser (LAWA) 18 physikalisch-chemische Kenngrößen der Beschaffenheit von Fließgewässern ermittelt (siehe Kasten).

Die statistische und graphische Aufbereitung in Beschaffenheitskarten für die einzelnen Meßgrößen erfolgt – über die LAWA-Veröffentlichung der Wasserbeschaffenheit 1982 bis 1991 hinaus – durch das Umweltbundesamt (UBA, 1994b; LAWA, 1993).

Diese Darstellungsart der Gewässergüte berücksichtigt nicht die komplexen Zusammenhänge zwischen Gewässerkörper, Gewässermorphologie sowie Gewässerökologie und liefert keine ausreichenden Informationen für die verschiedenen Wasser- und Gewässernutzungen. Auch fehlt die Formulierung nutzungsbezogener Zielvorgaben (Tz. 364).

Chemisch-physikalische Kenngrößen der Gewässergüte

- Temperatur
- pH-Wert
- Leitfähigkeit
- Chlorid
- Sauerstoffgehalt
- biochemischer Sauerstoffbedarf/Sauerstoffzehrung
- organisch gebundener Kohlenstoff (gesamt und gelöst)
- Orthophosphat-Phosphor und Gesamtphosphor
- Ammonium-Stickstoff und Nitratstickstoff
- Schwermetalle
- Cadmium
- Chrom
- Nickel
- Blei
- Quecksilber
- Chloroform
- Hexachlorbenzol

Quelle: nach UBA, 1994b, S.348 ff.

Ökologische Gewässerstruktur

305. Bei der Bewertung des Gewässerzustandes ist die Beurteilung der ökologischen Gewässerstruktur ein weiterer Schwerpunkt. Wasserbauliche Maßnahmen, wie zum Beispiel Flußbettbegradigungen, Sohlenvertiefungen, Gewässerverbau oder Stauungen erhöhen zwar die Nutzungsmöglichkeiten von Fließgewässern durch den Menschen, beeinträchtigen jedoch den Naturhaushalt in oftmals entscheidender Weise. Die durch den Aus- oder Umbau entstehenden Veränderungen der Fließgeschwindigkeiten und des Gewässerbettes sowie der morphologischen Strukturen sind im Hinblick auf die Auswirkungen auf die aquatischen Biozönosen und die Lebensgemeinschaften der unmittelbaren Uferbereiche, der Altwasser- und Stillwasserzonen und der sich anschließenden Auenflächen irreversibel und daher auch durch Renaturierungsmaßnahmen kaum oder nur mit hohem Aufwand rückgängig zu machen. Eine erste Kartierung des morphologischen Zustandes der Fließgewässer in Baden-Württemberg zeigt sehr deutlich, daß die meisten Gewässer aufgrund der oben genannten Fehler nur noch als „naturfern" einzustufen sind (Jahresbericht der Wasserwirtschaft, 1995). Eine Folge der Veränderungen der Gewässerstrukturen ist die Artenverarmung und eine Beeinträchtigung des Selbstreinigungsvermögens der Gewässer, wie sie sich deutlich zum Beispiel auch in einem Vergleich zwischen Rhein und Elbe zeigt. Im Gegensatz zum Rhein hat der bisherige Ausbaustand der Elbe ihren relativ naturnahen Charakter noch nicht nachhaltig verändert. Dadurch konnten sich trotz schlechter Wasserqualität (Tz. 293) zahlreiche

Pflanzen- und Tierarten erhalten und ansiedeln. So finden sich hier Biber und Schwarzstörche sowie eines der größten deutschen Weißstorchvorkommen (UBA, 1994c). Im Falle eines Staustufenbaues würden diese naturnahen Fluß- und Auenbereiche unwiederbringlich zerstört.

In der Erstellung einer ökomorphologischen Gewässergütekarte nach einheitlichen Kriterien, um deren Erarbeitung sich die LAWA schon seit einigen Jahren bemüht und die bisher an fehlenden Geldmitteln und an ungelösten Zuständigkeitsfragen leidet, sieht der Umweltrat eine vordringliche Aufgabe, die nicht mehr länger zurückgestellt bleiben darf.

Hochwasser und Hochwasserschäden

306. Zweimal innerhalb von 13 Monaten, im Dezember 1993 und im Januar 1995, sind starke Hochwasser aufgetreten. Viele Städte entlang des Rheins und seiner Nebenflüsse waren überflutet; in den Niederlanden drohten Deiche zu brechen. Mehrere hunderttausend Menschen wurden vorsorglich evakuiert. Auch viele weitere Regionen in Europa waren betroffen. Der entstandene Schaden wird auf mehrere Milliarden DM geschätzt. An die Politik wird in dieser Situation die Frage gestellt, ob die Hochwasser außergewöhnliche und durch menschliches Handeln erzeugte Ereignisse darstellen, die in den kommenden Jahren immer wieder auftreten können, und ob die Hochwasserschäden durch besseren Hochwasserschutz hätten abgewehrt werden können.

307. Hochwasser sind ein natürliches Phänomen und Bestandteil des Wasserkreislaufs, zum Beispiel bei Starkregen, in langanhaltenden Niederschlagsperioden oder bei Tauwetter. Das natürliche *Hochwassergeschehen* wird zusätzlich durch menschliche Eingriffe in das natürliche Speichervermögen von Bewuchs, Boden, Gelände und Gewässernetz beeinflußt, meist verschärft. Durch Versiegelung werden der Bewuchsspeicher vernichtet sowie der Bodenspeicher und der Flächenrückhalt außer Kraft gesetzt. Über die Regenwasserkanalisation gelangt der Mehrabfluß unmittelbar in die Gewässer. Umwandlung von Grünland in Ackerland sowie Waldrodung vermindern den Bewuchsspeicher. Formen einer nicht umweltverträglichen Landbewirtschaftung haben den Bodenspeicher geschädigt und verdichtet sowie damit den Oberflächenabfluß beschleunigt. Flurbereinigung mit Hydromelioration sowie totale Entwässerung fast aller Moor-Naturräume und vieler Feuchtgebiete führen dazu, daß der Oberflächenabfluß vielfach unverzüglich ins nächste Gewässer geleitet wird. Gewässerausbau hat die Wasserstände abgesenkt; der Speicher der Auen wird in vielen Fällen abgeschnitten, das Speichervermögen seltener und geringer in Anspruch genommen. Die Abtrennung ehemaliger Überschwemmungsgebiete durch Deichbau, gefolgt von Flächenumwidmungen in Bau- und Gewerbegebiete oder Ackerland, haben ebenfalls die natürlichen Überflutungsflächen reduziert. Hochwasser erreichen dadurch schneller und mit höheren Ständen die Unterlieger. Auch treffen die Hochwasser von Haupt- und Nebenflüssen damit häufiger aufeinander.

308. In den letzten Jahren gibt es außerdem Hinweise auf eine Verstärkung der Winterniederschläge. Ob diese Beobachtung auf die Freisetzung von Treibhausgasen und ein dadurch bedingtes Anwachsen von Witterungsextremen zurückgeführt werden kann, ist nicht eindeutig. Hierzu sind ergänzende Untersuchungen erforderlich, auch um die Hochwasservoraussage zu verbessern. Sofern sich die Prognosen über die Wirkungen des Klimawandels bestätigen sollten, kann die von einigen Klimaexperten erwartete Zunahme der Niederschläge alle anderen Hochwasserrisiken aus anthropogenen Einflüssen im Einzugsgebiet deutlich übertreffen.

309. Die Analyse der Hochwassergeschehen (LAWA, 1995) kommt am Beispiel des Rheins und seiner Nebenflüsse zu dem Ergebnis, daß die vom Menschen zu verantwortenden Ursachen in größeren Gewässern Hochwasser zwar nicht auslösen, für die Betroffenen die Hochwassersituation aber deutlich verschärfen können. Entgegen der landläufigen Meinung sind allerdings gerade die extremsten Hochwasserereignisse, sogenannte Jahrhunderthochwasser, von anthropogenen Wirkungen im Einzugsgebiet eher weniger beeinflußt. Ein natürlicher abflußwirksamer Anteil des Niederschlages von 80 % – wie er an der Nahe beim Hochwasser im Dezember 1993 in einigen Teileinzugsgebieten aufgetreten ist – kann auch durch anthropogene Veränderungen nur unwesentlich gesteigert werden. Bei ganz extremen Abflüssen werden dann auch die ausgedeichten Überschwemmungsräume wieder vom Hochwasser in Anspruch genommen.

Sollte sich klimabedingt zumindest periodisch die Niederschlagsmenge erhöhen, könnte sich als Folge der „natürliche" abflußwirksame Anteil des Niederschlages erhöhen und künftig zu einer Zunahme des Risikos für extreme Hochwasserereignisse führen.

310. Unter natürlichen Bedingungen gibt es keine *Hochwasserschäden*, da Hochwassergeschehen zur natürlichen Dynamik von Gewässern und ihren Überschwemmungsbereichen gehören. Erst wenn menschliche Nutzungen in Mitleidenschaft gezogen werden, spricht man von Schäden. In den vergangenen Jahrzehnten mit eher geringer Hochwassertätigkeit hat eine kontinuierliche Steigerung der Schadenspotentiale in überschwemmungsgefährdeten Gebieten stattgefunden. Hier ist die Steigerung der Werte durch Wohnbebauung, Gewerbe- und Industrieansiedlungen sowie die Verlagerung von Gefährdungspotentialen durch Ansiedlung von Anlagen und Lagerung gefährlicher Stoffe zu nennen. Diese wurden mehr oder weniger durch technische Einrichtungen vor Hochwasser geschützt. Erst die Anhäufung dieses Schadenspotentials und die vermeintliche Sicherheit durch Hochwasserschutzmaßnahmen hat den 1993 und 1995 beobachteten Umfang der Schäden ermöglicht. Da das Bewußtsein, in einem Überschwemmungsgebiet zu leben, mit der Zeit abnimmt, haben letztlich die vorangegangenen Perioden mit geringer Hochwassertätigkeit eine trügerische Sicherheit vermittelt und bei der Schadensentstehung verschärfend gewirkt.

2.3.3.1.2 Belastungen der Nordsee und Ostsee

Nordsee

311. Eine umfangreiche Datensammlung zur Schad- und Nährstoffbelastung der Nordsee, auf die sich auch der Umweltrat in seinen folgenden Ausführungen bezieht, hat die North Sea Task Force, eine gemeinsame Arbeitsgruppe der Oslo- und der Paris-Kommissionen und des internationalen Rates für Meeresforschung, erarbeitet und 1993 auf einem ministeriellen Zwischentreffen der Nordsee-Anrainerstaaten in Kopenhagen vorgestellt (Oslo and Paris Commissions, 1993).

312. Die erhöhten *Nitrat- und Phosphatkonzentrationen*, die überwiegend auf Fluß- und Direkteinleitungen zurückgehen, führen zu einem Nährstoffüberangebot in den Ökosystemen der Nordsee. Das Überangebot und die dadurch bedingte Veränderung im Stickstoff-Phosphor-Verhältnis haben Einfluß auf die Zusammensetzung der Phytoplanktonarten und können zum Auftreten gefährlicher Algenblüten und einem Anstieg der Produktivität und der Biomasse von Phytoplankton sowie einem Anstieg des Sauerstoffverbrauches im Wasser und den Sedimenten führen. Als Folge der reduzierten Sauerstoffkonzentration kann es zum Verenden von tierischen Organismen kommen. Diese Effekte werden in den Küstenregionen der östlichen und südlichen Nordsee, so zum Beispiel auch in der Deutschen Bucht, beobachtet.

Die Phosphateinträge in die Nordsee durch Rhein und Maas sind zwischen 1930 und 1985 um einen Faktor 7 bis 10 und die Nitrateinträge um einen Faktor 4 angestiegen. Zwischen 1985 und 1990 fand eine deutliche Reduzierung der Phosphateinträge um 30 bis 40 % statt, wohingegen der Gesamtstickstoffeintrag in diesem Zeitraum weit weniger deutlich zurückgegangen ist. Phosphor- und Stickstoffeinträge über die Elbe sind seit 1987 deutlich zurückgegangen. Obgleich bei den Nährstoffeinträgen, insbesondere bei Phosphor, Reduzierungen erreicht wurden, hat sich zwischen 1985 und 1990 keine nachweisbare Wirkung dieser Reduzierungen in der Nordsee gezeigt (Oslo and Paris Commissions, 1993).

313. Die Einträge von *Schwermetallen* in die Nordsee, in die sie vor allem über die Flüsse und die Atmosphäre gelangen, haben im Zeitraum zwischen 1975 und 1990 beträchtlich abgenommen. Im Zeitraum zwischen 1988 bis 1991 scheinen die Einträge von Quecksilber, Cadmium und Blei durch die Elbe, die bei den deutschen Flußeinträgen in die Nordsee eine herausragende Position einnimmt, weiter abgenommen zu haben (Oslo and Paris Commissions, 1993).

314. Eine Vielzahl von *organischen Spurenkontaminanten* wird durch die Atmosphäre, Flüsse, Leckagen in küstennahen Deponien und durch Atlantik- sowie Ostseewasser in die Nordsee eingetragen. Nur wenige, wie zum Beispiel Hexachlorcyclohexan (HCH), polychlorierte Biphenyle (PCB) oder Dichlordiphenyltrichlorethan (DDT) werden untersucht. Gerade in jüngster Zeit sind aber zum Beispiel mit krebserzeugenden Chlorparaffinen weitere toxisch wirkende polychlorierte Verbindungen in den Sedimenten der

Häfen von Hamburg und Rotterdam sowie im Watt vor der deutschen und niederländischen Küste in alarmierender Konzentration nachgewiesen worden. Da ausreichend valide Daten fehlen, ist eine genaue Quantifizierung der Einträge von organischen Spurenkontaminanten nicht möglich. Daten über biologische Effekte und ihre Bedeutung für die Umwelt sind nur sehr begrenzt verfügbar. Die komplexen Wirkungen auf Tiere zeigen sich vor allem in einer Schwächung des Immunsystems. So sind zum Beispiel steigende Anfälligkeit für Krankheiten, verringerte Überlebensraten sowie rückläufige Vermehrungsraten beobachtet worden (UBA, 1992a und 1991).

315. Eine der wichtigsten *Öleintragsquellen* in die Nordsee sind die Aktivitäten der Offshore-Öl- und Gasindustrie und dabei insbesondere die Entsorgung von ölhaltigen Bohrabfällen. Es wird geschätzt, daß bis zu 2 % des gesamten Nordseebettes mit ölhaltigen Bohrzusätzen belastet sind. Im Zeitraum von 1984 bis 1990 hat sich der Gesamtöleintrag von Plattformen um 30 % verringert. Dies wurde hauptsächlich durch die Verminderung des Eintrages von ölhaltigen Bohrabfällen, unter anderem aufgrund verbesserter Reinigungstechniken, erreicht. Die Einleitung von ölhaltigem Produktionswasser hat dagegen im gleichen Zeitraum beträchtlich zugenommen.

Von noch größerer Bedeutung für die Ölbelastung der Nordsee sind die Ölmengen, die aufgrund von Unfällen oder illegal von Schiffen in die Nordsee eingetragen werden. Überwachungsflüge in den Jahren 1990/91 haben gezeigt, daß die meisten Ölteppiche in der Nordsee im Hauptschiffahrtskorridor zwischen der Straße von Dover und der Deutschen Bucht auftraten. Ölteppiche wurden aber auch in der Umgebung von Offshore-Einrichtungen beobachtet. Die Quantifizierung von illegalen Öleinträgen anhand von Luftüberwachungsdaten ist kompliziert. Eine Verringerung der Ölbelastung der Nordsee ist aus den vorliegenden Daten nicht erkennbar. Das gilt generell auch für die Anzahl der gefundenen verölten Vögel. Die seit 1988 bestehende Möglichkeit der kostenlosen Abgabe von ölhaltigen Abfällen und Rückständen (z. B. Bilge und Slop; vgl. SRU 1980, Tz. 322ff.) in deutschen Küsten- und Binnenhäfen ist – nach dem Ausstieg des Landes Schleswig-Holstein im Jahre 1991 und der Einführung einer Selbstbeteiligung der Reeder in Hamburg – Ende 1995 auch in Bremen abgeschafft worden.

Ostsee

316. Als Hauptquellen der Nährstoffbelastung und der damit verbundenen Eutrophierung der Ostsee sind seit langem *Stickstoff- und Phosphoreinträge* über die Festlandabflüsse und die Atmosphäre bekannt. Obgleich generell keine nennenswerten Emissionsreduzierungen bei den potentiellen Nährstoffquellen im Einzugsgebiet der Ostsee stattfanden, ist seit 1978 keine signifikante Zunahme der Nährstoffkonzentrationen in der Ostsee zu beobachten. Als Erklärung dieser überraschenden Tatsache werden die Einstellung des Gleichgewichtszustandes zwischen Nährstoffquellen und -senken sowie zwischenjährliche Zyklen der Nährstoffe, die dem Gesamttrend überlagert sind, diskutiert (UBA, 1994 b).

Derzeit werden in die Ostsee jährlich insgesamt etwa 1 Mio. t Stickstoff und rund 50 000 t Phosphor landseitig und über die Atmosphäre eingetragen (UBA, 1995, schriftl. Mitt.). Dabei ist der atmosphärische Eintrag für die Nitratbelastung mit einem geschätzten Anteil zwischen 30 und 50 % von großer Bedeutung. Die für Deutschland bedeutsamen erfaßten Quellen der Nährstoffbelastung der Ostsee sind für die Phosphoreinträge die Landwirtschaft und die kommunalen Kläranlagen und für die Stickstoffeinträge zusätzlich der Verkehr und die Kraftwerke, wobei die Emissionen der beiden letzteren über die Atmosphäre in die Ostsee gelangen (Tab. 2.8 und Tab. 2.9).

Nur im Kraftwerksbereich ist aufgrund des Einflusses gesetzlicher Regelungen (13. BImSchV) ein deutlicher Rückgang der Stickstoffoxidemissionen bereits 1990/91 zu erkennen. Bei den kommunalen Kläranlagen wird mit der Halbierung der Emissionen im Jahr 2000 bezogen auf 1987 gerechnet. In den Sektoren Landwirtschaft und Verkehr sind dagegen die Minderungen der Stickstoffoxidemissionen weitaus geringer.

Bei den Phosphoremissionen kommunaler Kläranlagen scheint bis 1995 bezogen auf 1987 eine fast 50 %ige Reduzierung erreicht zu sein. Demgegenüber werden die Emissionen aus der Landwirtschaft, wie auch beim Stickstoff, nur geringfügig gemindert.

317. Im Rahmen eines Forschungsvorhabens des Umweltbundesamtes (FRIEDRICH und BRUNSWIG, 1994) wurde eine Bewertung allein der schleswig-holsteinischen Nährstoffausträge und der Relevanz dieser Einträge für die Wasserbeschaffenheit in der Ostsee im Zeitraum von 1987 bis 1990 vorgenommen. Dabei sind die landwirtschaftlichen Austräge die weitaus größte Quelle (75 % bei Stickstoffverbindungen und 77 % bei Phosphorverbindungen). Eine Güteklassifizierung der schleswig-holsteinischen Gewässer bezüglich ihres Nährstoffeintrages zeigt, daß diese Gewässer mit zu den stark belasteten im Ostseeraum gehören.

Der mit weniger als 2 % an sich verschwindend geringe schleswig-holsteinische Anteil an der Gesamtbelastung der Ostsee kann nicht ohne weiteres auf das Belastungsbild der westlichen Ostsee übertragen werden. Wesentliche Bedeutung für die Wasserqualität der westlichen Ostsee kann der schleswig-holsteinische Anteil insbesondere in den Sommermonaten mit relativ geringem Wasseraustausch zwischen zentraler und westlicher Ostsee erlangen. In diesen Fällen kann der landseitige Austrag eine bedeutende Basis für die Ergänzung des Nährstoffvorrates bilden. Durch flächendeckende Maßnahmen zur Reduktion des Nährstoffaustrages könnte zumindest die Häufigkeit sommerlicher Algenblüten in der offenen Ostsee vermindert werden.

Tabelle 2.8

Stickstoffemissionen (t/a) aus den Hauptquellen für Deutschland beziehungsweise dem deutschen Anteil des Ostsee-Einzugsgebietes

Quelle	1985/87	1990/91	1995[1]	Reduktion (%)[2]	2000[1]	Reduktion (%)[2]
Landwirtschaft ...	59 660	54 290	50 690	13		
Verkehr	664 000 *)	654 000 *)			425 000 *)	32
Kraftwerke	400 000 *)	255 000 *)	< 200 000	> 50	(2 005)	
kommunale Kläranlagen	10 950	8 730	7 700	30	5 000	54

[1]) Die Werte für 1995 und 2000 sind Schätzungen, die bereits eingeleitete Maßnahmen sowie erkennbare Trends berücksichtigen.
[2]) Die Reduktionen beziehen sich auf das Jahr 1987.
Quelle: UBA, 1995, schriftliche Mitteilung

Tabelle 2.9

Phosphoremissionen (t/a) aus der Landwirtschaft und kommunalen Kläranlagen für den deutschen Anteil des Ostsee-Einzugsgebietes

Quelle	1987/89	1991/93	1995[1]	Reduktion (%)[2]	2000[1]	Reduktion (%)[2]
Landwirtschaft ...	1 585	1 585	1 445	9		
kommunale Kläranlagen	2 340	1 950	1 200	49	470	80

[1]) Die Werte für 1995 und 2000 sind Schätzungen, die bereits eingeleitete Maßnahmen sowie erkennbare Trends berücksichtigen.
[2]) Die Reduktionen beziehen sich auf das Jahr 1987.
Quelle: UBA, 1995, schriftliche Mitteilung

Tabelle 2.10

Gesamteinträge von Schwermetallen (t/a) in die Ostsee für den Zeitraum 1990–1992¹⁾

Eintrag	Quecksilber	Cadmium	Kupfer	Blei	Zink
vom Land aus	13 (0,02)	59 (0,3)	4 200 (2,8)	1 100 (2,9)	8 900 (50)
über die Atmosphäre	12	35	470	1 400	3 400

¹) Die Werte in Klammern geben die Eintragswerte nur des deutschen Einzugsgebietes an.
Quelle: UBA, 1995, schriftliche Mitteilung

318. Die verfügbaren Zahlenwerte über *Schwermetalleinträge* in die Ostsee sind zum Aufbau einer Zeitreihe nicht ausreichend. Trendaussagen sind daher nicht möglich. Aus Schätzungen der Helsinki-Kommission lassen sich aber für den Zeitraum 1990 bis 1992 jährliche Schwermetalleinträge in die Ostsee bestimmen (Tab. 2.10). Die Daten machen die große Bedeutung des atmosphärischen Eintrags bei fast allen Schwermetallen mit Ausnahme von Kupfer deutlich.

Noch schlechter ist die Datenlage zur Belastung der Ostsee mit Pestiziden und persistenten organischen Substanzen. Ein Überblick über die Belastung mit organischen Stoffen kann derzeit nicht gegeben werden (UBA, 1995, schriftl. Mitt.).

2.3.3.1.3 Grundwasserbeschaffenheit

319. Aktuelle bundesweite Daten zu Belastungen des Wassers mit Schwermetallen, Nährstoffen, Pflanzenschutzmitteln und anderen organischen Verbindungen für die einzelnen Bereiche Grundwasser, Rohwasser und Trinkwasser fehlen weitgehend, so daß nur durch regionale Befunde auf problematische Entwicklungen aufmerksam gemacht werden kann.

Trotz der unzureichenden Datenlage kommt das Büro für Technikfolgen-Abschätzung beim Deutschen Bundestag (TAB) in einer umfassenden Analyse des Grundwasserzustandes in Deutschland zu dem Ergebnis, daß sich die Grundwasserqualität erheblich verschlechtert hat, auch wenn kaum Engpässe bei der Trinkwasserversorgung zu befürchten sind (TAB, 1994). Verunreinigungen des Grundwassers insbesondere durch Nitrat, Pflanzenschutzmittelrückstände, Mineralölprodukte und organische Halogenverbindungen werden dabei größtenteils von Industrie, Landwirtschaft und Verkehr verursacht. Auch andere Stoffgruppen aus Altlasten und bestimmten Produktionsbereichen stellen ein Problem dar. Darüber hinaus birgt die zunehmende Versauerung des Grundwassers unter Waldböden ein immer stärkeres Gefährdungspotential.

320. Die Belastung des Grundwassers mit Schadstoffen, insbesondere Pflanzenschutzmittelrückständen und Nitrat, bereitet zunehmend Probleme. Zwar werden Grundwasserüberwachungsprogramme in einzelnen Ländern durchgeführt, eine generelle bundesweite Überwachung der Grundwasserbeschaffenheit ist jedoch bislang nicht eingerichtet worden. Die Länderarbeitsgemeinschaft Wasser hat wohl ein vom

Umweltrat mehrfach angemahntes „Rahmenkonzept zur Erfassung und Überwachung der Grundwasserbeschaffenheit" erarbeitet und den Ländern bereits Ende 1983 zur Einführung empfohlen. Die in den Ländern gewonnenen Daten sind wegen des unterschiedlichen Ausbaus der Meßnetze jedoch nur beschränkt miteinander vergleichbar. Bisher konnten deshalb noch keine flächendeckenden Ergebnisse für Deutschland vorgelegt werden.

321. Auch gegenwärtig werden noch *Pflanzenschutzmittel* und ihre Umwandlungsprodukte in zum Teil erheblichem Umfang in den Gewässern gefunden. Im Zeitraum von 1990 bis 1994 wurden bei 12,5 bis 9 % aller Analysen Pflanzenschutzmittel im Wasser gefunden. In 4,7 bis 2,8 % aller Fälle wurde der Trinkwassergrenzwert von 0,1 μg/L für Einzelsubstanzen überschritten. Aus der Anzahl der einzelstoffbezogenen Funde lassen sich jedoch keine Aussagen über die flächenhafte Belastung des Grundwassers ableiten. Maßgebend sind vielmehr meßstellenbezogene Auswertungen, die höhere Belastungswerte ergeben.

In Bayern wurden an 58 % der Grundwassermeßstellen Pflanzenschutzmittel im Grundwasser gefunden. An 22,6 % der Meßstellen überstiegen die Werte den Trinkwassergrenzwert. In Nordrhein-Westfalen lag der Anteil der Pflanzenschutzmittelfunde an ausgewählten Belastungsschwerpunkten 1993 bei rund 47 % der Meßstellen; bei 33 % der Proben wurde der Grenzwert überschritten. In Hamburg wurde bei einem Fünftel der Meßstellen der Grenzwert überschritten. Das Umweltbundesamt schätzt, daß bundesweit bei mehr als 10 % des Grundwassers die vorsorgenden Grenzwerte überschritten werden (UBA, 1995d, S. 165).

Auf die Stoffe Atrazin, Desethylatrazin und Simazin entfallen 70 % der Belastungsnachweise (Abb. 2.15). Nicht bestätigt haben sich die Erwartungen hinsichtlich eines deutlichen Rückgangs der Atrazin-Funde. Der prozentuale Anteil der Atrazin-Funde in fünf ausgewählten Bundesländern ist trotz des 1991 ausgesprochenen Verbots von atrazinhaltigen Pflanzenschutzmitteln im Bereich unter 0,1 μg/L 1993 sogar leicht gestiegen (Abb. 2.16). Beobachtet werden muß nach Auffassung des Umweltrates zukünftig noch intensiver als bisher, ob bestimmte Wirkstoffe, die als Atrazin-Ersatzstoffe zum Einsatz kommen (z. B. Terbuthylazin) oder auch andere Pflanzenschutzmittel-Wirkstoffe (z. B. das Herbizid Diuron) mit ihren Zwischen- und Abbauprodukten verstärkt im Grundwasser auftreten.

Abbildung 2.15

Anteil der Triazin-Funde an der Gesamtzahl aller Pflanzenschutzmittelfunde

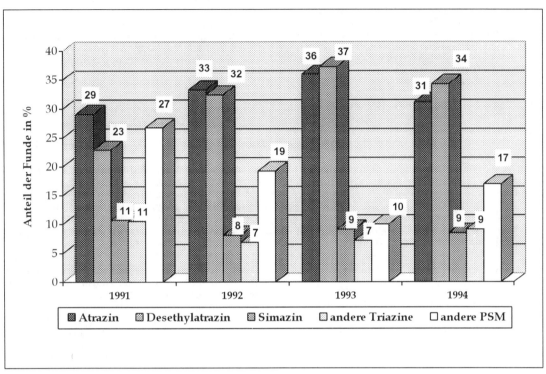

Quelle: UBA, 1995, schriftliche Mitteilung

Abbildung 2.16

**Entwicklung der Fundhäufigkeit von Atrazin bei Gewässeruntersuchungen,
zusammengefaßt aus den Untersuchungsergebnissen aus fünf Bundesländern**

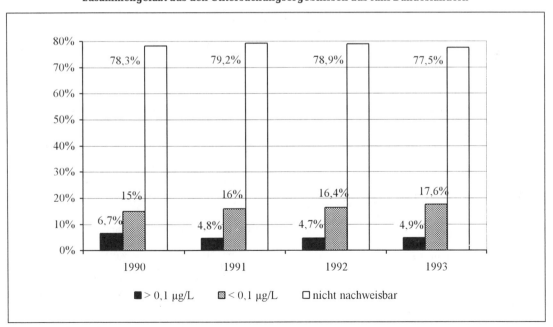

Quelle: UBA, 1994d, S. 167

322. Sehr häufig führt die intensive landwirtschaftliche Nutzung durch Einträge von *Düngern* zu einem Anstieg von Nitrat und Ammonium in oberflächennahen und wenig geschützten Grundwasserleitern. In den neuen Ländern sind kontinuierliche Überschreitungen der Trinkwassergrenzwerte bei Grundwasseranalysen festzustellen (UBA, 1994d). Die Überschreitung des jeweiligen Grenzwertes betrug im Frühjahr 1994 bei Nitrat 8,3 % (1992: 3 %), bei Ammonium 22,9 % (1992: 16 %).

323. Eine Gefährdung des Grundwassers kann auch aus den Folgen des Braunkohlenabbaus erwachsen. Dies gilt für den Braunkohlenabbau insgesamt. Der Abbau der Braunkohle in Tagebauen macht in der Regel ein Absenken des Grundwasserspiegels notwendig (Sümpfung). Der sich hierbei bildende Absenkungstrichter kann ganz erhebliche Ausmaße mit entsprechenden ökologischen Wirkungen erreichen. Die Tagebaue werden nach Gewinnung der Kohle meist durch Abraum, bestehend aus den Nebengesteinen der Kohleflöze, aber auch durch andere, fremde Stoffe verfüllt. Nach Beendigung des Kohlenabbaus werden die Abbaubereiche wieder geflutet, das heißt, das Grundwasser steigt wieder an.

Eine Teil- oder Vollentwässerung des Abbaugebietes führt zwangsläufig zu einer Füllung des entwässerten Sedimentporenraumes mit Bodenluft und sehr häufig zu einer Versauerung infolge der Oxidation der im Sediment vorhandenen Eisensulfide. Da der von Sümpfungsmaßnahmen betroffene Entwässerungsraum in der Regel weit über den zusätzlich von Umlagerungen der Braunkohlennebengesteine betroffenen Tagebauraum hinausreicht, ist diese Problematik von teilweise räumlich weitreichender Relevanz. Mit einsetzender Sickerwasserströmung beziehungsweise ansteigendem Grundwasser nach Stilllegung des Abbaus gelangt die in versauerten Gesteinen gespeicherte Säure in intensiven Reaktionskontakt mit säurepuffernden Materialien des nicht versauerten Gesteins und verändert somit die Grundwasserbeschaffenheit sowohl der Verfüllungen der Tagebaue als auch des umliegenden, nicht unmittelbar vom Abbau betroffenen Untergrundes. Bei einer Oxidation der Disulfide können im Sediment vorhandene metallische und metalloide Spurenelemente wie Kobalt, Nickel, Zink und Arsen sowie Aluminium in die wäßrige Phase mobilisiert werden. Ebenso werden diese mit wieder ansteigendem, versauertem Grundwasser zum Teil aufkonzentriert und mobilisiert.

Grundwasserbelastungen im Umfeld von Braunkohlentagebauen oder aus Abraumkippen des Braunkohlenbergbaus kann durch verschiedene bergtechnische, hydraulische und geochemische Maßnahmen begegnet werden. Die jeweilige Wirksamkeit solcher Maßnahmen, die technische Machbarkeit und der finanzielle Aufwand müssen im Einzelfall untersucht werden.

324. Die im Bereich Grundwasserbeschaffenheit lückenhafte Datenlage ist durch das Fehlen eines flächendeckenden Meßnetzes bedingt. Nach Auffassung des Umweltrates müssen erhebliche Anstren-

gungen unternommen werden, um endlich die lange geforderte Vereinheitlichung der Datengrundlagen in den Ländern zu erreichen. Die institutionelle Koordination eines solchen Meßnetzes zwischen Bund und Ländern muß dabei vordringlich vorangetrieben werden. Gegebenenfalls soll der Bund in die Lage versetzt werden, die Vereinheitlichung des Meßnetzes den Ländern zwingend und zügig vorzuschreiben.

2.3.3.1.4 Wasserversorgung und Trinkwasserbeschaffenheit

325. Verläßliche Entwicklungsdaten im Bereich der öffentlichen *Wasserversorgung* stehen nur in eingeschränktem Maße zur Verfügung. Für Deutschland beträgt das Wasserdargebot 164 Mrd. m³/a (UBA, 1994b, S. 320); dabei sind große regionale Schwankungen festzustellen. Nach Schätzungen des Bundesverbandes der Gas- und Wasserwirtschaft (BGW) betrug die Wasserförderung aus Grundwasser, Quellwasser und Oberflächenwasser 1994 rund 5,8 Mrd. m³ und hat seit 1990 um 900 Mio. m³ abgenommen. Analog dazu ist auch die Wasserabgabe insgesamt gesunken und betrug 1994 5,1 Mrd. m³. Haushalte und Kleingewerbe haben davon 3,9 Mrd. m³, die Industrie 0,8 Mrd. m³ benötigt. Auch der Wasserverbrauch ist leicht zurückgegangen und betrug für Haushalte und Kleingewerbe 136 Liter pro Person und Tag. Hier dürften sich vor allem die steigenden Trinkwasserpreise und Abwassergebühren bemerkbar machen (Jahresbericht der Wasserwirtschaft, 1995). Die zunehmende Umrüstung auf wassersparende Techniken wird den Verbrauch der privaten Haushalte voraussichtlich noch zusätzlich verringern. Der Rückgang der Abgabe von Wasser an die Industrie ist in erster Linie auf die Stillegung sanierungsbedürftiger und wasserintensiver Technologien und Anlagen in den neuen Ländern zurückzuführen.

326. Beim *Trinkwasser*, das größtenteils aus Grundwasser gewonnen wird, steigt der Nitratgehalt an (UBA, 1994b, S. 444). In einigen bayerischen Regionen, zum Beispiel in Unterfranken waren 1994 rund 18 % des Trinkwassers mit mehr als dem erlaubten Grenzwert für Nitrat von 50 mg pro Liter belastet. Insgesamt überstiegen in Bayern 20 % des Trinkwassers den Nitratgehalt von 25 mg pro Liter (Bayerisches Landesamt für Wasserwirtschaft, 1995). In Baden-Württemberg lagen 1993 die Meßwerte für Rohwasser bei 4,2 % der Meßstellen über dem Grenzwert der Trinkwasserverordnung. Für die als repräsentativ für landwirtschaftliche Nutzung ausgewählten Meßstellen lag die Überschreitungshäufigkeit des Grenzwertes bei 22 % (Landesanstalt für Umweltschutz Baden-Württemberg, 1995).

Vermehrt werden auch Pflanzenschutzmittel im Trinkwasser nachgewiesen; die Einhaltung des vorsorgenden Trinkwassergrenzwertes von 0,1 μg/L für Einzelsubstanzen wird zunehmend ein Problem. Enorme Anstrengungen bei der Aufbereitung müssen die Wasserversorgungsunternehmen bei Stoffen unternehmen, die in ökologischer Hinsicht auch in geringen Konzentrationen sehr wirksam sind. Problemstoffe sind Organozinnverbindungen sowie die

Pflanzenbehandlungsmittel Simazin und das seit 1991 verbotene Atrazin (Landesgruppen Trinkwasser, 1994). Auch nach Einführung des Verbotes lagen in Baden-Württemberg 1993 die Grenzwertüberschreitungen nach der Trinkwasserverordnung beim Rohwasser für die als repräsentativ für landwirtschaftliche Nutzung ausgewählten Meßstellen bei 8,2 % für Atrazin und bei 14,6 % für dessen persistentes Abbauprodukt Desethylatrazin.

Die Einhaltung der Schwermetallgrenzwerte ist für die Wasserversorgungsunternehmen dagegen in der Regel problemlos. Allerdings steigen die Schwermetallgehalte des Trinkwassers auf dem Weg zum Verbraucher durch die für die Verteilung notwendigen Rohrleitungsnetze in Häusern teilweise nicht unerheblich an. Im Rahmen des im Dezember 1994 abgeschlossenen Bremer Meßprogramms für Blei im Trinkwasser wurden in rund 30 % der Trinkwasserproben aus Leitungen in öffentlichen Gebäuden grenzwertüberschreitende Bleiwerte nachgewiesen (STREMPEL und MÜLLER, 1995). Ein weiteres Problem ist die bundesweit zunehmende Versauerung des Grundwassers, die dazu führt, daß das Trinkwasser durch Korrosionsprozesse im Rohrleitungsnetz regional mit hohen Kupferkonzentrationen belastet ist; die Mobilisierung von Kupfer war wiederholt Anlaß für Erkrankungen bei Kindern.

2.3.3.1.5 Zum Stand der Erfassung und Behandlung von Abwässern

327. Bundesweite Daten zur öffentlichen Erfassung und Behandlung von Abwässern liegen nur bis zum Jahre 1991 vor. Diesen ist zu entnehmen, daß der Anschlußgrad an Kanalisationen und Kläranlagen sowie der Anteil von Anlagen biologischer und weitergehender Reinigung in den alten Ländern weiterhin leicht gestiegen sind (SRU, 1994, Tz. 491). Neuere Daten existieren für einige Länder. In den neuen Ländern ist der Anschlußgrad durch den Bau und die Sanierung von Kanalisationen und Kläranlagen in den letzten Jahren weiter vorangetrieben worden. In Sachsen-Anhalt beispielsweise hat sich 1994 der Anschlußgrad an Kanalisationsnetze im Vergleich zum Vorjahreszeitraum um 4 % auf 74,5 % erhöht, der an Kläranlagen um 2 % auf 64,4 % (Jahresbericht der Wasserwirtschaft, 1995). Insgesamt müssen jedoch noch enorme Anstrengungen unternommen werden, um die Unterschiede zwischen den alten und neuen Ländern bei der Abwasserbehandlung auszugleichen.

328. Verbessert hat sich die Reinigungsleistung kommunaler Kläranlagen. Nach Untersuchungen der Abwassertechnischen Vereinigung (ATV) verringerte sich die mittlere Sauerstoffbedarfsstufe von 2,7 im Jahre 1992 auf 2,0 im Jahre 1994. Die Sauerstoffbedarfsstufe 1, auf der von 1 bis 5 reichenden Skala, bezeichnet eine sehr geringe Reststoffverschmutzung und eine hervorragende Reinigungsleistung. Danach lagen 68 % aller Kläranlagen, an die 68,2 % aller Einwohner angeschlossen sind, im Bereich der Stufen 1 und 2. Problematisch ist die Situation noch in Sachsen und Thüringen, wo 1994 die mittlere Sauerstoffbedarfsstufe 3,5 betrug. Die Nährstoffbelastung sank im Bundesgebiet 1994 auf 2,5, wiederum auf der von 1 bis 5 reichenden Skala, im Vergleich zu 2,8 1993.

329. Eine gewaltige Finanzierungslast erwartet die Kommunen hinsichtlich der Sanierung des Kanalnetzes. Der Umweltrat hat bereits 1987 darauf hingewiesen, daß es dabei nicht nur um die Sanierung der bestehenden Kanalisationsnetze geht, sondern um eine völlig neue Konzeption ganzer Kanalisationssysteme nach den Erfordernissen des Gewässerschutzes (SRU, 1988, Tz. 1048). Die Länge des öffentlichen Abwasserkanalnetzes in Deutschland betrug 1994 357 083 Kilometer, davon 37 946 Kilometer in den neuen Ländern. Nach Schätzungen sind von den 319 137 Kilometern in den alten Ländern rund 22 % schadhaft. Auch wenn in den meisten Fällen keine relevanten Schäden in bezug auf Umweltbeeinträchtigungen festzustellen sind, bedürfen 20 bis 25 % der festgestellten Schäden einer dringenden Schadensbehebung (MATTHES, 1995). Die Sanierungskosten in den alten Ländern werden von der Abwassertechnischen Vereinigung auf rund 90 Mrd. DM geschätzt. Das Bundesumweltministerium beziffert den gesamtdeutschen Modernisierungsbedarf des Abwassernetzes nach Länderumfragen auf rund 160 Mrd. DM. Daten über das Ausmaß und die Wirkungen der Abwasserversickerung auf Boden und Grundwasser liegen nicht vor. Auch fehlen Erkenntnisse über den Zustand des privaten Kanalnetzes, dessen Gesamtlänge sich immerhin etwa auf das Doppelte der öffentlichen Kanalisation belaufen dürfte.

Daten über die Behandlung von Industrie- und Gewerbeabwasser liegen nur für betriebseigene Anlagen des Bergbaus und des verarbeitenden Gewerbes sowie für Wärmekraftwerke der öffentlichen Versorgung vor (UBA, 1994b, S. 333f.). Die im Rahmen der Überwachung von Abwassereinleitungen von Direkt- und Indirekteinleitern aus Industrie und Gewerbe gewonnenen Ergebnisse sollten künftig umfassend zusammengestellt werden.

2.3.3.2 Maßnahmen zum Gewässerschutz

330. Da der Gewässerschutz zu den ältesten Arbeitsgebieten des Umweltschutzes zählt und in den letzten Jahren eine Prioritätenverschiebung zugunsten anderer Themenbereiche wie beispielsweise Klima und Abfall stattgefunden hat, sind im Berichtszeitraum nur wenige Aktivitäten im vorsorgenden Gewässerschutz zu erkennen. Von einer wirkungsvollen Integration des Gewässerschutzes in andere Umweltbereiche, insbesondere Verkehr und Landwirtschaft, aber auch in den Bereich der Produktion und Verwendung von Chemikalien, kann nur teilweise gesprochen werden. Als Reaktion auf akute Schädigungen konnten wohl punktuelle Einträge aus kommunalen und industriellen Einleitungen vermindert werden; das Problem der Minderung von diffusen Stoffeinträgen ist jedoch immer noch weitgehend ungelöst. Im Mittelpunkt der rechtlichen Maßnahmen steht dabei auf nationaler Ebene die Novellierung des Wasserhaushaltsgesetzes sowie im europäischen Rahmen die Richtlinie über die ökologische

Qualität der Gewässer und in jüngster Zeit die Rahmenrichtlinie zum Gewässerschutz. Auf weitere, auch gewässerschutzrelevante, aktuelle Regelungsvorhaben im Düngemittelrecht und im Pflanzenschutzmittelrecht wird im Abschnitt 2.3.2 eingegangen (Tz. 282 ff.).

2.3.3.2.1 Maßnahmen auf nationaler Ebene

Zur Novellierung des Wasserhaushaltsgesetzes

331. Der Bundesrat hat im März 1995 den Entwurf einer Novelle zum Wasserhaushaltsgesetz (WHG) beschlossen, mit der hauptsächlich der Anstieg der Kosten für die Abwasserreinigung begrenzt werden soll. Außerdem sollen das wasserrechtliche Verfahren vereinfacht und der Hochwasserschutz verbessert sowie die Bundesregierung dazu ermächtigt werden, europäische Gewässerschutzrichtlinien generell auf dem Verordnungswege umzusetzen (BT-Drs. 13/1207).

Nach dem neuen § 7a sollen die Anforderungen an die Abwasserreinigung künftig allgemein dem Stand der Technik entsprechen und nicht nur, wie bisher, den weniger anspruchsvollen allgemein anerkannten Regeln der Technik. Eine solche Verschärfung der Einleitungsstandards ist nur dann erforderlich, wenn es nicht gelingt, die vorgeschlagene Reform der Abwasserabgabe durchzusetzen (Tz. 335 ff., 362, 1253).

In der Anhörung des Umweltausschusses am 25. September 1995 ist von verschiedenen Seiten Kritik an dieser Vorschrift geübt worden, die jedoch nur insoweit berechtigt ist, als beim erreichten Stand der Abwasserreinigung die Eliminierung weiterer Schadstofffraktionen in manchen Fällen sehr hohe Kosten verursacht, deren Verhältnis zum Nutzen in Frage stehen kann. Die Lösung dieser Problematik muß jedoch in der Entwicklung integrierter Technik gesucht werden, die die Schadstofffracht schon beim Einleiter weiter absenkt. Würden umgekehrt die Anforderungen an das Technikniveau abgesenkt, wäre weder für die Verbesserung der Gewässerqualität etwas gewonnen noch für die technische Weiterentwicklung in einem Sektor, dessen Anteil an der Wertschöpfung und an den deutschen Exporten stetig wächst.

332. Dieser positiv zu bewertenden Änderung steht jedoch entgegen, daß in die Vorschriften über nachträgliche Anordnungen (§ 5 Abs. 1) und über Anforderungen an die Abwassereinleitung (§ 7a Abs. 1) ein überflüssiger ausdrücklicher Hinweis auf den Verhältnismäßigkeitsgrundsatz aufgenommen werden soll. Dieser aus der Verfassung folgende Grundsatz bedarf keiner zusätzlichen Erwähnung, und seine mehrfache Nennung könnte von den Vollzugsbehörden als Aufforderung zur Rücknahme der Gewässerschutzanforderungen aufgefaßt werden. Das Erfordernis der Verhältnismäßigkeit bedingt, stets alle Umstände des Einzelfalls zu prüfen. Die in der Entwurfsbegründung genannte Eindeutigkeit der Vollzugskriterien ist zweifellos wünschenswert, sie wird jedoch in einem durch klare physikalische Grenzwerte geprägten Regelungsbereich durch den Hinweis auf ohnehin zu beachtende übergeordnete Prinzipien nicht verbessert. Letztlich wird damit ausweislich der Entwurfsbegründung (BT-Drs. 13/1207, S. 7) gerade kein Eingehen auf den Einzelfall bezweckt, sondern eine Vollzugspraxis, die eine Absenkung der Anforderungen für bestehende Einleitungen auf ein niedrigeres Niveau bewirken würde. Im Ergebnis würden keine Verhältnismäßigkeitserwägungen angestellt, sondern das Unterlassen von Investitionen in die Abwasserreinigung prämiert werden. Zusammen mit den Änderungen im Abwasserabgabengesetz (Tz. 335 ff.) würde dies die Bemühungen, die Qualität der Fließgewässer durch Fortschritte in der Abwasserreinigung weiter zu verbessern, erheblich erschweren. Fehlender Kostendruck auf der Seite der Abwasserreinigung kann jedoch unter speziellen Betriebsbedingungen dazu führen, daß sich die Anstrengungen zur Kreislaufführung von Wasser in der Industrie ebenso verringern werden wie im kommunalen Bereich die Erhaltung und Erneuerung oder, in manchen Gebieten, der Neubau der kommunalen Abwasserkanalnetze und die Installation der erforderlichen zusätzlichen Reinigungsstufen in den Kläranlagen.

333. Der Gesetzentwurf sieht ausdrücklich die Möglichkeit vor, Private mit der Durchführung der Abwasserbeseitigung zu beauftragen, ohne daß dadurch die Beseitigungspflicht der kommunalen Gebietskörperschaften erlöschen würde. Eine mancherorts schon geübte Praxis soll damit eine klare gesetzliche Grundlage erhalten. Im Zuge des Gesetzgebungsverfahrens wird auch diskutiert, die Möglichkeit zu eröffnen, die Aufgabe der Abwasserbeseitigung insgesamt an Dritte zu übertragen. Der Umweltrat hält dies unter der Voraussetzung für sinnvoll, daß keine Abstriche an der Überwachung der Abwasserreinigung gemacht werden und Kriterien der Preisgestaltung in einer Rahmenregelung festgelegt werden, um zu vermeiden, daß falsche Anreizstrukturen entstehen. Eine solche Rahmenregelung könnte sich an § 7 Abs. 2 des Energiewirtschaftsgesetzes anlehnen.

334. Der Gesetzentwurf sieht auch vor, unter bestimmten Voraussetzungen Maßnahmen des Gewässerausbaus ohne Planfeststellungsverfahren und damit ohne Umweltverträglichkeitsprüfung zu ermöglichen. Manche der Voraussetzungen dieser Ausnahmeregelung werden jedoch sehr ungenau umschrieben, denn ein Vorhaben, das aus wasserwirtschaftlicher Sicht nur "geringe Bedeutung" aufweist, kann hinsichtlich der Umweltauswirkungen, in erster Linie im Naturschutz, sehr wohl bedeutsam sein. Auch der Begriff der "naturnahen Ausbaumaßnahmen" ist keineswegs eindeutig definiert; vielmehr erfordert die Beurteilung dieser Voraussetzung vor allem naturschutzfachliche Unterstützung, so daß auf das Anhörungsverfahren nach § 73 Abs. 2 VwVfG beziehungsweise nach den entsprechenden Bestimmungen der Landesverwaltungsverfahrensgesetze nicht verzichtet werden sollte. Nicht zuletzt kann die Beteiligung einer für wasserbauliche Fragen zunehmend sensibilisierten Öffentlichkeit dazu beitragen, die Wiederholung in der Vergangenheit gemachter Fehler zu vermeiden, aber auch die notwendige Akzeptanz herzustellen, die, wie sich gezeigt hat, für eine Wiederherstellung von Überschwemmungsgebieten und Schaffung von Überflutungsräumen nicht stets vorausgesetzt werden kann. Dem Konflikt mit Nutzungsinteressen, die teilweise erst durch die wasserbaulichen Maßnahmen der letzten Jahrzehnte realisiert werden konnten, kann ein Hochwasserschutz, der die Grenzen bisheriger Konzepte erkennt, nicht aus dem Wege gehen (Tz. 306 ff., 339 f.). Deshalb und auch wegen der Unbestimmtheit der Regelung im geltenden Recht (§ 31 Abs. 1 Satz 3 WHG) sollte entgegen der Intention des Entwurfs erwogen werden, die Möglichkeit, von einem Planfeststellungsverfahren abzusehen, wenn mit Einwendungen nicht zu rechnen ist, abzuschaffen. Vielmehr erwartet der Umweltrat, daß die bei verschiedenen Behörden gesammelten Erfahrungen helfen werden, die Folgen des Gewässerausbaus besser als in der Vergangenheit einzuschätzen. Dies gilt auch für die im Gesetzentwurf angesprochenen Rückbau- und Renaturierungsmaßnahmen.

Zur Novellierung des Abwasserabgabengesetzes

335. Die 4. Novelle zum Abwasserabgabengesetz (AbwAG), deren Entwurf bereits im Umweltgutachten 1994 (SRU, 1994, Tz. 484) diskutiert wurde, ist im Frühjahr 1994 nach Änderungen im Vermittlungsverfahren verabschiedet worden. Mit ihr werden in erster Linie wirtschafts- und finanzpolitische Ziele verfolgt (SCHULZ, 1994), die auf eine Abschwächung des Umweltschutzes hinauslaufen. Der Umweltrat bedauert, daß sich die „Demontage" der Abwasserabgabe fortgesetzt hat. Das Abwasserabgabengesetz hat als erstes Bundesgesetz in größerem Umfang den Versuch unternommen, umweltpolitische Ziele durch differenzierte Abgabenregelungen zu erreichen. Es ist im Hinblick auf diese Intention von Anfang an beschnitten worden, so daß bereits bei Erlaß des Abwasserabgabengesetzes die von ihm ausgehenden ökologischen Wirkungen als gering eingeschätzt wurden (vgl. SRU, 1978, Tz. 414 ff.). Die 3. Novellierung des Abwasserabgabengesetzes bedeutete zumindest eine gewisse Verstärkung des Anreizgedankens durch die gestaffelte Erhöhung der Abgabensätze bis 1999, die Erweiterung der Abgabenpflicht auf die Parameter Phosphor und Stickstoff sowie die Dynamisierung der Restverschmutzungsabgabe. Diese Fortschritte in Richtung auf eine wirkliche Lenkungsabgabe werden freilich durch die 4. Novelle mehr als rückgängig gemacht (vgl. SRU, 1994, Tz. 484), ohne daß bislang die Auswirkungen der 2. und 3. Novelle einer sorgfältigen Evaluation unterworfen worden wären. Der Umweltrat empfiehlt daher, die Erfahrungen der 2. und 3. Novellierung auszuwerten und auf dieser Basis durch eine Reform der 4. Novellierung die Preisgabe der Lenkungswirkung rückgängig zu machen.

336. Die Möglichkeit zur Verrechnung von Investitionen ist dadurch erweitert worden, daß das dafür erforderliche, mengenmäßig bestimmte Minderungsziel von 20 % bereits durch die Minderung eines Schadstoffes um diesen Anteil erreicht werden kann, während für die Minderung der Gesamtschadstofffracht keine Untergrenze mehr gesetzt wird. In Übernahme von Argumenten der Industrie (HENNE, 1994) begründet die Bundesregierung dies damit, daß bei einem bereits hohen Stand der Abwasservorbehandlung das Erreichen einer 20%igen Minderung weiterer Einzelstoffe unter Umständen sehr hohe Investitionen verlange, die nicht durch die Gestaltung der Verrechnungsmöglichkeit hinausgezögert werden sollten (BT-Drs. 12/4272, S. 7). Dieses Argument überschätzt jedoch die von der Verrechnungsmöglichkeit ausgehende Anreizwirkung. Die meisten Investitionen dürften durch wasserrechtliche Anforderungen oder technischen Erneuerungsbedarf veranlaßt sein, so daß die Verrechnungsmöglichkeit auch bei Kleinstinvestitionen lediglich Mitnahmeeffekte erzeugen dürfte. Nach Auffassung des Umweltrates wäre die vom Bundesrat bei der Anrufung des Vermittlungsausschusses (BT-Drs. 12/6808) vorgeschlagene Regelung sinnvoller gewesen, die Verrechnungsmöglichkeit auf den Teil der Abgabe zu beschränken, der auf die verminderten Schadstoffe oder Schadstoffgruppen entfällt.

Schließlich sind durch die Einfügung der Absätze 4 und 5 in § 10 AbwAG die Verrechnungsmöglichkeit insofern erweitert worden, als sie nun in einem gewissen Umfang auch für Neubau- oder Sanierungsaufwendungen bei der Kanalisation gelten, wenn auch nicht derart weitgehend wie ursprünglich vorgesehen. Ohne die dringende Notwendigkeit der Sanierung vieler Kanalisationssysteme zu bestreiten, muß der Kritik (GAWEL, 1993) zugestimmt werden, daß darin eine mit dem Gesetzeszweck und vor allem der Zweckbindung des Abgabeaufkommens inkompatible Beihilferegelung liegt, die die Abwasserabgabe von der Lenkungsabgabe mehr und mehr zum bloßen Finanzierungsinstrument werden läßt, und sowohl die innere Begründung der Abgabepflicht als auch das dahinter stehende umweltökonomische Kalkül unglaubwürdig macht.

337. Entfallen ist infolge der Novellierung insbesondere die zeitliche Staffelung der Abgabesätze und der Ermäßigungssätze für die Restverschmutzung; letztere betragen nun einheitlich 75 %, vom Veranlagungsjahr 1999 an 50 %. Der Anreiz, weiterhin in die Erneuerung und Modernisierung bei der Abwasserbehandlung zu investieren, ist damit erheblich abgeschwächt worden; zumal es dabei blieb, daß nur die Einhaltung der Abwasserverwaltungsvorschriften nach § 7a WHG und der ihnen zugrunde liegenden technischen Anforderungen Bedingung für die Ermäßigung der Restverschmutzungsabgabe ist. Damit aber erleidet die vom Umweltrat befürwortete Politik, die Verschärfung von Umweltstandards und folglich die zu ihrer Einhaltung erforderlichen Investitionen langfristig überschaubar zu machen, einen massiven Glaubwürdigkeitsverlust. Der Umweltrat bedauert, daß dieser innovative Ansatz in der Umweltgesetzgebung fast aufgegeben wurde, obwohl zuverlässige Daten über seine Wirksamkeit oder die anscheinend befürchtete wirtschaftliche Untragbarkeit nicht vorlagen.

338. Eine für die Praxis bedeutsame Änderung ist ein teilweises Abgehen von den genehmigten Einleitungen als Bemessungsgrundlage der Abgabe (sogenannte Bescheidlösung) zugunsten der Orientierung an den tatsächlichen Einleitungen (sogenannte Meßlösung), die unter dem Aspekt der Adäquanz von Umweltbelastung und Abgabenbelastung vorzugswürdig ist, jedoch keinen unverhältnismäßigen zusätzlichen Meßaufwand verursachen darf. Diese Voraussetzung ist noch nicht durchgehend gegeben, weil sie nur durch kontinuierliche On-line-Messungen geschaffen werden kann, mit denen jedoch noch nicht alle Parameter erfaßt werden können. Zum Beispiel werden Anforderungen an Prozeßanalysegeräte zur Bestimmung des Gesamtphosphorgehalts, die nach der Richtlinie 91/271/EWG vorgeschrieben sind, zur Zeit erst von der Abwassertechnischen Vereinigung erarbeitet (BAUMANN, 1994).

Daher wird in der Novelle der „Einstieg" in die Meßlösung in einem begrenzten Bereich versucht. Die Abgabepflichtigen, die wegen Unterschreitung der genehmigten Einleitungen eine Ermäßigung der Abgabe erreichen wollen, müssen den Nachweis der Unterschreitung durch eigene Messungen führen, wobei sie zur Verwendung eines behördlich zugelassenen Meßprogrammes verpflichtet sind (§ 4 Abs. 5 Satz 5). Die von den Behörden selbst vorgenommenen Messungen werden dadurch jedoch nicht überflüssig, vielmehr sind sie in die Entscheidung über die Ermäßigung des Abgabesatzes einzubeziehen. Den Ländern überlassen bleibt die Zulassung der Meßprogramme, in denen Probenahmedauer und -häufigkeit sowie Analyseverfahren vorgeschrieben sind.

Sinnvollerweise geschieht dies nach Auffassung des Umweltrates unter Bezugnahme auf die entsprechenden, im Rahmen des wasserrechtlichen Vollzuges ohnehin eingeführten DIN-Normen in den Verordnungen zur Selbstüberwachung, wie sie in einigen Bundesländern schon bestehen (z. B. § 3 Abs. 1 Satz 1 der hessischen Eigenkontrollverordnung und Nr. 1.4 der dazu erlassenen Verwaltungsvorschrift). Betriebseigene Programme der Einleiter sollten entgegen anderen Forderungen aus der Industrie (siehe z. B. WINKHAUS, 1994) nur dann zugelassen werden, wenn sie die DIN-Anforderungen erfüllen. Mit der Zulassung von Meßprogrammen wird durch Standardisierung auch die Voraussetzung geschaffen, in absehbarer Zeit die Abgabe allein nach den gemessenen Einleitungen festzusetzen. Der Bundestag hat in einer Entschließung vom 2. Dezember 1993 (BT-Drs. 12/6281, S. 3) anläßlich der Verabschiedung der Novelle die Bundesregierung aufgefordert, nach Klärung der damit verbundenen Fragen im Laufe der 13. Legislaturperiode einen darauf abzielenden Gesetzentwurf vorzulegen.

Maßnahmen zum Hochwasserschutz

339. Der Umweltrat begrüßt die von der Bundesregierung in der Regierungserklärung vom 9. Februar 1995 und der Beratung zum Bericht über Vorsorgemaßnahmen für den Hochwasserschutz im Bundeskabinett vom 27. September 1995 in Gang gesetzten Maßnahmen zur Hochwasservorsorge auf nationaler und internationaler Ebene. Hierin kommt der gegenwärtig stattfindende Umdenkungsprozeß vom rein technischen und nachsorgenden Hochwasserschutz hin zu einem dauerhaft-umweltverträglichen Umgang mit Wasser und Gewässern zum Ausdruck.

Hervorzuheben sind die Beschlüsse zur Novellierung des Wasserhaushaltsgesetzes, zur Änderung des Bundesnaturschutzgesetzes, zu ergänzenden Regelungen im Raumordnungsgesetz und zum Bundes-Bodenschutzgesetz, in denen der vorsorgende Hochwasserschutz zum Ausdruck gebracht werden soll.

340. Entsprechend der Erklärung der Umweltminister der Anlieger im Rheineinzugsgebiet vom 4. Februar 1995 in Arles hat eine Projektgruppe der Internationalen Kommission zum Schutz des Rheins (IKSR) im März 1995 begonnen, einen Aktionsplan für konkrete Maßnahmen des Hochwasserschutzes im Flußeinzugsgebiet des Rheins einschließlich Mosel und Maas zu erarbeiten.

Gemäß der Erklärung von Straßburg vom 30. März 1995, in der die Notwendigkeit eines harmonisierten, grenzüberschreitenden raumordnungspolitischen Ansatzes betont wird, wurde ebenfalls eine Arbeitsgruppe zur Bestandsaufnahme und zur Umsetzung von Maßnahmen eingerichtet, die mit der Projektgruppe „Aktionsplan Hochwasser" der IKSR zusammenarbeitet.

Für das Flußeinzugsgebiet der Elbe haben Vertreter der Internationalen Kommission für den Schutz der Elbe einen Beschluß zur Hochwasservorsorge und zum Hochwasserschutz gefaßt, der ein analoges Vorgehen wie an Rhein und Maas ermöglichen soll.

Weitere nationale Maßnahmen

Allgemeine Verwaltungsvorschrift über die Einstufung wassergefährdender Stoffe in Wassergefährdungsklassen

341. Die Fortschreibung der Allgemeinen Verwaltungsvorschrift über die Einstufung wassergefährdender Stoffe in Wassergefährdungsklassen – VwV wassergefährdende Stoffe (VwVwS) – konnte wie vorgesehen zum 1. Juni 1995 in Kraft treten, weil die Bundesregierung einen Änderungswunsch des Bundesrates, der eine Regelung zur Berücksichtigung von Selbsteinstufungen von Stoffen vorsieht, aus rechtlichen und fachlichen Gründen nicht zustimmen konnte. Es wurde vereinbart, dieses Problem abzukoppeln, um das Verfahren insgesamt nicht zu verzögern und die Verwaltungsvorschrift so schnell wie möglich zu verabschieden. Die neue Verwaltungsvorschrift wassergefährdender Stoffe stuft 1 355 Stoffe und Stoffgruppen in Wassergefährdungsklassen ein. Die Liste der Stoffe und Stoffgruppen wird fortgeschrieben. Es handelt sich vorwiegend um Stoffe mit einem Produktions- beziehungsweise Importvolumen von jeweils über 1 000 Jahrestonnen. Erstmals sieht die neue Verwaltungsvorschrift wassergefährdende Stoffe ein Verfahren zur Einstufung von Zubereitungen, Stoffgemischen und Lösungen in Wassergefährdungsklassen vor. Damit können jetzt technische Sicherheitsanforderungen an Anlagen gestellt werden, die sich aus dem Wassergefährdungspotential, das von der Wassergefährdungsklasse, der Stoffmenge und den örtlichen Gegebenheiten bestimmt wird, ableiten lassen. An Anlagen mit Stoffen, deren Wassergefährdungsklasse nicht sicher bestimmt ist, sind die gleichen Sicherheitsanforderungen zu stellen wie an Anlagen mit stark wassergefährdenden Stoffen; die Länder haben dies teils durch Verordnung, teils durch Verwaltungsentscheidung festgelegt.

Insgesamt erwartet der Umweltrat von der neuen Verwaltungsvorschrift und der Fortschreibung der Stoffliste mehr Rechtssicherheit und Eindeutigkeit, was sich günstig auf die Dauer von Verwaltungsverfahren auswirken dürfte.

EDTA-Vereinbarung

342. Mit der Vereinbarung über den Komplexbildner Ethylendiamintetraacetat (EDTA) zwischen Industrie, Verbänden und Bundesumweltministerium vom 31. Juli 1991 wurde angestrebt, die EDTA-Belastung in oberirdischen Binnengewässern von 1991 bis 1996 um 50 % zu reduzieren (Tz. 301 f.). Eine merkliche Abnahme der EDTA-Frachten ist gegenwärtig jedoch nicht zu verzeichnen. Der Umweltrat hält deshalb eine sehr viel stärkere Verringerung der Konzentration von schwer abbaubaren starken Komplexbildnern in den deutschen Fließgewässern als bisher für dringend geboten. Zudem sollte die Vereinbarung auf alle schwer abbaubaren Komplexbildner ausgeweitet werden. Beim verstärkt auszubauenden Einsatz von EDTA-Ersatzstoffen sollte allerdings nicht auf andere schwer abbaubare organische Komplexbildner, wie beispielsweise PDTA oder DTPA, ausgewichen werden. Der Umweltrat sieht unvermindert Forschungsbedarf für die Minderung des Eintrags von Chelatbildnern aus Wasch- und Reinigungsmitteln. Zur weiteren Analyse der Entwicklung der Gewässerbelastung mit starken Komplexbildnern erachtet er den Aufbau einer zuverlässigen Datenbasis für notwendig.

Weiterer Ausbau der Abwasserreinigung

343. Die europäische Richtlinie über die Behandlung von kommunalem Abwasser (91/271/EWG) wird für manche Beseitigungspflichtige die Notwendigkeit nach sich ziehen, ihre Klärwerke mit einer weitergehenden (dritten) Reinigungsstufe nachzurüsten. Bei den direkten Anforderungen an die Behandlungsverfahren beschränkt sich die Richtlinie grundsätzlich auf die Verpflichtung, eine biologische Klärstufe als Zweitbehandlung (Art. 2 Nr. 8) einzuführen. Mit dem Ziel, der Eutrophierung der Gewässer entgegenzuwirken, werden allerdings für im einzelnen festzulegende „empfindliche Gebiete" durch Artikel 5 Abs. 2 ab 1998 eine weitergehende Behandlung und damit eine dritte Klärstufe ausdrücklich verlangt sowie Höchstkonzentrationen für Phosphor und Stickstoff vorgegeben. Bisher sind nur in zwei Ländern (Baden-Württemberg und Bayern) Verordnungen zur Umsetzung der Richtlinie erlassen worden. Sie setzen großräumig empfindliche Gebiete fest, in denen die genannten weitergehenden Anforderungen zu stellen sind. Da die Nährstoffbelastung der Gewässer nach wie vor ansteigt (Tz. 292 ff., 311 ff.), werden große Teile Deutschlands als empfindliche Gebiete zu deklarieren sein. Um die einschlägigen Anforderungen zu erfüllen, wird fast flächendeckend eine dritte Reinigungsstufe mit entsprechendem Kostenaufwand eingeführt werden müssen.

Die Notwendigkeit der weitergehenden Abwasserreinigung kann sich im übrigen auch außerhalb empfindlicher Gebiete daraus ergeben, daß die Richtlinie strenge Anforderungen an die Parameter biochemischer Sauerstoffbedarf (BSB_5) und chemischer Sauerstoffbedarf (CSB) des Abwassers im Ablauf vorgibt. Anders als im Anhang 1 zur Abwasserverwaltungsvorschrift (AbwVwV), werden in der Richtlinie die stofflichen Anforderungen nicht nach Größenklassen der Klärwerke abgestuft. Hinsichtlich des Parameters BSB_5 bedeutet das, daß die Abwasserverwaltungsvorschrift für die kleinsten Klärwerke der Größenklasse 1 mit 40 mg/L einen höheren BSB_5-Wert zuläßt als die Richtlinie (25 mg/L). Daraus folgt jedoch nicht zwingend die Notwendigkeit einer Verschärfung der Abwasserverwaltungsvorschrift, weil sie die zu erreichenden BSB_5-Werte verbindlich vorgibt, während die Richtlinie, die einer anderen Regelungsphilosophie verpflichtet ist, alternative Qualitätsmerkmale zuläßt. Danach erfüllt neben den absoluten BSB_5-Werten im Ablauf auch eine prozentuale Mindestverringerung die Anforderungen. Um den Anforderungen der Richtlinie zu genügen, werden diese Parameter bei den Messungen der Abwasserbelastung künftig zu ermitteln sein.

344. Von der durch die Verschlechterung der Finanzsituation in den Kommunen und durch die Gebührenentwicklung im kommunalen Bereich ausgelösten Diskussion über die Verhältnismäßigkeit der Abwasserreinigung sind auch die flächendeckende Einführung der weitergehenden dritten Reinigungsstufe und der mittelfristig geplanten bakteriologisch-hygienischen vierten Reinigungsstufe betroffen. Eine Kostendämpfung bei Wasser- und Abwassergebühren darf jedoch nicht über Rückschritte bei den Umweltstandards erfolgen. Vielmehr sollten Einsparpotentiale im gesamten Bereich der kommunalen Abwasserentsorgung erzielt werden (ELLWEIN und BUCK, 1995), zumal der Anteil der Abwasserreinigung an den Gesamtkosten eines Abwassersystems lediglich rund 20 % beträgt und der größte Teil der Mittel für die Kanalisation aufgewendet werden muß.

Zu diesem Thema hat die Länderarbeitsgemeinschaft Wasser einen Bericht „Handlungsanleitungen für Maßnahmen zur Reduzierung von Kosten und Gebühren bei der kommunalen Abwasserentsorgung" vorgelegt (LAWA, 1994). Maßnahmen zur Kosten- und Gebührensenkung sind danach sowohl im verfahrenstechnischen Bereich (Prozeßoptimierung) als auch bei den Planungsprozessen (bedarfsorientierte Planung, lösungsoptimierte Planung), bei den Kostenrechnungen sowie bei der Überprüfung der Organisationsstrukturen (unabhängiges Projektmanagement, Privatisierung) und Genehmigungsverfahren möglich.

Der Umweltrat warnt angesichts der dargelegten Einsparpotentiale davor, die Kostendiskussion mit dem Ziel zu führen, die Gewässerschutzziele zu umgehen, die Umweltschutzstandards zu senken und die flächendeckende Einführung der weitergehenden Reinigungsstufe zu verzögern. Nach Auffassung des Umweltrates muß die Durchführung der kommunalen Aufgaben dagegen zukünftig stärker auf der Grundlage von Wirtschaftlichkeitsvergleichen erfolgen. Die Umsetzung der von der Länderarbeitsgemeinschaft Wasser vorgeschlagenen Maßnahmen kann dazu wesentlich beitragen. Eine Verkürzung der Genehmigungsverfahren kommt allerdings nur in Betracht, wenn nicht die Verfahrensanforderungen (z. B. Öffentlichkeitsbeteiligung) zur Disposition stehen, sondern das Projekt- und Verfahrensmanagement verbessert wird.

Ausbau des Wasserstraßennetzes

345. Trotz des Rückgangs der Schadstoffeinträge in die Elbe ist die Belastungssituation nach wie vor hoch (Tz. 293), zumal die jahrzehntelange Ablagerung von Schadstoffen die Flußsedimente kontaminiert hat. Die gegenwärtig größte Gefahr erwächst dem Fluß allerdings durch den geplanten Ausbau der Elbe zur hochleistungsfähigen Wasserstraße.

Im Rahmen des Bundesverkehrswegeplanes hat der weitere Ausbau des Wasserstraßennetzes in Deutschland, insbesondere das Verkehrsprojekt Deutsche Einheit Nr. 17, höchste Priorität. Damit sollen die Großräume Magdeburg und Berlin an das westeuropäische Wasserstraßennetz angeschlossen werden, wozu ein Ausbau von Ober- und Mittelelbe, Saale und Havel notwendig wäre. Die jetzigen Wasserstraßen sind noch auf 1 000 t-Schiffe ausgerichtet. Geplant ist der Ausbau der Flüsse für Schiffe mit einer Tragfähigkeit von 2 000 t und Schubverbände mit bis zu 3 500 t.

Allerdings ist mehr als zweifelhaft, ob die vorgesehenen Flußregulierungsmaßnahmen die angestrebte Verkehrsverlagerung auf Binnenschiffe bewirken können. Zum einen sind die Prognosewerte für das Verkehrsaufkommen zu hoch gegriffen, zum anderen weist die Deutsche Bahn AG für das Jahr 1995 entlang der Elbe hohe Transportfreikapazitäten aus: südlich von Magdeburg etwa 11 Mio. t, nördlich davon gar 24 Mio. t (BUND, 1995). Besonders schwerwiegend ist jedoch, daß die nötigen einschneidenden Regulierungsmaßnahmen ohne Durchführung einer Gesamt-Umweltverträglichkeitsprüfung mit der Elbe den größten noch naturnahen Fluß Deutschlands und die Flußlandschaft einschließlich der Auenwälder gefährden. Das praktizierte Vorgehen, mittels Einzel-Umweltverträglichkeitsstudien oder -gutachten für Teilabschnitte zu entscheiden, kann erfahrungsgemäß den Anforderungen einer Gesamt-Umweltverträglichkeitsprüfung nicht standhalten (Deutscher Rat für Landespflege, 1994; vgl. auch Protokolle des 1. und 2. Elbe-Colloquiums, Michael Otto Stiftung für Umweltschutz, 1994 und 1995). Aus ökologischen und verkehrspolitischen Gründen lehnt der Umweltrat den Ausbau der Ober- und Mittelelbe zur hochleistungsfähigen Wasserstraße in der jetzigen Form entschieden ab und fordert ein Gesamtkonzept, das den Ausbau des bestehenden Kanalnetzes präferiert. Die sogenannte Optimierung von Wasserstraßenverbindungen darf den ökologischen Erfordernissen nicht übergeordnet sein. Auch den Bau von Staustufen sowie weitere Ausbaumaßnahmen an den anderen we-

nigen noch vorhandenen, nicht aufgestauten naturnahen Fließgewässern, wie beispielsweise an der Saale und an der Havel, hält der Umweltrat für nicht vertretbar.

2.3.3.2.2 Maßnahmen auf europäischer Ebene

346. Insgesamt befindet sich die europäische Gewässerschutzpolitik in einer Phase der Neuorientierung. Immer deutlicher macht sich das Fehlen eines in sich stimmigen Gesamtkonzeptes für den Gewässerschutz bemerkbar (BREUER, 1995). In einer Anhörung im Umweltausschuß des Europäischen Parlaments am 20. Juni 1995 haben Vertreter der europäischen Wasserwirtschaft und der Verbände Gelegenheit gehabt, Stellung zur Wasserpolitik der Europäischen Union zu beziehen. Dabei ist zum einen das bisherige, aufeinander nur unzureichend abgestimmte System der Gewässerschutzrichtlinien und zum anderen die mangelnde Vernetzung der Gewässerpolitik mit der europäischen Agrar-, Industrie- und Produktpolitik in die Kritik geraten. Außerdem wurden im Hinblick auf die Gewässerschutzpolitik auch die Deregulierungsinitiativen auf europäischer Ebene (Tz. 59, 78) hinterfragt.

In der Folge hat die Europäische Kommission im Herbst 1995 einen Vorschlag zur „Gewässerschutzpolitik der Gemeinschaft" vorgelegt. Mit diesem Entwurf ist eine Rahmenrichtlinie für den Gewässerschutz geplant, in die auch die gegenwärtigen Aktivitäten der Gemeinschaft einbezogen werden sollen, insbesondere die geplante Richtlinie über die ökologische Qualität der Gewässer (KOM (93) 680). In dem Entwurf der Kommission wurden unter anderem einheitliche Begriffsdefinitionen, die Aufstellung von Qualitätszielen für verschiedene Gewässertypen und Nutzungsarten, die Überwachung der Gewässerqualität, Gewässermanagementpläne zur Erfüllung der Qualitätsziele sowie ein einheitliches Genehmigungssystem zur Wasserentnahme vorgeschlagen.

Im Dezember 1995 hat der Ministerrat auf der Grundlage des Kommissionsentwurfs einige Eckpunkte der künftigen Rahmenrichtlinie festgelegt. Im Gegensatz zum Entwurf der Kommission sollen danach jedoch wichtige gewässerschutzrelevante Richtlinien, etwa die Nitrat-Richtlinie (91/676/EWG), die Richtlinie zur Behandlung kommunaler Abwässer (91/271/EWG), die Richtlinie über das Inverkehrbringen von Pflanzenschutzmitteln (91/414/EWG) und die Novellierung der Trinkwasser-Richtlinie (KOM (94) 612), nicht in die Rahmenrichtlinie eingepaßt werden, sondern selbständig fortbestehen.

Im Zusammenhang mit einem Gesamtkonzept für den Gewässerschutz muß auch das Grundwasseraktionsprogramm der Europäischen Union gesehen werden, das in eine Novellierung der Grundwasserrichtlinie (80/68/EWG) münden soll.

347. Der Umweltrat hat bereits darauf hingewiesen, daß im Gewässerschutz die Aktivitäten der Gemeinschaft hinsichtlich der Konkretisierung der Gewässerschutzrichtlinien durch eine Festsetzung von Grenzwerten weitgehend ins Stocken geraten sind (SRU, 1994, Tz. 581). Der Verzicht auf einheitliche materielle Standards scheint auch in der geplanten Neukonzeption des Gewässerschutzes seine Fortsetzung zu finden. Nach Auffassung des Umweltrates sind jedoch sowohl gemeinschaftliche, auf hohem Schutzniveau festgesetzte Emissionsstandards als auch eine einheitliche Definition und Anwendung der besten verfügbaren Technik eine wesentliche Voraussetzung für den flächendeckenden Gewässerschutz. Dies sollte dann ergänzt, aber nicht ersetzt werden durch Immissionsstandards beziehungsweise Qualitätsziele, die die regionalen Besonderheiten berücksichtigen und in besonders empfindlichen, schutzwürdigen oder belasteten Gebieten zusätzliche Vorkehrungen möglich machen.

Der Umweltrat weist zudem darauf hin, daß in einer Neukonzeption der europäischen Gewässerschutzpolitik die in diesem Bereich eklatanten Vollzugsdefizite mehr Aufmerksamkeit erfahren müssen.

348. Nachdem 1991 mit der Nitrat-Richtlinie (91/676/ EWG) eine wichtige, wenngleich in der Schärfe der Anforderungen unbefriedigende Regelung für die Begrenzung des Eintrags von Nitrat aus landwirtschaftlichen Quellen erlassen wurde (SRU, 1994, Tz. 581) und diese Regelung durch die Düngeverordnung in deutsches Recht umgesetzt werden wird (Tz. 282 f.), sind im Bereich Gewässerschutz und Landwirtschaft die Aktivitäten der Gemeinschaft weitgehend erlahmt. Zum Schutz der Gewässer vor Verunreinigungen aus landwirtschaftlichen Quellen hat das fünfte EU-Umweltaktionsprogramm für 1995 ein Konzept zur Verringerung des Phosphateinsatzes sowie die Überwachung des Verkaufs und des Einsatzes von Pestiziden vorgesehen. In beiden Fällen sind bislang keine konkreten Vorschläge unterbreitet worden. Der Umweltrat empfiehlt daher der Bundesregierung, in diesen Bereichen mit eigenen Vorschlägen initiativ zu werden.

EG-Richtlinie über die ökologische Qualität der Gewässer

349. Die Europäische Kommission hat im Sommer 1994 einen Richtlinienvorschlag vorgelegt, der Normen und Qualitätsziele für Oberflächengewässer und einen Rahmen für Maßnahmen zu deren Einhaltung festlegen soll (KOM (93) 680 endg., ABl. 1994 Nr. C 222, S. 6). Die Initiative wird sowohl von Umweltschutzmotiven im engeren Sinne getragen als auch vom Interesse an der Erhaltung der Trinkwasserressourcen und soll den selektiven Charakter der bisherigen, an Stoffgruppen oder Herkunftsbereichen von Wasserkontaminanten orientierten Regelungen überwinden (Begründung der Kommission, BR-Drs. 779/94, S. 3, 5). Zwar werden sowohl in Deutschland als auch in anderen EU-Ländern nur etwa 30 % des Trinkwassers aus Oberflächenwasser gewonnen, jedoch sind für die Zukunft andere Länder in höherem Maße als Deutschland mit seinem relativ reichen Grundwasservorkommen auf die Nutzbarkeit von Oberflächenwasser als Trinkwasser angewiesen, weshalb dieser Aspekt in dem Richtlinienentwurf eine herausragende Rolle spielt. Der EU-Ministerrat hat im Frühjahr und Sommer 1995 über den Vorschlag beraten, ohne daß jedoch schon Beschlüsse gefaßt wurden. Da die Richtlinie in der Rahmenrichtlinie für den Gewässerschutz aufgehen soll, ist ihre Bearbeitung im Herbst 1995 allerdings ausgesetzt worden.

350. Entsprechend der in letzter Zeit von der Europäischen Union verfolgten Strategie, Umweltpolitik durch Vorgabe von Umweltqualitätszielen zu betreiben und die Maßnahmen zu deren Erreichung weitgehend den Mitgliedstaaten zu überlassen, gibt auch dieser Richtlinienentwurf durch die Aufstellung eines Maßstabes für die ökologische Gewässerqualität nur wenig konkret formulierte Ziele vor. Neben einer abstrakten Begriffsbestimmung (Art. 2 Nr. 1) werden in Anhang I eine Reihe von Kriterien der ökologischen Gewässerqualität bestimmt. Dabei handelt es sich sowohl um quantitativ bestimmbare Parameter wie den Gehalt an gelöstem Sauerstoff als auch um komplexere, nicht einfach quantifizierbare Kriterien wie zum Beispiel die Vielfalt von Wasserpflanzengesellschaften. Als hohe ökologische Gewässerqualität wird die anthropogen nicht beeinflußte vorausgesetzt; unter guter ökologischer Gewässerqualität wird eine „den Bedürfnissen des Ökosystems" entsprechende verstanden, wobei dieses Kriterium in Anhang II spezifiziert wird. Dieser enthält eine Auswahl von Indikatoren sowie Anforderungen an die Lebensbedingungen aquatischer Lebensgemeinschaften, deren Operationalisierung große Probleme aufwirft, weil sie nicht ohne wertende Kriterien auskommt (z. B. „signifikante Behinderung der Wanderungen wandernder Fischarten durch den Menschen").

351. Die vorgeschlagenen Kriterien ökologischer Gewässerqualität umfassen neben „harten", analytisch zu bestimmenden Parametern auch eine Vielzahl von Daten, die von der wissenschaftlichen Ökologie nicht nur bereitgestellt, sondern auch immanent bewertet werden müssen. Für die Entscheidung über das Ob und Wie von Umweltschutzmaßnahmen sollen mehr Faktoren berücksichtigt werden, als in Summenparametern abbildbar sind; Handlungsnotwendigkeiten sollen aus der möglichst umfassenden Bestandsaufnahme eines Ökosystems abgeleitet werden, die auch Bioindikatoren einbezieht. Erhebung und Bewertung dieser Daten werden jedoch schwierig und aufwendig sein. Die Befürchtung dürfte deshalb nicht grundlos sein, daß die Berufung auf fehlendes Datenmaterial mancherorts den Mangel an politischem Willen „kaschieren" wird. Grundsätzlich ist jedoch der Versuch einer derart anspruchsvollen Kriterienbildung zu begrüßen, weil die Auswirkungen menschlichen Tuns auf aquatische Ökosysteme nur mit komplexen Modellen annähernd überprüfbar sind und die Effizienz einer Gewässerschutzpolitik eine solche Modellbildung voraussetzt.

352. Zur Herbeiführung von „Verhaltens- und Trendänderungen", die zur Zielerreichung notwendig sind, sollen nach Wahl der Mitgliedstaaten zwingende Rechtsvorschriften ebenso wie wirtschaftliche Instrumente eingesetzt werden. Nach Artikel 8 Abs. 1 des Entwurfs stehen verbindliche Rechtsvorschriften jedoch im Vordergrund und werden als Regelfall verstanden. Ein derartiges bewußtes Nebeneinander zwingender Vorschriften und ökonomischer Elemente, wie es aus der deutschen Abwasserpolitik bekannt ist, stellt eine grundsätzlich begrüßenswerte Neuerung im europäischen Umweltrecht dar. Allerdings soll der Einsatz wirtschaftlicher Instrumente nach Artikel 8 Abs. 2 nur für bestimmte Regelungsbereiche zugelassen werden, die von der Kommission nach Beratung mit einem Ausschuß der Mitgliedstaaten bestimmt werden. Ein Mangel dieses Verfahrens liegt darin, daß keinerlei Kriterien für die Bestimmung dieser Regelungsbereiche angegeben werden, so daß, würde die Richtlinie in dieser Fassung beschlossen, voraussichtlich nach dem Kriterium des geringsten zu erwartenden Widerstandes entschieden werden wird. Trotz dieser Bedenken ist der Ansatz begrüßenswert, die jeweils am besten geeigneten Instrumente nach Kriterien ökologischer Effektivität auszuwählen.

353. Hauptinstrument sollen die integrierten Programme nach Artikel 6 werden, für die in Anhang VI Erfordernisse aufgezählt werden. Diese Liste ist zwar sehr allgemein formuliert, enthält aber wichtige Festlegungen für die Anwendung der besten verfügbaren Technologie bei punktuellen Verschmutzungsquellen, soweit keine gemeinschaftlichen Grenzwerte bestehen, sowie Maßnahmen zur Beschränkung der Nutzung von Oberflächen- und Grundwasser und schließlich bei diffusen Verschmutzungsquellen die Verpflichtung zur Anwendung „der besten Umweltpraktiken" (Tz. 134), die von den Mitgliedstaaten anhand der Kriterien in Anhang III spezifiziert werden müssen. Es ist zu begrüßen, daß damit das Vorsorgeprinzip als wichtiges Element verankert wird. Angesichts der Überschneidungsbereiche zahlreicher Umweltschutzrichtlinien muß dabei sichergestellt werden, daß die Formulierung des zu verlangenden Technikniveaus einheitlich ausfällt, denn das Nebeneinander von Anforderungen an die „beste verfügbare Technik" und an die „besten Umweltpraktiken" birgt die Gefahr uneinheitlicher und damit unklarer Maßstäbe. Gerade die integrierten Ansätze, wie sie der Nitratrichtlinie (91/676/EWG) und dem Richtlinienentwurf über die integrierte Vermeidung und Verminderung der Umweltverschmutzung (KOM (93) 423 endg.) zugrundeliegen, erfordern aufeinander abgestimmte Definitionen und Standards.

354. Der Bundesrat hat in seiner Stellungnahme vom November 1994 (BR-Drs. 779/94 – Beschluß) weitreichende Kritik an dem Richtlinienvorschlag geäußert und ihn als nicht zustimmungsfähig bezeichnet. Der Umweltrat stimmt mit dieser Kritik insoweit überein, als der Bundesrat das Fehlen eines schlüssigen Gesamtkonzepts für den Gewässerschutz in der Europäischen Union rügt und die oberflächliche Verquickung von emissions- und immissionsseitigen Anforderungen in dem Richtlinienvorschlag als Folge konzeptioneller Unentschiedenheit betrachtet. Andererseits hat der Bundesrat Änderungen verlangt, die die Wirkung der Richtlinie stark beeinträchtigen würden. Auf die in Artikel 4 vorgesehene Ermittlung von Punkt- und diffusen Quellen der Verschmutzung sollte jedoch nach Auffassung des Umweltrates ebensowenig verzichtet werden wie auf die nach Artikel 6 zu leistende Zusammenfassung der Maßnahmen in Form integrierter Programme und die in Artikel 7 geplanten Pflichten zur Unterrichtung der Öffentlichkeit über diese Programme und ihre Umsetzung. Diese Regelungen bilden Voraussetzungen für

eine konsequente Wasserreinhaltepolitik nach dem Verursacherprinzip und für ihre Akzeptanz in der Öffentlichkeit. Unbeschadet des noch zu lösenden Problems der Einpassung der Richtlinie in sektorale Vorschriften des Gewässerschutzes befürwortet der Umweltrat den integrierten Ansatz des Richtlinienentwurfs und warnt davor, seine Wirkung durch Einschränkungen des Verursacherprinzips und der Öffentlichkeitsbeteiligung zu beeinträchtigen.

EG-Richtlinie über die Qualität von Wasser für den menschlichen Gebrauch (Trinkwasser-Richtlinie)

355. Die Europäische Kommission hat für die aus dem Jahre 1980 stammende Trinkwasser-Richtlinie Novellierungsbedarf aus mehreren Gründen erkannt: Einerseits haben vor allem die südeuropäischen Mitgliedstaaten zunehmend Probleme, Trinkwasser in den gewünschten Mengen und der geforderten Qualität bereitzustellen, andererseits bereitet die Einhaltung der vorsorgeorientierten Grenzwerte für Verunreinigungen in den Staaten mit industriellen und agrarwirtschaftlichen Schwerpunktregionen immer mehr Schwierigkeiten. Im Frühjahr 1995 hat die Kommission den Entwurf einer neuen Richtlinie über die Qualität von Wasser für den menschlichen Gebrauch (KOM (94) 612 endg.) vorgelegt, die durch eine Absenkung einiger Wassergütestandards und die Möglichkeit, von einzelnen Standards abzuweichen, die Erfüllung der Anforderungen erleichtern soll.

Anders als in der bisherigen Richtlinie 80/778/EWG, die durch die geplante Richtlinie ersetzt werden soll, ist eine Reduzierung des Anwendungsbereiches vorgesehen. Nach Artikel 3 Buchst. c) soll sie nicht angewendet werden auf im Haushalt verwendetes Wasser, das für Zwecke ohne Einfluß auf die Gesundheit bestimmt ist. Darin läge eine Abkehr von der bisherigen Konzeption, den Haushalten aus Gründen des Verbraucherschutzes stets Trinkwasserqualität anzubieten. Die deutsche Wasserwirtschaft kritisiert dieses Vorhaben mit dem Argument, daß eine solche Ausnahmeregelung zum Mißbrauch führen könne (Bundesverband der deutschen Gas- und Wasserwirtschaft, 1995, S. 3). Diesem Problem kann jedoch mit Bauvorschriften begegnet werden. Andererseits würde die Vorschrift – auch wenn die Mißbrauchsmöglichkeit nicht von der Hand zu weisen ist – die Einführung getrennter Versorgungseinrichtungen für Trink- und Brauchwasser ermöglichen, mit der zwar in nächster Zeit nicht flächendeckend zu rechnen ist, die aber in Gebieten mit Wassermangel oder hohen Aufbereitungskosten durchaus in Erwägung zu ziehen ist.

356. Nach dem Vorschlag sollen einige bislang geltende, überwiegend ästhetisch begründete Grenzwerte für Spurenstoffe, wie zum Beispiel für Zink, ganz entfallen, wogegen keine gesundheitlichen Bedenken sprechen. Die Grenzwerte für einige toxische Schwermetalle wie Antimon, Arsen oder Blei sollen um den Faktor drei bis fünf herabgesetzt werden, was entsprechende Anpassungen der deutschen Trinkwasserverordnung erforderlich machen wird. Darin liegt ebenso eine Verbesserung wie in der Ausdifferenzierung des bisherigen Summengrenzwertes für Kohlenwasserstoffe. Übereinstimmung mit der deutschen Trinkwasserverordnung besteht bei den vorgesehenen Summengrenzwerten für polyzyklische aromatische Kohlenwasserstoffe (0,2 μg/L).

Dagegen sollen für chlororganische Verbindungen wie Tri- und Tetrachlorethen Konzentrationen erlaubt werden, die den in Deutschland erlaubten Wert bis zum Faktor zehn übersteigen, wogegen Bedenken zumindest unter dem Aspekt der Gesundheitsvorsorge bestehen. Kritikwürdig ist schließlich die Aufgabe des bisherigen Summengrenzwertes für Pestizide von 0,5 μg/L; bleiben soll nur der isolierte Einzelgrenzwert pro Substanz von 0,1 μg/L. In bestimmten Gebieten mit intensiver Gartenbau- oder Landwirtschaft wäre danach eine Überschreitung des bisherigen Summengrenzwertes zu erwarten. Der am Vermeidungsgrundsatz orientierte Summengrenzwert stellt praktisch einen Ersatz für fehlende Vorschriften für den Grundwasser- und allgemeinen Gewässerschutz dar (vgl. Tz. 804 f.). Er ist toxikologisch nicht begründet. Die Gesundheitsvorsorge und auch das Vertrauen der Verbraucher in die Unbedenklichkeit des Lebensmittels Wasser rechtfertigen jedoch die zur Einhaltung dieses Wertes erforderlichen Anstrengungen. Aus diesen Gründen sollte nach Meinung des Umweltrates der bisherige Summengrenzwert ungeachtet der daran geäußerten Kritik erhalten bleiben.

Für das in Deutschland angebotene Trinkwasser würde daraus jedoch kein Zwang folgen, den etablierten Standard des gesundheitlichen Verbraucherschutzes abzusenken, weil Artikel 6 Abs. 4 der Richtlinie eine strengere nationale Standardsetzung ausdrücklich erlaubt. Auswirkungen auf deutsche Verbraucher können jedoch daraus folgen, daß der Geltungsbereich der Richtlinie auch auf das bisher nicht erfaßte, in der Lebensmittelindustrie verwendete Wasser ausgedehnt werden soll. So könnten Getränke, wie zum Beispiel mittels Rückverdünnung von Konzentraten in anderen EU-Ländern hergestellte Fruchtsäfte, Wasser mit einer höheren Schadstoffbelastung enthalten, zumal Abschnitt I.B.2. der Leitsätze für Fruchtsäfte des Deutschen Lebensmittelbuches für das hierzu verwendete Wasser lediglich die Nichtbelastung mit Chlor verlangt. Im Interesse eines umfassenden gesundheitlichen Verbraucherschutzes sollte deshalb bei den weiteren Beratungen über die Richtlinie die deutsche Delegation darauf einwirken, daß die bisherige Grenzwertkombination von Einzel- und Summenparametern bestehen bleibt.

2.3.3.2.3 Meeresschutz und grenzüberschreitende Maßnahmen

357. Von besonderer Bedeutung für den Gewässerschutz sind die Beschlüsse der *4. Internationalen Nordseeschutzkonferenz* (INK) zur Reduzierung von Schadstoff- und Nährstoffeinträgen durch die Anrainerstaaten. Durch die Umsetzung geeigneter Maßnahmen soll der Tatsache Rechnung getragen werden, daß die Nordsee auch weiterhin großen Belastungen ausgesetzt ist (Tz. 311 ff.).

Auf der 4. Nordseeschutzkonferenz am 8. und 9. Juni 1995 im dänischen Esbjerg sind zahlreiche Übereinkünfte erzielt worden. Positiv zu bewerten ist insbesondere die Einigung auf das politische Ziel, innerhalb einer Generation (25 Jahre) Einleitungen und Emissionen von gefährlichen Stoffen durch ständige weitere Reduzierungen möglichst vollständig abzubauen. Die Reduzierungsziele für Schwermetalle bis nahe an ihre natürliche Konzentration und die Reduktionsziele für gefährliche synthetische Stoffe bis gegen Null stellen eine wichtige Stärkung des Vorsorgeprinzips dar und können für giftige, persistente und biologisch akkumulierbare Stoffe ein Anwendungsverbot bedeuten. Darüber hinaus einigten sich die Anrainerstaaten darauf, die Liste für gefährliche Stoffe um fünf Stoffgruppen (kurzkettige Chlorparaffine, Trichlorbenzol, Moschusxylol, Nonylphenole und bromierte Flammschutzmittel) zu erweitern. Allerdings ist ein Auslaufen der Verwendung nur vorgesehen, wenn Alternativen zur Verfügung stehen. Schließlich wurde die Nordsee zum Sondergebiet im Sinne des internationalen Übereinkommens zur Verhütung der Meeresverschmutzung durch Schiffe (MARPOL) erklärt, wodurch faktisch ein Einleiteverbot von Öl und Rückständen aus der Schiffahrt ausgesprochen wird.

Weitergehende Reduzierungsziele wurden nicht vereinbart, da die Anrainerstaaten die bisherigen Minderungsquoten, zum Beispiel 50 % bei Nährstoffen, zum Teil deutlich verfehlt haben. Insofern klafft eine Lücke zwischen Grundsatzerklärungen und Maßnahmen. Bereits in seinem Sondergutachten „Umweltprobleme der Nordsee" von 1980 hat der Umweltrat moniert, daß zwischen den in internationalen Übereinkommen über die Verhütung der Meeresverschmutzung festgelegten Zielen und den konkreten Maßnahmen ein erhebliches Ausfüllungsdefizit zu beklagen ist (SRU, 1980, Tz. 1438). An dieser Situation hat sich wenig verändert.

Durch die nach wie vor hohen Nährstoffeinträge aus der Landwirtschaft konnte auch in Deutschland das Reduzierungsziel bei Nitrat nicht erreicht werden; der Nitratrückgang beträgt durch punktuelle Eintragsminderungen der Kommunen und der Industrie lediglich 25 %. Nach Auffassung des Umweltrates müssen die Aktivitäten darauf gerichtet werden, geeignete Maßnahmen zur Reduzierung des landwirtschaftlichen Beitrags bei den Nitrateinträgen zu ergreifen. Ob die vorliegende Düngeverordnung in ihrer jetzigen Ausgestaltung Abhilfe schaffen kann, darf bezweifelt werden. Die Düngeverordnung ist nur als zögerlicher Schritt zur Senkung der Nährstoffemissionen zu bezeichnen. Der Umweltrat hat einige Möglichkeiten zur Verbesserung der Düngeverordnung aufgezeigt und unter anderem für eine Festlegung von beispielsweise am Konzept der kritischen Eintragsraten orientierte maximale Nährstoffbilanz-Überschüsse plädiert, deren Einhaltung auf effiziente Weise kontrolliert werden muß. Parallel zum Erlaß der Düngeverordnung schlägt der Umweltrat die Einführung einer Abgabe auf stickstoffhaltige Mineraldünger vor (Tz. 282 f.; SRU, 1996, Tz. 194 ff.), wenn die Maßnahmen zur Reduzierung nicht ausreichen.

Im Bereich der gefährlichen Stoffe wird von der Bundesregierung angenommen, die Minderungsziele der 3. INK bereits Anfang der neunziger Jahre erreicht zu haben (mit Ausnahme von γ-Hexachlorcyclo-hexan, Endosulfan und Trichlorbenzol). Angesichts der mangelhaften Datenlage (Tz. 314) ist dies allerdings zuerst noch zu bestätigen. Will man die in der politischen Grundsatzerklärung formulierte Nullemission von gefährlichen Stoffen erreichen, muß zunächst die Stoffliste erweitert werden, zum Beispiel durch die Aufnahme der in der ursprünglichen Verbotsliste aufgeführten Agrarpestizide oder des Komplexbildners EDTA. Auch muß die Informationsbasis für eine genaue Quantifizierung der organischen Spurenkontaminanten wesentlich verbessert werden.

Vernachlässigt werden von den Anrainerstaaten die atmosphärischen Einträge in die Nordsee, soweit sie den Verkehrssektor betreffen. Der Umweltrat fordert eindringlich, die atmosphärischen Stickstoffeinträge ebenso wie den Anteil des Verkehrs am Eintrag polyzyklischer aromatischer Kohlenwasserstoffe in die Nordsee mit geeigneten Maßnahmen zu reduzieren. Sehr viel stärker als bisher müssen solche Maßnahmen zur Minderung der verkehrsbedingten Schadstoffeinträge als notwendiger Teil des Meeresschutzes einbezogen werden.

358. Zum Schutz der Meeresumwelt des Ostseegebiets ist im März 1995 zum sechzehnten Mal die *Helsinki-Kommission* (HELCOM) zusammengetroffen und hat eine Reihe von Empfehlungen zur Reduzierung von Emissionen und Belastungen aus verschiedenen Industriebereichen, zur Stickstoffeliminierung in kommunalen Abwasserbehandlungsanlagen sowie zur Minderung von Einträgen aus der Hausmüllverbrennung ausgesprochen. Darüber hinaus werden die Anrainerstaaten aufgefordert, Maßnahmen zur Reduzierung der Verschmutzung durch Pestizide aus Land- und Forstwirtschaft zu ergreifen.

Ähnlich wie im Falle der Nordsee werden jedoch auch beim Ostseeschutz die atmosphärischen Einträge vernachlässigt, obwohl sie etwa bei der Stickstoffbelastung von großer Bedeutung und die negativen Anzeichen einer bestehenden Eutrophierung der Ostsee weiterhin zu beobachten sind (Tz. 316 f.). Der Umweltrat fordert daher auch für die Ostsee nachdrücklich eine weitergehende Verringerung der Nährstoffeinträge. Dabei sollten die Reduktionsstrategien insbesondere bei den atmosphärischen Einträgen durch den Verkehr, die vor allem bei der Stickstoffbelastung eine Rolle spielen, und den Emissionen der Landwirtschaft ansetzen. Die sich erst seit den jüngsten politischen Entwicklungen in Mittel- und Osteuropa ergebende Chance einer Bündelung der politischen Kräfte aller Anrainerstaaten sollte verstärkt zur Sanierung der Ostsee genutzt werden.

359. Die internationalen Kommissionen zum *Schutz grenzüberschreitender Gewässer* erarbeiten vielfach die Grundlage für eine verstärkte Zusammenarbeit der jeweiligen Anrainerstaaten.

Das von den Donauanrainerstaaten im Juni 1994 beschlossene Donauschutzübereinkommen regelt – als erste völkerrechtlich verbindliche Grundlage für Umweltschutzmaßnahmen im Donaueinzugsgebiet – insbesondere die Festlegung von Mindestanforderungen an Abwassereinleitungen, die Erarbeitung eines Aktionsprogramms zum Kläranlagenbau, die

Ausarbeitung einer Datengrundlage von Schadstoffeinleitern, die Prioritätenfestlegung für zu reduzierende Schadstoffe sowie Maßnahmen bei Störfällen. Die Bundesregierung hat dazu im April 1995 den Entwurf eines Zustimmungsgesetzes vorgelegt.

Im Oktober 1995 hat die Internationale Kommission zum Schutz der Elbe einen Maßnahmenkatalog und ein Aktionsprogramm beschlossen. Dazu zählt eine weitere Senkung der Belastung durch kommunale und industrielle Abwassereinleitungen, die Verringerung der diffusen, insbesondere landwirtschaftlichen, aber auch aus Altlasten und Deponien stammenden Einträge sowie eine Verbesserung der Biotopstrukturen. Der Bau weiterer und die Modernisierung bestehender Kläranlagen wird hierfür ebenso erforderlich sein wie eine zügige Altlastensanierung.

Zudem wurde im Dezember 1995 der deutsch-tschechische Grenzgewässervertrag unterzeichnet.

2.3.3.3 Schlußfolgerungen und Empfehlungen zur Gewässerschutzpolitik

360. Eine wesentliche Voraussetzung für die Erfolge im Gewässerschutz in Deutschland ist die Strategie der Reduzierung des Schadstoffeintrags in die Gewässer durch Maßnahmen an der Emissionsquelle und flächendeckend nach dem Stand der Technik, von der nach Auffassung des Umweltrates nicht abgewichen werden sollte. Eine Ergänzung dazu ist die gewässerqualitätsbezogene Betrachtung. Die international bevorzugte Vorgehensweise, die Maßnahmen ausschließlich von der Tragfähigkeit der Gewässer her ableiten will und damit eingeführte technische Standards in Frage stellt, wird vom Umweltrat abgelehnt. Für die zukünftige Gewässerschutzpolitik kommt es auf die Kombination von quellenorientierten und qualitätsorientierten Maßnahmen an. Hierfür sprechen auch die Erfolge im Gewässerschutz in der Vergangenheit.

361. Im Rahmen der beabsichtigten Novellierung des *Wasserhaushaltsgesetzes* befürwortet der Umweltrat die generelle Anpassung der Anforderungen der Abwasserreinigung an den Stand der Technik. Dies ist jedoch nur geboten, wenn eine vom Umweltrat befürwortete sinnvoll ausgestaltete Abwasserabgabe nicht durchzusetzen ist. Unter dieser Voraussetzung kann eine solche Maßnahme die Emittenten zur Einführung integrierter Technik auffordern, welche die Kosten für die Eliminierung weiterer Schadstofffrachten senkt. Eine ausdrückliche Verankerung des Verhältnismäßigkeitsprinzips im Wasserhaushaltsgesetz ist nicht nur entbehrlich, sondern birgt die Gefahr einer Schwächung des wasserrechtlichen Vollzuges mit der Folge einer schleichenden Absenkung des Niveaus des Gewässerschutzes.

Die Übertragung von Aufgaben der Abwasserreinigung an Private kann eine sinnvolle Alternative zu herkömmlichen Strukturen sein und sollte eine klare gesetzliche Grundlage erhalten. Ebenso eindeutiger Maßstäbe bedarf es dabei aber für die Überwachung und insbesondere auch für die Kriterien der Preisgestaltung.

Der Gesetzentwurf sieht auch vor, unter bestimmten Voraussetzungen Maßnahmen des Gewässerausbaus ohne Planfeststellungsverfahren und damit ohne Umweltverträglichkeitsprüfung zu ermöglichen. Die vielfältigen – auch ökologischen – Auswirkungen und durch Maßnahmen des Gewässerausbaus betroffenen Interessen werden jedoch am besten im Rahmen eines Planfeststellungsverfahrens zum Ausgleich gebracht, das um der Erzielung bestmöglicher Ergebnisse willen nicht zurückgedrängt werden sollte.

362. Die vierte Novelle zum *Abwasserabgabengesetz* hat durch den Verzicht auf eine Dynamisierung des Abgabesystems und durch die umfangreichen Verrechnungsmöglichkeiten aus der Abgabe ein reines Finanzierungsinstrument gemacht. Der Umweltrat empfiehlt, die Erfahrungen aus der zweiten und dritten Novellierung auszuwerten und auf dieser Basis durch eine Reform der vierten Novellierung die Preisgabe der Lenkungswirkung rückgängig zu machen.

363. Im Bereich der *Fließgewässer* hält der Umweltrat weitere Maßnahmen zur Reduzierung der Stoffeinträge durch Pflanzenschutzmittel sowie durch Nebenprodukte und Ausgangsstoffe der Herstellung von Pflanzenschutzmitteln für dringend erforderlich. Zur Verbesserung der Datenlage zur Belastungssituation der Fließgewässer, insbesondere im Hinblick auf die Aktualität der Daten, regt der Umweltrat den weiteren Ausbau und die Koordinierung der Meßprogramme an. Die Schadstoffbelastungsinventare sollten über die Kontrolle der Gewässergüte hinaus auch verstärkt zur Entwicklung von Minderungsmaßnahmen genutzt werden.

364. Der Umweltrat hält es für erforderlich, die *Beschreibung und Bewertung der Gewässergüte* weiterzuentwickeln. Die Methodik zur Ermittlung der saprobiellen Gewässergüte sollte, soweit möglich, vereinheitlicht und um tierische und pflanzliche Parameter ergänzt werden. Die in den Fachgremien diskutierte Erweiterung der Erfassung physikalisch-chemischer Kenngrößen, vor allem der gefährlichen Stoffe um die Stoffklasse der Industriechemikalien und der Pflanzenschutzmittel sowie um Phosphatersatzstoffe, sollte baldmöglichst umgesetzt werden. Für die physikalisch-chemischen Parameter ist eine Klassifikation der Gefährlichkeit nach Nutzungen, das heißt für den gesundheitlichen, ökologischen/ökotoxikologischen und technischen Bereich, erforderlich. Entsprechende Zielvorgaben für die Gewässergüte sind zu entwickeln und festzulegen. Diese Überlegungen müssen auch das Gewässersediment einbeziehen. Um die ökomorphologische Qualität der Gewässer beurteilen zu können, ist außerdem die Gewässerstruktur und der Gewässerausbau zu erfassen. Für eine integrierte Gewässerbewertung ist zusätzlich eine naturschutzfachliche Biotoperfassung und -bewertung erforderlich.

365. Allgemeingültige Vorstellungen über Grenzen von Stickstoffeinträgen für eutrophierungsgefährdete Oberflächengewässer sind bislang nicht formuliert. Aufgrund der jeweils gewässer- und einzugsgebietsspezifischen Eigenschaften erscheint es auch zunächst nur für den Einzelfall oder für vergleichbare Gewässertypen möglich, Grenzen zu beschreiben, bei denen eine schädliche Stickstoffeutrophierung beginnt. Der Umweltrat hält es für erforderlich, ausgewählte, durch Stickstoffeinträge potentiell gefährdete Gewässer zu beobachten und deren Veränderungen zu dokumentieren.

Die in Teilräumen zu beobachtende Gewässerversauerung zeigt Überlastungen der Pufferkapazitäten von Böden an. Die Grenzen für anthropogen bedingte Säureeinträge sollten sich deshalb an den Belastungsgrenzen der Böden orientieren. Der Umweltrat fordert eine Darstellung des Säurezustandes von ausgewählten, gefährdeten Gewässern unter Einbeziehung der genannten Wechselwirkungen.

366. Nach Auffassung des Umweltrates ist eine umfassende ökologische Zustandserfassung und -bewertung der Seen erforderlich, die sowohl auf biotischer als auch abiotischer Kennzeichnung beruht. Insbesondere für das nordostdeutsche Tiefland mit seinem großen natürlichen Seenreichtum besteht ein dringender Handlungsbedarf. Aus den Erhebungen sind Schutz- und Sanierungsmaßnahmen abzuleiten.

367. Der Umweltrat hält eine sehr viel stärkere Verringerung der Konzentration von schwer abbaubaren starken Komplexbildnern in den deutschen Fließgewässern als bisher für dringend geboten. Zudem sollte die *EDTA-Vereinbarung* auf alle schwer abbaubaren organischen Komplexbilder ausgeweitet werden. Beim verstärkt auszubauenden Einsatz von EDTA-Ersatzstoffen sollte allerdings nicht auf andere schwer abbaubare organische Komplexbildner, wie beispielsweise PDTA oder DTPA, ausgewichen werden. Der Umweltrat sieht unvermindert Forschungsbedarf für die Minderung des Eintrags von Chelatbildnern aus Wasch- und Reinigungsmitteln. Zur weiteren Analyse der Entwicklung der Gewässerbelastung mit starken Komplexbildnern erachtet er den Aufbau einer zuverlässigen Datenbasis für notwendig.

368. Künftig ist dem *Erhalt der natürlichen Gewässerstruktur* der großen Ströme stärkere Beachtung zu schenken. Die letzten noch in ihrer natürlichen Funktionalität erhaltenen Fließgewässer sind in ihrem Zustand zu belassen. Eingriffe in die Flußmorphologie und den damit verbundenen Wasserhaushalt sind zu unterlassen. Statt dessen sind bei Bedarf bestehende Kanalsysteme entsprechend den Erfordernissen auszubauen.

Aus ökologischen und verkehrspolitischen Gründen lehnt der Umweltrat den Ausbau der Ober- und Mittelelbe zur hochleistungsfähigen Wasserstraße nach den derzeitigen Plänen entschieden ab und fordert ein Gesamtkonzept, das den Ausbau des bestehenden Kanalnetzes einschließt. Die sogenannte Optimierung von Wasserstraßenverbindungen darf der ökologischen Erfordernissen nicht übergeordnet sein. Auch den Bau von Staustufen und weitere Ausbaumaßnahmen an den anderen wenigen noch vorhandenen nicht aufgestauten naturnahen Fließgewässern, wie beispielsweise an der Saale und an der Havel, hält der Umweltrat für nicht vertretbar. Die negativen Erfahrungen mit dem Ausbau der Donau sollten berücksichtigt werden.

Maßnahmen zur Renaturierung von Gewässern müssen verstärkt in Angriff genommen werden. Dabei sollten die Eigendynamik und die strukturierenden Kräfte des Fließgewässers soweit wie möglich ausgenutzt werden, um teure und zum Teil ökologisch ineffiziente bauliche Gestaltungsmaßnahmen an Gewässern gering zu halten.

369. Hochwassersituationen mit Überschwemmungen sind natürliche Vorgänge im Wasserkreislauf. Sie sind als solche zu akzeptieren und künftig auch verstärkt in das Bewußtsein der Bevölkerung zu bringen. Einen hundertprozentigen technischen *Hochwasserschutz* gibt es nicht. Der Umweltrat ist deshalb der Meinung, daß alle Möglichkeiten für einen vorsorgenden Hochwasserschutz ausgeschöpft werden müssen. Es muß so viel Wasser wie möglich und so lange wie möglich auf der Fläche gehalten werden.

Die von alters her bekannten, natürlichen Überschwemmungsgebiete müssen erhalten und gegebenenfalls, soweit möglich, wiederhergestellt werden. Hierbei handelt es sich um eine integrierte Aufgabe für Wasserwirtschaft, Raumordnung, Landnutzung und Naturschutz; aber auch andere Politikbereiche, wie Verkehr, sind einzubeziehen. Überschwemmungsgebiete müssen darüber hinaus von Nutzungen, die ein hohes Schadenspotential besitzen, freigehalten werden. Ein solchermaßen begründeter vorsorgender Hochwasserschutz sollte in § 32 WHG den allein auf schadlosen Abfluß des Hochwassers aus Überschwemmungsgebieten gerichteten Ansatz ersetzen. Außerdem sollte die Erhaltung beziehungsweise Wiederherstellung eines naturnahen Zustandes aller Gewässer verpflichtender als bisher in das Gesetz aufgenommen werden. Entsprechende Ergänzungen sind auch im Planungs- und Baurecht von Bund und Ländern sowie im Naturschutzrecht erforderlich.

Um das Speicher- und Wasserrückhaltevermögen von Boden und Landschaft zu erhalten oder wiederherzustellen, sollten flächendeckend alle Möglichkeiten der Entsiegelung und Beschränkung der Versiegelung, der Verhinderung von Bodenverdichtung sowie der Regenwasserversickerung genutzt werden. Entsprechende und ergänzende Regelungen sind im Raumordnungsgesetz, im Bundes-Bodenschutzgesetz sowie im Planungs- und Baurecht der Länder vorzusehen. Auch sollten im kommunalen Bereich für Bürger Anreize geschaffen werden, Regenwasser entsprechend umweltverträglich zu behandeln. Gegebenenfalls sind Änderungen von Abwassersatzungen (Lockerung des Anschluß- und Benutzungszwangs der Kanalisation für Niederschlagswasser) und eine Ökologisierung des kommunalen Gebührenwesens erforderlich.

Spezielle, höher gesteckte Hochwasserschutzziele können darüber hinaus nur durch aufwendige technische Maßnahmen, wie den Bau von Deichen, Mauern, Rückhaltebecken oder Talsperren, erreicht werden. Jedoch können auch diese Maßnahmen keinen absoluten Schutz bieten, da immer noch extremere Hochwassersituationen auftreten können. Deshalb ist die Anhäufung von Schadenspotentialen in überschwemmungsgefährdeten Bereichen soweit wie möglich zu vermeiden, um die Risiken für die Umwelt und die Betroffenen so gering wie möglich

zu halten. Lücken in der Datenbasis und den Modellen für die Hochwasservorhersage sollten geschlossen werden.

370. Der Umweltrat fordert für den *Schutz von Nord- und Ostsee* nachdrücklich eine weitergehende Verringerung der Nährstoffeinträge. Dabei sollten die Reduktionsstrategien bei den Frachten aller Verursachergruppen ansetzen. Dazu müssen zum einen die Aktivitäten darauf gerichtet werden, geeignete Maßnahmen zur Reduzierung des landwirtschaftlichen Beitrags bei den Stickstoffeinträgen zu ergreifen.

Der Umweltrat hat in diesem Zusammenhang einige Möglichkeiten zur Verbesserung der Düngeverordnung aufgezeigt und unter anderem für eine Festlegung von am Konzept der kritischen Eintragsraten orientierten maximalen Nährstoffbilanz-Überschüssen plädiert, deren Einhaltung auf effiziente Weise kontrolliert werden muß. Parallel zum Erlaß der Düngeverordnung schlägt der Umweltrat die Einführung einer Abgabe auf stickstoffhaltige Mineraldünger vor, sofern andere Maßnahmen nicht greifen sollten.

Zum anderen fordert der Umweltrat eindringlich, die atmosphärischen Stickstoffeinträge ebenso wie den Anteil des Verkehrs am Eintrag polyzyklischer aromatischer Kohlenwasserstoffe in die Nordsee mit geeigneten Maßnahmen zu reduzieren. Sehr viel stärker als bisher müssen solche Maßnahmen zur Minderung der verkehrsbedingten Schadstoffeinträge als notwendiger Teil des Meeresschutzes einbezogen werden.

Der Bedeutung mariner Ökosysteme Rechnung tragend, hält es der Umweltrat für dringend geboten, das Wissen über die Grenzen ihrer Belastbarkeit zu verbessern sowie die Datenbasis über Veränderungen der Nährstoffgehalte zu vergrößern. Die Erkenntnisse über Nährstoffwirkungen aus dem Konzept der kritischen Eintragsraten und über die Grenzen der Belastbarkeit einzelner Meeresregionen sollten mit den Daten und Erkenntnissen zur Einleitung von Nährstofffrachten zusammengeführt werden. Die Begrenzung der Nährstofffrachten sollte sich zukünftig an den natürlichen Grenzen der betroffenen marinen Teilökosysteme orientieren.

Will man zudem die in der politischen Grundsatzerklärung der 4. Nordseeschutzkonferenz formulierte Nullemission von gefährlichen Stoffen erreichen, muß zunächst die Stoffliste erweitert werden, zum Beispiel durch die Aufnahme der in der ursprünglichen Verbotsliste aufgeführten Agrarpestizide oder des Komplexbildners EDTA. Auch muß die Informationsbasis für eine genaue Quantifizierung der organischen Spurenkontaminanten wesentlich verbessert werden.

Die Möglichkeit der kostenlosen Abgabe von ölhaltigen Abfällen und Rückständen in deutschen Küsten- und Binnenhäfen sollte nach Auffassung des Umweltrates wieder gewährleistet werden. Zur Finanzierung könnte eine mit der Hafengebühr erhobene Entsorgungsgebühr beitragen.

371. Die ökologisch äußerst sensiblen und anthropogen stark veränderten Ökosysteme der deutschen

Ostseeküste sind durch eine ökologische Zustandserfassung und -bewertung zu dokumentieren. Insbesondere im Gefolge des sich ständig ausweitenden Tourismus sind Vegetationszerstörungen mit ihren Auswirkungen auch auf die Fauna sowohl im Strandbereich (Dünen, Steilküsten, Salzwiesen) wie auch im marinen Flachwasserbereich eingetreten, die es unbedingt zu erfassen gilt. Daraus sind Handlungsempfehlungen abzuleiten, die umgehend umgesetzt werden sollten.

372. *Grundwasserschutz* ist aus Vorsorgegesichtspunkten flächendeckend grundsätzlich zu gewährleisten. Hiervon können nur bereits belastete Grundwasserzonen als Zonen minderer Güte ausgenommen werden. Nicht zuletzt ist der vorsorgende Grundwasserschutz auch ein Schutz der Trinkwasserressourcen. Die im Bereich Grundwasserbeschaffenheit lückenhafte Datenlage ist durch das Fehlen eines flächendeckenden Meßnetzes bedingt. Nach Auffassung des Umweltrates müssen erhebliche Anstrengungen unternommen werden, um die seit langem geforderte Vereinheitlichung der Datengrundlagen in den Ländern zu erreichen. Die institutionelle Koordination eines solchen Meßnetzes zwischen Bund und Ländern muß dabei vordringlich vorangetrieben werden. Gegebenenfalls soll der Bund in die Lage versetzt werden, die Vereinheitlichung des Meßnetzes den Ländern zwingend und zügig vorzuschreiben.

373. Nach dem Vorschlag der *Novellierung der Trinkwasser-Richtlinie* sollen für chlororganische Verbindungen wie Tri- und Tetrachlorethen Konzentrationen erlaubt sein, die den in Deutschland erlaubten Wert bis zum Faktor zehn übersteigen, wogegen Bedenken zumindest unter dem Aspekt der Gesundheitsvorsorge bestehen. Kritikwürdig ist zudem die Aufgabe des bisherigen Summengrenzwertes für Pestizide von 0,5 μg/L; bleiben soll nur der isolierte Einzelgrenzwert pro Substanz von 0,1 μg/L. In bestimmten Gebieten mit intensiver Landwirtschaft und Gartenbau könnte danach eine Einhaltung des bisherigen Summengrenzwertes nicht mehr gewährleistet werden. Der am Vermeidungsgrundsatz orientierte Summengrenzwert ist toxikologisch nicht begründet, sondern stellt praktisch einen Ersatz für fehlende Vorschriften für den Grundwasser- und allgemeinen Gewässerschutz dar. Die Gesundheitsvorsorge und auch das Vertrauen der Verbraucher in die Unbedenklichkeit des Lebensmittels Wasser rechtfertigen die zur Einhaltung dieses Wertes erforderlichen Anstrengungen. Im Interesse eines umfassenden gesundheitlichen Verbraucherschutzes sollte deshalb bei den weiteren Beratungen über die Richtlinie die deutsche Delegation darauf einwirken, daß die bisherige Grenzwertkombination von Einzel- und Summenparameter ungeachtet der daran geäußerten Kritik bestehen bleibt.

374. Im Bereich der *Behandlung und Erfassung von Abwässern* darf der zunehmende Kostendruck nicht dazu führen, die Anforderungen an die Abwasserreinigung aufzuweichen, Umweltschutzstandards zu senken und die flächendeckende Einführung der weitergehenden Reinigungsstufe zu verzögern. Nach Auffassung des Umweltrates muß die Durchführung der kommunalen Aufgaben dagegen zukünftig stärker auf der Grundlage von Wirtschaftlichkeitsvergleichen erfolgen. Die Umsetzung der von der Länderarbeitsgemeinschaft Wasser vorgeschlagenen Maßnahmen zur Kostenreduzierung bei der Abwasserreinigung kann dazu wesentlich beitragen. Eine Verkürzung der Genehmigungsverfahren kommt allerdings nur in Betracht, wenn nicht die Verfahrensanforderungen (z. B. Öffentlichkeitsbeteiligung) zur Disposition stehen, sondern das Projekt- und Verfahrensmanagement verbessert wird.

Für die Lösung der bestehenden Vollzugsprobleme in den Ländern ist nach neuen Wegen, die zu einer Entlastung führen können, zu suchen (z. B. Kooperationslösungen, Selbsterklärungen).

375. Auf *europäischer Ebene* scheint der Verzicht auf einheitliche materielle Standards auch durch die geplante Neukonzeption des Gewässerschutzes seine Fortsetzung zu finden. Nach Auffassung des Umweltrates sind jedoch sowohl gemeinschaftliche, auf hohem Schutzniveau festgesetzte Emissionsstandards als auch eine einheitliche Definition und Anwendung der besten verfügbaren Technik für den flächendeckenden Gewässerschutz eine wesentliche Voraussetzung. Dies sollte ergänzt, aber nicht ersetzt werden durch Immissionsstandards beziehungsweise Qualitätsziele, die in besonders schutzwürdigen oder belasteten Gebieten zusätzliche Vorkehrungen möglich machen.

Der Umweltrat weist zudem darauf hin, daß bei einer Neukonzeption der europäischen Gewässerschutzpolitik die in diesem Bereich eklatanten Vollzugsdefizite mehr Aufmerksamkeit erfahren müssen.

Angesichts der Überschneidungsbereiche zahlreicher Umweltschutzrichtlinien muß bei der Richtlinie über die ökologische Qualität der Gewässer sichergestellt werden, daß die Formulierung des zu verlangenden Technikniveaus einheitlich ausfällt, denn das Nebeneinander von Anforderungen an die beste verfügbare Technik und an die besten Umweltpraktiken birgt die Gefahr uneinheitlicher und damit unklarer Maßstäbe.

Schließlich sollten die angekündigten europäischen Programme zur Verringerung des Phosphateinsatzes sowie zur Überwachung des Verkaufs und des Einsatzes von Pflanzenschutzmitteln angestoßen werden.

2.3.4 Abfallwirtschaft und Abfallentsorgung

2.3.4.1 Zur Situation

Abfallaufkommen

376. Daten zur Situation im Abfallbereich liegen größtenteils bis 1993 vor. Durch die Veränderung der europäischen und nationalen Abfallnomenklaturen, die eine Reihe von Umwidmungen und Umdefinitionen nach sich gezogen haben, stehen Zeitreihen jedoch nur eingeschränkt zur Verfügung. Daten auf Länderebene können durch die unterschiedlichen Kriterien bei der abfallrelevanten Datenerhebung in den Ländern nur in Ausnahmefällen miteinander verglichen werden. Deshalb ist die Entwicklung der Abfallströme seit 1993 nur schwer zu belegen.

377. Das gesamte Abfallaufkommen belief sich in Deutschland 1993 auf 337 Mio. t und ist damit im Vergleich zu 1990 um 19 % gesunken (Statistisches Bundesamt, 1995, schriftl. Mitt.). Dabei ist die Entwicklung in den alten und in den neuen Ländern jedoch unterschiedlich; auch sind die Tendenzen hinsichtlich der einzelnen Abfallarten uneinheitlich (Abb. 2.17). Auf Bundesebene werden Daten zur Situation im Abfallbereich nach 1993 voraussichtlich erst im Jahre 1998 vorliegen. Dabei werden aufgrund der Aktivitäten im Rahmen des Umweltstatistikgesetzes (Tz. 191 ff.) für 1994 und 1995 keine Daten erhoben. Die Abfallpolitik wird in der nächsten Zeit weitgehend ohne verläßliche und flächendeckende Datengrundlage agieren müssen.

378. Im Bereich *Hausmüll und hausmüllähnliche Gewerbeabfälle* lassen sich durch die zunehmende Separierung der unterschiedlichen Abfallfraktionen und die nebeneinander existierenden Entsorgungssysteme, etwa bei den Verpackungen, verläßliche Zeitreihen augenblicklich nicht erstellen. Das Deutsche Institut für Wirtschaftsforschung prognostiziert bis zum Jahre 2005 eine Zunahme des energetisch verwertbaren Restmülls, das heißt der Siedlungsabfälle zuzüglich des Klärschlamms und abzüglich der verwertbaren Verpackungsmaterialien, und danach bis zum Jahre 2020 eine Verringerung auf das Niveau von 1990 (Tab. 2.11; DIW, 1995).

Die Gesamtmenge an Hausmüll, hausmüllähnlichen Gewerbeabfällen, Sperrmüll und Kehricht belief sich 1993 auf 43 Mio. t. Auf das Produzierende Gewerbe und auf Krankenhäuser entfielen 6,5 Mio. t und auf die öffentliche Straßenreinigung 1,6 Mio. t. Die privaten Haushalte (einschließlich Kleingewerbe, Dienstleistungen) erzeugten 35 Mio. t. Hierin sind die Abfälle zur Beseitigung in Höhe von 24 Mio. t sowie die Getrenntsammlungen verwertbarer Abfälle in Höhe von 11 Mio. t enthalten (Statistisches Bundesamt, 1995, schriftl. Mitt.).

Nach Schätzungen des Umweltbundesamtes sind 1993 26 Mio. t Hausmüll angefallen, davon 8,1 Mio. t Verpackungen (UBA, 1995, schriftl. Mitt.). Von den zu entsorgenden Verpackungsmaterialien wurden 1993 in Deutschland 4,6 Mio. t von der Duales System Deutschland GmbH (DSD) eingesammelt. Damit betrug die Reduktion des gesamten Hausmülls durch die gesammelten Verpackungen rund 17 %. 1994 sind 4,7 Mio. t Verkaufsverpackungen gesammelt worden. Nach Angaben der Duales System Deutschland GmbH entspricht dies einer Erfassungsquote von 67,7 % der Verpackungen aus Haushalten und Kleingewerbe. Dabei wurden 94 % der gesammelten Verpackungen werk- oder rohstofflich verwertet. Im Gegensatz zu Glas sowie Papier, Pappe und Karton, bei denen auch ohne das Duale System bereits hohe Sammelquoten existierten, konnten in den Bereichen Kunststoffe, Verbundstoffe, Weißblech und Aluminium die ab 1. Juli 1995 laut Verpackungsverordnung geltenden Erfassungsquoten 1994 noch nicht erreicht werden. Vor allem bei Verbundstoffen mit 38,8 % (Quotenvorgabe: 64 %) und bei Aluminium mit 31,5 % (Quotenvorgabe: 72 %) ist das Duale System noch weit von den Vorgaben entfernt. Nachdem das Duale System 1994 bei den Kunststoffverpackungen rund 55 % vor allem in asiatische Länder (China, Indonesien, Pakistan) exportierte, ging auch 1995 der größte Teil zur werkstofflichen Verwertung ins Ausland (China, Nordkorea, EU). Zunehmend werden Kunststoffverpackungen als Reduktionsmittel in der Stahlherstellung eingesetzt (Abb. 2.18).

Nach Schätzungen des Umweltbundesamtes und der Duales System Deutschland GmbH betrugen die Gesamtkosten für das Duale System 1995 rund 4 Mrd. DM. Mußte jeder Bürger 1993 rund 38 DM pro Jahr allein für dieses Entsorgungssystem aufwenden, so stiegen die Gesamtkosten pro Kopf auf rund 49 DM im Jahre 1995 (DSD, 1995, schriftl. Mitt.). Auch die Entsorgungskosten sind seit Einführung des Systems erheblich gestiegen (Abb. 2.19).

Der Mehrweganteil bei Getränkeverpackungen ist 1994 in Deutschland auf 72,6 % gesunken (1993:

Tabelle 2.11

Entwicklung der Siedlungsabfälle in Deutschland

| | | Bevölkerung in Mio. Personen | Müllanfall je Einwohner in kg | | | Müllanfall in Mio. t | | | | | Heizwert des Restmülls in kJ/kg | Energiepotential des Restmülls in PJ |
			Siedlungsabfälle insgesamt	darunter Haushalte	Zuzüglich Klärschlamm	Siedlungsabfälle insgesamt	darunter Haushalte	Zuzüglich Klärschlamm	Verwertbares Verpackungsmaterial	Energetisch nutzbarer Restmüll[1]		
1990[2]	Alte Länder ...	63,3	480,0	226,9	40,5	30,4	14,4	2,5	5,0	27,9	8 434	235
	Neue Länder ..	16,1	473,7	224,8	30,0	7,6	3,6	0,5	1,3	6,9	8 000	55
	Deutschland ..	79,4	478,7	226,4	38,3	38,0	18,0	3,0	6,3	34,8	8 348	290
2005	Deutschland[3] .	83,0	476,0	225,0	41,0	39,5	18,7	3,4	6,5	36,4	8 200	298
2020	Deutschland[3] .	80,2	465,0	220,0	42,0	37,3	17,6	3,4	6,2	34,5	8 000	276

[1] Energetisch nutzbares Restmüllpotential = Siedlungsabfälle insgesamt zuzüglich Klärschlamm abzüglich verwertbares Verpackungsmaterial.
[2] Aktuellere Daten liegen nicht vor.
[3] Bevölkerungsprognose des DIW, Variante I, Wochenbericht Nr. 33/95.

Quellen: Umweltschutz, Fachserie 19, Reihe 11, Öffentliche Abfallbeseitigung, Statistisches Bundesamt, Wiesbaden 1994;
Statistisches Jahrbuch der Bundesrepublik Deutschland 1994; Statistisches Bundesamt, Wiesbaden 1994; Berechnungen des DIW.
Quelle: DIW, 1995

Abbildung 2.17

Entwicklung des Abfallaufkommens nach Abfallarten, 1990 und 1993
Abfallmengen nach Abfallarten

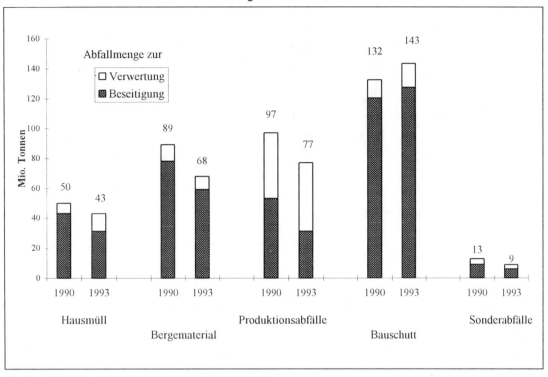

Quelle: Statistisches Bundesamt, 1995, schriftliche Mitteilung

Abbildung 2.18

Verwertung gebrauchter Verpackungen im Rahmen des Dualen Systems 1995

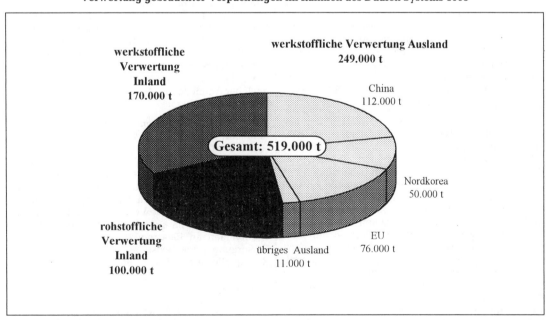

Quelle: DSD, 1995, schriftliche Mitteilung

Abbildung 2.19

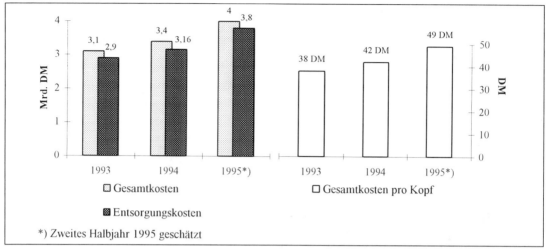

Kosten des Dualen Systems

☐ Gesamtkosten

▨ Entsorgungskosten

☐ Gesamtkosten pro Kopf

*) Zweites Halbjahr 1995 geschätzt

Quelle: DSD, 1995, schriftliche Mitteilung

73,6 %). In den alten Ländern betrug die Quote rund 76 %, in den neuen Ländern rund 57 %. Dementsprechend zugenommen haben Einwegverpackungen, insbesondere durch die Markteinführung von sogenannten Sportgetränken und den wachsenden Vertrieb von Einwegbehältnissen bei Bier und Mineralwasser. Besonders der Anstieg von Dosenbier von 12,7 % auf 14,7 % macht sich bemerkbar (BMU, 1995 c). Laut Verpackungsverordnung sind Einwegbehältnisse im Rahmen des Dualen Systems nur solange vom Pflichtpfand befreit, wie in den Ländern die Mehrwegquote des Jahres 1991 beziehungsweise bundesweit eine Quote von 72 % nicht unterschritten wird.

Im Bereich *hausmüllähnlicher Gewerbeabfälle* wurde für 1991 und 1992 ein Aufkommen von 11,6 Mio. t berechnet. In einer ersten bundesweiten Gewerbeabfalluntersuchung konnten zudem umfangreiche noch nicht ausgeschöpfte Vermeidungs- und Recycling-Potentiale nachgewiesen werden (UBA, 1994 e).

379. Beim *Sondermüll* verläuft die Entwicklung uneinheitlich. Nach Angaben des Statistischen Bundesamtes ist das Aufkommen an besonders überwachungsbedürftigen Abfällen von 13 Mio. t (1990) auf 9 Mio. t im Jahre 1993 zurückgegangen (Statist. Bundesamt, 1995, schriftl. Mitt.). Nach Schätzungen des Umweltbundesamtes sind die Sonderabfälle 1994 im Vergleich zum Vorjahr noch einmal gesunken (UBA, 1995, schriftl. Mitt.). Allerdings kann die zunehmende Wirtschaftstätigkeit in den neuen Ländern diese Entwicklung wieder umkehren. Während der Bundesverband der Deutschen Entsorgungswirtschaft schrumpfende Mengen ermittelt und auch in den alten Ländern die Sonderabfallmengen 1993 und 1994 größtenteils gesunken sind, ist in den neuen Ländern eine Stagnation oder gar ein neuerlicher Anstieg (etwa in Thüringen) zu verzeichnen. Dabei ist neben dem Rückgang der Mengen eine Zunahme der Kom-

plexität der Abfälle festzustellen. In welchem Umfang Produktionsumstellungen und -einstellungen, Sonderabfallabgaben und Entsorgungskosten auf die Mengenentwicklung einwirken, läßt sich bisher nicht genau ermitteln.

380. Der Fahrzeugbestand in Deutschland betrug 1994 rund 40 Mio. Kraftfahrzeuge. Davon werden jährlich rund 6,5 % stillgelegt; 1994 waren dies 2,6 Mio. Fahrzeuge. Da ein weiterer Anstieg des Bestandes vorhersehbar ist, wird auch der *Autowrackanfall* zunehmen. Die nichtmetallischen Teile der Autokarossen aus der Shredderaufbereitung, wie etwa Gummi, Glas, Kunststoffe und anderes, haben ständig zugenommen; damit ist auch der Schadstoffgehalt der Abfälle gestiegen. Von 1975 bis 1994 haben sich die Abfälle aus Kraftfahrzeugen auf jährlich 500 000 t vervierfacht. Für das Jahr 2005 ist eine Verdoppelung der Menge an Shredderabfällen zu erwarten (ada, 1995; UBA, 1994 b, S. 548). Dabei steigt auch der Anteil der ins Ausland verbrachten und dort entsorgten Autowracks.

381. Im Bereich *Elektronikschrott* fallen in Deutschland jährlich geschätzt 1,2 bis 1,5 Mio. t als Abfall an (UBA, 1994 b, S. 550). Durch die zunehmende Ausstattung der privaten Haushalte, des Dienstleistungsbereichs und des produzierenden Gewerbes mit Informationstechnik, Unterhaltungselektronik und Hausgeräten wird auch hier ein Anstieg zu erwarten sein. Allerdings beklagen die Verwerter, die in den letzten Jahren Kapazitäten aufgebaut haben, ein fehlendes Aufkommen an Elektronikschrott. Funktionierende Entsorgungswege existieren nur in Einzelfällen, Kleingeräte geraten in der Regel in den Hausmüll.

Entsorgung

382. Deutsche Deponien und Verbrennungsanlagen waren nach einer Umfrage des Bundesverbandes der Deutschen Entsorgungswirtschaft 1994 durchschnittlich nur noch zu 60 bis 70 % ausgelastet (VDI-Nachrichten Nr. 50/1995, S. 18). Mittlerweile bieten neben kommunalen Entsorgern immer mehr industrielle Entsorger ihre Kapazitäten an. Während der weitaus größte Teil des Abfalls immer noch deponiert wird, hat die Abfallverbrennung und die Frage, inwieweit neue Abfallverbrennungsanlagen wegen der Anforderungen der TA Siedlungsabfall notwendig werden, wieder an Brisanz gewonnen. Gegenwärtig werden in Deutschland 52 Anlagen zur *thermischen Behandlung* von Siedlungsabfällen mit einer Verbrennungskapazität von 11 Mio. t betrieben (UBA, 1994 d). Die Anforderungen an die Abfallverbrennung sind durch die 17. BImSchV und die TA Abfall erheblich verschärft worden. Nach Schätzung

des Umweltbundesamtes kann der Neubau von Anlagen durch Anstrengungen bei der Abfallvermeidung und -verwertung sowie durch die Kombination der Verbrennung mit einer mechanisch-biologischen Behandlung erheblich reduziert werden (Tab. 2.12).

Bei den Sonderabfällen werden derzeit 32 größere Verbrennungsanlagen zur Behandlung von Sonderabfällen und produktionsspezifischen Rückständen mit einer Verbrennungskapazität von rund 1,1 Mio. t/a betrieben. Damit haben sich die Kapazitäten von 1980 bis 1995 fast verdoppelt. Derzeit sind die meisten Anlagen nicht ausgelastet.

In Hausmüll-, Sonderabfall- und Klärschlammverbrennungsanlagen sind 1995 insgesamt rund 4 300 kt Rückstände angefallen (Tab. 2.13). Insges-

Tabelle 2.12

Schätzung des Bedarfs an Neuanlagen zur thermischen Behandlung von Siedlungsabfällen in Abhängigkeit von der Entwicklung der Restabfallmengen und der Anwendung kombinierter Behandlungskonzepte

Basisdaten (Bezugsjahr 1994)

Siedlungsabfall, gesamt .... 45 Mio. t/a (Schätzung gemäß Daten des Statistischen Bundesamtes)

vorhandene Verbrennungskapazität . ca. 10,9 Mio. t/a

Zahl der existierenden
Verbrennungsanlagen 52

mittlere Kapazität der Neuanlagen .. 100 000 beziehungsweise 200 000 t/a

Abschätzung des Anlagenbedarfs

Vermeidungs- und Verwertungsquote für Siedlungsabfälle (%)	40	50	60
resultierende Menge an Restabfällen (Mio. t/a)	27	22,5	18
Neuanlagenbedarf bei vollständiger thermischer Behandlung der Restabfälle	161/81 *)	116/58 *)	71/36 *)
Neuanlagenbedarf bei 20%iger Reduzierung der Restabfälle durch Kombination mit mechanisch-biologischer Behandlung	107/54 *)	71/36 *)	35/18 *)
Neuanlagenbedarf bei 40%iger Reduzierung der Restabfälle durch Kombination bei mechanisch-biologischer Behandlung	53/27 *)	26/13 *)	0

*) Kapazität der Neuanlagen von 100 000 t/a beziehungsweise 200 000 t/a.
Quelle: UBA, 1994 d, S. 342

Tabelle 2.13

**Abfallverbrennungsanlagen in der Bundesrepublik Deutschland
– Anfall von Rückständen für das Jahr 1995 (kt/a) –**

Reststoff	Anlagenart		
	Hausmüll-verbrennungs-anlagen	Sonderabfallver-brennungsanlagen (öffentl. zugängliche u. privat betriebene Anlagen)	Klärschlammver-brennungsanlagen (ausschließl. kommunale Klärschlämme)
Schlacke/Asche	3 300	120	150
Filterstaub aus der Entstaubung/Kesselaschen	300	13	
Reaktionsprodukte aus der Schadgasabscheidung ..	380	30	

Quelle: UBA 1995, schriftliche Mitteilung

amt sind die bei der Verbrennung von Siedlungsabfällen, Sonderabfällen und Klärschlamm entstehenden Schadstofffrachten mit Ausnahme von Fluorwasserstoff (HF) stark rückläufig (Abb. 2.20). Neben die klassische Rostfeuerung treten zunehmend das Schwel-Brenn-Verfahren und in jüngster Zeit auch das Thermoselect-Verfahren.

383. In Deutschland waren 1994 insgesamt 555 *Deponien* für Hausmüll, hausmüllähnliche Gewerbeabfälle und Sperrmüll sowie 14 Sonderabfalldeponien (ohne Untertagedeponien) in Betrieb. Auch wenn die Restlaufzeiten der Deponien abnehmen, kann daraus noch nicht gefolgert werden, daß die Entsorgungssicherheit gefährdet ist. Schließlich können die Planungen für Deponieerweiterungen und -neubauten nur unzureichend geschätzt werden. Die durch die TA Siedlungsabfall verschärften Anforderungen an Deponien und die langen Vorlaufzeiten der Deponieerweiterung und des Neubaus werden die Deponiekosten wohl auch zukünftig steigen lassen.

384. Ein zunehmender Trend ist die Abfallbeseitigung durch *Untertageverbringung* (SRU, 1991, Tz. 1604 ff.). Bislang gelten solche Abfallverbringungen unter Tage als Verwertung im Versatz und nicht als Endablagerung von Abfällen. Fehlende Kriterien einer Unterscheidung – letzlich handelt es sich hier um Abfallablagerung – verfälschen somit zusätzlich die Abfallstatistiken (UBA, 1994 d). Von 1992 bis 1994 ist die Menge der in untertägigen Hohlräumen abgelagerten bergbaufremden Reststoffe um 38 % gestiegen. Von den rund 1,7 Mio. t eingelagerten Abfällen im Jahre 1994 waren 20 % besonders überwachungsbedürftig (Tab. 2.14).

Fazit

385. Insgesamt ist die Datenlage im Abfallbereich weiterhin unbefriedigend. In den meisten Fällen müssen Schätzungen und Prognosen belastbare Daten ersetzen. Auch das Umweltstatistikgesetz wird hier nur in einigen wenigen Fällen Verbesserungen erzielen können (Tz. 191 ff.). Wirkungsseitig ist die Situation noch weniger erfreulich: Für die vom Umweltrat bereits im Umweltgutachten 1994 angesprochene fundierte Abschätzung der Wirkung auf Akzeptoren fehlen weiterhin ausreichende Daten. Darüber hinaus sind auch Kenntnisse über Ursache-Wirkungs-Zusammenhänge zumeist zu lückenhaft, um verläßliche Wirkungsanalysen zu ermöglichen (SRU, 1994, Tz. 516).

Der Umweltrat empfiehlt daher – insbesondere wegen den schnellen Veränderungen abfallwirtschaftlicher Rahmenbedingungen – eine konzertierte Aktion von Bund und Ländern, um in einem ersten Schritt ein Gesamtkonzept zur Datenlage im Abfallbereich unter Einschluß der wirkungsseitigen Daten und Fakten zu erstellen. Dazu wäre eine Anbindung an die Arbeiten zu Indikatorensystemen im Abfallbereich (Tz. 186 ff.) dringend geboten.

Abbildung 2.20

Entwicklung der jährlichen Schadstofffrachten aus der Verbrennung von Siedlungsabfällen, Sonderabfällen und Klärschlamm sowie Prognosen für das Jahr 2000 (in kt/a)

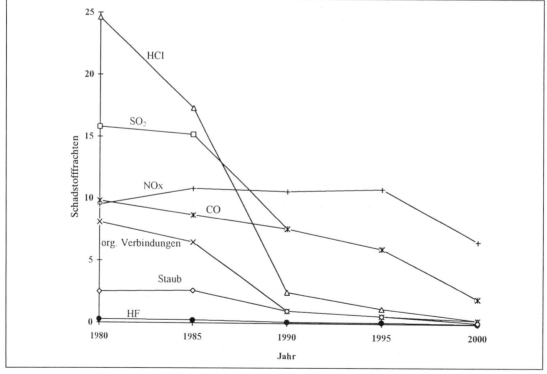

Quelle: nach UBA, 1995, schriftliche Mitteilung

Tabelle 2.14

Verwertung bergbaufremder Reststoffe in untertägigen Hohlräumen

Bundesland	1992	1994			Differenz 1992–1994
			davon überwachungs-bedürftig		
	Menge in t	Menge in t	Menge in t	in %	Menge in t
1 Bayern	0	0	0	0	0
2 Nordrhein-Westfalen	284 601	295 824	66 770	23	11 223
3 Brandenburg	62 000	213 138	0	0	151 138
4 Saarland und Rheinland-Pfalz	104 000	239 895	48 000	20	135 859
5 Thüringen	596 656	689 862	115 323	17	93 206
6 Sachsen-Anhalt	117 966	66 862	63 036	94	− 51 104
7 Sachsen	0	95 000	0	0	95 000
8 Hessen	16 000	26 479	5 801	22	10 479
9 Mecklenburg-Vorpommern	0	0	0	0	0
10 Niedersachsen	0	0	0	0	0
11 Baden-Württemberg	62 327	92 492	48 269	52	30 165
gesamt ...	1 243 550	1 719 552	347 199	20	476 002

Quelle: BMU, 1995, schriftliche Mitteilung, nach Arbeitsgruppe „Bergbau" der Länderarbeitsgemeinschaft Abfall (Umfrageergebnis 1995)

2.3.4.2 Maßnahmen zur Abfallwirtschaft

2.3.4.2.1 Nationale Maßnahmen

Kreislaufwirtschafts- und Abfallgesetz
und untergesetzliches Regelwerk

386. Zentrale Bedeutung für eine moderne Abfallwirtschaft kommt dem Kreislaufwirtschafts- und Abfallgesetz (KrW-/AbfG) zu. Nach mehrjährigen Verhandlungen, in deren Verlauf sich auch der Umweltrat in einer Stellungnahme geäußert hat (SRU, 1993), wird dieses Gesetz im Oktober 1996 in Kraft treten und das Abfallgesetz von 1986 ablösen. Das Kreislaufwirtschafts- und Abfallgesetz enthält eine Reihe von Neuerungen. Der Umweltrat begrüßt, daß der grundsätzliche Vorrang der Vermeidung vor der Verwertung vor der Beseitigung wieder in die endgültige Fassung des Kreislaufwirtschafts- und Abfallgesetzes eingearbeitet wurde. Auch wenn diese Prioritätenfolge im Einzelfall aus ökonomischen und ökologischen Gründen durchbrochen werden kann, weist sie doch nachdrücklich die Richtung, die eine dauerhaft-umweltgerechte Entwicklung in der Abfallwirtschaft nehmen muß. Dieser Grundsatz entspricht darüber hinaus der Regelung in der EG-Abfallrahmenrichtlinie (91/156/EWG). Der Umweltrat befürwortet diese Zielhierarchie, betont aber, daß es der Konkretisierung durch Rechtsverordnungen gemäß § 23 KrW-/AbfG bedarf (SRU, 1993).

Mit der Erweiterung des Abfallbegriffs, der außerordentlich umstritten war, wurde eine Angleichung an den europäischen Abfallbegriff entsprechend der EG-Abfallrahmenrichtlinie vorgenommen. Der erweiterte Abfallbegriff umfaßt nunmehr auch Reststoffe, so daß der Streit über die bisher übliche Differenzierung zwischen Abfall und Wirtschaftsgut an Bedeutung verlieren wird. Allerdings wurde das Abgrenzungsproblem zum Teil nur verlagert, da nunmehr eine Abgrenzung zwischen Abfall und Produkt und eine Abgrenzung zwischen Abfällen zur Beseitigung und Abfällen zur Verwertung zu treffen ist (DIECKMANN, 1995).

387. Das Kreislaufwirtschafts- und Abfallgesetz bedarf zur Umsetzung in die Praxis einer Konkretisierung durch Rechtsverordnungen. Mit zahlreichen geplanten Rechtsverordnungen sind weitere Teile des Kreislaufwirtschafts- und Abfallgesetzes zu präzisieren. Es ist dringend anzuraten, die Beratungen zu diesen untergesetzlichen Regelwerken voranzutreiben, um ein rechtzeitiges Funktionieren des Kreislaufwirtschafts- und Abfallgesetzes sicherzustellen. Insbesondere bei den Abfallbestimmungsverordnungen besteht noch erheblicher Abstimmungsbedarf hinsichtlich des Umfangs des Katalogs der jeweils erfaßten Abfälle. Diese Auseinandersetzung ist insofern von Bedeutung, als einige Länder bei einer Erweiterung des Abfallkatalogs höhere Einnahmen über die Landes-Abfallabgaben zu erwarten haben, andererseits aber den Unternehmen höhere Entsorgungskosten entstehen. Der Umweltrat befürwortet grundsätzlich die Erweiterung des Abfallkatalogs, da über das jeweilige Landes-Abfallabgabenrecht ein Anreiz zur Abfallvermeidung geschaffen werden kann (Tz. 395). Bei der Verordnung für Entsorgungsfachbetriebe wäre zu prüfen, ob und inwieweit das Anerkennungsverfahren für Entsorgungsfachbetriebe auf die Kriterien des Zertifizierungssystems nach DIN ISO 9000 aufgebaut und mit einem freiwilligen Umwelt-Audit verknüpft werden könnte. Der Umweltrat bleibt zwar bei seiner Forderung, daß sich Umwelt-Audits erst in der Praxis bewähren müssen (Tz. 169 ff.), hält es gleichwohl in diesem speziellen

Fall für sinnvoll, jetzt schon mögliche Weichen für eine Integration der Umwelt-Audits in das Anerkennungsverfahren für Entsorgungsunternehmen, die als Anlagenbetreiber tätig sind, zu stellen.

Produktbezogene Verordnungen

388. Im dritten Teil des Kreislaufwirtschafts- und Abfallgesetzes (§§ 22 ff.) wurde die programmatische Grundpflicht zur Produktverantwortung festgeschrieben und damit einer wichtigen Forderung des Umweltrates entsprochen. Mit dieser Grundpflicht wird der Weg zu einer Kreislaufwirtschaft beschritten. Das Kreislaufwirtschafts- und Abfallgesetz sieht eine Konkretisierung der Produktverantwortung durch weitere Rechtsverordnungen vor. Durch Rechtsverordnungen kann das Inverkehrbringen bestimmter Erzeugnisse verboten oder detaillierten Beschränkungen unterworfen werden. In Anlehnung an § 14 AbfG können dort, wo es notwendig ist, in Rechtsverordnungen bestimmte Rücknahme- und Rückgabepflichten geregelt werden.

389. Der Umweltrat hat bereits im Umweltgutachten 1994 (Tz. 511) festgestellt, daß ein dringender Handlungsbedarf hinsichtlich der nach § 14 AbfG zu verabschiedenden produktbezogenen Verordnungen besteht. Obwohl bereits in der 10. Legislaturperiode 17 Regelungsbereiche identifiziert wurden, sind wichtige Verordnungen auch in der 13. Legislaturperiode immer noch nicht verabschiedet. Angesichts dieses unbefriedigenden Zustandes greift der Umweltrat noch einmal seine Anmerkungen aus dem Umweltgutachten 1994 zu einzelnen Verordnungen auf und wiederholt seine Forderung nach baldiger Verabschiedung. Er hält dabei die prinzipielle Entscheidung, Selbstverpflichtungen der Industrie und des Handels ordnungsrechtlichen Eingriffen vorzuziehen, für unterstützenswert, wobei allerdings die bisherigen Aktivitäten der Wirtschaft wenig geeignet

sind, die Zweifel an dieser Strategie zu zerstreuen. Bedenken resultieren auch aus den nach wie vor unbefriedigenden Ergebnissen der Selbstverpflichtung der Batteriehersteller und des Einzelhandels hinsichtlich der Rücknahme und Verwertung von Batterien (SRU, 1994, Tz. 511).

390. Der Umweltrat hat im Umweltgutachten 1994 (Tz. 505 f.) zur *Verpackungsverordnung* und dem darauf basierenden Dualen System Deutschland Stellung genommen und diese Ausgestaltung grundsätzlich begrüßt, ohne die mit der Einführung des Dualen Systems verbundenen Schwierigkeiten und ordnungspolitischen Bedenken zu übersehen. Der Verpackungsverordnung kommt wegen ihres Vorbildcharakters für die anderen produktbezogenen Verordnungen eine besondere Bedeutung zu, so daß der Umweltrat schon jetzt zu der noch anstehenden Novellierung der Verpackungsverordnung kurz Stellung bezieht. Die Novelle dient insbesondere auch der Angleichung der Begrifflichkeiten an die EG-Richtlinie über Verpackungen und Verpackungsabfälle (94/62/EG). Bei einer Überprüfung des Vermeidungsgebots ist sicherzustellen, daß die Umweltbelastungen durch Vermeidungsmaßnahmen (z. B. Mehrwegbehälter) und die ökonomischen Kosten angemessen berücksichtigt werden. Der Entwurf einer neuen Verpackungsverordnung sieht einen Wechsel von den bisher üblichen Sortierquoten zu Verwertungsquoten vor (zur grundsätzlichen Problematik der Verwertungsquoten siehe Kasten). Der Umweltrat ist der Auffassung, daß die Verwertungsquoten in regelmäßigen Abständen überprüft werden sollten, um sie unter ökologischen und ökonomischen Gesichtspunkten mehr und mehr an die optimalen Verwertungsquoten anzunähern. Er begrüßt die vorgeschlagenen Regelungen, die zur Unterstützung des Wettbewerbs und zur Bekämpfung der sogenannten Trittbrettfahrer des Dualen Systems eingeführt werden sollen.

Zur Problematik von Verwertungsquoten

Der Wechsel von den bisher üblichen Sortierquoten zu Verwertungsquoten erscheint konsequent, wenn man davon ausgeht, daß die Abfallbeseitigungspreise immer noch nicht hinreichend die ökologischen Kosten widerspiegeln, die durch Verbrennung, Deponierung oder Verbringung unter Tage verursacht werden. In diesem Fall wären die Entscheidungen der Unternehmen zwischen Verwertung und Beseitigung systematisch zugunsten der Beseitigung verzerrt. Allerdings müßte man dann vermutlich gleichfalls davon ausgehen, daß auch die Entscheidungen der Unternehmen zwischen Vermeidung und Verwertung zugunsten letzterer verzerrt sind, weil Verwertung in den allermeisten Fällen mit Energieeinsatz und deshalb auch mit Emissionen verbunden ist. Insofern müßte man mit Vermeidungs- und Verwertungsgeboten für bestimmte Fallgruppen oder mit Vermeidungs- und Verwertungsquoten arbeiten, um das Marktversagen zu korrigieren.

Solche Quoten können immer nur aggregierte Quoten für Herstellergruppen oder Abfallgruppen sein, weil es weder möglich noch sinnvoll wäre, Vermeidungs- und Verwertungsquoten auf der individuellen Ebene festzulegen. Damit erwächst freilich aus Vermeidungs- oder Verwertungsquoten ein elementares ordnungspolitisches Problem. Denn wenn eine aggregierte Quote für die Entscheidungen eines einzelnen Akteurs über Vermeidung, Verwertung beziehungsweise Beseitigung praktisch irrelevant ist (bzw. nur rein zufällig erreicht), wird entweder die Quote systematisch verfehlt oder es bedarf zusätzlich einer kollektiven Organisation, die den einzelnen Akteuren Anreize setzt oder Anweisungen gibt, damit die festgelegte Quote nicht überschritten wird. Für den Bereich der Verpackungen hat diese Funktion die Duales System Deutschland GmbH übernommen, indem sie die entsprechenden Abfallströme vollständig monopolisiert und insofern die erwünschten Quoten garantieren kann, freilich unter erheblicher Beschränkung des Verwertungswettbewerbs.

Abgesehen von ordnungspolitischen Bedenken gegenüber Vermeidungs- beziehungsweise Verwertungsquoten stellt sich zusätzlich das Problem der Bestimmbarkeit dieser Quoten. Denn in einer Abfallwirtschaft, die sich um die ökologischen Kosten korrigierten Verwertungs- und Beseitigungspreisen gegenübersähe, würden sich die entsprechenden Quoten als Ergebnis von Einzelentscheidungen der Unternehmen und der Konsumenten über Vermeidung, Verwertung und Beseitigung ergeben. Der Markt würde hier als Entdeckungsverfahren dienen, um die unter den gegebenen Umständen optimalen Quoten herauszufinden. Dieser Entdeckungsprozeß müßte bei der staatlichen Vorgabe solcher Quoten im Simulationsexperiment vorweg nachvollzogen worden sein, um die Quoten „richtig" festlegen zu können – angesichts der Komplexität dieses Prozesses ein schier unmögliches Unterfangen. Und selbst wenn eine Quote für einen bestimmten Zeitpunkt (eher zufällig) richtig angesetzt sein sollte, müßte sie darüber hinaus im Zeitablauf permanent korrigiert werden, um Veränderungen auf den Rohstoff- und Sekundärrohstoffmärkten und dem technischen Fortschritt Rechnung zu tragen. Ein Beispiel hierfür ist die Mehrwegquote, die unter Berücksichtigung der Entwicklung der Verwertungsquoten für Einweggetränkeverpackungen möglicherweise zu hoch angesetzt ist und damit nicht nur der Wirtschaft unnötige Kosten auferlegt und den internationalen Wettbewerb auf dem deutschen Getränkemarkt beschränkt, sondern auch ökologisch kontraproduktiv sein kann. Inzwischen aufgestellte Ökobilanzen des Umweltbundesamtes über Einweg- und Mehrwegverpackungssysteme im Getränkebereich (SCHMITZ et al., 1995) zeigen, daß zum Beispiel bei Milch die rezyklierbare Plastikschlauchverpackung den Mehrwegsystemen mit Glasflaschen ökologisch mindestens gleichwertig ist – allerdings vom Verbraucher nicht akzeptiert wird.

Einzuräumen ist demgegenüber, daß auch bei der Schätzung der ökologischen Kosten, die den Verwertungs- und Beseitigungsaktivitäten anzulasten sind, um systematisch verzerrte Entscheidungen in der Abfallwirtschaft zu vermeiden, Fehler gemacht werden können. Auch hat sich bisher eine solche Kostenanlastung als nicht praktikabel erwiesen. Sie würde im übrigen noch komplexer, wenn man, wie dies dem – freilich problematischen – Anspruch des Kreislaufwirtschafts- und Abfallgesetzes entspricht, zusätzlich noch Gesichtspunkte des Stoffumlaufs und der Ressourcenschonung einbeziehen würde.

Aber es spricht einiges dafür, daß die gesamtwirtschaftlich negativen Folgen solcher Schätzfehler bei den Umweltkosten auf die Dauer geringer sein könnten als die Folgen falsch angesetzter Quoten oder harter Prioritäten für bestimmte Entsorgungswege. Die Korrektur der Verwertungs- und Beseitigungspreise um die ökologischen Kosten setzt gleichmäßigere Anreize. Die Preise induzieren einen intensiveren Wettbewerb um ökologisch effektive und ökonomisch effiziente Verpackungssysteme sowohl bei Mehrweg- als auch bei Einwegverpackungen.

Insofern besteht der langfristig überlegene Weg der Abfallpolitik in der Anlastung der mit den verschiedenen Entsorgungswegen verbundenen Kosten. Dem Vorsorgeprinzip, das bei der Diskussion um den richtigen Weg mit Recht eine große Rolle spielt, kann dabei über entsprechende Kostenzuschläge zur Berücksichtigung unvollständig erfaßter Risiken in angemessener Weise Rechnung getragen werden. Verwertungs- und/oder Vermeidungsquoten sind Lösungen, die man für einen – sicherlich längeren – Übergangszeitraum legitimieren kann, der zur Schaffung der notwendigen Voraussetzungen für eine ökologische Preiskorrektur erforderlich ist. Unter dieser Voraussetzung begrüßt der Umweltrat die Einführung von Verwertungsquoten, wobei allerdings auch sichergestellt werden muß, daß sich die Verwertungsquoten auf das gesamte jeweilige Abfallaufkommen beziehen, und nicht nur auf die jeweils getrennt erfaßten oder aussortierten Mengen beziehen, weil sonst das Ziel der Vorgabe von Verwertungsquoten über niedrige Sammel- oder Sortierquoten konterkariert werden kann.

---

391. Trotz mehrjährigen Vorlaufs (seit 1991!) konnte auch bei der *Elektronikschrott-Verordnung* bisher kein Konsens erzielt werden. Ziel dieser Verordnung ist die Rücknahme und Verwertung von Elektronikschrott durch Hersteller und Vertreiber. Der Problemdruck in diesem Bereich ist in den vergangenen Jahren vor allem auch durch die Computer-Branche gestiegen. Betrachtet man die kurze Lebensdauer (3 bis 4 Jahre) der rund 15 bis 20 Millionen Computer in Deutschland, so läßt sich die Dimension dieses Problems erkennen. Dieser Trend zu wesentlich kürzeren Produktzyklen ist aber auch bei anderen Elektrogeräten zu verzeichnen.

Die Arbeitsgemeinschaft CYCLE im Verband Deutscher Maschinen- und Anlagenbau hat mittlerweile ein eigenes Modell zur Rücknahme und Verwertung von Elektronikschrott aus der informationstechnischen Industrie vorgestellt. In diesem Modell rückt sie von ihrer ursprünglichen Forderung ab, die Kosten der Verwertung dem Letztbesitzer aufzubürden. Der aktuelle Vorschlag sieht nunmehr vor, die Verwertungskosten direkt beim Käufer zu internalisieren. Dieser Entwurf betrifft die Rücknahme und Verwertung elektrischer und elektronischer Produkte aus der Informationstechnik, Bürokommunikationssystemen und artverwandte Investitionsgüter, die nach dem Inkrafttreten des Kreislaufwirtschafts- und Abfallgesetzes verkauft werden. Unbefriedigend ist, daß für Altgeräte sowie für Produkte aus der Unterhaltungselektronik und für Haushaltsgeräte keine Lösung für eine Rücknahme oder Wiederverwertung existiert. Der Umweltrat hält für diese Bereiche die baldige Verabschiedung der Elektronikschrott-Verordnung für dringend geboten, da andernfalls auf absehbare Zeit eine Vermeidung und Verwertung des anfallenden Elektronikschrotts im Sinne einer dauerhaft-umweltgerechten Kreislaufwirtschaft nicht gewährleistet werden kann. Eine entsprechende Rahmenverordnung auf Basis des Kreislaufwirtschafts- und Abfallgesetzes soll diese Aktivitäten flankieren. Im übrigen hält es der Umweltrat gerade im Elektronikbereich für dringend erforderlich, daß weitere Regelungen hinsichtlich der Verwendung ökologisch unbedenklicher Materialien, der Kennzeichnung der Materialien sowie des Aufbaus der Geräte zur Erleichterung notwendiger Reparatur- und Erweiterungarbeiten getroffen werden.

392. Handlungsbedarf besteht daneben auch bei der Rücknahme und Verwertung von Altautos. Ein entsprechender Vorschlag für eine Altauto-Richtlinie auf europäischer Ebene ist von der Europäischen Kommission vorgelegt worden. Darin wird vorgeschlagen, die Produktverantwortung den Automobilherstellern wie bei den Verpackungsregelungen zu übertragen sowie die Autohersteller zur Rücknahme der Altautos zu verpflichten und die Verwertung den Herstellern kostenmäßig anzulasten. Darüber hinaus soll von den Autoherstellern die Einhaltung von Verwertungsquoten verlangt werden. Ab Januar 2002 soll für Neufahrzeuge, die eine Verwertungsquote von 90 % nicht erreichen, eine Gebühr erhoben werden.

Eine entsprechende *Altautoverordnung* wurde auf nationaler Ebene bislang wegen der Ankündigung einer Selbstverpflichtung des Verbandes der deutschen Automobilindustrie zurückgestellt. Nachdem es bisher zu keinem befriedigenden Vorschlag gekommen ist, sieht sich das Bundesumweltministerium veranlaßt, eine Altautoverordnung auf den Weg zu bringen. Es wird ein System vorgezogen, bei der Erstbesitzer die Entsorgung beim Erwerb bezahlt und dafür einen Verwertungspaß erhält. Der Umweltrat favorisiert dagegen ein Modell, bei dem die Hersteller zur kostenlosen Rücknahme verpflichtet werden und die Kosten der Entsorgung schon bei dem Erwerb des Fahrzeuges berücksichtigt werden, ohne daß diese Kosten allerdings durch einen Verwertungspaß inclusive einer Entsorgungsgebühr extra aufgeschlagen werden. Solange die Automobilhersteller zueinander im Wettbewerb stehen, werden die Entsorgungskosten von Altautos bei einer bestehenden Rücknahmeverpflichtung der Hersteller einen ausreichenden ökonomischen Anreiz zur Senkung dieser Kosten bewirken. Die Senkung der Entsorgungskosten ist durch Verbesserung der Konstruktion der Autos oder durch eine effizientere Verwertung zu erzielen. Die Kosten der Entsorgung dem Letztbesitzer bei der Rückgabe anzulasten, würde zu geringe Anreize für die Hersteller setzen. Der Letztbesitzer befindet sich nämlich in der Situation, sein Altauto ohne Rücksicht auf die Kosten entsorgen zu müssen. Gegen das Verwertungspaßmodell spricht, daß der Verbraucher die Entsorgung in jedem Fall vorfinanzieren müßte. Dafür gibt es an sich keine Veranlassung.

393. Die Verordnung zur Verwertung und Entsorgung gebrauchter Batterien und Akkumulatoren *(Altbatterie-Verordnung)* liegt immer noch nicht vor. Die Verordnung soll die EG-Richtlinie über gefährliche Stoffe enthaltende Batterien und Akkumulatoren (91/157/EWG) von März 1991 in nationales Recht umsetzen. Für den Bereich der schadstoffhaltigen Batterien konnten Selbstverpflichtungen von Hersteller und Handel die in sie gesetzten Erwartungen nicht erfüllen. Für den Bereich der schadstoffarmen Batterien will die Bundesregierung jedoch zugunsten einer Fortschreibung der freiwilligen Selbstverpflichtungen von Hersteller und Handel aus dem Jahre 1989 auf eine weitere ordnungsrechtliche Regelung verzichten.

Entsorgungsmonopole

394. Hinsichtlich Abfällen aus Produktion und Gewerbe führt das Kreislaufwirtschafts- und Abfallgesetz eine grundsätzliche Verantwortlichkeit des Verursachers ein (§§ 5 Abs. 2, 11 KrW-/AbfG). Insofern wird eine wünschenswerte Gleichstellung mit Emissionen und Abwässern erreicht, bei denen die Verursacherverantwortung seit jeher selbstverständlich ist. Diese grundsätzlich wichtige Weichenstellung führt aber nicht dazu, daß der Verursacher unter den in Betracht kommenden Entsorgungsanlagen nach Kostengesichtspunkten wählen könnte. Das Gesetz hält die öffentlich-rechtlichen Entsorgungsmonopole der Länder aufrecht und ermöglicht unter bestimmten Voraussetzungen sogar deren Ausdehnung auf die Verwertung (§ 13 KrW-/AbfG); allerdings hat die Übertragung von Entsorgungspflichten auf Dritte, Verbände und Kammern Vorrang.

Nach Auffassung des Umweltrates sind Entsorgungsmonopole im Bereich der Sonderabfallentsorgung schlechthin unvertretbar, wenn sie nur der Überwachung und der Einnahmeerzielung dienen, die Einrichtung des betreffenden Landes aber keine eigenen Entsorgungsleistungen erbringt. Darüber hinaus zwingt die neuere Entwicklung in der Abfallwirtschaft, die dadurch gekennzeichnet ist, daß Abfälle aller Art immer mehr zu Wirtschaftsgütern werden und Überkapazitäten entstehen, dem Wettbewerb mehr Raum zu verschaffen. Länderautarkie führt zu gravierenden Effizienznachteilen und sollte daher überwunden werden. Dies gilt nicht nur für Sonderabfälle, sondern auch für Haushaltsabfälle. Insofern setzt das Kreislaufwirtschafts- und Abfallgesetz falsche Signale.

Marktorientierte Instrumente

395. In der Koalitionsvereinbarung zur 13. Legislaturperiode hat sich die Bundesregierung generell zur Stärkung marktwirtschaftlicher Instrumente verpflichtet und konkret die Durchführung von Pilotprojekten zur Erprobung marktwirtschaftlicher Instrumente als eine zu verfolgende Aufgabe genannt (Tz. 41 f.). Die Pläne zu einem Abfallabgabengesetz werden jedoch augenblicklich nicht weiter verfolgt, so daß eine baldige Regelung auch nicht zu erwarten ist.

Der Umweltrat mahnt eine grundsätzliche Überprüfung der bislang im Abfallbereich realisierten Abgabenlösungen an und schlägt vor, insbesondere die Möglichkeiten einer Einführung von Pfand-Systemen für bestimmte Stoffe und Produkte zu überprüfen.

Zu den wenigen Abgabenlösungen im Abfallbereich zählen die in einigen Ländern (Baden-Württemberg, Bremen, Hessen, Niedersachsen) eingeführten Abfallabgaben auf besonders überwachungsbedürftige Abfälle. In der vorliegenden Form sind die in den Ländern praktizierten Sonderabfallabgaben kaum geeignet, Lenkungswirkungen zu entfalten und die Entsorgungsknappheit zu verdeutlichen. Ein für das Land Niedersachsen erstelltes Gutachten schlägt deshalb vor, die Abgabe künftig branchenspezifisch und nach Art der Abfälle stärker zu differenzieren und daran zu bemessen, welche Kosten für Vermeidung und umweltverträgliche Verwertungsverfahren aufzubringen sind. Damit sollen stärkere Anreize für Investitionen in innovative Technologien gegeben werden.

In einem vom Bundesrat eingebrachten Gesetzesantrag (BR-Drs. 510/95) vom 15. August 1995 wird der Entwurf eines Sonderabfallabgabengesetzes vorgelegt. Allerdings orientiert sich dieser Entwurf im wesentlichen an den in den Ländern bereits praktizierten Abgabenregelungen, ohne daß die bereits gemachten Erfahrungen zu einer Modifizierung der Abfallabgaben geführt haben.

Der Umweltrat erinnert daran, daß Umweltabgaben Vermeidungsanreize setzen sollen und nicht in erster Linie Finanzierungszwecken dienen. Ein an Branchen- und Abfallarten noch stärker orientiertes Sonderabfallabgabenmodell sollte bundesweit erprobt werden.

2.3.4.2.2 Maßnahmen zur Abfallwirtschaft auf europäischer Ebene

396. Nachdem das gemeinschaftliche Abfallrecht Anfang der neunziger Jahre zu den Regelungsschwerpunkten zählte und eine grundlegende Revidierung des Abfallrechts, insbesondere in der Abfallrahmenrichtlinie (91/156/EWG), vorläufig einen Abschluß gefunden hat (SRU, 1994, Tz. 584 ff.), stand in den letzten Jahren neben dem fortgesetzten Bemühen um eine Verpackungsrichtlinie die Entsorgungsseite im Mittelpunkt. Das betrifft insbesondere die Richtlinie über die Verbrennung gefährlicher Abfälle (94/67/EG), die Änderung der Verordnung zur Überwachung und Kontrolle der Verbringung von Abfällen in der, in die und aus der Europäischen Union (KOM (95) 143), den Vorschlag für eine Richtlinie über Abfalldeponien (KOM (93) 275) sowie die Entscheidung über ein Verzeichnis gefährlicher Abfälle (94/904/EG).

Richtlinie über Verpackungen
und Verpackungsabfälle

397. Die Richtlinie über Verpackungen und Verpackungsabfälle, zu deren Entwurf der Umweltrat bereits im Umweltgutachten 1994 kritisch Stellung bezogen hat (Tz. 586), ist nach längeren Auseinandersetzungen Ende 1994 verabschiedet worden (94/62/EG vom 20.12.1994; ABl. Nr. L 365, S. 10). Den Hintergrund bildeten die großen Unterschiede in den abfallpolitischen Ansätzen der Mitgliedstaaten, aber auch die Kritik an der deutschen Abfallpolitik, die zu einem hohen Aufkommen recyclingfähiger Reststoffe mit entsprechendem Exportdruck und in der Folge zu einem Preisverfall auf manchen Reststoffmärkten geführt hat. In Reaktion darauf schreibt die Richtlinie nicht nur Mindestquoten für die stoffliche Verwertung von Verpackungsabfällen fest, sondern gegen den Willen der Parlamentsmehrheit auch Höchstquoten, freilich ohne daß es klare Regelungen für deren Berechnung und Überprüfung gäbe (KRÄMER und KROMAREK, 1995, S. XII). Der Umweltrat verkennt nicht, daß diese Situation auch darauf beruht, daß die nationalen Recyclingkapazitäten in manchen Bereichen zu langsam auf- oder ausgebaut werden und daß in manchen Sparten Recyclingprodukte mit Akzeptanzproblemen zu kämpfen haben. Das Beispiel des Papiersektors zeigt, daß es sich dabei um eine vielschichtige Problematik handelt und funktionelle Gründe (Langlebigkeit, Bedruckbarkeit), Imagegründe und auch gesundheitliche Fragen (bei Hygienepapieren) sowohl der praktischen Brauchbarkeit als auch der Marktakzeptanz von Recyclingprodukten Grenzen setzen können. Dennoch sollten die Innovationsfähigkeit der Industrie und die Bemühungen, Recyclingprodukte auf den Märkten zu etablieren, nicht durch Höchstquoten gebremst werden.

398. Stoffbezogene Vorschriften enthält die Richtlinie in Artikel 11 mit Grenzwerten für den Schwermetallgehalt und in Anhang II mit grundlegenden Umweltkriterien hinsichtlich der gesundheitlichen Unbedenklichkeit sowie der mehrmaligen Verwendungsfähigkeit und der Wiederverwertbarkeit von Verpackungen. Die Kriterien sollen durch europäische Normen konkretisiert werden. Dem Umweltrat erscheint im Hinblick auf die Konflikthaftigkeit der Problematik zweifelhaft, ob es sinnvoll ist, die Festlegung von Produktanforderungen den europäischen Normungsinstitutionen zu überlassen. Zu begrüßen ist aber die in Artikel 8 festgeschriebene Verpflichtung des Rates, EU-weite Kennzeichnungs- und Identifizierungssysteme zu beschließen; damit wird eine wichtige Voraussetzung für die (werk-)stoffliche Verwertung von Verpackungen geschaffen, deren bisheriges Fehlen für die Entsorgung vieler Verpackungen verantwortlich ist.

Die veränderte Vorgehensweise der europäischen Umweltpolitik hat auch dazu geführt, daß in Artikel 15 ausdrücklich marktwirtschaftliche Instrumente erwähnt werden, deren Einsatz jedoch dem Rat vorbehalten wird. Den Mitgliedstaaten bleibt es überlassen, ihrerseits binnenmarktkonforme ökonomische Instrumente einzusetzen, wenn der Rat keine derartigen Maßnahmen ergreift. Das Erfordernis der Nichtbehinderung des Warenhandels setzt einzelstaatlichen Initiativen dabei allerdings einen relativ engen Rahmen.

399. Die Richtlinie wird vor allem für die südeuropäischen Mitgliedstaaten einschneidende Veränderungen ihrer bisherigen Abfallpolitik erforderlich machen. Für die deutsche Verpackungsverordnung und einige stoffbezogene Regelungen werden sich Anpassungsnotwendigkeiten in einzelnen Punkten ergeben, ohne daß die Linie der bisher verfolgten Abfallpolitik auf dem Verpackungssektor grundlegend verändert werden müßte. Es ist insbesondere nicht damit zu rechnen, daß die in der Richtlinie festgelegten Höchstquoten für die Verwertung negative Auswirkungen haben werden, da inzwischen hinreichende inländische Kapazitäten zur Verwertung aufgebaut worden sind. Innovative Ansätze könnten sich für die deutsche Politik aus den Vorschriften über ein Kennzeichnungs- und Identifizierungssystem für Verpackungen (Art. 8) und die Unterrichtung der Verpackungsbenutzer (Art. 13) ergeben. Zum Beispiel könnte ein deutlich lesbarer Hinweis auf die Kosten des „grünen Punktes" auf jeder damit versehenen Verpackung einen Beitrag dazu leisten, daß die Endverbraucherpreise tatsächlich die „ökologische Wahrheit" sagen.

Richtlinie über die Verbrennung gefährlicher Abfälle

400. Die Europäische Kommission hatte schon 1992 den Entwurf einer Richtlinie über die Verbrennung gefährlicher Abfälle vorgelegt, die gemeinschaftsweit die erforderliche Kontrolle der Verbrennung gefährlicher Abfälle und die Begrenzung der daraus entstehenden Emissionen regeln soll. Die weitere Beratung war von Differenzen zwischen Rat und Parlament gekennzeichnet, nachdem der Rat die von der Kommission vorgeschlagenen Grenzwerte für zu streng hielt und das Parlament die gegenteilige Auffassung vertrat, sich mit ihr aber letztlich weitgehend durchsetzen konnte. Die Richtlinie 94/67/EG ist daher erst Ende 1994 verabschiedet worden.

Die Richtlinie ist ausschließlich auf die Verbrennung bestimmter gefährlicher Abfälle anzuwenden und hat damit einen engeren Anwendungsbereich als die 17. BImSchV des nationalen Rechts, die weitgehend einheitliche Anforderungen an die Verbrennung von Abfällen aller Art vorsieht. Das Merkmal der Gefährlichkeit wird durch einen Verweis auf die Richtlinie 91/689/EWG bestimmt; damit ist das dort zugrunde gelegte System der – für nationale Ergänzungen offenen – Herkunftsbereiche und Gefahrenmerkmale maßgeblich sowie das mit der Ratsentscheidung 94/904/EG aufgestellte Verzeichnis gefährlicher Abfälle. Allerdings werden in Artikel 2 Nr. 1 der Richtlinie eine ganze Reihe von Abfallarten vom Anwendungsbereich ausgenommen, unter anderem brennbare flüssige Abfälle einschließlich Altöle mit geringeren als den erlaubten PAK-Anteilen und Klärschlämme, deren Schadstoffbelastung unterhalb der durch die Klärschlamm-Richtlinie erlaubten Konzentrationen bleibt. Die Definition des Anwendungsbereiches setzt eine sorgfältige Trennung und Klassifizierung der Abfälle im Eingangsbereich voraus, die noch nicht überall verwirklicht sein dürfte.

401. Die festgesetzten Emissionsgrenzwerte für organische Stoffe, Staub, Salzsäure, Flußsäure und Schwefeldioxid sind identisch mit denen der 17. BImSchV (Tab. 2.15). Die ebenfalls identischen Grenzwerte für Schwermetalle gelten allerdings nur für neue Anlagen, während bestehenden Anlagen

doppelt so hohe Emissionen zugestanden werden, ohne daß Nachrüstungsfristen für die Einhaltung gesetzt würden. Darin liegt ein Mangel, der angesichts der bestehenden, zumindest lokal bedenklichen Schwermetallbelastung beseitigt werden sollte. Für Dioxine und Furane werden ein ab Anfang 1997 geltender Summengrenzwert von 0,1 ng/m³ nebst Äquivalenzfaktoren wie in der 17. BImSchV festgelegt, als Mittelwert über den Zeitraum von sechs bis acht Stunden; dieser Wert entspricht im Ergebnis den Anforderungen der 17. BImSchV.

Weniger detailliert als in der deutschen Regelung sind die Vorschriften zur Verbrennungsführung. Die durch Artikel 6 der Richtlinie vorgeschriebenen Verbrennungstemperaturen von 850 °C beziehungsweise 1100 °C bei ≥ 1 % halogenierter organischer Stoffe im Verbrennungsgut können zwar ausreichen, um vor allem die Dioxingrenzwerte einzuhalten, allerdings nur unter Bedingungen einer optimalen Verbrennungsführung. Die in Artikel 6 Abs. 2 vorgeschriebene Mindestverweildauer von zwei Sekunden kann dies nur gewährleisten, wenn alle sonstigen Parameter, insbesondere die Abkühlung der Rauchgase, richtig aufeinander abgestimmt sind.

402. Schließlich enthält die Richtlinie Vorschriften, die die unschädliche Entsorgung der Abwässer und der Verbrennungsrückstände sicherstellen sollen. Ihre Konkretisierung wird nach Artikel 8 Abs. 3 erst Ende 1996 durch die Festlegung spezifischer Einleitungsgrenzwerte erfolgen. Da bei der nassen Rauchgasreinigung Halogen- und lösliche Schwermetallverbindungen sich im Abwasser anreichern (SRU, 1991, Tz. 1400), liegt darin ein Problem, das im deutschen Recht zum grundsätzlichen Verbot der Einleitung von Abwasser aus der Reinigung von Rauchgasen der Hausmüllverbrennung geführt hat (Rahmen-Abwasser-VwV, Anhang 47, Nr. 2.2.3); wegen der meist fehlenden anderweitigen Entsorgungsmöglichkeit sind gleichwohl Einleitungsgrenzwerte für die häufigsten Schwermetalle festgesetzt worden, nicht jedoch für andere Stoffe. Insgesamt setzt die Richtlinie einen akzeptablen Mindeststandard für die unschädliche Verbrennung gefährlicher Abfälle. Infolge des Subsidiaritätsprinzips überläßt sie die Regelung wichtiger technischer Details den Mitgliedstaaten, so daß es von deren Engagement abhängt, ob und wann die Grenzwerte tatsächlich eingehalten werden. Zweifel daran folgen vor allem aus dem Fehlen von Nachrüstfristen für Altanlagen. Bei den noch auf europäischer Ebene vom Rat festzulegenden Grenzwerten für die Einleitung von Abwasser aus der Rauchgaswäsche sollte die deutsche Seite nachdrücklich auf der Einhaltung eines hohen Gewässerschutzstandards bestehen.

Richtlinie über Abfalldeponien

403. Mit dem Vorschlag für eine Richtlinie über Abfalldeponien (KOM (93) 275) zielt die Europäische Union auf eine Harmonisierung der Deponierungsvorschriften der Mitgliedstaaten. Hierzu ist eine Einstufung der Deponien nach den zu deponierenden Abfällen vorgesehen. Harmonisiert werden sollen auch die Genehmigungs- und Kontrollverfahren. Für bestehende Deponien sind Übergangsregelungen

Tabelle 2.15

Emissionsgrenzwerte ausgewählter Stoffe (mg/m³ im Normalzustand)
für Abfallverbrennungsanlagen in verschiedenen europäischen Ländern

Schadstoffe	Land							
	Europ. Union Richtlinie 94/67/EG 1994	Deutsch-land 17. BImSchV 1990	Dänemark 1991	Frankreich 1991 > 3 t/h	Niederlande BLA 1993	Österreich LRV-K 1989/90 0,75–15 t/h	Schweden 1993 > 3 t/h	Schweiz LRV 1992 > 350 kW
Staub	10	10	30	30	5	20	20	10
Chlorwasserstoff (HCl)	10	10	50	50	10	15	100	20
Fluorwasserstoff (HF)	1	1	2	2	1	0,7	–	2
Kohlenmonoxid (CO) *)	50	50	100	100	50	50	100	CO/CO_2 < 0,002
org. Stoffe (gesamt C)	10	10	20	20	10	20	–	20
Schwefeldioxid (SO_2)	50	50	300	300	40	100	–	50
Stickstoffoxid (NO_x)	–	200	–	–	70	300	–	80
PCDD/PCDF (in ng ITE/Nm^3)	0,1 ab 1. Januar 1997	0,1	1,0	–	0,1	0,1	0,1	–
Bezug	11% O_2, tr	11% O_2, tr	10% O_2, tr	9% O_2, tr	11% O_2, tr	11% O_2, tr	10% CO_2,tr	11% O_2, tr

*) Tagesmittelwert.
Quelle: UBA, 1995, schriftliche Mitteilung

vorgesehen; für bestimmte Deponien, die für nicht gefährliche Abfälle bestimmt sind und über geringe Aufnahmekapazitäten verfügen, können Ausnahmeregelungen gewährt werden. Darüber hinaus sieht der Vorschlag vor, daß im Interesse der Anstrengungen zur Abfallvermeidung und zum Abfallrecycling die Kosten für Errichtung und Betrieb der Deponie gedeckt sein sollten.

404. Verglichen mit der TA Siedlungsabfall bleibt der Vorschlag jedoch weit hinter deren technischen Anforderungen zurück, insbesondere bei der thermischen Vorbehandlung von Abfällen, der Errichtung von Kompostanlagen für organische Hausmüllbestandteile und der doppelten Abdichtung von Hausmülldeponien. Diese durch die TA Siedlungsabfall in Deutschland geltenden Anforderungen sind in der Richlinie nicht vorgeschrieben. Darüber hinaus sieht der Vorschlag vor, daß für Abfälle, die aufgrund ihrer Beschaffenheit organisch-chemische Abbauvorgänge erwarten lassen, eine Monodeponierung möglich ist, was wiederum nach der TA Siedlungsabfall in Deutschland unzulässig ist.

Da sich der Vorschlag auf Artikel 130 s EGV als Rechtsgrundlage beruft, können die Mitgliedstaaten jedoch strengere Vorschriften erlassen beziehungsweise beibehalten. Der Umweltrat empfiehlt deshalb

auch zur Sicherung des hohen Umweltschutzniveaus, die Anforderungen der TA Siedlungsabfall beizubehalten. Nach Auffassung des Umweltrates ist die vorgesehene Richtlinie sehr unbefriedigend, da Anforderungen in anderen Mitgliedstaaten auf niedrigem Niveau, die Kostenentwicklung wesentlich beeinflussen, die Abfallverbringung weiter fördern werden.

405. Problematisch ist auch die in dem Vorschlag vorgesehene Haftung des Betreibers für die durch deponierte Abfälle verursachten Umweltschäden. Die Nachsorgepflicht des Betreibers endet nach einem Zeitraum von nur zehn Jahren (Art. 13 Abs. 5). Würde dieser Vorschlag in das deutsche Recht übernommen, müßten in der Regel die Kommunen die Kosten für Nachsorgemaßnahmen tragen, wenn nicht durch den im Entwurf vorgesehenen jeweils nationalen Haftungsfonds (Art. 18) eine Kompensation erzielt werden kann. Der Umweltrat lehnt deshalb eine Begrenzung der Haftung auf zehn Jahre ab.

Verzeichnis gefährlicher Abfälle

406. Eine weitere Regelung im Abfallbereich ist die Entscheidung 94/904/EG über ein Verzeichnis gefährlicher Abfälle im Sinne von Artikel 1 Abs. 4 der Richtlinie 91/689/EWG über gefährliche Abfälle. Mit diesem Verzeichnis gefährlicher Abfälle werden für alle Mitgliedstaaten verbindlich jene Abfallarten festgelegt, die in besonderer Weise überwacht und in speziellen Anlagen behandelt und beseitigt werden müssen. Die Anforderung an die Anlagen sind wiederum in der Richtlinie über die Verbrennung gefährlicher Abfälle und in der Deponie-Richtlinie festgehalten.

Die im Verzeichnis aufgeführten Abfälle gelten grundsätzlich als gefährlich. Jedoch können die Mitgliedstaaten Vorschriften erlassen, wonach in Ausnahmefällen nach einem Nachweis durch den Abfallbesitzer festgelegt werden kann, daß bestimmte Abfälle des Verzeichnisses keine in der Richtlinie 91/689/EWG definierten Gefährdungsmerkmale besitzen und damit auch nicht den Entsorgungsregelungen der Richtlinie unterliegen.

EU-Projekt Prioritäre Abfallströme: Bauschutt

407. Rein quantitativ betrachtet nimmt der Bauschutt den weitaus größten Anteil am gesamten Abfallaufkommen ein, auch wenn vorliegende Schätzungen durch eine große Schwankungsbreite nur eine ungefähre Vorstellung vermitteln. Im Rahmen des EU-Projektes Prioritäre Abfallströme ist von einer Arbeitsgruppe unter deutscher Federführung ein Strategiepapier veröffentlicht worden, das Grundlage für eine Entscheidung der Europäischen Kommission über eine Bauschutt-Richtlinie oder über eine Empfehlung sein soll (Symonds Travers Morgan/ARGUS, 1995). Vorgeschlagen ist dabei unter anderem eine freiwillige Deklaration zu einigen Inhaltsstoffen von Baumaterialien. Hier soll die Kommission ein Formblatt erarbeiten. Eine verpflichtende, vollständige Deklaration der Bestandsstoffe von Baumaterialien ist von Seiten der Industrievertreter der Arbeitsgruppe allerdings verhindert worden. Insgesamt sind die Empfehlungen sehr allgemein gehalten. Deutlich wurde durch die Arbeiten an dem Strategiepapier allerdings, daß – während in anderen europäischen Ländern (Niederlande, Dänemark) Regelungen zum Bauschutt-Recycling existieren – in Deutschland Vorschläge zur Verwertung dazu noch nicht vorankommen, gleichwohl in diesem Bereich nachweislich große Vermeidungs- und Verwertungsmöglichkeiten bestehen. Bereits in seinem Sondergutachten Abfallwirtschaft (SRU, 1991, Tz. 888) hat der Umweltrat eine Reihe von Empfehlungen ausgesprochen, um das vorhandene mengenmäßig bedeutsame Abfallminderungspotential in diesem Bereich schon kurzfristig nutzbar zu machen. Nach Auffassung des Umweltrates sollten die Arbeiten im Rahmen des EU-Projektes Prioritäre Abfallströme vermehrt Anstrengungen zur Umsetzung der Ratsempfehlungen auslösen.

Vertragsstaatenkonferenzen zur Baseler Konvention

408. Seit dem 20. Juli 1995 ist Deutschland Vertragspartei der Baseler Konvention. Mit diesem Übereinkommen wurde 1989 ein System gegenseitiger Unterrichtung über die Einfuhr und den Transit gefährlicher Abfälle beschlossen (SRU, 1994, Tz. 501). Seitdem ist die Baseler Konvention auf mehreren Vertragsstaatenkonferenzen geändert worden.

Auf der 2. Vertragsstaatenkonferenz im März 1994 wurde zum einen ein sofortiges Verbot der Verbringung gefährlicher Abfälle zur Beseitigung aus OECD- in Nicht-OECD-Staaten beschlossen. Zum anderen einigten sich die Vertragsstaaten auf ein entsprechendes Verbot für gefährliche Abfälle zur Beseitigung („total ban"), das ab dem 1. Januar 1998 gelten soll.

Auf der 3. Vertragsstaatenkonferenz im September 1995 wurde dieses Exportverbot noch einmal konkretisiert. Im Gegensatz zum ursprünglichen Beschluß wird das Verbot nun für Staaten gelten, die im Anhang VII der Konvention aufgeführt sind. Gegenwärtig werden im Anhang die Mitgliedstaaten der OECD, der EU sowie Liechtenstein genannt. Zudem sollen die grenzüberschreitenden Exporte erst dann verboten werden, wenn die entsprechenden Abfälle als gefährlich im Sinne der Konvention gelten. Dazu werden Abfallisten von einer Arbeitsgruppe erstellt.

409. Die Europäische Kommission will das Verbot uneingeschränkt im europäischen Abfallrecht umsetzen (KOM (95) 43), das heißt ohne die Möglichkeit, Ausnahmeregelungen in Form von bilateralen Abkommen zwischen OECD- und EU-Staaten und Staaten zuzulassen, die diesen Organisationen nicht angehören. Gerade Deutschland hatte sich für diese Ausnahmeregelungen eingesetzt; die Abfallverbringungsverordnung wird nun in diesem Sinne zu novellieren sein.

410. Die oben genannten Abfälle beziehen sich auf die Anhänge III und IV (gelbe und rote Liste) der EG-Abfallverbringungsverordnung Nr. 259/93/EWG. Einen weiteren Vorschlag hat die Kommission zu Abfällen der sogenannten grünen Liste (Anhang II) vorgelegt. Dazu zählen unter anderem Sekundärrohstoffe aus metallurgischen Prozessen, aber auch Altpapier und Kunststoffverpackungsabfälle. Bislang galt für diese Stoffe ein Verfahren, bei dem die Nicht-OECD-Länder von der Kommission angeschrieben wurden, um zu erfragen, ob Einwände gegen einen Abfallimport bestehen. Dieses Verfahren hat sich nicht bewährt, so daß nun für eine Reihe von Ländern nach dem Verfahren vorgegangen werden soll, das für Abfälle der roten Liste Anwendung findet. Die bereits jetzt schon komplizierten Genehmigungsverfahren werden damit nicht gerade vereinfacht. Nach den Änderungen der Baseler Konvention müssen die Vertragspartner stärker als bisher ihren Blick auf Vollzugsdefizite richten.

2.3.4.3 Schlußfolgerungen und Empfehlungen zur Abfallpolitik

411. Eine am Leitbild einer dauerhaft-umweltgerechten Entwicklung ausgerichtete Abfallwirtschaft muß der *Vermeidung und Verwertung von Abfällen* im Produktions- und Konsumbereich grundsätzlich Vorrang vor der Beseitigung einräumen, wobei im Einzelfall zu prüfen ist, welche Maßnahme mit den geringsten Umweltbelastungen verbunden ist. Eine gezielte Betrachtung und Bewertung von Stoffströmen trägt dazu bei, Maßnahmen zur Abfallvermeidung und -verwertung systematischer und wirkungsvoller einzuleiten und durchzuführen. Alle Vorgänge der Ver- und Entsorgung müssen wegen ihrer Zusammengehörigkeit durchgehend auch unter stoffökologischen Gesichtspunkten betrachtet und geprüft werden. Eine noch stark sektorale Betrachtungsweise in der Abfallpolitik muß dabei ersetzt werden durch eine integrale stoffbezogene Sicht auf Güter und Abfälle. Um die Leitvorstellungen einer umweltverträglichen Abfallwirtschaft praktikabel umsetzen zu können, bedarf es sowohl der Änderung der Verhaltensweisen von Produzenten und Konsumenten als auch des Einsatzes sowie der Weiterentwicklung des umweltpolitischen Instrumentariums. Auf seiten der Unternehmen ist die Entwicklung verwertungs- beziehungsweise beseitigungsfreundlicher Produkte sowie die Vermeidung und Verwertung von Reststoffen und Abfällen weiter voranzutreiben. Auf seiten der Konsumenten handelt es sich nicht nur um ein verändertes Verhalten bei der Sammlung von Haushaltsabfällen, sondern um tiefgreifende Veränderungen der Kauf-, Konsum- und Lebensgewohnheiten der einzelnen Menschen, die Ausdruck neuer, umweltbewußter Lebens- und Verhaltensweisen sind.

412. Im *Kreislaufwirtschafts- und Abfallgesetz* ist eine Konkretisierung durch Rechtsverordnungen notwendig. Es ist dringend anzuraten, die Beratungen zu diesen untergesetzlichen Regelwerken voranzutreiben, um ein rechtzeitiges Funktionieren des Kreislaufwirtschafts- und Abfallgesetzes sicherzustellen. Insbesondere bei der Abfallbestimmungsverordnung besteht noch erheblicher Abstimmungsbedarf hinsichtlich des Umfangs des Katalogs gefährlicher Abfälle. Der Umweltrat befürwortet grundsätzlich die Erweiterung des Abfallkatalogs.

413. Eine Einflußnahme auf Stoffströme muß stärker als bisher über eine Hinwendung zu Produktanforderungen hinsichtlich der Stoffzusammensetzungen erfolgen. Ein Schritt in diese Richtung sind die lange geplanten *produktbezogenen Verordnungen* für Elektronikschrott, Altautos und Batterien sowie die bereits in Kraft getretene Verpackungsverordnung.

Die Verzögerungen hinsichtlich der Entwürfe zu den noch anstehenden Verordnungen rühren auch daher, daß die Wirtschaft trotz Ankündigungen noch keine überzeugenden Alternativen zu ordnungsrechtlichen Eingriffen in Form von Selbstverpflichtungen vorgelegt hat, die einer Überprüfung standhalten. Der Umweltrat sieht die Vorteile von Selbstverpflichtungen gegenüber ordnungsrechtlichen Maßnahmen, gibt aber Abgabenlösungen unter ordnungsrechtlichen Gesichtspunkten eindeutig den Vorzug. Im Vergleich zum Ordnungsrecht ermöglichen Selbstverpflichtungen ein größeres Maß an Flexibilität, da sie ein breiteres Spektrum von Handlungsmöglichkeiten für die Betroffenen anbieten. Es ist allerdings erforderlich, daß die Selbstverpflichtungen der Wirtschaft die zentralen ökologischen Eckpunkte entsprechender produktbezogener Verordnungen aufnehmen. Andernfalls besteht die Gefahr, daß die erwünschten Effekte nicht verwirklicht werden. Die produktbezogenen Selbstverpflichtungen müssen die Regelungen zur Produktverantwortung gemäß den §§ 22 ff. KrW-/

AbfG umsetzen. Die bisherigen Vorschläge für Selbstverpflichtungen hinsichtlich der Rücknahme und Verwertung von Elektronikschrott und Altautos sind nicht ausreichend. Soweit hier nicht nachgebessert wird, werden entsprechende Verordnungen nicht zu vermeiden sein. Es ist im übrigen nicht hinzunehmen, daß wichtige Bereiche ungeregelt bleiben, weil funktionsfähige Selbstverpflichtungen abgewartet werden.

414. Gegenwärtig ist die Tendenz zu beobachten, unter Hinweis auf in allen Bereichen sinkende Abfallströme Druck in Richtung auf eine Änderung des Kreislaufwirtschafts- und Abfallgesetzes vor allem bezüglich einer Abschwächung der Vermeidungsanstrengungen auszuüben, obwohl das Gesetz erst im Oktober 1996 in Kraft tritt und Auswirkungen auf die Entsorgungssituation überhaupt noch nicht abzuschätzen sind.

Der Umweltrat hält ein Überangebot an *Entsorgungskapazitäten*, daß heißt nicht ausgelastete Verbrennungsanlagen und Deponien, keinesfalls für ein Übel, dem man mit verringerten Anstrengungen bei der Abfallvermeidung begegnen muß. Mehr Wettbewerb könnte im Entsorgungs- und Recyclingbereich durch Aufhebung der kleinräumlichen Begrenzung des Einzugsbereichs der Entsorgungsanlagen und durch einen bundeseinheitlichen Entsorgungsmarkt erreicht werden. Hier könnten länderübergreifende Kooperationen, wie etwa nach dem Plan zwischen Niedersachsen und Sachsen-Anhalt, hilfreich sein. Die hiermit verbundenen Transporte und ihre Emissionen sollten durch die Verlagerung der Transporte auf die Schiene eingeschränkt werden.

415. Der Umweltrat weist darauf hin, daß eine Voraussetzung für wirkungsvolle Maßnahmen eine wesentliche Verbesserung der *Datenlage* im Abfallbereich ist. In den meisten Fällen müssen bislang Schätzungen und Prognosen verläßliche Daten ersetzen. Das Umweltstatistikgesetz wird hier nur in einigen Fällen Abhilfe schaffen können. Wirkungsseitig ist die Datensituation mangelhaft: Für die vom Umweltrat bereits im Umweltgutachten 1994 angesprochene fundierte Abschätzung der Wirkung auf Akzeptoren fehlen weiter ausreichende Daten. Darüber hinaus sind auch Kenntnisse über Ursache-Wirkungs-Zusammenhänge zumeist zu lückenhaft, um verläßliche Wirkungsanalysen zu ermöglichen. Der Umweltrat empfiehlt daher eine konzertierte Aktion von Bund und Ländern, um in einem ersten Schritt ein Gesamtkonzept zur Datenlage im Abfallbereich unter Einschluß der wirkungsseitigen Daten und Fakten zu erstellen. Dazu wäre eine Anbindung an die Arbeiten zu Indikatorensystemen im Abfallbereich dringend anzuraten.

416. Der Umweltrat hält eine grundsätzliche Überprüfung der im Abfallbereich realisierten *Abgabenlösungen* für erforderlich und schlägt vor, insbesondere die Möglichkeiten einer Einführung von Pfand-Systemen für bestimmte Stoffe und Produkte zu überprüfen. Die in den Ländern praktizierten Sonderabfallabgaben sind dagegen nur dann geeignet, tatsächliche Lenkungswirkungen zu entfalten und Entsorgungsknappheiten zu verdeutlichen, wenn zukünftig ein nach Branchen- und Abfallarten stärker differenziertes Abgabensystem zur Anwendung kommt und die Abgabe auch daran bemessen wird, welche Kosten für umweltverträgliche Vermeidungs- und Verwertungsverfahren aufzubringen sind.

417. Teil einer Abfallvermeidungsstrategie und einer Kreislaufwirtschaft ist der Umgang mit *Verpakkungen*. Dazu zählt die Sicherung von Mehrwegsystemen und das Zurückdrängen von Einwegverpackungen durch die Novellierung der Verpackungsverordnung, soweit dies auf der Basis von Öko-Bilanzen zu rechtfertigen ist. Unter diesen Voraussetzungen empfiehlt der Umweltrat eine deutliche Verteuerung von Einwegverpackungen, insbesondere bei Einweggetränkedosen sowie die Einführung von Pfand-Systemen gerade in diesen Bereichen.

418. Der über das Duale System gewählte Weg der Verpackungserfassung, -verwertung und -entsorgung ist immer noch mit Mängeln behaftet. Zunächst gibt die monopolartige Struktur der Duales System Deutschland GmbH, die auch Kritik von seiten des Kartellamtes auf sich gezogen hat, und die starke Verflechtung mit der Entsorgungswirtschaft Anlaß zur Sorge. Angesichts des großen Kostenanstiegs durch dieses zweite Entsorgungssystem lassen sich zudem Zweifel äußern, ob eine Kosten-Nutzen-Analyse über die Vorteilhaftigkeit des Systems durchgehend positiv ausgehen würde. Schließlich stellt sich das Problem des zunehmenden Einsatzes von DSD-Kunststoffabfällen als Reduktionsmittel in der Stahlherstellung und die Tendenz, dies mit enormen Kosten zu „subventionieren". Gefährdet wird dadurch das werkstoffliche Recycling. Im Ergebnis verringert sich auch der Druck auf die Müllvermeidung.

Dabei ist auch zu berücksichtigen, daß für einen sinnvollen Materialkreislauf die Rohstoffqualität ausschlaggebend ist. Eine mit Abwärmeverwertung gekoppelte thermische Inertisierung heterogener, heizwertreicher Abfälle – inklusive Verpackungsabfälle – wäre in vielen Fällen ökologisch und ökonomisch sinnvoller als der arbeits-, kosten- und energieintensive Entzug dieser Fraktionen aus dem Restmüll zur forcierten roh- und werkstofflichen Verwertung mit hohem Eigenenergie-, insbesondere Strombedarf. Zugleich sinkt der Heizwert des Restmülls, so daß dessen selbstgängige Verbrennung immer weniger möglich ist. Unter diesen Gesichtspunkten können weitere, möglicherweise sehr kostenträchtige Bemühungen um Sortierung und Fraktionierung durchaus kritisch beurteilt werden. Es erscheint darüber hinaus äußerst notwendig, die heutige Praxis auf diesem Gebiet grundsätzlich zu überdenken.

419. Im Hinblick auf die Sortier- und Sammelbereitschaft der Bevölkerung können sich sowohl die Kostensteigerungen bei der Abfallentsorgung als auch die wachsende Tendenz zur Verbrennung des Restmülls höchst kontraproduktiv auswirken: Hier wäre es einmal mehr die Aufgabe der staatlichen und privaten Entscheidungsträger, der breiten Öffentlichkeit eine differenzierte Sichtweise und eine angemessene Entscheidungsfindung zu ermöglichen. Die Gründe, die für oder gegen die jeweils unterschiedlich einzuschlagenden Wege in der Abfallpolitik

sprechen, sind transparent zu machen, damit Vor- und Nachteile in nachvollziehbarer Weise gegeneinander abgewogen werden können. Wie in keinem anderen Bereich sind im Abfallsektor politische Entscheidungen von großen Akzeptanzrisiken begleitet. Der Umweltrat weist nachdrücklich darauf hin, daß die Umweltpolitik in Zukunft gerade dem Problem gesamtwirtschaftlicher Akzeptanzbildung große Bedeutung zumessen sollte.

420. Der Umweltrat bekräftigt seine im Sondergutachten Abfallwirtschaft festgelegten Maßstäbe zur Endlagerung von Restabfällen. Sie entsprechen dem Leitgedanken einer dauerhaft-umweltgerechten Entwicklung. Eine Gleichstellung der thermischen Inertisierung mit einer vorläufigen Stabilisierung, das heißt einer *mechanisch-biologischen Restabfallbehandlung*, von immer komplexer und inhomogener werdenden Restabfällen ist aus naturgesetzlichen Gründen ausgeschlossen, höchstens emissionsseitig vorstellbar. Eine rechtliche Gleichstellung beider Behandlungsformen ist daher auch künftig zu vermeiden. Es ist zu begrüßen, daß die Bundesregierung beabsichtigt, an den Zielen der TA Siedlungsabfall festzuhalten.

421. Im Bereich der Entsorgung ist die zunehmende Tendenz zur *Ablagerung bergbaufremder und besonders überwachungsbedürftiger Abfälle* festzustellen. Das sind im wesentlichen in großer Menge anfallende Rückstände aus der Müllverbrennung, wobei allerdings selbst die genehmigte Untertagedeponie Herfa-Neurode nicht ausgelastet ist. Um weite Transportwege zu vermeiden, stehen weitere Salzbergwerke als Standorte zur Diskussion. Die Nutzung anderer untertägiger Hohlräume, zum Beispiel in Steinkohlen-, Braunkohlen-, Erz-, Gips-, Kalk-, Granitbergwerken und dergleichen ist, wenn solche überhaupt geeignet sind, sehr differenziert zu betrachten. Der Umweltrat empfiehlt, vor einer Ausweitung untertägiger Deponierung den Abfallkatalog der unter Tage zu verbringenden Abfälle beziehungsweise Abfallarten gesteins- und bergwerksspezifisch zu überprüfen und auszurichten. Auch wäre zu überlegen, Massenabfälle wie kontaminierter Bodenaushub und Bauschutt mit in die Betrachtungen einzubeziehen.

422. Auf *europäischer Ebene* standen neben der Entsorgungsseite die fortgesetzten Bemühungen um eine Verpackungsrichtlinie im Mittelpunkt der EU-Aktivitäten. Der Umweltrat hält nach wie vor eine Verpackungsrichtlinie, die nicht nur Mindestquoten, sondern auch Höchstquoten für eine stoffliche Verwertung von Verpackungsabfällen festlegt, aus Gründen des Ressourcenschutzes und der Umweltschonung weder für erforderlich noch für nützlich. Die Innovationsfähigkeit der Industrie und die Bemühungen, Recyclingprodukte auf den Märkten zu etablieren, sollten nicht durch Höchstquotenvorgaben gebremst werden. Die innovativen Ansätze der Richtlinie, insbesondere hinsichtlich des Kennzeichnungs- und Identifizierungssystems für Verpackungen und die Unterrichtung der Verpackungsnutzer, könnten unter anderem durch einen deutlich lesbaren Hinweis auf die Kosten des „grünen Punktes" für mehr Preistransparenz sorgen.

Im Hinblick auf die Richtlinie über die Verbrennung gefährlicher Abfälle sollte auf deutscher Seite bei der Festlegung von Einleitungsgrenzwerten von Abwasser aus der Rauchgaswäsche nachdrücklich auf die Einhaltung eines hohen Gewässerschutzstandards bestanden werden.

Mit Blick auf den Vorschlag für eine Richtlinie über Abfalldeponien empfiehlt der Umweltrat, zur Sicherung des hohen Umweltschutzniveaus die Anforderungen der TA Siedlungsabfall beizubehalten. Nach seiner Auffassung wird die vorgesehene Richtlinie die grenzüberschreitende Abfallverbringung weiter fördern, da die niedrigen Anforderungen an Abfalldeponien in anderen Mitgliedstaaten die Kostenentwicklung wesentlich beeinflussen werden. Der Umweltrat lehnt darüber hinaus eine Begrenzung der vorgesehenen Haftung des Betreibers für die durch deponierte Abfälle verursachten Umweltschäden auf lediglich zehn Jahre ab.

423. Während durch die Beschlüsse der Vertragsstaatenkonferenzen der *Baseler Konvention* die Grundlagen für eine wirkungsvolle Kontrolle von Abfallexportverboten und eine Überprüfung von Verwertungskapazitäten in Empfängerländern geschaffen worden sind, müssen zukünftig vor allem die Vollzugsdefizite beseitigt werden. Der Abfallrückführungsfonds, der, sofern der Verursacher nicht ermittelt werden kann, eine verursachernahe Regelung der Kostenübernahme bei der Gesamtheit der Exporteure vorsieht, trägt zwar zur Beseitigung der Folgen von Vollzugsdefiziten bei, ist aber aus ordnungspolitischen Gründen außerordentlich problematisch.

2.3.5 Luftreinhaltung und Klimaschutz

2.3.5.1 Zur Situation

Bodennahes Ozon und wichtige
Ozonvorläufersubstanzen

424. Bei der Belastung der Umwelt durch Luftverunreinigungen stand in den letzten Jahren die Sommersmogproblematik weit im Vordergrund. Bei starker Sonneneinstrahlung und hohen Temperaturen entstehen in den Sommermonaten regelmäßig hohe Konzentrationen von Photooxidantien. Das aufgrund seiner hohen Konzentration bedeutendste Photooxidans ist *Ozon* (O_3), das sich in chemischen Reaktionen der Vorläufersubstanzen *Stickstoffoxide* (NO_x) mit einigen *flüchtigen organischen Verbindungen* (VOC) sowie mit *Kohlenmonoxid* (CO) und *Methan* (CH_4) bildet.

Ozon entsteht dabei nicht nur unmittelbar dort, wo die Primärschadstoffe emittiert werden, sondern auch zeitversetzt und oft weit entfernt von den ursprünglichen Schadstoffquellen. Eine Analyse der Ozonbildung in Deutschland für 1993 zeigt beispielsweise, daß nahezu ausnahmslos die Gebiete erhöhter Ozonkonzentration in Windrichtung außerhalb der Ballungsräume oder an deren Rändern liegen. Die Entfernung ist dabei abhängig von der Geschwindigkeit beim atmosphärischen Transport und von den unter-

wegs stattfindenden chemischen Umwandlungsprozessen. So lassen sich zum Beispiel Episoden feststellen, bei denen das Gebiet erhöhter Ozonkonzentration gerade noch im Ballungsraum beginnt, oder – bei höheren Windgeschwindigkeiten – auch bis zu 100 km und mehr vom Ballungsraum entfernt zu finden ist (UBA, 1995a).

425. Die Belastung des Menschen durch den Sommersmog ist einmal durch kurzfristige Spitzenkonzentrationen, die im Tagesrhythmus meist zeitlich begrenzt auftreten, zum anderen durch den Langzeitmittelwert erfaßbar (SRU, 1994, Tz. 195 ff.). Die Spitzen sind wahrscheinlich eher für die akuten Wirkungen, die Langzeitdurchschnittswerte für die chronischen Effekte verantwortlich. Nach einer Untersuchung des Umweltbundesamtes (UBA, 1995b) wurde im Zeitraum zwischen 1990 und 1994 der O_3-Informationswert der Europäischen Union von 180 μg/m^3 (Mittelwert über eine Tagesstunde) an der Mehrzahl der deutschen Meßstationen mindestens einmal im Jahr überschritten. Läßt man die Jahre 1991 und 1993, die durch verregnete und damit weniger ozonträchtige Sommer gekennzeichnet waren, außer Betracht, so liegt bei über 80 % der Stationen mindestens ein Meßwert oberhalb dieser Grenze (Abb. 2.21). Auch die relative Anzahl der Meßstationen mit mindestens einer Überschreitung des Grenzwertes von 240 μg/m^3 (Mittelwert über eine Tagesstunde), die nach dem „Sommersmog-Gesetz" (§§ 40a ff. BImSchG) die Auslösung von Maßnahmen zur Folge hat (s. Tz. 469), entspricht in etwa der Qualität der Sommerhalbjahre in den einzelnen Jahren des Berichtszeitraumes. In den ozonreichen Sommern der Jahre 1990 und 1992 lag bei über einem Viertel der Stationen mindestens ein Ozonmeßwert oberhalb von 240 μg/m^3. War bei den Überschreitungen von 180 μg/m^3 noch das Jahr 1990 mit den meisten Überschreitungen führend, so nimmt beim Grenzwert von 240 μg/m^3 das Jahr 1992 diese Stelle ein (Abb. 2.21).

Betrachtet man bei den zwanzig Meßstationen mit den höchsten Überschreitungshäufigkeiten die mittlere Anzahl von Überschreitungen des Meßwertes von 240 μg/m^3, die im Zeitraum von 1990 bis 1994 zwischen 2,9 (1993) und 11,5 (1990) lagen, so fällt auf, daß im Jahre 1994 weniger Überschreitungen als im Jahre 1991 („schlechter" Sommer) auftraten (Abb. 2.21). Dieses, in Anbetracht der nahezu deutschlandweit gemessenen Rekordwerte der Lufttemperatur und einer langanhaltenden Schönwetterepisode im Jahre 1994, überraschende Ergebnis zeigt, daß das Auftreten erhöhter Ozonkonzentrationen offensichtlich nicht oder nicht allein an die bisher bekannten Bedingungen geknüpft ist.

Der Umweltrat wiederholt seine Feststellung, daß bei der Klärung der komplexen Bildungs- und Abbaumechanismen von Photooxidantien weitergehender Forschungsbedarf besteht (vgl. SRU, 1995b). Untersuchungen zu diesem Gegenstand, wie sie zum Beispiel das Umweltbundesamt plant, sollten rasch angegangen werden.

426. Zusammenfassend läßt sich sagen, daß eine Analyse der Ozonsituation in Deutschland keine Hin-

Abbildung 2.21

Anteil von Meßstationen in Deutschland mit Überschreitungen der Ozonwerte von > 180 und > 240 μg/m^3

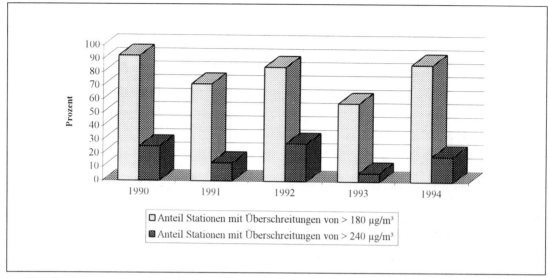

Quelle: SRU, nach UBA, 1995b

weise auf eine Ab- oder Zunahme der Häufigkeit von Überschreitungen der Grenzwerte von 240 μg/m^3 und 180 μg/m^3 im Zeitraum 1990 bis 1994 zuläßt (UBA, 1995b). Da auch ein genereller Trend der gegenwärtigen Ozonbelastung nicht zuverlässig erkennbar ist (UBA, 1994a, S. 284f.; Abb. 2.22), erneuert der Umweltrat seine Forderung, alle Maßnahmen zu ergreifen, um die Ozonkonzentration, auch während sommerlicher Smogphasen, auf gesundheitlich unbedenkliche Werte zu reduzieren. Zur effektiven Verringerung der Ozonbelastung, die neben der Schadwirkung auf den Menschen auch erhebliche Klimarelevanz besitzt (BMU, 1994a), fordert der Umweltrat die gemeinsame Reduzierung der Emissionen von Stickstoffoxiden als auch von flüchtigen organischen Verbindungen (VOC) um 80 % bis zum Jahre 2005 bezogen auf 1987 (vgl. SRU, 1995b und 1994, Tz. 752). Wie beispielsweise die Auswertung des Ozonversuches Neckarsulm/Heilbronn deutlich gemacht hat (Umweltministerium Baden-Württemberg, 1995), müssen die einschneidenden Emissionssenkungen wenigstens in großen Ballungsräumen, besser noch bundesweit oder im europäischen Maßstab erfolgen, um der Großräumigkeit des Sommersmogproblems gerecht zu werden.

427. Die an der Photooxidantienbildung beteiligten organischen Substanzen können außer von anthropogenen Quellen unter Umständen auch von biogenen emittiert werden. Bei den für sommerliche Ozonepisoden typischen hohen Temperaturen könnte die Emission von flüchtigen organischen Verbindungen aus biogenen Quellen insbesondere in solchen Gebieten von Bedeutung sein, wo die Ozonbildung aufgrund hoher Stickstoffoxidkonzentrationen durch organische Substanzen begrenzt ist (OBERMEIER

et al., 1995). Zur Untersuchung des Einflusses biogener VOC-Emissionen auf die Photooxidantienbildung und zur Charakterisierung des unterschiedlichen Ozonbildungspotentials der vielen hundert verschiedenen organischen Stoffe, die unter dem Begriff VOC zusammengefaßt sind, sieht der Umweltrat weitergehenden Forschungsbedarf. Die Ergebnisse sollten die Basis zur Erarbeitung möglichst wirksamer und kostengünstiger Maßnahmen zur Minderung der Ozonbelastung darstellen.

428. *Stickstoffoxide*, sowohl eine wichtige Ozonvorläufersubstanzgruppe als auch an der Eutrophierung von Gewässern und an der Versauerung von Böden beteiligt, entstehen fast ausschließlich bei Verbrennungsvorgängen in Feuerungsanlagen und Motoren durch Oxidation der im Brennstoff enthaltenen Stickstoffverbindungen und des in der Verbrennungsluft enthaltenen Stickstoffs. Sie werden überwiegend als Stickstoffmonoxid emittiert und anschließend atmosphärisch zu Stickstoffdioxid oxidiert. Abbildung 2.22 zeigt die großräumige NO_2-Belastung im Zeitraum von 1973 bis 1994 für die alten Länder und ab 1988 für die neuen Länder; die langjährigen Jahresmittelwerte liegen im ländlichen Raum mit 7 bis 10 μg/m^3 auf einem niedrigen Niveau. In Ballungsgebieten sind die Werte wesentlich höher (SRU, 1994, Tz. 225, Tab. I.7). Die Emissionsentwicklung von 1990 bis 1994 sowie die Prognose bis zum Jahre 2005 ist in Tabelle 2.16 wiedergegeben. Die Angaben weisen eine Stagnation in den Jahren 1993 und 1994 aus; bezogen auf 1990 wird ein Rückgang um 30 % bis zum Jahre 2005 prognostiziert. Der auf den Verkehrssektor entfallende Anteil an den Stickstoffoxidemissionen hat seit 1990 (62,5 %) stetig zugenommen und beträgt 1994 67,7 %.

Entwicklung der Luftbelastung im ländlichen Raum der Bundesrepublik Deutschland
(langjährige Jahresmittelwerte)

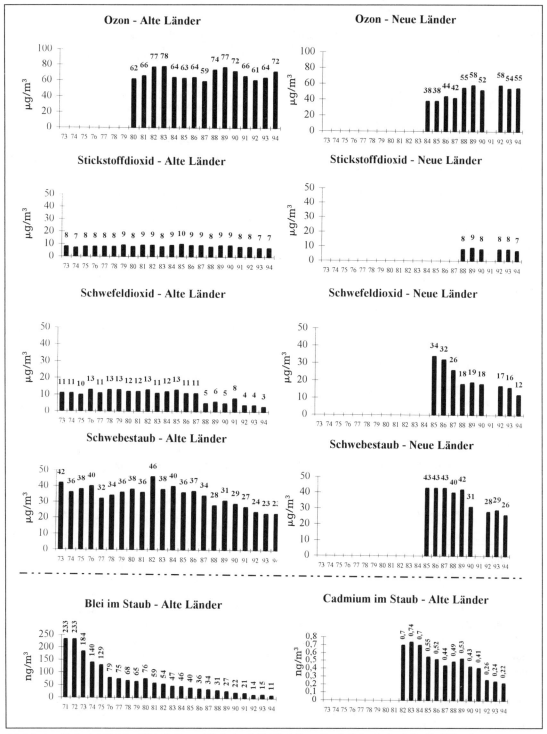

Alte Länder: Meßnetzmittel der UBA-Stationen Westerland, Waldhof, Deuselbach, Schauinsland, Brotjacklriegel
Neue Länder: Meßnetzmittel der Stationen Neuglobsow, Angermünde, Lindenberg, Schmücke; beim Ozon nur Mittel von Neuglobsow, Lindenberg, Schmücke; beim Stickstoffdioxid nur Mittel von Neuglobsow und Schmücke

Quelle: UBA, 1995, schriftliche Mitteilung

429. Die Emissionen *flüchtiger organischer Verbindungen* (ohne Methan), die wichtige Ozonvorläufersubstanzen enthalten, sind von 1990 bis 1994 von 3 028 kt auf 2 413 kt, also um rund 20 %, zurückgegangen. Bis zum Jahre 2005 wird eine Reduzierung um 42,2 % prognostiziert (Tab. 2.16). Hauptemittentengruppen sind unverändert der Verkehr (1994: 42 %) und die Lösemittelverwendung in Industrie, Gewerbe und Haushalten (1994: 45 %).

Die Emissionen von Fluorchlorkohlenwasserstoffen (FCKW) und Halonen, die zu den wichtigsten klimawirksamen Spurengasen gehören und vor allem an der fortschreitenden Reduzierung der Ozonkonzentration in der Stratosphäre beteiligt sind (WBGU, 1993), sind seit der im August 1991 in Kraft getretenen FCKW-Halon-Verbotsverordnung, die in einem Stufenplan die FCKW- und Halon-Verwendung verbietet, weiter stark zurückgegangen und werden für 1994 mit 8 kt ausgewiesen, was bezogen auf 1990 einem Rückgang von mehr als 80 % entspricht.

Klimarelevante Spurengase

430. *Kohlendioxid* (CO_2), das neben dem Wasserdampf wichtigste klimawirksame atmosphärische Spurengas, entsteht bei der Oxidation von kohlenstoffhaltigen Stoffen, insbesondere durch Verbrennung fossiler Energieträger als Hauptverbrennungsprodukt. Die Höhe der CO_2-Emissionen hängt dabei ursächlich von dem Brennstoffverbrauch und der Brennstoffzusammensetzung ab. Betrachtet man die Entwicklung der CO_2-Gesamtemissionen in Deutschland von 1970 bis 1994 (Abb. 2.23 und Tab. 2.16), so ist bis 1980 ein ansteigender Trend zu beobachten. Seitdem sind die Emissionen rückläufig. Bezogen auf das Jahr 1990 wird ein Rückgang um 4,6 % bis zum

Jahre 2005 prognostiziert (Tab. 2.16). Wichtigste Emittenten sind Kraftwerke und Industriefeuerungen (56,6 %), der Verkehr (20,5 %) sowie die privaten Haushalte (12,8 %).

431. Die anthropogenen Emissionen von *Methan* (CH_4), das auch zur Gruppe der wichtigsten klimawirksamen Spurengase gehört, werden überwiegend durch die landwirtschaftliche Tierhaltung (31,7 %), durch Abfallentsorgungsprozesse (37,3 %) sowie bei der Gewinnung, Förderung und Verteilung von fossilen Brennstoffen (28,2 %) emittiert. Seit 1992 nehmen die Emissionen nicht mehr ab, 1994 ist sogar eine geringe Zunahme zu verzeichnen (Tab. 2.16).

432. Für ein weiteres klimarelevantes Spurengas, das *Distickstoffoxid* (N_2O), dessen Hauptquellen die Landwirtschaft und Abfallentsorgungsprozesse (zusammen 35,3 %) und Prozesse in der Industrie (43,5 %) sind, wird für den Zeitraum von 1990 bis 2005 ein Rückgang von 203 kt auf 170 kt erwartet, was einer Veränderung von –16,2 % entspricht.

433. *Kohlenmonoxid* (CO), das an der Photooxidantienbildung beteiligt ist und nach der Oxidation zu CO_2 auch klimarelevant wird, entsteht – abgesehen von dem erheblichen Anteil biogenen Ursprungs – überwiegend durch die unvollständige Verbrennung fossiler Brennstoffe. Wichtigste Emittentengruppe sind der Verkehr mit einem Anteil von knapp 65 % und die Haushalte und Kleinverbraucher mit einem Anteil von knapp 16 % an den Gesamtemissionen. Die Kohlenmonoxidemissionen sind insgesamt weiter stark rückläufig, bis zum Jahre 2005 wird mit einer Halbierung bezogen auf das Jahr 1990 gerechnet (Tab. 2.16). Während von 1990 bis 1994 der Anteil der CO-Emissionen aus den Bereichen Haushalte

Tabelle 2.16

Emissionen in Deutschland 1990 bis 1994 und Prognose bis 2005 (in kt)

Luftschadstoff	Jahr						
	1990	1991	1992	1993 *)	1994 *)	2005	Veränderung in % im Vergleich zu 1990
Kohlendioxid (CO_2) (in Mt)	1 027	988	940	922	912	980	– 4,6
Stickstoffoxide (NO_x, berechnet als NO_2)	3 071	2 941	2 913	2 874	2 872	2 130	–30,6
Schwefeldioxid (SO_2)	5 331	4 176	3 440	3 156	2 997	740	–86,1
Kohlenmonoxid (CO)	10 280	9 032	8 640	8 029	7 428	4 900	–52,3
Ammoniak (NH_3)	759	670	649	634	622		
Distickstoffoxid (N_2O)	203	192	198	191	186	170	–16,2
Staub	2 059	1 193	864	837	805	260	–87,4
Flüchtige organische Verbindungen (NMVOC)	3 028	2 858	2 775	2 560	2 413	1 750	–42,2
Methan (CH_4)	5 690	5 272	5 224	5 229	5 238	3 250	–42,9

*) Vorläufige Angaben

Quellen der Prognoseergebnisse: Kohlendioxid, Stickstoffoxide, Kohlenmonoxid, Distickstoffoxid, flüchtige organische Verbindungen und Methan aus dem 3. Bericht der Interministeriellen Arbeitsgruppe „CO_2-Reduktion", BT-Drucksache 12/8557; die Werte für Schwefeldioxid und Staub sind UBA-Schätzungen.

Quelle: UBA, 1995, schriftliche Mitteilung, verändert

Kohlendioxidemissionen in den alten und neuen Ländern zwischen 1970 und 1993

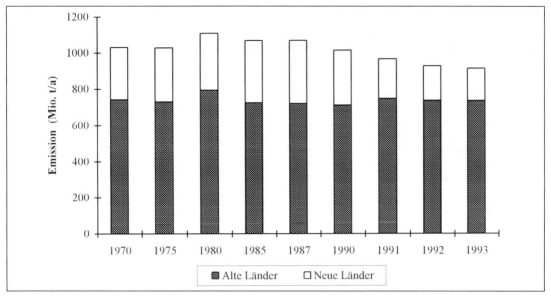

Quelle: SRU, nach BMU, 1994 a (1992 und 1993 vorläufige Angaben)

und Kleinverbraucher um 6,5 % zurückging, nahm der des Verkehrssektors um 4 % und der des industriellen Bereichs (Prozesse und Feuerungen) um 2,5 % zu.

Schwefeldioxid

434. Schwefeldioxid (SO_2), das die Versauerung von Böden und Gewässern mitverursacht sowie während winterlicher Smogphasen zu Belastungen der Atemwege führen kann, entsteht hauptsächlich bei Verbrennungsvorgängen durch Oxidation des im Brennstoff enthaltenen Schwefels. Die Entwicklung der SO_2-Belastung zeigt einen weiter abnehmenden Trend. Während in den alten Bundesländern durchgreifende Emissionsminderungsmaßnahmen Ende der achtziger Jahre zu deutlich niedrigeren Immissionskonzentrationen führten, kam es in den neuen Ländern zunächst vor allem durch Betriebsstillegungen zu erheblichen Belastungsrückgängen. Insgesamt wird der Immissionswert der TA Luft, der mit 140 μg/m³ als Jahresmittelwert festgelegt ist, deutlich unterschritten (Abb. 2.22). Die Emissionsentwicklung für den Zeitraum von 1990 bis 1994 zeigt einen Rückgang um mehr als 40 %, bis 2005 wird eine Reduzierung um 86 % erwartet (Tab. 2.16). Auch hier ist der Verkehr mit einem Anteil von gut zwei Dritteln an den gesamten SO_2-Emissionen die bedeutendste Emittentengruppe.

Ammoniak

435. Ammoniak (NH_3), eine wichtige Stickstoffverbindung, die zur Versauerung von Böden und Gewässern sowie zur Eutrophierung beiträgt, entsteht überwiegend aus mikrobiellen Umsetzungen von stickstoffhaltigen Verbindungen in tierischen Exkrementen (Tierhaltung: 85,7 %) und durch Düngemitteleinsatz (9,3 %). Die Emissionen haben von 1990 bis 1994 um rund 18 % abgenommen, was vor allem auf den starken Rückgang der Tierbestände in den neuen Ländern zurückzuführen ist.

Staub

436. Als Staub wird die Gesamtheit von Partikeln bezeichnet, ungeachtet der chemischen und physikalischen Eigenschaften sowie der unterschiedlichen Korngrößen, die von < 0,1 μm bis 100 μm reichen. Für eine Bewertung der Umweltrelevanz der Stäube ist neben den Staubinhaltsstoffen, wie beispielsweise Schwermetallen und schwerflüchtigen organischen Verbindungen, auch die Größe der Staubpartikel von Bedeutung. Stäube entstehen bei sämtlichen Verbrennungsvorgängen sowie insbesondere beim Umschlag von Schüttgütern in den Bereichen Eisen und Stahl sowie Steine und Erden. Die Schwebstaubbelastung ist in den alten Ländern vor allem ab 1987, in den neuen Ländern ab 1990 rückläufig. 1994 sind im Jahresmittel kaum noch Unterschiede zwischen beiden Gebieten erkennbar. Auch die Konzentrationen von Blei und Cadmium im Staub sind in den alten Ländern stark rückläufig (Abb. 2.22). Meßreihen für die neuen Länder liegen noch nicht vor. Die Staubemissionen sind in Deutschland von 1990 bis 1994 um mehr als 60 % zurückgegangen, bis 2005 wird eine Verminderung um 87 % vorausgesagt (Tab. 2.16). Hauptemittenten sind hier Industrieprozesse und -feuerungen (26 %), der Schüttgutumschlag (24 %) und der Kraftwerksbereich (21,5 %).

Dioxine und Furane aus Abfallverbrennungsanlagen

437. Die Entwicklung der Emissionen von polychlorierten Dibenzodioxinen und -furanen (Dioxine und Furane) aus Abfallverbrennungsanlagen in den alten Ländern zeigt, daß aufgrund der Anforderungen der 17. BImSchV (Tz. 455) seit 1989/90 deutliche Minderungen erreicht worden sind (Tab. 2.17). Die schon getroffenen Maßnahmen zur Emissionsbegrenzung von Dioxinen und Furanen haben bei Hausmüllverbrennungsanlagen bereits zu einer geschätzten Verringerung um etwa den Faktor 10 innerhalb von fünf Jahren geführt. Nach Umrüstung aller Altanlagen im Jahre 1997 wird die Gesamtemission aus Hausmüllverbrennungsanlagen unter 4 g I-TEQ/a liegen, sich also um den Faktor 100 verringert haben.

Tabelle 2.17

**Dioxin- und Furanemissionen
aus Abfallverbrennungsanlagen**

Abfallart	1989/90		1994/95	
	ng I-TEQ/m³	g I-TEQ/a	ng I-TEQ/m³	g I-TEQ/a
Siedlungsabfall	8	400	0,1–1	30
Sonderabfall ..	0,5	1	0,1–0,5	2
Klinikmüll	15	2	0,1–1	<0,1
Klärschlamm ..	<0,1	0,1	<0,1	<0,1

I-TEQ = internationale Toxizitätsäquivalente
Quelle: UBA, 1995, schriftliche Mitteilung, verändert

2.3.5.2 Maßnahmen zur Luftreinhaltung

2.3.5.2.1 Emissionen und Minderungsmaßnahmen

438. In die Betrachtung der Emissionsminderungsmaßnahmen sind sämtliche technische und nichttechnische Maßnahmen zur Luftreinhaltung und zur CO_2-Reduzierung im Anlagenbereich und im Verkehrssektor sowie weitere Maßnahmen zum Klimaschutz einzubeziehen. Der aktuellen umweltpolitischen Diskussion entsprechend standen Maßnahmen zur Kohlendioxidminderung und zur Reduzierung von Ozonvorläufersubstanzen im Vordergrund der Regelungsaktivitäten.

2.3.5.2.1.1 Anlagenbezogene Maßnahmen

439. Von den im Umweltgutachten 1994 zur kurzfristigen Kohlendioxidreduzierung aufgerufenen Maßnahmen (SRU, 1994, Tz. 535) sind die Wärmeschutzverordnung und die Heizungsanlagenverordnung inzwischen erlassen worden. Die Novellierung der Kleinfeuerungsanlagenverordnung befindet sich noch in der Abstimmung mit der Europäischen Union

und die Wärmenutzungsverordnung konnte noch immer nicht verabschiedet werden.

Wärmeschutzverordnung

440. Die aus dem Jahre 1982 stammende Wärmeschutzverordnung wurde 1994 umfassend novelliert und neu verkündet (Verordnung vom 16.8.1994, BGBl. I, S. 2121). Den Anlaß dazu hatte unter anderem die Richtlinie 93/76/EWG zur Begrenzung der Kohlendioxidemissionen durch eine effiziente Energienutzung (ABl. EG Nr. L 237, S. 28) gegeben, die im Rahmen des sogenannten SAVE-Programms der Gemeinschaft zur Förderung der Energieeffizienz erlassen wurde und bis Ende 1994 umzusetzen war.

Der Anwendungsbereich der Verordnung ist um einige typischerweise heizenergieintensive Arten von Gebäuden erweitert worden und umfaßt nunmehr auch Alten(wohn)heime und Kasernen. Wichtigste Neuerung ist jedoch der Übergang vom bisherigen Konzept der Begrenzung des Wärmedurchgangs zur Begrenzung des gesamten Heizwärmebedarfes (§ 1) und somit zu einem Maßstab, der einen größeren Einfluß auf die Auswahl von Baustoffen und Bauteilen und auf Einzelheiten der Bauausführung bewirkt und das gesetzliche Ziel der Energieeinsparung mit einem grundlegenden Ansatz zu erreichen versucht. Das Ziel, das Niedrigenergiehaus zum Standard zu machen, wie es vom Umweltbundesamt verfolgt wurde (UBA, 1993, S. 165), wird damit noch nicht erreicht, doch es wird ein Schritt in diese Richtung gegangen.

441. Allerdings liegt eine wichtige Einschränkung darin, daß das Verfahren der Wärmebedarfsermittlung – das sogenannte Energiebilanzverfahren – nach § 3 Abs. 1 Satz 2 der Verordnung für kleine Wohngebäude bis zu zwei Etagen und bis zu drei Wohneinheiten nicht vorgeschrieben ist. Dies gilt sogar nach einer vom Wärmeschutz motivierten Nachbesserung von Bauteilen (§ 8 Abs. 2), obwohl gerade Sanierungsmaßnahmen im Altbaubestand ein geeigneter Anknüpfungspunkt hierfür wären. Für diese Kategorie von Bauwerken, die über 80 % des Bestandes an Wohngebäuden darstellen, bleibt es bei der bisherigen Orientierung an Wärmedurchgangskoeffizienten; Heizwärmebedarfswerte müssen nicht ausgewiesen werden (SCHETTLER-KÖHLER, 1995). Obwohl hierfür anstelle der bisherigen Durchschnittsberechnung nunmehr nach Bauteilgruppen differenzierte Werte festgesetzt worden sind, erscheinen in Anbetracht der Bedeutung der Bautätigkeit bei diesem Typ von Wohnbauten Zweifel angebracht, ob die Verordnung die gewünschte Wirksamkeit entfalten wird. Das hessische Wohnungsbauministerium hat Bauherren und Planern allerdings empfohlen, das vereinfachte Nachweisverfahren nur für die Vorplanung anzuwenden, weil auf diese Weise kein echter Wärmebedarfsausweis zu erlangen und keine Vergleichbarkeit mit anderen Bauten zu erreichen sei (Erlaß vom 10.2.1995, Hess. Staatsanzeiger Nr. 10, S. 759). Auch schreibt der Bund für seine eigenen Bauvorhaben erfreulicherweise stets das Energiebilanzverfahren vor (Erlaß des BMBau vom 20.1.1995, Beilage zum BAnz. Nr. 149a vom 10.8.1995, S. 519). Um so weniger verständlich ist es, daß große Teile der privaten Bautätigkeit davon ausgenommen bleiben.

442. § 10 Abs. 1 der Wärmeschutzverordnung verweist hinsichtlich der Außenbauteile auf die Anforderungen des Mindest-Wärmeschutzes nach den allgemein anerkannten Regeln der Technik, wenn diese weiter gehen als die von der Verordnung selbst gesetzten Standards. Damit ist vor allem DIN 4108 – Wärmeschutz im Hochbau – angesprochen, die jedenfalls in einem Teil der Länder als technische Baubestimmung eingeführt und im Rahmen des Landesbauordnungsrechts verbindlich gemacht wurde. DIN 4108 wurde im April 1995 im Zusammenhang mit der Novellierung der Wärmeschutzverordnung um ein Regelwerk zur Berechnung des Jahresheizwärmebedarfs von Gebäuden erweitert; allerdings wurde DIN 4108-6 nur als Vornorm erlassen, weil DIN 4108 insgesamt bis Ende 1997 durch bereits in Vorbereitung befindliche, vom Europäischen Normungskomitee (CEN) zu erlassende europäische Normen (EN 832) ersetzt werden soll. Diese Wechselbezüglichkeit der Regelwerke ist zu begrüßen; allerdings werden sie nur dann Wirkung entfalten, wenn nicht große Teile der Neubauten durch die angestrebten radikalen Vereinfachungen von Genehmigungsverfahren oder deren gänzlichen Wegfall ohne diese Kontrollmechanismen errichtet werden. Ein Eigeninteresse der Akteure des Grundstücks- und Wohnungsmarktes an der Einhaltung dieser Vorgaben, um Heizkosten niedrig zu halten, wird sich nur bei angemessenen Energiepreisen einstellen.

443. Die Umsetzung der Wärmeschutzverordnung wie der ihr zugrundeliegenden SAVE-Richtlinie (93/76/EWG, Erwägung 10) verlangt nicht alleine bautechnische Standards, sondern auch verläßliche Informationen über die energiebezogenen Merkmale eines Gebäudes, die sowohl für die Entscheidung über Investitionen in Energieeinsparungsmaßnahmen die Grundlage bilden als auch für Wertermittlungen auf dem Immobilienmarkt. Daher sieht die Neufassung der Verordnung in § 12 das Instrument des Wärmebedarfsausweises vor, der nicht alleine dem Bauherren dient, sondern mittels eines Einsichtsrechts bei der Behörde (§ 12 Abs. 2) auch Käufern, Mietern oder Pächtern eines Hauses die Möglichkeit einer eigenständigen Orientierung über die zu erwartenden Energiekosten verschaffen soll. Einzelheiten des Wärmebedarfsausweises sind parallel zum Inkrafttreten der Neufassung der Verordnung in Form einer Verwaltungsvorschrift festgelegt worden (Allgemeine Verwaltungsvorschrift zu § 12 Wärmeschutzverordnung vom 20.12.1994, BAnz Nr. 243 vom 28.12.1994, S. 12543).

444. Der Umweltrat begrüßt den mit der Einführung des Energiebilanzverfahrens erzielten Fortschritt. In einer Zeit jedenfalls regional starker Bautätigkeit war es dringlich, die Anforderungen der Energieeinsparung im Baubereich zu aktualisieren, zumal damit Energiebedarfsprofile für längere Zeiträume vorgegeben werden. Die Erfordernisse des Wärmeschutzes, von denen manche eine Beschneidung der gestalterischen Freiheit der Architekten befürchten, sollten zu innovativen Neuansätzen herausfordern, die vor allem aus dem Bereich des Innenausbaus und der Innenarchitektur kommen müßten.

445. Der Umweltrat rechnet damit, daß der Wärmebedarfsausweis auch ohne eine von manchen geforderte (KOHLHAAS et al., 1994) rechtliche Verpflichtung sich als wichtige Spezifikation auf dem Grundstücks- und Wohnungsmarkt durchsetzen und so zu einem ökonomischen Instrument werden wird, das optimalerweise nicht nur die Auslegung von Neubauten beeinflussen, sondern auch Anreize für die energiesparende Nachrüstung bestehender Gebäude auslösen kann, wobei auch hier entsprechende Energiepreise Voraussetzung für das ökonomische Interesse sind. Allerdings sieht der Umweltrat die Wirksamkeit der Wärmeschutzverordnung insgesamt dadurch beeinträchtigt, daß ein erheblicher Teil der Wohnbauten aus dem Energiebilanzverfahren ausgenommen wird und hält diese Einschränkung auch in Würdigung der wirtschaftlichen und sozialen Bedeutung der privaten Bautätigkeit in diesem Bereich nicht für angemessen. Sobald Erfahrungen mit der Anwendung des Energiebilanzverfahrens, insbesondere der Höhe zusätzlicher Planungs- und Baukosten vorliegen, sollte die Bundesregierung erwägen, es auch für die Errichtung kleinerer Wohngebäude verbindlich zu machen.

Heizungsanlagenverordnung

446. Im Zusammenhang mit der Novellierung der Wärmeschutzverordnung und zur Umsetzung der europäischen Richtlinie über die Wirkungsgrade von Warmwasserheizkesseln (92/42/EWG) wurde auch die Heizungsanlagenverordnung weitgehend umgestaltet und neu erlassen (Verordnung vom 22.3.1994, BGBl. I, S. 613). Sie setzt einen Standard auf der Grundlage des Energieeinsparungsgesetzes, läßt aber seit der Neufassung weitergehende Anforderungen unberührt, die aus dem Baurecht oder dem Immissionsschutzrecht folgen (§ 14).

In Ausführung der EG-Richtlinie wurde eine neue Klassifikation von Wärmeerzeugern nach dem Wirkungsgrad eingeführt. Die herkömmlichen Standardheizkessel dürfen ab Anfang 1998 nicht mehr eingebaut werden; von Fällen der Unzumutbarkeit abgesehen, werden in Neubauten nur noch Brennwert- oder Niedertemperaturkessel mit deutlich höheren Wirkungsgradanforderungen zum Einsatz kommen. Serienmäßig hergestellte Wärmeerzeuger für Zentralheizungen werden einer CE-Kennzeichnung und einer EG-Konformitätserklärung bedürfen. Die dadurch bewirkte Integration von Anforderungen an die Effizienz der Energieumwandlung in vorgegebene Produktstandards erlaubt es, für Brennwertkessel und in geringerem Umfang für Niedertemperaturkessel von den anderenfalls einzeln zu prüfenden Anforderungen der anerkannten Regeln der Technik in mehreren Bereichen abzusehen (Wärmebedarfsermittlung, § 4 Abs. 1; Dämmung gegen Wärmeverluste, § 5 Abs. 3).

§ 4 der Verordnung sieht wie schon die vorherige Fassung Nachrüstungspflichten in Abhängigkeit von Alter und Leistung der bestehenden Anlage vor. Ausgenommen werden in Absatz 2 jedoch Gebäude, die mit Heizungsanlagen sehr geringer Leistung ausgestattet sind; bei diesen wird von einem ausreichenden oder die Anforderungen der Verordnung übertreffenden Wirkungsgrad ausgegangen.

Brauchwasseranlagen, für die bisher im wesentlichen nur Wartungs- und Instandhaltungspflichten galten, werden durch § 8 der Neufassung insbesondere den Anforderungen an Wärmedämmung und die Begrenzung von Verteilungsverlusten unterworfen. Außerdem wird, vorbehaltlich anderer technischer Anforderungen, eine Temperaturbegrenzung auf 60° C bestimmt.

447. Im Zusammenspiel mit der Wärmeschutzverordnung bedeutet die Heizungsanlagenverordnung eine deutliche Erhöhung der Anforderungen an die Energieeffizienz im Bereich der Gebäudeheizung, die mit Hilfe der Nachrüstungspflichten auch innerhalb überschaubarer Zeiträume durchgesetzt werden. Die dadurch bewirkte Planbarkeit verbessert die Akzeptanz der in manchem Einzelfall vermutlich hohen Kostenbelastung. Der Umweltrat begrüßt die Neufassung der Verordnung und erwartet, daß die Standardisierung der Kesseltypen dafür sorgen wird, daß neue Anlagen mit hohem Wirkungsgrad zu vertretbaren Preisen auf den Markt kommen. In der Regelungsweise der Verordnung sieht der Umweltrat ein gutes Beispiel für das Zusammenwirken von Produktnormen und Anforderungen an Bau und Betrieb von Anlagen.

Kleinfeuerungsanlagenverordnung

448. Die Novellierung der Kleinfeuerungsanlagenverordnung (1. BImSchV) wurde notwendig, weil fast 40 % der heute in Privathaushalten und im Kleingewerbe betriebenen Öl- und Gasfeuerungsanlagen vor 1979 errichtet wurden. Diese relativ alten Anlagen haben einen für heutige Verhältnisse schlechten Wirkungsgrad und tragen zu etwa einem Fünftel zu den energiebedingten CO_2-Emissionen bei. Zudem dürfen bisher bis zu 15 % der vom Brennstoff erzeugten Wärme über den Schornstein entweichen. Da die angestrebte CO_2-Reduktion ein emissionsorientiertes Ziel darstellt, werden die erhöhten Anforderungen an den Nutzungsgrad der eingesetzten Energie auf das Bundes-Immissionsschutzgesetz und nicht auf das Energieeinsparungsgesetz gestützt.

449. Der von der Bundesregierung Ende 1994 veröffentlichte Entwurf sieht eine Reduzierung der zulässigen Abgasverluste um je ein Prozent in allen drei Größenklassen vor und geht insofern von der bisherigen Regelung für Altanlagen ab, als diesen nicht mehr dauerhaft bestimmte Überschreitungen zugebilligt werden, sondern Nachrüstungsfristen von überwiegend zehn Jahren gesetzt werden. Den Anlagen mit den höchsten Abgasverlusten werden kürzere Fristen von fünf, sieben oder acht Jahren eingeräumt; für die neuen Länder gilt eine einheitliche zehnjährige Übergangsfrist. Für Heizungsanlagen zur Raumwärme- und Brauchwasserversorgung sollen erstmals in Abhängigkeit vom Primärenergieträger Grenzwerte für den Ausstoß von Stickstoffoxiden festgesetzt werden, und zwar von 80 mg/kWh bei Erdgas und von 120 mg/kWh bei leichtem Heizöl.

Der Bundesrat hat Änderungen an dem Verordnungsentwurf verlangt (BR-Drs. 1105/94); insbesondere sollen Anforderungen auch an den CO-Gehalt der Abgase gestellt und die vorgesehenen Nachrüstungsfristen verkürzt werden. Letzteres wird damit begründet, daß die Verordnung schon lange hätte erlassen werden sollen und der Stand der Technik mittlerweile entsprechend fortgeschritten sei. Dies trifft auch zu; die Verkürzung entspräche auch dem Interesse der Industrie, die sich auf die lange angekündigten Änderungen bereits eingestellt hat.

450. Im Verordnungsentwurf sind neben den emissionsbezogenen Anforderungen auch Vorgaben für den Nutzungs- beziehungsweise Wirkungsgrad von Heizkesseln mit einer Nennwärmeleistung über 400 kW vorgesehen, der mindestens 91 % betragen soll. Mit dieser Leistungsuntergrenze sollen Wirkungsgradanforderungen auch für die Anlagen aufgestellt werden, für die es keine entsprechenden Vorgaben aus der Heizkessel-Richtlinie 92/42/EWG gibt. Die Verzögerung beim Erlaß der Verordnung beruht allerdings auch auf Einwänden der Europäischen Kommission, denen zufolge der Verordnungsentwurf nicht mit der Richtlinie über den Mindestwirkungsgrad von Heizkesseln übereinstimme. Daraus folge ein indirektes Handelshemmnis, weil zwar nicht der Verkauf, aber die Benutzung von im Ausland richtlinienkonform hergestellten Kesseln unter Umständen in Deutschland unzulässig wäre.

Die Umsetzung der Richtlinie müßte durch eine Differenzierung der Anforderungen in der Kleinfeuerungsanlagenverordnung zum Ausdruck kommen. Das Bundes-Immissionsschutzgesetz dient alleine dem Ziel der Immissionsbegrenzung, so daß die auf ihm beruhenden Verordnungen nur unter diesem Aspekt Anforderungen an die Effizienz der Energieausnutzung stellen können. Eigenständige Ziele dieser Art sollten durch Verordnungen auf der Grundlage des Energieeinsparungsgesetzes verfolgt werden, dessen Ausgangspunkt sehr viel eher demjenigen der auf dem SAVE-Programm beruhenden, an der Energieeffizienz und nicht an Emissionen orientierten Richtlinie entspricht als das Immissionsschutzrecht. Damit ist vor allem die Heizungsanlagenverordnung angesprochen, deren Anwendungsbereich sich auf kleinere Heizungsanlagen ausdehnen ließe. Hauptgegenstand der Kleinfeuerungsanlagenverordnung wäre demnach nur noch die Emissionsbegrenzung; zusätzliche Anforderungen an den Wirkungsgrad sollten sich allenfalls auf der von der europäischen Richtlinie nicht erfaßte Ofenheizungen beschränken. Gleich welcher Weg schließlich gewählt wird, sollte die Regelung so bald als möglich verabschiedet werden, damit die energiebedingten Emissionen aus diesem Bereich, deren Bedeutung in der öffentlichen Diskussion häufig unterschätzt wird, in dem Maße reduziert werden, wie es die heute schon verfügbare Technik erlaubt.

Wärmenutzungsverordnung

451. Die bereits im Umweltgutachten 1994 getroffene Feststellung, daß die Wärmenutzungsverordnung noch immer nicht verabschiedet werden konnte, muß in diesem Gutachten wiederholt werden. Die starken Widerstände gegen eine solche Regelung, ohne die das gesetzliche Wärmenutzungsgebot des § 5 Abs. 1 Nr. 4 BImSchG nicht durchgesetzt werden kann, bestehen weiterhin. Die Umstrittenheit dieses Themas zeigt sich im Abschlußbericht der Enquête-Kommission „Schutz der Erdatmosphäre", die die Verordnung zwar als wesentliche Handlungsoption im Rahmen der CO_2-Minderungspolitik betrachtet (Enquête-Kommission, 1995, S. 632 ff.), sie in den Empfehlungen jedoch als einen „Schritt bürokratischer Reglementierung" ablehnt. Die Kommission beschränkt sich daher auf die Empfehlung, „den energie- und klimapolitisch wichtigen Gedanken der haushälterischen Wärmenutzung weiter zu tragen" und hält eine „über die Einführung einer CO_2-Energiesteuer hinausgehende weitere Flankierung nicht für erforderlich" (Enquête-Kommission, 1995, S. 1036 f.). Im Minderheitsvotum hingegen wird die Verordnung als wesentlicher Schritt gesehen, mit dem betriebliche Energiesparkonzepte zur Ermittlung systematischer Rationalisierungs- und Kosteneinsparungspotentiale eingeleitet werden sollen; sie solle auch auf den Bereich der rationellen Stromanwendung ausgedehnt werden (Enquête-Kommission, 1995, S. 1221 f.). Der starke politische Widerstand gegen die Verordnung ist vor dem Hintergrund der Selbstverpflichtung zur CO_2-Reduktion zu sehen, die die Spitzenverbände der Wirtschaft erklärt haben (Tz. 163). Die ganze Diskussion würde obsolet, wenn man sich für eine CO_2-Emissionsabgabe entscheiden würde (Kap. 5.3).

452. Eine verbesserte Wärme- und Abwärmenutzung ist Gegenstand finanzieller Förderung durch den Bund seit Ende 1978, als die steuerliche Abschreibungsfrist für Maßnahmen des Wärmeschutzes und den Anschluß an eine Fernwärmeversorgung, die überwiegend aus Anlagen mit Kraft-Wärme-Koppelung, Abwärmeverwertung oder aus Müllverbrennungsanlagen gespeist wird, verkürzt wurde (§ 82a EStDV in der Fassung der 2. Änderungsverordnung vom 27. November 1978, BGBl. I, S. 1829). Diese Förderung erfuhr im Laufe der Jahre mehrfache Änderungen in Anpassung an die Entwicklung der Bautätigkeit, der Vorschriften zum Immissionsschutz und zur Energieeinsparung und wurde schließlich für die alten Bundesländer 1992 eingestellt (§ 84 Abs. 4 EStDV 1992, BGBl. I, S. 1419).

Die finanzielle Förderung von Investitionen zur Energieeinsparung wurde seitdem dahingehend verändert, daß unmittelbare Zuwendungen aus dem Bundeshaushalt nur für Maßnahmen zur Nutzung erneuerbarer Energien vergeben werden (Richtlinien des BMWi vom 27. Dezember 1993, BAnz. Nr. 245, S. 11121 und vom 1. August 1995, BAnz. Nr. 149, S. 8779). Für andere Maßnahmen der rationellen Energieverwendung ist hingegen nur noch eine Kreditverbilligung durch Darlehen des European Recovery Program (ERP) vorgesehen, bei denen jedoch erfreulicherweise ein deutlicher Schwerpunkt innerhalb der Umweltschutzmittel des European Recovery Program gesetzt wurde. Seit dem Wirtschaftsplan 1995 haben sie mit 710 Mio. DM gegenüber 530 Mio. DM im Vorjahr und 29 % der Gesamtsumme den größten Anteil. In der Vergaberichtlinie (Richtlinie des BMWi vom 2. Januar 1995, BAnz Nr. 16, S. 565) werden überdies Investitionen bevorzugt, mit denen bereits die Entstehung von Umweltbelastungen vermieden wird, so daß integrierte Technologien vorrangig gefördert werden.

453. Der Umweltrat begrüßt die Umstellung der Investitionsförderung; er hält es für umweltpolitisch gerechtfertigt, die Zuschußförderung den regenerativen Energiequellen vorzubehalten und erwartet, daß die Schwerpunktsetzung der Investitionsförderung durch ERP-Kredite die Entwicklung und Markteinführung oder -durchsetzung von Energieeinspartechnologien im notwendigen Umfang beschleunigt. Die Wirksamkeit der durch die Wirtschaft erklärten Selbstverpflichtung, mit der sie nicht nur ihre technologische Innovationsfähigkeit, sondern auch die Ernsthaftigkeit der abgegebenen Zusagen hinsichtlich der investiven Anstrengungen auf die Probe stellt, wird der Umweltrat weiter kritisch beobachten. Wenn die erwarteten Erfolge sich nicht mit der erforderlichen Schnelligkeit einstellen, empfiehlt der Umweltrat trotz aller Skepsis gegenüber einer Politik des „technology forcing", das gesetzliche Gebot durch den Erlaß der im Entwurf fertig vorliegenden Verordnung durchzusetzen.

Altanlagensanierung nach der TA Luft

454. Mit der Novelle der TA Luft im Jahre 1986 wurde auch ein Konzept zur Altanlagensanierung vorgelegt. Danach müssen Altanlagen in Abhängigkeit von Art, Menge und Gefährlichkeit der Stoffe sowie der technischen Besonderheiten der Anlagen nachgerüstet werden. Der Umweltrat hatte in seinem Umweltgutachten 1987 in diesem Zusammenhang auf Befürchtungen bezüglich des fristgerechten Vollzugs hingewiesen (SRU, 1988, Tz. 772 ff., 816). Der Länderausschuß für Immissionsschutz (LAI) hat im Mai 1995 eine Bilanz der Altanlagensanierung nach der TA Luft vorgelegt. Danach wurden zur Umsetzung der Altanlagensanierung seit 1986 etwa 54 000 genehmigungsbedürftige Altanlagen (77 % aller genehmigungsbedürftigen Anlagen) überprüft, von denen 23 000 (42 %) den Anforderungen der TA Luft nicht entsprachen, das heißt sanierungsbedürftig waren. Von den erforderlichen 27 000 behördlichen Anordnungen sind bereits über 24 000 (89 %) erlassen, so daß mit einem baldigen Abschluß der Altanlagensanierung zu rechnen ist (LAI, 1995; Tab. 2.18). Damit wird ein weiterer wichtiger Beitrag zur Reduzierung von Luftschadstoffen und zur Verbesserung der Luftqualität geleistet.

Anforderungen zur Emissionsbegrenzung von Dioxinen und Furanen

455. Für die Emission von Dioxinen und Furanen aus Abfallverbrennungsanlagen (Tz. 437) gilt seit 1990 bundeseinheitlich der Grenzwert der Verordnung über Verbrennungsanlagen für Abfälle und ähnliche brennbare Stoffe (17. BImSchV) von 0,1 ng I-TEQ/m³. Über die Entstehung und Minderung von Dioxinemissionen liegen für diese Anlagen die besten wissenschaftlichen Kenntnisse und betrieblichen Erfahrungen vor. Um den Erkenntnisstand auch für eine Vielzahl anderer Anlagen zu verbessern, hat

Tabelle 2.18

Gesamtergebnis der Altanlagensanierung nach Teil 4 der TA Luft
(Stand der Zusammenfassung Mai 1995)

Durchführung der Altanlagennachrüstung nach TA Luft 86 **Datenzusammenfassung Stand Mai 1995**			
Land: Alle Bundesländer			
Anzahl der			
a) Anlagen (Alt- und Neuanlagen)	70958		
b) Neuanlagen	13263		
c) Altanlagen i.S. v. Nr. 4.2.1	54341		
d) Altanlagen, die den Anforderungen entsprechen bzw. bei denen die TA Luft keine Anforderungen stellt	28850		
e) Altanlagen, die den Anforderungen TA Luft nicht entsprechen	23173		
f) Altanlagen, bei denen behördliche Maßnahmen unverhältnismäßig sind	616		
g) Altanlagen, bei denen behördliche Maßnahmen zu treffen sind	20521		
h) Altanlagen, für die Verzichtserklärungen vorliegen nach 4.2.9 (Stillegung bis 28.2.94)	6449		
i) Altanlagen, bei denen Kompensationsmaßnahmen nach 4.2.10 durch Anordnung oder Genehmigungsauflagen sichergestellt sind	359		
k) Altanlagen, für die Anordnungen zu treffen sind/waren nach			
Nr.	erfasene Anordnungen	noch nicht erfasste Anordnungen	Widersprüche
4.1 Sanierungstermin "unverzüglich"	1884	184	
4.2.2 Sanierungstermin 1.3.1989	3330	27	
4.2.3 Sanierungstermin 1.3.1991	9274	1035	Insgesamt 2280
4.2.4 Sanierungstermin 1.3.1994	3136	796	
4.2.7 Verzichtserklärung (Berechtigungen aus der Genehmigung)	1483	1	
4.2.1.1 Bauliche oder betriebliche Maßnahmen	3823	944	
4.3 Kontinuierliche Messungen	1215	9	

Quelle: LAI, 1995

eine Arbeitsgruppe von Sachverständigen aus Bund und Ländern, Wissenschaft und Meßinstituten im Rahmen des Länderausschusses für Immissionsschutz unter Leitung des Umweltbundesamtes auf Bitten der Bund/Länder-Arbeitsgruppe DIOXINE einen Bericht über Anforderungen zur Emissionsbegrenzung von Dioxinen und Furanen erarbeitet, in dem Emissionswerte für Anlagen mit relevanten Dioxin- und Furanemissionen zusammengestellt und Emissionsbegrenzungen erarbeitet werden. Der Bericht wurde der 43. Umweltministerkonferenz im November 1994 vorgelegt. Tabelle 2.19 gibt einen Überblick über wichtige Emittentenbereiche und die auftretenden Dioxin- und Furanemissionskonzentrationen (UBA, 1994 d, S. 200).

Aus dem Bericht geht hervor, daß die Kenntnisse über das Emissionsverhalten und über die Emissionssituation bei einer Reihe von Anlagen teilweise noch unbefriedigend sind. Im Bereich der genehmigungsbedürftigen Anlagen treten häufig Dioxin- und Furanemissionswerte deutlich über 0,1 ng I-TEQ/m³ bei mehreren Anlagenarten mit thermischen Prozessen der Metallerzeugung und Verarbeitung (z. B. Elektrolichtbogenofen, Sinteranlagen und Aluminiumschmelzanlagen) auf. Nach vorliegenden Ergebnissen auch unter Berücksichtigung der großen Abgasvolumenströme sind diese Anlagen eine der

Tabelle 2.19

Dioxin- und Furanemissionskonzentrationen aus industriellen Quellen und Einäscherungsanlagen

Emittentenbereich	PCDD/PCDF-Konzentration im Reingas (ng I-TEQ/m³)
Kraftwerke	< 0,0001 bis 0,02
Feuerungsanlagen bei Einsatz von Kohle, Heizöl oder Gas ...	< 0,1
Deponiegasfeuerung	< 0,1
Holzfeuerungsanlagen	0,001 bis 10
Ziegel-/Baustoffherstellung und Glasherstellung	< 0,1
Metallerzeugung und -verarbeitung	
– Sinteranlagen	2 bis 3 [1])
– Herstellung Kupfer und Blei	0,001 bis 2
– Eisen- und Stahlschmelzanlagen	0,1 bis 0,3
– Aluminiumschmelzanlagen	0,1 bis 14
Anlagen der chemischen Industrie	meist < 0,1
Holzspänetrocknung	0,0005 bis 0,52
Einäscherungsanlagen [2])	0,004 bis 14,4

[1]) Mehrzahl der Anlagen zur Zeit in dieser Bandbreite: einzelne Anlagen früher deutlich höher, maximal 43 ng I-TEQ/m³
[2]) Ein Entwurf einer Verordnung zur Emissionsminderung für Krematorien wird gegenwärtig von einem Arbeitskreis des LAI erarbeitet.
Quelle: UBA, 1994 d, verändert

Hauptquellen der Dioxin- und Furanemissionen in Deutschland. Bei Holzfeuerungsanlagen wurden bei Einsatz von mit halogenorganischen Stoffen beschichteten Hölzern, von chloridhaltigen Holzwerkstoffen und von behandelten Hölzern deutlich erhöhte Dioxin- und Furanemissionswerte bis zu rund 10 ng I-TEQ/m³ gemessen. Auch beim Einsatz von Spanplatten in Feuerungsanlagen wurden erhöhte Werte festgestellt. Bei den nichtgenehmigungsbedürftigen Anlagen sind insbesondere Festbrennstofffeuerungsanlagen wegen des unzulässigen Einsatzes von Kunststoffen, Altpapier und ähnlichen Stoffen dioxinrelevant (BMU, 1995 d).

Die Umweltministerkonferenz hat auf der Grundlage dieses Berichtes einen Anforderungskatalog für genehmigungsbedürftige Anlagen empfohlen, der zügig umgesetzt werden sollte. Im Hinblick auf die nichtgenehmigungsbedürftigen Anlagen sind insbesondere Betreiber von Hausbrandfeuerstätten darüber aufzuklären, daß in solchen Anlagen nur dafür geeignete Brennstoffe, nicht aber behandelte Holzreste (z. B. Spanplatten, alte Möbel) oder Verpackungsabfälle eingesetzt werden dürfen, und daß der unzulässige Einsatz von Kunststoffen, Altpapier, Pappe und ähnlichen Stoffen in der Regel zu erhöhten Dioxin- und Furanemissionen führt.

Zu begrüßen ist außerdem die Initiative der Europäischen Union, unter deutscher Federführung einen Bericht über Dioxinemissionen aus Anlagen in Europa zu erarbeiten.

Weitergehende Emissionsreduzierung von Lösemitteln

456. Durch die Verarbeitung lösemittelhaltiger Produkte werden in Deutschland pro Jahr über 1,2 Mio. t leichtflüchtiger organischer Stoffe (VOC) emittiert; diese Emissionsmenge konnte in den letzten Jahren nicht verringert werden. Ein großer Teil stammt aus Farben und Lacken sowie industriellen Reinigungsvorgängen und Druckprozessen (UBA, 1994 d, S. 290). Die TA Luft sieht eine Emissionsbegrenzung lediglich für Lackieranlagen vor, deren Lösemitteleinsatz 25 kg/h oder mehr beträgt. Um für die zahlreichen kleineren Anlagen eine Regelung zu schaffen, ist seit längerem eine europäische Lösemittel-Richtlinie geplant, die es den Betreibern unter anderem auch ermöglichen soll, die Anforderungen durch produktbezogene Maßnahmen, also zum Beispiel durch Verwendung lösemittelarmer Farben und Lacke, zu erfüllen.

2.3.5.2.1.2 Straßenverkehrsbezogene Maßnahmen

457. Im Vergleich zu den Emissionen aus Anlagen hat die relative Bedeutung der vom Verkehr verursachten Emissionen weiter zugenommen. Das gilt insbesondere für die Ozon-Vorläufersubstanzen Stickstoffoxide und bestimmte flüchtige organische Verbindungen. Der Anteil des Verkehrs an der Gesamtemission dieser Stoffe wird mit rund 70 % für NO_x-Emissionen und mit rund 40 % für VOC-Emissionen angegeben. Der Beitrag des Verkehrs an den klimarelevanten CO_2-Emissionen wird aufgrund der prognostizierten Zunahme des Verkehrsaufkommens von derzeit mehr als 20 % weiter ansteigen. Dieselrußpartikel und Benzol kommen als gesundheitsschädliche Stoffe hinzu.

458. Ab 1996 tritt die *zweite Stufe der europäischen Abgasgesetzgebung* für Personenkraftwagen in Kraft; die entsprechende Richtlinie ist im März 1994 verabschiedet und durch die 19. Verordnung zur Änderung der straßenverkehrsrechtlichen Vorschriften vom November 1994 in nationales Recht übernommen worden. Danach gelten für alle neu in den Verkehr kommenden Fahrzeuge ab Januar 1997 verschärfte Grenzwerte, und zwar für Fahrzeuge mit Ottomotoren

– 2,2 Gramm Kohlenmonoxid pro Kilometer statt bisher 3,16 Gramm,

– 0,5 Gramm Kohlenwasserstoffe und Stickstoffoxide pro Kilometer statt bisher 1,13 Gramm

und für Fahrzeuge mit Dieselmotoren

– 1,0 Gramm Kohlenmonoxid pro Kilometer statt bisher 3,16 Gramm,

– 0,7 Gramm Kohlenwasserstoffe und Stickstoffoxide pro Kilometer statt bisher 1,13 Gramm,

– 0,08 Gramm Partikel pro Kilometer statt bisher 0,18 Gramm.

Eine weitere Stufe der europäischen Abgasgesetzgebung für Pkw soll ab dem Jahre 2000 in Kraft treten. Der von der Europäischen Kommission vorzulegende Vorschlag soll neben Grenzwerten auch Verbesserungen des Testverfahrens und Anforderungen an die Kraftstoffqualitäten enthalten.

Auch für leichte Nutzfahrzeuge, Motorräder und Mopeds werden Verschärfungen der geltenden Grenzwerte auf europäischer Ebene vorgesehen; über die entsprechenden Vorschläge der Kommission wird derzeit in den zuständigen Gremien noch beraten.

Mit der Einhaltung der in Kraft tretenden und vorgesehenen Grenzwerte wird ein wesentlicher Beitrag zur Erreichung der Reduzierungsziele für Stickstoffoxide und Kohlenwasserstoffe geleistet.

459. Eine Minderung der ständig wachsenden Kohlendioxidemissionen des Verkehrs wird durch die erforderlichen technischen Maßnahmen allein allerdings nicht erreicht werden. Deshalb ist sowohl eine Verringerung der Fahrleistung als auch vor allem eine deutliche Begrenzung des Kraftstoffverbrauchs unumgänglich. Die deutsche Automobilindustrie hat zur Vermeidung möglicher ordnungsrechtlicher Regelungen in Form verbindlicher Kraftstoffverbrauchs- beziehungsweise CO_2-Emissionsgrenzwerte im März 1995 eine freiwillige Selbstverpflichtung abgegeben, nach der sie den durchschnittlichen Kraftstoffverbrauch der von ihr hergestellten und im Inland abgesetzten Pkw/Kombi um 25 % bis zum Jahre 2005, gemessen am Stand von 1990, senken will (Tz. 163). Wegen der lediglich auf die spezifische CO_2-Minderung bezogenen Zusage sind mit Blick auf den stark gewachsenen absoluten und relativen Anteil des Straßenverkehrs an den gesamten Kohlendioxidemissionen weitere Maßnahmen unausweichlich. In welchem Umfang weitere Maßnahmen zur

Minderung der CO_2-Emissionen des Straßenverkehrs erforderlich sein werden, hängt auch von der Instrumentierung der künftigen CO_2-Minderungspolitik ab (Kap. 5.3, Tz. 1179 ff.).

460. Maßnahmen zur Qualitätsverbesserung in der Kraftstoffzusammensetzung können ebenfalls zur Schadstoffreduzierung und damit zur Verbesserung der Immissionssituation beitragen. Die Verringerung des Schwefelgehaltes im Dieselkraftstoff und die Reduzierung des Benzolgehaltes im Benzin sind aktuelle Beispiele dieser Entwicklung.

Die *Verordnung über Schwefelgehalt von leichtem Heizöl und Dieselkraftstoff (3. BImSchV)* ist zum 1. Oktober 1994 geändert worden (Verordnung vom 26. September 1994, BGBl. I, S. 2640), um die europäische Richtlinie 93/12/EWG umzusetzen, die seit dem 1. Oktober 1994 die Vorgängerrichtlinie 75/716/EWG ersetzt und vor allem darauf abzielt, die Einhaltung der Immissionsgrenzwerte für Partikelemissionen zu gewährleisten, das heißt die Rußbildung, die auch vom Schwefelgehalt des Kraftstoffs abhängt, mit zu verringern. Dazu wird ab dem 1. Oktober 1996 der Schwefelgehalt von Dieselkraftstoff auf 0,05 Gewichtsprozent und damit auf ein Viertel des bisher zulässigen begrenzt. Von der vorgesehenen Absenkung des Schwefelgehaltes im Dieselkraftstoff wird eine Verminderung der Partikelemissionen der gesamten Flotte an Fahrzeugen mit Dieselmotoren um etwa zehn bis zwanzig Prozent erwartet.

Weil die EG-Richtlinie eine andere Terminologie als die deutsche Verordnung verwendet und „Schiffsdiesel" nicht als Dieselkraftstoff, sondern als „Gasöl" mit höheren zugelassenen Schwefelgehalten definiert, ist die in der deutschen Verordnung zugelassene Verwendung von Kraftstoffen für Dieselmotoren von Binnenschiffen mit einem höheren Schwefelgehalt von 0,2 Gewichtsprozent mit der Richtlinie vereinbar. Unter umweltpolitischen Gesichtspunkten ist diese Ausnahmeregelung nach Ansicht des Umweltrates jedoch negativ zu bewerten. Auch für diesen Bereich sollte europaweit an eine Reduzierung gedacht werden.

461. Es gibt mehrere Gründe dafür, die Grenzwerte für Partikelemissionen aus Fahrzeugen mit Dieselmotoren alsbald zu überprüfen. Der eine liegt in den Bedenken hinsichtlich der gesundheitlichen Auswirkungen von Dieselruß (SRU, 1994, Tz. 678 ff.). Ein weiterer besteht darin, daß die auch von der steuerlichen Begünstigung induzierte absolute Zunahme der dieselgetriebenen Fahrzeuge trotz verschärfter Grenzwerte ein Gleichbleiben oder gar ein weiteres Ansteigen der Gesamtemissionen an Dieselruß bewirken könnte. Vor allem aber besteht eine derartige Gefahr im Hinblick auf die fahrzeugtechnischen Anforderungen. Die Europäische Kommission wollte die Ausnahme von dem strengen Grenzwert für Partikelemissionen nach der EURO 2-Norm für kleinere Lkw – nach dem ursprünglichen Vorschlag – bis zum Herbst 1999 verlängern und damit statt der vorgesehenen 0,15 g/kWh den bisherigen Wert von 0,25 g/kWh zulassen, weil die Fahrzeugindustrie geltend macht, sie könne sich nicht schnell genug auf die neue Norm einstellen (Vorschlag zur Änderung der Richtlinie 88/77/EWG, KOM (94) 559 endg.; BR-Drs. 45/95). Der Bundesrat hat die Bundesregierung gebeten, den Vorschlag abzulehnen und statt dessen auf EU-Ebene über die Zulassung wirksamer steuerlicher Anreize zu verhandeln, um die Nutzung aller technischen Möglichkeiten zur Minimierung der Emissionen auch unterhalb des Grenzwertes der EURO 2-Norm, vor allem den Einbau von Partikelfiltern, zu beschleunigen. Diesem Anliegen ist allerdings in Artikel 2 des Richtlinienvorschlags entsprochen. Der Bundestag lehnt den Vorschlag zwar nicht gänzlich ab, hat aber die Bundesregierung aufgefordert, sich für eine Begrenzung dieser Übergangszeit auf das unbedingt notwendige Maß einzusetzen, die er bei zwei bis drei Jahren sieht (Entschließung vom 23. Juni 1995, BT-Drs. 13/1623 Nr. 2). Nach weiterer Diskussion vor allem im Europäischen Parlament ist nun Ende November 1995 ein „Gemeinsamer Standpunkt des Rates" veröffentlicht worden (Nr. 27/95, ABl. C 320, S. 219), nach dem die Übergangsfrist Ende 1997 auslaufen soll.

Der Umweltrat hält die Heraufsetzung der Emissionsnormen für nicht vertretbar. Wie auch der Verkehrsausschuß des Bundesrates weist er darauf hin, daß die Grenzwerte der EURO 2-Norm den Herstellern seit 1991 bekannt waren und daß diese Norm erfüllende Motoren für die betroffenen Anwendungen bereits existieren. Die vom Umweltrat befürwortete Politik, umweltpolitisch begründete Anforderungen an verwendete Stoffe oder eingesetzte Technik in materiell und zeitlich absehbaren Stufen heraufzusetzen, verlöre an Glaubwürdigkeit für alle von ihr Betroffenen, wenn sie vor der erklärten „Investitionsunwilligkeit" der Industrie (KOM (94) 559 endg., Begründung Ziff. 2.1.3) zurückwiche. Allenfalls akzeptabel wäre es, gewisse Überschreitungen zwar zuzulassen, aber mit einem im Zeitablauf progressiv wachsenden Zuschlag auf die Kraftfahrzeugsteuer zu belegen.

462. Einige Mineralölgesellschaften bieten bereits seit Herbst 1995 den schwefelreduzierten Dieselkraftstoff zu einem um zwei bis vier Pfennig pro Liter erhöhten Preis an und kommen damit ihrer Zusage einer vorzeitigen Einführung in Deutschland nach. In diesem Zusammenhang ist darauf hinzuweisen, daß die neu eingeführte Dieselkraftstoff-Qualität nicht den Stand der Technik, sondern einen raffinerietechnischen und betriebswirtschaftlichen Kompromiß in Mitteleuropa darstellt. Im nordeuropäischen Raum gibt es bereits Dieselkraftstoff-Sorten auf dem Markt, die in Schweden maximal 0,001 Gewichtsprozent und in Finnland maximal 0,005 Gewichtsprozent Schwefel enthalten. Darüber hinaus ist in diesen Kraftstoffen auch der Aromatengehalt erheblich reduziert.

Dem schwefelfreien Dieselöl müssen derzeit Additive zugemischt werden, die den Schmiereffekt der Organoschwefelverbindungen für die Komponenten des Kraftstoffeinspritzsystems übernehmen. Hier ist darauf zu achten, daß durch neue, unbekannte Additive kein neues Umweltproblem entsteht. Vielmehr sind die Motorenhersteller aufgefordert, durch Innovation bei der Werkstoffauswahl Einspritzsysteme auf den Markt zu bringen, die keiner Schmierwirkung eines Additivs bedürfen.

463. Der Umweltrat hat in seinem Umweltgutachten 1994 Forderungen unterstützt, die *Benzolemissionen des Verkehrsbereichs* soweit wie möglich zu reduzieren (SRU, 1994, Tz. 529, 682). Durch die 21. BImSchV von 1992 werden die Tankstellenbetreiber verpflichtet, ein Gasrückführungssystem einzubauen, um die beim Betanken austretenden, benzolhaltigen Kraftstoffdämpfe zu erfassen und zurückzuführen. Die für die Umrüstung vorgesehenen Übergangsfristen für bestehende Tankstellen wurden vom Umweltrat als zu großzügig bemessen angesehen. Es hat sich gezeigt, daß vor allem kleinere Tankstellen die eingeräumten Fristen weitgehend ausnutzen, so daß bisher erst etwa ein Viertel aller Tankstellen umgerüstet worden ist.

Der überwiegende Teil der verkehrsbedingten Benzolemissionen stammt aus den Abgasen der Kraftfahrzeuge. Deshalb ist eine Verbesserung der umweltrelevanten Qualität von Kraftstoffen, am besten auf europäischer Ebene, dringend erforderlich. Eine Reduzierung des Benzolgehaltes im Benzin muß durch die Änderung der Richtlinie 85/210/EWG, die einen Wert von 5 Vol.-% erlaubt, erreicht werden. Im Vorgriff auf zu erwartende Regelungen haben einige Mineralölgesellschaften in Deutschland, wo der durchschnittliche Benzolgehalt bei 1,9 Vol.-% liegt, begonnen, Kraftstoffe mit etwa 1 Vol.-% auf dem Markt anzubieten. Angesichts des geringen Reduzierungseffektes wegen der Beschränkung auf ein mengenmäßig unbedeutendes Marktsegment kann davon nicht mehr als eine gewisse Signalwirkung ausgehen. Umweltentlastende Effekte sind erst zu erwarten, wenn insgesamt reformulierte Benzinsorten mit niedrigerem Aromatengehalt auf den Markt kommen. Der Benzolgehalt im Ottokraftstoff ist auch Teil des Auto/Öl-Programms der Europäischen Kommission, in dem Grundlagen für die künftige Kraftstoffqualität in der Europäischen Union erarbeitet werden sollen. Weitere Maßnahmen zur Verbesserung der Kraftstoffqualität sollten deshalb mit den Ergebnissen dieses Programms abgestimmt werden.

464. Der Umweltrat hatte bereits 1982 darauf hingewiesen, daß die Umstellung eines Teils der Kraftfahrzeuge auf Flüssiggas als Kraftstoff auf längere Sicht zum Abbau der Spitzenbelastungen in den Städten und Ballungskernen in spürbare Weise beitragen könnte (SRU, 1982). Gasbetriebene Fahrzeuge weisen gegenüber Diesel- und Benzinfahrzeugen ein günstigeres Emissionsspektrum im Hinblick auf Ozon-Vorläufersubstanzen, klimarelevante Gase (u. a. CO_2), Ruß und Partikelemissionen und Benzolemissionen auf. Eine der 1982 empfohlenen Maßnahmen betraf die Verbesserung der Wettbewerbsbedingungen solcher gasgetriebener Fahrzeuge durch steuerliche Entlastung. Am 31. Juli 1995 wurde nunmehr die *Senkung des Mineralölsteuersatzes auf Erdgas und Flüssiggas* für alle Fahrzeuge, die auf öffentlichen zugänglichen Verkehrswegen betrieben werden, ab 1996 beschlossen. Der Umweltrat begrüßt diese Maßnahme (Tz. 1196), weist aber ausdrücklich darauf hin, daß es zusätzlich bundeseinheitlicher Regelungen bedarf, um bestehende Unsicherheiten bei der Genehmigung von Anlagen zur Lagerung und Verteilung von Flüssiggas zu beseitigen. Im übrigen sollten auch weitere Möglichkeiten zum verstärkten Einsatz gasgetriebener Fahrzeuge geprüft werden.

2.3.5.2.1.3 Emissionen des Luftverkehrs

465. Auf die Emissionen des Luftverkehrs ist der Umweltrat bereits im Umweltgutachten 1994 eingegangen und hat es als unbedingt geboten erachtet, die Zusammenhänge zwischen Luftverkehr und Umweltbeeinträchtigungen intensiver als bisher zu untersuchen (SRU, 1994, Tz. 657 ff.). Im April 1994 hat ein internationales Kolloquium zum Thema „Einfluß der Schadstoffe aus Luft- und Raumfahrt auf die Atmosphäre" in Köln stattgefunden, bei dem die laufenden Aktivitäten und neuesten Forschungsergebnisse vorgestellt wurden (SCHUMANN und WURZEL, 1994). Im März 1995 wurden von der Deutschen Forschungsanstalt für Luft- und Raumfahrt (DLR) vor internationalen Klimaexperten erste Teilergebnisse des vom Bundesministerium für Bildung, Wissenschaft, Forschung und Technologie (BMBF) geförderten interdisziplinären Verbundprogramms „Schadstoffe in der Luftfahrt" (1992 bis 1997) präsentiert. In zwei weiteren von der Europäischen Kommission in Auftrag gegebenen Forschungsprogrammen werden Einflüsse der Stickstoffoxidemissionen auf die Atmosphäre für Flughöhen von acht bis fünfzehn Kilometern (SCHUMANN, 1995) und die Belastungen im Nordatlantik-Flugkorridor (DLR, 1995a) untersucht.

466. Teilergebnisse aus den von der Deutschen Forschungsanstalt für Luft- und Raumfahrt geleiteten Vorhaben bestätigen die Dringlichkeit der Atmosphärenforschung, lassen aber noch keine abschließenden Bewertungen der Gefährdungssituation zu. In den Tabellen 2.20 und 2.21 sind die Emissionen des weltweiten Luftverkehrs (ohne Überschallverkehrsflugzeuge) und die von ihnen ausgehenden Einflüsse auf Umwelt und Klima zusammengestellt. Unter anderem wird auf folgende Erkenntnisse aus den bisherigen Arbeitsschritten hingewiesen:

- Jährlich werden 2,8 Mio. Tonnen Stickstoffoxide von der internationalen Luftfahrt in die Atmosphäre ausgestoßen; dieser Wert übersteigt die bisherigen Prognosen und Analysen.

- Der Beitrag des Luftverkehrs zur Stickstoffoxidkonzentration in der oberen Troposphäre (bis zu zwölf Kilometer Höhe) ist erheblich. Teilweise hat der Luftverkehr zu deren Verdoppelung sowie auch zu einem Ozonzuwachs geführt.

- Der Luftverkehr hat bisher zu einer Zunahme der Ozonkonzentration von 4 bis 12 Prozent in der oberen Troposphäre geführt.

- Ein kleiner Teil der emittierten Stickstoffoxide und Schwefelverbindungen wird in Form von Schwefelsäure- und Salpetersäuregas freigesetzt. Diese Gase können zur Tröpfchen- und Partikelbildung beitragen.

- Die Treibhauswirkung des emittierten Wasserdampfes ist kleiner als erwartet. Flugzeuge fördern aber mit ihren Emissionen die Bildung von klimatisch wirksamen Cirruswolken.

- Eine Höhenbegrenzung des Luftverkehrs mit heutigem Fluggerät würde zu vermehrtem Treibstoffverbrauch und damit zu mehr Kohlendioxidemissionen, mehr Wasserdampf und vor allem mehr Stickstoffoxiden führen (DLR, 1995b).

467. Der Umweltrat bekräftigt seine Empfehlung, die Zusammenhänge zwischen Flugverkehr und Umweltbeeinträchtigung im Rahmen international koordinierter Forschungsvorhaben intensiv zu untersuchen, um bessere Entscheidungsgrundlagen für Maßnahmen zur Luftreinhaltung im Luftverkehr zur Verfügung stellen zu können (SRU, 1994, Tz. 866). In Betracht kommen dabei vor allem technische Maßnahmen zur Triebwerksverbesserung, Verkehrsvermeidungsmaßnahmen (z. B. für Kurzstreckenflüge), Verkehrsoptimierungsmaßnahmen (Flugstrecken und Höhen) und kostenwirksame Maßnahmen (z. B. emissionsbezogene Landegebühren, Abbau von steuerlichen Vergünstigungen; s. Kap. 5, Tz. 1198).

2.3.5.2.2 Gebietsbezogene Maßnahmen

Sommersmogregelungen

468. Durch die erhöhten Konzentrationen bodennahen Ozons in den sonnigen und heißen Sommermonaten der Jahre 1994 und 1995 (Tz. 425 f.) haben die Vorschläge über ordnungsrechtliche Eingriffsmöglichkeiten für kurzfristige Maßnahmen in sogenannten Sommersmogperioden die umweltpolitische Diskussion beherrscht.

Mit der *Novellierung der Verordnung über Emissionswerte (22. BImSchV)*, die am 1. Juni 1995 in Kraft getreten ist, wurde die EG-Richtlinie 92/72/EWG vom 21. September 1992 über Luftverschmutzung durch Ozon in nationales Recht umgesetzt. Mit der Verordnung werden Grenzwerte für den Gesundheitsschutz, für den Schutz der Vegetation sowie zur Unterrichtung und Warnung der Bevölkerung festgelegt. Gleichzeitig werden Mindestanforderungen für die Unterrichtung und Warnung der Bevölkerung vorgeschrieben. Ferner legt die Verordnung das Meß- und Analyseverfahren für die Bestimmung der Ozonkonzentration und die Verfahren zur Berechnung und Auswertung der Meßergebnisse fest. Schließlich müssen die Mitgliedstaaten über die Durchführung der Richtlinie und die Ergebnisse der Überwachung sowie über die Unterrichtung und Warnung der Bevölkerung bei erhöhten Ozonwerten regelmäßig Bericht erstatten.

469. Nach einer heftigen Diskussion um die Kernpunkte einer bundeseinheitlichen Regelung zur kurzfristigen Absenkung von hohen Ozonkonzentrationen, nämlich über die Festlegung von Grenzwerten für Verkehrsverbote und über die Art der Verkehrsverbote, ist das *Gesetz zur Änderung des Bundes-Immissionsschutzgesetzes („Ozongesetz")* am 26. Juli 1995 in Kraft getreten. Die Bundesregierung hat nicht den unter anderem auch vom Umweltrat vorgeschlagenen Weg zur Erweiterung des § 40 BImSchG um eine Verordnungsermächtigung eingeschlagen, sondern die Regelungen in das Gesetz selbst aufgenommen (§§ 40a ff.). Sie sehen Fahrver-

Tabelle 2.20

Emissionen des weltweiten Luftverkehrs
(ohne Überschallverkehrsflugzeuge)

Emission	Emission index (g per kg fuel)	Emission rate 1990 in Mt/year	Percentage of comparable source
Fuel	1000	176	5,6 % of total consumption of petrol
CO_2	3150	554	2,7 % of burned fossil fuels
H_2O	1260	222	500 % of methane oxidation in the stratosphere
NO_2	18 (7-20)	3,2	3,6 % of all anthropogenic sources
CO	1,5 (1,5-10)	0,26	0,04 % of all anthropogenic sources
HC	0,6 (0,2-3)	0,1	0,1 % of all anthropogenic sources
Soot	0,015± ?	0,0025	
SO_2	1 (0,02-6)	0,176	280 % of rate required to sustain background aerosol in lower stratosphere

Quelle: SCHUMANN, 1994, verändert

Tabelle 2.21

Einflüsse von emittierten gasförmigen und partikelförmigen Luftschadstoffen
und von ihren Reaktionsprodukten auf Umwelt und Klima

NO_x	• Local ozone reduction in the immediate plumes at time scales of second to hours • Ozone formation in troposphere and lower stratosphere at the time scales of days to weeks by photochemical smog reactions with CO and CH_4 • Catalytic ozone destruction in stratosphere, at > 15 km according to one-dimensional gas-phase chemistry models, at time scales of months to years • Reduces catalytic ozone destruction by HO_4 and Cl_x cycles • Enhances particle formation (e.g., NAT, nitric acid trihydrate) on which Cl may get activated to reduce ozone
H_2O	• Greenhouse gas • Contrail/circus formation, less sunshine, more greenhouse • Ice particles → sedimentation → dehydration? → less greenhouse? • Increase particle formation • Source for HO_4 formation
CO_2	• Greenhouse gas • Reduces stratospheric temperature → more particles
HC	• Small contribution from air-traffic, enhances conversion from reactive NO_x to long-living reservoir gases
CO	• Compared to background values, aircraft emissions are of minor importance
OH	• Contributes to immediate oxidation of emission in the plume
Soot	• Condensation nuclei and ice kernels • Radiative absorber
SO_2	• More aerosols: Ions and sulfuric acid - water droplets • Sulfuric acid on soot increases number of cloud condensation nuclei • Sulfate particles increase albedo and hence decrease solar heating of earth • Provides surface for the reaction N_2O_5 (gas) + H_2O (liquid) → 2 HNO_3 (gas) • Hence, reduces ozone destruction by NO_x • but may enhance ozone destruction by Cl_x
O_3	• Greenhouse gas, in particular at the tropopause • May be harmful for biosphere if reaching surface • Reduces UV-B radiation • Reduces lifetime of other greenhouse gases such as methane

Quelle: SCHUMANN, 1994, verändert

bote für Kraftfahrzeuge, außer solchen mit geringem Schadstoffausstoß, vor, wenn an mindestens drei Meßstationen im Bundesgebiet, die mehr als 50 km und weniger als 250 km voneinander entfernt sind, eine Ozonkonzentration von 240 $\mu g/m^3$ Luft als Stundenmittel erreicht wird und Ozonkonzentrationen gleicher Höhe an diesen Meßstationen im Laufe des nächsten Tages zu erwarten sind. Die Höhe des vorgeschriebenen Eingriffswertes, die Meßvorschriften und die Vielzahl der vorgesehenen Ausnahmen vom Fahrverbot haben zu heftiger Kritik in der Öffentlichkeit geführt. Der Umweltrat hat sich zur Ozonproblematik sowohl im Umweltgutachten 1994 (SRU, 1994, Tz. 235-241, 750-753) als auch in einer Stellungnahme geäußert (SRU, 1995b). Er wiederholt hier mit Nachdruck, daß bei jeder Art von Regelung, insbesondere bei der Festlegung von Grenzwerten, nicht nur auf akute Reizwirkungen abgehoben werden sollte, sondern daß ebenso, wenn nicht stärker, die Langzeiteffekte (im wesentlichen mutagene und kanzerogene Wirkung sowie vorzeitige Gewebsalterung) berücksichtigt werden sollten. Hierfür ist eine deutliche Reduktion der Ozonvorläufersubstanzen der bestgeeignete Ansatz.

23. Verordnung zur Durchführung des Bundes-Immissionsschutzgesetzes (Verordnung über die Festlegung von Konzentrationswerten – 23. BImSchV)

470. Während die Sommersmogregelung auf großräumige Maßnahmen gerichtet ist, soll die vorgesehene Verordnung nach § 40 Abs. 2 BImSchG für bestimmte Straßen oder bestimmte Gebiete Konzentrationswerte für luftverunreinigende Stoffe festlegen, bei deren Überschreiten Maßnahmen zur Verkehrsbeschränkung zu prüfen sind. Des weiteren legt sie Verfahren zur Messung und zur Beurteilung der Meßwerte im Hinblick auf die Konzentrationswerte fest. Die im Regierungsentwurf vorgesehenen Konzentrationswerte für Benzol und Dieselruß sind in der Beratung durch den Bundesrat nicht geändert worden; bezüglich des Konzentrationswertes für Stickstoffdioxid wurde eine der Vereinfachung dienende Änderung vorgenommen. Der Bundesrat hat der Verordnung am 18. März 1994 mit zahlreichen, vor allem den Anhang betreffenden Änderungen zugestimmt. Der Umweltrat hat sich zu den Konzentrationswerten für Benzol und Dieselruß in einer Stellungnahme geäußert, mit dem Ergebnis, Dieselruß im Vergleich zu Benzol strenger zu regeln (SRU, 1994, S. 328 ff.).

471. Durch Beschluß der Bundesregierung kann die Verordnung nur in Verbindung mit einer Allgemeinen Verwaltungsvorschrift in Kraft treten, die der Harmonisierung der verkehrsrechtlichen Maßnahmen dienen und die einheitliche Ermessensausübung durch die Behörden der Länder sicherstellen soll. Der Entwurf einer *Allgemeinen Verwaltungsvorschrift über straßenverkehrsrechtliche Maßnahmen bei Überschreiten von Konzentrationswerten nach der 23. BImSchV (VwV-StVO-ImSch)* enthält verbindliche Kriterien zur einheitlichen Handhabung des Ermessens bei der Entscheidung über Verkehrsbeschränkungen und Verbote nach § 40 Abs. 2

BImSchG. Unmittelbar zuständig ist die örtliche Straßenverkehrsbehörde; sie trifft die Entscheidung, ob und in welchem Umfang Maßnahmen nach Maßgabe verkehrsrechtlicher Vorschriften getroffen werden müssen. Messung und Bewertung der Belastungssituation liegen in den Händen der Immissionsschutzbehörde.

Der weitere Fortgang des Verfahrens hängt von der Einigung zwischen Bund und Ländern über die in der Verwaltungsvorschrift zu regelnde Art und das Ausmaß straßenverkehrsrechtlicher Maßnahmen bei Überschreiten der Konzentrationswerte ab. Im Gegensatz zur Bundesregierung, die eine bloße Prüfung von Verkehrsbeschränkungen und -verboten bei nicht ausreichenden Maßnahmen der Verkehrswegeplanung und -lenkung vorsieht, wollen die Länder zum Beispiel Verkehrsbeschränkungen anordnen können, wenn und soweit angemessene Maßnahmen der Verkehrsplanung und -lenkung noch nicht getroffen werden konnten. Sollten die von den Ländern vorgebrachten Änderungen von der Bundesregierung nicht übernommen werden, ist mit einer weiteren Verzögerung zu rechnen, und letztlich ist sogar ein Scheitern des Vorhabens nicht auszuschließen.

Internationale und europäische Regelungen

472. Im Rahmen des *Genfer Übereinkommens der europäischen Wirtschaftskommission der Vereinten Nationen (ECE)* über weiträumige grenzüberschreitende Luftverunreinigungen von 1979 und zugehörige Protokolle hat Deutschland eine Reihe materieller und finanzieller Verpflichtungen zu erfüllen. Durch das 1994 gezeichnete, das Helsinki-Protokoll von 1985 ablösende Oslo-Protokoll zur weiteren Verminderung der Schwefeldioxidemissionen (2. Schwefeldioxid-Protokoll) verpflichtet sich Deutschland zu einer pauschalen Reduzierung der Schwefeldioxidemissionen auf 1 300 kt Schwefeldioxid pro Jahr bis zum Jahre 2000 und auf 990 kt Schwefeldioxid pro Jahr bis zum Jahre 2005. Für die Reduzierung der Stickstoffdioxidemissionen ist bis zum Jahre 1998 nach dem bereits in Kraft befindlichen Sofia-Protokoll von 1988 eine Reduzierung um 30 % gemessen am Stand von 1987 vorgesehen und das Genf-Protokoll von 1990 sieht bis 1999 eine Reduzierung der VOC-Emissionen um 30 % gegenüber einem Bezugsjahr zwischen 1984 und 1990 vor. In Vorbereitung sind weitere Protokolle zur Schwermetallreduzierung und zur Reduzierung persistenter organischer Verbindungen.

473. Im Juli 1994 hat die Europäische Kommission dem Rat einen Vorschlag für eine *Richtlinie betreffend die Beurteilung und Kontrolle der Luftqualität* vorgelegt. Vorgesehen sind eine Rahmenrichtlinie, in der allgemeine Festlegungen zur Luftqualität formuliert werden, und zusätzliche Einzelrichtlinien mit festgeschriebenen Grenzwerten für bestimmte Schadstoffe. Bis Ende 1996 sollen von der Kommission in diesen sogenannten Tochterrichtlinien Grenzwerte für Schwefeldioxid, Stickstoffoxide, Staub und Blei vorbereitet werden. Ziel der sehr weitreichenden Richtlinie ist es, die bisherigen Luftqualitätsnormen durch ein System abzulösen, das der einheitlichen Beurteilung und Kontrolle der Luftqualität in Europa dient. Mit diesem Ansatz soll die auf die Emissionen gerichtete IVU-Richtlinie (Tz. 133) immissionsseitig ergänzt werden. Der Umweltministerrat hat sich im Oktober 1995 politisch geeinigt; der gemeinsame Standpunkt soll Anfang 1996 vorgelegt werden.

474. Für die Festlegung von Immissionsgrenzwerten für bestimmte Schadstoffe wurden Arbeitsgruppen für Schwefeldioxid, für Stickstoffoxide, für Schwebstoffe und Rauchpartikel sowie für Blei gebildet. Für die Festlegung von Grenzwerten und Alarmwerten hat die Kommission eine Schadstoffliste und einen Zeitplan vorgelegt. Danach sollen Standards für

– Schwefeldioxid, Stickstoffdioxid, Feinpartikel, Schwebstoffe und Blei bis zum 31. Dezember 1996,

– Ozon bis 1998, wobei die Vorschläge den spezifischen Mechanismen der Bildung dieses Schadstoffes Rechnung tragen sollen und entsprechend Zielwerte und/oder Grenzwerte vorsehen können,

– Benzol, polyzyklische aromatische Kohlenwasserstoffe (PAK), Kohlenmonoxid, Cadmium, Arsen, Nickel und Quecksilber möglichst bald, jedoch spätestens bis zum 31. Dezember 1999,

erarbeitet werden. Diese Standards sind innerhalb zu bestimmender Fristen durch die erforderlichen Maßnahmen von den einzelnen Mitgliedstaaten einzuhalten, wobei dem integrierten Ansatz zum Schutz von Luft, Wasser und Boden Rechnung getragen werden muß. Des weiteren müssen Aktionspläne zum Ergreifen von Maßnahmen im Falle der Überschreitung der Standards erarbeitet und Messungen zur Beurteilung der Luftqualität durchgeführt werden (BMU, 1995 e).

475. Ein wesentlicher Kritikpunkt an dem Richtlinienvorschlag betrifft die Sorge, in Gebieten, in denen die Belastung unterhalb der festgelegten Grenzwerte liegt, könnte es durch Ansiedlung neuer Verursacher von Luftverunreinigungen dadurch zur Verschlechterung der Belastungssituation kommen, daß die Grenzwerte in vollem Maße ausgeschöpft werden. Ob die im gemeinsamen Standpunkt enthaltene „Stillhalte-Regelung", nach der die Mitgliedstaaten veranlaßt werden, in diesen Gebieten die Luftqualität bei Aufrechterhaltung der Möglichkeiten weiterer wirtschaftlicher Entwicklung nicht zu verschlechtern, der aus Umweltschutzgründen vorzuziehenden Forderung nach einem allgemeinen Verschlechterungsverbot gerecht werden kann, bleibt abzuwarten.

476. Schließlich ist auf den gemeinsamen Standpunkt zur Entscheidung über den *Informationsaustausch von Luftverschmutzungsdaten* hinzuweisen, den der Umweltministerrat im Oktober 1995 verabschiedet hat. Die Entscheidung sieht Regelungen für den Daten- und Informationsaustausch zur Luftschadstoffüberwachung und über Ergebnisse der Schadstoffmessungen zum Zwecke der Luftqualitätsbeurteilung, der Feststellung von Problemgebieten, zur Ausarbeitung von Vorsorgemaßnahmen und zur Beurteilung der Wirksamkeit der europäischen Luftreinhaltepolitik vor.

477. Die *Weltgesundheitsorganisation (WHO)* sieht neue *Richtwerte für die Luftqualität* in Europa vor. Entsprechende Ergebnisse sind als Gründruck und damit als Vorläufer einer geplanten Richtlinie erschienen. Vorgeschlagen werden für Stickstoffdioxid eine Halbierung des bisherigen Mittelwertes über eine Tagesstunde von 400 $\mu g/m^3$ und eine Grenze für die mittlere jährliche Belastung von 40 bis 50 $\mu g/m^3$ sowie für Schwefeldioxid die zusätzliche Einführung eines 24-Stunden-Mittelwertes von 125 $\mu g/m^3$ und ein Jahresmittelrichtwert von 50 $\mu g/m^3$. Für Ozon sind keine Veränderungen vorgesehen; der Belastung durch Schwebstaub wird besondere Bedeutung beigemessen, ohne daß Richtwerte angegeben werden.

Eine Anpassung der zum Teil deutlich höher liegenden deutschen Werte an die vorgeschlagenen WHO-Richtwerte ist anzustreben.

2.3.5.2.3 Nationale Klimaschutzmaßnahmen

478. Zu den in den voranstehenden Abschnitten beschriebenen Problemen und Maßnahmen der herkömmlichen Luftreinhaltepolitik, die sich schon seit den sechziger Jahren mit lokalen und gebietsbezogenen Belastungen befaßt, sind in den letzten Jahren in verstärktem Maße – durch die mit dem Treibhauseffekt und mit dem Ozonabbau in der Stratosphäre verbundenen globalen Probleme – Aktivitäten und Maßnahmen zum Klimaschutz hinzugetreten. Sie stellen eine neue Herausforderung für die nationale und internationale Umweltpolitik dar. Im Mittelpunkt der jüngsten Aktivitäten hat die erste Vertragsstaatenkonferenz zur Klimarahmenkonvention vom 28. März bis zum 7. April 1995 in Berlin gestanden. Der Wissenschaftliche Beirat der Bundesregierung Globale Umweltveränderungen hat die Ergebnisse der Konferenz in seinem Jahresgutachten 1995 erläutert und bewertet sowie Handlungsempfehlungen formuliert (WBGU, 1995).

479. Die Bundesregierung hat in Erfüllung ihrer Verpflichtung entsprechend Artikel 12 des Rahmenübereinkommens der Vereinten Nationen über Klimaänderungen (Klimarahmenkonvention) einen nationalen Bericht zum Klimaschutz erarbeitet, mit dem der vorläufige Bericht von 1993 aktualisiert, überarbeitet und ergänzt worden ist (BMU, 1994 a). Neben einer ausführlichen Situationsanalyse, in der Rahmendaten, Emissionen und deren Festlegung in Speichern und durch Senken dargestellt sowie Emissionsszenarien bis zum Jahre 2005 entwickelt werden, enthält der Bericht eine Darstellung des Maßnahmenprogramms zur Minderung von Emissionen klimarelevanter Gase. Das Programm enthält mehr als 100 Einzelmaßnahmen, die sich ganz überwiegend auf die Minderung von Kohlendioxidemissionen beziehen und den Verursacherbereichen Energieversorgung, Verkehr, Gebäude, Land- und Forstwirtschaft, Abfall sowie den Bereichen neue Technologien und übergreifende Maßnahmen zugeordnet werden. Ein großer Teil dieser Maßnahmen ist bereits beschlossen und befindet sich in der Umsetzung.

480. Der Umweltrat hat sich in diesem Kapitel (Tz. 439 ff.) und im Kapitel 5.3 zu einzelnen Maßnahmen geäußert. Eine der wesentlichen Maßnahmen sieht er in der Einführung einer Kohlendioxidabgabe (Tz. 1062).

Der Umweltrat erkennt das bereits Anfang der neunziger Jahre einsetzende Engagement der Bundesregierung im Klimaschutz ausdrücklich an. Gleichwohl gewinnt er den Eindruck, daß die beschlossenen und für die nahe Zukunft noch vorgesehenen Maßnahmen unbedingt ergänzt werden müssen, um das selbstgesetzte Minderungsziel für klimarelevante Spurengase zu erreichen (WBGU, 1995, S. 118 ff.). Der Umweltrat bedauert, daß die im internationalen Bereich beanspruchte Vorreiterrolle nicht auch durch eine entsprechende Absichtserklärung in der Koalitionsvereinbarung zur 13. Legislaturperiode (Tz. 41) bekräftigt worden ist. Diese fehlende Schwerpunktsetzung wird zum Teil als nachlassendes Engagement interpretiert und bestärkt kritische Stimmen, die von einer Verschleppung derjenigen Maßnahmen, die wirklich wirkungsvoll sind, reden.

2.3.5.3 Schlußfolgerungen und Empfehlungen zur Luftreinhaltepolitik

481. Zur *Lösung der Sommersmogproblematik* fordert der Umweltrat Maßnahmen zur Reduzierung der Ozonkonzentration auf gesundheitlich unbedenkliche Werte. Hierzu sind die Emissionen von Stickstoffoxiden und von flüchtigen organischen Verbindungen bis zum Jahre 2005 um 80 % bezogen auf 1987 zurückzuführen. Die sich im wesentlichen auf ordnungsrechtliche Regelungen stützenden Maßnahmen zur Emissionsminderung von Stickstoffoxiden müssen bei allen Emittenten ansetzen. Bei der Ausgestaltung der Maßnahmen ist auch den zwischen den Sektoren unterschiedlichen Vermeidungskosten Rechnung zu tragen. Entsprechendes gilt für die Minderung von flüchtigen organischen Verbindungen (VOC) aus dem Verkehr sowie aus dem Bereich Lösemittelverwendung. Da die bisher erzielten Fortschritte im Bereich der Lösemittelverwendung unzureichend sind, besteht hier besonderer Handlungsbedarf.

482. Bei der Klärung der komplexen Bildungs- und Abbaumechanismen der Photooxidantien besteht Forschungsbedarf; entsprechende Untersuchungen sollten zügig angegangen werden. In diesem Zusammenhang sollte auch der Einfluß biogener VOC-Emissionen auf die Photooxidantienbildung untersucht werden.

483. Bei der Entwicklung von *FCKW- und Halonersatzstoffen* sind nicht nur technische Eignung, sondern auch ökologische und toxische Eigenschaften umfassend zu untersuchen. Es sollten nur solche Ersatzstoffe zur Anwendung kommen, die weder klimawirksam sind noch die stratosphärische Ozonschicht zerstören und darüber hinaus aber auch in keiner anderen Form die Umwelt und den Menschen schädigen.

484. Einen weiteren Schwerpunkt umweltpolitischen Handelns sieht der Umweltrat in der *CO_2-Minderungspolitik*. Er weist in diesem Zusammenhang auch auf die Empfehlungen der Deutschen Physikalischen Gesellschaft zur Nutzung von Strom, von Treibstoffen im Verkehr und von Wärme in Gebäuden und in der industriellen Produktion hin, die aus Anlaß der ersten Vertragsstaatenkonferenz zur Klimarahmenkonvention 1995 in Berlin abgegeben wurden (Deutsche Physikalische Gesellschaft, 1995).

485. Die Novellierung der *Wärmeschutzverordnung* und das damit eingeführte Energiebilanzverfahren stellen einen Fortschritt dar, der für alle Beteiligten des Bauwesens Anreize zu Verbesserungen im baulichen Wärmeschutz bringt. Die Wirkung der Verordnung könnte noch verbessert werden, wenn die Energiebilanzierung auch für kleinere Wohngebäude vorgeschrieben würde. Sie sollte möglichst bald nach Auswertung der damit gemachten Erfahrungen auch für Ein- und Zweifamilienhäuser vorgeschrieben werden. Da sich bei Neubauten auch die neuen Wärmebedarfswerte deutlich unterschreiten lassen, sollte der Standard der Niedrigenergiehäuser Zielvorgabe für Neubauten werden. Dies ist notwendig, weil mit dem Hausbau Energiebedarfsprofile für längere Zeiträume vorgegeben werden. Klare Vorgaben in dieser Hinsicht sind aber auch wegen der Deregulierung im Bauordnungsrecht erforderlich. Eine weitere Novellierung der Verordnung sollte daher alsbald vorbereitet werden. Für den Baubestand hängt die Motivation für die technisch und finanziell aufwendigere wärmetechnische Nachrüstung davon ab, ob die besteuerungsabhängigen Preise für Heizenergieträger eine entsprechende Höhe erreichen. Der Umweltrat erwartet, daß der Wärmebedarfsausweis bald zum preisbildenden Faktor im Immobilienmarkt wird und auch auf diesem Wege Anreize für die energiesparende Bauausführung entstehen.

Langfristig könnte die Wärmeschutzverordnung in dem Umfang entbehrlich werden, wie entsprechende Anreize zum energiesparenden Bauen von den um die externen Effekte korrigierten Energiepreisen ausgehen, sei es im Wege von Emissionsabgaben oder von handelbaren Emissionsrechten.

486. Die das Energieeinsparungsgesetz ausfüllende *Heizungsanlagenverordnung* ist 1994 grundlegend novelliert worden und setzt die EG-Heizkessel-Richtlinie um. Die Klassifikation von Wärmeerzeugern richtet sich nun nach dem Wirkungsgrad, an den Mindestanforderungen gestellt werden, die ab 1998 den Einbau von Brennwert- oder Niedrigenergiekesseln bei Neubauten notwendig machen. Die Einhaltung der energetischen Anforderungen wird durch entsprechende europäische Produktnormen gewährleistet. Weitere Energiesparpotentiale werden dadurch genutzt, daß künftig für Brauchwasseranlagen Anforderungen an die Wärmedämmung und die Begrenzung von Verteilungsverlusten gestellt werden.

487. Die Novelle zur *Kleinfeuerungsanlagenverordnung (1. BImSchV)* sollte alsbald verabschiedet werden. Der Umweltrat unterstützt die Forderung, dabei auch den Kohlenmonoxidausstoß zu begrenzen. Der inzwischen erreichte Industriestandard ermöglicht es, die rasche Nachrüstung vorhandener Anlagen vorzuschreiben, was im Interesse der Emissionsbegrenzung auch geschehen sollte. Es sollte erwogen werden, in der Kleinfeuerungsanlagenverordnung grundsätzlich nur noch die Emissionsbegrenzung zu regeln und Anforderungen an den Wirkungsgrad in einer auch kleinere Anlagen erfassenden Heizungsanlagenverordnung zu stellen. Auf diese Weise ließen sich Schwierigkeiten bei der Umsetzung der Richtlinie 92/42/EWG umgehen.

488. Die starken Widerstände gegen die schon lange im Entwurf vorliegende *Wärmenutzungsverordnung* haben ihre Verabschiedung weiter verhindert, so daß das gesetzliche Gebot der Nutzung industrieller Abwärme weiterhin nicht durchgesetzt wird. Bis auf weiteres will die Bundesregierung abwarten, ob die von den Spitzenverbänden der Wirtschaft erklärte Selbstverpflichtung zur CO_2-Reduktion erfüllt wird. Der Umweltrat wird deren Wirksamkeit weiter kritisch beobachten und erinnert daran, daß damit die technologische Innovationsfähigkeit und die Ernsthaftigkeit der abgegebenen Zusagen hinsichtlich der investiven Anstrengungen auf die Probe gestellt ist. Der Umweltrat empfiehlt der Bundesregierung, einen konkreten Umsetzungspfad mit der Wirtschaft zu vereinbaren. Wird von diesem abgewichen und besteht auch keine Aussicht, daß Umsetzungsdefizite durch an anderer Stelle des Gutachtens empfohlene Abgabelösungen (Kap. 5.3) vermieden werden, hält es der Umweltrat trotz aller Skepsis gegenüber einer Politik des *technology forcing* für erforderlich, das gesetzliche Gebot durch den Erlaß einer Verordnung durchzusetzen.

Die von der Politik bevorzugte Investitionsförderung ist in letzter Zeit stark verändert worden. Der Umweltrat begrüßt diese Umstellung und hält es für umweltpolitisch gerechtfertigt, die Zuschußförderung den regenerativen Energiequellen vorzubehalten. Von der Investitionsförderung durch ERP-Kredite, die nun schwerpunktmäßig der Entwicklung und Markteinführung oder -durchsetzung von Einsparungstechnologien im Rahmen konventionell erzeugter Energie dient, erwartet der Umweltrat, daß sie die Umstellungsprozesse im notwendigen Umfang beschleunigt.

489. Der Umweltrat begrüßt die Anstrengungen zur *Sanierung von Altanlagen* nach der TA Luft und beurteilt den möglichst bald abzuschließenden Vollzug der noch ausstehenden Sanierungen als wichtigen Beitrag zur weiteren Verbesserung der Luftqualität.

490. Die auf der Grundlage eines Berichtes des Länderausschusses für Immissionsschutz von der Umweltministerkonferenz empfohlenen Anforderungen zur *Emissionsbegrenzung von Dioxinen und Furanen* aus genehmigungsbedürftigen Anlagen werden vom Umweltrat unterstützt. Hinsichtlich der Möglichkeiten, Dioxin- und Furanemissionen aus nicht genehmigungsbedürftigen Anlagen einzuschränken, sind insbesondere die Betreiber von Hausbrandfeuerstätten darüber aufzuklären, daß in solchen Anlagen keine behandelten Holzreste (z. B. Spanplatten oder alte Möbel) oder Verpackungsabfälle verbrannt werden dürfen und daß der unzulässi-

ge Einsatz von Kunststoffen, Altpapier, Pappe und ähnlichen Stoffen in der Regel zu erhöhten Dioxin- und Furanemissionen führt.

491. Im Verkehrsbereich ist eine drastische Emissionsreduzierung, vor allem zur CO_2-, VOC- und zur Stickstoffoxidminderung, dringend erforderlich. Zu dem insgesamt zur Verfügung stehenden Instrumentarium und zu dem einzusetzenden Maßnahmenbündel zur Reduzierung der Umweltbelastungen aus dem Verkehrsbereich hat sich der Umweltrat ausführlich in seinem Umweltgutachten 1994 geäußert (SRU, 1994, Kap. III. 1). Erneut wird insbesondere auf die Notwendigkeit weiterer Verschärfungen der Abgasgrenzwerte für Kraftfahrzeuge, Motorräder und Mopeds, der Verringerung der Fahrleistung und Begrenzung des Kraftstoffverbrauchs, der Verbesserung der Kraftstoffqualitäten zur Reduzierung der Partikelemissionen und Benzolemissionen sowie der Förderung des Einsatzes gasbetriebener Fahrzeuge in Innenstädten und Ballungsräumen hingewiesen.

492. Um bessere Entscheidungsgrundlagen für Maßnahmen zur Luftreinhaltung im Luftverkehr zur Verfügung stellen zu können, sind die Zusammenhänge zwischen Flugverkehr und Umweltbeeinträchtigung im Rahmen international koordinierter Forschungsvorhaben intensiv zu untersuchen.

2.3.6 Lärmbekämpfung

2.3.6.1 Geräuschbelastung und Lärmbelästigung

493. Die *Geräuschbelastung der Bevölkerung*, das heißt das Ausmaß der Geräusche, die auf die exponierten Menschen einwirken, wird vom Umweltbundesamt über Modellrechnungen für die alten Länder abgeschätzt. Für die Belastung durch den Straßen- und Schienenverkehr liegen neuere Ergebnisse aus den alten Ländern für das Jahr 1992 vor. Danach sind durch Straßenverkehr tags 15,8 % der Bevölkerung (1988: 16,5 %) mit Mittelungspegeln am Wohngebäude über 65 dB(A) und 49,3 % (1988: 51,9 %) mit Pegeln über 55 dB(A) belastet. Nachts ist etwa ein Drittel der Bevölkerung mit Pegeln von 50 dB(A) und mehr belastet (Abb. 2.24 und 2.25). Auch der Schienenverkehr trägt insbesondere nachts zur Geräuschbelastung der Bevölkerung bei; er belastet immerhin knapp ein Viertel der Bevölkerung in den alten Ländern, das sind knapp 15,7 Millionen Einwohner, mit Mittelungspegeln über 50 dB(A) (Abb. 2.25). Zur Beurteilung dieser Lärmbelastungssituation können folgende vereinfachte Kriterien herangezogen werden (UBA, 1995, schriftl. Mitt.):

– Tagsüber ist bei Pegeln ab 50 bis 55 dB(A) außerhalb der Wohnung zunehmend mit Beeinträchtigungen des psychischen und sozialen Wohlbefindens zu rechnen.

– Oberhalb von 60 dB(A) am Tage und 55 dB(A) in der Nacht reichen normale Fenster nicht mehr aus.

– Bei Pegeln über 65 dB(A) liegen im Außenwohnbereich keine akzeptablen Kommunikationsbedingungen mehr vor; darüber hinaus besteht erhöhtes Risiko für Herz-Kreislauf-Erkrankungen.

Abbildung 2.24

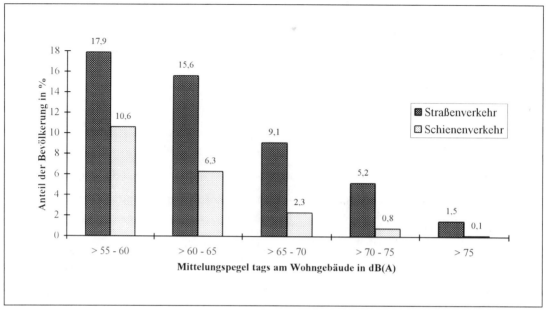

**Geräuschbelastung der Bevölkerung in den alten Ländern
durch Straßen- und Schienenverkehr im Jahre 1992, tags**

Quelle: UBA, 1995, schriftliche Mitteilung

Abbildung 2.25

**Geräuschbelastung der Bevölkerung in den alten Ländern
durch Straßen- und Schienenverkehr im Jahre 1992, nachts**

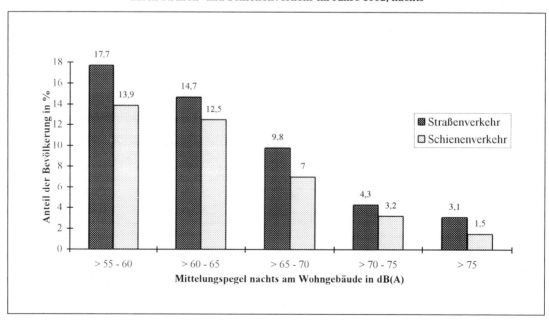

Quelle: UBA, 1995, schriftliche Mitteilung

Insgesamt kommt die Analyse der Belastungssituation zu dem Ergebnis, daß die Spitzenbelastungen im Laufe der letzten Jahre zurückgegangen sind, während die flächendeckende, mittlere Grundbelastung zugenommen hat.

494. Die *Lärmbelästigung der Bevölkerung* wird seit vielen Jahren durch repräsentative Bevölkerungsumfragen ermittelt. Die Ergebnisse der Umfragen weisen den Straßenverkehr nach wie vor als die dominierende Lärmquelle, insbesondere in großen Städten aus. Fluglärm und Schienenverkehrslärm folgen auf den Rängen zwei und drei. Tabelle 2.22 weist die Umfrageergebnisse für das Jahr 1994 getrennt nach alten und neuen Ländern und nach Lärmquellen aus. Ein Vergleich dieser aktuellen Ergebnisse mit denen für die Vorjahre zeigt, daß die Lärmbelästigung gleichbleibend bis leicht rückläufig eingeschätzt wird (UBA, 1994 b, S. 573 f. und UBA, 1992, S. 504 f.). Beachtenswert ist auch der noch immer relativ hohe Anteil der Lärmquelle Nachbarschaft. Als häufigste Lärmquellen werden im Haus Hämmern und Bohren (22,4 %) sowie Stereoanlagen und Radiomusik (16,7 %), bei der Gartennutzung der

Lärm von Gartengeräten (12,9 %) genannt (UBA, 1995, schriftl. Mitt.).

Eine hinreichende Beschreibung der Lärmbelästigungssituation der Bevölkerung muß die Quantifizierung der Lärmbelästigungen durch zwei oder mehr verschiedene Lärmquellen mit berücksichtigen. Entsprechende Befragungsergebnisse zeigen, daß sich in Deutschland rund 30 Millionen Betroffene durch die Lärmquellenkombination „Straße und Flug" und jeweils knapp 16 Millionen Betroffene durch die Kombination „Straße und Schiene" beziehungsweise „Straße und Industrie" belästigt fühlen (Tab. 2.23).

Tabelle 2.23

**Anzahl der Bundesbürger,
die Doppelbelästigung angeben
(Betroffene, die Lärmbelästigung angeben, in Mio.)**

Lärmquellenkombination	alte Länder	neue Länder
Straße und Flug	26,0	5,0
Straße und Schiene	11,5	4,4
Straße und Industrie	10,8	4,8
Flug und Schiene	9,5	2,6
Flug und Industrie	8,8	2,5
Schiene und Industrie ..	6,0	2,4

zugrundeliegende Befragung: ipos 1993

Quelle: nach UBA, 1995, schriftliche Mitteilung

2.3.6.2 Lärmwirkungen

495. Der klassische Indikator für Lärmschäden ist die Einschränkung des Hörvermögens. Sie ist im Prinzip irreversibel und kann mit ohrenheilkundlichen Spezialmethoden verläßlich bestimmt werden. Vor allem ermöglicht die Hörprüfung Verlaufskontrollen im Individuum. Grenzwerte im Lärmschutz haben bisher im wesentlichen auf die Vermeidung beziehungsweise Verminderung von Hörschäden abgehoben.

Schon seit längerem ist bekannt, daß der Organismus bereits im Vorfeld manifester Beeinträchtigungen des Hörvermögens mit Streßsymptomen auf Lärmbelästigungen reagieren kann. Hierauf hat sich die Forschung auf dem Gebiet der Lärmbelästigungen in jüngster Zeit konzentriert. Dabei haben die Arbeiten auf zwei Gebieten wichtige neue Erkenntnisse gebracht. Sie führten zu maßgeblichen Verbesserungen der Bewertungsmaßstäbe.

In einer Kurzstudie über den Einfluß von *Nachtfluglärm* wurden neben der (subjektiv durch Befragen ermittelten) Beeinträchtigungen der Schlafgüte ein Anstieg der Spiegel von Streßhormonen (Cortisol und Adrenalin/Noradrenalin) beziehungsweise von deren metabolischen Abbauprodukten im Harn sowie Änderungen von bestimmten, streßkorrelierten Blutparametern festgestellt. Diese Reaktionen zeigen sich deutlicher bei aggressiver Veranlagung und/oder Grundstimmung. Eine gewisse Adaptation an diese Reaktionen ist im Kurzzeitversuch ausgewiesen. Ob

Tabelle 2.22

**Belästigung durch Lärm
in den neuen und alten Ländern von 1994
(Gesamt in %)**

Lärmquelle	Belästigung	alte Länder	neue Länder
Straßenverkehr ..	stark belästigt	18	37
	nicht so stark	48	42
	gar nicht	34	21
Flugverkehr	stark belästigt	10	3
	nicht so stark	36	23
	gar nicht	54	73
Schienenverkehr	stark belästigt	3	3
	nicht so stark	17	21
	gar nicht	79	75
Industrie	stark belästigt	3	4
	nicht so stark	18	18
	gar nicht	79	77
Nachbarn	stark belästigt	5	7
	nicht so stark	14	20
	gar nicht	81	72
Sportanlagen	stark belästigt	1	1
	nicht so stark	7	5
	gar nicht	92	93

ipos – Befragung 1994; zugrundeliegende Fragestellung: „Ich nenne Ihnen jetzt einige Lärmquellen. Bitte sagen Sie mir, ob sie davon stark, nicht so stark oder gar nicht belästigt werden."

Quelle: nach UBA, 1995, schriftliche Mitteilung

und wie sich diese Adaptation langfristig auswirkt, kann zur Zeit nicht verläßlich beurteilt werden; daher sollten Adaptationsphänomene – in Übereinstimmung mit Wertungen in anderen Sektoren der Umweltmedizin – nicht zum Maßstab von Lärmminderungsmaßnahmen erhoben werden. An 28 Probanden ergab sich in diesen Untersuchungen ein Schwellenwert von 55 dB(A) (MASCHKE et al., 1995).

Verkehrslärmfolgen können sich auch in Beeinträchtigungen des Herz-Kreislauf-Systems auswirken. Als Meßgrößen dienen hier Häufigkeitsanalysen von Bluthochdruck und Herzinfarkt. In zwei großangelegten epidemiologischen Studien in England und Berlin wurden Schwellenwerte für die Erhöhung der Häufigkeiten von Bluthochdruck und Herzinfarkt von 65 dB(A) beziehungsweise 70 dB(A) ermittelt. Daraus leiten die Autoren die Forderung ab, einen Lärmgrenzwert unterhalb von 65 dB(A) festzulegen (ISING et al., 1995).

2.3.6.3 Maßnahmen zur Lärmbekämpfung

496. Rechtliche Grundlage für Maßnahmen zur Lärmbekämpfung ist insbesondere das Bundes-Immissionsschutzgesetz, nach dem Menschen vor Geräuschimmissionen, die nach Art, Ausmaß oder Dauer geeignet sind, Gefahren, erhebliche Nachteile oder erhebliche Belästigungen für die Allgemeinheit oder die Nachbarschaft herbeizuführen, zu schützen sind. Für die einzelnen Verursacherbereiche bestehen unterschiedliche Richt- und Grenzwerte für Immissionen. Tabelle 2.24 gibt einen Überblick über bestehende Vorschriften und Regelwerke.

497. Der Vollzug dieser Regelungen hat teilweise zu einer Reduzierung der Geräuschbelastung und Lärmbelästigung geführt (Tz. 493 f.). Die Fortentwicklung der Lärmschutzpolitik sowohl durch immissions- als auch durch emissionsorientierte Minderungsmaßnahmen administrativer, technischer, planerischer und beratender Art ist zum einen aus Gründen der geschilderten neueren Erkenntnisse über gesundheitliche Lärmwirkungen, zum anderen wegen notwendiger Anpassungen an den heutigen Kenntnisstand im technischen und administrativen Bereich erforderlich. Wegen weiterhin zu erwartender erheblicher Zunahme des Verkehrs, insbesondere des Straßenverkehrs, bildet die Verkehrslärmbekämpfung einen Schwerpunkt des Lärmschutzes.

498. Im November 1992 hatte der EG-Ministerrat eine *Richtlinie* verabschiedet, in der erheblich verschärfte *Geräuschgrenzwerte für Kraftfahrzeuge* (Pkw, Lkw, Busse) festgelegt werden (92/97/EWG). Diese Grenzwerte gelten ab dem 1. Oktober 1995 für alle neuen Fahrzeugtypen und ab 1. Oktober 1996 für alle Neufahrzeuge bei der ersten Zulassung. Beim Vergleich der in Tabelle 2.25 dargestellten bisher gültigen mit den jetzt gültigen Werten ist zu beachten, daß zum Beispiel die Absenkung von 77 dB(A) auf 74 dB(A) bei Personenkraftwagen eine Halbierung der Schalleistung bedeutet, das heißt, ein Neuwagen darf nur noch halb so laut sein wie ein Wagen der jetzigen Generation.

Tabelle 2.24

Rechtsvorschriften und Regelwerke des Lärmschutzes nach wichtigen Verursacherbereichen

Verkehr

Straßen

16. Verordnung zur Durchführung des Bundes-Immissionsschutzgesetzes (Verkehrslärmschutzverordnung – 16. BImSchV/Straße)

Schienenwege

16. Verordnung zur Durchführung des Bundes-Immissionsschutzgesetzes (Verkehrslärmschutzverordnung – 16. BImSchV/Schiene)

Verkehrsflughäfen und Flugplätze

Gesetz zum Schutz gegen Fluglärm

Landesrechtliche Vorschriften

Industrie und Gewerbe

Technische Anleitung zum Schutz gegen Lärm (TA Lärm)

VDI 2058 „Beurteilung von Arbeitslärm in der Nachbarschaft"

LAI-Musterverwaltungsvorschrift zur Ermittlung, Beurteilung und Verminderung von Geräuschimmissionen

Baustellen

Allgemeine Verwaltungsvorschrift zum Schutz gegen Baulärm

Sport-/Freizeitanlagen

18. Verordnung zur Durchführung des Bundes-Immissionsschutzgesetzes (Sportanlagenlärmschutzverordnung – 18. BImSchV)

LAI-Hinweise „Freizeitanlagen-Geräusche"

Stadtplanung / alle übrigen Schallquellen

Beiblatt 1 zur DIN 18005, Teil 1 „Schallschutz im Städtebau"

Quelle: LOSERT et al., 1994, ergänzt

499. Die Bundesregierung hat den Entwurf einer *Verkehrswege-Schallschutzmaßnahmenverordnung* (24. BImSchV) vorgelegt, durch die Art und Umfang der zum Schutz vor schädlichen Umwelteinwirkungen durch Geräusche notwendigen Schallschutzmaßnahmen an baulichen Anlagen festgelegt werden sollen, soweit die in der Verkehrslärmschutzverordnung (16. BImSchV) festgelegten Immissionsgrenzwerte überschritten werden. Der Verordnungsentwurf bezieht sich nur auf den Neubau und die wesentliche Änderung von Straßen in der Baulast des Bundes, der Länder und der Kommunen sowie von Schienenwegen. Für die Lärmsanierung an bestehenden Bundesstraßen werden nach Gebietstyp gestaffelte und nach Tageszeit unterschiedene Immissionsgrenzwerte nach Anhang 1 zur 16. BImSchV oder nach der Richtlinie Lärmschutz an Bundesstra-

Tabelle 2.25

**Vergleich der EG-Geräuschgrenzwerte
für Kraftfahrzeuge nach altem und neuem Recht**

Geräuschgrenzwerte in dB(A)

	bisher[1]	ab 1. Oktober 1995 bzw. 1996[2]
Pkw	77	74
Busse < 150 kW	80	78
Busse > 150 kW	83	80
Kleinbusse < 2 t/ Lieferwagen	78	76
Kleinbusse 2–3,5 t/ Lieferwagen	79	77
Lkw > 3,5 t < 75 kW	81	77
Lkw 75–150 kW	83	78
Lkw > 150 kW	84	80

[1]) vor 1. Oktober 1995 gültige Geräuschgrenzwerte
[2]) ab 1. Oktober 1995 beziehungsweise 1996 gültige Geräuschgrenzwerte nach Richtlinie 92/97/EWG vom 10. November 1992

Quelle: BMU, 1995, schriftliche Mitteilung, verändert

ßen (RLS 90) herangezogen. Regelungen für bestehende Landes- und Gemeindestraßen und für bestehende Schienenwege existieren nicht. Der unter der Federführung des Bundesverkehrsministeriums vorgelegte Entwurf der 24. BImSchV wurde den beteiligten Kreisen zugesandt und befindet sich in der Ressortabstimmung.

500. Im März 1995 ist die *Neunte Verordnung zur Änderung der Luftverkehrs-Ordnung* in Kraft getreten. Sie enthält auch zwei wichtige Regelungen zum Schutz gegen Fluglärm: Seit 1. April 1995 werden laute Verkehrsflugzeuge, die den derzeit strengsten Lärmschutzanforderungen, die von der Internationalen Zivilluftfahrtorganisation (ICAO) festgelegt werden, nicht genügen und die 25 Jahre oder älter sind, in der Europäischen Union stufenweise ausgemustert. Des weiteren wird bei Überlandflügen nach Sichtflugregeln jetzt eine Höhe von 600 Metern vorgeschrieben.

In der Ressortabstimmung befindet sich die *Novelle der Landeplatzverordnung*, die den Schutz der Anwohner vor Fluglärm verbessern soll. Vorgesehen ist vor allem eine Ausweitung der zeitlichen Betriebseinschränkungen für Motorflugzeuge, die keinen erhöhten Schallschutz aufweisen.

501. Die *Technische Anleitung zum Schutz gegen Lärm (TA Lärm)* aus dem Jahre 1968 konkretisiert für genehmigungsbedürftige gewerbliche und industrielle Anlagen die Betreiberpflichten zum Schutz gegen Lärm. Die TA Lärm ist durch das Bundes-Immissionsschutzgesetz übergeleitet worden, entspricht aber längst nicht mehr dem heutigen Rechts- und Erkenntnisstand und weist verschiedene Regelungslücken auf. Durch das Bundes-Immissionsschutzgesetz hat sich das materielle Recht geändert,

und der Erkenntnisstand, den die TA Lärm zugrundelegt, ist inzwischen überholt. Deshalb bedarf die TA Lärm dringend einer Novellierung.

Um die teilweise bestehenden Defizite bei der Auslegung und Anwendung immissionsschutzrechtlicher Vorschriften zu überwinden, haben die Länder eine *Musterverwaltungsvorschrift zur Ermittlung, Beurteilung und Verminderung von Geräuschimmissionen* erarbeitet, die von den zuständigen Behörden beachtet werden soll, solange und soweit die Bundesregierung nicht vorrangige Regelungen in einer überarbeiteten TA Lärm trifft. Der Länderausschuß für Immissionsschutz hat die Musterverwaltungsvorschrift im Mai 1995 verabschiedet und empfohlen, auf dieser Grundlage verbindliche Verwaltungsvorschriften für die zuständigen Behörden zu erlassen. Es ist rechtlich zweifelhaft, inwieweit die Länder – abgesehen vom Fall offensichtlicher Unvereinbarkeit der TA Lärm mit dem Bundes-Immissionsschutzgesetz – sich bei der Überalterung einer Verwaltungsvorschrift des Bundes an dessen Stelle setzen können. Die Umweltministerkonferenz hat anläßlich ihrer Sitzung Ende 1995 vorgeschlagen, bei der Überarbeitung der TA Lärm auf die Erkenntnisse und Erfahrungen, die in die Musterverwaltungsvorschrift eingeflossen sind, zurückzugreifen, und den Bund um einen umfassenden Bericht über den Stand der Novellierung der TA Lärm gebeten.

Als ein Konfliktthema werden insbesondere die verschärften Anforderungen bei der Beurteilung der Geräuschimmissionen aus mehreren Emissionsquellen angesehen, von denen die Industrie negative Auswirkungen auf die internationale Wettbewerbsfähigkeit erwartet. An sich entspricht eine Gesamtbetrachtung des Lärms dem Mandat des Bundes-Immissionsschutzgesetzes (§§ 1, 5 Abs. 1, 22 Abs.1 Satz 1), wenngleich man die Regelung des § 41 BImSchG auch als Anerkennung einer lärmsegmentbezogenen Betrachtungsweise deuten könnte. Bei im wesentlichen gleichartigen Lärmimmissionen aus Anlagen verschiedener Betreiber kann die Immissionsschutzbehörde durch Bedingungen oder Anlagenvorbehalte sowie gegebenenfalls durch Kontingentierung sicherstellen, daß die Gesamtbelastung gegenwärtig und künftig die Lärmschutzwerte nicht überschreitet. Die Bewertung und Regelung von Lärmimmissionen aus verschiedenen Geräuschquellenarten bereitet wegen der unterschiedlichen Geräuschwirkungen und der Grenzen der Zuständigkeiten der betroffenen Behörden besondere Schwierigkeiten.

Der Umweltrat stimmt grundsätzlich dem Ansatz der Musterverwaltungsvorschrift zu, wonach die Gesamtbelastung im Wege einer Sonderfallprüfung im Hinblick auf die Zumutbarkeit für die Betroffenen zu bewerten ist. Eine derartige Regelung für industrielle und gewerbliche Anlagen erfordert jedoch Parallelvorschriften für Verkehrsanlagen in der Verkehrslärmschutzverordnung (16. BImSchV), so daß eine Kontingentierung im Verhältnis mehrerer Geräuschquellenarten möglich wird. Die Anpassungs- und Kostenlast kann nicht einseitig von industriellen und gewerblichen Anlagen getragen werden. Dies gilt auch für bestehende Anlagen. Eine einseitige Regelung lediglich in der TA Lärm wäre unausgewogen;

vielmehr ist auch die 16. BImSchV um Regelungen über eine Lärmsanierung bei bestehenden Verkehrsanlagen zu erweitern. Der Umweltrat betont aber, daß im Bereich bloßen Belästigungsschutzes der Grundsatz der Verhältnismäßigkeit es ermöglicht, auch der Kostenbelastung der Betreiber erhebliches Gewicht zu geben. Kostenüberlegungen sind allerdings nicht geeignet, Lärmsanierungen grundsätzlich zu versagen oder auf den schwer abgrenzbaren Bereich von Gesundheitsbeeinträchtigungen zu beschränken.

502. Im Bereich des Baulärms ist die Richtlinie 95/27/EG des Europäischen Parlamentes und des Rates zur Änderung der Richtlinie 86/662/EWG zur *Begrenzung des Geräuschemissionspegels von Erdbewegungsmaschinen* im Juni 1995 erlassen worden. Sie führt unter anderem ab Dezember 1996 für bestimmte Erdbewegungsmaschinen verschärfte Geräuschgrenzwerte ein, die nach einem praxisgerechteren Meßverfahren ermittelt werden und insgesamt etwa 3 dB(A) niedriger sind als die bisher gültigen. Ab Dezember 2001 ist eine weitere Verschärfung um 3 dB(A) vorgesehen. Die Umsetzung der Richtlinie in nationales Recht durch Änderung der Baumaschinenlärm-Verordnung (15. BImSchV) ist eingeleitet.

503. Nach § 47a BImSchG sind die Gemeinden verpflichtet, unter bestimmten Voraussetzungen für Wohngebiete und andere schutzwürdige Gebiete, die schädlichen Umwelteinwirkungen durch Geräusche ausgesetzt sind, *Lärmminderungspläne* aufzustellen. Zur schrittweisen Erarbeitung eines Lärmminderungsplanes gehören die Abgrenzung des Untersuchungsgebietes, die Erarbeitung von Schallimmissionsplänen, die Ermittlung der Immissionsempfindlichkeit, die Erstellung von Konfliktplänen und schließlich die Aufstellung des Lärmminderungsplanes. Um die Kommunen in die Lage zu versetzen, ihrer Verpflichtung zur Aufstellung von Lärmminderungsplänen nachzukommen, hat das Umweltbundesamt ein *Handbuch Lärmminderungspläne* vorgestellt, das einen Überblick und eine Handlungsanleitung zur kommunalen Lärmminderungsplanung gibt (LOSERT et al., 1994).

2.3.6.4 Schlußfolgerungen und Empfehlungen zur Lärmbekämpfung

504. Die Grundlagen der Lärmschutzpolitik, die sich bisher auf die separate Betrachtung von Geräuschsegmenten beschränken, muß im Hinblick auf das Mandat des Bundes-Immissionsschutzgesetzes (§§ 1, 5 Abs. 1, 22 Abs. 1 Satz 1, 41) überdacht werden. Wenngleich die Gesamtbetrachtung aller Lärmquellen dem Zweck des Bundes-Immissionsschutzgesetzes entspricht, müssen dabei doch die unterschiedlichen Störqualitäten verschiedener Lärmarten und die Kosten von Lärmminderungsmaßnahmen berücksichtigt werden. Soweit es nicht um die Verhütung von Gesundheitsgefahren, sondern um den Schutz gegen Belästigungen geht, haben Kostenargumente ein erhebliches Gewicht. Zur grundsätzlichen Überprüfung der Politik des Lärmschutzes gehört auch, daß die Ungleichgewichtigkeit beim Neu-

bau von Verkehrsanlagen im Vergleich zur Sanierung bestehender Anlagen geändert wird.

505. Der Umweltrat betrachtet es in diesem Sinne als wichtige Aufgabe, weitergehende administrative, technische und planerische Maßnahmen zur Lärmminderung zu ergreifen. Dabei muß die Bekämpfung des Verkehrslärms, insbesondere des Straßenverkehrslärms, im Vordergrund stehen. Auf entsprechende Empfehlungen im Umweltgutachten 1994 wird ausdrücklich verwiesen (SRU, 1994, Tz. 757, 784, 826).

506. Die weitergehende Minderung von Antriebsgeräuschen, insbesondere bei Lastkraftwagen und Zweirädern, in zunehmendem Maße aber auch die Reduzierung der in bestimmten Bereichen inzwischen dominierenden Abrollgeräusche sind weitere Maßnahmenschwerpunkte. Die bestehenden Minderungspotentiale sollten sowohl durch Verbesserung der Reifenqualität als auch der Straßenbeläge ausgeschöpft werden. Von Geschwindigkeitsbeschränkungen und -kontrollen sollte verstärkt Gebrauch gemacht werden.

Zur Verminderung der Geräuschbelastung durch den Schienenverkehr sind Maßnahmen im fahrzeugtechnischen Bereich und zum Schallschutz an Schienenwegen dringend erforderlich. Für die Lärmsanierung bestehender Schienenwege ist die Schaffung einer rechtlichen Grundlage vordringlich.

507. Die Technische Anleitung zum Schutz gegen Lärm entspricht nicht mehr dem heutigen Rechts- und Erkenntnisstand und bedarf dringend einer Novellierung. Die Bundesregierung sollte möglichst bald einen entsprechenden Überarbeitungsvorschlag vorlegen.

508. Im Zusammenhang mit den Lärmwirkungen betrachtet es der Umweltrat als notwendig, im Hinblick auf die Gesundheitsgefährdung Forschungsarbeiten zügig voranzutreiben mit dem Ziel der Feststellung von Schwellenwerten, gegebenenfalls mit einer Revision bestehender Grenzwerte.

2.3.7 Gefahrstoffe und Gesundheit

2.3.7.1 Zur Situation

2.3.7.1.1 Umweltsurveys und umweltbezogene Gesundheitsberichterstattung

Ergebnisse der Umweltsurveys

509. In den Jahren 1985 und 1986 wurde das Projekt „Messung von Umweltbelastungsfaktoren in der Bundesrepublik Deutschland" (Umweltsurvey I) vom Institut für Wasser-, Boden- und Lufthygiene mit Unterstützung des Umweltbundesamtes durchgeführt. An repräsentativen Stichproben wurden Daten zur inneren und äußeren Schadstoffbelastung der erwachsenen Allgemeinbevölkerung erhoben. Zur Ermittlung der inneren Belastung wurden Blut-, Urin- und Haarproben untersucht. Die äußere Belastung wurde durch Analyse von Trinkwasserproben in

Wasserwerken und Haushalten sowie von Hausstaubproben und Innenraumluft ermittelt. In den humanbiologischen Proben sowie in Hausstaub und Trinkwasser wurden hauptsächlich Metalle und Schwermetalle, in der Innenraumluft verschiedene flüchtige organische Verbindungen gemessen. Ziel des Umweltsurvey I war es, eine möglichst präzise Schätzung der Verteilung der tatsächlichen inneren Schadstoffbelastung der erwachsenen Allgemeinbevölkerung zwischen 25 und 69 Jahren in der Bundesrepublik Deutschland zu erhalten. Die ermittelten Belastungswerte sollten bei umweltmedizinischen Untersuchungen als Vergleichswerte dienen. Zudem wurde für einige Schadstoffe eine Korrelation zwischen innerer und äußerer Belastung untersucht (SCHWABE et al., 1994; SCHWARZ et al., 1993; KRAUSE et al., 1991a, 1991b, 1991c, 1989).

In der zweiten Erhebung zwischen 1990 und 1992 (Umweltsurvey II) sollten die Daten aktualisiert werden. Die Untersuchung wurde auf die neuen Länder ausgedehnt, und es wurden auch Kinder mit einbezogen. Durch Vergleich der Daten aus dem Umweltsurvey I mit denen des Umweltsurvey II können zeitliche Trends in der Schadstoffbelastung ausgemacht werden (UBA, 1994 d, S. 116 ff.). Da bisher nicht alle Meßergebnisse des Umweltsurvey II veröffentlicht sind, werden im folgenden nur die mittleren Blutspiegel von Blei, Cadmium, Kupfer und Quecksilber sowie die mittleren Urinspiegel von Arsen, Cadmium, Chrom, Kupfer und Quecksilber verglichen (Abb. 2.26).

510. Sowohl der durchschnittliche Blei- als auch der durchschnittliche Cadmiumgehalt im *Blut* haben sich seit 1985/86 deutlich verringert. Der Kupfergehalt ist fast gleich geblieben, während sich der mittlere Quecksilbergehalt leicht erhöht hat. 1985/86 waren die Blutbleispiegel noch bei 0,4 % der Frauen im gebärfähigen Alter (> 25 µg Pb/100 mL Blut) und für 0,1 % der übrigen Erwachsenen (> 35 µg Pb/100 mL Blut) deutlich erhöht. Bei diesen Konzentrationen sind langfristige Gesundheitsschäden nicht auszuschließen. Im Survey 1990/92 wurden bei Frauen im gebärfähigen Alter keine deutlich erhöhten Blutbleispiegel mehr gefunden, aber bei den übrigen Erwachsenen lagen immer noch 0,1 % der Werte über 35 µg Pb/100 mL Blut. Bei 2,3 % der Bevölkerung wurden 1985/86 deutlich erhöhte Cadmiumgehalte im Blut festgestellt (> 5 µg Cd/L Blut). Bei dieser Gruppe lag der Raucheranteil bei fast 90 %, so daß die hohen Cadmiumspiegel hauptsächlich auf das Rauchen zurückzuführen sind. Beim Umweltsurvey II waren nur noch 0,8 % der Erwachsenen mit deutlich erhöhten Cadmiumspiegeln belastet (KAISER, 1993).

511. Die Chromkonzentration im *Urin* der erwachsenen Allgemeinbevölkerung hat zwischen 1985/86 und 1990/92 abgenommen, während die Quecksilber- und Kupferkonzentrationen leicht angestiegen sind. Die Arsen- und Cadmium-Urinspiegel sind sehr stark angestiegen und haben sich fast verdoppelt (UBA, 1994 d; KRAUSE et al., 1989).

Abbildung 2.26

Änderung der mittleren Blut- und Urinspiegel für verschiedene Elemente bei der erwachsenen Allgemeinbevölkerung zwischen 1985/86 und 1990/92

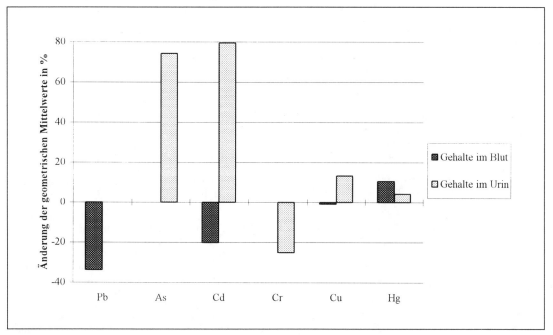

Quelle: SRU, nach UBA, 1994d; KRAUSE et al., 1989

Wieso die mittlere Cadmiumkonzentration im Blut abgenommen, die im Urin jedoch stark zugenommen hat, läßt sich, da nur die geometrischen Mittelwerte bekannt sind, nicht ermitteln. Hier bedarf es einer detaillierten Analyse der Einzeldaten, um die Ursache festzustellen.

512. Zur *äußeren Belastung (Umweltmonitoring)* sind bisher nur die Werte aus dem Umweltsurvey I veröffentlicht. Die Werte für flüchtige organische Verbindungen (VOC) in der Innenraumluft lagen im Mittel bei 328,6 $\mu g/m^3$. Der Maximalwert war bei 2 664,7 $\mu g/m^3$. Erhöhte Konzentrationen wurden vor allem in Wohnungen mit neuen Möbeln, Fußböden oder Tapeten gefunden. Die Benzolkonzentrationen waren in Wohnungen von Rauchern im Vergleich zu Wohnungen von Nichtrauchern erhöht. In 1,5 % der untersuchten Wohnungen lag die Konzentration von Tetrachlorethen über 0,1 $\mu g/m^3$ Luft. In Wohnungen, in denen Spanplatten für Wand- oder Fußbodenverkleidungen sowie für Möbel verwendet worden waren, wurden höhere Formaldehydkonzentrationen gemessen als in Wohnungen ohne Spanplatten. Der vom ehemaligen Bundesgesundheitsamt empfohlene Richtwert von 0,1 ppm wurde in 3,3 % der Haushalte überschritten (BMU, 1994 b). In diesem Zusammenhang muß darauf hingewiesen werden, daß, obwohl EU-Normen für die Formaldehydabgabe aus Spanplatten existieren und viele Produkte entsprechend gekennzeichnet sind, die jeweiligen Standards nicht überall eingehalten werden, so daß es auch nach Renovierungen und Neubau zu erhöhten Formaldehydgehalten in der Innenraumluft kommen kann.

Umweltbezogene Gesundheitsberichterstattung

513. Die wachsende Sensibilisierung der Öffentlichkeit gegenüber anthropogenen Umweltveränderungen brachte die Gesundheitsberichterstattung wieder ins Bewußtsein. In einzelnen Bundesländern gibt es seit den achtziger Jahren Bestrebungen, eine umweltbezogene Gesundheitsberichterstattung aufzubauen. Auch auf kommunaler Ebene sind seit längerer Zeit diesbezügliche Aktivitäten zu verzeichnen. Auf internationaler Ebene hat die Weltgesundheitsorganisation (WHO) ihre Mitgliedstaaten mit dem 1977 vorgelegten Programm „Gesundheit für alle im Jahr 2000" verpflichtet, bis zum Jahre 1990 Gesundheitsinformationssysteme einzurichten und eine regelmäßige Gesundheitsberichterstattung zu etablieren (SCHÄFER et al., 1993).

514. Zur Zeit befindet sich eine Gesundheitsberichterstattung des Bundes beim Statistischen Bundesamt im Aufbau. Dieses Projekt wird vom Bundesministerium für Bildung, Wissenschaft, Forschung und Technologie und vom Bundesministerium für Gesundheit gemeinsam getragen. Primäres Ziel der Gesundheitsberichterstattung ist eine gesicherte Informationsbasis für die Gesundheitspolitik (Entscheidungsgrundlage), die Öffentlichkeit und die Wissenschaft. Dieses Ziel soll mit Hilfe von Basisgesundheitsberichten und Spezialberichten sowie durch den Aufbau eines Informations- und Dokumentationszentrums „Gesundheitsdaten" erreicht werden.

Regelmäßig alle drei Jahre soll ein sogenannter Basisgesundheitsbericht mit Tabellenanhang erscheinen, der über Themen und Zusammenhänge von allgemeinem Interesse informiert. Die Auswahl der Themen erfolgt über ein festgelegtes Verfahren und richtet sich zum Teil nach internationalen Berichten. Die einzelnen Themen werden von externen Gutachtern bearbeitet, welche von den Mitgliedern des Arbeitskreises Gesundheitsberichterstattung beim Statistischen Bundesamt betreut und von einem externen „Reviewer" beurteilt werden (HOFFMANN, 1993). Für den ersten Basisbericht, der Ende 1997 erscheinen soll, gibt es bereits eine detaillierte Gliederung. In diesem Bericht soll der Themenkomplex „Umwelt und Gesundheit", der für die Beurteilung der Umweltpolitik ein wichtiges Instrument sein kann, auf nur 14 von insgesamt 398 Seiten abgehandelt werden. Es ist vorgesehen, die Risikomerkmale Nahrung, Außenluft und Lärm zu bearbeiten (HOFFMANN und BÖHM, 1995).

Der schrittweise Aufbau des Informations- und Dokumentationszentrums „Gesundheitsdaten" wird zunächst von dem im Basisbericht thematisch vorgegebenen Daten- und Informationsbedarf bestimmt. Später sollen entsprechend dem Anforderungsprofil auch Daten zur Beratung und Information der Öffentlichkeit zu bestimmten gesundheitsstatistischen Fragestellungen hinzukommen. Ein vorab aufgestellter Indikatorensatz bestimmt die im Informations- und Dokumentationszentrum „Gesundheitsdaten" vorzuhaltenden Daten und damit die Anforderungen an dieses Informationszentrum. Der Arbeitskreis Gesundheitsberichterstattung hat sich für ein Datenmodell auf der Basis aggregierter Daten entschieden.

515. Eine Bewertung des noch im Aufbau befindlichen Systems der Gesundheitsberichterstattung ist aufgrund der bisher verlautbarten Absichtserklärungen noch nicht möglich. Sie kann frühestens nach Veröffentlichung des ersten Basisberichts ansetzen. Da die Detailstrukturen des Programms erst während der Pilotphase von fünf Jahren entwickelt werden sollen, wird ein endgültiges Urteil nicht vor Ablauf dieses Zeitraumes formuliert werden können.

Die Solidität des Systems wird ganz wesentlich von der Validität der erhobenen Daten abhängen. Zu den Schwierigkeiten, die die Bestimmungen des Datenschutzes in Deutschland im Vergleich zu anderen Ländern in sehr viel stärkerem Maße mit sich bringen, nehmen die Vorveröffentlichungen nicht Stellung. Dem „Konsens der Beteiligten" über die Art der Datenerhebung und -bewertung kommt daher entscheidende Bedeutung zu.

516. Auf internationaler Ebene wird mit dem 1991 angelaufenen Programm der Weltgesundheitsorganisation (WHO) „Concern for Europe's tomorrow" (Sorge um Europas Zukunft) der Versuch unternommen, die Zusammenhänge zwischen Umweltbelastung und Gesundheit besser zu erfassen. Ein erster Statusbericht, der die Themenbereiche Wasserversorgung und -hygiene, Luft- und Wasserverschmutzung, Strahlenschutz, Belastung von Umweltmedien mit Chemikalien, Lebensmittelsicherheit, Gesundheit am Arbeitsplatz und in Innenräumen abdeckt, ist

vor kurzem erschienen (WHO, 1995). Er macht deutlich, daß vor allem die mikrobiologische Kontamination von Nahrungsmitteln und Trinkwasser sowie die städtische Luftverschmutzung und Lärmbelastung besorgniserregend sind. Auch grenzüberschreitende Probleme, wie saure Niederschläge und die Verschmutzung der Flüsse, haben Ausmaße erreicht, die ein sofortiges Handeln erfordern. In dem Statusbericht werden Empfehlungen für eine mögliche Ausgestaltung der internationalen Zusammenarbeit zur Lösung dieser Probleme gegeben.

Der Umweltrat begrüßt das Aktionsprogramm „Umwelt und Gesundheit", das von einer gemeinsamen Arbeitsgruppe von Bundesumweltministerium, Bundesgesundheitsministerium, Umweltbundesamt, Robert-Koch-Institut und Bundesinstitut für gesundheitlichen Verbraucherschutz und Veterinärmedizin erarbeitet wird. Es kann maßgeblich dazu beitragen, die noch bestehenden Defizite auf diesem Gebiet zu erkennen und zu beseitigen. Die künftigen Aktivitäten sollten in jedem Falle mit der Gesundheitsberichterstattung von Bundesgesundheitsministerium und Statistischem Bundesamt abgeglichen werden und die Ergebnisse der Umweltsurveys einbeziehen, um inhaltliche Redundanzen zu vermeiden.

2.3.7.1.2 Zur Belastung mit ausgewählten Gefahrstoffen und deren Wirkungen

Dioxine und Furane

517. Polychlorierte Dibenzo-p-dioxine und Dibenzofurane (PCDD/F) entstehen als unerwünschte Nebenprodukte bei vielen chemischen und vor allem thermischen Prozessen. Über Emissionen in Luft und Abwasser haben sie sich ubiquitär verbreitet und sind daher sowohl in Umweltmedien als auch in Lebensmitteln und Humanproben nachweisbar. Die zulässigen PCDD/F-Gehalte von Zubereitungen und Erzeugnissen sind in der Chemikalienverbotsverordnung, die Emissionen aus Verbrennungsanlagen für Abfälle und ähnliche brennbare Stoffe durch die 17. Verordnung zur Durchführung des Bundes-Immissionsschutzgesetzes geregelt. Für Emissionen aus Produktionsprozessen fehlen bislang rechtliche Regelungen. Vor allem bei der Metallerzeugung und -verarbeitung werden erhebliche PCDD/F-Mengen freigesetzt (Tab. 2.19; Tz. 455).

518. Die Immissionssituation in Deutschland ist nicht flächendeckend darstellbar, da die Daten auf Länderebene gesammelt werden und eine einheitliche Darstellung bisher fehlt. Beim Umweltbundes-

Abbildung 2.27

Datenbank DIOXINE: Datentransfer, Datenverarbeitung und Datenabruf

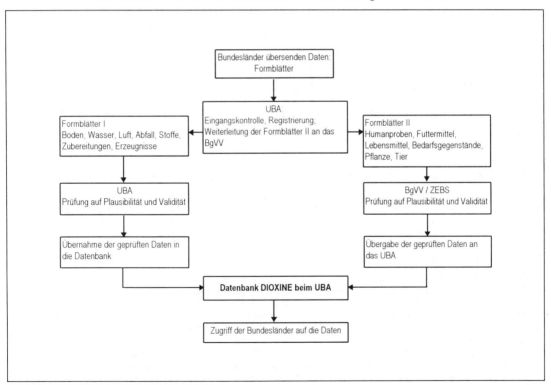

UBA: Umweltbundesamt; BgVV: Bundesinstitut für gesundheitlichen Verbraucherschutz und Veterinärmedizin; ZEBS: Zentrale Erfassungs- und Bewertungsstelle beim BgVV

Quelle: BLAG, 1993

amt befindet sich eine Dioxin-Datenbank im Aufbau, die diese Lücke schließen soll (Abb. 2.27; UBA, 1994 d, S. 128 f.; BLAG, 1992; BT-Drs. 12/8247).

519. Eine Zusammenstellung der *Hintergrundkonzentrationen* von PCDD/F in verschiedenen Umweltmedien in Deutschland mit Daten aus den Jahren 1993 und 1994 referieren DJIEN LIEM und van ZORGE (1995) in einer ländervergleichenden Studie. Danach sind besonders die Bodenbelastung (vgl. auch Tz. 265; Abb. 2.6) und die Deposition sehr hoch, während Luft und Wasser weniger stark belastet sind (Tab. 2.26).

Tabelle 2.26

Hintergrundwerte von polychlorierten Dibenzo-p-dioxinen und Dibenzofuranen (PCDD/F) in Deutschland

Umweltmedium	PCDD/F-Werte
Luft (ländlicher Raum) ..	0,025 bis 0,07 pg I-TEQ/m³
Wasser	0,003 pg I-TEQ/L
Boden (ländlicher Raum) ..	2 000 bis 5 000 pg I-TEQ/kg Trockenmasse
Deposition (ländlicher Raum) ..	5 000 bis 20 000 pg I-TEQ/m² und Jahr

Quelle: SRU, nach DJIEN LIEM und van ZORGE, 1995

Das Bundesgesundheitsamt legte in seinem Bericht zum 2. Internationalen Dioxin-Symposium (BGA, 1993) einen Depositionswert von 12 pg I-TEQ/m² und Tag (= 4 380 pg I-TEQ/m² und Jahr) als Hintergrundwert zugrunde, was etwa der unteren Grenze der von DJIEN LIEM und van ZORGE angegebenen Spanne entspricht (zur Einheit I-TEQ siehe Kasten). Aus diesem Wert errechnet sich eine Gesamtbelastung von 1000 g I-TEQ pro Jahr für das Gebiet der alten Länder. Dies entspricht in etwa der aus primären Quellen jährlich emittierten Menge (BGA, 1993; BT-Drs. 12/8247). Leider sind keine Zeitreihen verfügbar, so daß weder über Trends bei der Emissionssituation noch über Trends bei der Immissionssituation Aussagen gemacht werden können.

520. PCDD/F sind sehr gut fettlöslich und werden sowohl biotisch als auch abiotisch nur langsam abgebaut. Daher reichern sie sich über die *Nahrungskette* an. Die PCDD/F-Konzentration in Silbermöveneiern von den Inseln Trischen (Elbeästuar), Alte Mellum (Weserästuar), Walfisch (Wismarer Bucht) und Heuwiese (Hiddensee) belegen eine Abnahme der Belastung zwischen 1988 und 1993 (Abb. 2.28; UBA, 1994 d, S. 125).

521. Die Nahrung stellt für den Menschen den Hauptbelastungspfad dar. Allerdings liegen zur Belastung der Lebensmittel mit PCDD/F ähnlich wie für Emissionen und Immissionen nur wenige flächendeckende Daten vor. Da die Lebensmittelüberwachung im Hoheitsbereich der Länder liegt, sind die Daten nicht ohne weiteres vergleichbar. Zudem wurden nicht alle Proben mit dem Ziel untersucht, die allgemeine Belastung der Lebensmittel mit PCDD/F festzustellen. Viele Analysen dienten der Ursachenklärung für hohe PCDD/F-Belastungen. Bisher hat nur die Bund-Länder-Arbeitsgruppe DIOXINE eine Zusammenstellung geeigneter Daten für verschiedene Lebensmittel erstellt, um einen Überblick über die Belastung der Lebensmittel zu geben (BLAG, 1993).

522. Es wird geschätzt, daß die Nahrung mit über 90 % zur Gesamtbelastung beiträgt, die in Deutschland für Erwachsene im Durchschnitt bei etwa 2 pg I-TEQ/kg Körpergewicht und Tag liegt (DJIEN LIEM und van ZORGE, 1995; BASLER, 1994; BGA, 1993;

Anmerkungen zu den 2,3,7,8-Tetrachlordibenzo-p-dioxin-Toxizitätsäquivalenten (TEQ)

Schon in den Anfängen der Forschung über polychlorierte Dibenzo-p-dioxine und Dibenzofurane (PCDD/F) wurden nicht die Konzentrationen einzelner Verbindungen dieser Stoffklasse angegeben, sondern es wurde auf 2,3,7,8-Tetrachlordibenzo-p-dioxin, die am stärksten toxische Verbindung, normiert. Durch Vergleich der akuten Toxizität der verschiedenen Verbindungen wurden Toxizitätsäquivalenzfaktoren abgeleitet. Heute liegen diesen Faktoren Erkenntnisse über den gemeinsamen Wirkungsmechanismus zugrunde (Tz. 525).

Zur Berechnung der Toxizitätsäquivalente werden die Konzentrationswerte oder Dosen der einzelnen PCDD/F mit den jeweiligen Toxizitätsäquivalenzfaktoren multipliziert, die Produkte addiert und der Gesamt-PCDD/F-Gehalt in Toxizitätsäquivalenten angegeben. Allerdings haben verschiedene Institutionen unterschiedliche Toxizitätsäquivalenzfaktoren bestimmt. Mittlerweile werden hauptsächlich die internationalen Toxizitätsäquivalenzfaktoren zur Berechnung verwendet. Diese werden mit I-TEQ abgekürzt. 2,3,7,8-Tetrachlordibenzo-p-dioxin hat den Faktor 1, andere PCDD/F haben entsprechend niedrigere Faktoren (EPA 1994; BGA 1993). Auch das ehemalige Bundesgesundheitsamt hat Toxizitätsäquivalenzfaktoren abgeleitet, die sich von den internationalen unterscheiden. Sie liegen durchweg niedriger. Meßwerte aus Deutschland sind häufig noch als BGA-TEQ angegeben. Da das PCDD/F-Gemisch, das sich hinter den Werten verbirgt, meist nicht bekannt ist, ist ein Umrechnen in I-TEQ nicht möglich. Daher werden im Text beide Einheiten nebeneinander verwendet.

Abbildung 2.28

PCDD/F-Konzentrationen in Silbermöveneiern zwischen 1988 und 1993

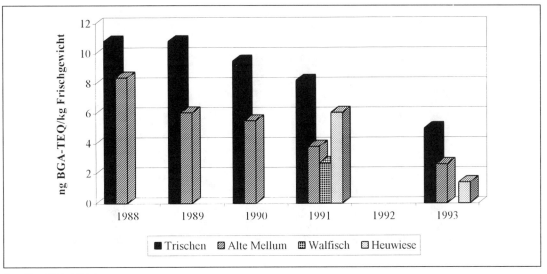

Quelle: UBA, 1994d

BLAG, 1993). Vier- bis neunjährige Kinder nehmen im Durchschnitt etwa 2 bis 3 pg I-TEQ/kg Körpergewicht und Tag auf, und für gestillte Säuglinge liegt die tägliche Aufnahmemenge sogar bei 150 pg I-TEQ/kg Körpergewicht. Der TDI-Wert (duldbare tägliche Aufnahmemenge) der Weltgesundheitsorganisation liegt bei 10 pg I-TEQ/kg Körpergewicht; das ehemalige Bundesgesundheitsamt legte für die hinnehmbare tägliche Aufnahmemenge einen Bereich von 1 bis 10 pg I-TEQ/kg Körpergewicht fest. Dabei wird 1 pg I-TEQ/kg Körpergewicht als Zielwert angestrebt (BGA, 1993). Die tägliche Aufnahmemenge gestillter Säuglinge liegt somit 15-fach über der Obergrenze der duldbaren täglichen Aufnahmemenge und weniger als 10-fach unter dem NOAEL (1 000 pg I-TEQ/kg Körpergewicht), der zur Ableitung der duldbaren täglichen Aufnahmemenge herangezogen wurde. Dieser Abstand ist zu gering. Daher ist nach Ansicht des Umweltrates eine weitere Senkung der Dioxinbelastung dringend erforderlich.

523. PCDD/F reichern sich im Fettgewebe des Menschen an. Geeignete Indikatoren für die PCDD/F-Belastung sind die Gehalte in Frauenmilch und im Blutfett. Die Hintergrundwerte (= Durchschnittswerte der nicht beruflich oder durch Emittentennähe belasteten Bevölkerung) für die PCDD/F-Konzentration im Blutfett liegen bei 30 bis 50 pg I-TEQ/g (EWERS et al., 1993; SCHREY et al., 1993). Bei Personen, die mehr als 80 pg I-TEQ/g im Blutfett aufweisen, ist davon auszugehen, daß eine das allgemeine Maß überschreitende Schadstoffbelastung vorliegt. Die Hintergrundwerte haben einen so großen Schwankungsbereich, weil die PCDD/F-Belastung mit zunehmendem Alter wegen der *Anreicherung* im Fettgewebe ansteigt. Die PCDD/F-Belastung der Frauenmilch hat seit 1990 deutlich abgenommen. Bis dahin lag die Konzentration im Milchfett relativ konstant bei etwas über 30 pg I-TEQ/g Milchfett, 1993 lag sie im Durch-

schnitt bei etwa 18 pg I-TEQ/g Milchfett (Abb. 2.29; ALDER et al., 1994).

524. Aufgrund der Abnahme der PCDD/F-Belastung sowohl in Silbermöveneiern als auch in Frauenmilch kann vermutet werden, daß auch die Immissions- und Emissionsbelastungen abgenommen haben; dies ist aber nicht mit konkreten Daten zu belegen.

525. PCDD/F haben ein breites Spektrum an toxischen *Wirkungen*, die in den letzten Jahren sehr intensiv untersucht worden sind. Die meisten Erkenntnisse wurden an 2,3,7,8-Tetrachlordibenzo-p-dioxin (TCDD) gewonnen, dem am stärksten toxischen Vertreter dieser Stoffklasse. Erkrankungen wie Chlorakne treten bei den in Deutschland anzutreffenden Hintergrundkonzentrationen nicht auf. Sie wurden bisher nur im Bereich der Arbeitsmedizin, bei Unfällen oder Störfällen beobachtet.

Andere chronische Wirkungen dagegen treten schon bei erheblich niedrigeren Dosen oder Konzentrationen auf. Zu diesen chronischen Wirkungen zählen einerseits leichte Veränderungen, deren klinische Bedeutung bisher nicht bekannt ist, wie zum Beispiel Änderungen im Hormonspiegel, Enzyminduktionen oder Veränderungen von Zellfunktionen, und andererseits Kanzerogenität, Immuntoxizität, Teratogenität und Reproduktionstoxizität. PCDD/F entfalten ihre toxischen Wirkungen über einen spezifischen Rezeptor (Ah-Rezeptor = Aromatic-Hydrocarbon-Rezeptor), ein intrazelluläres Protein, das sowohl bei Versuchstieren als auch beim Menschen zu finden ist. Diese rezeptorvermittelte Wirkung liefert eine toxikologische Begründung für die Verwendung der Toxizitätsäquivalenzfaktoren (vgl. Tz. 519, Kasten), die zunächst nur aufgrund von Versuchen zur akuten Toxizität aufgestellt worden waren (SRU, 1988, Tz. 1289). Bisher wurde ein NOAEL (no observed ad-

Abbildung 2.29

**Zeitlicher Verlauf der Konzentration von PCDD/F in Frauenmilch
in pg I-TEQ/g Milchfett**

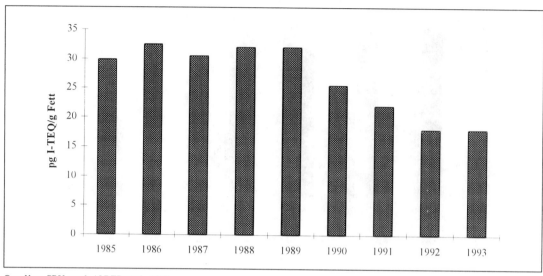

Quelle: SRU, nach ALDER et al., 1994

verse effect level) von 1 ng I-TEQ/kg Körpergewicht und Tag (BGA, 1993), der aufgrund analytischer Bestandsaufnahmen ermittelt wurde, für die Ableitung einer für den Menschen duldbaren täglichen Aufnahmemenge zugrunde gelegt (vgl. auch Tz. 522). Dabei wurde davon ausgegangen, daß die Kanzerogenität auf der Promotorwirkung der PCDD/F beruht und daß für diese Wirkung eine Schwellendosis existiert (SRU, 1994, Tz. 683 ff.).

526. Eine neue Literaturstudie der US-amerikanischen Umweltbehörde (Environmental Protection Agency, EPA), die als vorläufige Fassung (draft review) vorliegt, referiert Studien an Versuchstieren und an Zellen zu nichtkanzerogenen Effekten, bei denen auch bei Konzentrationen unterhalb der bisher angenommenen Schwelle Wirkungen beobachtet wurden (EPA, 1994). Bei diesen Wirkungen handelt es sich um Veränderungen, deren klinische Bedeutung bislang noch unklar ist, weshalb das ehemalige Bundesgesundheitsamt sich nicht veranlaßt sah, die duldbare Aufnahmemenge von 1 bis 10 pg I-TEQ/kg Körpergewicht und Tag abzusenken (BGA, 1993). Obwohl bisher keine Erkenntnisse am Menschen in diesem Konzentrationsbereich vorliegen, sieht es die EPA dagegen als sehr wahrscheinlich an, daß zumindest empfindliche Personengruppen schon bei der derzeit herrschenden Hintergrundkonzentration von negativen Auswirkungen der Dioxinbelastung betroffen sein können. Dabei bezieht die Behörde nicht nur PCDD/F in die Beurteilung mit ein, sondern vertritt die Auffassung, daß auch bestimmte polychlorierte Biphenyle (sogenannte koplanare PCB, deren dreidimensionale Molekülstruktur denen der PCDD/F sehr ähnlich ist) sowie bromierte Dibenzo-p-dioxine und Dibenzofurane Berücksichtigung finden müssen. Für letztere existieren in Deutschland in der

Chemikalien-Verbotsverordnung bereits Grenzwerte. Diese beiden Stoffgruppen können aufgrund ihrer den PCDD/F sehr ähnlichen dreidimensionalen Molekülstruktur ebenfalls mit dem Ah-Rezeptor wechselwirken und zeigen daher im Tierexperiment ähnliche Wirkungen wie PCDD/F. Durch Einbeziehen der beiden Gruppen in die Expositionsabschätzung ergibt sich für die Vereinigten Staaten eine Erhöhung der relevanten Hintergrundbelastung von 2 bis 3 pg I-TEQ/kg Körpergewicht und Tag auf 3 bis 6 pg I-TEQ/kg Körpergewicht und Tag (EPA, 1994).

Aufgrund von Erkenntnissen aus Tierexperimenten und epidemiologischen Studien stufen sowohl das ehemalige Bundesgesundheitsamt als auch die EPA 2,3,7,8-Tetrachlordibenzo-p-dioxin als krebserregend beim Menschen ein (EPA, 1994; BGA, 1993). Die humankanzerogene Wirkung anderer PCDD/F hat das ehemalige Bundesgesundheitsamt aufgrund fehlender epidemiologischer Studien nicht bewertet. Im Tierversuch erwiesen sich jedoch viele dieser Verbindungen als kanzerogen. Die EPA hat trotz großer Unsicherheiten (major uncertainties) ein Unit Risk für PCDD/F abgeleitet: Eine zusätzliche Dosis von 0,01 pg I-TEQ/kg Körpergewicht und Tag führt danach zu einem zusätzlichen Krebsfall bei einer Million Exponierter. Die EPA nimmt also eine lineare Dosis-Wirkungs-Beziehung an und geht nicht mehr von einer Schwelle für die kanzerogene Wirkung aus. Das ermittelte Unit Risk stellt nach Angaben der EPA eine plausible Obergrenze des Risikos dar (plausible upper bond on risk), die aus Tier- und Humandaten abgeleitet wurde. Das tatsächliche Risiko liegt darunter, und die EPA schließt nicht aus, daß es auch Null sein kann (EPA, 1994). Die derzeitige durchschnittliche Hintergrundbelastung in Deutschland liegt, wie in Tz. 522 erwähnt, bei 2 pg I-TEQ/kg Körperge-

204

wicht und Tag (ohne PCB-Belastung). Auf der Basis des Unit Risk der EPA ergäbe sich ein zusätzliches Krebsrisiko von 200 Krebsfällen pro einer Million Exponierter.

Hormonal wirksame Substanzen

527. In den letzten Jahren werden immer häufiger Beobachtungen veröffentlicht, die auf eine hormonale Wirkung von in der Umwelt verbreiteten Stoffen schließen lassen. Eine 1992 veröffentlichte Studie dänischer Forscher, eine Meta-Analyse der internationalen Literatur zwischen 1938 und 1990, deutet darauf hin, daß sowohl Spermien-Konzentration als auch Spermien-Volumen bei gesunden Männern im Beobachtungszeitraum signifikant abgenommen haben (CARLSEN et al., 1992). Auch eine weitere dänische Studie deutet auf eine Abnahme von Spermien-Konzentration und -volumen sowie eine Zunahme von Hodenkrebs, Mißbildungen der Harnröhre und Hodenhochstand hin (TOPPARI et al., 1995). Zudem wird ein stetiger Anstieg von Brustkrebsfällen registriert. Etwa zwei Drittel dieser Fälle lassen sich nicht mit Veranlagung oder anderen bekannten Risikofaktoren erklären (DAVIS und BRADLOW, 1995). Die Ursachen dieser Befunde und die biochemischen Wirkmechanismen sind noch nicht endgültig aufgeklärt. Trotzdem gibt es viele Indizien, die auf einen Zusammenhang zwischen den beobachteten Wirkungen und der Exposition gegenüber hormonal wirksamen Substanzen hinweisen. In den fünfziger bis siebziger Jahren wurde vor allem in den USA Diethylstilböstrol (DES, ein synthetisches Östrogen) zur Stabilisierung von Schwangerschaften eingesetzt. Mehrere klinische Studien, bei denen die Söhne und Töchter der behandelten Frauen untersucht wurden, haben eine erhöhte Krebsrate an den Geschlechtsorganen sowie Reproduktionsschäden festgestellt (DAVIS und BRADLOW, 1995; THIERFELDER et al., 1995; UBA, 1995c; HERTZ, 1985). In Ökosystemen, die mit hormonal wirksamen Substanzen belastet sind, zeigen sich bei Tieren Fortpflanzungs- und Entwicklungsanomalien. Zum Beispiel wurde bei männlichen Fischen im Bereich von Abwassereinleitungen Vitellogenin, ein Dotterprotein, gefunden. Als mögliche Ursache wird das Vorkommen von Alkylphenolen diskutiert. Diese beeinflussen im Laborversuch die Vitellogeninsynthese bei Fischen. In der Nordsee wurde eine Geschlechtsverschiebung bei bestimmten Fischarten hin zu weiblichen Tieren beobachtet. (DAVIS und BRADLOW, 1995; UBA, 1995c).

528. Es werden vier Substanzklassen mit hormonalen Wirkungen in Verbindung gebracht (UBA, 1995c):

- natürliche Östrogene,

- synthetische Östrogene (Kontrazeptiva, Tiermast),

- Phyto- und Mykoöstrogene und

- Umweltchemikalien
  (Beispiele in Tab. 2.27).

Die meisten heute bekannten Verbindungen mit hormonaler Wirkung sind schwer abbaubar und reichern sich im Nahrungsnetz an (DAVIS und BRADLOW, 1995). Nahrung und Trinkwasser sind mithin

Tabelle 2.27

Beispiele von Stoffen, die sich im Labor als hormonal wirksam erwiesen haben

chlororganische Verbindungen
Atrazin
Chlordan
DDT
Endosulfan
Chlordecon (Kepone)
Methoxychlor
verschiedene polychlorierte Biphenyle
polychlorierte Dibenzo-p-dioxine und Dibenzofurane
Lindan
Kunststoffkomponenten
Bisphenol A
Nonylphenol
Medikamente
synthetische Östrogene
Cimetidin
weitere Stoffe
Tributylzinn
Triazine
bestimmte polyzyklische aromatische Kohlenwasserstoffe
Alkylphenole
Phthalsäureester
Pyrethroide

Quelle: DAVIS und BRADLOW, 1995, verändert

die Hauptbelastungsquellen für den Menschen. Mögliche Angriffspunkte der hormonal wirksamen Substanzen sind (THIERFELDER et al., 1995):

- Hormonrezeptoren,

- Transportproteine,

- Hormonmetabolismus,

- periphere endokrine Drüsen und

- übergeordnete Drüsen.

Das bedeutet, daß diese Stoffe entweder direkt als Hormone wirken können oder aber, daß sie die Wirkung, Bildung oder den Abbau von Hormonen beeinflussen und somit indirekt wirken können.

Künstliche Mineralfasern

529. Nachdem erkannt worden war, daß chronische Asbestexposition am Arbeitsplatz zu Lungenasbestose und Pleuraasbestose, zu Pleuramesotheliomen und Bronchialkarzinomen führt, wurden verstärkt künstliche Mineralfasern als Ersatzstoffe eingesetzt. „Künstliche Mineralfasern" ist der Oberbegriff für synthetische Fasern aus anorganischen Stoffen. Sie können sowohl silikatisch als auch nicht silikatisch sein (UBA, 1994 f). Tabelle 2.28 gibt einen Überblick über die wichtigsten Faserarten. Die künstlichen Mineralfasern werden in Form von Matten, Filzen, Platten und Formteilen als Dämmstoffe im Wärme-, Kälte-, Schall- und Brandschutz eingesetzt.

Tabelle 2.28

Überblick über die wichtigsten Arten künstlicher Mineralfasern

Faserart	Zusammensetzung, Anmerkungen	Einstufung der MAK-Kommission
Isolierwolle	faserförmig erstarrte Schmelze silikatischer Stoffe, die nach nichttextilen Verfahren zerfasert wurden; Faserlänge im Bereich von Zentimetern; Durchmesser im Mittel 3 bis 9 μm, Streufaktor 100	IIIB (Stoffe mit begründetem Verdacht auf krebserzeugendes Potential): fragliche Befunde aus Inhalationsversuchen oder aus Versuchen mit intraperitonealer, intrapleuraler oder intratrachealer Verabreichung oder keine Daten
Glaswolle	Mineralwolle auf der Basis von Kalknatrongläsern (nach DIN 1259/1), zum Teil mit Borsäurezusatz bis 5 % Massenanteil B_2O_3; Alkaligehalt deutlich über 12 % $Na_2O + K_2O$	als ob IIIA2: eindeutig positive Befunde (signifikant erhöhte Tumorrate) aus Versuchen mit intraperitonealer, intrapleuraler oder intratrachealer Verabreichung
Steinwolle	Mineralwolle auf der Basis der Schmelze natürlicher Gesteine, die zur Förderung des Schmelzprozesses Flußmittelzusätze enthalten kann; enthält weniger als 57 % SiO_2, zwischen 0,5 und 5 % Alkalioxide, 18 bis 40 % Erdalkalioxide und bis 20 % Tonerde	als ob IIIA2 (siehe oben)
Basaltwolle oder Diabaswolle	besondere Form der Steinwolle, wichtigster Rohstoff der silikatischen Glasschmelze ist Basalt	als ob IIIA2 (siehe oben)
Schlackenwolle	Mineralwolle auf der Basis der Schmelze von Schlacken der Metallindustrie (Eisenhütten-, Buntmetallschlacken); durch Zuschlagstoffe stark erhöhter Gehalt an Erdalkalioxiden (30–40 % Massenanteil), Alkaligehalte unter 4 %	IIIB (siehe oben)
keramische Fasern .	besonders temperaturbeständig; bestehen im wesentlichen aus Silizium- und Aluminiumoxiden; enthalten teilweise Zirkon- und Chromoxid; enthalten keine Flußmittel; werden im industriellen Ofenbau verwendet	IIIA2 (Stoffe, die sich bislang nur im Tierversuch eindeutig als krebserzeugend erwiesen haben, unter Bedingungen, die der möglichen Exposition des Menschen am Arbeitsplatz vergleichbar sind, bzw. aus denen Vergleichbarkeit abgeleitet werden kann): positive Befunde aus Inhalationsversuchen
Spezialfasern	in der Regel Wolle-Charakter; von der Isolierwolle unterscheiden sie sich durch die geringere Streuung des Faserdurchmessers (zw. Faktor 3 und 10), der vorzugsweise unter 1 μm liegt; sie werden bevorzugt aus Borosilikat-, Alumoborosilikat- oder Kristallglas nach DIN 1259/1 hergestellt; Anwendung auf Spezialgebiete der Technik beschränkt	IIIB (siehe oben)

Quelle: nach UBA, 1994 f; DFG, 1993

530. Durch neuere Untersuchungen stehen auch die künstlichen Mineralfasern im Verdacht, ähnliche Wirkungen wie Asbest hervorzurufen, insbesondere Krebs auszulösen. Für mehrere Typen ist im Tierversuch eine kanzerogene Wirkung nach Inhalation nachgewiesen (vgl. Tab. 2.28). Im Rahmen einer gemeinsamen Studie des Umweltbundesamtes mit dem ehemaligen Bundesgesundheitsamt und der Bundesanstalt für Arbeitsschutz in Zusammenarbeit mit der Industrie wurde erstmals systematisch die Belastung der Allgemeinbevölkerung mit künstlichen Mineralfasern untersucht (UBA, 1994 f).

Bei den Untersuchungen sollte ein möglichst breites Spektrum verschiedener Fabrikate und baulicher Verwendungen von künstlichen Mineralfasern erfaßt werden. Bei der Mehrzahl der untersuchten Gebäude war das verwendete Material deutlich älter als 10 bis 15 Jahre, so daß Alterungseinflüsse erfaßt werden konnten.

531. Tabelle 2.29 bietet eine Gesamtübersicht über die Innenraummeßwerte des Vorhabens. Die Studie ergab, daß bei fachgerecht eingebautem Material keine erhöhte Innenraumbelastung erkennbar war. Dies gilt sowohl für von Fachleuten als auch für von Heimwerkern durchgeführte Arbeiten. Bei Produkten, die nicht den bauphysikalischen Anforderungen entsprechend eingebaut wurden oder die sich be-

stimmungsgemäß im Luftaustausch mit dem Innenraum befanden (z. B. Akustikdecken), wurden vereinzelt erhöhte Faserbelastungen gefunden. Nach Auffassung des Umweltrates besteht zwar keine Notwendigkeit zu einer flächendeckenden Sanierung, wohl aber zu einer systematischen Überprüfung von Gebäuden, in denen in der Vergangenheit Mineralfasern zur Wärmedämmung verwendet worden sind. Man kann keineswegs davon ausgehen, daß die Anforderungen ordnungsgemäßer Verbauung der Stoffe in allen Fällen eingehalten worden sind.

Weiterhin ist beachtenswert, daß über die Hälfte der erfaßten Fasern in allen drei Durchmesserkategorien den sonstigen anorganischen Fasern angehören. Da sie die für die kanzerogene Wirkung erforderlichen geometrischen Anforderungen erfüllen (Tz. 533), sollte ihre Herkunft nach Ansicht des Umweltrates unbedingt abgeklärt werden. In diesem Zusammenhang müssen zugleich Möglichkeiten zur Reduzierung der Immission ausgearbeitet werden.

532. Epidemiologische Untersuchungen zur *Wirkung* künstlicher Mineralfasern auf den Menschen zeigen zwar ein erhöhtes Krebsrisiko bei beruflich Exponierten, jedoch ließ sich aus den vorhandenen Daten keine Dosis-Wirkungs-Beziehung ableiten. Damit ist die kanzerogene Wirkung von künstlichen Mineralfasern für den Menschen weder bestätigt

Tabelle 2.29

Gesamtübersicht über Innenraum-Meßwerte

	Mittelwert (arithmetisch)	Median	84-Perzentil	Anteil der Meßwerte unter der Nachweisgrenze
	Fasern pro m³			%
Fasern mit Durchmesser unter 1 μm				
Produktfasern	122	50	190	66
Gipsfasern	363	200	760	20
sonstige anorganische Fasern	499	300	800	12
Summe aller anorganischen Fasern	975	640	–	3
Fasern mit Durchmesser unter 2 μm				
Produktfasern	476	190	950	33
Gipsfasern	1 258	835	1 950	2
sonstige anorganische Fasern	2 178	1 250	4 000	1
Summe aller anorganischen Fasern	3 924	2 550	–	0
Fasern mit Durchmesser unter 3 μm				
Produktfasern	572	227	1 150	22
Gipsfasern	1 393	855	2 300	1
sonstige anorganische Fasern	2 612	1 500	4 150	0
Summe aller anorganischen Fasern	4 576	2 852	–	0

Quelle: UBA, 1994 f

noch widerlegt. Auch eine mesotheliomerzeugende Wirkung konnte nicht ausgeschlossen werden. Der Nachweis der Kanzerogenität der künstlichen Mineralfasern im Tierversuch bereitet ebenfalls Schwierigkeiten. Normalerweise wird bei solchen Versuchen eine dem Menschen analoge Expositionsart gewählt. Bei Inhalationsversuchen mit künstlichen Mineralfasern können jedoch, wegen des relativ großen Durchmessers, Faserkonzentrationen nur bis etwa 200 Fasern pro mL (= 2×10^8 Fasern pro m³) eingesetzt werden. Aber selbst Krokydolith, eine stark kanzerogene Asbestart, zeigt im Tierexperiment erst ab mehr als 1000 Fasern pro mL (= 10^9 Fasern pro m³) Wirkungen (zum Vergleich: am Arbeitsplatz durchschnittlich 10^5 bis 10^6 Fasern pro m³), so daß also nur Wirkungen von Fasern erkannt werden können, die stärker kanzerogen sind als Krokydolith (FISCHER, 1994). Als Gründe hierfür werden diskutiert:

– Im Gegensatz zum Menschen atmet die Ratte, an der die Inhalationsversuche meist durchgeführt werden, nur durch die Nase. Bedingt durch ein besonders effektives Nasenfilter ist die Fasermenge, die in die Lunge gelangt, wesentlich niedriger als beim Menschen, der gleichen Konzentrationen ausgesetzt ist.

– Möglicherweise ist bei der Ratte das Verhältnis von Latenzzeit zu Lebenszeit größer als beim Menschen, so daß die Lebenszeit/Versuchsdauer nicht ausreicht, Tumoren zu entwickeln.

Aus diesen Gründen wurden Versuche durchgeführt, bei denen eine Fasersuspension direkt in die Lunge, das Brust- oder Bauchfell injiziert wurde. In diesen Versuchen konnte ein krebserzeugendes Potential von künstlichen Mineralfasern nachgewiesen werden.

533. Für die Wirkung der Fasern ist zum einen deren biologische Beständigkeit wichtig, zum anderen ihre Geometrie. Fasern, die länger als 5 μm sind, deren Durchmesser unter 3 μm liegt und bei denen das Verhältnis von Länge zu Durchmesser größer als 3:1 ist, zeigen kanzerogene Wirkungen. Da Gentoxizitätstests positive Ergebnisse zeigten, ist nicht von einem Schwellenwert für die Wirkung auszugehen. Das bedeutet, daß auch sehr kleine Dosen, wie sie als Hintergrundkonzentrationen in Gebäuden gemessen werden, ein Krebsrisiko darstellen (FISCHER, 1994).

534. Der Umweltrat hatte im Umweltgutachten 1994 (SRU, 1994, Tz. 590) eine schnelle Entscheidung über die Einstufung von künstlichen Mineralfasern angemahnt, um das hohe Maß an Verunsicherung über deren gesundheitliche Bewertung zu beenden und für den Bausektor verläßliche Grundlagen für Investitionsentscheidungen zu schaffen. In der MAK- und BAT-Werte-Liste von 1993 stufte die Senatskommission zur Prüfung gesundheitsschädlicher Arbeitsstoffe (MAK-Kommission) erstmals künstliche Mineralfasern als krebserzeugend ein (vgl. Tab. 2.28). Da die Expositionsart nicht bei allen Versuchen, wie für die Einstufung in Gruppe IIIA2 erforderlich, die gleiche wie beim Menschen ist, entschloß sich die MAK-Kommission zur Bildung einer neuen Kategorie „als ob IIIA2".

535. In der Neufassung der Technischen Regeln Gefahrstoffe (TRGS) 905 vom April 1995 stuft auch der Ausschuß für Gefahrstoffe Faserstäube (natürliche und künstliche) als krebserzeugend ein (AGS, 1995). Die Einstufung als krebserzeugender Stoff führt insbesondere dazu, daß das Minimierungs- und Substituierungsgebot (§ 36 GefStoffV) greift.

Die Einstufung gilt nur für Fasern, die die genannten geometrischen Anforderungen (Tz. 533) erfüllen. Hinsichtlich der Biobeständigkeit wird für diese Fasern ein Kanzerogenitätsindex berechnet, weil für viele Faserarten eindeutige Befunde bisher fehlen. Der Kanzerogenitätsindex berücksichtigt die Summe der Gehalte an Natrium-, Kalium-, Bor-, Calcium-, Magnesium- und Bariumoxid unter Abzug des doppelten Gehaltes an Aluminiumoxid. Glasige Fasern mit einem Kanzerogenitätsindex unter 30 werden in die Kategorie 2 nach Anhang I Nr. 1.4.2.1 GefStoffV eingestuft: „Stoffe, die als krebserzeugend für den Menschen angesehen werden sollten. Es bestehen hinreichende Anhaltspunkte zu der begründeten Annahme, daß die Exposition eines Menschen gegenüber dem Stoff Krebs erzeugen kann. Diese Annahme beruht im allgemeinen auf geeigneten Langzeit-Tierversuchen oder sonstigen relevanten Informationen." Glasige Fasern, deren Kanzerogenitätsindex zwischen 30 und 40 liegt, werden in die Kategorie 3 eingestuft: „Stoffe, die wegen möglicher krebserregender Wirkung beim Menschen Anlaß zur Besorgnis geben, über die jedoch nicht genügend Informationen für eine befriedigende Beurteilung vorliegen. Aus geeigneten Tierversuchen liegen einige Anhaltspunkte vor, die jedoch nicht ausreichen, um den Stoff in Kategorie 2 einzustufen." Liegt der Kanzerogenitätsindex über 40, wird davon ausgegangen, daß die Biobeständigkeit der Fasern zu gering ist, um zur Tumorbildung zu führen. Diese Stoffe werden nicht eingestuft.

Die Einstufung der Fasern kann auch durch Kanzerogenitätstests mit intraperitonealer Applikation (in den Bauchraum) erfolgen. Dies wird insbesondere für Fasern mit einem Kanzerogenitätsindex zwischen 25 und 40 empfohlen. Aber auch andere relevante Informationen können für die Einstufung herangezogen werden. In der Bekanntmachung werden einige Fasertypen wegen bereits vorliegender positiver Befunde aus Tierversuchen vom Ausschuß für Gefahrstoffe in Kategorie 2 eingestuft (künstliche kristalline Keramikfasern aus Aluminiumoxid, Kaliumtitanate, Siliziumkarbid u. a.).

536. Eine Einstufung allein aufgrund der Berechnung des Kanzerogenitätsindex kann nach Auffassung des Umweltrates nur vorläufig sein. In jedem Fall, auch bei einem Kanzerogenitätsindex über 40, ist die Einstufung durch entsprechende weitere Versuche zu verifizieren.

537. Eine von Bundesumweltministerium, Bundesarbeitsministerium und Bundesgesundheitsministerium eingerichtete gemeinsame Arbeitsgruppe „Künstliche Mineralfasern" führte in ihrem Bericht aus, daß zahlreiche Fasern die Kriterien erfüllen, um sie gemäß der Richtlinie 93/21/EWG als krebserzeugende Stoffe der Kategorie 2 einzustufen (FISCHER,

1994). Diese Einstufung würde auch eine entsprechende Kennzeichnung nach sich ziehen. Der Umweltrat begrüßt die Initiative der Bundesregierung, sich für diese Einstufung auf EU-Ebene einzusetzen.

538. Die Verwendung krebserzeugender Mineralfasern stellt nach Meinung des Umweltrates in der Zukunft ein unnötiges Risiko dar, das sich durch Verringerung des atembaren Faseranteils in den Dämmprodukten und der Biobeständigkeit der Mineralfasern verringern und durch Verwendung von Substituten gänzlich vermeiden ließe. Dem Sinn der 14. Änderungsrichtlinie zur EG-Beschränkungs-Richtlinie (Tz. 553), wonach krebserzeugende Stoffe nicht mehr an private Verwender abgegeben werden dürfen, entspräche es insbesondere, die Abgabe solcher Dämmprodukte an Heimwerker zu beschränken. Der Umweltrat ist der Auffassung, daß über bloße Appelle an die Wirtschaft hinaus, durch Reduzierung des atembaren Faseranteils in den Dämmprodukten und der Biobeständigkeit der Fasern das Krebsrisiko zu vermindern, zwingende Regelungen sinnvoll und erforderlich sind. Das Bauproduktengesetz (SRU, 1994, Tz. 546) gestattet chemikalienrechtliche Stoffverbote und -beschränkungen (§ 4 Abs. 5 BauPG). Wenngleich die Vereinbarkeit dieser Regelungen mit der Bauprodukten-Richtlinie (89/106/EWG), die die Konkretisierung der Sicherheits- und Umweltschutzanforderungen der privaten Normung überläßt, nicht unzweifelhaft ist, muß ein erster Schritt getan werden, um eine Perpetuierung von Fehlentwicklungen im Bereich des gesundheitlichen Verbraucherschutzes im Bausektor zu verhindern.

Pyrethroide

539. Synthetische Pyrethroide zählen zu den im nichtagrarischen Bereich am häufigsten angewendeten Pestiziden. Sie werden seit Anfang der achtziger Jahre verstärkt als Ersatz für DDT und Lindan verwendet und in den verschiedensten Bereichen zur Schädlingsbekämpfung eingesetzt (Tab. 2.30).

Die synthetischen Pyrethroide sind den natürlich vorkommenden Pyrethrinen nachgebaut. Pyrethrine, Ester der Chrysanthemsäure oder der Pyrethrinsäure, sind die Inhaltsstoffe des Pyrethrum, eines Extraktes aus Chrysanthemen. Pyrethrum, das schon im 19. Jahrhundert im Pflanzenschutz verwendet wurde, zerfällt rasch unter Licht- und Lufteinwirkung. Die synthetischen Pyrethroide sind beständiger und stärker wirksam als Pyrethrum, werden jedoch in der Umwelt schneller abgebaut als Organochlorverbindungen. In Deutschland werden pro Jahr etwa 12 Tonnen Pyrethroide zur Schädlingsbekämpfung im häuslichen Bereich und etwa 2,6 Tonnen zur Behandlung von Wollteppichen und wollhaltiger Auslegeware eingesetzt (BGVV, 1995).

540. Die akute Säugertoxizität ist vergleichsweise gering. Je nach Verbindung liegen die LD_{50}-Werte (Dosis, bei der 50 % der eingesetzten Versuchstiere sterben) zwischen 100 und über 5000 mg/kg Körpergewicht bei der Ratte. Pyrethroide sind neurotoxisch. Sie entfalten ihre Wirkung, indem sie das Schließen der Natriumkanäle der Nervenzellen verzögern. Dadurch wird der Aufbau des Ruhemembranpotentials

behindert, und es kommt zu wiederholter Entladung in Abwesenheit von Erregungssignalen. Sensorische Nervenfasern sind stärker betroffen als motorische. Je nach Dauer des Erregungszustandes unterscheidet man zwei Typen von Pyrethroiden: Typ-I-Pyrethroide verursachen kurze, wiederholte Nervenimpulse, wodurch Unrast, Koordinationsstörungen, Krämpfe und Paralysen bei den Schädlingen verursacht werden. Zu diesem Typ gehören Verbindungen ohne die sogenannte Alpha-Cyanogruppe. Verbindungen mit Alpha-Cyanogruppe gehören zu den Typ-II-Pyrethroiden. Sie erzeugen lang anhaltende Folgen von Nervenimpulsen, die zu einer vorübergehenden Depolarisation der Nervenmembran führen können. Dabei werden bei den Schädlingen Symptome wie Tremor und hohe Mortalität beobachtet (Tab. 2.31).

541. Akute Pyrethroid-Vergiftungen führen beim Menschen zu ähnlichen Symptomen wie im Tierexperiment. Nach oraler Aufnahme hoher Dosen tritt zunächst Übelkeit mit Erbrechen und Durchfällen auf. Die Aufnahme kann zu Intoxikationen – besonders chronischer Art – beitragen. Mit zunehmender Resorption kommt es zu zentralnervösen Störungen mit Krämpfen und Tremor. Bei längerfristiger Aufnahme sind Parästhesien (Brennen, Kribbeln, Spannungs- und Taubheitsgefühl) der Haut beobachtet worden. Daneben treten auch Reizungen von Haut und Schleimhäuten auf. Diese Vorgänge gelten als reversibel. Sowohl natürliches Pyrethrum als auch Pyrethroide können allergische Reaktionen hervorrufen (von Niesen bis Bronchokonstriktion und Atemnot). Irreversible Schädigungen des Nervensystems konnten dagegen bisher wissenschaftlich nicht bestätigt werden. Auch aus dem molekularen Wirkmechanismus der Verbindungen läßt sich eine Irreversibilität der Wirkung nicht ableiten. Bei nachgehenden Untersuchungen wurde stets eine Rückbildung der Symptome spätestens nach wenigen Wochen festgestellt (DEKANT und VAMVAKAS, 1994; PERGER und SZADOWSKI, 1994).

Das ehemalige Bundesgesundheitsamt hat Ende 1993 eine Studie über Wirkungen von Pyrethroiden beim Menschen in Auftrag gegeben. Insgesamt wurden 23 Patienten mit vermuteter Pyrethroid-Intoxikation in die Studie einbezogen. Bei neun Fällen ergab sich eine klinisch gesicherte andersartige Diagnose, die keinen Zusammenhang mit einer Pyrethroid-Exposition aufwies. Acht Patienten zeigten ein Beschwerdebild, das als „vielfache Chemikalienüberempfindlichkeit" (Multiple Chemical Sensitivity – MCS) bezeichnet wird. In sechs Fällen wurde ein Zusammenhang zwischen den beobachteten Krankheitssymptomen und einer Pyrethroid-Exposition als wahrscheinlich angenommen. Hier ist eine Nachuntersuchung beabsichtigt. Da einige Patienten der Veröffentlichung ihrer Krankheitsdaten widersprochen haben, liegen die Ergebnisse der Studie bisher im Detail nicht vor. In einem Sachverständigengespräch wurden die ersten Ergebnisse der Studie diskutiert. Obwohl sich keine Hinweise dafür ergaben, daß in Deutschland in größerem Umfang Vergiftungen durch Pyrethroide vorkommen – zwischen 1990 und 1994 wurden insgesamt 107 Fälle nach § 16e

Tabelle 2.30

Einsatz der Pyrethroide in nichtagrarischen Anwendungsgebieten

Anwendungsgebiet	Anwendungszweck
Hygiene in Innenräumen und im Freiland (Brutflächen, Kompost, Dung und Müllhalden)	Bekämpfung von – Krankheitserreger-Überträgern (Vektoren) – Allergenerzeugern – Toxinerzeugern – Lebensmittelverderbern
Pflanzenschutz	Bekämpfung von Planzenschädlingen
Vorratsschutz	Bekämpfung von Schädlingen an Lebensmittelvorräten pflanzlicher Herkunft (Lagerhaltung)
Holzschutz	Bekämpfung von Nutzholzschädlingen
Textilschutz	Bekämpfung von Textil- u. a. Materialschädlingen Abwehr von Textil- und Hygieneschädlingen
Humantherapie, Veterinärtherapie	Ektoparasitenbekämpfung Abwehr von Ektoparasiten
Tierkörperbeseitigung	Bekämpfung von Schädlingen – an Schlachtabfällen, Knochen und Häuten – in und auf Speiseresten aus Küchen – auf Fischabfällen
Abfallcontainerbehandlung	Bekämpfung von Schädlingen und Lästlingen

Quelle: HOFFMANN, 1995

Tabelle 2.31

Wirkungsweise der verschiedenen Pyrethroid-Typen

Wirkungstyp	Wirkstoffe (Beispiele)	Wirkungen auf Schädlinge
Typ-I (ohne Alpha-Cyanogruppe)	Bioresmethrin Cismethrin d-Phenothrin Pyrethrin I Tetramethrin	– schnelles Einsetzen der Symptome in der Schädlingspopulation – Unrast – Koordinationsstörungen – Krämpfe – Paralysen – hohe Erholungsraten – meist starke Verhaltensveränderungen – sehr häufig deutlich höhere Empfindlichkeit bei niedrigen Temperaturen (12 bis 18 °C)
Typ-II (mit Alpha-Cyanogruppe)	Cyfluthrin Cyhalothrin Cypermethrin Cyphenothrin Deltamethrin Esfenvalerat Fenvalerat Fluvalinat	– langsames Einsetzen der Symptome in der Schädlingspopulation – Tremor – relativ niedrige Erholungsraten – hohe Mortalität – keine oder nur schwache Verhaltensänderungen – oft gute Wirkung auf bestimmte Gliedertiere bei mäßigen (18 bis 22 °C) oder gar bei höheren Temperaturen (25 bis 31 °C)

Quelle: HOFFMANN, 1995, verändert

ChemG mitgeteilt, davon acht schwere Vergiftungsfälle –, warnt das Bundesinstitut für gesundheitlichen Verbraucherschutz und Veterinärmedizin (Nachfolgeinstitut des Bundesgesundheitsamtes) vor leichtfertigem Einsatz von Pyrethroiden und anderen Schädlingsbekämpfungsmitteln (BGVV, 1995; KAISER, 1995).

Lösemittel

542. Im nicht von den Arbeitsschutzvorschriften geregelten Bereich, insbesondere im Haushalt, fehlen bisher verbindliche Vorgaben für tolerierbare Höchstgehalte an Lösemitteln. Allerdings scheinen sich in manchen Produktgruppen lösemittelfreie Produkte auf dem Markt durchzusetzen, zum Beispiel bei Anstrichfarben, wozu sowohl ein gestiegenes Problembewußtsein der Hersteller und Verbraucher als auch eine gezielte Vergabe des Umweltzeichens beitragen dürften. In anderen Bereichen hingegen fehlen den Verbrauchern in der Regel Informationen und/oder Auswahl- und Einflußmöglichkeiten, zum Beispiel in der Innenraumausstattung. Daher sollte nach Auffassung des Umweltrates entweder eine generelle Regulierung der Verwendung von Lösemitteln einschließlich einer Deklarationspflicht erwogen oder mittels des Bauprodukten- und Chemikalienrechts versucht werden, ihre Anwendung auf die bislang alternativenlosen Bereiche zu begrenzen.

Eine vom Umweltbundesamt initiierte Studie, die die Wirkungen der Exposition auf Arbeitnehmer in der Lackindustrie zum Gegenstand hatte, kommt zu dem Ergebnis, daß eine mengenmäßige Reduzierung von Lösemitteln im Rahmen des technisch Möglichen und eine Überprüfung der gegenwärtig geltenden MAK-Werte erforderlich sind (UBA, 1995d, 1994d, S. 112f.).

Bezüglich der gesundheitlichen Auswirkungen von Lösemitteln besteht nach Auffassung des Umweltrates weiterhin Forschungsbedarf.

2.3.7.1.3 Elektromagnetische Felder

543. Ein Brennpunkt der öffentlichen und insbesondere auch verwaltungsgerichtlichen Auseinandersetzungen waren auch im Berichtszeitraum die gesundheitlichen Auswirkungen elektromagnetischer Felder nichtionisierender Strahlen (vgl. auch SRU, 1994, Tz. 554). Im Vordergrund des Interesses haben dabei vor allem die von Sendeanlagen des Mobilfunks und Radaranlagen ausgehenden hochfrequenten Strahlungen gestanden, während die niederfrequenten Strahlungen aus Hochspannungsleitungen, Umspannwerken und Haushaltsgeräten eine geringere Rolle gespielt haben. Der Umweltrat hat in seinem Umweltgutachten 1994 eine Intensivierung der Forschung gefordert, gleichzeitig aber vor Regulierungsaktionismus gewarnt. Die Bundesregierung hat im Frühjahr 1995 einen Referentenentwurf einer Verordnung nach § 23 BImSchG vorgelegt, in der für Hoch- und Niederfrequenzanlagen Grenzwerte festgelegt werden. Die Vorschläge beruhen auf Empfehlungen der Internationalen Strahlenschutzvereinigung (IRPA) beziehungsweise ihrer Nachfolgeorganisation, der Internationalen Kommission für den Schutz vor nichtionisierenden Strahlen (ICNIRP) und

der Strahlenschutzkommission (SSK) (Hochfrequenzanlagen: SSK, 1991; IRPA, 1988; Niederfrequenzanlagen: SSK, 1995; IRPA, 1990). Sie berücksichtigen jedoch bezüglich Hochfrequenzanlagen primär thermische Wirkungen, weniger die in der Diskussion in den Vordergrund getretenen nichtthermischen Wirkungen. Insofern ist nicht damit zu rechnen, daß durch die Verordnung eine Beruhigung in der exponierten Bevölkerung eintreten wird.

Im übrigen weist der Umweltrat darauf hin, daß auch der Anspruch des Entwurfs problematisch ist, Grenzwerte nur zum Schutz gegen Gefahren, nicht aber auch separate Vorsorgewerte aufzustellen. Erstens wäre es bei dem Ausgangspunkt des Entwurfs den Ländern nach § 23 BImSchG nicht verwehrt, in Ergänzung der bundeseinheitlichen Grenzwerte eigene Grenzwerte zur Vorsorge zu erlassen. Zweitens geht der Grenzwertvorschlag für Niederfrequenzanlagen, der die Einhaltung eines Körperstromdichtewerts von 2 mA/m^2 gewährleisten soll, davon aus, daß zwar bei Werten von 1 bis 10 mA/m^2 vereinzelt bei Laborversuchen an Zellkulturen und Nagetieren biologische Wirkungen (Melatoninproduktion – relevant für Krebspromotion, Kalziumstoffwechsel) und bei Werten von 10 bis 100 mA/m^2 Beeinflussung der Zellteilung und des Nervensystems beobachtet wurden; diese Versuchsobjekte sind aber mit dem Menschen hinsichtlich der Wirkungen der Belastung mit nichtionisierenden Strahlen wegen anderer Strahlendämmung und -reflektion nicht ohne weiteres vergleichbar.

544. Im Oktober 1995 berichtete das Wissenschaftsmagazin New Scientist über einen vom „Council on Radiation Protection" (Strahlenschutzkommission der USA) verfaßten Bericht an die Regierung, der aufgrund von Literaturauswertungen die Wirkungen von niederfrequenten elektromagnetischen Feldern neu bewertet (EDWARDS, 1995). Dieser Bericht, der offiziell erst im Frühjahr 1996 nach der Übergabe an die US-Regierung erscheinen soll, wurde vorab der Presse zugänglich. Das Magazin New Scientist berichtet, daß die Arbeitsgruppe vor allem Studien hervorhebe, die nahelegen, daß schwache elektromagnetische Felder sich auf die Melatoninproduktion der Zirbeldrüse auswirken. Dadurch werde die Bildung von Östrogen-Rezeptoren in der weiblichen Brust gestört. Nun werde untersucht, ob dies mit der Bildung von Brustkrebs im Zusammenhang stehe. Zudem könne Melatonin vor solchen molekularen Veränderungen im Gewebe schützen, die für die Entstehung degenerativer Krankheiten wie koronare Herzkrankheit, Parkinson Syndrom oder Alzheimer'sche Krankheit verantwortlich sind. Epidemiologische und Laborstudien gäben ernstzunehmende Hinweise darauf, daß Kinder, die elektromagnetischen Feldern in der Nähe von Starkstrom- und Überlandleitungen ausgesetzt sind, ein höheres Risiko haben, an Leukämie zu erkranken. Für beruflich exponierte Erwachsene erhöhe sich das Leukämie- und das Hirntumor-Risiko. Auch für Auswirkungen auf das Immunsystem und die Fortpflanzungsorgane gebe es Hinweise. Aus diesen Gründen schlägt der Bericht einen Grenzwert von 0,2 μT (= 0,002 mA/m^2 = 2 μA/m^2) vor. Da dieser Wert in den meisten Bereichen (Haushaltsgeräte, Hochspannungsleitungen) überschritten wird, schlägt die amerikanische Strahlenschutzkommission vor, daß neue Einrichtungen und Geräte diesen Wert einhalten sollen; alte Einrichtungen sollen innerhalb von zehn Jahren nachgerüstet werden (EDWARDS, 1995). Der deutsche Verordnungsentwurf sieht für 50 Hz-Wechselfelder einen Grenzwert von 100 μT und für 16⅔ Hz-Wechselfelder einen Grenzwert von 300 μT vor.

545. Die deutsche Strahlenschutzkommission hat im Mai 1995 in der Begründung ihrer Empfehlung ebenfalls erwähnt, daß durch schwache elektromagnetische Felder die Melatoninproduktion beeinflußt wird. Es handele sich aber um widersprüchliche Befunde unterschiedlicher Labors, und es fehle der Nachweis der pathogenen Rolle dieser Effekte. Die Strahlenschutzkommission empfiehlt daher, daß bei einer Frequenz von 50 Hz elektrische Felder eine Feldstärke von 5 kV/m und magnetische Felder eine Feldstärke von 100 μT nicht überschreiten sollen, so daß eine Körperstromdichte von 2 mA/m^2 sicher unterschritten ist. Zum Einfluß von elektromagnetischen Feldern auf das Entstehen von kindlicher Leukämie hat die Strahlenschutzkommission insgesamt elf epidemiologische Studien ausgewertet und kommt zu dem Schluß, daß ein Zusammenhang bisher nicht erwiesen ist.

546. Der Umweltrat empfiehlt, die Veröffentlichung des vollständigen Berichts der US-amerikanischen Strahlenschutzkommission abzuwarten, bevor weitere Überlegungen über die Aufstellung von Grenzwerten im Rahmen der 23. BImSchV angestellt werden.

2.3.7.2 Maßnahmen im Bereich Gefahrstoffe und Gesundheit

Chemikaliengesetz und Bewertungsrichtlinie 93/67/EWG

547. Das nationale Chemikalienrecht wird durch Vorgaben der Europäischen Union maßgeblich bestimmt. Die Spielräume für einen Alleingang der Bundesrepublik Deutschland sind dementsprechend eingegrenzt. Die Dominanz des EG-Rechts zeigt sich besonders in der 2. Novelle zum Chemikaliengesetz, die in erster Linie der Umsetzung der 7. Änderungsrichtlinie zur EG-Gefahrstoffrichtlinie (92/32/EWG) dient, daneben allerdings auch einige autonome Veränderungen des bisherigen Rechts bringt (THEUER, 1995).

Die Einführung eines eingeschränkten Anmeldeverfahrens für Kleinmengenstoffe (10 kg bis zu 1 Tonne jährlich), die bisher der Mitteilungspflicht unterlagen, ist vor allem unter der Binnenmarktperspektive bedeutsam, weil nunmehr EU-weit – sowie im Bereich des Europäischen Wirtschaftsraumes (EWR) – einheitliche Anforderungen gelten. Inhaltlich hat die Neuregelung nicht zu einer Verbesserung geführt, weil der Umfang der Anmeldeunterlagen in einigen Punkten hinter den Mitteilungsunterlagen nach bisherigem Recht zurückbleibt. Der Umweltrat begrüßt es aber, daß es gelungen ist, bei EG-rechtlich nicht

geregelten Zwischenprodukten und Exportstoffen den bisherigen hohen Stand der Präventivkontrolle mittels Mitteilungspflichten gegenüber gegenläufigen Bestrebungen der Wirtschaft zu halten. Für Stoffe, die für die anwendungsorientierte Forschung und Entwicklung bestimmt sind, ist durch die Novelle allerdings die Pflicht zur Vorlage von Prüfnachweisen im Rahmen der Mitteilungspflicht auf Stoffe beschränkt worden, die jährlich in Mengen über 100 kg hergestellt werden; diese Einschränkung, die mit den Erfordernissen des Innovationswettbewerbs begründbar sein mag, erscheint dem Umweltrat noch vertretbar.

Im Jahr 1994 wurden 21 vollständige Anmeldungen nach § 6 ChemG (Mengenschwelle 1 t/Jahr) sowie elf eingeschränkte Anmeldungen nach § 7a Abs. 2 Nr. 1 ChemG (Mengenschwelle 100 kg/Jahr bis 1 t/Jahr) und 13 eingeschränkte Anmeldungen nach § 7a Abs. 2 Nr. 2 ChemG (Mengenschwelle 10 bis 100 kg/Jahr) aus Deutschland bearbeitet. Bei fünf Anmeldungen wurde die Mengenschwelle von 100 t/Jahr überschritten. Insgesamt gingen im Jahr 1994 110 Mitteilungen im Sinne des Chemikaliengesetzes ein. Davon entfielen 13 Mitteilungen auf Stoffe, die nur zu Forschungs- und Entwicklungszwecken eingesetzt wurden. 20 Mitteilungen betrafen Stoffe, die als interne Zwischenprodukte auftreten (§ 16b Abs. 1 Nr. 1 ChemG). Weiterhin wurden neun Stoffe mitgeteilt, die nur außerhalb der Europäischen Union vermarktet werden (§ 16b Abs. 1 Nr. 2 ChemG). Auf Stoffe, von denen unter 100 kg/Jahr vermarktet werden, entfielen 49 Mitteilungen, auf Stoffe, von denen zwischen 100 kg/Jahr und 1 t/Jahr vermarktet werden, entfielen 18 Mitteilungen. Seit dem 1. August 1994 müssen die beiden letztgenannten Stoffkategorien angemeldet werden. Eine Mitteilung wurde für einen gefährlichen Stoff vorgelegt, von dem weniger als 10 kg/Jahr vermarktet werden (§ 16a Abs. 2 ChemG (alte Fassung)) (UBA, 1994 d).

Die Neufassung der Vorschriften über das Prüfprogramm der 2. Novelle sowie die neu gefaßte Prüfnachweisverordnung haben zu einer Erweiterung der Prüfung auf ökotoxische Wirkung sowie zu neuen Tests für fortpflanzungsgefährdende und chronisch-toxische Eigenschaften geführt, ohne daß damit alle Forderungen des Umweltrats (SRU, 1994, Tz. 537, 548) erfüllt worden sind. Hier haben sich die Bindungen der Bundesrepublik Deutschland durch die EG-Gefahrstoffrichtlinie besonders ausgewirkt.

548. Durch die Bewertungsrichtlinie (93/67/EWG) der Kommission vom 20. Juli 1993 zur Festlegung von Grundsätzen für die Bewertung der Risiken für Mensch und Umwelt, auf die nunmehr § 12 Abs. 2 Satz 2 ChemG Bezug nimmt, und das Technical Guidance Document (Environmental Risk Assessment of New Substances der EG-Kommission) ist ein wichtiger Schritt unternommen worden, um auf EU-Ebene zu einer harmonisierten Bewertung von neuen Stoffen zu gelangen. Die Regelungen der Richtlinie beschränken sich nicht auf Verfahren zur Feststellung des Vorliegens der Gefährlichkeitsmerkmale, sondern zielen auch auf eine Bewertung im Hinblick auf Verbote und Beschränkungen ab. Gefordert wird ein Vergleich zwischen derjenigen Konzentration, bei der schädliche Wirkungen nicht beobachtet werden (no observed adverse effect level (NOAEL), Gesundheitsschutz) oder nicht zu erwarten sind (predicted no-effect concentration (PNEC), Umweltschutz), mit denjenigen Konzentrationen, denen Individuen oder die Umwelt exponiert sein können. Unsicherheiten bestehen innerhalb dieses Modells vor allem bei ökologischen Wirkungen hinsichtlich des Extrapolationsfaktors für die Umrechnung von Testergebnissen auf die zu erwartenden Wirkungen sowie allgemein hinsichtlich der Expositionsabschätzung, die bei neuen Stoffen insbesondere nur auf unsicherer Datengrundlage erfolgen kann. Das Modell täuscht daher eine Sicherheit vor, die jedenfalls in diesem Maße nicht besteht. Dies zeigt sich aber auch in der Diskussion zu den Plänen des Bundesumweltministeriums, bestimmte neue Stoffe zu beschränken (MAHLMANN, 1995; vgl. Tz. 555). Obwohl sich das Bewertungsverfahren in der Substanz nicht allzusehr von dem bisher in Deutschland angewendeten Verfahren unterscheidet, führt der höhere Grad an Formalisierung doch dazu, daß manche bisherige Bewertungen ergänzt werden müssen (UBA, 1995 a).

Der Umweltrat weist in diesem Zusammenhang darauf hin, daß die Richtlinie nur methodische Bewertungsgrundsätze, aber keine materiellen Kriterien für die Bewertung im Sinne einer akzeptablen Dosis aufstellt (WINTER, 1995, S. 17). Daraus, daß der Vergleich der beiden Konzentrationswerte ein Ergebnis über 1 ergibt, folgt noch kein Automatismus der Beschränkung, wie umgekehrt unterhalb dieses Wertes durchaus Vorsorgemaßnahmen angebracht sein können. Das Fehlen materieller Kriterien dürfte insbesondere für ökologische Bewertungen ein Problem sein. Insofern bleibt noch erhebliche Harmonisierungsarbeit zu leisten. Unbefriedigend ist auch die starke Orientierung an separaten Umweltkompartimenten, die zu einer Ausblendung von Wechselwirkungen führen könnte.

549. Einerseits ist das Stoffrecht durch die Bereinigung von 1993 übersichtlicher geworden, anderer-seits wird der Vollzug immer noch dadurch behindert, daß viele verschiedene Ressorts daran beteiligt sind. Im Bereich des Chemikaliengesetzes sind zum Beispiel vier Behörden und vier Ressorts auf Bundesebene beteiligt (Tab. 2.32). Durch diese Aufteilung kommt es zu Verzögerungen bei der Bewertung von Stoffen und zu Mehrfacharbeit infolge mangelnden Informationsflusses. Der Umweltrat empfiehlt daher, den Vollzug des Stoffrechts durch eine besser geeignete Verwaltungsstruktur zu effektivieren.

EG-Altstoffverordnung und Bewertungsverordnung

550. Die Aufarbeitung von Altstoffen hat durch die EG-Altstoffverordnung (Nr. 793/93/EWG) eine neue Richtung erhalten. Diese Regelung hat dazu genötigt, das bisherige, auf dem Kooperationsprinzip beruhende System der Bewertung alter Stoffe (vgl. SRU, 1994, Tz. 542) teilweise zu revidieren. Soweit die Bundesrepublik Deutschland aufgrund der Verordnung zur Risikobewertung prioritärer Altstoffe verpflichtet ist, konnte das bisherige Verfahren, in dem Staat und Wirtschaft gemeinsam an der Aufarbeitung und Bewertung mitwirkten, nicht aufrechterhalten bleiben. Vielmehr sind die zuständigen Bundesbehörden gehalten, von den betroffenen Unternehmen bestimmte Unterlagen über die Stoffe zu fordern und sie selbst zu bewerten; die von der Europäischen Union vorgegebenen Bewertungskriterien (Verordnung Nr. 1488/94/EG) entsprechen dabei weitgehend den für neue Stoffe geltenden Regelungen. Bei 14 der von der Bundesrepublik aus der ersten Prioritätenliste zur Bewertung übernommenen 18 Stoffe sind allerdings schon Stoffberichte des Beratergremiums für umweltrelevante Altstoffe oder toxikologische Bewertungen der Berufsgenossenschaft der chemischen Industrie vorhanden, auf denen die zuständigen Bundesbehörden aufbauen können. Für zwölf der 24 weiteren Stoffe der ersten Prioritätenliste sind ebenfalls schon Stoffberichte des Beratergremiums für umweltrelevante Altstoffe oder der Berufsgenossenschaft der chemischen Industrie vorhanden.

Tabelle 2.32

Am Vollzug des Chemikaliengesetzes beteiligte Bundesbehörden

Behörde	Ressort	Aufgabe
Bundesanstalt für Arbeitsschutz (BAU)	Bundesarbeitsministerium	Anmeldebehörde, Arbeitsschutz
Umweltbundesamt (UBA)	Bundesumweltministerium	Umweltschutz
Bundesinstitut für gesundheitlichen Verbraucherschutz und Veterinärmedizin (BgVV)	Bundesgesundheitsministerium	Gesundheitsschutz
Institut für Wasser-, Boden- und Lufthygiene (WaBoLu) im UBA ..	Bundesumweltministerium	Gesundheitsschutz
Biologische Bundesanstalt (BBA)	Bundeslandwirtschaftsministerium	Bewertung von Umweltwirkungen

SRU / UG '96 / Tab. 2.32

Die zweite Prioritätenliste, die insgesamt 36 Stoffe umfaßt, enthält 17 Stoffe, für die bereits Berichte des Beratergremiums für umweltrelevante Altstoffe oder der Berufsgenossenschaft der chemischen Industrie existieren. Von den acht Stoffen, die Deutschland übernommen hat, sind für vier Stoffe Berichte des Beratergremiums für umweltrelevante Altstoffe erstellt. Einer dieser Stoffe wurde auch von der Berufsgenossenschaft der chemischen Industrie bewertet. Für einen weiteren Stoff ist der Bericht des Beratergremiums für umweltrelevante Altstoffe zur Zeit in Bearbeitung. Zwar begrüßt es der Umweltrat, daß ein Verfahren zur Bewertung entwickelt worden ist, in dem die Bundesbehörden auf gutachterliche Stellungnahmen des Beratergremiums für umweltrelevante Altstoffe und der Berufsgenossenschaft der chemischen Industrie zurückgreifen können; jedoch sollten auf der Prioritätenliste der Europäischen Union vor allem solche Stoffe erscheinen, für die bisher keinerlei Bewertungen vorliegen. Durch das bisherige Vorgehen werden Aktivitäten vorgetäuscht, da im Grunde nur einige Ergänzungen zu den vorliegenden Stoffberichten nötig sind. Vielmehr sollten diejenigen Stoffe, für die bereits Stoffberichte existieren, nach dem Vorbild der Bearbeitung durch Umweltbundesamt und Bundesinstitut für gesundheitlichen Verbraucherschutz und Veterinärmedizin außerhalb der Prioritätenliste nach der neuen Verordnung bewertet werden (UBA, 1995e). Durch ein solches Vorgehen würden Mehrfacharbeit sowie Mehrfachpublikation in ein und derselben Arbeit vermieden und die Aufarbeitung der Altstoffe weiter beschleunigt. Die beiden Behörden (Umweltbundesamt und Bundesinstitut für gesundheitlichen Verbraucherschutz und Veterinärmedizin) legten für insgesamt 34 Altstoffe Bewertungen nach der neuen Verordnung vor, die im Rahmen der Altstoffkonzeption der Bundesregierung vom Beratergremium für umweltrelevante Altstoffe bereits bearbeitet worden waren. Diese Bewertungen berücksichtigen jedoch die Aspekte des Arbeitsschutzes sowie Störfallsituationen nicht.

Es besteht nach Auffassung des Umweltrates vorerst auch kein Anlaß, die Aufarbeitung alter Stoffe auf die von der Europäischen Union als prioritär bezeichneten Stoffe zu beschränken. Dies wäre nur vertretbar, wenn es gelänge, in kurzer Zeit die arbeitsteilige Aufarbeitung alter Stoffe in der Europäischen Union zu organisieren. Der verhältnismäßig große Anteil an Altstoffen, den die Bundesrepublik Deutschland aus der ersten Prioritätenliste der Europäischen Union übernommen hat, sowie die geringe Zahl der bisher als prioritär eingestuften Altstoffe sprechen dagegen, daß man sich ausschließlich auf das EU-Verfahren verlassen könnte. Soweit Altstoffbewertungen in nationaler Alleinverantwortung erfolgen, sollte das eingespielte Verfahren der kooperativen Altstoffbewertung im Rahmen des Beratergremiums für umweltrelevante Altstoffe und der Berufsgenossenschaft der chemischen Industrie beibehalten werden, zumal die Möglichkeiten, nach § 16c ChemG hoheitlich auf die Unternehmen einzuwirken, als Folge der Altstoffverordnung beschränkt worden sind. Bis Ende 1995 sind für 24 weitere Stoffe Berichte des Beratergremiums für umweltrelevante Altstoffe erstellt worden; die Arbeit an den Datensätzen für Stoffe mit 100 bis 1000

Jahrestonnen ist im Jahre 1995 ebenfalls fortgesetzt worden. Insofern hat sich die Altstoffverordnung nicht, was man befürchten konnte, als ein Hemmnis für die nationale Aufarbeitung von Altstoffen erwiesen. Vielmehr hat Deutschland durch starke Einflußnahme auf die Struktur der EG-Altstoffverordnung nicht nur seine Erfahrungen an die anderen EU-Mitgliedstaaten weitergegeben, sondern auch das bisherige Tempo in der Aufarbeitung von Altstoffen beibehalten können und damit erwiesen, daß eine deutsche Vorreiterrolle durchaus sinnvoll sein kann. Für parallel dazu laufende Arbeiten der OECD werden weitere Impulse zu einer harmonisierten Altstoffaufarbeitung gegeben (BR-Drs. 166/95).

551. Bei der Neubearbeitung von Stoffberichten des Beratergremiums für umweltrelevante Altstoffe durch Umweltbundesamt und Bundesinstitut für gesundheitlichen Verbraucherschutz und Veterinärmedizin (Tz. 550) mußten – wegen der großen Unsicherheiten bei der Extrapolation von Labordaten auf die konkrete Umweltsituation – zwischen Expositionskonzentration und Wirkkonzentration bestimmte Sicherheitsabstände eingehalten werden. Diese wurden vom Umweltbundesamt unter „pragmatischen Gesichtspunkten" festgelegt. Je nach Datenlage und Abbaubarkeit beziehungsweise Akkumulationspotential der Substanz wurden mehr oder weniger große Sicherheitsfaktoren vorgeschlagen (Tab. 2.33).

Da für viele Altstoffe nur veraltete oder unzureichende Wirkdaten vorliegen, deren Ermittlung nicht neuester Laborpraxis (Gute Laborpraxis gemäß §§ 19a bis 19d ChemG; OECD-Vorschriften) entspricht, und eine entsprechende Nachprüfung der Substanzen sehr viel Zeit in Anspruch nehmen würde, wurde in jedem Fall versucht, aufgrund der vorhandenen Daten eine Bewertung vorzunehmen. Ließ sich in solchen Fällen trotz Heranziehens großer Sicherheitsfaktoren kein Regulierungsbedarf ableiten, das heißt, überstieg die mit dem Sicherheitsfaktor multiplizierte Expositionskonzentration die Wirkkonzentration nicht, wurde auf weitere Wirkungsuntersuchungen verzichtet. Ergab sich jedoch ein Handlungsbedarf, wurden weitere Untersuchungen gefordert.

552. Generell ist es zu begrüßen, daß Expositions- und Wirkungsdaten sowie die Stoffbewertungen der interessierten Öffentlichkeit zur Verfügung gestellt werden und daß die Altstoffbearbeitung auch außerhalb der EU-Prioritätenliste erfolgt (vgl. Tz. 550). Allerdings warnt der Umweltrat davor, bei unzureichender Datenlage von weiteren Untersuchungen abzusehen, wenn das schematisierte Bewertungsverfahren keinen Handlungsbedarf anzeigt („keine Exposition zu erwarten"). Wie der Umweltrat schon in seinem Sondergutachten Altlasten II ausgeführt hat, sind solche Extrapolationsfaktoren nicht als „Sicherheitsfaktoren", sondern eher als „Unsicherheitsfaktoren" zu bezeichnen. Sie drücken die Unsicherheit aus, die der Bewertung zugrundeliegt. Gerade für diesen Fall hat der Umweltrat gefordert, die Bewertung nur als vorläufig anzusehen und entsprechend zu kennzeichnen sowie weitere Daten einzufordern (SRU, 1995a, Tz. 86 und 91). Bereits im Umweltgut-

Tabelle 2.33

**Vom Umweltbundesamt bei der quantitativen Risikoabschätzung verwendete Sicherheitsfaktoren
für den aquatischen Bereich**

Datenlage	Zusatzbedingungen	Sicherheitsfaktoren
es liegen ausschließlich Daten aus akuten Tests (LD$_{50}$, LC$_{50}$, IC$_{50}$) zu einer oder mehreren Trophiestufen vor	leicht abbaubar und kein bzw. nur geringes Bioakkumulationspotential	100 – 250
	potentiell abbaubar oder vorhandenes Bioakkumulationspotential	400 – 1 000
	nicht abbaubar (persistent)	1 000 – 2 000
es liegen Daten aus längerfristigen Untersuchungen (NOEC) zu einer oder mehreren Trophiestufen vor	leicht abbaubar	10 – 25
	potentiell abbaubar	40 – 100
	nicht abbaubar	100 – 250

Quelle: UBA, 1995e

achten 1987 hat der Umweltrat darauf aufmerksam gemacht, daß die Unschädlichkeit oder Unbedenklichkeit von Stoffen nicht beweisbar ist, da niemals mit Sicherheit alle Wirkungsqualitäten erfaßt werden können (SRU, 1988, Tz. 1629 ff.). Da zudem die ökotoxikologischen Testverfahren noch nicht ausgereift sind und deren Übertragbarkeit auf reale Ökosysteme schwierig ist, wiederholt der Umweltrat seine Forderung, Stoffe, bei denen die Datenlage unzureichend ist, vorläufig zu bewerten und weitere Daten einzufordern. Zudem sollten Störfälle und Arbeitsschutz in Zukunft Berücksichtigung finden, vor allem wenn keine MAK-Werte vorliegen. Für Störfälle sollten mögliche Auswirkungen und Gegenmaßnahmen beschrieben werden, da gerade in solchen Fällen die Betroffenen solche Informationen suchen.

EG-Beschränkungs-Richtlinie und Chemikalien-Verbotsverordnung

553. Auch im Hinblick auf Verbote und Beschränkungen wird der Einfluß der Europäischen Union immer deutlicher. Die Umsetzung der *14. Änderungsrichtlinie* (94/27/EWG) zur *Beschränkungs-Richtlinie* (76/769/EWG) wird in mancherlei Hinsicht für die deutsche Chemiepolitik bedeutsam sein. Die Richtlinie führt erstmals Verbote des Inverkehrbringens an private Verwender für Stoffgruppen ein, die nur durch bestimmte Gefährlichkeitsmerkmale definiert sind (krebserzeugend, fortpflanzungsgefährdend oder erbgutverändernd der Kategorie 1 und 2). Damit wird unabhängig von einer konkreten Expositionsabschätzung allein aufgrund der – durchaus realistischen – Annahme, daß der private Verwender zum gefahrlosen Umgang mit diesen Stoffen nicht in der Lage ist, ein Verkehrsverbot ausgesprochen. Dies ist auch vom Standpunkt des deutschen Stoffrechts eine Neuerung. Andererseits bleibt die Richtlinie in bezug auf Teeröle hinter dem hohen Standard des deutschen Rechts zurück. Teeröle mit Benzo(a)pyrengehalten unter 50 ppm sowie mit Gehalten oberhalb dieser Konzentration in industriellen Verfahren sind nach der Richtlinie zugelassen. Die Beibehaltung der strengeren deutschen Regelung stößt allerdings auf gewisse gemeinschaftsrechtliche

Schwierigkeiten. Nach Art. 100a Abs. 4 EG-Vertrag muß die Kommission einer Entscheidung eines Mitgliedstaates, strengeres nationales Recht weiter anzuwenden, bestätigen. Die PCP-Entscheidung des Europäischen Gerichtshofs (Rs. C-41/93, Slg. 1994 I, 1829, 1847 ff. = NJW 1994, S. 3341) stellt strenge Anforderungen an die Begründung dieser Bestätigung und erschwert damit die Ausübung des Optionsrechts der Mitgliedstaaten zur Beibehaltung schärferer nationaler Regelungen (vgl. REICH, 1994, S. 3334). Gleichwohl ist der Umweltrat der Auffassung, daß die Bundesregierung die Regelungen der *Chemikalien-Verbotsverordnung* aufrechterhalten sollte.

Unabhängig von EG-Regelungen hat die 1. Änderungsverordnung zur Chemikalien-Verbotsverordnung die Verwertung von PCB und PCT auf dem thermischen Verwertungsweg beschränkt. Die 2. Änderungsverordnung, die DDT in die Chemikalien-Verbotsverordnung aufnimmt, hat nur rechtsbereinigenden Charakter.

554. Die bereits Anfang 1993 beschlossene *Dioxinverordnung*, die den Grenzwert für TCDD halbiert, weitere Arten polychlorierter Dioxine erfaßt und erstmals auch Grenzwerte für polybromierte Dioxine und Furane einführt (vgl. SRU, 1994, Tz. 541), konnte erst nach Ablauf der EU-rechtlichen Stillhaltefrist Mitte 1994 in Kraft gesetzt werden. Entsprechend der neuen Systematik sind die Regelungen über das Inverkehrbringen als 1. Änderungsverordnung in die Chemikalien-Verbotsverordnung, die Herstellungs- und Verwendungsverbote sowie das Minimierungsgebot im Rahmen der 2. Änderungsverordnung in die Gefahrstoffverordnung eingestellt worden. Dieser Vorgang zeigt erneut, daß die Aufspaltung einer Stoffregelung in zwei Teilregelungen wenig sinnvoll ist (vgl. SRU, 1994, Tz. 540). Die Verbote der Chemikalien-Verbotsverordnung bezüglich Pentachlorphenol (§ 1 i.V.m. Anhang Abschnitt 15) sind nach Aufhebung einer vorherigen Entscheidung der EG-Kommission durch den Europäischen Gerichtshof (a.a.O.) am 14. September 1994 erneut von der EG-Kommission gemäß Art. 100a Abs. 4 EG-Vertrag bestätigt worden (ABl. 1994 Nr. L 316/43). Die Begründung stellt stark auf die Besonderheiten der Dioxinbelastung in Deutschland ab. Da auch einige der neuen Mitgliedstaaten ihre PCP-Verbote aufrecht erhalten haben, sieht der Umweltrat Chancen für eine EU-weite Verbotsregelung und fordert die Bundesregierung auf, diesbezügliche Überlegungen der EG-Kommission mit Nachdruck zu unterstützen.

555. Das Bundesumweltministerium plant eine *Verordnung zur Ergänzung der Verbote und Beschränkungen nach § 17 ChemG um Regelungen zu bestimmten umweltgefährlichen neuen Stoffen.* Ende Januar 1995 wurde eine Verbändeanhörung zum Verordnungsentwurf durchgeführt. Es ist geplant, mit dieser Verordnung das Inverkehrbringen von Salzen der Komplexe von Chrom(III) mit Naphthalinsulfonsäuren und Naphthalen sowie 4,4'-[Oxybis-(2,1-ethandiylthio)]-bisphenol durch Anfügung zweier neuer Abschnitte an den Anhang der Chemikalien-Verbotsverordnung zu untersagen und das Herstellen und Verwenden dieser Stoffe in § 15 und Anhang IV der Gefahrstoffverordnung zu verbieten. Ebenfalls durch entsprechende Änderung der Gefahrstoffverordnung sollen Triazole als Imprägniermittel und Diphenylmethan-Mischester als Korrosionsinhibitoren künftig nur noch in geschlossenen Kreisläufen verwendet werden dürfen. Hierbei müssen nach Auffassung des Umweltrates auch Störfälle und der Arbeitsschutz berücksichtigt werden.

Der Umweltrat ist im übrigen der Auffassung, daß die jetzige Regelungsstruktur – Verteilung der Verbote und Beschränkungen auf zwei Verordnungen – langfristig nicht sinnvoll beibehalten werden kann, sondern daß entsprechend der EG-Richtlinie 76/769/EWG eine Zusammenfassung aller Verbote und Beschränkungen in einer Verordnung für die Praxis die leichter verständliche Lösung darstellt.

EG-Biozid-Richtlinie

556. Die Beratungen über den Vorschlag für eine Biozid-Richtlinie der Europäischen Union (KOM (93) 351 endg.), die alle Biozide außer den Pflanzenschutzmitteln regeln soll, sind, nachdem Einvernehmen über die Anwendung des Mitentscheidungsverfahrens des Parlaments nach Art. 189b EGV erzielt wurde, erst im Sommer 1995 durch die Vorlage eines geänderten Vorschlages (KOM(95) 387 endg.) wieder aufgenommen worden. Von den damit befaßten nationalen Gremien hat der Bundesrat schon Ende 1993 bei grundsätzlicher Zustimmung umfangreiche Verbesserungen im Detail gefordert (BR-Drs. 607/93 – Beschluß). Im Anschluß daran hat der Bundestag in einer Entschließung vom 23. Juni 1994 (BT-Drs. 12/7635) die Bundesregierung aufgefordert, der Entwurfsfassung nicht zuzustimmen und sich für eine grundlegende Überarbeitung einzusetzen. Das dabei formulierte Hauptanliegen ist die Koordination mit anderen Richtlinien, wie zum Beispiel der Trinkwasserrichtlinie. Außerdem sollen Stoffe, für die kein ADI-Wert (acceptable daily intake, duldbare tägliche Aufnahmemenge) bekannt ist, und solche, für die funktionell gleichwertige, aber weniger umweltbelastende Alternativen zur Verfügung stehen, nicht zugelassen werden. Biozide, deren Um-

weltauswirkungen – insbesondere auf das Grundwasser – aufgrund ihrer Anwendung denen von Pflanzenschutzmitteln vergleichbar sind, sollten insoweit gleichbehandelt werden. Der Umweltrat schließt sich dieser Forderung an. Unter den gleichen Voraussetzungen sind auch hohe Anforderungen an die Abbaubarkeit der Wirkstoffe zu stellen. Die Gemeinschaftsregelung des Zulassungsverfahrens sollte diese Gesichtspunkte in den Vordergrund stellen, im übrigen aber möglichst flexibel sein (SRU, 1994, Tz. 551, 592).

557. Der geänderte Vorschlag unterscheidet sich von dem ursprünglichen vor allem darin, daß die die Zulassung regelnden Bewertungsgrundsätze nunmehr als neuer Anhang VI verbindlicher Teil der Richtlinie selbst werden sollen und hierfür im Vorschlag vorgelegt wird. Diese Bewertungsgrundsätze verpflichten die Mitgliedstaaten auf ein wissenschaftlich begründetes Prüfungsverfahren und berücksichtigen viele Gesichtspunkte zentraler Bedeutung, die im Richtlinientext selbst bisher vermißt worden waren. Dazu zählen die Berücksichtigung des Gefährdungspotentials von Verunreinigungen und Nebenprodukten, die Gleichstellung mit den Gefahrstoffen bei der im Antragsverfahren vorzulegenden Basisbeschreibung und die Berücksichtigung des Akkumulationspotentials der bioziden Stoffe und ihrer Abbau- oder Umwandlungsprodukte in Mensch und Tier sowie generell in der Umwelt. Schließlich ist auch die geforderte Koordination mit der Trinkwasserrichtlinie 80/778/EWG erreicht worden. Zu begrüßen ist ferner, daß nunmehr auch die Abbaubarkeit im Boden berücksichtigt wird. Allerdings läßt die große Verschiedenheit der in der Gemeinschaft vorhandenen Böden dabei nur eine sehr allgemein gehaltene Regelung zu, die durch das nationale Bodenschutzrecht präzisiert und ergänzt werden muß.

558. Der Umweltrat begrüßt die Forderung des Bundestages, in die Richtlinie eine Bestimmung aufzunehmen, nach der die Kommission zur Entwicklung von Grundsätzen für die integrierte Schädlingsbekämpfung verpflichtet wird. Nur auf diesem Wege kann der Einsatz von Bioziden minimiert werden. Eine solche Minimierungsstrategie ist aus Gründen des Umweltschutzes wie auch des unmittelbaren Schutzes der menschlichen Gesundheit unerläßlich. Der Forderung in Ziff. 2.5 der Bundestagsentschließung, kanzerogene, teratogene und mutagene Substanzen generell von der Zulassung auszuschließen, entspricht der Richtlinienvorschlag jedoch bereits durch die Regelung in Art. 4 Abs. 2.

2.3.7.3 Schlußfolgerungen und Empfehlungen zu Gefahrstoffen und Gesundheit

559. Regelungen auf dem Gebiet des *Gefahrstoffrechts* sind aufgrund der vielfältigen internationalen Verflechtungen einerseits und der häufig globalen Auswirkungen von gefährlichen Stoffen andererseits vielfach nur noch in internationalem oder jedenfalls europäischem Konsens möglich. Vor allem sind Stoffverbote vielfach nur noch in internationaler oder jedenfalls europäischer Zusammenarbeit sinnvoll. Dem weltweiten Verbot der ozonschädigenden Fluor-Chlor-Kohlenwasserstoffe (FCKW) kommt für die internationale Zusammenarbeit eine Vorreiterrolle zu. Nach diesem Muster sollten nach Meinung des Umweltrates auch andere gefährliche Stoffe wie polychlorierte Biphenyle (PCB) weltweit verboten oder geregelt werden.

560. Die 14. Änderungsrichtlinie zur *Beschränkungs-Richtlinie* (76/769/EWG) führt erstmals Verbote des Inverkehrbringens an private Verwender für Stoffgruppen ein, die nur durch bestimmte Gefährlichkeitsmerkmale definiert sind (krebserzeugend, fortpflanzungsgefährdend oder erbgutverändernd der Kategorie 1 und 2). Dies ist auch vom Standpunkt des deutschen Stoffrechts eine Neuerung. Andererseits bleibt die Richtlinie in bezug auf Teeröle hinter dem hohen Standard des deutschen Rechts zurück. Teeröle mit Benzo(a)pyrengehalten unter 50 ppm sowie mit Gehalten oberhalb dieser Konzentration in industriellen Verfahren sind nach der Richtlinie zugelassen. Die Beibehaltung der strengeren deutschen Regelung stößt allerdings auf gewisse gemeinschaftsrechtliche Schwierigkeiten. Gleichwohl ist der Umweltrat der Auffassung, daß die Bundesregierung die Regelungen der *Chemikalien-Verbotsverordnung* aufrechterhalten sollte.

561. Der Umweltrat ist der Auffassung, daß die jetzige Struktur – Verteilung der Verbote und Beschränkungen auf zwei Verordnungen – langfristig nicht sinnvoll beibehalten werden kann, sondern daß entsprechend der EG-Richtlinie 76/769/EWG eine Zusammenfassung aller Verbote und Beschränkungen in einer Verordnung für die Praxis die leichter verständliche Lösung darstellt.

562. In der vom Bundesumweltministerium geplanten Verordnung zur Ergänzung der Verbote und Beschränkungen nach § 17 ChemG um Regelungen zu bestimmten umweltgefährlichen neuen Stoffen müssen nach Auffassung des Umweltrates gerade für Stoffe, die in geschlossenen Kreisläufen geführt werden, Störfallsituationen und Arbeitsschutz berücksichtigt werden.

563. Der Umweltrat begrüßt, daß es bei der 2. Novelle zum *Chemikaliengesetz* gelungen ist, bei EG-rechtlich nicht geregelten Zwischenprodukten und Exportstoffen den bisherigen hohen Stand der Präventivkontrolle zu halten. Obwohl das Prüfprogramm erweitert wurde, sind freilich nicht alle Forderungen des Umweltrates (SRU, 1994, Tz. 537, 548) erfüllt worden.

564. Die *Bewertungs-Richtlinie* (93/67/EWG), auf die § 12 Abs. 2 Satz 2 ChemG verweist, ist ein wichtiger Schritt zu einer harmonisierten Stoffbewertung auf EU-Ebene. Der Umweltrat weist jedoch darauf hin, daß die Richtlinie nur methodische Bewertungsgrundsätze, aber keine materiellen Kriterien für die Bewertung im Sinne einer akzeptablen Dosis aufstellt. Das Fehlen materieller Kriterien dürfte insbesondere für ökologische Bewertungen ein Problem sein. Insofern bleibt noch erhebliche Harmonisierungsarbeit zu leisten. Unbefriedigend ist auch die starke Orientierung an separaten Umweltkomparti-

menten, die zu einer Ausblendung von Wechselwirkungen führen könnte.

565. Der Umweltrat mahnt eine rasche Verabschiedung der *EG-Biozid-Richtlinie* an. Er begrüßt die Forderung des Bundestages, in die Richtlinie eine Bestimmung aufzunehmen, nach der die Europäische Kommission zur Entwicklung von Grundsätzen für die integrierte Schädlingsbekämpfung verpflichtet wird. Nur auf diesem Wege kann der Einsatz von Bioziden minimiert werden. Eine solche Minimierungsstrategie ist aus Gründen des Umweltschutzes wie auch des unmittelbaren Schutzes der menschlichen Gesundheit unerläßlich. Außerdem sollen Stoffe, für die kein ADI-Wert bekannt ist, und solche, für die funktionell gleichwertige, aber weniger umweltbelastende Alternativen zur Verfügung stehen, nicht zugelassen werden. Biozide, deren Umweltauswirkungen – insbesondere auf das Grundwasser – aufgrund ihrer Anwendung denen von Pflanzenschutzmitteln vergleichbar sind, sollten insoweit gleichbehandelt werden. Unter den gleichen Voraussetzungen sind auch hohe Anforderungen an die Abbaubarkeit der biozid Wirkstoffe zu stellen. Die Gemeinschaftsregelung des Zulassungsverfahrens sollte diese Gesichtspunkte in den Vordergrund stellen, im übrigen aber möglichst flexibel sein.

566. Der *Vollzug* des Chemikalienrechts ist immer noch dadurch behindert, daß viele verschiedene Ressorts daran beteiligt sind. Durch diese Aufteilung kommt es zu Verzögerungen bei der Bewertung von Stoffen und zu Mehrfacharbeit infolge mangelnden Informationsflusses. Der Umweltrat empfiehlt, den Vollzug des Chemikalienrechts durch eine besser geeignete Verwaltungsstruktur zu effektivieren.

567. Die Aufarbeitung von Altstoffen hat durch die *EG-Altstoffverordnung* (Nr. 793/93/EWG) eine neue Richtung erhalten. Der Umweltrat begrüßt, daß ein Verfahren der Bewertung entwickelt worden ist, in dem die Bundesbehörden auf gutachterliche Stellungnahmen des Beratergremiums für umweltrelevante Altstoffe und der Berufsgenossenschaft der chemischen Industrie zurückgreifen können. Allerdings sollten auf der EU-Prioritätenliste vor allem solche Stoffe erscheinen, für die bisher keinerlei Bewertungen vorliegen. Durch das bisherige Vorgehen werden Aktivitäten vorgetäuscht, da im Grunde nur einige Ergänzungen zu den vorliegenden Stoffberichten nötig sind. Vielmehr sollten diejenigen Stoffe, für die bereits Stoffberichte existieren nach dem Vorbild der Bearbeitung durch Umweltbundesamt und Bundesinstitut für gesundheitlichen Verbraucherschutz und Veterinärmedizin außerhalb der Prioritätenliste nach der neuen Verordnung bewertet werden. Dadurch würden Mehrfacharbeit sowie Mehrfachpublikation in ein und derselben Arbeit vermieden und die Aufarbeitung der Altstoffe weiter beschleunigt. Allerdings warnt der Umweltrat davor, bei unzureichender Datenlage von weiteren Untersuchungen abzusehen, wenn das schematisierte Bewertungsverfahren der EG-Bewertungs-Verordnung (Nr. 1488/94/EG) keinen Handlungsbedarf anzeigt („keine Exposition zu erwarten"). Gerade in diesem Fall fordert der Umweltrat, die Bewertung nur als vorläufig anzusehen und weitere Daten einzufordern.

Die Altstoffverordnung hat sich nicht als Hemmnis für die nationale Aufarbeitung von Altstoffen erwiesen. Vielmehr hat Deutschland durch starke Einflußnahme auf die Struktur der EG-Altstoffverordnung nicht nur seine Erfahrungen an die anderen EU-Mitgliedstaaten weitergegeben, sondern auch das bisherige Tempo in der Aufarbeitung von Altstoffen beibehalten können und damit erwiesen, daß eine deutsche Vorreiterrolle durchaus sinnvoll sein kann. Dennoch sollte angesichts der Vielzahl der zu bewertenden Altstoffe nach weiteren Wegen zu einer Beschleunigung der Aufarbeitung gesucht werden.

568. Der Umweltrat begrüßt die Initiative zu den *Umweltsurveys* und empfiehlt eine rasche Auswertung der vorhandenen Daten. Die Erhebung sollte in regelmäßigen Abständen wiederholt werden, um zeitliche Trends aufzeigen zu können.

569. Aus der Sicht der Umweltpolitik ist zu fordern, daß bei der geplanten *Gesundheitsberichterstattung* des Bundes dem Themenkomplex „Risikomerkmale der Umwelt" mehr Gewicht gegeben wird. Mit den drei Bereichen Nahrung, Luft und Lärm sind die Wechselwirkungen zwischen Umweltveränderungen und Gesundheit nicht erschöpft. Zum Beispiel scheinen Einflüsse von Immissionen aus Wohnung, Verkehr und Strahlung, ferner die Auswirkungen kombinierter stofflicher, physikalischer und biologischer Belastungen nicht berücksichtigt zu sein. Hierzu sollten die beim Umweltbundesamt gesammelten Daten, vor allem die Kataster über Luft-, Wasser- und Bodenverunreinigungen, einbezogen werden, um weitergehende Vergleiche zwischen Umweltbelastungen und Gesundheitsstatus auf regionaler und überregionaler Ebene zu ermöglichen. Ferner können geeignete Umweltindikatoren, die der Umweltrat in seinem Gutachten 1994 ausführlich behandelt und zum Umweltmonitoring empfohlen hat (SRU, 1994, Abschnitte I.2.3 und I.2.4), die Indikatoren des Gesundheitsberichtssystems, die auf rein gesundheitliche Kriterien abheben, ergänzen. Auch die Ergebnisse der Umweltsurveys müssen Berücksichtigung finden. Es ist wünschenswert, die Fortschreibung der Datenerhebung für Umwelt und Gesundheit zu synchronisieren, um Korrelationsansätze auf eine sichere Basis zu stellen und zeitliche Trends besser erkennen zu können.

570. Der Umweltrat begrüßt in diesem Zusammenhang das *Aktionsprogramm „Umwelt und Gesundheit"*, das von einer gemeinsamen Arbeitsgruppe von Bundesumweltministerium, Bundesgesundheitsministerium, Umweltbundesamt, Robert-Koch-Institut und Bundesinstitut für gesundheitlichen Verbraucherschutz und Veterinärmedizin erarbeitet wird. Es kann maßgeblich dazu beitragen, die noch bestehenden Defizite auf diesem Gebiet zu erkennen und zu beseitigen. Die künftigen Aktivitäten sollten in jedem Falle mit der Gesundheitsberichterstattung von Bundesgesundheitsministerium und Statistischem Bundesamt abgeglichen werden und die Ergebnisse der Umweltsurveys einbeziehen, um inhaltliche Redundanzen zu vermeiden.

571. Die Diskussion um die Wirkung von niederfrequenten *elektromagnetischen Feldern* auf den Menschen ist durch Vorabveröffentlichungen von Teilen einer US-amerikanischen Studie weiter verstärkt worden. Die bisher veröffentlichten Aussagen sind nicht geeignet, die Studie zu bewerten. Der Umweltrat empfiehlt daher, die Veröffentlichung des vollständigen Berichts der amerikanischen Strahlenschutzkommission abzuwarten, bevor weitere Überlegungen über die Aufstellung von Grenzwerten im Rahmen der 23. BImSchV angestellt werden.

572. Der Umweltrat empfiehlt, die Forschungsanstrengungen zu Fragen der Kanzerogenität der *polychlorierten Dibenzo-p-dioxine und Dibenzofurane* (PCDD/F) zu verstärken, um das Fehlen oder Vorhandensein einer Wirkungsschwelle rasch durch weitere Daten zu überprüfen. Auch die Einbeziehung von koplanaren polychlorierten Biphenylen in die Bewertung sollte geprüft werden. Die Arbeiten an der Datenbank DIOXINE sind zu verstärken, damit möglichst bald verläßliche Daten über die Belastung und über zeitliche Trends vorliegen.

In jedem Fall ist eine weitere Reduktion der PCDD/F-Belastung von Mensch und Umwelt anzustreben. Um die PCDD/F-Belastung der Frauenmilch und damit der Säuglinge zu senken, sollte die duldbare tägliche Aufnahmemenge für diese Schadstoffe stufenweise verringert werden. Als ersten Schritt schlägt der Umweltrat vor, den Zielwert von 1 pg I-TEQ/kg Körpergewicht für PCDD-F als duldbare tägliche Aufnahmemenge festzuschreiben. Dies würde zu einer Halbierung der derzeitigen Belastung in Deutschland führen. Die Bund-Länder-Arbeitsgruppe DIOXINE hat auf der Grundlage dieses Zielwertes einerseits und der Daten über die tägliche Lebensmittel-Aufnahmemenge andererseits Höchstwerte für PCDD/F im Milchfett und damit für Milch und Molkereiprodukte, die für 30 % der Gesamt-PCDD/F-Aufnahme verantwortlich sind, abgeleitet. Da die sofortige Umsetzung dieser Werte die Lebensmittelversorgung der Bevölkerung gefährden würde, schlägt die Arbeitsgemeinschaft vor, die Belastung durch parallel zu ergreifende Maßnahmen zur Emissionsminderung und durch landwirtschaftliche Nutzungsempfehlungen stufenweise zu senken.

Erste Anstrengungen, die Emissionen aus metallerzeugenden Anlagen zu reduzieren, sollten möglichst schnell in verbindliche Auflagen für PCDD/F-emittierende Anlagen überführt werden. Hierbei sollten die von dem Länderausschuß für Immissionsschutz und der Umweltministerkonferenz vorgeschlagenen „Anforderungen zur Emissionsminderung von Dioxinen und Furanen" berücksichtigt werden. Umweltministerkonferenz und Länderausschuß für Immissionsschutz schlagen vor, je nach Abgasvolumenstrom und Dioxinfracht im Wege der Einzelfallprüfung einen Zielwert von 0,1 ng I-TEQ/m^3 anzustreben. Eine weitere Absenkung der duldbaren täglichen Aufnahmemenge, wie sie die US-amerikanische Umweltbehörde (Environmental Protection Agency) vorsieht, sollte von weiteren Forschungsergebnissen über PCDD/F-Wirkungen im Niedrigdosisbereich abhängig gemacht werden.

573. Die Forschung auf dem Gebiet umweltrelevanter *Stoffe mit hormonaler Wirksamkeit* befindet sich noch in einer frühen, tastenden Phase. Eine besondere Schwierigkeit besteht dabei darin, daß eine rein analytische Bestandsaufnahme ebensowenig erfolgreich sein kann wie das alleinige Abtasten von Stoffen auf hormonale Wirksamkeit. Nur eine sinnvolle methodische Kombination und zielorientierte Koordination dieser an sich ganz unterschiedlich ausgerichteten Arbeitsfelder verspricht Erfolg. Ziel der Bemühungen muß sein, aufgefundene hormonale Aktivitäten umweltrelevanter Stoffe qualitativ und quantitativ so zu charakterisieren, daß Gefährdungen und Risiken richtig eingeordnet und abgeschätzt werden können, um Strategien der Ausschaltung oder Minderung zu entwickeln und dabei sinnvolle Prioritäten zu setzen. Diese Aufgabe wird noch dadurch erschwert, daß Menschen in verschiedensten Kulturkreisen seit je hormonwirksame Stoffe aus dem Pflanzen- und Tierreich mit der Nahrung in zum Teil erheblichen Mengen aufgenommen haben; eine Beschränkung der Bewertungen und Regelungen auf synthetische Chemikalien verbietet sich deshalb grundsätzlich. Die Vielzahl der heute schon identifizierten hormonal aktiven Stoffe in der Umwelt macht den Einsatz von rationellen Screening-Methoden unumgänglich. Sie müssen zum Teil erst noch entwickelt werden, da viele im Schrifttum beschriebene Siebtests nicht hinreichend spezifisch sind und Gefährdungen des Menschen, aber auch anderer für den Umweltschutz bedeutsamer Spezies nicht mit ausreichender Genauigkeit anzeigen.

Der Umweltrat anerkennt die Notwendigkeit einer breit angelegten Forschungsförderung auf diesem neuen, aber auch komplexen Gebiet. Er empfiehlt im Hinblick auf die Vielfalt der Einzelprobleme und der noch wenig entwickelten Systematik eine zentral gesteuerte Entwicklung von Förderprogrammen mit klar definierten Ziel- und Rahmensetzungen. Darüber hinaus empfiehlt der Umweltrat, dem Problem der Herkunft und Verbreitung der hormonal wirksamen Substanzen mehr Aufmerksamkeit zu widmen.

574. Der Umweltrat begrüßt es, daß *Bauprodukte* nunmehr einer Verträglichkeitsprüfung unterworfen werden. Damit ist einer seit langem erhobenen Forderung Rechnung getragen. Insbesondere stellen die erstmals durchgeführten, systematischen Belastungsmessungen bei *künstlichen Mineralfasern* im Wohnbereich nach Auffassung des Umweltrates einen wichtigen Beitrag zur Situationsanalyse dar. Über die Hälfte der hierbei erfaßten Fasern waren anorganische Fasern unbekannter Herkunft. Da sie die für die kanzerogene Wirkung erforderlichen geometrischen Anforderungen erfüllen, sollte ihre Herkunft nach Ansicht des Umweltrates unbedingt abgeklärt werden. In diesem Zusammenhang müssen zugleich Möglichkeiten zur Reduzierung der Immissionen ausgearbeitet werden.

Der Umweltrat hatte im Umweltgutachten 1994 (Tz. 550) eine schnelle Entscheidung über die Einstufung von künstlichen Mineralfasern angemahnt, um das hohe Maß an Verunsicherung über deren gesundheitliche Bewertung zu beenden und für den Bausektor verläßliche Grundlagen für Investitionsentscheidungen zu schaffen. Die Einstufung durch die MAK-Kommission in eine neu geschaffene Kategorie „als ob IIIA2" hält der Umweltrat für unbefriedigend, da sie die bestehenden Unsicherheiten nicht zerstreute, sondern im Gegenteil noch förderte. Die Einstufung durch den Ausschuß für Gefahrstoffe ist eindeutiger, aber aufgrund der unzureichenden Prüfung der einzelnen Faserarten ebenfalls unbefriedigend. Nach Auffassung des Umweltrates kann die Einstufung allein aufgrund der Berechnung des „Kanzerogenitätsindex" nur vorläufig sein. In jedem Fall, auch bei einem Kanzerogenitätsindex über 40, ist die Einstufung durch entsprechende weitere Versuche zu verifizieren.

Der Umweltrat begrüßt die Initiative der Bundesregierung, sich für eine Einstufung von zahlreichen künstlichen Mineralfaserarten als krebserzeugende Stoffe gemäß der Richtlinie 93/21/EWG auf EU-Ebene einzusetzen. Diese Einstufung würde auch eine entsprechende Kennzeichnung nach sich ziehen.

Dem Sinn der 14. Änderungsrichtlinie zur EG-Beschränkungs-Richtlinie, wonach krebserzeugende Stoffe nicht mehr an private Verwender abgegeben werden dürfen, entspräche es insbesondere, die Abgabe solcher mineralfaserhaltiger Dämmprodukte an Heimwerker zu beschränken. Der Umweltrat ist der Auffassung, daß über bloße Appelle an die Wirtschaft hinaus, durch Reduzierung des atembaren Faseranteils in den Dämmprodukten und der Biobeständigkeit der Fasern das Krebsrisiko zu vermindern, zwingende Regelungen sinnvoll und erforderlich sind.

575. Aufgrund der derzeitigen wissenschaftlichen Datenlage hält der Umweltrat irreversible Nervenschädigungen durch *Pyrethroide* für sehr unwahrscheinlich. Grundsätzlich sollten jedoch Schädlingsbekämpfungsmittel, die im nichtagrarischen Bereich auch von Laien angewendet werden, nur mit ausführlichen Produktinformationen und Gebrauchsanweisungen versehen in den Handel gelangen. Auf die Ausrüstung von Kleidungsstücken mit Pyrethroiden sollte wegen der allergieauslösenden Wirkung grundsätzlich verzichtet werden. Notfalls ist ein Anwendungsverbot zu erlassen. Aus dem gleichen Grund muß für mit Pyrethroiden behandelte weitere Produkte, wie zum Beispiel Teppiche und Auslegeware, eine Kennzeichnungspflicht eingeführt werden. Im übrigen wird auf die Ausführungen zur EG-Biozid-Richtlinie verwiesen (Tz. 565).

3 Die Bedeutung der Umweltverbände für die Operationalisierung des Leitbildes einer dauerhaft-umweltgerechten Entwicklung

576. In seinem Umweltgutachten 1994 hat der Umweltrat die Notwendigkeit einer systematischen Untersuchung der programmatischen Ausrichtungen sowie der spezifischen Engagementpotentiale der Umweltverbände herausgestellt (SRU, 1994, Tz. 389). Tatsächlich kommt den Umweltverbänden einerseits eine Schrittmacherfunktion für die Aufdeckung von umweltspezifischen Defiziten und Erfordernissen zu, so daß sie sich als wichtige Impulsgeber nicht nur für politische Entscheidungsprozesse, sondern auch für die generelle Entwicklung des Umweltbewußtseins und -verhaltens in der Bevölkerung erweisen. Andererseits schaffen sie aber ebenso auch Polarisierungen und Konflikte, die nicht selten ihr Verhältnis zur Realpolitik, zu anderen gesellschaftlichen Institutionen, ja selbst ihre Beziehungen untereinander belasten. Soll es in den hier virulenten Konfliktfeldern zu einem größeren Maß an Verständigung und damit an produktiver Integration der kritischen Potentiale der Umweltverbände kommen, bedarf es nach Auffassung des Umweltrates einer solchen systematisch ansetzenden Untersuchung, und zwar sowohl zur Klärung der Ausgangslagen als auch zur Erschließung neuer Perspektiven für künftige Brückenschläge. Entsprechend geht es in der folgenden Analyse um den geschichtlichen Wandel im Erscheinungsbild und Selbstverständnis der Umweltverbände, um die Einordnung ihrer spezifischen Intentionen und unterschiedlichen Funktionen im Gesamtgefüge der Organisation gesellschaftlicher Interessen. Darüber hinaus geht es um die Zuordnung der von den Umweltverbänden wahrgenommenen genuin ökologischen Anliegen zu den für die Entwicklung der Gesellschaft ebenso wesentlichen ökonomischen und sozialen Erfordernissen. Das notwendige Rahmenkonzept hierfür ist *sustainable development*, das Leitbild einer dauerhaft-umweltgerechten Entwicklung (SRU, 1994, Tz. 1 ff.). Es ist letztlich die integrative Zielperspektive dieses Leitbildes, die es erst ermöglicht, die ethischen Anfragen und die Rolle der Umweltverbände aus einer fundierten Reflexion des politisch-gesellschaftlichen Gesamtkontextes zu begreifen, eben damit aber auch das Gespräch mit ihnen und über sie auf eine neue zukunftsweisende Ebene zu heben.

577. Als „Experten aus Engagement" sind die Umweltverbände insofern ein entscheidender Faktor für die gesellschaftliche Willensbildung, als sie die andrängenden ökologischen Probleme in je besonderer Weise zu ihrer eigenen, „persönlichen" Sache machen. Mit ihren vielfältigen und gezielten Initiativen leisten sie in einem nicht geringen Ausmaß Pionierarbeit, tragen zur Schaffung neuer Bewußtseinslagen bei und verkörpern so mit ihrem ständigen Aufdecken und Anmahnen von vernachlässigten Belangen der Umwelt und der Zukunftsfähigkeit der Gesellschaft ein Stück „ökologischen Gewissens". Genau dies gibt den Umweltverbänden als den „Experten aus Engagement" ihr besonderes Profil, auch wenn eine solche generelle Kennzeichnung, wie sie im Umweltgutachten 1994 in Gegenüberstellung zu den „Experten in der Sache", den „Experten der Vermittlung" und den „Experten des Gemeinwohls" für sie eingeführt wurde, naturgemäß nurmehr idealtypisch verstanden sein will. Man kann den Umweltverbänden aber gewisse sach-, vermittlungs- und gemeinwohlspezifische Kompetenzen nicht absprechen. Dies wird insbesondere durch die zunehmende Professionalisierung der Umweltverbände deutlich hinsichtlich ihrer Organisation, ihrer Sachkompetenz in spezifischen Bereichen sowie ihrer Medienarbeit und nicht zuletzt durch ihre politische Bedeutung als Anwalt von Gemeinwohlinteressen, die in den bestehenden politischen Arrangements durch keine hinreichend starke Lobby vertreten werden.

578. Jede Diskussion um die sozialethische Einordnung der Umweltverbände, um die Voraussetzungen, Reichweite und Grenzen ihrer Verantwortung führt zugleich in die Problemzusammenhänge der wachsenden Komplexität moderner Gesellschaften. Moderne Gesellschaften sind geprägt durch zunehmende Ausdifferenzierung der sie tragenden Kultursachbereiche und Subsysteme. Auf der Verselbständigung der gesellschaftlichen Teilsysteme mit ihren hochspezialisierten Organisationsformen beruht wesentlich die Effizienz und Leistungskraft eben dieser Gesellschaften. Gleichzeitig wird dies aber auch durch Engführungen und Einseitigkeiten im Sinne fortschreitender Segmentierungen von Verantwortung erkauft, so daß man hier sogar mit gewissem Recht von einer *Taylorisierung der Moral* sprechen kann (vgl. ANDERS, G.). Tatsächlich gibt es keine übergeordnete institutionelle Instanz, der eine alles umgreifende Verantwortung für die technischen Entwicklungen und für die Sicherung der natürlichen Lebensgrundlagen zuzuweisen ist. Die in diesem offenen Prozeß zivilisatorischer Evolution in neuer Weise zu erbringende ethische und soziokulturelle Integrationsleistung geht selbst über die Zuständigkeit des Staates weit hinaus. Was immer dieser hier aufgrund seiner rechtsetzenden Kompetenz an Rahmenordnungen zu erstellen vermag, kann auch im optimalen Fall nurmehr Koordinationsleistung sein, in der er auf die Initiative und das Engagement der unterschiedlichen gesellschaftlichen Kräfte angewiesen bleibt. Gerade deshalb gewinnt in all dem das einende, wenn auch als solches nicht unmittelbar institutionalisierbare Leitbild einer am Menschen, seiner Würde und Verantwortung orientierten dauerhaft-umweltgerechten, sozialen und ökonomischen Entwicklung um so mehr an Bedeutung. Daran hat letztlich jede der gesellschaftlichen Kräfte und Instanzen Maß zu nehmen. Dies wird gewiß ständige

Auseinandersetzungen, ja sogar tiefgreifende Dissense um die Wege seiner Operationalisierung auch in Zukunft nicht ausschließen.

579. In diesem Kontext einer durch ein hohes Maß an Diversifizierung von Zuständigkeiten und Verantwortungen geprägten Gesellschaft ist nun auch die Rolle der Umweltverbände zu sehen. Sie gewinnen ihre besondere Bedeutung daraus, daß sie Erfordernisse vertreten, die im Rahmen dieser Diversifizierung in bedrohlicher Weise aus dem Blick geraten sind. Indem sie immer wieder neu auf die fortschreitende Zerstörung der Umwelt hinweisen, sind sie zu einem maßgeblichen Promotor von ökologischen Belangen geworden. Faktisch führte sie dies zu einer doppelten Strategie: Sie reklamieren einerseits gegenüber dem Staat als intermediäre Institutionen dringend anstehende Verantwortungen und zielen andererseits mit ihren vielfältigen gesellschaftlichen Aktionen auf die Schaffung einer kritischen Öffentlichkeit. Hier liegt der Ausgangspunkt für die folgende, zunächst soziologisch ansetzende Untersuchung (Kap. 3.1). Ist die geschichtliche Entwicklung der Umweltverbände wesentlich durch die Transformation von einem staatsbezogenen zu einem öffentlichkeitsbezogenen Selbstverständnis bestimmt (Kap. 3.2), so bahnen sich mit dem gegenwärtigen Wandel von Rolle und Funktion der Umweltverbände neue Perspektiven für eine Synthese dieser beiden Grundausrichtungen an (Kap. 3.3). Die eigentliche Schwierigkeit, hier zu konsensfähigen Lösungen zu kommen, liegt darin, daß es sich dabei nicht nur um rechtliche Einzelfragen handelt, sondern zugleich um grundsätzliche ethische und verfassungspolitische Probleme, nämlich einerseits um die Integration von Institutionen, hinter deren Anliegen keine entsprechend mächtigen Interessengruppen stehen, und andererseits um die Bewältigung von Konfliktstoffen, bei denen es vielfach nicht nur um den Ausgleich konkurrierender Interessen geht, sondern um das Austragen gegensätzlicher Überzeugungen (Kap. 3.4). Das Kapitel schließt mit Schlußfolgerungen für die möglichen Beiträge der Umweltverbände als Multiplikatoren des Leitbildes einer dauerhaft-umweltgerechten Entwicklung sowie Handlungsempfehlungen zum staatlichen Umgang mit den Umweltverbänden (Kap. 3.5).

3.1 Zur Typologisierung der Umweltverbände

580. Für die zielgerichtete Analyse der Umweltverbände als einer der Realisationsfaktoren des Leitbildes einer dauerhaft-umweltgerechten Entwicklung ist es notwendig, bei jenen Umweltverbänden anzusetzen, die sich ihrem Selbstverständnis nach ausschließlich oder zumindest überwiegend auf den Umweltschutz beziehungsweise Teilbereiche des Umweltschutzes beziehen. Untersuchungsgegenstand sind also vorrangig die sogenannten *primären* Umweltverbände. Hiervon zu unterscheiden sind die *sekundären* Umweltverbände als Organisationen, die vorgängig eine vom Umweltschutz verschiedene Zielsetzung verfolgen (vgl. LEONHARD, 1986,

S. 59 f.; ELLWEIN et al., 1983, S. 392 f.). Zu letzteren zählen die klassischen nutzungsorientierten Verbände wie Fischerei-, Wander- und Jagdverbände, die in vielen Bundesländern ebenfalls als Naturschutzverbände anerkannt sind, aber zunehmend auch solche, die den Umweltgedanken explizit, wenn auch nachgeordnet, in ihre Programmatik zu integrieren suchen wie eine Reihe von Verbraucher-, Verkehrs- und Unternehmerverbänden sowie insbesondere auch kirchliche und private Entwicklungsorganisationen.

581. Geeignete Kategorien für eine aktuelle Typologisierung der primären Umweltverbände sind Themenspektrum, Organisationsform sowie das Verhältnis zu Staat und Öffentlichkeit. Hinsichtlich des *Themenspektrums* sind Verbände, die das Gesamtgebiet des Umweltschutzes abzudecken suchen (z. B. Bund für Umwelt und Naturschutz Deutschland – BUND; Greenpeace), von Organisationen mit partikularen Themenstellungen wie Vogel-, Arten-, Wald- oder Wattenmeerschutz (z. B. Schutzgemeinschaft Deutscher Wald; Schutzgemeinschaft Wattenmeer) zu unterscheiden (vgl. SCHENKLUHN, 1990). Beachtet werden muß jedoch, daß einige Verbände wie der World Wide Fund for Nature (WWF) und der Naturschutzbund Deutschland (NABU), zuvor Deutscher Bund für Vogelschutz (DBV), als ursprünglich auf den Biotop- und Artenschutz begrenzte Organisationen heute – bei Beibehaltung ihrer Themenschwerpunkte – auch wichtige umweltpolitische Querschnittsthemen, wie etwa die Klima- und Energiepolitik oder die dauerhaft-umweltgerechte Entwicklung ländlicher Räume, behandeln und somit einen Wandel von partikularen Naturschutzorganisationen hin zu Umweltverbänden mit dem Themenschwerpunkt „Arten- und Biotopschutz" vollzogen haben. Ähnliches gilt für den Deutschen Naturschutzring (DNR) als Dachverband der deutschen Natur- und Umweltschutzverbände.

582. Hinsichtlich der *Organisationsform* lassen sich Umweltverbände einteilen in Verbände im klassischen Sinne, Dachverbände, Netzwerke, Stiftungen und sogenannte „Bewegungsunternehmen". Verbände im klassischen Sinne (z. B. NABU) konstituieren sich durch Mitgliedschaft natürlicher Personen und sind hinsichtlich ihrer organisatorischen Verfassung durch die hohe Organisationsdichte (Zentralisierung, Bürokratisierung) gekennzeichnet. Sie besitzen explizite Satzungen zur Regelung ihrer Mitgliedschaft, Finanzierung, Bestellung der Führung, Rechenschaftslegung usw. Demgegenüber konstituieren sich Dachverbände (z. B. DNR) durch den Zusammenschluß von Einzelverbänden. Sie bilden eine eigene Organisationsebene aus, die die Interessen der Mitgliedsorganisationen zentral bündelt und nach außen vertritt. Hiervon zu unterscheiden sind Verbände mit dezentralen Organisationsstrukturen, sogenannte Netzwerke (z. B. Bundesverband Bürgerinitiativen Umweltschutz – BBU; Grüne Liga), die lose Querverbindungen zwischen Gruppen und Initiativen knüpfen. Dezentrale Organisationsformen setzen sich vor allem bei denjenigen Verbänden durch, die insbesondere mit der Koordination von Gruppen und Initiativen beauftragt sind und die

Entscheidungskompetenzen weitgehend den einzelnen Gruppen und Initiativen überlassen. Eine wiederum eigene Struktur kommt der Organisationsform der Stiftung (z. B. Umweltstiftung WWF) zu, die sich durch einen Stifterakt konstituiert und als solche keinen offenen Mitgliederzugang impliziert. Von den bisher genannten Formen nochmals zu unterscheiden sind die „Bewegungsunternehmen" wie zum Beispiel Greenpeace (NULLMEIER, 1992, S. 11; ROTH, 1991, S. 454). Sie setzen analog wirtschaftlichen Unternehmen eine professionell arbeitsteilige Organisation und hierarchisch-zentralistische Entscheidungsstrukturen ein, um in direkten Aktionen soziale Bewegungsziele, wie hier etwa den Umweltschutz, durchzusetzen. Auch sie kennen keine offene Mitgliedschaft (vgl. Tab. 3.1).

583. Als drittes wichtiges Einteilungskriterium kann das Verhältnis zu Staat und Öffentlichkeit dienen. Dabei ist davon auszugehen, daß sich die Verbände generell im Zuge der Demokratieentwicklung nicht mehr nur in der direkten Zuordnung zum Staat begreifen, sondern zunehmend auch in Zuordnung zur politischen Öffentlichkeit. Traditionell werden Verbände nämlich als intermediäre Organisationen im Sinne von „Transmissionsriemen" zwischen Gesellschaft und Staat verstanden: Als Interessengruppen versuchen sie, den Staat direkt zu beeinflussen *(staatsbezogenes Verbändeverständnis)*. Partikularinteressen, die sich aus der Interessenlage ihrer Mitglieder ergeben, werden von den Verbänden in den staatlich-administrativen Bereich hinein vermittelt. Die seit den siebziger Jahren aufkommenden neuen sozialen Bewegungen (z. B. Friedens-, Frauen- und Umweltbewegung) hingegen versuchen, Interessen nicht über direkte Beeinflussung des Staates durchzusetzen. Sie bringen ihre Veränderungsinteressen primär durch Initiierung öffentlicher Diskurse ein. Bisher nicht-organisierte oder als nicht-konsensfähig geltende gesellschaftliche Veränderungsinteressen werden durch Aktivierung einer kritischen politischen Öffentlichkeit gegenüber Status quo-Interessen in die politische Arena eingebracht. Dieses unmittelbar auf die gesellschaftliche Willensbildung gerichtete öffentlichkeitsbezogene Selbstverständnis machten sich in der Folgezeit einige Verbände zu eigen *(öffentlichkeitsbezogenes Verbändeverständnis)*. Seit den achtziger Jahren zeichnet sich eine weitere Transformation ab. Die Tendenz innerhalb der Verbände geht dahin, die Möglichkeiten eines direkten Einwirkens auf die staatlichen Organe (Interessenvermittlung; Lobbying) mit der Aktivierung einer breiten Öffentlichkeit (Mobilisierung gesellschaftlicher Interessenressourcen) zu verbinden.

584. Diese Wandlungsprozesse spiegeln sich in besonderem Maße in der Entwicklung der Umweltverbände wider und haben hier zu durchaus unterschiedlichen Richtungsausprägungen geführt. Auf der einen Seite sind die ursprünglich weitgehend unpolitischen „traditionellen Naturschutzverbände" (RUCHT, 1987) durch die Umweltbewegung politisiert und auf die politische Öffentlichkeit hin orientiert worden (z. B. NABU, DNR, WWF). Auf der anderen Seite haben sich Verbände, die innerhalb der

Umweltbewegung entstanden sind und von Anfang an öffentlichkeitsorientiert waren, in den vergangenen Jahren zunehmend auch intermediärer Handlungsinstrumente bedient und die staatlichen Organe auf direktem Weg zu beeinflussen gesucht (z. B. BUND, Greenpeace). Die Umweltverbände nähern sich also von zwei unterschiedlichen Ausgangspunkten (unpolitischer Naturschutz – „umweltbewegter" Protest) ihrer heutigen Rolle als öffentlichkeitsorientierte „intermediäre", das heißt zwischen Gesellschaft und Staat vermittelnde, Institutionen an und vollziehen dementsprechend ganz unterschiedliche interne Wandlungsmuster. Eine dritte Gruppe von Verbänden hat diese Wandlungsprozesse nicht oder nur in geringem Maße mitgemacht, zum Teil weil es nicht zur Politisierung und stärkeren Öffentlichkeitsorientierung kam (z. B. Schutzgemeinschaft Deutscher Wald), zum Teil weil sie den Wandel zur intermediären Organisation nicht vollzogen haben oder nicht vollziehen wollen (z. B. BBU).

Es stellt sich die grundsätzliche Frage, und zwar sowohl historisch wie systematisch, welche Bedeutung gerade diese Wandlungsprozesse im Selbstverständnis der Umweltverbände für die Operationalisierung des Leitbildes dauerhaft-umweltgerechter Entwicklung haben und welche Rolle den Umweltverbänden hierbei zuwächst.

3.2 Zur Entstehung und Entwicklung der Umweltverbände in Deutschland

3.2.1 Die Entwicklung der Umweltverbände bis zum Aufkommen der Umweltbewegung

585. Entstanden sind die ersten umweltrelevanten Organisationen um die Jahrhundertwende im Kontext der Naturschutz-, Lebensreform- und Heimatbewegung. Prägend war für sie vor allem die Kritik an der technischen Moderne und der Zersiedelung der Landschaft infolge der Industrialisierung. Naturschutz- und Heimatbewegung lassen sich durchaus als antimodernistische soziale Bewegung verstehen, die überwiegend vom Bildungsbürgertum und dem städtischen Mittelstand getragen wurden (vgl. HERMAND, 1991; LINSE, 1986; CONTI, 1984).

586. Die älteste überregionale Naturschutzorganisation in Deutschland ist der Deutsche Bund für Vogelschutz (DBV) von 1899. Bei ihm ging es um den Schutz der Vogelwelt, der vor allem durch Einzelschutzmaßnahmen wie Ausweisung und Ankauf von Schutzgebieten oder Anbringen von Nisthilfen erreicht werden sollte. Wie viele andere um die Jahrhundertwende entstandene regionale Gruppen (hierzu zählt auch der 1913 gegründete Bund Naturschutz in Bayern – BN; vgl. SCHOENICHEN, 1954; CORNELSEN, 1991) hatte er zunächst eine rein sektorale Zielsetzung. Umfassender war das Konzept, das Ernst RUDORFF für den 1904 von ihm gegründeten Deutschen Bund Heimatschutz formulierte. Von

Tabelle 3.1

Strukturdaten einiger deutscher Umweltverbände

Organisation	Gründung	Mitgliederzahl (in Tausend)			Einnahmen (in Mio. DM)			Hauptamtliche Mitarbeiter			Organisationsform
		1987	1989	1994	1987	1989	1994	1987	1989	1994	
Naturschutzbund Deutschland (NABU)	1899	140	150	197	2,6	k.A.	20,3	60[2]	k.A.	52[1] / 300[2]	Verband
Schutzgemeinschaft Deutscher Wald (SDW)	1947	21	25	24	0,55	0,55	k.A.	5[1]	5[1]	6[1]	Verband
Deutscher Naturschutzring (DNR)	1950	3300	2700	2800	0,7	0,67	k.A.	4	6	7	Dachverband
Umweltstiftung World Wide Fund for Nature (WWF) Deutschland	1961	55[3]	73[3]	104[3]	7,5	18	27,5	42	70	92	Stiftung
Bundesverband Bürgerinitiativen Umweltschutz (BBU)	1972	300	200 Gruppen	200	0,1	0,12	0,25	3	3	3	Netzwerk
Bund für Umwelt und Naturschutz Deutschland (BUND)	1975	140	179	216	3,17	6,3	16,7	16[1]	41[1]	41[1] / 300[2]	Verband
Greenpeace Deutschland	1980	80[3]	500[3]	500[3]	7,5	63	71,2	22	90	120	"Bewegungsunternehmen"

Angaben nach Umfrage des Nell-Breuning-Institutes, Frankfurt a. M. und RUCHT (1991).
[1] Mitarbeiter in der Bundesgeschäftsstelle.
[2] insgesamt 11 Mitarbeiter in den Bundes- und Landesverbänden.
[3] Förderer.
k. A.: keine Angaben
SRU / UG '96 / Tab. 3.1

der Romantik beeinflußt, ging es ihm um eine umfassende Erhaltung der Natur und der angestammten bäuerlich-ländlichen Kultur. Rudorff war im Kaiserreich und der Weimarer Republik durch seine engen Verbindungen mit Politik und Verwaltung die treibende Kraft im deutschen Naturschutz (vgl. ERZ, 1990; KNAUT, 1990; SCHOENICHEN, 1954). Sein umfassender kultureller Ansatz konnte sich jedoch gegenüber einem sektoralen Reservatsnaturschutz (so z. B. schon bei CONWENTZ, 1904) nicht durchsetzen. In der Folgezeit differenzierten sich Heimat- und Naturschutzbewegung immer mehr auseinander. Der Deutsche Bund Heimatschutz zog sich zugunsten landeskultureller und denkmalpflegerischer Schwerpunkte aus der Naturschutzarbeit weitgehend zurück.

587. Kennzeichnend für die Naturschutzbewegung war die Idealisierung der Natur und der angestammten bäuerlichen Kultur als Gegenbild zur Stadt und zum Fremden. Im Gegensatz zur heutigen Umweltbewegung bestand überwiegend eine hohe Affinität zu konservativen, nationalistischen bis hin zu fremdenfeindlich-rassistischen Strömungen. Auch im politischen Selbstverständnis unterschieden sich die damaligen Naturschutzvereinigungen stark von den heutigen Umweltorganisationen: Die Bewahrung der Natur und Heimat sollte nicht durch ein Mehr an Demokratie und Beteiligungsrechten erreicht werden, sondern wurde weitgehend von „oben", vom Staat, erwartet (vgl. HOPLITSCHEK, 1984, S. 88 ff.). Ziel war es, ein staatliches Instrumentarium (z. B. Naturschutzgesetzgebung und Naturschutzbehörden) zu schaffen, das den Erhalt von Natur und Landschaft garantierte. Die Verbände nahmen dabei die klassische Rolle von staatsbezogenen intermediären Organisationen ein. Sie versuchten, direkten Einfluß auf administratives Handeln zu gewinnen. Zwischen den Verbandsspitzen und den zuständigen Behörden (Naturschutz-, Forst- und Landwirtschaftsverwaltungen) bestanden zudem vielfach enge informelle Beziehungen und personelle Verflechtungen. Führungspositionen in den Naturschutzverbänden wurden überwiegend aus dem Ober- und Mittelbau der Naturschutz- und Forstverwaltungen rekrutiert (vgl. HOPLITSCHEK, 1984).

588. Diese primäre Ausrichtung auf den Staat schloß erste Ansätze von Öffentlichkeitsarbeit jedoch nicht aus. Über Zeitungsartikel, Exkursionen oder schöngeistige Literatur wurde versucht, den Naturschutz in der Öffentlichkeit bekannt zu machen. Die Hauptstoßrichtung blieb allerdings die staatliche Verwaltung: Von ihr, nicht von einer kritischen Öffentlichkeit, wurden politische Veränderungen erwartet. Öffentlichkeitsarbeit hatte hingegen fast ausschließlich das Ziel, das Bewußtsein des Einzelnen hinsichtlich seines Umgangs mit der Natur zu verändern. Die Verbandsbasis war weitestgehend unpolitisch, widmete sich praktischen Naturschutz- und Beobachtungstätigkeiten („Nistkastennaturschutz"). Regionale Untergliederungen hatten eher Vereins- als Verbandscharakter: Nicht die naturschutzpolitische Interessenvertretung, sondern Geselligkeit und soziale Einbindung der Mitglieder standen im Vordergrund.

589. Die von Beginn an in der Naturschutzbewegung vorhandenen antimodernen und antidemokratischen Tendenzen sowie die Idealisierung ursprünglicher Natur und „unverdorbener" bäuerlicher Kultur machten Teile der Naturschutzbewegung anfällig für die Ideologie des Nationalsozialismus (vgl. z. B. die Schrift Naturschutz im Nationalsozialismus von Walter SCHOENICHEN, 1934). Die Fixiertheit auf den Staat und die enge Verflechtung mit der staatlichen Verwaltung ließen viele das Heil in einem starken Obrigkeitsstaat erblicken, der Naturschutz per Gesetz und Erlaß von oben gegen die Ansprüche einer vordringenden industriellen Moderne durchzusetzen vermag. Die in der Anfangsphase der Naturschutzbewegung weitverbreitete grundsätzliche Kulturkritik und die Infragestellung überzogener Wohlstandsansprüche war mehr und mehr einem restaurativen und isolierten Reservatsnaturschutz gewichen: Vom Staat wurde erwartet, daß er Naturreste vor den Verwüstungen der industriellen Moderne rette.

590. Der Nationalsozialismus schien genau dies anzubieten: strengere staatliche Auflagen zum Schutz der Natur, gipfelnd in einem Reichsnaturschutzgesetz (1935), wie es von den Verbänden seit langem gefordert worden war (WEY, 1982, S. 147 ff.). Die nationalsozialistische Gleichschaltung der Verbände traf folgerichtig auf keinen nennenswerten Widerstand. Ab 1933 mußten die Verbandsvorstände vom zuständigen Reichsminister bestätigt werden und wurden überwiegend mit regierungstreuen Beamten aus der Forst- und Naturschutzverwaltung besetzt (CORNELSEN, 1991, S. 66 f.; HOPLITSCHEK, 1984, S. 93 ff.). Staatsfixiertheit, mangelnde demokratische Reife und eine Verengung der ursprünglich grundsätzlichen Kritik am industriellen Wachstumsdenken auf die Erhaltung einer Restnatur als Refugium vor der Moderne führten letztlich zur bereitwilligen Vereinnahmung der Naturschutzbewegung durch den Nationalsozialismus.

591. Der Zweite Weltkrieg stellte auch für die Naturschutzverbände eine Zäsur dar. Nahezu die gesamte Verbandsinfrastruktur war zerstört, ein ideologischer und personeller Neuanfang erforderlich (CORNELSEN, 1991, S. 67). Obgleich die Verbände auch nach dem Kriege ihre überwiegend konservative Prägung behielten, fanden rechte Ideologien in ihnen keine Plattform mehr und wurden als rechtslastige Vereinigungen an den Rand des Verbandsspektrums abgedrängt (so z. B. der Weltbund für Lebensschutz, vgl. RUCHT, 1987). Infiltrationsversuche in die großen Verbände sind nicht gelungen und wurden von diesen bislang entschieden abgewehrt (ULBRICHT, 1993).

592. Unverändert blieb nach 1945 das politische Selbstverständnis der Naturschutzverbände als staatsbezogene intermediäre Organisationen und ihre thematische Begrenzung auf den Natur- und Landschaftsschutz. Ihre gesellschaftliche Position war zugleich geschwächt: Durch die Zusammenarbeit mit dem Nationalsozialismus waren die Verbände zum Teil politisch diskreditiert, ihre Mitgliederzahlen lagen weit unter dem Vorkriegsniveau. Naturschutz war zudem kein Thema in der Wiederaufbau- und Wachstumsphase der Nachkriegszeit. Personelle

Überschneidungen und Verbindungen mit staatlicher Verwaltung entwickelten sich in sehr viel geringerem Maße als vor dem Kriege. Dies erschwerte die politische Arbeit und führte zu einem weitgehenden Rückzug auf Einzelprojekte und den praktischen Naturschutz. Die Verbände hatten vor allem auf lokaler Ebene weithin eher Vereinscharakter, indem sie stärker die Geselligkeit statt inhaltliche Ziele betonten und sich bis auf wenige Ausnahmen unpolitisch verhielten.

593. Naturschutz und Heimatschutz lösten sich voneinander. Der Deutsche Heimatbund und seine Mitgliedsverbände zogen sich auf den kulturellen und landeskundlichen Bereich zurück. Institutionelle Innovationen und Neugründungen waren eher die Ausnahme (vgl. im folgenden RUCHT, 1987). 1947 wurde in Reaktion auf Kahlschlagmaßnahmen der Besatzungsmächte die Schutzgemeinschaft Deutscher Wald gegründet. 1950 kam es zur Gründung des Deutschen Naturschutzrings (DNR) als dem Dachverband der damaligen deutschen Naturschutzorganisationen. Infolge dauernder Konflikte zwischen den im DNR stark vertretenen Naturnutzerverbänden auf der einen und den primären Naturschutzverbänden auf der anderen Seite war der DNR jedoch weitgehend handlungsunfähig. Bis in die achtziger Jahre hinein vermochte er weder seine Koordinationsfunktion nach innen noch die Funktion der äußeren Repräsentation des Verbandsnaturschutzes hinreichend wahrzunehmen. Er war daher politisch bedeutungslos und inaktiv. Erste Ansätze einer Internationalisierung des Verbandsnaturschutzes ergaben sich mit der Gründung der Deutschen Sektion des WWF 1961.

3.2.2 Die Transformation der westdeutschen Umweltverbände durch die Umweltbewegung

594. Die Entwicklung der westdeutschen Umweltverbände seit Ende der sechziger Jahre steht in einem engen Zusammenhang mit Veränderungen der gesamten Umweltpolitik. Dies läßt sich durch ein einfaches Phasenmodell näher strukturieren: Zu unterscheiden ist eine erste Phase von 1963 bis 1974 als Phase der Umweltreformpolitik „von oben", eine zweite von 1974 bis 1982 als Phase umweltpolitischer Polarisierung und eine dritte Phase ab 1983, in der die Ökologie zum allgemeingesellschaftlich akzeptierten Thema wird (vgl. BRAND, 1993; GÄRTNER, 1991; KACZOR, 1989).

3.2.2.1 Phase 1 (1963–1974): Umweltreformpolitik „von oben"

595. In den sechziger Jahren wurde in der Bundesrepublik Deutschland das Umweltproblem zwar als lokales und regionales wahrgenommen, stellte jedoch noch kein zentrales Thema der öffentlichen Debatte dar. Fragen der kulturellen Modernisierung und der ökonomischen, sozialen und demokratischen Reformen prägten die öffentliche Diskussion. Dies änderte sich Mitte der sechziger Jahre mit der Rezeption der in den USA bereits stärker entwickelten Umweltdebatte. Verschiedene ökologische Publikationen, vor allem aber der Bericht des Club of Rome (MEADOWS und MEADOWS, 1971), machten auf die Gefährdungen der menschlichen Lebensgrundlagen aufmerksam und mit ökologischen Zusammenhängen bekannt. Prominente Wissenschaftler und Publizisten trugen das Umweltthema in die Öffentlichkeit.

596. In dieser ersten Phase der Umweltpolitik vollzog sich die programmatische und institutionelle Ausgestaltung des neuen Politikfeldes Umweltschutz durch regierungsamtliche Initiativen. Diese gingen ab 1963 zunächst vom Bundesministerium für Gesundheit aus. Als symptomatisch für die weitere Akzentuierung der Umweltpolitik kann die Regierungserklärung aus dem Jahre 1969, das „Sofortprogramm Umweltschutz" 1970 und das „Umweltprogramm" 1971 gelten. Noch bevor sich Bürgerinitiativen in großer Zahl herausbildeten und die „Ökologische Frage" zum Gegenstand öffentlicher Auseinandersetzungen machten, betraten die Regierungsparteien dieses neue Politikfeld (MALUNAT, 1994; WILHELM, 1994; KACZOR, 1989; MÜLLER, 1986) und legten so das Fundament zur Umweltgesetzgebung. Diese „von oben" initiierte Umweltreform ging auf das Interesse der Regierungsparteien, insbesondere auch der FDP, zurück, sich in einem neuen Politikfeld, das damals noch als wenig konfliktträchtig galt, als Reformkraft zu profilieren. Die umweltpolitischen Initiativen der sozialliberalen Regierung Anfang der siebziger Jahre wurden unter günstigen sozioökonomischen Bedingungen von einer Reform- und Planungseuphorie getragen, die für die Politik dieser Phase insgesamt kennzeichnend war.

597. Begünstigt von diesen regierungsamtlichen Maßnahmen bildeten sich erstmals vor allem in den städtischen Ballungsgebieten thematisch eng begrenzte, lokale Bürgerinitiativen, die allerdings kaum miteinander verbunden waren (vgl. RUCHT, 1994, S. 244). Im Vergleich dazu fällt die völlige Abstinenz der bestehenden Naturschutzverbände bei den umweltpolitischen Debatten dieser Phase auf. Eine Ausnahme bildete allein der Bund Naturschutz in Bayern, der bereits 1970 eine personelle und programmatische Wende eingeleitet hatte (vgl. HOPLITSCHEK, 1984). Im Gegensatz dazu weigerte sich die älteste deutsche Naturschutzvereinigung, der 1899 gegründete DBV, während der gesamten siebziger Jahre, das Ziel eines umfassenden Naturschutzes anzuerkennen und hielt sich daher umweltpolitisch zurück (vgl. CORNELSEN, 1991). Auch der DNR war in der beginnenden Umweltdebatte kaum präsent. Vor allem seine heterogene Zusammensetzung und die widerstreitenden Partikularinteressen seiner Mitgliedsverbände verhinderten eine klare Position in der Frage des Umweltschutzes.

3.2.2.2 Phase 2 (1974–1982): Umweltpolitische Polarisierung

598. Mit der 1974 einsetzenden weltwirtschaftlichen Rezession im Gefolge der Ölkrise schwand der reformpolitische Eifer in der Umweltpolitik. Der Umweltschutz war auch in den Regierungsaktivitäten kein dominantes Politikthema mehr. In der Gesetzgebung wurden keine neuen Initiativen ergriffen, sondern nur noch laufende Gesetzesvorhaben abgewickelt; Umweltpolitik stagnierte (WILHELM, 1994; BRAND, 1993). Im Konflikt um die Atomkernenergiepolitik der Bundesregierung kristallisierten sich ein ökologisch-fundamentalistisches und ein technisch-ökonomisches „Lager" heraus. Wurden auf der einen Seite sowohl die Erschöpfung natürlicher Ressourcen und die mit der großtechnischen Nutzung verbundenen Gefahren in Katastrophenszenarien beschworen, so stand dem auf der anderen Seite die offene Rücknahme umweltpolitischer Reformprogrammatik in den Regierungen und Parlamenten gegenüber. Die Parteien, aber auch die Unternehmerverbände und Gewerkschaften, begriffen seit 1977 die Bürgerinitiativen nunmehr zunehmend als Konkurrenz.

599. Diese Polarisierung der umweltpolitischen Debatte fand anfänglich vor dem Hintergrund eines gering entwickelten öffentlichen Umweltbewußtseins statt. Gegenüber einer für ökologische Fragen wenig sensibilisierten Öffentlichkeit gelang es aber den Bürgerinitiativen, immer mehr Menschen für die Wahrnehmung umweltrelevanter Probleme zu gewinnen. Mit dem Konflikt um die Nutzung der Atomkernenergie, vor allem mit der Bauplatzbesetzung in Whyl (1975) und den Großdemonstrationen in Brokdorf (1976/77), formierte sich darüber hinaus der umweltpolitische Protest als soziale Bewegung. Umweltinteressen wurden zunehmend von der neu entstandenen Umweltbewegung gebündelt und öffentlich artikuliert. Den neuen, informellen Bewegungsorganisationen, den Bürgerinitiativen, Projekten und Arbeitsgruppen, kam in dieser Phase eine herausragende Bedeutung als „Problemanzeiger" und „Erzeuger von Protesten" zu (RUCHT, 1993, S. 267 f.). Allerdings verfügte die Umweltbewegung zunächst nicht über einen Organisationskern, in dem alle Richtungen der Bewegung vertreten waren und der die Umweltbewegung „nach außen" hätte repräsentieren können (RUCHT, 1993, S. 242).

600. Die Polarisierung der Umweltdebatte ging einher mit einer Strategie der Ausgrenzung der Träger der Umweltbewegung durch Wirtschaft und Staat. Das Handeln der Umweltbewegung war demgegenüber von Kompromißlosigkeit und Konfrontation geprägt. Nicht die Suche nach Lösungen stand im Vordergrund, sondern der Protest und die Vermittlung von kritischem Bewußtsein durch einen die Umweltrisiken dramatisch aufzeigenden „Katastrophendiskurs" (BRAND, 1993).

601. Für die gesellschaftliche Rolle der Natur- und Umweltschutzverbände hatte all dies einschneidende Konsequenzen: Angesichts der Polarisierung der Umweltdebatte und der staatlichen Ausgrenzung der Vertreter von Umweltinteressen konnten sie ihre traditionelle Verbandsfunktion als intermediäre Institutionen kaum mehr wahrnehmen. Direkte Politikbeeinflussung („Lobbying") und die Koalition mit anderen Interessenverbänden (Unternehmerverbände, Gewerkschaften usw.) blieben ihnen aufgrund der herrschenden Konfrontation in der Umweltpolitik verwehrt. Dabei fiel die Reaktion auf diese Veränderungen nicht nur zwischen den verschiedenen Ver-

bänden, sondern auch unter den Mitgliedern in den Verbänden sowie Dachverbänden höchst unterschiedlich aus. Das Spektrum der Reaktionen reichte vom Rückzug auf einen unpolitischen praktischen Naturschutz bis zur Beteiligung an der öffentlichkeitsorientierten „Gegenmachtbildung" der Umweltbewegung (CORNELSEN, 1991, S. 69 ff.).

602. Das Ergebnis dieser Entwicklung war Anfang der achtziger Jahre eine Annäherung der traditionellen Naturschutzverbände an die Zielsetzung der Umweltbewegung, und nicht – wie etwa in Frankreich – eine dauerhafte Frontstellung und Dualität (vgl. RUCHT, 1987, S. 245). Gemeinsam waren den mit oder in der Umweltbewegung entstandenen Organisationen (z. B. BUND, BBU) eine vorrangige Ausrichtung auf die Herstellung einer kritischen Öffentlichkeit für umweltpolitische Fragen. Der größte Erfolg der Umweltbewegung und ihrer Organisationen dürfte darin zu sehen sein, daß sie im Verlauf der Polarisierungsphase die Abschottung der Öffentlichkeit gegen diese Anliegen aufbrechen konnten. Zu der in der Polarisierungsphase angestoßenen Annäherung der meisten traditionellen Naturschutzverbände an die Bewegungsorganisationen gehörte es, daß auch bei deren Aktivitäten das Ziel, eine umweltpolitische Öffentlichkeit zu aktivieren und für einen umfassenden Umweltschutz einzunehmen, mehr und mehr an Bedeutung gewann. Sie trugen darüber hinaus wesentlich dazu bei, vordem eher unpolitische traditionelle Naturschützer (z.B. Bund Naturschutz Bayern) zu mobilisieren und für einen umfassenden Natur- und Umweltschutz einzunehmen.

3.2.2.3 Phase 3 (ab 1983): Ökologie als allgemeingesellschaftlich akzeptiertes Thema

603. Seit Anfang der achtziger Jahre wurde die umweltpolitische Polarisierung mehr und mehr überwunden und der umfassende Umweltschutz als ein allgemeines gesellschaftliches Interesse in der politischen Öffentlichkeit weitgehend anerkannt. In der damit einsetzenden dritten Phase eroberte sich das Umweltthema einen Spitzenplatz in den Medien, in den öffentlichen Debatten und dann auch auf der politischen Agenda aller Parteien und Großverbände. Kennzeichnend für diese Phase ist nicht zuletzt der Einzug der Grünen in den Bundestag. Die Zahl der gesetzlichen Regelungen im Umweltbereich stieg sprunghaft an. Zugleich flaute die Mobilisierung der Bevölkerung durch die Umweltbewegung jedoch ab. Mit diesen Wandlungsprozessen innerhalb des Selbst- und Rollenverständnisses der Umweltverbände beschäftigt sich ausführlich das Kapitel 3.3.

3.2.3 Die Entwicklung der ostdeutschen Umweltorganisationen

3.2.3.1 Umweltorganisationen in der ehemaligen DDR

604. Verbände im Sinne einer intermediären Institution zwischen Gesellschaft und Staat gab es im DDR-System nicht (vgl. Friedrich-Ebert-Stiftung, 1987). Im folgenden ist daher von „Umweltorganisationen" in der ehemaligen DDR die Rede. Diese waren überwiegend Teil des unter staatlicher Aufsicht stehenden Kulturbundes. Erst nach dem Zusammenbruch des DDR-Systems entstanden Umweltverbände, die sich aus Mitgliedern der früheren Umweltorganisationen und kirchlichen Umweltgruppen rekrutierten.

605. Die Geschichte der Umweltorganisationen der DDR unterscheidet sich in mehrfacher Hinsicht von der der Verbände in Westdeutschland (vgl. BEHRENS et al., 1993, S. 30–69; BEHRENS, 1993; RÖSLER et al., 1990, S. 212 f.; WENSIERSKI, 1985 b). Die Naturschutz- und Heimatverbände wurden 1949 auf Erlaß der Deutschen Wirtschaftskommission in den Kulturbund der DDR (damals: „Kulturbund zur demokratischen Erneuerung Deutschlands") zwangseingegliedert. Sie waren damit Teil des staatlich gelenkten Systems der DDR-Massenorganisationen. Unabhängige Verbände wurden nicht geduldet.

1980 wurde durch Politbürobeschluß die Gesellschaft für Natur und Umwelt im Kulturbund der DDR (GNU) gegründet als Dachorganisation für Natur- und Umweltschutzgruppen wie auch für Gruppen von Naturforschern. Hintergrund war das Bemühen der DDR-Führung, die seit Mitte der siebziger Jahre im Umweltbereich aufkommenden kritischen Kräfte unter einem Dach zusammenzufassen, um einen direkteren staatlichen Zugriff zu ermöglichen und eventuelle Kritik frühzeitig kanalisieren zu können – eine Absicht, die insofern mißlang, als die Einzelgruppen auch unter dem Dach der GNU ihre relative Eigenständigkeit zu bewahren wußten. Die GNU war eingeteilt in elf zentrale Fachausschüsse, die zum Teil eng miteinander kooperierten und jeweils in regionale Gliederungen unterteilt waren.

606. Wesentliche Unterschiede zum Verbändesystem der Bundesrepublik sind:

– Kulturbund und GNU können nicht als Verbände in einem demokratischen Verständnis bezeichnet werden. Vielmehr handelte es sich um Organisationen unter staatlicher Aufsicht. Aufgrund ihrer vielfältigen thematischen und regionalen Ausdifferenzierung boten sie jedoch auch gewisse Freiräume für kritische Gruppen und für die Schaffung kritischer Binnenöffentlichkeiten.

– Eine politische Öffentlichkeit im westlichen Sinne bestand nicht (THAA, 1993). Umweltengagierte Kräfte waren daher darauf angewiesen, staatliche Stellen und Funktionäre durch behutsame Argumentation für ihre Anliegen zu gewinnen und mittels Bildungsarbeit (Fortbildungsveranstaltungen, Seminare, Exkursionen etc.) die Bevölkerung an die Probleme des Natur- und Umweltschutzes heranzuführen. Kooperationsstrategien hatten notgedrungen den Vorrang vor Konfliktstrategien. Kritische Öffentlichkeitsarbeit fand „zwischen den Zeilen" in den offiziellen Medien statt und hatte den Aufbau vertrauensvoller Beziehungen zu kritischen Journalisten als unabdingbare Voraussetzung.

– Thematisch fand sich eine starke Konzentration auf den Naturschutz und seine praktische Umsetzung, da das Wirtschafts- und Gesellschaftssystem kaum realistische Chancen für kurzfristige Veränderungen im technischen Umweltschutz versprach. Umweltschutzforderungen und die mit ihnen oft verbundenen Forderungen nach Bürgerbeteiligung und Transparenz konnten als Gefahr für das bestehende Wirtschafts- und Gesellschaftssystem angesehen werden und wurden daher mit Repressionen beantwortet. Naturschutz bot eine Nische, innerhalb derer auch reformerische Ansätze gleichsam „eine Handbreit über dem Zugelassenen" und begrenzte Kritik möglich waren.

– Die GNU war gekennzeichnet durch eine enge personelle und organisatorische Verzahnung von Naturschutz und Naturforschung. Anders als in Westdeutschland bestand eine enge Zusammenarbeit zwischen Wissenschaftlern und Naturschützern mit zahlreichen personellen Schnittstellen. Diesem Umstand ist es unter anderem zu verdanken, daß der Naturschutz in der DDR in manchem innovativer und in vielen Sektoren auch fachlich fundierter war als in den westlichen Bundesländern.

607. Im Laufe der achtziger Jahre bildeten sich innerhalb der GNU auf lokaler Ebene, zumeist in den Großstädten und Ballungsräumen, Interessengemeinschaften für Stadtökologie – nicht selten gegen den Widerstand örtlicher Funktionäre. Die Gruppen entwickelten sich schnell zu Sammelbecken kritischer, überwiegend junger Umweltschützer (BEHRENS et al., 1993, S. 69 ff.; GILSENBACH, 1990). Ende der achtziger Jahre begannen sie sich landesweit unter Umgehung der zentralistischen GNU-Strukturen zu vernetzen (RÜDDENKLAU, 1992, S. 281 ff.). Die Interessengemeinschaften für Stadtökologie stellten in mehrfacher Hinsicht eine Innovation innerhalb des Systems der Umweltorganisationen der DDR dar:

– Ansonsten thematisch stark auf den ländlichen Raum fixierte Naturschützer wenden sich den Städten zu. Damit treten soziale Probleme, Fragen nach den Lebensbedingungen der Stadtbevölkerung und ihren Ursachen im Wirtschaftssystem der DDR in den Vordergrund. Insofern wird hier die thematische Trennung zwischen „Kultur" und „Natur", wie sie für den Naturschutz in Westdeutschland seit dem Auseinandergehen von Naturschutz- und Heimatbewegung bis vor kurzem charakteristisch war, in Frage gestellt.

– Der Blick auf die Lebensbedingungen der Stadtbewohner ließ eine fundamentale Kritik am sozialistischen Wachstumsmodell und den mangelnden Partizipationsmöglichkeiten der Bevölkerung bei der Gestaltung ihrer Umgebung entstehen. Die Interessengemeinschaften wurden zu einer Plattform kultur- und gesellschaftskritischer Kräfte in der DDR, die die „Utopie in der Praxis einklagten" (PLATZECK, 1995) – und damit ähnlich den kirchlichen Umweltgruppen bevorzugtes Objekt der Staatssicherheit wurden.

– Damit können die Interessengemeinschaften zusammen mit kirchlichen Umweltgruppen und kritischen Mitgliedern in den Arbeitskreisen der GNU durchaus als Teil der Umweltbewegung in der DDR bezeichnet werden. Zwischen den verschiedenen Gruppen bestanden zahlreiche informelle Kontakte. Sie vermochten zwar nur in Teilen eine kritische politische Öffentlichkeit zu mobilisieren, schufen aber kritische, miteinander vernetzte Binnenöffentlichkeiten und nach außen eine eingeschränkte Öffentlichkeit „zwischen den Zeilen".

– Sie wirkten damit auch in andere Segmente der GNU ein und trugen „zur kritischen Politisierung" (PLATZECK, 1995) eines Teils der vormals eher unpolitischen Naturschützer innerhalb der GNU bei (vgl. GILSENBACH, 1990). Damit vollzog sich in den achtziger Jahren in der DDR eine analoge Entwicklung wie in Westdeutschland: Teile des Potentials der Naturschützer wurden politisiert, wandten sich der Gesamtproblematik des Umweltschutzes zu und begannen, gesellschaftliche Wertmaßstäbe in Frage zu stellen und die Kompetenz der Betroffenen einzuklagen.

608. Außerhalb des Kulturbundes bot die evangelische Kirche den einzigen Freiraum, innerhalb dessen der Staat die Organisation von Umweltgruppen duldete (JONES, 1993). Die außerhalb der GNU bestehenden Umweltgruppen waren daher (bis auf wenige, z. B. als Nachbarschaftskreise getarnte Gruppen) sämtlich kirchlichen Ursprungs. Dabei fungierte die evangelische Kirche keineswegs als bloßes organisatorisches Dach und Anlaufstelle für oppositionelle Umweltschützer, die im Kulturbund keine Heimat fanden. Vielmehr hatte bereits seit Beginn der siebziger Jahre innerhalb der evangelischen Kirche selbst eine intensive Beschäftigung mit umweltethischen Fragen eingesetzt, so daß viele für das Thema in hohem Maße sensibilisiert waren (vgl. GENSICHEN, 1994 und 1991; JONES, 1993; PROBST, 1993; KNABE, 1985; WENSIERSKI, 1985 a). Aus ihren Reihen gründeten sich dann seit etwa 1980, also etwa zeitgleich mit dem Höhepunkt der westdeutschen Umweltbewegung und der beginnenden Parlamentisierung des Umweltgedankens in der Partei der GRÜNEN, kirchliche Umweltgruppen auf lokaler Ebene. Erst ab Mitte der achtziger Jahre schlossen sich ihnen verstärkt auch nicht kirchlich gebundene Mitglieder an (RÖSLER et al., 1990, S. 228).

609. Waren die GNU-Gruppen vorwiegend naturschutzpraktisch und naturwissenschaftlich orientiert, so standen in kirchlichen Umweltgruppen stärker umweltethische Fragestellungen, bewußtseinsbildende symbolische Aktionen und das Hinwirken auf eine grundlegende Umkehr des Lebensstiles im Vordergrund. Nicht wenige ihrer Mitglieder rekrutierten sich aus der Friedensbewegung, mit der es starke personelle und organisatorische Überschneidungen (bis hin zu gemeinsamen Friedens- und Umweltgruppen) gab. Angestoßen nicht zuletzt durch den ökumenischen „Konziliaren Prozeß", nahm neben lokalen Aktivitäten die Beschäftigung mit umfassenden Umweltproblemen und ihrer Verflechtung mit der Friedens- und Gerechtigkeitsthematik breiten Raum ein. In dieser Zeit stieg die Zahl der Gruppen stark an. 1988 gab es in der DDR 39 Ökologiegruppen so-

wie 23 gemischte Friedens- und Ökologiegruppen außerhalb des Kulturbundes (GENSICHEN, 1991).

610. Die umweltethische Reflexion mündete dabei nicht selten in den Wunsch nach gesellschaftlichen Reformen, der aber nach außen hin nur in aller Vorsicht und im Bemühen um Dialog vorgebracht wurde (vgl. KNABE, 1992). Nur wenige kirchliche Umweltgruppen, so etwa die Anhänger der „Berliner Umweltbibliothek", agierten in offener politischer Konfrontation. Die meisten Gruppen verstanden sich weniger als radikale Opposition, sondern nahmen nach ihrem eigenen Selbstverständnis eine „Stellvertreterfunktion" (GENSICHEN, 1991, S. 169) wahr innerhalb einer Gesellschaft, in der Umweltschutz öffentlich nicht hinreichend artikuliert werden konnte. Anders als die GNU-Gruppen konnten sie dabei auch „heiße Eisen" wie den Uranbergbau in der DDR aufgreifen. In besonderem Maße waren sie daher auch den Überwachungen und Einschüchterungsversuchen durch die Staatssicherheit ausgesetzt (vgl. JONES, 1993, S. 243 ff.; MITTER und WOLLE, 1990, S. 17 ff.; RÖSLER et al., 1990, S. 231).

611. Nur punktuelle Kontakte bestanden zu den Umweltgruppen innerhalb der GNU. Die stark unterschiedlichen inhaltlichen Schwerpunkte – praktische Bemühungen zum Schutz der Natur bei der GNU, symbolisch-demonstratives Handeln und umweltethische Reflexion bei den kirchlichen Gruppen – ließen es nur zu wenigen gemeinsamen lokalen Aktionen kommen, die überdies erst 1984 von der Staatsführung gestattet worden waren. Berührungsängste und Mißtrauen prägten nicht selten den Umgang miteinander (RÖSLER et al., 1990). Mit den Reformkräften aus den Interessengemeinschaften Stadtökologie verbanden die kirchlichen Gruppen zwar ähnliche Ziele und Arbeitsschwerpunkte, das Fehlen öffentlicher Foren und Kommunikationsmöglichkeiten erschwerte aber die Kontaktaufnahme. Überdies hielt die Furcht vor staatlichen Repressionen viele GNU-Mitglieder davon ab, Kontakte mit kirchlich engagierten Umweltschützern zu knüpfen.

3.2.3.2 Die Transformation der DDR-Umweltorganisationen im Zuge der deutschen Vereinigung

612. Mit dem gesellschaftlichen Umbruch 1989 verloren die kirchlichen Gruppen ihre umweltpolitische „Stellvertreterfunktion" an andere Akteure wie Parteien und Verbände. Da die Gruppen organisatorisch kaum verankert waren, lösten sie sich relativ schnell auf. Die Mitglieder kirchlicher Umweltgruppen schlossen sich entweder anderen Verbänden oder Netzwerken an (insbesondere der Grünen Liga) oder engagierten sich in Parteien, Bürgerforen oder lokalen Umweltinitiativen. Andere zogen sich nach der deutschen Einigung enttäuscht aus der Politik zurück. Eigene Umweltverbände oder formell organisierte regionale Umweltgruppen sind aus den kirchlichen Gruppen nicht hervorgegangen. Starke personelle Überschneidungen und Verflechtungen gab es während der Wende zwischen Umweltbewegung und oppositioneller Bürgerbewegung. Repräsentanten der Umweltbewegung (sowohl aus den kirchlichen Gruppen als auch oppositionelle Kräfte aus den Reihen der GNU) spielten 1989/90 eine wichtige Rolle an den „Runden Tischen". Dort stand die Umweltpolitik zwar nicht im Zentrum der Diskussion, dennoch konnten wichtige umweltpolitische Impulse eingebracht werden.

613. Als im November 1989 die von Reformkräften, insbesondere von den Interessengemeinschaften Stadtökologie, geforderte Demokratisierung und Loslösung aus dem Kulturbund von Teilen des Zentralvorstandes abgeblockt wurde, setzte ein rascher Zerfall der GNU ein (vgl. BEHRENS et al., 1993, S. 69 ff.; CASPAR, 1990). Bereits im November 1989 bereiteten Gruppen aus dem Umfeld der Interessengemeinschaften Stadtökologie zusammen mit Mitgliedern kirchlicher Umweltgruppen die Gründung der Grünen Liga vor, die dann im Februar 1990 vollzogen wurde. In der Tradition der Interessengemeinschaften Stadtökologie und kirchlicher Umweltarbeit stehend, ist die Grüne Liga strikt dezentral organisiert als Netzwerk lokaler Umweltgruppen und Bürgerinitiativen, die sich schwerpunktmäßig mit den Umweltproblemen in städtischen Ballungsräumen beschäftigen.

614. Ein Teil der Naturschutzgruppen gründete im März 1990 den Naturschutzbund, der sich im November 1990 mit dem westdeutschen Naturschutzbund Deutschland vereinigte. Die verbliebenen, nach zahlreichen Austritten personell stark geschwächten GNU-Landesgruppen benannten sich in Bund für Natur und Umwelt beim Kulturbund (BNU) um und leiteten, verspätet, eine innere Reform ein. Fusionsverhandlungen zwischen dem BNU und dem westdeutschen BUND scheiterten Ende 1990. Der BNU Brandenburg wurde zum BUND-Landesverband, andere BNU-Landesverbände lösten sich auf, ein Teil ihrer Mitglieder traten zum BUND oder NABU über. Lediglich die BNU-Landesverbände von Berlin und Sachsen-Anhalt blieben als eigenständige Organisationen bestehen. Aufgrund ihrer geringen Mitgliederzahlen treten sie umweltpolitisch jedoch kaum in Erscheinung.

615. Die Mitgliederzahlen der Umweltverbände sind in Ostdeutschland insgesamt sehr niedrig: Am mitgliederstärksten ist der NABU mit annähernd 8 000 Mitgliedern (Stand Ende 1994). Der Naturschutzbund war als einer der ersten Verbände außerhalb der GNU gegründet worden und hat das zahlenmäßig starke Potential der GNU-Naturschutzgruppen und der Fachgruppen zu großen Teilen integrieren können. Der BUND leidet darunter, daß er aufgrund der gescheiterten Fusion mit dem BNU erst relativ spät eine landesweite Infrastruktur hat aufbauen können und zudem die Grüne Liga ein ähnliches Themenfeld und Mitgliederspektrum wie der BUND abdeckt. Er hat insgesamt lediglich ca. 3 500 Mitglieder (Stand Ende 1994), die Grüne Liga ca. 2 100 in 140 Gruppen (Stand 1993).

616. In der Wendezeit sind enge personelle Verbindungen zwischen Umweltverwaltungen und Umweltverbänden entstanden. Unter der Modrow- und später der De Maizière-Regierung wurden zahlreiche politisch nicht belastete und zu DDR-Zeiten oppositionelle Umweltschützer aus den Verbänden in die Umweltbehörden übernommen und bilden dort personelle Brückenköpfe zwischen Verwaltung und Verbandsumweltschutz.

3.2.3.3 Aktuelle Probleme der Umweltverbände in Ostdeutschland

617. Nachdem der politische Umbruch 1989/90 kurzzeitig auch der Umweltbewegung deutlich Auftrieb verliehen hatte und nicht wenige ihrer Mitglieder maßgeblich an den „Runden Tischen" beteiligt waren, haben die Umweltverbände inzwischen mit folgenden Problemen zu kämpfen:

– geringer Stellenwert der Umweltproblematik gegenüber wirtschaftlichen und sozialen Fragen im Bewußtsein der Bevölkerung;

– die damit zusammenhängende geringe Mitgliederzahl und das geringe Mobilisierungspotential in der Bevölkerung;

– ein erhöhter Problemdruck durch eine nachholende wirtschaftliche Entwicklung bei nach wie vor mangelhafter Umsetzung und gesellschaftlicher Akzeptanz der aus Westdeutschland übernommenen Umweltgesetzgebung;

– das allmähliche Übergreifen des Konkurrenzverhaltens der westdeutschen Verbände auf ihre ostdeutschen Untergliederungen (offensive Mitgliederwerbung, zunehmendes Konkurrenzverhalten bei Spenden und staatlichen Fördermitteln usw.);

– die finanzielle Abhängigkeit der ostdeutschen Verbandsuntergliederungen von den westdeutsch dominierten Bundesverbänden und der daraus resultierende latente Anpassungsdruck, der sich als Gefahr für die regionale Identität und Verwurzelung ostdeutscher Umweltgruppen erweisen kann;

– die Gefahr des Wegbrechens der hauptamtlichen Mitarbeiterdecke mit Auslaufen der Arbeitsbeschaffungsprogramme, über die derzeit ein Großteil der hauptamtlichen Mitarbeiter der Umweltverbände finanziert werden.

3.2.3.4 Reformimpulse der ostdeutschen Umweltorganisationen für die gesamtdeutsche Verbändelandschaft

618. Die ostdeutschen Umweltgruppen bringen aufgrund ihrer spezifischen Erfahrungen in der früheren DDR bedeutende Impulse in die gesamtdeutsche Verbändelandschaft mit ein:

– Eine engere Kooperation der Verbände untereinander: Aufgrund ihrer gemeinsamen Vergangenheit in der GNU haben die ostdeutschen Verbandsmitglieder in ihrem Umgang untereinander in der Regel wenig Berührungs- und Konkurrenzängste.

– Die hohe Einbindung fachlicher Kompetenz: Insbesondere im Naturschutz besteht eine starke fachliche, auch interdisziplinär angelegte Fundierung der Verbandsarbeit. Naturforschung (Ökologie, Faunistik etc.) und ehrenamtlicher Naturschutz sind, anders als vielerorts im Westen, auch auf lokaler Ebene personell eng miteinander verzahnt.

- Ein innovativer Naturschutz: Während im Westen die wesentlichen Umweltschutzimpulse von den Ballungszentren ausgingen und dabei der technische Umweltschutz im Vordergrund stand, dominierte in der DDR der Naturschutz und die Beschäftigung mit den Problemen strukturschwacher ländlicher Regionen. Dies führte zur Fortentwicklung des traditionellen konservierenden Naturschutzes hin zu Konzepten der integralen Entwicklung des ländlichen Raumes. Vom Nationalparkprogramm und insbesondere von der Errichtung der Biosphärenreservate 1990 gingen entscheidende Anregungen für die gesamtdeutsche Umweltbewegung aus.

- Erfahrungen mit kooperativen Handlungsstrategien bei gleichzeitiger Distanz gegenüber staatlichen Vereinnahmungsversuchen: Konfrontativer Natur- und Umweltschutz war in der DDR nur in sehr beschränktem Maße möglich. Zur Durchsetzung ihrer Ziele waren auch kritische Kräfte auf die Kooperation mit staatlichen Stellen angewiesen. Gleichzeitig mußten sie sich vor staatlichen Vereinnahmungsstrategien schützen, was nicht immer gelang. Die dabei gewonnenen Erfahrungen können heute unter den veränderten Vorzeichen einer demokratischen Gesellschaftsordnung wichtige Impulse geben für eine Verbindung (westlicher) Konfrontationsstrategien mit kooperativen Elementen in einer noch zu entwickelnden Umweltlobbyarbeit.

- Distanz gegenüber zentralistischen und verbürokratisierten Strukturen: Die Erfahrungen mit den zentralistisch organisierten und bürokratisierten Apparaten von Staat, Partei und staatlichen Massenorganisationen hat viele ostdeutsche Umweltschützer kritisch werden lassen gegenüber Zentralisierungs- und Oligarchisierungstendenzen, wie sie aktuell sowohl in den Umweltverbänden als auch in staatlichen Umwelt- und Planungsbehörden zu finden sind. Ihre Kritik kann hier ein wichtiges Korrektiv darstellen und Anstöße liefern für eine stärkere innere Demokratisierung der Verbände und eine breitere Bürgerbeteiligung bei Planungsvorhaben.

3.3 Der gegenwärtige Wandel von Rolle und Funktion der Umweltverbände

3.3.1 Veränderung der Rahmenbedingungen für die Umweltverbände

619. Seit Beginn der achtziger Jahre haben sich die Art des umweltpolitischen Diskurses und die politischen Rahmenbedingungen, die das Handeln und die gesellschaftliche Rolle der Umweltverbände bestimmen, grundlegend gewandelt. Der polarisierte Umweltdiskurs, der die Entstehungsphase der Umweltbewegung geprägt und das Verhalten vieler Umweltverbände bestimmt hat, ging seinem Ende zu (vgl. BRAND, 1993). Mit der allgemeinen Ausbreitung von Umweltbewußtsein (vgl. z.B. BILLIG, 1995;

Billig & Partner, 1994; RUCHT, 1994, S. 276–282) findet der „Aufdeckungskonflikt einer gegen alle" (BECK, 1993) ein vorläufiges Ende. Umfassender Umweltschutz und ökologische Modernisierung der Marktwirtschaft werden zunehmend auch von Akteuren außerhalb der Umweltbewegung gefordert und zum Teil vorangetrieben. Die dominanten Institutionen der verschiedenen Handlungsbereiche integrieren Umweltschutz als Ziel. So haben staatliche Administration, Unternehmen und Universitäten zum Teil schon in der Phase der umweltpolitischen Polarisierung eigene institutionelle Segmente für umweltpolitische Fragestellungen ausgebildet, die nun an Bedeutung und Eigenständigkeit gewinnen. Diese Prozesse der Ausdifferenzierung im etablierten Institutionengefüge (vgl. MALUNAT, 1994; NULLMEIER, 1992; KACZOR, 1989) ergänzen die Institutionalisierungsprozesse der Umweltbewegung, die auf Verwaltung, Parlament und Öffentlichkeit spezialisierte Organisationen, ökologisch ausgerichtete Betriebe und Forschungsinstitute hervorgebracht haben, zu einer umfassenden Institutionalisierung des Umweltschutzes. Hierin werden erste integrative Tendenzen im Sinne einer Operationalisierung des Leitbildes dauerhaft-umweltgerechter Entwicklung auf organisatorischer Ebene sichtbar.

620. Aufgrund einer für ökologische Fragen zunehmend sensibilisierten politischen Öffentlichkeit beenden Staat und wirtschaftliche Interessenverbände ihre Strategie der Ausgrenzung der Umweltverbände. Die umweltpolitischen Konfliktlinien verlaufen weniger starr zwischen Umweltbewegung und Umweltverbänden einerseits und Staat und Wirtschaft andererseits. In Bezug auf Umweltfragen können die verschiedenen Akteure nicht mehr eindeutig in opponierende Lager eingeteilt werden (vgl. KLEINERT, 1992). Statt dessen sind die umweltpolitischen Konfliktlinien in Bewegung, so daß zum Beispiel PRITTWITZ (1993, S. 39) eine „grundsätzliche Unabhängigkeit der jeweiligen Interessentypen von bestimmten Akteurstypen" konstatiert. Der gleiche Akteur kann entsprechend seiner Wahrnehmung von eigenen und fremden Interessen bei dem einen Umweltproblem ökologische Reformmaßnahmen fordern, bei einem anderen jedoch eine aktuelle umweltschädigende Regelung verteidigen. Wer in der einen umweltpolitischen Frage Gegner der Umweltverbände ist, kann in einer anderen Verbündeter sein (vgl. GÄRTNER, 1991).

621. Ungeachtet all dessen kam es zu Beginn der neunziger Jahre im Zuge der deutschen Einigung zu einer Stagnation der Umweltpolitik infolge zunehmender Verteilungskonflikte (SRU, 1994, Tz. 447 ff.). Während die Bewältigung der staatlichen Einigung sowie der sich verfestigenden Massenarbeitslosigkeit an öffentlichem Interesse gewann, gerieten Umweltinteressen nicht zuletzt im Zuge der Diskussion um den Wirtschaftsstandort Deutschland in die Defensive. In Entsprechung dazu wurden auch in den staatlichen Entscheidungen umweltpolitische Komponenten zurückgenommen: BRAND (1993) spricht von einem „umweltpolitischen Rollback". Tatsächlich wird jedoch auch weiterhin der umfassende Umweltschutz bei allen einflußreichen gesellschaftlichen

Akteuren anerkannt und die ökologische Forschung, Planung und Steuerung ist hochgradig institutionalisiert. Auch wurden die Fronten zwischen umweltpolitischen Lagern nicht wieder errichtet. Es dürfte sich daher bei dem zu beobachtenden „Rollback" weniger um eine eigene Phase bundesdeutscher Umweltpolitik handeln als um eine vorübergehende Schwäche in der Durchsetzung von Umweltinteressen in staatlichen Entscheidungen.

622. Das Aufweichen starrer Fronten in wechselnde Konflikt- und Bündniskonstellationen stellt die bisher rigide Konfrontationsstrategie der Umweltbewegung in Frage. Da „das Wissen um die Dimension der Zerstörung im Prinzip angekommen ist, aber im Handeln nichts oder nur Kosmetisches geschieht" (BECK, 1993, S. 23), erweist sich die bisherige Funktion der Umweltbewegung, „Problemanzeiger" und „Erzeuger von Protesten" zu sein, als nicht mehr angemessen. Gefragt sind konkrete Lösungsvorschläge, deren Umsetzung „Konsens, Kooperation und Kompromiß" verlangt. Die achtziger Jahre markieren dazu das Ende der Mobilisierungsphase der Umweltbewegung: Wo jeder sich umweltbewußt gibt und alle Akteure die Vertretung von Umweltanliegen für sich in Anspruch nehmen, wird es schwieriger, Proteste auf breiter Basis in der Bevölkerung zu organisieren. Umweltbewegung ist nur noch im Einzelfall aktivierbar. Man wird abwarten müssen, wie sich diese Einzelfallaktivitäten in Umfang und Art entwickeln werden (vgl. Tz. 692).

3.3.2 Interne Veränderungen der Umweltverbände

623. Zentrales Merkmal der aktuellen internen Veränderungen der Umweltverbände ist, daß diese ihre Organisationsdichte erhöhen: Es zeichnen sich Tendenzen zu Zentralisierung und Bürokratisierung ab, zusätzliche Organisationsebenen werden eingeführt (LEIF, 1993). Gleichzeitig geht dies mit einer verstärkten Professionalisierung einher (vgl. CORNELSEN, 1991; RUCHT, 1987). Damit wird eine Entwicklung bezeichnet, daß immer mehr Aufgaben, die ehemals ehrenamtlich geleistet wurden, nun hauptamtlich wahrgenommen werden. In den vergangenen Jahren hat die Anzahl der hauptamtlichen Mitarbeiter in den Umweltverbänden und die Zahl der gleichfalls meist hauptamtlich geleiteten Geschäftsstellen zum Teil auch auf regionaler Ebene zugenommen (RUCHT, 1991). Aufgrund der knappen finanziellen Ressourcen der Verbände kommt dabei staatlich geförderten Beschäftigungsverhältnissen (Arbeitsbeschaffungsmaßnahmen), aber auch Zivildienst-Stellen und neuerdings dem Freiwilligen Ökologischen Jahr eine hohe Bedeutung zu.

624. Die Professionalisierung wurde für die Umweltverbände nicht zuletzt deshalb notwendig, um ihrer ausgeweiteten Mitwirkung an staatlichen Planungs- und Entscheidungsprozessen gerecht werden zu können. Auch kontinuierliche und daher zeitintensive Kontakte mit Verwaltungen und wirtschaftlichen Interessenverbänden lassen sich in der Regel nur mit hauptamtlichen Kräften aufbauen. Die Lobbyarbeit von Umweltverbänden auf EU-Ebene wird

heute sogar ausschließlich von hauptamtlichen Kräften getragen (HEY und BRENDLE, 1994). Eine effiziente Öffentlichkeitsarbeit ist zudem kaum ohne hauptamtliche Koordination möglich. Allerdings haben die meisten Verbände – mit der Ausnahme von Greenpeace – für den Bereich der Öffentlichkeitsarbeit erst Anfang der neunziger Jahre eigene Planstellen eingerichtet (vgl. CORNELSEN, 1991; REISS, 1989).

625. Mit der Einstellung von Fachkräften haben die Umweltverbände auch ihre fachliche Kompetenz erhöht. Dies ist eine unabdingbare Voraussetzung nicht nur für die Kommunikation mit Fachverwaltungen, die in der Vergangenheit nicht selten über die mangelnde fachliche Qualifikation ihrer Gesprächspartner aus den Verbänden geklagt haben, sondern auch für die Beteiligung an wissenschaftlich fundierten Diskussionen und ihre Mitwirkung in fachlich orientierten Normungsinstitutionen (vgl. Kap. 4). In dem Maße, wie die Verbände zudem vermehrt Dienstleistungen für ihre ehrenamtlich aktiven Mitglieder anbieten können (z. B. fachliche Beratung, Koordinationsfunktionen, Fortbildungsveranstaltungen usw.), trägt die Professionalisierung indirekt auch zur Qualifizierung der ehrenamtlichen Arbeit bei. Allerdings darf nicht übersehen werden, daß der Professionalisierungsgrad im Vergleich zu den Verbänden der deutschen Wirtschaft oder etwa den Gewerkschaften nach wie vor deutlich geringer ist. Dies folgt vor allem aus der schmalen Finanzbasis der Verbände. Diese geringe professionelle Ausstattung behindert die umfassende und kontinuierliche Interessenvermittlung der Umweltverbände in die staatlichen Entscheidungs- und Planungsverfahren.

626. Allerdings bringt Professionalisierung häufig eine Machtverschiebung zugunsten der hauptamtlich und zu Lasten der ehrenamtlich Aktiven mit sich: Hauptamtliche haben größere zeitliche Ressourcen und übernehmen deshalb Aufgabenfelder, die, wie die Öffentlichkeitsarbeit und die Beteiligung an staatlichen Entscheidungs- und Planungsprozessen, auch verbandsintern ihren Einfluß gegenüber dem ehrenamtlichen Vorstand stärken können. Dies stellt ein ständiges Konfliktpotential innerhalb der Umweltverbände dar. Außerdem ist mit Professionalisierungstendenzen für die Umweltverbände ein Zielkonflikt verbunden, der ihr eigenes Selbstverständnis betrifft: Einerseits ist Professionalisierung die unumgängliche Voraussetzung, damit die Verbände in Konkurrenz und Kooperation mit anderen, ressourcenstarken Interessenverbänden und mit hocharbeitsteiligen öffentlichen Verwaltungen ihre Funktion der Vermittlung von Umweltinteressen wahrnehmen können. Andererseits stellt sie ein bisheriges Spezifikum der Umweltverbände (vgl. WEINZIERL, 1993), die im Vergleich zu anderen Verbänden starke Bedeutung des Ehrenamtes, in Frage. Positive Folgen dieses Vorranges des Ehrenamtes waren bislang eine besondere Mobilisierung uneigennützigen gesellschaftlichen Engagements und die Kontrolle bürokratischer Apparate durch ehrenamtliche Mitglieder. Über die ehrenamtliche Arbeit boten die Umweltverbände zudem vielen Bürgerinnen und Bürgern ein breites Spektrum von Möglichkeiten, sich politisch zu engagieren. Für die Umweltverbände stellt sich in diesem Zusammenhang die wichtige Frage, ob und wie sie diese Errungenschaften uneigennütziger Ehrenamtlichkeit unter den Bedingungen fortschreitender Professionalisierung erhalten oder gar weiterentwickeln können.

627. Ihre neue Rolle einer umfassenden Vermittlung von Umweltinteressen fordert die Umweltverbände zunehmend heraus, fachlich fundierte und umfassende Lösungsvorschläge anzubieten und sich mit den Vorschlägen anderer Akteure kompetent auseinanderzusetzen. Die Verbände reagieren hierauf mit einer verstärkten Aneignung fachlicher Zuständigkeit und Expertenwissens, durch die Beschäftigung professioneller Fachleute und die Vergabe externer Gutachten, aber auch durch die vermehrte Mobilisierung von Fachwissen in den Reihen der ehrenamtlich Aktiven. Während die Umweltverbände im Rahmen ihrer Professionalisierung anfangs vornehmlich Biologen und Umweltschutzfachleute (z. B. aus dem Bereich des technischen Umweltschutzes und der Landespflege) einstellten, greifen sie heute auch auf Experten aus anderen Bereichen (Ökonomie, Recht, Ethik, Medien) zurück und versuchen damit im Rahmen ihrer begrenzten finanziellen Ressourcen, den steigenden Erfordernissen der Interessenvermittlung in politische Öffentlichkeit und Staat gerecht zu werden. Nach wie vor besteht allerdings, vor allem unterhalb der Bundesebene, ein Defizit an nicht-umweltschutzfachlicher Kompetenz, zum Beispiel auf juristischem, volkswirtschaftlichem oder sozialwissenschaftlichem Gebiet.

628. Der Steigerung der fachlichen Kompetenz der ehrenamtlichen Mitarbeiter dient ein vermehrtes Angebot an Fortbildungsveranstaltungen. Begrenzte Finanzmittel sind aber die Ursache dafür, daß die Umweltverbände noch kein anderen gesellschaftlichen Institutionen wie Gewerkschaften, Industrieverbänden oder Kirchen vergleichbares Fortbildungssystem haben aufbauen können und im hohen Maße auf die Unterstützung und Zusammenarbeit staatlicher Institutionen, wie etwa der Naturschutz- oder Umweltakademien, angewiesen bleiben. Die mit dem gesellschaftlichen Rollenwandel der Umweltverbände gewachsenen Anforderungen an die soziale und kommunikative Vermittlung von Natur- und Umweltschutz schlagen sich in der Bildungsarbeit der Verbände erst allmählich nieder. Es dominieren naturschutzpraktische und umweltschutzfachliche Themen; Fragen der sozialen und politischen Vermittlung spielen bislang eine untergeordnete Rolle.

629. Eine zunehmende Bedeutung für den Transfer fachspezifischen Wissens in die politische Arbeit kommt den in vielen Verbänden installierten Facharbeitskreisen zu. Sie erarbeiten fachliche Stellungnahmen zu politischen Einzelfragen, die als Grundlage sowohl der Öffentlichkeits- als auch der Lobbyarbeit dienen. Facharbeitskreise ermöglichen organisatorische Einbindung wissenschaftlichen und fachlichen Know-hows in die Verbandsarbeit. Im DNR fungieren sie zudem als Foren der Koordination und der thematischen Abstimmung der Einzelverbände untereinander. Ein wesentliches Problem ist jedoch

die mangelnde Kooperation und Koordination von Fachwissen und verbandspolitischem Engagement vor allem auf lokaler Ebene. Facharbeitskreise sind, soweit vorhanden, nur bundes- oder bestenfalls landesweit organisiert. Vor Ort fehlen so nicht selten Experten als Ansprechpartner und Berater. Viele Fachleute – zum Beispiel im Bereich der Landespflege und der Faunistik – sind in Westdeutschland außerhalb der Naturschutzverbände in eigenen Fachverbänden organisiert. An einer aufeinander abgestimmten Zusammenarbeit mangelt es oft. Auf lokaler Ebene klaffen daher Engagement und Fachkompetenz nicht selten auseinander, was dazu führt, daß vor Ort sehr oft ein emotionaler, fachlich jedoch nicht adäquat begründeter Naturschutz fortbesteht und die Umweltverbände damit Glaubwürdigkeitsverluste in Kauf nehmen müssen. Die mangelnde regionale Einbettung von Facharbeitskreisen erschwert überdies den Zugang zu den Verbänden für fachlich Interessierte, nicht zuletzt für Jugendliche, die nach einer fachlichen Vertiefung oder einem umweltschutzbezogenen interdisziplinären Austausch suchen.

630. Die Stärkung der Umweltbewegung und dann die Diffusion des Umweltbewußtseins haben den Umweltverbänden einen Anstieg der Mitgliederzahlen beschert, der vor allem für die achtziger Jahre festzustellen ist. Die Krise der Umweltbewegung, also der massive Rückgang der nicht in formalen Organisationen eingebundenen umweltpolitischen Aktivität, geht mit Ausnahme des NABU für die Umweltverbände entweder mit einer Stagnation und/ oder zumindest mit einem Rückgang der Steigerungsraten ihrer Mitgliederzahlen einher. Im Vergleich zu anderen politischen Bereichen ist der Anteil der Bevölkerung, der von den Umweltverbänden rekrutiert wird, nach wie vor gering. Selbst wenn man die sekundären Naturschutzverbände (Tz. 580) hinzuzählt und die Vielzahl von Doppelmitgliedschaften (vgl. MAY, 1994) unberücksichtigt läßt, erfassen die Umweltverbände allenfalls 4 bis 6 % der Bevölkerung. In den primären Umweltverbänden sind 1994 etwa 1,2 % der Bevölkerung organisiert (vgl. Tab. 3.1).

631. Über die Sozialstruktur der Mitglieder von Umweltverbänden liegen nur spärliche Angaben auf der Basis lokaler Stichproben, Verbandsstatistiken oder Leserbefragungen von Verbandszeitschriften vor. Breitangelegte systematische Analysen fehlen gänzlich. WEßELS' (1991) Studien zur Sozialstruktur der Bürgerinitiativ- und Umweltbewegung lassen sich, aufgrund soziostruktureller Differenzen zwischen Umweltbewegung und Naturschutzverbänden traditionellen Ursprungs (vgl. HOPLITSCHEK, 1984), nicht ohne weiteres auf die Umweltverbände übertragen. Sowohl die älteren Stichproben für den BUND beziehungsweise BN als auch die neueste Mitgliederumfrage von NABU sowie die Mitgliederstatistik des BUND ergeben eine starke Dominanz eines sozial abgesicherten Mittelstandes mit hohem Bildungsniveau. Freiberufler, Angestellte und Mitglieder des sogenannten Humandienstleistungsbereiches dominieren. Arbeiter und sozial schlechtergestellte Schichten sind deutlich unterrepräsentiert.

Der NABU als klassischer Naturschutzverband hat einen ausgeprägten Schwerpunkt im ländlichen Bereich, während der BN in den achtziger Jahren die stärksten Wachstumsraten in städtischen Verdichtungsräumen zu verzeichnen hatte.

632. Trotz insgesamt steigenden Anteils sind Frauen in den Umweltverbänden nach wie vor unterrepräsentiert. Ihr Anteil liegt bei durchschnittlich 30 bis 35 % (MAY, 1994; SAAR, 1994; WEITZEL, 1994). In den Führungsgremien sind Frauen, gemessen an ihrem Mitgliederanteil – trotz in einigen BUND-Landesverbänden eingeführter Quotierung –, gleichfalls unterrepräsentiert; dies gilt auch für hauptamtliche Leitungsfunktionen innerhalb der Verbände (WEITZEL, 1994).

633. Während die Mitgliederzahlen konstant bis leicht steigend sind, gibt es, vor allem auf der Ebene der Orts- und Regionalgruppen, teilweise Einbrüche in der Aktivität der Mitglieder. In der Phase der umweltpolitischen Polarisierung hatten die Umweltverbände – anders als etwa Parteien, Gewerkschaften oder Kirchen – einen starken Anstieg ehrenamtlichen Engagements verbuchen können. Sie profitierten dabei von der breiten Mobilisierung von Bürgerprotesten in der Gesellschaft, für die sie – neben den Bürgerinitiativen – eine organisatorische Plattform darstellten. Im gegenwärtigen Rückgang des Engagements spiegeln sich das Ende der umweltpolitischen Polarisierung und die Krise der Umweltbewegung wider. Bei den umweltpolitischen Aktivitäten der Verbände geht es heute seltener um Artikulation von Protest, häufiger um Erarbeitung von Lösungsvorschlägen und konstruktiver Mitarbeit. Für viele Ehrenamtliche sind die damit verbundenen Zeit- und Kompetenzanforderungen zu hoch. Hinzu kommt die Erfahrung, daß Lösungsvorschläge keineswegs immer bereitwillig angenommen werden. Die umweltpolitische Stagnation zu Beginn der neunziger Jahre entmutigte vor allem ehrenamtlich tätige Verbandsmitglieder.

Finanzielle Fragen und Probleme

634. Erhöhung der fachlichen Kompetenz, Professionalisierung sowie Steigerung der Organisationsdichte sind mit einem Anstieg der Personalkosten verbunden. In den vergangenen Jahren ist denn auch bei den großen Umweltverbänden ein deutlicher Budgetanstieg festzustellen. Dabei steht dem gestiegenen Finanzierungsbedarf ein Rückgang oder zumindest eine Stagnation des umweltpolitischen Mobilisierungspotentials gegenüber. Auch für die Bereitstellung finanzieller Ressourcen gilt, daß die Umweltverbände stärker als früher diese Bereitschaft überhaupt erst wecken müssen. Die hauptsächlichen Quellen der Verbandsfinanzierung sind dabei Mitgliederbeiträge, Spenden, Projektfinanzierungen, Bußgeldzuweisungen und staatliche Zuschüsse. Daneben verfügen einige Verbände auch über rechtlich eigenständige Betriebe (z. B. Verlage), deren Gewinne zur Verbandsfinanzierung beitragen. Die Möglichkeit des industriellen Umweltsponsorings, verstärkte Inanspruchnahme projektgebundener Finanzierungsmodelle, Mailing, Merchandising und „Patenwerbekonzepte" haben in den letzten Jahren zu einer Ausweitung der Einnahmequellen geführt.

635. Hauptproblem für die Verbände ist, daß für die Deckung der gestiegenen Personalausgaben kontinuierliche und berechenbare Einnahmequellen notwendig sind, über die die Verbände aufgrund ihrer Abhängigkeit vom stark wechselnden Spendenaufkommen jedoch nicht verfügen. Abnehmende Spendengelder haben deshalb kurzfristigen Personalabbau zur Folge (vgl. die jüngste Entwicklung bei Greenpeace). Personelle Kontinuität wird dadurch deutlich erschwert. Dazu trägt auch bei, daß die Umweltverbände aufgrund ihres knappen Budgets häufig auf die Förderung von Stellen aus staatlichen Arbeitsbeschaffungsprogrammen angewiesen sind, mit deren Auslaufen sie zur Entlassung von Mitarbeitern gezwungen sind. Einsparungen im ABM-Bereich treffen daher die Umweltverbände besonders hart. Auch die neuerdings verstärkt in Anspruch genommenen projektgebundenen Finanzierungen vermögen aufgrund ihrer zeitlichen Befristung die Finanzierungsunsicherheit nicht zu beheben. Die Verbände geraten mit steigendem Finanzbedarf zunehmend in Zwänge der Ökonomisierung, Rentabilität und Geldbeschaffung. Hauptamtliche Mitarbeiter sind zum Teil mit ihrer eigenen Finanzierung (Akquisition von Projekten, Kontakte mit Sponsoren) beschäftigt. Werden bei hohem Spendenaufkommen (s. Tab. 3.1) Rücklagen zur Deckung der Fixkosten, insbesondere des Personals, auch in Zeiten eines schwachen Spendenaufkommens aufgebaut, so wird dies von einer Öffentlichkeit, die gegenüber dem Mißbrauch von Spendengeldern zu Recht sensibilisiert ist, mit Argwohn beäugt und kann zu Imageverlusten führen.

636. Der Konkurrenzkampf um die geringer fließenden staatlichen Mittel und den begrenzten Spendenpool verstärkt überdies Rivalitäten der Umweltverbände untereinander. Die Inanspruchnahme staatlicher Fördermittel und industrieller Sponsoringgelder setzt die Verbände dem Risiko aus, ihre Unabhängigkeit einzubüßen und von ihren Geldgebern beeinflußt zu werden. Beide Finanzierungsquellen sind daher innerhalb der Umweltverbände nicht unumstritten (vgl. HASSLER, 1993b). Zur Wahrung ihrer Unabhängigkeit legen die meisten Organisationen Wert darauf, daß sie ihre laufenden Ausgaben auch ohne öffentliche Gelder und ohne die Abhängigkeit von einigen wenigen Großsponsoren bestreiten können (vgl. WEINZIERL, 1993).

637. Die Schwierigkeiten, eine zufriedenstellende finanzielle Basis für die gesellschaftliche Vermittlung von Umweltinteressen herzustellen, resultieren vornehmlich aus dem spezifischen Charakter von Umweltinteressen. Wirtschaftliche Interessenverbände vertreten klar definierte Erwerbsinteressen und können ihren Mitgliedern entsprechende Vorteile in Aussicht stellen, so daß ein entsprechender Verband relativ gute Chancen hat, sich finanziell abzusichern. Dagegen ziehen aus der Interessenvertretung durch die Umweltverbände deren Mitglieder keinerlei Vorteile. Die Motivation, die Umweltverbände finanziell so zu unterstützen, daß sie ihre gesellschaftliche Aufgabe der Vertretung von Umweltinteressen kompetent wahrnehmen können, ist daher geringer und weniger dauerhaft. Sie muß von den Verbänden selbst immer wieder hergestellt und verstärkt werden.

638. Es gibt verschiedene Möglichkeiten, diese Kluft zwischen gesellschaftlichem Anspruch an die Umweltverbände und ihrer mangelhaften finanziellen Unterstützung zu beheben. Über den Ausbau von Sponsoring und Fundraising können die Verbände allgemeine Umweltinteressen mit den partikularen Erwerbsinteressen von Unternehmen verbinden: Unternehmen werden als Gegenleistung für Sponsorentätigkeit zwar keine meßbaren Vorteile in Aussicht gestellt, wohl jedoch ein allgemeiner Imagezuwachs. Die Professionalisierung beim Fundraising steckt bei den meisten Verbänden noch in den Kinderschuhen, die Möglichkeiten werden noch nicht voll ausgeschöpft (vgl. CORNELSEN, 1991). Allerdings ist der Sponsorenmarkt auch nicht beliebig erweiterbar, Ökosponsoring steht in der harten Konkurrenz zu dem meist breitenwirksameren Sozial-, Kultur- und Sportsponsoring. Unternehmen mit umweltschädigendem Verhalten scheiden zudem als Sponsoren für Umweltverbände aus Gründen der Glaubwürdigkeit aus (vgl. FLASBARTH, 1994). Bestimmte Formen der Professionalisierung, wie etwa die Beauftragung professioneller Werbeagenturen zur Steigerung des Spendenaufkommens, sind zudem innerhalb der Verbände höchst umstritten (vgl. FRIEDRICH, 1994; WINKLER, 1994).

639. Beratungstätigkeiten der Verbände gegenüber staatlichen Verwaltungen (Stellungnahmen, Anhörungen, Fachexpertisen etc.) werden bislang nicht oder nur unzureichend entgolten. Eine Ausnahme bilden die Stellungnahmen der Verbände nach § 29 des Bundesnaturschutzgesetzes, für die die Kosten zum Beispiel über Mittel zur Förderung ehrenamtlicher Aufgaben in einigen Bundesländern aus den Landesetats abgegolten werden. Anders als etwa die wirtschaftlichen oder gewerkschaftlichen Großverbände stoßen die Umweltverbände bei einer kostenlosen „Politikberatung" massiv an ihre finanziellen Grenzen.

Zum sich wandelnden Selbstverständnis

640. Der sich anbahnende gesellschaftliche Rollenwandel der Umweltverbände spiegelt sich erst teilweise im Selbstverständnis der Verbandsmitglieder wider. Die in der Phase des polarisierten Umweltdiskurses herausgebildeten starren Freund-Feind-Schemata und Konfrontationsstrategien prägen auch in einer veränderten umweltpolitischen Situation weithin das Selbstverständnis vieler Verbandsumweltschützer (vgl. MÖLLER, 1993). Umweltpolitische Alleinvertretungsansprüche und tief verwurzeltes Mißtrauen gegenüber Staat und Wirtschaft erschweren das Zustandekommen gesellschaftlicher Umweltschutzkoalitionen.

641. Daneben aber ist – vor allem auf der Repräsentantenebene – ein eindeutiger Wandel hin zu einem neuen Selbstverständnis unverkennbar. WEIGER (1987, S. 67, 156) bezeichnet etwa das „Hineinwirken in andere gesellschaftliche Gruppen" als wesentliche Aufgabe der Umweltverbände und regt die „Bildung einer ‚Naturschutzlobby' zusammen mit an-

deren Verbänden und Organisationen" an. ZAHRNT (1991, S. 19) plädiert dafür, „daß Umweltverbände sich stärker einmischen müssen als bisher – in die Politik, in die Wirtschaft, in die Verbände". VOWINKEL (1993) fordert: „Mit anderen gesellschaftlichen Gruppen, vor allem außerhalb des eigentlichen Natur- und Umweltbereichs, müssen Sachkoalitionen geschlossenen werden", wobei allerdings „die Konfrontationsfähigkeit erhalten bleiben" müsse. FLASBARTH (1992b) verdeutlicht das Konzept sachbezogener gesellschaftlicher Umweltbündnisse am Beispiel der Zusammenarbeit mit den Gewerkschaften. Nach neueren Äußerungen von BODE gehören Kooperation und Konfrontation eng zusammen: „Die Industrie muß sich in den nächsten Jahren auf mehr Aktionen einstellen" (Wirtschaftswoche vom 22. Juni 1995, S. 8).

642. Die veränderten Rahmenbedingungen bieten den Umweltverbänden die Chance, ihre Funktion der Vermittlung von Umweltinteressen, die in der Phase der Polarisierung auf die politische Öffentlichkeit beschränkt war, auszuweiten und nun auch auf die staatlichen Entscheidungs- und Planungsprozesse auszurichten. Dazu müssen sich die Umweltverbände jedoch in einem Kontext behaupten, der von staatlichen Institutionen und hochprofessionalisierten Verbänden bestimmt ist und durch wechselnde umweltpolitische Konfliktlinien gekennzeichnet ist. Diese Herausforderung wurde zumindest bei den Spitzenvertreterinnen und -vertretern der Umweltverbände erkannt.

3.3.3 Veränderungen in der Außenwirkung der Umweltverbände

643. Die politischen Handlungsinstrumente der Umweltverbände decken das breite Spektrum vom klassischen intermediären Handeln bis hin zu bewegungstypischen Aktionsformen und zu unpolitischen und damit eher vereinstypischen praktischen Naturschutzarbeiten ab (vgl. HEY und BRENDLE, 1994). Im einzelnen lassen sich folgende Handlungsinstrumente unterscheiden:

- Handlungsformen der Intermediation: Lobbyarbeit, Bündnisse mit anderen Interessenverbänden, punktuelle und/oder institutionell abgesicherte Mitwirkung an staatlichen Entscheidungs- und Planungsprozessen, Verbandsklageaktivitäten

- Bildungsarbeit: Fortbildungsveranstaltungen, Exkursionen, Tagungen, Jugendarbeit usw.

- traditionelle Öffentlichkeitsarbeit: Pressekonferenzen, Pressemitteilungen, Rundfunk- und Fernsehsendungen usw.

- Naturschutzarbeiten in der Praxis, die sich zum Teil auch an die politische Öffentlichkeit wenden und dann als Teil der Öffentlichkeitsarbeit aufgefaßt werden können: Anlage und Pflege von Biotopen, Artenschutzmaßnahmen usw.

- direkte und/oder symbolische Aktionen: Demonstrationen, Boykottaufrufe, Menschenketten usw.

644. Das Handlungsinstrumentarium eines Umweltverbandes ist vielfach eine Mischung aus verschiedenen Instrumenten. In der Instrumentenwahl zeichnen sich dabei seit Mitte der achtziger Jahre auffallende Schwerpunktverschiebungen ab, die als Reaktion auf Veränderungen der umweltpolitischen Rahmenbedingungen verstanden werden können. Die Bedeutung der direkten und symbolischen Aktionen hat in ihrer Breite und Anzahl abgenommen. Sie dienten vor allem dazu, in der Phase umweltpolitischer Polarisierung Protest zu artikulieren und die mediale Aufmerksamkeit auf Umweltthemen zu lenken.

Einen Funktionswandel erfährt auch die naturschutzpraktische Arbeit: Sie findet immer weniger unter Ausschluß der Öffentlichkeit statt und wird zunehmend medial verwertet und damit Teil der Öffentlichkeitsarbeit.

645. Steigende Bedeutung kommt sowohl der traditionellen Öffentlichkeitsarbeit über Medien als auch der direkten Politikbeeinflussung zu. Dabei lassen sich auf den verschiedenen Ebenen der staatlichen Administration unterschiedliche Schwerpunktsetzungen feststellen: Auf kommunaler Ebene besteht zumindest im Naturschutzsektor nach wie vor ein Primat der Naturschutzarbeit in der Praxis. Auf Bundesebene dominiert die Öffentlichkeitsarbeit mit steigender Tendenz zur Lobbyarbeit. Auf EU- und UN-Ebene dominiert die Lobbyarbeit. Auch setzen die einzelnen Verbände unterschiedliche Schwerpunkte. Bei den großen Organisationen verwischen sich allerdings mehr und mehr die noch vor zehn Jahren sehr deutlichen Unterschiede in der Instrumentenwahl: Greenpeace ergänzt seine Öffentlichkeitsarbeit durch Lobbytätigkeit (KUNZ, 1991). Die deutsche Sektion des WWF, ursprünglich auf Lobbying und informelle Kontakte zu wirtschaftlichen Entscheidungsträgern spezialisiert, meldet sich verstärkt in der politischen Öffentlichkeit kritisch zu Wort. Der NABU schließlich baut auf Bundesebene und zum Teil auch in den Ländern massiv die Öffentlichkeits- und die Lobbyarbeit aus und sucht Verbände aus anderen Bereichen, zum Beispiel die Gewerkschaften, als Bündnispartner zu gewinnen.

646. Die Umweltverbände reagieren mit diesen neuen Schwerpunktsetzungen auf die mit dem Ende der Polarisierung für sie verbesserten Rahmenbedingungen. Die Zugangsschwelle zu den Massenmedien ist für Umweltthemen deutlich gesenkt, so daß eine traditionelle Öffentlichkeitsarbeit neben einzelnen spektakulären direkten Aktionen ausreichend aufmerksam verfolgt werden kann (vgl. ROSS-MANN, 1993). Staatliche Administrationen und Großverbände beginnen, Umweltorganisationen als Gesprächspartner zu akzeptieren und ermöglichen diesen damit, sich an staatlichen Entscheidungs- und Planungsprozessen zu beteiligen. Dadurch steigt generell das Gewicht der intermediären Handlungsinstrumente.

3.3.4 Zusammenarbeit der Umweltverbände untereinander

647. In einer vielfältigen und sich weiter ausdifferenzierenden Umweltverbändelandschaft werden Außenwirkung und Effizienz des Wirkens der Ver-

bände in hohem Maße von deren Bereitschaft bestimmt, miteinander zu kooperieren und ihre Spezialisierungen als Vorteil für alle anzuerkennen. Die Kooperation unter den Verbänden ist auf der Ebene der Europäischen Union am intensivsten eingespielt (vgl. HEY und BRENDLE, 1994, S. 159–170). Weil nationale Einzelverbände in der Regel bei der Europäischen Kommission kein Gehör finden, sind sie auf enge Kooperation untereinander angewiesen. Einzig der WWF und Greenpeace als international tätige Organisationen unterhalten eigene Brüsseler Büros, wobei der WWF, im Gegensatz zu Greenpeace, eine enge Zusammenarbeit mit anderen Umweltverbänden anstrebt. Die Koordination der EU-Arbeit der deutschen Umweltorganisationen, auch gegenüber dem Europäischen Umweltbüro (EEB) als gemeinsamem Lobby-Dachverband der europäischen Umweltverbände, ist 1992 durch die Einrichtung einer nationalen Koordinationsstelle für die Europaarbeit beim DNR bedeutend verbessert worden.

648. Auf Bundesebene gab es bis Ende der achtziger Jahre nur wenig Zusammenarbeit. Zwischen den Vorständen und Funktionsträgern der verschiedenen Verbände herrschte Distanz. Der bislang letzte offen ausgetragene Konflikt zwischen den großen Umweltverbänden entzündete sich an der Namensänderung des damaligen Deutschen Bundes für Vogelschutz (DBV) zwischen diesem und dem BUND. Inzwischen existiert zumindest eine engere Zusammenarbeit von BUND, NABU und WWF sowohl auf Geschäftsführungsebene als auch auf einigen Fachebenen (vgl. SCHENKLUHN, 1990, S. 153). Greenpeace ist an einer Zusammenarbeit offensichtlich wenig interessiert, was sich auch aus seiner gegenüber den anderen Organisationen deutlich unterschiedlichen Organisationsstruktur als „Bewegungsunternehmen" und aus seiner spezifischen Strategiewahl (professionelle Öffentlichkeitskampagnen zu ausgewählten Schwerpunktthemen) erklärt. Rolle und Aufgaben des DNR als nationale Koordinationsinstanz sind umstritten (Ökologische Briefe 4/1995, S. 3).

649. Auf Länderebene ist die Zusammenarbeit in Ostdeutschland aufgrund der gemeinsamen Kulturbundtradition der Verbände im allgemeinen besser entwickelt als in den westlichen Bundesländern. Ganz unterschiedlich kooperieren die Verbände auf regionaler Ebene. Insgesamt fällt den Verbandsvertretern hier die Zusammenarbeit derzeit noch schwerer als auf Länder- oder Bundesebene. Nicht selten kam es hier zu einer harten Konkurrenz um öffentliche Anerkennung und zu gegenseitiger Behinderung. Diese Tendenzen haben allerdings in jüngster Vergangenheit stark nachgelassen und sind in einigen Orten und Regionen einer guten Zusammenarbeit gewichen. Fatale Auswirkungen auf Effizienz und Glaubwürdigkeit der Umweltverbände hat die fehlende Kooperation bei der Bearbeitung von Stellungnahmen zu Planungsverfahren gemäß § 29 BNatSchG. Der hieraus entstehende Abstimmungsbedarf hat in einigen Regionen mittlerweile zu Versuchen geführt, Kommunikation und Zusammenarbeit zwischen den Verbänden durch verbandsübergreifende Arbeitskreise oder informelle Gesprächsrunden zu verbessern.

650. Die nach wie vor bestehenden erheblichen Kooperationsdefizite bis hin zur Verweigerung der Zusammenarbeit stehen einer effizienten Vermittlung von Umweltinteressen in hohem Maße im Wege (vgl. Beirat für Naturschutz und Landschaftspflege beim BMU, 1994; FLASBARTH, 1993). Allerdings wäre es kurzsichtig, die Vielfalt und Ausdifferenziertheit der Umweltverbändelandschaft als Ursache der mangelnden Zusammenarbeit zu identifizieren und voreilig den Schluß zu ziehen, die Umweltverbände könnten durch Fusion ihren Einfluß erhöhen. Vielmehr ist die Pluralität des Verbändespektrums eine wichtige Voraussetzung für die Bündelung von Umweltinteressen, die die Mitglieder verschiedenster Sozialmilieus verfolgen. Allerdings können mangelnde Kooperation und häufige Konflikte diesen Vorteil der Pluralität zunichte machen. Ursachen für solche Konflikte zwischen den Verbänden liegen (vgl. RUCHT, 1989, S. 76 ff.)

– in der Entstehungsgeschichte von Verbänden,

– in einer starken Konkurrenz um öffentliche Aufmerksamkeit,

– in unterschiedlichen Handlungsstrategien, deren Berechtigung wechselseitig bestritten wird,

– in einer unterschiedlichen Beurteilung des situativen Kontextes und

– in einem Mangel an zwischenverbandlicher Kommunikation. Vor allem auf Länder- und lokaler Ebene fehlen Kommunikationsforen.

651. Als problematisch wird von Vertretern der primären Umweltschutzverbände weiterhin die Zusammenarbeit mit sogenannten Nutzerverbänden („sekundäre" Naturschutzverbände, z. B. Angler, Jäger, Wanderer) angesehen, die in vielen Bundesländern als Landespflegeorganisationen gemäß § 29 BNatSchG anerkannt sind. Die häufigen Konflikte machen sich meist fest an unterschiedlichen Ansichten über die Umweltverträglichkeit bestimmter Formen der Naturnutzung (z. B. Abschußquoten, Fischerei in Naturschutzgebieten usw.). Auf Kritik primärer Umweltschutzverbände stoßen ferner die zum Teil engen Verflechtungen zwischen Nutzerverbänden und politischen Institutionen. Im Gegensatz zu den primären Umweltverbänden vertreten die Nutzerorganisationen kaum die Idee eines umfassenden Umweltschutzes, die aus der Umweltbewegung stammt. Dies zeigt sich nicht nur in Grundsatzfragen, wie etwa der Opposition des Deutschen Jagdschutzverbandes gegen das von den Umweltverbänden geforderte Verbandsklagerecht, sondern zum Beispiel auch in Stellungnahmen von Nutzerverbänden zu Planungsvorhaben. Die Politik der Anerkennung von Nutzerverbänden nach § 29 BNatSchG schwächt damit die Position der Nicht-Nutzer-Verbände. Hinzu kommt ein teilweise erhebliches Fachkompetenzgefälle zwischen Mitgliedern der Umweltschutz- und der Naturnutzerverbände. Andererseits verfügen Nutzerverbände über ein großes Potential naturinteressierter und zum Teil auch im Natur- und Umweltschutz engagierter Mitglieder. Dadurch können sie eine Multiplikatorenfunktion wahrnehmen, auch gegenüber Bevölkerungsgruppen, die von den primären Umweltverbänden nicht erreicht werden.

652. Die primären Umweltschutzverbände ergreifen zum Teil diese Chance, indem sie versuchen, kontinuierlicher mit Nutzer-Verbänden zu kooperieren (z. B. auf regionaler Ebene bei der Abfassung gemeinsamer Stellungnahmen zu Planungsverfahren). Teilweise suchen sie auch nur befristete Sachbündnisse in Einzelfragen, während sie vor allem in den kritischen Fragen der Naturnutzung auch in offene Konfrontation treten. Zunehmend wird letzteres von Mitgliedern der Nicht-Nutzer-Verbände als die angemessenere Strategie angesehen. Sie wollen sich durch die staatliche Anerkennung nach § 29 BNatSchG nicht vorschreiben lassen, mit welchen Verbänden sie zu kooperieren haben.

653. Als Voraussetzungen einer engeren Kooperation der primären Umweltschutzverbände untereinander können genannt werden:

– Bereitschaft zum Dialog und zu einer kritischen Sicht der eigenen Verbandspolitik

– Bereitschaft zu thematischen oder strategischen Arbeitsteilungen sowie möglicherweise Akzeptanz einer soziostrukturellen Spezialisierung eines Verbands auf bestimmte Sozialmilieus: Kein Verband kann kompetent alle Themenbereiche abdecken, Mitglieder aus allen Sozialmilieus rekrutieren und alle Handlungsinstrumente verwenden

– verbesserter Informationsfluß zwischen den Verbänden

– Bereitschaft, Erfolge zu teilen. Dabei müssen Profil und Verdienste der Einzelverbände in der Außendarstellung erkennbar bleiben, da ansonsten die Motivation für verbandliches Engagement schwindet.

654. Den Dachverbänden kommt eine zentrale Rolle bei der Bündelung von Verbandsinteressen zu (vgl. zum Folgenden HEY und BRENDLE, 1994, S. 664 ff.; RUCHT, 1987, S. 246). Funktionen und Aufgaben des DNR sind jedoch seit seiner Gründung umstritten, wobei sich die Streitpunkte inzwischen gewandelt haben. Bis zu Beginn der achtziger Jahre war vor allem die Gütesiegelfunktion des DNR Gegenstand der Auseinandersetzung: Die frühere Dominanz von Nutzer-Verbänden wurde von den primären Natur- und Umweltschutzverbänden als Beeinträchtigung der Identität der Interessen und Ziele und damit auch der Durchsetzungs- und Handlungsfähigkeit des Verbandsumweltschutzes betrachtet. Mittlerweile dominieren im DNR die Nicht-Nutzer-Verbände. Das liegt unter anderem am Ausschluß des Deutschen Jagdschutzverbandes, dem darauf folgenden Austritt anderer Nutzer-Verbände und dem Beitritt einiger primärer Naturschutzorganisationen wie des WWF. Hinzu kommt, daß etliche ursprüngliche Nutzerverbände, so etwa der Deutsche Alpenverein, inzwischen einen Schwerpunkt im Bereich der Naturschutzarbeit entwickelt haben, so daß Polarisierungen nicht mehr im früheren Maße auftreten. Die Gütesiegelfunktion des DNR ist damit aktuell weitaus weniger umstritten als noch zu Beginn der achtziger Jahre.

655. Dies ermöglicht dem DNR seit Mitte der achtziger Jahre, stärker seine Außenfunktion wahrzunehmen und verbandsübergreifende Umweltinteressen in die Öffentlichkeit und in staatliche Entscheidungs- und Planungsprozesse zu vermitteln. Insbesondere bei NABU, BUND und WWF stößt diese Schwerpunktverlagerung aber erneut auf Kritik. Sie kritisieren, daß der DNR seiner Binnenfunktion, dem Informationsaustausch und der Handlungskoordination zwischen den Mitgliederverbänden, nur unzureichend nachkomme und daß er durch sein Auftreten als kollektiver Akteur in Konkurrenz zu den Mitgliedsverbänden gerate und damit der Durchsetzungskraft des Verbandsnaturschutzes schade. Seine knappen Ressourcen würden für die Interessenvermittlung nach außen, die die ressourcenstärkeren Einzelverbände doch effektiver leisten könnten, zu Lasten der internen Aufgaben verbraucht. Diese Diskussion hat zu einer vehementen Strategiedebatte innerhalb des DNR geführt: Die großen primären Umweltverbände wollen die Außenfunktion weitgehend selbst wahrnehmen, während die sekundären Nutzer-Verbände und auch kleinere primäre Naturschutzorganisationen mangels eigener Möglichkeiten daran interessiert sind, auf Bundesebene im Umweltbereich vom DNR vertreten zu werden. Angesichts der bedeutenden Defizite in der Koordination und Zusammenarbeit der Verbände untereinander scheint sich jedoch abzuzeichnen, daß der Binnenfunktion des DNR, also der Koordination und dem Informationsaustausch, aktuell hohe Priorität zukommt. Der DNR würde damit zukünftig stärker als Forum des Dialogs zwischen den Verbänden fungieren, eine Aufgabe, die er auch bisher schon in Teilen wahrnimmt, zum Beispiel über Projektgruppen und den Lobbyrundbrief. Koordination und Informationsaustausch sind dabei sowohl horizontal, also zwischen den Bundesverbänden, als auch vertikal, zwischen europäischer und Bundesebene und zwischen Bundes- und Länderebene, zu verstehen. Nur auf dieser Grundlage können dann im Einzelfall auch Außenfunktionen wahrgenommen werden.

3.3.5 Verhältnis der Umweltverbände zu anderen Interessenverbänden

656. Bis Mitte der achtziger Jahre war das Verhältnis zwischen Umweltverbänden und Gewerkschaften überwiegend konfrontativ. Umweltschutz und die Sicherung und Schaffung von Arbeitsplätzen wurden als Argumente gegeneinander ausgespielt. Seit Ende der achtziger Jahre mehren sich jedoch die Anzeichen für eine Annäherung (SANDER, 1992; TEICHERT, 1992; WOLLENWEBER, 1991). Sie findet ihren Ausdruck in mehreren Spitzengesprächen, dem gemeinsam initiierten Deutschen Umwelttag in Frankfurt und gemeinsamen Erklärungen und Initiativen von Gewerkschaften und Umweltverbänden (z. B. DGB und DNR). Von führenden Verbandsvertretern wird ein umwelt- und arbeitsmarktpolitisches Bündnis zwischen Umweltbewegung und Gewerkschaften inzwischen als wesentlicher Motor umweltpolitischer und sozialpolitischer Innovationen begriffen (z. B. FLASBARTH, 1992 a).

Bisher beschränken sich diese Dialog- und Bündnisversuche jedoch noch auf die Verbandsspitzen; vor Ort und in den Regionen fehlen sie. Bei der Bereit-

schaft, die Anliegen der anderen Seite zu respektieren und Möglichkeiten der Kooperation zu suchen, läßt sich bei Gewerkschaften und Umweltverbänden gleichermaßen ein Gefälle von der Verbandsspitze zur Basis feststellen. An der überwiegend mittelschichtgeprägten Basis der Umweltverbände fehlt in weiten Teilen das Bewußtsein für den Zusammenhang von Umweltfragen mit Beschäftigungs- und Verteilungsproblemen. Milieuunterschiede erschweren das Gespräch. Offenkundig problematisch ist nach wie vor der Dialog mit Gewerkschaften aus Branchen, in denen die Leistungserstellung der Unternehmen zu massiven Umweltproblemen führt (z. B. Chlorchemie und Bergbau, vgl. CLAUS, 1993).

657. Das Verhältnis der Verbände der deutschen Wirtschaft zu den Umweltverbänden ist überwiegend konfliktgeladen und konfrontativ, besonders in Problembranchen wie der Stromerzeugung, der Chlorchemie und der Automobilindustrie (vgl. CLAUS, 1993; RÖSCHEISEN, 1993). Dies schließt aber gemeinsame Einzelinitiativen auf Bundesverbandsebene, wie zum Beispiel die gemeinsame Erklärung der Chemieindustrie und des BUND, nicht aus. Zunehmend finden sich einzelne Wirtschaftsverbände, die aus der Blockadehaltung ausbrechen und bewußt den Dialog mit Umweltverbänden suchen. Dazu gehören zum Beispiel der Bund Junger Unternehmer, die Organisationen Bundesarbeitskreis umweltbewußtes Management (B.A.U.M.) und der Förderkreis Umwelt future als Zusammenschlüsse umweltbewußt wirtschaftender Unternehmen (vgl. VORHOLZ, 1995; OBERHOLZ, 1992). Erst ansatzweise werden dabei Interessen bestimmter Wirtschaftsbranchen von den Umweltverbänden genutzt, um gezielt gemeinsame Umweltbündnisse einzugehen. Ein Beispiel für ein solches Bündnis ist die Zusammenarbeit von Greenpeace und Vertretern der Versicherungsbranche in der Klimapolitik. Partielle, sachbezogene Bündnisse schließen durchaus nicht Konfrontation in anderen Bereichen aus. Aber diese Konfrontation zielt heute nicht mehr – wie zu Zeiten der umweltpolitischen Polarisierung – pauschal auf „die Wirtschaft". Vielmehr suchen die Umweltverbände heute gezielt den Konflikt mit bestimmten Verbänden, Einzelunternehmen oder Managern.

658. Kontakte mit Unternehmern laufen nicht so sehr über die offiziellen Organisationen, sondern über Einzelbeziehungen. Wichtige Quellen zum Aufbau dieser Beziehungen sind:

- Industriesponsoring: Sponsorverträgen geht in der Regel ein umfassender Dialog über Umweltstandards und Umweltpolitik des unternehmerischen Sponsors voraus

- Stiftungen

- Vermarktungsförderung umweltfreundlicher Produkte.

Greenpeace und der WWF, die Umweltverbände mit den derzeit engsten Kontakten zu Unternehmern und zu Vertretern ihrer Verbände, verfolgen unterschiedliche Strategien wechselnder Umweltbündnisse mit diesen Akteuren. Greenpeace sucht gleichermaßen die Kooperation mit umweltfreundlichen Unternehmen, wie auch eine massive Konfrontation mit umweltschädigenden Unternehmen und setzt dabei gezielt die Öffentlichkeit als Druckmittel ein. Demgegenüber versucht der WWF, seine Kontakte zur Industrie für eine generelle informelle Kooperation zu nutzen und durch Vermeiden einer offenen Konfrontation zu „pflegen".

659. Da die Landwirtschaft von den Umwelt- und Naturschutzverbänden als Hauptverursacherin des Arten- und Biotopverlustes angesehen wird (s. a. SRU, 1996), war das Verhältnis zu den Akteuren des Agrarsektors in der Vergangenheit ausgesprochen polarisiert. Während auf Bundesebene mit dem Deutschen Bauernverband kaum Dialoge zustandekommen, beginnt sich auf der unteren und mittleren Ebene (Einzelbetriebe, Landwirtschaftskammern, Kreisbauernverbände usw.) seit Mitte der achtziger Jahre eine Fülle von Kontakten zu entwickeln, die zu wichtigen Anknüpfungspunkten künftiger Bündnisse werden können. Zunehmend engere Kontakte bestehen zu Alternativbetrieben, Vermarktungsinitiativen und Erzeugergemeinschaften, aber auch etwa zur Landjugendbewegung. Integrale Entwicklungsprogramme für den ländlichen Raum, vor allem im Rahmen der Biosphärenreservate in Ostdeutschland, erweisen sich ebenso als Katalysatoren der Zusammenarbeit wie die vielerorts auf Landkreisebene entstehenden Landschaftspflegeverbände. Sie tragen wesentlich zum Abbau von Vorbehalten und Polarisierungen bei.

660. Dennoch werden nach wie vor die gemeinsamen Interessen von Landwirtschaft und Umwelt- und Naturschutz zu wenig wahrgenommen. Die pauschale Verurteilung „der Bauern" ist an der Basis der Verbände erst in Ansätzen einer differenzierteren Sichtweise gewichen, die unterschiedliche Interessenlagen innerhalb der Landwirtschaft selbst zur Kenntnis nimmt. Nicht selten verkennen Umweltverbandsvertreter, die aus städtischen Dienstleistungsmittelschichten kommen, die prekäre wirtschaftliche und soziale Situation der bäuerlichen Landwirtschaft. Hier spiegelt sich auch ein latenter Stadt-Land-Konflikt wider. Eine Voraussetzung für Bündnisse von Umweltschützern und Vertretern der Landwirtschaft ist daher, daß innerhalb der Umweltverbände die Probleme ländlicher Räume und ihrer Bewohner besser in ihrer umfassenden soziokulturellen und sozioökonomischen Dimension wahrgenommen werden. Anders als im Bereich der Industrie, wo Bündnisse meist von „oben" initiiert werden, bietet sich dabei in der Landwirtschaftspolitik die Chance, daß Bündnisse von der lokalen Ebene und den dort gesammelten Erfahrungen in der praktischen Zusammenarbeit ausgehen und so verstärkt Initiativen von „unten", sowohl in den Umwelt- und Naturschutzverbänden als auch in der Bauernschaft, gesellschaftlich wirksam werden.

3.3.6 Einfluß der Umweltverbände auf die öffentliche Meinung

661. Auf den ersten Blick scheinen die Rahmenbedingungen für eine erfolgreiche Öffentlichkeitsarbeit der Umweltverbände günstig zu sein, da Umweltthemen in der politischen Öffentlichkeit im großen und

ganzen eine gute Resonanz haben. Allerdings erschweren etliche Faktoren die Öffentlichkeitsarbeit im Umweltbereich.

Die Umweltberichterstattung der Medien ist vielfach einzelfall-, katastrophen-, personen- und skandalorientiert, und dies sowohl in den Printmedien als auch in Rundfunk und Fernsehen (KRÄMER, 1986; THORBRIETZ, 1986). Diese Weise der Berichterstattung vermag zwar auf Umweltprobleme aufmerksam zu machen, macht es aber schwierig, komplexe Lösungsvorschläge ohne Verkürzung in die Öffentlichkeit zu lancieren und differenziert zu diskutieren. Anders als in den angelsächsischen Ländern (LOWE und GOYDER, 1983) gibt es in der Bundesrepublik kaum eigene Umweltressorts innerhalb der Redaktionen. Umweltberichterstattung war noch Mitte der achtziger Jahre in der hierarchischen Ordnung der Zeitungsredaktionen ganz unten angesiedelt (KRÄMER, 1986). Erst allmählich verbessert sich die strukturelle Verankerung der Umweltthematik in den Medienredaktionen durch die Einrichtung von Umweltrubriken und durch die Arbeit einzelner Journalisten, die auf Umweltthemen spezialisiert sind (VOSS, 1990, S. 136 ff.). Insgesamt haben es die umweltpolitischen Akteure jedoch nach wie vor mit zwar interessierten, aber wenig fachkundigen Medienvertretern zu tun. Greenpeace nutzt diese Schwäche in seiner hochprofessionellen Öffentlichkeitsarbeit dazu, der medialen Umweltberichterstattung selbst die Inhalte und Positionen sowie sogar die Themenauswahl vorzugeben (ROSSMANN, 1993). Für die finanziell und personell weniger gut ausgestattete Öffentlichkeitsarbeit der meisten anderen Umweltverbände birgt die mangelnde umweltpolitische Kompetenz von Medienvertretern eher die Gefahr, daß Verbandspositionen mißverstanden oder verkürzt wiedergegeben werden.

662. Aus den Zeiten des polarisierten Diskurses rührt die nach wie vor hohe Öffentlichkeitsorientierung der Verbände. Obwohl die direkten und symbolischen Aktionen immer wieder – wenn auch für kurze Zeit – den Bildschirm bestimmen, so gewinnen doch traditionelle Formen der Übermittlung von Informationen und Positionen über die Medien insgesamt an Gewicht. Stellenwert und Professionalisierungsgrad der Öffentlichkeitsarbeit sind jedoch je nach Organisation sehr unterschiedlich. Ausgesprochen hoch ist der Professionalisierungsgrad bei Greenpeace (vgl. ROSSMANN, 1993; KUNZ, 1991; REISS, 1989). BUND und NABU hingegen beschäftigen erst seit Ende der achtziger Jahre einen eigenen hauptamtlichen Öffentlichkeitsreferenten in ihren Bundesgeschäftsstellen (CORNELSEN, 1991). Auf Länderebene muß die Pressearbeit meist von Landesgeschäftsstellenmitarbeitern „nebenher" geleistet werden, ebenso auch bei der DNR-Geschäftsstelle. Vor Ort wird sie von ehrenamtlichen Kräften und dementsprechend oft wenig professionell erledigt. An persönlichen, kontinuierlichen Kontakten zu Journalisten und Redaktionen, einem wichtigen Faktor bei der Auswahl von Meldungen, mangelt es häufig. Eine Kooperation der Verbände in ihrer Pressearbeit findet sich erst in Ansätzen in Form gemeinsamer Pressemitteilungen von BUND, NABU und

WWF auf Bundesebene. Die Furcht, durch Kooperation in der Öffentlichkeitsarbeit eigenes Profil zu verlieren, überwiegt häufig gegenüber der Einsicht in die Notwendigkeit, öffentliches Auftreten aufeinander abzustimmen.

663. Gerade im Zusammenhang mit der Öffentlichkeitsarbeit ist zu erwähnen, daß die finanziellen Ressourcen der Umweltverbände eng begrenzt sind. Dies dürfte vielfach den Aufbau effektiver Öffentlichkeitsabteilungen in den Verbandszentralen nicht zulassen. Ferner scheinen die Defizite in der Öffentlichkeitsarbeit auch in einer – im Vergleich zu angelsächsischen Organisationen – starken Betonung der grundsätzlichen und wissenschaftlich-thematischen Arbeit der deutschen Umweltverbände begründet zu sein. So wird die Stärke deutscher Umweltschützer in konzeptionellen Arbeiten und in der Formulierung von Grundsatzpositionen gesehen, während ihnen in der strategischen Umsetzung und der einzelfallbezogenen Vermittlung eklatante Schwächen nachgesagt werden (vgl. HEY und BRENDLE, 1994; BRENDLE und HEY, 1993). Damit hängt zusammen, daß in den deutschen Umweltverbänden viele Naturwissenschaftler, aber wenige PR- und Medienfachleute beschäftigt sind.

664. Neben der Aneignung eigener fachlicher Kompetenz ist es für die Handlungsfähigkeit von Umweltverbänden entscheidend, wie stark sie in die verschiedenen für den Umweltschutz relevanten Fachdiskurse mit einbezogen sind, inwieweit sie deren Fragestellungen mitbestimmen und fachwissenschaftliche Resultate in die öffentliche Debatte und das intermediäre Vermittlungssystem einbringen können. In dem Maße, wie Umweltverbände aktiv in Fachdiskurse einbezogen sind, können sie eine Rolle als Mittler zwischen Fachöffentlichkeit und politischer Öffentlichkeit wahrnehmen und so dazu beitragen, daß wissenschaftliche Erkenntnisse in politische Entscheidungen einfließen.

665. Im Bereich des Umweltschutzes hat sich in Westdeutschland früh das umweltpolitische Engagement von umweltrelevanten wissenschaftlichen Diskursen (Grundlagenforschung, Faunistik usw.) weit entfernt. So sind bis heute die Fachverbände – und damit zum Teil auch die Fachpresse – von den Naturschutzverbänden weitgehend getrennt, auch wenn personelle Schnittstellen bestehen. Die Folge war häufig eine mangelnde fachliche Fundierung von Naturschutzinitiativen. Eine ganze Reihe institutioneller Innovationen innerhalb und außerhalb des Verbändespektrums haben seit den achtziger Jahren jedoch zu einer besseren Verbindung der Umweltverbände zu den wissenschaftlichen Fachöffentlichkeiten geführt – und zwar sowohl im Naturschutzbereich als auch auf dem Gebiet des technischen Umweltschutzes. Innerhalb des Verbandssektors gab es mehrere Innovationen, die den Zugang von Verbandsakteuren zu wissenschaftlichen Teilöffentlichkeiten gefördert haben, so zum Beispiel die Gründung von Facharbeitskreisen innerhalb der Verbände und die zunehmende fachliche Ausdifferenzierung innerhalb des Verbändespektrums etwa in den Bereichen Energie, Landwirtschaft und Verkehr.

666. Aber auch institutionelle Innovationen außerhalb oder am Rande des Verbändespektrums haben Verbindungen zwischen verbandsinternen Öffentlichkeiten und wissenschaftlichen Fachöffentlichkeiten gefördert:

– die Gründung von Ökoinstituten, die überwiegend unter dem Dach der AGöF (Arbeitsgemeinschaft ökologischer Forschungsinstitute) vereint sind (vgl. MÜSCHEN, 1988)

– das Aufkommen neuer, unabhängiger Fachzeitschriften der politischen Ökologie („Politische Ökologie", „Ökologische Briefe"), ein Indiz für den wachsenden Einfluß umweltpolitisch engagierter Akteure in den wissenschaftlichen Fachöffentlichkeiten

– die Entstehung staatlicher Bildungseinrichtungen (z. B. Umwelt- und Naturschutzakademien), deren Veranstaltungen auch den Austausch zwischen Mitgliedern beziehungsweise Repräsentanten der Verbände und externen Wissenschaftlern fördern

– die Formierung lockerer Fachnetzwerke quer zu den Verbänden, z. B. das „Agrarbündnis" oder die „Arbeitsgruppe ökologische Wirtschaftspolitik", deren Teilnehmer vielfach Mitglieder der Umweltverbände sind

– die Zunahme gemeinsamer oder aufeinander abgestimmter Stellungnahmen von Vertretern der Umweltverbände und Wissenschaftlern (z. B. jüngst die gemeinsame Stellungnahme des BUND und der „Arbeitsgruppe ökologische Wirtschaftspolitik" zur Energiepolitik)

– der Ausbau der Zusammenarbeit und die personellen Überschneidungen zwischen Planungsbüros und Umweltverbänden

– die Gründung von Anwaltskanzleien mit Schwerpunkt Umweltrecht, die in enger Kooperation mit Umweltverbänden agieren

– die Zusammenarbeit mit dem Deutschen Institut für Normung (DIN)

– die Zulassung von nichtregierungsamtlichen Organisationen in staatlichen internationalen Gremien seit der Konferenz für Umwelt und Entwicklung der Vereinten Nationen 1992 in Rio de Janeiro.

3.3.7 Einfluß der Umweltverbände auf die staatlichen Entscheidungs- und Planungsprozesse

667. Zum Erbe der Polarisierungsphase gehört, daß sich einige Vertreter der Umweltverbände und der staatlichen Administration nach wie vor distanziert und mißtrauisch gegenüberstehen (vgl. MÖLLER, 1993, 1992; WEINZIERL, 1991; ERZ, 1989). Auch existieren zwischen Umweltbehörden und Umweltverbänden, zumindest in Westdeutschland, wenig personelle Schnittstellen, ganz anders als dies beispielsweise zwischen staatlichen Verwaltungen und Wirtschaftsverbänden der Fall ist. Viele Vertreter der Administration sehen in den Aktivitäten der Umweltverbände eher eine Behinderung des Verwaltungsablaufs und neigen dazu, deren Repräsentanten aus allen Entscheidungs- und Planungsprozessen auszugrenzen, bei denen sie keine institutionalisierten Mitwirkungsrechte haben. Umgekehrt betrachten viele Verbandsvertreter die Behörden oft noch pauschal als Gegner und suchen in ihnen nicht nach möglichen Bündnispartnern. Trotzdem gewinnen in neuester Zeit vor allem bei den großen Umweltverbänden auf allen Ebenen die intermediären Handlungsinstrumente ein größeres Gewicht. Die Zusammenarbeit zwischen Vertretern der Verbände und den Verwaltungen verbessert sich, reguläre Arbeitskontakte bilden sich vor allem mit den Umweltbehörden, aber auch teilweise mit Landwirtschafts- oder Forstverwaltungen heraus. Die gesetzlich verankerten Mitwirkungsmöglichkeiten über das Beteiligungsverfahren gemäß § 29 BNatSchG und über die Landespflegebeiräte führen dazu, daß auch informelle Kontakte geknüpft werden.

668. Die Verbände greifen für die unterschiedlichen Ebenen der Administration verschieden stark auf die intermediären Handlungsinstrumente zurück. Auf EU- und Bundesebene wurde seit Mitte der achtziger Jahre, einhergehend mit der Professionalisierung der Verbandszentralen, vor allem die Lobbyarbeit stark forciert. Auf der Ebene der Bundesländer ist die Entwicklung höchst unterschiedlich, die Lobbyarbeit ist im Vergleich zu den beiden vorgenannten Ebenen weniger entwickelt. Auf regionaler Ebene ist sie im allgemeinen unzureichend. Vor allem mangelt es an effizienter Lobbyarbeit bei den relativ einflußreichen Kommunalparlamenten und Gemeinderäten, die häufig umweltrelevante Planungsentscheidungen initiieren; hier beherrschen lokale Bürgerinitiativen das Feld.

Vorbehalte in den Umweltverbänden gegenüber intermediären Handlungsformen haben dazu beigetragen, daß erst Anfang der neunziger Jahre die deutschen Umweltverbände eine professionelle EU-Lobbyarbeit aufgebaut haben. Wichtig war in diesem Zusammenhang besonders die Einrichtung einer Koordinationsstelle für die EU-Arbeit beim DNR, durch die eine stärkere Abstimmung der Europaaktivitäten der deutschen Umweltverbände möglich wurde. Nach wie vor haben die deutschen Umweltverbände jedoch noch einige Schwierigkeiten, sich in den anders als in Deutschland organisierten Prozessen der Meinungsbildung, Entscheidung und Planung auf EU-Ebene zurechtzufinden. Stärker als in Deutschland sind die Entscheidungsstrukturen der EU-Administration durch eine Dominanz der Exekutive und durch Verbände-Lobbying geprägt. Mit dem Defizit einer vitalen Öffentlichkeit für die Entscheidungen auf EU-Ebene erschwert dies das öffentlichkeitsorientierte und auf die Bearbeitung von Grundsatzfragen ausgerichtete Engagement der deutschen Umweltverbände. Mehr Wirkung hat deshalb bisher die pragmatische, kompromißorientierte Lobbyarbeit britischer und niederländischer Organisationen gezeigt (BRENDLE und HEY, 1993).

669. Die deutschen Umweltverbände sind, anders als etwa in den Niederlanden (HEY und BRENDLE, 1994) oder der Schweiz (KNOEPFEL, 1989), noch davon entfernt, sich als eine Lobby zu verstehen, die in den Kontakten mit der übrigen staatlichen Administration die Vorhaben der Umweltbehörden unterstützt. Verbandsmitglieder übertragen ihr allgemeines Mißtrauen gegenüber staatlichen Administrationen auch auf Umweltverwaltungen, durchschauen oft nicht in aller Breite die behördeninternen Zuständigkeiten und die mehr oder weniger schwache Machtposition der Umweltverwaltung. Erst vereinzelt betrachten sich die Umweltverbände als Kooperationspartner der Umweltverwaltung.

670. Angehörige der Umweltverwaltungen klagen ihrerseits darüber, daß die Umweltverbände überzogene Erwartungen hätten, sie kaum unterstützten oder ihnen gar öffentlich „in den Rücken fielen", in ihrer fachlichen Beratung mangelhaft seien und sich nicht um verwaltungsinterne Abläufe kümmerten (vgl. MÖLLER, 1993). Ein Problem stellt für Umweltverwaltungen die mangelnde Koordination der Verbände bei ihren intermediären Aktivitäten dar. Dadurch werden vor allem die unteren und mittleren Verwaltungsebenen von den Mitgliedern unterschiedlicher Umweltverbände mit einer Fülle von Detailproblemen und damit auch Erwartungen überhäuft. Absprachen über Hauptziele und Schwerpunktsetzungen gibt es nur selten. Die personellen Verflechtungen zwischen Umweltbehörden und Umweltverbänden sind im Vergleich zu anderen Politikbereichen gering. Im Unterschied zu anderen Verwaltungsressorts gelten bei Stellenbesetzungen in der Umweltverwaltung Verbandsaktivitäten bisher nicht als Qualifikationskriterium, sondern eher als Hindernis (ERZ, 1989). Insgesamt erkennen viele Mitarbeiter der Umweltbehörden noch zu wenig, welche Chancen für sie in einer engeren Zusammenarbeit mit den Umweltverbänden liegen.

671. Unübersehbar befindet sich das Verhältnis zwischen Umweltverwaltung und Umweltverbänden aber im Wandel hin zu einem Kooperationsmodell: So begleiten Umweltverbände zunehmend die Umwelt- oder Naturschutzvorhaben der Umweltverwaltung mit einer Öffentlichkeitsarbeit, die Unterstützung mobilisieren soll. Umgekehrt bemühen sich die Umweltbehörden, Anliegen der Verbände innerhalb der staatlichen Administration zu fördern. Dies und der Aufbau informeller Kontakte können als Anzeichen einer beginnenden Normalisierung im Verhältnis zwischen gesellschaftlichen und staatlichen Umweltakteuren gewertet werden. Voraussetzung für eine weitere Verbesserung der Zusammenarbeit von Umweltverwaltungen und Umweltverbänden ist jedoch eine solide finanzielle Grundausstattung der Verbände, ohne die diesen eine fachlich fundierte Mitwirkung an staatlichen Entscheidungen und Planungen nur unzureichend möglich ist.

672. An der Beteiligung der Verbände an Planungsverfahren gemäß § 29 BNatSchG können die grundsätzlichen Probleme im Umgang zwischen staatlicher Verwaltung und Umweltverbänden exemplarisch verdeutlicht werden (vgl. WEIGER, 1987): Die Verbände werden in der Regel erst sehr spät am Planungsprozeß und somit nicht an der frühen Phase der vorausgehenden Entscheidungsfindung beteiligt. Wo es ihnen dann gelingt, Planungsvorhaben noch zu verhindern oder deren Realisierung zumindest hinauszuzögern, erscheinen sie häufig nur als destruktive Verhinderer. Ein konstruktiver Beitrag wäre demgegenüber nur durch eine Mitwirkung der Umweltverbände auch bei der gesamten Planung beziehungsweise bei dem vorausgehenden Entscheidungsprozeß in den Phasen der Programmformulierung von Vorhaben möglich. Durch die späte Beteiligung der Verbände schaffen sich Verwaltungen häufig weitreichende Handlungsspielräume (SAND-HÖVEL, 1994, S. 239 f.). Die Erarbeitung der Stellungnahmen bindet zudem bei den Verbänden gewaltige personelle Ressourcen, die dann für andere Aufgaben der Interessenvermittlung (z. B. Öffentlichkeits- und politische Lobbyarbeit) fehlen. Dabei fungieren ohnehin die Vertreter der Umweltverbände meist nur als geduldete Berater der Verwaltung. Da sie aus Zeitmangel meist eine die Planung kritisch begleitende Öffentlichkeitsarbeit vernachlässigen, fehlt ihnen zunehmend der öffentliche Rückhalt als „Drohpotential", um entscheidende Planungsänderungen durchzusetzen. Darüber hinaus gibt in der Regel jeder Verband zu jedem Verfahren seine eigene, mit den anderen Verbänden nicht abgestimmte Stellungnahme ab. Nicht selten widersprechen sich dabei die einzelnen Stellungnahmen und schwächen so die Glaubwürdigkeit des verbandlichen Umwelt- und Naturschutzes – ein Musterbeispiel für Ineffizienzen aufgrund einer mangelnden Kooperation der Verbände untereinander.

3.3.8 Ziele der Umweltverbände für den wirtschaftlichen und sozialen Handlungsbereich

673. Hinsichtlich der Einstellung zur Marktwirtschaft zeichnet sich innerhalb der Umweltverbände ein tiefgreifender Bewußtseinswandel ab. Kennzeichnete den polarisierten Umweltdiskurs das Denkmuster eines grundsätzlichen, unaufhebbaren Konfliktes zwischen Ökonomie und Ökologie, so hat sich mittlerweile in den Umweltverbänden weitgehend die Auffassung durchgesetzt, nicht die Marktwirtschaft an sich, sondern falsche wirtschaftliche Rahmenbedingungen seien die Ursache von Umweltschädigungen. Die Umweltverbände haben weitgehend ihre ursprünglich grundsätzlich ablehnende Haltung gegenüber Wirtschaftsinteressen revidiert und sich die Forderung nach einem ökologischen Umbau des bestehenden Wirtschaftssystems zu eigen gemacht (vgl. OBERHOLZ, 1990). Zunehmend erheben die großen primären Umweltverbände das Leitbild einer „dauerhaft-umweltgerechten" oder „zukunftsfähigen" Entwicklung explizit zu ihrem übergreifenden Handlungsziel.

674. Von den Umweltverbänden vergebene Gutachten und von ihnen erstellte Informationsschriften nehmen in starkem Maße auf das Leitbild einer „dauerhaft-umweltgerechten", „nachhaltigen" oder „zukunftsfähigen" Entwicklung Bezug und reflektieren etwa den Zusammenhang zwischen umfassendem Umweltschutz einerseits, Beschäftigung und Verteilung andererseits. So wurde vom BUND und der katholischen Entwicklungshilfeorganisation Misereor gemeinsam eine breit angelegte Studie in Auftrag gegeben und im Oktober 1995 der Öffentlichkeit vorgestellt. Der NABU hat eine Informationsschrift mit dem Titel „Entwicklungsland Deutschland? Denkanstöße für eine zukunftsfähige Gesellschaft" herausgegeben (NABU, 1994). Zielrichtung ist eine „ökologisch-soziale Marktwirtschaft", wie sie von den deutschen Umweltverbänden auf ihrem ersten gesamtdeutschen Kongreß 1990 in Leipzig propagiert (OBERHOLZ, 1990) und wie sie dann vom BUND und vom Bund Junger Unternehmer in einem gemeinsamen Positionspapier konkretisiert worden ist (BUND, 1993, S. 12). Explizit formuliert der Arbeitskreis Wirtschaft des BUND „Sustainability", das heißt nach seinen Worten „die Suche nach einem global verträglichen Lebensstil" (BUND, 1995, S. 28), als Leitbild seines Handelns. Das von Greenpeace in Auftrag gegebene Gutachten des DIW über Ökosteuern wendet sich ausführlich den Beschäftigungs- und Verteilungsfolgen einer solchen Steuer zu, integriert also soziale und umweltpolitische Fragestellungen (vgl. Abschn. 5.3.2.4; BACH et al., 1995; KOHLHAAS et al., 1994).

675. Die Verbindung ökologischer und sozialer Fragestellungen unter dem Paradigma dauerhaft-umweltgerechter Entwicklung findet ihren Niederschlag auch in der zunehmenden Zusammenarbeit der Umweltverbände mit Gewerkschaften und Entwicklungsorganisationen. Deutsche Umwelt- und Entwicklungsorganisationen begleiten seit 1992 gemeinsam im „Forum Umwelt und Entwicklung" den UNCED-Nachfolgeprozeß. Das starke Engagement anläßlich des Berliner „Klimagipfels" machte dabei die zunehmend internationale, sich auf globale Problemfelder erstreckende Ausrichtung deutscher Umweltverbände deutlich. Dabei werden „Umwelt" und „Entwicklung" nicht mehr als getrennte Politikfelder, sondern in ihren wechselseitigen Bezügen betrachtet. Kennzeichnend für diese Entwicklung ist auch, daß Naturschutzprojekte etwa des WWF und des NABU in osteuropäischen und sogenannten Dritte-Welt-Ländern zunehmend als integrale Entwicklungsprojekte konzipiert werden, die die materielle Existenzsicherung der Bevölkerung ebenso mit einbeziehen wie etwa die Notwendigkeit von Fortbildungsmaßnahmen.

676. Die Umweltverbände nehmen mehr und mehr sogenannte Querschnittsthemen auf, in denen sich ökologische, soziale und ökonomische Problemfelder überschneiden. Zu diesen gehören etwa die Klimapolitik, die Änderung des Steuersystems und die integrale Entwicklung des ländlichen Raums. Bemerkenswert ist, daß diese neue verbandliche Ausrichtung auch von Umweltverbänden mit ursprünglich stark sektoraler naturschutzbezogener Zielsetzung mitgetragen wird. Der NABU (1995, S. 45) formuliert zum Beispiel in seinem „Grünbuch zum 2. Europäischen Naturschutzjahr 1995" das Leitbild eines „querschnittsorientierten Naturschutzes" mit dem Ziel, „Diskussionen um eine Neuausrichtung der Wirtschafts- und Gesellschaftspolitik (zu) initiieren". Diese Schwerpunktverlagerung findet keineswegs nur in den Programmen der Verbände ihren Niederschlag, sondern wird auch regional umgesetzt, etwa durch die Beteiligung von Umweltverbänden an der

Konzeption und Realisierung der Biosphärenreservate oder durch integrale Nutzungskonzepte für Naturparke.

Stellten bis in die achtziger Jahre hinein Bewahrung und Schutz der Natur beziehungsweise die Verhinderung von Naturzerstörung die Leitlinie des umweltverbandlichen Handelns dar, so zeichnet sich mehr und mehr eine dauerhaft-umweltgerechte Entwicklung als neues Handlungsparadigma ab. Ziel ist nicht mehr allein der Schutz der Natur gegen anthropogene Eingriffe, sondern eine kultivierende Nutzung der Natur, die menschliche Lebensqualität mit einem möglichst hohen Maß an Arten- und Biotopvielfalt verbindet. Der NABU (1995) fordert daher einen „dynamischen", das heißt Entwicklungsprozesse bejahenden, und „nutzungsintegrierten" Natur- und Umweltschutz als Leitlinie künftiger Naturschutzpolitik.

677. Daneben bestehen jedoch weiterhin, wenn auch mit deutlich abnehmender Tendenz, fundamentalistisch ausgerichtete Strömungen innerhalb der Verbände fort, die von einem unaufhebbaren Gegensatz zwischen ökonomischem und ökologischem Denken ausgehen und wirtschaftliche Nutzenmaximierung generell ablehnen. Die in der Polarisierungsphase verbreitete Ignoranz gegenüber notwendigen technischen und ökonomischen Entwicklungen zur Vermeidung und Bewältigung von Umweltproblemen findet sich nur noch vereinzelt an der Basis mancher Naturschutzverbände, kaum noch bei verbandlichen Repräsentanten. Wenn sich das Leitbild einer dauerhaft-umweltgerechten Entwicklung von der Führungsebene der Umweltverbände allmählich zur Basis durchsetzt, dann liegt hier ein großes Potential für eine breite Aufnahme dieses Leitbildes (s. Tz. 692).

3.4 Grundlegende Überlegungen zum Spannungsfeld von Interessen- und Überzeugungskonflikten

678. Die vorliegende Analyse der Entwicklungsprozesse, die die deutschen Umweltverbände in den letzten 15 Jahren durchlaufen haben, hat zu dem wichtigen Ergebnis geführt, daß von einer grundsätzlichen Polarisierung zwischen den tragenden gesellschaftlichen Kräften in bezug auf die sich mit der Umweltproblematik stellenden Herausforderungen heute nicht mehr ohne weiteres die Rede sein kann. Die Notwendigkeit der Vernetzung ökologischen, sozialen und ökonomischen Denkens wird mehr und mehr bewußt. Es zeichnet sich also inzwischen eine Konstellation ab, die die Chancen der Umsetzung und Operationalisierung des Leitbildes dauerhaftumweltgerechter Entwicklung deutlich verbessert.

679. Dabei darf man sich freilich nicht der Illusion hingeben, daß es mit dem Ende der generellen Konfrontationen und Richtungspolarisierungen keine umweltrelevanten Konfliktkonstellationen mehr gäbe. Was man vielmehr feststellen kann, ist eine zunehmende Verlagerung der konfliktspezifischen Problemstellungen auf die Einzelfallebene. Hier kann es

dann allerdings auch weiterhin zu tiefgreifenden Dissensen hinsichtlich der einzuschlagenden Lösungswege kommen. So ist an die in hohem Maße öffentlichkeitsrelevanten Auseinandersetzungen zu denken, wie sie heute etwa um die Transporte radioaktiver Abfälle, um Braunkohlentagebaue, Verkehrswegeausbau und neuerdings um die Entsorgung von Ölplattformen geführt werden. Dabei fällt besonders auf, daß diese konkreten Auseinandersetzungen nicht selten mit äußerst öffentlichkeitswirksamen, kalkulierten symbolischen Protestaktionen verknüpft sind, gleichzeitig aber die gesellschaftlichen Frontstellungen und Konfliktlinien – in hohem Maße durchaus in deren Gefolge – wiederum so zerfließen, daß sie sich am Ende kaum mehr eindeutig ausmachen lassen.

680. Wo es um die Notwendigkeit von Lösungen auf der Einzelfallebene geht, scheinen die Probleme alles in allem eher verhandelbar. In Anwendung befindliche Mediationsverfahren und „Runde Tische" vor Ort legen diesen Eindruck in der Tat nahe (vgl. Tz. 61 f.). Dennoch darf dies nicht generalisiert werden. Wo der Einzelfall nicht mehr nur als eine zur Diskussion stehende pragmatische Größe, sondern als Indikator für ein grundsätzliches umweltspezifisches Gefahrenpotential betrachtet wird, werden Verhandlungslösungen, die allen übrigen hier andrängenden und damit im Konflikt liegenden Interessen Rechnung tragen sollen, immer schwerer möglich. So führt etwa, um hier nur ein Beispiel zu nennen, die Einsicht in den ursächlichen Zusammenhang zwischen der Verbrennung fossiler Energieträger und deren globalen klimatischen Auswirkungen am Ende zwangsläufig zur Problematisierung auch der Möglichkeiten ihrer Einzelfallnutzung. Angesichts derart weltweiter Folgen bedarf jede konkrete Nutzung fossiler Energieträger faktisch einer eigenen Rechtfertigung. Genau damit aber sind sich neu aufbauende Dissense in der Beurteilung konkreter Handlungsschritte durchaus vorprogrammiert.

681. Offensichtlich ist also nicht auszuschließen, daß sich gerade in dem komplexen Kontext umweltspezifischer Herausforderungen Konfliktkonstellationen ergeben können, die im konkreten Fall eine für alle Seiten tragfähige Verhandlungslösung unerreichbar erscheinen lassen. Tatsächlich können sie sogar – wie dies zumindest der Konflikt um die friedliche Nutzung der Atomkernenergie gezeigt hat – bis hin zu Formen der Fundamentalopposition gehen. Gerade mit diesen Möglichkeiten des Verhandlungsabbruchs und der Fundamentalopposition aber ist man heute auch in Umweltfragen mit einem Problem konfrontiert, das angesichts seiner grundsätzlichen Bedeutung für das Gemeinwohl einer eigenen Klärung bedarf. Im wesentlichen geht es hierbei um die Unterscheidung von *Interessen- und Überzeugungskonflikten* (KORFF, 1987) sowie um die uns verfügbaren Möglichkeiten der Lösung oder zumindest der Pazifizierung solcher Konflikte.

682. Bei der Analyse von Konfliktkonstellationen, die Verhandlungslösungen im gegebenen Fall unerreichbar erscheinen lassen, stößt man zwangsläufig auf das Phänomen des Überzeugungskonflikts. Dieser ist dadurch gekennzeichnet, daß sich die opponierenden Akteure aus ihrer Sicht uneingeschränkt im Recht glauben, ihr Urteil und ihre Position also mit einem Sollensanspruch geltend machen, der auf einer für unverrückbar gehaltenen Wahrheitseinsicht beruht. Wo immer aber Wahrheit für eine Position reklamiert wird, bleiben Zugeständnisse ausgeschlossen. Wahrheit läßt sich nicht teilen, sie duldet keine Kompromisse. Das ist zunächst das Grundlegende, auch wenn dies für sich alleine die Sache noch nicht zu einem Politikum macht. Divergierende und einander widerstreitende Überzeugungen gehören zur Normalität menschlichen Miteinanders. Sie finden sich in jeder Gesellschaft und erst recht in pluralistischen Gesellschaften. Tatsächlich tragen sie nicht unwesentlich zu deren Lebendigkeit bei und bezeugen zugleich den Wegcharakter aller Wahrheitsfindung. Politische Brisanz gewinnen Überzeugungskonflikte hingegen dort, wo die vertretenen Standpunkte nicht nur miteinander unvereinbar sind, so daß moralische und rechtliche Kompromisse mit der vom jeweils anderen eingenommenen Position als ausgeschlossen gelten, sondern zugleich auch als schlechthin konstitutiv für das Gemeinwohl und deshalb als der jeweils einzig gangbare, unter allen Umständen gesellschaftlich durchzusetzende Weg zur Sicherung dieses Wohls angesehen werden. Erst dies gibt dem Überzeugungskonflikt seine gesellschaftliche Zuschärfung, mit all den Problemen, die sich daraus im Hinblick auf ein gemeinsames, für alle verbindliches Handeln ergeben.

683. Daß sich die Gesellschaft damit vor Herausforderungen gestellt sieht, deren Bewältigung ganz eigene ethische und politische Lösungsstrategien verlangt, läßt ein Vergleich mit jener anderen Form von Konflikten erkennen, die es im gesellschaftlichen Leben noch weitaus häufiger zu bewältigen gilt: dem Interessenkonflikt.

Interessenkonflikte sind von grundsätzlich anderer Struktur als Überzeugungskonflikte. Sie entstehen überall dort, wo Wünsche und Erwartungen der Menschen miteinander kollidieren. Soll es im Austragen solcher Konflikte zu verantwortbaren, den konkurrierenden Interessen Rechnung tragenden Lösungen kommen, bedarf es eines eigenen ethischen Maßstabes. Dieser Maßstab heißt Gerechtigkeit. Er wird herangezogen, wo immer es darum geht, unterschiedliche Ansprüche gegeneinander abzuwägen, jedem das Angemessene zuzuteilen und zu einem fairen Ausgleich zu gelangen. Tatsächlich lassen sich dabei jedoch in vielen Fällen sowohl für den einen als auch für den anderen Anspruch gute Gründe geltend machen. Entsprechend sind dann auch nur Lösungen unter der Voraussetzung möglich, daß die Kontrahenten – wiederum nach Maßgabe der Gerechtigkeit – zu Zugeständnissen bereit sind und einen Teil ihrer Ansprüche zurücknehmen. Hier verwirklicht sich Gerechtigkeit in der Form des fairen Kompromisses. Das Gerechte steht nicht von vornherein fest, sondern wird ausgehandelt. In solchen Fällen lassen Interessenkonflikte je nach Akzentuierung und Gewichtung der hierbei ins Spiel gebrachten unterschiedlichen Erwartungen also auch eine entsprechende Vielfalt von Lösungen zu, die jede für sich zur Herstellung der gesellschaftlichen Handlungseinheit führen können.

684. Genau dies ist im Fall von Überzeugungskonflikten nicht denkbar. Überzeugungskonflikte stehen unter dem unbedingten Anspruch einer Wahrheit, von der man, ohne sich selbst zu verleugnen, nichts aufgeben kann. Wo Überzeugungen aufeinanderstoßen, sind Kompromisse ausgeschlossen. Zu eben dieser Art von Konflikten haben sich nun aber in den letzten beiden Jahrzehnten auch bestimmte Auseinandersetzungen um Umweltfragen verdichtet. Gleichzeitig zeigt sich darin etwas ganz Neues, das diesen Auseinandersetzungen ihre besondere Sprengkraft gibt. Erstmals in der Geschichte sind es bestimmte, genuin technische Möglichkeiten des Menschen, die zum Gegenstand ebenso nachhaltig wie grundsätzlich geführter gesellschaftlicher Überzeugungskontroversen werden. Das galt und gilt vor allem für die vorrangig unter Umweltaspekten geführten *energietechnischen* Kontroversen. Ähnliches könnte schon bald auch für die gesellschaftliche Diskussion um künftige Nutzungsmöglichkeiten des *biotechnischen* Wissens gelten. In dieser generellen Verlagerung von Überzeugungskonflikten auf genuin umwelt- und technikrelevante Problemstellungen liegt ein Novum, das zugleich zu ganz eigenen Lösungsstrategien zwingt.

685. Blickt man in die Geschichte des neuzeitlichen Europas zurück und zieht zum Vergleich Lösungsmodelle heran, die für ähnlich dramatische, sich politisch-gesellschaftlich zuspitzende Überzeugungskonflikte gefunden wurden, so sind vor allem zwei Modelle zu nennen, denen in diesem Zusammenhang eine je eigene paradigmatische Bedeutung zukommt.

Da ist einmal jener fundamentale, sich politisch-gesellschaftlich formierende Überzeugungskonflikt, der mit den Polarisierungen der Reformation aufbrach. Dabei ging es um genuin weltanschauliche Fragen, letztlich um Fragen des Heilsverständnisses, um die Wahrheit über den Menschen *sub specie Dei*. In dieser Wahrheit sah sich die mittelalterliche Gesellschaft nach einem bestimmten vorgegebenen Verständnis verfaßt und zusammengeschlossen. Mit den konfligierenden Überzeugungen der Reformation stand sonach zugleich eben diese religiös-politische Einheit der *societas christiana* auf dem Spiel. Nur so lassen sich die nachfolgenden Religionskriege verstehen, die am Ende freilich keiner der rivalisierenden Parteien den definitiven Sieg über die andere brachten. Dies führte dann schließlich in der weiteren Entwicklung zur Heraufkunft des säkularen, sich weltanschaulich neutral verstehenden Staates. Der Gedanke der politischen Einheit als gleichzeitiger religiöser Einheit wurde zunehmend aufgegeben. Weil sich die religiöse Wahrheit trotz des ihr innewohnenden universellen Anspruchs auf gesamtgesellschaftlicher Überzeugungsebene diese Geltung nicht mehr zu verschaffen vermochte, kam es zu deren Auslagerung aus der Kompetenz des Staates. Das vom Staat zu schützende Gut betrifft nunmehr vorrangig nur noch die Sicherung der Freiheit der religiösen Überzeugung eines jeden einzelnen.

Das daraus zu ziehende Fazit: *politisch-gesellschaftliche Überzeugungskonflikte lassen sich, soll Gewalt ausgeschlossen werden, zwar nicht durch Kompro-*

misse, wohl aber über rechtlich und moralisch gesicherte Formen der Verpflichtung zu gegenseitiger Toleranz lösen.

Der zweite, ganz anders gelagerte, aber nicht minder grundlegende politisch-gesellschaftliche Überzeugungskonflikt erwuchs aus den Folgen des Industrialisierungsprozesses des 19. Jahrhunderts. Die Tatsache, daß es wesentlich die eingesetzten Produktionsmittel sind, die der zu investierenden menschlichen Arbeit erst die ihr eigene Produktivität verleihen, ließ die Frage nach dem Verfügungs- und Eigentumsrecht über diese Produktionsmittel zu einer politischen Schlüsselfrage werden. Es stellt sich nämlich die Frage, bei wem das Recht auf diese Art von Eigentum originär liegt, beim einzelnen mit seiner unternehmerischen Dynamik oder bei der Gesamtheit aller gesellschaftlichen Subjekte, für die die Güter dieser Erde letztlich bestimmt bleiben müssen. Die Welt hat sich über diese Frage in unserem Jahrhundert bekanntlich in einander polarisierende Blöcke gespalten. Worin man hier divergierte, ließ sich nicht mehr unter dem Dach ein und derselben politischen Ordnung zusammenbringen, wie dies noch in der Religionsfrage möglich war.

Hier ist das Fazit: *Die Regelung dieser Eigentumsfrage stellte sich, zumindest noch bis gestern, in der Weise eines unüberbrückbaren politisch-gesellschaftlichen Überzeugungskonfliktes dar, der lange Zeit zu jener Politik der Abschreckung geführt hat, die das Verhältnis der beiden Blöcke zueinander bestimmen sollte, als Form unerbittlicher Nötigung zur Koexistenz im Sinne gegenseitiger Toleranz.*

686. Vor diesem Hintergrund stellt sich die Frage, welcher Stellenwert nun aber jenen sich in unserer Gegenwart abzeichnenden *neuen* politisch-gesellschaftlichen Überzeugungskonflikten zukommt, in denen es weder um letzte weltanschauliche Wahrheiten noch um grundlegende politisch-ökonomische Ordnungen geht, sondern um konkrete Formen eines technisch hochorganisierten Umgangs mit der Natur. Eines ist jedenfalls gewiß: Für die Bewältigung dieser Art von Konflikten ist *keine* der beiden vorgenannten Lösungsstrategien tauglich. Umweltpolitische Polarisierungen lassen sich nicht dadurch gesellschaftlich bewältigen, daß der Staat hier auf Neutralität abstellt und die Kontrahenten zu gegenseitiger Toleranz verpflichtet, aber auch nicht dadurch, daß sich die Kontrahenten durch Schaffung eigener staatlich-politischer Systeme voneinander absetzen und sich so gegenseitig unangreifbar machen. Die Fragen eines durch die Erschließung immer neuer technischer Möglichkeiten veränderten Umgangs mit der Natur haben offensichtlich nicht denselben Stellenwert wie Fragen des religiösen Glaubens oder Fragen des politischen Ordnungssystems: Wie wir mit der Natur umgehen und was wir aus ihr machen, muß konsensfähig sein, weil alle damit leben müssen, am Ende die ganze Menschheit.

687. Unter dieser Voraussetzung aber scheint zunächst nur ein einziger Lösungsweg offen: die Verständigung in der Sache. Im Prinzip erscheint solche Verständigung auch erreichbar. Die hierfür auf dem Hintergrund des Leitbildes dauerhaft-umweltgerech-

ter Entwicklung heranzuziehenden allgemeinen ethischen Maßstäbe der Sozialverträglichkeit und der Umweltverträglichkeit sind letztlich jedermann einsichtig. Einsichtig ist ferner auch, daß es sich bei allen hier virulenten konkreten Konfliktstoffen nicht um Mysterien handelt, sondern um durchaus aufklärbare und konsensfähige Sach- und Entscheidungszusammenhänge. Darauf muß die ganze Diskussion abgestellt werden. Hierzu gehören vor allem Geduld, Redlichkeit, Lernoffenheit und Korrekturbereitschaft, und zwar auf allen Seiten. Jede Beschönigung, aber auch jede Aufblähung von Risiken, jede Verharmlosungs-, aber auch jede Verteufelungsstrategie, überhaupt jede selektive Informationssteuerung ist hier von Übel. Gefordert ist entsprechend die Fortentwicklung von Sachkompetenz und ethischem Verantwortungsbewußtsein, die Fähigkeit zu Risikowahrnehmung und Risikobewertung, zu genauer Erfassung des Vertretbaren und des Möglichen (SRU, 1994, Tz. 39–60).

688. Wie aber, wenn in den hier anstehenden Fragen eines verantwortbaren Umgangs mit der Natur faktisch keine durchgängige gesellschaftliche Übereinstimmung in der Sache zu erreichen ist, also gegebene Überzeugungskonflikte nicht aufgelöst werden können und dennoch Handlungszwang besteht? Hier erweist sich zunächst die besondere Assistenz des Rechts als unentbehrlich. Wo ein entsprechender Handlungsbedarf im Blick auf das Gemeinwohl entsteht, lassen sich mit seiner Hilfe Regelungen schaffen und Entscheidungen herbeiführen, an die sich alle zu halten haben, also auch jene, die in der Sache abweichender Meinung sind. Wo immer widerstreitende Meinungen, divergierende Interessenlagen oder sich polarisierende Überzeugungen im menschlichen Miteinander das Wohl des Ganzen gefährden, muß das Recht um dieses Wohls willen zugleich *normierend* tätig werden. In diesem Sinne versteht sich das Recht nicht nur als Durchsetzungsmacht, sondern zugleich auch als *Definitionsmacht* des gesellschaftlich Verbindlichen.

Das Problem macht jedoch unter den Voraussetzungen moderner freiheitlicher, am Menschenrechtsgedanken orientierter Gesellschaften noch weitere Differenzierungen erforderlich, wie sie der Umweltrat im Umweltgutachten 1994 herausgestellt hat (SRU, 1994, Kap. I.1.1, Tz. 30). Moderne Gesellschaften sind genuin „pluralistische" Gesellschaften. Entsprechend lautet die Frage hier, wie gemeinsame Handlungsfähigkeit in pluralistisch angelegten Gesellschaften zu gewährleisten ist. Welcher Position soll unter der Voraussetzung grundrechtlich garantierter Meinungs-, Informations- und Gewissensfreiheit (einschließlich des Rechts auf Koalitionsfreiheit) die jeweils verbindliche Rechtsgeltung verschafft werden? „Die Lösung für dieses politisch fundamentale Problem kann nur in einer rechtlichen Vermittlung von *Mehrheitswillen* und *Minderheitenschutz* gefunden werden. Diesen Lösungsweg hat sich der moderne demokratische Verfassungsstaat zu eigen gemacht und hierfür ein abgestimmtes Regelwerk entwickelt: Verbindlichkeit der Mehrheitsentscheidung unter der Voraussetzung ihrer Verfassungskonformität und Recht der Minderheit auf Widerspruch bei gleichzeitiger Loyalität gegenüber den Entscheidungen der jeweiligen Mehrheit, der ihrerseits Entscheidungsbefugnis nur auf Zeit zukommt. Dieses formale Verfahren hat sich in hohem Maße bewährt." (SRU, 1994, Tz. 62). Mit ihm ist staatliche Handlungsfähigkeit selbst bei großer gesellschaftlicher Meinungsvielfalt tatsächlich in der Regel sichergestellt.

689. Dennoch wird man im Blick behalten müssen, daß es in all dem eben doch um mehr geht, als um die bloße Sicherstellung staatlicher Handlungsfähigkeit. Ziel des Ganzen – und hierfür kann das Recht mit seinem Regelwerk auch unter freiheitlich-demokratischen Prämissen im besten Fall immer nur Mittel sein – ist letztlich die Umsetzung einer am Menschen, seiner Würde und Verantwortung orientierten dauerhaft-umweltgerechten, sozialen und ökonomischen Entwicklung. Eben hierzu aber bedarf es zugleich einer Fülle vorstaatlicher, sich in den gesellschaftlichen Prozessen selbst artikulierender und formierender Initiativen und deren Institutionalisierung in entsprechenden Organisationen und Verbänden. Ihrerseits geschützt durch die Rahmenordnung des Rechts vermögen Verbände eine durchaus eigene Wirksamkeit zu entfalten, indem sie wichtige, und wie im Falle der Umweltverbände von niemandem sonst in dieser Weise zureichend wahrgenommene, gesellschaftlich relevante Erfordernisse sowohl generell in die Öffentlichkeit hineintragen und damit bewußtseinsverändernd wirken, als auch unmittelbar auf die konkreten Rechtsgestaltungen Einfluß zu nehmen suchen. Sie erweisen sich für die Umsetzung des Leitbildes der dauerhaft-umweltgerechten Entwicklung faktisch als unentbehrlich. Dies rechtfertigt es, gerade den Umweltverbänden, die in ihren vielfältigen Aktivitäten, Initiativen und Anmahnungen mit einem zum Teil außerordentlichen Engagement der Sache der Umwelt zu dienen suchen, auch politisch mehr Gehör zu schenken.

690. Dabei wird man in Rechnung stellen müssen, daß auch bei den Umweltverbänden selbst Fehlentscheidungen und Fehlstrategien keineswegs immer auszuschließen sind. Auch bei ihnen kann es gegebenenfalls zu Verengungen des Blickfeldes kommen, die der Operationalisierung des Leitbildes entgegenstehen und mit denen sie letztlich wiederum ihrer eigenen Sache schaden. Wo es an Diskursoffenheit und Verständigungswillen mangelt, können gerade sie im Einzelfall Tendenzen Vorschub leisten, Sachfragen auf die Prinzipienebene zu heben und damit neue Überzeugungskonflikte zu initiieren. Eben dies aber kann dann sogar dazu führen, daß man sich mit rechtlich legitimierten Mehrheitsentscheidungen anlegt und die eigene Überzeugung hierbei in Formen eines Widerspruchs zur Geltung bringt, die zuweilen selbst Regelverletzungen nicht ausschließen. Je konfliktträchtiger die politische Sachfrage, um so emotionalisierter der mögliche Widerspruch und um so stärker die Tendenz, ihm durch entsprechende symbolische und öffentlichkeitswirksame Aktionen wie Blockaden, Selbstankettungen, Mahnwachen, Maskierungen, Haus- und Grundstücksbesetzungen usw. möglichst nachhaltigen Ausdruck zu verschaffen. Welche dieser Ausdrucksformen des Widerstandes sich im Rahmen des geltenden Rechts tolerieren läßt

und wo die Grenze zur Straftat definitiv überschritten ist, dies zu entscheiden bleibt im Zweifelsfalle Aufgabe der Gerichte und gegebenenfalls der Exekutive. Darüber hinaus besitzt der Gesetzgeber in den Grenzen des verfassungsrechtlich Zulässigen einen Ermessensspielraum hinsichtlich der Ausgestaltung des Straf- und Polizeirechts.

691. Wie immer hier im einzelnen entschieden wird, so läßt dies dennoch angesichts mancher dabei zurückbleibender Empörungen, Verärgerungen und Gewissensirritationen zugleich auch Fragen offen. Wenn man davon ausgeht, daß auch in einer freiheitlich verfaßten demokratischen Ordnung die nach dem Mehrheitsprinzip zu fällenden Entscheidungen nicht automatisch immer auch die sittlich richtigen Entscheidungen sein müssen, dann wird man zumindest dort, wo es um wirklich schicksalsschwere, in ihrer ganzen Tragweite keineswegs leichtzunehmende Entscheidungen geht, jene, die zu einer anderen Überzeugung gelangt sind und sich durch ihr Gewissen verpflichtet fühlen, dem durch demonstrative und symbolische Akte Ausdruck zu geben, nicht pauschal als undemokratisch ablehnen dürfen, sondern ihren in dieser Form zugeschärften Widerspruch, solange er sich nicht in Formen der Gewalt gegen Menschen und Sachen vollzieht, als Ausdruck ihres Willens zu demokratischer Selbstbehauptung und als sittlichen Appell zu stets erneuter Prüfung der zur Frage stehenden Sache selbst respektieren müssen.

692. Andererseits wird man freilich bei Protestaktionen nicht generell davon ausgehen können, daß jede zugeschärfte Form des Widerspruchs, die sich auf diese Weise demonstrativ in symbolischen Aktionen Geltung zu verschaffen sucht, tatsächlich immer von letztem Gewissensernst und einer den komplexen Entscheidungszusammenhängen gerecht werdenden Rationalität getragen ist. Gerade in Konfliktlagen, bei denen es über Interessengegensätze hinaus um unterschiedliche Überzeugungen geht, kommen nicht selten emotionale Aufladungen, Fixierungen auf partikuläre Perspektiven und daraus resultierende Verengungen des Urteils ins Spiel. Gerade dies kann dann auf der Ebene der öffentlichen Meinungsbildung demagogisch ausgenutzt werden und die Entwicklung von Proteststrategien begünstigen, in deren Rahmen nüchterne und sachlich fundierte Argumente eine immer geringere Rolle spielen. Hier droht eine manipulative Dynamik in dem Prozeß der öffentlichen Meinungsbildung die Oberhand zu gewinnen. Gegenüber solchen Gefahren ist zu fordern, daß die Umweltverbände nicht die medien- und öffentlichkeitswirksame Strategie verfolgen, Polarisierungen voranzutreiben, Feindbilder aufzubauen und Ängste zu schüren, sondern ihre in ökologischen Fragen dominierende Macht als Schrittmacher der Meinungsbildung im Sinne einer Pflicht zur Gewissensbildung verstehen. In den konfliktreichen politischen Auseinandersetzungen um die Zukunftsfähigkeit der Gesellschaft, in denen sich nicht zuletzt durch das Verdienst der Umweltverbände neue Formen gesellschaftlicher Willensäußerung entwickelt haben, stirbt das System der demokratischen Freiheit gewiß nicht schon an der demonstrativen Nachhaltigkeit von Kritik; was es hingegen wirklich bedrohen kann, sind neben den Strategien der blanken Gewalt ebenso auch die Strategien der demagogischen Manipulation.

3.5 Schlußfolgerungen und Handlungsempfehlungen

693. Aufgrund ihrer Öffentlichkeitsorientierung vermögen die Umweltverbände eine bedeutende Rolle bei der Ausbildung eines Ethos integrierter Verantwortung zu übernehmen. Ethosbildung muß vor allem von der Gesellschaft und ihren Institutionen geleistet werden. Der Staat kann lediglich subsidiär wirken, indem er gesellschaftliche Initiativen unterstützt. Bereits in der Vergangenheit haben die Umweltverbände entscheidend dazu beigetragen, daß Umweltbewußtsein im Sinne der Erkenntnis ökologischer Gefahren und der Notwendigkeit der Gefahrenabwehr heute zunehmend in der Bevölkerung verankert ist. Nach Auffassung des Umweltrates muß es in Zukunft vermehrt ihre Aufgabe sein, auf eine Integration individual-, sozial- und umweltverträglichen Handelns hinzuwirken. Sie sollten damit immer mehr die wichtige Rolle von Multiplikatoren des Leitbildes einer dauerhaft-umweltgerechten Entwicklung übernehmen. Dazu genügt es zweifelsohne nicht mehr, Aufklärungsarbeit über ökologische Zusammenhänge und Gefahren zu leisten. Vielmehr geht es verstärkt darum, den Erwerb sozialer und kommunikativer Kompetenz zu fördern und so die Voraussetzungen dafür zu schaffen, daß umweltverträgliches Handeln gesamtgesellschaftlich umsetzbar wird. Wer sich für Umweltschutz einsetzt, muß zugleich befähigt werden, die unterschiedlichen individuellen, gesellschaftlichen und ökonomischen Interessenlagen ernst zu nehmen und den Diskurs mit den Vertretern unterschiedlicher Interessen zu führen. Wichtig ist es, Erfahrungsfelder zu schaffen, in denen umweltverträgliches Handeln als in die verschiedensten menschlichen Lebens- und Kulturbereiche integriert erlebt werden kann. Der Umweltrat weist darauf hin, daß es nicht mehr nur um Informationen über den Zustand unserer natürlichen Lebensgrundlagen geht, sondern wesentlich um die Vermittlung des Zusammenhangs zwischen menschlichem Zivilisationshandeln und der dieses Handeln tragenden Natur. Dieser Lernprozeß ist nicht allein auf kognitiver Ebene zu leisten, sondern verlangt die Vermittlung über Erlebnisse und Erfahrungen.

3.5.1 Zur Koordination und Zusammenarbeit der Umweltverbände

694. Voraussetzung dafür, daß die Umweltverbände umweltpolitische Veränderungsinteressen gesellschaftlich bündeln und in die politischen Entscheidungsebenen einbringen können, ist die Anerkennung individueller, sozialer und ökonomischer Interessenlagen möglicher Bündnispartner und das Bemühen um einen Interessenausgleich im Sinne des Leitbildes einer dauerhaft-umweltgerechten Entwicklung. Potentielle Bündnispartner der Umweltverbände wie zum Beispiel Gewerkschaften, Kirchen oder wirtschaftliche Gruppierungen werden sich mit ihnen nur dann zu gesellschaftlichen oder umweltpolitischen Koalitionen zusammenfinden, wenn sie gleichzeitig ihre sozialen und wirtschaftlichen Interessen gefördert oder zumindest gewahrt sehen. Dies verlangt nach Auffassung des Umweltrates von den Umweltverbänden die Weitung des Blickwinkels von rein ökologischen Fragestellungen hin zur Berücksichtigung der individuellen, sozialen und ökonomischen Bedingungen und Folgen umweltpolitischer Reformen. Eine solche Umorientierung ist auf der Ebene der Entscheidungsträger und Fachleute innerhalb der Umweltverbände bereits weitgehend vollzogen. Die einstmals polarisierende Gegenüberstellung von Ökonomie und Ökologie ist mehr und mehr der Auffassung gewichen, daß nicht ökonomische Rationalität an sich, sondern unzureichende wirtschaftliche Rahmenbedingungen sowie das unkorrekte Verhalten einzelner wichtiger Teilursachen von Umweltschädigungen darstellen. Die Umweltverbände haben daher ihre ursprünglich pauschalisierend ablehnende Haltung gegenüber Wirtschaftsinteressen zunehmend revidiert und sich die Forderung nach einem ökologischen und gleichzeitig sozialverträglichen Umbau des Wirtschaftssystems zu eigen gemacht. Zunehmend erheben die großen primären Umweltverbände das Leitbild einer „dauerhaft-umweltgerechten" oder „zukunftsfähigen" Entwicklung explizit zu ihrer Handlungsmaxime.

695. Allerdings scheint ein solcher „vernetzter" Denkansatz durchaus noch nicht in der gesamten Bandbreite der Mitgliedschaft der Umweltverbände vorhanden. Insbesondere soziale Gesichtspunkte werden von vielen Verbandsmitgliedern bei ihrem umweltpolitischen Engagement noch zu wenig in den Blick genommen. Eine wichtige Aufgabe der Umweltverbände sollte deshalb darin bestehen, nicht nur nach außen für das neue integrative Leitbild zu werben, sondern auch bei ihrer eigenen Basis dafür einzutreten, daß Umweltinteressen nicht isoliert verfochten werden, sondern daß ein Ausgleich mit individuellen, sozialen und ökonomischen Erfordernissen angestrebt wird. Umweltverbände werden deshalb immer häufiger mit der Frage konfrontiert, wie Umweltpolitik sozialverträglich ausgestaltet und ökonomisch umgesetzt werden kann.

696. Die neue Rolle der Umweltverbände als Motoren der Bündelung gesellschaftlicher Umweltinteressen erfordert Korrekturen an ihrem während der Polarisierungsphase gewachsenen Selbstverständnis als politische Protestakteure. Die mittlerweile weite Verbreitung von Umweltbewußtsein in einem Großteil der Bevölkerung sollte nach Meinung des Umweltrates die Umweltverbände dazu veranlassen, ihre Kompetenz in den Dienst der Bündelung der nunmehr in der ganzen Gesellschaft anzutreffenden umweltrelevanten Interessen zu stellen. Dies erfordert von Umweltverbandsvertretern die Fähigkeit zum Dialog, vor allem aber die Bereitschaft, die umweltpolitische Kompetenz und Redlichkeit anderer gesellschaftlicher Akteure anzuerkennen, eigene Defizite und begrenzte Ressourcen wahrzunehmen und damit eine Abkehr von überkommenen Freund-Feind-Schemata einzuleiten. Die Bildung gesellschaftlicher Interessenbündnisse setzt die Anerkennung legitimer gesellschaftlicher Pluralität und Interessenvielfalt und die Akzeptanz des ethischen Kompromisses als Mittel gesellschaftlichen Interessenausgleichs voraus. Dies schließt die Beibehaltung der bisherigen umweltpolitischen Wächterfunktion der Umweltverbände und im Einzelfall auch Konfrontationen mit Vertretern umweltpolitischer Status quo-Interessen nicht aus.

697. Neben der Mobilisierung von öffentlicher Aufmerksamkeit und Zustimmung stellt nach Überzeugung des Umweltrates die Schaffung einer größeren verbandsinternen Transparenz einen wichtigen Beitrag der Umweltverbände für die Zukunft dar. Interne Thementabuisierungen, Diskussionsdefizite und unklare Kompetenzverteilungen sollten überwunden werden. Gleichzeitig erfordern staatsbezogene intermediäre Aktivitäten eine hohe zeitliche Flexibilität, fachliche Kompetenz und konstante Kontaktpflege. Sie können daher ab Landesebene fast nur von Hauptamtlichen geleistet werden und setzen eine umfangreiche personelle und verwaltungsorganisatorische Infrastruktur der Umweltverbände voraus. Intermediäres Handeln schafft mithin Zentralisierungs- und Professionalisierungszwänge und scheitert nicht selten an den fehlenden finanziellen Ressourcen der Umweltverbände. Weiterhin hat eine Teilnahme an staatlichen Planungs- und Entscheidungsprozessen in der Regel eine neue Aufgabenverteilung zwischen Haupt- und Ehrenamt zur Folge, indem die Repräsentation nach außen zunehmend von ehren- auf hauptamtliche Akteure übergeht. Die Vertreter von Umweltverbänden in den staatlichen Planungs- und Entscheidungsprozessen brauchen zudem Verhandlungsspielräume für Kompromißlösungen und damit ein entsprechendes Mandat sowie das Vertrauen seitens der Verbandsmitglieder. Innerverbandliche Transparenz und Partizipation sowie intermediäre Professionalität müssen innerhalb der Umweltverbände ausbalanciert werden. Eine weitere Klärung und Vertiefung des eigenen gesellschaftlichen Selbstverständnisses und eine darauf aufbauende strategische Schulung der Mitarbeiter ist deshalb nach Meinung des Umweltrates dringend erforderlich.

698. Eine Interessenbündelung fordert von den Umweltverbänden eine verstärkte und besser aufeinander abgestimmte Zusammenarbeit untereinander. Angesichts einer sich ausdifferenzierenden Umweltverbändelandschaft, steigender Anforderungen an die Interessenvermittlung auf Bundes- und EU-Ebene sowie der durch die föderale Struktur der Bundesrepublik bedingten Notwendigkeit einer engen Koordination von bundes- und landespolitischer Arbeit erscheint darüber hinaus auch eine effektive Zusammenarbeit auf Dachverbandsebene notwendig. Wesentliche Voraussetzung einer engeren und effektiveren Kooperation der Umweltschutzverbände ist dabei die Bereitschaft zu thematischen oder strategischen Arbeitsteilungen. Kein Verband wird kompetent alle Themenbereiche abdecken, Mitglieder aus allen gesellschaftlichen Schichten rekrutieren und alle denkbaren Handlungsinstrumente verwenden können. Daraus muß sich nach Auffassung des Umweltrates auch die Notwendigkeit einer kritischen Sicht der eigenen Verbandspolitik, eigener Defizite und begrenzter Ressourcen und der daraus resultierenden Kooperationserfordernisse ergeben. Kooperation setzt aber nicht zuletzt die Bereitschaft voraus, Erfolge und gesellschaftliche Anerkennung zu *teilen*. Dabei werden Profil und Verdienste der Einzelverbände in der Außendarstellung erkennbar bleiben müssen, da ansonsten die Motivation für verbandliches Engagement schwindet. Instrumente einer verbesserten Zusammenarbeit können dabei nach Auffassung des Umweltrates sein:

– die Intensivierung informeller Kontakte, auch auf Länder- und regionaler Ebene

– gemeinsame Foren und Facharbeitskreise

– gemeinsame Regionalgeschäftsstellen (insbesondere zu einer abgestimmten, professionalisierten Bearbeitung der Stellungnahmen der nach § 29 BNatSchG anerkannten Naturschutzverbände)

– gemeinsame Fortbildungslehrgänge, Tagungen, Kongresse usw.

– abgestimmte gemeinsame Aktionen.

699. Die Arbeit der Umweltverbände wird nach wie vor in weiten Teilen von einem enormen Einsatz ehrenamtlichen Engagements getragen. Gleichzeitig nimmt der Grad der Professionalisierung auch im Bereich des Verbandsumweltschutzes rasant zu. Damit stellt sich für die Umweltverbände die Frage, wie das Verhältnis zwischen ehrenamtlichem Engagement und hauptamtlicher Tätigkeit neu bestimmt und ob bzw. wie dabei die Errungenschaften uneigennütziger Ehrenamtlichkeit unter den Bedingungen fortschreitender Professionalisierung erhalten und fortentwickelt werden können. Notwendig erscheint dazu ein Dialog innerhalb der Umweltverbände über das Verhältnis von haupt- und ehrenamtlichem Engagement, zum Beispiel darüber, welche Aufgaben künftig von haupt- und welche von ehrenamtlichen Mitarbeitern geleistet werden sollen.

Letztlich müssen sich die Umweltverbände entscheiden, ob sie den Weg anderer Großverbände gehen wollen, indem sie sich so professionalisieren, daß alle Führungspositionen nur noch von hauptamtlichen Funktionären wahrgenommen werden, oder ob sie tragfähige *neue* Modelle der Zusammenarbeit von Haupt- und Ehrenamt erarbeiten können, indem bestimmte Führungspositionen weiterhin allein von Ehrenamtlichen eingenommen werden. Letzteres würde ehrenamtlich tätigen Bürgern auf Dauer ein hohes Maß an politischer Partizipation im Umweltbereich eröffnen und darüber hinaus einen wichtigen Beitrag zum Erhalt und zur Förderung ehrenamtlichen Engagements leisten.

3.5.2 Zum staatlichen Umgang mit den Umweltverbänden

700. Die Umweltverbände haben sich in den vergangenen Jahren zunehmend von Protestakteuren zu intermediären, an eine kritische Öffentlichkeit zurückgebundenen Institutionen entwickelt, die umweltbezogene Interessen, gleichsam stellvertretend, aus der Gesellschaft in staatliche Entscheidungsprozesse hinein zu vermitteln vermögen. Für politische Entscheidungsträger und Verwaltungen bietet sich dadurch die Möglichkeit, durch rechtzeitige und umfassende Einbeziehung der Umweltverbände in Planungs- und Entscheidungsprozesse gesellschaftliche Umweltschutzinteressen so zu berücksichtigen, daß ein größtmöglicher Ausgleich sozialer, ökonomischer und ökologischer Erfordernisse im Sinne des Konzeptes einer dauerhaft-umweltgerechten Entwicklung angestrebt werden kann.

Aufgrund nachwirkender Erfahrungen aus der Zeit umweltpolitischer Polarisierung und aus der Furcht vor ökologisch motivierten Blockadehaltungen neigen nicht wenige Entscheidungsträger in Politik und Verwaltung aber nach wie vor dazu, Umweltverbandsvertreter aus Entscheidungsprozessen herauszuhalten oder sie erst möglichst spät einzubeziehen. Der Wandel, der sich seit Mitte der achtziger Jahre im Selbstverständnis und im Politikstil der Umweltverbände vollzieht, wird auf staatlicher Seite noch nicht überall zur Kenntnis genommen. Um die Chancen zu nutzen, die sich aus diesem Wandel und der im Gefolge zunehmend feststellbaren Bereitschaft der Umweltverbände zur konstruktiven Zusammenarbeit für staatliches Handeln ergeben, erscheint es deshalb nach Meinung des Umweltrates angemessen und erforderlich, daß auch auf seiten der Politik und Verwaltung alte polarisierte Wahrnehmungsmuster überwunden und ein Prozeß der Normalisierung im staatlichen Umgang mit den Umweltverbänden vorangebracht wird. Umweltverbände sollten nicht mehr als Verzögerer und Verhinderer betrachtet werden, sondern als legitime Vertreter notwendiger gesellschaftlicher Interessen.

Verbandsbeteiligung

701. Umweltverbände können bei politischen und administrativen Entscheidungen ein hohes Maß an fachlicher Kompetenz beisteuern. Darüber hinaus trägt ihre Beteiligung aber vor allem dazu bei, daß gerade bei Entscheidungen, die im starken Widerstreit sozialer, ökonomischer und ökologischer Erfordernisse gefällt werden müssen, Umweltbelange eine Lobby erhalten und damit zugleich die Chance, angemessen berücksichtigt zu werden. Damit werden Wettbewerbsverzerrungen im politischen Prozeß ausgeglichen. Da sich Umweltverbände in der Regel für ihre Positionen breiten öffentlichen Rückhalt verschaffen, kann ihre Einbeziehung gleichzeitig dazu beitragen, die gesellschaftliche Akzeptanz von Entscheidungen der Regierung und Verwaltung zu verbessern. Als Verbindungsglied zu einer größeren Öffentlichkeit kommt den Umweltverbänden auch im Prozeß der Modernisierung staatlichen Verwaltungshandelns nach Auffassung des Umweltrates eine wachsende Bedeutung zu, etwa als Vertreter gesellschaftlicher Umweltschutzinteressen in Mediationsverfahren und Verfahren an „Runden Tischen", bei denen unter neutraler Moderation der Dialog zwischen den Vertretern unterschiedlicher Interessen in Gang gesetzt und gemeinsam ein von allen Betroffenen mitgetragener Kompromiß ausgehandelt wird.

702. Um die Integration von Umwelterfordernissen in andere Entwicklungsziele zu gewährleisten, ist es notwendig, Umweltbelange in einem möglichst frühen Entscheidungsstadium einzubringen, da sie nur so auf einer grundsätzlichen Ebene in die Abwägungsprozesse einbezogen werden können. Entscheidungen werden um so eher dem Leitbild dauerhaft-umweltgerechter Entwicklung entsprechen, je mehr Umwelterfordernisse von vornherein berücksichtigt und strukturell mit anderen Interessen verknüpft oder gegeneinander abgewogen werden. Daher sollten Umweltverbände als Vertreter gesellschaftlicher Umweltschutzinteressen nach Auffassung des Umweltrates möglichst *frühzeitig*, nämlich bereits im Stadium der Zusammenstellung des Abwägungsmaterials sowie – bei UVP-pflichtigen Vorhaben – der Bestimmung des Untersuchungsrahmens und vorgelagerter Verfahren an Planungs- und Zulassungsverfahren beteiligt werden. Angestrebt werden sollte eine Beteiligung grundsätzlich an allen Verfahren, die einer Umweltverträglichkeitsprüfung unterliegen oder Eingriffe in Natur und Landschaft nach sich ziehen können. Die Verbandsbeteiligung sollte auch in jenen Bereichen gesetzlich geregelt werden, von denen die Umweltverbände bisher ausgeschlossen sind, so zum Beispiel bei UVP-pflichtigen Zulassungsverfahren nach dem Bundes-Immissionsschutzgesetz, dem Atomgesetz und Wasserhaushaltsgesetz und bei bergrechtlichen Genehmigungsverfahren oder bei grundlegenden forstwirtschaftlichen Nutzungsänderungen wie Erstaufforstungen. Einer Revision bedürfen überdies die Beschränkungen der Verbandsbeteiligung, die im Zuge des Investitionserleichterungs- und Wohnbaulandgesetzes eingeführt worden sind. Weitere Beschränkungen, die in der jüngeren Diskussion über die Beschleunigung von Zulassungsverfahren vorgesehen sind, lehnt der Umweltrat grundsätzlich ab. Auf jeden Fall ist eine Kompensation für die Verkürzung der Öffentlichkeitsbeteiligung aufgrund der Einführung von Anzeigeverfahren oder Überlassung der Prüfung wesentlicher Zulassungsvoraussetzungen an das Umwelt-Audit in der Form erforderlich, daß den Umweltverbänden Verfahrensrechte auf nachträgliche behördliche Überprüfung und gegebenenfalls behördliches Einschreiten eingeräumt werden.

Bei UVP-pflichtigen Vorhaben ist nach Meinung des Umweltrates zu erwägen, anstelle oder jedenfalls neben der Ausdehnung der Verbandsbeteiligung eine allgemeine Öffentlichkeitsbeteiligung nach dem Modell des Immissionsschutz- und Atomrechts einzuführen und damit – entgegen § 9 Abs. 1 Satz 2 UVPG – eine einheitliche Beteiligungsregelung für alle UVP-pflichtigen Vorhaben zu schaffen. Damit würde auch den Beteiligungsanforderungen der UVP-Richtlinie eher entsprochen als mit der Mindestregelung des UVP-Gesetzes, die nur eine Beteiligung derjenigen, die durch das Vorhaben in ihren Belangen berührt – das heißt örtlich betroffen sind – vorsieht.

703. Von besonderer Bedeutung ist nach Meinung des Umweltrates die Beteiligung der Umweltverbände bei der Vorbereitung von Entscheidungen über wichtige Programme und Pläne im Bereich des Umweltschutzes sowie von Umweltstandards. Aufgrund der historischen Entwicklung der Partizipation als eines Instruments des vorgezogenen Rechtsschutzes besteht im deutschen Umweltrecht ein ausgesprochenes Defizit an rechtlich gewährleisteter Öffentlichkeitsbeteiligung bei derartigen Entscheidungen, die für die Qualität des Umweltschutzes von größerer Bedeutung sind als Entscheidungen über örtliche Pläne und Einzelvorhaben. Die Ansätze im geltenden Recht (§ 51 BImSchG, § 60 KrW-/AbfG, § 17 ChemG), die nur zum Teil ausdrücklich eine Beteiligung der Umweltverbände vorsehen, bedürfen der Verdeutlichung und Ausweitung, um einen Ausgleich zu dem starken Einfluß der wirtschaftlichen Interessengruppen zu schaffen und eine offene Diskussion zu ermöglichen.

704. Im Zuge der Integration des Umweltschutzes in sämtliche gesellschaftliche Handlungsbereiche erscheint es nach Auffassung des Umweltrates auch als sinnvoll, Umweltverbandsvertreter in solche Beratungs-, Aufsichts- und Entscheidungsgremien zu berufen, die sich nicht mit den klassischen Bereichen des Naturschutzes oder technischen Umweltschutzes befassen, also etwa, wie teilweise schon geschehen, in Rundfunkräte oder Bildungskommissionen. Auch bei der Besetzung von Beratungsgremien sollte Umweltverbänden verstärkt ein Vorschlagsrecht eingeräumt werden. Die Mitwirkungsrechte der Öffentlichkeit sind so zu gestalten, daß die Umweltverbände ihre spezifischen Anliegen und Kompetenzen frühzeitig und konstruktiv in Planungsprozesse einbringen können, statt daß sie – wie es gegenwärtig aufgrund der Rahmenbedingungen noch häufig der Fall ist – ihren Anliegen erst nachträglich mit Hilfe von Protestaktionen Geltung verschaffen können. Oft werden durch klärende Gespräche im Vorfeld von Entscheidungen unnötige Konfrontationen und Verhärtungen vermieden. Hierzu ist es in verstärktem Maße notwendig, auch informelle, nicht institutionalisierte Kontakte aufzubauen und zu pflegen.

Zu den wichtigen Voraussetzungen der Verbandsbeteiligung gehört, daß die Umweltverbände ihr neuerdings gefundenes Selbstverständnis der Kooperation und der aktiven Mitwirkung an einer dauerhaft-umweltgerechten Entwicklung beibehalten und langfristig eine Koordination mit engerer Zusammenarbeit (z. B. unter einem Dachverband) unter den Verbänden realisieren.

Verbandsklage

705. Der Umweltrat fordert die bundesrechtliche Einführung der Verbandsklage in all den Bereichen, in denen den Umweltverbänden eine Verbändebeteiligung eingeräumt ist (vgl. SRU, 1994, Tz. 464 ff.; SRU, 1978, Tz. 1512 ff. und schon SRU, 1974, Tz. 650 ff.). Im Naturschutzrecht haben mittlerweile zwölf von sechzehn Ländern die Verbandsklage eingeführt, allerdings in zwei Ländern (Hamburg und Sachsen) mit sehr begrenztem Anwendungsbereich. Bei der Einführung des Verbandsklagerechtes geht es um die rechtliche Absicherung von bisher nicht einklagbaren Allgemeininteressen. Wenn allgemeine Umweltschutzinteressen im Widerspruch zu gesetz-

lichen Bestimmungen bei Verwaltungsentscheidungen bislang nicht oder unzureichend berücksichtigt werden, ist dies in der Regel nicht einklagbar, soweit nicht das Recht auf den Schutz vor Gefahren oder private Eigentums- oder Nutzungsrechte einzelner betroffen sind. Der Staat kann und sollte die Durchsetzung von Umweltinteressen entsprechend den gesetzlichen Zielvorstellungen dadurch stärken, daß er Umweltverbänden die Möglichkeit einräumt, Verwaltungsentscheidungen auf ihre umweltrechtliche Legalität hin überprüfen zu lassen. Die Verbandsklage stellt keine Privilegierung von Umweltinteressen dar. Vielmehr gleicht sie lediglich Wettbewerbsverzerrungen und Ungleichgewichte im gegenwärtigen System des verwaltungsgerichtlichen Rechtsschutzes aus, die Umweltnutzungs- auf Kosten von Umweltschutzinteressen begünstigen (WOLF, 1994, S. 3 f.). Deshalb besteht keine Veranlassung, Wirtschaftsverbänden entsprechende Klagerechte einzuräumen. Allerdings sollte bedacht werden, inwieweit Vertreter von gesellschaftlichen Gruppen, die andere Allgemeininteressen vertreten, das Klagerecht einzuräumen ist. Die wichtigste Wirkung des Verbandsklagerechtes besteht nicht in der faktischen Verhinderung umweltschädigender Planungsvorhaben, sondern darin, daß durch die potentielle Einklagbarkeit von Umweltschutzinteressen Verwaltungen veranlaßt werden, Umweltbelange bei ihren Entscheidungen von vornherein angemessen zu berücksichtigen. Demgegenüber sind nach Auffassung des Umweltrates verfassungspolitische Einwände, die sich vor allem auf die Letztverantwortung der Verwaltung für das Gemeinwohl und das System des subjektiven Rechtsschutzes stützen, nicht von solchem Gewicht, daß sie die Vorteile der Verbandsklage überwiegen. Dem Interesse an Beschleunigung von Zulassungsverfahren kann durch Einschränkung des automatischen Suspensiveffekts sowie durch eine Modifizierung des § 44 a VwGO dahingehend Rechnung getragen werden, daß nach Ermessen des Verwaltungsgerichts über Verfahrensfragen gegebenenfalls ein Zwischenrechtsstreit geführt werden kann.

Anerkennung von Verbänden

706. Weiterhin sollte darüber nachgedacht werden, ob deutlicher als bislang künftig die grundlegende typologische Unterscheidung zwischen primären und sekundären Umweltverbänden auch in der Praxis der staatlichen Anerkennung von Naturschutzverbänden nach § 29 BNatSchG ihren Niederschlag finden sollte. Sekundäre Umweltverbände vertreten in erster Linie *partikulare* Interessen ihrer Mitglieder an einer bestimmten Form von Naturnutzung, erst sekundär aber *allgemeine* umweltrelevante Interessen. Die sich hieraus potentiell ergebenden Konfliktfelder zwischen partikularem Nutzerinteresse und allgemeinen Umweltbelangen sind bisher bei der Anerkennung sekundärer Umweltschutzorganisationen als Naturschutzverbände gemäß § 29 BNatSchG häufig zu wenig berücksichtigt worden. Der Kreis der Organisationen, denen von staatlicher Seite über Beteiligungsrechte eine gesellschaftliche Stellvertreterfunktion zur Vertretung allgemeiner umweltrelevanter Interessen eingeräumt wird, sollte im Prinzip auf solche Verbände begrenzt werden, die stellvertretend für die Gesamtgesellschaft Umweltschutzbelange als ausschließliches oder zumindest hauptsächliches Ziel verfolgen und bei denen nicht die Gefahr der Vermischung der Vertretung von umweltrelevanten Interessen mit der Verfolgung partikularer, auf Naturnutzung angelegter Verbandsinteressen besteht. Denkbar wäre es, sekundären Umweltverbänden nur dann die Anerkennung zu gewähren, wenn sie in ihrer Satzung und Praxis eine Ökologisierung des Nutzerinteresses gewährleisten. Berücksichtigt werden sollte auch, daß in dem Maße, wie in Zukunft immer mehr Interessenverbände, zum Beispiel Verkehrs-, Unternehmer- und Verbraucherverbände, sich das Leitbild einer dauerhaft-umweltgerechten Entwicklung zu eigen machen, auch die Zahl der Organisationen steigt, die legitimerweise als „sekundäre Umweltschutzverbände" bezeichnet werden können. Schon deshalb erscheint eine differenziertere juristische Behandlung primärer und in ihrer Zahl stark zunehmender sekundärer Umweltverbände überlegenswert.

Finanzierung

707. Die Schwierigkeiten der Finanzierung von Umweltverbänden liegen nicht zuletzt darin begründet, daß diese Organisationen umweltrelevante Interessen und somit Allgemeininteressen vertreten, also solche, die im Gegensatz zu Partikularinteressen ein öffentliches, jedem zugängliches Gut einfordern. Gerade weil die Vertretung von Umweltbelangen jedermann zugute kommt, umgekehrt jedoch niemand einen direkten Erwerbsvorteil hieraus zieht, ist der Anreiz, die verbandsmäßige Vertretung von Umwelt-

belangen wirksam finanziell zu unterstützen, gering. Anders als die Vertretungen partikularer Erwerbsinteressen (z. B. Gewerkschaften und Industrieverbände) können Umweltverbände die Spenden- und Beitragsbereitschaft ihrer Mitglieder nicht durch das Versprechen von Erwerbsvorteilen, die sich aus der Interessenvertretung ergeben, motivieren.

708. Die hieraus resultierenden Finanzierungsschwierigkeiten sollten nach Meinung des Umweltrates jedoch nicht durch eine staatliche Bezuschussung ausgeglichen werden. Eine staatliche Subventionierung würde die Kreativität, Eigenständigkeit und Unabhängigkeit von Umweltverbänden auf Dauer in Frage stellen. Überall dort allerdings, wo Leistungen der Umweltverbände im Bereich der Politikberatung (z. B. Stellungnahmen im Rahmen von Planungsverfahren oder Gesetzesvorhaben) erbracht werden, sollten diese Leistungen nach formalen Kriterien entgolten werden.

709. Darüber hinaus sollte der Staat durch die Schaffung geeigneter rechtlicher Rahmenbedingungen dazu beitragen, daß den Umweltverbänden eine selbständige Eigenfinanzierung erleichtert wird. Hierzu gehört einerseits die steuerrechtliche Verbesserung der Absetzbarkeit von Spenden und Sponsoring an Umweltverbände etwa nach amerikanischem Vorbild sowie die Vereinfachung des Stiftungsrechtes (Erleichterung der Gründung privater Umweltstiftungen), aber auch die Eröffnung bislang verschlossener Einnahmequellen wie etwa von Lotterieerlösen, die den Umweltschutzverbänden bisher im Unterschied zu anderen gemeinnützigen privatrechtlichen Institutionen nicht anteilmäßig zur Verfügung stehen.

4 Umweltstandards:
Bedeutung, Situationsanalyse, Verfahrensvereinheitlichung

4.1 Bedeutung von Umweltstandards im umweltpolitischen Kontext

710. Erkenntnisse über die begrenzte Belastbarkeit der Umwelt und der menschlichen Gesundheit haben zur Festsetzung von Umweltstandards für unterschiedlichste Qualitäten und Quantitäten von anthropogenen Einwirkungen auf die Umweltmedien und die menschliche Gesundheit geführt. Umweltstandards sind Mittel zum Erreichen oder Erhalten einer bestimmten Umweltqualität und stellen insofern die Konkretisierung von Umweltqualitätszielen dar.

Umweltqualität ist ein dynamischer Begriff, der gesellschaftspolitischen Wertungen und Entscheidungen unterliegt und für den es keine allgemein anerkannte Definition gibt. Umweltqualitätsziele sind Konkretisierungen eines angestrebten Zustandes von Umweltqualität anhand verschiedener Qualitätsdimensionen und in Abhängigkeit von dem gewählten umweltpolitischen Leitbild sowie den daraus ableitbaren Leitlinien. Im Umweltgutachten 1994 hat der Umweltrat eine dem Leitbild einer dauerhaft-umweltgerechten Entwicklung entsprechende Ableitung von Leitlinien, Umweltqualitätszielen und Umweltstandards im Grundsätzlichen aufgezeigt (SRU, 1994, Tz. 181 ff.). Dort erfolgt eine Konkretisierung des Leitbildes im Hinblick auf die Umweltstandards und deren Festlegung.

4.1.1 Geschichtliche Entwicklung von Umweltstandards

711. Die ersten Grenzwerte finden sich im Arzneimittelwesen. In der zweiten Auflage des Deutschen Arzneibuches (Pharmakopoea Germanica, 1882) werden erstmals Begrenzungen für Dosen stark wirksamer Arzneimittel angegeben, bei denen einerseits die Gefahr der Überdosierung und damit der Vergiftung besteht, und die andererseits ein höheres Potential andersartiger Nebenwirkungen aufweisen. Sie wurden festgelegt als Einzelmaximaldosen (EMD) und Tagesmaximaldosen (TMD). Der Arzt kann sie in besonderen Fällen überschreiten, hat dies aber im Rezept besonders zu begründen. Der Apotheker hat in jedem Rezept die Richtigkeit der Dosierung und die Begründung zur Überschreitung von EMD und TMD zu überwachen. Dieses Sicherheitssystem ist mit der ständigen Zunahme neuer Arzneimittel fortwährend ausgedehnt worden. Es enthält bereits die wesentlichen Elemente späterer Umweltstandards: Schutzziel, wissenschaftliche Ableitung, Nutzen-Risiko-Abwägung, Verbindlichkeit, Ausnahmeregelungen, Dokumentation und Transparenz.

712. Der Prototyp moderner Umweltstandards wurde 1886 im Arbeitsschutz geschaffen. Der Forderung im Deutschen Reichstag nach mehr Fürsorge in Industriebetrieben wurde mit einer neuen Reichsversicherungsordnung nachgekommen. Sie sah neben der Einrichtung einer Altersversorgung die Kompensation erlittener Gesundheitsschäden durch ein Pflichtversicherungssystem vor, daneben auch die Vorsorge im gesundheitlichen Arbeitsschutz.

Der eigentliche Anlaß für die Schaffung von Arbeitsplatzgrenzwerten waren sich häufende Vergiftungen in Betrieben der sich rasch entwickelnden Chemieindustrie. Große Unternehmen der chemischen Industrie, die sich um die Mitte des 19. Jahrhunderts aus Farbmühlen mit der Ablösung von Naturfarben durch synthetische Produkte entwickelten, hatten durch die Gründung von Polikliniken auch selbst schon frühzeitig Maßnahmen zur Erhaltung der Gesundheit der Beschäftigten getroffen, von der Sofortversorgung bei akuten Vergiftungsfällen bis hin zur regelmäßigen Gesundheitskontrolle der Arbeiter, um chronische Schäden zu erkennen und, wenn möglich, zu verhüten.

Die dazu erforderlichen Präventivkonzepte waren jedoch noch nicht entwickelt. Hier waren die Hochschulen aufgerufen. Angeregt durch die führenden Hygieniker seiner Zeit, Max von PETTENKOFER in München, entwickelte dessen Schüler K. B. LEHMANN systematisch das Prinzip der Grenzwerte am Arbeitsplatz. Ausgehend von Kenntnissen über die Beziehungen zwischen Dosis und Wirkung, die in der Pharmakologie gesammelt worden waren, forderte er, daß maximal verträgliche Konzentrationen von Schadstoffen in der Luft am Arbeitsplatz formuliert und begründet werden, bei deren Einhaltung die Gesundheit der Arbeitenden nicht beeinträchtigt wird. Die erforderlichen Daten zu solchen sogenannten Wirkungsschwellen wurden bei Betriebsbegehungen, aus Modellversuchen an Freiwilligen und aus systematischen Tierversuchen gewonnen. Die einwirkenden Schadstoffkonzentrationen wurden mit chemisch-analytischen Methoden bestimmt. Damit hielt die quantitative Betrachtung Einzug in den Arbeitsschutz und darüber hinaus in den Gesundheitsschutz ganz allgemein. Beginnend mit Vorschlägen für maximal verträgliche Konzentrationen für kurzzeitige und dauernde Einwirkung von Salzsäuregas, Chlor und Ammoniak im Jahre 1886 arbeitete LEHMANN über fast vier Jahrzehnte weitere Standards für diverse wichtige Berufsgifte aus. Zusammen mit dem Toxikologen FLURY, der sich ab 1919 mit den wissenschaftlichen Grundlagen der Dosis-Wirkungs-Beziehungen von Atemgiften beschäftigte, wurden bis 1939 Arbeitsplatzstandards für mehr als

100 Stoffe etabliert (FLURY und LEHMANN, 1938; FLURY und ZERNIK, 1931).

713. Mit dem kriegsbedingten Wachstum eigener Chemieproduktionen wurden die USA Anfang der vierziger Jahre mit vergleichbaren Problemen konfrontiert. Mit den Governmental Industrial Hygienists wurde ein Fachgremium installiert, betreut von einer nichtstaatlichen Fachgesellschaft (American Hygiene Association), mit der Aufgabe, Arbeitsplatzstandards aufzustellen. Aufbauend auf den frühen deutschen Initiativen, wurden zunächst Listen von Maximum Allowable Concentrations (MAC) aufgestellt, die später von der TLV-Liste (Threshold Limit Values) abgelöst wurden. Das Komitee verstand die Werte als Empfehlungen; sie wurden von vielen Staaten der USA unverändert übernommen, zum Teil als rechtlich verbindliche Standards, nie jedoch von der zuständigen Oberbehörde. Gleichwohl benutzten und benutzen auch andere Länder die TLVs als verbindliche Standards.

714. Daneben hat die frühere Sowjetunion das System Hygienische Arbeitsplatzgrenzwerte schon frühzeitig entwickelt und bis in die achtziger Jahre ständig ausgebaut. Dabei wurden die Grenzwerte nicht nach dem Prinzip von Schwellenwerten gesundheitlicher Wirkungen festgelegt. Vielmehr nahm man jede meßbare biologische Veränderung, heute als Interaktion bezeichnet (vgl. SRU, 1987, Tz. 1722 ff.), als gesundheitsrelevante Antwort des Organismus auf Fremdstoffeinwirkung und legte so Werte fest, die viel niedriger lagen als die deutschen und amerikanischen; zum Teil ergaben sich Differenzen um bis zu zwei Zehnerpotenzen. Das System wurde in den meisten Ostblockländern (Ausnahme DDR) übernommen, seit Ende der achtziger Jahre aber nicht weitergeführt.

715. Mit der wirtschaftlichen Entwicklung seit Anfang der fünfziger Jahre ergab sich für Deutschland die Notwendigkeit, verbindliche Arbeitsplatzstandards einzuführen. Eine frühe Initiative auf europäischer Ebene, ausgehend von Deutschland, schlug fehl. In Deutschland wurde diese Aufgabe der wiedergegründeten Deutschen Forschungsgemeinschaft (DFG) übertragen. Nach ihrer Satzung ist sie – neben der Forschungsförderung – verpflichtet, den Gesetzgeber in gesundheitspolitischen Fragen zu beraten. Dafür setzt sie unabhängige Kommissionen aus Wissenschaftlern der jeweils zuständigen Disziplinen ein (Senatskommissionen). Sie sollen wissenschaftlich begründete Empfehlungen für die Bundesregierung beziehungsweise die zuständigen Ressorts ausarbeiten. Die Kommissionen sind ehrenamtlich tätig und werden auf Vorschlag von Fachgesellschaften vom Senat der DFG berufen.

716. 1954 gründete die DFG eine Senatskommission zur Prüfung gesundheitsschädlicher Arbeitsstoffe. Sie sollte vor allem Grenzwerte am Arbeitsplatz ausarbeiten. Nach einem Vorschlag des Toxikologen OETTEL erhielten diese die Bezeichnung MAK-Werte (maximale Arbeitsplatzkonzentrationen). Eine erste Liste solcher MAK-Werte erschien 1957; sie übernahm weitgehend die inzwischen beträchtlich erweiterte amerikanische TLV-Liste. Seit 1968 erarbeitet

die Kommission die MAK-Werte-Liste selbständig und gibt sie in jährlichen Abständen revidiert heraus. 1969 hat sich die Kommission selbst auferlegt, jeden ihrer MAK-Wert-Vorschläge ausführlich anhand der wissenschaftlichen Literatur in Form einer Stoffmonographie zu begründen; es war weltweit die erste Begründungssammlung dieser Art, sie diente und dient als Muster für ähnliche Serien in mehreren Ländern sowie bei der Europäischen Union und der Weltgesundheitsorganisation (World Health Organization, WHO). In der Auswahl der Stoffbewertungen und Wertesetzung ist die Kommission frei. Sie fordert aber Behörden, Arbeitgeber und -nehmer, darüber hinaus die Öffentlichkeit, zu Vorschlägen auf. Die Stoffbearbeitungen (Revision und Neuaufnahmen) werden öffentlich angekündigt. Wer verwertbare Informationen anliefert, wird an der Diskussion zur Entscheidungsfindung beteiligt. Damit ist gegenüber den beteiligten gesellschaftlichen Gruppen Transparenz gewährleistet.

MAK-Werte sind als Empfehlungen unabhängiger Wissenschaftler formuliert und allein nach dem Prinzip der Vermeidung von gesundheitlichen Beeinträchtigungen festgelegt. Bis 1972 sind sie vom Bundesminister für Arbeit und Sozialordnung als Standards übernommen worden und erlangten damit normative Bedeutung. Seit 1974 werden sie vom Ausschuß für Gefahrstoffe (AGS), in dem gesellschaftliche Gruppen und Behörden vertreten sind, als Technische Regel für Gefahrstoffe (TRGS 900) übernommen und vom Bundesministerium für Arbeit und Sozialordnung veröffentlicht. Bis 1989 wurden die Werte unverändert übernommen, seither mit Änderungen in zunehmender Tendenz.

717. An den MAK-Werten haben sich die 1959 vom Verein Deutscher Ingenieure (VDI) eingeführten maximalen Immissionskonzentrationen (MIK-Werte) orientiert. Sie gelten für durchgehende Exposition über die gesamte Lebenszeit und berücksichtigen auch Kinder, Alte und Kranke. Anfangs suchte man, MIK-Werte als ein Zwanzigstel des MAK-Wertes rechnerisch abzuleiten. Davon kam man bald ab und bewertete die vorliegenden Daten unabhängig. Ebenso wurden andere Schutzgüter einbezogen (Nutz- und Wildpflanzen sowie Nutz- und Wildtiere, Bauwerke). Während in der Anfangsphase bei der Entscheidungsfindung ein gewisser Pragmatismus waltete, werden heute MIK-Werte ausführlich wissenschaftlich begründet; an der Meinungsbildung sind verschiedene gesellschaftliche Gruppen beteiligt.

718. Strahlenschutzgrenzwerte für die Allgemeinbevölkerung existieren in Deutschland erst seit 1952. Sie werden von einem Wissenschaftlergremium (Strahlenschutzkommission beim Bundesministerium für Umwelt, Naturschutz und Reaktorsicherheit) aufgestellt. Im wesentlichen stützt sich die Kommission auf Daten der Nachbeobachtung von Überlebenden der Atombombenexplosionen von Hiroshima und Nagasaki. Wegen der besonderen Dosis-Wirkungs-Beziehungen bei genetischen Effekten ionisierender Strahlen, die den Verhältnissen bei chemischen Kanzerogenen ähneln und die von der Nichtexistenz von Wirkungsschwellen ausgehen, wird bei der Festlegung von Grenzwerten ein verbleibendes Risiko eingeräumt. Die Strahlenschutzkommission hat – für den Ansatz der Grenzwerte zum Schutz von Personen der Allgemeinbevölkerung – in Vorwegnahme einer politischen Entscheidung, die mittlere Schwankungsbreite der natürlichen Strahlendosis zugrunde gelegt und betrachtet diese Dosis als hinnehmbares Zusatzrisiko.

719. Eine neue Art von Grenzwerten wurde auf dem Gebiet der Nahrungsmittelzusätze und -rückstände eingeführt. Ausgelöst durch zahlreiche Nahrungsmittelverfälschungen und freizügige Verwendung von Pestiziden in den USA, hat die dortige Behörde (Food and Drug Administration, FDA) seit rund 1950 stringente Höchstgehalte solcher Kontaminanten festgelegt. Sie werden aus den Ergebnissen von Tierversuchen zur chronischen Wirkung (Stoffzufuhr mit Futter oder Trinkwasser) auf der Basis eines Schwellenwertes abgeleitet (no observed effect level NOEL, später no observed adverse effect level NOAEL), und zwar unter Einlegung einer „Sicherheitsspanne" von in der Regel 1 : 100. Damit sollen Unsicherheiten bei der Übertragung auf den Menschen, wie Unterschiede der Empfindlichkeit der Spezies und der Individuen, Meßungenauigkeiten, Mischexpositionen gegenüber anderen Schadstoffen ausgeschaltet oder minimiert werden. Das Prinzip des Einlegens solcher „Sicherheitsspannen" ist bei vielen später eingeführten Grenzwerttypen übernommen worden.

720. Auf der Basis dieser Höchstgehalte hat eine Unterorganisation der Vereinten Nationen, die Food and Agriculture Organisation (FAO), 1957 sogenannte ADI-Werte eingeführt (acceptable daily intake). Es handelt sich um zumutbare Maximalaufnahmen eines Fremdstoffes mit der Nahrung, also um Dosiswerte (im Gegensatz zu den Konzentrationswerten MAK und MIK). Der ADI-Wert kann sich aus Aufnahmen aus verschiedenen Quellen zusammensetzen; anhand von Nahrungswarenkörben, die durchschnittliche Eßgewohnheiten einer Bevölkerung wiedergeben, lassen sich pauschal Anteile von maximalen Konzentrationen in einzelnen Lebensmitteln festlegen. Dieses Prinzip der Beschränkung von Gesamtaufnahmen pro Zeiteinheit wird mehr und mehr in Umweltschutzmaßnahmen auf verschiedenen Feldern angewendet. Auf diese Weise können auch unvermeidliche ubiquitäre Hintergrundbelastungen berücksichtigt werden.

721. Die bisher beschriebenen Grenzwerttypen haben drei Elemente gemeinsam:

– sie sind wirkungsbezogen,

– sie orientieren sich an Wirkungsschwellen, unterhalb derer Effekte nicht mehr beobachtet werden beziehungsweise nicht wahrscheinlich sind (Ausnahme: Strahlenschutzwerte, Tz. 718) und

– sie gelten (in der Regel) für einzelne Schadstoffe.

722. Von diesem Prinzip mußte abgegangen werden, als eine neuartige Schadqualität aufgedeckt wurde und rasch in den Vordergrund des toxikologischen Interesses trat: gentoxische Effekte mit den Manifestationsmöglichkeiten von Erbsprüngen (Mutationen) und Krebs. Für diese Wirkungsart gelten die klassischen Prinzipien der Dosis-Wirkungs-Beziehungen mit der Existenz von Schwellenwerten nicht: Weder aus umfänglichen Ganztierexperimenten mit großen Tierzahlen, noch aus In vitro-Modellen, noch aus der Theorie der Wirkung (Irreversibilität von Primärläsionen, daher Akkumulationen von Einzelereignissen der gentoxischen Veränderungen) lassen sich Anhaltspunkte für wirkungsfreie Dosen ableiten.

In den USA hat man dieser neuen Lage zuerst Rechnung getragen, und zwar auf dem Sektor der Nahrungszusätze. In der sogenannten Delaney-Klausel, einer Novelle des Food and Drug Act, ist festgelegt, daß kein Stoff zugelassen werden darf, der am Menschen oder an Versuchstieren unter angemessenen Versuchsbedingungen geeignet ist, Krebs auszulösen. Mit diesem Totalverbot umgeht man den Ansatz eines Grenzwertes. Das Prinzip hat als ALARA (as low as reasonably achievable), also als Minimierungsgebot, breite internationale Anerkennung gefunden, soweit damit vermeidbare, anthropogene Kanzerogene geregelt werden sollen.

Zur Verbesserung des Arbeitsschutzes und dessen Kontrolle werden Grenzwerte auch für kanzerogene Stoffe benötigt, um Indikatoren der Exposition und deren Verbesserung an der Hand zu haben. Zu diesem Zweck hat man 1974 in der Bundesrepublik als erstem Land einen neuen Grenzwerttyp eingeführt: technische Richtkonzentrationen (TRK-Werte), die sich am ALARA-Prinzip anlehnen. Sie stellen ein gewisses, meist nicht verläßlich kalkulierbares, verbleibendes Risiko in Rechnung; der Wert wird politisch vom Ausschuß für Gefahrstoffe nach den Kriterien technischer und sozioökonomischer Machbarkeit und analytischer Überwachbarkeit festgelegt, und zwar als technische Regel (TRGS 500). Damit heben sich TRK-Werte grundsätzlich von MAK-Werten ab, die nach dem Grundsatz gesundheitlicher Unbedenklichkeit aufgestellt werden. Diese klare Trennung ist aber bisher weder national, noch international durchgehend vollzogen worden.

723. Eine weitere, sich von den bisher beschriebenen deutlich unterscheidende Grenzwertkategorie betrifft Fremdstoffe im Trinkwasser. Die ersten Trinkwassergrenzwerte regelten mikrobielle Kontaminationen. Sie wurden bearbeitet von Vertretern der Hygiene, eines Faches, das seit alters vom Dogma der absoluten (oder größtmöglichen) Reinheit geleitet wird. Trinkwasser sollte danach so rein wie möglich gehalten werden. Mit Zunehmen der Industrieproduktion (vor allem der Chemieproduktion), der Verkehrsdichte und des Einsatzes von Pflanzenschutz- und Reinigungsmitteln einerseits und der Verbesserung der chemischen Analytik andererseits fand man mehr und mehr anthropogene Verunreinigungen im Grund- und Trinkwasser, in zum Teil ständig ansteigenden Konzentrationen. Deren Entfernung bei der Trinkwasseraufbereitung ist kostenintensiv und findet bei manchen Stoffen technische Grenzen. Der Verordnungsgeber ist diesem Sachverhalt mit Grenzwerten ganz unterschiedlicher Natur begegnet: Neben Werten, orientiert an der untersten analytischen Nachweisgrenze ohne Wirkungsbezug (z. B. Pflanzenschutzmittel), existieren rein politisch-pragmatische Werte (z. B. Nitrat) und eine Vielzahl von Mischformen. Da die wenigsten dieser Werte offiziell und ausführlich begründet sind, haben sie ein beträchtliches Maß an Verunsicherung gestiftet; denn neben Werten ohne Bezug zu gesundheitlichen Kriterien, das heißt weit unterhalb meßbarer Effekte (Pflanzenschutzmittel), existieren solche, die über Jahrzehnte hin als gesundheitlich bedenklich einzustufen waren (z. B. Nitrat). Es kommt hinzu, daß, zum Zwecke möglichst einfacher analytischer Kontrollierbarkeit (Qualitätsanspruch und -aufwand betreffend), nicht selten Summenwerte für mehrere Vertreter einer Gruppe von chemischen Analogstoffen festgesetzt werden, die im Hinblick auf Gesundheitsgefährdung höchst unterschiedlich zu bewerten sind (z. B. die vier chlorierten Kohlenwasserstoffe 1,1,1-Trichlorethan, Trichlorethen, Tetrachlorethen und Dichlormethan).

724. In den sechziger Jahren begann eine neue Phase in der Weiterentwicklung des Grenzwertewesens, die durch Aufgabe der bisher angewandten Kriterien gekennzeichnet ist. Vor allem wurde der strikte Wirkungsbezug aufgegeben. In dem Maße, wie ständig neue Probleme der Verunreinigung von Umweltkompartimenten aufgedeckt und von den sich rasch entwickelnden umweltrelevanten Wissenschaften eingeordnet und bewertet wurden, vor allem aber durch druckvolle Medienarbeit das Bewußtsein und der Anspruch der Öffentlichkeit nach mehr Umwelt- und Gesundheitsschutz geschärft wurde, wuchs das Bedürfnis nach der Einführung neuartiger Grenzwerte. Nur zu oft war man versucht, ein unerwartet aufgekommenes Umweltproblem mit einem rasch aufgestellten Grenzwert zu lösen. Dabei stellte sich heraus, daß für viele, wenn nicht für die Mehrzahl der Schadstoffe, die Datenbasis unzulänglich war oder überhaupt fehlte, um einen wirkungsbezogenen Grenzwert zu formulieren. Dennoch zwangen Öffentlichkeitsdruck und andere politische Erwägungen zum Handeln. Ersatzweise wendete man zur Begründung der Grenzwerte das Vorsorgeprinzip an, das auf anderen Wegen gerade Einzug in die Umweltpolitik gehalten hatte: Grenzwerte wurden nicht mehr nach Art und Ausmaß der Schadwirkung aufgestellt. Handlungsleitend wurde vielmehr bei Gefahrenverdacht ein Konzept der Minderung von Umweltrisiken, das sich primär an technischer und sozioökonomischer Machbarkeit sowie an politischer Durchsetzbarkeit orientierte, allerdings teilweise in dem Bemühen, eine gewisse Proportionalität zum angenommenen Risiko zu wahren.

725. Von wesentlichem Einfluß auf die Vielfalt von Umweltstandardfindungen und -umsetzungen war und ist grundsätzlich der Umstand, daß nach Verständnis und Tradition sehr unterschiedlich verfaßte Disziplinen die Umweltstandardsetzung in ihren jeweiligen Anwendungsfeldern als ihre fachspezifische Domäne betrachten. Die Hygiene fordert Reinheit, die Toxikologie prüft die Verträglichkeit und ihre Grenzen, die Ökologie erwartet das Intaktbleiben von Umweltsystemen, die Technik hat die technologische Umsetzbarkeit im Auge, die Ökonomie bringt die Kostenfrage auf, und seit einigen Jahren ergreifen Geisteswissenschaften, wie Soziologie und Philo-

sophie, aber auch die Psychologie, zunehmend Besitz von diesem Arbeitsfeld, indem sie Akzeptanzfragen und deren Voraussetzungen ins Spiel bringen, denen die Naturwissenschaften vorher kaum Beachtung geschenkt haben (GETHMANN und MITTELSTRAß, 1992). Bei vielen der Festsetzungen von Umweltstandards aus jüngerer Zeit war es oft zufallsbedingt, welche Fachdisziplinen vertreten waren und welche Richtung schließlich welche Forderungsanteile durchsetzte. Das Ergebnis ist ein auch von Fachleuten kaum noch überschaubares Chaos von Umweltstandards der unterschiedlichsten Art.

726. Um nun die Voraussetzungen für eine notwendige Kategorisierung zu schaffen, unternimmt der Umweltrat zunächst den Versuch einer Bestandsaufnahme der wesentlichen in Deutschland existierenden Umweltstandards. Darauf aufbauend werden ein Mehrstufenkonzept eines allgemeinen Verfahrens zur Setzung von Umweltstandards vorgestellt sowie Mindestanforderungen an eine vereinheitlichte Vorgehensweise formuliert.

4.1.2 Definition des Begriffs „Umweltstandards"

727. Umweltstandards sind quantitative Festlegungen zur Begrenzung verschiedener Arten von anthropogenen Einwirkungen auf den Menschen und/oder die Umwelt. Sie werden aus Umweltqualitätszielen abgeleitet (s. SRU, 1994, Abb. I.5). Umweltstandards werden für unterschiedliche Schutzobjekte (z. B. Mensch, Tier, Pflanze, Wasser), Dimensionen (z. B. zeitlich, räumlich) und Schutzziele (z. B. Vorsorge, Gefahrenabwehr) sowie nach verschiedenartigen Bewertungsansätzen (z. B. naturwissenschaftlich, technisch-ökonomisch, politisch-gesellschaftlich) und mit unterschiedlicher Rechtsverbindlichkeit (z. B. Rechtsvorschriften, von privatrechtlichen Gremien erstellte Regelwerke) von verschiedenen Institutionen festgelegt. Aufgrund dieser vielfältigen Bezüge hat sich bisher keine einheitliche Begrifflichkeit in der Diskussion um Umweltstandards durchgesetzt. Im Gegenteil kann von einer wahren Inflation der Begriffe gesprochen werden. So findet man Begriffe wie zum Beispiel

> Alarmwert, Belastungswert, Einschreitwert, Einbringwert, Eingreifwert, Gefahrverdachtswert, Grenzwert, Hintergrundwert, Höchstwert, Immissionswert, Interventionswert, Maßnahmenwert, Orientierungswert, Prüfwert, Richtwert, Sanierungsleitwert, Sanierungszielwert, Schadeneintrittswert, Schwellenwert, Toleranzwert, Toxizitätswert, Unbedenklichkeitswert, Vorsorgewert, Zielwert und Zuordnungswert.

728. Angesichts dieser Vielfalt heterogener Begriffe und Differenzierungsversuche hat der Umweltrat bei der Suche nach Ordnungsprinzipien Umweltstandards zunächst hinsichtlich ihrer rechtlichen Bedeutung unterschieden. Die beiden Grundkategorien sind einerseits hoheitliche Umweltstandards und andererseits nichthoheitliche Umweltstandards (vgl. Abb. 4.1). Hoheitliche Umweltstandards sind in Rechtsvorschriften (Gesetz, Rechtsverordnung, Ver-

Abbildung 4.1

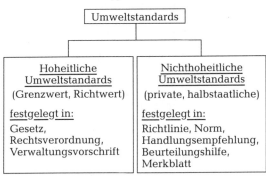

Verbindlichkeitstypen von Umweltstandards

SRU / UG '96 / Abb. 4.1

waltungsvorschrift) verbindlich festgelegt. Sie werden in Grenz- und Richtwerte unterschieden. Grenzwerte sind Umweltstandards, die für die Adressaten zwingende Verhaltensanforderungen festlegen. Richtwerte sind empfohlene Werte, die bei der medien- und schutzgutbezogenen Beurteilung von Umweltbelastungen durch die Behörden als Maßstäbe dienen. Sie haben je nach Ausgestaltung einen unterschiedlichen Geltungsanspruch; danach bestimmt sich, ob der betreffende Richtwert in der Regel maßgeblich ist oder nur ein Indiz, einen groben Anhalt oder gar nur eine bloße Hilfe für die Beurteilung bildet. Die nichthoheitlichen Umweltstandards umfassen demgegenüber diejenigen Standards, die nicht in Rechtsvorschriften festgelegt sind. Sie können von privatrechtlich organisierten Sachverständigengremien (z. B. DFG, VDI, DIN) erarbeitet werden. Nichthoheitliche Umweltstandards sind aber auch Werte, die von Zusammenschlüssen von Trägern öffentlicher Aufgaben, öffentlich-rechtlichen Sachverständigengremien und vergleichbaren Einrichtungen empfohlen werden. Sie werden als Normen, Richtlinien, Handlungsempfehlungen, Beurteilungshilfen und als Merkblätter herausgegeben.

729. Umweltstandards werden sowohl für Schadstoffe und Schadstoffgemische als auch für physikalische Noxen (z. B. Strahlung, Lärm) festgesetzt. Für die Schadstoffe und Schadstoffgemische wird deren Konzentration (Masse/Volumen, Masse/Masse, Volumen/Volumen) oder die Dosis oder Fracht (Masse/Zeit) in den Umweltmedien Boden, Wasser und Luft sowie in der Nahrung begrenzt. Für physikalische Noxen werden Belastungswerte (z. B. Strahlendosis/Zeit, Schallpegel) angegeben.

4.1.3 Ansatzebenen für die Umweltstandardsetzung

730. Grundlage für eine Umweltpolitik im Sinne einer dauerhaft-umweltgerechten Entwicklung ist die Festlegung von Umweltzielen mittels handlungsorientierter Beschreibung der sachlich, räumlich und zeitlich angestrebten Umweltqualität (s. a. SRU, 1994, Tz. 129 ff.). Ausgangspunkt für die Umsetzung sind

die jeweiligen Schutzgüter und ihre konkrete Ausprägung.

Die Umweltstandards können an allen Stellen des ökologisch-ökonomisch-soziokulturellen Gesamtzusammenhangs ansetzen: im Produktionssektor an Produktionsprozessen, Produkten, betrieblichen Emissionsmengen und -wegen; im Konsumsektor zur Beschränkung der Anwendung oder zur Steuerung der Entsorgungswege (Emissionsbegrenzung); bei der Konzentration einzelner Immissionen in den Umweltmedien oder bei Expositionen in Form äußerer und innerer Belastung der Schutzgüter (Immissionsbegrenzung; Abb. 4.2). Inwieweit Umweltstandards festgelegt werden, auf welcher Ebene diese Festlegung erfolgt und wie sie umgesetzt werden, ist abhängig vom Wissen über Wirkungszusammenhänge und/oder von Fragen der Zweckmäßigkeit, insbesondere von Fragen der Treffsicherheit, der ökonomischen Effizienz und der politisch-administrativen Durchsetzbarkeit.

731. Gehen schädliche Expositionen nicht vom Produkt selbst, sondern von Emissionen, von Zwischenprodukten oder von Verunreinigungen im Endprodukt aus, ist die *Modifikation technischer Prozesse* als Regelansatz angezeigt.

Unmittelbare *Emissionsbegrenzung* an der Quelle erfolgt für bestimmte, von Industrieanlagen regelhaft emittierte Schadstoffe, indem Maximalwerte des Ausstoßes pro Zeiteinheit festgelegt werden.

Die stringenteste Regelungsform ist das *Verbot* der Herstellung eines schädigenden Produktes. Im Ansatz vergleichbar, aber weniger verbindlich und wirksam, ist der freiwillige *Verzicht* von seiten des Herstellers. Totales Verbot und totaler Verzicht werden fast ausschließlich bei krebserzeugenden Stoffen sowie bei Stoffen mit hohem Potential an Schadwirkungen geübt. Häufiger sind Verbote der Anwendung in bestimmten Sektoren (z. B. von DDT in der Landwirtschaft).

Bei geringerer Schadwirkung eines Stoffes oder fehlender Substitutionsmöglichkeit für gefährliche Stoffe erfolgen *Beschränkungen in der Herstellung* und der *Verarbeitung* von gefährlichen Stoffen. Zu Beschränkungsmaßnahmen greift man auch in Fällen, wo der Schadstoff natürlich vorkommt, ein Totalverbot also keine Ausschaltung der Exposition bewirken kann.

Idealtypisch ist aber der Ersatz gefährlicher Stoffe durch *unbedenkliche oder weniger gefährliche Alternativen (Substitution)*. Dieser Ansatz wird immer häufiger gewählt. Allerdings erfüllen Ersatzstoffe nur selten gänzlich die technischen Anforderungen, sind Entwicklung eines Ersatzstoffes und Umstellung der Produktion kostenaufwendig und liegen über Toxizität und Umweltverträglichkeit des Ersatzstoffes in der Regel noch unzureichende Erfahrungen vor. Einschlägige Verträglichkeitsuntersuchungen erfordern oft hohen Aufwand an Kosten und Zeit.

732. *Immissionsbegrenzungen* können durch *Abschirmung* von Schutzgütern, zum Beispiel im Arbeitsleben in Form von Körper- und Atemschutz, erfolgen. Eine Sonderform ist die Verbesserung der

Ventilation an stark kontaminierten Arbeits- und Fertigungsplätzen. Die Technik bedient sich gelegentlich der Verlegung empfindlicher Produktionsprozesse an weniger kontaminierte Orte. Seltener ist die Versetzung empfindlicher Pflanzenkulturen in sogenannte Reinluftgebiete. Mit Immissionsgrenzwerten wird eine gewisse Schadstoffexposition, die als unbedenklich oder als zumutbar betrachtet wird, zugelassen. Im Gesundheitsschutz eingeführt und als wichtiges Instrument der Krankheitsdiagnose extensiv verwendet (Normwerte), finden Immissionsgrenzwerte zunehmend im Umweltschutz Anwendung.

4.1.4 Der Begriff „Umweltstandard" aus rechtlicher Sicht

4.1.4.1 Unbestimmte Rechtsbegriffe

733. Die modernen Umweltgesetze verzichten regelmäßig auf eine Festlegung der entsprechenden Umweltstandards und damit auf eine Konkretisierung der „technischen" Details im Gesetz selbst. In den meisten Gesetzen finden sich insoweit nur sogenannte unbestimmte Rechtsbegriffe. Zu diesen unbestimmten Rechtsbegriffen zählen unter anderem:

– schädliche Umwelteinwirkungen (z. B. § 5 Abs. 1 Nr. 1 BImSchG)

– Vorsorge gegen Schäden (z. B. § 7 Abs. 2 Nr. 3 AtomG)

– allgemein anerkannte Regeln der Technik (z. B. §§ 7a Abs. 1, 19g WHG)

– Stand der Technik (z. B. § 12 Krw-/AbfG; § 5 Abs. 1 Nr. 2 BImSchG)

– Stand von Wissenschaft und Technik (z. B. § 6 GenTG).

Die abstrakten, unbestimmten Rechtsbegriffe der Umweltgesetze bedürfen einer Konkretisierung, die aufgrund einer Delegation durch die Exekutive erfolgt. Es ist auch möglich, daß die Verwaltung die unbestimmten Rechtsbegriffe im Einzelfall anhand eines Gutachtens konkretisiert. Der Nachteil einer derartigen Vorgehensweise liegt in der übermäßigen Inanspruchnahme von Verwaltungskraft, im Kostenaufwand für Gutachten und vor allem in Einbußen an Rechtssicherheit, Transparenz und Gleichbehandlung. Die Konkretisierung sollte einen gewissen generellen Charakter bewahren, um der Vielzahl der Anwendungsfälle gerecht zu werden.

4.1.4.2 Rechtsformen von Umweltstandards

Umweltstandards des nationalen Rechts können in Form von

– Gesetzen,

– Rechtsverordnungen,

– Verwaltungsvorschriften oder

– Regelungen nichthoheitlicher Gremien

erlassen werden.

Gesetze

734. Bei den gesetzlichen Grenzwerten entscheidet der Gesetzgeber originär über die Werte. Er wählt eine solche Regelung, wenn es um Entscheidungen von erheblicher politischer Bedeutung geht, nur einzelne, wenige Werte festzusetzen sind, die Bestimmung des Wertes keine Schwierigkeiten bereitet und/oder der Wert voraussichtlich keiner weiteren Überarbeitung bedarf. Dem Gesetzgeber kann diese Möglichkeit nach der Verfassung nicht entzogen werden. In der Regel eignen sich Umweltstandards jedoch nicht für eine Aufnahme in Gesetze. Dementsprechend kommen Grenzwerte in Gesetzen nur ausnahmsweise vor (z. B. § 2 Benzinbleigesetz; § 3 Fluglärmschutzgesetz und §§ 40a ff. Bundes-Immissionsschutzgesetz, betreffend Ozon).

Rechtsverordnungen

735. Umweltstandards werden am häufigsten durch die Exekutive, auf Bundesebene unter Mitwirkung des Bundesrates, in Form von Rechtsverordnungen erlassen (z. B. Großfeuerungsanlagenverordnung). Insbesondere im Immissionsschutzrecht, im Gentechnikrecht und im Atomrecht ist von dieser Möglichkeit Gebrauch gemacht worden. Voraussetzung ist stets, daß das jeweilige Gesetz eine Ermächtigung zum Erlaß der Verordnung enthält. Rechtsverordnungen besitzen eine bindende (Außen-)Wirkung gegenüber Behörden, Bürgern und den Gerichten.

Verwaltungsvorschriften

736. In der Praxis sind darüber hinaus Umweltstandards in Form von Verwaltungsvorschriften von großer Bedeutung. Sie werden ebenfalls von der Exekutive, auf Bundesebene unter Mitwirkung des Bundesrates, erlassen. Die Regelungen in den verschiedenen Technischen Anleitungen (z. B. TA Luft, TA Abfall) umfassen eine Vielzahl von Grenzwerten, aber auch Meßmethoden. Verwaltungsvorschriften kommt grundsätzlich keine Außenwirkung zu. Bindende Wirkung entfalten sie nur gegenüber der Behörde, die sie bei Erlaß eines entsprechenden Verwaltungsaktes oder bei der Aufstellung von Plänen zugrunde legen muß.

Regelungen nichthoheitlicher Gremien

737. Nichthoheitliche Umweltstandards werden von privaten oder öffentlich-rechtlich organisierten Gremien (z. B. DFG, DIN, VDE, VDI, Bundesämter, LAWA, LAGA) erstellt. Diesen nichthoheitlichen Umweltstandards kommt per se keine rechtliche Bindungswirkung zu. Dies gilt auch dann, wenn sie von öffentlich-rechtlich organisierten Gremien erarbeitet werden, ohne förmlich als Verwaltungsvorschriften erlassen zu werden. Soweit nichthoheitliche Umweltstandards in Rechtsverordnungen oder Verwaltungsvorschriften inkorporiert werden oder auf sie verwiesen wird, können auch sie eine bindende Wirkung entfalten. Im übrigen haben sie ähnlich wie hoheitliche Richtwerte nur die Wirkung als Indiz oder Orientierungswerte.

Abbildung 4.2

Ansatzebenen für die Standardsetzung

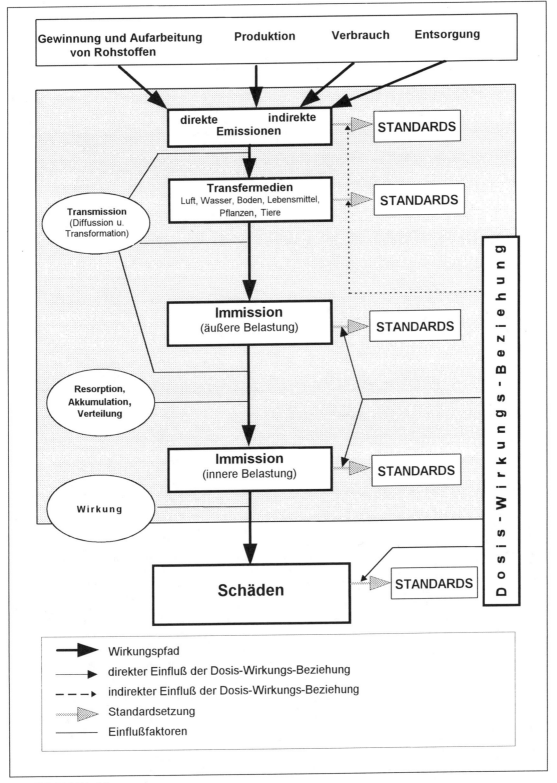

4.2 Bestandsaufnahme und Analyse der Typen von Umweltstandards

4.2.1 Bestandsaufnahme

738. Bereits ein erster Überblick zeigt die immense Vielfalt der derzeit in Deutschland eingeführten Umweltstandards. Durchgängige Kriterien für deren Festlegung sind nicht auszumachen. Im Bestreben, das System der Umweltstandards zu kategorisieren und Vereinfachungen zu ermöglichen, hat der Umweltrat nach geeigneten Typisierungsmerkmalen gesucht. Sie sollen einerseits bestehende Defizite bei den einzelnen Standards aufzeigen und möglichst genau charakterisieren, andererseits die Einführung von Ordnungsprinzipien bei der Formulierung von einheitlichen Verfahrensregeln erleichtern.

739. Tabelle 4.1 „Bestandsaufnahme und Kategorisierung von Umweltstandards in Deutschland", die als eigener Anhang beigegeben ist (s. Tasche Rückendeckel), stellt eine systematische Sammlung der derzeit angewendeten Umweltstandards dar, die in Rechtsvorschriften, Richtlinien, Normen und Handlungsempfehlungen festgelegt sind. Diese werden im folgenden zusammenfassend mit dem Begriff Umweltstandardlisten bezeichnet. Dargestellt sind Umweltstandards in den wichtigsten Bereichen, das heißt Chemikalien, Lebensmittel, Luft, Wasser, Boden, Abfall, Lärm und Strahlung/Radioaktivität. Ziel ist es, anhand der wesentlichen Typen von Umweltstandards ein repräsentatives Bild der Systeme aufzuzeigen.

740. Als übergeordnetes Unterscheidungsmerkmal wurden die genannten Umweltbereiche gewählt, um eine Zuordnung zu den einzelnen Umweltkompartimenten und den entsprechenden Regelbereichen zu ermöglichen. In Kauf genommen wird dabei, daß es mehrfach Überlappungen gibt, da einzelne Regelwerke verschiedenen Bereichen zugeordnet werden können. Doppelnennungen von Regelwerken beziehungsweise Umweltstandardtypen wurden vermieden. Vielmehr sind Querverweise in der Spalte *weitere betroffene Bereiche* angeführt. In dieser Spalte findet sich auch dann ein Eintrag, wenn eine Liste Umweltstandards aus verschiedenen Bereichen enthält. Mit dem Merkmal *Sektor, Medium* wird in dieser Spalte zusätzlich eine Feinunterteilung der Bereiche vorgenommen. So ist beispielsweise der Bereich Wasser weiter in die Sektoren Fließ- und Binnengewässer sowie Oberflächen-, Grund-, Stau- und Abwasser untergliedert. Neben dieser Spalte enthalten auch die Spalte *Anzahl der Umweltstandards*, in der die Anzahl der in den Listen enthaltenen Umweltstandards angegeben wird, und die Spalte *Bemerkungen*, in der ergänzende Erläuterungen zu den Listen und Umweltstandards eingetragen sind, zusätzliche Informationen. Die drei Spalten werden daher mit *zusätzliche Informationen* überschrieben. Die restlichen 14 Spalten der Tabelle 4.1 enthalten Angaben zu den insgesamt 15 Typisierungsmerkmalen. In Tabelle 4.1 sind die Umweltstandardlisten in den einzelnen Bereichen chronologisch nach ihrem Einführungsdatum aufgeführt.

741. Grundlage für die Ausfüllung der Typisierungsmerkmale sind die Texte der in der Tabelle 4.1 angegebenen Rechtsvorschriften, Richtlinien und Handlungsempfehlungen sowie begleitend veröffentlichte Kommentare und Begründungen. Bei den untersuchten *Typisierungsmerkmalen* handelt es sich im einzelnen um:

– *Einführungsdatum beziehungsweise -jahr (Aktualisierung)*

Das Datum beziehungsweise das Jahr der ersten Veröffentlichung oder der ersten Herausgabe der betreffenden Liste wird unter diesem Typisierungsmerkmal angegeben. Für Listen, die bereits aktualisiert wurden, ist in Klammern das Erscheinungsdatum der jüngsten Liste eingetragen, die auch zur Auswertung verwendet wurde.

– *Rechtsverbindlichkeit*

Mit dem Typisierungsmerkmal „Rechtsverbindlichkeit" wird die Rechtsverbindlichkeit von Umweltstandards untersucht. Dabei ist zwischen zwei Gruppen von Werten zu unterscheiden, nämlich zum einen hoheitliche Umweltstandards, die in gesetzlichen und untergesetzlichen Regelungen festgeschrieben sind, und zum anderen nichthoheitliche Umweltstandards, die von privatrechtlich organisierten Sachverständigengremien, Zusammenschlüssen von Trägern öffentlicher Aufgaben, öffentlich-rechtlichen Sachverständigengremien und vergleichbaren Einrichtungen empfohlen werden. Die ersteren werden als Grenzwerte (Kürzel G) oder als Richtwerte (Kürzel R), die übrigen als nichthoheitliche Umweltstandards bezeichnet (s. Abschn. 4.1.2).

– *Rechtsquelle*

Zur Unterscheidung der verschiedenen Verbindlichkeiten von Rechtsvorschriften wird für diese als gesondertes Typisierungsmerkmal die „Rechtsquelle" mit angegeben: Gesetze (Kürzel Ge), Rechtsverordnungen (Kürzel VO) und Verwaltungsvorschriften (Kürzel VwV).

– *Art der Umweltstandards, bezogen auf die Angriffsebene im Ausbreitungspfad*

Umweltstandards unterscheiden sich entsprechend einer systemaren Betrachtungsweise nach der Angriffsebene im Ausbreitungspfad eines Schadstoffes: Quelle, Transport sowie äußere oder innere Belastung von Schutzobjekten (vgl. Abb. 4.2). In der Tabelle 4.1 werden demnach vier Arten von Umweltstandards unterschieden:

1. Emissionsstandard, direkt: Umweltstandard, der die Emissionen an den Quellen, bezogen auf die Trägermedien, begrenzt.

2. Emissionsstandard, indirekt: Umweltstandard, der der Begrenzung von Schadstoffen in erzeugten und verarbeiteten Produkten oder Zubereitungen dient. Da die Begrenzung im Hinblick auf die spätere Emission der Produkte oder Zubereitungen in die Umwelt erfolgt, wird dieser Umweltstandard in der Tabelle als indirekter Emissionsstandard bezeichnet.

3. Immissionsstandard, äußere Belastung: Umweltstandard, der die Massenkonzentration einer Substanz beziehungsweise Stoffgruppe in den Kompartimenten Luft, Boden und Wasser und in Lebensmitteln sowie Lärm/Geräusche festschreibt.

4. Immissionsstandard, innere Belastung: Umweltstandard, der direkt an beziehungsweise in den Schutzgütern einen Schadstoff begrenzt, wie beispielsweise die Festlegung der Schadstoffkonzentration in Blut oder Urin.

– *Schutzgut*

Hierunter werden belebte und unbelebte Umweltgüter genannt, deren Schutz der jeweilige Umweltstandardtyp gewährleisten soll.

– *Schutzziel*

Schutzgut und Schutzziel sind streng voneinander zu trennen. Unter Schutzziel wird die Schutzintensität, das heißt das Ausmaß des Schutzes der menschlichen Gesundheit, die Definition verbleibender Risiken, der Schutz des Wassers usw., sowie die Vorsorge vor schädlichen Umwelteinwirkungen verstanden.

– *Überprüfung der Umweltstandards auf Aktualität*

Inwiefern eine spätere, unter Umständen periodische, Überprüfung/Aktualisierung der in den Listen enthaltenen Umweltstandards erfolgt, wird mit dem Typisierungsmerkmal „Überprüfung" untersucht.

– *Überwachung der Einhaltung der Umweltstandards*

Mit diesem Typisierungsmerkmal wird beschrieben, ob und in welchem Umfang Methoden und Verfahren zur Überwachung der Umweltstandards in den betreffenden Listen angegeben oder ob Verweise enthalten sind.

– *Bewertungsgrundlage bei der Festsetzung der Umweltstandards*

Hier handelt es sich um ein Typisierungsmerkmal für die Bewertungskriterien und die Bewertungsphilosophie, auf der die Ableitung der Umweltstandards basiert. Darunter werden verstanden: wirkungsorientiert, Stand von Wissenschaft und Technik, Stand der Technik, Stand der Wissenschaft und allgemein anerkannte Regeln der Technik. Bei Fehlen entsprechender Angaben wurde das Typisierungsmerkmal „nicht konkret angegeben" gewählt. Daneben wurde diesen Umweltstandardlisten eines der anderen Typisierungsmerkmale nach Plausibilität zugeordnet. Diese Angaben stehen in der Tabelle 4.1 in Klammern.

Mit dem übergeordneten Typisierungsmerkmal *Vorgehensweisen bei der Umweltstandardsetzung* werden Verfahrensregeln, die von Institutionen und Verbänden bei der Aufstellung von Umweltstandards angewendet werden, näher beschrieben. In der Tabelle 4.1 sind dazu nur stichwortartige Angaben möglich. Eine ausführliche Beschreibung von ausgewähl-

ten Verfahrensregeln findet sich in Abschnitt 4.2.3. Aufgrund der vielen Aspekte, die in diesem Zusammenhang relevant sind, ist dieses Typisierungsmerkmal in die folgenden Merkmale unterteilt:

– *Initiative durch:* Es werden diejenigen Institutionen aufgeführt, die über die Festlegung von Umweltstandards bestimmen, die die Auswahl der zu regelnden Stoffe treffen und die über die Annahme oder Ablehnung von Vorschlägen zur Aufstellung von Umweltstandards entscheiden.

– *Verfahrensregeln:* Mit diesem Typisierungsmerkmal wird untersucht, inwieweit die Verfahrensregeln in Satzungen oder Geschäftsordnungen festgelegt sind.

– *Beteiligung:* Die im Verfahrensablauf der Festlegung von Umweltstandards beteiligten oder angehörten Institutionen sind unter diesem Typisierungsmerkmal aufgelistet.

– *Berichterstattung:* Mit diesem Typisierungsmerkmal wird untersucht, inwieweit eine Offenlegung oder Dokumentation des Verfahrensablaufes erfolgt ist.

– *Begründung:* Der Umfang der Begründung von Umweltstandards wird mit diesem Typisierungsmerkmal dokumentiert.

– *Kosten-Nutzen-Erwägungen:* Mit diesem Typisierungsmerkmal wird untersucht, inwieweit bei der Ableitung von Umweltstandards Kosten-Nutzen-Erwägungen eingeflossen sind. Für Umweltstandards, die in Rechtsvorschriften festgelegt sind, soll die Verhältnismäßigkeit gewahrt sein. Fehlende Dokumentation läßt jedoch an dieser Stelle keine Angaben über den Umfang zu, in dem solche Überlegungen in die Festlegung hoheitlicher Umweltstandards eingegangen sind, so daß bei Rechtsvorschriften „Verhältnismäßigkeit gefordert" in die Tabelle 4.1 eingetragen wird.

4.2.2 Auswertung nach Typisierungsmerkmalen

742. In der Tabelle 4.1 sind insgesamt 154 derzeit in Deutschland geltende Listen mit Umweltstandards für die wichtigsten Bereiche (Chemikalien, Lebensmittel, Luft, Wasser, Boden, Lärm, Abfall und Strahlung/Radioaktivität) erfaßt. Ziel der Darstellung ist ein möglichst umfassender Überblick über die Vielzahl der Typen von Umweltstandards sowie eine Bewertung von Umweltstandards und Festlegungsverfahren. Dazu werden die Umweltstandards auf die in der Kopfzeile von Tabelle 4.1 enthaltenen und in der Einleitung zur Tabelle erläuterten fünfzehn Typisierungsmerkmale (Tz. 741) untersucht und im folgenden bewertet.

743. Die 154 Listen in Tabelle 4.1, die annähernd 10 000 einzelne Umweltstandards umfassen, dürften die wichtigsten Umweltstandards in Deutschland enthalten und für eine repräsentative Begutachtung ausreichen. Hauptziel der Untersuchung des Umweltrates ist eine möglichst breit angelegte Übersichtsdarstellung. Aufgrund dieser Breite ist es bei der Bewertung der einzelnen Umweltstandardlisten

Abbildung 4.3

Anzahl der Umweltstandardlisten in den verschiedenen Bereichen

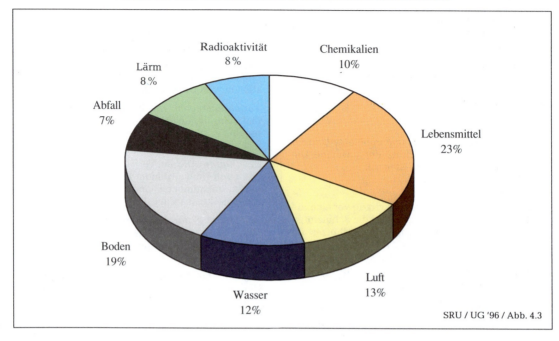

SRU / UG '96 / Abb. 4.3

anhand der Typisierungsmerkmale erforderlich, den Inhalt der Listen mit wenigen Stichwörtern zu charakterisieren, um den Umfang der Tabelle nicht zu sprengen. Die dabei erfolgte Informationsverdichtung kann bei einigen Typisierungsmerkmalen mit einem Informationsverlust im Detail verbunden sein und kann für die hier angestrebte Übersichtsbewertung hingenommen werden.

4.2.2.1 Allgemeiner Überblick

744. Die Anteile der Umweltstandardlisten in den verschiedenen untersuchten Bereichen an der Gesamtzahl ist in Abbildung 4.3 dargestellt. Bei weitem die meisten Umweltstandardlisten sind in den Bereichen Lebensmittel (36 von 154 Listen = 23 %) und Boden (29 von 154 Listen = 19 %) zu finden. Nur etwa halb so viele Standardlisten entfallen auf die Bereiche Luft (20 von 154 Listen = 13 %), Wasser (18 von 154 Listen = 12 %) und Chemikalien (15 von 154 Listen = 10 %). In den Bereichen Lärm (13 von 154 Listen = 8 %), Abfall (11 von 154 Listen = 7 %) sowie Radioaktivität und Strahlung (12 von 154 Listen = 8 %) gibt es die wenigsten Listen.

Die ungleiche Häufigkeitsverteilung von Standardtypen auf die acht untersuchten Bereiche spiegelt keinesfalls die praktische Bedeutung einzelner Typen oder Gruppen wider. Vielmehr ist zu schließen, daß tradierte Wertvorstellungen und Handlungsweisen der mit der Bearbeitung betrauten Institutionen und Fachdisziplinen ihren unterschiedlichen Ausdruck gefunden haben. Doch fällt auf, daß die Regelungsdichte oft in einem umgekehrten Verhältnis zum Kenntnisstand und zur Datenlage steht, woraus man

mutmaßen könnte, Verlegenheit um präzises Wissen fördere die Regelungsbeflissenheit.

745. Auch die Zeitdauer seit der Einführung von Standards spielt offenbar eine Rolle: Je kürzer sie ist, desto zahlreicher und stärker untergliedert sind die Standardlisten. Doch sind sicher für einige Bereiche gewisse Traditionen der an der Regelung beteiligten Fachdisziplinen bestimmend gewesen, etwa im Bereich Lebensmittel, wo fast jedes Lebensmittel seine eigene Verordnung gefunden hat. Ähnlich liegen die Verhältnisse bei Abwasser, wo die bevorzugte Ansiedlung von Industriebetrieben an Flüssen, Strömen und hafennahen Küsten eine hohe Regelungsdichte förmlich erzwungen hat.

746. Insgesamt bietet die Zusammenstellung der Umweltstandardlisten das Bild einer bunten Vielfalt, die eher zufallsbedingt erscheint. Weitere Aufschlüsse verspricht die Feinanalyse anhand der in Tabelle 4.1 vorgegebenen Kriterien. Sie ist vor allem so angelegt, daß die Defizite des Systems der Umweltstandardsetzung deutlich werden.

4.2.2.2 Analyse nach speziellen Kriterien

Einzelbetrachtung der Kriterien

Einführungsdatum

747. Aus den Angaben in Tabelle 4.1 sowie aus Abbildung 4.4 ist ersichtlich, daß die überwiegende Zahl der Umweltstandards erst nach 1970 eingeführt wurde (134 von 154 Listen = 87 %). Die Mehrzahl da-

Abbildung 4.4

Typisierungsmerkmal: Jahr der Einführung

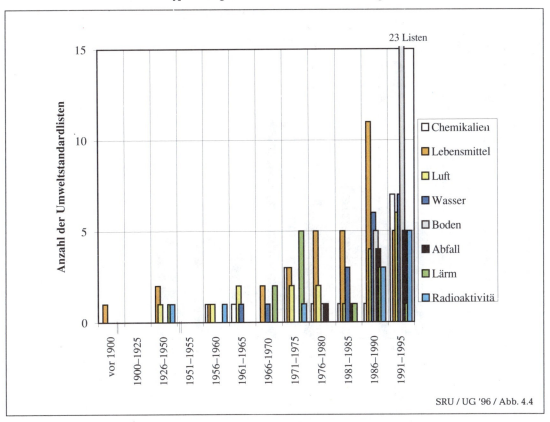

SRU / UG '96 / Abb. 4.4

von, nämlich 98 von 154 Listen (= 64 %), wurden erst in den letzten zehn Jahren eingeführt.

Vor allem die Bereiche Boden und Abfall enthalten nur sehr junge Regelungen. In beiden Bereichen wurde die erste Liste zwischen 1976 und 1980 erstellt. 97 % der Umweltstandardlisten im Bereich Boden (28 von 29 Listen) stammen aus den letzten zehn Jahren, wovon der überwiegende Anteil (23 von 29 Listen = 79 %) zwischen 1991 und 1995 eingeführt wurde. Die ältesten Regelungsgebiete sind die Bereiche Lebensmittel (erste Regelung vor 1900), Luft, Lärm und Radioaktivität (erste Regelungen vor 1950) sowie der Bereich Chemikalien (erste Regelungen vor 1960, Vorläufer ab 1886). Insgesamt ist ein fast exponentieller Anstieg im zeitlichen Verlauf bei der Einführung neuer Regelungen festzustellen.

Rechtsverbindlichkeit und Rechtsquelle

748. Unter dem Typisierungsmerkmal Rechtsverbindlichkeit wurden hoheitliche Umweltstandards, unterteilt in Grenz- und Richtwerte, und nichthoheitliche Umweltstandards unterschieden. Nichthoheitliche Umweltstandards sind in 73 von 154 Umweltstandardlisten (= 47 %) enthalten, während insgesamt 81 von 154 Umweltstandardlisten (= 53 %) hoheitliche Umweltstandards beinhalten. Von diesen 81

Listen enthalten 72 Listen (= 89 %) Grenzwerte und sechs Listen (= 7 %) Richtwerte. Drei von 81 Umweltstandardlisten (= 4 %) enthalten sowohl Grenz- als auch Richtwerte. Die Rechtsquellen der hoheitlichen Umweltstandards sind zu 6 % Gesetze (5 von 81 Listen), zu 74 % Verordnungen (60 von 81 Listen) und zu 20 % Verwaltungsvorschriften (16 von 81 Listen).

Bei Betrachtung der einzelnen Bereiche fällt auf, daß in den Bereichen Chemikalien (67 % = 10 von 15 Listen), Lebensmittel (89 % = 32 von 36 Listen) und Lärm (69 % = 9 von 13 Listen) mit Abstand die meisten Listen Grenzwerte enthalten. In den Bereichen Luft (55 % = 11 von 20 Listen) und Abfall (46 % = 5 von 11 Listen) halten sich die Anzahl der Listen mit Grenzwerten und die der Listen mit nichthoheitlichen Umweltstandards etwa die Waage. In den Bereichen Wasser (72 % = 13 von 18 Listen), Boden (86 % = 25 von 29 Listen) und Radioaktivität (83 % = 10 von 12 Listen) überwiegen die nichthoheitlichen Umweltstandards (Abb. 4.5).

Gesetze mit Umweltstandards gibt es in den Bereichen Chemikalien (10 % = 1 von 10 Listen), Lebensmittel (6 % = 2 von 32 Listen), Luft (5 % = 1 von 20 Listen) und Lärm (9 % = 1 von 11 Listen). Demgegenüber finden sich die hoheitlichen Umweltstandards des Bereichs Boden (4 von 4 Listen) zu 100 % in Verwaltungsvorschriften.

Abbildung 4.5

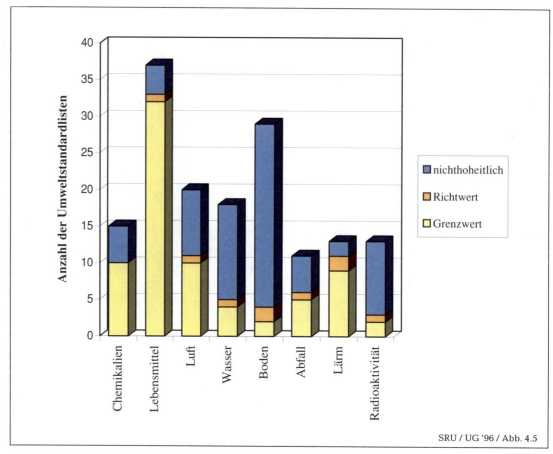

Typisierungsmerkmal: Rechtsverbindlichkeit

SRU / UG '96 / Abb. 4.5

*Art der Umweltstandards bezogen auf die Angriffs-
ebene im Ausbreitungspfad*

749. In Tabelle 4.1 wurden Immissionsstandards für
die äußere Belastung, Immissionsstandards für die innere Belastung, direkte und indirekte Emissionsstandards unterschieden (vgl. Tz. 741). In fast allen Bereichen kommen Umweltstandardlisten vor, die mehr
als eine Art von Umweltstandards enthalten. Daher
treten in diesen Bereichen in der Summe mehr als
100 % auf.

Die weitaus meisten Umweltstandardlisten enthalten
Immissionsstandards für die äußere Belastung (109
von 154 Listen = 71 %). Nur drei von 154 Listen
(= 2 %) enthalten Immissionsstandards für die innere
Belastung. Insgesamt 48 von 154 Listen (= 31 %) enthalten Emissionsstandards, davon 23 von 154 Listen
(= 15 %) direkte und 25 von 154 Listen (= 16 %) indirekte.

Nur in den Bereichen Chemikalien und Lebensmittel
sind alle vier Standardarten vertreten. Im Bereich
Abfall beinhalten alle Umweltstandardlisten Standards für die indirekte Emission, während im Bereich

Boden jede Liste die Umweltstandardart „Immission,
äußere Belastung" enthält (Abb. 4.6).

Schutzgut

750. In den untersuchten Umweltstandardlisten
wurden Mensch, Umwelt, Tier, Pflanze, Sachgut und
Wasser als Schutzgüter genannt (Tab. 4.1). Der
Mensch wird in 93 % der Listen (143 von 154 Listen)
als Schutzgut genannt. 19 % der Listen (29 von 154 Listen) führen die Umwelt, 16 % der Listen (24 von 154 Listen) Pflanzen, 14 % (21 von 154 Listen) Tiere, 13 %
(20 von 154 Listen) Wasser und 7 % (11 von 154 Listen) Sachgüter als Schutzgut an.

In den Bereichen Chemikalien, Lebensmittel, Luft
und Radioaktivität wird in allen Listen der Mensch
als Schutzgut genannt. Daneben werden jedoch in
einigen Listen dieser Bereiche zusätzlich weitere
Schutzgüter angegeben (vgl. Abb. 4.7). Auch in
den Bereichen Wasser, Boden und Abfall gibt es Listen, die mehrere Schutzgüter nennen. Im Bereich
Lärm wird einzig der Mensch als Schutzgut genannt.

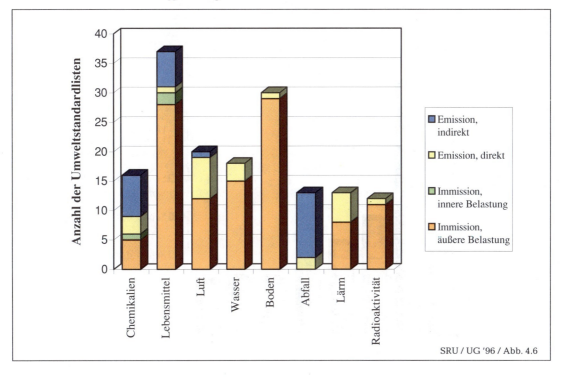

Abbildung 4.6

Typisierungsmerkmal: Art der Umweltstandards

SRU / UG '96 / Abb. 4.6

Abbildung 4.7

Typisierungsmerkmal: Schutzgut

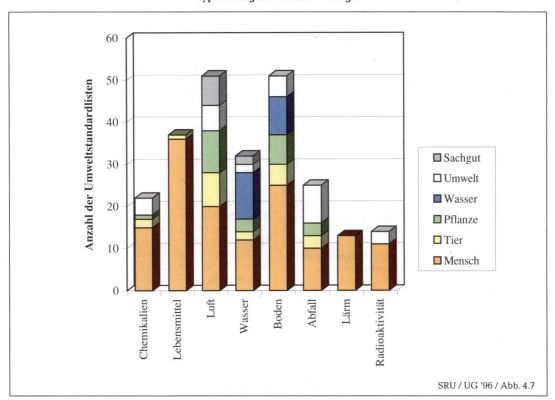

SRU / UG '96 / Abb. 4.7

Abbildung 4.8

Typisierungsmerkmal: Schutzziel

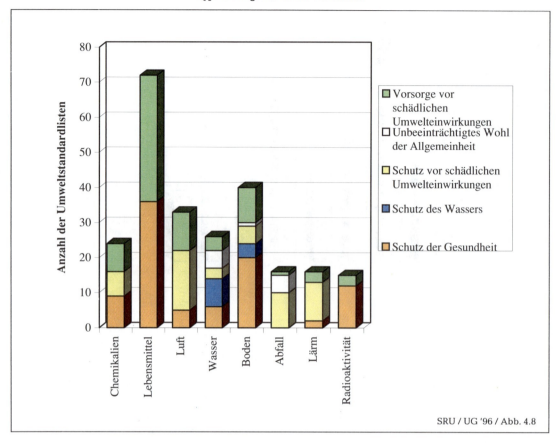

SRU / UG '96 / Abb. 4.8

Schutzziel

751. Der „Schutz der Gesundheit" ist in 91 von 154 Umweltstandardlisten (= 59 %) als Ziel angegeben. Bei 75 von 154 Umweltstandardlisten (= 49 %) ist die „Vorsorge vor schädlichen Umwelteinwirkungen" das Schutzziel, bei 53 von 154 Umweltstandardlisten (= 34 %) der „Schutz vor schädlichen Umwelteinwirkungen", bei elf von 154 Listen (= 7 %) das „unbeeinträchtigte Wohl der Allgemeinheit" und bei zwölf von 154 Listen (= 8 %) der „Schutz des Wassers". Die „Vorsorge vor schädlichen Umwelteinwirkungen" wird in jedem Bereich als Schutzziel genannt, während der „Schutz des Wassers" nur bei acht von 18 Umweltstandardlisten im Bereich Wasser (= 44 %) und bei vier von 29 Umweltstandardlisten im Bereich Boden (= 14 %) als Schutzziel angegeben ist.

In allen untersuchten Bereichen werden mindestens zwei Schutzziele genannt. In den Bereichen Luft (17 von 20 Listen = 85 %), Lärm (11 von 13 Listen = 85 %) und Abfall (10 von 11 Listen = 91 %) wird der „Schutz vor schädlichen Umwelteinwirkungen" am häufigsten als Schutzziel genannt. Außer im Bereich Wasser, wo mit 44 % (8 von 18 Listen) der „Schutz des Wassers" am häufigsten genannt wird, überwiegt in den übrigen vier Bereichen der „Schutz der Gesund-

heit". Im Bereich Lebensmittel ist in allen Listen sowohl der „Schutz der Gesundheit" als auch die „Vorsorge vor schädlichen Umwelteinwirkungen" genannt (Abb. 4.8).

Überprüfung der Umweltstandards auf Aktualität

752. Die Mehrheit der Umweltstandardlisten wird aus gegebenem Anlaß, das heißt bei Neufassung oder Novellierung, überprüft (83 von 154 Listen = 54 %). Es folgt die Gruppe der Listen ohne Angaben zur Überprüfung (46 von 154 Listen = 30 %). Nur die Umweltstandards von insgesamt 17 Listen (von 154 = 11 %) werden bei Vorliegen neuer Erkenntnisse überprüft, und bei acht Listen (von 154 = 5 %) erfolgt eine regelmäßige Überprüfung.

Die Umweltstandardlisten der Bereiche Chemikalien und Lebensmittel werden alle einer Überprüfung unterworfen. In den Bereichen Boden (22 von 29 Listen = 76 %) und Radioaktivität (10 von 12 Listen = 83 %) überwiegen die Umweltstandardlisten ohne Angaben zur Überprüfung (Abb. 4.9). In allen anderen Bereichen werden die meisten Listen aus gegebenem Anlaß überprüft.

Abbildung 4.9

Typisierungsmerkmal: Überprüfung der Umweltstandards

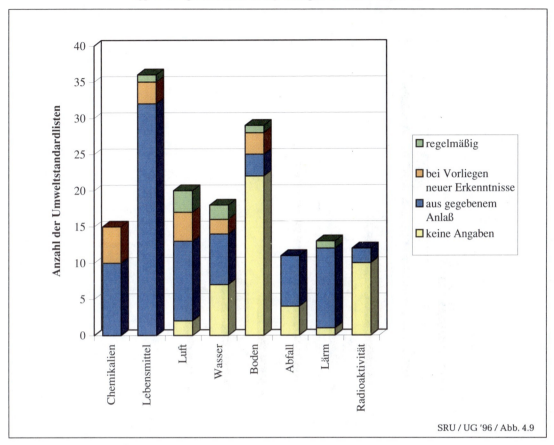

SRU / UG '96 / Abb. 4.9

Überwachung der Einhaltung der Umweltstandards

753. Nur für die Umweltstandards von knapp der Hälfte der untersuchten Listen (68 von 154 Listen = 44 %) besteht eine Überwachungspflicht. Analyseverfahren sind nur bei 36 von 154 Listen (= 23 %) festgelegt. Über ein Fünftel der Umweltstandardlisten (36 von 154 Listen = 23 %) enthalten keinerlei Angaben hierzu. 14 von 154 Listen (= 9 %) enthalten nur Hinweise zu Probenahme oder Analytik.

Während in den Bereichen Lebensmittel (33 von 36 Listen = 92 %) und Lärm (8 von 13 Listen = 62 %) die Überwachungspflicht dominiert, sind im Bereich Boden für die meisten Umweltstandardlisten (16 von 29 Listen = 55 %) Analyseverfahren festgelegt. Im Bereich Radioaktivität überwiegen die Listen ohne Angaben zur Überwachung (8 von 12 Listen = 67 %) (Abb. 4.10).

Bewertungsgrundlage bei der Festsetzung von Umweltstandards

754. Bei diesem Typisierungsmerkmal wurden die Kriterien „wirkungsorientiert", „Stand der Technik", „allgemein anerkannte Regeln der Technik",

„Stand von Wissenschaft und Technik", „Stand der Wissenschaft" sowie „nicht konkret angegeben" unterschieden. Bei der Hälfte der Umweltstandardlisten ist keine Bewertungsgrundlage angegeben (78 von 154 Listen = 50 %). Bei 46 von 154 Listen (= 30 %) sind die Umweltstandards wirkungsorientiert abgeleitet, bei 30 von 154 Listen (= 20 %) unter Zugrundelegung des Standes der Technik. Vier von 154 Listen (= 3 %; Bereich Wasser) haben neben dem Stand der Technik (bei Werten für gefährliche Stoffe) auch die allgemein anerkannten Regeln der Technik (bei Werten für andere Schadstoffe) als Bewertungsgrundlage. Bei zwei von 154 Listen (= 1 %; Bereich Chemikalien) ist neben „wirkungsorientiert" auch der „Stand der Wissenschaft" aufgeführt, bei einer von 154 Listen (= 1 %; Bereich Lärm) der „Stand der Technik". Eine von 154 Listen (= 1 %; Bereich Wasser) hat als Bewertungsgrundlage den „Stand von Wissenschaft und Technik". Eine von 154 Listen (= 1 %; Bereich Luft) hat neben „wirkungsorientiert" den „Stand der Wissenschaft" als Bewertungsgrundlage.

Während in den Bereichen Lärm und Abfall bei keiner Liste die Bewertungsgrundlage wirkungsorientiert angeführt ist, ist sie in den Bereichen Boden und

Abbildung 4.10

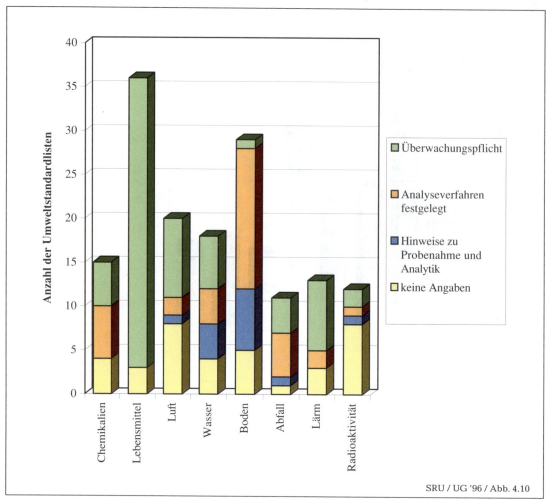

Typisierungsmerkmal: Überwachung

SRU / UG '96 / Abb. 4.10

Radioaktivität bei der Mehrzahl der Umweltstandardlisten angegeben (Boden 19 von 29 Listen = 66 %; Radioaktivität 8 von 12 Listen = 67 %). Bei den restlichen Listen in diesen beiden Bereichen ist keine konkrete Bewertungsgrundlage angegeben (Abb. 4.11).

Initiatoren

755. Als Initiatoren beziehungsweise Entscheidungsträger (vgl. Tz. 741) kommen WHO/FAO, die Europäische Kommission, die Bundesregierung oder zuständige Ministerien, das Parlament, Landesregierungen, Landesbehörden, Arbeitsgruppen, die sich aus Vertretern der Bundesländer zusammensetzen, Arbeitsgruppen und Kommissionen privater Institutionen und Verbände, Arbeitsgruppen und Kommissionen, die von einem Bundesminister berufen sind sowie Bundesbehörden in Betracht (Tab. 4.1).

Zur besseren Übersicht und um eine Beurteilung zu erleichtern, wurden die oben genannten Initiatoren in folgende fünf Gruppen zusammengefaßt:

1. Initiatoren auf WHO/FAO-Ebene
   (3 von 154 Listen = 2 %)

2. Initiatoren auf EU-Ebene
   (16 von 154 Listen = 10 %)

3. Initiatoren auf Bundesebene
   (73 von 154 Listen = 47 %)

4. Initiatoren auf Länderebene
   (51 von 154 Listen = 33 %)

5. Arbeitsgruppen und Kommissionen privater Institutionen und Verbände (11 von 154 Listen = 7 %).

Hauptsächlich liegt die Initiative für die Umweltstandards der untersuchten Listen auf Bundesebene. Nur bei etwas mehr als einem Zehntel der Listen kommt der Anstoß für die Erarbeitung von Umweltstandards von der internationalen Ebene (WHO oder EU). Pri-

Typisierungsmerkmal: Bewertungsgrundlagen

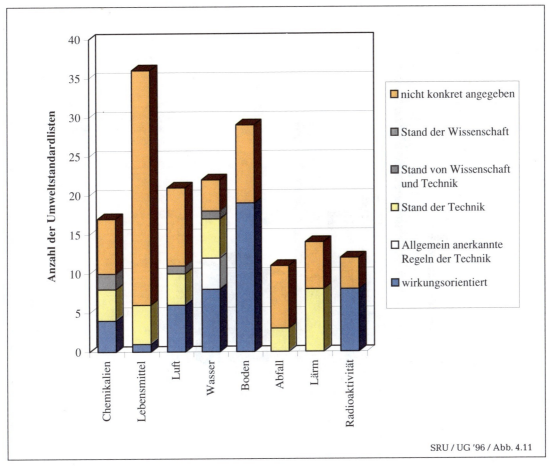

SRU / UG '96 / Abb. 4.11

vate Institutionen und Verbände sind bei weniger als einem Zehntel der Listen die Initiatoren.

In den Bereichen Chemikalien (67 % = 10 von 15 Listen), Lebensmittel (75 % = 27 von 36 Listen), Lärm (69 % = 9 von 13 Listen) und Radioaktivität (92 % = 11 von 12 Listen) geht die Initiative für die Umweltstandardsetzung überwiegend von der Bundesebene aus, während in den Bereichen Wasser (56 % = 10 von 18 Listen), Boden (90 % = 26 von 29 Listen) und Abfall (55 % = 6 von 11 Listen) die Initiative überwiegend von der Länderebene ausgeht. Im Bereich Luft liegt die Initiative bei acht von 20 Listen (40 %) auf Bundesebene und bei sieben von 20 Listen (= 35 %) auf Länderebene (Abb. 4.12).

Verfahrensregeln

756. Nur sieben der 154 untersuchten Umweltstandardlisten (= 5 %) werden aufgrund einer Satzung mit vollständigen Angaben über die Verfahrensregelungen erarbeitet. Die überwiegende Anzahl der Listen (143 von 154 Listen = 93 %) wird aufgrund wenig ausführlicher Rahmenbedingungen erstellt.

Bei drei von 154 Listen (= 2 %) finden sich überhaupt keine Angaben zu den Verfahrensregelungen.

Da die meisten Umweltstandardlisten hoheitliche Umweltstandards enthalten, die in Verordnungen oder Verwaltungsvorschriften des Bundes geregelt sind (Tz. 748), liegt es nahe, daß hauptsächlich die Geschäftsordnung der Bundesregierung die groben Rahmenbedingungen für das Verfahren ihrer Erstellung absteckt (64 von 154 Listen = 42 %).

Für weitere Listen sind häufig ebenfalls nur Rahmenbedingungen festgelegt, die einen mehr oder weniger großen Spielraum bei der Ausgestaltung lassen (47 von 154 Listen = 31 %). Die Umweltstandards in 28 der 154 Listen (= 18 %) wurden lediglich aus der behördlichen Praxis abgeleitet, was bedeutet, daß keine einheitlichen Verfahrensregeln existieren. Vier von 154 Listen (= 3 %) durchliefen ein Gesetzgebungsverfahren.

In den Bereichen Chemikalien (9 von 15 Listen = 60 %), Lebensmittel (27 von 36 Listen = 75 %) und Lärm (10 von 13 Listen = 77 %) werden die Umweltstandards hauptsächlich nach der Geschäftsordnung

Abbildung 4.12

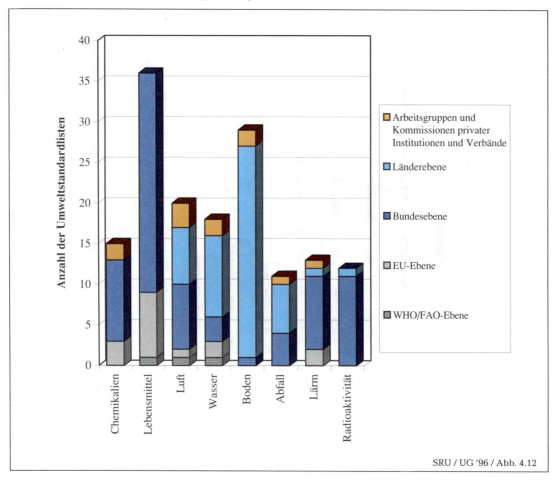

Typisierungsmerkmal: Initiatoren

SRU / UG '96 / Abb. 4.12

der Bundesregierung erstellt, während im Bereich Radioaktivität der überwiegende Teil der Listen von der Strahlenschutzkommission erarbeitet wird (9 von 12 Listen = 75 %), die eine Satzung hat, welche die Rahmenbedingungen regelt. Im Bereich Abfall werden die Umweltstandards hauptsächlich aufgrund von Rahmenbedingungen abgeleitet (7 von 11 Listen = 64 %), und im Bereich Boden werden sie hauptsächlich nach der behördlichen Praxis erarbeitet (19 von 29 Listen = 66 %). Im Bereich Luft wird die größte Gruppe von Umweltstandardlisten aufgrund der Geschäftsordnung der Bundesregierung erstellt (8 von 20 Listen = 40 %). Im Bereich Wasser bilden die Umweltstandardlisten, deren Erstellung Rahmenbedingungen zugrunde liegen, die größte Gruppe (6 von 17 Listen = 35 %) (Abb. 4.13).

Beteiligung

757. Bei diesem Typisierungsmerkmal gibt es eine sehr starke Untergliederung in insgesamt 14 Gruppen (Tab. 4.1). Auch diese Gremien und Kreise werden der besseren Übersicht wegen nach folgenden acht Ebenen geordnet:

1. keine Angabe über beteiligte Gruppen (47 von 154 Listen = 31 %)

2. Beteiligung von Gremien auf WHO/FAO-Ebene (1 von 154 Listen = 1 %)

3. Beteiligung von Gremien auf EU-Ebene (4 von 154 Listen = 3 %)

4. Beteiligung von Gremien auf Bundesebene (45 von 154 Listen = 29 %)

5. Beteiligung von Gremien auf Länderebene (12 von 154 Listen = 8 %)

6. Beteiligung von Sachverständigen oder der Fachöffentlichkeit (10 von 154 Listen = 7 %)

7. Beteiligung von betroffenen oder beteiligten Kreisen (26 von 154 Listen = 17 %)

8. Beteiligung von interessierten Kreisen oder jedermann (9 von 154 Listen = 6 %).

Typisierungsmerkmal: Verfahrensregeln

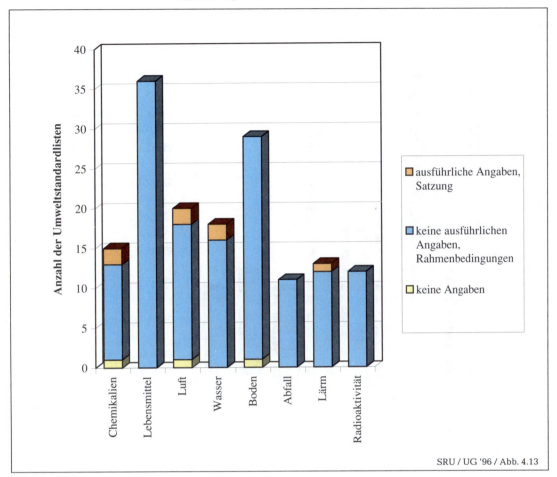

SRU / UG '96 / Abb. 4.13

Auffallend ist, daß die Gruppe der Listen, bei der sich keine Angaben zur Beteiligung finden, mit 47 von 154 Listen (= 31 %) die größte ist. Es folgt die Beteiligung von Gremien auf Bundesebene mit 45 von 154 Listen (= 29 %). Die Beteiligung der betroffenen oder beteiligten Kreise (26 von 154 Listen = 17 %) resultiert insbesondere aus der Forderung des § 51 BImSchG, beteiligte Kreise anzuhören, soweit es die Ermächtigungen des Gesetzes vorschreiben.

In den Bereichen Boden (20 von 29 Listen = 69 %) und Radioaktivität (11 von 12 Listen = 92 %) überwiegen die Listen ohne Angaben zur Beteiligung, und in den Bereichen Wasser (5 von 18 Listen = 28 %) und Abfall (3 von 11 Listen = 27 %) stellen die Listen ohne Angaben zur Beteiligung die zahlenmäßig größte Gruppe dar. Im Bereich Chemikalien (8 von 15 Listen = 53 %) überwiegen die Umweltstandardlisten, die unter Anhörung oder Mitwirkung beteiligter Kreise entstanden sind, und im Bereich Luft (7 von 20 Listen = 35 %) ist diese Gruppe die zahlenmäßig größte. Im Bereich Lebensmittel sind bei 27

von 36 Listen (= 75 %) Gremien oder Institutionen auf Bundesebene bei der Umweltstandardsetzung beteiligt. Da es sich bei den Standards im Lebensmittelbereich hauptsächlich um hoheitliche Standards in Verordnungen handelt, sind die beteiligten Stellen auf Bundesebene fast ausschließlich Ministerien und/oder der Bundesrat. Auch im Bereich Lärm sind bei mehr als der Hälfte der Listen (7 von 13 Listen = 54 %) ausschließlich Gremien und Institutionen auf Bundesebene beteiligt. Beteiligte Kreise werden in diesem Bereich aufgrund des Bundes-Immissionsschutzgesetzes bei vier von 13 Listen (= 31 %) hinzugezogen (vgl. Abb. 4.14).

In allen Bereichen außer Lärm und Radioaktivität gibt es Umweltstandardlisten, bei deren Erstellung Sachverständige oder die Fachöffentlichkeit gehört werden (Abb. 4.14). Betroffene interessierte Kreise oder jedermann werden im Bereich Chemikalien bei drei von 15 Listen (= 20 %), im Bereich Luft bei drei von 20 Listen (= 15 %), im Bereich Wasser bei zwei von 18 Listen (= 11 %) und im Bereich Lärm bei einer von 13 Listen (= 8 %) hinzugezogen.

Abbildung 4.14

Typisierungsmerkmal: Beteiligung

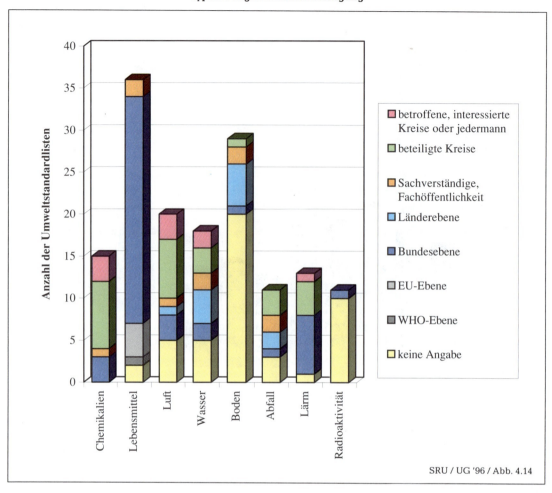

SRU / UG '96 / Abb. 4.14

Berichterstattung

758. Bei den meisten der untersuchten Umweltstandardlisten fanden sich keine Angaben zu einer Berichterstattung (146 von 154 Listen = 95 %). Nur bei drei Listen aus dem Chemikalienbereich (= 2 % von 154 Listen; = 20 % der 15 Listen in diesem Bereich) werden Neuaufnahmen, Änderungen und zu bearbeitende Stoffe veröffentlicht. In den Bereichen Luft (2 von 20 Listen = 10 %), Wasser (2 von 18 Listen = 11 %) und Lärm (1 von 13 Listen = 8 %) werden von einigen Listen Entwürfe veröffentlicht. In den Bereichen Lebensmittel, Boden, Abfall und Radioaktivität gibt es für keine der erfaßten Umweltstandardlisten eine Berichterstattung (Abb. 4.15).

Begründung

759. Die Umweltstandardlisten mit einer amtlichen Begründung (76 von 154 Listen = 49 %) stellen die größte Gruppe dar, weil die überwiegende Zahl der Umweltstandards als hoheitliche Standards in Ver-

ordnungen oder Verwaltungsvorschriften festgelegt sind (Tz. 748). Für 35 von 154 Listen (= 23 %) gibt es keinerlei Begründung, und nur zehn von 154 Listen (= 6 %) sind ausführlich naturwissenschaftlich-toxikologisch begründet. Bei immerhin 23 von 154 Listen (= 15 %) wurden naturwissenschaftlich-toxikologische Informationen bei der Erarbeitung berücksichtigt. Zehn von 154 Listen (= 6 %) besitzen zwar eine Begründung, diese berücksichtigt jedoch keine naturwissenschaftlich-toxikologischen Aspekte.

Die Umweltstandardlisten ohne Begründung stellen in den Bereichen Wasser (44 % = 8 von 18 Listen), Boden (49 % = 14 von 29 Listen) und Abfall (55 % = 6 von 11 Listen) die größte Gruppe. In den Bereichen Chemikalien (67 % = 10 von 15 Listen), Lebensmittel (83 % = 30 von 36 Listen), Luft (55 % = 11 von 20 Listen) und Lärm (85 % = 11 von 13 Listen) überwiegen die Listen mit amtlicher Begründung, im Bereich Radioaktivität überwiegen jene ohne naturwissenschaftlich-toxikologische Begründung (58 % = 7 von 12 Listen). Ausführliche natur-

Typisierungsmerkmal: Berichterstattung

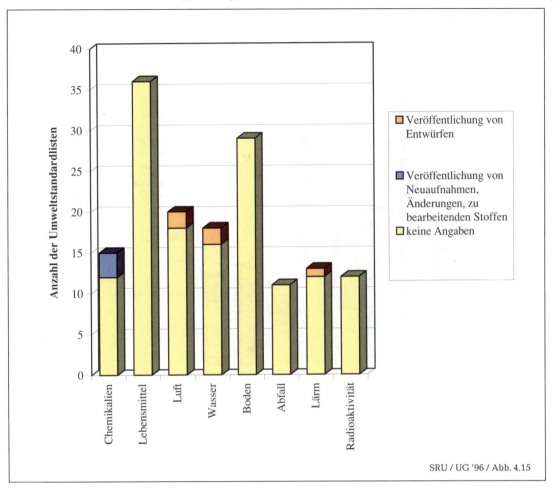

SRU / UG '96 / Abb. 4.15

wissenschaftlich-toxikologische Begründungen gibt es im Bereich Chemikalien für drei von 15 Listen (= 20 %), im Bereich Luft für zwei von 20 Listen (= 10 %), im Bereich Wasser für zwei von 18 Listen (= 11 %), im Bereich Radioaktivität und Strahlung für 2 von 12 Listen (= 17 %) und im Bereich Boden (3 %) für eine von 29 Listen (Abb. 4.16).

Kosten-Nutzen-Erwägungen

760. Bei 136 der 154 untersuchten Umweltstandardlisten (= 88 %) gibt es keinerlei Angaben zu diesem Typisierungsmerkmal. Die Umweltstandards von 14 der 154 Listen (= 9 %) werden nach dem Grundsatz der Verhältnismäßigkeit abgeleitet. Nur bei vier von 154 Listen (= 3 %) wird die Berücksichtigung wirtschaftlicher Gegebenheiten ausdrücklich erwähnt. Zwei dieser Umweltstandardlisten gehören zum Bereich Wasser und jeweils eine zu den Bereichen Lärm und Radioaktivität. Im Bereich Chemikalien sind für

zwei von 15 Listen (= 13 %) Kosten-Nutzen-Erwägungen ausdrücklich ausgeschlossen (Abb. 4.17).

Zusammenfassende Betrachtung

Umweltstandards von privaten Institutionen und Verbänden

761. Eine vergleichende Betrachtung der sechs Typisierungsmerkmale zu Vorgehensweisen bei der Umweltstandardsetzung (Tab. 4.1) zeigt, daß nur sieben von 154 Umweltstandardlisten (= 5 %) die zugrunde gelegten Verfahrensanforderungen erfüllen.

Bei diesen sieben Listen handelt es sich um:

– Bereich Chemikalien:

    – Liste der Maximalen Arbeitsplatz-Konzentrationen (MAK-Werte)

    – Liste der Biologischen Arbeitsplatz-Toleranzwerte (BAT-Werte)

271

Abbildung 4.16

Typisierungsmerkmal: Begründung

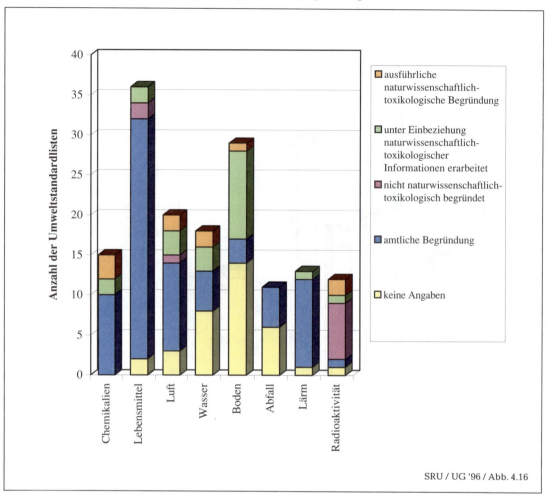

SRU / UG '96 / Abb. 4.16

– Bereich Luft:

  – Liste der Maximalen Immissions-Werte (Maximale Immissionskonzentrationen [MIK-Werte], Maximale Immissionsdosen [MID-Werte], Maximale Immissionsraten [MIR-Werte])

  – Richtlinien des Vereins Deutscher Ingenieure, Kommission Reinhaltung der Luft (VDI und DIN) zur Emissionsminderung

– Bereich Wasser:

  – Technische Regeln der Deutschen Vereinigung für das Gas- und Wasserfach (DVGW-Merkblatt W151)

  – Einleiten von häuslichem Abwasser in eine öffentliche Abwasseranlage (Abwassertechnischer Verband (ATV), Arbeitsblatt A115)

– Bereich Lärm:

  – Norm Schallschutz im Städtebau (DIN 18005/1) des Deutschen Instituts für Normung (DIN).

Für die Erstellung all dieser Listen gibt es detaillierte, in einer Satzung festgelegte Verfahrensregeln (vgl. Tz. 756), auch kann jedermann Vorschläge für neu aufzunehmende Standards machen oder Einspruch gegen erstellte Standards erheben. Bei den Listen im Chemikalienbereich werden Neuaufnahmen, Änderungen und zu bearbeitende Stoffe öffentlich angekündigt. Bei den anderen Listen werden die Entwürfe veröffentlicht. Eine ausführliche naturwissenschaftliche und medizinisch-toxikologische Begründung haben die MAK-, BAT- und Maximale-Immissions-Werte-Listen. Bei ihnen findet jedoch keine Kosten-Nutzen-Erwägung statt, da als Schutzziel der volle Schutz der Gesundheit vorgegeben ist. Die Listen von DVGW, ATV und DIN wurden unter Berücksichtigung wirtschaftlicher Erfordernisse erstellt, haben aber keine ausführliche naturwissenschaftliche Begründung.

Es fällt auf, daß es sich bei diesen sieben Umweltstandardlisten ganz überwiegend um schon lange

Abbildung 4.17

Typisierungsmerkmal: Kosten-Nutzen-Erwägungen

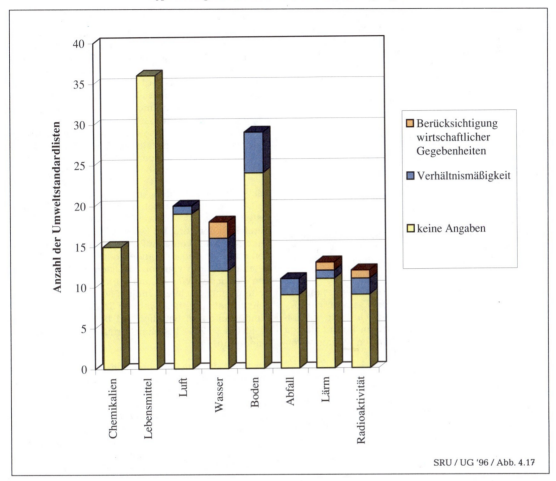

SRU / UG '96 / Abb. 4.17

bestehende Regelwerke handelt. Die meisten von ihnen wurden vor 1970 eingeführt (MAK, Maximale Immissions-Werte, ATV, DVGW = 4 Listen = 3 % von 154 Listen; = 57 % der 7 Listen, die die Merkmale positiv erfüllen).

762. Insgesamt sind elf der 154 erfaßten Umweltstandardlisten (= 7 %) von privaten Institutionen und Verbänden aufgestellt worden. Sieben dieser elf Listen (= 64 %) erfüllen die Typisierungsmerkmale zu Vorgehensweisen bei der Umweltstandardsetzung (Tz. 755 ff.). Bei den restlichen vier der elf Listen (= 36 %) handelt es sich um die Standards des Internationalen Verbandes Forstlicher Forschungseinrichtungen (IUFRO; Bereich Luft), die Bodenwerte von EIKMANN und KLOKE (1993) (Bereich Boden), die RAL Güte- und Prüfbestimmungen für die Aufbereitung zur Wiederverwertung von kontaminierten Böden und Bauteilen (Bereich Boden) sowie die Qualitätskriterien für Kompost der Gütegemeinschaft für Kompost e.V. (Bereich Abfall), die alle entweder keine oder keine ausführlichen Verfahrensregeln be-

sitzen. Bei fast allen Listen gibt es keine Angaben zur Beteiligung; nur bei der Erstellung der Qualitätskriterien für Kompost ist die Beteiligung Sachverständiger belegt. Berichterstattung und Begründungen sowie Kosten-Nutzen-Erwägungen finden sich für keine dieser vier Standardlisten.

Umweltstandardsetzung auf Bundesebene

763. Bei insgesamt 73 der 154 untersuchten Umweltstandardlisten liegt die Initiative auf Bundesebene (47 %). Bei den meisten dieser Standards handelt es sich um hoheitliche Umweltstandards (59 von 73 Listen = 81 %). Nichthoheitliche Umweltstandards mit Initiative auf Bundesebene finden sich nur in den Bereichen Chemikalien (3 von 73 Listen = 4 %; Technische Richtkonzentrationen, Arbeitsplatzrichtwerte, Basisdaten Toxikologie), Lebensmittel (2 von 73 Listen = 3 %; Werte der zentralen Erfassungs- und Bewertungsstelle für Umweltchemikalien (ZEBS), Duldbare tägliche Aufnahmemengen [DTA]) und Radio-

273

aktivität (9 von 73 Listen = 12%; Empfehlungen der Strahlenschutzkommission).

Die meisten auf Bundesebene initiierten Umweltstandardlisten (54 von 73 Listen = 74%) werden nach der Geschäftsordnung der Bundesregierung erarbeitet, für elf von 73 Listen (= 15%) existieren andere Rahmenbedingungen und bei drei von 73 Listen (= 4%; 1 Liste im Bereich Chemikalien: Basisdaten Toxikologie; zwei Listen im Bereich Lebensmittel: ZEBS- und DTA-Werte) gibt es keine Angaben zu Verfahrensregeln. Bei fünf von 73 Listen (= 7%) handelt es sich um Gesetze.

Am häufigsten sind an der Erstellung der Umweltstandardlisten weitere Gremien und Institutionen auf Bundesebene beteiligt (37 von 73 Listen = 51%). Aufgrund des § 51 BImSchG werden bei 23 von 73 Listen (= 32%) beteiligte Kreise gehört, während bei neun von 73 Listen (= 12%) keine beteiligten Gruppen genannt werden. Bei drei von 73 Listen (= 4%; Basisdaten Toxikologie, Milchverordnung, Verordnung über Milcherzeugnisse) werden Sachverständige an der Erstellung beteiligt und bei nur einer von 73 Listen (= 1%; TRK-Werte) ist jedermann aufgerufen, sich zu beteiligen.

Bei der weit überwiegenden Anzahl der Listen gibt es keine Berichterstattung (71 von 73 Listen = 97%). Nur die Stoffe, für die Arbeitsplatzrichtwerte erarbeitet werden sollen, sowie die fertigen Datenkataloge zu Stoffen mit Arbeitsplatzrichtwerten werden veröffentlicht (1 von 73 Listen = 1%).

Bei den Begründungen überwiegt die amtliche (58 von 73 Listen = 79%), die nur selten ausführliche naturwissenschaftlich-toxikologische Überlegungen enthält. Die ZEBS-Werte und die Empfehlungen der Strahlenschutz-Kommission sind nicht naturwissenschaftlich-toxikologisch begründet (9 von 73 Listen = 12%), für die DTA-Werte wird keinerlei Begründung veröffentlicht.

Für die meisten Listen wird Verhältnismäßigkeit gefordert (60 von 73 Listen = 83%), ohne daß diese in einer präzisen Kosten-Nutzen-Analyse konkretisiert würde. Bei zwölf von 73 Listen fehlen jegliche näheren Angaben zur Kosten-Nutzen-Erwägung (= 16%).

764. Zusammenfassend ist festzustellen, daß die Listen, die auf Bundesebene erarbeitet werden, hauptsächlich hoheitliche Standards enthalten, daß es für diese Listen keine ausführlichen Verfahrensregeln gibt, daß die Beteiligung hauptsächlich auf Bundesebene liegt und nur bei Verordnungen aufgrund des Bundes-Immissionsschutzgesetzes beteiligte Kreise gehört werden, daß überwiegend keine Berichtspflicht besteht, meist nur amtliche Begründungen vorliegen und Angaben zu Kosten-Nutzen-Erwägungen fehlen. Die Anforderungen an die Vorgehensweise bei der Umweltstandardsetzung werden also ganz überwiegend nicht erfüllt.

Umweltstandardsetzung auf Länderebene

765. Ein Drittel der untersuchten Umweltstandardlisten (51 von 154 Listen = 33%) werden auf Länderebene erstellt. Diese Listen enthalten überwiegend

nichthoheitliche Standards (44 von 51 Listen = 86%), wobei es sich in den meisten Fällen um Empfehlungen von Bund-Länder- oder Länder-Arbeitsgemeinschaften sowie um Behördenerlasse handelt.

Auf Länderebene gibt es noch seltener definierte Verfahrensregeln für die Erstellung von Umweltstandardlisten als auf Bundesebene. 26 von 51 Listen (= 51%) werden nach der behördlichen Praxis erstellt. In der Regel wird damit das Verfahren undurchsichtig und eine außerbehördliche Beteiligung unmöglich. Auch kann nicht abgeschätzt werden, inwieweit naturwissenschaftliche Informationen verarbeitet wurden und inwieweit eine wissenschaftliche Diskussion der Werte stattfand. Die restlichen 25 von 51 Listen (= 49%) werden nach mehr oder weniger gut definierten Rahmenbedingungen erstellt.

Bei der überwiegenden Anzahl der Listen finden sich keine Angaben über beteiligte Gruppen (32 von 51 Listen = 63%). Bei elf von 51 Listen (= 22%; fünf im Bereich Boden, drei im Bereich Wasser, zwei im Bereich Abfall und eine im Bereich Luft) sind Institutionen und Gremien auf Länderebene an der Erstellung beteiligt. Bei nur vier von 51 Listen (= 8%; je eine in den Bereichen Wasser und Abfall, zwei im Bereich Boden) sind Sachverständige oder die Fachöffentlichkeit beteiligt, bei zwei von 51 Listen (= 4%) sind Bundesbehörden beteiligt und bei je nur einer von 51 Listen (= 2%) beteiligte Kreise beziehungsweise jedermann.

Für keine der Umweltstandardlisten, die auf Länderebene erstellt werden, gibt es eine Berichtspflicht, keine ist ausführlich naturwissenschaftlich-toxikologisch begründet. Für die meisten dieser Umweltstandardlisten wird keinerlei Begründung erstellt (32 von 51 Listen = 63%). 16 von 51 Listen (= 31%) werden unter Einbeziehung naturwissenschaftlich-toxikologischer Information begründet, und vier von 51 Listen (= 8%) haben eine amtliche Begründung.

Die meisten Listen werden ohne Kosten-Nutzen-Erwägungen erstellt (39 von 51 Listen = 77%). Bei zwölf Listen (= 23%) wird Verhältnismäßigkeit gefordert.

766. Auf Länderebene sind die Anforderungen an die Vorgehensweise bei der Umweltstandardsetzung noch seltener erfüllt als auf Bundesebene. Hier herrscht eine deutlich größere Vielfalt an Verfahrensregeln und die Vorgehensweisen sind weit weniger transparent.

4.2.3 Bisherige Vorgehensweisen bei der Umweltstandardsetzung

Im folgenden beschreibt der Umweltrat Verfahrensregeln, wie sie derzeit bei der Festlegung von Umweltstandards angewendet werden. Dazu werden beispielhaft Verfahrensregeln unterschiedlicher Bereiche und verschiedener Institutionen dargestellt. Damit sollen vor allem die unterschiedlichen konzeptionellen Ansätze charakterisiert werden.

4.2.3.1 Verfahrensregeln im Bereich des Arbeitsschutzes

767. Der Arbeitsschutz blickt auf eine lange Tradition der Grenzwert- und Standardsetzung zurück (vgl. Abschn. 4.1.1). Diese Standardsetzung diente auch als Orientierung für den Ansatz des als tolerierbar angesehenen Grenzwertes bei vielen anderen Umweltstandardlisten. Schutzobjekt war die Gesundheit des Arbeitenden, Schutzziel deren vollständige Gewährleistung. Damit ergab sich die Vorgehensweise automatisch und unmittelbar aus der Aufgabe, nämlich als rein wissenschaftliche Analyse, die sich an den Grundanforderungen naturwissenschaftlichen Handelns einerseits, am Stand der wissenschaftlichen Erkenntnis andererseits ausrichtete. Rechtliche oder administrative Anforderungen fanden zunächst keine Berücksichtigung. Der so gegebene Zwang zur flexiblen Anpassung an den wissenschaftlichen Fortschritt ist einer der wesentlichen Gründe dafür, daß Verfahrensregeln für die Grenzwertfindung im Arbeitsschutz lange Zeit nicht festgeschrieben wurden. Sie ergaben sich quasi aus der Aufgabe von selbst.

768. Erst mit dem Aufkommen der Kenntnisse einer neuartigen Schadqualität, nämlich irreversiblen Effekten in Form von Krebserkrankungen, Erbgutschäden und Fruchtschädigungen durch gefährliche Arbeitsstoffe, setzte ein Umdenken ein. Es erwies sich, daß für diese als grundsätzlich irreversibel erkannten Wirkungsarten Schwellenwerte weder theoretisch abzuleiten noch praktisch messend zu erfassen waren. Dies bedeutet zugleich, daß auch noch so geringe Dosen Effekte erzeugen, die zwar erst ab einem gewissen Ausmaß meßbar werden, sich wegen ihrer Irreversibilität aber von Dosis zu Dosis akkumulieren und über lange Zeiträume und vor allem in großen Kollektiven noch manifeste Effekte auslösen können. Mithin schließt jeder Grenzwertansatz ein verbleibendes Risiko ein. Damit überschritt die Grenzwertfindung den rein wissenschaftlichen Bereich, hin zu politischen Lösungsansätzen zur Festlegung des als tragbar zu wertenden verbleibenden Risikos. Diese Entwicklung gab den Anstoß, Verfahrensregeln für die Grenzwertsetzung im Arbeitsschutz zu entwickeln und verbindlich niederzulegen.

769. Im Arbeitsschutz existieren vier Typen von Grenzwerten: Maximale Arbeitsplatzkonzentrationen (MAK-Werte) für die Luft am Arbeitsplatz und für konventionelle, reversible Schadwirkungen; Biologische Arbeitsstoff-Toleranzwerte (BAT-Werte) für biologisches Material verschiedener Art, um die „innere" Belastung zu erfassen; Technische Richtkonzentrationen (TRK-Werte) für krebserzeugende Stoffe und Vorläufige Arbeitsplatzrichtwerte (ARW). Daneben gibt es noch die in der Gefahrstoffverordnung festgelegten zulässigen Höchstkonzentrationen krebserzeugender Stoffe in technischen Zubereitungen. MAK-Werte und BAT-Werte werden von der Senatskommission zur Prüfung gesundheitsschädlicher Arbeitsstoffe der Deutschen Forschungsgemeinschaft aufgestellt und veröffentlicht (vgl. Tz. 770 f.); diese Kommission stuft auch krebserzeugende, erbgutverändernde und fruchtschädigende Stoffe ein. Die rein wissenschaftlich und multidisziplinär zusammengesetzte und arbeitende Kommission formuliert ihre Grenzwerte und Einstufungen als Empfehlungen. Sie werden vom Ausschuß für Gefahrstoffe (AGS), einem aus verschiedenen gesellschaftlichen Gruppen zusammengesetzten Gremium, das das Bundesministerium für Arbeit und Sozialordnung berät, geprüft und – gegebenenfalls geändert – durch Mehrheitsentscheid in Technischen Regeln für Gefahrstoffe (TRGS) umgesetzt. Der AGS setzt daneben TRK-Werte und Vorläufige Arbeitsplatzrichtwerte sowie eine Vielzahl weiterer TRGS fest.

Verfahrensordnung der MAK-Kommission

770. Die Verfahrensordnung der Deutschen Forschungsgemeinschaft (vgl. Abb. 4.18) sieht die Ankündigung beabsichtigter Änderungen und Neuaufnahmen der jährlich revidierten MAK-Werte-Liste vor. Die Ankündigung (gelbe Seiten der Liste) führt zu jedem genannten Stoff den Anlaß, Literaturquellen und die beabsichtigte Überprüfungsart (MAK- oder BAT-Wert, Einstufung als krebserzeugend etc.) an. Sie wird den Arbeitnehmer- und Arbeitgeberorganisationen sowie den zuständigen Behörden zugeleitet. Sie wendet sich zugleich an die breite Öffentlichkeit, verknüpft mit der Aufforderung, der Kommission innerhalb von sieben Monaten relevantes, vor allem wissenschaftliches Datenmaterial zuzuleiten. Wer davon Gebrauch macht, wird in die weitere Diskussion zur Entscheidungsfindung in der Kommission einbezogen. Wird auf schriftlichem Wege kein Einvernehmen erzielt, werden Einspruchgeber zu einer Diskussion der wissenschaftlichen Sachverhalte mit der zuständigen Arbeitsgruppe der Kommission eingeladen. Diese Diskussion wird auf der Grundlage eines ausführlichen wissenschaftlichen Begründungspapiers, das die Kommission zuvor erstellt und den Einspruchgebern zugeleitet hat, geführt. Reichen die Daten für eine Grenzwertsetzung oder Einstufung nicht aus und sind weitere Informationen zu erwarten, wird die Entscheidung (zunächst) um ein Jahr verschoben. Die Zahl der zur Diskussion eingeladenen Vertreter der Einspruchgeber ist auf einen, maximal zwei begrenzt, sie müssen darüber hinaus wissenschaftlich qualifiziert sein.

Vorschläge für Stoffbearbeitungen oder Änderungen kann jedermann an die Kommission herantragen. Diese entscheidet selbst und unabhängig über die Prioritätensetzung der Bearbeitung, wobei in erster Linie die abgeschätzte Risikodimension des betreffenden Stoffes, aber auch die Arbeitskapazität und der Erfahrungshintergrund der Kommissionsmitglieder bestimmend sind. Die wichtigsten Anregungen für Neubearbeitungen kommen aus der Kommission selbst, die das nationale und internationale Fachschrifttum systematisch verfolgt und auswertet. Eine flächendeckende Erfassung aller gesundheitsschädlichen Arbeitsstoffe findet nicht statt.

Alle Grenzwerte und Einstufungen werden ausführlich wissenschaftlich begründet; entsprechende Stoffmonographien erscheinen zeitgerecht zu der jährlich neu bearbeiteten MAK-Werte-Liste. Der wichtigste Teil dieser „Begründungen" ist die kriti-

Abbildung 4.18

Verfahrensweise der MAK-Werte-Kommission

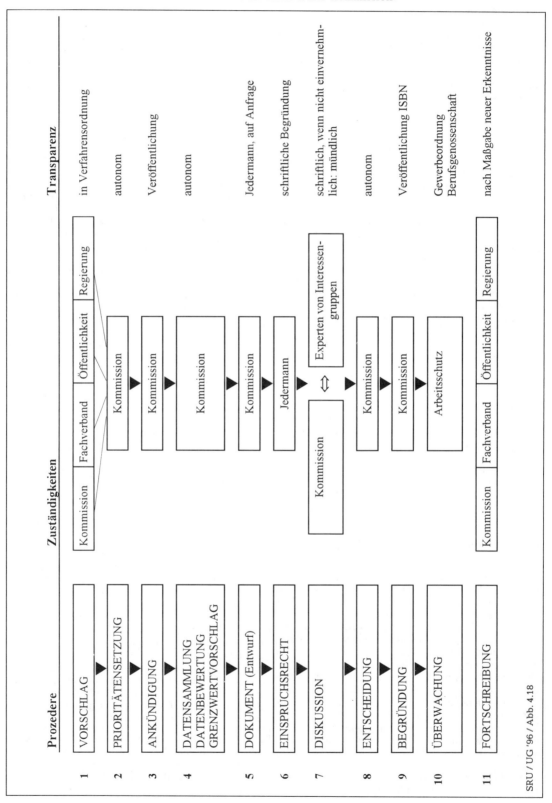

SRU / UG '96 / Abb. 4.18

sche Bewertung der für die Entscheidung herangezogenen Daten. Dabei werden nur im öffentlichen Schrifttum zugängliche Arbeiten berücksichtigt.

Neben diesen wirkungsbezogenen „Begründungen" veröffentlicht die MAK-Kommission von ihr selbst erarbeitete oder von ihr überprüfte analytische Methoden zur Messung von Arbeitsstoffen in der Luft und/oder im biologischen Material. Die Methodensammlungen erfassen allerdings nicht alle in der MAK-Werte-Liste veröffentlichten Stoffe.

Die Mitglieder der Kommission sowie deren Vorsitzender werden vom obersten Entscheidungsgremium der Deutschen Forschungsgemeinschaft, dem Senat, ernannt. Die Berufung erfolgt ad personam ausschließlich nach wissenschaftlicher Kompetenz; in der Industrie tätige Wissenschaftler müssen ihre Unabhängigkeit erklären und vom Unternehmen bestätigen lassen.

Alle Entscheidungen der Kommission orientieren sich ausschließlich am Gesundheitsschutz. Kosten-Nutzen-Erwägungen und technische Machbarkeit bleiben unberücksichtigt.

Fazit

771. Somit sind bei der MAK-Kommission die Anforderungen an eine Verfahrensordnung, an die Transparenz im Hinblick auf Vorschlagsrecht, Begründungspflicht und Öffentlichkeit der Entscheidungsfindung erfüllt. Auch der Forderung nach geeigneten Analyseverfahren und Überwachungsstrategien ist entsprochen. Dagegen ist politischer Einfluß in Form der Mitwirkung interessenorientierter gesellschaftlicher Gruppen ausgeschlossen. Die Rekrutierung der Mitglieder erfolgt nicht transparent. Eine Überprüfung getroffener Entscheidungen erfolgt von Fall zu Fall, eine regelmäßige Zeitvorgabe besteht nicht.

Verfahrensweise des Ausschusses für Gefahrstoffe

772. Der Ausschuß für Gefahrstoffe (AGS) hat nach der 4. Novelle der Gefahrstoffverordnung (§ 52) die Aufgabe, das Bundesministerium für Arbeit und Sozialordnung (BMA) in Fragen des Arbeitsschutzes und bei mit der Auslegung der Gefahrstoffverordnung zusammenhängenden Problemstellungen zu beraten. Die frühere Anbindung des AGS an das Bundesministerium für Umwelt, Naturschutz und Reaktorsicherheit wurde aufgegeben.

Der AGS setzt sich nach § 52 Abs. 1 GefStoffV in festgeschriebenem Verhältnis aus 41 sachverständigen Mitgliedern gesellschaftlicher, wirtschaftlicher und wissenschaftlicher Verbände und Organisationen sowie Behörden zusammen, die vom Bundesministerium für Arbeit und Sozialordnung berufen werden. Ein Mitgliederverzeichnis des AGS ist allgemein zugänglich. Rahmenbedingungen für die Verfahrensregeln, die vom AGS bei der Erarbeitung von Umweltstandards verwendet werden, sind durch die Geschäftsordnung des AGS gegeben (s. a. Amtliche Mitteilungen der Bundesanstalt für Arbeitsschutz, 1994, S. 10 f.).

Sind Aufgabengebiete über längere Zeit von Bedeutung, so werden zu ihrer Bearbeitung Unterausschüsse gebildet. Sie werden besetzt durch entsprechende Fachleute aus dem AGS und von außerhalb. Die Unterausschüsse können sich zu bestimmten Themen von Arbeitskreisen zuarbeiten lassen. Die Arbeitskreise haben ihre Ergebnisse dem jeweils zuständigen Unterausschuß, die Unterausschüsse sowie auch die Arbeitskreise ihre Ergebnisse dem AGS zur Beratung und Beschlußfassung zu unterbreiten. Derzeit bestehen fünf Unterausschüsse im AGS. Für zeitlich befristete Aufgaben, die keinem Unterausschuß oder – als übergreifende Fragestellung – mehreren gleichzeitig zuzuordnen sind, werden Projektgruppen eingerichtet (Zusammensetzung analog zu den Unterausschüssen). Zur Erfüllung seiner Aufgaben kann der AGS Sachverständige hören, Gutachten beiziehen und Untersuchungen durch Dritte vornehmen lassen.

Die Sitzungen des AGS sind nicht öffentlich. Über jede Sitzung des Ausschusses ist ein Protokoll anzufertigen, welches die Beratungs- und Abstimmungsergebnisse sowie den Wortlaut der Beschlüsse und die Teilnehmerliste zu enthalten hat. Die Sitzungsprotokolle sind nur intern zugänglich und werden nicht veröffentlicht. Beschlüsse werden mit der Mehrheit der anwesenden stimmberechtigten Mitglieder gefaßt (schriftliche Abstimmung ist möglich). Das Bundesministerium für Arbeit und Sozialordnung sowie die zuständigen obersten Landesbehörden haben das Recht, zu den Sitzungen des Ausschusses Vertreter zu entsenden, denen auf Verlangen in der Sitzung das Wort zu erteilen ist.

Die zur Arbeit im AGS sowie in seinen Unterausschüssen, Arbeits- und Projektgruppen benötigten toxikologischen Grundlagen werden in einem besonderen Gremium, dem Beraterkreis Toxikologie, erstellt.

773. Eine der Aufgaben des AGS ist die Aufstellung und die – der Entwicklung entsprechende – Anpassung der Technischen Regeln für Gefahrstoffe (TRGS). Die TRGS geben den Stand der sicherheitstechnischen, arbeitsmedizinischen, hygienischen sowie arbeitswissenschaftlichen Anforderungen an Gefahrstoffe hinsichtlich Inverkehrbringen und Umgang wieder und werden vom Bundesministerium für Arbeit und Sozialordnung im Bundesarbeitsblatt bekanntgegeben. Umweltstandards für luftgetragene Schadstoffe am Arbeitsplatz sind beispielsweise in den TRGS 900 enthalten. Während in früheren Jahren mit den TRGS 900 weitgehend die MAK-Werte der Senatskommission zur Prüfung gesundheitsschädlicher Arbeitsstoffe umgesetzt wurden, enthalten sie in jüngerer Zeit darüber hinaus Grenz- und Richtwerte der Europäischen Union (EU-Werte) sowie die Technischen Richtkonzentrationen (TRK) und die Vorläufigen Arbeitsplatzrichtwerte (ARW) des AGS. In den derzeitigen TRGS 900 (Stand: April 1995) werden unter der Rubrik Bemerkungen nur die TRK-Werte als solche kenntlich gemacht. Erst mit dem Erscheinen der TRGS 901, das für 1996 geplant ist und in der die Begründungen der vom AGS verabschiedeten Standards gesammelt werden, wird wieder eine Unterscheidung in MAK-, EU-, ARW- und TRK-Werte möglich sein.

774. TRK-Werte für krebserzeugende Arbeitsstoffe werden von einem Unterausschuß des AGS erarbeitet. Nur solche Stoffe werden bearbeitet, die zuvor von der MAK-Kommission entsprechend eingestuft worden sind (vgl. Tz. 770). In die Entscheidung fließen folgende Elemente ein:

- in der Praxis soll der Wert so weit wie möglich unterschritten werden,

- es dürfen keine arbeitsmedizinisch-toxikologischen Erfahrungen entgegenstehen,

- ein verbleibendes Risiko muß in Kauf genommen werden,

- technische Machbarkeit,

- sozioökonomische Verträglichkeit,

- analytische Überprüfbarkeit und

- Überprüfung in vorgegebenem Zeitintervall mit der Tendenz weiterer Absenkung.

775. Die ARW-Werte werden für gefährliche Stoffe aufgestellt, für die – meist wegen mangelnder Datenlage – ein MAK-Wert nicht aufgestellt worden ist und eine krebserzeugende oder reproduktionstoxische Wirkung nach gesicherter wissenschaftlicher Erkenntnis nicht bekannt ist. Die Zielsetzung besteht darin, möglichst rasch für viele Stoffe konkrete Beurteilungsmaßstäbe in Form von ARW-Werten zu setzen und so zügig zu weiteren Konkretisierungen und Verbesserungen im Arbeitsschutz zu gelangen. Die Konzeption ist im November 1990 verabschiedet worden (BMA, 1991). Erstmals wurden ARW-Werte 1994 veröffentlicht.

Gewerkschaften, Industrie oder Behörden können Stoffe, für die ARW-Werte zu erarbeiten sind, und ARW-Werte vorschlagen, die dann in der Regel von Fachleuten der Industrie weiter bearbeitet werden. Sie sollen auf arbeitsmedizinischen Erfahrungen und toxikologischen Daten basieren. Zur Einbeziehung der Daten und Erfahrungen anderer Unternehmen wird die Liste der zu bearbeitenden Stoffe durch den Verband der Chemischen Industrie veröffentlicht (Ankündigungsliste). Das federführende Unternehmen entwickelt oder empfiehlt Analyseverfahren für Arbeitsplatzkonzentrationsmessungen und veröffentlicht zu jedem ARW-Wert einen Datenkatalog. Darüber hinaus wird vom AGS eine zusammenfassende Bewertung erstellt. Der Arbeitskreis Toxikologie des AGS prüft den von der Industrie erarbeiteten ARW-Wert „angemessen" auf Plausibilität. Eine Plausibilitätsprüfung der Meßstrategie und der Anwendung der ARW-Werte wird von den Unterausschüssen „Schutzmaßnahmen" und „Grenzwerte" des AGS vorgenommen. Die MAK-Kommission erhält Zugang zu den Datenkatalogen zwecks Überprüfung der Möglichkeit der Aufstellung eines MAK-Wertes. Nach zustimmender Kenntnisnahme durch den AGS werden die ARW-Werte in die Technischen Regeln für Gefahrstoffe aufgenommen. Durch ihre Veröffentlichung in den TRGS erhalten die ARW-Werte glei-

che rechtliche Qualität wie zum Beispiel die bisher festgelegten MAK-Werte. Die Beifügung „vorläufig" bedeutet keinen Abstrich bezüglich der Verbindlichkeit dieser Werte (BMA, 1991). Dadurch verwischt die Tatsache, daß MAK-Werte und ARW-Werte unterschiedliche Dignität aufweisen, sowohl vom Präventionsanspruch als auch vom Verfahren her.

Fazit

776. Die Verfahrensregeln des AGS geben dem Festsetzungsprozeß von ARW- und TRK-Werten ein Rahmengerüst. Die Beteiligung gesellschaftlicher Gruppen und der Fachöffentlichkeit ist vorgesehen. Die Sitzungen des AGS sind nicht öffentlich, und die angefertigten Sitzungsprotokolle sind nur intern zugänglich. Damit sind die Anforderungen an eine Berichterstattung nicht erfüllt. Die Begründung getroffener Entscheidungen über die Höhe der TRK-Werte sind lange Zeit nicht transparent gewesen; erst seit kurzem werden Begründungen für die Höhe der Werte öffentlich bekannt gemacht. Zur Begründung der ARW-Werte werden ein Datenkatalog sowie eine zusammenfassende Bewertung veröffentlicht. Eine Überprüfung getroffener Entscheidungen erfolgt von Fall zu Fall, eine regelmäßige Zeitvorgabe besteht nicht.

4.2.3.2 Verfahrensregeln im Lebensmittelbereich

777. Eine wichtige Grundlage für die Setzung gesundheitsbezogener Standards im Lebensmittelbereich ist das Mißbrauchsprinzip. Danach ist es generell erlaubt, Lebensmittel einer bestimmten Zusammensetzung in einer bestimmten Art herzustellen und zu vertreiben. Diese generelle Erlaubnis wird durch die lebensmittelrechtlichen Vorschriften, die die Grenze zum Mißbrauch markieren, eingeschränkt. Eine wichtige Vorschrift in dieser Hinsicht stellt der § 8 des Lebensmittel- und Bedarfsgegenständegesetzes (LMBG) dar. Er verbietet, Lebensmittel derart herzustellen oder zu behandeln, daß ihr Verzehr geeignet ist, die Gesundheit zu schädigen. Zudem ist es verboten, solche Lebensmittel in Verkehr zu bringen. Da bereits die Eignung zur Gesundheitsschädigung als Mißbrauch gedeutet wird und nicht erst die eingetretene Gesundheitsschädigung, wird von vorbeugendem Gesundheitsschutz gesprochen.

Die Verordnungsermächtigung nach § 9 LMBG greift dann ein, wenn Beschränkungen erforderlich sind, um eine Gefährdung der Gesundheit zu verhüten. Dies rechtfertigt entsprechende Maßnahmen schon dann, wenn aufgrund der Ergebnisse der Forschung zu vermuten ist, daß die betreffenden Lebensmittel gefährlich sein können, ohne daß es eines Nachweises bedarf. Insoweit wird das Mißbrauchsprinzip durch das Vorsorgeprinzip konkretisiert (ECKERT, 1993; LIPS, 1993; REICH, 1986).

Nach dem zweiten wichtigen Prinzip im Lebensmittelrecht, dem Verbotsprinzip, sind alle Zusatzstoffe, das heißt Stoffe, die nicht wegen ihres Nährwertes zugesetzt werden, verboten, es sei denn, sie werden im Rahmen einer Verordnung ausdrücklich zugelassen (Zusatzstoff-Zulassungsverordnung). Es werden nur solche Stoffe und Stoffkonzentrationen zugelassen, die gesundheitlich unbedenklich und technologisch unvermeidbar sind.

778. Neben der gesundheitlichen Unbedenklichkeit spielen aber auch andere Faktoren eine Rolle. Jeder Standardfestsetzung soll daher eine Nutzen-Risiko-Analyse vorausgehen, bei der dem zu erwartenden gesundheitlichen Schaden die wirtschaftliche und technologische Erforderlichkeit gegenübergestellt wird. Zudem muß auch berücksichtigt werden, daß die Festsetzung einer Höchstmenge auf niedrigem Niveau nicht dem Verbot eines bestimmten Lebensmittels oder einer Gruppe von Lebensmitteln gleichkommt. Wird durch die stringente Festsetzung einer Höchstmenge die Grundversorgung der Bevölkerung gefährdet, müssen Alternativen, wie die Heraufsetzung der Höchstmenge, in Erwägung gezogen werden.

779. Im folgenden seien die Verfahrensregeln verschiedener im Lebensmittelbereich für die Standardfestlegung zuständiger Gremien aufgezeigt:

– FAO/WHO-Expertengremien (Food and Agriculture Organization/World Health Organization)

– Bundesinstitut für gesundheitlichen Verbraucherschutz und Veterinärmedizin (BgVV), ehemals Bundesgesundheitsamt (BGA)

– Codex-Alimentarius-Kommission

– Zentrale Erfassungs- und Bewertungsstelle für Umweltchemikalien (ZEBS).

Die ADI-Werte der FAO/WHO-Expertengremien und die DTA-Werte des BgVV

780. Aufgrund der rapide zunehmenden Anwendung von chemischen Pflanzenbehandlungsmitteln, welche Rückstände in und auf Lebensmitteln hinterlassen, sowie von chemischen Zusatzstoffen, sah sich die Food and Drug Administration der USA Anfang der fünfziger Jahre veranlaßt, Untersuchungs- und Bewertungsmethoden für diese Stoffe einzuführen („Proof of safety prior to use"). Hauptziel war die gesundheitliche Unbedenklichkeit der Lebensmittel (YOUNG, 1993). Damit wurde das Vorsorgeprinzip zur Hauptgrundlage der Lebensmittelbeurteilung. Um dieses zu verwirklichen, führte man das heute noch angewendete ADI-Konzept (Acceptable Daily Intake) ein.

781. Aus der höchsten Dosis, die an der empfindlichsten Tierart in der am besten geeigneten Studie noch zu keinem beobachtbaren Effekt führt, dem NOEL (No Observed Effect Level; DFG, 1991), wird unter Einrechnung eines Sicherheitsfaktors, der meist bei 100 liegt, ein ADI-Wert abgeleitet. Der Sicherheitsfaktor soll helfen, die Unwägbarkeiten und Unsicherheiten bei der Extrapolation vom Tierversuch auf den Menschen auszugleichen (vgl. auch SRU, 1995, Tz. 72, 81). Die Höhe des Sicherheitsfaktors hängt von der Art der toxischen Wirkung, der Größe und Art der zu schützenden Population und

der Qualität der toxikologischen Information ab (DEKANT und VAMVAKAS, 1994; DFG, 1991; FÜLGRAFF, 1989). Für Stoffe mit irreversibler Wirkung werden keine Werte erarbeitet.

782. Stoffe und Verfahren, die vor Einführung des ADI-Konzeptes schon verwendet worden waren und bei deren Anwendung bis dahin keine gesundheitlichen Schäden aufgetreten waren, wurden nicht neu bewertet und in den USA in der GRAS-Liste (Generally Recognized as Safe) zusammengefaßt (CLASSEN, 1994). Daneben gilt in den USA seit 1958 die Delaney-Klausel (vgl. Tz. 722), die den Gesetzgeber verpflichtet, jede Verbindung, die am Menschen oder am Versuchstier unter angemessenen Versuchsbedingungen geeignet ist, Krebs auszulösen, aus der Liste zu streichen und mit einem Verkehrsverbot zu belegen (CLASSEN, 1994; BALTES, 1992).

783. Seit 1957 werden von den Expertengremien der FAO/WHO nach den gleichen Verfahren wie in den USA duldbare tägliche Aufnahmemengen (ADI-Werte) für Zusatzstoffe und Kontaminanten sowie für Rückstände von Pflanzenschutzmitteln erarbeitet.

Für die Expertengremien werden Wissenschaftler von den Mitgliedstaaten benannt. Aus dieser Liste (Panel) werden von der WHO und FAO für die jeweilige Fragestellung Wissenschaftler geeigneter Fachrichtungen ausgesucht. Das „Joint FAO/WHO Expert Committee on Food Additives and Contaminants" legt ADI-Werte für Zusatzstoffe und Kontaminanten fest. Die ADI-Werte für Pestizide werden vom „Joint FAO/WHO Meeting on Pesticide Residues" erarbeitet. ADI-Werte werden für Stoffe mit reversiblen Wirkungen in der Weise festgesetzt, daß nach dem Stand der wissenschaftlichen Erkenntnis bei lebenslanger Aufnahme keine gesundheitlichen Schäden zu erwarten sind.

784. Für Stoffe, die aufgrund von Umwelteinflüssen in Lebensmittel gelangen und sich im menschlichen Körper anreichern, die also vom Verbraucher nicht gemieden werden können, werden seit 1972 die sogenannten PTWI-Werte (Provisional Tolerable Weekly Intake, vorläufig duldbare wöchentliche Aufnahmemengen) abgeleitet. Beispiele für Stoffe, für die PTWI-Werte erarbeitet wurden, sind Cadmium und Blei. Das Verfahren gleicht dem der ADI-Wert-Setzung. Allerdings werden, wegen der Akkumulation im Körper bei Aufnahme über längere Zeiträume, wöchentliche Aufnahmemengen abgeleitet. Ziel ist es, den Zeitraum, über den der Schadstoff aufgenommen werden kann, ohne daß es zu schädlichen Wirkungen kommt, so weit wie möglich zu verlängern. Die Bezeichnung als „vorläufig" trägt dem Umstand Rechnung, daß es bisher wenige oder gar keine verläßlichen Daten über Expositionen in Höhe des PTWI-Wertes beim Menschen gibt und daß jederzeit, bei Bekanntwerden neuer Daten, eine Reevaluierung erfolgen kann (WHO, 1987).

785. Die ADI- und PTWI-Werte gelten für die tägliche beziehungsweise wöchentliche Gesamtaufnahme eines Schadstoffes und liegen weit unterhalb jeglicher Dosis, bei der noch Wirkungen mit toxikologischen

Methoden erfaßt werden können. Sie haben somit keine wirkliche toxikologische Grundlage, sondern basieren auf dem Vorsorgeprinzip (Tz. 780). Die beteiligten Wissenschaftler, die unter Umständen unterschiedliche nationale Vorstellungen über das Vorsorgeprinzip vertreten, werden von den Mitgliedstaaten vorgeschlagen. Die Anforderungen an die Transparenz des Verfahrens sind nicht alle erfüllt, da die Werte zwar begründet werden (Reports of the JECFA in der WHO Technical Report Series, Genf; WHO Food Additives Series, Genf; Environmental Health Criteria, WHO, Genf; Summary of Toxicological Evaluations Performed by the JMPR, WHO/PCS/94.1, Genf), es aber keine Berichtpflicht über das Verfahren gibt. Eine Beteiligung der Öffentlichkeit mit Vorschlagsrecht und Mitspracherecht während des Verfahrens ist nur über die nationalen Vertretungen möglich.

786. Durch das Pflanzenschutzgesetz war ursprünglich das Bundesgesundheitsamt (BGA) mit der Prüfung von Pflanzenschutzmitteln beauftragt; mittlerweile ist es das Nachfolgeinstitut, das Bundesinstitut für gesundheitlichen Verbraucherschutz und Veterinärmedizin (BgVV). Da von der FAO/WHO nicht für alle in Deutschland zugelassenen Pestizide, insbesondere Herbizide, ADI-Werte erarbeitet worden sind, beziehungsweise weil die ADI-Werte der FAO/WHO veraltet sind, sah sich das BGA veranlaßt, eigene Werte abzuleiten. Zur Unterscheidung von den ADI-Werten der FAO/WHO, werden diese Werte als DTA-Werte (Duldbare Tägliche Aufnahme) bezeichnet. Sie werden nach dem gleichen Verfahren wie bei der FAO/WHO abgeleitet. Allerdings sind hier nur die Mitarbeiter des BgVV am Verfahren beteiligt. Die Werte werden ohne Begründung in unregelmäßigen Abständen im Bundesgesundheitsblatt veröffentlicht. Eine Berichtpflicht gibt es nicht (BgVV, 1995a; BGA, 1993).

Codex-Alimentarius-Kommission

787. Die Codex-Alimentarius-Kommission ist eine gemeinsame Kommission von WHO und FAO. Sie wurde 1963 gegründet und umfaßt Vertreter von inzwischen 151 Mitgliedstaaten. Ihre Aufgabe ist die zunächst unverbindliche Aufstellung von international weitgehend anerkannten Standardbedingungen für die Hygienepraxis sowie für die Herstellung und Beschaffenheit von Lebensmitteln. Mitgliedstaaten der Vereinten Nationen haben stimmberechtigten Zutritt, andere Staaten oder internationale Organisationen können ohne Stimmrecht mit beraten. Oberste Richtschnur sind der Schutz der Gesundheit und die Sicherstellung des lauteren Wettbewerbs. Insgesamt umfaßt die Kommission 30 Ausschüsse (Komitees), die die eigentliche Facharbeit leisten. Alle zwei Jahre trifft sich die Codex-Vollversammlung, um die in den Ausschüssen erarbeiteten Standards und Empfehlungen zu beschließen. Inzwischen sind fast 250 Codex-Standards angenommen worden.

Das im April 1994 unterzeichnete neue Allgemeine Zoll- und Handelsabkommen (GATT), vor allem das Rahmenabkommen für sanitäre und phytosanitäre Maßnahmen (SPS) sowie der Codex gegen technische Handelshemmnisse (TBT), holte die Codex-

Standards aus der Grauzone der Unverbindlichkeit und stellte sie in den Rang globaler Handelsnormen. Nach diesem neuen Abkommen haben ausländische Produkte freien Zugang zu nationalen Märkten, wenn sie den Codex-Standards genügen, auch dann, wenn sie gegen restriktivere nationale lebensmittelrechtliche Bestimmungen verstoßen. Zwar wird ein gegenüber den Codex-Standards strengeres nationales Recht vom GATT toleriert, doch ein darauf basierendes Einfuhrverbot gilt künftig als unzulässiges Handelshemmnis.

788. Die Fachausschüsse „Rückstände (Pflanzenschutzmittel)" und „Kontaminanten" schlagen nach entsprechenden Beratungen, in die vorhandene ADI-Werte als Orientierungswerte mit einfließen, Richtwerte (guideline levels) sowie Höchstmengen (maximum residue limits, MRL) für Pestizide und Tierarzneimittel in Lebensmitteln vor. Die Werte werden nach dem ALARA-Konzept (as low as reasonably achievable) unter Beachtung der „Guten landwirtschaftlichen Praxis" abgeleitet. Die Beschlußfassung erfolgt dann im Plenum. Ein Verfahrenshandbuch regelt das Stufenverfahren (DFG, 1991; LUDEHN und HANS, 1990).

789. Wie oben dargestellt, geht die Ableitung dieser Werte nicht von toxikologischen Grunddaten aus. Vielmehr werden die Werte aufgrund statistischer Daten über Verzehrmengen einzelner Lebensmittel nach dem Vorsorgeprinzip und unter Berücksichtigung wirtschaftlicher Vorgaben (Handelshemmnisse usw.) erarbeitet. Die Werte werden den Mitgliedstaaten zur Übernahme in nationales Recht vorgeschlagen. Ein Vorschlags- und Mitspracherecht der Öffentlichkeit sowie eine Berichtpflicht bestehen nicht.

Höchstmengenvorschläge des BgVV

790. Im BgVV werden Vorschläge für Höchstmengen, die in Gesetze und Verordnungen des Lebensmittelrechts übernommen werden sollen, auf naturwissenschaftlicher Basis erarbeitet. Dabei werden jedoch von Anfang an technisch-ökonomische und politisch-gesellschaftliche Überlegungen wie Machbarkeit und Durchsetzbarkeit mit berücksichtigt. So sind vorbeugender Gesundheitsschutz und Vorsorgeprinzip bei der Ableitung der Werte oberste Maximen (Tz. 777).

791. Genaue Verfahrensregeln für die Ableitung der Werte gibt es nicht. Da für jeden Bereich (Zusatzstoffe, Rückstände, Verunreinigungen) andere Arbeitsgruppen im BgVV zuständig sind, unterscheiden sich die Vorgehensweisen. Die Werte werden von den Mitarbeitern des BgVV erarbeitet. Weder interessierte Kreise noch die Fachöffentlichkeit werden am Ableitungsverfahren beteiligt. Eine Veröffentlichung der Begründung der Werte ist nicht vorgesehen, es sei denn, sie werden in die amtlichen Begründungen von bundesrat-pflichtigen Verordnungen aufgenommen. Daher ist die Ableitung von Höchstmengen im Lebensmittelbereich durch das BgVV nicht transparent.

Verfahrensregeln der ZEBS für die Erstellung von Richtwerten für Lebensmittel

792. Seit 1979 werden von der Zentralen Erfassungs- und Bewertungsstelle für Umweltchemikalien (ZEBS) des Bundesgesundheitsamtes, nunmehr Bundesinstitut für gesundheitlichen Verbraucherschutz und Veterinärmedizin (BgVV), Richtwerte zur Begrenzung beziehungsweise Minimierung unerwünschter Schadstoffgehalte in Lebensmitteln festgesetzt. Diese wurden bis 1990 in unregelmäßigen Abständen im Bundesgesundheitsblatt veröffentlicht. Seit 1990 erscheinen die Richtwerte jährlich in der Maiausgabe.

793. Für die Festlegung der Richtwerte gibt es keine festen Verfahrensregeln. Wie überall im Lebensmittelbereich gelten der vorbeugende Verbraucherschutz und das Vorsorgeprinzip als Maximen (Tz. 777). Die Verteilung der Gehalte eines Schadstoffes in einer bestimmten Lebensmittelgruppe wird anhand der im Lebensmittel-Monitoring gewonnenen Daten ermittelt. Je nach Art des Lebensmittels und der Verteilung der Schadstoffgehalte wird ein bestimmter Perzentilwert, häufig das 95-Perzentil, als ZEBS-Richtwert gewählt; die Versorgung der Bevölkerung muß dabei sichergestellt bleiben. Toxikologische Überlegungen spielen bei der Richtwert-Festlegung nur eine untergeordnete Rolle.

794. Die toxikologisch relevante Gesamtzufuhr kann über den Warenkorb (einschließlich Trinkwasser) unter Zugrundelegung des ZEBS-Richtwertes für den jeweiligen Schadstoff abgeschätzt werden. Die so errechneten Gesamtzufuhrmengen liegen über den von der FAO/WHO ermittelten PTWI-Werten. Da jedoch die ZEBS-Werte bei weitem nicht bei allen Lebensmitteln ausgeschöpft sind, liegt die tatsächliche Belastung der Bevölkerung unterhalb der PTWI-Werte. Legt man statt der ZEBS-Richtwerte die arithmetischen Mittelwerte der im Lebensmittel-Monitoring ermittelten Schadstoffgehalte zugrunde, errechnet sich, daß die jeweiligen PTWI-Werte nur zu etwa 50 % ausgeschöpft sind.

795. Mit dem Instrument der ZEBS-Richtwerte soll erreicht werden, daß Spitzenbelastungen mit Schadstoffen erkannt und nach Möglichkeit abgestellt werden. Bei Überschreitungen der Richtwerte sind alle für die Lebensmittelqualität Verantwortlichen angehalten, nach Kontaminationsursachen zu suchen und diese soweit wie möglich zu beseitigen. Den Blei- und Cadmium-Richtwerten für Fleisch kommt ein rechtlich bindender Charakter zu. Im Rahmen der Fleischhygiene-Verordnung (vom 30. Oktober 1986, i.d.F. der ÄndVO vom 7. November 1991, BGBl. I, S. 2066) ist festgelegt, daß beim Überschreiten des Doppelten des Richtwertes für Fleisch dieses nicht mehr als gesundheitlich unbedenklich anzusehen ist.

Abgesehen von dieser in der Verordnung festgeschriebenen Regelung ist auch bei den anderen Richtwerten von der Lebensmittelüberwachung von Fall zu Fall zu prüfen, ob beim Überschreiten des Doppelten des Richtwertes eine Beanstandung des betreffenden Lebensmittels auszusprechen ist (BgVV, 1995b).

796. Die Veröffentlichungen der ZEBS-Werte beinhalten keine naturwissenschaftlich-toxikologische Begründung, sondern nur eine kurze Beschreibung der Vorgehensweise bei der Ableitung, ohne die zugrunde liegenden Daten aufzuzeigen. Eine Beteiligung der interessierten Kreise sowie der Fachöffentlichkeit ist nicht vorgesehen.

Fazit

797. Im Lebensmittelbereich werden Umweltstandards ausschließlich von staatlichen Organen festgesetzt. Dies ist vor dem Hintergrund zu sehen, daß bereits Ende des letzten Jahrhunderts ein Lebensmittelgesetz erlassen wurde, dessen Prinzipien immer noch gelten.

798. Wegen der Festsetzung von Standards auf staatlicher Ebene wird bisher von den Möglichkeiten der Öffentlichkeitsbeteiligung am Standardsetzungsverfahren kaum Gebrauch gemacht. Es gibt keine Berichtspflicht über die jeweiligen Verfahren, und detaillierte medizinisch-toxikologische Begründungen werden nicht gegeben. Nur im Falle der ADI-Werte werden toxikologische Begründungen veröffentlicht, bezeichnenderweise allerdings von einem internationalen Gremium. Kosten-Nutzen-Überlegungen spielen ebenfalls nur eine untergeordnete Rolle; ausführliche Analysen gibt es nicht. Die Überwachung der Einhaltung der Werte ist allerdings durch die staatliche Lebensmittelüberwachung gut organisiert. Untersuchungsmethoden sind in einer amtlichen Sammlung von Untersuchungsverfahren festgelegt.

4.2.3.3 Verfahrensregeln im Trinkwasserbereich

Trinkwasser ist ein Lebensmittel. Schon früh wurden hygienische Anforderungen festgelegt.

Geschichtliche Entwicklung

799. Nachdem man Ende des letzten Jahrhunderts erkannt hatte, daß die Ausbreitung von Seuchen, wie die große Cholera-Epidemie in Hamburg 1892, häufig über das Trinkwasser erfolgt, wurden „Grundsätze für die Reinigung von Oberflächenwasser durch Sandfiltration" erarbeitet und 1899 durch das Kaiserliche Gesundheitsamt allen Regierungen im Reich mitgeteilt. Diese Grundsätze wurden im Jahre 1906 durch die Richtlinie „Anleitung für die Einrichtung, den Betrieb und die Überwachung öffentlicher Wasserversorgungsanlagen, welche nicht ausschließlich technischen Zwecken dienen" auf Trinkwasser jedweder Herkunft ausgedehnt.

800. Der Weg bis zu einer rechtsverbindlichen Festlegung von Trinkwasserstandards war allerdings noch weit. Im Dezember 1959 wurde die erste Trinkwasser-Aufbereitungsverordnung erlassen, die festlegte, welche Stoffe bei der Aufbereitung zugesetzt werden dürfen und welche Höchstmengen nach der Aufbereitung noch im Trinkwasser verbleiben dürfen.

Im Juli 1961 wurde die Ermächtigung zum Erlaß einer verbindlichen Festlegung für die Trinkwassergüte ins Bundes-Seuchengesetz aufgenommen. Hierbei stand im Hinblick auf den Schutzzweck des Gesetzes die Kontrolle des Trinkwassers auf Krankheitserreger im Vordergrund. Anfang 1976 wurde die erste Trinkwasserverordnung von der Bundesregierung erlassen. Die Grundlagen der hierin enthaltenen Standards waren von Mitarbeitern des Institutes für Wasser-, Boden- und Lufthygiene (WaBoLu) erarbeitet worden.

801. Zu dieser Zeit wurde auch bereits an einer EG-Trinkwasser-Richtlinie (80/778/EWG) gearbeitet, die über 60 Parameter enthalten sollte, von denen viele weit über den vorbeugenden Gesundheitsschutz hinausgingen. Bei der Aufstellung der Standards wurden Sachverständige hinzugezogen (Beratender wissenschaftlicher Ausschuß zur Untersuchung der Toxizität und Ökotoxizität chemischer Verbindungen). Im Dezember 1978 wurde die Richtlinie vom Ministerrat verabschiedet. Bei dieser Sitzung mußten noch offene Fragen, über die in den Arbeitsgruppen keine Einigung erzielt werden konnte, unter Zurückstellung fachlicher Gesichtspunkte gelöst werden; die Trinkwasser-Richtlinie wurde dann im August 1980 verkündet.

Bei der Umsetzung in Deutschland mußte beachtet werden, daß die Ermächtigungsgrundlage des § 11 des Bundes-Seuchengesetzes wegen der weit über den vorbeugenden Gesundheitsschutz hinausgehenden Bestimmungen nicht mehr ausreichte. Bei der neuen Trinkwasserverordnung von 1986 wurden auch die §§ 9 und 10 LMBG und damit das Vorsorgeprinzip als Grundlage herangezogen (vgl. Tz. 777). Mit der Novellierung vom 1. Januar 1991 wurden die Bestimmungen zur Trinkwasseraufbereitung in die Trinkwasserverordnung aufgenommen und die Trinkwasser-Aufbereitungsverordnung trat außer Kraft (SCHUMACHER, 1991).

Die Umweltstandards der Trinkwasserverordnung

802. Die Trinkwasserverordnung enthält sowohl Grenz- als auch Richtwerte, die sich auf Mikroorganismen sowie auf chemische Stoffe beziehen. Die Grundforderung, Trinkwasser soll frei von Krankheitserregern sein, ist routinemäßig kaum zu überprüfen. Daher ist es schon seit langem üblich, mit Indikatorkeimen zu arbeiten, die selbst keine Krankheitserreger sind, aber fäkale und nicht fäkale Verunreinigungen des Wassers anzeigen, und die schnell und mit einfachen Methoden nachweisbar sind. Die Erfahrung hat gezeigt, daß dieses System der Indikatorkeime zuverlässig ist. Bei der Umsetzung der EG-Trinkwasser-Richtlinie wurde ein Grenzwert für Fäkalstreptokokken aufgenommen, dessen Einhaltung jedoch nur bei Verdacht auf Verunreinigung überprüft werden muß.

Richt- und Grenzwerte für Mikroorganismen sind in § 1 der Trinkwasserverordnung angegeben. Anlage 1 in Verbindung mit § 14 Abs. 1 regelt die anzuwendenden mikrobiologischen Untersuchungsverfahren.

803. Grenz- und Richtwerte für chemische Stoffe finden sich in Anlage 2 (Grenzwerte für chemische Stoffe), in Anlage 4 (sensorische und physikalisch-chemische Kenngrößen und Grenzwerte zur Beurteilung der Beschaffenheit des Trinkwassers) sowie in Anlage 7 (Richtwerte für chemische Stoffe). Anlage 3 (zur Trinkwasseraufbereitung zugelassene Zusatzstoffe) und Anlage 6 (Desinfektionstabletten zur Trinkwasseraufbereitung in Verteidigungs- und Katastrophenfällen) enthalten Angaben zu zugelassenen Zusatzstoffen für Trinkwasser.

804. Die Grenz- und Richtwerte der Trinkwasserverordnung für chemische Stoffe können in zwei Gruppen eingeteilt werden:

1. Standards für Stoffe, die geeignet sind, die menschliche Gesundheit zu schädigen

2. Parameter zur Überprüfung der einwandfreien Beschaffenheit des Trinkwassers.

Stoffe, die geeignet sind, die menschliche Gesundheit zu schädigen, sind hauptsächlich in Anlage 2 geregelt. Da das Bundes-Seuchengesetz sowie die §§ 9 und 10 LMBG die Ermächtigungsgrundlage für die Trinkwasserverordnung darstellen, gelten das Vermeidungs- und das Vorsorgeprinzip bei der Festlegung der Grenzwerte.

Das Vermeidungsprinzip besagt, daß anthropogene Verunreinigungen möglichst überhaupt nicht ins Trinkwasser gelangen sollen, das heißt, daß sie ganz vermieden werden sollen. Aus diesem Grunde wurde unter anderem der sehr umstrittene Grenzwert für „organisch-chemische Stoffe zur Pflanzenbehandlung und Schädlingsbekämpfung einschließlich ihrer toxischen Hauptabbauprodukte" (kurz Pflanzenschutzmittel) so niedrig wie vollzugstechnisch möglich angesetzt. Er ist toxikologisch in keiner Weise begründet, sondern stellt praktisch einen Ersatz für fehlende Vorschriften für den Grundwasser- und allgemeinen Gewässerschutz dar (DIETER, 1995; GROHMANN, 1995; HÄSSELBARTH, 1991).

805. Hier wird besonders deutlich, daß es im Lebensmittel- und Trinkwasserbereich keine durchgängige Philosophie in der Standardsetzung gibt. Während im Lebensmittelbereich der vorbeugende Gesundheitsschutz und das Vorsorgeprinzip die Standardsetzung beherrschen und die Standards im allgemeinen aus toxikologischen Grunddaten unter Einbeziehung von Sicherheitsfaktoren abgeleitet werden (Tz. 777 ff.), gilt im Trinkwasserbereich vielfach das Vermeidungsprinzip, nach welchem die Standards für Stoffe, die toxikologisch bedenklich sind, so niedrig angesiedelt werden, daß sie mit vorhandenen Überwachungsmethoden gerade noch überprüfbar sind.

806. Viele der weiteren in Anlage 2 geregelten Stoffe, wie zum Beispiel Nitrat, können auch natürlichen Ursprungs sein. Daher gilt bei der Festsetzung dieser Grenzwerte nicht das Vermeidungsprinzip, sondern das Vorsorgeprinzip. Die Werte werden aus dem in Tierversuchen beobachteten NOEL (no observed effect level; Konzentration ohne beobachtbaren Effekt) unter Einrechnung von Sicherheitsfaktoren (meist 100) berechnet. Dabei wird davon ausgegangen, daß eine Person durchschnittlich zwei Liter Trinkwasser am Tag zu sich nimmt. Allerdings wird bei der Ableitung dieser Standards nicht nur nach toxikologischen Gesichtspunkten vorgegangen. Zum Beispiel war der Grenzwert für Nitrat über Jahrzehnte so hoch angesiedelt, daß er gesundheitlich bedenklich war. Zur leichteren analytischen Kontrollierbarkeit werden zudem Summenparameter für chemische Analogstoffe festgesetzt. Die einzelnen Stoffe sind jedoch häufig im Hinblick auf gesundheitliche Bedenklichkeit höchst unterschiedlich zu bewerten (z. B. chlorierte Kohlenwasserstoffe: Summenwert für 1,1,1-Trichlormethan, Trichlorethen, Tetrachlorethen und Dichlormethan).

807. Wären die Grenz- und Richtwerte der Trinkwasserverordnung an der toxikologischen Wirkungsschwelle angesiedelt, dürfte das Wasser bei deren Überschreitung nicht mehr als Trinkwasser genutzt werden. Daher werden die Vorsorgewerte unterhalb der Wirkungsschwelle angesetzt, so daß auch eine befristete Überschreitung des Wertes nicht zu einer Schädigung der Gesundheit führt. Die Standards für chemische Stoffe in der Trinkwasserverordnung haben also eine Warnfunktion. Werden sie überschritten, muß nach der Quelle der Verunreinigung gesucht und diese beseitigt werden.

808. Daneben enthält die Trinkwasserverordnung Parameter zur Überprüfung der einwandfreien Beschaffenheit des Trinkwassers (Anlagen 4 und 7). Zu dieser Gruppe gehören auch physikalische und physikalisch-chemische Kenngrößen. Die Ermächtigungsgrundlage hierfür ist das Lebensmittel- und Bedarfsgegenständegesetz. Unter der einwandfreien Beschaffenheit von Trinkwasser wird verstanden, daß das Wasser geruchlos, geschmacklos, farblos, klar, bekömmlich und appetitlich sein soll. Die Grenz- und Richtwerte sind ebenfalls nicht unter toxikologischen Gesichtspunkten abgeleitet, sondern werden so festgesetzt, daß das Trinkwasser nicht korrodierend wirkt und daß weder Trübung oder Färbung noch unangenehmer Geschmack auftreten (HÄSSELBARTH, 1991).

Fazit

809. Eine Beteiligung von interessierten Kreisen bei der Erstellung von Trinkwasser-Standards findet nicht statt. Berichte über das Verfahren der Standardsetzung und Begründungen zu den Standards werden nicht veröffentlicht. Auch Kosten-Nutzen-Überlegungen spielen keine Rolle. Gesundheits- und chemische Untersuchungsämter kontrollieren die Einhaltung der Werte. Analysemethoden sind in der Trinkwasserverordnung beschrieben sowie in der amtlichen Sammlung von Untersuchungsverfahren und in den Deutschen Einheitsverfahren zur Wasseruntersuchung.

4.2.3.4 Verfahrensregeln im Außenluftbereich

810. Bei der Festlegung von Außenluftstandards (Immissions- und Emissionsstandards) ist der Verein Deutscher Ingenieure (VDI) eine der maßgeblichen Institutionen im Sektor der privaten Normung und von großer Bedeutung im Vorfeld gesetzgeberischer Tätigkeit in diesem Bereich.

Der VDI wurde im Jahre 1856 mit der Zielsetzung gegründet, Technik-Wissenstransfer als Dienstleistung anzubieten. Die (ingenieur-)wissenschaftliche Facharbeit wird in 19 Fachgliederungen geleistet, deren Arbeit durch den Wissenschaftlichen Beirat des VDI koordiniert wird (VDI, 1995). Wesentlicher Bestandteil der Arbeit des VDI sind Fragen des Umweltschutzes und der Umwelttechnik. Entsprechend wurde 1987 die VDI-Koordinierungsstelle Umwelttechnik als zentrale Anlaufstelle zur effektiven Gestaltung der Einzelaktivitäten auf dem Gebiet der Umwelttechnik im VDI eingerichtet. Sie besteht aus einem Lenkungsgremium, in dem zwölf der 19 Fachgliederungen des VDI zusammenwirken (VDI, 1994).

Für den Umweltschutz und die Festlegung von Außenluftstandards sind insbesondere die VDI-Fachgliederungen „Kommission Reinhaltung der Luft im VDI und DIN (KRdL)" und „Normenausschuß Akustik, Lärmminderung und Schwingungstechnik im DIN und VDI (NALS)" hervorzuheben. Beispielhaft werden im folgenden die Entwicklung und die Verfahrensregeln der KRdL (KRdL, 1994) beschrieben.

811. Die Kommission „Reinhaltung der Luft im VDI und DIN" wurde im März 1990 durch Fusion des Normenausschusses „Luftreinhaltung" des DIN und der VDI-Kommission „Reinhaltung der Luft" gebildet. Anlaß der Fusion war die wachsende Bedeutung von europäischer und internationaler Normsetzung. Mit dem Zusammenschluß wurden das Sekretariat des Technischen Komitees 146 „Air Quality" der Internationalen Normungsorganisation (ISO) und 1991 auch das Sekretariat des Technischen Komitees 264 „Air Quality" der Europäischen Normungsorganisation (CEN) von der KRdL übernommen. Die ehemalige VDI-Kommission „Reinhaltung der Luft" war bereits im März 1957 aus dem 1955 gegründeten VDI-Ausschuß „Reinhaltung der Luft" hervorgegangen, der selbst wiederum auf den schon 1928 gegründeten Ausschuß „Staubtechnik" zurückgeht. Den Anstoß zur Bildung einer selbständigen Kommission „Reinhaltung der Luft" gab damals der Gesetzgeber, der das Angebot des VDI anerkannte, im Vorfeld der Gesetzgebung in dieser Kommission auf technisch-wissenschaftlicher Ebene Grundlagen für die Reinhaltung der Luft in freiwilliger Selbstverantwortung und unter Beteiligung aller Interessengruppen zu erarbeiten. Diese Unterstützung des Staates spiegelt sich auch in der institutionellen Förderung der Kommission durch Bundesmittel wider.

In der KRdL sind gegenwärtig etwa 1 700 Sachverständige (Ingenieure, Mediziner, Botaniker, Physiker, Chemiker, Meteorologen sowie Fachleute aus Wirtschaft, Wissenschaft und Verwaltung) in über 200 Ausschüssen und Arbeitsgruppen ehrenamtlich tätig. Die Arbeiten umfassen alle technischen und naturwissenschaftlichen Bereiche der Luftreinhaltung und gliedern die Kommission in unterschiedliche Fachbereiche. Umweltstandards werden vor allem

Abbildung 4.19

**Verfahrensablauf zur Erarbeitung und Verabschiedung von Richtlinien
durch die Kommission Reinhaltung der Luft**

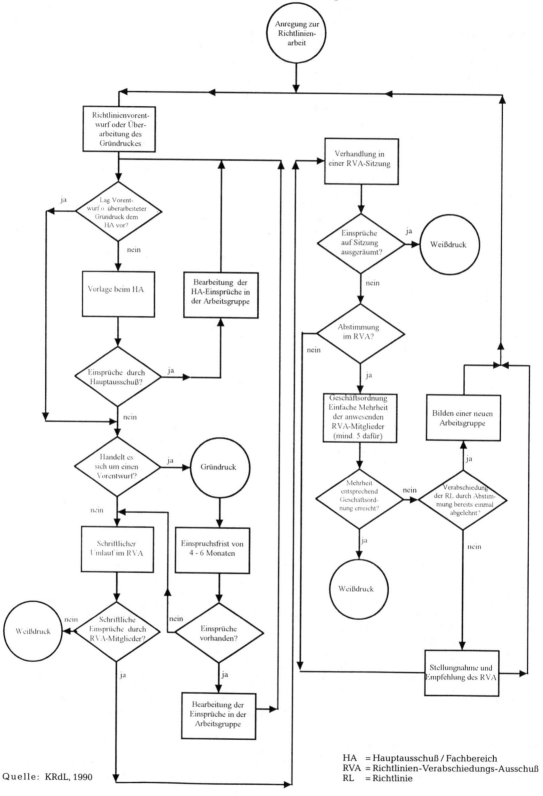

HA = Hauptausschuß / Fachbereich
RVA = Richtlinien-Verabschiedungs-Ausschuß
RL = Richtlinie

Quelle: KRdL, 1990

in den Richtlinien der Fachbereiche „Entstehung und Verhütung von Emissionen" (Emissionsstandards) und „Wirkungen von Staub und Gasen" (Immissionsstandards) festgelegt, wohingegen in den übrigen Fachbereichen überwiegend meß- und verfahrenstechnische Richtlinien erarbeitet werden. Die Richtlinien der KRdL sind in den sechs Bänden des VDI-Handbuches „Reinhaltung der Luft" zusammengefaßt.

Der Fachbereich „Entstehung und Verhütung von Emissionen" sieht seine Aufgabe darin, den Stand der Technik von Verfahren, Einrichtungen und Betriebsweisen zum Vermindern von Emissionen in den einzelnen Bereichen industrieller und gewerblicher Produktion und Dienstleistung zu beschreiben (KRdL, 1994). In jüngerer Zeit erfolgt eine übergreifende Betrachtungsweise bei der Erarbeitung emissionsbegrenzender Richtlinien, zum Beispiel die Berücksichtigung der Entstehung und Vermeidung von Reststoffen sowie die potentielle Belastung von Boden und Wasser. Der Fachbereich „Wirkungen von Staub und Gasen" befaßt sich mit der Wirkung von Luftverunreinigungen auf den Menschen, insbesondere Kinder, Alte und Kranke, aber auch auf Tiere, Pflanzen und Böden. Zu deren Schutz werden in den Richtlinien „Maximale Immissionswerte" festgelegt. Zumeist handelt es sich bei diesen Umweltstandards um „Maximale Immissions-Konzentrations-Werte" (MIK-Werte), die auf der Basis medizinisch-naturwissenschaftlicher Bewertungskriterien erstellt werden. Die Grundlage für die Ermittlung dieser Werte sowie ihre Zielsetzung und Bedeutung sind in Richtlinien beschrieben (VDI, 1988, 1983).

812. Die Verfahrensregeln zur Erarbeitung der Richtlinien und der in ihnen enthaltenen Umweltstandards sind in VDI 1000 „Richtlinienarbeit, Grundsätze und Anleitungen" (VDI, 1981) festgelegt. Sie wurden in Anlehnung an die ebenso beim DIN angewendeten Regelungen bei der Normungsarbeit erstellt (DIN, 1995).

Vorschläge für neue VDI-Richtlinien können von jedermann an die zuständige VDI-Fachgliederung herangetragen werden. Vor der Arbeitsaufnahme findet eine Prüfung durch den Beirat statt, bei der aktueller Bedarf, Interesse der interessierten Kreise an der Mitarbeit und mögliche Parallelarbeit festgestellt werden. Der Beirat ist das oberste Lenkungsgremium der Kommission und soll die Belange der Richtlinienarbeit ausgewogen und sachgerecht berücksichtigen. Er soll aus nicht mehr als 21 Mitgliedern bestehen, die zum Zeitpunkt ihrer Wahl im Berufsleben stehen sollen, und in ihm sollen die interessierten Kreise in einem angemessenen Verhältnis vertreten sein. Neben dem Beirat der Kommission planen die den Fachbereichen zugeordneten Fachbeiräte und vor allem die Planungsgruppen die künftige Richtlinienarbeit. Wird die Aufnahme der Arbeit an einer neuen VDI-Richtlinie beschlossen, muß dies zunächst in den Fachorganen der entsprechenden Gliederungen und in den DIN-Mitteilungen bekanntgegeben werden.

Die fachliche Diskussion zur Erstellung von Richtlinien erfolgt in den Arbeitsausschüssen der entsprechenden Fachbereiche, die auf Beschluß des Beirates nach Bedarf gebildet und nach Erledigung ihrer Aufgabe aufgelöst werden. Darüber hinaus fließen die Ergebnisse zahlreicher wissenschaftlicher Kolloquien und Tagungen, die in den VDI-Berichten und der Schriftenreihe der KRdL veröffentlicht sind, in die Richtlinienarbeit ein. Die Sitzungen der Ausschüsse, über die die Teilnehmer Ergebnisprotokolle erhalten, sind nicht öffentlich. Beschlüsse sollten im gegenseitigen Einvernehmen erfolgen. Bei dennoch erforderlichen Abstimmungen entscheidet die einfache Mehrheit. Das Ergebnis der Ausschußarbeit wird, nach formeller Genehmigung durch den Obmann des Fachbereiches, als VDI-Richtlinien-Entwurf („Gründruck") veröffentlicht. Das Erscheinen des Entwurfes wird im Bundesanzeiger und in einschlägigen Fachzeitschriften bekanntgegeben. Das öffentliche Einspruchverfahren mit einer Frist von mindestens vier Monaten ermöglicht es jedermann, zu dem Entwurf eine Stellungnahme abzugeben oder einen Einspruch zu erheben. Die Einsprüche werden in den Ausschüssen diskutiert und – wenn nötig – unter Hinzuziehung des Einsprechers in einer abschließenden gemeinsamen Sitzung behandelt. Ein Anspruch auf Anhörung oder Einarbeitung der Einwände besteht nicht. Der Ausschuß verabschiedet den überarbeiteten Gründruck und schlägt ihn dem Richtlinien-Verabschiedungs-Ausschuß (RVA) zur endgültigen Veröffentlichung als VDI-Richtlinie vor.

Der RVA, der seit 1975 als ständiger Sonderausschuß des Beirates besteht, setzt sich aus zwölf Mitgliedern und einem nicht stimmberechtigten Obmann zusammen. Nach seiner Geschäftsordnung kommen jeweils vier Mitglieder aus den Bereichen Wissenschaft, Verwaltung und technische Überwachung sowie Wirtschaft (Hersteller und Betreiber). Die Aufgaben des RVA sind Schlichtung und Vermittlung bei der Richtlinienarbeit sowie die Verabschiedung der Richtlinien. Erheben die Mitglieder des RVA nach Kenntnis der Protokolle des Einspruchverfahrens im schriftlichen Umlauf keinen Einspruch, so gilt die Richtlinie („Weißdruck") als verabschiedet. Das Erscheinen des „Weißdruckes" wird im Bundesanzeiger und einschlägigen Fachzeitschriften bekanntgegeben. Der Bezug der Richtlinien ist über den Buchhandel möglich. Wird dagegen von einem RVA-Mitglied schriftlich Einspruch erhoben, so muß eine mündliche Verhandlung stattfinden. Liegen aus dem Gründruckverfahren nicht zurückgenommene oder sonst unerledigte Einwendungen vor, so kann der RVA die Einsprechenden zur Beratung hinzuziehen. Die Beschlüsse werden mit einfacher Mehrheit der anwesenden stimmberechtigten Mitglieder, mindestens jedoch mit fünf Ja-Stimmen gefaßt. Beschlußfähig ist der RVA bei der Anwesenheit von mindestens sieben Mitgliedern. Das Ergebnis der mündlichen Verhandlung kann in der Veröffentlichung der Richtlinie oder, falls auch nach zweimaliger Vorlage im RVA keine Zustimmung erfolgt, in der Empfehlung zur Bildung eines neuen Arbeitsausschusses bestehen. In Abbildung 4.19 ist das gesamte Verfahren der Richtlinienverabschiedung in einem Flußdiagramm dargestellt.

Aufgrund der Dynamik der Entwicklung von Technik und Wissenschaft auf dem Gebiet der Luftreinhaltung haben die Richtlinien in den meisten Fällen keinen endgültigen Charakter, sondern müssen je nach Weiterentwicklung von Technik und Wissenschaft in regelmäßigen Zeitabständen (5 Jahre) auf ihre Aktualität überprüft und gegebenenfalls fortgeschrieben werden.

Die Besetzung der Ausschüsse und Aufgaben der Mitglieder

813. Die Arbeitsausschüsse werden auf Beschluß des Beirates des betreffenden Fachbereiches gebildet. Zur konstituierenden Sitzung werden die an den zu behandelnden Richtlinienvorhaben interessierten Kreise und Fachleute vom Geschäftsführer der Kommission eingeladen. Die Teilnehmer der ersten Sitzung wählen den Obmann und entscheiden, ob sie Mitglieder des Arbeitsausschusses werden wollen und ob weitere nicht eingeladene Kreise oder Fachleute hinzugezogen werden sollen. Ausschußmitglieder sollten möglichst Mitglieder des VDI sein. An der Arbeit können jedoch auch Nichtmitglieder mitwirken, wenn dies im Interesse der Arbeit liegt. Bei der Auswahl ihrer Mitarbeiter haben die Arbeitsausschüsse zu berücksichtigen, daß die Zusammensetzungen den Besonderheiten ihrer Arbeitsgebiete angemessen sind und die neuesten Erkenntnisse der Wissenschaft und der jeweilige Stand der Technik in die Richtlinienarbeit eingebracht werden. Die derzeit 1 700 ehrenamtlichen Sachverständigen der Kommission „Reinhaltung der Luft" entstammen den folgenden Tätigkeitsbereichen: 50 % Industrie, Betreiber, Hersteller und Überwachung, 20 % Lehre und Forschung, 20 % Behörden sowie 10 % technischwissenschaftliche Vereine und Freiberufe (KRdL, 1994).

Seit 1975 ist in den Arbeitsausschüssen des Fachbereiches „Entstehung und Verhütung von Emissionen" der „Begleitende Sachverständige der Verwaltung" vertreten, um den Informationsfluß und die Bildung einer koordinierten Meinung auf der Behördenseite zu erleichtern. Die Funktion des Beratenden Sachverständigen der Verwaltung in der VDI-Richtlinienarbeit endet nicht mit der Verabschiedung der Richtlinie. Er bleibt weiter in Kontakt mit der Geschäftsstelle der VDI-Kommission, um bei fortgeschrittenem Stand der Technik auch von seiten der Verwaltung einen Anstoß zur Überarbeitung der Richtlinie geben zu können.

Nach der VDI-Richtlinie „Grundsätze für die Richtlinienarbeit" (VDI, 1981) werden die ehrenamtlichen Mitglieder „ad personam" in die Ausschüsse berufen und vertreten dort ihre persönliche, sachverständige Auffassung. Sie können aber auch die Ansicht eines Unternehmens, eines Verbandes, einer Behörde oder eines Institutes wiedergeben. Demgegenüber sind nach den Leitlinien des DIN (DIN, 1995) die Ausschußmitglieder autorisierte und entscheidungsbefugte Repräsentanten der interessierten Kreise, denen sie verantwortlich sind und von denen sie zur Arbeit in die Gremien entsandt werden. Für die Arbeit der „Kommission Reinhaltung der Luft im VDI und DIN" müssen zwischen diesen unterschiedlichen

Grundsätzen Kompromisse gesucht und gefunden werden (KRdL, 1993).

Fazit

814. Bei der Erstellung von Umweltstandards durch die „Kommission Reinhaltung der Luft im VDI und DIN" sind die Anforderungen an eine festgelegte Verfahrensordnung, die Transparenz des Verfahrensablaufes und eine Beteiligung der Öffentlichkeit erfüllt. Die Ausschußsitzungen sind nicht öffentlich und die erstellten Protokolle sind nur intern zugänglich. Durch die Veröffentlichung der Richtlinienentwürfe („Gründruck") und der Richtlinien („Weißdruck") wird dem Erfordernis der Berichterstattung entsprochen. Die Veröffentlichungen werden im Bundesanzeiger und einschlägigen Fachzeitschriften bekanntgegeben. Der Bezug der Richtlinien ist über den Buchhandel möglich. Die aufgestellten Umweltstandards werden ausführlich begründet und in regelmäßigen Zeitabständen (alle 5 Jahre) überprüft. Die personelle Zusammensetzung von Vorstand, Beirat, Richtlinien-Verabschiedungs-Ausschuß, Fachbereichsvorstand und Planungsgruppen wird in den jährlich erscheinenden Tätigkeitsberichten der „Kommission Reinhaltung der Luft im VDI und DIN" bekanntgegeben. Die Zusammensetzung der Arbeitsgruppen und -ausschüsse wird nicht veröffentlicht.

4.2.3.5 Verfahrensregeln im Bereich Radioaktivität und Strahlung

815. Beobachtungen über die schädlichen Auswirkungen über geogen vorgegebener Strahlung auf den Menschen gehen ins 16. Jahrhundert zurück, allerdings ohne Kenntnis der Ursache. In Berichten ist beispielsweise von hoher Sterblichkeit der Bergleute in den Erzgruben der Karpaten und des Erzgebirges die Rede. Das elementare Phänomen der ionisierenden Strahlung wurde erst Ende des letzten Jahrhunderts entdeckt. Sehr bald wurde dann auch die schädliche Wirkung der Röntgenstrahlung und der natürlichen Radioaktivität erkannt.

Schwere Schäden bei Röntgentechnikern machten zunächst einen Schutz bei beruflich mit radioaktiven Quellen beziehungsweise Stoffen arbeitenden Personen notwendig. Mit dem zunehmenden Einsatz von ionisierenden Strahlen in Medizin und Technik und aufgrund der Strahlenbelastung aus der Umwelt durch die atmosphärischen Atombombentests wurde in immer stärkerem Maße auch der Schutz der Bevölkerung insgesamt vor Strahlung erforderlich.

816. Heutige Strahlenschutzregeln in Rechtsvorschriften sowie in Veröffentlichungen basieren weitgehend auf den grundlegenden Empfehlungen der International Commission on Radiological Protection (ICRP). Die ICRP ist eine 1950 gegründete internationale Organisation von Wissenschaftlern, die, durch ständige Überprüfung und Einbeziehung aktueller Publikationen, in ihren Empfehlungen zum Strahlenschutz den aktuellen Stand des Wissens dokumentiert. Hierbei sind folgende drei Grundregeln für den

Strahlenschutz, die internationale Berücksichtigung finden, wichtig (ICRP, 1977):

- Jede Strahlenanwendung, die keinen Nutzen erbringt, sollte unterbleiben.

- Die aus der Strahlenanwendung resultierende Exposition von Einzelpersonen soll bestimmte Doiswerte nicht überschreiten (medizinische Exposition des Patienten sowie die natürliche Strahlenexposition bleiben hierbei unberücksichtigt).

- Zusätzlich sollen alle Strahlenexpositionen unter Beachtung des Standes von Wissenschaft und Technik und unter Berücksichtigung aller Umstände des Einzelfalles so gering wie vernünftigerweise möglich gehalten werden (ALARA-Prinzip, Optimierung des Strahlenschutzes).

Umweltstandards, wie sie derzeit in Deutschland für die Begrenzung der Strahlenexposition bestehen, sind dementsprechend nicht als Toleranzwerte zu verstehen, die ausgeschöpft werden können. Die anthropogene Strahlenbelastung muß so niedrig wie vernünftigerweise erreichbar gehalten werden (§ 28 StrlSchV; § 15 Röntgenverordnung).

817. Für die Festlegung der Dosiswerte zum Schutz des Menschen und der Umwelt vor Strahlung wird von zwei Schadenstypen, der stochastischen und der nicht-stochastischen Strahlenwirkung, ausgegangen (LÖSTER, 1986). Sie werden mit Hilfe von Dosis-Wirkungs-Beziehungen charakterisiert. Zu den nicht-stochastischen Schäden gehören akute und späte Strahlenschäden der Gewebe und Organe, die erst ab einer bestimmten „Strahlenmenge", dem sogenannten Schwellenwert, auftreten. Die Schwere des Schadens ist oberhalb des Schwellenwertes der Strahlenmenge proportional. Für die stochastischen Strahlenschäden besteht die Annahme, daß Häufigkeit und Schwere der Schäden der „Strahlenmenge" proportional ist und es keinen Schwellenwert gibt. Hierzu gehören Erbgutschäden sowie Krebs (z. B. Leukämie).

Dosiswerte zum Schutz beruflich strahlenexponierter Personen dienen dem Ziel, Schäden durch nicht-stochastische Strahlenwirkungen zu verhindern und die Wahrscheinlichkeit stochastischer Strahlenwirkungen auf Werte zu begrenzen, die als annehmbar betrachtet werden. Biologische Experimente, klinische Erfahrungen sowie epidemiologische Erhebungen (vor allem an Überlebenden der Atombombenexplosionen in Hiroshima und Nagasaki) stellen die wichtigsten Datenquellen für die Quantifizierung der Strahlenwirkung (Dosis-Wirkungs-Beziehung) auf den Menschen und zur Ableitung dieser Dosiswerte dar.

Dosiswerte zum Schutz der allgemeinen Bevölkerung, wie zum Beispiel die effektive Dosis, die in der Umgebung von kerntechnischen Anlagen nicht überschritten werden darf (§ 45 StrlSchV), liegen weit unterhalb der Schwellendosen für nicht-stochastische Wirkungen. In diesem Bereich sind biologisch-medizinische Effekte beim Menschen nicht mehr feststellbar. Die Festlegung der Dosis zum Schutz der Bevölkerung in der Umgebung von kerntechnischen Anlagen basiert auf dem Vergleich mit der natürlichen

Strahlenbelastung. Man bezieht sich bei der Wertfindung nicht auf den Dosiswert der mittleren Strahlenexposition, sondern auf den Bereich der mittleren Schwankungsbreite der natürlichen Strahlenbelastung, wie sie in Deutschland für den größten Teil der Bevölkerung registriert wird (SSK, 1988, 1987). Obwohl beim Laien der Eindruck entsteht, es handle sich dabei um eine rein wissenschaftliche Werteableitung, bedeutet die Art der Festlegung durch die Strahlenschutzkommission doch die Vorwegnahme einer politischen Entscheidung; denn der Wert könnte ebensogut die Hälfte oder das Doppelte der mittleren Schwankungsbreite betragen. Im Strahlenschutz gibt es damit eine Parallele zu krebserzeugenden chemischen Stoffen, für die ebenfalls ein verbleibendes Risiko in Kauf zu nehmen ist, wenn ein Umweltstandard angesetzt wird.

818. Es sind mehrere Gremien vom Bundesministerium des Innern und vom Bundesministerium für Umwelt, Naturschutz und Reaktorsicherheit eingesetzt worden, deren Aufgabe auch im Bereich des Strahlenschutzes darin besteht, Entscheidungsträger im Bereich der Umweltpolitik zu beraten. Dazu gehören der kerntechnische Ausschuß (KTA), die Reaktorsicherheitskommission (RSK), die Strahlenschutzkommission (SSK) und der Sachverständigenkreis für die Sicherung des Brennstoffkreislaufes. Daneben sind in diesem Bereich noch der Länderausschuß für Atomkernenergie sowie das DIN als private Normungsorganisation tätig. Die meisten dieser Institutionen beziehungsweise Gremien haben ihre Hauptaufgabe in der Erarbeitung technischer, vor allem jedoch sicherheitstechnischer Anforderungen und Regeln für Kernkraftwerke und Anlagen des Kernbrennstoffkreislaufes sowie für medizinische Geräte.

819. Die Ableitung von Umweltstandards fällt vornehmlich in den Aufgabenbereich der Strahlenschutzkommission, die auf der Basis wissenschaftlicher Fachkompetenz das Bundesumweltministerium in allen Angelegenheiten des Schutzes vor Gefahren ionisierender und nichtionisierender Strahlen berät (Erlaß des BMU vom 29. Januar 1990, Bundesanzeiger Nr. 36, S. 891–893). Der Auftrag umfaßt insbesondere auch die Bewertung von biologischen Strahlenwirkungen und Dosis-Wirkungs-Beziehungen, die Erarbeitung von Vorschlägen für Dosisgrenzwerte und daraus abgeleitete Umweltstandards sowie die Anregung zu und die Mitwirkung bei der Erarbeitung von Richtlinien und besonderen Maßnahmen zum Schutz vor den Gefahren durch Strahlung (Bundesamt für Strahlenschutz, 1994).

In der Umweltstandardtabelle (Tab. 4.1) sind von den zahlreichen Empfehlungen und Abhandlungen der Strahlenschutzkommission nur solche aufgenommen worden, die in Bereichen Orientierungshilfen bieten, in denen Regelungen durch Rechtsvorschriften noch ausstehen, wie beispielsweise die Radonbelastung in Häusern und die Strahlenbelastung durch den Uranbergbau in den neuen Bundesländern. Die Verfahrensregeln, die von der Strahlenschutzkommission bei der Erarbeitung von Empfehlungen und Stellungnahmen angewendet werden, sind in dem gemeinsamen Einrichtungserlaß für die Geschäftsstellen der

RSK und der SSK festgelegt (Erlaß des BMU vom 29. Januar 1990, Bundesanzeiger Nr. 36, S. 891–893).

820. Die SSK besteht in der Regel aus 17 Fachleuten, die möglichst alle Fachgebiete des Strahlenschutzes abdecken sollten. Derzeit (Stand Februar 1995) kommen von den 16 Mitgliedern 13 aus Hochschulen oder unabhängigen Forschungseinrichtungen und je einer aus der Wirtschaft, einer Behörde und einer Sachverständigenorganisation. Die Mitglieder der Kommission, die für die Dauer von drei Jahren vom Bundesministerium für Umwelt, Naturschutz und Reaktorsicherheit persönlich berufen sind, werden auf die gewissenhafte und unparteiische Erfüllung ihrer Aufgaben, zur Vertraulichkeit der Sitzungen sowie zur Verschwiegenheit über Angelegenheiten verpflichtet, die Gegenstand eines atomrechtlichen oder strahlenschutzrechtlichen Genehmigungs- oder Aufsichtsverfahrens sind. Im Einvernehmen mit dem Bundesumweltministerium oder auf dessen Verlangen setzt die Kommission Ausschüsse ein und bestimmt deren Aufträge. Es können Arbeitsgruppen zur Erarbeitung spezieller Beratungsunterlagen eingesetzt und Sachverständige zu den Beratungen hinzugezogen werden. Derzeit sind bei der SSK acht Ausschüsse eingerichtet: Strahlenschutztechnik, Notfallschutz in der Umgebung kerntechnischer Anlagen, Medizin und Strahlenschutz, Radioökologie, Strahlenschutz bei radioaktiven Abfällen und Reststoffen, Strahlenschutz bei kerntechnischen Anlagen, Strahlenrisiko und nichtionisierende Strahlen. Die zu beratenden Themen werden in der Regel vom Bundesumweltministerium festgelegt. Die Kommission kann aber auch von sich aus Beratungsthemen aufgreifen.

Bei Befangenheit eines Kommissionsmitgliedes, zum Beispiel für den Fall, daß ein Mitglied selbst Beteiligter in einem Genehmigungs- oder Aufsichtsverfahren ist, das zur Beratung ansteht, darf dieses Mitglied bei der Beratung und Beschlußfassung nicht zugegen sein; es darf jedoch in der Sitzung angehört werden.

Die Kommission gibt als Ergebnis ihrer Beratungen, die nicht öffentlich sind, Stellungnahmen und Empfehlungen an das Bundesumweltministerium ab, die von diesem im Bundesanzeiger veröffentlicht werden. Die Stellungnahmen und Empfehlungen sind zu begründen. Die Kommission darf ohne Zustimmung des Bundesumweltministeriums Dritten keine Stellungnahmen oder Auskünfte geben. Über jede Sitzung wird ein Ergebnisprotokoll angefertigt.

Die Kommission faßt ihre Beschlüsse mit der Mehrheit der Stimmen der Mitglieder. In Ausnahmefällen (z. B. Empfehlung zur Konzeption einer kerntechnischen Anlage) ist eine Zweidrittelmehrheit erforderlich. Überstimmte Mitglieder können von dem Recht Gebrauch machen, ihre abweichende Meinung als Minderheitenvotum im Ergebnisprotokoll oder bei der Veröffentlichung von Empfehlungen zum Ausdruck zu bringen. Die SSK-Empfehlungen werden in unregelmäßigen Zeitabständen der Entwicklung des naturwissenschaftlichen Erkenntnisstandes ange-

paßt. Eine regelmäßige Überprüfung wird nicht vorgenommen.

Fazit

821. Die Strahlenschutzkommission (SSK), deren Zusammensetzung veröffentlicht wird, erfüllt bei der Festlegung von Umweltstandards die Anforderungen an eine festgelegte Verfahrensordnung. Aufgrund ihrer Funktion als beratendes Gremium des Bundesumweltministeriums in allen Fragen des Strahlenschutzes, ist die Beteiligung der Öffentlichkeit im Verfahrensablauf eingeschränkt (Initiative liegt bei BMU und der Kommission). Externer Sachverstand kann jedoch – im Einvernehmen mit dem Bundesumweltministerium – zu den Beratungen hinzugezogen werden. Die Sitzungen sind nicht öffentlich und die angefertigten Sitzungsprotokolle sind nur intern zugänglich. Die Anforderungen an eine Berichterstattung sind nicht erfüllt. Die Pflicht zur Begründung der Empfehlungen findet sich explizit in der Satzung. Die abweichende Meinung von überstimmten Mitgliedern findet besondere Berücksichtigung, indem sie in den SSK-Empfehlungen zum Ausdruck gebracht werden kann. Die SSK-Empfehlungen werden in unregelmäßigen Zeitabständen der Entwicklung des naturwissenschaftlichen Erkenntnisstandes angepaßt. Eine regelmäßige Überprüfung wird nicht vorgenommen. Die Stellungnahmen und Empfehlungen der SSK werden im Bundesanzeiger sowie in einer Schriftenreihe veröffentlicht.

4.2.3.6 Erarbeitung von Umweltstandards durch Bund/Länder-Arbeitsgemeinschaften

822. Zur Abstimmung und Koordination der jeweiligen Länderumweltpolitiken untereinander und mit dem Bund existieren für einzelne Umweltbereiche Bund/Länder- und Länder-Arbeitsgemeinschaften: Länderarbeitsgemeinschaft Wasser (LAWA, gegründet 1956), Länderarbeitsgemeinschaft Abfall (LAGA, gegründet 1963), Länderausschuß für Immissionsschutz (LAI, gegründet 1964), Länderarbeitsgemeinschaft Naturschutz, Landschaftspflege und Erholung (LANA, gegründet 1971), Bund/Länder-Arbeitskreis für Umweltchemikalien (BLAU, gegründet 1977), Bund/Länder-Arbeitsgemeinschaft Bodenschutz (LABO, gegründet 1992) sowie Länderausschuß für Atomkernenergie (LAA, 1982 neu konstituiert). Der letztgenannte Länderausschuß für Atomkernenergie, dessen Struktur durch die besondere Regelungskompetenz des Bundes auf dem Sektor der Atomkernenergie nur eingeschränkt mit den übrigen Arbeitsgemeinschaften vergleichbar ist (z. B. liegt der Vorsitz immer beim BMU), ist hier nur der Vollständigkeit wegen aufgeführt und wird im folgenden nicht weiter beschrieben.

Die Arbeitsgemeinschaften erarbeiten heute im wesentlichen im Auftrag der Umweltministerkonferenz (UMK) und der Amtschefkonferenz (ACK) Berichte und Empfehlungen im Rahmen ihrer jeweiligen Themenbereiche. Als ständige Arbeitsgremien von UMK und ACK erstatten sie dem UMK-Sekretariat Bericht über ihre Sitzungen (UMK, 1993). Die Vorsitzenden nehmen an der ACK und unter Umständen an der UMK ohne Stimmrecht teil.

823. Von allen Arbeitsgemeinschaften sind die Verfahrensregeln, die bei der Erarbeitung von Berichten und in ihnen enthaltenen Vorschlägen zu Umweltstandards angewendet werden, in Statuten oder Geschäftsordnungen festgelegt worden. Bis auf diejenigen von LAWA und LAI sind sie allgemein zugänglich.

Die Arbeitsgemeinschaften bestehen im wesentlichen aus Vertretern der Ministerien und Senatsverwaltungen der Länder und teilweise des Bundes (LABO, BLAU). Die Zusammensetzung ist allerdings, abhängig vom Arbeitsbereich, vielfältig. Beispielsweise wird die LAWA von den für die Wasserwirtschaft und das Wasserrecht zuständigen Abteilungen der obersten Landesbehörden gebildet, und in den Arbeitssitzungen ist jedes Bundesland mit dem Leiter dieser Behörde vertreten. Soweit dies zur Erörterung der anstehenden Themen erforderlich ist, werden zu den Arbeitsgruppensitzungen der LAWA auch Vertreter des Bundes und Vertreter anderer Länderarbeitsgemeinschaften eingeladen. In den BLAU werden von den Ministerien und Senatsverwaltungen der Länder und des Bundes Mitarbeiter verschiedener Bereiche entsandt (z. B. Chemikalienreferat, Referat für Arbeitsschutz). Darüber hinaus sind im BLAU vertreten: das Umweltbundesamt, das Bundesinstitut für gesundheitlichen Verbraucherschutz und Veterinärmedizin, die Bundesanstalt für Arbeitsschutz, die Biologische Bundesanstalt für Land- und Forstwirtschaft, die Arbeitsgemeinschaft leitender Medizinalbeamter, LAWA, LAI und LAGA.

Zur Erfüllung ihrer Aufgaben richten die Arbeitsgemeinschaften ständige Arbeitsgruppen oder Hauptausschüsse ein, die wiederum zur Bearbeitung einzelner Fragestellungen nachgeordnete Arbeitskreise, teilweise als ad hoc-Arbeitskreise bezeichnet, bilden können. Die Obleute oder Vorsitzenden berichten in den Sitzungen der Arbeitsgemeinschaften über die Tätigkeiten der Arbeitsgruppen sowie ihrer gegebenenfalls gebildeten Arbeitskreise und legen die zu einzelnen Projekten erzielten Ergebnisse und Ausarbeitungen unmittelbar nach Abschluß der Arbeiten zur Beschlußfassung vor. Über die Sitzungen der Arbeitsgemeinschaften, der Arbeitsgruppen und der Arbeitskreise werden Niederschriften oder Ergebnisprotokolle angefertigt, die nur intern zugänglich sind. Nach Erfüllung der ihnen übertragenen Aufgaben werden die Arbeitskreise aufgelöst (in der Regel nach 1 bis 3 Jahren).

In den Sitzungen der Arbeitsgemeinschaften haben jedes Land und der Bund jeweils eine Stimme. Der Modus des Vorsitzwechsels ist unterschiedlich und erfolgt im zwei- (BLAU, LABO, LAGA), drei- (LAWA) oder vierjährigen (LANA) Rhythmus. Die Länder führen in alphabetischer Reihenfolge den Vorsitz, nur in der LAWA wird die Vorsitzführung in einer nicht näher spezifizierten Weise gehandhabt.

824. Soweit dies zur Erledigung der ihnen übertragenen Aufgaben erforderlich ist, arbeiten die Arbeitsgemeinschaften und ihre Arbeitsgruppen mit technisch-wissenschaftlichen Vereinigungen sowie mit wissenschaftlichen Institutionen zusammen. Die Arbeitsgruppen können auch Sachverständige zu ihren Sitzungen hinzuziehen, und darüber hinaus können zur Bearbeitung von einzelnen wissenschaftlichen Fragestellungen Förderprogramme angeregt oder Sachverständigenanhörungen durchgeführt werden.

Fazit

825. Die Verfahrensregeln der betrachteten sechs Arbeitsgemeinschaften unterscheiden sich im wesentlichen nur durch Art und Umfang des behandelten Themenbereiches. Sie geben dem Verfahrensablauf nur ein Rahmengerüst und legen vornehmlich die Besetzung und Aufgaben der Arbeitsgemeinschaften, Arbeitsgruppen und -kreise fest. Nur ein Teil der Arbeitsgemeinschaften hat die Verfahrensregeln allgemein zugänglich gemacht. Ein Grund für die wenig umfangreiche Verfahrensfestlegung und ihre seltene Veröffentlichung liegt in der Konzeption und der Aufgabenstellung der Arbeitsgemeinschaften, die auf eine von Vertretern der Länder und des Bundes gemeinsame Erörterung von Fragestellungen und Initiierung von Empfehlungen zur Umsetzung der erarbeiteten Lösungen abzielt.

Im Gegensatz zu den personellen Zusammensetzungen der Arbeitsgemeinschaften sind die der Arbeitsgruppen und Arbeitskreise größtenteils nicht veröffentlicht. Das Initiativrecht zur Behandlung von Themen liegt bei der UMK beziehungsweise der ACK und den Arbeitsgemeinschaften selbst. Eine Beteiligung der Öffentlichkeit im Verfahrensablauf findet nicht statt. Betroffene Institutionen und die Fachöffentlichkeit werden nur fallweise in den Diskussionsprozeß einbezogen. Bei der Beschlußfassung wird Konsens, das heißt Einstimmigkeit, angestrebt. Die LABO- und LAGA-Statuten sehen vor, bei Abstimmungen die Auffassung einer Minderheit in der Niederschrift festzuhalten. Durch eine nur interne Verteilung der Sitzungsniederschriften ist die Forderung nach einer Berichterstattung zur Dokumentation des Verfahrensablaufes nicht erfüllt. Eine Überprüfung getroffener Entscheidungen oder Empfehlungen kann auf Anregung der Mitglieder der Arbeitsgemeinschaften geschehen; eine Zeitvorgabe für eine regelmäßige Überprüfung besteht nicht. Die Arbeitsgemeinschaften informieren die Öffentlichkeit mit einer Vielzahl von Publikationen fortlaufend und aktuell über die Ergebnisse aus den Arbeitsgruppen und stellen ihre Grundsatzpapiere allen Interessierten zur Verfügung.

4.2.3.7 Erarbeitung von hoheitlichen Umweltstandards in der Europäischen Union

826. In der Praxis der Gemeinschaft werden Umweltstandards erstmalig regelmäßig durch den Ministerrat aufgestellt und stehen damit, wenngleich man den europäischen Gesetzgebungsprozeß nicht ohne weiteres mit dem nationalen vergleichen kann, in Parallele zur nationalen Standardsetzung durch Gesetz. Diese Kompetenzverteilung gilt auch, wenn Rahmenrichtlinien ein Programm für die Aufstellung von Umweltstandards in der Zukunft enthalten, wie zum Beispiel die Richtlinie über die Verschmutzung infolge der Ableitung gefährlicher Stoffe in die Gewässer der Gemeinschaft (76/464/EWG). Abgesehen vom erstmaligen Erlaß von Umweltstandards hat sich der Ministerrat in einigen wichtigen Richtlinien auch das Recht vorbehalten, im normalen Gesetzgebungsverfahren über Änderungen der betreffenden Umweltstandards zu entscheiden (z. B. Umweltstandards für Kfz-Abgase, Großfeuerungsanlagen, Einleitung gefährlicher Stoffe). Im übrigen jedoch werden Änderungen bestehender Umweltstandards grundsätzlich durch Richtlinien der Kommission im Ausschußverfahren erlassen (sog. Komitologie, vgl. MENG, 1988; Entscheidung des Rates 87/373/EWG).

827. Für die Erarbeitung von Umweltstandards im Wege der „Gesetzgebung" der Europäischen Union gibt es formale Entscheidungsregeln, die sich nicht von denen des Erlasses von Richtlinien und Verordnungen allgemein unterscheiden; sie regeln das Zusammenwirken von Kommission, Ministerrat und Parlament (Art. 100a Abs. 1, 130s EG-Vertrag). Soweit Umweltstandards im Wege exekutivischer Rechtsetzung im Ausschußverfahren erlassen werden, bestehen differenzierte formale Entscheidungsverfahren, die alle auf eine gemeinsame Entscheidung von Kommission und Ausschuß hinauslaufen. Den Mitgliedstaaten wird durch Mitwirkungsrechte, insbesondere das Erfordernis einer qualifizierten Mehrheit im Ausschuß, eine weitgehende Teilhabe an der Festsetzung von Umweltstandards zur Durchsetzung mitgliedstaatlicher Interessen zugestanden. Dabei wird noch danach unterschieden, ob der Ministerrat selbst die Initiative ergreifen muß, um eine Entscheidung der Kommission zu korrigieren (Verwaltungsausschußverfahren) oder ob, wie im allgemeinen in den Umweltrichtlinien vorgesehen, die Kommission von sich aus den Ministerrat dann anzurufen hat, wenn der Ausschuß ihrem Vorschlag nicht (mit qualifizierter Mehrheit) zustimmt (Regelungsausschußverfahren). Die Einbringung von externem Sachverstand ist nicht geregelt; eine Beteiligung der Öffentlichkeit ist nicht vorgesehen. Gleichwohl haben sich in der Praxis der Gemeinschaft auf informeller Ebene Formen der Einbeziehung technischen Sachverstands und der Öffentlichkeitsbeteiligung entwickelt.

828. Im Verfahren der Setzung legislativer Umweltstandards nach Art. 100a und 130r EG-Vertrag besitzt die Kommission das Initiativrecht. Zur Vorbereitung von Vorschlägen konsultiert die Kommission regelmäßig Sachverständige aus den Behörden der Mitgliedstaaten (z. B. aus dem Umweltbundesamt), aber auch aus der gewerblichen Wirtschaft und gegebenenfalls der Landwirtschaft, den Gewerkschaften sowie der Wissenschaft. Die Umweltorganisationen machen von der Möglichkeit der Beteiligung nur geringen Gebrauch; dies beruht vor allem auf ihrem geringen Organisationsgrad und der eingeschränkten Präsenz am Sitz der Kommission (HOLZINGER, 1994, S. 96; VIEBROCK, 1994, S. 19, 68; KRÄMER, 1992; vgl. auch Tz. 903f.). Die Kommission bildet oft ad hoc formelle Arbeitsgruppen aus Sachverständigen der Behörden der Mitgliedstaaten sowie der

Wirtschaft und der Wissenschaft, die Vorschläge für Umweltstandards erarbeiten. Auch während der Beratungen im Ausschuß der ständigen Vertreter, der die Arbeit des Ministerrats nach formeller Einbringung eines Standardvorschlages durch die Kommission vorbereitet, sind – neben der Einwirkung auf die nationalen Regierungen und das europäische Parlament – Einflußnahmen organisierter Interessen sowie der Wissenschaft auf die Kommission – weniger auf den Rat – möglich, und auch hier zeigt sich die typische Asymmetrie der Vertretung wirtschaftlicher und Umweltinteressen. Der Umfang der Einbeziehung wissenschaftlichen Sachverstandes und der Beteiligung von Interessenvertretern hängt von der Bedeutung und wissenschaftlichen Problematik des Vorhabens und dem Grad seiner Politisierung ab. Die Mitgliedstaaten spielen dabei eine entscheidende Rolle, da ihnen regelmäßig die Benennung der zu beteiligenden Behördenvertreter obliegt.

829. Auch im Ausschußverfahren werden vielfach ad hoc-Arbeitsgruppen gebildet, an denen von den Mitgliedstaaten benannte Sachverständige aus den Behörden der Mitgliedstaaten, aber auch Vertreter von Interessengruppen insbesondere der gewerblichen Wirtschaft teilnehmen; die Umweltgruppen sind aus den schon genannten Gründen kaum präsent. Die Arbeitsgruppen erarbeiten – auf der Grundlage von Kommissionsentwürfen – vielfach selbst die Standardvorschläge. Der Ausschuß als politisches Gremium diskutiert die Ergebnisse der Arbeitsgruppe nur dann neu, wenn sich politische Bedenken gegen den Vorschlag ergeben.

Fazit

830. Insgesamt ist das Verfahren der Setzung hoheitlicher Umweltstandards in der Europäischen Union hinsichtlich der Einbeziehung wissenschaftlichen Sachverstandes und der Öffentlichkeitsbeteiligung gekennzeichnet durch Informalität, fehlende Transparenz, fehlende Trennung von Ermittlung des Standes der wissenschaftlichen Erkenntnisse und politischer Entscheidung sowie durch eine Asymmetrie in der Vertretung der Interessen der Betroffenen.

4.2.3.8 Erarbeitung von Umweltstandards durch CEN/CENELEC

831. Das Europäische Komitee für Normung (CEN) und die Schwesterorganisation, das Europäische Komitee für Elektrotechnische Normung (CENELEC), entstanden Anfang der sechziger Jahre als privatrechtliche Körperschaften. Die Mitglieder von CEN und CENELEC sind die nationalen Normungsorganisationen aller Staaten der Europäischen Union und der Europäischen Freihandelszone (European Free Trade Association, EFTA). Deutschland wird im CEN durch das Deutsche Institut für Normung (DIN), im CENELEC durch die Deutsche Elektrotechnische Kommission (DKE) im Deutschen Institut für Normung (DIN) und Verband Deutscher Elektrotechniker (VDE) vertreten. CEN und CENELEC haben sich in ihrer Vereinbarung über die Zusammenarbeit vom August 1982 zur „Gemeinsamen Europäischen Normungsinstitution" erklärt und in den achtziger Jahren gemeinsame Verfahrensregeln für die Normungsarbeit beschlossen.

Die derzeit vorhandenen europäischen Normen betreffen vornehmlich die Elektrotechnik, den Maschinenbau und das Bauwesen, so daß nur ein geringer Teil direkten Bezug zum Umweltschutz hat. Zu erwarten ist jedoch, daß CEN/CENELEC zukünftig vermehrt auch Normen mit unmittelbarer Umweltrelevanz erarbeiten wird. So konstituierte sich zum Beispiel im März 1991 in Bonn das technische CEN/CENELEC-Komitee TC 264 „Luftbeschaffenheit", das den Schwerpunkt seiner Arbeit auf die Festlegung einheitlicher Meßverfahren zur Charakterisierung der Luftqualität gelegt hat. 1993 hat CEN das Programm-Komitee Umwelt, PC 7 genannt, geschaffen. Das Gremium, in dem neben Vertretern verschiedener Industriezweige, ein Delegierter des Europäischen Umweltbüros (European Environmental Bureau, EEB) sitzt, soll die Normungsaktivitäten des CEN in Umweltbelangen beratend begleiten. Im März 1995 wurde dazu die Einrichtung einer neuen Arbeitsgruppe beschlossen, der die Aufgabe zukommen soll, die europäischen Normentwürfe und Normen auf ihre Umweltverträglichkeit hin zu untersuchen und Empfehlungen an die jeweils betroffenen CEN-Normungsgremien abzugeben. Die konstituierende Sitzung der Arbeitsgruppe, die unter deutschem Vorsitz steht, fand Anfang Oktober 1995 in Berlin statt.

832. Der internationalen Normung kommt vor der europäischen besondere Bedeutung zu. Bei jedem Normungsvorhaben wird daher von CEN/CENELEC gefordert, bestehende Normen oder Vorlagen der Internationalen Normungsorganisationen ISO (International Organization for Standardization) und IEC (International Electrotechnical Commission) zu berücksichtigen. 1991 haben sowohl ISO und CEN als auch IEC und CENELEC in der Wiener Vereinbarung eine enge Zusammenarbeit beschlossen.

833. Das Normungsverfahren von CEN/CENELEC ist sehr detailliert und umfangreich, so daß im folgenden nur wichtige Schritte skizziert werden (vgl. auch DIN, 1995; FÜHR, 1995; BREULMANN, 1993; ENDERS und MARBURGER, 1993; DIN, 1987). In Abbildung 4.20 sind die wichtigsten Phasen der Entstehung einer Europäischen Norm dargestellt.

834. Höchstes Organ von CEN/CENELEC ist die jeweilige Generalversammlung, der das Zentralsekretariat zugeordnet ist und in der die Mitglieder durch Delegationen vertreten sind. Die Steuerung des Normungsverfahrens erfolgt durch das Technische Büro, in das jedes Mitglied eine entscheidungsbefugte Persönlichkeit entsendet und das bei Bedarf durch Programmkomitees beraten wird.

Jedes CEN/CENELEC-Mitglied oder -Fachgremium, die Kommission der Europäischen Union, das EFTA-Sekretariat, internationale Organisationen sowie europäische Wirtschafts-, Berufs-, Fach- oder Wissenschaftsorganisationen dürfen Vorschläge für neue Norm-Projekte machen. Das Technische Büro enscheidet, ob das Projekt verfolgt wird oder nicht. Die Erarbeitung einer neuen Norm – wenn sie nicht auf die internationale Ebene von ISO oder IEC übertragen werden kann – geschieht entweder in einem Technischen Komitee oder, wenn ein geeignetes Bezugsdokument vorliegt, durch das Fragebogenverfahren oder in einer Kombination dieser beiden Prozesse. Das geeignete Bezugsdokument kann eine nationale Norm eines Mitgliedstaates oder eine bestehende Europäische Norm sein, die überarbeitet oder ergänzt werden soll.

835. Sofern sie sich nicht durch das Fragebogenverfahren (Tz. 836) des Technischen Büros erledigen läßt, wird die *Normungsarbeit in Technischen Komitees* sowie in den nationalen Spiegelgremien (Tz. 840) geleistet. Die Technischen Komitees werden vom Technischen Büro mit genauer Angabe des Namens und des Aufgabenbereiches eingesetzt und können von diesem auch wieder aufgelöst werden. Üblicherweise sollten nicht mehr als drei Delegierte eines Mitgliedes an den Sitzungen eines Technischen Komitees teilnehmen, wobei die Delegation einen einheitlichen nationalen Standpunkt vertreten muß, der die Meinung aller von der Arbeit betroffenen Fachkreise berücksichtigt. Die Mitarbeiter der Komitees sind Fachleute aus Behörden, Berufsgenossenschaften, Fach- und Hochschulen, Handel, Handwerk, Industrie und Wissenschaft sowie Anwender, industrielle Hersteller, Sachversicherer und Verbraucher.

Das Technische Komitee erstellt einen Arbeitsentwurf der Norm, der vorzugsweise einmütige Zustimmung erhält (ansonsten gilt die einfache Mehrheit) und reicht ihn an das Zentralsekretariat weiter. Von hier wird er als EN-Entwurf (Entwurf für eine Europäische Norm, prEN) oder HD-Entwurf (Entwurf für ein Harmonisierungsdokument, prHD) an die CEN/CENELEC-Mitglieder verteilt, um Stellungnahmen der Öffentlichkeit einzuholen. Dieses öffentliche Einspruchsverfahren heißt CEN/CENELEC-Umfrage, währt üblicherweise sechs Monate und wird über die nationalen Normungsorganisationen abgewickelt. Zuvor findet die erste redaktionelle und gestalterische Prüfung des Normentwurfes durch die Normenprüfstelle statt. Wenn die Ergebnisse der CEN/CENELEC-Umfrage eine ausreichende Zustimmung, vorzugsweise Einmütigkeit, über den Inhalt des Entwurfes zeigen, arbeitet das Sekretariat des Technischen Komitees einen endgültigen Text für die Annahme aus. Zeigt die Umfrage, daß eine ungenügende Zustimmung besteht, wird eine zweite Umfrage durchgeführt. Erreicht eine Europäische Norm keine ausreichende Zustimmung, kann die Erstellung eines Harmonisierungsdokuments erwogen werden.

Die Annahme des endgültigen Wortlautes eines Normvorschlages oder eines Vorschlages für ein Harmonisierungsdokument geschieht durch formelle Abstimmung der Mitglieder. Die Frist der gewichteten Abstimmung, bei der je nach Bedeutung der Länder unterschiedliche Stimmenzahlen vergeben werden, beträgt zwei Monate; Nein-Stimmen müssen begründet werden. Dem Entscheidungsverfahren geht eine zweite Prüfung der Norm durch die Normprüfstelle voraus. Bei positivem Abstimmungsergebnis und sofern keine Berufung eingelegt worden ist, hat das Technische Büro die Annahme der Europäischen

Abbildung 4.20

Verfahrensablauf zur Erarbeitung und Verabschiedung von Normen durch CEN/CENELEC

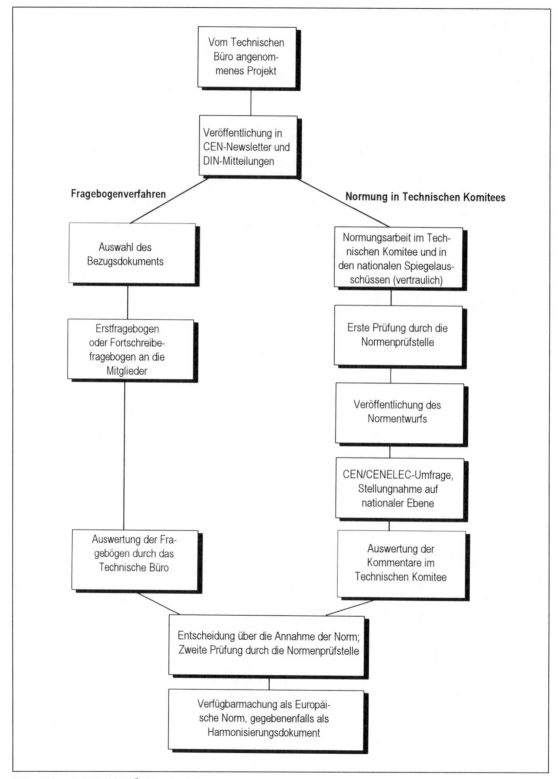

SRU, 1996 nach: DIN, 1995; FÜHR et al., 1995

Norm oder des Harmonisierungsdokuments festzustellen. Das Zentralsekretariat verteilt die Kopien des endgültigen Normtextes in den drei offiziellen Sprachen (Deutsch, Englisch, Französisch). Bei negativem Abstimmungsergebnis entscheidet das Technische Büro über die weiteren Maßnahmen. Jedes Mitglied kann gegen jede Tätigkeit eines Technischen Komitees Einspruch erheben, der ausführlich schriftlich begründet werden muß. Die Einsprüche werden vom Technischen Büro behandelt und – unter Umständen nach Berufung eines Schiedsausschusses und der Anhörung des Einsprechers – entschieden.

836. Das *Fragebogenverfahren* erlaubt dem Technischen Büro, den bestehenden Grad der nationalen Harmonisierung mit dem Bezugsdokument herauszufinden und festzustellen, ob dieses Dokument als Europäische Norm, die bevorzugte Veröffentlichungsform, oder, wenn völlige Vereinheitlichung nicht erreichbar oder unnötig ist, als Harmonisierungsdokument annehmbar ist. Es gibt zwei Arten von Fragebögen. Der Erstfragebogen wird verwendet, wenn ein neues, bisher nicht in eine Europäische Norm umgesetztes Bezugsdokument bearbeitet werden soll. Für Bezugsdokumente, deren vorhergehende Ausgabe bereits als Europäische Norm oder als Harmonisierungsdokument angenommen worden ist, wird der Fortschreibefragebogen benutzt. Erst- und Fortschreibefragebogen werden vom Zentralsekretariat an die Mitglieder verteilt; zur Beantwortung gilt üblicherweise eine Frist von drei Monaten. Bei der Beurteilung der Antworten muß das Technische Büro unter anderem zu einer Entscheidung darüber kommen, ob die Stellungnahmen anzunehmen oder zurückzuweisen sind, ob die Ergebnisse zur Endabstimmung zu stellen sind, oder ob eine Harmonisierung nicht erforderlich ist. In der Endabstimmung kann das Bezugsdokument als Europäische Norm, als Harmonisierungsdokument oder als Europäische Vornorm (ENV) angenommen werden. Europäische Vornormen dürfen als beabsichtigte Normen zur vorläufigen Anwendung auf technischen Gebieten mit hohem Innovationsgrad (z. B. Informationstechnik) oder dann, wenn ein dringender Bedarf für eine Leitlinie besteht, erarbeitet werden.

837. Wenn nicht anders vom Technischen Büro beschlossen, beginnt mit dem Ausgabedatum des Erstfragebogens beziehungsweise mit dem Datum der ersten Sitzung des Technischen Komitees die sogenannte Stillhalteverpflichtung. Dabei handelt es sich um eine Verpflichtung der CEN/CENELEC-Mitglieder, während einer gegebenen Zeitspanne keine neue oder überarbeitete nationale Norm zu veröffentlichen, die nicht völlig im Einklang mit den in Vorbereitung befindlichen Europäischen Normen oder Harmonisierungsdokumenten steht. Die Veröffentlichung eines nationalen Norm-Entwurfes für das öffentliche Einspruchverfahren verstößt nicht gegen diese Stillhalteverpflichtung.

838. Die Sekretäre der Technischen Komitees, die die Einhaltung der vereinbarten Zeitpläne sowie der Geschäftsordnung im Normungsverfahren sicherstellen, müssen auch dafür sorgen, daß veröffentlichte Europäische Normen und Harmonisierungsdokumente in Abständen von nicht mehr als fünf Jahren überprüft werden.

839. Ist eine Europäische Norm oder ein Harmonisierungsdokument angenommen, sind alle Mitglieder zur Übernahme verpflichtet. Eine Europäische Norm muß übernommen werden, indem sie den Status einer nationalen Norm erhält, ein Harmonisierungsdokument, indem die Nummer und der Titel des Dokuments öffentlich angekündigt werden. In beiden Fällen müssen etwaige entgegenstehende nationale Normen zurückgezogen werden. Diese Vorrangstellung der europäischen Normung vor der nationalen dient der zunehmenden Harmonisierung der Normen in Europa.

840. Zur unüberarbeiteten Übernahme der Europäischen Normen, zum Beispiel als Deutsche Normen, ist es nach den Grundlagen der Normungsarbeit des DIN erforderlich, daß bei der Normerstellung die deutsche Öffentlichkeit unterrichtet und zur Stellungnahme aufgefordert worden war, und daß ihre Stellungnahmen bei der Erarbeitung der Europäischen Normen berücksichtigt wurden. Deshalb müssen der zuständige DIN-Normenausschuß und seine Arbeitsausschüsse die europäischen Arbeiten auf ihrem Gebiet verfolgen, sich in die Bearbeitung einschalten und um eine sachliche und zeitliche Koordinierung der nationalen mit der europäischen Normungsarbeit bemüht sein (DIN, 1987). Dazu bildet das DIN, wie alle übrigen nationalen Normungsorganisationen auch, sogenannte „Spiegelausschüsse", die die nationalen Positionen festlegen sollen. Dies führt zur einer Schwerpunktverschiebung in der nationalen Normungstätigkeit. So wurden vom DIN 1992 etwa 60 % der Leistungen für die Europäische Normung erbracht (DIN, 1992).

841. Die Zusammenarbeit zwischen der Europäischen Union und CEN/CENELEC ist unter anderem in der Entschließung des Rates „über eine neue Konzeption auf dem Gebiet der technischen Harmonisierung und der Normung" aus dem Jahre 1985 (ABl. EG Nr. C 136/1, 4. Juni 1985) festgelegt. Nach dieser „neuen Konzeption" sollen in den EG-Richtlinien nur noch die grundlegenden Sicherheitsanforderungen oder sonstigen Anforderungen im Interesse des Gemeinwohls festgelegt werden und die Konkretisierung der technischen Einzelheiten den Europäischen Normen von CEN/CENELEC vorbehalten bleiben. Zur Erfüllung der Normungsaufträge werden CEN/CENELEC von der Europäischen Union finanziell unterstützt. Die Unterstützung beträgt bis zu 50 % der entstehenden institutionellen Aufwendungen.

Fazit

842. Zusammenfassend läßt sich feststellen, daß bei der Erstellung von Umweltstandards durch CEN/CENELEC die Anforderungen an das Bestehen einer festgelegten Verfahrensordnung und die Transparenz des Verfahrensablaufes und an eine gewisse Beteiligung der Öffentlichkeit erfüllt sind. Durch die Veröffentlichung der Normentwürfe (prEN oder prHD) und der Normen ist dem Erfordernis der Berichterstattung genügt. Die aufgestellten Umweltstandards werden ausführlich begründet und in regelmäßigen Zeitabständen (alle 5 Jahre) überprüft. Für die Akzeptanz europäischer Umweltstandards wirkt sich günstig aus, daß ein Konsens im Sinne einer möglichst einstimmigen Beschlußfassung angestrebt wird. Die Mängel des Verfahrens liegen vor allem darin, daß Entscheidungsträger der europäischen Normung Dachorganisationen der Mitgliedsverbände sind, so daß sich eine Einflußnahme der Öffentlichkeit nicht unmittelbar, sondern nur über den „Filter" der Mitgliedsorganisationen vollziehen kann (vgl. Tz. 831, 835, 906 ff.). Im übrigen ist das europäische Normungsverfahren bisher weitgehend auf den Bereich der Produktharmonisierung beschränkt; auch insoweit bleibt die Setzung von Umweltstandards für besonders umwelterhebliche Produkte wie Kraftfahrzeuge und Chemikalien in der Hand der politischen Instanzen der Europäischen Union.

4.2.4 Ergebnisse und Bewertung der Bestandsaufnahme

843. Fragt man nach den Gründen für die Vielfalt der Zahl und Kombinationen angewendeter Kriterien bei den einzelnen Standardtypen einerseits, und für die zahlreichen Unvollkommenheiten sowie deren Verteilung auf die untersuchten Standardtypen andererseits, so muß vieles unerklärt bleiben. Dies gilt besonders für die hoheitlichen Standards, bei denen Verfahrensregeln nur als Rahmenbedingungen festgelegt oder nicht veröffentlicht sind, ferner Begründungen für getroffene Entscheidungen nicht zugänglich sind. Dennoch lassen sich einige allgemeingültige Schlüsse ziehen:

– Das Standardsetzungswesen begann in den Bereichen Chemikalien, Luft und Wasser mit nichthoheitlichen Standards. Sie beherrschten die Szene für fast 100 Jahre (vgl. Tz. 711 ff.). Erst ab 1964 wurden hoheitliche Standards eingeführt, mit fortschreitender Entwicklung dann in zunehmender Dichte, die wohl am ehesten als Ausdruck der allgemeinen Verrechtlichung staatlicher Ordnungsfunktionen gedeutet werden kann. Dennoch ist eine vollständige Ablösung nicht erkennbar.

– Obwohl sich die Zahlenangaben der zurückliegenden Kapitel nur auf die in Tabelle 4.1 erfaßten Umweltstandardlisten beziehen, wird deutlich, daß die Anforderungen an die Vorgehensweise bei der Umweltstandardsetzung nur von Umweltstandardlisten, die von privaten Institutionen und Verbänden aufgestellt werden, überwiegend erfüllt werden (Tz. 761f.). Bei Standards, die auf Bundesebene entstehen, sind zwar die Verfahren relativ einheitlich, die Transparenz ist jedoch vielfach unzureichend und die Beteiligung von verschiedenen Gruppen meist nicht vorgesehen (Tz. 763f.). Bei Standards, die auf Länderebene erarbeitet werden, ist die Vielfalt der Verfahren am größten. Jedes Bundesland hat andere Vorgehensweisen, so daß bei diesen Standards weder einheitliches Vorgehen noch ausreichende Transparenz gewährleistet sind (Tz. 765f.).

– Es fällt auf, daß in den Bereichen Chemikalien, Lebensmittel, Lärm und Radioaktivität die Initiative hauptsächlich auf Bundesebene liegt, während sie in den Bereichen Wasser, Boden und Abfall überwiegend auf Länderebene liegt (Abb. 4.12). Entsprechend überwiegen in den vier erstgenannten Bereichen die hoheitlichen Umweltstandards, während in den letztgenannten die nichthoheitlichen überwiegen (Ausnahme Bereich Radioaktivität; vgl. Abb. 4.5). Die Bereiche Chemikalien, Lebensmittel, Lärm und Radioaktivität sind die Bereiche mit den ältesten Regelungen (Abb. 4.4). Hier sind schon seit langem gesetzliche Grundlagen vorhanden. In den Bereichen Wasser (v.a. Oberflächen- und Grundwasser), Abfall und vor allem Boden fehlen zur Zeit noch übergreifende gesetzliche Regelungen, so daß hier von verschiedensten Seiten nichthoheitliche Regelungen erstellt werden, um dem dringenden Handlungsbedarf zu begegnen.

– Die ungleiche Häufigkeitsverteilung von Standardtypen auf die untersuchten acht Bereiche (Abb. 4.3) spiegelt keinesfalls die praktische Bedeutung einzelner Typen oder Gruppen wider. Vielmehr ist zu schließen, daß darin tradierte Wertvorstellungen und Handlungsweisen der mit der Bearbeitung betrauten Institutionen und Fachdisziplinen ihren unterschiedlichen Ausdruck gefunden haben.

– Die Einführung neuer Standardtypen zeigt eine exponentielle Steigerung mit der Zeit (Abb. 4.4). Hier läßt sich wachsendes Umweltbewußtsein, das steigenden Öffentlichkeitsdruck auslöst, als Ursache vermuten.

– Die weitaus meisten Umweltstandards sind Immissionsstandards für die äußere Belastung. Dies erklärt sich zwanglos aus der historischen Entwicklung, die mit Luftstandards (Arbeitsplatz und allgemeine Umgebungsluft) begann (vgl. Abschn. 4.1.1). Ein gewichtiger Grund dafür ist auch in der einfachen Überwachungsmöglichkeit mit wenig aufwendigen meßtechnischen Verfahren zu sehen (Praktikabilität). Generelle Emissionsstandards sind, wenn man von den Auflagen im Rahmen von Genehmigungsverfahren für Anlagen im Einzelfall absieht, überhaupt erst 1958 eingeführt worden.

– Der Mensch ist mit weitem Abstand das am häufigsten genannte Schutzgut (93% aller Listen; Abb. 4.7).

– Auch bei den Schutzzielen führt mit weitem Abstand der Schutz der Gesundheit des Menschen (59% der Listen; Abb. 4.8). Erst danach folgt die Vorsorge vor schädlichen Umwelteinwirkungen.

– Bei der Suche nach Bewertungskriterien, die zur Standardsetzung beigezogen werden, ergab sich das bemerkenswerte Defizit, daß bei knapp der Hälfte der Standardtypen überhaupt kein Kriterium genannt wird (49% der Listen). Nur 31% der Standards sind wirkungsorientiert festgelegt, 22% nach dem Stand der Technik, Mischformen nicht mitgerechnet (Abb. 4.11).

– Unter dem Typisierungsmerkmal „Beteiligung" ist das Kriterium „interessierte Kreise oder jedermann" bei nur 6% aller Standardlisten erfüllt beziehungsweise genannt (Abb. 4.14). Die meisten Listen werden von Bundes- oder Ländereinrichtungen einschließlich Verwaltungen und Behörden, zum Teil in gegenseitiger Beteiligung, erstellt. Anhörungen beteiligter Kreise, die ja nicht identisch mit Beteiligung am Entscheidungsprozeß sind, werden nur bei 17 % der Standardtypen durchgeführt. Man übertreibt nicht mit der Feststellung, daß im deutschen System der Umweltstandards die Entscheidungen weitgehend unter Ausschluß der Öffentlichkeit getroffen werden.

– Verfahrensregeln im weitesten Sinne sind zwar bei der überwiegenden Zahl der Standardtypen herleitbar. Dies liegt aber daran, daß die meisten Standards hoheitlichen Charakter haben und hierfür die Geschäftsordnung der Bundesregierung einen groben Rahmen absteckt. Eigentliche Verfahrensordnungen, die im Detail die Vorgehensweisen und Zuständigkeiten vorschreiben, existieren nur bei weniger als 5 % der Listen, unter Einbeziehung von sogenannten Verfahrenshandbüchern bei 13 %.

– Mit ganz wenigen Ausnahmen (2 %) werden Neuaufnahmen oder Änderungen in Standardlisten öffentlich nicht angekündigt. Bei etwa 3 % der Standardtypen werden Entwürfe vor der Verabschiedung öffentlich zugänglich gemacht. Ausführliche Begründungen festgesetzter Standards existieren lediglich bei neun von 154 Standardtypen (Abb. 4.15 und 4.16).

– Kosten-Nutzen-Erwägungen als Entscheidungskriterium bei der Standardfestsetzung werden nur ganz selten angestellt (vier von 154 Listen) (Abb. 4.17). Wieweit diese bei der in etlichen Listen angegebenen Wahrung des Prinzips der Verhältnismäßigkeit berücksichtigt wurden, bleibt undurchsichtig.

– Eine Verpflichtung zur Überwachung durch Bereitstellung geeigneter und validierter Analysemethoden und sinnvoller Meßstrategien ist nur bei etwa der Hälfte der untersuchten Standardtypen vorgesehen (Abb. 4.10).

844. Stellt man an ein Standardsetzungssystem die Minimalanforderungen

– Beteiligung von Öffentlichkeit und Interessengruppen,

– Vorgehen nach festgelegter Verfahrensordnung,

– Begründungspflicht für getroffene Entscheidungen,

– Transparenz von Datenerhebung, Datenbewertung und Kriterien des Standardansatzes und

– Überprüfungspflicht,

so sind diese in ihrer Gänze nur ausnahmsweise, das heißt bei sehr wenigen Standardtypen, erfüllt. Die Gründe hierfür sind nur zum Teil klar zu ermitteln. Zu den wichtigsten zählen die unterschiedliche Struktur, Aufgabenstellung und rechtliche Anbindung der standardsetzenden Körperschaften. Eine Vereinheitlichung der Vorgehensweisen, insbesondere eine Auflistung entsprechender Mindestanforderungen, ist nach Auffassung des Umweltrates im Sinne einer größeren Akzeptanz und Transparenz der Umweltstandards unumgänglich.

4.3 Zur Vereinheitlichung der Vorgehensweise

4.3.1 Verfahrensbezogene und inhaltliche Vorgaben bei der Setzung von Umweltstandards

845. An dem Konzept der Regelung von Umweltstandards durch die Exekutive sowie an der Regelung nichthoheitlicher Umweltstandards wird Kritik geübt. Der Kern der Kritik zielt auf den Funktionsverlust, welchen das Parlament dadurch erleidet, daß Umweltstandards nicht von der Legislative, sondern von der Exekutive und/oder von sachverständigen Gruppen in Form von untergesetzlichen oder nichthoheitlichen Regelungen erlassen werden. Das Gebot, daß alles „Wesentliche" in einem Gesetz vom Parlament geregelt werden muß, wird im Umweltrecht nicht verwirklicht (PAPIER, 1979). Das Gesetz vermag aufgrund seiner geringen Regelungstiefe das Handeln der Exekutive nur bedingt zu steuern. „Die Umweltgesetze haben keine wirkliche Leitfunktion"; sie räumen der Exekutive und de facto den nichthoheitlichen Normungsorganisationen erhebliche Entscheidungsspielräume ein, die unterschiedlich ausgefüllt werden können.

846. Allerdings besteht in der juristischen Diskussion Einigkeit darin, daß sich das in Gesetze gefaßte Umweltrecht aufgrund seiner Technizität, der Überforderung des Parlaments und der Notwendigkeit der Anpassung an neue Gefährdungslagen, wissenschaftliche Erkenntnisse und technische Entwicklungen weitgehend einer konkreten Normierbarkeit entzieht, und es dem Gesetzgeber daher grundsätzlich gestattet ist, mit ausfüllungsbedürftigen Rechtsbegriffen zu arbeiten (BVerfGE 49, 89, 134 f.). Konkrete Umweltstandards in untergesetzlichen Normen, die dem Bedürfnis nach ständiger Fortentwicklung Rechnung tragen, sind daher grundsätzlich zulässig.

Es ist jedoch zumindest politisch geboten, den Mangel parlamentarischer Einflußnahme durch geeignete materielle und prozedurale Regeln für die exekutivische und nichthoheitliche Standardsetzung auszugleichen.

847. Im Professorenentwurf zum Umweltgesetzbuch – Allgemeiner Teil – wurden in den §§ 145, 146 inhaltliche Vorgaben vorgeschlagen, die wichtige Kriterien für die Erstellung von Umweltstandards, aber auch deren Überprüfung darstellen (KLOEPFER et al., 1990). Solche Vorgaben werden mehr oder weniger zwangsläufig einen allgemeinen Charakter haben und folglich nur bedingt konkrete Handlungsanweisungen enthalten können. Gleichwohl stecken sie einen Rahmen ab, der den Standardgeber einem intensiveren Begründungszwang unterwirft und ihn zwingt, bestimmte Determinanten, zum Beispiel den Schutz vulnerabler Gruppen oder die Vermeidung von Problemverlagerungen, explizit zu berücksichtigen. Von zentraler Bedeutung sind jedoch Verfahrensregeln für die Setzung von Umweltstandards.

848. Unter Berücksichtigung der aus dem Rechtsstaat- und Demokratieprinzip abgeleiteten Auffassung, daß wesentliche Fragen des politischen Gemeinwesens vom Parlament zu regeln sind, drängt sich eine Verfahrensregelung durch Gesetz auf: Es wird allerdings auch die Regelung in Rechtsverordnungen für zulässig gehalten. Im Professorenentwurf zum Umweltgesetzbuch – Allgemeiner Teil – wurden in den §§ 145 ff. Verfahrensregelungen vorgeschlagen. Grundsätzlich ist aber – ohne Unterschied in der Sache – zu überlegen, ob nicht das Verwaltungsverfahrensgesetz, das bereits heute in einzelnen Punkten auf Rechtssetzungsverfahren angewendet wird, dahin zu erweitern wäre, daß eine Regelung aller Verfahrensfragen für exekutivische Rechtssetzung geschaffen wird.

Für die baldige Einführung einer derartigen Regelung spricht, daß der Gesetzgeber die Erfahrungen mit dem Verwaltungsverfahrensgesetz und mit den einzelnen, schon bestehenden Verfahrensregelungen sowie die Vorschläge aus dem Professorenentwurf zum Umweltgesetzbuch – Allgemeiner Teil – nutzen könnte.

849. Nach allgemeiner Meinung im rechtswissenschaftlichen Schrifttum bedürfen die materiellen Defizite der Umweltregulierung durch exekutivische oder gar nichthoheitliche Umweltstandards, insbesondere die fehlende Mitwirkung des Parlaments und die schwache Gesetzesabhängigkeit des Standardgebers, einer verfahrensrechtlichen Kompensation. Diese muß in der Form der gesetzlichen Festlegung der wesentlichen Verfahrenselemente bei der Aufstellung von Umweltstandards erfolgen. Dabei handelt es sich in erster Linie um eine rechtspolitische Forderung. Ob sich aus verfassungsrechtlichen Rechtsgrundsätzen – in Betracht kommen das Demokratieprinzip, das Rechtsstaatsprinzip und das Grundrechtssystem – eine Verfassungspflicht zur gesetzlichen Regelung der Setzung von Umweltstandards ergibt (LAMB, 1995, S. 205 ff.; LÜBBE-WOLFF, 1991, S. 239 ff.; DENNINGER, 1990, S. 177 ff.; ablehnend BATTIS, 1992, S. 176; vgl. BVerfG, NJW 1991, 1471), kann hier offen bleiben. Auch wenn die Verfahrensstruktur nur ein Faktor ist, der die inhaltliche Angemessenheit von Umweltstandards bestimmt, und ökonomische Bestimmungsfaktoren, wie etwa die Verteilung der Kosten der Maßnahme, bedeutsamer sein mögen (JAEDICKE et al., 1992), besteht in umwelt- und verfassungspolitischer Sicht ein Bedürfnis für derartige Regelungen.

Für den Bereich der Umweltstandards werden insbesondere folgende Verfahrensgrundsätze für regelungsbedürftig gehalten:

– Die Hinzuziehung und Beteiligung von Sachverständigen sowie die Einbindung der gesellschaftlichen Gruppen bei der Schaffung von Umweltstandards muß normiert werden. Von besonderer Bedeutung ist dabei die Ausgewogenheit der Zusammensetzung der betreffenden Gremien.

– Bei der Erstellung von Umweltstandards muß „Beteiligungsoffenheit" herrschen. Das heißt, es muß auch Außenstehenden möglich sein, Normungsanträge stellen zu können. Beteiligungsoffenheit bedeutet auch, daß der Öffentlichkeit Beteiligungsmöglichkeiten bei der Erstellung der Umweltstandards gewährt werden.

– Die Transparenz des Verfahrens muß gewährleistet sein. Diese Forderung bezieht sich sowohl auf das Zustandekommen der Umweltstandards als auch auf die Zusammensetzung der Gremien.

– Die Umweltstandards müssen eingehend begründet werden, so daß ihr Zustandekommen nachvollziehbar ist. Diese Begründung muß der Öffentlichkeit zugänglich gemacht werden.

– Die Umweltstandards müssen in einer jedermann zugänglichen Publikation (z. B. Bundesanzeiger) veröffentlicht werden.

– Es sollte ein zeitlicher Rahmen fixiert werden, innerhalb dessen eine Regelung zu erstellen ist.

– Es muß eine periodische Überprüfung der Umweltstandards vorgeschrieben sein, um eine Anpassung an neue Erkenntnisse und technische Entwicklungen zu gewährleisten.

850. Ein zentraler Aspekt der verfahrensrechtlichen Kompensation mangelnder inhaltlicher Determiniertheit von Umweltstandards ist die Regelung einer angemessenen Beteiligung der Öffentlichkeit und der Zusammensetzung von Beratungsgremien (Repräsentation von wissenschaftlichem und technischem Sachverstand und/oder von betroffenen Interessen). Im geltenden Recht spielen pluralistische Mischmodelle, bei denen Vertreter wissenschaftlichen und technischen Sachverstands und Vertreter betroffener Interessen bei der Erarbeitung von Umweltstandards zusammenarbeiten eine besondere Rolle (vgl. § 51 BImSchG; §§ 17, Abs. 1 und 7 ChemG; § 20b ChemG i.V.m. § 52 GefStoffV; §§ 7 Abs. 1, 8 Abs. 1, 12 Abs. 1, 23 Abs. 1, 24 Abs. 1 i.V. m. § 60 KrW-/AbfG; § 4 GenTG). Es gibt aber auch rein wissenschaftliche Beratungsgremien. Neben der Strahlenschutzkommission ist insbesondere die MAK-Werte-Kommission der Deutschen Forschungsgemeinschaft zu nennen, die zwar mit einem Mandat der Regierung, aber ohne gesetzliche Grundlage Umweltstandards im Bereich des Arbeitsschutzes aus wissenschaftlicher Sicht erarbeitet, die vom nach dem Gesetz zuständigen Ausschuß für Gefahrstoffe nach Überprüfung und gegebenenfalls Änderung zur Bekanntgabe durch den zuständigen Bundesminister vorgeschlagen werden.

851. Bei nichthoheitlichen Umweltstandards finden sich überwiegend Formen, die das Schwergewicht auf die Repräsentation des wissenschaftlichen und technischen Sachverstands legen (z. B. Kommission Reinhaltung der Luft im VDI und DIN), während in anderen Institutionen – jedenfalls in jüngerer Zeit – auch die Interessenrepräsentation eine Rolle spielt (z. B. DIN-Normenausschuß Grundlagen des Umweltschutzes (NAGUS)).

852. Das pluralistische Mischmodell wird im rechtswissenschaftlichen Schrifttum überwiegend befürwortet; es werden lediglich Forderungen nach einer Verbesserung des Modells gestellt, zum Beispiel durch ausgewogene Zusammensetzung der betreffenden Gremien (vgl. von LERSNER, 1990, S. 193 ff.; KLOEPFER et al., 1990, S. 476 f.; BROHM, 1987, S. 236 ff.; SALZWEDEL, 1987, S. 277 ff.; RITTSTIEG, 1982, S. 441 ff.). Die Prämisse dieser Forderungen ist die überwiegend politische Natur des Verfahrens der Aufstellung von Umweltstandards. Prominentester Vertreter dieser Denkrichtung ist DENNINGER, der vor dem Hintergrund der von ihm vertretenen Auffassung, daß sich aus dem Demokratiegebot, dem Rechtsstaatsprinzip und dem Grundrechtsschutz verfassungsrechtliche Anforderungen an eine gesetzliche Regelung des Aufstellungsverfahrens ergeben (DENNINGER, 1990, S. 120 ff., 148 ff., 160 ff.), das Postulat aufstellt, die Verfahrensregelungen müßten hinsichtlich des Entscheidungsergebnisses auf „Gemeinwohlrichtigkeit" angelegt sein (ebd., S. 32 ff.). DENNINGER meint, „daß es nicht möglich ist, Konsensualprozesse und Kognitionsverfahren als solche ,rein' voneinander zu isolieren oder auch beliebig miteinander zu kombinieren". Er betrachtet es als eine „Grundeinsicht, daß eine Synthese aus willensmäßigen (interessenbestimmten) und kognitiven (erkenntnisorientierten) Komponenten in jeder Phase der technologischen Normsetzung und Konkretisierung gefunden werden muß, wenn die Intention auf Gemeinwohlrichtigkeit nicht verloren gehen soll" (DENNINGER, 1990, S. 31, 34; zustimmend LADEUR, 1995, S. 136; LAMB, 1995, S. 35, 235; BRENNECKE, 1994, S. 347; auch GETHMANN und MITTELSTRAß, 1992). Dabei hat DENNINGER in erster Linie technologiebezogene Standards im Auge, bezieht aber durchaus auch wirkungsbezogene Standards ein (vgl. S. 132, 170). Andererseits wird eine mögliche Trennung zwischen Ermittlung des Standes der wissenschaftlichen Erkenntnisse hinsichtlich Schadwirkungen und Exposition sowie der Bewertung unter dem Gesichtspunkt der Akzeptabilität nicht wirklich diskutiert. DENNINGER räumt ein, daß die Wissenschaft in erster Linie für die Darstellung empirisch fundierter Daten und fundierter Prognosen sowie allgemein für die Ermittlung des Standes von Wissenschaft und Technik zuständig sei (S. 30, 35), so daß die strenge Verknüpfung von wissenschaftlicher Erkenntnis und Interessenrepräsentation fragwürdig wird. DENNINGERs Forderungen gehen in Richtung auf eine Verfahrensregelung, die „eine kontroverse Repräsentation (= Darstellung) der widerstreitenden Standpunkte und Interessen zu ermöglichen" vermag (S. 180); dazu hält DENNINGER „Gegenmachtbildung, Kontrastinformationen und Minderheitenschutz im Verfahren" für wesentlich (S. 172 f., 176), während andere für einen interaktiven Prozeß zwischen Wissenschaft und Entscheidungspraxis plädieren (LADEUR, 1995, S. 164). DENNINGER gibt aber zu, daß sich aus der Verfassung keine eindeutigen Maßstäbe für die Art der Beteiligung ergeben (S. 177 f.). Im übrigen ist im Schrifttum darauf hingewiesen worden, daß auch bei Mischung beider Modellbausteine in einem Verfahren die Legitimation des ganzen Verfahrens problematisch sein könne (BRENNECKE, 1994, S. 352 f.).

853. Gegenmodelle geben der Wissenschaft ein eigenes Gewicht. Dabei geht man zum Teil von prinzipieller Trennbarkeit von wissenschaftlicher und technischer Sachverhaltsfeststellung und andererseits politischer Entscheidung aus (ROHRMANN, 1991; AGU, 1986; SCHMÖLLING, 1986, S. 73 ff.; grundsätzlich ebenso WINTER, 1986, S. 137). Umweltstandards lassen sich danach zwar nicht aus sicherem

Wissen logisch ableiten, jedoch beruht dies auf unterschiedlichen Gründen, aus denen sich unterschiedliche Konsequenzen für die Institutionalisierung der betreffenden Entscheidungsprozesse ergeben. Diese Aussage entspricht der Segmentierung des Entscheidungsprozesses nach dem vom Umweltrat weiter unten vorgeschlagenen Stufenmodell (Abschn. 4.3.3.2). Nach MAYNTZ (1990, S. 141) erfordert die Festlegung von Umweltstandards Dezisionen, „einmal wegen kognitiver Unsicherheiten, und zweitens wegen des zwangsläufigen Einfließens von Sollensvorstellungen und damit von Wertungen". Um das Ausmaß kognitiver Unsicherheit möglichst gering zu halten, müsse ein wissenschaftlicher Diskurs institutionalisiert werden; aus der Wertgeladenheit der Entscheidung über Umweltstandards lasse sich dagegen die Forderung nach einer möglichst hohen sozialen Offenheit ableiten. Es sei evident, „daß diese Forderungen in der Praxis auf durchaus unterschiedliche institutionelle Regelungen hinauslaufen" (MAYNTZ, 1990, S. 144). Auch das Bundesverwaltungsgericht scheint dieser Grundposition zuzuneigen, wenn es eine pluralistische Besetzung der Reaktorsicherheitskommission und des Kerntechnischen Ausschusses nicht für geboten hält, weil diese Gremien nur wissenschaftliche und technische Erkenntnisse ermittelten (DVBl. 1993, 1149). Zum Teil wird aber der Verantwortungsbereich der Wissenschaft weit in den Bereich wertender Entscheidungen vorgeschoben. So hat die Akademie der Wissenschaft zu Berlin (1992, S. 469 ff.) die Institutionalisierung eines Umweltdiskurses in „Form eines öffentlich nachvollziehbaren Rechtfertigungsdiskurses" gefordert; im Rahmen eines unabhängigen Gremiums sollten dennoch vorrangig Wissenschaftler den Stand der Wissenschaft ermitteln, als auch die Pluralität von Präferenzen einbeziehen und – nach Vorstellung der Akademie der Wissenschaften – auf dieser Grundlage Empfehlungen für Umweltstandards abgeben.

854. Nach Auffassung des Umweltrates ist eine operative Trennung zwischen Arbeitsschritten des Standardsetzungsverfahrens, in denen ausschließlich oder doch primär wissenschaftlicher und technischer Sachverstand eine Rolle spielt, und solchen Phasen, in denen letztlich politische Bewertungen vorzunehmen sind, durchaus möglich und sinnvoll. Der Bereich des ausschließlichen Ermittlung des Standes der wissenschaftlichen Erkenntnisse und des technischen Fortschritts ist zwar in verschiedenen Standardsetzungsverfahren von unterschiedlichem Umfang, in jedem Fall aber wichtigste Voraussetzung für das weitere Vorgehen. Die Feststellung von Dosis-Wirkungs-Beziehungen, die Expositionsanalyse, die Feststellung von Immissionen bei gegebenen Emissionen, der Vergleich unterschiedlicher Risiken, die Entwicklung von Risikoszenarien und Wirkungsmodellen und die Feststellung der technischen Machbarkeit bestimmter Lösungen sind Aufgaben, die in erster Linie von Wissenschaft und Technik erfüllt werden können und müssen. Dagegen ist die Vorgabe des Untersuchungsrahmens hinsichtlich Auswahl der Stoffe, Schutzobjekte, Schutzziele, aber auch hinsichtlich der Auswahl von zu überprüfenden Expositionsarten, zum Beispiel Exposition gegenüber mehreren Stoffen, Spitzenexpositionen, Exposition besonders empfindlicher Personen oder Populationen, ebenso wie die zentrale Frage der Akzeptabilität von Risiken, das heißt der materiellen (gesundheitlichen, ökologischen oder technischen) Sicherheitsstandards, eine politische, ökonomische und juristische Frage, die vielfältiger, komplexer Abwägungen bedarf und nicht von Wissenschaftlern und Technikern entschieden werden kann (s. a. LAMB, 1995). Unter diesem Gesichtspunkt sind manche hoheitlich organisierte, vor allem aber viele Verfahren der Setzung nichthoheitlicher Umweltstandards aufgrund des Übergewichts des wissenschaftlichen und technischen Sachverstands defizitär (vgl. GUSY, 1988, S. 68 sowie Abschn. 4.2.2).

855. Aus der analytischen Trennbarkeit von wissenschaftlichen und politischen Fragen im Prozeß der Setzung von Umweltstandards folgt allerdings noch nicht ohne weiteres, daß die verschiedenen Phasen auch verfahrensmäßig in der Weise getrennt werden sollten, daß verschiedene Gremien oder ein Gremium in verschiedenen Besetzungen zuständig ist. Erfolgreiche „Separationsmodelle" wie die MAK-Kommission (vgl. aber FALKE, 1986, S. 174) und die „Kommission Reinhaltung der Luft im VDI und DIN" im Rahmen der Festlegung von Immissionsstandards konnten vor allem deshalb effizient arbeiten, weil die Schutzziele (vollständiger Gesundheitsschutz) vorgegeben und keiner Konsensdiskussion zugänglich waren. Für den allgemeineren Fall, daß Güter- und Lastenabwägungen zu treffen sind, werden von einigen Autoren Werturteile von den Wissenschaftlern erwartet und gutgeheißen, wenn deren Charakterisierung offengelegt wird (LADEUR, 1995, S. 159). Allgemein gilt, daß im Hinblick auf den Einbau der Ermittlung des Standes der wissenschaftlichen und technischen Erkenntnisse in einen politisch, ökonomisch und juristisch zu bestimmenden Untersuchungsrahmen und Abwägungsprozeß ein mehrfach zu durchlaufender „interaktiver Prozeß zwischen Wissenschaft und Entscheidungspraxis" (LADEUR, 1995, S. 164) institutionalisiert werden muß, der eine Separierung auf der Ebene der Aufgaben und Kompetenzen erschweren kann.

856. Zum Teil unabhängig von, zum Teil aber auch im Zusammenhang mit dieser Frage stellt sich das Problem der gesetzlichen Anforderungen an die Besetzung der für die Entscheidungsvorbereitung zuständigen Gremien. Soweit es um Interessenrepräsentation bei den politischen Elementen der Entscheidung über Umweltstandards geht, hat der Umweltrat schon im Umweltgutachten 1994 (SRU, 1994, Tz. 303 und 307) ausgeführt, daß das Verfahren der Setzung von Umweltstandards demokratischen und rechtsstaatlichen Anforderungen entsprechen muß; dies schließt die ausgewogene pluralistische Besetzung der Gremien ein. Vielfach wird die Auffassung vertreten, daß in der bisherigen Praxis ein Übergewicht der Interessen der Wirtschaft bestehe, und daß Umweltinteressen – auch bei Berücksichtigung der Vertretung der Allgemeininteressen durch die Exekutive – unterrepräsentiert seien. Dies widerspricht dem Prinzip des Pluralismus, der ein „Strukturelement der freiheitlich-rechtsstaatlichen Demokratie" darstellt (STERN, 1984, § 18 II 6). Demokratie funk-

tioniert nur, wenn die Vielfalt unterschiedlicher Meinungen, Interessen und Willensrichtungen zur Geltung gebracht werden kann (ZIPPELIUS, 1994, S. 73 ff.; STERN, 1984, § 18 II 6; FRAENKEL, 1964).

857. Umstritten ist die Frage nach der Besetzung von sachverständigen Gremien oder der Sachverständigenbank in pluralistischen Mischmodellen, denen lediglich die Feststellung des Standes der wissenschaftlichen und technischen Erkenntnisse anvertraut ist. Soweit in diesem Zusammenhang die Forderung nach einer ausgewogenen Beteiligung erhoben wird (FÜHR, 1994, S. 18 ff.; KLOEPFER et al., 1990, § 152 und S. 476 f.), stehen dahinter unterschiedliche Zielvorstellungen. Einmal geht es um Interessenpluralismus, das heißt die Forderung nach Einbeziehung von Wissenschaftlern, die als Vertreter bestimmter Interessen gelten können. In der Praxis dominieren hier bisher Vertreter von Wirtschaft und Exekutive, während die rechtspolitischen Forderungen sich auf eine stärkere Berücksichtigung von Umweltinteressen richten. Ein derartiger Interessenpluralismus ist jedoch wenig sachgerecht, soweit sich die Aufgabe des Gremiums auf die Feststellung des Standes der wissenschaftlichen und technischen Erkenntnisse beschränkt; das schließt nicht aus, solche Wissenschaftler wegen ihrer fachlichen Kompetenz oder praktischen Erfahrungen zu berufen.

858. Zum anderen geht es um Perspektivenpluralismus (FÜHR, 1994, S. 19). Hier stehen sich zwei Auffassungen gegenüber. Die eine fordert, daß unterschiedliche wissenschaftliche Positionen existieren und daß sie auch zur Geltung kommen sollten (LADEUR, 1995, S. 159). Erkenntnisfortschritt könne nicht allein auf die Mehrheitsmeinung der Wissenschaft bauen, sondern müsse auch durch Methodenpluralismus, Kontrastinformation und Minderheitenschutz im Gremium sichergestellt werden; es bestehe ein Bedarf für die „Gewinnung interaktiven Wissens" (LADEUR, 1995, S. 151).

859. Die andere Position überträgt dem berufenen Wissenschaftlergremium die Aufgabe, den gesamten Wissensbestand, Minderheitenmeinungen eingeschlossen, zu erfassen und zu bewerten mit dem Ziel, zu einer einvernehmlichen Beurteilung zu gelangen. Sind bei wichtigen Fragen wie der Übertragbarkeit von Tierversuchen auf den Menschen, der Wahl von Sicherheitsmargen bei Extrapolationsoperationen, Konservativität der Annahmen, Berücksichtigung von Kombinationseffekten, Modellbildungen bei der Charakterisierung von hypothetischen Risiken noch keine allgemein anerkannten Bewertungen durch die Fachdisziplinen möglich beziehungsweise erarbeitet, so sind die Unsicherheiten der Aussagen und der sich daraus ergebende Forschungsbedarf klar zu benennen.

860. Die Forderung nach Perspektivenpluralismus darf jedenfalls nicht auf Kosten der fachlichen Kompetenz, Unabhängigkeit und Unparteilichkeit der zu berufenden Wissenschaftler verwirklicht werden (vgl. Akademie der Wissenschaften, 1992, S. 472 ff.; WILD, 1985; MAIER-LEIBNITZ, 1982). Entscheidend muß die Qualität der hier relevanten naturwissenschaftlichen Arbeit bleiben, die insbesondere im Hinblick auf Reproduzierbarkeit und Kontrollierbarkeit zu validieren ist. Die bloße Vertretung von Außenseitermethoden rechtfertigt nicht die Inanspruchnahme eines Rechts auf Repräsentation.

4.3.2 Notwendigkeit der Vereinheitlichung von Standardsetzungsverfahren

861. Umweltstandards sind das bisher am häufigsten eingesetzte Instrument zur Konkretisierung und Erreichung von Umweltqualitätszielen. Trotz unbestreitbarer Erfolge wird am Prinzip der Standards, die in der Regel als höchstzulässige oder zumutbare Belastungen der Schutzgüter definiert sind, zunehmend Kritik geübt. Besser sei die Vermeidung oder weitestgehende Reduzierung von Belastungen. Begleitet wird die Kritik von Zweifeln an der Verläßlichkeit wissenschaftlicher Aussagen zur Schadenscharakterisierung. Damit ist ein in vielen Belangen bewährtes, in zahlreichen Gefährdungssituationen unverzichtbares umweltpolitisches Handlungsprinzip bei Teilen der Öffentlichkeit in eine Glaubwürdigkeitskrise geraten (KORTENKAMP et al., 1988). Der Umweltrat hält, bei Anerkennung mancher Kritikelemente, an der Notwendigkeit von Umweltstandards als unverzichtbarem Regelungsinstrument im Umweltschutz fest und begründet dies wie folgt:

862. Eine glaubwürdige und praktikable Ersatzlösung ist weder erarbeitet, noch mittel- oder längerfristig in Sicht. Ein reines, zugleich undifferenziertes Minimierungsgebot, wie es vielfach als beherrschendes Prinzip gefordert wird, löst sich notwendig vom Wirkungsbezug. Damit orientiert es sich nicht mehr am Prinzip der Verhältnismäßigkeit von Risiken. Dessen Beachtung ist aber um so mehr geboten, je größer die Zahl der mit Umweltstandards zu regelnden Materien wird. Denn die Zumutbarkeit von ökonomischen Belastungen, die Standardsetzungen in aller Regel mit sich bringen, findet trotz steigenden Wohlstandes ihre Grenzen. Ein an Art und Ausmaß der Schadwirkungen ausgerichtetes Standardsetzungssystem ermöglicht es dagegen, sinnvolle und effektive Prioritäten zu setzen; denn nur durch die Verpflichtung, Risiken vor der Standardsetzung quantitativ zu ermitteln, wird eine brauchbare Basis für Risikovergleiche geschaffen. Zugleich erlaubt ein solches wirkungsbezogenes System, die Einhaltung und Gesamtwirksamkeit gesetzter Grenzwerte durch geeignete Indikatoren in verschiedenen, vor allem gefährdeten Umweltkompartimenten zu überwachen, und gegebenenfalls Korrekturen anzubringen.

Schließlich sind Verbote, starke Einschränkungen der Herstellung und Anwendung von Schadstoffen, wenn sie ohne Berücksichtigung quantitativer Risikoabschätzungen erfolgen, mehr aber noch die alleinige Anwendung des Vorsorgeprinzips ohne die Orientierung an Wirkungsparametern mit einem entscheidenden Nachteil verknüpft: Es geht der Anreiz verloren, weitere Forschung zur Auffüllung von Wissenslücken zu betreiben. Vor allem die betroffene Industrie verliert das Interesse an weitergehenden Untersuchungen. Ein Umweltstandardsystem muß aber auf ein Kenntnisgerüst bauen, das durch Konsistenz und Kontinuität gekennzeichnet und durch ständige

Wirkungsforschung zu verbessern ist. Einzelfallentscheidungen, die sich mehr an tagespolitischen Meinungsströmungen als an soliden Risikobewertungen ausrichten, stellen die Glaubwürdigkeit des Systems in Frage.

863. Glaubwürdigkeit ist die Voraussetzung einer breiten politischen Akzeptanz von Umweltstandards. Glaubwürdigkeit setzt unter anderem Überschaubarkeit, Verständlichkeit, Plausibilität und Offenlegung der Vorgehensweisen voraus. Die in Kapitel 4.2 beschriebene Bestandsaufnahme der wesentlichen, in Deutschland eingeführten Umweltstandards weist erhebliche, zum Teil schwerwiegende Defizite im System aus. Hier seien diejenigen noch einmal näher beleuchtet, die geeignet sind, beim Laien Verunsicherung auszulösen:

– Die Zahl der Standardlisten ist mit 154 in dieser Analyse erfaßten Listen außerordentlich groß. Sie kann selbst von Fachleuten nicht mehr insgesamt erfaßt und kritisch gewürdigt werden. Zur Verunsicherung trägt weiter die in Tz. 747 aufgezeigte exponentielle Zunahme der Standards in jüngster Zeit maßgeblich bei. Abhilfe verspricht nur eine durchgreifende Reduzierung der gelegentlich liebevoll als „Artenvielfalt" bezeichneten Anzahl der Typen auf einige wenige Standardtypen.

– Die Farbigkeit der Bezeichnungen von Umweltstandards ist von verwirrender Vielfalt. Der Umweltrat hat in seiner systematischen Analyse mehr als 20 verschiedene Wörter und Wortfindungen registriert (vgl. Tz. 727). Es ist zu fragen, ob und wie weit eine Normierung auf einige wenige Wörter und Begriffe, ausgerichtet an der rechtlichen Verbindlichkeit, den Schutzobjekten und Schutzzielen, und vor allem an den Bewertungs- und Entscheidungskriterien die Übersichtlichkeit verbessern kann.

– Nach einer in der Öffentlichkeit weit verbreiteten Meinung richten sich Standardsetzungen an der Wirkung der geregelten Stoffe aus. Tatsächlich ist dies nur bei weniger als der Hälfte der Standardlisten, und dann nur bei weit gefaßter Definition, der Fall. Bei vielen Standards wird ein verbleibendes Risiko zugemutet, bei anderen (etwa bei den meisten gesundheitsbezogenen) jedoch nicht, ein anderes Mal gilt ein Reinheitsgebot (z. B. bei etlichen Trinkwasserwerten), und mehr und mehr wird das Vorsorgeprinzip mit dem Ziel weitestgehender Reduzierung von Umweltbelastungen angewendet. Die Differenzen gehen weit über das hinaus, was im Hinblick auf die Differenzierungen in den gesetzlichen Ermächtigungsgrundlagen geboten oder auch nur gerechtfertigt ist. Dem Laien ist es unmöglich, sich hier noch zurecht zu finden. Verunsichert wird er noch weiter dadurch, daß Unkenntnis der unterschiedlich angewendeten Kriterien immer wieder zur mißbräuchlichen Verwendung von Grenzwerten in der Rechtsprechung führt. Eine klare Differenzierung nach den aufgeführten Kriterien verspricht eine maßgebliche Verbesserung der Glaubwürdigkeit des Standardsetzungssystems.

– Unabdingbar für eine breite Akzeptanz vorgeschlagener und eingeführter Standards ist die volle Transparenz der im Zuge der Standardsetzung verwendeten wissenschaftlichen Daten, der geführten Diskussionen und der Gründe für die Wahl der Festlegung. Dies bedeutet einmal eine Begründungspflicht aller, insbesondere der staatlichen Organe, zum anderen die komplette Veröffentlichung des Verfahrensablaufs im Einzelfall. Die Analyse der deutschen Standardsysteme hat hier schwerwiegende Defizite aufgezeigt.

864. Der Umweltrat sieht die dringende Notwendigkeit, das Standardsetzungssystem durch Vereinheitlichung von Verfahrensgrundsätzen und Mindestanforderungen einfacher, transparenter und verständlicher zu gestalten. Er ist sich dabei bewußt, daß das hohe Ziel der Vereinheitlichung auf Widerstände stoßen wird, die sich insbesondere aus der Beharrungskraft gewachsener Strukturen und Zuständigkeiten ergeben. Er versteht seine Bemühungen daher als Anstoß zur Einleitung eines fortschreibungspflichtigen Prozesses. Als ersten Schritt entwickelt der Umweltrat ein Modell, das bestimmten, genau zu definierenden Grundanforderungen gerecht wird und möglichst breit angewendet werden kann. Der Gesetzgeber ist aufgerufen, hier tätig zu werden.

4.3.3 Modell eines Verfahrens zur Festlegung von Umweltstandards

Ein Umweltstandard kann nicht von einzelnen Personen, Gruppen oder Behörden allein erstellt werden. Vielmehr müssen interessierte und betroffene Kreise zur Gewährleistung breiter Akzeptanz einbezogen werden.

4.3.3.1 Grundelemente

865. Nach Identifikation des Schutzobjektes beziehungsweise der Schutzobjekte und nach Definition der Schutzziele sind zur Findung (Festlegung) von Umweltstandards folgende Grundelemente notwendig:

– *Die naturwissenschaftliche Zustandsanalyse.* Diese hat zunächst die für bestimmte Schutzobjekte relevanten physikalischen, chemischen und biologischen Sachverhalte und Wirkungszusammenhänge zu erheben, darzustellen und auf dieser Grundlage Wirkungsschwellenwerte herauszuarbeiten. Hierbei geht es also, über die notwendige systematische Sammlung signifikanter Daten hinaus, um die Evaluation der sich auf diesem Hintergrund abzeichnenden Risiken und Gefährdungspotentiale, um von daher wiederum Schutzziele definieren zu können und entsprechende, sich aus dieser naturwissenschaftlichen Perspektive ergebende Standardvorschläge zu machen. Da es bereits in diesem Stadium zu unterschiedlichen Vorschlägen kommen kann, ist das Transparentmachen der jeweiligen methodischen Zugänge und der berücksichtigten Faktoren von besonderer Bedeutung.

– *Die Kapazität an technischen Reduktionspotentialen und deren ökonomische Kosten.* Hier geht es zunächst darum zu prüfen, inwieweit Emissionen und Immissionen von gegebenen Schadstoffen mittels vorhandener beziehungsweise zu verbessernder technischer Möglichkeiten reduziert werden können. Hierbei sind die aufzuwendenden Kosten zu berücksichtigen und nach dem auf der Maxime der Übelabwägung beruhenden Prinzip der Verhältnismäßigkeit in die Entscheidung über die Standardsetzung einzubeziehen. Insofern bedarf es also in der Regel einer Kosten-Nutzen-Analyse, deren Erstellung ohne technischen und ökonomischen Sachverstand nicht möglich ist. Entsprechende Ergebnisse können die Standardsetzung maßgeblich beeinflussen.

– *Die gesellschaftlichen Einflußgrößen und politischen Handlungsspielräume.* Auf seiten der Entscheidungsträger geht es zum einen um das Problem, zu hinreichend ausgewogenen Lösungen im Widerstreit ökologischer, sozialer und ökonomischer Erfordernisse zu kommen, und zum anderen für die jeweiligen Lösungen auch eine möglichst breite gesellschaftliche Akzeptanz zu finden. In bezug auf die Adressaten werden hier die aus verschiedenen gesellschaftlichen Aufgabenstellungen und Zielsetzungen resultierenden unterschiedlichen Präferenzen, die unterschiedlichen Betroffenheiten hinsichtlich möglicher Risiken und der mit den Standards verbundenen Einschränkungen sowie unterschiedliche Bewertungen der wissenschaftlichen Daten und technischen Möglichkeiten bedeutsam. Hier zeigt sich, daß gerade die Standardsetzung sowohl zum Gegenstand vielfältiger Interessenkonflikte als auch zum Gegenstand höchst grundsätzlicher Überzeugungskonflikte werden kann (vgl. Kap. 3.4). Um so wichtiger ist es, daß in diesem schwierigen Prozeß der Konsensfindung der Diskussion der verschiedenen gesellschaftlichen Gruppen ein entsprechend breiter Raum gegeben wird. Eine endgültige, verbindliche Standardsetzung bleibt dann Sache der für das Vorhaben verantwortlichen Entscheidungsträger. Soweit eine rechtliche Verbindlichkeit angestrebt wird, muß letztlich die Exekutive entscheiden.

866. Der Standardsetzungsprozeß enthält sonach drei Grundelemente der Aufgabenstellung, die sich ihrerseits wiederum in eine Reihe von Verfahrensstufen ausdifferenzieren lassen. Zur Erarbeitung des Standards in den einzelnen Stufen bedarf es unterschiedlichen Sachverstandes. Zugleich sind aber nicht alle Verfahrensstufen gänzlich autonom, sondern sind zum Teil deutlich durch Interdependenzen gekennzeichnet, woraus sich eine Folge ergibt, bei der die je höhere Stufe auf Vorinformationen der ihr voraufgehenden angewiesen ist. Dabei ergeben sich mehrere Rückkopplungen von sich verändernden gesellschaftlichen Präferenzen und wissenschaftlichen Ergebnissen, denen durch eine entsprechende Verknüpfung einiger Entscheidungsstufen sowie mittels Kontrollen und Fortschreibungspflichten Rechnung zu tragen ist. Der Idealtyp eines Standardsetzungsverfahrens stellt sich auf diesem Hintergrund als ein Mehrstufenverfahren dar, in dem die

Einzelstufen in einer logischen Sequenz abzuarbeiten sind. Struktur und Ablauf des Mehrstufenverfahrens (vgl. Abb. 4.21) werden im folgenden beschrieben.

4.3.3.2 Mehrstufenverfahren

867. Stufe 1: Das Verfahren beginnt in der ersten Stufe mit der Identifikation beziehungsweise Festlegung des Schutzobjektes, selten auch mehrerer *Schutzobjekte*, die durch einen Standard geschützt werden sollen. Schutzobjekte können sein: der Mensch, belebte oder unbelebte Umweltgüter wie Tiere, Pflanzen, Gebäude und andere Bauwerke, Landschaften, Nahrung, Wasser und Gewässer. Der Rahmen für die Auswahl des Schutzobjektes ergibt sich aus den jeweils anwendbaren gesetzlichen Grundlagen. Im Regelfall wird das Schutzobjekt mit dem Anstoß eines Standardsetzungsverfahrens vorgegeben, überwiegend vom Staat als Ausdruck politischer Willensbildung, häufig angeregt von der Aufdeckung eines Umweltproblems durch Umweltverbände oder die Medien und dadurch erzeugten Öffentlichkeitsdruck. Anlaß können aber auch Äußerungen und Vorschläge von Wissenschaftlern sein, vorwiegend aus den als Umweltwissenschaften zusammengefaßten Disziplinen. Im Zuge systematischer Bearbeitung von Umweltthemen werden immer wieder Defizite des Umweltschutzes aufgedeckt und in Reaktion hierauf entsprechende Vorschläge zur Schaffung von Umweltstandards entwickelt. Am seltensten sind bisher Anregungen aus den Verursacherkreisen gekommen; in letzter Zeit sind hier aber zunehmende Aktivitäten erkennbar, etwa wenn ein Industrieverband klare Kalkulationsdaten für die Planung von Forschung und Produktentwicklung benötigt.

Nicht selten ergibt sich die Situation, daß aus der ersten Beurteilung der Problemlage keine Klarheit gewonnen werden kann, ob ein Standard verschiedene Schutzobjekte gemeinsam abdecken kann, oder ob für jedes Objekt ein eigenes Standardsetzungsverfahren erforderlich ist. Für diesen Fall muß das Ablaufschema die Möglichkeit einer Redefinition der Schutzobjekte und -ziele vorsehen, die sich als Rückkopplungsprozeß aus dem Ergebnis der fünften Stufe, des Standardvorschlages aus wissenschaftlicher Sicht, ergibt (vgl. Abb. 4.21).

868. Stufe 2: Die zweite Stufe besteht in der Definition der *Schutzziele*. Diese sind weitgehend durch die anwendbaren gesetzlichen Grundlagen vorgegeben. Sie sind zwar nach ihrer Natur an die Schutzobjekte gebunden, erfordern aber eine auch operational getrennte Behandlung. Man kann Schutzziele quantitativ kategorisieren wie folgt:

a) vollständiger Schutz,

b) teilweiser Schutz unter Inkaufnahme von verbleibenden Risiken (orientiert an technischer Machbarkeit, ökonomischen Belastungen, Art und Ausmaß von Verhaltensänderungen, etwa im Verkehr, anderen Güterabwägungen etc.).

Das Ziel „vollständiger Schutz" ist bei Gesundheitsstandards die Regel (mit der Ausnahme krebserregender Stoffe). Vollständiger Schutz wird häufig schon bei der Einleitung eines Standardsetzungsverfahrens vorgegeben. Bei den meisten Umweltstandards jedoch ist nur ein teilweiser Schutz erreichbar. In diesem Fall ist das Schutzziel konsenspflichtig: Erst in der Diskussionsphase (Stufe 8) wird auf der Basis der vorausgehenden Kosten-Nutzen-Analysen, der technischen Durchführbarkeit und der Interessenlage gesellschaftlicher Gruppen ermittelt, wie weit ein Schutzziel gesteckt werden soll und kann. Daher bedarf es der Rückkopplung von der Diskussionsphase auf die Definition des Schutzziels, um dessen endgültige Festlegung zu ermöglichen. Gleichwohl sollten in der zweiten Stufe auch für den Fall b) bereits Vorstellungen über mögliche Schutzziele entwickelt werden.

Für diese Vordefinition wird die Mitwirkung von Naturwissenschaftlern erwartet; denn oft wird das Schutzziel ganz überwiegend von Wirkungszusammenhängen bestimmt, die sich der Kenntnis und Beurteilung anderer Experten beziehungsweise Interessenvertreter entziehen. Als Beispiel sei angeführt: Es gibt Schadstoffe, die auch natürlicherweise vorkommen, sogar in Organismen wie dem menschlichen Körper gebildet werden und somit der Regelung durch Standards nicht unterworfen werden können; die Kenntnis über ihr Vorkommen und die aktuellen Konzentrationen als „natürlicher Hintergrund" ist dann aber eine wichtige wissenschaftliche Orientierungsgröße für die Festlegung, wieviel zusätzliche Belastung aus anderen Quellen als zumutbar angesehen werden kann.

869. Eine Ausnahme von der Maximalforderung bei Gesundheitsstandards bilden krebserregende Stoffe, bei denen (unbedenkliche) Schwellenwerte nicht existieren, wirkungsfreie Dosen also nicht begründet werden können. Welche verbleibenden Risiken, definiert als zusätzliche Krebsfälle in der Bevölkerung, als tolerabel hingenommen werden sollen, ist nicht mehr der Entscheidung von unabhängigen naturwissenschaftlichen Experten anheim gestellt, sondern muß zwischen den beteiligten gesellschaftlichen Gruppen ausgehandelt und von Politik und Öffentlichkeit verantwortet und akzeptiert werden.

870. Stufe 3: Jede Standardsetzung muß sich auf eine *Situationsanalyse* gründen, in der das angesprochene Umweltproblem so genau wie möglich erfaßt und beschrieben wird. Dies ist ausschließlich eine Aufgabe der Naturwissenschaft. Die Aufgabe kann untergliedert werden in die Generierung eigener und die systematische Sammlung weiterer Daten, deren kritische Prüfung und Bewertung und einen daraus resultierenden Vorschlag eines Standards, eventuell auch mehrere Alternativvorschläge.

Bei der Datensammlung kann nur selten auf Ergebnisse zurückgegriffen werden, die ad hoc erarbeitet sind. In der Regel geht es um eine umfassende, das heißt lückenlose Erfassung und Auswertung der im wissenschaftlichen, auch technischen Schrifttum verfügbaren Originaldaten. Dazu gehören in erster Linie Daten zur Schadwirkung von Stoffen, beziehungsweise von Strahlen, Lärm oder anderen physikalischen Energieformen, aber auch zu Produktionsarten

Abbildung 4.21

Modell eines Umweltstandardsetzungsverfahrens: Mehrstufenverfahren

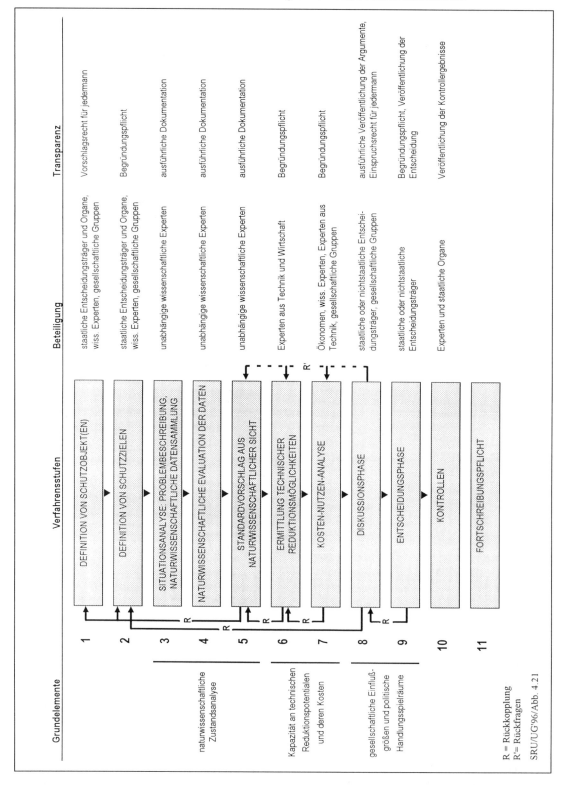

und -umfängen sowie zu vorgesehenen beziehungsweise praktizierten Anwendungsarten und Stoffverteilungen. Die letzteren sind deshalb besonders wichtig, weil ohne sie kein Expositionsszenario abgeleitet werden kann. Ohne verläßliche Beschreibung der Exposition der Schutzobjekte ist eine qualitative wie quantitative Risikobeschreibung nicht möglich. Die Verminderung beziehungsweise Ausschaltung der Exposition ist schließlich der operationale Ansatz zur Erreichung des Schutzzieles durch Umweltstandards.

871. Stufe 4: *Naturwissenschaftliche Evaluation der Daten* bedeutet zunächst deren Überprüfung auf Solidität. Hier ist den Fragen nach dem angewandten Verfahren, der Einhaltung der international anerkannten Regeln guter Experimentierkunst sowie nach möglichen Widersprüchen in den Resultaten nachzugehen. Darüber hinaus sind die Reproduzierbarkeit und die plausible Integration der Daten in den Gesamtzusammenhang zu überprüfen. Besonderes Gewicht kommt dabei der Frage zu, ob die Daten für eine Standardableitung ausreichen und wenn nicht, welcher Forschungsbedarf noch besteht, um einen Standard zu begründen. Aus den Daten ist schließlich eine möglichst quantitative Risikobeschreibung herzuleiten, und deren Verläßlichkeit ist kritisch zu überprüfen. Im praktischen Falle geht es in der Regel darum, das Maß an Unsicherheit in der quantitativen Ableitung zu ermitteln, wenn möglich in Termen der Wahrscheinlichkeit zu charakterisieren. Es ist also zu präzisieren, wie die Irrtumswahrscheinlichkeit nach oben, wie nach unten gestaltet ist. Denn die bestehende Unsicherheit ist mitentscheidend dafür, welche Sicherheitsmargen oder wieviel Vorsorge in die Entscheidung über einen Standard einzubringen sind.

872. Stufe 5: Auf der Basis der Datensammlung und -evaluation sollen die unabhängigen wissenschaftlichen Experten einen oder mehrere *Vorschläge für eine Standardsetzung* formulieren. Je schärfer das Schutzziel formuliert und je solider die Datenbasis ist, um so eher wird ein Einzelvorschlag begründet und akzeptiert werden können. Bei nicht solider Datenbasis ist ein iteratives Vorgehen notwendig. Die Gefährdungsstufen werden aufgrund der vorliegenden Daten charakterisiert und weitere Daten werden eingefordert. Die Wertigkeit und Verbindlichkeit der Gefährdungsstufen ist darzustellen. Nach Verfügbarwerden der eingeforderten Daten muß der Standardsetzungsprozeß fortgeschrieben werden.

Läßt das Schutzziel im Hinblick auf die Anforderungen des Umweltschutzes einen Spielraum zu, ist die Erarbeitung von Alternativvorschlägen möglich und sinnvoll. Dann ist aber bei jeder Alternative das verbleibende Risiko so genau wie möglich zu beschreiben. Die Wissenschaft legt hier quasi ein Menü von Alternativen vor, über die die Entscheidungsträger dann unter Einbeziehung weiterer Argumente von seiten der Interessenvertreter im Abwägungsprozeß diskutieren und befinden können. Ein solches Menü ist auch a priori bei kanzerogenem Potential vorzusehen, weil die Entscheidung über das in Kauf zu nehmende Krebsrisiko erst in Stufe 8 gefällt wird.

873. Die **Stufen 3 bis 5** sollten allein von unabhängigen wissenschaftlichen Experten (Tz. 886), die sich jeder Parteinahme enthalten, bearbeitet werden. Dabei sollten alle von der Sache her zuständigen Disziplinen repräsentiert sein. Die Beauftragung eines einzelnen, wie es im Gutachtenwesen üblich ist, schließt sich bei Standardfindungsprozessen grundsätzlich aus. Unabhängigkeit ist erforderlich, weil Vorgaben wie (begrenzte) technische Machbarkeit, ökonomische Belastbarkeit, soziale Akzeptanz oder politische Durchsetzbarkeit geeignet sind, die wissenschaftliche Situationsanalyse zu beeinträchtigen; sie müssen auf die späteren Diskussions- und Entscheidungsstufen verwiesen werden. Die Forderung nach Beschränkung auf die rein naturwissenschaftliche Analyse findet die einleuchtendste Begründung in der fachlichen Kompetenz: Für Betrachtungen der Kostensituation, der technischen Umsetzbarkeit oder der politischen Durchsetzbarkeit fehlen dem Naturwissenschaftler in der Regel die notwendigen Kenntnisse und Erfahrungen; versucht er, diese in oberflächlicher Bemühung ad hoc zu erwerben, verliert er seine Glaubwürdigkeit.

874. Stufe 6: Die Mehrzahl der Umweltstandards ist auf Emissions- oder Immissionsminderungen ausgerichtet. Gegebenenfalls sind Änderungen technischer Prozesse beziehungsweise Produkte erforderlich. Welche *Reduktionen* bei unveränderter Einrichtung oder bei technischen Aufstockungen möglich sind, kann in Stufe 6 nur von Experten aus technischen Bereichen beurteilt werden, wie jüngst auch von LAMB (1995) gefordert und begründet wurde. In der Regel ist es aber auch eine Sache des technischen und ökonomischen Aufwandes, wie weit die Reduktion von Emissionen getrieben werden kann. Hierzu bedarf es einer Kostenanalyse, die in sehr speziellen Technologiebereichen, um die es sich hier durchweg handelt, am verläßlichsten von Fachleuten aus den zuständigen Bereichen getätigt werden kann. Es überlappen sich hier die Tätigkeitsbereiche von Experten aus verschiedenen Arbeitsfeldern, was die gemeinsame Bearbeitung zweier Grundelemente in den Stufen 3 bis 5 und 6 im Verfahrensablauf erforderlich machen kann (Rückkopplung).

875. Stufe 7: Die Entscheidung, wie hoch der Aufwand bei der technischen Reduktion von Schadpotentialen getrieben werden soll, muß ebenso die Nutzenseite des technischen Prozesses berücksichtigen. Erforderlich ist also – neben der *Kostenanalyse* – eine *Nutzenanalyse*. Der ökonomischen Abschätzung des Nutzens liegen naturwissenschaftliche Daten über die jeweilige Verringerung des Risikos im Falle der Setzung von Umweltstandards in einer bestimmten Höhe zugrunde. Bereits hier spielen darüber hinaus auch bei der Bewertung des Nutzens die Interessen der verschiedenen gesellschaftlichen Gruppen eine maßgebliche Rolle. Die Argumente der Gruppen sind demnach bereits in dieser Phase zu berücksichtigen.

876. Stufe 8: In der nun folgenden *Diskussionsphase*, die dem dritten Grundelement des Umweltstandardsetzungsverfahrens im Spannungsfeld zwischen gesellschaftlichen Einflußgrößen und politischen Handlungsmöglichkeiten zuzurechnen ist, sollen die Konsensmöglichkeiten ausgelotet werden, die sich unter Berücksichtigung der vorausgegangenen Analysen anbieten. In diesem Diskussionsprozeß sollen alle gesellschaftlichen Gruppen ihre Interessen einbringen und argumentativ vertreten. Im Regelfall zeichnen sich dabei wiederum verschiedene Lösungsalternativen ab, wohl meist in Form abgestufter Zahlenwerte für einen Standard. An dieser Diskussion nehmen außer den betroffenen Interessengruppen auch die staatlichen beziehungsweise nichtstaatlichen Entscheidungsträger teil. Sie können den Konsens vorbereiten oder bei absehbarem Dissens die Positionen abklären. Unabhängige wissenschaftliche Experten stehen in dieser Diskussion beratend für Erläuterungen ihrer Situationsanalyse und der von ihnen eingebrachten Standardvorschläge zur Verfügung (Rückfragen); insbesondere ist es ihre Aufgabe, auch darauf zu achten, daß der wissenschaftlichen Bewertung in der Konsensphase auch das ihr gebührende Gewicht eingeräumt wird; an der eigentlichen Konsensfindung sollten sie sich nicht beteiligen, um ihre Unabhängigkeit zu wahren.

Umweltstandards sollten nicht mit knappen Mehrheitsentscheidungen festgelegt werden. Das Umweltstandardsystem braucht Konsistenz und Kontinuität, um glaubwürdig zu sein. Wenn also zwischen den gesellschaftlichen Gruppen kein Konsens erzielt werden kann, sollten nichthoheitliche Gremien von einer Standardsetzung absehen.

877. Stufe 9: In der *Entscheidungsphase* sind die Belange und Argumente aller betroffenen Interessengruppen zu berücksichtigen. Um alle Meinungen und Argumente einzuholen, sollte der Entscheidungsvorschlag mit ausführlicher Begründung öffentlich gemacht werden, um allen Beteiligten und darüber hinaus auch der gesamten Öffentlichkeit Gelegenheit zur Stellungnahme zu geben. Dies ist eine unverzichtbare Grundlage für die rationale und sachangemessene Bewältigung der hier hervortretenden Interessen- und Überzeugungskonflikte. Mit diesem Verfahrensschritt haben zum Beispiel die MAK-Kommission und die „Kommission Reinhaltung der Luft im VDI und DIN" gute Erfahrungen gemacht. Auf diese Weise wird die Akzeptanz der endgültig getroffenen Entscheidung maßgeblich verbessert. Der Text der Entscheidung nebst Begründung sollte wiederum so veröffentlicht werden, daß er jedermann leicht zugänglich ist.

878. Stufe 10: Standards sind nur wirksam, wenn eine *Kontrolle* ihrer Einhaltung durchgeführt werden kann. Dazu bedarf es der Etablierung geeigneter Methoden. Diese werden in der Regel Meßverfahren sein. In dem am häufigsten auftretenden Fall, dem Umweltstandard für chemische Stoffe, sind dies chemisch-analytische Verfahren, die hinreichend spezifisch, verläßlich und empfindlich sind. Sie müssen zugleich so rational gestaltet sein, daß der Aufwand für einen breiten Einsatz erschwinglich bleibt. Zur Meßmethodik selbst gehört eine Meßstrategie, die vorschreibt, wo, wie und wie oft gemessen werden soll und wie die gewonnenen Meßdaten ausgewertet und bewertet werden sollen. Meßmethode und Meßstrategie sollen Bestandteile der Entscheidung über einen Standard sein und auf den Stufen 8 und 9 diskutiert und festgelegt werden. Dies bedeutet, daß

beide vor dem Wirksamwerden der endgültigen Entscheidung verfügbar sein müssen. Sie sind von einschlägigen Experten in Zusammenarbeit mit den zuständigen Behörden zu erarbeiten und der Fachöffentlichkeit zugänglich zu machen.

Es erhöht die Chancen auf Akzeptanz von Umweltstandards, wenn die Meßergebnisse der Überwachung regelmäßig veröffentlicht werden.

879. Stufe 11: Festgelegte Umweltstandards sollen nicht als langfristig gültige Konstanten aufgefaßt und angewendet werden. Die durch einen Standard geregelte Umweltsituation kann sich ändern, wenn trotz der Einhaltung des Wertes noch Schadeffekte über die bei der Festlegung zugrunde gelegten Erwartungen hinaus festgestellt werden, wenn neue naturwissenschaftliche Erkenntnisse die erste Risikobewertung in Frage stellen oder die Anspruchshaltung der Öffentlichkeit steigt. Für Umweltstandards sollte daher eine *Fortschreibungspflicht* festgelegt werden. Der Fortschreibungspflicht wird am besten durch Überprüfung in regelmäßigen Abständen entsprochen, die in der Entscheidung über einen Standard bereits festzuschreiben sind.

880. Der Umweltrat ist sich bewußt, daß ein derart formalisiertes Standardsetzungsmodell nicht für alle Handlungsfelder und Fragestellungen der Umweltpolitik gleichermaßen durchgängig anwendbar ist. So ist zum Beispiel bei Emissionsstandards, die vorwiegend nach dem Stand der Technik und nach dem Prinzip der Verhältnismäßigkeit angesetzt werden, eine strenge Trennung zwischen wissenschaftlicher Situationsanalyse und Kostenermittlung schwierig: Beide kennt der spezialisierte Ingenieur von der Planung, Konstruktion und Wartung her am besten; er kann beide Felder bei der Standardfindung am kompetentesten abdecken. Ähnliche Verhältnisse werden sich auch in anderen Bereichen finden lassen. Doch sollten sie als begründungspflichtige Abweichungen vom Grundmodell betrachtet werden, die eine flexible Handhabung des Modells rechtfertigen können.

881. Für die Organisation des Stufenmodells sind zwei Grundformen möglich:

– die Separierung der einzelnen Stufen in eigenständige Gremien

– die Delegation der mit den Stufen verbundenen Aufgaben beziehungsweise Bearbeitungen an Gruppen oder Unterausschüsse, die in einem einheitlichen Gremium (Kommission) vereinigt sind.

Das Separationsmodell hat den Vorteil der klaren Abgrenzung von Aufgaben, Zuständigkeiten und Verantwortung. Eine Beeinflussung der Experten durch Interessengruppen ist hier erschwert, die Freihaltung der Naturwissenschaftler von interessengebundenen Vorgaben fällt leichter. Anwendbar erscheint das Modell um so eher, je klarer Vorgaben im Hinblick auf Schutzobjekte und Schutzziele gestaltet sind. Das Modell bietet sich insbesondere bei Grenzwerten an, bei denen die menschliche Gesundheit alleiniges Schutzgut ist (vollständiger Schutz) und Akzeptanzfragen nicht mehr diskussionsbedürftig sind. Die Entscheidung kann in diesen Fällen von unabhängigen wissenschaftlichen Experten allein getragen werden. Die zusätzlichen Stufen der Etablierung von Kontrollmechanismen und der Fortschreibungspflicht lassen sich zwanglos an die von wissenschaftlicher Expertise allein getragene Entscheidung anfügen.

Das Modell eignet sich weniger für diejenigen Standards, bei denen die Entscheidung auf der Basis von Kosten-Nutzen-Analysen getroffen werden muß. Eine organisatorische Trennung von naturwissenschaftlicher Analyse und Kosten-Nutzen-Analysen sowie Ermittlung des technisch Umsetzbaren birgt zwei Nachteile: (1) der Informationsfluß, das heißt die Übermittlung der Arbeitsergebnisse einer Stufe an die nächste, ist erschwert, (2) Rückkopplungsprozesse sind nur unter Verlust an Zeit und Arbeitseffizienz zu bewerkstelligen. In der reinen Form dieses „Vereinigungsmodells" sind also in einem geschlossenen Gremium separate Gruppen für die naturwissenschaftliche Situationsanalyse, die Ermittlungen der technischen Reduktionsmöglichkeiten, für Kosten-Nutzen-Analysen und für die Erstellung von Kontrollmechanismen zu bilden. Sie arbeiten zunächst unabhängig voneinander, meist auch zeitlich abgesetzt, da die Ergebnisse der einen als Grundlage der Arbeit der nächsten abgewartet werden müssen. Die Einbeziehung von gesellschaftlichen Interessengruppen in der Diskussions- und Entscheidungsphase kann sowohl in Form eines Gaststatus (z. B. als ad hoc-Einladung) als auch als Dauerrepräsentation im Gesamtgremium erfolgen.

Der Umweltrat empfiehlt, bei einer gesetzlichen Regelung des Verfahrens der Standardsetzung die Optionen für beide Modelle offenzuhalten, sie aber den jeweiligen Anforderungen an Schutzobjekte, Schutzziele sowie Rechte und Pflichten der zu beteiligenden Interessengruppen sachgerecht anzupassen.

4.3.4 Grundanforderungen

882. Der Umweltrat betont, daß eine Reduzierung der Zahl von Umweltstandardtypen dringend erforderlich ist, um das System durchsichtiger zu machen, die beim Laien herrschende Verwirrung abzubauen und ihm ein besseres Verständnis der Umweltstandards zu ermöglichen. Dazu gehört nicht nur eine Normierung der Vorgehensweisen, sondern auch eine Vereinheitlichung der Wörter und Begriffe. Wie im historischen Abriß aufgezeigt (vgl. Abschn. 4.1.1), ist es zu der Vielzahl von Bezeichnungen und Bedeutungen von Umweltstandards wegen der (praktisch unabhängig voneinander erfolgten) Bearbeitung unterschiedlicher Umweltprobleme durch verschiedene Fachdisziplinen gekommen. Sie tradieren ihre eigenen Begriffswelten. Es ist nicht zu erwarten, daß diese Fächer oder auch Instanzen aus eigenem Antrieb bereit sind, ihre spezifischen Begriffe und Verfahrensweisen zugunsten einer Vereinheitlichung aufzugeben. Vielmehr bedarf es hier gesetzgeberischer Initiativen. In der Rechtswissenschaft wurde mit dem Professorenentwurf zum Umweltgesetzbuch Vorarbeit geleistet. Auch existiert ein Vorschlag, die Setzung von Umweltstandards in einem Verfahren auf zwei Ebenen zu organisieren: Ein mit hoher Kompetenz ausgestatteter „Umweltrat", vergleichbar

dem Wissenschaftsrat und als Zwei-Kammer-System (Wissenschaft und Verwaltung) angelegt, bestimmt und überwacht Verfahrensordnung und Arbeitsprogramm, setzt Prioritäten und Posterioritäten und beschließt letztendlich über einzelne Standards. Die Standards selbst werden von Fachkommissionen, zuständig für verschiedene Umweltbereiche, erarbeitet und begründet. Vorschläge für Mitgliedschaften im „Umweltrat" sollen von den führenden Wissenschaftsorganisationen (Wissenschaftsrat, Max-Planck-Gesellschaft, Arbeitsgemeinschaft der Großforschungseinrichtungen, Fraunhofer-Gesellschaft, Hochschulrektorenkonferenz) eingebracht werden, die Berufung selbst soll durch den Bundespräsidenten erfolgen. Vorschläge für Mitgliedschaften in den Fachkommissionen sollen von den zuständigen Forschungseinrichtungen und Fachgesellschaften erfolgen; die Entscheidung ist der wissenschaftlichen Kammer des „Umweltrates" vorbehalten (Akademie der Wissenschaften, 1992; GETHMANN und MITTELSTRAß, 1992).

Der Umweltrat sieht in einem solchen zentralen *Entscheidungsgremium* keine geeignete institutionelle Lösung, weil die Vielfalt und die große Zahl der Regelungsbereiche und das bewährte und vom Prinzip der Subsidiarität her gerechtfertigte Nebeneinander von hoheitlicher und nichthoheitlicher Standardsetzung nur für ein zentrales Gremium mit lediglich *beratender* Funktion spricht. Hinzu kommt, daß aus verfassungsrechtlicher Sicht die Einräumung politischer Entscheidungsbefugnisse an unabhängige, einer politischen Kontrolle nicht unterworfene Stellen eine eng begrenzte Ausnahme bleiben muß, für die es – im Gegensatz zum Beispiel zur Deutschen Bundesbank – im Bereich der Standardsetzung keine sachliche Rechtfertigung gibt (WAECHTER, 1994). Danach ist allein ein zentrales Beratungsgremium in Betracht zu ziehen. In ihm sollten die wesentlichen Fachdisziplinen und die Erfahrungen im Standardsetzungswesen gleichermaßen repräsentiert sein. Es könnte den Gesetzgeber bei dem Versuch unterstützen, die hier vorgeschlagene Vereinheitlichung im System der Setzung von Umweltstandards anzugehen und durchzusetzen, einen umfassenden Erfahrungsaustausch sicherzustellen und insbesondere die Verfahrensordnungen weiter zu konkretisieren.

883. Der Umweltrat fordert mit Nachdruck die Schaffung verbindlicher und ausführlicher Verfahrensordnungen für alle, das heißt hoheitliche und nichthoheitliche Standardsetzungsverfahren. Sie sollten alle ein normiertes, am Mehrstufenkonzept orientiertes Format aufweisen und die folgenden Minimalanforderungen erfüllen:

- Regelung der allgemeinen Organisationsform des standardsetzenden Gremiums,

- die Beteiligung gesellschaftlicher Gruppen durch Vorschlagsrecht, bei der Definition von Schutzobjekten und Schutzzielen sowie bei der Diskussion und Entscheidungsfindung über Art und Höhe des Standards,

- Transparenz der Vorgehensweise durch Begründungspflicht auf allen Stufen der Standardsetzung und Öffentlichmachung der Entscheidungsgründe,

– Status der Experten aus verschiedenen Fachdisziplinen (Unabhängigkeit, Berufung) und

– Implementation, Überwachung und Fortschreibung der Standards.

Die Verfahrensordnungen sollen der Öffentlichkeit zugänglich sein.

884. Umweltstandards sollen in voller Transparenz erarbeitet und angewendet werden. Dazu gehört auch die Begründung von Bewertungen und Entscheidungen im Standardsetzungsprozeß. Ausführliche, laienverständliche Begründungen sollen nicht nur für die Situationsanalysen und Vorschläge für Standards geliefert werden. Ebenso wichtig – in vielen Bereichen noch weit bedeutsamer – sind Begründungen für die Kosten-Nutzen-Analysen; insbesondere dafür, wie die technischen und ökonomischen Belastungsgrenzen gezogen werden können und im konkreten Fall gezogen worden sind. Schließlich sollten die Entscheidungsträger begründen, warum sie letztlich einer der diskutierten Lösungsalternativen den Vorzug vor anderen gegeben haben; das heißt konkret, die Höhe eines festgesetzten Standards und die damit verbundenen Opfer und Einschränkungen sind den Interessengruppen und der breiten Öffentlichkeit zu erläutern. Wie in der Auswertung der vom Umweltrat durchgeführten Bestandsaufnahme von Umweltstandards in Deutschland in Kapitel 4.2 deutlich gemacht, ist in dem weitgehend fehlenden oder unzureichenden Begründung eines der größten Defizite im deutschen System der Umweltstandards zu sehen. Der Umweltrat fordert daher die Institutionalisierung der Begründungspflicht auf allen Ebenen der Standardsetzung.

885. Die Rolle der Wissenschaftler bei der Standardsetzung sollte klar definiert werden. Sie sollen frei von Interessenbindungen sein. Diese Unabhängigkeit sollte sich an die Regelungen in den entsprechenden Vorschriften des Verwaltungsverfahrensgesetzes (§ 21) anlehnen, die die an der Entscheidung Beteiligten von der Diskussion und Beschlußfassung ausschließt, wenn sie durch Verbindungen zu gesellschaftlichen Gruppen voreingenommen sind oder wenn der Anschein von Voreingenommenheit erwachsen kann. Diese Bedingungen gelten auch für die unabhängigen wissenschaftlichen Experten in den Stufen 3 bis 5. Die Aufgabe dieser Experten besteht in der Prüfung naturwissenschaftlicher Daten auf Konsistenz, Reproduzierbarkeit und Plausibilität. Die Prüfung hat ohne Interessenvorgaben zu erfolgen, Parteinahmen von seiten der Wissenschaftler dürfen hier nicht einfließen. Bei der Bewertung der Daten (vgl. Tz. 871) sind alle Hypothesen und Theorien zu berücksichtigen, auch sogenannte „Außenseitermeinungen". Diese können aber nur dann in die Diskussion einbezogen werden, wenn sie – wie jede andere einschlägige Information auch – veröffentlicht sind. Dies ist unabdingbar, da nur so jedermann die Möglichkeit zur Überprüfung der Stichhaltigkeit hat. Unabhängig von Fragen der Mitgliedschaft kann sich ein „Außenseiter"-Wissenschaftler immer als Teil der Öffentlichkeit Gehör verschaffen.

886. Die Mitgliedschaft von Experten in Gremien zur Standardsetzung muß sich nach klar definierten Kriterien richten. Der Umweltrat nennt als Kriterienkatalog:

– besondere wissenschaftliche Kenntnisse und Erfahrungen (Sachkunde) aufgrund eigener Arbeiten auf dem Wissensgebiet, auf dem Standards erstellt werden,

– wissenschaftliche Reputation aufgrund von Veröffentlichungen in nationalen und internationalen technisch-wissenschaftlichen Organen bis in die jüngere Gegenwart,

– fachliche Unabhängigkeit in der Aussage, gegebenenfalls durch Freistellung von Weisungen und

– die Experten müssen ihre Meinung beziehungsweise Bewertung vor repräsentativen Wissenschaftsorganisationen, in der Regel den nationalen oder internationalen Fachgesellschaften, vertreten, sich also der „scientific community" in offener Diskussion stellen.

Es besteht keine Notwendigkeit, Regeln aufzustellen, wonach „Außenseiter"-Wissenschaftler in die Gremien zu berufen sind. Die Gremien haben die Verpflichtung, seriöse „Außenseitermeinungen" zu berücksichtigen. Darüber hinaus können „Außenseiter"-Wissenschaftler durchaus in Gremien berufen werden, wenn sie die vorgenannten Qualifikationsanforderungen für die Mitgliedschaft erfüllen.

Der Auswahl- und Berufungsvorgang von Wissenschaftlern in Standardsetzungsgremien sollte transparent gestaltet werden. Das Ausland liefert hierfür Vorbilder (z. B. USA): Die amerikanische Regierung beauftragt eine hochangesehene Wissenschaftsorganisation (z. B. Academy of Sciences), ein Nominierungskomitee einzusetzen. Dieses holt von allen zuständigen wissenschaftlichen Gesellschaften Vorschläge ein. Aus den Vorschlägen erarbeitet das Komitee eine Vorschlagsliste. Die Liste, die Curricula vitae der Ausgewählten sowie die Vorschlagslisten der Gesellschaften werden veröffentlicht. Die Berufung erfolgt, mit einer Begründung für die letzte Auswahl versehen, von einer hohen politischen Instanz (Minister, Kabinett). Diese Vorgehensweise ist auf Deutschland nicht in vollem Umfang übertragbar, obwohl dies wünschenswert wäre. Gründe sind das Fehlen eines zentralen wissenschaftlichen Gremiums in Deutschland, geringe Offenheit von wissenschaftlichen Fachgesellschaften und die Zwänge des Datenschutzes. Immerhin könnte den bestehenden wissenschaftlichen Fachgesellschaften ein Vorschlagsrecht für die Berufungen in ihrem jeweiligen Fachgebiet eingeräumt werden. Die Entscheidung läge letztlich bei der Exekutive. Mitgliedschaften sollten stets auf Zeit sein, Wiederwahl sollte definiert begrenzt möglich sein.

887. Ein ebenso wichtiges wie schwieriges Problem stellt die Frage dar, ob und inwieweit Angehörige von Unternehmen als wissenschaftliche Experten an den wissenschaftlichen Situationsanalysen und den dort getroffenen Vorabstimmungen beteiligt werden sollen. „Industriewissenschaftler" können wesentliche Sachinformationen einbringen, die auf andere

Weise, weil meist aus Datenschutzgründen nicht veröffentlicht, nicht verfügbar sind. In der MAK-Kommission und in der Kommission Reinhaltung der Luft im VDI und DIN sind in der Wirtschaft tätige Wissenschaftler bisher als Vollmitglieder tätig und haben erheblich zum Erfolg dieser Gremien in der Standardsetzung beigetragen. Dies hat aber immer wieder Konfliktsituationen herbeigeführt, die sich um so mehr verschärften, je intensiver und umfassender Industrie- und Wirtschaftsverbände sich organisierten und wissenschaftlichen Sachverstand aus den eigenen Reihen rekrutierten, um ihre Interessen in Entscheidungsprozessen zu vertreten. In der Regel tritt dann ein und derselbe Wissenschaftler einmal als unabhängiger Experte im Standardsetzungsgremium, das andere mal als Interessenvertreter für den Wirtschaftsverband auf. Eine Lösung dieser offensichtlichen Konfliktsituation (vgl. auch LAMB, 1995) wäre, Angehörige der Wirtschaft nur als unabhängige wissenschaftliche Experten oder als Vertreter von gesellschaftlichen Gruppen zuzulassen. Wer als Wissenschaftler aus der Industrie berufen wird, kann nicht gleichzeitig als Vertreter der gesellschaftlichen Gruppen tätig sein (Inkompatibilitätsregel). Eine andere Lösungsmöglichkeit wäre, daß Wissenschaftler aus der Industrie nur eine beratende Funktion ohne Stimmrecht ausüben. Entsprechend müßte der Gesetzgeber bei der Einführung eines transparenten Stufenmodells, wie es vom Umweltrat vorgelegt wird, eine Grundsatzentscheidung herbeiführen. Allenthalben muß in Stufen, in denen der Stand der Wissenschaft ermittelt wird, ein deutliches Übergewicht von Wissenschaftlern aus Hochschulen und außeruniversitären Forschungseinrichtungen bestehen.

4.3.5 Zu den Rechtsformen von Umweltstandards

888. Es ist in rechtlicher Sicht die Frage zu stellen, ob die Rechtsform von Umweltstandards vereinheitlicht werden sollte.

Denkbar sind hier vor allem zwei Varianten:

– Beschränkung auf eine Rechtsform innerhalb der hoheitlichen Umweltstandards und

– Verzicht auf nichthoheitliche Umweltstandards, das heißt Regelung von Grenz- und Richtwerten nur noch in Rechtsverordnungen und/oder Verwaltungsvorschriften.

4.3.5.1 Rechtsverordnung oder Verwaltungsvorschrift

889. In der bisherigen Praxis werden als Rechtsform für hoheitliche Umweltstandards sowohl die Rechtsverordnung als auch die Verwaltungsvorschrift verwendet, ohne daß allgemein akzeptierte Zuordnungskriterien für die Wahl der jeweiligen Rechtsform bestehen. Dieser Rechtszustand ist nach Auffassung des Umweltrates unbefriedigend. Anstöße für ein grundsätzliches Überdenken der Frage nach den Rechtsformen für Umweltstandards ergeben sich aus dem Gemeinschaftsrecht. Der Europäische Gerichtshof hat in zwei Urteilen im Jahre 1991 (Slg. 1991 I, 2567 und 2607) entschieden, daß die Technische Anleitung (TA) Luft zur Umsetzung der Blei- und Schwefeldioxidrichtlinien nicht geeignet sei. Mit diesen Urteilen hat der Gerichtshof seine bisherigen strengen formellen Anforderungen an die Umsetzung von EG-Richtlinien bestätigt und betont, daß ein „eindeutiger gesetzlicher Rahmen zu schaffen" sei. Danach ist zwar nicht erforderlich, daß eine Richtlinie wörtlich durch Gesetz im formellen Sinne transformiert wird. Bei Richtlinien, die dem Gesundheitsschutz der Bevölkerung dienen, muß den betroffenen Dritten jedoch die Möglichkeit effektiven Rechtsschutzes eröffnet sein. Dazu gehört insbesondere, daß die Regelung Außenwirksamkeit (im Verhältnis zum Bürger) haben muß. Nach Ansicht des Europäischen Gerichtshofes kommen deutsche Verwaltungsvorschriften als Umsetzungsakte nicht in Betracht, da deren Bindungswirkung nicht verbindlich festgestellt sei.

890. Sowohl in der juristischen Lehre als auch in der Rechtsprechung ist mit unterschiedlichen Begründungen versucht worden, eine Bindungswirkung von Umweltstandards in Verwaltungsvorschriften zu konstruieren. Die rechtliche Einordnung von Technischen Anleitungen als antizipierte Sachverständigengutachten, wie sie das Bundesverwaltungsgericht früher vertreten hat (vgl. BVerwGE 55, 250), hat nur zur Folge, daß die Verwaltungsvorschriften als aktueller Sach- und Wissensstand berücksichtigt werden, einem fundierten Gegenbeweis aber zugänglich sind. Sie entfalten daher keine tatsächliche Bindungswirkung, auch wenn sie zunächst als Standard in einem Gerichtsverfahren akzeptiert werden. Im übrigen begegnet diese Einordnung dem Bedenken, daß Umweltstandards nicht bloße Feststellungen des Wissensstandes sind, sondern auch Wertungen enthalten. Im Bereich des Atomrechts wurde die Bindungswirkung von Umweltstandards als normkonkretisierende Verwaltungsvorschriften vom Bundesverwaltungsgericht (BVerwGE 72, 300 ff.) ausdrücklich anerkannt. Während einige Oberverwaltungsgerichte mittlerweile die Bindungswirkung der TA Luft (als normkonkretisierende Verwaltungsvorschrift) bejahen und ein Großteil des rechtswissenschaftlichen Schrifttums die Rechtsfigur der normkonkretisierenden Verwaltungsvorschrift akzeptieren, hat das Bundesverwaltungsgericht für die TA Luft diesen Weg nicht beschritten und eine entsprechende Einordnung offengelassen. Es ist angesichts neuerer Entwicklungen zu diesem Themenkomplex (BVerfGE 61, 82, 111, 114f.; 72, 195, 206; 83, 130, 147 ff.; 34, 50f., 84) wenig wahrscheinlich, daß sich die höchstrichterliche Rechtsprechung in diese Richtung bewegen wird. In neuerer Zeit ist sogar eine Rückbesinnung auf das Denkmodell des antizipierten Sachverständigengutachtens erkennbar.

891. Angesichts dieser unklaren rechtlichen Situation und der sich ausweitenden Regelungsaktivitäten der Europäischen Union besteht ein gewisser Konsens in der juristischen Diskussion, daß mit den Entscheidungen des Europäischen Gerichtshofes das Ende der Ära der Verwaltungsvorschriften, soweit sie Umweltstandards enthalten, eingeleitet wurde.

Wichtige Verwaltungsvorschriften im Bereich des Immissionsschutzrechts und des Wasserrechts wurden beziehungsweise werden daher als Reaktion auf die Rechtsprechung des Europäischen Gerichtshofes als Rechtsverordnungen neu gefaßt (22. BImSchV vom 26.10.1993, Überarbeitung der Abwasserverwaltungsvorschrift).

892. Unabhängig von der Rechtsprechung des Europäischen Gerichtshofes ist die Entwicklung hin zu den Rechtsverordnungen auch aus anderen Gründen zu begrüßen. Tatsächlich haben sich die Unterschiede zwischen Verwaltungsvorschrift und Rechtsverordnung derart verringert, daß Verwaltungsvorschriften als Rechtsformen für Umweltstandards nicht notwendig erscheinen. Zum einen erfolgt in der Praxis die Wahl der Rechtsform unabhängig von dem jeweiligen Regelungsinhalt. Vergleichbare Sachverhalte werden teilweise in Verwaltungsvorschriften, teilweise in Rechtsverordnungen geregelt. Zum anderen gibt es keine notwendigen Unterschiede hinsichtlich der Regelungstiefe. Drittens ist der zeitliche Aufwand zur Erstellung einer Verwaltungsvorschrift in einem Maße angestiegen, der mit der Dauer eines Verordnungsgebungsverfahrens vergleichbar ist. Dies gilt insbesondere für die Verwaltungsvorschriften, für deren Erstellung ein formalisiertes Verfahren vorgesehen ist. Den Vorteil der Anpassungsflexibilität und größeren Praktikabilität hat die Verwaltungsvorschrift insoweit eingebüßt. Die möglicherweise geringere Anwendungsflexibilität der Rechtsverordnung läßt sich durch besondere Regelungen ausgleichen.

893. Es ist richtig, daß die bindende Wirkung der Rechtsverordnung die Rechtssicherheit für Behörden, Unternehmen und Gerichte erhöht, aber quasi spiegelbildlich auch zu einer geringeren Flexibilität bei der Anwendung im Einzelfall führt. Das Ausmaß dieser Flexibilitätseinbuße ist aber umstritten (GUSY, 1995, S. 109 ff.). Dabei geht es einmal um die Behauptung, daß Rechtsverordnungen eine größere zeitliche Stabilität besitzen, zum anderen um den Nachteil, daß Umweltstandards in Rechtsverordnungen – im Gegensatz zu Verwaltungsvorschriften – auch dann verbindlich sein sollen, wenn sie im Einzelfall nicht passen (atypischer Fall) oder dem inzwischen erreichten Stand von Wissenschaft und Technik nicht mehr entsprechen.

894. Diese möglichen Nachteile können einmal dadurch abgemildert werden, daß man dem Verordnungsgeber, wie vom Umweltrat vorgeschlagen, periodische Novellierungspflichten auferlegt. Durch die verstärkte Verwendung geeigneter nichthoheitlicher Normen kann zudem in Bereichen, die besonders flexibler Instrumente bedürfen, oder soweit akuter Handlungsbedarf besteht, der nicht durch eine rechtzeitige Novellierung aufgefangen werden kann, ebenfalls ein gewisser Ausgleich geschaffen werden. Zum anderen könnte durch Dynamisierungsklauseln in den Rechtsverordnungen und/oder flexible Instrumente dem Bedürfnis der Verwaltung nach stärker einzelfallbezogenen Entscheidungen Rechnung getragen werden, ohne daß die grundsätzliche Bindungswirkung der Umweltstandards verloren ginge.

Zum Teil gibt es solche Klauseln bereits (vgl. §§ 10, 12, 33, 34 13. BImSchV; § 2 Abs. 6 S. 3 18. BImSchV).

895. Zu denken ist an folgende Vorkehrungen:

– In den Rechtsverordnungen können anstelle von fixen Werten Mindeststandards mit Spannweiten für eine Verschärfung normiert werden.

– Die Rechtsverordnungen könnten ausdrücklich Abweichungen für atypische Fälle und erhebliche Änderungen des Standes der Wissenschaft und Technik vorsehen.

– Umweltstandards in Rechtsverordnungen könnten als bloße Richtwerte ausgestaltet werden.

– In Genehmigungen könnte eine „Öffnungsklausel" (Nebenbestimmung) aufgenommen werden, die bei erheblichen Änderungen der technischen Entwicklung einen zeitlich begrenzten Rückgriff auf strengere neuere nichthoheitliche Normen zuläßt, soweit diese staatlich rezipiert wurden.

– Genehmigungen könnten verstärkt zeitlich beschränkt erlassen werden; Grundlage für Genehmigungen könnte auch ein zeitlich festgelegter Plan sein, der bereits vorab Reduktionsziele festlegt.

4.3.5.2 Nichthoheitliche Standardsetzung versus vereinheitlichte Vorgehensweise

896. In Frage zu stellen ist auch, ob auf die Umweltstandards von privaten Normungsinstitutionen zugunsten einer weitgehenden Vereinheitlichung verzichtet werden soll. Nach Auffassung des Umweltrates kann auf nichthoheitliche Umweltstandards nicht verzichtet werden. Zur Ergänzung und Entlastung der staatlichen Stellen besitzen sie insbesondere aufgrund des raschen Voranschreitens der technischen Entwicklung und des eingeschränkten Sachwissens der Exekutive einen hohen Stellenwert. Dies gilt vor allem für besonders komplexe Sachverhalte, für die „Experimentierphase" der Setzung von Umweltstandards und den Unterbau staatlicher Umweltstandards. Durch die sukzessive Zurückdrängung der Verwaltungsvorschriften und Parallelentwicklungen in der Europäischen Union wird die Bedeutung der nichthoheitlichen Normen eher steigen. Da auch bisher schon eine Vielzahl von Umweltstandards in Verwaltungsvorschriften auf privaten Regelwerken beruhen, würden sich durch ein Verbot nichthoheitlicher Umweltstandards tatsächlich kaum Änderungen ergeben. Durch qualifizierte Verfahrensanforderungen könnte dagegen schon auf der Ebene der Erarbeitung nichthoheitlicher Umweltstandards eine höhere Regelungsqualität erreicht werden. Allerdings bleiben im Hinblick auf die besondere staatliche Verantwortung nichthoheitliche Umweltstandards problematisch, soweit es um den Schutz vor besonders hohen Risiken geht.

897. Den nichthoheitlichen Umweltstandards, insbesondere solchen, die von privaten Normungsorganisationen erlassen werden, wird im rechtswissenschaftlichen Schrifttum mit noch größerer Skepsis begegnet als exekutivischen Umweltstandards (BATTIS und GUSY, 1988, Tz. 315 ff.; WOLF, 1986, S. 430;

RITTSTIEG, 1982, S. 214 ff.). Ein demokratischen und rechtsstaatlichen Anforderungen entsprechendes Verfahren, das eine angemessene Öffentlichkeitsbeteiligung einschließt, muß als Voraussetzung für die staatliche Anerkennung bestimmte Anforderungen an die Organisation und das Verfahren der Normsetzung erfüllen. Die Objektivität und Neutralität der Festsetzung sowie die Vereinbarkeit des Regelwerks mit den gesetzlichen Wertungen muß sichergestellt sein. Grundsätzlich sollte daher ein Verfahren für die Erstellung nichthoheitlicher Normen angestrebt werden, das sich an dem entwickelten und vorgeschlagenen Mehrstufenmodell und an den Vorgaben für den Erlaß von Rechtsverordnungen orientiert (Tz. 867 ff. und 895). Die Erfüllung dieser Vorgaben könnte als Eingangskontrolle für eine staatliche Rezeption dienen.

898. Diese Rezeption bedarf der Entscheidung im Einzelfall. Bei sogenannten dynamischen Verweisungen auf die jeweilige nichthoheitliche Norm findet eine schleichende und in ihren Wirkungen nur schwer kontrollierbare Übertragung von Hoheitsbefugnissen auf hierzu nicht spezifisch ermächtigte Organisationen statt. Dynamische Verweisungen werden von der herrschenden Meinung folglich für unzulässig gehalten (BVerfGE 47, 285, 311 ff.). Auch die Einführung eines Verfahrens der Erarbeitung von nichthoheitlichen Umweltstandards, das demokratischen und rechtsstaatlichen Grundsätzen entspräche, kann bei heutiger Sicht der Dinge diese Zweifel an der Zulässigkeit einer dynamischen Verweisung nicht beseitigen. Der Legitimierungszusammenhang vom Gesetzgeber hin zu den privaten Gremien würde andernfalls verwischt und hielte einer verfassungsrechtlichen Überprüfung nicht stand. Soweit diese Umweltstandards staatlicherseits rezipiert wurden, könnte man ihnen die Wirkung einer widerlegbaren Vermutung zuerkennen. Dieses Konzept würde den Bogen des rechtlich Zulässigen nicht überspannen, da einerseits das Zustandekommen der Umweltstandards demokratischen und rechtsstaatlichen Anforderungen entspräche und andererseits auch deren gerichtliche Kontrolle gesichert wäre.

4.3.6 Zu den Rechtsfragen der Setzung von Umweltstandards auf EU-Ebene

4.3.6.1 Inhaltliche und verfahrensbezogene Vorgaben

899. Aufgrund der Eigenart der Strukturen und der Verteilung der Kompetenzen innerhalb der Europäischen Union, insbesondere des Fehlens einer klaren Herausbildung von Legislative, Exekutive und Verwaltung und – dadurch bedingt – einer ausgeprägten Gewaltenteilung, wirft die Setzung von Umweltstandards in der Europäischen Union vielfach andere Probleme auf als in Deutschland. Soweit Umweltstandards vom Ministerrat, wie vielfach, durch Richtlinien oder – ausnahmsweise – durch Verordnung erlassen werden, besteht das im deutschen nationalen Recht auftretende Problem mangelnder Determination des Inhalts von Umweltstandards durch das Ge-

setz nicht. Allerdings sind – wie im Prinzip im deutschen Recht auch – Bindungen aus der „Verfassung" der Union, dem EG-Vertrag, zu beachten. Vergleichbar ist die Problematik aber, soweit die Kommission ermächtigt ist, selbst Umweltstandards zu erlassen.

900. Für Umweltstandards, die durch den Ministerrat erlassen werden, ergeben sich inhaltliche Bindungen aus den im EG-Vertrag (EGV) niedergelegten Grundsätzen der Umweltpolitik der Gemeinschaft. Aus Artikel 130r des EG-Vertrages lassen sich einige Prinzipien entnehmen, die bei der Festsetzung von Umweltstandards zu beachten sind:

– Das Ziel, die Umweltqualität zu verbessern (Abs. 1, 1. Anstr.), das über die bloße Bewahrung des status quo hinausweist und der Gemeinschaft die Aufgabe stellt, das Ausmaß der Umweltbeeinträchtigungen zu vermindern (NETTESHEIM, 1995, Art. 130r Rz 21).

– Die Grundsätze der vorsorgenden, vorbeugenden und am Ursprung ansetzenden Bekämpfung von Umweltbeeinträchtigungen (Art. 130r Abs. 2 EGV). Für die Umweltstandardfestsetzung läßt sich daraus entnehmen, daß sie jedenfalls die Umweltwirkungen in ihrer Gesamtheit und damit auch die Kumulationsproblematik zu beachten hat.

– Nach Artikel 130r Abs. 3, 1. Anstrich berücksichtigt die Gemeinschaft bei der Erarbeitung ihrer Umweltpolitik die verfügbaren wissenschaftlichen und technischen Daten. Diese Anforderung kann retardierend wirken, aber auch eine dynamische Umweltpolitik stützen, wenn verläßliche Daten über die Auswirkungen bestimmter Aktivitäten auf die Umwelt verfügbar sind.

Abgesehen von diesen Bindungen aus der „Verfassung" der Europäischen Union, enthalten bisweilen Rahmenrichtlinien Kriterien für die Entwicklung von Umweltstandards oder Einzelrichtlinien solche für deren Änderung durch den Ministerrat. Dies gilt etwa für die Richtlinie 76/464/EWG betreffend die Verschmutzung infolge der Ableitung gefährlicher Stoffe in die Gewässer der Gemeinschaft: Danach hat der Ministerrat auf Vorschlag der Kommission Qualitätsziele für (die schädlichsten) Stoffe aus der Liste I „nach Maßgabe der Toxizität, der Langlebigkeit und der Akkumulation in lebenden Organismen und in Sedimenten, wie sie sich aus jüngsten wissenschaftlich erwiesenen Daten ergeben" festzulegen (Art. 6 Abs. 2). Nach der Industrieanlagen-Richtlinie (84/360/EWG) erfolgt die Umweltstandardfestlegung auf der Grundlage der besten verfügbaren Technologien (zu nicht unverhältnismäßigen Kosten) und unter Berücksichtigung von Art, Menge und Schädlichkeit der Emissionen (Art. 8). Die neue Tendenz im Gewässerschutz geht dahin, nur Gemeinschaftskriterien zu formulieren und die Umweltstandardfestsetzung bei vorgeschriebener Öffentlichkeitsbeteiligung den Mitgliedstaaten zu überlassen (vgl. Vorschlag für eine Richtlinie des Rates über die ökologische Qualität von Gewässern, ABl. 1994 Nr. C 222, S. 6).

901. Auch für die vielfach vorgesehene Überprüfung der Umweltstandards nach Ablauf einer bestimmten Frist werden keine einheitlichen Kriterien genannt. So haben zum Beispiel die Vorschläge zur Neufestsetzung der Umweltstandards nach der Großfeuerungsanlagen-Richtlinie (88/609/EWG) den „Stand der Technik" und die „Umwelterfordernisse" zu berücksichtigen (Art. 4 Abs. 2), während die Vorschläge für eine Verschärfung der Kfz-Abgaswerte nach Art. 4 der Richtlinie 91/441/EWG von der Kommission bis Ende 1992 „unter Berücksichtigung des technischen Fortschritts" vorzulegen waren; allerdings dürfte die Notwendigkeit, die Umweltqualität zu verbessern, impliziert sein. Für die Grundwasserschutz-Richtlinie (80/68/EWG) hingegen wird in Art. 20 lediglich vorgegeben, daß erforderliche Ergänzungen „im Lichte der gewonnenen Erfahrungen" zu beschließen sind.

902. Soweit die Änderung von Umweltstandards durch die Kommission im Ausschußverfahren erfolgt, finden sich, abgesehen vom grundlegenden Programm der „Anpassung an den wissenschaftlichen und technischen Fortschritt", keine inhaltlichen Kriterien, die bei der Standardsetzung zu berücksichtigen sind.

Insgesamt dürfte die Steuerungswirkung derartiger Formeln, zumal sie Konflikte praktisch ungelöst lassen, gering sein. Die Gründe für die Uneinheitlichkeit dürften sowohl in unterschiedlichen Innovationszyklen einzelner Branchen als auch in qualitativen Unterschieden der Interessenvertretung einzelner Wirtschaftszweige bei den EG-Organen und den Regierungen der Mitgliedstaaten liegen. Die Uneinheitlichkeit hängt auch damit zusammen, daß die Rechtsakte verschiedenen Perioden der europäischen Rechtsetzung entstammen.

903. Es existiert keine allgemeine Rechtsvorschrift, die das Vorgehen der Gemeinschaftsorgane bei der Festsetzung von Umweltstandards regelt. Hervorzuheben ist die in vielen Richtlinien enthaltene Forderung nach regelmäßiger Anpassung an den technischen und wissenschaftlichen Fortschritt, die die Gemeinschaftsorgane auf eine periodische Revision der Umweltstandards verpflichtet, ohne freilich diese Verpflichtung zu sanktionieren. Verfahrensregeln bestehen hinsichtlich der Standardsetzung im Wege der „Gesetzgebung" durch den Ministerrat (Art. 100a Abs. 1, 130s EGV) und der exekutivischen Standardsetzung im Ausschußverfahren. Die formellen Regeln beschränken sich im wesentlichen auf das eigentliche Entscheidungsverfahren und regeln nicht die Einbringung externen Sachverstandes; eine Beteiligung der Öffentlichkeit ist ebenfalls nicht vorgesehen. Es entspricht jedoch ständiger Praxis, Vertreter europäischer Verbände auf informeller Grundlage zur Mitwirkung zuzulassen. Die Umweltorganisationen machen derzeit aber noch wenig davon Gebrauch (Tz. 828).

904. Insgesamt sind vor allem die Verfahrensvorgaben im Bereich exekutivischer Setzung europäischer Umweltstandards unzureichend. Unter Berücksichtigung der Überlegungen zu den nationalen Umweltstandards, die entsprechend auch für die europäische Standardsetzung zu gelten haben, erscheint jedenfalls eine prozedurale Vereinheitlichung der Festsetzung von Umweltstandards sowie deren verfahrensrechtliche Ausgestaltung im Hinblick auf Umweltbelange wünschenswert (vgl. Tz. 215 f.).

Das Problem liegt freilich darin, daß eine einfache Übertragung nationaler Modelle nicht möglich ist. Eine direkte Beteiligung nationaler Umweltinteressen in der jeweiligen Vertretung des Mitgliedstaates, entsprechend der Praxis zur Vertretung der Interessen der Bundesländer, würde innere Konflikte aufdecken und gegebenenfalls die nationale Verhandlungsposition schwächen. In Betracht kommt daher neben einer Verstärkung der Beteiligung bei der Formulierung einer nationalen Position wohl nur eine Beteiligung europäischer Dachverbände des Umweltschutzes, die wegen des geringen Organisationsgrades von Umweltinteressen auf der Ebene der Gemeinschaft vorläufig wohl nur als Option für die Verbände, die eine echte Verfahrenspflicht vorstellbar ist (VIEBROCK, 1994, S. 218-221). Es wird im übrigen nicht verkannt, daß sich jede Reform des Verfahrens der Setzung von europäischen Umweltstandards in die allgemeine Diskussion über die institutionelle Reform der Europäischen Union einfügen muß. Von daher sind die Chancen auf isolierte Veränderungen gering. Der Umweltrat fordert die Bundesregierung auf, dieser Frage im Rahmen der Regierungskonferenz von 1996 erhöhte Aufmerksamkeit zu schenken.

905. Neben der Setzung hoheitlicher Umweltstandards besteht auch die Möglichkeit, Umweltstandards aufgrund Delegation durch nichthoheitliche europäische Normungsinstitutionen zu erlassen. Die Entschließung des Ministerrates vom 7. Mai 1985 über eine neue Konzeption auf dem Gebiet der technischen Harmonisierung und der Normung (ABl. C 136, S. 1), die die Gemeinschaft auf die Formulierung grundlegender Anforderungen beschränkt und Grenzwertfestsetzungen an die europäischen Normungsinstitutionen delegiert, ist Grundlage für die Aufgabenübertragung an CEN/CENELEC (Tz. 841). In umweltbezogenen Richtlinien finden sich bisher Delegationen dieser Art nur selten (so in der Bauprodukte-Richtlinie und in der Richtlinie über Verpackungsabfälle), werden aber in Zukunft sicher größere Bedeutung gewinnen, vor allem im Bereich der Produktregulierung.

906. Explizite Verpflichtungen von CEN/CENELEC zur Berücksichtigung spezifischer ökologischer Kriterien oder Ziele gibt es nur insoweit, als die grundlegenden Umweltanforderungen der Richtlinien zu beachten sind. Es besteht eine Verfahrensregelung, die eine „wirkliche Beteiligung" aller interessierten Kreise, „insbesondere staatlicher Behörden, Industrie, Anwender, Verbraucher, Gewerkschaften", anstrebt (Allgemeine Leitsätze der Zusammenarbeit der Kommission mit CEN/CENELEC, 1985).

Am Verfahren der Normsetzung durch CEN/CENELEC gibt es umweltpolitisch motivierte Kritik. So wird gerügt, daß eine Überprüfung verabschiedeter Normen daraufhin, ob sie die Schutzziele der jeweiligen Richtlinie umsetzen, nicht stattfindet (TAB-Brief Nr. 8/1994, S. 10 f.). Die Dachorganisation der europäischen Umweltverbände, das Europäische Umweltbüro in Brüssel, ist in dem 1993 geschaffenen

Programmkomitee Umwelt (PC7) des CEN, das lediglich begleitende und beratende Funktion hat, neben zahlreichen Industriedelegierten nur mit einem Mitglied vertreten. Entsprechend der Struktur von CEN/CENELEC muß die Mitwirkung von Umweltverbänden in erster Linie über die nationalen Normungsorganisationen erfolgen. Auf diesem Wege ist eine ausreichende Vertretung von Umweltinteressen nicht gewährleistet. Daher strebt das Europäische Umweltbüro einen offiziellen Beobachterstatus bei CEN an. Mit finanzieller Unterstützung der Generaldirektion Umwelt der Europäischen Kommission soll ein Normungsbüro der Umweltverbände eingerichtet werden, um den europäischen Normungsprozeß kritisch begleiten zu können.

907. Reformvorschläge zum europäischen Normungsverfahren hat eine Studie im Auftrag des Büros für Technikfolgenabschätzung beim Deutschen Bundestag erarbeitet (FÜHR et al., 1995). In der Studie werden zunächst rechtliche Prüfkriterien für Verfahren privater Normsetzung abgeleitet, nämlich Angemessenheit des Verfahrensablaufs, ausgewogene Zusammensetzung der Gremien, Transparenz, Ergebniskontrolle und fortlaufende Anpassung. Anhand der Normerarbeitungsverfahren aus dem Bereich der Bauprodukte-Richtlinie und der Verpackungs-Richtlinie weist die Studie die unzulängliche Anwendung dieser Kriterien nach. Die Studie schlägt eine an Transparenz und demokratischer Kontrolle orientierte Reform der Verfahren vor, die weder die Akteure überfordern noch die Verfahren überfrachten soll. Dabei umfaßt die Reform sowohl den Bereich der Abläufe von Normungsverfahren als auch institutionelle Maßnahmen bei Normungsorganisationen und EU-Institutionen.

908. Das Reformmodell sieht vor, daß ein paritätisch besetzter „Beratender Ausschuß für umweltrelevante Normung", der sich an bestehenden Vorbildern in anderen Bereichen (z. B. Arbeitsschutz) ausrichten kann, und dem auch Umweltverbände angehören, zum geplanten Normprojekt Stellung nehmen soll. Zusätzlich zur Veröffentlichung in CEN-Newsletter und DIN-Mitteilungen sollen Normvorhaben zusammen mit den Arbeitsdokumenten und dem Arbeitsplan in einem neu zu schaffenden, allgemein zugänglichen Informationssystem veröffentlicht werden. Um Gemeinwohlbelange ausreichend zu berücksichtigen, wird nach dem Vorschlag ein Scoping-Schritt eingefügt. Dabei sollen die Mitglieder des jeweiligen Arbeitsgremiums (Technisches Komitee usw.) verpflichtet sein, vor dem Hintergrund ihrer Fachkenntnisse anhand eines Katalogs zu prüfen, ob und in welcher Intensität Gemeinwohlbelange von ihrem Normungsvorhaben betroffen sind. Außerdem sollen Vertreter von Umweltverbänden an der Abschlußprüfung der Scoping-Punkte beteiligt werden. Zusätzlich zur ersten Prüfung durch die Normenprüfstelle soll eine Gegenprüfung der Scoping-Liste durch die Koordinationsstelle Umweltschutz durchgeführt werden. Anschließend soll der Normentwurf mit Begründung veröffentlicht werden, wobei Minderheitenvoten zu dokumentieren sind. Die endgültige Norm soll zusammen mit der Begründung und der Dokumentation der Entscheidungsfindung verfügbar gemacht werden. Das Einspruchsrecht wird nach

dem Reformvorschlag auf assoziierte Mitglieder ausgedehnt, so daß hier auch Umweltverbände eingreifen können.

909. Auch nach Auffassung des Umweltrates sollten die organisatorischen und institutionellen Voraussetzungen geschaffen werden, um den durch die beschriebenen Asymmetrien benachteiligten Interessenverbänden mehr Gewicht im Normungsprozeß zu verleihen, etwa durch eine stärkere Beteiligung der Umweltverbände im Programmkomitee Umwelt und durch die Möglichkeit, mittels eines Gaststatus der Umweltvertreter in den eigentlichen Entscheidungsgremien von CEN/CENELEC unmittelbaren Einfluß auf die Normierung zu nehmen. Darüber hinaus ist eine stärkere Beteiligung der Umweltverbände in den nationalen Spiegelgremien erforderlich, da diese aufgrund der institutionellen Struktur der europäischen Normung ein besonderes Gewicht besitzen.

4.3.6.2 Zu den Rechtsformen von Umweltstandards

910. Die im deutschen nationalen Recht bedeutsame Frage nach der Wahl zwischen Rechtsverordnung und Verwaltungsvorschrift als Rechtsform für Umweltstandards ist im EU-Recht nicht erheblich. Auf die in letzter Zeit grundsätzlich diskutierten Fragen der Rangordnung der Rechtsakte der Europäischen Union ist hier nicht näher einzugehen. Es ist jedenfalls zweifelhaft, ob Umweltstandards grundsätzlich als Richtlinie des Ministerrates zu erlassen sind oder ob die im Ausschußverfahren erlassene Richtlinie der Kommission eine umweltpolitisch sinnvolle und nach dem EG-Vertrag zulässige Rechtsform darstellt.

Im Grundsatz stellt sich wie im deutschen Recht die Frage, ob Standardsetzung als eine „wesentliche" Frage des politischen Gemeinwesens der Legitimation durch Entscheidung des Gesetzgebers und das heißt im europäischen Kontext insbesondere: unter Mitwirkung des Parlaments bedarf. Einerseits zeigt die verbreitete Praxis der Aufstellung von Umweltstandards im europäischen Gesetzgebungsverfahren, daß die Technizität von Umweltstandards, die Komplexität der wissenschaftlichen und technischen Erkenntnisse und die Dynamik ihrer Veränderungen die gesetzgebende Gewalt nicht notwendig von der Standardsetzung ausschließen. Andererseits ist die Zahl gemeinschaftsrechtlicher Umweltstandards – gemessen an den deutschen Standards – bisher gering, der Entscheidungsprozeß ist wegen der Notwendigkeit einer Abstimmung mitgliedstaatlicher Belange langwierig und die bisher beschränkte Rolle des Parlaments hat die Entscheidungsfindung begünstigt. Auch hat sich das Ausschußverfahren wegen der Verknüpfung von Sachkompetenz und soziokultureller Diversität bewährt (ROETHE, 1994). Diese Gesichtspunkte sprechen dafür, auch auf europäischer Ebene eine Delegation zuzulassen, ohne freilich die Möglichkeit der Entscheidung im Wege der Gesetzgebung auszuschließen.

911. Der Europäische Gerichtshof hat das Ausschußverfahren grundsätzlich gebilligt (Rs. 25/70, Slg. 1970, 1168 – KÖSTER; Rs. 23/75, Slg. 1975, 1279 – REY SODA). Sinnvoll erschiene es, die Praxis der

Kommission, das Europäische Parlament über ihre Vorschläge im Ausschußverfahren zu informieren, zu verrechtlichen und dahin auszuweiten, daß zur Begründung im Einzelfall notwendiger politischer Legitimation oder Rückbindung an mitgliedstaatliche Interessen sowohl das Parlament als auch der Ministerrat eine Entscheidung im Wege der Gesetzgebung verlangen können. Im übrigen stehen alle Vorschläge in diesem Bereich unter dem hier nicht zu verfolgenden Vorbehalt einer Neuregelung der „Normenhierarchie" der Europäischen Union in der Regierungskonferenz von 1996.

912. In der Praxis ist auch die Setzung nichthoheitlicher Umweltstandards durch Delegation an europäische Normungsinstitutionen („Neue Konzeption", vgl. Tz. 905) anerkannt. Der Europäische Gerichtshof hat – allerdings noch vor der Einführung der „Neuen Konzeption" – eine Delegation der Festsetzung von Produktanforderungen an europäische Normungsinstitutionen nicht beanstandet (Rs. 815/79, Slg. 1980, 3583, 3607 ff. – CREMONINI). Gleichwohl ist die „Neue Konzeption" hinsichtlich ihrer Vereinbarkeit mit Artikel 145 EG-Vertrag nicht unumstritten (vgl. BREULMANN, 1993, S. 175 ff.; JOERGES et al., 1988, S. 380 ff.). In der Sache geht es vor allem darum, welche Entscheidungsbefugnisse dem Ministerrat sowie der Kommission der Gemeinschaft vorbehalten sein müssen, um ihre Eigenverantwortung zu wahren. Grundsätzlich muß der Ministerrat selbst wesentliche Entscheidungen treffen und die Entscheidungsspielräume der Kommission so begrenzen, daß die politischen, wirtschaftlichen und rechtlichen Auswirkungen der Maßnahmen vom Ministerrat bestimmt und nicht von der Kommission beeinflußt werden (GRABITZ, 1980). Dies gilt erst recht, wenn die Kommission Ausführungsbefugnisse delegiert. „Ermessensentscheidungen dürfen nicht an vertragsfremde Einrichtungen übertragen werden" (EuGH, Rs. 9/56, Slg. 1958, 9 – MERONI). Europäische Normen sind faktisch verbindlich, da von ihnen nur im Schutzklauselverfahren oder aufgrund einer zeitraubenden individuellen Zulassung abgewichen werden kann. Mit der Eigenverantwortung der Gemeinschaftsorgane dürfte daher eine „dynamische Verweisung" auf europäische Normen ohne eine gemeinschaftsrechtliche Rezeption, das heißt die Überprüfung auf Übereinstimmung mit den grundlegenden, in der betreffenden Richtlinie niedergelegten Umweltanforderungen, schwer vereinbar sein. Die mögliche Alternative einer stärkeren Konkretisierung der umweltbezogenen Anforderungen in der Richtlinie selbst stößt auf praktische Schwierigkeiten. Dies spricht eher gegen eine weitgehende Ersetzung des hoheitlichen durch nichthoheitliche Standardsetzungsverfahren im politisch sensiblen Bereich des Umweltschutzes.

4.4 Schlußfolgerungen und Handlungsempfehlungen

913. Umweltstandards sind quantitative Festlegungen zur Begrenzung verschiedener Arten von anthropogenen Einwirkungen auf den Menschen und/oder die Umwelt, die aus Umweltqualitätszielen abgeleitet werden (SRU, 1994, Tz. 180). Überwiegend handelt es sich dabei um maximal zulässige Konzentrationen von Stoffen (Chemikalien) oder um Dosisleistungen (energiereiche Strahlen) oder um andere physikalische Einwirkungen (z. B. Lärm). Man bezeichnet sie auch als Grenzwerte. Daneben werden auch Verbote und Gebote als Umweltstandards im weiteren Sinne verstanden.

Der Umweltrat unterscheidet Umweltstandards ferner nach ihrer rechtlichen Verbindlichkeit und unterteilt sie in hoheitliche und nichthoheitliche Umweltstandards. Hoheitliche Umweltstandards sind in Rechtsvorschriften festgelegt und werden nach Grenz- und Richtwerten unterschieden. Die nichthoheitlichen Umweltstandards umfassen demgegenüber diejenigen Standards, die nicht in Rechtsvorschriften festgelegt sind. Sie können von privatrechtlich organisierten Sachverständigengremien oder auch von Zusammenschlüssen von Trägern öffentlicher Aufgaben, öffentlich-rechtlichen Sachverständigengremien sowie vergleichbaren Einrichtungen empfohlen werden.

914. Umweltstandards sind in Form von Grenzwerten vor mehr als einhundert Jahren eingeführt worden. Sie dienten als wirkungsbezogene Zahlenwerte lange Zeit ausschließlich dem Gesundheitsschutz. Dabei spielte der Arbeitsschutz eine Vorreiterrolle, die etwa 60 Jahre lang vorwiegend von Deutschland wahrgenommen wurde. Standards zum Schutz der weiteren Umwelt existieren erst seit Mitte dieses Jahrhunderts.

Bis in die sechziger Jahre wurden Standards weitgehend durch nichthoheitliche Körperschaften in Wahrnehmung bestimmter Aufgaben und Interessen aufgestellt. Seither findet eine zunehmende rechtliche Einbindung statt, ohne daß auf nichthoheitliche Standards, die rascher und flexibler festgelegt werden können, verzichtet wurde.

Ursprünglich orientierten sich Standards ausschließlich am Prinzip der regelhaften Abhängigkeit von Dosis und Wirkung. Damit beschränkte sich die Grenzwertfindung weitgehend auf die naturwissenschaftliche Ermittlung von Schwellenwerten, bei deren Unterschreitung Schäden verhindert oder weitgehend vermindert werden sollten. Dieses Prinzip war im Gesundheitsschutz ohne weiteres durchsetzbar. Seit etwa zwei Jahrzehnten werden zunehmend neue Bewertungselemente in Betracht gezogen, vor allem durch die Aufdeckung neuartiger, irreversibler Schadeffekte (Erbschäden und Krebs) und durch die Einbeziehung weiterer Aspekte in die Standardsetzung: Kostenbelastungen, Einschränkungen im Individualverhalten, unterschiedliche Prioritäten verschiedener Umweltgüter und Fragen der Akzeptanz und politischen Durchsetzbarkeit. Damit wurden Standardsetzungen über die rein naturwissenschaftliche Ebene hinaus zum politischen Entscheidungsprozeß angehoben. Dieser erfordert die Einbeziehung gesellschaftlicher Gruppen zum Abgleich unterschiedlicher Interessen.

Zunehmende Aktivitäten im Umweltbereich, gestützt von Medien in intensiver Wechselwirkung mit einem ständig steigenden Umweltbewußtsein und Sicherheitsbedürfnis der Öffentlichkeit, erzeugten wachsenden Handlungsdruck sowohl bei staatlichen Einrichtungen als auch bei nichthoheitlichen Körperschaften, ständig neue Standardsetzungsverfahren in Gang zu setzen. Immer häufiger wird dabei, vor allem bei angeschuldigten Schadstoffen, die Situation angetroffen, daß keine oder keine hinreichenden Daten für eine wirkungsbezogene Standardsetzung vorliegen. Dieses Defizit – in Verbindung mit mehr oder weniger auch in nicht naturwissenschaftlichen Disziplinen diskutierten Zweifeln an der Solidität naturwissenschaftlicher Aussagen schlechthin, die pauschal als „Wissensdefizite" zusammengefaßt werden – hat immer häufiger dazu geführt, den Weg der Vorsorge zu beschreiten. Das Vorsorgeprinzip verwischt zwar die herkömmlichen Bewertungsmaßstäbe, gewinnt aber in zunehmendem Maße bei Standardsetzungen, zumindest als Teilkomponente, in der Entscheidungsfindung an Einfluß.

915. Die vorgenannten Entwicklungen haben mit dem ständigen Ansteigen der Zahl von Umweltstandardtypen und -systemen zu einer kaum noch überschaubaren Vielfalt von Standards geführt. Der Umweltrat hat in einer umfassenden Bestandsaufnahme der in Deutschland etablierten Standards 154 Listen mit Umweltstandards unterschiedlichster Art ermittelt. Eine kritische Auswertung dieser Zusammenstellung ergibt zahlreiche grundsätzliche Unterschiede und verfahrensmäßige Unzulänglichkeiten im System. Die wichtigsten sind:

– eine begriffliche und nomenklatorische Vielfalt mit weitgehend undefinierten Inhalten,

– mangelnde Beteiligung von Öffentlichkeit und gesellschaftlichen Gruppen,

– fehlende oder unzureichende Begründung für die getroffene Entscheidung bei der weit überwiegenden Zahl von Standards,

– mit wenigen Ausnahmen das Fehlen klarer Verfahrensordnungen sowie die häufige Nichtveröffentlichung der Rekrutierung und der Zusammensetzung von Entscheidungsgremien und

– uneinheitliche Zuordnung der rechtlichen Verbindlichkeit; in den meisten Fällen das Fehlen klarer Regelungen der Überwachung und zeitlichen Fortschreibung gesetzter Standards. Die Gründe hat der Umweltrat im einzelnen zu ermitteln und zu bewerten versucht.

916. Dieser Wildwuchs von Standards, der gerade in den letzten Jahren überproportional zunimmt, führt zu Mißverständnissen, Verunsicherungen und Vertrauensschwund in der Öffentlichkeit. Als Folge wird das in vielen Belangen bewährte und in zahlreichen Gefährdungssituationen unverzichtbare Prinzip der Umweltstandards von verschiedenen Seiten in Frage gestellt. Der Umweltrat hält ungeachtet dessen am Instrument der Standards zur Lösung von Umweltproblemen fest. Er sieht aber zugleich eine Vereinfachung, Vereinheitlichung und Normierung der Standardsetzungsprozesse als eine vordringliche staatliche Aufgabe an, um die Glaubwürdigkeit des Systems zu verbessern.

917. Als handlungsweisende Empfehlung hat der Umweltrat zur Festlegung von Umweltstandards ein mehrstufiges Verfahrensmodell entwickelt (Abb. 4.22). Es sieht einen sequentiellen Ablauf von elf Stufen vor, bei denen die Informationsgewinnung als Voraussetzung der Diskussion zum Interessenausgleich verschiedener gesellschaftlicher Gruppen sowie der Entscheidungsfindung mehrere Rückkopplungen erfordert. Die erste Stufe (1) besteht in der Festlegung von Schutzobjekten (Mensch, Umweltgüter). Sie wird gefolgt von der zweiten Stufe (2) mit der Definition der Schutzziele, zum Beispiel voller Schutz oder teilweiser Schutz, Art der Vermeidungsstrategie und so weiter. Die Stufe (3) dient der Sammlung aller relevanten naturwissenschaftlichen Daten zu Vorkommen, Entstehung und Ausbreitung, chemischer Umwandlung und Wirkung von Schadstoffen beziehungsweise von physikalischen Noxen. Danach werden in Stufe (4) die Daten kritisch auf ihre Aussagefähigkeit überprüft und bewertet und eventuelle Informations- und Kenntnislücken aufgezeigt. Es folgt in der Stufe (5) ein aus den Stufen drei und vier abgeleiteter Vorschlag eines Standards oder auch mehrerer Alternativen aus naturwissenschaftlicher Sicht. Für die weitere Behandlung dieser ersten Vorschläge bedarf es der Ermittlung technischer Reduktionsmöglichkeiten in der Stufe (6), gefolgt von einer Kosten-Nutzen-Analyse in der Stufe (7), die die mit der Realisation von Standardsetzungen in verschiedener Höhe verbundenen Belastungen betroffener Kreise abschätzt. Auf der Basis der in den Stufen sechs und sieben gewonnenen Informationen erfolgt in der Stufe (8) eine Diskussion unter Beteiligung verschiedener gesellschaftlicher Gruppen, die ihre Ziele und Interessen geltend machen. Die Diskussion dient vor allem einer Optimierung der Akzeptanz von Standards in der Öffentlichkeit. Die eigentliche Entscheidung über den Standard erfolgt in der Verfahrensstufe (9) durch den oder die Entscheidungsträger, bei hoheitlichen Umweltstandards regelmäßig durch die Exekutive und bei nichthoheitlichen durch die zuständigen öffentlich-rechtlichen oder privaten Gremien. Gesetzte Standards bedürfen der Kontrolle ihrer Einhaltung, deren Art und Organisation in der anschließenden Stufe (10) noch als Teil des Entscheidungsprozesses festzulegen ist. Abschließend ist in Stufe (11) eine Fortschreibungspflicht nach Maßgabe neuer wissenschaftlicher Erkenntnisse oder veränderter gesellschaftlicher Bedürfnisse zu bestimmen.

Das elfstufige Verfahren basiert auf den folgenden Grundanforderungen:

Bei dem stufenweisen Vorgehen der Standardsetzung wird eine klare Rollenzuweisung an Entscheidungsträger, staatliche Organe, Wissenschaftler und gesellschaftliche Gruppen als die am Prozeß Beteiligten gefordert. Dabei ist nach Auffassung des Umweltrates eine operative Trennung zwischen Arbeitsstufen, in denen ausschließlich oder primär naturwissenschaftlicher und technischer Sachverstand eine Rolle spielt, und solchen Phasen, in denen politische Bewertungen vorzunehmen sind, durchaus möglich und sinnvoll. Die Rolle der Wissenschaftler

Abbildung 4.22

Modell eines Mehrstufenverfahrens zur Festlegung von Umweltstandards

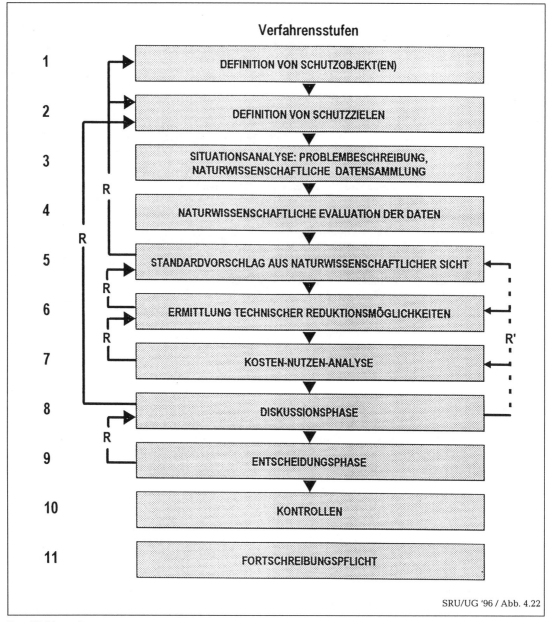

Verfahrensstufen

1. DEFINITION VON SCHUTZOBJEKT(EN)
2. DEFINITION VON SCHUTZZIELEN
3. SITUATIONSANALYSE: PROBLEMBESCHREIBUNG, NATURWISSENSCHAFTLICHE DATENSAMMLUNG
4. NATURWISSENSCHAFTLICHE EVALUATION DER DATEN
5. STANDARDVORSCHLAG AUS NATURWISSENSCHAFTLICHER SICHT
6. ERMITTLUNG TECHNISCHER REDUKTIONSMÖGLICHKEITEN
7. KOSTEN-NUTZEN-ANALYSE
8. DISKUSSIONSPHASE
9. ENTSCHEIDUNGSPHASE
10. KONTROLLEN
11. FORTSCHREIBUNGSPFLICHT

SRU/UG '96 / Abb. 4.22

R = Rückkoppelung
R' = Rückfragen

sollte frei von Interessenbindungen sein. Wissenschaftler, die bei der Festlegung von Schutzobjekten und Schutzzielen, bei der naturwissenschaftlichen Zustandsanalyse sowie bei der Ermittlung technischer Reduktionsmöglichkeiten beteiligt sind, können nicht als Vertreter gesellschaftlicher Gruppen zugelassen werden. Die gesellschaftlichen Gruppen werden durch Vorschlagsrecht bei der Definition von Schutzobjekten und Schutzzielen, Beteiligung an der Erarbeitung von Kosten-Nutzen-Analysen sowie Teilnahme an der Diskussion über Höhe und Art der Standards am Verfahren beteiligt. Die Festlegung der Standards erfolgt letztlich, unter Berücksichtigung der Belange und Argumente aller Interessengruppen, durch die zuständigen Entscheidungsträger.

Umweltstandards sollen in voller Transparenz erarbeitet und angewendet werden. Dazu gehört die veröffentlichte Begründung von Bewertungen und Entscheidungen in allen Stufen des Standardsetzungsprozesses. Ausführliche, laienverständliche Begründungen sollen nicht nur für die naturwissenschaftliche Zustandsanalyse und den dazugehörigen Standardvorschlag geliefert werden, ebenso wichtig sind Begründungen für die Kosten-Nutzen-Analysen. Des weiteren sollen die Entscheidungsträger die Festlegung der Höhe des Standards in einer ausführlichen Begründung darlegen, aus der auch die Verantwortung der an der Entscheidung Beteiligten klar ersichtlich wird. Bei exekutivischer Setzung von Umweltstandards sollte nach Auffassung des Umweltrates auch die Entscheidung des Bundesrates, jedenfalls soweit sie vom Vorschlag der Bundesregierung abweicht, nach den gleichen Maßstäben eingehend begründet werden.

Zur Transparenz von Umweltstandards gehört auch, daß sich die Mitgliedschaft von Experten in Gremien zur Standardsetzung nach klar definierten Kriterien, wie zum Beispiel dem der wissenschaftlichen Reputation, richten muß und die Zusammensetzung der Gremien veröffentlicht wird. Der Umweltrat sieht bei der Frage, wie Wissenschaftler, die in der Industrie tätig sind, in die Analyse und die weitere Diskussion einbezogen werden sollen, Klärungsbedarf auf seiten des Staates.

Umweltstandards sind nur wirksam, wenn eine Kontrolle ihrer Einhaltung durchgeführt werden kann. Dazu bedarf es der Festlegung geeigneter Methoden, in der Regel Meßverfahren und Meßstrategien. Es erhöht die Akzeptanz von Umweltstandards, wenn die Meßergebnisse der Überwachung veröffentlicht werden. Neben der Überwachung soll auch eine Fortschreibungspflicht der Umweltstandards vorgeschrieben werden. Besonders effektiv ist eine Überprüfung auf Aktualität in regelmäßigen Zeitabständen.

918. Dieses Stufenmodell ist als Idealtypus eines transparenten und auch vom Laien nachvollziehbaren Standardfindungsprozesses konzipiert. Aufgrund der Formalisierung ist das Modell nicht für alle Felder und Fragestellungen der Umweltpolitik gleichermaßen durchgängig anwendbar. Es kann und soll nach Maßgabe der jeweiligen Schutzobjekte und Schutzziele flexibel gehandhabt werden, sofern die oben aufgeführten Grundanforderungen erfüllt bleiben.

919. Der Umweltrat verkennt nicht die Schwierigkeiten, die sich Bestrebungen nach Vereinheitlichung bei den Umweltstandardsetzungsverfahren entgegenstellen, wie etwa fachspezifische, konzeptionelle Besonderheiten, die zur Ausbildung von Domänen der Standardsetzung in einzelnen Wissenschaftsbereichen und Verwaltungen geführt haben und die Verteilung von Regelungskompetenzen im föderalen System, die sich dann besonders deutlich zeigen, wenn übergreifende gesetzliche Regelungen fehlen (z. B. im Bereich Boden). Er betrachtet deshalb seine Vorschläge als ersten Anstoß für staatliches Handeln in einem längerfristigen Prozeß.

Den einleitenden, vordringlichen Schritt sieht der Umweltrat in der Schaffung eines Prototyps einer Verfahrensordnung im Sinne des vorgestellten Mehrstufenmodells. Dabei kommt der Festschreibung der nachfolgend genannten Elemente besondere Bedeutung zu, da sie bei den derzeitigen Standardsetzungsprozessen nur selten erfüllt sind. Die Kriterien der Festlegung von Schutzzielen und Schutzobjekten müssen offengelegt werden. Zur Erreichung einer hohen Transparenz des Verfahrens und damit verbunden hoher Akzeptanz der Standards sollen Neuerstellungen und Änderungen von Umweltstandards angekündigt und eine Begründungspflicht auf allen Stufen festgeschrieben werden. Mechanismen der Diskussion und Entscheidungsfindung mit Rollenbeschreibung aller Beteiligten, insbesondere der der Wissenschaftler, sowie eine Überwachungs- und Fortschreibungspflicht sollen in der Verfahrensordnung geregelt sein. Die Bildung der Gremien und Fragen der Mitgliedschaft sollen festgelegt werden.

920. Bei der Schaffung eines solchen Prototyps einer Verfahrensordnung zur Standardfestsetzung ist der Staat auf fortlaufende Beratung angewiesen. Dazu schlägt der Umweltrat die Einrichtung eines zentralen Beratungsgremiums vor, das aus Vertretern der wesentlichen Fachdisziplinen, gesellschaftlichen Gruppen und der Verwaltung, jeweils mit Erfahrung auf dem Gebiet der Standardsetzung, besteht.

921. Mit dem Vorschlag eines Verfahrens- und Organisationsmodells für die Setzung von Umweltstandards nimmt der Umweltrat die rechtswissenschaftliche Kritik an der gegenwärtigen Praxis auf. Zwar bestehen an der grundsätzlichen Notwendigkeit von Umweltstandards in untergesetzlichen Regelungen keine durchgreifenden Zweifel, jedoch bedarf es aus verfassungspolitischer Sicht verfahrensrechtlicher Vorschriften, um die fehlende Mitwirkung des Parlaments und die schwache Gesetzesabhängigkeit der Standardsetzung zu kompensieren. Diese Rahmenregelungen müssen durch Gesetz oder Rechtsverordnung erfolgen. Zu erwägen ist dabei eine übergreifende Regelung für alle Verfahren.

922. Die vom Umweltrat vorgeschlagenen Elemente des Modells der Setzung von Umweltstandards entsprechen weitgehend den Forderungen der rechtswissenschaftlichen Diskussion, die Öffentlichkeit, Transparenz der Entscheidungsfindung, Interessenrepräsentation, Regelungen über die Zusammensetzung und das Verfahren der Gremien und Revisionspflichten in den Vordergrund gestellt hat. Soweit Gremien bei der Setzung von Umweltstandards – letztlich politische – Wertungen treffen, fordert der Umweltrat im Einklang mit der rechtswissenschaftlichen Diskussion die gesetzliche Verankerung einer pluralistischen Zusammensetzung; dies schließt die ausdrückliche Berücksichtigung von Umweltinteressen ein. Hinsichtlich der Feststellung des Standes der wissenschaftlichen Erkenntnisse geht der Umweltrat von der Notwendigkeit aus, Perspektivenpluralismus zu gewährleisten. Dieser muß aber nicht durch Aufnahme von Vertretern unterschiedlicher wissenschaftlicher Positionen, sondern kann auch durch inhaltliche Berücksichtigung solcher Positionen bei der

Erarbeitung und Begründung der Entscheidung erreicht werden.

923. Als Rechtsform hoheitlicher Umweltstandards verdient die Rechtsverordnung den Vorzug vor der Verwaltungsvorschrift. Dem Bedürfnis nach Verbindlichkeit von Umweltstandards kann bei Festsetzung als Verwaltungsvorschrift nur mit juristischen Konstruktionen genügt werden, die inhaltlich umstritten und im europäischen Kontext vom Europäischen Gerichtshof ausdrücklich abgelehnt worden sind. Die Rechtsverordnung als Rechtsform bringt auch mehr als die Verwaltungsvorschrift die zentrale Bedeutung zum Ausdruck, die Umweltstandards in der Umweltpolitik zukommt. Die angenommenen Vorteile von Verwaltungsvorschriften – keine Anwendung in atypischen Fällen und bei Veraltung – lassen sich durch entsprechende Regelungen wie Härte- und Dynamisierungsklauseln sowie Revisionspflichten auch bei der Rechtsverordnung erreichen.

924. Nichthoheitliche Umweltstandards sind nach Auffassung des Umweltrats, insbesondere im Hinblick auf die rasch voranschreitende wissenschaftliche und technische Entwicklung, auch in Zukunft unentbehrlich. Sie besitzen besondere Bedeutung für besonders komplexe Sachverhalte sowie für die „Experimentierphase" der Entwicklung und den Unterbau hoheitlicher Umweltstandards. Allerdings müssen als Voraussetzung für die staatliche Anerkennung solcher Standards Vorgaben für die Organisation und das Verfahren der Entscheidungsfindung beachtet werden, die sich an dem Modell orientieren, das der Umweltrat für hoheitliche Umweltstandards entwickelt hat.

925. Im Recht der Europäischen Union bedarf die Setzung hoheitlicher Umweltstandards durch die Kommission im sogenannten Ausschußverfahren sowie die Setzung nichthoheitlicher Umweltstandards durch europäische Normungsinstitutionen einer grundlegenden Reform, die die Grundzüge des vorgeschlagenen Verfahrensmodells berücksichtigt; das Verfahren der europäischen Normungsinstitutionen muß stärker für Umweltinteressen geöffnet werden.

5 Umweltgerechte Finanzreform: Perspektiven und Anforderungen

926. Unter den Begriff einer „ökologischen Steuerreform" wird inzwischen eine wahre Flut von Vorschlägen subsumiert – von 60 neuen Einzelsteuern auf unterschiedliche Umweltnutzungen bis hin zu einer pauschalen Energiesteuer, ganz abgesehen von zahlreichen Vorschlägen zu einer umweltgerechteren Ausgestaltung der bereits existierenden Abgaben[1]) und Subventionen beziehungsweise Transfers. Im Hinblick auf eine „ökologische Steuerreform" sind bisher noch keine konkreten politischen Maßnahmen getroffen worden, sieht man von Versuchen ab, die Mineralölsteuererhöhungen der Vergangenheit unter dieser Überschrift zu rechtfertigen.

927. Obwohl es Abgabenvorschläge für praktisch alle Anwendungsfelder der Umweltpolitik gibt, zum Beispiel Luftreinhaltung und Klimaschutz, Gewässerschutz, Abfallwirtschaft und Landnutzung, ist in der Diskussion um die „ökologische Steuerreform" die Energiepolitik in Verbindung mit dem Klimaschutz in den Vordergrund getreten. In der Tat eignen sich globale Spurenstoffe in besonderer Weise für den Einsatz von „ökonomischen" Instrumenten im engeren Sinne, nämlich von Abgaben und von handelbaren Emissionsrechten. Bei der Diskussion über die Wirkung etwa von einer Energieabgabe auf das globale Klimaproblem darf man aber nicht die Wirkungen einer solchen Maßnahme auf diejenigen Emissionen vergessen, die nur national oder regional wirken. Die Vorschläge einer Energieabgabe basieren in der Regel auf der Annahme, diese Abgabe sei auch ein Mittel gegen nur national oder regional wirksame Emissionen.

928. Der Umweltrat greift diese komplexe Diskussion mit dem Ziel auf, sie in den breiteren Kontext des Leitbildes einer dauerhaft-umweltgerechten Entwicklung systematisch einzuordnen und daraus Prioritäten für das umweltpolitische Handeln in den nächsten Jahren herzuleiten. Er tut dies unter der Überschrift einer „umweltgerechten Finanzreform", um damit darauf hinzuweisen, daß es nicht einfach um die Einführung einer neuen „Superabgabe" geht, die die meisten heutigen Umweltprobleme nur vermeintlich löst, sondern um den langfristig angelegten Versuch, alle Positionen der staatlichen Budgets (also Einnahmen und Ausgaben) auf ihre Umweltrelevanz zu prüfen und so zu reformieren, daß sie zusammen mit anderen, nicht-budgetären Maßnahmen der Umweltpolitik einen optimalen Instrumentenmix für eine auf dauerhaft-umweltgerechte Entwicklung hin angelegte Wirtschafts- und Gesellschaftspolitik darstellen. Ein solches Programm kann nicht sofort in aller Breite realisiert werden, auch wenn man heute damit anfangen muß. Es stellt eine komplizierte Aufgabe

dar, weil gerade Änderungen im Finanzsystem schwierig vorherzusehende Anpassungsprozesse auslösen, die – so verlangt es das Konzept einer dauerhaft-umweltgerechten Entwicklung – hinsichtlich ihrer ökologischen, ökonomischen und sozialen Wirkungen austariert und miteinander in Einklang gebracht werden müssen.

929. In Teilkapitel 5.1 werden zunächst die Grundsätze einer umweltgerechten Finanzreform erörtert. In Teilkapitel 5.2 geht es um die konzeptionellen Bausteine einer umweltgerechten Finanzreform. Hier werden auch Erfahrungen anderer europäischer Länder mit Umweltabgaben beschrieben. In Teilkapitel 5.3 werden Maßnahmen zur Verminderung von Emissionen aus Verbrennungsprozessen diskutiert. Aufgrund der besonderen Dringlichkeit des CO_2-Problems erfolgt dessen Behandlung sowie die ökologische Bewertung der Empfehlungen gesondert von den in Teilkapitel 5.4 gewürdigten weiteren Anwendungsfeldern für Maßnahmen einer umweltgerechten Finanzreform. In Teilkapitel 5.5 werden umweltpolitische Anforderungen an die Verwendung des aus Umweltabgaben erzielten zusätzlichen Steueraufkommens erörtert. Teilkapitel 5.6 faßt die Schlußfolgerungen und Handlungsempfehlungen zusammen.

5.1 Grundsätze einer umweltgerechten Finanzreform

Umweltverträglichkeit als tragender Grundsatz staatlicher Einnahmen- und Ausgabenpolitik

930. Nahezu die Hälfte des erwirtschafteten Einkommens in Deutschland wird über Abgaben und Sozialtransfers umverteilt. Sämtliche Aktivitäten des Staates (Bund, Länder und Gemeinden) sowie das gesamte Sozialsystem werden über Abgaben in Form von Steuern, Gebühren, Beiträgen oder Sonderabgaben finanziert. Höhe und Entwicklung der Einkommensteuer und der Sozialabgaben bestimmen deutlich stärker das Lohnniveau als die in Tarifverträgen ausgehandelten Lohnsteigerungen. Verbrauchsteuern wie die Mineralölsteuer, die Tabaksteuer und die Mehrwertsteuer haben auf die Preise vieler Produkte bereits einen größeren Einfluß als die Produktionskosten. Subventionen und Beihilfen sind für zahlreiche wirtschaftliche Aktivitäten, so etwa für den Kohlenbergbau oder die Landwirtschaft, von existentieller Bedeutung. Damit beeinflussen Höhe und Struktur der Abgabenbelastung und der Staatsausgaben die ökonomischen Entscheidungen über Investition, Produktion und Konsum in erheblichem Maße und sind ein wesentlicher Bestimmungsfaktor für die vorherrschenden Produktions- und Konsummuster.

---

[1]) Der Begriff „Abgabe" wird hier im Sinne der finanzwissenschaftlichen Definition als Oberbegriff für Steuern, Gebühren, Beiträge und Sonderabgaben verstanden.

931. Das derzeitige Finanzsystem der Bundesrepublik Deutschland ist historisch gewachsen. Seine wesentliche Struktur wurde bereits in der Weimarer Republik geprägt und blieb in den Grundzügen bis heute erhalten. Standen früher jedoch nahezu ausschließlich fiskalische Ziele bei der Erhebung und Ausgestaltung von Steuern im Vordergrund (Erzielung öffentlicher Einnahmen), so kamen im Laufe der Zeit immer mehr außerfiskalische Zielsetzungen hinzu. Die an das Finanzsystem gestellten Anforderungen betrafen zunächst vor allem verteilungs- und wirtschaftspolitische Ziele. Nach und nach ist die Steuerpolitik zum wichtigsten Instrument zur Einkommensumverteilung sowie zur Schaffung wachstums- und investitionsfördernder Rahmenbedingungen geworden. Dabei blieben allerdings die durch das Finanzsystem ausgelösten ökologischen Effekte weitgehend unbeachtet.

932. Auf lange Sicht geht es im Zuge des ökologischen Umbaus der sozialen Marktwirtschaft darum, das Finanzsystem von seinen ökologisch negativen Anreizen zu befreien und es dort, wo es das effizienteste und wirkungsvollste Instrument darstellt, auch in den Dienst der Erreichung einer dauerhaft-umweltgerechten Entwicklung zu stellen. Wirtschaftliche Effizienz und Sozialverträglichkeit sind bereits seit langem tragende Grundsätze der staatlichen Einnahmen- und Ausgabenpolitik. Dies gilt für die Umweltverträglichkeit bei weitem noch nicht. Wenn der politische Konsens über das Leitbild einer dauerhaft-umweltgerechten Entwicklung nicht zu einem reinen Verbalkompromiß verkommen soll, dann muß mit dem Versuch, die ökonomische, soziale und ökologische Entwicklung miteinander in Einklang zu bringen, auch auf diesem Feld begonnen werden.

933. Der Versuch, ökonomische und soziale Entwicklung miteinander in Einklang zu bringen, hat mehr als ein Jahrhundert gedauert und ist keineswegs abgeschlossen. Immerhin ist Sozialverträglichkeit im Verlaufe dieser Entwicklung zu einem leitenden Grundsatz bei der Erhebung und Verausgabung der Staatsfinanzen geworden. Es spricht nichts dagegen, daß auch die Umweltverträglichkeit zu einem solchen tragenden Grundsatz staatlicher Einnahmen- und Ausgabenpolitik werden kann, auch wenn die Etablierung dieses Grundsatzes möglicherweise mehr Konflikte erzeugt, als es bei der Durchsetzung der Sozialverträglichkeit der Fall war. Denn während bislang nur zwei Oberziele miteinander verknüpft werden mußten (wirtschaftliche Entwicklung und Sozialverträglichkeit), tritt mit der Umweltverträglichkeit jetzt ein drittes Ziel hinzu, das im Zweifel mit den beiden anderen konfligiert, und dies vor dem Hintergrund eines jetzt schon so komplizierten Finanzsystems, daß selbst Experten Schwierigkeiten haben, seine Wirkungen in einer für die Maßnahmenplanung ausreichenden Weise zu beschreiben.

934. Eine am Leitbild einer dauerhaft-umweltgerechten Entwicklung ausgerichtete Finanzreform bedeutet nicht notwendig, daß Abgaben auf die Inanspruchnahme der natürlichen Lebensgrundlagen als dritte Säule des historisch gewachsenen staatlichen Einnahmesystems neben der Besteuerung der Einkommen und des Verbrauchs hinzukommen müssen.

Innerhalb der sogenannten ökonomischen Instrumente sind Abgaben nur eine von mehreren Möglichkeiten, umweltverträgliche Anreizstrukturen für alle diejenigen zu erzeugen, die die natürlichen Lebensgrundlagen auf die eine oder andere Weise in Anspruch nehmen, und somit das gesamte dezentrale Potential unseres Wirtschaftssystems für die dauerhaft-umweltgerechte Entwicklung zu mobilisieren. Die ausgiebige Instrumentendiskussion in der Umweltpolitik hat deutlich gezeigt, daß jeder Instrumententyp seine spezifischen Vor- und Nachteile hat und deshalb seinen komparativen Vorteilen entsprechend eingesetzt werden sollte. Insofern müssen sich auch die Maßnahmen einer umweltgerechten Finanzreform – wie jede Maßnahme der Umweltpolitik – an ihrer ökologischen Treffsicherheit und ihrer ökonomischen Effizienz messen lassen. Finanzierungsziele sollten bei ihrer Diskussion keine Rolle spielen.

935. Abgabenlösungen eignen sich besonders gut zur Grobsteuerung von Massenschadstoffemissionen, die ubiquitär auftreten und gut bilanziert werden können, wie zum Beispiel Kohlendioxid. Für die Verhaltenslenkung bei der Emission dieser Schadstoffe konkurrieren sie jedoch mit anderen ökonomischen Instrumenten, insbesondere Lizenzlösungen, die aus ökologischer Sicht Abgabenlösungen möglicherweise überlegen sind. Um eine ökologisch und ökonomisch sinnvolle Entscheidung über die beste Maßnahme zu fällen, müssen deshalb die einzelnen Umweltbeeinträchtigungen auf ihre Eignung für die Erhebung von Lenkungsabgaben geprüft werden. Da ein umweltgerechtes Finanzsystem die erforderliche zeitliche und räumliche umweltpolitische Feinsteuerung nicht allein erreichen kann, müssen finanzpolitische Maßnahmen der Umweltpolitik immer im Zusammenhang mit anderen Lösungen aus dem breiten Spektrum umweltpolitischer Instrumente geplant und durchgesetzt werden.

Behutsame und langfristige Umsetzung

936. Ungeduld bei dem Langzeitprojekt einer umweltgerechten Finanzreform ist insbesondere deshalb nicht angebracht, weil trotz aller Fortschritte bei der Ausarbeitung ökologischer und ökonomischer Modelle unsere Fähigkeit zur Vorhersage der Folgen „großer" Eingriffe in das komplexe Wirkgefüge wirtschaftlicher, sozialer und ökologischer Entwicklungen begrenzt ist. Eine Politik der kleinen Schritte dürfte auch hier die empfehlenswerteste sein. Die kurzfristige Umsetzung von höchstens in Teilen durchdachten, gutgemeinten Vorschlägen zu einer „ökologischen Steuerreform" – und 10 bis 15 Jahre sind angesichts des Ausmaßes des geforderten Wandels eine kurze Frist – kann sehr leicht die Anpassungsfähigkeit der Wirtschaft wie der Menschen überfordern. Die Umgestaltung räumlicher Wirtschaftsbeziehungen, die Veränderung der Wohn- und Gewerbestandortstruktur ebenso wie des Wohnungsbestandes und die Akzeptanz neuer, ungewohnter Lebensformen, so notwendig diese Maßnahmen langfristig zur Herstellung einer weniger energie- und materialintensiven Wirtschafts- und Lebensweise sind, bedürfen längerer Zeiträume. Auch aus naturwissenschaftlicher Sicht bestehen gewisse

Spielräume hinsichtlich des Zeitpfads der Umsetzung von Maßnahmen zur Reduzierung der Klimabeeinträchtigung durch CO_2-Emissionen (WBGU, 1996, S. 113). Dieser Tatbestand darf jedoch keinesfalls als Entwarnung mißverstanden werden: Nur wenn heute mit Maßnahmen zur Einleitung des langfristigen Wandels begonnen wird, kann dieser Wandel rechtzeitig zustandekommen, ohne daß er von den befürchteten wirtschaftlichen und sozialen Friktionen begleitet wird. Ein langfristiges Projekt einer umweltgerechten Finanzreform läßt Zeit zum schrittweisen politischen Vorgehen und zum gegebenenfalls notwendigen Nachsteuern, wenn sich ungewollte Effekte herausbilden. Es geht nicht darum, ob der mit Vorschlägen zu einer „ökologischen Steuerreform" anvisierte Strukturwandel überhaupt gewollt ist oder nicht. Zu diesem Wandel gibt es nämlich keine verantwortbare Alternative. Es geht vielmehr um die Art und den zeitlichen Einsatz der dazu erforderlichen Maßnahmen.

Sicherung der Sozialverträglichkeit

937. Der Umweltrat hat in seinem Umweltgutachten 1994 nachdrücklich darauf hingewiesen, daß der Umweltschutz als unverzichtbarer Bestandteil aller politischen Aktivitäten zu begreifen ist (SRU, 1994, Tz. 1). Über die grundsätzliche Notwendigkeit einer ökologischen Ausrichtung der Industriegesellschaft besteht heute im gesellschaftlichen wie im politischen Raum weitgehend Übereinstimmung. Im Zentrum der Auseinandersetzung über die konkreten Umsetzungsstrategien stehen jedoch gerade die sozialen Wirkungen einer ökologisch motivierten Reform. „Soweit ein umweltpolitischer Dissens zu bestehen scheint, ist dies bei näherem Hinsehen zumeist auf einen verteilungspolitischen Dissens zurückzuführen. Nicht um die Vernünftigkeit umweltschonender Maßnahmen, sondern um die Verteilung der damit verbundenen Lasten wird die eigentliche Auseinandersetzung geführt" (WEHNER, 1992, S. 3). Nach DECKER geht es bei dieser Problematik näherhin um einen Konflikt „zwischen allokativer Effizienz und ökologischer Verursachergerechtigkeit auf der einen, distributiver Effizienz und sozialer Gerechtigkeit auf der anderen Seite" (1994, S. 28). Läßt die ökologische Herausforderung als spezifisches Vernetzungsproblem danach fragen, wer nach Maßgabe des Retinitätsprinzips als Verursacher von Umweltschäden in welcher Form verantwortlich gemacht werden soll, so führt die soziale Herausforderung als spezifisches Verteilungsproblem dazu, eben diese Frage in einer Weise zu beantworten, die auch den schwächeren Gliedern der Gesellschaft im Hinblick auf die Sicherung ihrer elementaren Grundbedürfnisse nach Maßgabe des Solidaritätsprinzips gerecht wird (SRU, 1994, Tz. 31–49).

938. Soll es also hier zu einer ethisch und politisch verantwortlichen Lösung kommen, wird man das Konzept einer umweltspezifisch ausgerichteten Finanzreform nicht einseitig aus dem Gedanken der Verursachergerechtigkeit unter Absehung von jeder Frage der sozialen Gerechtigkeit entwickeln können. Dies hätte nämlich zur Folge, daß die Bezieher niedriger Einkommen vergleichsweise stärker belastet

würden als die Bezieher höherer Einkommen. Die Gründe sind evident: „Zum einen dürften die schlechter Verdienenden einen (insgesamt) größeren Anteil ihres Geldes auf den Verbrauch verwenden, diese Gruppe weist also eine – gemessen am Einkommen – höhere Konsumquote auf; zum anderen handelt es sich speziell bei den umweltrelevanten Besteuerungstatbeständen überwiegend um Güter/Dienstleistungen des einfachen Bedarfs (Energie, Wasser, industrielle Grundstoffe usw.), bei denen die Nachfrage in nur geringem Maße preiselastisch reagiert, so daß die unteren Einkommensgruppen gerade hier relativ stärker in Anspruch genommen werden" (DECKER, 1994, S. 28). Andererseits dürften sich aber auch allein am Verursacherprinzip orientierte Kostenbelastungen der Unternehmen sozial negativ auswirken, da damit zwangsläufig auch Fragen des allgemeinen Wachstums, der wirtschaftlichen Wettbewerbsfähigkeit und insbesondere möglicher weiterer Arbeitsplatzverluste berührt sind. Soll also der Anspruch sozialer Gerechtigkeit auch weiterhin grundsätzlich eingelöst, andererseits aber der Gedanke der Verursachergerechtigkeit nicht prinzipiell preisgegeben werden, so erscheint offensichtlich eine komplementäre soziale Entlastungsstrategie unerläßlich. Was im Einzelfall den Verursachern ohne unverhältnismäßigen Schaden für sie und das Gemeinwohl nicht in vollem Umfang angelastet werden darf, muß in je geeigneter Weise über den allgemeinen Haushalt kompensiert werden. Auch nach dem finanzwirtschaftlichen Leistungsfähigkeitsprinzip hat der Staat bei der Besteuerung die Leistungsfähigkeit der Steuerzahler ausreichend zu berücksichtigen.

939. Denkbar sind hier im wesentlichen vier Entlastungsstrategien:

– Progressive Anpassungspfade: Ökologisch ausgerichtete Abgaben dürfen bei ihrer Einführung nicht als ökonomischer Schock wirken. Sie müssen mit einem angemessenen Tempo eingeführt und in ihren Lenkungswirkungen fortlaufend auf ihre Effizienz hin geprüft werden

– Alternativangebote zur Verbesserung der Wahlmöglichkeiten der Betroffenen (z. B. Verkehr: angemessene Bereitstellung alternativer Mobilitätsmöglichkeiten)

– Kompensation auf der Produzenten- wie auf der Konsumentenseite (z. B. Abbau der Arbeitgeberanteile an der Sozialversicherung, „Ökobonus")

– Transfers zur Sicherung sozialer Mindestniveaus (Erhöhung direkter Sozialleistungen).

Es fällt nicht in den Aufgabenbereich des Umweltrates, hier im einzelnen konkrete Umsetzungsmodelle zu entwickeln. Der Umweltrat macht jedoch nachdrücklich darauf aufmerksam, daß für eine künftige umweltgerechte Reform der Abgabenpolitik die Ausarbeitung solcher Umsetzungsmodelle unverzichtbar ist. Dies gilt nicht zuletzt auch im Hinblick auf die Akzeptanz und damit die politische Durchsetzbarkeit einer umweltgerechten Finanzreform. Insgesamt bleibt es allerdings erstaunlich, daß bislang die Probleme der sozialen Verteilungsfolgen umweltpolitischer Abgabenlösungen in der wirtschaftswissenschaftlichen Diskussion noch nicht ausreichend systematisch und in politikwissenschaftlichen Diskussion praktisch kaum Beachtung gefunden haben.

Zu umwelt-, ressourcen-, beschäftigungs- und technologiepolitischen „Renten"

940. Drei Argumente für den Einsatz von Abgaben werden von Befürwortern der vorliegenden Konzepte einer „ökologischen Steuerreform" ins Feld geführt, deren Suggestionskraft über ihren tatsächlichen Gehalt hinwegtäuscht: die Idee der „doppelten Dividende", der Versuch der Integration von Emissions- und Rohstoffpolitik sowie der Versuch der Integration von Emissions- und Technologiepolitik.

Die Idee der sogenannten *doppelten Dividende* oder *doppelten Rente* besagt, daß mit der Einnahmenseite der Abgaben gezielt Umweltpolitik (Lenkungseffekt) und mit der Ausgaben- oder Verwendungsseite der Abgaben Beschäftigungspolitik (Finanzierungseffekt) betrieben werden kann. Die Annahme eines solchen Handlungsspielraums ist jedoch aus zwei Gründen unredlich: Einerseits kann nicht eine direkte, lenkungsneutrale Rückgabe der Abgabe befürwortet und gleichzeitig mit den Einnahmen Beschäftigungspolitik betrieben werden. Andererseits ist die Erkenntnis, daß man zusätzliche Einnahmen auch wirkungsvoll ausgeben kann, trivial. Hinzu kommt, daß sich die Einnahmen aus Lenkungsabgaben in dem Maße verringern, wie diese ihren Lenkungszweck erfüllen, und auch bei stetiger Erhöhung der Abgabensätze ein für den „zweiten Teil der Dividende" erforderliches Aufkommen nur zufällig oder um den Preis einer Degradierung der Lenkungs- zur Finanzierungssteuer erbringen. Legitim wäre allenfalls eine Interpretation der „doppelten Dividende", die sich auf die Verbesserung der Umweltqualität durch die Lenkungswirkung einerseits und auf die Stärkung der Wettbewerbsfähigkeit der nationalen Volkswirtschaft durch die Anreizwirkung zum technischen Fortschritt und zur Investition in exportfähige Technologien mit langfristigen Wettbewerbsvorteilen durch ihre höhere Umweltverträglichkeit andererseits bezöge. Beide Effekte werden nämlich über die Erhebung der Umweltabgabe erzielt.

941. Als Vorzug einer Energieabgabe, dem zentralen finanzpolitischen Instrument in vielen Vorschlägen zu einer umweltgerechten Finanzreform, wird weiter genannt, daß sie sowohl dem umweltpolitischen Ziel der *Emissionsverringerung* als auch dem Ziel der *Rohstoffschonung* diene. So wird die Erhebung einer Steuer auf die Primärenergieträger als erster Schritt einer umfassenden Besteuerung von Rohstoffen in Ergänzung zu den bestehenden Steuern auf Arbeit und Kapital gefordert (von WEIZSÄCKER, 1989, S. 27; von WEIZSÄCKER und JESINGHAUS, 1992, S. 18). Die Notwendigkeit einer Korrektur der inländischen Rohstoffpreise wird begründet mit externen Kosten des Abbaus und des Transports von Ressourcen, zu hohen Abbauraten und externen Kosten durch Emissionen, die den betreffenden Rohstoffen zugerechnet werden können.

Die Quantifizierung und Anlastung externer Kosten des Abbaus von Rohstoffen ist Sache der Staaten, in denen diese Rohstoffe abgebaut werden, soweit dabei nicht global wirksame Umweltbeeinträchtigungen entstehen.

Die These zu hoher Abbauraten setzt entweder den Nachweis des Marktversagens der jeweiligen Rohstoffmärkte im Sinne nicht funktionierender Warenterminmärkte oder die Diagnose eines Verstoßes des gegenwärtigen Niveaus der Ressourcennutzung gegen die Managementregeln des Konzeptes der dauerhaft-umweltgerechten Entwicklung voraus (SRU, 1994, Tz. 11) – ein Kriterium, das über den Beurteilungsrahmen der klassischen Ressourcenökonomik hinausgeht. ENDRES und QUERNER (1993, S. 74 ff.) kommen bei ihren Überlegungen hinsichtlich des Fehlens vollständiger Zukunftsmärkte für erschöpfliche Ressourcen zu dem Ergebnis, daß die zeitliche Tiefe bestehender Rohstoffterminmärkte zwar nur vergleichsweise gering ist. Sie verweisen jedoch auf das Fehlen alternativer, tatsächlich existierender Allokationsmechanismen, die im Stande wären, die Informationsprobleme besser zu lösen. Die Vermutung des „Marktversagens" auf den internationalen Rohstoffmärkten – verstanden als Abweichung des Marktergebnisses von einer Optimallösung – wird dadurch stark relativiert.

Selbst wenn ein gewisses Versagen der Rohstoffmärkte nicht ausgeschlossen werden kann, bedürfte es eines weltweiten ressourcenpolitischen Regimes, um das Problem zu lösen. Anders als beim Klimaproblem, wo der Forschungsstand vergleichsweise plausible Aussagen über die Tragfähigkeit der Atmosphäre im Hinblick auf Klimaschadstoffe erlaubt, sind tragfähige Aussagen über die Grenzen des Rohstoffabbaus nicht in Sicht. Die meisten Versuche in dieser Richtung sind einfache Extrapolationen, die die heutige Rohstoffintensität in den Industriestaaten auf eine wachsende Weltbevölkerung hochrechnen und die so gewonnene aggregierte „Bedarfs"ziffer mit den heute bekannten Vorräten vergleichen. Doch anders als beim Klimaproblem kann man bei den Rohstoffen trotz bestehender Marktunvollkommenheiten davon ausgehen, daß ihre Preise steigen werden, wenn die Knappheit größer wird und daß sich infolge der Preissteigerungen technischer Fortschritt einstellt. Insofern ist die Argumentationsbasis zur Durchsetzung einer weltweiten Rohstoffpolitik zu schwach, um einen nationalen Alleingang mit marginaler weltweiter Wirkung fordern zu können.

Ob die Rohstoffe wegen direkt zurechenbarer Emissionen besteuert werden sollten, hängt vor allem davon ab, ob die Emissionen trotz unterschiedlicher Umwandlungsprozesse und möglicher nachgeschalteter Reinigungsverfahren für alle Emittenten direkt den Inputstoffen zurechenbar sind. Dann bietet es sich, um Erhebungs-, Meß- und Kontrollkosten zu sparen, tatsächlich an, als Bemessungsgrundlage von Emissionen die Inputstoffe, zum Beispiel fossile Brennstoffe, heranzuziehen. Sollte eine solche Abgabe gleichzeitig auch eine Verringerung des Primärrohstoffverbrauchs mit sich bringen, so ist dies ein positiver ökologischer Nebeneffekt.

942. In einigen Vorschlägen findet sich der Gedanke, die Lenkungswirkung durch Verwendung von

Teilen der Einnahmen zur *Förderung* der Entwicklung und des Einsatzes *emissionsmindernder und ressourcensparender Technologien* zu verstärken. Dies wird begründet mit

- der Existenz von umweltverträglicheren Technologien, die aufgrund (noch) zu langer Amortisationszeiten nicht im großen Maßstab eingesetzt würden,

- der hohen Exportfähigkeit von Umwelttechnik „made in Germany", bei der eine internationale Führungsposition mit Hilfe der (Industrie-)Politik gehalten und Arbeitsplätze geschaffen werden sollen – unter anderem als Ersatz für durch Umweltabgaben gefährdete Arbeitsplätze – sowie

- dem Entzug von Investivkapital der Unternehmen bei Einführung von Umweltabgaben, der sich auch auf Umweltschutzinvestitionen hemmend auswirke und deshalb durch Subventionen für die Entwicklung und den Einsatz von umweltverträglicheren Technologien ausgeglichen werden müsse.

Der Umweltrat tritt einer solchen Argumentation entgegen:

- Wenn es umweltverträglichere Technologien gibt, die sich heute (noch) nicht rechnen, so hat das mit den umweltpolitischen Rahmenbedingungen, nicht aber mit fehlenden Subventionen zu tun. Die Besteuerung von Emissionen ist das direkteste Mittel, um einen Markt für solche Technologien zu schaffen.

- Wie groß der internationale Markt für umweltverträglichere Technologien „made in Germany" wird, hängt davon ab, wie schnell sich andere Länder zur Korrektur von Rahmenbedingungen in Richtung auf eine dauerhaft-umweltgerechte Entwicklung entschließen. Überzeugender als auf den Export gerichtete Subventionen ist hier, zunächst einmal „im eigenen Hause" für Ordnung zu sorgen.

- Daß Umweltabgaben den Unternehmen Finanzkraft entziehen, ist unbestritten und gilt für jede Art von Abgaben. Eine Schwächung der Investivkraft der Unternehmen ist damit aber nicht zwangsläufig verbunden. Denn wie bei anderen Verbrauchsteuern auch werden die Unternehmen, die durch eine Senkung anderer Abgaben nicht entsprechend entlastet werden, die Steuerlast weitestgehend auf den Letztverbraucher überwälzen. Dies kann nur dann nicht gelingen, wenn sie mit ausländischen Unternehmen konkurrieren, die vergleichbaren Abgaben nicht unterliegen. Insofern wäre eine Ausnahme- oder Kompensationslösung für die Wirtschaftsbereiche, die im internationalen Wettbewerb stehen (Tz. 1058), nicht aber eine Subvention von Forschung und Entwicklung das Mittel der Wahl. Auch dieses Mittel sollte nur dort eingesetzt werden, wo es um Abgaben auf die Emissionen global und nicht allein national wirksamer Schadstoffe geht. Denn soweit ein Staat sich entschließt, national oder regional wirksame Schadstoffemissionen mit Abgaben zu belegen, erfolgt dies zur Anhebung der Lebensqualität im eigenen Lande. Und dann wäre eine Ausnahmere-

gelung für stark betroffene Wirtschaftsbereiche kontraproduktiv. Eventuelle Arbeitsplatzverluste signalisieren in diesem Fall die mit der Erhöhung der Lebensqualität im Standortwettbewerb verbundenen Kosten.

Zweifellos kann die Subventionierung der Forschung und Entwicklung bei umweltentlastenden Technologien die Anreizeffekte von Abgaben verstärken. Gegenzurechnen sind hier allerdings die zum Teil erheblichen negativen Nebeneffekte, die die direkte ebenso wie die indirekt-spezifische Förderung industrieller Forschung und Entwicklung immer mit sich bringen, insbesondere erhebliche Mitnahmeeffekte und „Leaning"-Effekte. Letztere bestehen darin, daß sich die Unternehmen auf die speziellen Themen der jeweiligen Forschungs- und Entwicklungsförderung einstellen und damit unter Umständen Entwicklungslinien vernachlässigen, die ein wesentlich größeres wirtschaftliches oder ökologisches Potential haben können. Insofern erscheint die Beschränkung der Forschungsförderung auf die Grundlagenforschung und die Diffusion ihrer Ergebnisse der weisere Weg einer Technologiepolitik, die frei ist von der „Anmaßung von Wissen", das eigentlich nur dezentral bei den im Markt tätigen Unternehmen vorhanden ist und dessen Gebrauch den mit seinem Kapitaleinsatz haftenden Unternehmer vorbehalten bleiben sollte. Daß innerhalb der Förderung der Grundlagenforschung umweltpolitische Akzente gesetzt werden sollen, bleibt unbestritten.

Externe Kosten versus Opportunitätskosten knapper Umweltrechte

943. Eine wichtige Funktion des Steuersystems läßt sich aus der wohlfahrtsökonomischen Theorie der externen Effekte ableiten, die vor allem auf PIGOU (1932) zurückgeht. Danach soll das Finanzsystem eine verursachergerechte Anlastung (Internalisierung) sogenannter externer Kosten bewirken. Externe Kosten werden wegen mangelnder Eigentumsrechte an den verbrauchten Ressourcen nicht in Tauschverträge einbezogen und deshalb bei den Produktions- und Verbrauchsentscheidungen nicht berücksichtigt. Durch eine Internalisierungsabgabe sollen deshalb die bestehenden Preisrelationen um die nicht enthaltenen Knappheiten natürlicher Ressourcen korrigiert werden. Entspricht die Internalisierungsabgabe den im Marktgleichgewicht anfallenden externen Kosten, so wird gleichzeitig das gesamtwirtschaftlich optimale Produktionsniveau ebenso wie das optimale Umweltnutzungsniveau erreicht.

944. Eine derartige Internalisierung setzt allerdings voraus, daß die Höhe der externen Kosten bekannt ist. Trotz erheblicher Fortschritte bei der monetären Bewertung von Kosten und Nutzen (vgl. ENDRES et al., 1991) lassen sich externe Effekte jedoch allenfalls in ihrer gesamtwirtschaftlichen Dimension und nur in Ausnahmefällen für einzelne Aktivitäten, Emissionen oder Produkte hinreichend genau bestimmen. In diesem Zusammenhang gibt es aber häufig eine Reihe von Abgrenzungs-, Erfassungs-, Bewertungs- und Zurechnungsproblemen. Mit dem Hinweis auf die

Informations- und Bewertungsprobleme wird allerdings dem Internalisierungsansatz die praktische Bedeutung häufig zu Unrecht abgesprochen. Nach dem Internalisierungsansatz lassen sich Abgaben nämlich bereits dort rechtfertigen, wo negative externe Effekte aus bestimmten Aktivitäten offensichtlich sind, auch wenn ihre Höhe nicht immer genau bestimmbar ist (z. B. im Verkehr). Als Informationsvoraussetzung reicht das Wissen um die Existenz und die ungefähre Größenordnung der externen Kosten aus (HUCKESTEIN, 1996, S. 99). Werden diese externen Kosten zumindest teilweise verursachergerecht angelastet, führt dies zwar nicht gleich zu einer „optimalen", aber doch immerhin zu einer verbesserten Güterallokation. Allerdings dürfen die externen Kosten eines Gutes oder einer Aktivität nicht isoliert betrachtet werden. Bei der Internalisierung kommt es vielmehr darauf an, daß die Preisrelationen aller Güter untereinander den tatsächlichen Kostenrelationen, einschließlich externer Kosten, entsprechen. Wird eine Internalisierung von Umweltkosten nur bei einer einzelnen Aktivität vorgenommen, kann unter Umständen sogar eine stärkere Verfälschung der Preisrelationen die Folge sein.

945. Ein stärkeres Argument gegen die Anlastung von Schadenskosten zur Internalisierung externer Effekte besteht in dem Hinweis, daß die auf der Basis von aggregierten individuellen Zahlungsbereitschaften der von den Schäden Betroffenen ermittelten Schadenskosten implizit von einer durchgängigen Kompensierbarkeit von Umweltschäden ausgehen und damit dort zu niedrig geschätzt werden, wo Tragfähigkeitsgrenzen überschritten sind und irreversible Schäden mit a priori nicht absehbaren Kosten einzutreten drohen (BONUS, 1994). In derartigen Fällen harter Dauerhaftigkeitsstandards versagt die monetäre Bewertung. Hier muß der Dauerhaftigkeitsstandard auf jeden Fall – und dies heißt auch um jeden Preis – durchgesetzt werden (RENNINGS und WIGGERING, 1995).

946. Einen anderen Weg zur Herleitung von Abgabensätzen beschreitet der Standard-Preis-Ansatz (BAUMOL und OATES, 1971), der die Höhe der Emissionsabgabe nicht wie bei der Internalisierung nach der Höhe der externen Kosten (je produzierter Einheit) bemißt, sondern anhand der Kosten zur Vermeidung der Emissionen bis zu einem festgelegten Emissionsziel. Die externen Kosten spielen allenfalls bei der Bestimmung des angestrebten Lenkungszieles eine Rolle. Für manche Vertreter dieses Ansatzes stellen die Emissionsziele praktisch immer harte Dauerhaftigkeitsstandards dar, zu deren Konstituierung es keiner Nutzen-Kosten-Analyse mehr bedarf (vgl. BONUS, 1994, S. 293).

Kennt die Umweltpolitik das Emissionsziel und die Vermeidungskosten, so kann sie die zur Erreichung des Emissionsziels erforderliche Emissionsabgabe zielscharf bestimmen. Diese ist dann identisch mit dem Lizenzpreis, der sich aus dem freien Handel der dem Emissionsziel entsprechenden Anzahl von Emissionsrechten ergäbe und der den gesellschaftlichen Opportunitätskosten der Nutzung knapper Emissionsrechte entspricht. Sind die Vermeidungskosten dagegen nicht bekannt, so muß die „optimale" Um-

weltabgabe in einem „trial and error"-Prozeß gefunden werden, das heißt, die Abgabe muß so lange erhöht werden, bis das politisch vorgegebene Emissionsziel erreicht ist.

947. Solange die Schadenskostenschätzungen (z .B. für den Energie- oder den Verkehrssektor) um mehr als zwei Zehnerpotenzen auseinandergehen (EWERS und RENNINGS, 1996) und bei Schadstoffen wie zum Beispiel bei Kohlendioxid harte (wenn auch weltweit geltende) Dauerhaftigkeitsstandards nicht ausgeschlossen werden können, stellen der Standard-Preis-Ansatz beziehungsweise die Lizenzlösung die politisch leichter zu handhabende Lösung dar. Dies sollte freilich kein Grund sein, in den Bemühungen um eine Schätzung der Schadenskosten nachzulassen. Denn ihre Kenntnis ist im Sinne einer rationalen Zielwahl in der Umweltpolitik überall dort erforderlich, wo die Natur Spielräume im Hinblick auf das Ausmaß ihrer Inanspruchnahme läßt, und dies dürfte bei der Mehrzahl aller Umweltbelastungen der Fall sein.

Lenkungs- versus Finanzierungsfunktion des Finanzsystems

948. Erstes und wichtigstes Ziel des Finanzsystems ist die Bereitstellung von Finanzmitteln, mit denen öffentliche Aufgaben finanziert werden können. Der Finanzierungszweck erfordert langfristige fiskalische Ergiebigkeit, Berechenbarkeit des Finanzaufkommens und Dauerhaftigkeit. Ein finanzwirtschaftliches Grundproblem der Einführung von Umweltabgaben entsteht durch die Verknüpfung eines Lenkungsziels mit einem gleichrangigen Fiskalziel. Für eine ökologisch wirksame Umweltabgabe wird idealerweise eine enge Bemessungsgrundlage in Kombination mit einem hohen Abgabensatz gewählt, unter fiskalischen Gesichtspunkten hätte man dagegen gerne eine möglichst breite Bemessungsgrundlage in Kombination mit einem niedrigen Abgabensatz. Das Ausmaß des Konflikts wird durch die abgabeninduzierten Verhaltensreaktionen der Verursacher und die sich daraus ergebenden direkten und indirekten Aufkommenseffekte bestimmt. Zur notwendigen Abschätzung dieser Effekte müssen Annahmen über Aufkommens- und Steuerpreiselastizitäten der Abgaben getroffen werden (BENKERT et al., 1990, S. 85).

949. Kritisch werden Umweltabgaben von seiten der Finanzwissenschaft insbesondere deshalb gesehen, weil der Ersatz bestehender Abgaben durch umweltpolitische Lenkungsabgaben zu einer schwer prognostizierbaren, langfristig sinkenden Steuerbasis führen kann, die dann durch kurzfristige Anpassungen anderer Abgaben ausgeglichen werden muß (EWRINGMANN, 1994; ZIMMERMANN und HANS-JÜRGENS, 1993, S. 18). Tatsächlich unterliegen Einnahmen aus Abgaben (oder aus der Versteigerung von Lizenzen) vermutlich Schwankungen und sinken im Zeitablauf, wenn sie ihre Lenkungswirkung erzielen. Im Hinblick auf den fiskalischen Zweck wird dagegen gefordert, daß wesentliche Abgaben sich aus finanzwirtschaftlicher Sicht mindestens parallel zum Sozialprodukt entwickeln sollten, das heißt eine Aufkommenselastizität von > 1 aufweisen sollten. Im bestehenden Abgabensystem wird eine kumulierte Aufkommenselastizität von > 1 durch die Einkommensteuer, die Lohnsteuer und die Mehrwertsteuer gewährleistet. Die in der aktuellen Diskussion befindlichen Umweltabgaben lassen jedoch lediglich eine Aufkommenselastizität von < 1 erwarten. Die Erfahrungen mit der Mineralölsteuer mit einer Elastizität von 0,3 bestätigen diese Annahme (NAGEL, 1993, S. 86; BERGMANN und EWRINGMANN, 1989, S. 50).

950. Da in der Regel ein sofortiges Anheben der Umweltabgaben auf das zur Erreichung der Emissionsminderungsziele erforderliche Niveau aus gesamtwirtschaftlichen und sozialen Gründen nicht möglich ist, wird man die Umweltabgaben über einen Zeitraum von zehn bis zwanzig Jahren kontinuierlich anheben müssen und damit den Einnahmeausfall durch die Emissionssenkung über einen langen Zeitraum sogar überkompensieren können. Auch kann nicht davon gesprochen werden, daß die Einnahmen aus Umweltabgaben bei Erreichung der Emissionsminderungsziele gänzlich versiegen: Die verbleibenden Emissionen bleiben besteuert. Das Instrument entfaltet für diese Restemissionen weiterhin eine Lenkungswirkung und entwickelt sich nicht, wie vielfach behauptet, automatisch zum reinen Finanzierungsinstrument. Darüber hinaus können Defizite bei der Vermeidung anderer Schadstoffe deutlich werden, zu deren Beseitigung ebenfalls Abgaben erhoben werden müssen, so daß auch hierdurch eventuelle Einnahmeausfälle ausgeglichen werden können. Insofern müssen kurzfristige erratische Ausschläge des Steueraufkommens bei der Einführung von Emissionsabgaben nicht notwendig erwartet werden.

951. Die Lenkungsfunktion kann verstärkt werden, wenn das Aufkommen aus der Abgabe für Maßnahmen verwendet wird, die ebenfalls auf die Erreichung des gleichen Umweltzieles gerichtet sind. In diesem Fall ergänzen sich Lenkungs- und Finanzierungsfunktion. Das Umweltziel wird mit einem geringeren Abgabensatz als bei ausschließlicher Verwendung einer Lenkungsabgabe erreicht. Bei geringer Lenkungswirkung werden relativ hohe Einnahmen aus der Abgabe erzielt, mit denen entsprechend viele Umweltschutzmaßnahmen finanziert werden können. Bei hoher Lenkungswirkung sinkt mit dem Mittelaufkommen gleichzeitig auch die Notwendigkeit zur Finanzierung entsprechender Maßnahmen. Da das angestrebte Umweltziel mit geringerem Abgabensatz erreichbar ist, ist auch der potentielle Widerstand gegen die Abgabe geringer (HUCKESTEIN, 1996, S. 103 f.). Auf der anderen Seite bekommt man es bei dieser Kopplung mit den bekannten Ineffizienzen von öffentlichen Subventionen (Mitnahmeeffekte, Benachteiligung bislang nicht bekannter Vermeidungsmaßnahmen) zu tun (Tz. 942), so daß eine solche Kopplung ökonomisch grundsätzlich fragwürdig ist.

Zur Zweckbindung

952. Die Kombination von Abgabenerhebung und -verwendung kann auch durch eine formale Zweck-bindung des Abgabenaufkommens erreicht werden. Eine Zweckbindung läßt sich finanzpolitisch nach dem Äquivalenzprinzip rechtfertigen. Nach diesem Prinzip soll ein Zusammenhang zwischen Abgabenzahlung und der Inanspruchnahme öffentlicher Leistungen bestehen, deren Bereitstellung aus dem Mittelaufkommen finanziert wird. Die Abgabe nimmt dann die Form einer Gebühr oder eines Beitrags an und stellt eine Gegenleistung (Äquivalent) für die Inanspruchnahme einer staatlichen Leistung beziehungsweise einen finanziellen Ausgleich für den von einem einzelnen verursachten öffentlichen Aufwand dar.

953. Neben Gebühren und Beiträgen können Sonderabgaben eine Rolle bei der Finanzierung umweltpolitischer Maßnahmen spielen (KÖCK, 1991a). Als Sonderabgaben werden Abgaben bezeichnet, die nicht Steuern, Gebühren oder Beiträge sind. Ihr Aufkommen ist grundsätzlich zweckgebunden für Maßnahmen zu verwenden, die die Gruppe der Abgabenpflichtigen begünstigen. Wegen der zweckgebundenen Verwendung ihres Aufkommens haben Sonderabgaben in aller Regel auch eine Finanzierungsfunktion. Da die mit Sonderabgaben erzielbaren Einnahmen zweckgebunden und damit der Verfügungsgewalt und Kontrolle der Parlamente entzogen sind, hat das Bundesverfassungsgericht für die Erhebung von Sonderabgaben strenge Anforderungen gestellt (BVerfGE 55, 274, 298 ff.; 67, 256, 274 ff.; BVerfG, NJW 1995, 381).

954. Empirisch kann beobachtet werden, daß die Einführung von Umweltabgaben häufig mit der Zweckbindung des Aufkommens und mit Aussonderungen aus den Trägerhaushalten einhergeht (TIEPELMANN, 1994, S. 75 ff.). Die politische Durchsetzbarkeit der Umweltabgaben scheint durch die Zweckbindung erleichtert zu werden, unter anderem weil eine Herausnahme der Umweltabgaben aus dem allgemeinen Haushalt eine Auseinandersetzung zwischen Bund und Ländern über den horizontalen und vertikalen Finanzausgleich verhindert.

955. Demgegenüber bestehen Finanzwirtschaft und Finanzpolitik auf dem Nonaffektationsprinzip, das heißt der Einstellung möglichst vieler Einnahmen in den allgemeinen Haushalt (z. B. ZIMMERMANN und HANSJÜRGENS, 1993, S. 20 ff.). Ausnahmen von diesem Prinzip sind nur dort zugelassen, wo, wie bei Gebühren und Beiträgen, das Äquivalenzprinzip zur Anwendung kommen kann. Angesichts der Tatsache, daß die Entscheidungsspielräume für den Bundestag wegen der weitgehenden gesetzlichen Bindung des Haushaltes bereits heute außerordentlich eng geworden sind, schließt sich der Umweltrat dieser Forderung an: Die Einnahmen aus umweltpolitischen Lenkungsabgaben sollten grundsätzlich in das allgemeine Abgabenaufkommen zur jeweils politisch dringendsten Verwendung einfließen und nicht, wie vereinzelt gefordert, zweckgebunden aus dem Haushalt ausgegliedert werden. Daß die jeweils dringendste Verwendung auch umweltpolitische Programme und damit verbundene Kompensationsmaßnahmen sein können, ist damit keineswegs ausgeschlossen. Eine solche Kombination wird zum Teil auch vom Umweltrat im folgenden empfohlen.

Stabilität des föderalen Finanzausgleichs

956. Eine weitere, aus der Sicht von Haushaltsexperten essentielle Voraussetzung für eine umweltgerechte Finanzreform ist die Stabilität des föderalen Finanzausgleichs. Bei der Einführung von Umweltabgaben sind je nach Ausgestaltungsform die Einnahmen verschiedener Gebietskörperschaften betroffen. Dabei kann sowohl der vertikale Finanzausgleich verändert werden als auch der horizontale Finanzausgleich (HANSJÜRGENS, 1992, S. 218 f.). Die Regelungen der föderalen Finanzverfassung können die Umsetzbarkeit der Empfehlungen zur ökologischen Umgestaltung des Steuersystems stark einschränken. Globale Aufkommensneutralität genügt nicht. Beachtet werden muß auch die jeweilige Ertragshoheit. Die dazu notwendige Detailanalyse der Auswirkungen muß sich einerseits auf die Aufgabenverteilung zwischen Bund und Ländern, andererseits aber auch auf den aktiven Finanzausgleich erstrecken (GAWEL, 1992, S. 429 ff.).

957. Das Finanzwissenschaftliche Forschungsinstitut Köln zeigt zwar mögliche Beeinträchtigungen des bestehenden Finanzausgleichs durch eine „ökologische Steuerreform" auf, beurteilt die Integrationsmöglichkeiten einer solchen Reform in das deutsche Finanzsystem bei Beachtung der bestehenden Restriktionen aber dennoch positiv (LINSCHEIDT et al., 1994, S. 53 ff.). Besondere Finanzausgleichsprobleme resultieren unter anderem aus Abweichungen in der fiskalischen Dauerergiebigkeit der Umweltabgaben sowie Auswirkungen der Abgabenerhebung auf das Aufkommen aus anderen Steuern. Aufgrund von Unterschieden in der Ertragshoheit für die jeweiligen Abgaben sind die einzelnen Ebenen von derartigen Entwicklungen verschieden stark betroffen. Zudem können die bei den Produzenten zu erhebenden Umweltabgaben bei einer Konzentration von Industriezweigen auf bestimmte Standorte (z.B. Raffinerien in Hamburg) eine ungleiche räumliche Verteilung der Einnahmen bewirken, sofern die Ertragshoheit nicht beim Bund liegt. Im Zusammenhang mit möglichen Lösungsansätzen weisen die Autoren der Studie auf die stabilitätsfördernde Wirkung der Umsatzsteuereinnahmen hin, die relativ flexibel zur Erreichung sowohl von horizontalen als auch von vertikalen Ausgleichszielen einsetzbar sind. Sie führen weiterhin an, daß die Anforderungen an den Finanzausgleich in Abhängigkeit vom konkreten Reformvorschlag sehr unterschiedlich ausfallen und unter Umständen nicht nur das Finanzausgleichsgesetz betreffen, sondern vielmehr eine grundsätzliche Änderung der Finanzverfassung erforderlich machen können.

5.2 Konzeptionelle Bausteine einer umweltgerechten Finanzreform

958. In Deutschland gibt es bereits eine Reihe von umweltpolitisch motivierten Differenzierungen von Abgaben, etwa die steuerliche Ungleichbehandlung von verbleitem und unverbleitem Benzin oder die (zeitlich befristete) steuerliche Befreiung von Katalysatorfahrzeugen. Darüber hinaus sind auch einige Abgaben mit primär ökologischer Zielsetzung einge-

führt worden, etwa die Abwasserabgabe, Wasserentnahmeentgelte und Naturschutzabgaben der Länder oder kommunale Verpackungssteuern (UBA, 1994c). Trotz der durchaus beachtlichen Anzahl praktizierter Umweltabgaben kann von einer systematischen Ausgestaltung des bestehenden Steuersystems im Sinne einer dauerhaft-umweltgerechten Entwicklung nicht gesprochen werden. Andere Staaten, allen voran die skandinavischen Länder, sind auf diesem Weg ein gutes Stück weiter.

959. Für eine Reform des deutschen Finanzsystems liegen inzwischen eine Vielzahl von konkreten Vorschlägen vor, die jedoch in ihrer Mehrzahl die mögliche Tragweite einer umweltgerechten Finanzreform verkennen. Denn eine solche Reform darf sich nicht allein auf die Einführung neuer Umweltabgaben beschränken, sondern muß an allen Elementen des bestehenden Finanzsystems ansetzen. Dies bedeutet freilich nicht, daß damit alle Umweltprobleme zu lösen seien. Manchmal fehlen wichtige Voraussetzungen für den Einsatz von Abgabenlösungen. Und selbst dort, wo Abgaben grundsätzlich geeignet erscheinen, einem Umweltproblem zu begegnen, ist das angestrebte Lenkungsziel möglicherweise durch den Einsatz anderer Instrumente zu geringeren Kosten oder mit einer höheren ökologischen Treffsicherheit zu erreichen.

5.2.1 Beispiele vorliegender Konzepte einer „ökologischen Steuerreform"

960. Die Diskussion um die umweltpolitische Dimension des Finanzsystems verläuft grundsätzlich auf zwei verschiedenen, wenngleich miteinander zusammenhängenden Ebenen: Auf der umweltpolitischen Ebene werden Vorschläge entwickelt beziehungsweise diskutiert, wie mit Hilfe des finanzpolitischen Instrumentariums (insbesondere mit Abgaben) umweltpolitische Ziele effizienter erreicht werden können. Auf der finanzpolitischen Ebene geht es um eine grundlegende Reform des Steuersystems, bei der unter anderem die Besteuerung des Einkommens der Haushalte und Unternehmen gesenkt und durch Steuern auf Umweltbelastungen ersetzt wird.

Abgesehen von Vorschlägen zur Einführung einzelner Umweltabgaben mit begrenzter fiskalischer Relevanz wurde die intensive Diskussion der „ökologischen Steuerreform" durch verschiedene Vorschläge für übergreifende Gesamtkonzepte von Umweltabgaben ausgelöst (MÜLLER-WITT, 1989; TEUFEL et al., 1988; GRETSCHMANN und VOELZKOW, 1986; SPRINGMANN, 1986; BINSWANGER und NUTZINGER, 1983). Bei den bis Dezember 1995 vorgelegten wissenschaftlichen Vorschlägen lassen sich zwei konzeptionelle Varianten unterscheiden:

(a) komplexe Abgabensysteme für unterschiedliche Umweltnutzungen, zum Beispiel vom Umwelt- und Prognose-Institut Heidelberg (UPI) (TEUFEL et al., 1988), von MÜLLER-WITT (1989) und von von WEIZSÄCKER (1989)

(b) Konzepte einzelner Umweltabgaben mit breiter Wirkung (Besteuerung des Energieeinsatzes bzw. kombinierte Energie-/CO_2-Besteuerung), zum Beispiel der Europäischen Kommission (KOM (92) 226), von von WEIZSÄCKER und JESINGHAUS (1992), MAUCH und ITEN (1992), des Deutschen Instituts für Wirtschaftsforschung (DIW) (KOHLHAAS et al., 1994a) und des Fördervereins Ökologische Steuerreform (FÖS) (GÖRRES et al., 1994).

Der Vorschlag des UPI (TEUFEL et al., 1988) ist aufgrund seiner Komplexität, der vielen inhärenten Inkonsistenzen und der mangelnden Detaillierung zwar nicht unmittelbar umsetzbar, mit der Betonung der Notwendigkeit einer Vielzahl von Abgaben zur Erreichung der verschiedenen umweltpolitischen Ziele steht er jedoch einer wirklichen „ökologischen Steuerreform" um vieles näher als die nachfolgenden Konzepte. Die Vorschläge von von WEIZSÄCKER und JESINGHAUS, des DIW und des FÖS wollen über eine Besteuerung des Energieeinsatzes mit im Zeitablauf steigenden Abgabensätzen Minderungsziele für Kohlendioxid erreichen, eine breite Umweltentlastung durch indirekte Effekte zur Verringerung der Energieintensität der Volkswirtschaft bewirken und die Arbeitslosigkeit (durch Verwendung des zusätzlichen Steueraufkommens zur Senkung der Lohnnebenkosten) verringern. Der Vorschlag des FÖS schließt eine Reform der bestehenden Abgaben ein und plädiert für eine gegenüber dem DIW-Konzept moderatere Progression des Steuersatzes. Der ursprüngliche Vorschlag der Europäischen Kommission ist sowohl in den Analysen seiner Auswirkungen als auch bei der juristischen Ausformulierung das am weitesten gediehene Konzept. Ob überhaupt wesentliche ökologische Wirkungen bei dessen Umsetzung eintreten würden, ist angesichts des niedrigen Steuersatzes und der verhandelten Ausnahmeregelungen jedoch zweifelhaft. Der neue Vorschlag der Europäischen Kommission (Tz. 1009 f.) beschränkt sich auf ein Konvergenzziel für die freiwilligen nationalen Aktivitäten der Mitgliedstaaten zur Verteuerung von CO_2-Emissionen und des Energieeinsatzes, setzt mit dem Jahr 2000 aber viel zu kurze Fristen für nationale Lösungen und behält die zu niedrigen ursprünglichen Steuersätze bei. Die Kopplung an entsprechende Maßnahmen aller OECD-Staaten wurde allerdings aufgegeben.

961. Vorschläge zur umweltverträglicheren Gestaltung *bestehender* Abgaben wurden zum Beispiel vom Bund/Länder-Arbeitskreis (BLAK) „Steuerliche und wirtschaftliche Fragen des Umweltschutzes" (BLAK, 1993), vom Ifo-Institut für Wirtschaftsforschung München, erstellt im Auftrag der Bayerischen Landesregierung (SPRENGER et al., 1994), und vom Finanzwissenschaftlichen Forschungsinstitut Köln (FiFo) (LINSCHEIDT et al., 1994) ausgearbeitet. Im Zusammenhang mit der Klimaschutzpolitik liegen des weiteren mehrere detailliert ausgearbeitete Konzepte für ein Lizenzmodell vor, die in bezug auf CO_2-Emissionen mit den Abgabenkonzepten verglichen werden können – insbesondere HEISTER et al. (1991), HUCKESTEIN et al. (1991), Institut für Europäische Umweltpolitik (IEUP, 1993) und ergänzend RENTZ (1995).

962. Alle bisher vorliegenden Konzepte bieten keine umfassende ökologisch, ökonomisch und sozial abgesicherte Vorlage für eine politisch umsetzbare umweltgerechte Finanzreform. Dies darf insofern nicht verwundern, als auch die Zielsetzung der Autoren der Vorschläge zumeist nicht die Vorlage umsetzungsreifer Konzepte ist. Sie verfolgen vielmehr die Darstellung und Begründung eines als richtig erkannten Zusammenhangs zwischen den Lenkungswirkungen des Steuersystems und den wirtschafts- und umweltpolitischen Erfordernissen.

Inzwischen haben auch alle wichtigen Parteien die stärkere ökologische Ausrichtung des Steuersystems in ihren umweltpolitischen Forderungskatalog aufgenommen (Tab. 5.1).

5.2.2 Erfahrungen mit Umweltabgaben in anderen europäischen Ländern

963. Weder bei der Einführung von Abgaben auf die Nutzung der natürlichen Lebensgrundlagen noch bei einem ökologisch motivierten Umbau des Finanzsystems nimmt Deutschland eine Vorreiterrolle ein. Erfahrungen mit umweltorientierten Abgaben liegen mittlerweile in vielen europäischen Ländern vor. Hierbei handelt es sich zumeist weniger um weitreichende Reformkonzepte als vielmehr eine Vielzahl von Einzelmaßnahmen, die direkt oder indirekt auf die Verbesserung der Umweltsituation abzielen und zum Teil die in Deutschland erhobenen Umweltabgaben in Art und Höhe bei weitem übertreffen. So werden beispielsweise in Dänemark, Finnland, den Niederlanden, Norwegen und Schweden Steuern auf CO_2-Emissionen über die jeweiligen Energieträger erhoben. In Frankreich, Norwegen und Schweden bestehen Steuern auf Schwefeldioxid, und Belgien hat eine umfangreiche Steuergesetzgebung im Abfallbereich erlassen.

Belgien

964. Im Juli 1993 wurde in Belgien ein Gesetz verabschiedet, das die stufenweise Einführung von Umweltabgaben auf eine Reihe abfallintensiver Verbrauchsgüter vorsieht (Moniteur belge/Belgisch Staatsblad, 29. Dezember 1993). Mit Steuersätzen zwischen 0,24 und 14,60 DM pro Verpackungsstück, etwa auf Getränkeverpackungen, Wegwerfprodukte, Batterien, Behälter für schadstoffhaltige Produkte (z. B. für Druckerschwärze, Klebstoffe, Öle und Lösungsmittel), Papier und Pappe soll auf eine Veränderung des Produzenten- und Konsumentenverhaltens hingewirkt werden.

Die Zeitpunkte für die erstmalige Steuererhebung variieren in Abhängigkeit von der zu besteuernden Produktgruppe. Für Importe und Exporte gilt in Belgien das „Bestimmungslandprinzip" (vgl. Tz. 1054).

Des weiteren werden Private Haushalte seit August 1993 mit einer Abgabe auf Heiz- und Mineralöl, Erdgas und Strom belegt. Aufgrund der geringen Höhe der Abgabensätze erscheint es jedoch fraglich, ob mit dieser Steuer eine entscheidende Verringerung des Gesamtenergieverbrauchs erzielt werden kann. Das Steueraufkommen wird zur Entlastung der Arbeitgeber bei den Sozialabgaben eingesetzt (SEIFERT und RIBBE, 1994, S. 5).

Tabelle 5.1

Konzepte der Parteien zu einer „ökologischen Steuerreform"

	Bündnis 90/Die Grünen (Beschluß der Bundestagsfraktion vom 4.9.1995)	SPD (Beschluß der Bundestagsfraktion vom 24.10.1995)	FDP (Günter Rexrodt vom 15.8.1995)	CDU/CSU[1] (Eckpunktepapier der CDU/CSU-Bundestagsfraktion vom 10.11.1995)
Umweltabgaben	Kombinierte CO_2-Energieabgabe (50:50), im 1. Jahr 1,30 DM/GJ, danach jährlich + 7 % auf den Primärenergieverbrauch. Ausnahme: erneuerbare Energien. Gefährdungszuschlag für Atomstrom. Mineralölsteuer im 1. Jahr: + 50 Pf/L, danach + 30 Pf/L bis Benzin- und Dieselkraftstoffpreise nach 11 Jahren 5 DM/L betragen. Umlegung der Kfz-Steuer für PKW auf die Mineralölsteuer. Leistungsabhängige Schwerverkehrsabgabe.	Allgemeine Stromsparsteuer: Haushalte: 2 Pf/kWh (ab dem 5. Jahr: 3 Pf/kWh). Gewerbebetriebe unter 10 kV: 1 Pf/kWh (1,5 Pf/kWh), Gewerbebetriebe über 10 kV: 0,5 Pf/kWh (1 Pf/kWh). Erhöhung der Steuersätze auf Kraftstoffe (Benzin, Dieselkraftstoff) im ersten Jahr um 10 Pf/L, anschließend alle zwei Jahre um 5 Pf/L [10 Pf/L]. Erhöhung der Steuersätze auf Heizstoffe (Heizöl, Gas) im ersten Jahr um 4 Pf/L, anschließend alle zwei Jahre um 2 Pf/L.	CO_2-Emissionen und Primärenergie zu jeweils 50 % gemäß EU-Vorschlag. Steuerobjekt: leichtes Heizöl, Gas, Strom. Steuersatz: beginnend mit 3 $/barrel schrittweise auf 10 $/barrel steigend. U.a. aufkommensneutrale Umlegung der Kfz-Steuer auf die Mineralölsteuer.	EU-weite, aufkommens- und wettbewerbsneutrale CO_2-Energiesteuer. Kein nationaler Alleingang. Emissionsorientierte Kfz-Steuer (unter Einbeziehung von Motorrädern). Zeitlich begrenzte Kfz-Steuerbefreiung für moderne, verbrauchsarme PKW ("3-Liter-Autos"). Steuerspreizung zugunsten benzolarmer Kraftstoffe. Deutliche Erhöhung der LKW-Autobahngebühren.
Abbau ökologisch negativer Vergünstigungen	Gleicher Mineralölsteuersatz für Dieselkraftstoff und Benzin. Abschaffung zahlreicher Steuerbefreiungen (u.a. Flugverkehr, Binnenschiffahrt). Umwandlung der Kilometerpauschale in eine verkehrsmittelunabhängige Entfernungspauschale. Abbau von Kohlesubventionen. Kürzung von Mitteln für den Bundesfernstraßenbau.	Abbau von Subventionen mit ökologischer Fehllenkung. U.a. Umwandlung der Kilometerpauschale in eine verkehrsmittelunabhängige Entfernungspauschale (50 Pf/km).	Abschaffung folgender Vergünstigungen: Kilometerpauschale, Abzugsfähigkeit der Kfz-Haftpflichtversicherung als Sonderausgabe, Steuerbefreiung für Flugkraftstoff mind. auf EU-Ebene, Gasölverbilligung für Landwirte, Kfz-Steuerbefreiung für landwirtschaftliche Nutzfahrzeuge.	Aufhebung der Mineralölsteuerbefreiung für Flugkraftstoff auf europäischer Ebene.
Kompensationsmaßnahmen und Umstellungshilfen	Umstellungshilfen in Höhe von 5 bis 10 Mrd DM aus dem Ökosteueraufkommen für besonders betroffene Branchen und Regionen.	Anreize und Innovationshilfen für die ökologische Modernisierung. Betonung einer schrittweisen und berechenbaren Vorgehensweise bei der Energiebesteuerung mit Rücksicht auf Anpassungsprozesse in energieintensiven Branchen.	Aufgrund der freiwilligen Selbstverpflichtungen vieler Branchen, Freistellung des gewerblichen Sektors und des Verkehrs. Bei Nichterreichung der Reduktionsziele: Steuerbegünstigungen entsprechend dem EU-Vorschlag.	Bei kontrolliertem Selbstverpflichtung entfällt die CO_2-Energiebesteuerung
Erwartetes Aufkommen	Im ersten Jahr 52 Mrd DM (Energiesteuer 18 Mrd DM, Verkehr 29 Mrd DM, Subventionskürzungen 5 Mrd DM). Im Jahr 2005 264 Mrd DM).	Erstes Jahr: 18,7 Mrd DM, drittes Jahr: 25,8 Mrd DM [29,8 Mrd DM], fünftes Jahr: 33,8 Mrd DM [42 Mrd DM].	CO_2-Energiesteuer: von 3 Mrd DM auf 10 Mrd DM steigend. Durch ergänzende Maßnahmen Mehreinnahmen von 10,53 Mrd DM.	Keine Angaben.
Aufkommensverwendung	Fördermaßnahmen für umweltverträgliche Alternativen in Höhe von 18 Mrd DM im ersten und 55 Mrd DM im 10. Jahr. Zudem erhöhter Zuschuß zur Sozialversicherung (21 bis 82 Mrd DM). Ausgaben für den sozialen Ausgleich (3 bis 16 Mrd DM) sowie Reform der Einkommen- und Unternehmensteuer (bis zu 100 Mrd DM).	Senkung der Beiträge zur Arbeitslosenversicherung um 2 %, ab dem fünften Jahr: Senkung der Lohn- und Einkommensteuer. Abbau ökologisch schädlicher Subventionen zur steuerlichen Förderung von Umweltschutzinvestitionen.	Senkung der Lohn- und Einkommensteuer. Betonung des Ziels der Senkung der Steuer- und Abgabenbelastungen insgesamt.	Zusätzliche Förderung von energiesparenden Investitionen bei Neubauten und beim Kauf von Altbauten. Besondere Zulage für Niedrigenergiehäuser. Steuerliche Förderung von Tele-Heimarbeitsplätzen. Reform der Unternehmensbesteuerung. Förderung umweltentlastender und CO_2-mindernder Technologien.
Erwartete ökologische Wirkungen der Abgaben	Rückgang des Mineralölverbrauchs in 10 Jahren um 40 % gegenüber 1994 und um 50 % nach 15 Jahren. Rückgang des CO_2-Ausstoßes bis 2005 um fast 25 % gegenüber 1990	Rückgang des Energieverbrauchs ab dem fünften Jahr um etwa 5 %.	Reduktion des CO_2-Ausstoßes um 25 % bis 2005 gegenüber 1990 durch den parallelen Einsatz von freiwilligen Selbstverpflichtungen, Steuern und Lizenzen	Reduktion des CO_2-Ausstoßes um 25 % bis 2005 gegenüber 1990 durch Maßnahmenbündel bestehend aus Ordnungsrecht und marktwirtschaftlichen Strategien einschließlich Anreizen und freiwilligen Selbstverpflichtungen der Wirtschaft.

[] = Alternativwerte

Quelle: REXRODT, 1995; SPD-Bundestagsfraktion, 1995; STEENBLOCK et al., 1995; REPNIK, 1995; eigene Darstellung

Dänemark

965. In Dänemark wurde 1993 der Einstieg in eine „ökologische Steuerreform" beschlossen. 1994 trat ein Reformkonzept in Kraft, das die stufenweise Erhöhung der Abgaben auf Mineralölprodukte, Strom, Gas, Kohle, Abfall, Wasser und Plastiktüten innerhalb von fünf Jahren vorsieht. Während der Anteil der „grünen Steuern" am gesamten Steueraufkommen bis 1998 von 10 auf 15 % ansteigen soll, wird der Anteil der Einkommensteuer von 33 auf 15 % gesenkt (MEZ, 1995).

966. Hervorzuheben ist hier insbesondere die Einführung einer CO_2-Komponente innerhalb der bestehenden Energiesteuer. Während die Energieabgaben ohne die CO_2-Komponente zur Zeit weitgehend von den Privaten Haushalten und den nicht mehrwertsteuerpflichtigen Betrieben getragen werden, wird die CO_2-Abgabe auch bei der Industrie erhoben. 1994 beliefen sich die Energieabgabensätze für Öl und Gas auf 10,10 DM/GJ und für Kohle auf 6,30 DM/GJ. Brennstoffe, die in der Stromerzeugung eingesetzt werden, sind abgabenfrei. Auf Elektrizität wurde statt dessen, unabhängig von den eingesetzten Brennstoffen, eine Abgabe in Höhe von rund 10 Pf/kWh (davon entfielen ca. 2,5 Pf/kWh auf das CO_2) erhoben, die bis 1998 auf 14 Pf/kWh ansteigen soll. Weiterhin ist vorgesehen, die Höhe der Abgabe bezogen auf den Energiegehalt für alle Energiearten bis 1998 auf das gleiche Niveau zu bringen.

967. Die CO_2-Abgabe belastet Private Haushalte und nicht mehrwertsteuerpflichtige Betriebe mit ca. 25 DM/t CO_2, wohingegen für die Industrie aus wettbewerblichen Gründen ein Erstattungsmodus gilt, der die Rückzahlung von mindestens 50 % der vom jeweiligen Unternehmen entrichteten Abgabe vorsieht. Weitere Erstattungen werden nach dieser Regelung in Abhängigkeit vom prozentualen Anteil der Abgabenlast an der Wertschöpfung des Unternehmens gewährt.

Das im Juni 1995 verabschiedete Gesetz zur Energiesteuerreform, welches 1996 in Kraft tritt, sieht ein neues System zur Kompensation energieintensiver Betriebe vor (Danish Government, 1995). Den mit der bisherigen Regelung verbundenen Mißbrauchsmöglichkeiten, durch Zukauf oder Ausgliederung von Unternehmensteilen in den Genuß der Steuererstattung zu gelangen, soll damit ein Riegel vorgeschoben werden. Zu diesem Zweck wird nicht das Unternehmen als rechtliche Einheit betrachtet, sondern solche Unternehmensteile, die grundsätzlich selbständig produzieren könnten. In einem Katalog werden jene Produktionsprozesse aufgeführt, die als energieintensiv einzustufen sind. Kriterium ist wiederum die Höhe der Abgabenlast. Liegt diese bei einem Steuersatz von 12,50 DM/t CO_2 über 1 % des Produktionswertes und über 3 % der Wertschöpfung, sind die Bedingungen für einen energieintensiven Produktionsprozeß erfüllt. Es gilt dann der reduzierte Steuersatz von 1,25 DM/t CO_2 für das Jahr 1996, der bis ins Jahr 2000 auf 6,25 DM/t CO_2 steigt. Durch freiwillige Teilnahme an einem durch das Steuergesetz vorgesehenen Energieauditprogramm und die Verpflichtung zur Umsetzung der im Rahmen des Audits vorge-

schlagenen Energiesparmaßnahmen reduziert sich der Satz für energieintensive Unternehmensteile auf 0,75 DM/t CO_2. Unternehmen, die die Kriterien der Energieintensität erfüllen, aber nicht im internationalen Wettbewerb stehen, fallen nicht unter diese Sonderregelung. Sie werden jedoch, ebenso wie solche Unternehmen, die die Anforderungen energieintensiver Prozesse nicht erfüllen, deren Gesamtabgabenlast aus der CO_2-Besteuerung, der neu einzuführenden SO_2-Besteuerung sowie der Raumwärmebesteuerung aber über 3 % der Wertschöpfung des jeweiligen Unternehmensteils liegt, für den Fall, daß sie sich zum Energieaudit verpflichten, zunächst mit einem ermäßigten Satz von 12,50 DM/t CO_2 von 1996 bis 1998 belegt. Bis zum Jahr 2000 steigt die Steuer auf 17 DM/t CO_2 an. Verzichten diese Unternehmen auf die Teilnahme am Energieaudit, gilt für sie der gleiche Satz wie für die übrigen Betriebe, der von 12,50 DM/t CO_2 im Jahre 1996) sukzessive auf 22,50 DM/t CO_2 bis 2000 steigt.

Raumwärme wird nach dem neuen Gesetz ohne Ausnahmeregelungen in allen Sektoren einheitlich besteuert. Dabei unterliegt sowohl der Kohlenstoff- als auch der Energiegehalt einer Steuer, die zunächst stufenweise erhöht wird und ab 1998 die für Private Haushalte gültige Abgabenhöhe erreicht.

Die aufgrund der Verpflichtung zum Energieaudit ermäßigten Steuersätze werden in Form einer Rückerstattung auf die zunächst voll zu zahlenden Sätze gewährt. Diese Form der Rückerstattung ist jedoch begrenzt und wird erst dann vorgenommen, wenn die Abgabenlast 2 500 DM/Jahr und bis ins Jahr 2000 3 750 DM/Jahr überschreitet.

Das neue Gesetzespaket, das mit einer höheren Belastung für die Wirtschaft verbunden ist und neben einer Verschärfung der CO_2-Steuergesetzgebung die Einführung einer SO_2-Steuer vorsieht, wurde mit Blick auf die für das Jahr 2005 gesetzten Reduktionsziele (CO_2: Reduktion um 20 % gegenüber 1988; SO_2: Reduktion um 80 % gegenüber 1980) verabschiedet. Eine Prognose aus dem Jahre 1993 hatte ergeben, daß zur Zielerreichung weitergehende Maßnahmen erforderlich wären als sie mit dem Einstieg in die „ökologische Steuerreform" beschlossen worden waren (MEZ, 1995, S. 112).

Finnland

968. Finnland führte, ergänzend zu den bestehenden Verbrauchsteuern auf fossile Brennstoffe, 1990 als erstes europäisches Land eine CO_2-Steuer ein. Seit der Reform der Verbrauchsteuern auf fossile Brennstoffe 1994 (OECD, 1995, S. 30 f.) gliedert sich die Abgabe in eine fiskalische Komponente und in eine CO_2-/Energiekomponente. Das Verhältnis von Kohlenstoff- zu Energiebesteuerung beträgt dabei etwa 60 : 40. Nach der Steuererhöhung vom 1. Januar 1995 beläuft sich die Abgabe auf den Kohlenstoffgehalt auf 47,10 DM/t Kohlenstoff beziehungsweise 12,80 DM/t CO_2 und der Energiegehalt wird mit 32 Pf/GJ belastet. Während die Industrie die volle Abgabe trägt, sind der nichtenergetische Einsatz der Brennstoffe sowie Flugkraftstoff von der Steuer befreit. Das Aufkommen aus der Besteuerung fossiler

Brennstoffe wird für 1995 auf insgesamt 14,2 Mrd. DM geschätzt, wobei 13,4 Mrd. DM auf die fiskalische Komponente und 0,8 Mrd. DM auf die CO_2-/Energiekomponente entfallen. 1993 machten die Einnahmen aus Steuern auf fossile Brennstoffe rund 4 % des Gesamtsteueraufkommens aus (OECD, 1995, S. 10).

969. Des weiteren bestehen in Finnland Abgaben auf Einwegflaschen, auf phosphathaltige Düngemittel und Pestizide sowie eine FCKW-Abgabe. Dabei sind durchaus Erfolge zu verbuchen: Die Zahl der in Umlauf befindlichen Einwegverpackungen konnte erheblich reduziert werden und die Einnahmen aus der Steuer auf Düngemittel fielen bereits im Jahr der Einführung (1990) sehr viel niedriger aus, als aufgrund der vorherigen Düngemittelausbringung zunächst angenommen worden war (SEIFERT und RIBBE, 1994, S. 5 f.).

Frankreich

970. Bereits seit 1985 werden in Frankreich die Betreiber größerer Kraftwerke und Müllverbrennungsanlagen mit Abgaben auf SO_2, NO_x und andere Luftschadstoffe belegt. 1990 stiegen die Sätze von 44,10 DM/t auf 50,80 DM/t und die Anzahl der abgabenpflichtigen Anlagen stieg von etwa 400 auf rund 900. Dabei fließen 75 % des Aufkommens an die Steuerpflichtigen zur Förderung von Investitionen in Technologien zur Vermeidung beziehungsweise Verminderung von Luftschadstoffen sowie zur Entwicklung derartiger Technologien zurück (OECD, 1994c, S. 34 ff.). Weitere Abgaben fallen bei der Deponierung (20 DM/t Abfall), im Abwasser- und Verpackungsbereich sowie bei Fluglärm an (UBA, 1994c).

Niederlande

971. Im Jahre 1992 wurde die bereits bestehende Steuer auf fossile Brennstoffe in den Niederlanden stark modifiziert und wird seitdem zu 50 % auf den Kohlenstoff- und zu 50 % auf den Energiegehalt fossiler Brennstoffe erhoben. War das Aufkommen bis dahin zweckgebunden für den Umweltschutz, so geht es seither in den allgemeinen Haushalt ein. Die Sätze werden für das Jahr 1995 mit 0,35 DM/GJ und 4,60 DM/t CO_2 angegeben. Energieintensive Betriebe mit einem jährlichen Erdgasverbrauch von über 10 Mio. m^3 werden mit einem ermäßigten Steuersatz von 0,14 DM/GJ belegt. Brennstoffe, die im Produktionsprozeß anfallen, zum Beispiel in Mineralölraffinerien, sind vollständig von der Steuer auf den Energiegehalt befreit (Ministry of Housing, Physical Planning and Environment of the Netherlands, 1995, S. 5). Angesichts gestiegener Emissionsmengen, auch nach Einführung der CO_2-/Energiesteuer, ist die Lenkungswirkung dieser Abgabe eher fraglich. Das Kabinett hat mit einem Gesetzentwurf reagiert, der die Einführung einer kombinierten CO_2-/Energiesteuer für Haushalte und Kleinverbraucher für 1996 vorsieht (SCHLEGELMILCH, 1995, S. 18). Im Gegensatz zur bestehenden soll die neue Steuer direkt beim Endverbraucher erhoben werden. Gleichzeitig wird die Einkommensteuer gesenkt.

972. Bemerkenswert ist die Vielfalt der niederländischen Regelungen im Wasserbereich (SEIFERT und RIBBE, 1994, S. 7; UBA, 1994c). Mit einem kombinierten Abgabensystem konnten die Schadstoffeinleitungen zwischen 1970 und 1982 um 45 % gesenkt werden. Das Abgabensystem setzt sich aus einer Abgabe auf die Einleitung in „Reichsgewässer" und einer Abwassergebühr zusammen. Die Einleitungsabgabe wird von den staatlichen Wasserbehörden bei Unternehmen und Abwasserverbänden erhoben und nach dem biologischen und chemischen Sauerstoffbedarf berechnet. Die Abwassergebühr wird von den Abwasserverbänden für die Inanspruchnahme der Abwasserreinigung erhoben. Dabei wird nach dem Anteil von Schwebstoffen und Schwermetallen sowie nach der biologischen Abbaubarkeit und der Toxizität der Abwässer differenziert. Darüber hinaus besteht eine Grundwassersteuer in Höhe von etwa 57 Pf pro entnommenem Kubikmeter, eine Gülleabgabe (bei 126 bis 199 kg Phosphat/ha: 20 Pf/kg, ab 200 kg/ha: 44 Pf/kg) und eine Abgabe auf phosphathaltige Düngemittel (23 DM/kg). Während die Erfolge der Abgabe auf Düngemittel erheblich sind, ist die Wirkung der Gülleabgabe aufgrund der niedrigen Steuersätze eher vernachlässigbar.

Norwegen

973. Im Jahre 1991 wurde in Norwegen in Ergänzung zu der bestehenden Energiesteuer eine CO_2-Steuer auf Ölprodukte, Erdgas und Kohle eingeführt. Die Steuersätze sind nicht stringent am Kohlenstoffgehalt der Energieträger ausgerichtet, so daß zum Beispiel die Steuer für Benzin im Jahre 1993 rund 82 DM/t CO_2 betrug, während sie sich für Heizöl auf etwa 33 DM/t CO_2 belief. Zahlreiche Ausnahmeregelungen bewirken, daß etwa 25 % der norwegischen CO_2-Emissionen von der Steuer befreit sind (BMU, 1995, S. 10 f.). Dies betrifft unter anderem die metallverarbeitende Industrie, den Kohleeinsatz der Zementindustrie sowie die Küstenfischerei. Für die Papierindustrie gilt der halbe Steuersatz. Mineralöl unterliegt weiterhin einer Schwefelsteuer, die pro 0,25 % Gewichtsanteil Schwefel 1,6 Pf/L bei leichtem Heizöl und 16 Pf/L bei schwerem Heizöl beträgt. Heizöl mit einem Schwefelgehalt von weniger als 0,05 % ist von der Steuer ausgenommen (OECD, 1995, S. 33). Den Verkehrsbereich in Norwegen belasten neben einer Dieselkraftstoff- und einer Benzinsteuer (die sich aus der CO_2-Steuer und einer Basisrate zusammensetzt) eine Zulassungssteuer, eine Kfz-Steuer, eine Importsteuer sowie ein Pflichtpfand auf Neuwagen. Anreize zur Reduzierung des Abfallaufkommens werden mit Abgaben zwischen 12 und 80 Pf auf Einwegverpackungen für Getränke geschaffen. Zum Schutz der Gewässer bestehen Abgaben auf phosphathaltige Waschmittel, Pestizide und Düngemittel (SEIFERT und RIBBE, 1994, S. 7 f.; UBA, 1994c).

Die norwegische Regierung hat inzwischen eingeräumt, daß sie ihr Ziel, die CO_2-Emissionen bis zum Jahr 2000 auf dem Niveau von 1989 zu stabilisieren, nicht verwirklichen wird (GAMILLSCHEG, 1995). Vielmehr wird eine Zunahme um 16 % erwartet. Ursache ist zum einen die wachsende Erdgasförderung in der Nordsee, aber auch ein Emissionsanstieg durch Industrie und Verkehr, der durch die Höhe der CO_2-Abgabe nicht aufgehalten werden konnte.

Schweden

974. In Schweden wurde 1990/91 eine ganze Reihe von Umweltabgaben eingeführt. Diese waren Bestandteil eines umfassenderen Reformkonzeptes, das in erster Linie auf die Senkung der persönlichen Einkommensteuer (von max. 85 auf max. 50 %) abstellte (SEIFERT und RIBBE, 1994, S. 8; ENGSTRÖM, 1993, S. 8 ff.; OECD, 1993, S. 90 ff.).

Im Rahmen der Steuerreform (Swedish Ministry of Environmental and Natural Resources, 1994; OECD, 1993) wurde unter anderem die Ausweitung der Mehrwertsteuererhebung (25 %) auf Elektrizität, Heiz- und Treibstoffe beschlossen, wobei Flugkraftstoff steuerbefreit ist. Die bestehende Energieabgabe wurde 1991 um 50 % gekürzt und dafür durch eine CO_2- sowie eine SO_2-Abgabe auf Brenn- und Treibstoffe ergänzt. Die 1993 modifizierte CO_2-Abgabe belegt den Bereich der Privaten Haushalte und den Verkehrsbereich mit ca. 67 DM/t CO_2 und die Industrie mit etwa 16,70 DM/t CO_2. Eine Verdopplung der Abgabensätze ist im Gespräch. Nicht CO_2-steuerpflichtig sind die Elektrizitätsproduktion sowie die internationale Schiff- und Luftfahrt. Um die Umstellung für energieintensive Branchen zu erleichtern, war die Abgabenlast durch die CO_2-Steuer zunächst auf 1,7 % des Umsatzes und seit 1993 auf 1,2 % des Umsatzes beschränkt. 1995 entfiel diese Sonderregelung. Die Einnahmen aus der CO_2-Steuer beliefen sich 1992 auf ca. 1,9 Mrd. DM und unterliegen keiner Zweckbindung (ENGSTRÖM, 1993, S. 12 f.). Die Steuer auf den Energiegehalt erbrachte im gleichen Jahr etwa 2 Mrd. DM (WALTER et al., 1993). Seit 1993 ist die Industrie von der auf den Energiegehalt bezogenen Steuerkomponente ausgenommen.

975. Ergänzend zu den bereits bestehenden Maßnahmen zur Reduktion der SO_2-Emissionen gilt seit 1991 eine SO_2-Steuer für die bei der Stromerzeugung verwendeten Brennstoffe Kohle, Öl und Torf. Die Abgabenhöhe beträgt ca. 6 300 DM/t SO_2, entfällt jedoch für Dieselkraftstoff und Heizöl, deren SO_2-Gehalt unter 0,1 % liegt. Eine Rückerstattung der Abgabe ist in Abhängigkeit von den vorgenommenen Entschwefelungsmaßnahmen vorgesehen. Als Erfolg dieser Politik ist die Reduktion des durchschnittlichen Schwefelgehaltes des in Kraftwerken eingesetzten schweren Heizöls um 30 % anzusehen. Angesichts der Tatsache, daß schwedischer Strom überwiegend mit Wasser- und Kernkraft, das heißt SO_2-frei, erzeugt wird, liegt das jährliche Reduktionspotential infolge der Besteuerung Schätzungen zufolge lediglich bei rund 6 000 t SO_2-Emissionen (SEIFERT und RIBBE, 1994, S. 9; UBA, 1994c, S. 71; ENGSTRÖM, 1993, S. 16). Dies entspricht etwa 5 % der gesamten schwedischen SO_2-Emissionen im Jahr 1990 (Statistisches Bundesamt, 1995, S. 194).

976. Seit 1992 wird in Schweden eine Abgabe auf die NO_x-Emissionen von Großfeuerungsanlagen erhoben. Die Höhe der Abgabe beträgt etwa 8 760 DM/t emittierter NO_x. Aufgrund der hohen Ko-

sten der Emissionsmessung ist die Abgabenerhebung auf Anlagen mit einer Produktion von über 40 GWh beschränkt und soll ab 1997 auf solche mit einer Produktion von mehr als 25 GWh ausgeweitet werden. Um eine Diskriminierung der betroffenen Anlagen zu vermeiden, wird eine Rückerstattung der Steuer in Abhängigkeit vom Energieoutput der Anlage vorgenommen (OECD, 1995, S. 36). Bereits von der Ankündigung der Maßnahme ging eine erhebliche Lenkungswirkung aus. In 18 Monaten sanken die NO_x-Emissionen um 37 %, so daß die Aufkommenserwartungen erheblich nach unten korrigiert werden mußten (SEIFERT und RIBBE, 1994, S. 9).

977. Im Inlandsflugverkehr wird in Schweden seit 1989 eine NO_x- und Kohlenwasserstoffabgabe in Höhe von 2 510 DM/t NO_x- und Kohlenwasserstoffemissionen erhoben. Resultat dieser Politik ist die Reduktion der Kohlenwasserstoffemissionen um 90 % und der NO_x-Emissionen um 15 %, die aufgrund von technischen Umstellungen erzielt werden konnte. Die CO_2-Abgabe wird im inländischen Flugverkehr ebenfalls erhoben (WALTER et al., 1993, S. 62; SEIFERT und RIBBE, 1994, S. 9).

978. Weiterhin bestehen in Schweden ein Pflichtpfand auf Neuwagen, eine Steuer auf Düngemittel, eine Mineralölsteuer, eine Steuer auf Batterien sowie eine Steuer auf Dieselkraftstoff, wobei der Treibstoff nach seinem Schadstoffpotential in drei verschiedene Klassen eingeteilt und mit unterschiedlichen Abgabensätzen belegt wird. Als positives Ergebnis der letztgenannten Steuer wird angeführt, daß inzwischen 15 % des verkauften Dieselkraftstoffs den höchsten Anforderungen hinsichtlich des Gehaltes an potentiellen Schadstoffen (Klasse 1) genügen, während immerhin 60 % der Klasse 2 zuzurechnen sind. 1990 hatte lediglich 1 % des verkauften Kraftstoffs die Anforderungen der Klassen 1 und 2 erfüllt. Insbesondere der Ausstoß von SO_2 konnte durch diese Maßnahme erheblich zurückgeführt werden (Swedish Ministry of Environmental and Natural Resources, 1994).

Zusammenfassung der Erfahrungen

979. Auch wenn die Erfahrungen in anderen Ländern aufgrund von unterschiedlichen Rahmenbedingungen, wie zum Beispiel Unterschiede beim Energiemix, bei den Marktstrukturen bei der Energieproduktion und -verteilung, bei den bestehenden Mehrwertsteuern und bei anderen Abgaben, nicht unmittelbar auf Deutschland zu übertragen sind, sollten diese dennoch bei Überlegungen zur Einführung vergleichbarer Abgaben in Deutschland auch im Sinne einer internationalen Harmonisierung von Instrumenten zur Reduzierung globaler Umweltbelastungen in Betracht gezogen werden. So bleibt festzuhalten, daß eine CO_2-Abgabe beziehungsweise Energieabgabe kein neues Instrument der Umweltpolitik darstellt, sondern bereits in einigen europäischen Ländern in sehr unterschiedlicher Form und parallel zu verschiedenen anderen Emissions- und Produktabgaben erhoben wird. Dabei liegen die Abgabensätze in Dänemark, Norwegen und Schweden bereits heute oberhalb der Konvergenzsätze des EU-Richtlinienvorschlags für das Jahr 2000 (Tab. 5.2).

980. Es zeigt sich, daß nationale Alleingänge durchaus dann möglich sind, wenn Wettbewerbsverzerrungen, die in einzelnen Sektoren entstehen könnten, durch Freistellungen von der Besteuerung oder durch entsprechende Rückerstattungen aufgefangen werden. Dies führt allerdings dazu, daß eine solche Besteuerung in erster Linie die Privaten Haushalte und den Verkehr trifft und die ausgenommenen Branchen von den besteuerten Wirtschaftssubjekten im Hinblick auf den Vermeidungsaufwand subventioniert werden: Sollen die Umweltziele erreicht werden, müssen die durch die Konkurrenz von Importen nur wenig gefährdeten Bereiche die Emissionsminderung allein erbringen, und dies zu relativ höheren Kosten.

981. Beachtung verdient unter dem Aspekt der Ausnahmeregelungen das dänische Konzept. Der besondere Vorzug des im Rahmen der dänischen Energiesteuerreform für 1996 geplanten Ansatzes liegt in der Tatsache, daß hier nicht ganze Industriezweige kompensiert werden, sondern lediglich besonders betroffene und im internationalen Wettbewerb stehende Prozesse mit ermäßigten Steuersätzen belegt werden. Gleichzeitig werden für die Betreiber dieser Prozesse Anreize gesetzt, sich zur Effizienzerhöhung beim Energieeinsatz zu verpflichten und damit ebenfalls einen Beitrag zur CO_2-Emissionsreduktion zu leisten. Die zusätzliche Belastung anderer Wirtschaftssubjekte wird auf diese Weise nicht höher, als für die Wahrung wettbewerblicher beziehungsweise beschäftigungspolitischer und damit sozialer Interessen unbedingt nötig.

982. Eine Beurteilung der Lenkungswirkung bestehender Abgaben wird dadurch erschwert, daß die angeregten Investitionen zum Teil mit erheblichen Anlaufzeiten verbunden sind, so daß langfristige Effekte zur Zeit nur geschätzt werden können. Auch erscheinen die Abgabensätze für einzelne Umweltbereiche in den angeführten Ländern als vielfach noch zu gering, um meßbare Lenkungseffekte entfalten zu können. Kritisch ist anzumerken, daß eine enge Anlehnung der umweltbezogenen Abgaben an die tatsächliche Inanspruchnahme der Umwelt nicht durchgehend gelingt: Gleichwertige Umweltbelastungen werden nicht immer gleich behandelt.

5.2.3 Bausteine einer umweltgerechten Finanzreform

983. Vorstellungen, eine umweltgerechte Finanzreform könne allein durch die Einführung einer einzelnen zusätzlichen Umweltabgabe, zum Beispiel auf Energie, bewältigt werden, verkennen die Komplexität des Steuersystems und überschätzen die Wirksamkeit eines einzelnen Instrumentes. Eine ökologisch ausgerichtete Reform des Finanzsystems bedarf demgegenüber einer Reihe verschiedener Bausteine (Abb. 5.1). Im wesentlichen sind das:

a) der Abbau von Vergünstigungen mit ökologisch negativer Wirkung,

b) die Verstärkung bereits bestehender, umweltpolitisch motivierter Vergünstigungen und Abgaben,

c) der Einbau von Anreizen zu umweltgerechtem Verhalten in bestehende Abgaben sowie

d) die Einführung neuer Umwelt(lenkungs)abgaben.

Dabei handelt sich nach Ansicht des Umweltrates um voneinander abhängige Eingriffsfelder, für die die Prioritäten im Hinblick auf einen zeitlichen Umsetzungspfad oder auf die Allokation politischer Ressourcen zu ihrer Durchsetzung nicht pauschal, sondern auf der Ebene konkreter Maßnahmen beziehungsweise Programme festgelegt werden sollten. Wenn es zum Beispiel um eine Politik der Verminderung von CO_2-Emissionen geht, sollten im Sinne eines Prüfauftrages alle oben genannten Maßnahmenkategorien systematisch auf Beiträge (bzw. kontraproduktive Anreize) zur CO_2-Minderung hin überprüft werden, um auf dieser Basis einen konsistenten Programmvorschlag machen zu können.

984. Unter den oben genannten Bausteinen einer umweltgerechten Finanzreform nicht erwähnt sind Aktivitäten, die oft nicht direkt in den Budgets der öffentlichen Hände auftauchen, aber dort geführt werden könnten, wenn sie nicht formell in privaten Rechtsformen ausgegliedert wären: die Tätigkeiten der Kommunen, der Länder und des Bundes im Bereich der öffentlichen Ver- und Entsorgung und der Infrastruktur. Hierzu sind auch die vom Staat geduldeten Ver- und Entsorgungsmonopole privater Unternehmen zu rechnen. Auch wenn der Umweltrat im Zusammenhang mit der Diskussion einer umweltgerechten Finanzreform nicht genauer auf diese Aktivitäten „im Umfeld" der öffentlichen Hände eingehen kann, weist er darauf hin, daß die Überprüfung der öffentlichen Ver- und Entsorgungsmonopole ein durchaus erhebliches Potential zu ökologischen Verbesserungen offenzulegen verspricht, zum Beispiel hinsichtlich der leichteren Durchsetzung dezentraler Energieversorgungskonzepte oder möglicher Kostensenkungen bei der Sekundärrohstoffwirtschaft (Tz. 1075). Insofern sind die Forderungen nach Deregulierung und mehr Wettbewerb in der Ver- und Entsorgungswirtschaft nicht nur ökonomisch, sondern auch ökologisch relevant.

985. Überlegungen zur Einführung von Umweltabgaben bei gleichzeitiger Senkung anderer Steuern geraten leicht in Konflikt mit den vielfältigen Anforderungen an das Steuersystem als Ganzes. Unterschiede in der langfristigen Aufkommenselastizität, der sozialen Verteilungswirkung sowie im Kreis der Betroffenen erschweren eine solche Steuerreform ebenso wie mögliche Probleme des Finanzausgleichs oder administrative Schwierigkeiten bei der Erfassung, Erhebung, Verwaltung und Überwachung von Umweltabgaben (UBA, 1994c, S. 18). Eine erfolgreiche, auch den umweltpolitischen Anforderungen genügende Reform des Finanzsystems kann grundsätzlich nur als gemeinsame Aufgabe der Finanz- und Umweltpolitik angegangen werden.

Abbildung 5.1

Bausteine einer umweltgerechten Finanzreform

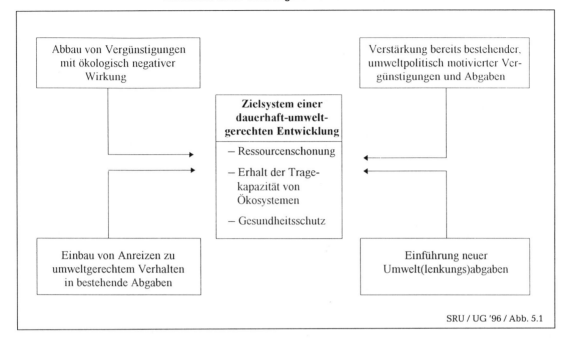

SRU / UG '96 / Abb. 5.1

Abbau von Vergünstigungen mit ökologisch negativer
Wirkung

986. Bevor neue Umweltabgaben eingeführt werden, sollten zunächst die bestehenden steuerlichen
Regelungen und Beihilfen auf ihre Umweltwirkungen geprüft und um Tatbestände und Vergünstigungen bereinigt werden, die der umweltpolitisch erwünschten Lenkungsrichtung zuwiderlaufen oder
die Wirkungen der umweltpolitischen Instrumente
stark beeinträchtigen. Die mit der Einschränkung
ökologisch kontraproduktiver steuerlicher Regelungen und Beihilfen erzielbaren positiven Wirkungen
sind möglicherweise größer als die Effekte der Einführung neuer Abgaben und mit weit geringeren
Kosten erreichbar.

987. Im Jahre 1993 wurden in Deutschland, je nach
Abgrenzung des Subventionsbegriffs, „Subventionen" zwischen 36,3 und 216,1 Mrd. DM gewährt, wobei sich der niedrigste Wert an die vom Bund nach
dem 15. Subventionsbericht der Bundesregierung
(1995) gewährten „Hilfen" und der Höchstwert sich
auf die Summe aller öffentlichen monetären Hilfelei-
stungen nach der Definition des Instituts für Weltwirtschaft an der Universität Kiel (KLODT et al.,
1994, 1989) bezieht. Dazwischen liegen die vom
DIW (1995) sowie vom Statistischen Bundesamt in
der Volkswirtschaftlichen Gesamtrechnung (VGR)
(Statistisches Bundesamt, 1995, schriftl. Mitt.) ermittelten Werte von 150 beziehungsweise 68,4 Mrd.
DM. Der Anteil der für den Umweltschutz gewährten
oder umgesetzten Subventionen wird vom DIW für
das Jahr 1992 mit etwa 2 % angegeben (DIW, 1995).

988. Eine Reihe von Subventionstatbeständen, wie
die Förderung der Luftfahrt und der motorisierten
Landwirtschaft, hat direkte oder indirekte Umweltwirkungen. Es liegt auf der Hand, daß ohne den Abbau solcher Subventionen eine umweltorientierte Reform des Finanzsystems unvollständig, inkonsistent
und ineffizient bleibt. Subventionen, die umwelt-
schädigendes Verhalten begünstigen oder belohnen,
stehen in besonders krassem Widerspruch zu den
Zielen der am Leitbild einer dauerhaft-umweltgerechten Entwicklung ausgerichteten Wirtschaftsweise. Sie sollten deshalb nach Möglichkeit gestrichen
oder von ihren negativen ökologischen Nebenwirkungen befreit werden. Auch eine stärkere Ausrichtung der Transfersysteme an positiven Umweltleistungen, wie etwa der Landwirtschaft, könnte hier einen Beitrag zur Erreichung umweltpolitischer Ziele
leisten (Abschn. 5.4.4.3; SRU, 1996, Kap. 2.5). Grundsätzlich ist sowohl die Förderpraxis bei den nichtum-
weltbezogenen Subventionen als auch die Effizienz
der bestehenden umweltpolitischen Förderinstru-
mente zu überprüfen.

Verstärkung bereits bestehender, umweltpolitisch
motivierter Vergünstigungen und Abgaben

989. Auch ohne die grundsätzliche Diskussion um
eine umweltgerechte Finanzreform wurden in der
Vergangenheit eine Reihe von umweltpolitisch motivierten Abgaben eingeführt. Am Beispiel der Abwasserabgabe oder der Sonderabfall- und Naturschutzabgaben der Länder zeigt sich jedoch, daß die praktizierten Abgabenregelungen mit umweltpolitischer
Zielsetzung in ihrer heutigen Ausgestaltung neben

dem Ordnungsrecht nur eine geringe Lenkungswirkung entfalten können. Gleichwohl sieht der Umweltrat nicht unwesentliche Potentiale, die umweltpolitische Lenkungswirkung bei den bestehenden Abgaben zu verstärken.

Einbau von Anreizen zu umweltgerechtem Verhalten in bestehende Abgaben

990. Die meisten deutschen Steuern knüpfen an Besteuerungsgrundlagen an, die unabhängig von der ökologischen Relevanz der besteuerten Aktivitäten oder Bestandsgrößen sind, zum Beispiel am Einkommen beziehungsweise Gewinn (Einkommen- und Körperschaftsteuern), am privaten Verbrauch (Umsatzsteuer, spezielle Verbrauchsteuern), am Vermögen (Vermögensteuer) oder an gewerblichen Erträgen (Gewerbesteuer). Umweltpolitisch negative Wirkungen lassen sich lediglich für bestimmte Ausgestaltungsmerkmale dieser Steuern, nicht jedoch für die Steuern an sich nachweisen (LINSCHEIDT et al., 1994, S. 4 f.). Nach Ansicht des Umweltrates sollte eine ökologische Finanzpolitik darauf hinwirken, auch diese an sich umweltneutralen Abgaben beziehungsweise ihre konkrete Ausgestaltung so anzupassen, daß sie umweltpolitischen Zielen besser entsprechen. Hier liegt ein durchaus großes und erst in letzter Zeit beachtetes Potential für eine verbesserte ökologische Lenkung, ohne daß Abstriche in der Finanzierungsfunktion einzelner Abgaben befürchtet werden müssen.

Einführung neuer Umwelt(lenkungs)abgaben

991. Eine umweltorientierte Reform des Finanzsystems muß nach Ansicht des Umweltrates auch die Einführung neuer Umweltabgaben umfassen, will sie ökologisch bedeutsam sein. An Vorschlägen hierzu besteht kein Mangel (Abschn. 5.2.1). Auch die Erfahrungen anderer Staaten, die sich in wachsender Anzahl und Ausgestaltungsvielfalt Abgabenlösungen zur Erreichung umweltpolitischer Ziele bedienen (Abschn. 5.2.2), ermutigen zu einem solchen Schritt. Dabei sollten die neu einzuführenden Umweltabgaben nach Möglichkeit als Verbrauchsteuern und nicht als Sonderabgaben ausgestaltet sein, um ohne Zweckbindung dort verwendet werden zu können, wo dies haushaltspolitisch am dringendsten geboten erscheint. Auf diese Weise wird eine effektive Mittelverwendung sichergestellt. Daneben muß gewährleistet sein, daß sich die Abgabenquote insgesamt nicht erhöht.

992. In der bisherigen Diskussion über neue Umweltabgaben wird zum Teil über erhebliche Summen gesprochen, die als zusätzliche Einnahmen aus solchen Abgaben erwartet werden. Dies hat unter anderem damit zu tun, daß die meisten dieser Vorschläge steigende Abgabensätze ohne Berücksichtigung der quantitativen Zielwirkungen, die mit den neuen Lenkungsabgaben erreicht werden sollen, vorsehen. Darüber hinaus könnte ein zu rasches Anwachsen der Belastungen aus Umweltabgaben – ganz abgesehen von den Beschäftigungseffekten – auch zu nicht zu bewältigenden Störungen des auf vielfältige Interessen hin austarierten Besteuerungssystems führen.

Schon um die Anpassungsfähigkeit des wirtschaftlichen und sozialen Systems nicht zu überfordern und damit letztlich die Sozialverträglichkeit umweltpolitischen Handelns sicherzustellen, ist ein Wandel in kleinen Schritten angezeigt (Tz. 936). Dies bedeutet, neue Umweltabgaben schrittweise und zunächst mit relativ niedrigen Abgabensätzen einzuführen. Auf diese Weise hat die Finanzpolitik Zeit, die fiskalischen Wirkungen einer umweltgerechten Finanzreform kennenzulernen und sie durch kompensierende Variationen anderer Steuern mit den vielfältigen finanzpolitischen Interessen in Einklang zu bringen.

5.2.4 Ergänzende Maßnahmen zu einer umweltgerechten Finanzreform

993. Die bisherige Diskussion über Voraussetzungen und über Anwendungsmöglichkeiten, über ökologische Treffsicherheit und ökonomische Effizienz umweltpolitischer Instrumente hat gezeigt, daß es den instrumentellen Königsweg der Umweltpolitik nicht gibt. Insofern darf die gegenwärtige Diskussion über den ökologischen Umbau des Finanzsystems nicht darüber hinwegtäuschen, daß die Grenzen des Einsatzes dieses Instrumentariums eng an die Anwendungsbedingungen von marktorientierten Instrumenten geknüpft sind. Einsatzmöglichkeiten für diese Instrumente sieht der Umweltrat vor allem in den noch nicht vom Ordnungsrecht abgedeckten Umweltproblemen wie beispielsweise dem Klimaschutz, bei denen die Bedingungen der ökologischen Äquivalenz, das heißt die sachliche, räumliche sowie zeitliche Gleichheit der ausgelösten Umweltbelastungen, erfüllt sind (SRU, 1994, Tz. 360 ff.). Im Hinblick auf eine Umsetzung des Leitbildes einer dauerhaft-umweltgerechten Entwicklung ist ergänzend zu einer Reform des Finanzsystems neben dem Ordnungsrecht unter anderem der Einsatz von Kompensationslösungen sowie von Lizenzen zu erwägen.

994. Obwohl vielfach zu Recht auf die fehlenden Anreize zu technischem Fortschritt sowie auf die mangelnde Effizienz des Ordnungsrechts hingewiesen und eine Deregulierung der Umweltpolitik gefordert wird, hat der Umweltrat bereits in seinem letzten Gutachten (SRU, 1994, Abschnitt I.3.1.2) dargestellt, daß es sich beim Ordnungsrecht um ein unverzichtbares Instrument im Umweltschutz handelt. Ihre besondere Bedeutung erhalten ordnungsrechtliche Regelungen dort, wo es um das Vorsorgeprinzip im Gesundheitsschutz, die Abwehr irreversibler Schäden oder um die Regelung einer Vielzahl von Einzelschadstoffen im Luft- und Gewässerschutz sowie von Abfallarten geht, die die Bedingungen der ökologischen Äquivalenz nicht erfüllen oder in so geringen Mengen auftreten, daß die Regulierung mit marktorientierten Instrumenten aufgrund der oft erheblichen Transaktionskosten ihrerseits ökonomisch ineffizient bleiben würde.

995. Die Anwendungsvoraussetzungen für Lizenzen, bei denen ein staatlich vorgegebenes Mengenziel für die maximal zulässige Umweltnutzung auf handelbare Emissionsrechte aufgeteilt wird, entsprechen weitestgehend denen für Abgaben. Die Vorteile der Lizenzlösung im Vergleich zur Abgabenlösung liegen in der hohen ökologischen Treffsicherheit und der Möglichkeit der Globalisierung des Instruments (Tz. 1041). Die praktische Anwendung dieses Ansatzes steht in der europäischen Umweltpolitik jedoch noch aus (Tz. 1042).

996. Auf der Vertragsstaatenkonferenz zum Rahmenübereinkommen der Vereinten Nationen über Klimaänderungen (Klimarahmenkonvention) 1995 in Berlin wurde die Durchführung einer Pilotphase für internationale Kompensationsgeschäfte („joint implementation") beschlossen (ausführlich zu Kompensationsgeschäften z. B. WBGU, 1996, 1995; LUHMANN et al., 1995; MICHAELOWA, 1995; RENTZ, 1995; SIMONIS, 1995; UNCTAD, 1995). Diese können sowohl auf Regierungs- als auch auf Unternehmensebene vorgenommen werden. Bei Kompensationsgeschäften auf Unternehmensebene handelt es sich allerdings nicht um ein eigenständiges Instrument der Umweltpolitik. Die Verknappung der Umweltnutzung durch andere Instrumente, wie Auflagen, Abgaben, Lizenzen oder Selbstverpflichtungen der Emittenten, ist vielmehr Voraussetzung, um für private Unternehmen einen Anreiz zur Durchführung entsprechender Geschäfte zu schaffen. Werden Emissionen an einer Quelle außerhalb des Regelungsbereiches des Instrumentes verringert, wirken diese entlastend beim Vollzug des jeweiligen Instruments im Land des kompensierenden Unternehmens. Auf diese Weise kann die allokative Effizienz beim Einsatz von ordnungsrechtlichen Mitteln oder von ökonomischen Instrumenten durch das Ausnutzen von weltweit erheblichen Unterschieden bei den Grenzvermeidungskosten erhöht werden (RENTZ, 1995, S. 93 ff.). Des weiteren können Kompensationslösungen aber auch als Übergangshilfen von einem System nationaler Auflagen, Abgaben, Lizenzen oder Selbstverpflichtungen hin zu einem globalen Lizenzmarkt eingeführt werden. Eine Grenze finden Kompensationsgeschäfte dort, wo die ökologische Äquivalenz der kompensierenden Emissionsreduzierung nicht gegeben ist.

997. Zur Zeit werden in Genf bindende Kriterien für die Durchführung von Kompensationsgeschäften erarbeitet. Bis zu deren Konkretisierung, die für das Jahr 2000 angestrebt wird, kann eine Gutschrift auf dem Klimakonto des kompensierenden Staates beziehungsweise des Staates des kompensierenden Unternehmens nicht erfolgen, so daß die Verpflichtungen einzelner Vertragsstaaten der Klimarahmenkonvention zu länderspezifischen Emissionsreduktionen weiterhin allein durch eine nationale Klimapolitik erreicht werden müssen. Unter anderem werden einheitliche Vorgaben für die Festlegung der Referenzsituation entwickelt, das heißt jener Entwicklung, die sich ohne das Kompensationsgeschäft eingestellt hätte, und die für die Bestimmung der Höhe relevant ist, in der Emissionsreduktionen anrechenbar sind. Eine weitere, zur Zeit noch offene Frage stellt die Kontrolle internationaler Kompensationen dar. Hier wird die Einigung der Vertragsstaaten auf die Errichtung einer Kontrollinstanz erforderlich sein, der die Aufgabe der Messung der tatsächlichen Emissionsreduktionen zukommt. Als Sanktionen gegen Staaten mit vertragsbrüchigen Unternehmen

schlägt RENTZ (1995, S. 133) Strafzölle vor, räumt jedoch gleichzeitig ein, daß hierfür eine entsprechende Modifikation der Regelungen des GATT durch die World Trade Organisation (WTO) erforderlich sein wird, die allenfalls langfristig erzielt werden kann. Ungeachtet dieser zum Teil erheblichen Probleme wurden bislang etwa 20 Pilotprojekte weltweit initiiert, die die Schwierigkeiten und möglichen Lösungsansätze bei der praktischen Umsetzung von Kompensationsgeschäften aufzeigen sollen.

998. Der Umweltrat begrüßt die gegenwärtigen Anstrengungen zur Weiterentwicklung dieses Instrumentariums und bestärkt die Bundesregierung darin, das Zustandekommen von Pilotprojekten zu forcieren und deren Durchführung zu fördern. Bei einer möglichst breiten Beteiligung der Vertragsstaaten könnten die erforderlichen Erfahrungen in relativ kurzer Zeit zusammengetragen und der internationale Einigungsprozeß hin zu einer gemeinsamen Klimapolitik zügig vorangetrieben werden. In diesem Zusammenhang kann „joint implementation" dann langfristig zur Überführung des nationalen umweltpolitischen Instrumentariums in einen globalen Lizenzmarkt genutzt werden.

999. Im folgenden werden zunächst die Besteuerung fossiler Energieträger zur Reduktion der CO$_2$-Emissionen und anschließend weitere Anwendungsfelder, die bei einer umweltgerechten Finanzreform einbezogen werden sollten, im einzelnen betrachtet, wobei darauf verzichtet wird, alle denkbaren Anwendungsfelder zu diskutieren und jeweils eine Detaildiskussion der vier zuvor angeführten Bausteine (Abschn. 5.2.3) vorzunehmen. Die Darstellung beschränkt sich auf Beispiele, greift aber die derzeit wichtigsten Anwendungsfelder und auf jedem dieser Anwendungsfelder die jeweils wichtigsten Bausteine einer umweltgerechten Finanzreform auf.

5.3 Abgaben auf fossile Energieträger zur Reduktion der CO$_2$-Emissionen als Bestandteil einer umweltgerechten Finanzreform

5.3.1 Ausgestaltung einer Abgabe auf fossile Energieträger zur Reduktion der CO$_2$-Emissionen

5.3.1.1 Problemstellung

Ansatzpunkt fossile Brennstoffe

1000. Als Einstieg in das Langzeitprojekt einer umweltgerechten Finanzreform und damit eines breiteren Einsatzes von Abgabenlösungen in der Umweltpolitik erscheint das Energieverbrauchsverhalten der beste Ansatzpunkt. Mit dem Energieverbrauch beziehungsweise mit Verbrennungsprozessen sind die Emissionen nicht nur der meisten global oder regional wirkenden Massenschadstoffe verbunden, sondern auch lokal wirkender Schadstoffe, zum Beispiel von Benzol. Deshalb ist es plausibel, wenn prominente Vorschläge zu einer umweltgerechten Finanzreform wie der DIW-Vorschlag (KOHLHAAS et al., 1994a), der Vorschlag von von WEIZSÄCKER und JESINGHAUS (1992) oder der Vorschlag der Europäischen Kommission (KOM (95) 172) zur Einführung einer Abgabe zum Klimaschutz in der Hauptsache auf eine Besteuerung des Energieverbrauchs setzen.

1001. Die erforderliche Änderung des Energieverbrauchsverhaltens bedingt, verglichen mit anderen Ansätzen der Emissionsvermeidung, ganz erhebliche Anpassungsprozesse in den Bereichen des Verkehrs, des Wohnungsbaus und der Raumordnung. Zwar ist zum Beispiel auch mit dem Aufbau einer Abfallverwertungs- und Sekundärrohstoffwirtschaft ein erheblicher Strukturwandel verbunden. Dieser Strukturwandel wird aber dadurch erleichtert, daß ein beträchtlicher Teil der entsprechenden Verwertungsaktivitäten auch ohne weitere umweltpolitische Maßnahmen profitabel ist oder doch in naher Zukunft werden wird, und deshalb die Entsorgungswirtschaft ebenso wie neu in den Markt eintretende Unternehmen den Wandel aus Eigeninteresse vorantreiben. Diese günstige Situation könnte auch bei der Reduktion des fossilen Energieverbrauchs gegeben sein, wenn nicht infolge des hohen Monopolisierungsgrades der Versorgungswirtschaft innovative Problemlösungen, zum Beispiel die Realisierung kleinräumiger Versorgungslösungen auf der Basis dezentraler Kraft-Wärme-Kopplungs-Konzepte, geringe Durchsetzungschancen hätten.

Schließlich erscheint das Energieverbrauchsverhalten auch deshalb ein geeigneter Ansatzpunkt für einen breiteren Einstieg in Abgabenlösungen, weil der Energieverbrauch bereits heute in allen OECD-Staaten mit Abgaben belegt ist, die in Deutschland rund 11 % der Bundeseinnahmen ausmachen. Es kann also nicht nur um den Entwurf neuer, zusätzlicher Abgaben auf den Energieverbrauch gehen, sondern auch darum, die bisherigen Energieabgaben auf ihre fiskalischen und umweltpolitischen Begründungen zurückzuführen und den umweltpolitisch gerechtfertigten Part, beispielsweise der Mineralölsteuer (Abschn. 5.4.2.1), in seiner Höhe den Lenkungszielen anzupassen.

Ziele bei der Besteuerung fossiler Brennstoffe

1002. Zur Operationalisierung gesellschaftlicher Leitbilder wie etwa einer dauerhaft-umweltgerechten Entwicklung gilt es – wo immer möglich – quantifizierte, überprüfbare Umweltziele zu bestimmen, die dann über Wirkungsketten bis hin zum gewählten Ansatzpunkt umweltpolitischer Instrumente konkretisiert werden müssen. Da die Wirkungszusammenhänge nicht immer vollständig bekannt sind, muß die Umweltpolitik pragmatische Zielgrößen anbieten, also zum Beispiel zulässige Emissionsfrachten definieren oder – als Hilfsgrößen – technische Verfahren oder Einsatzstoffe regeln, um überhaupt tätig werden zu können. Mit der Art der Festlegung konkreter Umweltziele wird im Rahmen der Umweltpolitik implizit entschieden, welche umweltökonomischen Instrumente sich zu ihrer Durchsetzung eignen. So ist die Existenz regional und zeitlich abgegrenzter Mengenziele Voraussetzung für den Einsatz von Lenkungsabgaben und Lizenzen in bezug auf emittierte Schadstoffe. Die gegenwärtige Umweltpolitik in Deutschland verzichtet jedoch weitgehend auf konkrete Emissionsmengenziele. Eine der Ausnahmen bildet das Reduktionsziel der Bundesregierung für CO_2-Emissionen von 25 bis 30 % bis zum Jahre 2005 auf der Basis von 1990.

1003. Die Besteuerung fossiler Brennstoffe betrifft weit mehr Umweltbeeinträchtigungen als nur die (ausschließlich global wirkenden) CO_2-Emissionen. Schadstoffemissionen mit lokaler, regionaler beziehungsweise nationaler Wirkung, bei denen die Verringerung des Ausstoßes zu einer Verbesserung von Gesundheit und Umweltqualität vor Ort führt, sind für eine nationale Umweltpolitik sogar weit interessanter als die globalen Massenschadstoffe. So entfallen auf Deutschland beispielsweise „nur" 3,6 % der globalen CO_2-Emissionen (Enquête-Kommission „Schutz der Erdatmosphäre", 1995). Eine nationale Umweltpolitik, die der CO_2-Minderung hohe Priorität einräumt, stiftet deshalb – bei möglicherweise hohen Kosten – einen relativ geringen Nutzen aus der nationalen Perspektive, verglichen mit einer stärkeren Fokussierung auf regional wirksame Schadstoffe, wie VOC und NO_x, für die ebenfalls Mengenziele definiert (wenn auch nicht politisch vorgegeben) wurden: So empfiehlt der Umweltrat, die verkehrsbezogenen Emissionen von NO_x und von VOC von 1987 bis 2005 um jeweils 80 % zu reduzieren, die verkehrsbezogenen Emissionen kanzerogener Stoffe gar um 90 % (SRU, 1994, Tz. 750 ff., Tab. III.13) und ergänzt damit eine Empfehlung der Enquête-Kommission „Vorsorge zum Schutz der Erdatmosphäre" (1990, Bd. 1, S. 86, 88).

1004. Eine Besteuerung fossiler Brennstoffe ist jedoch nicht in der Lage, andere Schadstoffe als CO_2 ökologisch treffsicher und gleichzeitig ökonomisch effizient zu reduzieren. Denn obwohl zum Beispiel bei SO_2 der Brennstoffeinsatz als Steuerbemessungsgrundlage dienen kann und sollte, geht ein erheblicher Teil der Lenkungswirkung aufgrund der Abhängigkeit der Emissionen von anderen Parametern als der eingesetzten Brennstoffmenge (z. B. Verbrennungs- und Filtertechniken) verloren. Zur Feinsteuerung der Emissionen fast aller Schadstoffe ist somit neben einer Besteuerung fossiler Energieträger der Einsatz von auf den jeweiligen Schadstoff abgestimmten Abgaben oder von ordnungsrechtlichen Instrumenten erforderlich. Da aber durch eine Besteuerung von CO_2-Emissionen über den Brennstoffeinsatz eine gewisse Minderungswirkung auch bei anderen Schadstoffen erzielt wird, können Abgaben, die gezielt für diese anderen Stoffe entworfen werden, in Verbindung mit der CO_2-Abgabe entsprechend niedriger ausfallen. Wird also eine Abgabe in ihrer Höhe mit der angestrebten Lenkungswirkung begründet, hängt die nötige Abgabenhöhe entscheidend davon ab, in welcher Reihenfolge Abgaben für einzelne Schadstoffe eingeführt werden. Da der Umweltrat dennoch den Einstieg in eine konsequente CO_2-Politik im Augenblick für vordringlich hält, um den noch zögernden Industriestaaten einen zusätzlichen Anstoß im Sinne einer zuerst europaweiten, später weltweiten Klimapolitik zu geben, wird hier zunächst nur eine Abgabenlösung zur Verminderung der CO_2-Emissionen diskutiert.

Umweltpolitischer Handlungsbedarf zur Minderung der CO_2-Emissionen

1005. Der Beitrag von CO_2 zur globalen Erwärmung wird auf rund 50 % der in diesem Zusammenhang relevanten Schadstoffäquivalente geschätzt. Nach von WEIZSÄCKER und JESINGHAUS (1992, S. 20) müßte sich bei einer Halbierung des globalen CO_2-Ausstoßes bis zum Jahre 2050 gegenüber 1987 (Enquête-Kommission „Schutz der Erdatmosphäre", 1995, S. 103; Enquête-Kommission „Vorsorge zum Schutz der Erdatmosphäre", 1990, Bd. 1, S. 88), bei Wachstumsraten von 3,5 % pro Jahr und einem Wachstum der Weltbevölkerung um 50 % die „CO_2-Produktivität" bis zum Jahre 2012 vervierfachen, jährlich also um rund 7 % wachsen – gegenüber durchschnittlich 1,6 % pro Jahr seit der Ölkrise Anfang der 70er Jahre. Die Aktionsprogramme der Europäischen Union und der Bundesregierung beinhalten zwar einen ganzen Katalog von Maßnahmen zur Erreichung der gesetzten Klimaschutzziele (Interministerielle Arbeitsgruppe „CO_2-Reduktion" [IMA], 1994), die Programmumsetzung erfolgt jedoch nur zögerlich, und insgesamt kann bezweifelt werden, ob selbst eine vollständige und zügige Umsetzung der vorgesehenen Maßnahmen ausreicht, das Minderungsziel zu erreichen – und dies, obwohl das Ziel der Bundesregierung allenfalls den Einstieg in einen CO_2-Minderungspfad von rund 13 Tonnen pro Kopf und Jahr heute in Deutschland auf rund 1 Tonne pro Kopf und Jahr bis zur Mitte des nächsten Jahrhunderts darstellen kann.

Die im Rahmen der Selbstverpflichtung der deutschen Wirtschaft im März 1995 vereinbarten spezifischen Reduktionswerte beziehen sich für die meisten Branchen auf Emissionen pro Produktionseinheit (z.B. im Verkehr: Emissionen pro Fahrzeugkilometer), so daß es gegebenenfalls bei verstärkter Produktion zu insgesamt steigenden CO_2-Emissionen kommt. Darüber hinaus bleiben die im Rahmen des Instruments der Selbstverpflichtung (Abschn. 2.2.2.3) gemachten Zusagen selbst bei ihrer Einhaltung oft hinter dem ohnehin zu erwartenden Trend der technischen Entwicklung noch zurück – ein Ergebnis, das aus der niederländischen Umweltpolitik hinreichend bekannt ist. Während der spezifische Energieverbrauch zwischen 1970 und 1993 jährlich um durchschnittlich 2,8 % gesunken ist, entspricht das Selbstverpflichtungsangebot der deutschen Wirtschaft nur einem Rückgang um jährlich 1,2 % (KOHLHAAS und PRAETORIUS, 1995, S. 8). Aktuelle Untersuchungen gehen davon aus, daß die bisher verwirklichten Maßnahmen maximal zu einer Reduktion der CO_2-Emissionen um 14 % führen (BT-Drs. 12/8557, 1994, S. 85) und auch nach Umsetzung aller von der Interministeriellen Arbeitsgruppe „CO_2-Reduktion" vorgeschlagenen Maßnahmen noch ein Volumen von rund 70 Mio. t CO_2 je Jahr zu reduzieren bliebe. Bei der Verminderung der CO_2-Emissionen besteht deshalb unmittelbarer umweltpolitischer Handlungsbedarf.

1006. CO_2 bietet, im Gegensatz zu anderen klimarelevanten globalen Massenschadstoffen, ideale Voraussetzungen für eine umweltpolitische Lenkung mittels ökonomischer Instrumente:

– Aufgrund der weltweiten Verteilung und der langfristigen Klimawirkung von CO_2 ist neben der räumlichen auch die zeitliche Äquivalenz weitgehend gesichert.

– Wegen der kumulativen Wirkung von CO_2-Emissionen bestehen keine bekannten Schwellenwerte.

– Für CO_2 liegen keine spezifischen ordnungsrechtlichen Normen vor.

– Da gegenwärtig keine ökonomisch oder ökologisch geeigneten Filter-, Rückhalte- oder Zwischenlagerungstechniken verfügbar sind, besteht ein proportionales, das heißt verfahrensunabhängiges Verhältnis der anthropogenen Emissionen zur Menge der eingesetzten fossilen Brennstoffe.

– Förderung und Importe fossiler Brennstoffe als Ansatzpunkte für ökonomische Instrumente sind gut (d. h. ohne allzu große Kosten) kontrollierbar.

– Ausweichmöglichkeiten sind vorhanden: Energieeinsparungen per Konsumverzicht oder durch bauliche Maßnahmen (z. B. Wärmedämmung), Steigerung der Energieeffizienz von Prozessen (z. B. Erhöhung der Wirkungsgrade der Stromerzeugung), Substitution zwischen fossilen Energieträgern mit unterschiedlichem Kohlenstoffgehalt, Ersatz von fossilen durch regenerative Energiequellen, Schaffung von Kohlendioxidsenken.

1007. Für die Umsetzung einer CO_2-Politik mit ökonomischen Instrumenten gilt, daß eine allgemeine, das heißt alle Emittentengruppen inklusive Kleinanlagen und mobile Quellen erfassende Abgaben- beziehungsweise Lizenzpflicht mit direkter Belastung der Emittenten an Praktikabilitäts-, Akzeptanz- und Kontrollproblemen scheitern wird (NAGEL, 1993, S. 90 ff.). Deshalb muß auf die Brennstoffhersteller und -importeure ausgewichen werden, und es kommt zu einer Trennung zwischen Abgaben- beziehungsweise Lizenzpflichtigen und denjenigen, deren Verhalten zur Emissionssenkung führen soll. Diese erhebungstechnisch sinnvolle Verlagerung weg vom Emittenten kann Einbußen der ökologischen Treffsicherheit erzeugen, wenn Preisüberwälzungen in andere Richtungen erfolgen (zurück auf Lieferanten, quer auf andere Produkte) oder wegen hoher Importkonkurrenz nicht möglich sind. Solche Effizienzverluste, deren Ausmaß in Modellen schwer abgeschätzt werden kann, sind der Preis für die Einsparung übermäßiger Erhebungs- und Kontrollkosten.

1008. In der CO_2-Politik ist eine möglichst breite Beteiligung von Staaten wünschenswert. Langfristig wäre eine weltweite Lösung anzustreben. Dem Ministerrat der Europäischen Union liegt zur Zeit ein Vorschlag für ein gemeinsames Vorgehen der Mitgliedstaaten bei der Einführung einer CO_2-/Energiesteuer vor, der deshalb zunächst als geeigneter Ansatzpunkt oder gar Ersatz einer nationalen CO_2-Politik erscheint (KOM (95) 172).

5.3.1.2 Mögliche Lösung: EU-einheitliche CO$_2$-/Energieabgabe

Inhalt des Vorschlags der Europäischen Kommission

1009. Die Europäische Kommission hat im Mai 1995 eine Überarbeitung (KOM (95) 172) des bereits 1992 gemachten Vorschlags für eine CO$_2$-/Energiesteuer (KOM (92) 226) vorgelegt. Diese Steuer soll im Rahmen verschiedenster Maßnahmen zur Einhaltung der in Rio de Janeiro 1992 gemachten Zusage einer Stabilisierung des CO$_2$-Ausstoßes auf dem Niveau von 1990 bis zum Jahr 2000 einen wesentlichen Beitrag leisten; im Referenzszenario wird bei unveränderter Entwicklung eine Zunahme des CO$_2$-Ausstoßes um 11 % prognostiziert. Von vornherein wurde so darauf verzichtet, ein eindeutiges, mit der Abgabe anzustrebendes Reduktionsziel festzulegen. Als gesamtwirtschaftliches Ziel wird daneben eine Entlastung des Faktors Arbeit angestrebt. Dabei wird der Einsatz des durch die CO$_2$-/Energieabgabe zusätzlich erzielten Steueraufkommens zur Senkung der Lohnkosten als die beste Form der Beschäftigungsförderung angesehen (European Commission, 1993), was durchaus nicht selbstverständlich ist. Denn damit die Lohnkosten tatsächlich auf jenem niedrigeren Niveau bleiben, das durch die kompensatorische Verwendung des zusätzlichen Steueraufkommens möglich wäre, müssen sowohl die Tarifparteien als auch die Sozialpolitiker aller Parteien Disziplin wahren und nicht den neugewonnenen Spielraum als zusätzliche verteilungspolitische Manövriermasse begreifen. Selbst dann ist fraglich, ob das im nächsten Jahrzehnt vernünftigerweise aus neuen Umweltabgaben erwartbare Steueraufkommen ausreicht, um im Wege der Senkung von Lohnkosten wirklich etwas an der Beschäftigungsfront zu bewirken.

1010. Der EG-Richtlinienentwurf von 1995 sieht eine kombinierte CO$_2$-/Energieabgabe im Verhältnis 50 : 50 (Basis Rohöl) vor, die beim Verkäufer der Sekundärenergieträger erhoben werden soll, und zwar in einer Höhe, die die vorgelagerten Umwandlungsverluste berücksichtigt. Ziel der paritätischen Aufteilung ist, insbesondere mit Blick auf die erheblichen Unterschiede hinsichtlich des Anteils von Strom aus Kernkraftwerken an der Energieversorgung in den EU-Staaten, keine zu großen brennstoffbedingten Differenzen in der Abgabenbelastung der Produkte zwischen den Staaten zuzulassen (KOOPMANN et al., 1992, S. VI, S. 45). Dabei ist es zwar nicht völlig ausgeschlossen, die paritätische Aufteilung durch jeweils unterschiedliche Steuersätze aufzuweichen, jedoch muß die nationale Steuer dem Grundmodell einer kombinierten CO$_2$-/Energiesteuer entsprechen.

Höhe und Anhebungspfad der Steuersätze sollen zwar zunächst den Mitgliedstaaten überlassen bleiben, jedoch bis zum Jahr 2000 auf vorgegebene Zielsätze konvergieren (s. a. Tab. 5.2), die den im Entwurf von 1992 für das Jahr 2000 geplanten Sätzen entsprechen (0,70 ECU/GJ und 9,37 ECU/t CO$_2$).

Zum teilweisen oder vollständigen Ausgleich der Belastungen besonders betroffener Branchen wird ein differenziertes System gestaffelter Steuerstundungen nach dem Energiekostenanteil an der Wertschöpfung und bei starker Importkonkurrenz empfohlen (LINSCHEIDT et al., 1994, S. 63). Zusätzlich können energiesparende oder emissionsmindernde Investitionen und, je nach nationaler Ausgestaltung, Kompensationslösungen abzugsfähig sein.

Wirkung des EU-Vorschlags

1011. Insgesamt soll der Konvergenzsteuersatz im Jahr 2000 ein Gesamtsteueraufkommen von rund 65 Mrd. ECU in der Europäischen Union generieren, in Deutschland rund 38 Mrd. DM – zusätzlich zu den bestehenden Mineralölsteuern. Als Auswirkungen auf das durchschnittliche jährliche Wachstum für die vier größten EU-Mitgliedstaaten wurden in verschiedenen Studien mit unterschiedlichen Modellannahmen für den ursprünglichen EU-Vorschlag Veränderungen von – 1,6 % bis + 0,1 % und für die gesamte Europäische Union von – 0,9 % bis – 0,1 % kalkuliert, abhängig davon, auf welchem Weg (z.B. durch Senkung der Arbeitgeberbeiträge der Sozialversicherung) die Einnahmen zurückverteilt werden (Bureau du Plan Erasme, 1993, S. 47; RESSING, 1993, S. 302; KOOPMANN et al., 1992, S. 68 ff.).

Durch die von der Europäischen Kommission ursprünglich vorgeschlagene CO$_2$-/Energiesteuer wird keine vollständige Stabilisierung des CO$_2$-Emissionsniveaus, sondern lediglich eine Senkung des prognostizierten Anstiegs von 11 auf 7 % bis zum Jahr 2000 zu erreichen sein (dies entspricht einer Verringerung des prognostizierten weltweiten Anstiegs in Höhe von 18 % zwischen den Jahren 1990 und 2000 um 3 %; vgl. FAROSS, 1993, S. 298). Für die einzelnen Sektoren bedeutet dies, daß die CO$_2$-Emissionen im Verkehr und aus der Stromerzeugung weiterhin erheblich zunehmen, bei den Haushalten und in der Industrie hingegen absolut signifikant zurückgehen werden (KOOPMANN et al., 1992). Insgesamt muß deshalb der Schluß gezogen werden, daß selbst wenn die aus umweltpolitischer Sicht heute wenig zielführende (differenzierte) Besteuerung des Mineralöls beibehalten wird, die vorgeschlagenen Abgabensätze der Europäischen Kommission viel zu niedrig angesetzt sind, um mit diesem Instrument in die Nähe der angestrebten Minderungsziele zu gelangen.

1012. Der Umweltrat befürwortet eine generelle Verteuerung des Einsatzes aller fossilen Brennstoffe, also auch der Kohle, als Beitrag zur Minderung der CO$_2$-Emissionen. Dies heißt freilich nicht, daß der Umweltrat den EU-Vorschlag einer CO$_2$-/Energiesteuer, eine EU-weite CO$_2$-Abgabe oder eine Abgabe überhaupt als das Mittel der Wahl in der CO$_2$-Politik ansieht. Denn eine solche Verteuerung des Einsatzes fossiler Brennstoffe kann auch im Wege von handelbaren Umweltrechten durchgesetzt werden. Dies wird im folgenden zu diskutieren sein. Aus der Sicht des Umweltrates ist der EU-Vorschlag insgesamt unbefriedigend. Selbst bei seiner Verabschiedung durch den Ministerrat bestünde keine zwingende Verpflichtung zur Einführung einer Abgabe. Wird die Abgabe eingeführt, ergeben sich hingegen gewisse Bindungen hinsichtlich der Abgabenstruktur. Bis zum Jahr 2000 dürften allerdings in den meisten Staaten wohl keine Abgaben im Sinne einer CO_2-/Energiesteuer eingeführt sein. Darüber hinaus ist fraglich, ob der Konvergenzsteuersatz in seiner Höhe von den Mitgliedstaaten überhaupt akzeptiert werden wird.

Erster Änderungsvorschlag zum EU-Konzept: Höhere Abgabensätze

1013. Die Konvergenzsteuersätze des EU-Vorschlages sind nach Ansicht des Umweltrates sowohl in ihrer Höhe als auch bezüglich des Zeithorizontes unzureichend. Um in die Nähe der Minderungszieles der Bundesregierung zu gelangen, können die Abgabensätze der Europäischen Union für das Jahr 2000 allenfalls als Einstieg verstanden werden. Die Bundesregierung sollte hier auf eine deutliche Erhöhung der Abgabensätze drängen.

Entscheidend für die notwendige Höhe der Abgabensätze ist erstens, ob Unternehmen von der Abgabe ausgenommen werden müssen oder eine Kompensation erhalten, um Abwanderungen in Staaten außerhalb der Europäischen Union zu verhindern, zweitens, ob die bestehende (auch Erdgas umfassende) Mineralölsteuer, die aufgrund nationaler Unterschiede und der Differenzierung zwischen verschiedenen fossilen Brennstoffen aus ökologischer Sicht mit eher negativen Lenkungseffekten behaftet ist, durch eine CO_2-/ Energieabgabe ersetzt werden soll und drittens, ob die Abgabe als CO_2-, als Energie- oder als kombinierte CO_2-/Energieabgabe eingeführt wird. Die Europäische Kommission geht von einer Kompensation für besonders energieintensive Betriebe, dem Fortbestehen der heutigen Mineralölsteuer und einer kombinierten CO_2-/Energieabgabe aus.

1014. Im folgenden werden die Ergebnisse verschiedener Studien zu den Vermeidungskosten von CO_2-Emissionsreduktionen herangezogen, um daraus die zur Erreichung des CO_2-Emissionsminderungsziels erforderliche Abgabenhöhe abzuleiten. Darüber hinaus werden potentielle Veränderungen der Rahmenbedingungen (Angebotsseite, Inflation etc.) angeführt, die für die Höhe der Abgabensätze eine Rolle spielen können.

1015. Die in den OECD-Ländern bereits existierenden Energiesteuern entsprachen 1990 durchschnittlich 0,4 % der Bruttoinlandsprodukte oder einer CO_2-Steuer von rund 100 DM/t CO_2. Rechnet man die heute erhobene Mineralölsteuer grob auf die gesamten deutschen CO_2-Emissionen um, gelangt man zu einem bereits existierenden Steuersatzäquivalent von etwa 65 DM/t CO_2. Der Ersatz der bestehenden Steuern und der verschiedenen Energiesteuern durch eine einheitliche CO_2-Abgabe in allen OECD-Ländern würde trotz gleichen Aufkommens erhebliche Preisverschiebungen der Primärenergieträger auslösen: Erdöl + 17 %, Erdgas − 17 %, Kohle + 77 %. Die CO_2-Emissionen würden OECD-weit um rund 12 % reduziert (HOELLER und COPPEL, 1992).

1016. Verschiedene Studien liefern Anhaltspunkte für die erforderliche Höhe einer Lenkungsabgabe zur Erreichung der angestrebten CO_2-Minderungsziele in den USA (vgl. die Beispiele in Abb. 5.2). Dabei fällt auf, daß die von verschiedenen Autoren ermittelten Abgabensätze breit streuen und hinsichtlich der Modellprognosen zu sehr unterschiedlichen Ergebnissen kommen (BAUER, 1993, S. 140 f.). Unterschiede ergaben sich durch abweichende Basisjahre (Geldwert, Emissionsbasis, technischer Stand), aber auch durch verschiedene Annahmen bezüglich der Verwendung der Einnahmen einer Abgabe und bezüglich des Umgangs mit bereits bestehenden, auf den Energieverbrauch erhobenen Steuern.

Aufgrund unterschiedlicher Verbrauchsgewohnheiten (Präferenzen), Preisstrukturen, Emittentenstrukturen und technischer Voraussetzungen lassen sich auf die USA bezogene Studien allerdings nicht ohne weiteres auf Deutschland übertragen. Angesichts der in Deutschland wesentlich geringeren CO_2-Emissionen pro Kopf kann jedoch vermutet werden, daß die deutschen Vermeidungskosten, ausgehend vom Verbrauchsniveau im Jahr 1990, höher sein müssen als die für die USA ermittelten Werte. Ausgedrückt in DM pro Tonne und in Preisen von 1997 zeigen die US-amerikanischen Schätzungen, daß ein Abgabenniveau für Deutschland, das den bis zum Jahre 2005 gesetzten Zielen entspricht, deutlich über 100 DM/t CO_2 liegen muß.

1017. Die Studie des Deutschen Instituts für Wirtschaftsforschung (DIW) (KOHLHAAS et al., 1994 a) ermittelt – ohne Ausnahmen für die Industrie und bei direkter Rückgabe der Einnahmen (vgl. Exkurs in Abschn. 5.3.2.4) – Steuersätze von etwa 0,63 DM/GJ im ersten Jahr, beginnend 1995, und real über 17,57 DM/GJ im sechzehnten Jahr, zusätzlich zu einem durchschnittlichen Grundpreis der Energieträger von rund 9 DM/GJ, die erforderlich wären, um in Deutschland den CO_2-Ausstoß bis 2005 um 21 % und bis 2010 um 24 % gegenüber 1987 zu reduzieren. Inzwischen gibt es eine Vielzahl aktueller Studien, die die Folgen verschiedener Steuersätze auf CO_2 analysieren und dabei insbesondere die Wirkungen der Ausnahme von Branchen oder Sektoren von der Besteuerung untersuchen (z.B. BÖHRINGER und RUTHERFORD, 1994; HÖEL, 1994; WELSCH und HOSTER, 1994; FELDER und RUTHERFORD, 1993; PROOPS et al., 1993).

1018. Diese groben Schätzungen auf der Basis von durchschnittlichen Vermeidungskosten liefern demnach einen Anhaltspunkt dafür, daß ein Abgabensatz weit über den im EU-Vorschlag durchgeführten Konvergenzsätzen erforderlich ist, um die gewünschte Lenkungswirkung bei CO_2 zu erzielen. Bei Ersatz der heutigen Mineralölsteuer (siehe hierzu auch die Ausführungen zum Verkehr in Tz. 1182) könnten die Abgabensätze bereits zu Beginn bei 100 DM/t CO_2 liegen, ohne daß bei den meisten Energieträgern gravierende Mehrbelastungen auftreten würden. Damit entspräche die Belastung im ersten Jahr in etwa derjenigen, die sich unter Beibehaltung der Mineralölsteuer und bei Erhebung einer Abgabe in Höhe der Konvergenzsätze im Jahr 2000 eingestellt hätte. Legt

337

Abbildung 5.2

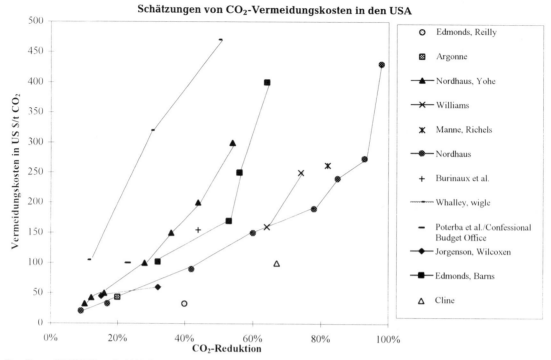

Schätzungen von CO$_2$-Vermeidungskosten in den USA

Quellen: HOELLER et al., 1990; BAUER, 1993

man die paritätische Aufteilung der Bemessungsgrundlagen der Europäischen Union zugrunde, wäre (z.B. ab dem 1.1.1997) ein Steuersatz von 50 DM/t CO$_2$ und 3,74 DM/GJ denkbar.

1019. Würde die Abgabe sofort in einer Höhe erhoben, die die volle, zum Beispiel im Klimaschutz notwendige Lenkungswirkung entfaltet, würden Teile des bereits investierten Kapitalstocks unrentabel und müßten vorzeitig ersetzt werden. Ein deshalb zu Recht geforderter langsamer Anstieg der realen steuerlichen Mehrbelastung bis zur Erreichung der gesetzten Emissionsziele sollte verbindlich festgeschrieben werden, so daß die Zusatzbelastung in den ersten fünf Jahren vergleichsweise moderat, aber doch fühlbar genug ausfällt, um die erwünschte Umlenkung des Energieverbrauchsverhaltens einzuleiten, also zum Beispiel durch den Kauf verbrauchsarmer Fahrzeuge, die Installation hybrider Heizsysteme und wirksamerer Wärmedämmung sowie die Realisierung kleinräumiger Versorgungslösungen auf der Basis dezentraler Kraft-Wärme-Kopplungskonzepte. Da von exponentiell steigenden Grenzvermeidungskosten bei zunehmender Umweltqualität auszugehen ist, spricht dies für eine exponentielle Anpassung der Abgabenhöhe im Zeitverlauf (so auch KOHLHAAS et al., 1994a, S. 16 ff.). Denkbar wäre ein reales jährliches Wachstum von 20 % zunächst für 9 Jahre, so daß der Abgabensatz bis 2005 auf real rund 215 DM/t CO$_2$ und rund 16 DM/GJ anstiege. Durch einen solchen an die Minderungsziele angepaßten Abgabenpfad sinkt die Abgabenbelastung von Benzin und Dieselkraftstoff sogar in den ersten Jahren gegenüber der heutigen Steuerbelastung (Tab. 5.2).

1020. Zu den Vorteilen einer langfristigen Festlegung des Abgabenpfades gehören das Erzielen von Ankündigungseffekten, die Erhöhung der Planungssicherheit der Unternehmen und der Privaten Haushalte und die Erschwerung planloser, fiskalisch motivierter Interventionen. Andererseits besteht die Notwendigkeit, Anpassungen vorzunehmen, wenn sich der Abgabensatz angesichts der Reaktionen der Adressaten als zu hoch oder zu niedrig herausstellt oder die Preissteigerung über- oder unterschätzt wird (eine Indexierung würde dem deutschen Rechtssystem widersprechen). Letzteres kann insbesondere dann der Fall sein, wenn die durch die Abgabe induzierten Preissteigerungen in die Tarifverhandlungen eingehen und damit die inländischen Produktionskosten unterschätzt werden oder die Rohstoffpreise starken Schwankungen unterliegen.

1021. Die Höhe der erforderlichen Abgabensätze zur Erreichung bestimmter CO$_2$-Minderungsziele hängt also, neben den Reaktionen auf der Nachfrageseite, auch von der Entwicklung auf der Angebotsseite der Energieträger ab. Die angebotsseitige Wirkung einer staatlichen Verteuerung fossiler Brennstoffe entsprechend den CO$_2$-Emissionsminderungszielen wurde in der Diskussion bisher nur nachrangig berücksichtigt. Modelle zur Simulation der Wirkungen einer globalen CO$_2$-Besteuerung, zum Beispiel GREEN (OECD, 1994b), Global 2100 (MANNE

Tabelle 5.2

CO_2-/Energieabgabe der Europäischen Union und der effektivere Abgabenpfad im Vergleich

	Bezugsgröße	EU-Konvergenzsätze 2000		EU-Satz plus heutige Mineralölsteuer	Vorschlag Umweltrat	
					1997	2005
		ECU	DM			
Wechselkurs		1,00	1,87			
CO_2-Komponente	t	9,37	17,52		50	215
Energie-Komponente . . .	GJ	0,70	1,31		3,74	16,08
Benzin	L	0,04	0,08	1,06	0,24	1,03
Dieselkraftstoff	L	0,05	0,10	0,72	0,27	1,16
Kerosin/Flugkraftstoff . .	L	0,05	0,09	0,09	0,26	1,12
Heizöl	kg	0,06	0,11	0,19	0,31	1,33
Erdgas	m³	0,04	0,08	0,08	0,22	0,95
Strom aus Wärmekraft . .	kWh	0,07	0,013	0,013	0,04	0,17
Strom aus Wasserkraft . .	kWh	0,0025	0,0047	0,0047	0	0

Quelle: KOM (95) 172; eigene Berechnungen   SRU / UG '96 / Tab. 5.2

und RICHELS, 1992) und ERB (EDMONDS und REILLY, 1985), kommen bei gleichen Referenzannahmen (autonome Erhöhung der Energieeffizienz um 1 % pro Jahr bis 2005, danach um jährlich 0,25 %) und CO_2-Emissionsminderungszielen (– 65 % von 1990 bis 2050 für alle OECD- und osteuropäischen Staaten, + 25 % für alle anderen Staaten) zu sehr unterschiedlichen Wirkungen auf die Energiemärkte (Berechnungen von BLANK und STRÖBELE, 1995, S. 16 ff.): Während das Modell Global 2100 CO_2-Emissionsminderungen bei gleichbleibendem Energieverbrauch ausschließlich auf Substitutionsprozesse zwischen Energieträgern zurückführt, sinkt im GREEN-Modell der Gesamtenergieverbrauch im betrachteten Zeitraum um 57 %. Dabei fällt der Ölpreis im Zeitraum von 2010 bis 2030 um 20 % unter das Niveau vom Jahre 1990, um danach langsam anzusteigen; dies ist der ressourcenökonomisch plausiblere Verlauf. Das Modell Global 2100 geht zunächst von einem Preissturz für Erdöl um 60 % bis zum Jahre 2010, gefolgt von einem drastischen Anstieg auf 10 % über dem Niveau von 1990 bis zum Jahre 2020 aus (zu den Mängeln der Modelle vgl. ebenfalls BLANK und STRÖBELE, 1995, S. 12, 24 f.).

1022. Nicht berücksichtigt wird von fast allen Modellen und vorliegenden Kalkulationen einer notwendigen Abgabenhöhe, daß die Einführung einer CO_2-Steuer durch die Verbraucherstaaten die Produzentenrente der Förderer fossiler Energieträger, insbesondere der Erdölförderer, massiv verringert beziehungsweise in die steuererhebenden Staaten umleitet. Insofern hat die Besteuerung „Enteignungscharakter" (BLANK, 1994, S. 183). Eine Besteuerung würde gegenüber der bisher angenommenen vollständigen Überwälzung auf die Endabnehmer, eine weit geringere Preissteigerung hervorbringen, als durch die Abgabensätze zunächst suggeriert wird. Die Einnahmen aus einer entsprechend höheren CO_2-Besteuerung würden somit zum Teil zu Lasten

der Förderer fossiler Energieträger erzielt. Sinken die Rohölpreise tatsächlich auf eine Untergrenze von schätzungsweise 5 US \$/Barrel, würden allerdings Staaten ohne wirksame Klimapolitik zu verstärktem Energieverbrauch ermuntert, so daß negative Klimawirkungen nicht allein von einem nationalen Alleingang ohne Ausnahmeregelungen (Tz. 1049), sondern auch von jeder multinationalen Lösung (z. B. der EU), die eine genügend große Zahl von Staaten unberücksichtigt läßt, zu befürchten sind (MASSARRAT, 1995, S. 42). Ein derartiger Preisverfall ist insofern unwahrscheinlich, als er längerfristig den Interessen der erdölfördernden Länder entgegenläuft. Zudem stößt eine Substitution von Kohle durch das unter Umständen dann relativ billigere Erdöl – verbunden mit einem insgesamt höheren Energieverbrauch – in jenen Staaten auf Grenzen, die über ausreichende Kohlevorkommen, aber nur begrenzte Erdölressourcen verfügen, da in diesen nur eingeschränkt Devisen zur Verfügung stehen und eine kurzfristige technische Umrüstung sowie eine Ausdehnung der geförderten Mengen nur bedingt möglich ist.

1023. Eine weitere Änderung der bisherigen Annahmen ergibt sich bei strategischem Verhalten der Anbieter, das in keinem der gängigen Modelle berücksichtigt wird (BLANK und STRÖBELE, 1995, S. 25). Denn von einer Preissenkung fossiler Energieträger wären insbesondere diejenigen Förderländer betroffen, die in Randgebieten (z. B. der Nordsee) zu Abbaukosten fördern, die um ein drei- bis vierfaches über denen der OPEC-Staaten liegen – kein Wunder also, daß sich zum Beispiel die USA und Großbritannien in einer Interessengemeinschaft mit den OPEC-Staaten gegen eine wirksame Klimaschutzpolitik wiederfinden. Droht nun eine globale oder von wichtigen Abnehmerländern verabschiedete CO_2-Besteuerung, würde das Oligopol der Förderer, das angesichts der Verteilung der Welterdöl- und -erdgasreserven zunehmend von der OPEC dominiert werden würde, versucht sein, durch Absprachen einer solchen lenkungsbegründeten Abschöpfung ihrer Renten durch einheitliche Anhebung der Preise der Energieträger zu entgehen (quasi eine „Exportsteuer"; BLANK, 1994, S. 185). Umweltpolitisch würde ein solcher Schritt zwar zunächst einen Zeitgewinn bedeuten, wäre jedoch sowohl aus ökologischer als auch aus fiskalischer Sicht kontraproduktiv. CO_2-Vermeidungsanreize würden nur in dem Maße gesetzt, wie keine Substitution durch die vermutlich von derartigen Preisabsprachen nicht betroffene und relativ kohlenstoffreichere Kohle erfolgt. Eine solche Substitution, die in vielen Einsatzfeldern freilich weder lang- noch kurzfristig möglich, für die Stromerzeugung aber durchaus plausibel ist, würde allerdings wieder eine Senkung der Erdöl- und Erdgaspreise bewirken. Da die OPEC derzeit keine konsistente gemeinschaftliche Preispolitik betreibt und steigende Erdölpreise wegen Überschreitung der Rentablitätsschwelle zum Auftreten neuer Anbieter mit hohen Förderkosten führen würden, scheint eine solche Vorwegnahme der Verteuerung fossiler Energieträger durch die gegenwärtigen Anbieter für die nahe Zukunft unwahrscheinlich.

1024. Insgesamt führt die Betrachtung der Anbieterseite zu dem Ergebnis, daß bei der Festsetzung der zur Erreichung des CO_2-Emissionsminderungsziels erforderlichen Abgabenhöhe, die Anpassungsreaktionen der Förderer in die Überlegungen einbezogen werden müssen. Ist bei Einführung der Abgabe mit Preissenkungen durch die Anbieter zu rechnen, so müssen die Abgabensätze höher liegen als bei der bisher angenommenen (siehe auch Tab. 5.2) – und bei einem nationalen Alleingang auch wahrscheinlichen – vollständigen Überwälzung der Zusatzbelastung auf die Abnehmer fossiler Energieträger.

1025. Ein weiterer Punkt, der in die Überlegungen zur Festsetzung der Abgabenhöhe einbezogen werden muß, ist die Berücksichtigung der Inflation. Durch die Erhebung einer *Mengensteuer*, die das Abgabenobjekt einem einheitlichen Steuersatz pro Mengeneinheit unterwirft, wird eine Inflationskorrektur erforderlich, da ansonsten die reale Abgabenhöhe im Zeitablauf sinken und der Anreiz zur CO_2-Emissionsreduktion abnehmen würde. Diese Inflationsanpassung entfällt bei der *Wertsteuer*, die sich unmittelbar auf den Produktpreis bezieht, dadurch aber Preisschwankungen durch den prozentualen Wertaufschlag zusätzlich verstärkt und, da die Umweltbelastung in keinem stabilen Zusammenhang mit dem Preis eines Gutes steht, falsche Lenkungssignale setzt. Die Mengensteuer ist demnach das sinnvollere steuertechnische Konzept (KOHLHAAS et al., 1994a, S. 61 ff.; TILLMANN und NETT, 1994, S. 724).

1026. Aufgrund der vorliegenden Studien zu den Kosten der CO_2-Emissionsreduktion kommt der Umweltrat zu dem Ergebnis, daß die im EU-Vorschlag vorgesehenen Abgabensätze für die Erreichung des von der Bundesregierung angestrebten CO_2-Emissionsreduktionsziels nicht ausreichen werden. Für den Fall, daß sich der Ministerrat auf eine Konzeption zu einer kombinierten CO_2-/Energiesteuer einigt,

die aus Sicht des Umweltrates allerdings nur die drittbeste Lösung darstellt, schlägt der Umweltrat die Erhebung deutlich höherer Abgabensätze vor.

Zweiter Änderungsvorschlag zum EU-Konzept: Kohlenstoffgehalt der Energieträger als Ansatzpunkt eines Lenkungsinstruments

1027. Die Diskussion um geeignete Bemessungsgrundlagen für Umweltabgaben füllt inzwischen viele Seiten der umweltökonomischen Literatur. Befürworter eines einzelnen pretialen Instruments mit breiter Lenkungswirkung in bezug auf sämtliche Treibhausgase setzen sich für den Energiegehalt des fossilen Primärenergieeinsatzes als Bemessungsgrundlage ein. Aus der Sicht der Ökonomie wird dagegen der Effizienzvorteil von direkt auf die Emissionsmengen eines zu mindernden Schadstoffs bezogenen Abgaben oder Lizenzen betont. Dieser Effizienzvorteil muß freilich groß genug sein, um die zusätzlichen Erhebungskosten bei mehreren schadstoffspezifischen Abgaben (im Vergleich zu einer „Breitbandabgabe") zu kompensieren.

1028. Der Vorschlag einer Kombination von Kohlenstoff- und Energiegehalt (EU-Konzept; vgl. Tz. 1009 f.) als Bemessungsgrundlage steht hinsichtlich der ökonomischen Effizienz zwischen den beiden Ansätzen und offenbart zudem das Fehlen eines klaren Ziels.

Die Emissionssenkung wird im EU-Modell im wesentlichen durch die Verringerung der Energieintensitäten und kaum durch Substitutionseffekte erzielt (KOOPMANN et al., 1992). Werden der Energiegehalt und der Kohlenstoffanteil zu jeweils 50 % besteuert, dann muß die Steuer insgesamt weitaus höher ausfallen als eine reine CO_2-Steuer, um Brennstoffsubstitutionen etwa bei der Stromerzeugung auszulösen. Es muß also die Frage geklärt werden, ob nicht der Kohlenstoffgehalt der Primärenergieträger die weit effizientere Bemessungsgrundlage wäre, wenn gleichzeitig die durch die CO_2-Besteuerung bewirkten Kostenvorteile der Kernenergie über eine eigenständige, den besonderen Risiken dieser Energie Rechnung tragende Besteuerung nach Maßgabe eines Energiekonsenses kompensiert würden. Dabei ist – wegen der relativ leichten Kontrollierbarkeit von Stromexporten und -importen – durchaus Raum für unterschiedliche nationale Regelungen im Umgang mit der Kernenergie, obwohl grundsätzlich – wegen des im allgemeinen grenzüberschreitenden Charakters nuklearer Risiken – eine europäische Lösung angemessen wäre.

1029. Durch den zusätzlichen Anreiz, kohlenstoffarme (bezogen auf den Heizwert) Brennstoffe einzusetzen, ist die Erreichung eines Minderungszieles für CO_2-Emissionen mit einer Kohlenstoffbepreisung mit bis zu 30 % niedrigeren (Vermeidungs-)Kosten möglich als mit einer Energieabgabe. Allerdings reduziert sich der Effizienzvorteil, wenn eine Zunahme von Strom aus Kernkraftwerken ausgeschlossen werden soll, um mindestens die Hälfte (KOOPMANN et al., 1992, S. 44). Auch muß eine CO_2-Abgabe von ergänzenden Instrumenten zum Klimaschutz flankiert werden, weil ansonsten möglicherweise Substitutionsprozesse ausgelöst werden, durch die das gesamte klimarelevante Emissionsspektrum höher ausfallen kann als bei einer Abgabe auf den Energiegehalt (GRAßL, 1995, S. 43 f.). So könnte der verstärkte Einsatz etwa des durch die Kohlenstoffbepreisung wesentlich entlasteten, im Vergleich zu anderen Energieträgern kohlenstoffarmen Erdgases dazu führen, daß die bei der Produktion und dem Transport von Erdgas freigesetzte Methanmenge erheblich zunimmt.

1030. Auf den ersten Blick könnte man nach diesen Überlegungen zu der Schlußfolgerung gelangen, eine Energieabgabe oder eine kombinierte CO_2-/Energieabgabe sei einer reinen Kohlenstoffabgabe inklusive der zugehörigen Regelungen für die anderen mit dem Energieverbrauch verbundenen Schadstoffemissionen überlegen. Denn eine reine Kohlenstoffabgabe ist zwar im Hinblick auf das CO_2-Vermeidungsziel ökologisch treffsicherer und ökonomisch effizienter als eine CO_2-/Energieabgabe, impliziert jedoch unter Umständen hohe zusätzliche Transaktionskosten zur Durchsetzung von Emissionsminderungen bei jenen Schadstoffen, die durch die Energiesteuer automatisch miterfaßt werden. Hierbei ist aber zu beachten, daß bei einer Senkung des Energieverbrauchs zwar grundsätzlich alle energieverbrauchsbedingten Emissionen gesenkt werden, die Frage ist jedoch, in welchem Ausmaß diese Senkung stattfindet. Eine Energieverbrauchsteuer kann nur im Hinblick auf einen einzelnen Schadstoff zielscharf eingestellt werden (also z. B. auf die CO_2-Emissionen). Was dann an Minderungen bei anderen Schadstoffemissionen stattfindet (vgl. dazu Abschn. 5.3.2.5 und 5.3.2.6), kann entweder zu viel oder zu wenig sein. Im Falle eines Zuviel werden der Wirtschaft und den Privaten unnötige Kosten auferlegt, im Falle eines Zuwenig muß mit schadstoffspezifischen Instrumentarien, zum Beispiel Abgaben, auch bei der „Breitbandlösung" nachgesteuert werden, und für die dabei anfallenden Transaktionskosten ist es völlig unerheblich, wie hoch die zum Nachsteuern erforderliche Abgabenhöhe ist. Insofern fallen die mit der Minderung anderer energieverbrauchsbedingter Emissionen als CO_2 verbundenen Transaktionskosten auch bei einer Energieabgabe an, ganz abgesehen davon, daß auch eine Kohlenstoffsteuer Reduktionswirkungen bei anderen Schadstoffen hat.

Hinzu kommt, daß bei einer Energieabgabe letztlich keine Grenze der Besteuerung ausgemacht werden kann, weil – anders als bei den emittierten Schadstoffmengen – beim Energieverbrauch keine (harte oder weiche) Dauerhaftigkeitsgrenze bestimmbar ist, sieht man von einer willkürlichen politischen Entscheidung ab. Eine Energieabgabe wäre damit eine dauerhafte Einladung für die Steuerpolitik, neue Einnahmen unter dem Schutzmantel vermeintlich umweltpolitischer Notwendigkeiten zu beschaffen. Dieses Alibi geben schadstoffspezifische Emissionsabgaben nicht her, ganz abgesehen von ihrer überlegenen ökonomischen Effizienz bei der Erreichung der Emissionsminderungsziele. Aus diesem Grund steht der Umweltrat einer Besteuerung des Kohlenstoffgehaltes von Energieträgern als Ansatzpunkt für ein Lenkungsinstrument positiv gegenüber.

Dritter Änderungsvorschlag zum EU-Konzept: Europäischer Handel mit CO_2-Lizenzen anstelle von CO_2-Abgaben

1031. Völlig vermieden werden könnten die Probleme der Bestimmung der Abgabenhöhe und der Abgabengestaltung durch den Handel mit CO_2-Lizenzen anstelle der Erhebung einer Abgabe. Entsprechen die durch die ausgegebenen Lizenzen verbrieften Emissionsrechte den infolge der Abgabenerhebung erzielten Restemissionen, müßten die Preissteigerungen der Brennstoffe durch die Lizenzpreise weitgehend identisch sein mit den oben skizzierten Abgabensätzen (Tab. 5.2). Nach Ansicht des Umweltrates besteht die ökologisch und ökonomisch überlegene Strategie zur Senkung der CO_2-Emissionen an fossilen Brennstoffen im Eintreten der Bundesregierung für einen EU-weiten Lizenzmarkt für CO_2-Emissionsrechte. Entsprechende Konzepte liegen vor (insbesondere MAIER-RIGAUD, 1994; IEUP, 1993; HEISTER et al., 1991; HUCKESTEIN et al., 1991; ergänzend RENTZ, 1995).

1032. Handelbare Emissionsrechte können zu einem einmaligen („Emissionsscheine", „Wegwerflizenzen") oder zu einem dauerhaften Ausstoß von Emissionen pro Periode berechtigen. Die letztere Ausgestaltungsform impliziert, daß die Lizenzen zur Senkung der Gesamtemissionen vom Staat periodisch abgewertet oder zurückgekauft werden, um einen Anpassungspfad bis zur Zielerreichung zu gestalten. Bei der Verbriefung von Wegwerflizenzen sollten Zeitkorridore für deren Einsatz spezifiziert werden, da bei fehlendem Vertrauen in den Marktmechanismus die Gefahr einer stabilitätsgefährdenden Übernutzung in frühen Perioden besteht.

1033. Die Erstverteilung der Emissionsrechte kann entweder als Gratisvergabe an bestehende Brennstoffhersteller beziehungsweise -importeure entsprechend einer historischen Verkaufsmenge („grandfathering") oder in Form einer Versteigerung erfolgen, bei der dem Staat die Erlöse zufließen. Zuweilen wird argumentiert, daß eine Gratisvergabe der Lizenzen einer Versteigerung vorzuziehen sei, da durch letztere Altemittenten in unzulässigem Maße belastet würden (z. B. BONUS, 1995). Diese Sichtweise geht von der Annahme aus, daß die Lizenzhaltungspflicht bei den Emittenten liegt. Bei einer Gratisvergabe der Lizenzen an die Altemittenten müßten die Opportunitätskosten der Emissionsrechte, die sich aus dem Halten der Lizenzen statt ihres Verkaufs für die Lizenzhalter ergeben zwar als kalkulatorische Kosten in der Kostenrechnung der Altemittenten berücksichtigt werden, bei vollständiger Überwälzung dieser Kosten auf die Endabnehmer stünden die erzielbaren „windfall profits" den Altemittenten jedoch als „cash flow" zur Finanzierung von Investitionen in Emissionsminderungstechniken zur Verfügung.

Folgt man hingegen dem Vorschlag, mit der Lizenzhaltungspflicht bei den Brennstoffherstellern beziehungsweise -importeuren anzusetzen, wird in der Regel eine Überwälzung der Opportunitätskosten über die Brennstoffpreise an die Altemittenten erfolgen, wodurch die „windfall profits" unmittelbar auf der Ebene der Brennstoffhändler anfallen. Aus der

Sicht der Altemittenten macht es dann aber keinen Unterschied, ob handelbare Emissionsrechte vom Staat kostenlos vergeben oder versteigert werden. Damit entfällt jedoch der eigentliche Vorteil einer Gratisvergabe. Brennstoffhersteller und -importeure werden durch einen solchen Verteilungsmodus in ungerechtfertigter Weise begünstigt, so daß allein die Versteigerung als Vergabeform in Frage kommt (so auch MAIER-RIGAUD, 1994, S. 95 f.).

Aus verfassungsrechtlicher Sicht wird überwiegend die Gewährung von Vertrauensschutz durch Übergangsregelungen für erforderlich gehalten, wenn der Gesetzgeber die Eigentumsordnung grundlegend umgestaltet (vgl. BVerfGE 58, 300, 348 ff.). Dieser Anforderung kann bereits durch die frühzeitige Ankündigung der Einführung eines Lizenzsystems oder durch die Entscheidung für eine am Status quo anknüpfende zu verbriefende Emissionsmenge, die nach einem im voraus bekannten Plan zunächst nur langsam reduziert wird, genügt werden.

1034. Brennstoffhersteller und -importeure können Emissionsrechte zum Beispiel über eine Börse handeln, so daß sich ein vorher nicht bekannter Preis der Umweltnutzung bildet. Ein Eingreifen des Staates – beziehungsweise einer zur „Marktpflege" eingesetzten Institution – wäre nur im Rahmen einer Offenmarktpolitik notwendig, etwa um starke Preisschwankungen auszugleichen oder die Gesamtemissionsmenge zu verringern. Die bei den Unternehmen durch den Handel auftretenden Transaktionskosten bleiben bei einer funktionierenden elektronischen Börse sehr gering.

1035. Sowohl Abgaben als auch Lizenzen sind in ihrer praktischen Umsetzung nicht frei von Problemen. Emissionen unterhalb der geltenden Standards sind heute kostenlos, würden aber bei einer Besteuerung oder Lizensierung auch unterhalb eines Vermeidungsoptimums bepreist. Mit der Besteuerung oder Lizensierung erfolgt daher eine Neuformulierung der Eigentumsrechte der Emittenten, die in der Regel schlechter gestellt werden als bei Auflagen, bei denen die Restemissionen kostenfrei sind (CANSIER, 1993, S. 183). Dies führt schon im Vorfeld zu einer von Partikularinteressen beeinflußten Zielfestlegung. Auch sind die Nachfrageelastizitäten unter Umständen so gering, daß hohe Abgabensätze erforderlich werden, um dem umweltpolitischen Ziel nahezukommen. Dann würden sich auch auf Lizenzmärkten hohe Preise einstellen, und der politische Druck, die Abgaben zu senken beziehungsweise zusätzliche Lizenzen auszugeben, wäre sehr hoch. Wenn bereits die Festlegung des Reduktionsziels einen Kompromiß darstellt, erweist sich auch bei Lizenzen die erwartete Zielerreichung als „Selbsttäuschung" (von WEIZSÄCKER und JESINGHAUS, 1992, S. 24): Bedeutsam ist aber, daß politische Kompromisse, die in von Anfang an zu niedrige Abgabensätze münden, viel eher kaschierbar sind als Kompromisse im Hinblick auf die Lizenzmengen.

1036. Der Kontrollaufwand bei Abgaben und Lizenzen ist vermutlich identisch. Für von den Brennstoffherstellern beziehungsweise -importeuren zu haltende Lizenzen müßten allein die verkauften Brennstoffmengen mit den gehaltenen Lizenzen verglichen werden. Da eine Erhebung der Abgabe beziehungsweise der Nachweis von Lizenzen nur bei wenigen Unternehmen erfolgen muß, sind die Umsetzungskosten beider Instrumente außerordentlich gering (KEMPER, 1989, S. 120 ff.).

Vorteile von Abgaben gegenüber Lizenzen

1037. Unbestritten gibt es Vorteile von Abgaben gegenüber Lizenzen: Bedingung für die Effizienz von Emissionsabgaben ist lediglich ein funktionsfähiger Wettbewerb auf den Gütermärkten; bei Lizenzen kommt als zusätzliche Anforderung ein funktionsfähiger Lizenzmarkt hinzu. Viele Autoren befürchten, daß Lizenzmärkte durch eine geringe Zahl von Teilnehmern, die zudem nicht primär an einer Gewinnmaximierung interessiert sind (z.B. öffentliche Versorgungsunternehmen), sich auf Verhandlungen im bilateralen Monopol beschränken und die Preise ihre Effizienzeigenschaften verlieren (z.B. STREISSLER, 1994). Das Mißtrauen in die langfristige Funktionsfähigkeit und Prognostizierbarkeit kleiner Lizenzmärkte könnte diese sogar im voraus in ihrer Entwicklung blockieren (CANSIER, 1993, S. 208). Mißbrauch durch Marktmacht und Hortung von Lizenzen kann für CO_2-Lizenzen im Rahmen eines EU-weiten Handels jedoch ausgeschlossen werden. Zudem sind Marktverfassungen, zum Beispiel die Beteiligung von Nichtemittenten am Handel und die befristete Gültigkeit ungenutzter Lizenzen denkbar, die die Herausbildung von ineffizienten Preisen wirksam verhindern können (RENTZ, 1995, S. 204; HEISTER et al., 1991). Probleme räumlich begrenzter Konzentrationen von Schadstoffemissionen (sog. „hot spots") als denkbare Folge eines unbeschränkten Lizenzhandels bestehen bei globalen Massenschadstoffen wie CO_2 nicht.

1038. Inakzeptabel ist das Argument, in Zeiten verstärkten Bedarfs, zum Beispiel bei Konjunkturaufschwüngen, würden die Lizenzpreise so stark nach oben schnellen, daß die langfristige Kalkulationssicherheit der Betriebe nicht sichergestellt sei (von WEIZSÄCKER und JESINGHAUS, 1992, S. 25). Mit dieser Argumentation könnte man die staatliche Preisfestsetzung sämtlicher Einsatzstoffe fordern, da implizit die Effizienz einer Marktwirtschaft grundsätzlich bezweifelt wird. In gesamtwirtschaftlichen Krisensituationen hat der Staat außerdem die Möglichkeit, durch Offenmarktpolitik (Verkauf zusätzlicher Lizenzen, Aufkauf von Lizenzen) beruhigend in den Markt einzugreifen.

1039. Umweltabgaben haben heute in Deutschland und auch in anderen Ländern größere Realisierungschancen als Lizenzmärkte. Dies gilt auch für die Klimaschutz- beziehungsweise CO_2-Politik. Zu den Vorteilen von Abgaben aus administrativer und politischer Sicht zählen (SANDHÖVEL, 1994; HOLZINGER, 1987):

– Abgaben sind das der Administration vertrautere Instrument der Umweltpolitik.

– Eine Entscheidung für Steuern beläßt einen größeren politischen Spielraum bezüglich des Steuersatzes, für Ausnahmeregelungen und für Kompensationen.

– Der Bevölkerung ist eine Besteuerung plausibler als ein privater Handel mit Umweltnutzungsrechten.

– Abgaben sind politisch leichter handhabbar, weil sie nicht unbedingt zwingen, sich auf ein hartes Vermeidungsziel zu einigen.

Auch wenn die politische Akzeptanz ein nicht unwichtiges Kriterium bei der Instrumentenwahl ist, sollten entsprechende Überlegungen erst in zweiter Linie berücksichtigt werden. Nur so ist sichergestellt, daß zunächst einmal die im Hinblick auf ökologische Treffsicherheit und ökonomische Effizienz beste Lösung herausgearbeitet wird.

Vorteile von Lizenzen gegenüber Abgaben

1040. Der wichtigste Vorteil von Lizenzen ist ihre ökologische Treffsicherheit: Das Mengenziel ist vorgegeben und kann über Beschränkungen der handelbaren Emissionsrechte sicher erreicht werden. Während die Adressaten von Abgabenlösungen die Höhe der Belastungen kennen, sind ihre Anpassungsreaktionen und damit die tatsächlich realisierte Emissionsmenge ex ante unbekannt und weniger exakt steuerbar als beim Einsatz von Lizenzen. Der Preis, der zum gesetzten Mengenziel führt, muß erst durch eine sukzessive Korrektur des Abgabensatzes („trial and error") ermittelt werden, so daß Unsicherheiten und Ineffizienzen entstehen. Die ökologische Treffsicherheit von Abgaben ist deshalb schon aufgrund von Informationsproblemen zu bezweifeln (KEMPER, 1989, S. 111). Bei Lizenzen liefert der Markt die zur Erreichung der Mengenziele notwendigen Informationen sozusagen „frei Haus" (MAIER-RIGAUD, 1994, S. 47 ff.). Die Lizenzlösung spart somit administrative Such-, Irrtums- und Anpassungskosten.

Eine Vielzahl von Einflüssen erfordert zusätzliche Anpassungen der Abgaben, um den Emissionspreis der aktuellen Knappheitssituation anzupassen; KLEMMER (Handelsblatt vom 28. September 1994) spricht von einer „Interventionsspirale". Auslöser sind zum Beispiel Inflation, Wirtschaftswachstum, technischer Fortschritt der Produktions- und der Vermeidungstechnik, Änderungen der Wechselkurse, und damit der Importpreise und Exporterlöse, und Veränderungen der zugrunde liegenden Rohstoffpreise, zum Beispiel durch die Liberalisierung von Märkten. Eine langfristige Fixierung des Abgabenpfades zur Schaffung von Investitionssicherheit wird dadurch erheblich erschwert – die entsprechenden Forderungen in der Literatur bewegen sich zwischen fünf (GÖRRES et al., 1994) und fünfzig Jahren (von WEIZSÄCKER und JESINGHAUS, 1992). Entwicklungen, die bei der Fixierung der Sätze nicht vollständig antizipiert werden, behindern die Erreichung der Emissionsminderungsziele. Der Notwendigkeit der Anpassung der Abgabensätze an äußere Einflüsse steht zudem die Schwerfälligkeit ihrer Änderung entgegen, was im politischen Entscheidungsprozeß in der Regel dazu führt, daß Abgabensätze deutlich zu niedrig gewählt und nicht konsequent dem jeweils zur Erreichung der Umweltqualitätsziele Erforderlichen angepaßt werden (SRU, 1994, Tz. 343 ff., 785 ff.). Im Gegensatz dazu vollzieht der Lizenzmarkt die entsprechenden Anpassungen automatisch. Die angeführten äußeren Einflüsse schlagen sich in veränderten Lizenzpreisen nieder, ohne dabei das Emissionsziel zu gefährden.

1041. Während die Errichtung einer globalen Lizenzbörse möglich erscheint, ist die Erhebung einer globalen Abgabe nicht realisierbar: Wegen der unterschiedlichen nationalen Steuersysteme, des unterschiedlichen Einsatzes fossiler Energieträger, unterschiedlicher Preissteigerungsraten und wirtschaftlicher Entwicklungsstadien ist an einen weltweiten, einheitlichen Abgabensatz nicht zu denken (RENTZ, 1995, S. 82).

Erfahrungen mit handelbaren Lizenzen als Instrument der Umweltpolitik

1042. In Europa werden handelbare Umweltlizenzen als Instrument der Umweltpolitik bislang noch nicht eingesetzt (EWERS und BRENCK, 1994, S. 144 ff.). Lediglich in den USA besteht seit 1993 ein nationales Lizenzsystem zur Reduktion von SO$_2$ (Acid Rain-Programm). In Südkalifornien wird seit 1994 ein regionales Lizenzmodell (RECLAIM-Programm) umgesetzt, um räumlich begrenzt wirkende Schadstoffe wie NO$_x$ und SO$_x$ zu regulieren (vgl. auch SRU, 1994, Tz. 349). Des weiteren werden in den USA Wasserverschmutzungsrechte gehandelt (z. B. PETERSEN, 1995; WIESCH, 1991).

Acid Rain-Programm (USA)

Von der Errichtung des nationalen Lizenzmarktes für SO$_2$ in den USA sind sowohl öffentliche als auch private Kraftwerke als Hauptemittenten von SO$_2$ betroffen (z.B. RICO, 1995; SCHÄRER, 1995; SOLOMON, 1995; ENDRES und SCHWARZE, 1994; HANSJÜRGENS und FROMM, 1994; HOWE, 1994). Angestrebt wird die Reduktion der jährlichen SO$_2$-Gesamtemissionen um 10 Mio. t gegenüber den Werten von 1980 bis zum Jahr 2010. Ab 2010 gilt dann eine bindende Emissionsobergrenze.

Die Lizenzvergabe erfolgt jährlich in Form einer Gratisvergabe an Altemittenten. In Phase I, die am 1. Januar 1995 begann, sind 110 Großkraftwerke mit einer Leistung von mehr als 100 MW und einem Schadstoffausstoß von über 1 134 kg SO$_2$/TJ zur Teilnahme am Programm verpflichtet. Diese erhalten Lizenzen in Höhe der durchschnittlichen Emissionsmengen der Anlagen in einer Basisperiode (1985-87), gewichtet mit dem Emissionsgrenzwert von 1 134 kg SO$_2$/TJ. Ab dem Jahr 2000 werden alle Kraftwerke mit einer Leistung von über 25 MW sowie sämtliche Neuanlagen in das Programm einbezogen. Es gelten dann die

mehr als doppelt so hohen Neuanlagenanforderungen von 544 kg SO_2/TJ. Darüber hinaus wird eine gerin-
ge Anzahl an Lizenzen (2,8 % der Gesamtzuteilung) über Versteigerungen, Festpreisverkäufe oder Sonder-
zuteilungen vergeben. Betreiber von Neuanlagen müssen die Lizenzen am Markt erwerben.

Die beim Handel am Chicago Board of Trade (CBoT) seit 1993 erzielten Lizenzpreise (Tab. 5.3) bleiben bis-
her hinter den Erwartungen weit zurück. Sie sind Ausdruck der zunächst niedrigen Reduktionserforder-
nisse, die relativ günstig durch die Umstellung auf weniger schwefelhaltige Brennstoffe erzielbar sind.

Tabelle 5.3

Auktionsergebnisse des CBoT im Rahmen des Acid Rain-Programms

	Spot-Markt[1]			Advance-Markt[2]		
	1993	1994	1995	1993	1994	1995
Angebotene Lizenzen ..	145 010	108 001	58 306	132 500	147 000	107 000
Verkaufte Lizenzen	50 010	50 000	50 600	100 000	100 800	100 400
Preisgebote	$ 0,26–$ 450	$ 24–$ 400	$ 1–$ 350	$ 0,01–$ 310	$ 57–$ 150	$ 58–$ 160
Markträumende Preise .	$ 131	$ 150	$ 130	$ 122	$ 140	$ 126

[1] im Jahr des Kaufs sowie in den darauffolgenden Jahren einsetzbar, frühestens aber 1995
[2] frühestens sieben Jahre nach Kauf einsetzbar
Quelle: EPA, 1993, 1994, 1995; eigene Darstellung

RECLAIM-Programm (Südkalifornien)

Für das als extremes Belastungsgebiet hinsichtlich Ozon und seiner Vorläufersubstanzen gekennzeichnete
Südkalifornien wurde ein Lizenzsystem entwickelt, das am 1. Januar 1994 unter dem Namen RECLAIM-
Programm (Regional Clean Air Incentives Market) in Kraft trat (FROMM und HANSJÜRGENS, 1994). Ziel
des Konzeptes ist die Reduzierung des Schadstoffausstoßes an Stickstoffoxiden (NO_x) und Schwefeloxiden
(SO_x). Lizenzpflichtig sind nur solche Emissionsquellen, deren jährliche Emissionsmenge mindestens 4 t
NO_x (390 Betriebe) oder SO_x (41 Betriebe) beträgt. Auf diese Weise werden 65 % der NO_x-Emissionen und
85 % der SO_x-Emissionen aus stationären Quellen erfaßt. Zur Erreichung der kalifornischen Luftqualitäts-
standards ergeben sich für die vom RECLAIM-Programm erfaßten Emissionsquellen Reduktionserforder-
nisse um jährlich durchschnittlich 8,3 % für NO_x und 6,8 % für SO_x in der Zeit von 1994 bis 2010.

Die Vergabe der Emissionslizenzen erfolgt als jährliche Gratisvergabe. Die Zuteilungsmenge richtet sich
nach den historischen maximalen Verbrauchswerten (1989 bis 1992), gewichtet mit den vom bestehenden
Ordnungsrecht geforderten Reduktionsverpflichtungen für die jeweilige Anlage, die bis Ende 1993 hätten
erfüllt werden müssen. Die Zuteilungen werden im Zeitverlauf proportional abgewertet. Im Fall der Neu-
ansiedlung müssen die Anlagenbetreiber Lizenzen der Altemittenten erwerben, die in voller Höhe gültig
bleiben.

Da es durch den Handel mit NO_x- und SO_x-Lizenzen zu „hot spots" kommen kann, wurde die Region in zwei
Zonen eingeteilt. Während Emissionen in der Zone 1 (Küstenregion) nur durch Lizenzen derselben Zone ab-
gedeckt werden dürfen, berechtigen Lizenzen beider Regionen zur Emission in Zone 2 (Inlandszone).

Eine Institutionalisierung des Handels ist zunächst nicht vorgesehen, der Entwicklung von Märkten und
dem Tätigwerden von Handelsagenten wird jedoch Raum gewährt.

1043. Auch wenn die US-amerikanischen Lizenz-modelle im Bereich der Luftschadstoffe nicht direkt auf die deutschen Erfordernisse übertragbar sind und sich die Emissionsreduktionsziele für die jeweiligen Schadstoffe im Vergleich zu deutschen Standards eher bescheiden ausnehmen, so handelt es sich dabei dennoch um relativ weit ausgearbeitete Regelwerke, die eine Vielzahl möglicher Probleme berücksichtigen, die mit der Implementierung eines Lizenzmarktes verbunden sein können. Insofern wären die in den USA gefundenen Lösungen zu Problemfeldern, wie der Anfangsausstattung mit Lizenzen und daraus resultierenden Verteilungskonflikten sowie der Ausgestaltung der Handelsmodalitäten, bei der Einführung europaweiter Lizenzmodelle für CO_2 und andere Schadstoffe kritisch zu prüfen. Eine detaillierte Auswertung der amerikanischen Erfahrungen steht noch aus.

1044. Im Auftrag des Umweltbundesamtes wird im Rahmen eines auf 15 Monate ausgelegten Projektes eine Machbarkeitsstudie erstellt, die die Realisierungschancen von Pilotprojekten zu Umweltlizenzen untersucht. Das Vorhaben soll unter anderem Antworten auf Fragen nach den Umweltbereichen beziehungsweise Schadstoffen, für die eine Lizenzlösung sinnvoll und praktikabel ist, den in ein solches Projekt einzubindenden Regionen und der Form der Institutionalisierung des Lizenzhandels geben. Zur Beurteilung der Pilotvorschläge werden Marktsimulationen sowie Effizienz- und Inzidenzanalysen durchgeführt (UBA, 1995). Der Umweltrat begrüßt dieses, die zum Teil seit langem vorliegenden Detailkonzepte ergänzende, Vorhaben und empfiehlt, die Umsetzung der resultierenden Vorschläge für Pilotprojekte zügig voranzutreiben. Während der Prüfung von Implementierungsmöglichkeiten von Lizenzlösungen für SO_2, NO_x sowie für andere „hot spot"-Schadstoffe ein besonderer Stellenwert eingeräumt werden sollte, wird ein solcher Untersuchungsbedarf bei CO_2-Lizenzen nur in bezug auf wenige spezielle Detailfragen der Umsetzung gesehen.

Etablierung eines europäischen Lizenzmarktes

1045. Als Ergebnis der Diskussion über Ansätze zur Minderung der CO_2-Emissionen erscheinen auf der europäischen Ebene (erst recht auf der weltweiten Ebene) nicht Abgaben, sondern – von Brennstoffherstellern und -importeuren fossiler Brennstoffe frei handelbare – Emissionsrechte als der beste Weg (vgl. auch WBGU, 1996, S. 129 und 1993, S. 208; SRU, 1994, Tz. 860). Der Umweltrat empfiehlt deshalb die Umsetzung eines europäischen Pilotprojektes auf der Basis der vorliegenden Konzepte (insbes. MAIER-RIGAUD, 1994; HEISTER et al., 1991; HUCKESTEIN et al., 1991) und der US-amerikanischen Erfahrungen. Damit entfiele auch die Notwendigkeit einer europäischen Einigung über die CO_2-/Energiesteuer.

1046. Die Etablierung eines Lizenzmarktes für CO_2 auf europäischer Ebene erfordert eine Einigung über den internationalen Verteilungsschlüssel der Einnahmen aus der jährlichen Lizenzversteigerung. Erfolgt die Verteilung auf der Grundlage historischer Verkaufsmengen fossiler Brennstoffe in den Ländern würden die höchstentwickelten EU-Mitgliedstaaten begünstigt. Eine Verteilung nach Köpfen würde den ärmeren EU-Mitgliedstaaten zu erheblichen Transfers verhelfen. Beide Verteilungsmuster wären vermutlich nicht konsensfähig. Mit der Wahl einer Einnahmenverteilung, die den Entwicklungsbedürfnissen der weniger entwickelten Staaten innerhalb der Europäischen Union Rechnung trägt, kann vermutlich ein politischer Kompromiß gefunden werden.

1047. Ein europaweiter Lizenzhandel kann nicht nur die ökonomische Effizienz und ökologische Wirksamkeit des Lizenzmarktes gegenüber einer nationalen Lösung erheblich verbessern, sondern auch die Vorreiterschaft für eine globale Börse übernehmen. Er muß diese Rolle auch deshalb übernehmen, weil ohne eine globale CO_2-Bewirtschaftung die Abwanderung von Unternehmen in Staaten außerhalb der Europäischen Union als sicher gelten darf, wenn nicht Exporte von der Belastung ausgenommen und

Produktimporte entsprechend verteuert werden oder – unter Inkaufnahme erheblicher Effizienzverluste – ganze Produktionsbereiche von einer Belastung ausgenommen werden (Tz. 1055). Insofern stellt sich auf EU-Ebene – wenn auch in abgeschwächter Form – das gleiche Problem wie bei einem „nationalen Alleingang" (Tz. 1053).

Die Einrichtung eines europäischen CO_2-Lizenzmarktes – selbst wenn einzelne Produktionsbereiche von einer Belastung ausgenommen werden oder eine Kompensation erhalten – befördert eine weltweite Lösung insofern, als zunächst einmal die Funktionsfähigkeit einer derartigen Lösung demonstriert wird und ihre Wirkungen geprüft werden können. Sicher wird die Europäische Union auf dieser Basis auch andere Staaten zum Mitmachen bewegen können, insbesondere, wenn solche Staaten von „joint implementation"-Maßnahmen profitieren. Um aber angesichts der divergierenden Betroffenheiten im Falle einer weiteren Erwärmung der Erde und der unterschiedlichen Interessen der verschiedenen Staaten eine wirkliche Chance auf Flächendeckung für eine Lizenzlösung zu bekommen, bedarf es relativ schnell einer Änderung der GATT-Regeln, damit es möglich wird, hartnäckige Trittbrettfahrer in Sachen Klimapolitik mit Handelssanktionen zu belegen. Eine solche Änderung der GATT-Regeln wird nicht leicht durchzusetzen sein. Die Existenz einer überzeugenden europäischen Lösung wäre hier ein gewichtiges Argument.

5.3.1.3 CO_2-Politik im nationalen Alleingang bis zu einer EU-weiten Lösung

Spielräume für einen nationalen Alleingang

1048. Angesichts der Diskussion um die CO_2-/Energieabgabe wäre es unrealistisch, auf einen schnellen Erfolg bei der Einführung eines europäischen Lizenzsystems zu hoffen. Zu groß sind die Ängste vor ökonomischen Friktionen und dem Verlust nationaler politischer Gestaltungsmöglichkeiten. Deshalb wäre zu prüfen, ob Deutschland auf nationalem Wege den Anschluß an die Vorreiterstaaten der Europäischen Union anstreben sollte.

1049. Deutschland ist Teil des internationalen Staatenverbundes. Insofern ist die deutsche Umweltpolitik nicht autark bei ihren Maßnahmen, selbst wenn man vorhandene rechtliche Bindungen durch die Europäische Union außer acht ließe. Ein umweltpolitischer Alleingang, wie er mit praktisch allen Vorschlägen zur umweltgerechten Finanzreform impliziert ist, kann nicht nur wirtschaftlich und damit auch im Hinblick auf seine Sozialverträglichkeit auf erhebliche Selbstschädigung hinauslaufen. Er wäre in Fällen global wirkender Schadstoffe auch ökologisch kontraproduktiv; dann nämlich, wenn die Produkte der unter der neuen Belastung in Deutschland nicht mehr konkurrenzfähigen Industrien nunmehr aus Staaten bezogen würden, in denen (noch) Technologien mit höheren Emissionen je produzierter Einheit eingesetzt werden (dürfen). Erfolgt kein Ausgleich der zusätzlichen Belastung an der Grenze, wird eine Verminderung der Emissionen im Inland unter Umständen sogar zu einer überkompensierenden Erhöhung in anderen Regionen führen.

1050. Selbst wenn man unterstellt, daß die mit extrem hohen Vermeidungskosten im Inland erreichte Verminderung der CO_2-Emissionen nicht durch Verlagerungen von Emissionen in das Ausland (über)kompensiert wird, wäre der globale Nutzen

- gering: Sollte die Bundesregierung ihr Ziel erreichen, bis zum Jahre 2005 die CO_2-Emissionen um 25 % gegenüber 1990 (ca. 300 Mio. t) zu senken, ergäbe sich nur eine Verringerung der globalen CO_2-Emissionen von rund 1,3 % – die heutige weltweite Freisetzung von nur 5 Tagen (RENTZ, 1995, S. 137; RWI, 1995, S. 5)

- und teuer erkauft: Der spezifische CO_2-Ausstoß in der Produktion pro Einheit Bruttoinlandsprodukt bei Brennstoffen liegt im weltweiten Durchschnitt 23mal und bei Strom 18mal so hoch wie in Westeuropa. Nahezu die Hälfte des weltweiten Minderungspotentials in der industriellen Produktion ließe sich allein in der Grundstoffindustrie Chinas realisieren. Während beispielsweise für eine Tonne Rohstahl in Westeuropa zwischen 1,4 und 1,7 t CO_2 freigesetzt werden, fallen in China mehr als 4,4 t CO_2 an (RWI, 1995, S. 3 ff.).

Grundsätzlich ist zu fragen, ob große Anstrengungen bei der nationalen Reduktion globaler Massenschadstoffe, selbst wenn diese über ökonomische Instrumente auf effizientem Wege erreicht werden, nicht ökonomisch und ökologisch verfehlt sind.

1051. Eine generelle Absage an jeden umweltpolitischen Alleingang wäre jedoch ein politischer Fehlschluß. Um in der internationalen Diskussion über die erforderliche weltweite Koordination der Umweltpolitik weiterzukommen, können die reichsten Staaten, unter ihnen Deutschland, nicht einfach warten, bis auch diejenigen Staaten sich der Notwendigkeit einer international koordinierten Aktion in Sachen Umwelt beugen, denen das aufgrund ihres niedrigeren Entwicklungsstandes erheblich schwerer fällt als den führenden Industriestaaten, die zudem bislang am meisten zu den internationalen Umweltproblemen beigetragen haben. Eine Durchbrechung des internationalen Dilemmas, nach dem es rational ist, keine Maßnahmen zu ergreifen und gleichzeitig als Trittbrettfahrer von ausländischen Umweltschutzanstrengungen zu profitieren, kann nur durch eine gewisse Vorreiterrolle einzelner Staaten gelingen. Insofern muß ein Maß an umweltpolitischem Protagonismus der Deutschen gegenüber der Europäischen Union und der Europäischen Union gegenüber den anderen heutigen und zukünftigen Wachstumsschwerpunkten der Welt stattfinden, um die Ernsthaftigkeit des Werbens für eine weltweite dauerhaftumweltgerechte Entwicklung zu unterstreichen.

1052. Ein solcher deutscher oder europäischer Alleingang muß auch nicht notwendig mit wirtschaftlichen Einbußen verbunden sein. So werden von Innovationsimpulsen zur Reduktion der Emissionsintensität von Produktion und Konsum langfristig internationale Wettbewerbsvorteile für die Unternehmen erwartet. Hätten die europäischen Industriestaaten zum Beispiel früher eine Politik der Sicherung der „dauerhaft-umweltgerechten Mobilität" eingeleitet, so hätten sie den Chinesen bei der weltweiten Ausschreibung der chinesischen Regierung 1994 möglicherweise eine erheblich verbrauchsreduzierte und mit öffentlichen Verkehrssystemen integrierte (und deshalb für die Chinesen attraktivere) Version eines „family cars" anbieten können.

Ausnahmeregelungen für energieintensive Prozesse mit potentieller Importkonkurrenz zur Verhinderung von Migrationen der CO_2-Emittenten

1053. Um zu verhindern, daß bei einem nationalen Alleingang der Verringerung der Emissionen globaler Massenschadstoffe die betroffenen Produktionsbereiche vom Vorreiterstaat lediglich ins Ausland verlagert werden, stehen grundsätzlich zwei Instrumente zur Verfügung: Entweder es werden Importzölle für sogenannte „graue Emissionen" beziehungsweise „graue Energie" erhoben und bei Exportgütern die höheren Produktionskosten erstattet, oder die besonders Betroffenen müssen von der Abgaben- oder Lizenzpflicht ausgenommen werden beziehungsweise dafür Kompensationen erhalten. Genau diesen Zwängen mußten sich auch sämtliche Vorreiterstaaten in der Europäischen Union bisher unterwerfen: In all diesen Staaten wurden Ausnahmeregelungen von den nationalen Energiesteuern für die Industrie festgelegt (vgl. Abschn. 5.2.2).

1054. Als internationale Besteuerungsprinzipien kommen grundsätzlich das Ursprungsland- und das Bestimmungslandprinzip in Betracht. Bei Anwendung des Bestimmungslandprinzips würden sowohl der zur Herstellung der Produkte eingesetzte und der in den Produkten enthaltene Kohlenstoff als auch die Energie (graue Emissionen/Energie) durch Besteuerung der Importe und Steuergutschriften für Exporte berücksichtigt. Angesichts der Vielzahl der betroffenen Güter und der Produktionsprozesse wäre der damit verbundene Verwaltungsaufwand und Informationsbedarf alle importierten Produkte auch nur pauschal nach ihrem ungefähren Gehalt an grauen Emissionen/Energie an der Grenze zu besteuern und zu exportierende Produkte von der Steuer zu befreien, enorm hoch (CANSIER, 1993, S. 191 ff.). Man muß also mit Ausnahme der Energieträger allein aus Praktikabilitätsgründen das Ursprungslandprinzip anwenden, nach dem alle Produkte ausschließlich mit den Steuern des Staates ihres Ursprungs belegt werden.

Auch rechtliche Hürden stünden einem Grenzausgleich für Produkte entsprechend dem Bestimmungslandprinzip entgegen (FRANKE, 1994, S. 37 ff.; NAGEL, 1993, S. 92 ff.): Im Hinblick auf das Diskriminierungsverbot des EG-Vertrages (Art. 95) ist die Erhebung einer Importsteuer nur dann möglich, wenn auch im Inland die gleiche Steuer erhoben wird. Im Inland würden aber nur die Energieträger und nicht die Produkte besteuert. Bei Brennstoffen und Strom sind solche Steuern erlaubt, denn die Richtlinie zur Harmonisierung von Verbrauchsteuern (Richtlinie 92/12/EWG) sieht entsprechende Ausnahmen vor, sofern – und dies ist bei der geplanten Steuer vermeidbar – die Steuererhebung keine

Grenzkontrollen erfordert (KOHLHAAS et al., 1994 a, S. 51).

Im Rahmen des GATT gelten prinzipiell die gleichen Regelungen der identischen Behandlung von Importen und inländischen Produkten. Maßnahmen gegen das „Öko-dumping" sind zwar generell kein geeignetes Instrument der Umweltpolitik, wenn man demokratischen Staaten nicht das Recht absprechen will, ihre nationalen Umweltressourcen nach dem Ermessen der eigenen Bevölkerung zu kapitalisieren. Importzölle sollten aber in Fragen der Inanspruchnahme der globalen natürlichen Lebensgrundlagen sehr wohl zulässig sein. Insofern scheint eine Anpassung der GATT-Regeln geboten (KLEMMER, 1994, S. 304).

1055. Es besteht weiterhin die Möglichkeit, besonders betroffene Unternehmen oder Branchen, wie auch im EU-Vorschlag vorgesehen, von der Steuer auszunehmen oder ihnen eine Kompensation zuzugestehen; dies kommt faktisch einem gespaltenen Steuersatz für in ihrer Schadwirkung identische Emissionen gleich. Der Vorteil eines einheitlichen Steuersatzes liegt aber gerade in der Tatsache, daß dieser die ökonomische Effizienz der Instrumente überhaupt nur herbeiführt, indem die Vermeidungsmaßnahmen am Ort ihrer geringsten Kosten angeregt werden. Wird zum Beispiel die Industrie von einer CO_2-Abgabe oder CO_2-Lizenzpflicht ganz oder teilweise ausgenommen, geht nicht nur das dortige Vermeidungspotential verloren, sondern diese Vermeidungsmengen müssen zur Erreichung des Minderungsziels zusätzlich in den anderen Sektoren zu höheren Kosten erschlossen werden. BÖHRINGER und RUTHERFORD (1994, S. 20) ermittelten, daß bei Ausnahme energieintensiver Branchen von der Steuer der erforderliche Steuersatz für eine 40%ige CO_2-Reduktion von 95 DM/t CO_2 (Preise von 1990) auf 177 DM/t erhöht werden müßte, oder, geht man von anderen Elastizitäten aus, von 30 DM/t CO_2 auf 56 DM/t. Die anderen Branchen finanzieren also die freigestellten Branchen über höhere Abgaben beziehungsweise eigene, im Gleichbehandlungsfall eventuell nicht erforderliche höhere Investitionen. Dennoch sind aus den genannten Gründen Ausnahmen erforderlich. Es muß jedoch transparent gemacht werden, daß solche Ausnahmen mit entsprechenden gesamtwirtschaftlichen Kosten verbunden sind.

1056. Der Ansatz, eigenständige CO_2-Minderungsziele für einzelne Branchen oder Sektoren formulieren zu wollen, zum Beispiel der Beschluß der 35. Umweltministerkonferenz des Bundes und der Länder über eine Reduktion der CO_2-Emissionen aus dem Verkehr um 10 % bis zum Jahre 2005, setzt auf einer zu niedrigen Ebene an und ist in sich bereits ineffizient. Um beispielsweise – trotz des prognostizierten Anstiegs der Verkehrsleistung – insgesamt bis zum Jahre 2005 eine Reduktion des CO_2-Ausstoßes im Verkehr von nur 7 % zu erreichen, müßten die mittleren Kraftstoffpreise nach Schätzungen der Prognos AG (ROMMERSKIRCHEN et al., 1991) von 1995 bis 2005 um nominal rund 0,23 DM (20 % des Preises von 1990 von 1,15 DM) pro Jahr auf 4,60 DM/L im Jahr 2005 angehoben werden (SRU, 1994, Tz. 794 f.).

Auf der Basis der heutigen Benzinpreise vor Steuern von rund 0,45 DM/L, einer Preissteigerungsrate von 3 % pro Jahr (0,60 DM/L nach 10 Jahren) und einem Mehrwertsteuersatz von 15 % (rund 0,60 DM/L) entspräche die Mineralölsteuer im Jahre 2005 (3,40 DM/L) einer CO_2-Abgabe von 1 446 DM/t CO_2. Wenn die Abgabe mit jährlichen Steigerungsraten von beispielsweise 10 % anstiege, ergäbe sich bereits im 1. Jahr ein Steuersatz von 613 DM/t CO_2 (2 250 DM/t Kohlenstoff). Die steuerliche Belastung von Ottokraftstoff würde sich schon im 1. Jahr auf 1,44 DM/L erhöhen, die Einnahmen von rund 60 Mrd. DM im Jahre 1994 auf über 100 Mrd. DM steigen.

Würde diese CO_2-Abgabe nach dem Credo des effizienten einheitlichen Steuersatzes auf alle Verbräuche übertragen, ergäben sich extreme Preissteigerungen – zum Beispiel von Heizöl, dessen Belastung dem Kraftstoffniveau angepaßt würde, und Strom (12 Pf/kWh im 1. Jahr und 29 Pf/kWh im 10. Jahr) –, die sich allein bei den Privaten Haushalten (ohne Verkehr) im 1. Jahr auf rund 95 Mrd. DM ohne Anpassungsreaktionen beliefen. Diese Zusatzbelastungen wären nicht nur sozial unverträglich, sondern die Abgabensätze lägen auch jenseits der für eine Erreichung der CO_2-Minderungsziele erforderlichen Höhe (Tz. 1019 und Tab. 52).

1057. Die Vermeidungskosten des Verkehrs sind relativ hoch, die Preiselastizitäten der Nachfrage gering. Der Verkehr kann also – wegen der im allgemeinen geringen Substitutionskonkurrenz durch unkontrollierte Brennstoffimporte – zwar zum größten Teil (zum Tanktourismus vgl. Tz. 1189 f., 1192) besteuert werden, wird aber dennoch wenig zur Erreichung des CO_2-Minderungsziels beitragen. Angesichts der im wesentlichen bekannten Grenzvermeidungskosten (für eine Übersicht vgl. FONGER, 1993) werden die größten Minderungsbeiträge vor allem in den Privaten Haushalten sowie bei der Raumwärmeerzeugung in Industriebetrieben erbracht werden, wenn allen Sektoren eine gleiche CO_2-Emissionsabgabe auferlegt wird.

1058. Da eine Abgaben- oder Lizenzpflicht auf der Stufe der Brennstoffhersteller und -importeure eingeführt werden sollte, um die Transaktionskosten einer Abgabenlösung gering zu halten, scheidet eine Ausnahmeregelung aus, die direkt bei der Brennstofflieferung ansetzt, weil sie wegen der Komplexität der nachgelagerten Handelsketten nur unter extremem Aufwand kontrollierbar wäre. Es bleibt die Möglichkeit zur „nachträglichen" Kompensation der besonders Betroffenen. Bei Abgaben stehen Einnahmen zur Verfügung, die für eine Kompensation herangezogen werden können, die dann zur Senkung anderer Abgaben nicht mehr zur Verfügung stehen. Im Fall der Einführung eines Lizenzsystems ist die zuvor empfohlene Versteigerung von zum einmaligen Handel mit kohlenstoffhaltigen Brennstoffen berechtigenden Emissionsscheinen (Tz. 1033) also auch deshalb zweckmäßig, da ein Teil des allgemeinen Budgets zur Kompensation herangezogen werden kann.

1059. Als besonders betroffen müssen diejenigen Emittenten gelten, deren Produktpreise durch die

Abgabe oder zu erwerbende Lizenzen in einem Maße steigen müßten, das aufgrund des internationalen ·Konkurrenzdrucks nicht realisierbar wäre. Hier sind gegebenenfalls auch die Grenzen rechtlicher Zumutbarkeit berührt, wenn die kurzfristig hohe Zusatzbelastung in Verbindung mit mangelnden Ausweichmöglichkeiten, zum Beispiel wegen langer Investitionszyklen, einem enteignungsgleichen Eingriff entspräche und den bestehenden Kapitalstock entwerten würde. Als Richtwert für die Berechtigung zur Kompensation wäre im Anteil der Energiekosten am Produktionswert oder der Wertschöpfung zu bestimmen. Der Richtwert des ursprünglichen EU-Vorhabens lag bei einem Energiekostenanteil von 3,75 % an der Bruttowertschöpfung einer Branche, kombiniert mit einem Exportanteil von mehr als 15 %.

1060. Zur Ermittlung der Betroffenheit kann entweder auf die Branche, wobei einzelne Betriebe auch anteilig verschiedenen Branchen zugeordnet werden könnten, auf den Betrieb oder auf einzelne Prozesse abgestellt werden. Jedes Auswahlkriterium lädt zur Umgehung und zu Mitnahmeaktivitäten ein. Denkbare Reaktionen der Unternehmen auf betriebsbezogene Ausnahmeregelungen wären zum Beispiel die rechtliche Ausgliederung von energieintensiven Betriebsteilen in eigenständige Gesellschaften (ggf. in andere Branchen) oder das Zukaufen energieintensiver Betriebe, bis das Unternehmen insgesamt über die kritische Schwelle kommt.

Um solche Effekte grundsätzlich zu minimieren, empfiehlt der Umweltrat, das Ausnahmekriterium auf einzelne Prozesse zu beziehen, für die in Abhängigkeit von der Gefahr einer Beeinträchtigung der Wettbewerbsfähigkeit und entsprechend dem prozeßspezifischen Anteil der Energiekosten am Produktionswert oder der Wertschöpfung Grenzen festgelegt werden können, ab denen der Steuersatz reduziert wird. Kriterien für eine solche Regelung werden in Dänemark zur Zeit erarbeitet (Tz. 967). Dabei können nur die Kosten der direkten energetischen Vorleistungen berücksichtigt werden, wenn nicht die Komplexitätsprobleme des Bestimmungslandprinzips (Tz. 1054) auf unterer Ebene erzeugt werden sollen.

1061. Ein höherer Vermeidungsanreiz kann durch die Kopplung weiterer Steuerminderungen an die freiwillige Verpflichtung zur Nutzung prozeßindividueller Vermeidungsmöglichkeiten und deren Kontrolle (zum Beispiel Dänemark; vgl. Tz. 967) sowie durch die Verbindung mit der Zahlung von Fördermitteln für Energie- respektive CO_2-Sparinvestitionen (EU-Vorschlag) geschaffen werden. Von einer Investitionsförderung klar benachteiligt wären jedoch einerseits die „Investoren vor dem Stichtag" – Investitionsverzögerungen und Mitnahmeeffekte sind vorprogrammiert –, andererseits diejenigen Betroffenen, deren technische Einsparpotentiale gering sind. Eine solche Lösung empfiehlt der Umweltrat deshalb allenfalls bei Prozessen mit hohen technischen Vermeidungspotentialen, zum Beispiel bei der Erzeugung von Raumwärme im Bereich der Privaten Haushalte.

Instrumente einer CO_2-Politik im nationalen Alleingang

1062. Kommt keine Einigung auf eine europäische Abgabenlösung zustande, könnte die Bundesregierung einen nationalen Lizenzhandel quasi als Pilotprojekt für eine europäische beziehungsweise globale Lösung beginnen. Auf nationaler Ebene treten bei einer Lizenzlösung jedoch einige gewichtige Probleme auf:

– Andere Staaten haben bereits Abgaben auf den Kohlenstoff- und/oder den Energiegehalt fossiler Energieträger eingeführt (Abschn. 5.2.2) und werden sich ohne europäische Einigung einem deutschen Lizenzhandel kaum anschließen.

– Da Energieimporte nicht nach herkunftsabhängigen Bemessungskriterien belastet werden dürfen, können importierte Primärenergieträger zwar ebenso wie inländische Energieträger der Lizenzhaltungspflicht unterworfen werden, Importe von Sekundärenergieträgern würden hingegen nicht erfaßt und erhielten damit einen völlig unannehmbaren Wettbewerbsvorteil gegenüber inländischen Brennstoffen. Die Erfassung von Sekundärenergieträgern müßte somit über eine Outputabgabe erfolgen, der dann auch inländische Energieträger – mit entsprechenden Verrechnungsmöglichkeiten für die durch den Lizenzhandel mit Primärenergieträgern entstandenen Kosten – unterlägen. Eine derartige Vorgehensweise würde allerdings die Vorteile einer Lizenzlösung, nämlich daß der Markt die Knappheitspreise erzeugt und damit die Emissionsreduktionsziele ökologisch treffsicher erzielt werden, weitestgehend unterlaufen. Alternativ könnte parallel zum Lizenzmarkt für Primärenergieträger ein Lizenzmarkt für Sekundärenergieträger errichtet werden. Die Verrechnung von bekannten Abgabensätzen erscheint jedoch weit weniger problematisch als die von uneinheitlichen Lizenzpreisen.

– Ein nationaler Lizenzhandel auf der Ebene der Brennstoffhändler mit rund 200 Handelsberechtigten, darunter wenige dominierende Unternehmen, könnte auf nationaler Ebene durch wettbewerbsbeschränkendes Verhalten der Akteure in einer Weise unterlaufen werden, die mit kartellrechtlichen Mitteln schwer beherrschbar zu sein scheint (BECKER-NEETZ, 1988, S. 283 ff.; TIETENBERG, 1985, S. 125 f.).

– Die Mengenbeschränkungen des inverkehrbringbaren Kohlenstoffs entsprechen einer Beschränkung des Absatzes für fossile Brennstoffe. Eine solche Kontingentierung, die aus Sicht des einzelnen Brennstoffhändlers bei einem internationalen Handel sehr viel weniger einschränkend wäre, könnte in Konflikt mit der Verfassung (Art. 12 GG) geraten (vgl. BVerfGE 25, 1, 11 f.; 39, 210, 223 ff.).

Aus rein ökologischer Sicht wäre der Einführung eines Lizenzhandels auch auf nationaler Ebene der Vorzug vor einer Abgabenlösung zu geben. Die angeführten Schwierigkeiten sprechen aus Sicht des Umweltrates bei einem nationalen Alleingang jedoch für die Einführung einer CO_2-Abgabe, deren Anhebungspfad bei Ersatz oder Anrechenbarkeit der Mineralölsteuer etwa bei 100 DM/t CO_2 beginnen sollte

(Tz. 1018). Für eine Abgabenlösung zum Einstieg in die CO_2-Problematik im Falle eines nationalen Alleinganges spricht auch der Umstand, daß man den doch nicht zu vernachlässigenden institutionellen Aufwand einer Lizenzlösung erst dann tätigen sollte, wenn klar ist, daß diese Lösung auf europäischer Ebene Bestand haben wird.

5.3.1.4 Sonderprobleme

Importe von fossilen Sekundärenergieträgern und Strom

1063. Da allein die Besteuerung der fossilen Primärenergieträger (Erdöl, Gas, Kohle) Anreize zur Verbesserung der Wirkungsgrade *und* der Substitution bei der Erzeugung der Sekundärenergieträger setzt, ist sie aus ökologischer Sicht eindeutig zu bevorzugen. Abgaben müssen dennoch auch im Inland an den Sekundärenergieträgern ansetzen, da sonst eine Gleichbehandlung von Importen nicht verwirklicht werden kann (Tz. 1054 und 1171). Möglich erscheint aber, die Abgabensätze für inländische sowie ausländische Sekundärenergieträger in Abhängigkeit vom *individuellen* Brennstoffinput festzulegen. Sollte sich dabei herausstellen, daß die Schwierigkeiten bei der Ermittlung dieser Werte erheblich sind, könnte die Abgabe ersatzweise nach dem durchschnittlichen Brennstoffinput im Herkunftsland bemessen werden (Tz. 1171).

1064. Im Fall der Ermittlung der Abgabenhöhe auf der Grundlage des *durchschnittlichen* Brennstoffinputs im Herkunftsland könnten Anreize zur Vermeidung von überdurchschnittlichen Umwandlungsverlusten beziehungsweise eines überdurchschnittlich kohlenstoffintensiven Einsatzes von Primärenergieträgern durch die gleichzeitige Belastung der inländischen Energieerzeuger mit einer Input- und einer Outputabgabe erfolgen. Es kommt zu einer Doppelbesteuerung, bei der die Inputabgabe auf die Outputabgabe anrechenbar sein muß. Führen ausländische Energieerzeuger den Nachweis, daß sie im eigenen Land ebenfalls einer Abgabe auf fossile Energieträger unterliegen, so muß diese ebenso wie für Inländer auf die Outputabgabe anrechenbar sein. Stärkere Anreize zur weitergehenden Erhöhung des Wirkungsgrades und der Brennstoffsubstitution müßten dann durch separate Regelungen gesetzt werden (HILLEBRAND, 1992).

Energie aus Kernkraftwerken

1065. Erfolgt die Bemessung der Abgaben auf Sekundärenergieträger anhand des individuellen Brennstoffinputs, muß die Einführung einer CO_2- beziehungsweise einer kombinierten CO_2-/Energieabgabe von einer Kontingentierung der Kernenergie und der Besteuerung eventueller „windfall profits" bei der Produktion von Strom aus Kernkraftwerken begleitet werden. Im Sinne eines Abbaus von Standortvorteilen durch externalisierte Risiken sind hier internationale Regelungen anzustreben. Bei einer am bundesweiten Brennstoffmix orientierten Sekundärenergieabgabe für Stromlieferungen bedarf es hingegen für Energie aus Kernkraftwerken grundsätzlich keiner Sonderregelung. Allerdings besteht ein ge-

wisser Anreiz für die Stromerzeuger, durch Hochfahren des Anteils von Strom aus Kernkraftwerken an der Grundlast die Verteuerung des Stromes zu verringern. Diesem Anreiz sollte ebenfalls durch eine Kontingentierung und Preisabschöpfung bei Energie aus Kernkraftwerken begegnet werden.

Nichtenergetische Verwendung fossiler Brennstoffe

1066. Die energetische und nichtenergetische Nutzung fossiler Brennstoffe sollte sowohl hinsichtlich der Abgabenerhebung als auch bezüglich der Ausnahmeregelungen gleichgestellt werden. Dabei geht es vor allem um die nichtenergetische Verwendung von Rohöl und Mineralölprodukten in der chemischen Industrie (1991 ca. 670 PJ; Statistisches Bundesamt, 1995, schriftl. Mitt.). Am Ende des Lebenszyklus zum Beispiel von Kunststoffen, gegebenenfalls nach mehrmaliger werk- oder rohstofflicher Verwertung, werden durch die energetische Nutzung oder thermische Behandlung CO_2-Emissionen freigesetzt, die nur sehr schwer zu erfassen und nachträglich zu besteuern wären, zumal diese zusammen mit bereits besteuerten Brennstoffen verbrannt werden können. Würde die nichtenergetische Primärverwendung von der Besteuerung freigestellt, bestünde die Möglichkeit, durch den Einsatz von Abfällen als Brennstoff der Inputbesteuerung zu entgehen. Dies spricht gegen eine Befreiung von der Abgabenpflicht für nichtenergetische Verwendungen (vgl. auch KOHLHAAS et al., 1994a, S. 58 ff.).

Im Zuge der Ausnahmen für energieintensive Prozesse wird die Chemieindustrie in den Bereichen hoher nichtenergetischer Verwendung fossiler Brennstoffe automatisch entlastet. Wird die Mineralölsteuer nicht durch eine CO_2-Abgabe ersetzt, sollte die Mineralölsteuerbefreiung der nichtenergetischen Verwendung von Rohölprodukten und Gasen entfallen.

Regenerative Energiequellen und nachwachsende Brennstoffe

1067. Die Abgabe sollte ausschließlich fossile Primärenergieträger betreffen. Insofern müssen die Wasserkraft, die Solar-, Wind- und andere regenerative Energien ausgenommen werden beziehungsweise sind sie zu Recht von einer CO_2-Abgabe nicht betroffen. Sowohl beim DIW- als auch beim EU-Ansatz ist vorgesehen, auch Wasserkraftwerke über 10 MW mit einer Abgabe zu belasten. Die Erhebung einer solchen Abgabe könnte allenfalls mit der Internalisierung externer Kosten des Landschaftsverbrauchs begründet sein. Ein direkter Bezug zum Landschaftsverbrauch ist jedoch nicht zu erkennen, so daß hier andere umweltpolitische und landschaftsplanerische Instrumente eingesetzt werden sollten. Obwohl bei der Verbrennung nachwachsender Rohstoffe CO_2 freigesetzt wird, ist ihre CO_2-Bilanz im Gegensatz zu fossilen Brennstoffen innerhalb einer „überschaubaren" Periode ausgeglichen. Negative Effekte ihres möglicherweise nicht umweltgerechten Anbaus müssen mit anderen Instrumenten dort verhindert werden, wo sie anfallen (SRU, 1996, Abschn. 2.4.3.3).

Herstellerprivilegien

1068. Das sogenannte „Herstellerprivileg", die Mineralölsteuerbefreiung von Heizöl für die Verwendung in Mineralölherstellungs- und Gasgewinnungsbetrieben, ist ökologisch nicht zu rechtfertigen. Da analoge Steuerbefreiungen in allen anderen EU-Staaten verbindlich sind, ist zur Abschaffung die Änderung der entsprechenden EU-Richtlinie (83/81/ EWG, Art. 4 Abs. 3) erforderlich (vgl. LINSCHEIDT et al., 1994, S. 22; BLAK, 1993, S. 107). Die ökologisch ebenfalls negativ zu beurteilende Steuervergünstigung für Mineralöle für Versuchszwecke ist gesamtwirtschaftlich und ökologisch von geringer Relevanz; ihre Abschaffung wird empfohlen (vgl. BLAK, 1993, S. 104).

5.3.1.5 Abbau ökologisch nicht gerechtfertigter Vergünstigungen für einzelne fossile Brennstoffe

Leichtes Heizöl

1069. Als Beispiel für eine ökologisch kaum zu rechtfertigende Differenzierung der Mineralölsteuer ist auf die geringe Belastung von leichtem Heizöl zu verweisen. Die Mineralölsteuervergünstigung des im Raumwärmebereich eingesetzten leichten Heizöls (heute 54 Pfennig je Liter gegenüber Dieselkraftstoff) sollte schrittweise über einen Anpassungspfad von fünf bis sieben Jahren abgebaut werden, da eine solche Vergünstigung umweltpolitisch nicht zu rechtfertigen ist.

1070. Vom Anstieg der Preise für leichtes Heizöl besonders betroffen wären die Privaten Haushalte. Entsprechende Techniken zur Wärmedämmung, energiesparenden Raumbeheizung und Warmwasserbereitung stehen zur Verfügung und würden bei veränderten Preisrelationen rentabel (Tz. 1103–1109). Die Realisierung der großen Energieeinsparpotentiale im Raumwärmebereich scheitert bei vermieteten Wohnungen jedoch daran, daß die höheren Brennstoffkosten unmittelbar vom Mieter zu tragen sind. Das Eigentümer-Mieter-Dilemma führt zur Unterlassung ökologisch sinnvoller und effizienter Maßnahmen, da der Eigentümer aufgrund der ihm entstehenden Investitionskosten hieran kein Interesse und der Mieter auf die Investitionen keinen Anspruch hat. Um den Anreiz einer höheren Heizölbesteuerung zur Durchführung von Heizungsmodernisierungs- und Wärmedämminvestitionen besser wirksam werden zu lassen, empfiehlt sich die (zunächst freiwillige, später obligatorische) Einführung eines Wärmepasses für Wohnungen und Gebäude. Ein solcher Wärmepaß, der jeder Wohnung eine Energieverbrauchskennzahl zuordnet, erhöht nicht nur die Transparenz über die Wärmeeigenschaften und zu erwartenden Heizkosten einer Wohnung, sondern könnte auch zur Begrenzung der Überwälzungsmöglichkeiten von Heizkosten auf die Miete sowie zur Differenzierung des Mietspiegels herangezogen werden.

Nach § 12 Wärmeschutzverordnung (Stand: Novellierung vom 16. August 1994, gültig seit 1. Januar 1995, vgl. Tz. 440 ff.) ist die Erstellung eines Wärmebedarfsausweises für neue, von der Verordnung erfaßte Gebäude oder Gebäudeteile bereits erforderlich (hinsichtlich dessen Inhalts siehe Allgemeine Verwaltungsvorschrift – AVwV – Wärmebedarfsausweis vom 20. Dezember 1994, BAnz 243 v. 28. Dezember 1994, S. 12543), der auch Käufern, Mietern oder sonstigen Nutzungsberechtigten eines Grundstücks zur Einsichtnahme zugänglich zu machen ist. Dieser Wärmebedarfsausweis kann den erwünschten, marktsteuernden Effekt jedoch nicht voll entfalten, weil

– generell nur Neubauten erfaßt werden,

– ein quantitativ bedeutsamer Teil des Neubaubestandes nicht nach dem umfassenderen Bilanzverfahren, sondern nach dem Wärmetransmissionsverfahren zu behandeln ist, wodurch die Ergebnisse qualitativ unterschiedlich und nicht generell vergleichbar sein werden und

– die nach den §§ 3, 4, Ziff. 3 AVwV Wärmebedarfsausweis pflichtgemäß enthaltenen Hinweise des Ausweises nur Anhaltspunkte für eine vergleichende Beurteilung der energetischen Qualität von Gebäuden geben können, das heißt, der tatsächliche Heizenergieverbrauch kann aus dem Jahres-Heizwärmebedarf nur bedingt abgeleitet werden.

Die Empfehlung des Umweltrates, den Wärmepaß als geeignetes Instrument zur vergleichenden Beurteilung von Gebäuden für alle Marktsegmente des Wohnungs- beziehungsweise Gebäudemarktes einzuführen, geht somit weit über die Bestimmungen der AVwV Wärmebedarfsausweis hinaus.

1071. Aufgrund der hohen CO_2-Einsparpotentiale im Altbaubereich und der bestehenden Engpässe bei der Finanzierung entsprechender Maßnahmen ist es zweckmäßig, die Erhöhung der Heizölbesteuerung mit der öffentlichen Förderung von Maßnahmen in diesem Bereich zu begleiten. Der effiziente Einsatz von Fördermitteln zur thermischen Isolierung von Altbauten und Heizanlagenmodernisierung kann dadurch sichergestellt werden, daß die Höhe staatlicher Zuschüsse davon abhängig gemacht wird, um welchen Wert die zu fördernde Maßnahme die Energiekennzahl nach dem Wärmepaß verbessert. So wird darauf Rücksicht genommen, daß es allokativ unsinnig ist, jedes Haus auf den höchsten Stand zu bringen. Die Erhöhung der Energieeffizienz im Wohnungsbereich führt dazu, daß die höhere Belastung des Bereichs Private Haushalte durch die Mineralölsteuer auf leichtes Heizöl deutlich begrenzt wird und sich durch die geförderten Energiesparinvestitionen die Heizkostenbelastung sogar insgesamt verringern kann.

1072. Ob bei einer emissionsorientierten Besteuerung fossiler Energieträger die geringere Belastung des relativ kohlenstoffarmen Erdgases gegenüber anderen Brennstoffen über geringere Preise an die Haushalte weitergegeben wird und damit Substitutionsprozesse zugunsten kohlenstoffärmerer Brennstoffe einsetzen, ist angesichts der monopolistischen

Praxis des „anlegbaren Preises" für Gas (Tz. 1075) mehr als fraglich.

Stein- und Braunkohle

1073. CO_2-Abgaben sollten auch auf Stein- und Braunkohle erhoben werden. Für die Begünstigung der Stein- und Braunkohle gegenüber anderen, über die Mineralölsteuer erfaßten Energieträgern kann es keine Begründung geben, die die ökologisch negativen Konsequenzen rechtfertigen würde. Eine Ausnahmeregelung ist auch im EU-Entwurf zu einer kombinierten CO_2-/Energiesteuer nicht vorgesehen, allerdings werden die bestehenden Mineralölsteuersätze beibehalten und Kohle somit relativ weniger belastet.

1074. Obwohl der Umweltrat Subventionen mit ökologisch negativer Wirkung grundsätzlich ablehnt, macht er geltend, daß die Kohlesubventionierung eine differenziertere Betrachtung erfordert. Da lediglich die Preisdifferenz deutscher Kohle zu den Weltmarktpreisen subventioniert wird, wird eine umweltpolitisch wünschenswerte Substitution von Kohle durch weniger emissionsintensive Brennstoffe prinzipiell nicht zusätzlich behindert. Eine Substitution heimischer durch ausländische Kohle, wie sie voraussichtlich beim Abbau der Kohlesubventionierung vorgenommen würde, hätte dagegen umweltpolitisch wenig Sinn.

5.3.1.6 Liberalisierung des Energiemarktes

1075. Eine für die Ausgestaltung wie für die Wirkungen einer CO_2-Abgabe wichtige Rahmenbedingung ist die Wettbewerbsordnung auf den Energieversorgungsmärkten, insbesondere die Frage des Zugangs zu den bestehenden Energieversorgungsnetzen im Bereich der Strom- und Gasversorgung. Eine Entflechtung der hier faktisch bestehenden Versorgungsmonopole durch Zulassung beziehungsweise Erzwingung des diskriminierungsfreien Zugangs Dritter zu den Verbund- und Verteilnetzen der Stromwirtschaft beziehungsweise den Transportnetzen der Gaswirtschaft würde aus ökologischer Sicht vor allem zwei Vorteile mit sich bringen:

– Zum einen würden auf den Strom- und Wärmemärkten erhebliche CO_2-Emissionsminderungspotentiale sowohl durch verstärkte Kraft-Wärme-Kopplung im Bereich der industriellen Eigenerzeugung und im Nahwärmebereich durch Blockheizkraftwerke als auch durch Stromerzeugung aus regenerierbaren Energiequellen (Windenergie- und Sonnenenergie-Nutzungsformen) eröffnet. Entsprechende Energieangebote würden bei Einführung einer CO_2-Abgabe und gleichzeitiger Öffnung der Verbundnetze einen doppelten Vorteil im Vergleich zur heutigen Situation erhalten: Ihre Anbieter zahlen wegen ihrer höheren Energieeffizienz eine geringere CO_2-Abgabe je Outputeinheit und könnten diesen Preisvorteil ungehindert von der heutigen Marktmacht der Energieversorgungsunternehmen als Besitzer der Verbund- und Verteilnetze an die Haushalte und Unternehmen weiterreichen.

– Zum anderen würde das kohlenstoffärmere und deshalb umweltverträglichere Erdgas einen Preisvorteil gegenüber dem Heizöl erhalten, der heute durch die monopolistische Preisbemessungspraxis der Gasanbieter verhindert wird: Nach dem Prinzip des anlegbaren Preises sorgen die Gasanbieter dafür, daß Erdgas, unabhängig von den Produktions- und Verteilungskosten, immer denselben heizwertbezogenen Preis hat wie Heizöl. Die niedrigere heizwertspezifische CO_2-Abgabe, die dem Erdgas wegen seines geringeren Kohlenstoffgehaltes im Vergleich zu anderen Primärenergieträgern auferlegt würde, führt bei Beibehaltung des Prinzips der Anlegbarkeit also direkt zu höheren Monopolgewinnen der Gasanbieter.

Von den erörterten Rahmenbedingungen hängt auch ab, wie hoch das Niveau einer CO_2-Abgabe angesetzt werden muß. Im Falle einer Liberalisierung der Strom- und Gasversorgung muß mit einem Sinken der Strom-, Gas- und Wärmepreise gerechnet werden, weil der intensivere Wettbewerb bei allen Anbietern zu Rationalisierungsbemühungen und damit zu Kostensenkungen führt. Das steigert die volkswirtschaftliche Effizienz, kann jedoch auch höhere Emissionsabgaben als unter den heutigen Rahmenbedingungen auf den Energiemärkten erzwingen, um die Minderungsziele zu erreichen. Eine Liberalisierung der Energiemärkte wegen der möglichen Folge höherer Emissionsabgaben abzulehnen wäre allerdings verfehlt, ganz abgesehen von den oben erläuterten ökologischen Vorteilen einer Liberalisierung der Energiemärkte. Denn bei Beibehaltung der Monopole im Bereich der Strom- und Gasversorgung verschwindet ein Teil der höheren Emissionsabgaben, mit denen bei liberalisierten Energiemärkten zu rechnen wäre, in der Ineffizienz der heutigen Versorgungsmonopole. Im Wettbewerbsfall stünde das höhere Abgabenaufkommen zur Zurückverteilung an die Haushalte und Unternehmen, zur Steuerentlastung an anderer Stelle oder für Staatsaufgaben zur Verfügung. Und selbst extrem mißtrauisch gegenüber der Effizienz staatlichen Handelns eingestellte Mitbürger würden jede dieser Verwendungen für effizienter halten als das Verbleiben dieser Gelder in den Versorgungsmonopolen, von den Verteilungswirkungen einmal ganz abgesehen.

5.3.2 Analyse der ökologischen Wirkungen einer Abgabe auf fossile Energieträger

1076. Ausgelöst durch die Studie des Deutschen Instituts für Wirtschaftsforschung (DIW) (KOHLHAAS et al., 1994a) hat es eine umfangreiche Diskussion insbesondere der gesamtwirtschaftlichen Wirkungen einer „ökologischen Steuerreform" gegeben. Eine fundierte Bewertung der gesamtwirtschaftlichen Effekte einer solchen Reform kann nur durch die Einbeziehung der empfohlenen Maßnahmen in gesamtwirtschaftliche Modelle erfolgen. Mit diesen Modellen werden Variablen wie Preissteigerung und Beschäftigungswirkung auf der Basis verschiedener Abgabensätze für Inputfaktoren errechnet und die Entwicklung über die Zeit simuliert. Die bisher weitestgehende Modellierung solcher Wirkungen ist die des DIW. Neben der DIW-Studie existieren weitere Studien zu den gesamtwirtschaftlichen Auswirkungen von Energieabgaben, CO_2-Abgaben und dem EU-Konzept der kombinierten CO_2-/Energieabgabe (z.B. KOOPMANN et al., 1992; verschiedene Gutachten für die Enquête-Kommission „Schutz der Erdatmosphäre", 1995). Der Umweltrat sieht es nicht als seine Aufgabe an, die Diskussion der makroökonomischen Effekte des empfohlenen Instrumentariums durch eigene Modellbildung voranzutreiben.

Die ökologische Wirkung einer Reform des Finanzsystems ist dagegen kaum untersucht worden. Obwohl einer Besteuerung fossiler Brennstoffe eine breite Entlastung der Umwelt zugeschrieben wird (vgl. GÖRRES et al., 1994, S. 131 ff.; von WEIZSÄCKER und JESINGHAUS, 1992), wird in den bekannten Studien die Emissionsminderung nur für CO_2 (über die Veränderungen des Energieverbrauchs) geschätzt (KOHLHAAS et al., 1994a; KOOPMANN et al., 1992). Im Mittelpunkt der nachfolgenden Bewertung stehen deshalb die ökologischen Wirkungen einer Besteuerung fossiler Brennstoffe bezüglich eines breiteren Spektrums von Luftschadstoffen sowie im Hinblick auf das Abwasser- und Abfallaufkommen. Die Emissionsminderungen sind abhängig von den Preiselastizitäten der Güternachfrage und den Anpassungsmöglichkeiten beziehungsweise Emissionsvermeidungskosten, die deshalb für ausgewählte Sektoren und die Privaten Haushalte detaillierter untersucht werden.

1077. Im Rahmen der nachfolgenden Analyse können nicht alle vom Umweltrat empfohlenen Änderungen im Abgabensystem auf ihre ökologische Wirkung geprüft werden. Die Interdependenzen der Maßnahmen sind zu komplex und der Einfluß der zeitlichen Reihenfolge ihrer Umsetzung zu groß, um ohne detaillierte Modelle und Sensitivitätsanalysen Wirkungen exakt beurteilen zu können. Auch müßte dabei die Verwendung der Einnahmen parallel diskutiert werden, um nicht das schiefe Bild einer Nettobelastung aller Wirtschaftssubjekte zu erzeugen. Da die Notwendigkeit, den Verbrauch fossiler Brennstoffe mittels ökonomischer Instrumente zu steuern, inzwischen nicht mehr bestritten wird, beschränkt sich die ökologische Bewertung auf die Frage, welchen Beitrag eine CO_2- und/oder Energieabgabe zur Erreichung umweltpolitischer Ziele leisten kann beziehungsweise wo diese von zusätzlichen Instrumenten flankiert werden muß.

Entsprechend den in Abschnitt 5.3.1 formulierten Empfehlungen des Umweltrates wäre es wünschenswert gewesen, die Wirkung einer CO_2-Abgabe mit den vorgeschlagenen Abgabensätzen zu untersuchen beziehungsweise diese mit der einer Energieabgabe zu vergleichen. Dennoch wird im folgenden die ökologische Wirkungsanalyse auf der Basis des DIW-Modells einer Energiesteuer vorgenommen, da eine eigene Analyse im zur Verfügung stehenden Zeit- und Mittelrahmen nicht möglich war. Zudem hält es der Umweltrat nicht für seine Aufgabe, einen Vorschlag für den Rückverteilungsmodus der Einnahmen aus Umweltabgaben zu machen, der jedoch für eine eigene Modellbildung unverzichtbar gewesen wäre.

5.3.2.1 Maßstab für eine ökologische Bewertung

1078. Unter der ökologischen Treffsicherheit versteht man die Eignung eines umweltpolitischen Instruments, ein vorgegebenes Umweltqualitätsziel verläßlich zu realisieren. Voraussetzung ist jeweils, neben der Formulierung und Operationalisierung eines solchen Ziels, die Existenz von Verhaltensalternativen, die technisch möglich, rechtlich zulässig und unter den neuen Bedingungen für die Verursacher rentabel sind. Verhindert werden müssen dabei unerwünschte Ausweichreaktionen mit medialen, räumlichen oder zeitlichen Belastungsverschiebungen. Je näher eine Abgabe an den sanktionierten umweltschädlichen Verhaltensweisen anknüpft, desto ökologisch effektiver und ökonomisch effizienter sind die Verhaltensänderungen der Verursacher. Die Wahl der Bemessungsgrundlage einer Abgabe ist daher eine wichtige Determinante für das Ausmaß der induzierten Reduktionen von Umweltbeeinträchtigungen.

5.3.2.2 Methodisches Vorgehen

1079. Für die Analyse der ökologischen Wirkung einer Besteuerung fossiler Energieträger wurde die folgende Vorgehensweise gewählt:

1. In einem ersten Schritt wird die absolute Höhe der Branchenverbräuche von Energie ermittelt. Ein geeignetes Datengerüst kann nur makroökonomisch, das heißt anhand bundesweiter Energiebilanzen (Arbeitsgemeinschaft Energiebilanzen) sowie den daraus erstellten jährlichen Energieflußschemata der Bundesrepublik (RWE Energie) und der Volkswirtschaftlichen Gesamtrechnung (VGR) beziehungsweise den Input-Output-Rechnungen des Statistischen Bundesamtes, erstellt werden. Für die neuen Bundesländer werden verschiedene Rückrechnungen (DIW/IfE, 1991; IfE, 1991) herangezogen. Zur vollständigen Berechnung der veränderten Inputpreise durch die Steuer in den einzelnen Wirtschaftsbereichen müßten neben den direkten Energieeinsätzen die energetischen Vorleistungen der Vorstufen berücksichtigt werden; dies aber kann nur mikroökonomisch durch eine Prozeßkettenanalyse geschehen (VDI-Richtlinie 4 600 E Kumulierter Energieaufwand, 1995; MAUCH, 1994; HOFFMANN, 1993; KRANENDONK und BRINGEZU, 1993), da die Vorleistungen in den Input-Output-Tabellen nur preislich bewertet vorliegen. Auf diesen Schritt wurde hier verzichtet.

2. Der zweite Schritt umfaßt die Berechnung der Belastung der 58 SIO-Produktionsbereiche der Volkswirtschaftlichen Gesamtrechnung (Systematik Input/Output des Statistischen Bundesamtes – SIO) mit Energiekosten beziehungsweise den vorgeschlagenen Abgaben, um die primäre Betroffenheit der Sektoren zu ermitteln. In dieser Systematik werden die Betriebsteile entsprechend ihrem Produktionsschwerpunkt eingeordnet.

3. Drittens wird mit Hilfe von Elastizitätskoeffizienten die Reaktion der Güternachfrage (Mengenänderung) jedes Bereichs auf steuerinduzierte Preis-

änderungen (Preisüberwälzungen von Energiekosten oder Abschreibungen zusätzlicher Investitionen; im Modell 100 % Überwälzung) abgeschätzt. Zu diesem Zweck wurde das Gesamtwirtschaftliche Modell des Zentrums für Europäische Wirtschaftsforschung (ZEW) mit Elastizitätsschätzungen aus der Literatur gespeist.

4. In einem vierten Schritt werden neue Gleichgewichtsmengen berechnet.

5. Neben den Mengenänderungen müssen die technischen Anpassungen der einzelnen Sektoren in Abhängigkeit von der Abgabenhöhe und den Anpassungszeiträumen weitgehend prozeßgenau geschätzt werden. Die makroökonomischen Ansätze und die daraus abgeleiteten Modelle sagen über die technologischen Vermeidungs-, Ausweich- oder Anpassungsmöglichkeiten in den einzelnen Sparten oder sogar Betrieben einer Branche in der Regel nichts aus. Die Emissions- beziehungsweise Energiereduktionspotentiale müssen in Einzelanalysen relevanter Technologien beispielhaft ermittelt werden (BRESSLER et al., 1994; BUTTERMANN, 1994; HOHMEYER et al., 1992). Zur Ermittlung der Energiesparpotentiale und deren Nutzung in Abhängigkeit von den Energiepreisen standen die als Basis für die DIW-Simulation herangezogenen Prognos-Schätzungen sowie die Koeffizienten des Emittentenmodells des ZEW und die Ergebnisse von Untersuchungen des RWI zur Verfügung.

6. Abschließend folgt die Berechnung der aus technischer Anpassung und Mengenänderungen resultierenden Veränderung der Emissionsmengen. Im Umweltgutachten 1987 hatte der Umweltrat die Aufstellung einer produktbezogenen, verursacherorientierten Emittentenstruktur angeregt (SRU, 1988, Tz. 255 ff.); die entsprechende Methodenstudie erarbeitete das Institut für Systemanalyse und Innovationstechnik (ISI) der Fraunhofer-Gesellschaft von 1989 bis 1992 (HOHMEYER et al., 1992), indem Input-Output-Tabellen um empirisch ermittelte Emissionskoeffizienten erweitert wurden. Auf der Basis dieser Zuordnung der Energieverbräuche und der (Schad-)Stoffemissionen beziehungsweise Stoffumsätze zu den 58 Produktionsbereichen und dem Privaten Verbrauch wurden mit Hilfe produkt-, produktions- oder energiespezifischer Emissionskoeffizienten die Emissionen (bzw. Stoffumsätze) der jeweiligen Branche geschätzt. Durch die mathematische Verknüpfung der Input/Output- und Emissions-Matrizes werden auch die ausgelösten Emissionen der vorgelager-

ten Bereiche abgeschätzt, sofern die Koeffizienten bekannt und zuverlässig sind. Die so ermittelten Emissionsmengen werden nach dem Entstehungsprinzip verbucht.

1080. Die bisher verwendeten Modelle sind noch nicht darauf eingerichtet, die stoffstrom- und emissionsseitigen Wirkungen umweltpolitischer Maßnahmen mit ihren gesamtwirtschaftlichen Wirkungen zu verknüpfen. Mit der Einkopplung der Emissionskomponente steigen die Anforderungen an die Güte des Modellinstrumentariums. Die im Auftrag des Umweltrates vom ZEW durchgeführte Emissionsschätzung auf der Basis der DIW- beziehungsweise Prognos-Berechnungen weist noch die Schwächen des DIW-Modellansatzes auf (vgl. BÖHRINGER et al., 1994). Sie ist weder dynamisch, noch in der Abbildung der Rückkopplungen vollständig. Beispielsweise werden über die gesamte Abgabenprogression hinweg konstante Elastizitäten unterstellt, die Veränderungen des Einkommens nicht berücksichtigt und der technische Fortschritt nur in Form von Energieeinsparungen abgebildet. Obwohl mit der hier vorgelegten Analyse wichtige Hinweise bezüglich der ökologischen Wirkungen einer Energiebesteuerung gegeben werden konnten, befürwortet der Umweltrat die Fortentwicklung entsprechender Modelle.

5.3.2.3 Primäre sektorale Wirkung einer Energiebesteuerung

Höhe und Struktur des sektoralen Energieverbrauchs in Deutschland

1081. Der Primärenergieverbrauch in den alten Ländern schwankte bei einem Wirtschaftswachstum von 11,2 % von 1989 bis 1994 um den Wert von ca. 11 500 Petajoule, so daß von einer Entkopplung von Wirtschaftswachstum und Energieverbrauch gesprochen werden kann. In den neuen Ländern sank der Primärenergieverbrauch zwischen 1989 und 1994 um etwa 45 % auf 2 122 PJ, der gesamtdeutsche Verbrauch sank dadurch im selben Zeitraum um 6,5 % (Tab. 5.4). Hinsichtlich der Struktur der Energiebereitstellung wird die starke Zunahme des Anteils von Mineralöl von der steigenden Erdgasnachfrage abgelöst, während der Braunkohlenanteil deutlich zurückgeht.

Tabelle 5.4

Primärenergieverbrauch in Deutschland 1989 bis 1994

		Primärenergie-verbrauch 1994 in PJ	Veränderung 1989 bis 1994 in %	Anteil 1994 in %	Veränderung des Anteils seit 1989 in %
Steinkohle	AL	2 066	− 3,8	17,3	− 1,8
	NL	56	− 64,8	2,6	− 1,6
	Gesamt	2 122	− 8,0	15,1	− 0,3
Braunkohle	AL	929	− 2,5	7,8	− 0,7
	NL	932	− 63,7	43,9	−24,5
	Gesamt	1 861	− 47,2	13,3	−10,3
Mineralöl	AL	4 927	9,7	41,4	1,3
	NL	750	43,8	35,4	21,5
	Gesamt	5 677	13,3	40,4	7,0
Naturgas	AL	2 207	13,4	18,5	1,2
	NL	361	3,4	17,0	7,7
	Gesamt	2 567	11,9	18,3	3,0
Strom aus Kernkraftwerken	AL	1 419	0,4	11,9	− 0,7
	NL	0	−100,0	0,0	− 3,7
	Gesamt	1 419	− 8,7	10,1	− 0,3
Strom aus Wasserkraft	AL	211	33,3	1,8	0,4
	NL	15	−225,6	0,7	0,4
	Gesamt	226	15,5	1,6	0,5
Sonstige	AL	155	39,4	1,3	0,3
	NL	9	49,2	0,4	0,3
	Gesamt	164	39,9	1,2	0,4
Gesamt	AL	11 914	6,2	84,9	10,0
	NL	2 122	− 44,3	15,1	−10,0
	Gesamt	14 036	− 6,5	100,0	−

AL = alte Länder; NL = neue Länder

Quelle: Mineralölwirtschaftsverband, 1995; RWE Energie, 1995; IfE, 1991; eigene Berechnungen – für 1994 vorläufige Daten –

1082. Um zur Belastung der einzelnen Sektoren durch eine Energieabgabe, die bereits bei der Brennstoffherstellung oder beim Brennstoffimport erhoben wird, zu gelangen, müssen die sektoralen Endenergieverbräuche in Primärenergieverbräuche umgerechnet werden. Wird der Primärenergieeinsatz besteuert, so verteuert sich der Endenergieverbrauch durchschnittlich um den Faktor 1,5 die Nutzenergie sogar um das Dreifache. Im Energieflußbild werden die Unterschiede zwischen Energieaufkommen, Primär- und Endenergieverbrauch sowie der Nutzenergie deutlich (Abb. 5.3).

1083. In den Energiebilanzen und -flußbildern werden die Endenergieverbräuche den vier Sektoren Industrie, Kleinverbraucher, Verkehr und Private Haushalte (ohne Verkehrsleistungen) zugeordnet. Zu den Kleinverbrauchern gehören unter anderem Land-

Vereinfachtes Energieflußbild der alten Bundesländer, 1992
(Zahlenangaben in Petajoule, PJ)

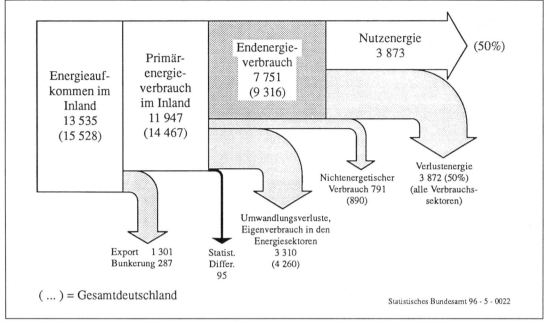

Quelle: nach RWE Energie, 1995

und Forstwirtschaft, Handwerk, Handel, Baugewerbe, Dienstleistungen und öffentliche Verwaltungen. Zusätzlich werden die Verwendungszwecke Prozeßwärme, Raumwärme, mechanische Energie und Beleuchtung ausgewiesen (Tab. 5.5). In der Industrie dominiert die Prozeßwärme (rd. 70 %) vor mechanischer Energie (rd. 20 %), während erwartungsgemäß in den Sektoren Private Haushalte und Kleinverbrauch die Bereitstellung von Raumwärme mit über 75 % beziehungsweise 50 % den wichtigsten Verwendungszweck darstellt. Die Energieverbräuche für die industrielle Raumwärmeerzeugung, des Verkehrs sowie der Privaten Haushalte und Kleinverbraucher addieren sich auf 74 % des Gesamtverbrauchs, die von einer Steuer, die die Industrie zunächst weitgehend ausnähme, erfaßt würden.

1084. Bei einer detaillierten Betrachtung der 58 Produktionsbereiche der Input-Output-Tabellen der Volkswirtschaftlichen Gesamtrechnung (Tab. 5.6), zeigt sich, daß 50 % des direkten sektoralen Endenergieverbrauchs in acht Produktionsbereichen anfällt. Entscheidender Maßstab für die Betroffenheit einer Branche durch eine Energieabgabe und Kriterium möglicher Ausnahmen sollte der Energieverbrauch beziehungsweise -kostenanteil bezogen auf den Bruttoproduktionswert (BPW) oder die Bruttowertschöpfung (BWS) sein (Tz. 1060).

Die Endenergieintensitäten (bezogen auf die Bruttowertschöpfung) waren im Jahr 1991 in der Eisen- und Stahlindustrie (56,5 MJ/DM) am höchsten, gefolgt vom Bergbau (43,2 MJ/DM) sowie der Zellstoff- und Papierindustrie (41,8 MJ/DM). Bezogen auf den Bruttoproduktionswert ist das Spektrum erwartungsgemäß enger; die Zellstoff- und Papierindustrie (11,3 MJ/DM), die Herstellung feinkeramischer Erzeugnisse (9,1 MJ/DM), der Bereich Bergbauerzeugnisse (ohne Kohle) (9,0 MJ/DM), die Schiffahrt (8,9 MJ/DM) sowie der Kohlenbergbau (8,8 MJ/DM) rücken vor die Eisen- und Stahlindustrie (8,7 MJ/DM).

1085. Das RWI hat erhebliche Unterschiede bei den Energiekostenanteilen an den Gesamtkosten zwischen alten und neuen Ländern nachgewiesen (HILLEBRAND, 1995, schriftl. Mitt.). So lag der Anteil der Energiekosten an den Gesamtkosten 1991 in den neuen Ländern im Durchschnitt des verarbeitenden Gewerbes mehr als viermal so hoch wie in den alten Ländern, bei Energieerzeugnissen, bezogen auf den energetischen Verbrauch, sogar etwa siebenmal so hoch. Ursache ist neben energieineffizienteren Prozessen auch die grundsätzlich energieintensivere intrasektorale Industriestruktur der neuen Länder. Daraus kann der Schluß gezogen werden, daß die Branchenbetroffenheit in Ost und West durch eine Energiebesteuerung – ohne Kom-

Tabelle 5.5

Endenergieverbrauch und Nutzungsgrad in den alten Bundesländern nach Verbrauchssektoren, Anwendungszweck und Energieträgern, 1992

Verbrauchs-sektor	Anwendungszweck	Summe End-energie	Kohle	Fern-wärme	Holz/Torf	Heizöl	Kraft-stoff	Gas	Strom	Nut-zungs-grad
Anteil in %	(Anteil in %)	PJ	%							
Industrie 28,5 %	Prozeßwärme (68,7)	1 521	29	1,4	0	13,3		44,8	10,6	58,0
	Raumwärme (9,8)	217	2,8	9,2		43,4		43,4	1,4	70,0
	mech. Energie (19,9)	439				0,9		2,3	96,8	65,0
	Beleuchtung (1,6)	35							100	10,0
	gesamt (100,0)	2 212	20	1,9	0	14		35,5	28,2	∅ 59,8
Verkehr 28,3 %	Prozeßwärme (–)									
	Raumwärme (0,1)	2								70,0
	mech. Energie (99,8)	2 189					98,2		1,8	18,0
	Beleuchtung (0,1)	3								7,5
	gesamt (100,0)	2 194					98		2	∅ 18,0
Private Haushalte 26,7 %	Prozeßwärme (16,4)	340		3	2	22		32	40,6	47,0
	Raumwärme (75,8)	1 568	4	5	2	46,9		37,2	5,2	73,0
	mech. Energie (6,1)	126							100	40,0
	Beleuchtung (1,7)	35							100	6,0
	gesamt (100,0)	2 069	2,9	4,2	1,7	39,2		33,6	18,4	∅ 65,6
Kleinver-braucher 16,5 %	Prozeßwärme (23,4)	299		4		37,5		33,1	25,4	44,0
	Raumwärme (49,9)	636	3	9,6		50		31,6	5,5	72,0
	mech. Energie (20,7)	264					44,3		55,7	60,0
	Beleuchtung (6,0)	77						5,2	94,8	7,5
	gesamt (100,0)	1 276	1,6	5,7		33,7	9,2	23,8	25,9	∅ 59,1
Gesamt-verbrauch 100 %	Prozeßwärme (27,9)	2 160	20,5	2	0,6	18,4		41,1	17,4	54,4
	Raumwärme (31,3)	2 423	3,5	6,5	1,2	47,4		36,4	5	72,5
	mech. Energie (38,9)	3 018				0,1	75,1	9,3	24,4	29,4
	Beleuchtung (1,9)	150						2,7	97,3	8,0
	gesamt (100,0)	7 751	6,8	2,6	0,5	20	29,2	23	17,8	∅ 49,4

∅ = Sektor-Durchschnittswert

Quelle: nach RWE Energie, 1995

pensation energieintensiver Betriebe – ungleich verteilt wäre. Diese unterschiedliche Betroffenheit wird aufgrund der noch immer emissionsintensiveren Energieumwandlung in den neuen Ländern verstärkt, wenn neben dem Energie- auch der Kohlenstoffgehalt besteuert wird. Bei einer Kompensation energieintensiver Prozesse (vgl. Tz. 1058 ff.) werden anteilig also mehr Mittel in die neuen Länder fließen als in die alten.

Primäre Belastung der Sektoren durch eine CO₂- und/oder Energieabgabe

1086. Multipliziert man verschiedene Abgabensätze für CO_2-Emissionen und den Primärenergieeinsatz mit den direkten sektoralen Energieverbräuchen (Endenergie umgerechnet in Primärenergie) und den energieverbrauchsbedingten CO_2-Emissionen auf Primärenergiebasis, gelangt man zu einer groben Schätzung der resultierenden Belastung der einzelnen Sektoren (Tab. 5.7) – allerdings noch ohne die Berücksichtigung von Kompensationen beziehungsweise Steuererleichterungen für energieintensive Branchen (Tz. 1060) sowie von Anpassungsreaktionen. Die Berechnungen einer Belastung der Produktionsbereiche mit einer CO_2-Abgabe gehen von dem Ersatz der bestehenden Mineralölsteuer durch die Lenkungsabgabe aus. Die rechtlichen Grenzen einer solchen Vorgehensweise werden im Verkehrskapitel (Tz. 1183) behandelt.

Tabelle 5.6

Primärenergetischer Endenergieverbrauch und Energieintensität nach Produktionsbereichen, Gesamtdeutschland, 1991

Rang	SIO-Nr.	Produktionsbereiche	Energieverbrauch in Primärenergie-äquivalenten (in PJ)	Anteil in %	Anteil kumuliert in %	Primärenergieintensität in MJ pro	
						DM Brutto-wertschöpfung	DM Produktionswert
1	9	Chemische Erzeugnisse	1.736,1	16,9	16,9	26,7	8,1
2	16	Eisen und Stahl	831,2	8,1	25,0	56,5	8,7
3	56	Leistg. der Gebietskörperschaften	704,3	6,9	31,9	2,4	1,5
4	48	Leistg. des sonstigen Verkehrs	554,5	5,4	37,3	8,0	4,0
5	3	Elektrizität, Dampf, Warmwasser	413,2	4,0	41,3	8,2	4,1
6	44	Leistg. des Einzelhandels	382,9	3,7	45,0	2,8	1,9
7	13	Steine und Erden, Baustoffe usw.	377,6	3,7	48,7	16,4	7,0
8	38	Nahrungsmittel	362,4	3,5	52,2	7,6	1,7
9	10	Mineralölerzeugnisse	330,1	3,2	55,5	10,0	4,3
10	6	Kohle, Erzeugnisse des Kohlenbergbaus	284,8	2,8	58,2	26,6	8,8
11	43	Leistg. des Großhandels u.ä.	272,2	2,7	60,9	1,7	1,1
12	41	Hoch- und Tiefbau u.ä.	267,0	2,6	63,5	2,7	1,3
13	17	NE-Metalle, NE-Metallhalbzeug	260,6	2,5	66,0	40,1	7,4
14	32	Zellstoff, Holzschliff, Papier, Pappe	254,8	2,5	68,5	41,8	11,3
15	23	Straßenfahrzeuge	254,6	2,5	71,0	2,7	0,9
16	1	Landwirtschaft	240,4	2,3	73,3	7,1	3,2
17	55	Sonstige marktbestimmte Dienstl.	210,8	2,1	75,4	0,7	0,4
18	21	Maschinenbauerzeugnisse	207,7	2,0	77,4	2,1	0,9
19	26	Elektrotechnische Erzeugnisse	178,1	1,7	79,1	1,8	0,9
20	45	Leistg. der Eisenbahnen	171,8	1,7	80,8	16,4	8,2
21	46	Leistg. der Schiffahrt, Wasserstraßen	147,9	1,4	82,2	3,8	1,6
22	52	Leistg. des Gastgewerbes	141,4	1,4	83,6	20,0	8,9
23	11	Kunststofferzeugnisse	129,3	1,3	84,9	4,9	1,9
24	36	Textilien	121,6	1,2	86,1	8,9	2,9
25	15	Glas und Glaswaren	107,9	1,1	87,1	16,9	7,1
26	18	Gießereierzeugnisse	93,3	0,9	88,0	8,6	4,3
27	28	EBM-Waren	89,6	0,9	88,9	2,9	1,3
28	19	Erzeugnisse der Ziehereien usw.	88,9	0,9	89,8	3,7	1,6
29	39	Getränke	79,0	0,8	90,5	5,3	2,1
30	58	Leistg. der priv. Org. ohne Erwerbszweck	68,1	0,7	91,2	1,0	0,7
31	42	Ausbau	57,6	0,6	91,8	0,9	0,4
32	5	Wasser	54,9	0,5	92,3	6,5	4,7
33	49	Leistg. der Kreditinstitute	54,7	0,5	92,8	-5,9	0,4
34	14	Feinkeramische Erzeugnisse	51,0	0,5	93,3	16,5	9,1
35	47	Leistg. des Postdienstes	50,4	0,5	93,8	0,8	0,7
36	34	Erzeugnisse der Druckerei	46,2	0,5	94,3	1,9	0,9
37	2	Forstwirtschaft, Fischerei usw.	46,2	0,4	94,7	7,7	3,7
38	12	Gummierzeugnisse	45,4	0,4	95,2	6,1	2,8
39	30	Holz	44,4	0,4	95,6	11,1	3,6
40	31	Holzwaren	44,1	0,4	96,0	2,0	0,8
41	20	Stahlerzeugnisse u.ä.	43,6	0,4	96,4	2,2	0,9
42	33	Papier- und Pappewaren	39,8	0,4	96,8	0,7	0,4
43	7	Bergbauerzeugnisse (ohne Kohle)	39,6	0,4	97,2	4,2	1,2
44	54	Leistg. des Gesundheitswesens	38,9	0,4	97,6	43,2	9,0
45	37	Bekleidung	34,5	0,3	97,9	3,6	1,1
46	8	Erdöl, Erdgas	33,0	0,3	98,3	0,9	0,4
47	51	Vermietung von Gebäuden u. Wohnungen	32,5	0,3	98,6	0,1	0,1
48	53	Leistg. der Wissenschaft und Kultur	27,5	0,3	98,8	11,0	5,9
49	50	Leistg. der Versicherungen	20,8	0,2	99,0	0,7	0,3
50	27	Feinmechanische u. optische Erzeugnisse	20,0	0,2	99,2	1,2	0,6
51	22	Büromaschinen, ADV-Geräte	18,9	0,2	99,4	1,4	0,6
52	4	Gas (ohne Verteilung)	12,9	0,1	99,6	1,3	0,4
53	25	Luft- und Raumfahrzeuge	10,3	0,1	99,7	1,1	0,6
54	29	Musikinstrumente, Spielwaren usw.	9,9	0,1	99,7	0,5	<0,1
55	35	Leder, Lederwaren, Schuhe	8,5	0,1	99,8	1,6	0,8
56	24	Wasserfahrzeuge	6,4	0,1	99,9	1,9	0,7
57	40	Tabakwaren	5,8	0,1	99,9	1,8	0,6
58	57	Leistg. der Sozialversicherung	5,3	0,1	100,0	0,3	0,2
	59	Alle Produktionsbereiche	10.265,1	100	100	Ø 3,9	Ø 1,9

Quelle: Statistisches Bundesamt, 1995, schriftliche Mitteilung sowie eigene Berechnungen

SRU / UG '96 / Tab. 5.6

Tabelle 5.7

Direkte Belastung der Produktionsbereiche und der Privaten Haushalte ohne Anpassungsreaktionen, Gesamtdeutschland, Basis 1991

| | Produktionsbereiche | End-energie-verbrauch 1991 in PJ Primär-energieäqui-valenten | Energie-verbrauchs-bedingte CO_2-Emissionen 1991 in Mio. t Primär-energieäqui-valenten | Belastung bei einer CO_2- Abgabe von DM/t... | | | Mineral-ölsteuer-belastung Verbrauch 1991 zu Sätzen von 1994 in Mio. DM | Konver-genzsatz der CO_2-/ Energie-steuer der EU inkl. bestehender Mineralöl-steuer in Mio. DM | DIW 11. Jahr inkl. bestehender Mineralöl-steuer in Mio. DM |
				50	100	250			
1	Landwirtschaft	240,4	17,0	848,7	1.697,3	4.243,3	2.175,6	2.787,8	4.564,9
2	Forstwirtschaft, Fischerei usw.	46,2	3,0	150,0	300,0	750,0	101,4	214,5	560,3
3	Elektrizität, Dampf, Warmwasser	413,2	23,9	1.195,1	2.390,1	5.975,3	246,0	1.206,1	4.353,7
4	Gas (ohne Verteilung)	12,9	2,9	144,2	288,4	721,0	23,3	90,7	151,9
5	Wasser	54,9	3,2	161,7	323,3	808,3	13,8	142,4	559,8
6	Kohle, Erzeugn. des Kohlenbergbaus	284,8	10,4	517,9	1.035,8	2.589,5	12,0	566,5	2.842,4
7	Bergbauerzeugnisse (ohne Kohle)	38,9	2,5	123,0	246,0	615,0	17,3	111,4	403,9
8	Erdöl, Erdgas	27,5	1,5	73,8	147,5	368,8	31,2	93,0	304,4
9	Chemische Erzeugnisse	1.736,1	58,7	2.934,1	5.868,2	14.670,5	720,3	4.022,7	17.977,6
10	Mineralölerzeugnisse	330,1	21,6	1.080,7	2.161,3	5.403,3	88,3	899,3	3.369,3
11	Kunststofferzeugnisse	129,3	7,7	387,1	774,2	1.935,5	61,2	366,2	1.346,3
12	Gummierzeugnisse	45,4	2,7	135,7	271,3	678,3	31,7	138,7	483,2
13	Steine und Erden, Baustoffe usw.	377,6	28,6	1.431,3	2.862,5	7.156,3	719,2	1.715,4	4.473,0
14	Feinkeramische Erzeugnisse	51,0	3,1	157,2	314,4	786,0	102,6	224,4	609,2
15	Glas und Glaswaren	107,9	6,6	329,0	658,0	1.645,0	220,7	477,3	1.293,2
16	Eisen und Stahl	831,2	65,0	3.249,2	6.498,4	16.246,0	246,9	2.474,3	8.509,2
17	NE-Metalle, NE-Metallhalbzeug	260,6	15,8	791,2	1.582,4	3.956,0	70,4	689,0	2.660,7
18	Gießereierzeugnisse	93,3	6,3	317,0	633,9	1.584,8	43,9	277,2	971,6
19	Erzeugnisse der Ziehereien usw.	88,9	5,2	262,1	524,2	1.310,5	70,0	278,3	954,1
20	Stahlerzeugnisse u.ä.	43,6	2,9	144,6	289,2	723,0	94,0	201,7	526,9
21	Maschinenbauerzeugnisse	207,7	13,3	664,4	1.328,8	3.322,0	431,2	936,1	2.496,0
22	Büromaschinen, ADV-Geräte	18,9	1,1	55,6	111,1	277,8	15,7	59,9	203,3
23	Straßenfahrzeuge	254,6	15,0	750,0	1.500,0	3.750,0	287,5	883,8	2.818,1
24	Wasserfahrzeuge	5,8	0,3	17,0	34,0	85,0	12,3	25,9	70,1
25	Luft- und Raumfahrzeuge	10,3	0,6	30,2	60,3	150,8	15,5	39,5	117,4
26	Elektrotechnische Erzeugnisse	178,1	10,8	541,4	1.082,8	2.707,0	333,1	756,1	2.103,7
27	Feinmechan. u. optische Erzeugn.	20,0	1,2	58,5	117,0	292,5	47,4	94,1	246,1
28	EBM-Waren	89,6	5,6	279,2	558,3	1.395,8	136,7	352,0	1.027,8
29	Musikinstrumente, Spielwaren usw.	8,5	0,5	25,5	50,9	127,3	22,1	42,1	106,7
30	Holz	44,4	2,8	141,4	282,8	707,0	60,4	168,1	501,5
31	Holzwaren	44,1	2,8	140,8	281,5	703,8	293,8	400,9	731,8
32	Zellstoff, Holzschliff, Papier, Pappe	254,8	15,8	788,7	1.577,4	3.943,5	104,9	715,1	2.637,8
33	Papier- und Pappewaren	39,6	2,4	118,3	236,5	591,3	64,5	157,9	458,6
34	Erzeugnisse der Druckerei	46,2	2,7	136,5	272,9	682,3	75,3	183,7	534,9
35	Leder, Lederwaren, Schuhe	6,4	0,4	19,6	39,2	98,0	20,6	35,8	84,0
36	Textilien	121,6	7,9	395,3	790,6	1.976,5	94,4	392,1	1.302,8
37	Bekleidung	34,5	2,3	113,4	226,7	566,8	65,0	149,8	407,6
38	Nahrungsmittel	362,4	23,2	1.161,2	2.322,3	5.805,8	726,3	1.607,9	4.328,2
39	Getränke	79,0	5,1	256,2	512,4	1.281,0	366,1	559,4	1.151,4
40	Tabakwaren	5,3	0,3	16,0	32,0	80,0	13,2	25,7	65,8
41	Hoch- und Tiefbau u.ä.	267,0	10,2	507,9	1.015,8	2.539,5	1.537,0	2.064,7	4.190,7
42	Ausbau	57,6	4,4	219,9	439,7	1.099,3	599,8	752,3	1.172,5
43	Leistg. des Großhandels u.ä.	272,2	17,6	879,2	1.758,4	4.396,0	2.684,6	3.349,2	5.389,9
44	Leistg. des Einzelhandels	382,9	23,6	1.180,0	2.359,9	5.899,8	1.828,7	2.743,7	5.634,6
45	Leistg. der Eisenbahnen	171,8	11,1	554,1	1.108,2	2.770,5	676,7	1.095,8	2.384,0
46	Leistg. der Schiffahrt, Wasserstraßen	141,4	2,9	145,9	291,7	729,3	980,0	1.216,4	2.385,4
47	Leistg. des Postdienstes	50,4	3,1	155,6	311,2	778,0	214,1	334,6	714,6
48	Leistg. des sonstigen Verkehrs	554,5	32,5	1.624,7	3.249,4	8.123,5	5.011,1	6.306,8	10.522,8
49	Leistg. der Kreditinstitute	54,7	3,3	164,9	329,8	824,5	132,0	261,3	675,2
50	Leistg. der Versicherungen	20,8	1,3	64,1	128,1	320,3	54,4	104,1	261,0
51	Vermietung von Gebäuden u.ä.	32,5	1,9	96,9	193,7	484,3	7,0	83,6	330,4
52	Leistg. des Gastgewerbes	147,9	9,0	449,0	898,0	2.245,0	261,2	612,3	1.731,3
53	Leistg. der Wissenschaft und Kultur	33,0	2,1	104,0	207,9	519,8	133,8	213,4	461,8
54	Leistg. des Gesundheitswesens	39,8	2,5	126,4	252,8	632,0	210,8	307,3	606,7
55	Sonstige marktbestimmte Dienstl.	210,8	13,4	668,3	1.336,5	3.341,3	2.136,1	2.646,3	4.231,1
56	Leistg. der Gebietskörperschaften	704,3	44,6	2.228,7	4.457,3	11.143,3	874,6	2.578,1	7.875,2
57	Leistg. der Sozialversicherung	9,9	0,6	32,3	64,6	161,5	100,7	125,0	199,3
58	Leistg. der priv. Org. ohne Erwerbsz.	68,1	4,4	218,0	436,0	1.090,0	211,3	376,9	888,1
60	Priv. Haushalte (inkl. Verkehr)	4.843,4	317,2	15.859,9	31.719,8	79.299,5	37.948,9	49.851,0	86.092,3
	Summe	15.108,5	908,4	45.421,4	90.842,7	227.106,8	63.876,0	99.585,8	214.056,1

SRU / UG '96 / Tab. 5.7

Quelle: Statistisches Bundesamt, 1995, schriftliche Mitteilung sowie eigene Berechnungen

5.3.2.4 Anpassungsmöglichkeiten an eine Energiesteuer

Analyse am Beispiel des DIW-Konzeptes

1087. Bei der Modellierung des Anpassungsverhaltens der Emittenten wird die Systematik der 58 Produktionsbereiche plus Private Haushalte beibehalten, um die Veränderungen der Güterproduktions- und Energieverbrauchsmengen durch die Energiebesteuerung auf sektoraler Ebene abzubilden. Vom Zentrum für Europäische Wirtschaftsforschung (ZEW) (HOHMEYER et al., 1995) wurden die Preis-

elastizitäten der Güternachfrage auf der Basis anderer Studien bestimmt, mittels eines allgemeinen Gleichgewichtsmodells resultierende Mengenänderungen für elf aggregierte Produktionssektoren berechnet und anschließend für die 58 Produktionsbereiche der Volkswirtschaftlichen Gesamtrechnung disaggregiert. Als Eingangsdaten, insbesondere für die Verringerung des Energieverbrauchs durch technische Veränderungen, wurde auf die Ergebnisse der DIW-Studie (KOHLHAAS et al., 1994a) zurückgegriffen. Ebenso mußten das Erhebungs- und das Verwendungskonzept der Energiesteuer vom DIW übernommen werden.

Das DIW-Konzept

Zum Zielsystem des DIW-Modells gehört neben der von der Bundesregierung angestrebten Senkung der CO$_2$-Emissionen um 25 bis 30 % bis zum Jahr 2005 gegenüber dem Niveau von 1989, die möglichst allein durch eine Energieabgabe erreicht werden soll, ausdrücklich auch die Bekämpfung der Arbeitslosigkeit durch eine steuerliche Entlastung des Faktors Arbeit. Das DIW hat deshalb – neben den Studien zum EU-Konzept – die bisher umfangreichste gesamtwirtschaftliche Analyse einer umfassenden Energieabgabe (Tab. 5.8) vorgelegt. Zur vielfältigen, berechtigten und den weiteren Forschungsbedarf aufzeigenden Kritik vgl. zum Beispiel BÖHRINGER et al. (1994).

Die durch die Abgabe induzierten Preissteigerungsraten einzelner Energieträger belaufen sich im DIW-Modell nach sechs Jahren auf durchschnittlich 50 % (die Preise der Industrie für schweres Heizöl steigen um real 71 % und die Preise für bleifreies Benzin um 11 % – Konstanz aller anderen Faktoren der Preisentwicklung vorausgesetzt).

Die Einnahmen werden vollständig zurückverteilt. Dabei wird mittels einer Senkung des Arbeitgeberbeitrags zur Sozialversicherung, insbesondere zur Rentenversicherung, eine beschäftigungspolitische Lenkung angestrebt. Daneben sollen 400 DM je Einwohner direkt als „Ökobonus" an die Haushalte zurückverteilt werden.

Trotz nationalen Alleingangs werden gesamtwirtschaftlich positive Nettoeffekte berechnet. Als Auswirkungen der Energiesteuer sowie der Rückverteilung des Aufkommens wurden für das Jahr 2005 in 6 von 30 Branchen deutliche Belastungen durch (Netto-)Preissteigerungen gegenüber 1990 errechnet: Eisen/ Stahl (19,2 %), Chemie (6,9 %), NE-Metalle (5,4 %), Steine/Erden/Baustoffe (5,4 %), Landwirtschaft (2,8 %) und Ziehereien/Kaltwalzwerke (2,8 %). Insgesamt wird ein positiver Strukturwandel mit abnehmender Bedeutung energieintensiver Produktionsprozesse, beschleunigter Verbesserung der Kraftwerkswirkungsgrade und der Nutzung der Einsparpotentiale beim Heizen in Privaten Haushalten erwartet. Im Verkehrsbereich ergibt sich lediglich eine Minderung der Zuwächse, so daß laut DIW begleitende Maßnahmen erforderlich bleiben. Nach zehn Jahren werden ein Rückgang des Energieverbrauchs von insgesamt 22 % bei einem Wirtschaftswachstum von 40 % und gesamtwirtschaftlichen Beschäftigungsgewinnen von 1 bis 2 % prognostiziert, obwohl die Industrie und die nichtenergetischen Verbräuche von der Steuer nicht ausgenommen werden sollen.

Tabelle 5.8

Konzept des DIW für eine Energiesteuer

Abgabenobjekte	*Besteuerung von fossilen Primärenergieträgern und Elektrizität, Besteuerung der importierten Sekundärenergie auf Mengenbasis (bzw. Anrechnung bei Exporten)*
Bemessungsgrundlagen	*Energiegehalt der Primärenergieträger, Endenergieträger nach dem durchschnittlichen Primärenergieeinsatz (Rückerstattung der Primärenergieabgabe)*
Steuerpflicht	*Bei der inländischen Gewinnung und Herstellung sowie der Einfuhr der zu besteuernden Energieträger*
Steuersätze	*Jährliche Anhebung des bestehenden durchschnittlichen Grundpreises je Einheit Energiegehalt, der unter Herausrechnung von Elementen wie Verbrauchsteuer, Mehrwertsteuer, Umwandlungsverlusten und Handelsspannen mit 9 DM/GJ angesetzt wurde, bei Aufrechterhaltung der bestehenden Mineralölsteuer*

Anpassungspfad	Jährliche Steigerung: real 7 %, ausgehend vom angenommenen Grundpreis von 9 DM/GJ, stetiger Anstieg über 16 Jahre (1995-2010):			
	1. Jahr	0,63 DM/GJ	11. Jahr	9,94 DM/GJ
	6. Jahr	4,51 DM/GJ	16. Jahr	17,57 DM/GJ
Ausnahmen	Erneuerbare Energien, Abfallverbrennung, Abwärme der Produktion			
Aufkommen	1. Jahr	9 Mrd. DM	11. Jahr	121 Mrd. DM
	6. Jahr	58 Mrd. DM	16. Jahr	205 Mrd. DM
	30 % von Privaten Haushalten, 70 % aus der Wirtschaft			

Quelle: KOHLHAAS et al. 1994a; eigene Darstellung

Die Belastung der Haushalte kann nur im Zusammenhang mit der Verwendung der Abgabe, also als Netto-effekt, betrachtet werden. Vom DIW wird gezeigt, daß mit Ausnahme der einkommensstarken Haushalts-klassen eine Nettoentlastung erfolgt.

Als Ergebnis der vorgegebenen Änderungen der eingesetzten Technologien, der Nachfrageänderungen und des induzierten Produktionsrückgangs wird eine Reduktion der CO_2-Emissionen gegenüber 1990 von 24 % bis 2010 errechnet. Gegenüber einem von Prognos errechneten Referenzszenario ohne Energieabga-be entspricht das Ergebnis einer CO_2-Reduktion von 28 % im Jahr 2010. Die Wirkung der Abgabe auf an-dere Luftschadstoffe oder andere Umweltmedien wurde nicht untersucht.

1088. Der Bruttoproduktionswert in den alten Län-dern steigt im *Referenzszenario* bis zum Jahre 2010 um rund 55 % gegenüber 1990 an (Tab. 5.9). Im *Steuerszenario* werden die gestiegenen Kosten des nicht verringerten Energieeinsatzes im Modell voll auf die Preise überwälzt. Durch den Nachfragerück-gang infolge der angenommenen Preisüberwälzung der Energiesteuer verringert sich das prognostizierte Wachstum des Produktionswertes, das andererseits durch die gestiegenen Energiepreise verstärkt wird. Bedingt durch die Rückverteilung von 70 % der Steuereinnahmen an die Betriebe über die Senkung der Arbeitgeberbeiträge zur Sozialversicherung be-trägt die Verringerung des Produktionswertes im Jahr 2010 im Steuerszenario gegenüber dem Refe-renzszenario insgesamt nur rund 2 %. In einzelnen Sektoren treten große Unterschiede auf: Der größte Nachfragerückgang ist in den energieintensiven Be-reichen Erzeugung und Verteilung von Elektrizität, Dampf und Warmwasser, Gas, Mineralölerzeugnisse sowie Eisen und Stahl zu verzeichnen.

1089. In Tabelle 5.10 werden in Endenergiever-bräuche umgerechnete Veränderungen der Produkti-onswerte und die von der Prognos AG übernomme-nen Energiespareffekte aggregiert. Die Berechnun-gen der gesamten Energieverbrauchsänderungen im Steuerszenario beinhalten demnach sowohl die Än-derungen infolge rationeller Energieverwendung als auch die durch sektorales Wachstum und durch Preiseffekte induzierten Veränderungen. Während die Produktion im Referenzszenario um rund 55 % steigt, nimmt der Energieverbrauch im gleichen Sze-nario um lediglich 7,2 % zu. Die Ursache dafür liegt in der Annahme rationellerer Energieverwendung, die neben dem Steuerszenario in geringerem Um-fang auch dem Referenzszenario zugrunde gelegt wird. Gegenüber 1990 sinkt der Energieverbrauch

des Bereichs NE-Metalle/NE-Metallhalberzeugnisse im Referenzszenario bis 2010 mit über 40 % am stärksten. Hierbei verstärkt das negative Produkti-onswachstum den Rückgang des Energieverbrauchs. Demgegenüber steigt der Einsatz von Energie im Produktionsbereich Kunststofferzeugnisse mit 68 % gegenüber 1990 sehr stark an, im Vergleich zur Ver-änderung der Produktionswerte (+ 144 %) fällt der Anstieg des Energieverbrauchs jedoch gering aus.

Im Steuerszenario (ohne die Berücksichtigung der durch Preiseffekte hervorgerufenen Änderung der Güternachfrage) sinkt der gesamte Energieeinsatz gegenüber 1990 um 14,8 %. Die Ursache hierfür ist der durch die Steuerreform induzierte Anreiz, ver-mehrt Energie einzusparen. Der von der Steuer-form ausgelöste Rückgang der sektoralen Produktion vermindert den gesamten Energieverbrauch um wei-tere 7 %. Der größte Rückgang ist bei den energie-intensiven Produktionsbereichen Elektrizität, Dampf und Warmwasser, Gas, Mineralölerzeugnisse sowie Eisen und Stahl zu verzeichnen. Auch die Produk-tionsbereiche mit im Referenzszenario negativen Wachstumsraten (z. B. NE-Metalle/NE-Metallhalb-erzeugnisse) tragen überproportional zu einer Sen-kung des Gesamtenergieverbrauchs bei.

Sensitivität der Ergebnisse bezüglich der Preiselastizitäten der Güternachfrage

1090. Die Ermittlung der Preiselastizitäten der Gü-ternachfrage ist mit vielen Annahmen und Unsicher-heiten behaftet. Zur Prüfung der Auswirkungen un-terschiedlicher Elastizitäten auf die durch die Ener-giesteuer ausgelösten Veränderungen der Produkti-onswerte wurden vom ZEW Bandbreiten der Elastizi-täten von 25 % untersucht (Tab. 5.11)

Tabelle 5.9

Entwicklung der Bruttoproduktionswerte, alte Länder

	Produktionsbereiche	Produktionswert 1990	Preissteigerung von 1990 auf 2010	Mengenänderung durch Wachstum 2010		Mengenänderung durch Preisveränderung 2010		Gesamte Mengenänderung 2010	
		Mio. DM	%	Mio. DM	%	Mio. DM	%	Mio. DM	%
1	Landwirtschaft	61.642	5,2	21.381	34,69	- 1.712	-2,78	19.669	31,91
2	Forstwirtschaft, Fischerei usw.	14.405	3,1	4.996	34,68	- 238	-1,65	4.758	33,03
3	Elektrizität, Dampf, Warmwasser	83.835	76,7	20.504	24,46	- 20.126	-24,01	378	0,45
4	Gas (ohne Verteilung)	21.060	157,6	5.151	24,46	- 7.003	-33,25	- 1.852	-8,79
5	Wasser	8..972	17,1	2.194	24,45	- 859	-9,57	1.335	14,88
6	Kohle, Erzeugnisse des Kohlenbergbaus	23.874	50,7	5.839	24,46	- 4.503	-18,86	1.336	5,60
7	Bergbauerzeugnisse (ohne Kohle)	3.169	9	-302	-9,53	- 198	-6,25	- 501	-15,81
8	Erdöl, Erdgas	3.750	9,9	917	24,45	- 267	-7,12	650	17,33
9	Chemische Erzeugnisse	200.036	12,5	117.404	58,69	- 17.378	-8,69	100.026	50,00
10	Mineralölerzeugnisse	60.678	101,1	3.167	5,22	- 18.404	-30,33	- 15.237	-25,11
11	Kunststofferzeugnisse	60.720	2,7	88.386	145,56	- 918	-1,51	87.468	144,05
12	Gummierzeugnisse	15.130	2	1.539	10,17	- 169	-1,12	1.369	9,05
13	Steine und Erden, Baustoffe usw.	44.866	9,7	21.987	49,01	- 3.025	-6,74	18.962	42,26
14	Feinkeramische Erzeugnisse	5.037	6,2	2.639	52,39	- 217	-4,31	2.422	48,08
15	Glas und Glaswaren	13.734	9,6	7.196	52,40	- 916	-6,67	6.280	45,73
16	Eisen und Stahl	91.224	35,1	- 7.359	-8,07	- 22.254	-24,39	- 29.613	-32,46
17	NE-Metalle, NE-Metallhalbzeug	33.922	9,9	- 5.769	-17,01	- 2.334	-6,88	- 8.103	-23,89
18	Gießereierzeugnisse	20.244	5	581	2,87	- 979	-4,84	- 398	-1,97
19	Erzeugnisse der Ziehereien usw.	52.273	5,1	48.405	92,60	- 2.578	-4,93	45.828	87,67
20	Stahlerzeugnisse u.ä.	35.486	0,6	13.533	38,14	- 206	-0,58	13.328	37,56
21	Maschinenbauerzeugnisse	214.087	- 1,5	81.647	0,04	3.105	1,45	84.752	39,59
22	Büromaschinen, ADV-Geräte	24.359	- 0,3	16860	69,21	71	0,29	16.931	69,51
23	Straßenfahrzeuge	254.152	0	92.077	36,23	0	0,00	92.077	36,23
24	Wasserfahrzeuge	7.398	- 0,4	2.680	36,23	29	0,39	2.709	36,62
25	Luft- und Raumfahrzeuge	15.630	- 2,1	5.663	36,23	317	2,03	5.980	38,26
26	Elektrotechnische Erzeugnisse	188.770	- 1,4	100.887	53,44	2.556	1,35	103.442	54,80
27	Feinmechanische u. optische Erzeugnisse	27.889	- 1,9	14.905	53,44	512	1,84	15.417	55,28
28	EBM-Waren	61.383	1,6	28.319	46,13	- 950	-1,55	27.370	44,59
29	Musikinstrumente, Spielwaren usw.	10.646	- 0,8	3.763	35,35	48	0,45	3.811	35,80
30	Holz	11.835	5,2	4.184	35,35	- 345	-2,92	3.839	32,44
31	Holzwaren	45.741	- 0,2	16.169	35,35	51	0,11	16.221	35,46
32	Zellstoff, Holzschliff, Papier, Pappe	22.125	17,2	10.332	46,70	- 2.645	-11,95	7.688	34,75
33	Papier- und Pappewaren	30.906	33,3	14.433	46,70	- 7.153	-23,14	7.281	23,56
34	Erzeugnisse der Druckerei	43.048	0,4	20.104	46,70	- 120	-0,28	19.984	46,42
35	Leder, Lederwaren, Schuhe	8.420	- 0,8	4.553	54,07	38	0,45	4.590	54,51
36	Textilien	41.009	3,3	6.924	16,88	- 758	-1,85	6.166	15,04
37	Bekleidung	28.584	- 1,3	15.455	54,07	208	0,73	15.663	54,80
38	Nahrungsmittel	185.192	3,6	64.821	35,00	- 3.733	-2,02	61.088	32,99
39	Getränke	31.120	2,5	10.893	35,00	- 436	-1,40	10.457	33,60
40	Tabakwaren	22.659	0,2	7..944	35,06	- 25	-0,11	7.918	34,94
41	Hoch- und Tiefbau u.ä.	163.323	- 0,5	79.366	48,59	457	0,28	79.824	48,87
42	Ausbau	97.462	- 1,2	47.361	48,59	655	0,67	48.016	49,27
43	Leistg. des Großhandels u.ä.	202.812	- 2,2	136.064	67,09	1.169	0,58	137.233	67,67
44	Leistg. des Einzelhandels	160.112	0,8	107.417	67,09	- 336	-0,21	107.082	66,88
45	Leistg. der Eisenbahnen	15.990	5,1	16.447	102,86	- 327	-2,05	16.120	100,81
46	Leistg. der Schiffahrt, Wasserstraßen	13.840	6,3	14.236	102,86	- 350	-2,53	13.886	100,33
47	Leistg. des Postdienstes	63.016	- 5,7	64.818	102,86	941	1,49	65.759	104,35
48	Leistg. des sonstigen Verkehrs	118.097	2,8	121.474	102,86	- 1.326	-1,12	120.148	101,74
49	Leistg. der Kreditinstitute	120.201	0	88.618	73,72	0	0,00	88.618	73,72
50	Leistg. der Versicherungen	54.400	- 2,4	36.496	67,09	342	0,63	36.838	67,72
51	Vermietung von Gebäuden u. Wohnungen	295.515	0,1	198.257	67,09	- 77	-0,03	198.180	67,06
52	Leistg. des Gastgewerbes	77.054	2,1	56.808	73,72	- 424	-0,55	56.384	73,17
53	Leistg. der Wissenschaft und Kultur	67.470	- 0,5	49.742	73,72	88	0,13	49.831	73,86
54	Leistg. des Gesundheitswesens	75.201	-1	55.442	73,73	197	0,26	55.639	73,99
55	Sonstige marktbestimmte Dienstl.	403.421	- 0,3	297.422	73,72	317	0,08	297.739	73,80
56	Leistg. der Gebietskörperschaften	370.800	- 5,9	180.189	48,59	2.275	0,61	182.465	49,21
57	Leistg. der Sozialversicherung	148.150	- 2,4	71.993	48,59	370	0,25	72.363	48,84
58	Leistg. der priv. Org. ohne Erwerbszweck	81.100	- 5,4	46.701	57,58	1.147	1,41	47.848	59,00
	Summe Produktionsbereiche	4.657.010		2.543.858	54,62	- 108.394	-2,33	2.435.464	52,30

Quelle: HOHMEYER et al., 1995 nach KOHLHAAS et al., 1994a

SRU / UG '96 / Tab. 5.9

Tabelle 5.10

Entwicklung des Endenergieverbrauchs, alte Länder

		Hist. 1990	Referenz-entwicklung 2010		Steuerszenario 2010			
					ohne Preiseffekt-berücksichtigung		mit Preiseffekt-berücksichtigung	
	Produktionsbereiche	TJ	TJ	%	TJ	%	TJ	%
1	Landwirtschaft	121.831	27.293	22,40	-6.077	-4,99	-8.466	-6,95
2	Forstwirtschaft, Fischerei usw.	36.309	7.096	19,54	-1.580	-4,35	-2.236	-6,16
3	Elektrizität, Dampf, Warmwasser	2.972.153	235.342	7,92	-704.310	-23,70	-1.164.143	-39,17
4	Gas (ohne Verteilung)	8.027	589	7,34	-669	-8,33	-2.598	-32,37
5	Wasser	17.076	3.745	21,93	-834	-4,88	-2.100	-12,30
6	Kohle, Erzeugnisse des Kohlenbergbaus	136.738	9.335	6,83	-10.601	-7,75	29.655	21,69
7	Bergbauerzeugnisse (ohne Kohle)	17.983	-2.845	-15,82	-2.845	-15,82	-3.880	-21,58
8	Erdöl, Erdgas	20.574	1.419	6,90	-1.611	-7,83	-2.672	-12,99
9	Chemische Erzeugnisse	483.079	8.218	1,70	-5.949	-1,23	-31.834	-6,59
10	Mineralölerzeugnisse	222.661	14.451	6,49	-16.412	-7,37	-76.386	-34,31
11	Kunststofferzeugnisse	51.662	33.419	64,69	12.201	23,62	12.384	23,97
12	Gummierzeugnisse	21.852	-2.039	-9,33	2.796	12,80	2.382	10,90
13	Steine und Erden, Baustoffe usw.	241.872	56.521	23,37	39.837	16,47	27.876	11,53
14	Feinkeramische Erzeugnisse	22.790	4.187	18,37	3.052	13,39	2.356	10,34
15	Glas und Glaswaren	77.029	14.467	18,78	10.545	13,69	6.608	8,58
16	Eisen und Stahl	599.292	-178.283	-29,75	-76.875	-12,83	-210.622	-35,15
17	NE-Metalle, NE-Metallhalbzeug	117.201	-48.627	-41,49	-56.325	-48,06	-60.363	-51,50
18	Gießereierzeugnisse	50.360	-12.088	-24,00	-5.837	-11,59	-7.992	-15,87
19	Erzeugnisse der Ziehereien usw.	45.561	18.995	41,69	-15.117	-33,18	-6.370	-13,98
20	Stahlerzeugnisse u.ä.	16.561	2.691	16,25	-1.914	-11,56	-2.002	-12,09
21	Maschinenbauerzeugnisse	88.281	19.862	22,50	7.891	8,94	9.090	10,30
22	Büromaschinen, ADV-Geräte	8.690	855	9,84	764	8,79	811	9,33
23	Straßenfahrzeuge	116.827	19.497	16,69	10.500	8,99	10.690	9,15
24	Wasserfahrzeuge	3.493	531	15,20	286	8,19	330	9,45
25	Luft- und Raumfahrzeuge	5.169	863	16,70	465	9,00	557	10,78
26	Elektrotechnische Erzeugnisse	75.647	7.684	10,16	6.860	9,07	7.650	10,11
27	Feinmechanische u. optische Erzeugnisse	9.642	968	10,04	864	8,96	1.008	10,45
28	EBM-Waren	41.645	6.352	15,25	3.572	8,58	3.329	7,99
29	Musikinstrumente, Spielwaren usw.	4.163	667	16,02	370	8,89	396	9,51
30	Holz	22.465	3.468	15,44	1.926	8,57	1.528	6,80
31	Holzwaren	25.735	7.560	29,38	6.304	24,50	6.393	24,84
32	Zellstoff, Holzschliff, Papier, Pappe	132.572	-19.922	-15,03	-24.587	-18,55	-33.586	-25,33
33	Papier- und Pappewaren	24.102	6.630	27,51	5.528	22,94	1.220	5,06
34	Erzeugnisse der Druckerei	21.791	6.177	28,35	5.151	23,64	5.340	24,51
35	Leder, Lederwaren, Schuhe	4.012	1.224	30,51	1.020	25,42	1.007	25,10
36	Textilien	63.098	-413	-0,65	15.713	24,90	14.356	22,77
37	Bekleidung	9.933	-65	-0,65	2.475	24,92	2.516	25,33
38	Nahrungsmittel	198.864	-1.123	-0,56	-10.501	-5,28	-13.959	-7,02
39	Getränke	48.337	-271	-0,56	-2.530	-5,23	-3.185	-6,59
40	Tabakwaren	2.745	-16	-0,58	-153	-5,57	-156	-5,68
41	Hoch- und Tiefbau u.ä.	75.236	11.710	15,56	6.501	8,64	7.039	9,36
42	Ausbau	28.434	4.534	15,95	2.517	8,85	2.742	9,64
43	Leistg. des Großhandels u.ä.	170.955	35.532	20,78	-7.912	-4,63	-7.970	-4,66
44	Leistg. des Einzelhandels	204.529	42.843	20,95	-9.540	-4,66	-10.450	-5,11
45	Leistg. der Eisenbahnen	56.891	2.097	3,69	-2.883	-5,07	-3.384	-5,95
46	Leistg. der Schiffahrt, Wasserstraßen	36.987	1.190	3,22	-1.190	-3,22	-1.787	-4,83
47	Leistg. des Postdienstes	26.402	5.477	20,74	-1.219	-4,62	-1.133	-4,29
48	Leistg. des sonstigen Verkehrs	353.659	11.655	3,30	-11.655	-3,30	-14.724	-4,16
49	Leistg. der Kreditinstitute	22.887	4.786	20,91	-1.066	-4,66	-1.142	-4,99
50	Leistg. der Versicherungen	11.234	2.410	21,45	-537	-4,78	-520	-4,63
51	Vermietung von Gebäuden u. Wohnungen	11.828	2.535	21,43	-564	-4,77	-592	-5,01
52	Leistg. des Gastgewerbes	65.506	14.190	21,66	-3.160	-4,82	-3.466	-5,29
53	Leistg. der Wissenschaft und Kultur	18.484	3.953	21,39	-880	-4,76	-909	-4,92
54	Leistg. des Gesundheitswesens	25.025	5.401	21,58	-1.203	-4,81	-1.213	-4,85
55	Sonstige marktbestimmte Dienstl.	120.444	24.332	20,20	-5.418	-4,50	-5.958	-4,95
56	Leistg. der Gebietskörperschaften	390.044	84.968	21,78	-18.920	-4,85	-17.933	-4,60
57	Leistg. der Sozialversicherung	6.757	1.387	20,53	-309	-4,57	-326	-4,82
58	Leistg. der priv. Org. ohne Erwerbszweck	40.332	8.311	20,61	-1.850	-4,59	-1.669	-4,14
	Summe Produktionsbereiche	7.853.456	521.723	6,64	-866.076	-11,03	-1.607.761	-20,47
	Priv. Haushalte	2.956.381	256.286	8,67	-735.252	-24,87	-735.252	-24,87
	Insgesamt	10.809.837	778.010	7,20	-1.601.328	-14,81	2.343.013	21,67

SRU / UG '96 / Tab. 5.10

Quelle: HOHMEYER et al., 1995 nach KOHLHAAS et al., 1994a

Tabelle 5.11

Beispiele der angenommenen Preiselastizitäten im Produzierenden Gewerbe

SIO-Nr.	Produktionsbereiche	Elastizitäten		
		niedrig (−25 %)	Standard	hoch (+25 %)
1	Landwirtschaft	−0,40	−0,53	−0,66
3	Elektrizität, Dampf, Warmwasser	−0,23	−0,31	−0,39
4	Gas (ohne Verteilung)	−0,16	−0,21	−0,26
6	Kohle, Erzeugnisse des Kohlenbergbaus	−0,28	−0,37	−0,46
8	Erdöl, Erdgas	−0,54	−0,72	−0,90
9	Chemische Erzeugnisse	−0,53	−0,70	−0,88
10	Mineralölerzeugnisse	−0,23	−0,30	−0,38
16	Eisen und Stahl	−0,53	−0,70	−0,88
21	Maschinenbauerzeugnisse	−0,73	−0,97	−1,21
32	Zellstoff, Holzschliff, Papier, Pappe	−0,53	−0,70	−0,88
41	Hoch- und Tiefbau u. ä.	−0,42	−0,56	−0,70
48	Leistungen des sonstigen Verkehrs	−0,20	−0,26	−0,33
49	Leistungen der Kreditinstitute	−0,30	−0,40	−0,50
56	Leistungen der Gebietskörperschaften	−0,08	−0,10	−0,13

Quelle: HOHMEYER et al., 1995; verändert

1091. Die größte Sensitivität hinsichtlich unterschiedlicher Schätzungen für die Preiselastizitäten zeigen sich erwartungsgemäß bei den Energieverbräuchen in den energieintensiven Bereichen Gas, Mineralölerzeugnisse sowie Eisen und Stahl, für die die Energieverbrauchsänderungen im Jahr 2010 bei niedrigen und hohen Elastizitäten bezogen auf 1990 eine Schwankungsbreite von jeweils rund 12 % haben. Für die Erzeugung und Verteilung von Elektrizität, Dampf und Warmwasser nimmt die Schwankungsbreite einen Wert von 7 % an. Im Durchschnitt beträgt die Abweichung der Entwicklung in den einzelnen Produktionsbereichen bei niedrigen und hohen Elastizitäten jedoch nur rund 1 %, bezogen auf den Gesamtverbrauch (inkl. Private Haushalte) ergibt sich eine Schwankungsbreite von ± 1,5 %.

Die prognostizierten Energieverbrauchsänderungen für das Jahr 2010 von insgesamt − 21,7 % werden durch die Unsicherheit bezüglich der Preiseffekte demnach nicht in Frage gestellt, solange keine sprunghaften Veränderungen der Elastizitäten auf Werte außerhalb der gewählten Bandbreiten auftreten. Tatsächlich ist bei der Umsetzung von wirksamen CO$_2$-Minderungsmaßnahmen das Festhalten an in der Vergangenheit beobachteten Preiselastizitäten möglicherweise nicht haltbar, weil eine CO$_2$-Emissionsminderung über eine kritische Marge von 20 % hinaus nach Erkenntnissen von WIETSCHEL und RENTZ (1995) mit stark ansteigenden Grenzkosten verbunden ist. In Bereichen stark ansteigender Güterpreise treten zudem möglicherweise signifikante Veränderungen der Preiselastizitäten der Nachfrage auf, die hier nicht berücksichtigt werden konnten.

Detailbetrachtung ausgewählter Produktionsbereiche

Elektrizitätswirtschaft

1092. In der Elektrizitätswirtschaft ist der Rückgang der CO$_2$-Emissionen durch eine Abgabe gemäß dem DIW-Vorschlag nur bedingt auf eine weniger CO$_2$-intensive Stromproduktion zurückzuführen, sondern vielmehr das Ergebnis einer verringerten Nachfrage beziehungsweise des Rückgangs der produzierten Mengen (Tz. 1088).

Zweifellos existieren Effizienzpotentiale in der Stromwirtschaft. Wegen der langen Kapitalbindung erscheint es sinnvoll, zwischen kurz-, mittel- und langfristig realisierbare Maßnahmen zu unterscheiden:

– kurzfristig: Substitution von Brennstoffen, Wechsel von Kraftwerken zwischen Grund- und Spitzenlast;

– mittelfristig: Erhöhung der Wirkungsgrade, insbesondere durch Kraft-Wärme-Kopplung;

– langfristig: Neubau von gekoppelten Gas- und Dampfturbinen-(GuD-)Kraftwerken und Blockheizkraftwerken (BHKW) sowie Nutzung erneuerbarer Energiequellen.

1093. Ob ein Kraftwerk im Dauerbetrieb oder nur zur Abdeckung von Lastspitzen genutzt wird, richtet sich nach den variablen Kosten der einzelnen Kraftwerkstypen, kurzfristig überwiegend nach den Kosten der eingesetzten Brennstoffe. Zur *kurzfristigen* Substitution von kohlenstoffreichen durch kohlenstoffarme Energieträger kommt es folglich nur, wenn sich die Brennstoffpreisstruktur nach der

Steuererhebung erheblich von der ursprünglichen unterscheidet, so daß die kohlenstoffarmen Energieträger in der Grundlast eingesetzt werden. Die variablen Brennstoffkosten der Energieträger lagen 1994 beispielsweise für Uran bei 2,8 Pf/kWh, für Braunkohle bei 3,9 Pf/kWh, für Steinkohle bei 3,8 (Import) beziehungsweise 9,3 Pf/kWh (heimisch) und für Erdgas bei 8,2 Pf/kWh. Werden die Brennstoffe kostenminimal eingesetzt, so erfolgt die Nutzung von Kern- und Braunkohlekraftwerken im Referenzszenario in der Grundlast, während Steinkohlekraftwerke (bei Annahme eines Durchschnittspreises von heimischer und importierter Steinkohle) in der Mittellast und Gaskraftwerke in der Spitzenlast eingesetzt werden. Die Einführung einer Energieabgabe scheint nicht geeignet, kurzfristig Substitutionsprozesse zugunsten des stärkeren Einsatzes von Erdgaskraftwerken auszulösen, da die Kosten von Erdgas auch nach der Abgabenerhebung weiterhin über denen der anderen Energieträger liegen. Dies wird in Tabelle 5.12 deutlich, die die Brennstoffkosten in der Elektrizitätserzeugung im Referenzfall, in dem der Erdölpreis von real 23,70 US $ 1990 auf real 30 US $ im Jahr 2010 steigt, und im Fall einer Steuererhebung auf den Primärenergieverbrauch darstellt, die von 0,68 DM/GJ im Jahr 1995 auf 20,30 DM/GJ im Jahr 2010 ansteigt. Die dem Steuerszenario zugrundeliegenden Abgabensätze entsprechen damit ungefähr den in der DIW-Studie angenommenen Sätzen (Tab. 5.8).

Setzt die Abgabe am Kohlenstoffgehalt der Brennstoffe statt am Energiegehalt an und werden keine ergänzenden Regelungen für die Kernkraft getroffen, ergäben sich kurzfristig nur bei hohen Abgabensätzen Änderungen im Brennstoffeinsatz (HILLE-BRAND, 1995). So würde die Umstellung von Braunkohlekraftwerken von der Grund- in die Spitzenlast erst bei einem Abgabensatz zwischen 140 und 290 DM/t CO_2 erfolgen (WELSCH, 1993, S. 61 ff.). Ein weiteres Hindernis für Substitutionsprozesse können politische Vorgaben über die Zusammensetzung des nationalen Energiemixes sein.

1094. Die *mittelfristigen* CO_2-Minderungspotentiale in der Elektrizitätserzeugung liegen in einer Erhöhung der Wirkungsgrade (HILLEBRAND, 1992, S. 8 ff.). Diese kann durch eine Primärenergieabgabe beziehungsweise eine am individuellen Brennstoffinput bemessene Abgabe auf Sekundärenergieträger erreicht werden (Tz. 1063). Eine unter Effizienzgesichtspunkten ohnehin kritisch zu beurteilende spezielle Abgabe, die entsprechend der primärenergetischen Wirkungsgrade progressiv gestaffelt wird, wäre auf diese Weise überflüssig. Über die von einer Energieabgabe ausgelösten höheren Einspeisevergütungen ist auch eine nachhaltige Verbesserung der Wettbewerbsposition der Fernwärme etwa gegenüber Erdgas zu erwarten (HILLEBRAND, 1995).

Ein großes Einsparpotential ergibt sich durch den Ausbau der industriellen Kraft-Wärme-Kopplung. Für die Stromerzeugung aus industrieller Kraft-Wärme-Kopplung sowie die Nutzung von Abhitze und Abfallbrennstoffen ermittelt HOFER (1994, S. 111) einen Wert von rund 25,5 Twh$_{el}$, dem ein technisch-wirtschaftliches Potential von 46 TWh$_{el}$ gegenübersteht. Die bedeutendsten ungenutzten Potentiale finden sich in der Eisenschaffenden Industrie (3 TWh$_{el}$), der Zellstoff- und Papierindustrie (3,4 TWh$_{el}$), der Investitionsgüterindustrie (1 TWh$_{el}$) und in der Nah-

Tabelle 5.12

Brennstoffkosten in der Elektrizitätserzeugung
(1994 bis 2010; Pf/kWh)

	Kernenergie	Braunkohle	Steinkohle		Erdgas
			Import	heimisch	
Referenzfall					
1994	2,8	3,9	3,8	9,3	8,2
1995	2,9	4,0	3,9	9,3	8,6
2000	3,3	4,2	4,9	10,6	10,3
2005	3,7	4,6	5,8	11,9	12,2
2010	4,2	4,5	6,9	13,5	14,4
Energiesteuer					
1994	3,1	4,3	4,1	9,6	8,5
1995	3,6	4,7	4,5	10,0	9,2
2000	7,1	7,5	8,1	13,7	13,4
2005	13,4	12,7	14,1	20,2	19,6
2010	25,7	20,4	25,5	31,6	29,7

Quelle: HILLEBRAND, 1995, Tab. 10, S. 17

rungs- und Genußmittelindustrie (1,3 TWh$_{el}$). Sie liegen

– im zunehmenden Einsatz von Kraftwerken mit relativ hoher Stromkennzahl (Gasturbinen- und Kombikraftwerke), insbesondere in der Zellstoff- und Papierindustrie sowie in der Chemischen Industrie,

– in der zunehmenden Verstromung von Abwärme und dem Einsatz von Gichtgas-Entspannungsturbinen in der Eisenschaffenden Industrie,

– im Ausbau der Deckung des Raumwärmebedarfs mit Kraft-Wärme-Kopplung (Nah- und Fernwärme) und

– im Ausbau der Deckung des Niedertemperaturwärmebedarfs durch Kraft-Wärme-Kopplungsanlagen, zum Beispiel in der Textilindustrie (HOFER, 1994, S. 111 f.).

Bei der Realisierung dieser Potentiale ergibt sich ein Anlagenleistungsbedarf von 9 300 MW$_{el}$. Verglichen mit einer Erzeugung des gesamten industriellen Wärmebedarfs in ungekoppelter Wärmeerzeugung stiege der Brennstoffeinsatz der Industrie durch die Stromeigenerzeugung um 67 TWh$_{el}$/a, dem ein Minderverbrauch der öffentlichen Kraftwerke von 124 TWh$_{el}$/a gegenüberstünde (HOFER, 1994, S. 111 f.). Neuesten Erhebungen in Baden-Württemberg zufolge ließen sich bis zum Jahre 2010 insgesamt 4 025 MW$_{el}$ aus Heizkraftwerken, Blockheizkraftwerken und industrieller Kraft-Wärme-Kopplung erschließen (NITSCH et al., 1994). Die Chancen für eine kurzfristige Umsetzung dieser Potentiale durch Anhebung der Rentabilität der erforderlichen Investitionen sind möglicherweise jedoch eher gering, da sie primär in Branchen bestehen, in denen die Bereitschaft zu Anlageninvestitionen aufgrund eines anhaltenden Kapazitätsabbaus nicht groß ist (Eisenschaffende Industrie, Textilindustrie).

1095. In einem *langfristigen* Referenzszenario ohne Energieabgabe sind gravierende Änderungen im Kraftwerkpark nicht zu erwarten: Der Zubau neuer Kraftwerke konzentriert sich im Bereich der Grund- und Mittellast auf Braun- und Steinkohle und allenfalls im Bereich der Spitzenlast auf Erdgas (HILLEBRAND, 1995). Auch eine Energieabgabe brächte kaum eine Änderung, wenn ein Ausbau des Einsatzes von Kernenergie ausgeschlossen, das Anlegbarkeitsprinzip für Erdgas beibehalten und weiterhin ein festes Verhältnis von heimischer und importierter Steinkohle (Verhinderung der Substitution von Braunkohle durch Importkohle) festgeschrieben wird. Gelingt es, diese Hemmnisse zu überwinden, kann eine Energieabgabe eine grundlegende Veränderung des Kraftwerkparks nur dann bewirken, wenn sie sich auf den Primärenergieeinsatz bezieht beziehungsweise wenn es sich um eine Sekundärenergieabgabe handelt, die den individuellen Brennstoffinput berücksichtigt. Beim gegenwärtigen Stand der Technik bieten insbesondere gekoppelte Gas- und Dampfturbinen (GuD-Technik) erhebliche Verbesserungen bei der Brennstoffausnutzung (ca. 10 %, ohne Wärmetechnik) und die Möglichkeit zur Brennstoffsubstitution mit CO$_2$-Einsparungen von rund 25 % (HILLEBRAND, 1995). Eine Primärenergieabgabe führt dazu, daß nur noch GuD-Kraftwerke zugebaut würden (ab der Mittellast auf Erdgasbasis),

selbst wenn die Abgabe nicht am Kohlenstoff-, sondern am Energiegehalt der Brennstoffe ansetzt und nur in Höhe der vom RWI (Tz. 1093) vorgeschlagenen Steuersätze erhoben wird (Tab. 5.13).

Die Wirkungen der erhöhten Strompreise auf die Wirtschaftlichkeit der Stromerzeugung aus regenerativen Energieträgern lassen sich nicht pauschal abschätzen: Während Windkraftanlagen an der deutschen Nord- und Ostseeküste bereits an der Schwelle zur Wirtschaftlichkeit stehen (vgl. MEINZEN und HARZ, 1991), liegen die Erzeugungskosten photovoltaischer Systeme weit jenseits dieser Schwelle. Die schon heute besonders günstige Nutzung der Wasserkraft stößt an ihre geographischen Grenzen. Um einen langfristig bedeutenden Ausbau der Nutzung erneuerbarer Energien für die Stromerzeugung anzuregen, wären somit wesentlich höhere Abgabensätze erforderlich als vom DIW und von der Europäischen Kommission gefordert.

1096. Insgesamt sind mit einer Energieabgabe demnach erhebliche Emissionsreduktionen in der Stromwirtschaft erzielbar (vgl. Tz. 1124 ff., 1134), die vor allem auf das Konto der reduzierten Endnachfrage gehen. Kurz- und mittelfristige Effizienzgewinne bei der Stromerzeugung sind nur durch hohe Abgabensätze und flankierende Instrumente zu erreichen. Für die Stromerzeugung müssen aufgrund der empfohlenen Gleichbehandlung der Importe (vgl. Tz. 1063 f.) keinerlei Kompensationsmaßnahmen einer Energiesteuer ergriffen werden.

Zementherstellung

1097. Die Zementherstellung gehört zu den energieintensiven Grundstoffindustrien. Die Energieintensität der Branche erreicht den hohen Wert von etwa 21 MJ/DM Bruttoproduktionswert. Das Brennen von Klinker ist einer der energieintensivsten Prozesse dieses Wirtschaftszweiges, bei dem der effektive Verbrauch derzeit bei 3 700 MJ/t Klinker liegt, von denen 500 bis 700 MJ/t aus Altölen und Altreifen stammen (BUTTERMANN, 1994; SCHEUER und ELLERBROCK, 1992). Die Zementindustrie ist nicht nur besonders energie-, sondern auch besonders kapitalintensiv. Umweltpolitische Eingriffe in die Faktorpreise können deshalb nur langfristig Wirkungen zeigen (BUTTERMANN, 1994). Der Technologiewechsel von Naß- und Halbnaßbrennverfahren zu Trockenverfahren, der in den alten Ländern abgeschlossen ist, hat den Prozeßwirkungsgrad von 36 bis 48 % auf etwa 83 % angehoben. Die Einführung der gestuften Verbrennung reduzierte zudem die Stickstoffoxid-Emissionen signifikant. Darüber hinaus werden flankierende Maßnahmen im Bereich verbesserter Abwärme- und Abgasnutzung nur noch zu graduellen Verbesserungen führen. Das Verhältnis Energie zu Kapital ist, wie in fast allen großtechnischen Prozessen, eher kapitalintensiv als substitutiv, zumindest kurzfristig. Die Energieeinsparungen der letzten 20 Jahre waren auch nicht Ausdruck von Veränderungen der relativen Faktorpreise, sondern Ergebnis kontinuierlicher Verbesserungen der Verfahrenstechnik trotz real eher abnehmender Energiepreise.

Tabelle 5.13

Nominale Erzeugungskosten [1]) neu zu errichtender Kraftwerke im Jahr der Inbetriebnahme (Energiesteuer; Pf/kWh)

	Kernenergie	Braunkohle		Importkohle			Erdgas [2])
		Trocken-feuerung	GuD-Kraftwerk	Trocken-feuerung	GuD-Kraftwerk	GuD-Kraftwerk Kohle/Erdgas	
Grundlast (6 500 h)							
2000	20,2	18,0	16,9	17,6	17,9	18,6	19,9
2005	29,2	25,6	23,5	25,2	25,2	26,1	26,9
2010	44,9	38,8	34,8	38,1	37,5	38,6	38,8
Mittellast (4 000 h)							
2000	27,4	24,1	23,1	22,5	23,6	24,1	23,0
2005	37,7	33,1	31,2	31,2	32,2	32,8	30,8
2010	55,0	48,0	44,4	45,6	46,1	47,0	43,7
Spitzenlast (1 500 h)							
2000	58,4	50,4	50,3	43,8	48,3	47,9	36,5
2005	74,5	65,3	64,4	57,3	62,3	61,7	47,3
2010	98,7	88,1	85,6	78,1	83,4	82,9	64,6

[1]) Bei einer Betriebsdauer von 20 Jahren
[2]) GuD-Kraftwerk

Quelle: HILLEBRAND, 1995, Tab. 11, S. 18

1098. Die wesentlichen Potentiale zur weiteren Senkung des Brennstoffeinsatzes liegen in der verstärkten Verbrennung von Gas und Abfällen, die allerdings in der Regel mit erhöhten Emissionen bestimmter Luftschadstoffe (z. B. Schwermetalle bei Altreifen) verbunden ist. Die Lenkungswirkung einer gezielten Verteuerung des Produktionsfaktors Energie in der Zementproduktion wird deshalb davon abhängen, ob und zu welchen Kosten der Abfallmarkt und die gesetzlichen Rahmenbedingungen diese Brennstoffsubstitution gestatten. Weil die Zementindustrie aufgrund der mit zunehmenden Entfernungen schnell ansteigenden Transportkosten nur eine begrenzte Substitution durch Importe zu befürchten hat, muß sie nicht in ähnlichem Ausmaß von der Abgabe ausgenommen werden wie andere Sektoren, bei denen eine Abwanderung in unbesteuerte Regionen droht und die für die Beschäftigung eine weit größere Bedeutung haben als die kleine, aber lobbystarke Zementindustrie. Eine Energiepreissteigerung verteuert die Bautätigkeit und führt zu einer begrenzten Substitution bei Baumaterialien (JOCHEM, 1995, pers. Mitt.).

Land- und Forstwirtschaft

1099. Die Land- und Forstwirtschaft ist mit 2,6 % am Primärenergieverbrauch beteiligt. Das Rheinisch-Westfälische Institut für Wirtschaftsforschung (OBERHEITMANN, 1995) ist für den Umweltrat der Frage nachgegangen, ob und inwieweit eine Energiesteuer die Betriebe ökologischer und konventioneller Landbewirtschaftung in unterschiedlichem Ausmaß treffen würde. Dabei wurden sowohl die direkten als auch die indirekten Energieverbräuche betrachtet. Den Ergebnissen liegt die Annahme zugrunde, daß die Produktion eines bestimmten Erzeugnisses solange aufrechterhalten wird, wie sein Deckungsbeitrag sowie das gesamte Betriebsergebnis positiv bleiben. Allerdings zeichnet sich die land- und forstwirtschaftliche Produktion durch mangelhafte Wirtschaftlichkeitsbetrachtungen aus, so daß die Abschätzung der Reaktionen der Betriebe auf die Energiesteuer problematisch ist.

1100. Die ökologische Landwirtschaft benötigt etwa 6,8 GJ Energieinput pro Hektar und Jahr, die konventionelle Variante etwa 21,6 GJ/ha pro Jahr. Dieser Mehraufwand wird hauptsächlich von dem intensiven Einsatz chemischer Dünge- und Pflanzenschutzmittel sowie vom höheren Zukauf von Fremdfuttermitteln verursacht. Für die gesamte bewirtschaftete Fläche ergibt sich ein Bruttogesamtaufwand an direkter und indirekter Energie von 1,6 PJ pro Jahr im ökologischen Landbau beziehungsweise 410,3 PJ pro Jahr in der konventionellen Bewirtschaftung.

Die Gegenüberstellung der CO_2-Emissionen aus den beiden Bewirtschaftungsformen zeigt, daß in der ökologischen Landwirtschaft inklusive Viehwirtschaft brutto 145 000 t CO_2 ausgestoßen werden, in der konventionellen Landwirtschaft 33,6 Mio. t CO_2. Je Hektar Landfläche entspricht dies 612,7 kg CO_2/a in der ökologischen im Vergleich zu 1 761 kg CO_2/a (also um den Faktor 2,9 höhere CO_2-Emissionen) in der konventionellen Landwirtschaft. Auch wenn man die CO_2-Emissionen auf 100 kg der jeweiligen landwirtschaftlichen Erzeugnisse bezieht, liegen die Werte in der konventionellen Landwirtschaft zumeist über denen des ökologischen Landbaus. Ausnahmen bilden der Silomais, bei dem in der konventionellen Landbewirtschaftung insgesamt 6,6 % weniger CO_2 je Dezitonne Produkt ausgestoßen wird, und Kartoffeln, bei denen der Ausstoß im konventionellen Anbau um 26 % pro Dezitonne niedriger liegt, obwohl je Hektar 2,5 % mehr CO_2 emittiert werden.

1101. Die Analyse der Wirkungen einer Energiesteuer zeigt, daß – wie zu erwarten – die konventionelle Landwirtschaft aufgrund des intensiveren Energieeinsatzes durch die Steuer stärker betroffen wird. Allerdings sind die durch die Steuer induzierten relativen Kostensteigerungen in der ökologischen Landwirtschaft größer als im konventionellen Landbau. Dies erklärt sich aus der unterschiedlichen Aufteilung von direkten und indirekten Energieverbräuchen, wobei der Anteil der direkten Energieverbräuche in der ökologischen Landwirtschaft deutlich über dem in der konventionellen Landwirtschaft liegt. Während nun aber die Erzeuger von Trägern indirekter Energie die Preissteigerungen ihrer Erzeugnisse durch Importe von Vorleistungen aus Ländern, in denen entsprechende Energieabgaben nicht erhoben werden, unter dem durchschnittlichen Energiesteuersatz halten können, müssen die zusätzlichen Kosten direkter Energieverbräuche in voller Höhe von den Landwirten getragen werden. Insofern wäre eine Energiesteuer in der Lage, eine größere Verbreitung der ökologischen Bewirtschaftung zu behindern, wenn nicht auch Dünge- und Pflanzenschutzmittel entsprechend ihrer Umweltschädlichkeit verteuert und positive externe Effekte des ökologischen Anbaus über Transferleistungen entsprechend entlohnt würden (Abschn. 5.4.4.2 und 5.4.4.3; ausführlich SRU, 1996).

1102. Geht man von einem zu vernachlässigenden Einfluß der deutschen Exportpreise auf die Weltmarktpreise aus, ergeben sich bei einem nationalen Alleingang und bei den angenommenen Steuersätzen des DIW (KOHLHAAS et al., 1994 a) und der Europäischen Union (KOM (95) 172) aufgrund der zu geringen Kostenwirkungen praktisch keine Anreize zur Umstellung der landwirtschaftlichen Produktionsformen und deshalb auch keine wesentlichen Verminderungen des Energieeinsatzes und der CO_2-Emissionen. Unter der Annahme, daß sowohl die Importpreise als auch die Importquoten konstant bleiben, würde es sogar zu einem verstärkten Zukauf von Vorleistungen kommen, weil – etwa im Bereich der Futtermittel – die Wachstumsraten der Preise zugekaufter Futtermittel unter der Wachstumsrate der Kosten für den eigenen Futtermittelanbau lägen.

Struktureffekte wären im Fall einer EU-weiten Energiesteuer, die sowohl das Preisniveau der inländischen Energieeinsätze wie auch das Niveau der aus EU-Ländern importierten Vorleistungen anhebt, weitaus wahrscheinlicher. Dann würden nicht nur die direkten Importe der Landwirtschaft aus den EU-Mitgliedstaaten (z.B. Pflanzenschutz- und Düngemittel), sondern auch die importierten Vorleistungen der agrochemischen Industrie verteuert. Auf diese Weise käme es zu einer deutlichen Erhöhung der indirekten Energiekosten, was bei der vorherrschenden Produktionsweise vorwiegend die konventionelle Landwirtschaft mit ihrem im Vergleich zum ökologischen Anbau sehr hohen Zukaufanteil belasten würde.

Positive Struktureffekte könnten allerdings auch auf nationaler Ebene erreicht werden, wenn die Sätze der Energiesteuer entsprechend der Empfehlung des Umweltrates (Tz. 1019, Tab. 5.2) über den Vorschlägen des DIW und der Europäischen Kommission lägen.

Raumwärme der Privaten Haushalte

1103. Von den Privaten Haushalten wird vor allem beim Energieaufwand für Raumwärme ein erheblicher Beitrag zur Erreichung der gesetzten Emissionsziele erwartet. Deshalb ist es von besonderer Bedeutung zu untersuchen, ob und ab welcher Höhe eine Energieabgabe hier beträchtliche Effizienzsteigerungen bewirken kann beziehungsweise ob sie von anderen spezifischen Instrumenten flankiert werden muß. 1992 wiesen die Privaten Haushalte in den alten Bundesländern einen Endenergieverbrauch (ohne Verkehr) von insgesamt 2 069 PJ auf, von dem rund drei Viertel (1 568 PJ) auf die Beheizung von Wohnraum entfielen (Tab. 5.5). Die Enquête-Kommission „Vorsorge zum Schutz der Erdatmosphäre" (1990, Bd. 2, S. 164) schätzt die bestehenden technischen Einsparpotentiale im Bereich der Raumwärme bei Privaten Haushalten auf 70 bis 90 %. Erzielt werden können diese durch eine Verstärkung der Wärmeschutzmaßnahmen (verbesserte Dämmaterialien oder Fensterisolierungen), die Verminderung von Wärmeverlusten bei dem Wärmetransport und Lüftung sowie den Einsatz moderner Heizungstechniken mit erhöhten Wirkungsgraden (z.B. Brennwertkessel, Kraft-Wärme-Kopplung/Blockheizkraftwerke für Fern- und Nahwärmesysteme sowie Wärmepumpen).

1104. Für Neubauten liegen schon heute Energiesparkonzepte vor, mit denen erhebliche Einsparungen des Heizenergieverbrauchs gegenüber den in der seit dem 1. Januar 1995 geltenden Wärmeschutzverordnung vorgesehenen Standards erreicht werden können (Tab. 5.14). Dabei werden die Mehrkosten für den Bau von Niedrigenergiehäusern mit Energieeinsparungen von durchschnittlich 42 % gegenüber der geltenden Wärmeschutzverordnung 1995 auf 40 bis 180 DM/m² geschätzt. Bei einer stärkeren Verbreitung dieser Technik und durch die Anpassung von einzelnen Bauteilen wie Heizkörpern und Heizwärmeerzeugern sind diese allerdings noch erheblich zu reduzieren (FEIST et al., 1994, S. 34). Während sich die Einhaltung der in der Wärmeschutzverordnung vorgeschriebenen Standards mit Kosten von 3,5 Pf/kWh bereits heute auszahlt, wird ein Niedrigenergiehausstandard bei den derzeitigen

Tabelle 5.14

Wirtschaftliche und technische Situation verschiedener Energiesparkonzepte im Gebäudebereich

Gebäudetyp	Jahresnutzwärmebedarf kWh/m²a (Wohnfläche)	Heizenergieeinsparung in % gegenüber WSchVO 1984	effektiver Preis der eingesparten kWh Pf/kWh	CO_2-Einsparung in kg/m² a im Vergleich zu durchschnittlichem Bestand[2]	CO_2-Einsparung in kg/m² a im Vergleich zu WSchVO 1984[2]
Durchschnitt Bestand	162				
Standard Neubau (WSchVO 1984) .	130				
WSchVO 1995	90–100	27	3,5	14,3–16,6	6,9–9,2
Niedrigenergiehaus	40–70	58	7,4–13,6[1]	21,2–28,1	13,8–20,7
Passivhaus	10	92	29	35	27,6
energieautarkes Haus	0	100	303,4	37,3	29,9

Berechnung CO_2-Einsparung: 162 bzw. 130 kWh/m²a – Jahresnutzwärmebedarf des betrachteten Gebäudetyps
[1] 7,4 Pf/kWh bei 70 kWh/m² a; 13,6 Pf/kWh bei 40 kWh/m² a
[2] 0,230 kg CO_2/kWh

Quelle: Enquête-Kommission „Schutz der Erdatmosphäre", 1995, S. 400; FEIST et al., 1994, S. 37

Kosten erst bei steigenden Energiepreisen lohnend. Prototypen wurden außerdem für das Passivhaus, mit dem Heizenergieeinsparungen von rund 95 % gegenüber dem für den Bestand an Einfamilienhäusern üblichen Durchschnittsverbrauch erreicht werden, und das Nullenergiehaus, einem energieautarken Solarhaus, entwickelt und zum Beispiel in Kranichstein und Freiburg errichtet. Die Kosten der Energieeinsparung beim Passivhaus liegen mit 29 Pf/kWh in der Größenordnung der heutigen Preise für Haushaltsstrom sowie der Gestehungskosten von Wärme in konventionellen solaren Brauchwasseranlagen (Enquête-Kommission „Schutz der Erdatmosphäre", 1995, S. 397 f.; FEIST et al., 1994, S. 37). Eine CO_2-/Energieabgabe in der vorgeschlagenen Höhe (Tz. 1019, Tab. 5.2) würde den Niedrigenergiestandard bis 2005 eindeutig in den rentablen Bereich bringen.

1105. Eine Politik, die allein bei Neubauten ansetzt, verschenkt die wichtigsten Vermeidungspotentiale. So errechnen ROUVEL et al. (1994, S. 505), daß der Heizwärmebedarf aufgrund des erwarteten Wohnflächenzuwachses gegenüber 1989 um 5 % ansteigen würde, selbst wenn alle Neubauten bis zum Jahr 2005 Niedrigenergiestandards erfüllten. Um die erheblichen Vermeidungskostenunterschiede in Abhängigkeit von der Gebäudealtersklasse und dem Gebäudetyp effizient zu nutzen, müssen vielmehr alle Wohngebäude einbezogen und mit der gleichen spezifischen finanziellen Belastung belegt werden.

1106. Für den Gebäudebestand gilt, daß wärmetechnische Sanierungsmaßnahmen sowie Investitionen in neue Heizungsanlagen insbesondere dann wirtschaftlich sind, wenn sie an ohnehin vorzunehmende Instandsetzungs- und Modernisierungsmaßnahmen geknüpft werden. So existiert bei der Wärmeerzeugung für die Haushalte kurzfristig kaum ein Anreiz, etwa von kohlenstoffreichen zu kohlenstoffarmen Energieträgern zu wechseln (KOOPMANN et al., 1992, S. 106). Im Fall anstehender Ersatzbeschaffungen von Heizungsanlagen werden die Haushalte hingegen unabhängig von einer Energieabgabe von vornherein erwägen, bei vorhandenem Anschluß auf Erdgas zu setzen oder sich, wenn möglich, an ein Nah- oder Fernwärmenetz anzuschließen. Eine höhere finanzielle Belastung des Energieverbrauchs durch Abgaben kann dabei die Länge der Investitionszyklen verkürzen.

1107. Das Institut für Wohnen und Umwelt (IWU) führte 1990 im Auftrag der Enquête-Kommission „Vorsorge zum Schutz der Erdatmosphäre" Berechnungen zur Wirtschaftlichkeit von Maßnahmen zur Verminderung des Wärmebedarfs im Gebäudebestand durch (EBEL et al., 1990). Die Analyse bezieht sich auf eine repräsentative Typologie des Wohngebäudebestandes in den alten Bundesländern. Dabei zeichnet sich jeder der 30 erfaßten Gebäudetypen durch spezifische, innerhalb seiner Kategorie weitgehend einheitliche Merkmale hinsichtlich der Konstruktionsform, den eingesetzten Materialien sowie der Dimensionierung der Bauteile aus, die den Einsatz entsprechend abgestimmter energiesparender Sanierungsmaßnahmen erforderlich machen. Für das Referenzgebäude GMHE, ein großes Mehrfamilienhaus aus den Jahren 1958 bis 1968, wurde beispielsweise ein wirtschaftliches Energiesparpotential von 67 % bei einem mittleren Brennstoffpreis von 13 Pf/kWh (in Preisen von 1987) errechnet. Dieser Preis wird bei dem vom Umweltrat vorgeschlagenen Anpassungspfad (Tz. 1019, Tab. 5.2), bei Konstanz der Grundpreise für Brennstoffe, bis zum Jahr 2005 erreicht. Die erforderlichen Maßnahmen und die entsprechenden Investitionskosten sind Tabelle 5.15 zu entnehmen.

Tabelle 5.15

Ergebnisse der wärmetechnischen Sanierungsschritte für das Referenzgebäude GMHE

Maßnahme	Investitions-kosten	davon Instand-haltung	End-energie-verbrauch	Nutz-energie-verbrauch	kumulierte eingesparte End-energie	kumulierte eingesparte Nutz-energie	Kosten der einge-sparten Energie	Energie-kennzahlen (Nutz-energie)
	1 000 DM	1 000 DM	MWh/a	MWh/a	%	%	Pf/kWh	kWh/m² a
START-Zustand ...	0	0	623	539				153
Brennwertkessel für Gas einbauen .	17	10	123	125	78	77	1,6	35
Wärmeschutz-verbundsystem auf den Außenwänden: 12 cm Dämmplat-ten, Putz	359	144	275	227	56	58	4,3	64
Dämmung des Flachdachs mit 20 cm Einblas-dämmstoff im Belüftungsraum ..	19	0	606	524	3	3	7,3	148
Kellerdecken-dämmung: 5 cm Dämmplatten	11	0	597	516	4	4	8,5	146
Vorhandene Isolier-verglasung durch Wärmeschutzver-glasung ersetzen ..	192	144	227	183	64	66	8,9	52
Wärmerück-gewinnungsanlage einbauen	249	112	162	125	72	77	22,6	35
ZIELWERT/ Summen[1])	599	298	183	180	71	67	4,7	52

[1]) ohne Berücksichtigung der Wärmerückgewinnungsanlage (zu geringe Rentabilität)

Quelle: EBEL et al., 1990, S. 135; verändert

Das IWU ermittelt für 1990 für den gesamten Gebäudebestand in den alten Bundesländern ein wirtschaftliches Einsparpotential durch wärmetechnische Sanierungsmaßnahmen von etwa 17 % gegenüber 1987, das mit Hilfe von baulichen Maßnahmen unmittelbar zu realisieren wäre. Potentiale in Höhe von 35 % werden bei einem durchschnittlichen Energiepreis (Basis 1987) von 6 Pf/kWh wirtschaftlich und steigen bei 13 Pf/kWh auf 52 % an (Abb. 5.4). Eine Gegenüberstellung der Auswirkungen einer CO_2-Minderungspolitik in den alten und neuen Bundesländern (BEHRING und KARL, 1994, S. 241 f.) ergibt, daß die Anpassungsreaktionen auf eine CO_2-Abgabe in Ostdeutschland sehr viel stärker ausfallen würden als in den alten Bundesländern. Dies ist damit zu erklären, daß mit vergleichsweise geringerem zusätzlichen Aufwand bei der ohnehin fälligen Modernisierung von Heizungsanlagen relativ hohe Energieeinsparungen erzielt werden.

1108. Die von der Europäischen Kommission empfohlenen Sätze für eine CO_2-/Energieabgabe sind zu gering, um eine Reduktion des CO_2-Ausstoßes im Raumwärmebereich Privater Haushalte in der – für die Erreichung des von der Bundesregierung verfolgten CO_2-Reduktionsziels – erforderlichen Höhe anzuregen (40 % in den alten und mehr als 50 % in den neuen Bundesländern bis 2005 gegenüber dem Jahr 1987; vgl. BEHRING und KARL, 1994, S. 1). Die sich aus der Erhebung von Abgaben in Höhe der Konvergenzsätze ergebenden eingesparten Energiekosten können die Kosten vieler technisch möglicher und ökologisch sinnvoller Investitionen nicht amortisieren. Dabei ist zu beachten, daß eine Erhöhung der zu beheizenden Wohnfläche gegenüber 1989 um 21 % bis 2005 prognostiziert wird (ECKERLE et al., 1992, S. 99), die nur zum Teil durch höhere wärmetechnische Standards bei den Neubauten aufgefangen werden kann (Tz. 1105) und daher durch eine entsprechend stärkere Nutzung von Einsparpotentialen beim Gebäudebestand kompensiert werden muß. Um eine deutliche Minderung der CO_2-Emissionen zu bewirken, sind bedeutend höhere Sätze oder ergänzende Maßnahmen erforderlich (BEHRING und KARL, 1994, S. 27 f.). Das vom Umweltrat vorgeschlagene Instrumentarium mit den entsprechenden

369

Abbildung 5.4

Wirtschaftliche Einsparpotentiale durch bauliche Maßnahmen in Abhängigkeit vom Energiepreis
(in Preisen von 1987)

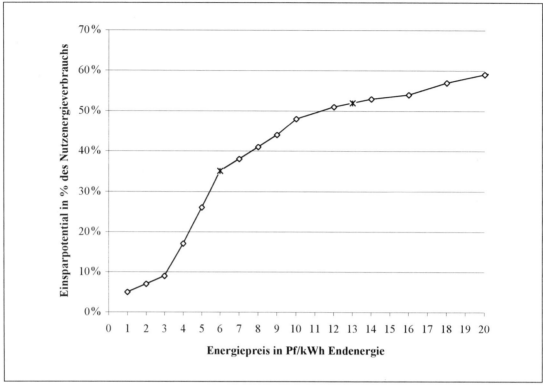

Quelle: EBEL et al., 1990, S. 137; Enquête-Kommission „Vorsorge zum Schutz der Erdatmosphäre", 1990, Bd. 2, S. 170

Anpassungspfaden erscheint hingegen grundsätzlich geeignet, erhebliche Emissionsminderungen anzuregen.

1109. Da zahlreiche Hemmnisse dazu führen, daß selbst wirtschaftliche Energiesparpotentiale in erheblichem Maße ungenutzt bleiben (Enquête-Kommission „Schutz der Erdatmosphäre", 1995, S. 556 ff.), empfiehlt der Umweltrat, die vorgeschlagenen marktorientierten Instrumente um weitere Maßnahmen zu ergänzen (Tz. 1070f.). So ist das Eigentümer-Mieter-Dilemma von besonderer Bedeutung. Solange die Vermieter die erhöhten Heizkosten aufgrund der Struktur des Wohnungsmarktes auf die Mieter abwälzen können, hat eine Steuer dort keine Wirkung. Eine mögliche Folge wäre eine Verdrängung der einkommensschwachen Mieter aus den Altbauwohnungen (WAGNER, 1992, S. 832). Die vom Umweltrat empfohlene Einführung eines Wärmepasses, verbunden mit Differenzierungsmöglichkeiten des Mietspiegels nach den darin festgehaltenen Energieverbrauchskennzahlen des Mietobjektes und einer entsprechenden Begrenzung der Überwälzungsmöglichkeiten hoher Energiekosten auf den Mieter, kann hier ein wirksames Instrumentarium darstellen. Dem Problem langer Amortisationszeiten sowie oftmals

fehlender Liquidität zur Altbausanierung und Heizungsanlagenmodernisierung, das durch die Erhebung emissionsorientierter Abgaben zunächst noch verstärkt werden dürfte, sollte mit dem Einsatz von Fördermitteln, die sich an der Verbesserung der Energieeffizienz orientieren, begegnet werden. Auch Informationsmängel bei den potentiellen Investoren behindern die Umsetzung wirtschaftlicher Einsparmaßnahmen. In Untersuchungen zu möglichen Einsparpotentialen im Raumwärmebereich der Haushalte wird daher weiterhin auf die Notwendigkeit des Ausbaus der Energieberatungs-Infrastruktur hingewiesen (Enquête-Kommission „Schutz der Erdatmosphäre", 1995, S. 672 ff.; BEHRING und KARL, 1994, S. 249 f.; KOHLHAAS et al., 1994a, S. 217).

Verkehr

1110. Im Verkehrssektor sind die Emissionsvermeidungskosten bei CO_2 im allgemeinen höher als in anderen Sektoren (Tz. 1057). Eine für alle Sektoren einheitliche Energieabgabe läßt aber auch hier gewisse Emissionsminderungen erwarten. Für eine nähere Betrachtung der Anpassungsmöglichkeiten ist vor allem der Straßenverkehr relevant, der sich aus motorisiertem Individualverkehr, öffentlichem Personenverkehr und dem Straßengüterverkehr zusammensetzt. Der Anteil der Ausgaben der Privaten Haushalte für Kraftstoff (ca. 4 %) und Energie insgesamt (ca. 8 %) an den Gesamtausgaben der Haushalte ist seit der Ölkrise Anfang der siebziger Jahre relativ konstant geblieben (Statistisches Bundesamt, BT-Drs. 12/7476, S. 26).

1111. Anpassungsfelder des Verkehrssektors an gestiegene Kraftstoffpreise und veränderte Einkommen sind Bestand, Nutzung und technische Effizienz von Fahrzeugen, für die jeweils eigene Preiselastizitäten geschätzt wurden. Die kurzfristige Preiselastizität der Kraftstoffnachfrage liegt bei etwa – 0,3, die langfristige bei etwa – 0,7, woran mit etwa 90 % die Erhöhung der technischen Effizienz beteiligt ist (DIW/IVM, 1993, S. 80 und dortige Literaturhinweise). Die individuelle Kraftstoffnachfrage für Pkw reagiert außer auf Einkommen und Kraftstoffpreise auch auf die fixen Kostenblöcke der Pkw-Haltung, und zwar zusammengenommen sogar ähnlich stark wie auf die Kraftstoffpreise (Tab. 5.16). Eine Erhöhung beispielsweise der Kfz-Steuern um 10 % hätte einen Rückgang der Kraftstoffnachfrage um 2,2 % zur Folge.

Tabelle 5.16

Elastizitäten der Kraftstoffnachfrage in der OECD

	Pkw-Bestand pro Kopf	Fahrleistung je Pkw	Spezifischer Kraftstoffverbrauch	Kraftstoffverbrauch pro Kopf gesamt
Abschreibung	–0,68	0,21		–0,51
Kfz-Steuer ...	–0,18	–0,05		–0,22
Kraftstoffpreis		–0,43	–0,29	–0,7
Einkommen ..	0,19	0,28	0,03	0,51

Quelle: STORCHMANN, 1993

Andere Schätzungen ermittelten eine noch weit preisunelastischere Kraftstoffnachfrage, noch unterhalb des seit 1989 bei 0,11 liegenden OECD-Durchschnitts (z.B. WENKE, 1994). Berücksichtigt werden muß die asymmetrische Natur der Elastizitäten, die bei steigenden Preisen deutlich höher sind als bei fallenden Preisen, und die Dämpfung der Preiselastizitäten der Kraftstoffnachfrage durch Erhöhungen der technischen Effizienz (WENKE, 1994).

1112. Die technischen Reduktionspotentiale bis 2005 wurden 1992 auf insgesamt 48 bis 52 % geschätzt (Tab. 5.17). Die Vermeidungskosten von CO_2 liegen für die ersten 30 % Verbrauchsreduktion auf der Basis von 1987 bei durchschnittlich 1 000 DM pro Fahrzeug und verdoppeln sich jeweils für weitere 10 % Reduktion. Andere Schätzungen gehen selbst für 30 bis 40 % Reduktion nur von Mehrkosten in

Höhe von 500 DM pro Fahrzeug aus (DIW/IVM, 1993, S. 85 ff.). Bei den Antriebskonzepten kann jedoch keine durchgreifende technische Verbesserung erwartet werden. Einen wirklichen Durchbruch bei energieverbrauchsbedingten Emissionen können weder der Magermotor noch Elektromotoren darstellen. Allenfalls die Brennstoffzelle eröffnet langfristig neue Perspektiven. Das größte „technische" Potential bietet ein verändertes Fahrverhalten.

Tabelle 5.17

Technische Reduktionspotentiale des Kraftstoffverbrauchs von Neufahrzeugen (Pkw) 1987 bis 2005

Maßnahmenfeld	Verbrauchsreduktionspotential von 1987 bis 2005 in %
Gewicht	6
Fahrtwiderstand	23
Wirkungsgrad	32
Nebenaggregate	3
Kraftstoffe	4
Leistungsminderung je 30 %	
(Ottokraftstoff)	13–19
(Dieselkraftstoff)	5–15
Gesamt (ohne Überschneidungen) .	48–52

Quelle: DIW/IVM, 1993, S. 83 ff.

Werden auch die Potentiale der Fahrleistungsreduktion genutzt, könnte durch die Verlagerung, Vermeidung und Verbesserung der Auslastung der Verbrauch von Ottokraftstoff von 1987 bis 2005 um 28 % (Dieselkraftstoff 18 %) abgesenkt werden (DIW/IVM, 1993, S. 83 ff.). Insgesamt ergeben sich deshalb trotz der prognostizierten Zunahme der Fahrleistung CO_2-Minderungspotentiale von 24 % bei Pkw (Tab. 5.18).

1113. Auf der Basis der Elastizitäten und Vermeidungskosten entwickelt die DIW/IVM-Studie von 1993 ein Szenario zur Wirkung einer Steuer im Verkehr, die als Zielwert einen Kraftstoffpreis von 4 DM/L ohne Mehrwertsteuer im Jahr 2005 (Dieselkraftstoff 4,44 DM/L) erreicht. Bei 2,9 % Inflation ergibt sich eine Steuer von real 2,61 DM/L im Jahr 2005 (Dieselkraftstoff 2,89 DM/L). Dies entspricht im Jahr 2005 einem Steuersatz von 1 544 DM/t CO_2-Emissionen oder 111,43 DM/GJ Primärenergie. Ohne Mehrwertsteuer wird ein Aufkommen von 50 Mrd. DM errechnet. Durch eine Abgabe in dieser Höhe steigen die Verkehrsausgaben der Privaten Haushalte aufgrund von Anpassungsreaktionen insge-

Tabelle 5.18

CO₂-Reduktionspotentiale im Verkehr
(1987 bis 2005)

	CO₂-Reduktions-potentiale Neufahrzeuge	CO₂-Reduktions-potentiale Flotte	Zunahme der Fahrleistung	Reduktions-potentiale Fahrleistung	Resultierende CO₂-Entwick-lung ohne Fahrleistungs-reduktion	Anteil an den Gesamt-emissionen des Verkehrs 2005
	in %					
Pkw	−52	−36	21	−25	−24	65
Lkw	−19	−13	35	o. A.	13	27
Bus	−23	−10	6	o. A.	−13	3

o. A. = ohne Angaben

Quelle: DIW/IVM, 1993, S. 83 ff.

samt um 25 % (Tab. 5.19). Die hier besonders interessierenden Emissionswirkungen wurden im Rahmen dieser Vorstudie nicht ermittelt.

1114. Im Güterstraßenverkehr wirkt sich eine Kraftstoffpreissteigerung auf 4,44 DM/L zuzüglich Mehrwertsteuer im Jahr 2005 (DIW/IVM, 1993, S. 128 ff.) nur begrenzt aus. Insgesamt beträgt die Transportkostenverteuerung im Güterverkehr 27 Mrd. DM, etwa 0,7 % des Produktionswertes (DIW/IVM, 1993). Daraus resultierende Emissionswirkungen wurden nicht errechnet.

1115. Die 1991/92 prognostizierten Zuwachsraten (DIW/IVU/IFEU, 1994) des Güterverkehrs werden insgesamt nicht erreicht, da die Verkehrsleistung der Bahn im Güterverkehr von 1988 bis 1994 um 43 % abgenommen hat. Demgegenüber hat der Straßengüterverkehr im gleichen Zeitraum um mehr als ein Drittel zugenommen (HOPF und KUHFELD, 1995, S. 247 f.). Bezogen auf 1994 werden bis 2010 folgende Zuwachsraten erwartet: Bahn + 90 %, Straße + 59 % und Binnenschiff + 63 % (ebenda S. 248).

1116. Verschiedene Reduktionsszenarien berücksichtigen ein ganzes Bündel von ordnungspolitischen und ökonomischen Instrumenten, um zu einer Abschätzung des gesamten Reduktionspotentials im Verkehr zu gelangen (Tab. 5.20). So fließen beispiels-

Tabelle 5.19

Veränderung der Verkehrsausgaben der Privaten Haushalte durch eine
Energiepreissteigerung auf nominal 4 DM/L Ottokraftstoff bis 2005 (ohne MwSt.)

	Personenverkehr					
	Ist 1990	Primärer Preiseffekt	Technische Anpassung	Verlagerung und Vermeidung	Gesamteffekt 2005	
	Mrd. DM					Veränderung gegenüber 1990 in %
Private Kfz	172,0	277,3	−42,1	−23,1	212,1	23,2
− Anschaffung	78,0	78,0	12,9	− 4,6	86,3	10,6
− Kraftstoffe	39,0	144,3	−61,2	−12,1	71,0	82,1
− Sonstiges	55,0	55,0	6,2	− 6,4	54,8	−0,4
Bahn und ÖPV	17,0	22,7	− 1,7	3,5	24,5	44,1
Sonstige	6,1	8,3	− 0,5	0	7,8	27,9
Gesamt	195,1	308,3	−44,3	−19,6	244,4	25,3

Quelle: DIW/IVM, 1993

Tabelle 5.20

Reduktionsszenarien der Verkehrsemissionen

	Verkehr gesamt		Güterverkehr gesamt		Güterverkehr Straße	
	Trend 1988–2005	Reduktions-szenario, Höpfner und Knörr (1988–2005)	Trend 1988–2010	Reduktions-szenario DIW/IFEU/IVU (1988–2010)	Trend 1988–2010	Reduktions-szenario DIW/IFEU/IVU (1988–2010)
	Änderung in %					
CO_2	38	2	53	24	91	26
NO_x	–32	–59	0	–47	14	–50
HC	–67	–82	0	–39	36	–32
CO	–59	–80	7	–45	41	–41
SO_2	–70	–76	–83	–85	–62	–75
Partikel			–55	–72	–45	–75

Quelle: HOPF und KUHFELD, 1995; HÖPFNER und KNÖRR, 1992

weise in das DIW/IFEU/IVU-Szenario über 60 Einzelmaßnahmen ein, darunter eine Transportkostenerhöhung von etwa 60 % gegenüber der Trendprognose.

Wichtigste Ursache der Emissionsminderung ist die Verlagerung vom Straßengüterverkehr auf die Bahn. Expertenbefragungen ergaben, daß sich angesichts des vorgeschlagenen umweltpolitischen Maßnahmenkatalogs etwa 8 % des gesamten Güterverkehrsaufkommens von der Straße auf die Schiene verlagern würde. Zusätzlich würden rund 3 % des Transportaufkommens (20 Mio. t) im Straßengüterverkehr gegenüber dem Trendszenario vermieden und die durchschnittliche Auslastung um 4 % gesteigert. Insgesamt könnte die Verkehrsleistung auf der Straße gegenüber dem Trendszenario um ein Viertel reduziert werden (HOPF und KUHFELD, 1995, S. 258 f.).

1117. Nach Angaben von Verladern und Transportunternehmern wäre eine Erhöhung der Mineralölsteuer ein geeigneter Anreiz einer verbrauchsorientierten Umstrukturierung der Fahrzeugflotte, hätte aber eher geringe Auswirkungen auf die Transporthäufigkeiten und -entfernungen. Als wichtigste Folge einer 30 %igen Erhöhung der inländischen Transportkosten wurde jedoch mit großem Abstand das Ausflaggen genannt, gefolgt von verbessertem Fuhrparkmanagement und der Teilnahme am kombinierten Verkehr. Größere Impulse zur Verbesserung des Auslastungsgrades, zur Vermeidung von Leerfahrten und zur Teilnahme am kombinierten Verkehr verspricht man sich von der Einführung von Straßenbenutzungsgebühren (BAUM und SARIKAYA, 1995).

1118. Weder im Personen- noch im Güterverkehr wäre somit auch bei einer Verdopplung der Transportkosten über die Kraftstoffpreise ein weiterer Anstieg der CO_2-Emissionen zu vermeiden. Als Konse-

quenz werden ein erheblich höherer CO_2-Steuersatz für den Verkehrssektor (z.B. STEENBLOCK et al., 1995) oder begleitende ordnungsrechtliche Maßnahmen gefordert. Angesichts der offensichtlich hohen Vermeidungskosten im Verkehr muß jedoch aus dem Blickwinkel einer effizienten CO_2-Politik, die die Emissionsvermeidungspotentiale über einen einheitlichen Abgabensatz dort nutzt, wo diese am kostengünstigsten zu realisieren sind, die Notwendigkeit einer Gleichbehandlung aller CO_2-Emissionen unabhängig von ihrem Ursprung unterstrichen werden (Tz. 1056). Eine dennoch relativ höhere Belastung des Verkehrssektors ergibt sich allenfalls aufgrund der Beschäftigungseffekte einer Industriebesteuerung im Rahmen eines nationalen Alleingangs.

5.3.2.5 Ökologische Wirkungen der Anpassungs- und Ausweichreaktionen

1119. Die ökologischen Wirkungen einer Energieabgabe bestehen neben der Reduktion von CO_2-Emissionen auch im Rückgang anderer mit den Verbrennungsprozessen verbundener Emissionen von Luftschadstoffen, Abwasser und Abfällen. Dabei wirken nicht nur die Brennstoffsubstitution und die Erhöhung der Energieeffizienz ökologisch positiv, sondern – oft stärker – preisbedingte Reduktionen der Nachfrage. Während die Veränderung der CO_2-Emissionen direkt aus der Prognose der Brennstoffverbräuche errechnet werden kann, gestaltet sich die Wirkungsanalyse für andere Emissionen wesentlich komplizierter. Hierzu wurden die bereits vorliegenden Prognosen des DIW (KOHLHAAS et al., 1994 a) mit dem Modell der Emittentenstruktur von HOHMEYER et al. (1992) kombiniert. Beispiele für mit dem Energieverbrauch zusammenhängende Umweltnutzungen sollen die ökologische Wirkung einer Energieabgabe auch auf andere Emissionen als die von CO_2 deutlich machen und die Notwendigkeit

373

aufzeigen, eine wie auch immer ausgestaltete Verteuerung fossiler Brennstoffe mit dem Einsatz weiterer umweltpolitischer Instrumente zu flankieren.

Das ZEW-Modell

1120. Das ZEW hat für den Umweltrat die ökologische Wirkung der vom DIW vorgeschlagenen Energiesteuer (mit Rückverteilung des Steueraufkommens) im Vergleich zum Referenzszenario 2010 untersucht (HOHMEYER et al., 1995). Mengen-, Preis- und Emissionseffekte werden in einem statischen makroökonomischen Ansatz, ausgehend von

- der (bereinigten) Energiebilanz 1990,

- der Input-Output-Tabelle des Statistischen Bundesamtes (für das Jahr 1990),

- der Emittentenstruktur-Studie (HOHMEYER et al., 1992) und

- der DIW-Studie für Greenpeace (KOHLHAAS et al., 1994 a)

bis 2010 prognostiziert. Dabei werden nur die alten Bundesländer betrachtet, der technische Fortschritt exogen vorgegeben, Verlagerungen ins Ausland ausgeschlossen und die Annahmen der Emittentenstruktur-Studie bezüglich der Emissionskoeffizienten und der Vorleistungsberechnung beibehalten.

1121. Diese und weitere Annahmen in den Modellen sowie Inkonsistenzen der Teilmodelle untereinander führen zu einer systematischen Überschätzung des Energienachfrage- und Emissionsrückgangs infolge der Energiebesteuerung (vgl. BÖHRINGER et al., 1994, S. 623), deren Größenordnung hier nicht quantifiziert werden kann. Problematisch ist insbesondere die unzureichende Abbildung der internationalen Verflechtungen, für die das beim ZEW vorliegende Modellinstrumentarium fortentwickelt werden sollte (Tz. 1080). Aus den genannten Gründen dienen die berechneten Emissionsszenarien als erste Anhaltspunkte, die tendenziell zu optimistische nationale Minderungswerte darstellen und sich nur unter Vorbehalt auf andere als die vom DIW gewählten Steuersätze und Verwendungsmöglichkeiten der Einnahmen (Exkurs in Abschn. 5.3.2.4) übertragen lassen.

1122. Andere Forschungsstellen setzen eher ingenieurwissenschaftlich basierte Modelle ein und legen den Schwerpunkt auf die Abbildung prozeßspezifischer Einsparpotentiale und Elastizitäten, zum Beispiel die Forschungsstelle für Energiewirtschaft der Gesellschaft für Praktische Energiekunde (FfE),

München, das Institut für Industriebetriebslehre und Industrielle Produktion (IIP) der TH Karlsruhe, das Institut für Systemanalyse und Innovationstechnik der Fraunhofer-Gesellschaft (FhG-ISI), Karlsruhe, das Institut für Energiewirtschaft und Rationelle Energieanwendung (IER), Stuttgart, das Rheinisch-Westfälische Institut für Wirtschaftsforschung (RWI), Essen, und das Wuppertal Institut für Klima, Umwelt, Energie.

1123. Vom ZEW (HOHMEYER et al., 1995) wurden die Emissionsänderungen für vier Luftschadstoffe CO_2, SO_2, NO_x und VOC (flüchtige organische Kohlenstoffverbindungen ohne Deponie-, Gruben- und Klärgase) mittels der Verknüpfungen „Produktion – Produktspezifischer Einsatz von Energie – Energiebezogene Emissionsfaktoren – Emissionen" für die Emissionen aus Verbrennungsprozessen (über 98 % der Gesamtemissionen der untersuchten Luftschadstoffe) berechnet. Zusätzlich wurden die zu erwartenden Reduktionen der Abfall- und Abwassermengen geschätzt.

Der Vergleich zwischen Referenz- und Steuerszenario wird auf das Jahr 2010 bezogen, das zugrundeliegende DIW-Modell geht dabei von einer systematischen Energiepreisverteuerung bereits ab dem 1. Januar 1995 aus.

Entwicklung der Kohlendioxid-(CO_2-)Emissionen

1124. Im Referenzszenario steigt die CO_2-Belastung bis 2010 um insgesamt rund 8 % gegenüber 1990 an, während sich für das Steuerszenario eine Reduktion von rund 24 % ergibt (Abb. 5.5). Am größten fallen die Veränderungen bei der Erzeugung und Verteilung von Elektrizität, Dampf und Warmwasser aus: Hier steht, bezogen auf 1990, einer Erhöhung der CO_2-Emissionen um 9 % bis 2010 im Referenzszenario eine Verminderung um 41 % im Steuerszenario gegenüber. Dadurch verringert sich der Anteil der Stromversorgung an den Gesamtemissionen um 8 %. Bei den Privaten Haushalten beträgt die CO_2-Einsparung rund 26 % gegenüber der Ausgangssituation 1990 und rund 32 % gegenüber dem Referenzszenario 2010. Dies bedeutet, daß bei Einführung des vom DIW vorgeschlagenen Steuersatzes und Progressionspfades bis zum Jahr 2010 zwar ein wesentlicher Beitrag zur Reduktion der nationalen CO_2-Emissionen geleistet wird, das von der Bundesregierung aber bereits für das Jahr 2005 anvisierte Minderungsziel jedoch nur mit höheren Abgabensätzen oder zusätzlichen, tendenziell ökonomisch ineffizienteren Instrumenten erreicht werden könnte.

Abbildung 5.5

Entwicklung der CO$_2$-Emissionen mit und ohne Energiesteuer nach dem DIW-Konzept

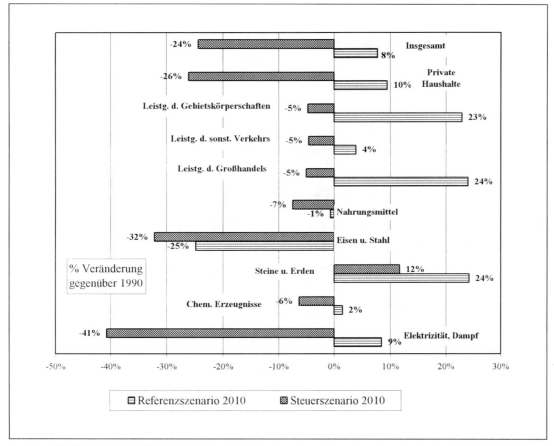

Quelle: HOHMEYER et al., 1995; verändert

Entwicklung der Schwefeldioxid-(SO$_2$-)Emissionen

1125. Die erfaßten SO$_2$-Emissionen aus der Verbrennung schwefelhaltiger Brenn- und Kraftstoffe berücksichtigen sowohl brennstoff- wie auch abgasseitige Entschwefelungsmaßnahmen entsprechend dem Ist-Zustand im Referenzszenario. Im Referenzszenario steigen die SO$_2$-Emissionen bis 2010 insgesamt um 7 % an, während das Steuerszenario einen starken Rückgang um 28 % aufweist, der vor allem bei der Erzeugung und Verteilung von Elektrizität, Dampf und Warmwasser erzielt wird (Abb. 5.6). Die Spanne zwischen Steuer- und Referenzszenario fällt in diesem Bereich mit rund 45 %, bezogen auf das Referenzszenario 2010, am höchsten aus, und zwar bedingt durch die angenommene Wirkungsgraderhöhung der Kraftwerke, die auch die spezifischen SO$_2$-Emissionen sinken läßt. Eine weitere kräftige Senkung der SO$_2$-Emissionen leistet der Sektor Private Haushalte. Hier sinken im Steuerszenario die SO$_2$-Emissionen um 26 %, während das Referenzszenario einen Anstieg von 10 % aufweist. Die geplante Senkung des Schwefelgehalts in leichtem Heizöl und in Dieselkraftstoff konnte im Modell nicht abgebildet werden. Diese Maßnahme dürfte wesentliche Verschiebungen der Emissionsanteile bewirken.

Abbildung 5.6

Entwicklung der SO₂-Emissionen mit und ohne Energiesteuer nach dem DIW-Konzept

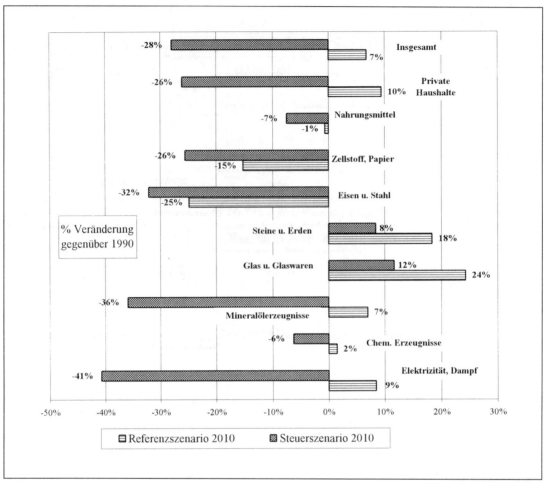

Quelle: HOHMEYER et al., 1995; verändert

Entwicklung der Stickstoffoxid-(NOₓ-)Emissionen

1126. Eine Energiesteuer nach dem DIW-Muster verringert die NOₓ-Emissionen im Jahr 2010 insgesamt um 20 % gegenüber 1990. Dem steht eine Steigerung von 10 % im Referenzszenario gegenüber (Abb. 5.7). Eine Energieabgabe kann demnach nur einen kleinen Beitrag zu der vom Umweltrat gegenüber 1987 empfohlenen verkehrsbezogenen Emissionsreduktion um 80 % leisten (SRU, 1994, Tz. 750 ff.; Tab. III.13, S. 274). Während bei der Erzeugung und Verteilung von Elektrizität, Dampf und Warmwasser durch die Steuer die NOₓ-Emissionen um 41 % gegenüber dem Ausgangsjahr 1990 zurückgehen (Referenzszenario + 9 %) ergibt sich für den vom Individualverkehr geprägten Bereich Private Haushalte eine NOₓ-Minderung von 26 % (Referenzszenario + 10 %). Die Dienstleistungen des sonstigen Verkehrs, worunter der gesamte Straßengüterverkehr fällt, zeigen demgegenüber nur geringe Veränderungen. Bei den Leistungen des Großhandels sowie des Einzelhandels führt die Energiesteuer zwar lediglich zu einer Verringerung der NOₓ-Emissionen um 5 % gegenüber 1990, dem steht aber eine zu erwartende Zunahme der Emissionen um etwa 24 % bis zum Jahre 2010 im Szenario ohne Energieverteuerung gegenüber.

Abbildung 5.7

Entwicklung der NO_x-Emissionen mit und ohne Energiesteuer nach dem DIW-Konzept

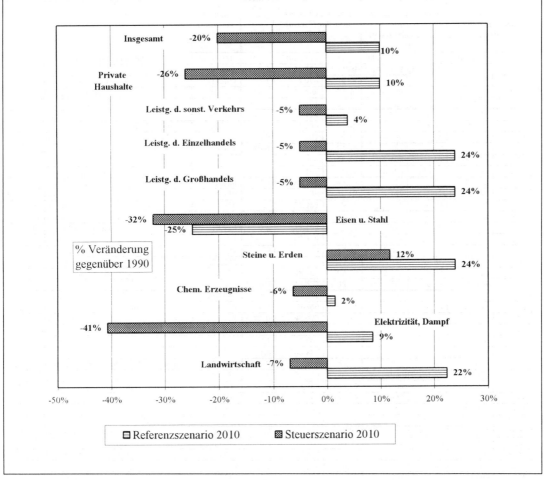

Quelle: HOHMEYER et al., 1995; verändert

Entwicklung der VOC-Emissionen

1127. Eine Primärenergiebesteuerung in Höhe der Sätze des DIW-Vorschlags kann eine Minderung der VOC-Emissionen um insgesamt 19 % bewirken, während diese im Referenzszenario um 11 % und etwa im Groß- und Einzelhandel sogar um 24 % steigen würden (Abb. 5.8). Betrachtet man die beispielsweise von der Enquête-Kommission „Vorsorge zum Schutz der Erdatmosphäre" (1990, Bd. 1, S. 86, 88) gegenüber 1987 empfohlene Reduktion um 80 %, wird deutlich, daß hier unabhängig von der Erhebung einer Energiesteuer dringender umweltpolitischer Handlungsbedarf besteht. Die Privaten Haushalte waren 1990 für 64 % der VOC-Emissionen insbesondere durch den Verkehr verantwortlich; die untersuchte Energiebesteuerung induziert hier deutliche Emissionssenkungen.

Entwicklung des Abwasseraufkommens

1128. Die Analyse des Abwasseraufkommens kann qualitativ unterschiedliche Belastungen der Abwässer nicht berücksichtigen. Die Gleichbehandlung zum Beispiel von Kühlabwasser (Anh. 31 zur RAVn. § 7a WHG) scheint allerdings nicht völlig unberechtigt, wenn man bedenkt, daß dieses gewässerökologisch besonders kritische Inhaltsstoffe zwar in niedrigen Konzentrationen, jedoch in relevanten Mengen enthält (HAHN, 1993). Des weiteren wird eine lineare Abwasserproduktion mit konstanten Emissionsfaktoren pro DM Produktionswert angenommen. Die prozentualen Abwassermengenänderungen entsprechen somit den prognostizierten Änderungen der Produktionsmengen in den Produktionsbereichen (Tab. 5.9). Neuere technikbedingte Entwicklungen (z.B. stark reduzierte Mengenströme

Abbildung 5.8

Entwicklung der VOC-Emissionen mit und ohne Energiesteuer nach dem DIW-Konzept

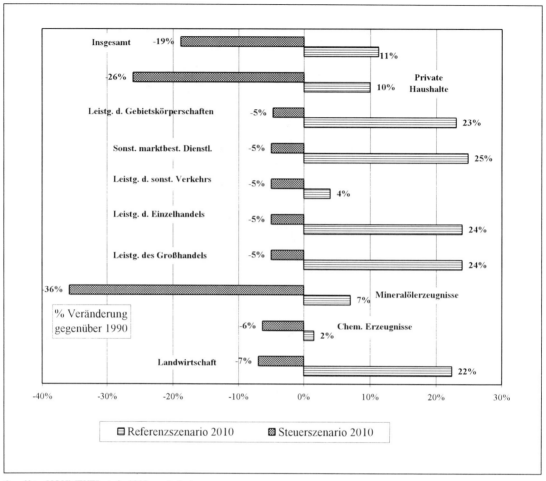

Quelle: HOHMEYER et al., 1995; verändert

durch produktionsintegrierten Umweltschutz) sowie der Einfluß der Energiebesteuerung auf die Abwasserbehandlungstechnik (z.B. stärkere finanzielle Belastung energieintensiver Hochleistungs-Bioverfahren, Abwasserverbrennung mit Hilfe von Stützfeuerung) können im Modell nicht abgebildet werden. Die Verminderungen durch die Energiesteuer gegenüber dem Referenzszenario 2010 sind in den Produktionsbereichen Elektrizität, Dampf und Warmwasser sowie Eisen und Stahl am größten. Bei den Privaten Haushalten können keine Mengenänderungen geschätzt werden. Insgesamt verringern sich die anfallenden Abwässer durch eine Energiebesteuerung gegenüber dem Referenzszenario 2010 um etwa 16 %.

Entwicklung des Abfallaufkommens

1129. Grundlage für die Berechnung des Abfallaufkommens ist die Verknüpfung der sektorspezifischen

Produktionswerte mit entsprechenden Abfallkoeffizienten. Aufgrund sektoraler Wachstumsraten steigt das Abfallaufkommen des Produzierenden Gewerbes (ohne Bauschutt) trotz der Energiebesteuerung von etwa 73,8 Mio. t 1990 auf rund 90,7 Mio. t im Jahr 2010, also um etwa 23 % (Abb. 5.9). Dies sind 8 % weniger als im Referenzszenario (98,5 Mio. t). Durch die um etwa drei bis vier Jahre zurückhängende Datenbasis werden dabei neuere Entwicklungen bei den anfallenden Abfallmengen, die in den letzten Jahren in einigen Branchen und bei einigen Abfallarten zu Rückgängen von über 20 % geführt haben (Tz. 377 und Abb. 2.17), nicht berücksichtigt. Damit wird sowohl das Wachstum der Abfallmengen im Referenzszenario wie auch die ohnehin geringe Wirkung der Energiesteuer überschätzt. Eine Besonderheit stellt die Eisen- und Stahl-Erzeugung dar, in der bereits im Referenzszenario das Abfallaufkommen aufgrund der sinkenden Produktionsmengen bis zum

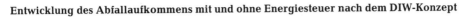

Abbildung 5.9

Entwicklung des Abfallaufkommens mit und ohne Energiesteuer nach dem DIW-Konzept

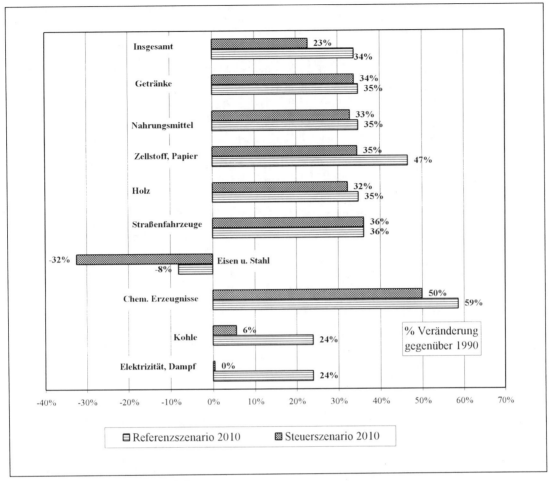

Quelle: HOHMEYER et al., 1995; verändert

Jahre 2010 um etwa 8 % zurückgeht. Da eine Energiebesteuerung insbesondere diesen Mengenrückgang stark forcieren würde, kann ein Rückgang der sektoralen Abfälle um insgesamt 34 % erwartet werden. Die Veränderungen des Abfallaufkommens bei den Privaten Haushalten werden im Modell nicht abgebildet.

Sensitivität der Ergebnisse bezüglich der angenommenen Emissionskoeffizienten am Beispiel von VOC und Stickstoffoxiden

1130. Die Schätzung der Emissionsentwicklung mit dem Emittentenstrukturmodell ist abhängig von der Höhe der produktspezifischen Emissionsfaktoren, deren Über- beziehungsweise Unterschätzung möglicherweise zu erheblichen Schätzfehlern führt. Um dies zu prüfen, wurde für VOC und Stickstoffoxide in

einer Sensitivitätsanalyse errechnet, wie empfindlich die prognostizierten Gesamtemissionen einer Branche auf Änderungen der vorgegebenen Emissionsfaktoren reagieren.

Bei der Bestimmung der Emissionsfaktoren gibt es grundsätzlich zwei Verfahren: die Berechnung aus meßtechnisch gewonnenen Daten (technischer Ansatz) und die Berechnung aus durch statistische Erhebungen gewonnenen Daten (statistischer Ansatz). Das ZEW-Modell arbeitet mit technisch ermittelten Emissionsfaktoren, deren Datensatz für die Emittentenstrukturstudie (HOHMEYER et al., 1992) vom Umweltbundesamt zur Verfügung gestellt wurde.

1131. In der angestellten Sensitivitätsbetrachtung wurden die auf den Brennstoffeinsatz bezogenen Emissionsfaktoren mit symmetrischen Schwankungsbreiten belegt, die für NO$_x$ und VOC branchenspezifisch zwischen 15 und 40 % liegen. Diese Schwankungsbreiten wurden aus Expertenbefragungen und durch Literaturrecherchen ermittelt. Die sich ergebenden Minimum- beziehungsweise Maximum-Emissionsszenarien werden mit den bisherigen Aussagen zum Referenz- beziehungsweise Steuerszenario verglichen.

1132. Die Verwendung von zum Teil deutlich abweichenden Emissionskoeffizienten bewirkt bei beiden Schadstoffen im Ergebnis nur relativ geringfügige Unterschiede in den Emissionsszenarien. Die Unterschiede zwischen den beschriebenen Reduktionswirkungen einer Energiebesteuerung und den Minimum-/Maximum-Szenarien liegen für das Jahr 2010 im Fehlerbereich von weit weniger als 10 %. Bei NO_x beziehungsweise VOC weichen die Emissionen um ± 0,65 beziehungsweise ± 1,03 % von den im Mittel berechneten Werten ab. Der Einfluß der Variablen Wirtschaftswachstum, Preisentwicklung und Preiselastizität der Güternachfrage begrenzen die Bedeutung von Schwankungen der Emissionsfaktoren für das Modellergebnis folglich deutlich. Im Umkehrschluß kann die Bedeutung des technischen Fortschritts für die Emissionsreduktion relativiert werden: Nur wesentlich verringerte Emissionsfaktoren wirken sich auf die Gesamtemissionen aus, wenn nicht gleichzeitig die zugrundeliegenden Materialinput- beziehungsweise Materialoutputströme ebenfalls deutlich reduziert werden.

5.3.2.6 Zusammenfassende Beurteilung der ökologischen Wirkungen einer Energieabgabe

1133. In der Studie des DIW stand die Berechnung der gesamtwirtschaftlichen Effekte einer Energiebesteuerung im Vordergrund. Für einzelne Wirtschaftssektoren wurden dabei Preisbelastungen durch die Energiebesteuerung ermittelt. Dadurch induzierte Veränderungen der Nachfrage fanden keine Berücksichtigung. Entsprechend versucht der Umweltrat durch Betrachtung der sektoralen Veränderungen der Produktion die Änderungen der Struktur und des Umfangs der Luft-, Abfall- und Abwasseremissionen abzuschätzen, die sich unmittelbar aus den durch eine Energiebesteuerung ausgelösten Preisveränderungen ergeben. Dazu werden die Berechnungen des DIW mit dem Modell der Emittentenstruktur des ZEW makroökonomisch verknüpft und den Produktionsbereichen der Input-Output-Tabellen des Statistischen Bundesamtes zugeordnet. Gegenüber den DIW-Berechnungen werden insbesondere zwei Arten von Elastizitäten auf der Basis vorliegender Studien eingeführt: sektorale Preiselastizitäten der Güternachfrage und prozeßbezogene Emissionsfaktoren.

1134. Eine Energieabgabe, die, unter Beibehaltung der bestehenden Mineralölsteuer, von 0,63 DM/GJ auf real 17,57 DM/GJ im sechzehnten Jahr steigt (KOHLHAAS et al., 1994a), kann zu einer Erreichung der von der Bundesregierung angestrebten Minderung der CO_2-Emissionen führen, allerdings erst im Jahr 2010, wenn erhebliche Nachfragerückgänge in einigen Branchen ohne Ausnahmen von der Steuer

hingenommen werden und wenn eine solche Abgabe bereits 1995 eingeführt worden wäre. In einzelnen energieintensiven Produktionsbereichen ergeben sich erhebliche Reduktionen der Luftschadstoffemissionen, zum Beispiel bei der Stromerzeugung bedingt durch die Wirkungsgraderhöhung und Substitutionseffekte bei den Brennstoffen und in der Eisen- und Stahlerzeugung aufgrund der Produktionsmengenreduktion. Bei den Verkehrsdienstleistungen werden dagegen kaum Minderungseffekte erzielt.

1135. Die begrenzte Breitenwirksamkeit einer Energiebesteuerung erfordert den Einsatz ergänzender Abgaben oder anderer Instrumente, um die erheblich höheren Minderungsziele bei allen anderen untersuchten Schadstoffen außer CO_2 zu erzielen (Tab. 5.21). Die Rückgänge bei VOC oder NO_x von jeweils rund 20 % fallen gegenüber den Reduktionszielen eher bescheiden aus.

Die im Zusammenhang mit einer Energiesteuer vielfach neben dem Klimaschutz genannten Ziele der Ressourcenschonung und der Reduzierung von Abfällen können mit anderen Instrumenten ohnehin wirksamer erreicht werden als mit der Besteuerung des Energieverbrauchs. Die Wirkungen der Energiebesteuerung im Abfall- und Abwasserbereich sind fast ausschließlich auf den induzierten Rückgang der Produktionsmengen zurückzuführen und als äußerst gering einzuschätzen.

1136. Eine Energiebesteuerung muß demnach durch weitere Abgaben und Instrumente ergänzt werden, um die Emissionsziele zu erreichen. Dazu gehören weitere Bausteine der umweltgerechten Finanzreform wie auch ordnungsrechtliche Instrumente. Um von seiten der Umweltpolitik spezifische Abgaben für andere Schadstoffe erheben zu können, wäre eine CO_2-Abgabe gegenüber einer Energieabgabe vorzuziehen, da das CO_2-Minderungsziel mit einer CO_2-Abgabe zu geringeren Kosten erreicht werden kann, sobald Hemmnisse der Brennstoffsubstitution beseitigt werden.

Aufgrund der Unsicherheiten bezüglich der Anpassungsreaktionen sollte das Abgabensystem hinsichtlich der Abgabensätze, der Einführung von Abgaben auf neue Schadstoffe und der Bezugnahme auf Umweltqualitätsziele flexibel gestaltet werden. Die gebotene umweltgerechte Finanzreform darf sich nicht in der Einführung einer CO_2- und/oder Energieabgabe erschöpfen. Die Besteuerung der fossilen Brennstoffe kann aber, wie hier gezeigt, einen Einstieg in eine effiziente und effektive Emissionssenkung darstellen.

5.3.3 Rechtliche Möglichkeiten und Schranken der Ausgestaltung einer Abgabe auf fossile Energieträger

Die Problematik

1137. Die Ausgestaltung einer Umweltabgabe auf Produktionsmittel, zum Beispiel Brennstoffe und Energie, als Steuer im Sinne des Finanzverfassungsrechts ist grundsätzlich möglich.

Tabelle 5.21

Emissionsreduktionen bis 2010 durch eine Energieabgabe nach dem DIW-Konzept

	Referenzszenario 1990–2010	Steuerszenario 1990–2010	Enquête-Kommission Reduktionsziele 1987–2005
	in %		
Energieverbrauch	7	–22	
davon: Haushalte (inkl. Verkehr)	9	–25	
Leistungen des sonstigen Verkehrs . .	4	– 4	
CO_2	8	–24	–30
davon: Elektrizitätswirtschaft	9	–41	
Haushalte (inkl. Verkehr)	10	–26	
Leistungen des sonstigen Verkehrs . .	4	– 5	
SO_2	7	–28	
davon: Elektrizitätswirtschaft	9	–41	
Haushalte (inkl. Verkehr)	10	–26	
NO_x	10	–20	–50
davon: Elektrizitätswirtschaft	9	–41	
Haushalte (inkl. Verkehr)	10	–26	
Leistungen des sonstigen Verkehrs . .	4	– 5	
VOC	11	–19	–80
davon: Haushalte (inkl. Verkehr)	10	–26	
Leistungen des sonstigen Verkehrs . .	4	– 5	
Abfall	34	23	
davon: Stahlindustrie	– 8	–32	
Abwasser	25	–16	

Quelle: HOHMEYER et al., 1995; Enquête-Kommission „Vorsorge zum Schutz der Erdatmosphäre", 1990, Bd. 1, S. 88; eigene Darstellung

Der Steuerbegriff wird im Grundgesetz nicht definiert, jedoch mit dem einfach-gesetzlich bestehenden Inhalt vorausgesetzt (BVerfGE 3, 407, 435). Steuern sind in Abgrenzung zu Gebühren und Beiträgen danach „Geldleistungen, die nicht eine Gegenleistung für eine besondere Leistung darstellen und von einem öffentlich-rechtlichen Gemeinwesen zur Erzielung von Einnahmen allen auferlegt werden, bei denen der Tatbestand zutrifft, an den das Gesetz die Leistungspflicht knüpft (§ 3 Abs. 1 AO)". Eine Umweltabgabe auf den Stromverbrauch beziehungsweise den Einsatz bestimmter Brennstoffe bei der Produktion wird zusätzlich zum Preis der Ressource erhoben und soll gerade kein Entgelt für den Verbrauch von Umweltressourcen, also keine Umweltnutzungsabgabe sein. Mithin kommt ihr kein Gegenleistungscharakter zu.

1138. Kennzeichnend für die Steuern sind darüber hinaus Voraussetzungslosigkeit und – zumindest als Nebenzweck – die Einnahmenerzielung (BVerfGE 65, 325, 344; BVerwG, NVwZ 1995, 59; BREUER 1992, S. 488). Eine Umweltabgabe unterfällt deshalb nur dann nicht dem Steuerbegriff, wenn es sich um eine reine Lenkungsabgabe ohne fiskalische Zielsetzung handelt. Eine CO_2- und/oder Energieabgabe dient jedenfalls auch der Einnahmenerzielung. Unschädlich ist, daß daneben eine Lenkung des Steuerpflichtigen im Hinblick auf eine Verringerung des Verbrauchs und der Nutzung von Umweltressourcen beabsichtigt ist.

1139. Problematisch ist jedoch, ob eine derartige Steuer einer der in Artikel 105, 106 GG bezeichneten Steuerarten entspricht, insbesondere, ob es sich um eine Verbrauchsteuer im Sinne von Artikel 105 Abs. 2, 106 Abs. 1 Nr. 2 GG handelt, für die dem Bund ohne weiteres die Kompetenz zur Einführung zusteht. Diese Frage wäre von vornherein unerheblich, wenn man davon ausgehen könnte, daß dem Bund auch über den Katalog der in Artikel 105, 106 GG bezeichneten Steuerarten hinaus ein „Steuerfindungsrecht" zukommt.

Zur Zulässigkeit von Umweltsteuern außerhalb des in Artikel 106 GG aufgeführten Steuertypenkatalogs

1140. Nach Artikel 105 Abs. 1 GG hat der Bund die ausschließliche Gesetzgebungskompetenz über die Zölle und Finanzmonopole, nach Artikel 105 Abs. 2 GG die konkurrierende Gesetzgebungskompetenz über die „übrigen Steuern, wenn ihm das Aufkommen dieser Steuern ganz oder zum Teil zusteht oder die Voraussetzungen des Artikel 72 Abs. 2 GG vorliegen". Die Formulierung „die übrigen Steuern" kann sowohl alle denkbaren als auch im Hinblick auf Artikel 106 GG nur die im Katalog des Artikel 106 GG erwähnten Steuern und Steuerarten meinen, so daß eine Auslegung der Regelungen erforderlich ist.

1141. Die Entstehungsgeschichte der Regelung hilft insoweit nicht weiter, da der Wille des Gesetzgebers darin nicht hinreichend deutlich zum Ausdruck kommt. So wird einerseits die Neufassung des Artikel 105 Abs. 2 GG ausdrücklich damit gerechtfertigt, es sei „sachlich nicht begründet, die Gesetzgebung des Bundes auf bestimmte Steuerkategorien zu beschränken" (BT-Drs. 5/2861, Tz. 128), ohne daß sich dies im Wortlaut der Verfassung niedergeschlagen hätte. Gleichzeitig wird in den Materialien auch darauf hingewiesen, ausdrückliches Ziel des Finanzreformgesetzes sei, „für die Aufteilung der Steuern ein möglichst dauerhaftes und überschaubar gestaltetes System zu schaffen, das eine Anpassung an den sich ändernden Mittelbedarf der einzelnen Ebenen gewährleistet und so angelegt ist, daß unnötige Auseinandersetzungen zwischen Bund und Ländern vermieden werden" (BT-Drs. 5/2861, Tz. 12 Nr. 4, Tz. 134). Die Materialien enthalten demnach widersprüchliche Äußerungen, nämlich einmal, keine Beschränkung zu beabsichtigen, zugleich aber, ein dauerhaftes System schaffen zu wollen (MÜLLER, 1994, S. 133).

1142. Der Annahme, Artikel 106 GG setze dem Steuerfindungsrecht des Gesetzgebers mangels ausdrücklicher Verweisung in Artikel 105 GG keine Grenzen, weil die Steuerkompetenz ausschließlich nach Artikel 105 GG bewertet werden könne und Artikel 106 GG lediglich die Aufkommensverteilung regele (so SELMER, 1992, S. 38 f.; OSTERLOH, 1991, S. 828; FISCHER-MENSHAUSEN, 1983, Art. 105, Rdn. 17), stehen jedoch systematische Einwände entgegen. Diese liegen darin begründet, daß der Verfassungsgeber in Artikel 106 GG nicht nur die Bundeszuständigkeit geregelt, sondern auch einzelne Steuern den Ländern zugewiesen hat. Da nach der im Grundgesetz sonst üblichen Regelungsweise dem Bund enumerativ aufgeführte Kompetenzen zugewiesen werden und den Ländern für die nicht genannten Sachgebiete die Aufgabenzuständigkeit bleibt (Art. 70–75 GG für die Gesetzeskompetenz, Art. 83–91 GG für die Verwaltungskompetenz), könnte man schon aus der genauen Verteilung der Ertragshoheit in Artikel 106 GG schließen, daß diese

Regelung abschließend sei und kein Raum für die Erhebung nicht genannter Steuerarten bleibe (MÜLLER, 1994, S. 133; RODI, 1993, S. 45; HÖFLING, 1992, S. 244; BIRK, 1989, Art. 105, Rdn. 21, Art. 106, Rdn. 6; FÖRSTER, 1989, S. 35; VOGEL, 1980, S. 579; VOGEL und WALTER, 1971, Art. 105, Rdn. 65 f.).

1143. Entscheidend ist aber, daß für die im Steuerkatalog des Artikel 106 GG nicht genannten Steuern und Steuerarten keine Regelung der Ertragshoheit, etwa in Form eines Auffangtatbestandes besteht (BIRK, 1989, Art. 106, Rdn. 6). Zwar wird die Auffassung vertreten, daß die Ertragshoheit bei dem Gemeinwesen liege, das die Steuer „erfindet" und dadurch für sich in Anspruch nimmt (SELMER, 1992, S. 38). Als Folge einer solchen Betrachtungsweise würden die erzielten Einnahmen demjenigen Gemeinwesen zugewiesen, das der Sachkompetenz nach erhebungsberechtigt ist. Die Ertragshoheit wäre gleichsam eine Annexkompetenz des steuererfindenden Gesetzgebers (OSTERLOH, 1991, S. 828).

1144. Eine solche Vorgehensweise widerspricht jedoch zum einen ebenfalls der Systematik des Grundgesetzes. Die Ertragshoheit muß als hoheitliche Befugnis ausdrücklich verliehen werden. Ihre Regelung darf nicht dem einfachen Gesetzgeber überlassen werden. Dementsprechend entstünde – falls der Gesetzgeber eine Steuer einführt, die sich dem Artikel 106 GG nicht zuordnen läßt und folglich nicht verteilt werden kann – jedenfalls eine nachträgliche Lücke, die vom Verfassungsgeber zu schließen wäre (ARNDT, 1995, S. 78).

Zum anderen würde eine derart unsichere Regelung zu Störungen einer hinreichend ausgewogenen Ertragsverteilung führen und dem Willen des historischen Gesetzgebers, der mit der Norm ausdrücklich Streitigkeiten zwischen Bund und Ländern vermeiden wollte, kaum entsprechen. Zwar können solche Störungen auch durch gesetzliche Änderungen der durch Artikel 106 GG erfaßten Steuern hervorgerufen werden (OSTERLOH, 1991, S. 828). Der Vergleich von Einnahmen neuer Steuerarten mit dem Wegfall bestehender Steuern ist jedoch nicht möglich. Der Entzug bestehender Steuern einer ertragsberechtigten Körperschaft ist nämlich nur nach Maßgabe des Artikel 105 Abs. 3 GG und der dort geregelten Mitwirkungsbefugnisse möglich, die bei einer Störung durch neue Steuerarten mangels Regelung von Verfassungs wegen nicht bestehen (MÜLLER, 1994, S. 33 f.).

1145. Nach alledem spricht nach Auffassung des Umweltrates insgesamt mehr dafür, ein Steuerfindungsrecht des Bundes über die in Artikel 106 GG genannten Steuern und Steuerarten hinaus nicht anzuerkennen. Soweit man deshalb eine CO_2- beziehungsweise Energieabgabe nicht als Verbrauchsteuer ansieht, sollte eine Grundgesetzänderung erwogen werden (FRANKE, 1994, S. 36 ff.)

Steuer auf Brennstoffe und Strom als Verbrauchsteuer im Sinne des GG

1146. Der Umweltrat ist der Meinung, daß eine CO_2-, eine Energie- oder eine kombinierte CO_2-/

Energiesteuer durchaus als Verbrauchsteuer eingeführt werden kann.

In den Materialien zum Gesetz zur Änderung und Ergänzung der Finanzverfassung vom 23. Dezember 1955 (BGBl. I, S. 817 ff.) wird die Verbrauchsteuer als Steuer beschrieben, „die den Verbrauch vertretbarer, regelmäßig zum baldigen Verzehr und kurzfristigen Verbrauch bestimmter Güter des ständigen Bedarfs belastet und die aufgrund eines äußerlich erkennbaren Vorgangs (z.B. Übergang in den Wirtschaftsverkehr) von demjenigen als Steuerschuldner erhoben wird, in dessen Sphäre sich der Vorgang verwirklicht; die Steuer wird wirtschaftlich regelmäßig nicht vom Steuerschuldner, sondern im Wege der Überwälzung vom Endverbraucher getragen" (BT-Drs. 2/480, Bd. 29, Tz. 160; ähnlich auch BVerwG, NVwZ 1995, 59). Eindeutig entnehmen läßt sich dieser Begriffsbestimmung nur, daß der Verbrauch vertretbarer Güter des ständigen Bedarfs belastet und die Steuer wirtschaftlich vom Endverbraucher getragen werden soll. Nicht festgelegt wird dagegen, ob der Verbrauch der fraglichen Güter immer durch einen „privaten" Verbraucher erfolgen muß.

Ziel der Umweltsteuer ist es, den Stromverbrauch und den Einsatz bestimmter Brennstoffe auch bei der Produktion zu besteuern. Sie wäre deshalb als Verbrauchsteuer nur zulässig, wenn auch die gewerbliche Nutzung der fraglichen Güter, also der produktive Verbrauch ein Verbrauch im Sinne des Verbrauchsteuerbegriffs sein kann.

1147. Ausgangspunkt hierfür muß der traditionelle Verbrauchsteuerbegriff sein. In den Materialien aus dem Jahr 1955 wurde die Verbrauchsteuer als gegeben vorausgesetzt. Ihre Kriterien sollen den Steuermerkmalen zu entnehmen sein, die seit jeher unter diesen Begriff subsumiert worden sind (BT-Drs. 2/480, Bd. 29, Tz. 160). Dem entsprechend kommt es auch nach ständiger Rechtsprechung des Bundesverfassungsgerichts für die Unterscheidung der verschiedenen Steuerarten an das traditionelle deutsche Steuerrecht an (BVerfGE 7, 244, 252; 14, 76, 91; 16, 306, 317; 26, 302, 309; BFHE 141, 369, 371). So fallen zumindest die Steuertatbestände, die bereits bei Inkrafttreten des Grundgesetzes dem Verbrauchsteuerbegriff zugeordnet waren, unter den grundgesetzlichen Begriff der Verbrauchsteuer. Mithin muß die Einführung weiterer spezieller Verbrauchsteuern zulässig sein, soweit sie strukturelle Übereinstimmung mit den Erzeugnissen aufweisen, die traditionell der Verbrauchsbesteuerung unterworfen sind (BFHE 141, 369, 371 f.; HÖFLING, 1992, S. 245). Dabei ist auf Gesichtspunkte wie Steuergegenstand, Steuermaßstab, Art der Erhebung, wirtschaftliche Auswirkungen und Steuerquelle abzustellen (BFHE 141, 369, 371; BVerfGE 49, 343, 355).

Steuertechnisch wäre eine Steuer auf bestimmte kohlenstoffhaltige Rohstoffe und auf Strom wie eine Verbrauchsteuer ausgestaltet. Sie soll beim Produzenten, Händler oder Importeur erhoben und von diesem auf die Abnehmer abgewälzt werden (BACH, 1995, S. 272).

Zur Zulässigkeit einer Faktorverbrauchsteuer

1148. Eine CO₂- und/oder Energiesteuer betrifft aber nicht – wie die klassischen Verbrauchsteuern auf spezielle Güter – überwiegend die Konsumausgaben der privaten Haushalte, sondern auch die gewerbliche Nutzung und fällt damit bereits bei Vorleistungen der Unternehmen an. Insoweit stellt sich die Steuer als sogenannte Produktionsmittel- oder Faktorverbrauchsteuer (LANG, 1993, S. 136 f.) dar.

Ursprünglich war eine derartige Belastung des produktiven Bereichs nicht Ziel der Steuerpolitik (HANSMEYER, 1980, S. 710). Die Verbrauchsteuern sollten vielmehr als Steuern auf die Einkommensverwendung bestimmte Bereiche des privaten Konsums belasten (LANG, 1993, S. 136). Andererseits knüpft die Verbrauchsteuer seit jeher in erster Linie an ein bestimmtes Gut, nicht an die konkrete Verwendung an. So wurden bereits in vorkonstitutioneller Zeit Steuern auf Güter erhoben, wie etwa die Kohlesteuer, die Mineralölsteuer sowie die Leuchtmittelsteuer, die auch in der gewerblichen Nutzung und im produktiven Bereich Verwendung fanden (vgl. zur gewerblichen Nutzung von Leuchtmitteln und Mineralöl auch BACH, 1995, S. 272).

1149. Allerdings wurde beziehungsweise wird in den bislang bestehenden Verbrauchsteuergesetzen die Besteuerung des produktiven Verbrauchs in der Regel durch entsprechende Steuerbegünstigungen oder -befreiungen vermieden. Gleichzeitig kennt das deutsche Steuerrecht aber auch zahlreiche Fälle, in denen Güter einer Verbrauchsteuer unterworfen werden, die auch der Verwendung in der Produktion dienen sollen. So wird zum Beispiel die Branntweinsteuer für Ethylalkohol auch dann erhoben, wenn der Alkohol an Abnehmer abgegeben wird, die ihn bei der Herstellung anderer Waren verwenden. Ebenso können Leuchtmittel bei der Produktion verwendet werden und unterliegen dennoch der Leuchtmittelsteuer. Das gleiche gilt für das Mineralöl, da konsumtiver und produktiver Verbrauch von Mineralölen als Treib-, Heiz- und Schmierstoffe unterschiedslos belastet wird (BFHE 141, 369, 372).

1150. Diese Praxis ließe nur dann keinen Schluß auf die Frage zu, ob auch Produktionsgüter der Verbrauchsbesteuerung unterliegen können, wenn der Grund für die partielle Gleichbehandlung von konsumtivem und produktivem Verbrauch lediglich darin bestünde, daß eine Unterscheidung praktisch nicht durchführbar ist; der Gesetzgeber also sonst auf die Erhebung dieser Steuern verzichten müßte. In diesem Fall wäre die bei einigen Gütern mögliche Belastung der Produktion nur eine „Nebenerscheinung", die an dem Grundsatz der Besteuerung eines privaten Verbrauchsgutes nichts ändert (FÖRSTER, 1989, S. 63; BIRK und FÖRSTER, 1985, S. 4). Hierfür könnte sprechen, daß der Gesetzgeber in nahezu allen Verbrauchsteuergesetzen den produktiven Verbrauch entlastet. Andererseits ist aber nicht einzusehen, warum zum Beispiel bei der Nutzung von Mineralöl eine Unterscheidung zwischen Produktiv- und Konsumverbrauch nicht möglich sein soll; vielmehr muß der Gesetzgeber auf eine Steuerbefreiung verzichtet haben, weil er auch die Verwendung zu Produktionszwecken der Mineralölsteuer unterwerfen wollte (KETTNACKER und FRANK, 1987, S. 101).

Die partielle Steuerbefreiung des produktiven Bereichs in der Praxis läßt folglich nicht den Schluß auf eine fehlende „Verbrauchsteuerfähigkeit" des produktiven Verbrauchs zu.

1151. Auch eine systematische Betrachtung der in den bisherigen Steuergesetzen geregelten Steuerbefreiungen schließt die Anknüpfung einer Verbrauchsteuer an ein produktiv verwendetes Gut nicht aus (so im Ergebnis auch BFHE 141, 368, 373; a. M. FÖRSTER, 1989, S. 142; wohl auch ARNDT, 1995, S. 64). Dies wäre nur der Fall, wenn die Steuerbegünstigungen systematisch für den Entstehungstatbestand der Steuer tatbestandsausschließende Wirkung hätten, mithin die Steuerpflicht nicht entstehen ließen, so daß das betreffende Gut von vornherein infolge der konkreten Verwendungsabsicht nicht Gegenstand der Verbrauchsbesteuerung wäre. Den verschiedenen Vorschriften liegt jedoch keine einheitliche Terminologie zugrunde. Vielmehr bleiben die Steuergegenstände einmal „unversteuert" und ein anderes mal werden Waren von der Steuer „befreit" oder „entlastet" (vgl. §§ 6, 7 TabakStG, § 132 BranntweinmonopolG sowie die durch das Umsatzsteuer-Binnenmarktgesetz vom 25. August 1992, BGBl. I, S. 1548 ff. mit Wirkung zum 1. Januar 1993 aufgehobenen §§ 8 LeuchtmStG, 7 SalzStG, 9 und 9 a ZuckStG).

Für eine Verbrauchsteuerfähigkeit des produktiven Verbrauchs läßt sich auch anführen, daß die Verwendung des Branntweins zur Herstellung von Heilmitteln und zu medizinischen Zwecken lange Zeit nicht steuerbefreit, sondern lediglich steuerbegünstigt war (vgl. § 84 Abs. 2 Nr. 2, 3 BranntweinmonopolG, in der Fassung von 1965, BGBl. I, S. 2070), so daß insoweit auch die gewerbliche Nutzung besteuert wurde.

Die Steuerbegünstigungen sind – das heißt jedenfalls partiell – lediglich als Ausnahmen in bestimmten Bereichen anzusehen, so daß die Steuer auch im produktiven Bereich vielfach zuerst entsteht.

1152. Nach der Rechtsprechung des Bundesfinanzhofes (BFHE 141, 369, 372 ff.) und der wohl überwiegenden Auffassung in der Literatur (BACH et al., 1995, S. 48; FRANKE, 1994, S. 31; HÖFLING, 1992, S. 245; SELMER, 1992, S. 35; a. M. BIRK und FÖRSTER, 1985, S. 4) können Güter, unabhängig davon, ob sie endverbrauchsfähig sind oder erst im Produktionsverfahren für den Verbraucher nutzbar gemacht werden müssen, der Verbrauchsteuer unterliegen.

1153. Aus der geschichtlichen Entwicklung der Verbrauchsteuern ergibt sich zwar, daß mit der Besteuerung von zur industriellen Weiterverarbeitung bestimmten Alkoholen (§ 103 b Abs. 1 BranntweinmonopolG) erstmals an einen Rohstoff angeknüpft wurde, der nur zur Weiterverarbeitung tauglich ist. Wenn aber die Verbrauchsteuer sowohl den privaten Konsum als auch den produktiven Bereich betreffen kann, so muß auch der Verbrauch eines reinen Rohstoffes besteuerbar sein. Es würde zu einer nicht gerechtfertigten Ungleichbehandlung der Unternehmen führen, bestimmte Stoffe nur deshalb nicht zu besteuern, weil sie nicht endverbrauchsfähig sind. Gründe für eine Privilegierung des Herstellers eines Produkts aus nicht endverbrauchsfähigen Gütern gegenüber demjenigen, der einen „reinen" Rohstoff verarbeitet, sind nicht ersichtlich. Die Frage, ob die Erhebung einer Steuer auf nicht endverbrauchsfähige Güter in bestimmten Bereichen möglich ist, ist demnach ein Problem der Vereinbarkeit mit Artikel 3 GG (BFHE 141, 369, 374, 377 f.).

1154. Bei der Nutzung fossiler Brennstoffe durch den Hersteller bestimmter Waren bleibt allerdings dieser in Energie umgesetzte Stoff im Endprodukt nicht erhalten, sondern wird bereits durch den Produzenten verbraucht. Die Zulässigkeit der Erhebung einer Verbrauchsteuer setzt jedoch nicht voraus, daß das verbrauchte Gut substantiell in einem konsumfähigen Gut erhalten bleibt, wie zum Beispiel bei der Nutzung von Zucker für die Herstellung von Backwaren oder der Verwendung von Alkohol für die Produktion von Riechstoffen.

Aus der durch den Bundesfinanzhof getroffenen Feststellung, es gebe keinen Rechtssatz, der das Anknüpfen einer Verbrauchsteuer an einen typischen Rohstoff verbiete, wenn der Rohstoff mit dem Fertigprodukt, zu dem er verarbeitet wird, verbraucht werde, läßt sich nicht ohne weiteres schließen, daß eine Verbrauchsteuer nur erhoben werden kann, soweit das Gut im verbrauchsteuerfähigen Endprodukt erhalten bleibt. Gegenstand der Entscheidung des Bundesfinanzhofs war lediglich die Frage, ob nicht endverbrauchsfähige Güter überhaupt einer Verbrauchsteuer unterfallen können, nicht dagegen, ob der Stoff im Endprodukt enthalten bleiben muß. Die Argumentation war dementsprechend darauf gerichtet, die Möglichkeit der Erhebung einer Verbrauchsteuer auf reine Produktionsgüter zu begründen, ohne daß das Problem des vollständigen Verbrauchs eines Gutes erörtert wurde.

1155. Wenn ein Gut bereits durch den Hersteller bestimmter Waren verbraucht wird, kann ein substantielles Erhaltenbleiben des Rohstoffes im Endprodukt nicht gefordert werden. Hinzu kommt, daß die im Produktionsvorgang verbrauchten Brennstoffe zwar nicht substantiell, aber doch als Faktoren, ohne die die hergestellte Ware nicht existent wäre, enthalten sind.

*Abwälzbarkeit als Voraussetzung
für eine Verbrauchsteuer*

1156. Für die Einführung einer Umweltabgabe als Verbrauchsteuer ist es erforderlich, daß sie abwälzbar ist. Verbrauchsteuern sollen grundsätzlich die Einkommensverwendung belasten und sind deshalb auf Abwälzbarkeit auf den Endverbraucher angelegt (BVerfGE 14, 76, 95 f.; 27, 375, 384). Die Abwälzbarkeit hat dabei für den Steuerschuldner keinen Rechtsanspruch auf Ersatz der Steuer zum Inhalt, da das Wesen der Verbrauchsteuer nur die Möglichkeit der Überwälzung verlangt (BVerfGE 14, 76, 96; 27, 375, 384).

Eine solche Möglichkeit der Abwälzung ist bei einer Verbrauchsteuer auf Brennstoffe entsprechend ihrem

Kohlenstoff- beziehungsweise Energiegehalt und auf Elektrizität gegeben, unabhängig davon, ob man eine bloß rechtliche oder auch die wirtschaftliche Möglichkeit der Abwälzung verlangt (vgl. zu dieser Differenzierung ARNDT, 1995, S. 57 ff.).

1157. Probleme hinsichtlich der Möglichkeit einer Abwälzung der Steuer auf den Endverbraucher aus wirtschaftlichen Gründen sind denkbar, soweit inländische und ausländische Hersteller konkurrieren. Die vorgeschlagene Energie- beziehungsweise CO_2-Steuer läßt sich nämlich nicht auf eingeführte Endprodukte, sondern nur auf importierte Brennstoffe und Energie erheben. Soweit Waren also im Ausland hergestellt werden, sind sie durch diese Steuer nicht belastet. Damit ist zwar ein Ausweichen der Verbraucher auf steuerlich unbelastete Produkte möglich, dies steht aber der wirtschaftlichen Abwälzbarkeit der Abgabe nach dem vom Umweltrat diskutierten Steuerkonzept nicht entgegen.

In der Regel erhöht sich der Preis für das einzelne Produkt durch die steuerliche Belastung der bei der Herstellung benötigten Energie beziehungsweise der verwendeten Brennstoffe nur geringfügig. Die Besteuerung führt deshalb nicht dazu, daß importierte Waren insgesamt automatisch preiswerter als inländische Erzeugnisse sind. Daneben beeinflussen nicht nur die Produktpreise, sondern auch andere Faktoren – wie ökologische Verträglichkeit und Qualität – eine Kaufentscheidung. Da zudem die Abgabe nicht als solche erkennbar ist, sondern im Gesamtpreis der Ware untergeht, kann nicht davon ausgegangen werden, daß der Verbraucher automatisch auf steuerlich unbelastete Erzeugnisse zurückgreift (so aber ARNDT, 1995, S. 59). Die auf den betreffenden Produkten liegende Steuer bleibt mithin trotz ausländischer Konkurrenz wirtschaftlich abwälzbar.

Wirtschaftlich möglicherweise nicht mehr abwälzbar wären allenfalls Waren, die unter besonders hohem Energie- beziehungsweise Brennstoffeinsatz hergestellt werden. Gerade in diesem Bereich sieht aber das Steuerkonzept Ausnahmen vor, die auf der Steuererhebung beruhende extreme Preisunterschiede zwischen importierten und inländischen Erzeugnissen verhindern sollen (vgl. Tz. 1058 ff.).

Die Steuer ist auch grundsätzlich auf Abwälzbarkeit angelegt. Daran ändert nichts, daß Ziel der Abgabe neben der Einnahmeerzielung die Lenkung ist. Lenkung im Sinne eines verbrauchshemmenden Zwecks schließt nämlich eine Abwälzbarkeit nicht aus (a. M. ARNDT, 1995, S. 61).

Der Lenkungszweck wird erst erreicht, wenn die Produktion auf einen geringeren Energieverbrauch umgestellt wird oder künftig mit niedrigerem CO_2-Ausstoß verbunden ist. Die damit entstehende geringere Steuerlast bleibt abwälzbar. Falls einzelne Anbieter ihre Waren nicht verkaufen, weil sie im Vergleich zu anderen Herstellern bei der Produktion mehr Energie verbrauchen beziehungsweise mehr CO_2 ausstoßen und dadurch auf ihren Gütern eine entsprechend höhere Steuerlast liegt, ändert dies nichts an der grundsätzlichen Abwälzbarkeit der Steuer.

Daneben soll zwar der Verbraucher beim Kauf von Gütern, die unter Freisetzung von großen Emissionsmengen beziehungsweise unter einem hohen Energieaufwand produziert wurden, zum sparsamen Umgang mit diesen Gütern angeregt werden. Auch dies ändert aber nichts daran, daß die jeweils entstehende Steuerlast auf Abwälzung angelegt ist. Bei verminderter Nachfrage für bestimmte Waren wird auch die Produktion dieser Güter nachlassen und damit die für den Unternehmer entstehende Steuerlast entsprechend geringer sein.

Grenzen der Abgabengestaltung
durch das Leistungsfähigkeitsprinzip

1158. Ferner ist die Erhebung einer als Verbrauchsteuer ausgestalteten CO_2- und/oder Energiesteuer am Maßstab des Leistungsfähigkeitsprinzips zu messen. Grundlage dieses Prinzips ist der Gedanke, daß sich die Steuerverteilung möglichst an der individuellen Leistungsfähigkeit orientieren soll, die in der Einkommens- und Vermögensverwendung sowie im Konsumverhalten des Endverbrauchers zum Ausdruck kommt (TIPKE, 1993, 963 m. w. N.). Da in einem Mehrsteuersystem unterschiedliche Faktoren für die Besteuerung maßgeblich sind, kann allerdings nur bedingt ein einheitliches, alle Steuern prägendes Leistungsfähigkeitsprinzip zugrundegelegt werden.

1159. Bei Betrachtung der bislang bestehenden Verbrauchsteuern ist unverkennbar, daß die Auswahl der von dieser Steuer betroffenen Güter unter dem Aspekt des Leistungsfähigkeitsprinzips nicht zu rechtfertigen ist. Wer etwa Salz oder Zucker einkauft, ist nicht leistungsfähiger als jemand der andere – nicht sonderbelastete – Lebensmittel einkauft. Dem entsprechend galten spezielle Verbrauchsteuern, wie die Mineralölsteuer, seit jeher als dem Leistungsfähigkeitsprinzip fernstehende Steuern (VOß, 1988, S. 281), ohne daß daraus ihre Unzulässigkeit behauptet wurde.

Bei Umweltabgaben können die Kriterien der rein fiskalisch motivierten Steuern ohnehin nicht alleiniger Maßstab sein, weil sie als Sozialzwecksteuern (TIPKE und LANG, 1994, S. 198) nicht vorwiegend der Einnahmenbeschaffung, sondern auch der Lenkung dienen. Ein solcher Lenkungszweck ist auch bei Verbrauchsteuern grundsätzlich möglich. Das Bundesverwaltungsgericht (NVwZ 1995, 59) hat in diesem Sinne die Erhebung einer kommunalen Verpackungsteuer trotz ihres Lenkungszwecks für zulässig angesehen (vgl. allgemein KIRCHHOF, 1993, S. 22 f.). Bei einer Güterabwägung zwischen dem Lenkungszweck und dem Leistungsfähigkeitsprinzip gestatten sie deshalb eine gewisse Durchbrechung der Belastungskonzeption der fiskalischen Besteuerung (BACH, 1995, S. 270), ohne jedoch das Leistungsfähigkeitsprinzip völlig auszuschalten (TIPKE und LANG, 1994, S. 198; LANG, 1993, S. 126; KÖCK, 1991 b, S. 697).

1160. Auch bei der Umweltsteuer muß die Verwendung der besteuerten Güter in gewisser Weise der eigenen Leistungsfähigkeit angepaßt werden. Jedenfalls hat der Konsument die Wahl, Produkte zu erwerben, die unter Einsatz einer größeren oder geringeren Menge fossiler Brennstoffe hergestellt wurden, und seinen Stromverbrauch einzuschränken. Unter Berücksichtigung des Lenkungszwecks verstößt eine CO_2- und/oder Energiesteuer damit ebensowenig gegen das Leistungsfähigkeitsprinzip wie andere indirekte Steuern, deren Steuersätze schon aus Praktikabilitätsgründen nicht an der Höhe des individuellen Einkommens ausgerichtet sein können (BACH, 1995, S. 270 f.; FRANKE, 1994, S. 30; a. M. ARNDT, 1995, S. 154 f.; BREUER, 1992, S. 490).

Fazit

1161. Der Umweltrat geht daher davon aus, daß eine Steuer auf Produktionsmittel wie Strom und fossile Brennstoffe dem traditionellen Verbrauchsteuerbegriff zuzuordnen ist (so auch BACH 1995, S. 272; BACH et al., 1995, S. 48; KOHLHAAS et al., 1994 b, S. 112; FRANKE, 1994, S. 31, 1991, S. 24; MÜLLER, 1994, S. 130; a. M. ARNDT, 1995, S. 52 ff., 127; TIPKE und LANG, 1994, S. 42; LANG, 1993, S. 133; RODI, 1993, S. 49; HÖFLING, 1992, S. 245; KLOEPFER und THULL, 1992, S. 199; SELMER, 1992, S. 36; KÖCK, 1991 b, S. 697; wohl auch PETERS, 1989, S. 27, 50 f.). Die von der Rechtsprechung geforderte „strukturelle Übereinstimmung" mit den seit jeher der Verbrauchsbesteuerung unterworfenen Gütern zeigt sich vor allem in der Anknüpfung an ein bestimmtes Gut, in der Abwälzbarkeit der Steuer auf den privaten Endverbraucher sowie in der Tatsache, daß besteuerte Güter seit jeher auch in der Produktion Verwendung fanden. Insgesamt ist der Umweltrat daher der Auffassung, daß die Ausgestaltung einer Umweltsteuer als Verbrauchsteuer auf Strom und den Kohlenstoff- und/oder Energiegehalt fossiler Brennstoffe grundsätzlich möglich ist.

Grenzen für nationale Umweltabgaben aus dem Gemeinschaftsrecht

1162. Die Normierung nationaler Umweltabgaben als Verbrauchsteuern muß sich in dem durch das Recht der Europäischen Union vorgegebenen Rahmen halten. In Betracht kommen sowohl bestehende Richtlinien als auch die Anforderungen des EG-Vertragsrechts.

1163. Eine Richtlinie, die eine der CO_2- und/oder Energiesteuer vergleichbare Steuer zum Gegenstand hat, besteht auf europäischer Ebene derzeit nicht. Ob und in welcher Form der neue Vorschlag der Europäischen Kommission zur CO_2-/Energiesteuer verabschiedet werden wird, ist noch offen. Dies gilt insbesondere hinsichtlich des Erfordernisses, die nationalen Steuersätze mittelfristig an den vorgegebenen Sätzen der geplanten europäischen Steuern zu orientieren.

1164. Der grundsätzlichen Zulässigkeit einer Umweltsteuer steht auch die seit Januar 1993 umgesetzte Systemrichtlinie 92/12/EWG betreffend die Verbrauchsteuern nicht entgegen. Zum einen bezieht sich die Richtlinie nur auf Mineralöl, Tabak, Alkohol und andere alkoholhaltige Getränke sowie auf eine vereinbarte Spannweite bei der allgemeinen Umsatz-

steuer. Zum anderen regelt Artikel 3 Abs. 3 dieser Richtlinie (92/12/EWG) ausdrücklich, daß andere Verbrauchsteuern national eingeführt oder beibehalten werden können, sofern sie keine „mit dem Grenzübertritt verbundenen Formalitäten nach sich ziehen".

Grenzformalitäten in diesem Sinne können bei Einführung der geplanten Steuer vermieden werden (a. M. ARNDT, 1995, S. 120 f.). Gemeint sind nämlich nur tatsächlich an der Grenze stattfindende Kontrollen. Hiervon unterscheiden muß man die sogenannten materiellen Steuergrenzen, die in erster Linie den Grenzausgleich nach dem Bestimmungslandprinzip betreffen (WASMEIER, 1995, S. 42, 203). Insofern erforderliche Formalitäten zur Feststellung der Steuerlast sollen durch Artikel 3 Abs. 3 der Systemrichtlinie nicht untersagt werden. Folge der Verbrauchsteuerharmonisierung ist die Verlegung der bisher an der Grenze stattfindenden Kontroll- und Erfassungsverfahren in das Landesinnere (SCHRÖER-SCHALLENBERG, 1995, S. 719). Dem steht eine Einführung anderer Verbrauchsteuern nicht entgegen, solange dadurch nicht eine Wiedereinführung dieser Kontrollen an der Grenze erforderlich wird. Dementsprechend sind in Deutschland Kaffee- und Erdgassteuer beibehalten worden, obgleich die Feststellung einer insoweit bestehenden Steuerpflicht ebenfalls gewisser Formalitäten bedarf.

Ein Verbot, national weitere Verbrauchsteuern einzuführen, läßt sich auch nicht den der Richtlinie vorangestellten Erwägungen entnehmen (a. M. ARNDT, 1995, S. 121 f.). Danach sollen die gemeinschaftsrechtlichen Vorschriften nur für Waren gelten „die in allen Mitgliedstaaten der Verbrauchsteuer unterliegen". Dies bedeutet jedoch lediglich, daß die in der Richtlinie festgelegten speziellen Verfahren der Kontrolle und Erfassung nur für bereits harmonisierte Steuern gelten. Allerdings verpflichtet die Richtlinie 92/12/EWG die Mitgliedstaaten zur Erhebung einer Mineralölsteuer zu festgelegten Mindestsätzen, so daß die Abschaffung zugunsten einer allgemeinen CO_2- und/oder Energiesteuer nicht in Betracht kommt. Gegen die Anrechnung der Mineralölsteuer auf die CO_2- und/oder Energiesteuer dürften jedoch keine Bedenken bestehen.

1165. Hinsichtlich der CO_2-/Energiesteuer stehen das Binnenmarktprinzip und der Wegfall der Grenzkontrollen der Besteuerung nach dem Bestimmungslandprinzip nicht entgegen (ARNDT, 1995, S. 120 ff.; BACH, 1995, S. 277; KOHLHAAS et al., 1994 b, S. 50; PEFFEKOVEN, 1990, S. 653 f.; a. M. HANSJÜRGENS, 1992, S. 237). Es ist unproblematisch, grenzüberschreitende Lieferungen von leitungsgebundenen Energieträgern zu erfassen (ARNDT, 1995, S. 124; BACH et al., 1995, S. 50).

Das gleiche gilt für den Import fossiler Brennstoffe (a. M. ARNDT, 1995, S. 120 ff.). Es ist nicht einzusehen, warum für nicht harmonisierte Steuern andere Grundsätze gelten sollen als für die bereits harmonisierten speziellen Verbrauchsteuern. Für diese ist mit Ausnahme des privaten Reiseverkehrs endgültig die Geltung des Bestimmungslandprinzips festgelegt (vgl. Art. 6 ff. der Systemrichtlinie 92/12/EWG;

JATZKE, 1993, S. 42; SIEVERT, 1992, S. 99). Ein Vorgehen nach dem Bestimmungslandprinzip erscheint auch ohne Grenzkontrollen praktikabel, da die Abgabe an Dritte in Deutschland erfaßt werden kann und beim Konzept des Umweltrates auch werden soll. Beim Eigenverbrauch haben die Unternehmen wegen der Möglichkeit, die für die Produktion verwendeten Stoffe als Passiva in die Bilanz einzustellen, ein Interesse an der Offenlegung der genutzten Brennstoffe. Das sekundäre Gemeinschaftsrecht beschränkt folglich die Einführung einer eigenen CO$_2$- und/oder Energiesteuer durch die Bundesrepublik Deutschland nicht.

1166. Einschränkungen hinsichtlich des vorgeschlagenen Steuerkonzepts ergeben sich auch nicht aus den Steuerharmonisierungsbemühungen der Europäischen Union auf Grundlage des Artikel 99 des Vertrages zur Gründung der Europäischen Gemeinschaft (EGV). Nach dieser Vorschrift erläßt der Rat auf Vorschlag der Kommission und nach Anhörung des Europäischen Parlaments einstimmig die Bestimmungen zur Harmonisierung der Rechtsvorschriften über die Umsatzsteuern, die Verbrauchsteuern und sonstige indirekte Steuern, soweit diese Harmonisierung für die Errichtung und das Funktionieren des Binnenmarktes notwendig ist. Die Einführung neuer Verbrauchsteuern stellt jedoch keinen Verstoß gegen Artikel 99 EGV aufgrund des in Artikel 5 Abs. 2 EGV festgelegten Grundsatzes der Gemeinschaftstreue dar. Zwar würde die Einführung neuer Steuern den künftigen Harmonisierungsbedarf erhöhen (FRANKE, 1994, S. 37; zu beachten ist aber, daß das Binnenmarktziel die Abschaffung der steuerlichen Grenzen zwischen den Mitgliedstaaten bezweckt und Harmonisierungsmaßnahmen nach Artikel 99 EGV nur zulässig sind, soweit sie „für die Errichtung und das Funktionieren des Binnenmarktes … notwendig" sind. Diese Zielbestimmung und das Erforderlichkeitskriterium verdeutlichen, daß die Steuerharmonisierung kein Selbstzweck ist, sondern in erster Linie dem Abbau der Grenzkontrollen und der Wettbewerbsverfälschungen dient (WASMEIER, 1995, S. 234). Die Harmonisierung ist also nur insoweit durchzuführen, als dies für die Verwirklichung der Gemeinschaftsziele erforderlich ist. Mit dem Gemeinsamen Markt vereinbare Diskrepanzen können ohne weiteres weiterbestehen (REICHERTS, 1992, Art. 99, Rdn. 5). Ein Verstoß der geplanten Umweltsteuer gegen Artikel 99 EGV ist mithin nicht ersichtlich (a.M. hinsichtlich des Energiesteuerkonzepts des DIW: ARNDT, 1995, S. 112 ff.).

1167. Die Gestaltungsfreiheit wird jedoch hinsichtlich der Auswahl des Steuermodells in gewisser Weise durch Artikel 95 EGV eingeschränkt, der die abgabenrechtliche Gleichbehandlung von in- und ausländischen Waren sicherstellen soll. Strom und fossile Brennstoffe fallen unter den Abgabenbegriff dieser Vorschrift. So sind die inländischen und importierten Steuergegenstände gleichwertig, da sie in den Augen des Käufers gleiche Eigenschaften haben und der Deckung gleicher Bedürfnisse dienen (EuGH Slg. 1976 I, 181, Tz. 12 – Deutsches Branntweinmonopol). Daneben ist auch eine umweltlenkende Verbrauchsteuer auf Brennstoffe und Strom eine inländische Abgabe im Sinne des Artikel 95 EGV.

1168. Nach Artikel 95 Abs. 1 EGV darf die Belastung nicht höher sein als für gleichartige inländische Produkte. Dabei sind Steuersatz, Bemessungsgrundlage, Erhebungsmodalitäten und mögliche Vergünstigungen zu berücksichtigen. Zulässig ist nach Artikel 95 eine differenzierte Besteuerung anhand objektiver, herkunftsunabhängiger Kriterien (EuGH Slg. 1987 II, 1597, Tz. 6 f. – Likörweine). Herkunftsunabhängigkeit meint dabei die Anknüpfung an Tatsachen, die von den Herstellern aller Mitgliedstaaten in gleicher Weise erfüllt werden können. Steuerliche Differenzierungen, bei denen für in- und ausländische Waren dieselben Bemessungskriterien gelten, sind daher grundsätzlich zulässig. Insbesondere darf nach den zur Herstellung der Produkte verwendeten Ausgangsstoffen und dem Produktionsverfahren unterschieden werden (EuGH Slg 1987 II, 1597, Tz. 6 – Likörweine), soweit mit dem Gemeinschaftsrecht zu vereinbarende Ziele, zu denen auch der Umweltschutz gehört, verfolgt werden (WASMEIER, 1995, S. 130). Unschädlich wäre unter diesen Voraussetzungen auch, daß ausländische Produkte faktisch schlechter gestellt wären, weil sie bestimmte Anforderungen nicht erfüllen (vgl. im einzelnen WASMEIER, 1995, S. 134 ff.).

Nicht angelegt werden dürfen jedoch Kriterien, die auf grenzüberschreitende Warenbewegungen gerade wegen ihrer Herkunft zutreffen. Eine CO$_2$- und/oder Energiesteuer darf daher die Steuerhöhe bei ausländischen Stromerzeugern grundsätzlich nicht am durchschnittlichen Brennstoffinput des Heimatlandes, also herkunftsabhängig, bemessen.

1169. Eine Abgabe, nach der inländische und importierte Erzeugnisse nach unterschiedlichen, herkunftsabhängigen Kriterien besteuert werden, ist grundsätzlich nur dann mit Artikel 95 Abs. 1 EGV vereinbar, wenn die unterschiedlichen Tatbestandsmerkmale in keinem Fall zu einer höheren Besteuerung der Importe führen (EuGH Slg. 1976 II, 1079, Tz. 3 f. – Bobie; 1991 I, 3141, Tz. 21; WASMEIER, 1995, S. 129, 134).

1170. Ausnahmsweise kann die Anwendung besonderer Bemessungskriterien oder Abgabensätze auf eingeführte Waren gerechtfertigt sein, wenn eine steuerliche Regelung an Daten anknüpft, die bei Erzeugnissen aus anderen Mitgliedstaaten besonders schwer zu ermitteln sind. Dies kann vor allem hinsichtlich des Einsatzes umweltbelastender Stoffe im Herstellungsprozeß der Fall sein, die am Endprodukt nicht mehr festgestellt werden können. Bei einer Abgabe, die nach den Ausgangsstoffen und dem physikalischen Wirkungsgrad im Elektrizitätswert differenziert, ist deshalb eine Gleichbehandlung im Sinne des Artikel 95 EGV nicht möglich. Im Hinblick darauf hat etwa Dänemark einen einheitlichen Steuersatz für alle in- und ausländischen Stromlieferungen festgelegt (vgl. dazu im einzelnen WASMEIER, 1995, S. 138 f.).

1171. Das vom Umweltrat erwogene Modell einer Abgabe, nach dem Sekundärenergie im Inland nach dem durchschnittlichen Brennstoffinput der inländischen Stromerzeuger und Importe mit dem durchschnittlichen Brennstoffinput der Stromerzeuger des jeweiligen Herkunftslandes besteuert werden soll, läßt sich nach Einschätzung des Umweltrates nicht mit Ermittlungsschwierigkeiten im Ausland rechtfertigen und kann deshalb nicht ausnahmsweise als zulässig erachtet werden. Der Umweltrat tritt daher dafür ein, an den individuellen Brennstoffinput anzuknüpfen und als Nachweis Herkunftsbescheinigungen der Behörden der Mitgliedstaaten – und parallel dazu anderer Nachbarstaaten Deutschlands – genügen zu lassen.

Die steuerliche Erfassung von im Inland erzeugten Sekundärenergieträgern allein über eine Abgabe auf Primärenergieträger bei gleichzeitiger Besteuerung der Importe von Sekundärenergie entsprechend ihren ursprünglichen Primärenergieaufwendungen scheidet nach Art. 95 Abs. 1 EGV aus, so daß eine Besteuerung von Primärenergieträgern im Inland mit einer durchgehenden Sekundärenergiebesteuerung zu verrechnen wäre. Für Energieimporte ist gegebenenfalls eine Verrechnung mit im Ursprungsland bereits erbrachten Abgaben auf fossile Energieträger ebenso erforderlich (Tz. 1064).

5.4 Weitere Anwendungsfelder für eine umweltgerechte Finanzreform

5.4.1 Verminderung weiterer Klimaschadstoffe

1172. Die weiteren globalen Spurengase neben CO_2, deren Anstieg ebenfalls die globale Erwärmung fördert (sog. Treibhausgase; Abb. 5.10), zählen zu den Stoffen, zu deren Verminderung nur bedingt Lösungen im Rahmen einer umweltgerechten Finanzreform gefunden werden können. Die Einbeziehung von weiteren Klimaschadstoffen wie zum Beispiel von Methan und Lachgas in eine Abgabenlösung auf der Basis von CO_2-Äquivalenten dürfte wegen deren diffusen Quellen scheitern.

Methan

1173. Anthropogene Methanemissionen stammen typischerweise aus relativ diffusen Quellen. Die wichtigsten Verursachergruppen in Deutschland waren 1990 die Abfallwirtschaft (38,5 %), die Landwirtschaft (33 %) sowie die Gewinnung und Verteilung fossiler Brennstoffe (25 %) (BMU, 1994, S. 94). Um Methanemissionen wirksam verringern zu können, bedarf es deshalb spezifischer umweltpolitischer Maßnahmen wie

- Anreize zur energetischen Nutzung von Methan aus Mülldeponien, Bergwerken und landwirtschaftlichen Abfällen sowie

- Auflagen für Erdgasgewinner und -transporteure, die mit internationalen Sanktionen verbunden sind, oder alternativ die Erhebung einer zweckgebundenen Erdgasabgabe zur Finanzierung eines internationalen Fonds zur Instandhaltung und Kontrolle der Erdgasleitungen.

Distickstoffoxid (Lachgas)

1174. Zu den Distickstoffoxid-Emissionen in Deutschland in Höhe von 22 300 t im Jahre 1990 (UBA, 1994a, S. 50) trugen vor allem die industriel-

Abbildung 5.10

Beitrag globaler Spurengase zum Treibhauseffekt

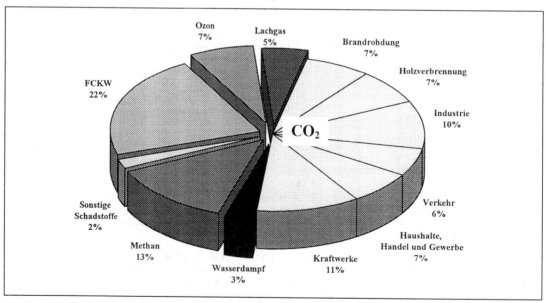

Quelle: Enquête-Kommission „Schutz der Erdatmosphäre", 1995, S. 34 f.; eigene Darstellung

len Prozesse mit 45 %, die Landwirtschaft mit 36 %, die Energieumwandlungsprozesse mit 7 % und der Straßenverkehr mit 4 % bei (BMU, 1994, S. 94). Der Stand der Emissionserfassung weist bezüglich der Distickstoffoxid-Emissionen allerdings noch Lücken auf; zur Zeit gelten lediglich die Daten der chemischen Industrie als belastbar (Enquête-Kommission „Schutz der Erdatmosphäre", 1995, S. 593 ff.). Eine Abgabenlösung zur Verringerung von Distickstoffoxid-Emissionen kann vor allem bei der Verwendung stickstoffhaltiger Mineraldünger ansetzen (Tz. 1237–1241). Steuerungsbedürftig ist auch die Entstehung von Lachgas bei der Herstellung von Nylon, bei energiebedingten Prozessen in Wirbelschichtfeuerungsanlagen und als Nebenprodukt bei der Umwandlung von NO_x am Katalysator an. Aufgrund fehlender technischer Alternativen müssen hier jedoch vor allem ordnungsrechtliche Vorgaben zur Verringerung der Emissionen gemacht werden.

Voll- und teilhalogenierte Kohlenwasserstoffe

1175. Die am 1. August 1991 in Kraft getretene FCKW-Halon-Verbots-Verordnung sowie die EU-Verordnung vom 15. Dezember 1994 (die mit einer Novelle der FCKW-Halon-Verbots-Verordnung umgesetzt wurde) lassen sowohl bei voll- als auch bei teilhalogenierten FCKW bedeutsame Ausnahmetatbestände (einschließlich Recycling und Import) zu; für Fluorkohlenwasserstoffe (FKW) gibt es derzeit keine Beschränkungen. Der von der Bundesregierung verkündete freiwillige Verzicht auf FCKW für 1995 bei der 4. Vertragsstaatenkonferenz des Montrealer Protokolls bewirkt, daß es zum Einsatz chemisch verwandter Ersatzstoffe kommt, die zwar ein geringeres Ozonzerstörungspotential, aber ein ähnliches Treibhauspotential haben (Enquête-Kommission „Schutz der Erdatmosphäre", 1995, S. 29 ff.). Mit der Bekanntmachung weniger ozonschädlicher Ersatzstoffe durch das Umweltbundesamt Ende 1995 ist die Umrüstung beziehungsweise Neubefüllung älterer Kälteanlagen bis spätestens Juni 1998 rechtlich zwingend (UBA-Presseinformation Nr. 55/95 v. 28. 12. 1995). Unter den Ersatzstoffen befinden sich vorwiegend teilhalogenierte FCKW und teilfluorierte FKW. Dabei werden weltweit bedeutende FKW-Produktionskapazitäten aufgebaut (SCHWARZ und LEISEWITZ, 1995, S. 7 ff., 58 ff.). Die hohe Treibhauswirksamkeit der FKW wird zunehmend kritisch betrachtet. Für die weitaus meisten Einsatzgebiete gibt es bereits günstige technische oder stoffliche Alternativen.

Der Neuverbrauch von voll- und teilhalogenierten FCKW und von FKW in Deutschland wird für das Jahr 1995 insgesamt auf rund 16 500 t geschätzt (SCHWARZ und LEISEWITZ, 1995, S. 2 ff.): Als Asthmaspraytreib- und -trägermittel sowie in Kühl- und Klimaanlagen werden ca. 2 100 t vollhalogenierte FCKW mit einem Treibhauspotential von knapp 15 Mio. t CO_2 eingesetzt. Zudem werden etwa 10 200 t teilhalogenierte FCKW mit einem Treibhauspotential von ca. 41 Mio. t CO_2 sowie ca. 4 200 t FKW mit einem Treibhauspotential von über

14 Mio. t CO_2 verkauft, die hauptsächlich als Kälte- und Schäumungsmittel mit Prädikat „FCKW-frei" Verwendung finden.

Angesichts der extremen Klimawirksamkeit von voll- und teilhalogenierten FCKW und von FKW sind Stoffverbote, die nach der ökologischen Priorität zeitlich gestaffelt sein können, die effizienteste und in ihrer Wirksamkeit die ökologisch gebotene umweltpolitische Lösung (vgl. auch Enquête-Kommission „Schutz der Erdatmosphäre", 1995, S. 594).

5.4.2 Verminderung von Umweltbelastungen durch den Verkehr

1176. Es ist davon auszugehen, daß der Sektor Verkehr seit 1993 der größte Endverbraucher fossiler Energieträger in den alten Bundesländern ist (RWE Energie, 1995). Der Energieverbrauch im Verkehrssektor stieg allein 1991 um mehr als 1 %. Dies ist auf eine höhere Jahreskilometerleistung bei gleichzeitig gestiegenem Pkw-Bestand sowie auf eine erhöhte Straßentransportleistung und einen Mehrverbrauch an zivilen Flugkraftstoffen zurückzuführen (Mineralölwirtschaftsverband, 1995). Neben CO_2 sollten insbesondere die verkehrsbedingten Emissionen von NO_x und VOC, die sich nicht linear zum Kraftstoffverbrauch verhalten, um jeweils 80 % bis zum Jahre 2005 gegenüber 1987 vermindert werden (SRU, 1994, Tz. 750 ff., Tab. III.13, S. 274). Da der Verkehrssektor der wichtigste Emittent beider Schadstoffe ist (Abb. 5.11), müssen von ihm signifikante Minderungen zum Gesamtziel beigesteuert werden.

1177. Mit der Straßenbenutzungsgebühr für Lkw, der emissionsabhängigen Kfz-Steuer für Lkw sowie der (nach bleifreiem und verbleitem Kraftstoff differenzierten) Mineralölsteuer bestehen bereits einige Abgaben, die grundsätzlich zur umweltpolitisch erwünschten Verhaltenssteuerung im Verkehr geeignet sind. Die heutige Bemessungsgrundlage der Kraftfahrzeugsteuer – sie besteuert das Halten von Kfz und Kfz-Anhängern auf der Grundlage von Hubraum (Pkw) und Gewicht (Lkw) – steht weder in einem konkreten Zusammenhang mit der Entstehung von Emissionen noch mit den angefallenen Wegekosten. Zusammengenommen sind die Mineralölsteuer und die Kfz-Steuer derzeit nicht einmal in der Lage, eine Internalisierung der Wegekosten des Verkehrs, geschweige denn eine hinreichende Lenkung zur notwendigen Verringerung der verkehrsbezogenen Umweltbelastungen zu erreichen.

1178. Eine Reform der Mineralölsteuer auf Kraftstoffe und der Kfz-Steuer ist deshalb aus umweltpolitischer Sicht dringend geboten. Werden beide Steuern als Lenkungsabgaben beziehungsweise als Beiträge zu den durch den Verkehr entstehenden Wegekosten interpretiert, hat sowohl die Belastung der Brennstoffe wie auch die Erhebung fixer Jahresbeiträge ihre Berechtigung, bis verursachungsgerechtere Verfahren wie elektronische Emissionserfassungs- und road pricing-Systeme etabliert werden können.

Abbildung 5.11

Beitrag des Verkehrs zu verschiedenen Schadstoffemissionen in Deutschland im Jahre 1991

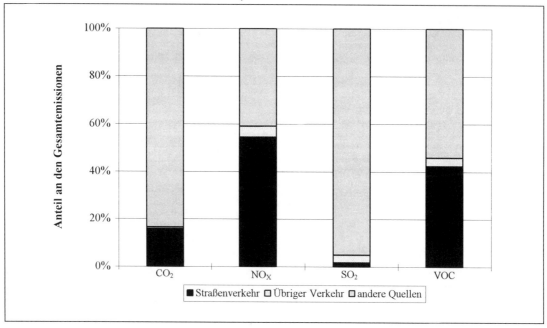

Quelle: UBA, 1994a, S. 236 f.

5.4.2.1 Reform der Mineralölsteuer und ihrer Vergünstigungen

Emissionsorientierte Mineralölsteuer

1179. Die ökologische Wirkung der bestehenden Mineralölsteuer im Verkehr ist zwar prinzipiell positiv zu beurteilen, da die Verbrennung fossiler Energieträger verteuert wird. Die Steuersätze sind jedoch trotz des hohen Anteils der Steuer an den Verkaufspreisen (z. T. fast 75 %) aufgrund der geringen Preiselastizität der Nachfrage (Tz. 1111), die zum Beispiel durch die Kilometerpauschale verstärkt wird, zu niedrig, um merkliche Reduktionsanreize beim Kraftstoffverbrauch zu erzeugen. Bezogen auf die in linearem Zusammenhang mit dem Kraftstoffverbrauch stehenden Emissionen von Luftschadstoffen (insbesondere CO_2) aus dem Verkehr muß dies nicht notwendigerweise bedeuten, daß Kraftstoffe zu „billig" sind: Möglicherweise sprechen hohe Vermeidungskosten dafür, diese Emissionen zunächst in anderen Sektoren als im Verkehrsbereich zu senken.

1180. Die Höhe der heutigen Mineralölsteuer kann, abgesehen von rein fiskalischen Aufschlägen, als Emissionsabgabe oder als variabler Wegekostenbeitrag oder als Kombination von beidem gerechtfertigt werden. Die entsprechenden Anteile sollten nach Meinung des Umweltrates explizit ausgewiesen werden. Das Finanzministerium sollte die Kalkulationsgrundlagen darlegen, damit dem Bürger die Gründe seiner Belastung transparent gemacht werden. Eine solche Steuerbegründung widerspricht zwar dem

steuersystematischen Konzept der „in sich ruhenden Verbrauchsteuer" und der finanzwirtschaftlichen Praxis, trotzdem wird eine solche Aufsplittung zwecks Offenlegung „überschießender Motive" empfohlen.

1181. Umweltabgaben für die vom Verkehr verursachten Emissionen sollten generell an den tatsächlich emittierten Schadstoffmengen oder an Näherungsgrößen der Umweltbelastung ansetzen, zum Beispiel an im Abgas gemessenen Schadstofffrachten oder hilfsweise der Motorcharakteristik, Fahrleistung oder den Betriebszuständen (SRU, 1994, Tz. 785). Für CO_2-Emissionen ist ein weitgehend linearer Zusammenhang mit dem Kraftstoffverbrauch sichergestellt.

Eine Anlastung der Wegekosten über eine Kraftstoffbesteuerung stellt allenfalls eine drittbeste Lösung dar (Tz. 1203). Rationierungsgebühren zur Stauvermeidung auf Autobahnen und in den Ballungsräumen müssen von der aktuellen Belastungssituation der Verkehrswege abhängig gemacht werden, so daß sie nur über road pricing-Systeme oder tageszeitlich gestaffelte Vignetten (z. B. Singapur) erhoben werden können. Voraussetzung für die Einführung von road pricing-Systemen ist, daß die gegenwärtig insbesondere hinsichtlich der Erfassung von Pkw noch bestehenden datenschutzrechtlichen und technischen Bedenken gegen ein solches Verfahren ausgeräumt werden können. Bei Lkw sind diese Probleme bedeutend geringer, so daß eine flächendeckende Erhebung entsprechender Mautgebühren ab Anfang des nächsten Jahrzehnts umsetzbar erscheint.

1182. Bei der Frage, ob die bestehende Mineralölsteuer bei Einführung einer CO_2-Abgabe gesenkt werden oder eventuell ganz entfallen kann, ist zu beachten, daß die Festlegung des fiskalischen Anteils der Mineralölsteuer (im Sinne einer Luxussteuer) letztlich im Belieben des Finanzministers liegt. Da auch der fiskalisch begründete Teil einen Lenkungseffekt ausübt und die Steuersubjekte belastet, kann die Festlegung der CO_2-Abgabe auf Kraftstoffe nicht ohne Abstimmung mit den fiskalischen Zielsetzungen erfolgen. An eine fiskalisch motivierte Differenzierung der Abgaben auf fossile Brennstoffe muß zudem die Bedingung geknüpft werden, daß sich keine für die Umwelt negativen Lenkungswirkungen ergeben. Würden die Wegekosten über Vignetten erhoben (Tz. 1203 ff.), entsprächen die daraus resultierenden Einnahmen bereits ohne zusätzliche Einnahmen aus CO_2-Abgaben weitgehend dem heutigen Aufkommen aus Mineralöl- und Kfz-Steuer, so daß fiskalische Bedenken gegen den Abbau einer sicheren Steuerbasis mit geringer Elastizität ausgeräumt werden können.

1183. Der Spielraum zur Senkung der Mineralölsteuer ist gering, da die Europäische Union Mindestwerte in Höhe von 287 ECU/1 000 L für bleifreies Benzin und 245 ECU/1 000 L für Dieselkraftstoff (Richtlinie 92/82/EWG) vorschreibt. Um bei der Mineralölsteuer in der Europäischen Union keine Öffnungsklausel verlangen zu müssen, könnte die „Mineralölsteuer" als Terminus für eine CO_2-Abgabe bestehen bleiben, für die die Sätze entsprechend der Kohlenstoffgehalte der Kraftstoffe festzulegen wären. Werden die Wegekosten nicht über die Mineralölsteuer erhoben, könnte die heutige Steuerbelastung der Kraftstoffe durch eine CO_2-Abgabe in den ersten Jahren der Steuererhebung nicht gerechtfertigt werden (Abb. 5.12). Eine Senkung wäre aber zumindest kurzfristig geboten, um die zusätzliche Belastung durch die empfohlenen Wegekostenvignetten (Tz. 1203 ff.) auszugleichen.

Der Umweltrat empfiehlt deshalb, die Mineralölsteuer – unter Berücksichtigung der durch die EU-Richtlinie vorgegebenen Mindestsätze – auf eine durch umweltpolitische Lenkungsziele begründbare Höhe zu senken. Dabei sollte die CO_2-Abgabe auf die Mineralölsteuer oder die Mineralölsteuer auf die CO_2-Abgabe anrechenbar sein, je nachdem welche Abgabe die niedrigere von den beiden ist. Der kurzfristig nicht emissionsbezogene Anteil der Mineralölsteuer läßt sich fiskalisch begründen. Langfristig werden die Kraftstoffpreise durch steigende Abgabensätze für CO_2 über die heutigen Steuersätze hinaus erhöht, zum Beispiel auf etwa 2,40 DM/L, wenn die CO_2-Abgabe 500 DM/t CO_2 erreicht. Andere als umweltpolitisch begründete Lenkungsziele im Verkehr, wie zum Beispiel die Anlastung der Unfallfolgekosten, werden durch die vorgeschlagene Mineralölsteuer nicht erfaßt und müssen durch andere Instrumente abgedeckt werden.

Verringerung von Benzol und Aromaten

1184. Die jährliche Gesamtemission von Benzol in Deutschland betrug 1991 etwa 56 000 t (Enquête-Kommission „Schutz des Menschen und der Umwelt", 1994, S. 96). Nach neuesten Berechnungen machten die Benzolemissionen aus dem Verkehr im Jahre 1993 36 800 t aus (schriftl. Mitt. des UBA nach Berechnungen des IFEU). Abgesehen davon, daß Benzol eine Vorläufersubstanz für Photosmog ist, ist auch die potentiell krebserregende und erbgutschädigende Wirkung seit langem bekannt. Der vom Länderausschuß für Immissionsschutz (LAI) aufgestellte Richtwert von 2,5 $\mu g/m^3$ wird an stark befahrenen Straßen oft um mehr als das zehnfache überschritten.

Abbildung 5.12

Beispiel für eine Belastung von Ottokraftstoff mit einer CO_2-Abgabe

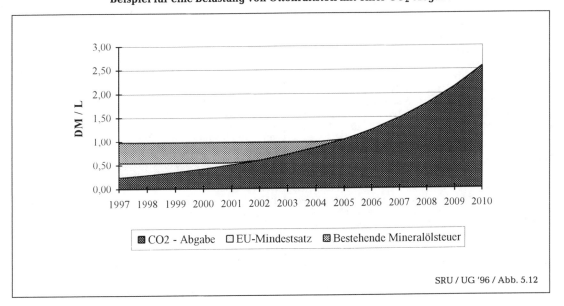

SRU / UG '96 / Abb. 5.12

Die ständige Hintergrundkonzentration liegt im Raum München beispielsweise mehr als dreimal so hoch wie der LAI-Wert (ENGELHARDT, 1995, S. 147). Benzol trägt zwar nur zu $1/12$ zum Gesamtkrebsrisiko durch Luftschadstoffe in den Städten bei, dennoch empfiehlt der Umweltrat, die Benzolemissionen in den Ballungsgebieten so weit wie möglich zu reduzieren (SRU, 1994, Tz. 682).

Die Wirksamkeit des Katalysators, der im Betriebsoptimum den Benzolausstoß um etwa den Faktor 8 verringert (SRU, 1994, Tz. 698), ist insbesondere in den Kaltphasen nur sehr begrenzt; die Gaspendelverordnung (21. BImSchV) richtet sich nur gegen 3 % der Gesamtemissionen und die 23. BImSchV sieht ab dem Jahre 1998 verkehrsbeschränkende Maßnahmen erst bei 10 μg Benzol/m^3 vor (ENGELHARDT, 1995).

1185. Ottokraftstoffe in Deutschland enthalten 1,7 bis 2,5 Vol.-% (Durchschnitt 1,9 Vol.-%) Benzol bei einem gesetzlichen Maximum von 5 %. Das entspricht umgerechnet etwa 800 000 t/Jahr Benzol im Kraftstoffpool.

Der sogenannte Kraftstoffschwund, das heißt der verdampfungsbedingte Kraftstoffverlust an der Tankstelle, wird derzeit auf etwa 0,5 bis 0,8 Vol.-% geschätzt (CURTIUS, 1995); rein rechnerisch ergeben sich daraus etwa 5 000 t/Jahr Benzolemissionen allein aus der Betankung. Hinzu kommen Verdampfungsverluste aus dem Fahrzeugtank, die bei kraftstoffeinspritzenden Katalysator-Fahrzeugen (Aufwärmung durch Umwälzung mit der Kraftstoffpumpe: Heißabstellverluste) nicht unerheblich sind, sowie Emissionen aus unvollständiger Verbrennung und durch den nur rund 85%igen Wirkungsgrad funktionstüchtiger Drei-Wege-Katalysatoren (sofern sie vorhanden sind und sich im Betriebsoptimum befinden); letztere werden auf maximal 2 000 t Benzol/Jahr geschätzt. Dementsprechend dürfte der überwiegende Anteil der verkehrsbedingten Benzolemissionen aus Fahrzeugen ohne geregelten Katalysator, aus solchen mit suboptimal betriebenem oder zerstörtem Katalysator (Kaltstart bzw. Überhitzung) sowie aus dem unkontrollierten Einspritzpumpenbetrieb stammen. Diese Emissionsmengen ließen sich am effektivsten mit neuformulierten Kraftstoffen – im wesentlichen bis zu 1 Vol.-% Benzol und 25 Vol.-% Aromaten – gleich an der Quelle und nicht erst mit effektiveren Katalysatoren mindern; unmittelbare Benzolemissionsminderungen um bis zu 50 % sind möglich, die sich verstärkt in städtischen Bereichen bemerkbar machen würden (verschiedene Szenarien: DRECHSLER, 1995; BARETT und POLLIT, 1994).

Das freiwillige Angebot einiger Mineralölgesellschaften, den Benzolgehalt zu halbieren, bezieht sich bisher nur auf Nischenkraftstoffe (3 Mio. t/Jahr). Das Investitionsvolumen für eine Reduzierung des Benzolgehalts in Kraftstoffen auf 1 Vol.-% wird auf 2 bis 3 Mrd. DM geschätzt, die erforderlichen Investitionen in allen rund 100 Raffinerien Europas auf 5 bis 7 Mrd. DM (WIDMER, 1995). Sollten Überlegungen der Bundesregierung zur generellen steuerlichen Begünstigung benzolarmen Kraftstoffs umgesetzt werden, ist mit einer Ausweitung des Benzolangebots

um mindestens 400 000 t/Jahr zu rechnen, eine Menge, die von der europäischen Chemieindustrie nicht ohne weiteres aufgenommen werden dürfte. Aus diesem Grund hat der europäische Chemieindustrieverband CEFIC in Brüssel bei der EU-Kommission gegen Pläne zur starken Senkung des Benzolgehalts von Ottokraftstoff protestiert. Tatsächlich müßten Teilmengen des zusätzlich gewonnenen Benzols als Überschuß teilweise exportiert, chemisch zu weniger toxischen Komponenten konvertiert oder in letzter Konsequenz auch als Sonderabfall in speziellen Verbrennungsanlagen (vgl. TA Abfall) verbrannt werden, sofern es nicht gelingt, die zahlreich vorhandenen raffinerietechnischen Verfahren zur Benzolverwertung beziehungsweise zur Herstellung benzolarmer Ottokraftstoffe (DRECHSLER, 1995) zu nutzen.

1186. Um auch die Neubildung von Benzol im Motor zu verhindern, muß zusätzlich die Reduktion des Aromatengehaltes von derzeit durchschnittlich 36 % in Deutschland (in Italien z. B. 32 %) angestrebt werden. Ersatzstoffe wie MTBE, TAME, Ethylalkohol und ETBE stehen zur Verfügung. Zwar nehmen die Emissionen von VOC, Aldehyden und Butadien durch die Ersatzstoffe geringfügig zu (DRECHSLER, 1995), durch Reduktion des Benzolgehaltes auf 1 Vol.-% und der Aromate auf 25 bis 30 Vol.-% bei gleichzeitigem Zusatz von ca. 10 Vol.-% MTBE würden die Benzolemissionen aber um 50 bis 60 % gesenkt, Kohlenwasserstoffe (HC) um 30 % und NO$_x$ um 10 % (BARRET und POLLIT, 1994). Durch die europaweite Kraftstoffveränderung würden von den Raffinerieprozessen etwa 8 Mio. t CO$_2$ pro Jahr zusätzlich emittiert, denen am Fahrzeug Minderemissionen von 4 Mio. t CO$_2$ entgegenstünden; der Nettoeffekt entspricht einem europaweiten CO$_2$-Anstieg um 0,2 % (DRECHSLER, 1995).

1187. Würde nur der Benzolgehalt verringert, stiege der durchschnittliche Benzinpreis auf europäischer Ebene um etwa 2 Pf/L, in Deutschland nur um etwa 1 Pf/L wegen der günstigeren Raffineriestrukturen (ENGELHARDT, 1995; DRECHSLER, 1995). Bei weiter verringertem Aromaten-, Benzol- und Schwefelgehalt stiegen die durchschnittlichen Herstellungskosten auf europäischer Ebene ohne Handelsaufschläge um bis zu 8 Pf/L (Abb. 5.13).

1188. Der EU-Umweltministerrat stellt den Mitgliedstaaten seit 1. Oktober 1995 die Einführung von Steueranreizen zur Reduzierung von Fahrzeugemissionen frei (Art. 3 der Richtlinie 70/220/EWG). Die vom Bundesumweltministerium schon früher angekündigte Differenzierung der Kraftstoffbesteuerung nach dem Benzolgehalt steht bislang aber noch aus. Der Vorschlag des Umweltbundesamtes, auf EU-Ebene einen Grenzwert für den Benzolgehalt von 1 Vol.-% festzulegen, wurde bisher nicht angegangen. Nach Ansicht des Umweltrates wäre eine gestaffelte Abgabe auf den Benzol- und Aromatengehalt als Anreiz zur Reduzierung der Benzolgehalte in Kraftstoffen geeignet. Entsprechend den Mehrkosten bei der Herstellung könnte diese etwa 5 Pf je Vol.-% Benzol oder äquivalentem Aromatenanteil betragen; Abgabensatz und Einführungsdetails sind zu prüfen.

Abbildung 5.13

**Erhöhung der durchschnittlichen Herstellungskosten auf europäischer Ebene
bei Änderungen der Zusammensetzung von Ottokraftstoffen**

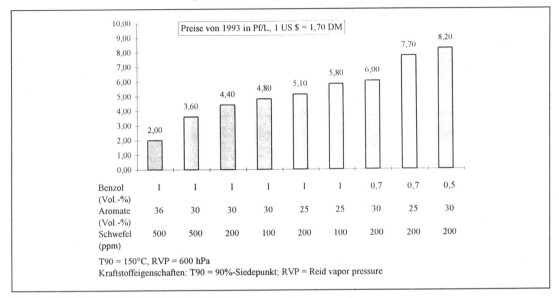

Quelle: BARRET und POLLIT, 1994; leicht verändert

Tanktourismus und Berufspendler

1189. Die zur Erreichung des Lenkungseffektes bezüglich der CO_2-Emissionen erforderliche Gesamtbelastung der Kraftstoffe liegt langfristig erheblich über der Belastung, die durch die bisherige Mineralölsteuer hervorgerufen wird, so daß die Probleme des sogenannten „Tanktourismus" und die Benachteiligung der Berufspendler gewürdigt werden müssen. Beide Probleme zählen zu den besonders häufig angeführten Argumenten, die gegen eine weitere Erhöhung der Kraftstoffsteuer ins Feld geführt werden.

1190. Zwar entwickelte sich in den Grenzgebieten Luxemburgs bei Preisdifferenzen von 34 Pf/L für unverbleites Normalbenzin im März 1995 ein reger Tanktourismus, dennoch darf dieses Ausweichen, das mit Einnahmeausfällen für den deutschen Einzelhandel einherging, in seiner Bedeutung nicht überschätzt werden. Für die Schweiz, wo für Kraftstoff erhebliche Preisdifferenzen zu den Nachbarstaaten existieren, wird der Tanktourismus – regelmäßigen Erhebungen der Prognos AG zufolge – nur auf ca. 2 % geschätzt. Schätzungen der Preisschwellen je Entfernungskilometer zur Grenze liegen für Deutschland bislang nicht vor.

1191. Zuweilen wird argumentiert, daß eine spürbare Erhöhung der Kraftstoffpreise insbesondere für die Berufspendler jenseits der Grenze der Sozialverträglichkeit läge. Studien zeigen jedoch, daß die Pendler über ein überdurchschnittliches Haushaltseinkommen verfügen und eine unterdurchschnittliche Belastung mit Sozialabgaben tragen. Das nur langsame Ansteigen der Abgabe läßt zudem ausreichend Zeit für entsprechende Anpassungsreaktionen. Eine Erhöhung des Kraftstoffpreises auf über 5 DM/L würde bei dem vom Umweltrat vorgeschlagenen Anpassungspfad einer CO_2-Abgabe (Tab. 5.2) erst nach dem Jahr 2010 erreicht werden.

1192. Bei Anlastung der Wegekosten mit Hilfe anderer Instrumente (z. B. Vignetten) würde die steuerliche Belastung der Kraftstoffe zunächst sogar gesenkt werden müssen (Tz. 1183, Abb. 5.12), so daß die Problematik des Tanktourismus erst zu einem Zeitpunkt akut wird, zu dem erwartet werden kann, daß auch die anliegenen Staaten die Abgabe auf fossile Brenn- und Kraftstoffe entsprechend erhöht haben. Bis dahin kann auch mit einem ausreichenden Angebot an Pkw mit niedrigem Verbrauch gerechnet werden, wodurch das Pendlerproblem wesentlich entschärft würde.

Vergünstigungen bei der Mineralölsteuer

Dieselkraftstoff

1193. Deutschland liegt zur Zeit mit der Abgabe auf bleifreien Ottokraftstoff europaweit an zweiter, bei Dieselkraftstoff nur an zehnter Stelle. Ziel des niedrigen Steuersatzes für Dieselkraftstoff ist die relative Begünstigung des gewerblichen Verkehrs (LINSCHEIDT et al., 1994, S. 20). Sie ist unter dem Gesichtspunkt des Umweltschutzes nicht zu rechtfertigen, im Gegenteil höchst bedenklich (vgl. SRU, 1994, Kap. III.1). Durch eine Umstellung der Bemessungsgrundlage der Mineralölsteuer auf Emissionen, einheitlich für alle Kraft- beziehungsweise Brennstoffe, würden sich die Steuersätze für Otto- und Dieselkraftstoff automatisch angleichen. Entsprechend müßte auch die Kfz-Steuer angepaßt werden (vgl. Tz. 1214).

1194. Bei Auslagerung der Wegekostenbeiträge aus der Mineralölsteuer (Tz. 1200–1205) bliebe es fiskalischen Motiven überlassen, ob die Belastung von Dieselkraftstoff insgesamt steigen oder statt dessen die Belastung von Ottokraftstoffen zunächst sinken würde. Im letzteren Fall wären Wettbewerbsverzerrungen und ökologisch negative Ausweichreaktionen kurzfristig nicht zu befürchten, so daß erst mittelfristig, mit dem Ansteigen der emissionsbezogenen Abgabensätze, der Zwang zu einem europaweit einheitlichen Vorgehen bestünde. Ohne eine einheitliche länderübergreifende Lösung könnte der Tanktourismus im Güterverkehr durch ordnungsrechtliche Begrenzungen der Tankinhalte zumindest teilweise eingeschränkt werden.

Förderung von Gas als Kraftstoff

1195. Zum 1. Januar 1996 ist die Mineralölsteuer für Erd- und Flüssiggas, wenn diese Produkte als Kraftstoff im Verkehr eingesetzt werden, befristet auf fünf Jahre auf 18,70 DM/MWh (entspricht ca. 21 Pf/L Benzin) beziehungsweise 24,1 Pf/kg gesenkt worden, um insbesondere für Nutzfahrzeuge im Nahverkehr der Ballungsräume höhere Fixkosten gegenüber dieselbetriebenen Fahrzeugen von rund 12 % (Busse) bis 25 % (Pkw) auszugleichen. Zuvor lag die Erdgassteuer etwa 16 % höher als die Mineralölsteuer auf Dieselkraftstoff. Während in Deutschland 1993 nur knapp 4 000 gasbetriebene (davon nur 10 % mit Erdgas) Fahrzeuge registriert waren, verfügt beispielsweise Italien bereits über rund 265 000 angemeldete Erdgasfahrzeuge (KALISCHER, 1995, S. 518). Bei Einführung der vorgeschlagenen CO_2-Abgabe und einem Abrücken vom Anlegbarkeitsprinzip bei den Erdgaspreisen würde sich die bessere CO_2-Bilanz von Erdgas bereits in den Preisen niederschlagen. Eine zusätzliche Steuersatzminderung wäre dann nicht erforderlich.

Weiterhin wird die Steuersenkung damit begründet, daß sowohl bei NO_x als auch bei Kohlenmonoxid (CO) sowie bei den Partikeln drastische Emissionsminderungen im Vergleich zu Dieselmotoremissionen nach EURO 2-Norm erreicht werden (ca. 80 % geringeres Ozonpotential). Der NO_x-Ausstoß gasbetriebener Motoren ist dem von Benzinmotoren mit Drei-Wege-Katalysator vergleichbar; bei gasbetriebenen Motoren wird kein Benzol freigesetzt (LANGEN, 1994, S. 522). Verbrauchssteigerungen durch das höhere Tankgewicht betragen selbst bei Pkw nur etwa 1 % (LANGEN, 1995, S. 524).

1196. Der Umweltrat begrüßt grundsätzlich die Begünstigung von Erdgas, weil sie faktisch einer Abgabe auf die in Tz. 1195 genannten Schadstoffe bei der Verbrennung von Otto- und Dieselkraftstoff gleichkommt. Zugleich weist er jedoch darauf hin, daß die zeitliche Befristung dieser Regelung auf zunächst fünf Jahre der vollen Entfaltung der Lenkungswirkung möglicherweise entgegensteht. Sowohl für die Neuanschaffung beziehungsweise Umrüstung von Kraftfahrzeugen als auch für Investitionen in ein entsprechendes Tankstellennetz kann diese Frist nicht die erforderliche Planungssicherheit gewährleisten. Eine langfristige Festschreibung der von der Bundesregierung angestrebten Steuerentlastung von 80 %

gegenüber Ottokraftstoff (vgl. BT-Drs. 13/1071) wäre bei Einführung einer auf die Mineralölsteuer anrechenbaren CO_2-Abgabe sowie einer emissionsabhängigen Kfz-Steuer hingegen nicht gerechtfertigt.

Binnenschiffahrt

1197. Der Umweltrat empfiehlt eine europaweite Streichung der Mineralölsteuerbefreiung für die gewerbliche Binnenschiffahrt. Ein deutscher Alleingang, der mit einer gleichzeitigen Entlastung oder mit Transferleistungen für die deutsche Binnenschiffahrt verbunden sein müßte, wäre nur außerhalb des Rheinstromgebiets möglich. Damit würden jedoch nur 20 % der Verkehrsleistungen der Binnenschiffahrt erfaßt. Für eine Streichung der Mineralölsteuerbefreiung für die Rheinschiffahrt (inklusive Zuflüsse) wäre hingegen eine Einigung innerhalb der Zentralkommission für die Rheinschiffahrt, mit den Mitgliedstaaten Belgien, Deutschland, Frankreich, Luxemburg, Niederlande und Schweiz, erforderlich.

Luftverkehr

1198. Die Mineralölsteuerbefreiung von Luftfahrtbetriebsstoffen und die Förderung der Luftfahrttechnik entlasten den Flugverkehr um insgesamt fast 3,4 Mrd. DM pro Jahr. Die direkten Transfers von Fördermitteln für die Luftfahrttechnik betrugen 1992 978 Mio. DM. Unabhängig von der Notwendigkeit eines international abgestimmten Vorgehens in diesem Bereich muß der ökonomische und ökologische Sinn eines Subventionswettlaufs in der Luftfahrttechnik hinterfragt werden.

Die Mineralölsteuerbefreiung von Luftfahrtbetriebsstoffen für die gewerbsmäßige Beförderung von Personen oder Sachen zur Förderung des Luftverkehrs führt zu Kraftstoffkosten von 30 Pf je Liter; sie ist aus ökologischer Sicht kontraproduktiv. Ihre Aufhebung sowie die daraus resultierenden Umsatzsteuermehreinnahmen würden Steuermehreinnahmen von rund 2,4 Mrd. DM pro Jahr ergeben, was gerade der Summe aller Umweltschutzinvestitionen des Bundes entspricht (BLAK, 1993, S. 2). Um räumliche Verlagerungen von Flügen und Tankvorgängen zu vermeiden, sollte eine Abschaffung der Mineralölsteuerbefreiung mindestens europaweit erfolgen. Für eine Aufhebung der Mineralölsteuerbefreiung von internationalen Flügen müßte das „Chicagoer Abkommen" geändert werden, was angesichts der hierfür erforderlichen Verhandlungen zumindest kurzfristig nicht realistisch scheint. Bei Inlandsflügen jedoch möglich (vgl. LINSCHEIDT et al., 1994; SPRENGER et al., 1994; BLAK, 1993). Die Mineralölsteuerbefreiung für den inländischen Luftverkehr sollte insofern ersatzlos gestrichen und Kerosin entsprechend der emittierten Schadstoffe mit einer Lenkungsabgabe (z. B. für CO_2) belegt werden. Bei einem Anteil der Treibstoffkosten von 10 % an den Gesamtkosten würde eine Besteuerung der Luftfahrtbetriebsstoffe mit dem heutigen Steuersatz für Dieselkraftstoff eine etwa 20%ige Kostenerhöhung bedeuten (TRIEBSWETTER et al., 1994, S. 73) und so einen Anreiz zur Neustrukturierung der Flugzeugflotten sowie eine Verbesserung der Wettbewerbssituation der Bahn bewirken.

5.4.2.2 Reform der Kraftfahrzeugsteuer

1199. Der Umweltrat kann den Vorschlägen zur Umlegung der Kfz-Steuer auf die Mineralölsteuer nicht folgen. Damit würde ein bedeutendes Instrument der umweltpolitischen Lenkung – und um ein solches handelt es sich bei der Kfz-Steuer trotz der für die Jahrtausendwende angestrebten Einführung von Abgasgrenzwerten entsprechend einer noch zu fixierenden EURO 3-Norm – im Tausch gegen Einsparungen bei der Finanzverwaltung aus der Hand gegeben. Allenfalls kann langfristig darauf gesetzt werden, Emissionslenkungen, Wegekostenanlastung und Rationierung durch elektronische road-pricing-Systeme und Emissionsabgaben abzulösen, die am elektronischen Motormanagement ansetzen (vgl. SRU, 1994, Tz. 792). Zwar wird hier empfohlen, bis zur Einführung solcher Systeme die Wegekosten als eigenständige Gebühren auszugliedern und weitestgehend nach dem Äquivalenzprinzip zu erheben; jedoch sollte eine emissionsorientierte Kfz-Steuer zur umweltpolitischen Lenkung erhalten bleiben, da diese auf absehbare Zeit die einzige praktikable Form eines ökonomischen Anreizes zum Kauf emissionsarmer Fahrzeuge darstellt.

Für eine berechenbare und doch flexible Umwelt- und Finanzpolitik ist auch die vom Umweltbundesamt ins Gespräch gebrachte, langfristige Vorauszahlung der Kfz-Steuer ausschließlich nachteilig. Die Kfz-Steuer kann allerdings, wenn damit entsprechende Einsparungen in der Verwaltung verbunden sind, über Vignetten erhoben werden, die beispielsweise jährlich von den technischen Überwachungsstellen oder Tankstellen ausgegeben werden.

Eigenständige Anlastung der Wegekosten

1200. Heute wird die Kfz-Steuer vor allem mit der Anlastung der Wegekosten des Verkehrs begründet. Die Wegekosten setzen sich aus den nutzungsabhängigen (variablen) Kosten und den nutzungsunabhängigen (bezogen auf einen zusätzlichen Fahrzeugkilometer: fixen) Kosten der Infrastrukturbereitstellung zusammen. Als variable Wegekosten könnten nach den Grundsätzen der Preispolitik für Kollektivgüter nur die Grenzkosten der Nutzung einer Straße durch ein weiteres Fahrzeug angelastet werden. Diese sind bei Pkw außerordentlich niedrig und nur beim Schwerlastverkehr hoch genug, um fahrleistungsabhängig erhoben zu werden.

Wenn diese Grenzkosten der Wegenutzung der Lkw über die Fahrleistung ebenso wie Knappheits- oder Rationierungsgebühren über Verfahren des Road-Pricing angelastet werden, sind nur noch die fixen Bereitstellungskosten zu decken. So soll die Anfang 1995 eingeführte Autobahngebühr von 1 500 DM für Lkw (mit Rückerstattung bei nachgewiesener Nichtnutzung), die außer für Deutschland auch für die Autobahnen in den Beneluxländern und Dänemark gilt, als reine Wegekostenanlastung verstanden werden.

1201. Die Wegekosten wurden 1990 vom DIW auf 41,8 Mrd. DM geschätzt. Ergänzt um Berechnungen des Umweltbundesamtes zu den Opportunitätskosten der Wege und um Daten des DIW (interne Studie des Bundesverkehrsministeriums) über die neuen Bundesländer ergeben sich Gesamtkosten von 73,5 Mrd. DM in Preisen von 1997 (Tab. 5.22). Unter Annahme konstanter Anteile würden auf die Bundesautobahnen 1997 Kosten von 11,2 Mrd. DM entfallen.

1202. Von den gesamten Wegekosten ermittelt das DIW (1992) Unterhaltskosten des Straßennetzes von ca. 7,4 % der Gesamtkosten, die von ABERLE und ENGEL (1992) als Grenzkosten der Nutzung durch Lkw interpretiert werden und somit fahrleistungsabhängig den Lkw angelastet werden sollten. Ohne die insgesamt von den Lkw zu tragenden Wegekosten (Tz. 1205) ergibt sich für die ca. 40 Mio. zugelassenen Pkw für 1997 ein Betrag von ca. 1 600 DM pro Jahr zur Deckung der Bereitstellungskosten aller Straßen einschließlich der Bundesautobahnen. Der Preis entspricht einer Optionsgebühr in Höhe des

Tabelle 5.22

Berechnung der Wegekosten des Straßenverkehrs

	alte Länder 1991 in Mio. DM	neue Länder 1991 in Mio. DM (HUCKESTEIN und VERRON)	Gesamt 1997 bei 3 % Inflation	Anteil in % (DIW)
Wegekosten nach DIW	41 800	8 000	57 732	
Berichtigung der Grundstücksbewertung (HUCKESTEIN und VERRON)	13 600		15 766	
Gesamt	55 400	8 000	73 498	
davon Bundesautobahnen	8 476	1 224	11 245	15,3
davon übrige Straßen	46 924	6 776	62 253	84,7

Quelle: HUCKESTEIN und VERRON, 1995; DIW, 1992

durchschnittlichen Nutzungsinteresses für die Bereithaltung der Wege (SRU, 1994, Tz. 792). 1993 betrugen die Einnahmen aus der Kfz-Steuer ca. 14 Mrd. DM, das heißt pro Fahrzeug durchschnittlich 311 DM (Verkehr in Zahlen 1994, S. 282); gegenüber 1993 würde die durchschnittliche Kfz-Steuer sich also mehr als verfünffachen. Eine solche pauschale Umlage auf alle Fahrzeuge wäre aber ökonomisch und ökologisch äußerst bedenklich, da der Nutzen der Bereitstellung der Wege von der Fahrleistung und der Anzahl der benutzten Straßen abhängt. Um eine Aufteilung zwischen fixen und variablen Beiträgen entsprechend der individuellen Nutzen zu gewährleisten, könnten regionale Netzberechtigungen zu fixen Beiträgen (Klubmodell) angeboten und für Nichtmitglieder entsprechend höhere Gastbeiträge erhoben werden, sobald road pricing-Systeme installiert sind (EWERS und RODI, 1995).

1203. Bis solche (Gast-)Beiträge elektronisch erfaßt werden können, muß die Verkehrspolitik sich anderer Mittel bedienen. Eine Möglichkeit der Wegekostenanlastung wäre die Kopplung an die Fahrleistung oder die Erhebung der Wegekosten über eine Abgabe auf die Kraftstoffe. Beide Bemessungsgrundlagen sagen allerdings nichts darüber aus, welches Wegenetz tatsächlich genutzt wird. Deshalb schlägt der Umweltrat eine andere (zweitbeste) Lösung vor: Die Wegekosten könnten über zwei Vignetten angelastet werden: eine Vignette für den eigenen und alle angrenzenden Kreise (Regionalvignette) und eine Vignette für die Benutzung aller anderen Straßen (Fernverkehrsvignette), jeweils gestaffelt nach Pkw, Lkw, Busse, Krafträder sowie unterschieden in private und gewerbliche Nutzer. Die Regionalvignette sollte bei angemeldeten Pkw zwangsweise jährlich zu erwerben sein, um entsprechende Kontrollkosten der Polizei zu vermeiden. Damit kommt sie einer Kfz-Steuer gleich. Die Fernverkehrsvignette könnte zum Beispiel von Tankstellen vertrieben werden. Ob neben Jahres- und Monatsvignetten Wochen- oder Tagesvignetten auch für Inländer vorteilhaft wären, bleibt zu prüfen.

1204. Eine solche Erhebung der Wegekosten hätte aus umweltpolitischer Sicht den Vorteil, daß die Besteuerung der Kraftstoffe – abgesehen von fiskalischen Bestandteilen – sich auf emissionsorientierte Lenkungsabgaben beschränken könnte und gegebenenfalls die Lenkungswirkung unterschiedlicher Abgabensätze direkt ermittelt werden kann. Ob sich insgesamt eine drastische Mehrbelastung der Autofahrer ergibt, hängt dann von der Entwicklung der fiskalischen Komponente der Mineralölsteuer ab. Die Anreize zum Vielfahren zwecks Amortisation der Fixkosten wären in einem Pilotprojekt zu überprüfen. Der lokale Pendler- und Einkaufsverkehr würde entlastet, weiträumiger Ausflugsverkehr auf die öffentlichen Verkehrsmittel verlagert und ein Ausweichen auf Landstraßen wegen höherer Autobahngebühren würde zunächst vermieden. Mit dem Rückgang des Fahrzeugbestandes und bei konstanten Wegekosten würde die Belastung pro Fahrzeug sich weiter erhöhen und so im Sinne der Emissionsvermeidung eine positive Rückkopplung entstehen. Die Ausdehnung der Vignettenpflicht auf ausländische Fahrzeuge

würde ein Ausflaggen der Flotten im Straßengüterverkehr verhindern. Im Zuge einer solchen Ausgestaltung der Wegekostenanlastung mit entsprechenden Auswirkungen auf die Mineralöl- und Kfz-Steuer muß der Finanzausgleich zwischen Bund und Ländern neu geregelt werden. Die erheblichen Einnahmen aus den Regionalvignetten könnten beispielsweise den Ländern zufließen.

1205. Zur Deckung der Nutzungsgrenzkosten müssen von den 2,8 Mio. Lkw, Bussen und nichtlandwirtschaftlichen Zugmaschinen durchschnittlich ca. 1 950 DM pro Jahr beigetragen werden, zusätzlich zu den für Pkw erhobenen Gebühren. Eine verursachungsgerechte Anlastung über Fahrtenschreiber kann bei einer nationalen Regelung nicht erfolgen, da diese nicht dokumentieren, in welchen Ländern gefahren wurde. Will man auf die Anlastung der variablen Nutzungskosten nicht verzichten, müßten die Kilometerstände beim Grenzübertritt abgelesen oder eine europäische Regelung durchgesetzt werden. Ein deutscher Alleingang mit entsprechender Kontrolle an der Grenze dürfte nur in Verbindung mit den allerdings nur für Autobahnen geplanten road pricing-Systemen praktikabel sein. Bis zur Einführung einer europäischen Lösung bietet es sich deshalb nach Ansicht des Umweltrates an, auch die variablen Nutzungskosten über Lkw-Vignetten (insgesamt ca. 3 550 DM pro Jahr) abzudecken. Dieser Betrag liegt deutlich unter der vom Bundesverkehrsministerium geplanten Belastung von ca. 7 000 DM pro Jahr.

Emissionsorientierte Kraftfahrzeugsteuer

1206. Seit April 1994 weist die Kfz-Steuer lediglich für Lkw eine Differenzierung nach Schadstoff- und Lärmemissionen auf, die Anreize zur Emissionsminderung am Fahrzeug schafft. Die umweltpolitisch motivierte Regelung ging jedoch mit einer deutlichen Kfz-Steuersenkung von insgesamt ca. 1,5 Mrd. DM pro Jahr einher: für einen 40-Tonnen-Lkw von einheitlich 10 500 DM auf beispielsweise 5 000 DM bei fehlender Schadstoff- und Lärmreduzierung und 2 800 DM bei Erfüllung der EURO 2-Norm (UBA, 1994 c, S. 44).

1207. Die emissionsorientierte Differenzierung der Kfz-Steuer kann sich nur auf Umweltbeeinträchtigungen beziehen, die weitestgehend vom Fahrzeugbeziehungsweise Motortyp abhängen. Die Besteuerung von Emissionen über einen festen Beitrag wie die Kfz-Steuer muß regelmäßig als drittbeste Lösung gewertet werden und kann nur eine Zwischenlösung darstellen. Wenn einzelne Emissionen zuverlässig dem Kraftstoffverbrauch zugeordnet werden können, sollten diese den Anknüpfungspunkt für eine Besteuerung, wie beispielsweise bei CO_2, bilden. Daneben können Aufzeichnungen der Fahrleistungen (Fahrtenschreiber, Tachostand), road pricing-Systeme oder Aufzeichnungen über das elektronische Motor- und Abgasmanagement Umweltbeeinträchtigungen in der Regel besser abbilden als fixe Beiträge.

1208. Dennoch sind motortypabhängige fixe Umweltabgaben, differenziert nach den Emissionsminderungsverfahren und -einrichtungen, die als Kfz-Steuer erhoben werden können, bis zur Einführung solcher Systeme zu befürworten. Betrachtet man die Minderung der Emissionsmengen der Ozon-Vorläufersubstanzgruppen Kohlenwasserstoffe (HC) und Stickstoffoxide (NO_x) durch den geregelten Katalysator, so wird ersichtlich, daß eine beschleunigte Zurückdrängung der Fahrzeuge ohne geregelten Katalysator eine deutliche Reduktion dieser Stoffe mit sich bringen könnte: Fahrzeuge, die einen Ottomotor mit geregeltem Katalysator besitzen, emittieren unter Berücksichtigung der Kaltstartphase 80 bis 90 % weniger Kohlenwasserstoffe und 79 bis 87 % weniger Stickstoffoxide als Fahrzeuge ohne geregelten Katalysator. Auch Dieselmotoren emittieren weniger Ozon-Vorläufersubstanzen als Ottomotoren ohne Katalysator: Bei Kohlenwasserstoffen ist die Emission um 95 % geringer, bei Stickstoffoxiden um 62 bis 66 % (HASSEL et al., 1994, S. 7.7 ff.).

1209. Es wird empfohlen, trotz der anstehenden Verschärfung des Ordnungsrechts für Neufahrzeuge, die Kfz-Steuer nach der eingesetzten Vermeidungstechnik und weiterhin nach Diesel- und Ottomotoren zu differenzieren und so auch Nachrüstungen von Katalysatoren anzuregen. Die Höhe der Differenzierung muß in Abhängigkeit von der Gesamtbelastung des Verkehrs und der dadurch zu erzielenden Lenkungswirkung ermittelt werden.

1210. Eine Arbeitsgruppe der Bundesministerien für Finanzen, Umwelt, Verkehr und Wirtschaft hat zehn verschiedene Modelle für eine Reform der Kfz-Steuer erarbeitet. Während acht der Modelle Anreize zur frühzeitigen Erreichung der EURO 2-Norm setzen, wird mit zwei Modellen die Unterschreitung dieser Grenzwerte angestrebt. Nur mit letzteren werden jedoch auch über den 1. Januar 1997 hinaus Anreize zur Entwicklung und zum Kauf emissionsärmerer Fahrzeuge geschaffen. Ein Teil der Modelle sieht eine Differenzierung der regelmäßig zu entrichtenden Steuer nach den eingesetzten Emissionsminderungstechniken vor. Andere Konzepte schaffen durch eine zeitlich befristete Steuerbefreiung oder Steuersenkung finanzielle Anreize zur Anschaffung emissionsärmerer Fahrzeuge.

Allen Modellen gemeinsam ist die Bedingung, die Aufkommenshöhe der gegenwärtigen Kfz-Steuer beizubehalten. Mindereinnahmen durch Steuersenkungen beziehungsweise -befreiungen werden durch entsprechend höhere Sätze für die übrigen Fahrzeuge ausgeglichen, die je nach Vorschlag die EURO 2-Norm oder höhere Grenzwerte nicht erfüllen. Dies geschieht mit Rücksicht auf finanzausgleichspolitische Belange. Aufkommensneutralität darf jedoch nicht zentrales Kriterium für die Erhebung einer Lenkungsabgabe sein. Mit einer aufkommensneutralen Reform der Kfz-Steuer ist eine ausreichend starke Differenzierung der Steuersätze, die die Zusatzkosten der Emissionsminderungstechniken zur Erreichung der angestrebten Grenzwerte berücksichtigt und damit entsprechende wirtschaftliche Anreize zum Kauf emissionsärmerer Fahrzeuge be-

ziehungsweise zur Nachrüstung setzt, nicht zu erlangen. Bei Umsetzung des Vorschlags des Umweltrates für eine gleichzeitige Reform von Mineralölsteuer und Kfz-Steuer ist der Bund-Länder-Finanzausgleich ohnehin neu zu regeln. Aufkommensneutralität sollte nicht für die Erhebung der Kfz-Steuer, sondern vielmehr für das Gesamtpaket einer umweltgerechten Finanzreform angestrebt werden.

Eine stärkere Belastung von Pkw mit Dieselmotoren, wie in den Modellen der Arbeitsgruppe als Ausgleich für die Steuervorteile bei der Mineralölsteuer vorgesehen, ist bei Umsetzung des Vorschlags des Umweltrates, die Belastung von Otto- und Dieselkraftstoff auf eine einheitliche Emissionsbasis umzustellen, nicht erforderlich. Eine solche Zusatzbelastung kann allenfalls aufgrund der Partikelemissionen von Dieselfahrzeugen geboten sein. Das Festhalten am Hubraum als Bemessungsgrundlage für eine emissionsbezogene Kfz-Steuer wird mit sozialen Erwägungen begründet, ist hingegen ökologisch nicht zu rechtfertigen. Andere Instrumente sind viel besser geeignet, einen sozialen Ausgleich zu schaffen.

1211. Mit einem gespreizten Kfz-Steuersatz werden erhebliche Unschärfen bezüglich der Lenkungswirkung in Kauf genommen, weil zum einen das Fahrverhalten auf die Gesamtemissionen (Kaltstartphasen, Vollastanreicherung) möglicherweise sogar stärker wirkt als die Motorcharakteristik (SRU, 1994, Tz. 790), zum anderen die Erreichung von Immissionszielwerten weiterhin von Ort (Stadt/Land) und Zeit (Jahres-/Tageszeit) der Emissionen abhängt.

1212. Verstärkt werden kann der Lenkungseffekt der Kfz-Steuer zusätzlich durch eine Senkung der Grenzwerte der Ozonverordnung auf Werte, die an mindestens 15 bis 20 Tagen im Jahr ein Fahren ohne Katalysator beziehungsweise ohne entsprechende Vermeidungstechnik bei Dieselfahrzeugen verbieten würden (SRU, 1995). Dies muß mit einer Aufhebung der im Ozongesetz formulierten Ausnahmeregelungen (§ 40 c ff. BImSchG) einhergehen.

1213. Wird die empfohlene Kfz-Steuer in Form von Vignetten erhoben, werden dadurch bei den Finanzbehörden erhebliche Einsparungen erwartet. Insgesamt ergäben sich damit zwei bis drei Vignetten pro Fahrzeug: Regionalvignette, Fernverkehrsvignette (optional) und eine Emissionsvignette. Um die zu erwartende Gesamtbelastung (Wegekosten, emissionsorientierte Mineralölsteuer beziehungsweise CO_2-Abgabe auf Kraftstoffe, emissionsabhängige Kfz-Steuer) für verschiedene Haushaltstypen und in Abhängigkeit von der jährlichen Fahrleistung ermitteln und den momentanen Belastungen aus Mineralölsteuer und Kfz-Steuer gegenüber stellen zu können, wären weitere Berechnungen erforderlich, deren Durchführung der Umweltrat empfiehlt. Die vorgeschlagene Neustrukturierung der Abgaben auf Kraftstoffe und den Kfz-Bestand berührt die Einnahmestruktur zwischen Bund und Ländern erheblich, da die Einnahmen der Mineralölsteuer dem Bund, die der Kfz-Steuer den Ländern zufließen. Aus diesem Grund müßte der Bund-Länder-Finanzausgleich neu gestaltet werden (vgl. Tz. 956 f.).

Vergünstigungen bei der Kraftfahrzeugsteuer

Personenkraftwagen mit Dieselmotoren

1214. Der erhöhte Kfz-Steuersatz für Pkw mit Dieselmotoren wird heute mit der vergleichsweise geringen Mineralölsteuer begründet, deren Angleichung bereits empfohlen wurde (Tz. 1193 f.). Folgt man den Abgasemissionsfaktoren verschiedener Motortypen sowie den Wirkungspotentialen der entsprechenden Emissionen (SRU, 1994, Tz. 669 f.), wird es eine pauschale Differenzierung zwischen Otto- und Dieselmotoren zukünftig nicht mehr geben.

Elektrofahrzeuge

1215. Für Elektrofahrzeuge wird zur Zeit der halbe Kfz-Steuersatz berechnet. Die Wegekostenbeiträge sollten aber nicht erlassen werden (bei Elektrofahrzeugen in der Regel ausschließlich regional). Auch bezüglich anderer Emissionen sollten Abgaben eher bei der Stromerzeugung ansetzen als bei den Elektrofahrzeugen selbst: Zum Beispiel wirken sich CO_2-Abgaben über die Strompreise auf die Wettbewerbsfähigkeit der Elektrofahrzeuge aus, deren „Ökobilanz" in Abhängigkeit von der Art der Stromerzeugung nicht unbedingt vorteilhaft sein muß. Eine emissionsorientierte Kfz-Steuer würde somit für Elektrofahrzeuge entfallen. Im Rahmen von road pricing-Systemen, die unter anderem die Emissionsbelastung zu Belastungsspitzen in Ballungsräumen regeln sollen, wäre es sinnvoll, die Elektrofahrzeuge zu entlasten.

Landwirtschaftliche Nutzfahrzeuge

1216. Die Kfz-Steuerbefreiung von landwirtschaftlichen Nutzfahrzeugen („grünes Nummernschild" nach § 3 Nr. 7 KraftStG), die mit der Nichtnutzung von Straßen begründet wird, führte 1993 zu Steuermindereinnahmen von 680 Mio. DM (LINSCHEIDT et al., 1994, S. 25). Bei Einführung einer von der Emissionsminderungstechnik abhängigen Steuer sollte diese Befreiung jedoch aufgehoben werden. Eine Freistellung von der vorgeschlagenen Wegekostenvignette erscheint hingegen für mobile Landmaschinen insofern gerechtfertigt, als es sich dabei um Produktionsmittel handelt, die nur sehr geringe Wegekosten verursachen. Die Nutzung von Lkw und Pkw in der Landwirtschaft begründet hingegen keinen ökologisch relevanten oder steuersystematisch gerechtfertigten Ausnahmetatbestand; daher sollten diese wie alle anderen Fahrzeuge der Steuer- und Vignettenpflicht unterliegen.

5.4.2.3 Abbau von steuerlichen Vergünstigungen im Verkehrssektor

Kilometerpauschale

1217. Parallel zur Reform der den Verkehr betreffenden Steuern sollten die Anrechnungsmöglichkeiten nachgewiesener Pkw- und Kraftstoffkosten im Rahmen der Einkommensteuer begrenzt werden. Die Fahrtkostenpauschale für Fahrten zwischen Wohnung und Arbeitsstätte ist deutlich höher als die variablen Kosten der Pkw-Nutzung, während für öffentliche Verkehrsmittel nur die tatsächlich angefallenen Kosten berücksichtigt werden. Ökologisch kontraproduktiv sind die Anreize zur Wahl des Pkw als Verkehrsmittel und zur Wahl des von der Arbeitsstätte weiter entfernten Wohnortes. Sogar die Kosten der Pkw-Haftpflichtversicherung sind derzeit als Sonderausgaben beschränkt abzugsfähig. Die gegenwärtige Form der Fahrtkostenpauschale beeinflußt die Wahl des Verkehrsmittels zu Lasten eher umweltverträglicher Alternativen und ist steuersystematisch kaum zu rechtfertigen. Faktisch wird nicht die Nutzung, sondern bereits der Besitz eines Pkw im Rahmen der Einkommensteuer begünstigt, da häufig selbst diejenigen, die mit öffentlichen Verkehrsmitteln, Fahrgemeinschaften oder dem Fahrrad zur Arbeitsstätte kommen, in der Regel wie selbstverständlich die höhere Kilometerpauschale für Pkw zum Ansatz bringen. Geringe Pauschalen schaffen also in jedem Fall eine größere Steuergerechtigkeit.

1218. Der Umweltrat empfiehlt die Umwandlung der derzeitigen Kilometerpauschale in eine verkehrsmittelunabhängige Entfernungspauschale in Höhe der jährlichen Kosten der Nutzung öffentlicher Verkehrsmittel. Zur Verwaltungsvereinfachung können die Fahrtkosten mit öffentlichen Verkehrsmitteln bundesweit pauschal mit 1 500 DM pro Jahr angesetzt werden. Sofern für Arbeitnehmer ein Anschluß an den öffentlichen Verkehr nicht vorhanden beziehungsweise dessen Nutzung nicht zumutbar ist, sollte für die Entfernung bis zum nächstgelegenen Anschluß des Öffentlichen Personenverkehrs eine Pauschale auf Basis der Kosten eines durchschnittlichen Kleinwagens erstattet werden. Lediglich bei Nachweis der Unzumutbarkeit der Nutzung des Öffentlichen Personenverkehrs (z. B. bei Behinderung oder mehr als doppelter Fahrtzeit) kann diese Kleinwagenpauschale für die gesamte Entfernung bis zum Arbeitsplatz als Werbungskosten geltend gemacht werden.

1219. Der Umweltrat ist sich bewußt, daß die kurzfristige Umwandlung der Kilometerpauschale in der hier vorgeschlagenen Form insbesondere für Fernpendler eine finanzielle Belastung bedeutet. Dies kann auch nicht durch den berechtigten Hinweis übergangen werden, daß das derzeitige Ausmaß des Pendlertums auch durch die steuerliche Begünstigung von mit Pkw zurückgelegten Arbeitswegen begünstigt wurde, und daß lange Arbeitswege umweltwie verkehrspolitisch unerwünscht sind. Sofern jedoch sichergestellt ist, daß die tatsächlichen Fahrtkosten zum Arbeitsplatz nicht höher sind als die Fahrtkostenpauschale, ist die vorgeschlagene Regelung nur ein Abbau steuersystematisch nicht zu rechtfertigender Vergünstigungen und ein Beitrag zur Steuergerechtigkeit. Zusätzlich wäre zu prüfen, ob nicht die völlige Abschaffung der Entfernungspauschale und die Erstattung der Fahrtkosten durch die Arbeitgeber als Bestandteil der Löhne und Gehälter die umweltpolitisch sinnvollere Regelung wäre.

Parkplätze

1220. Die Bereitstellung eines Jobtickets ist vom Arbeitnehmer als geldwerter Vorteil zu versteuern, nicht jedoch die Bereitstellung von Parkplätzen für Bedienstete, die der Arbeitgeber sogar steuerlich absetzen kann (BLAK, 1993, S. 79). Eine solche steuerliche Ungleichbehandlung ist umweltpolitisch nicht zielführend und sollte aus Sicht des Umweltrates abgeschafft werden. Sinnvoll wäre die Einstufung der Parkplatzbereitstellung für Bedienstete als geldwerter Vorteil bei der Einkommensteuer.

1221. Wünschenswert wäre auch eine flächendeckende Erhebung von Parkgebühren in den Städten, die den Opportunitätskosten anderer Nutzungen der Fläche entsprechen. Dies beinhaltet auch, das verbreitete Abstellen von Lkw-Anhängern auf öffentlichem Straßenland mit einer entsprechenden Parkgebühr zu belegen. Dabei ist zu beachten, daß eine umweltpolitisch wünschenswerte Entlastung der Innenstädte durch Parkgebühren nur im Zusammenwirken mit anderen verkehrsbeeinflussenden und planerischen Maßnahmen, wie dem Ausbau von Verkehrsleitsystemen und „park and ride"-Möglichkeiten sowie einer Verbesserung des Angebotes des Öffentlichen Personennahverkehrs, erfolgen kann.

Sonderabschreibungen und Vermögensteuerbefreiungen

1222. Die Abschaffung der umwelt- und verkehrspolitisch kontraproduktiven Steuervergünstigungen, wie die Befreiung der Verkehrsflughäfen und -landeflächen von der Grund- und Vermögensteuer, die Befreiung der grenzüberschreitenden Personenbeförderung im Luftverkehr von der Umsatzsteuer und Sonderabschreibungen (Bewertungsfreiheit) für Luftfahrzeuge im internationalen Verkehr wird beispielsweise vom FiFo (LINSCHEIDT et al., 1994) und BLAK (1993) gefordert. Diese Forderungen werden vom Umweltrat grundsätzlich befürwortet. Dabei müssen jedoch internationale Wettbewerbswirkungen und bestehende internationale Abkommen berücksichtigt werden. Ebenso sind die Sonderabschreibungen für Handelsschiffe und Schiffe der Seefischerei ökologisch nicht zu rechtfertigen. Diese Sonderabschreibungsregelungen wurden 1965 zur Stärkung der internationalen Wettbewerbsfähigkeit eingeführt und 1993 durch das Standortsicherungsgesetz verlängert; die Steuerausfälle betrugen 1993 allerdings nur 35 Mio. DM.

Umsatzsteuerermäßigungen und -befreiungen

1223. Umsatzsteuerbefreit ist die Verwendung von Treib- und Schmierstoffen in der Seeschiffahrt und im internationalen Luftverkehr. Diese Umsatzsteuerbefreiung ist ebensowenig umweltpolitisch nachvollziehbar wie die derzeitige Umsatzsteuerermäßigung für Taxis. Die bestehenden Vergünstigungen sollten daher, unter Beachtung möglicher unerwünschter Ausweichreaktionen, abgeschafft werden. Auch die Umsatzsteuerermäßigung für die Seeschiffahrt und den internationalen Luftverkehr sollte ersatzlos entfallen, sofern dadurch keine Verlagerungen in das Ausland zu erwarten sind. Die Bundesregierung muß dabei auf entsprechende internationale Vereinbarungen dringen.

1224. Es bestehen mittlerweile auch Vorschläge, die Umsatzsteuer stärker für umweltpolitische Ziele nutzbar zu machen, indem die Anwendung des ermäßigten Umsatzsteuersatzes von derzeit 7 %, zum Beispiel für Lebensmittel oder Bücher und Zeitschriften, ebenso wie die Umsatzsteuerbefreiung für bestimmte Berufsgruppen (Kreditinstitute, Versicherungen etc.) von den Umweltwirkungen der begünstigten Güter und Dienstleistungen abhängig gemacht wird (BLAK, 1993, S. 77). Diese Ansätze befürworten ausdrücklich die Umsatzsteuerbefreiung des Öffentlichen Personennahverkehrs und des Schienenverkehrs. Andere Autoren wollen das Umsatzsteuersystem grundlegend zugunsten einer Steuersatzdifferenzierung nach ökologischen Kriterien reformieren. Zu den Vorschlägen gehört ein erhöhter Steuersatz für umweltschädliche Produkte bei gleichzeitigem Ausschluß der Vorsteuerabzugsfähigkeit (SAUERBORN, 1989) und die Einteilung aller Produkte in vier Belastungsstufen mittels einer Produktlinienanalyse (BAUMGARTNER und RUBIK, 1991). Der Umweltrat lehnt eine solche ökologisch motivierte Differenzierung der Umsatzsteuer ab, da versuchsgerechte Lenkungsabgaben so direkt wie möglich an den Emissionen ansetzen sollten, das heißt, in aller Regel nicht als Produktabgaben erhoben werden sollten.

5.4.3 Lenkung gefährlicher Stoffströme am Beispiel von Cadmium

1225. Bereits in seinem Sondergutachten Abfallwirtschaft (SRU, 1991, Tz. 793 ff.) hat der Umweltrat auf den dringenden Regelungsbedarf hingewiesen, den Cadmium-Stoffstrom gezielt zu lenken und zu verringern. Die vorgeschlagenen Instrumente richteten sich nach der Art des anthropogenen Cadmium-Eintrages: a) direkter Cadmium-Einsatz in Produkten (Nickel-Cadmium-Akkumulatoren, PVC-Stabilisatoren, Pigmente, Gläser, Beschichtungen), b) Cadmium-Eintrag als Verunreinigung von Rohstoffen mit teilweiser Kappung der Rohstoffbasis für Cadmium (Buntmetall-, v. a. Zinkverhüttung, metallurgische Rückstände; zum Eintrag mit Phosphatdüngern vgl. SRU, 1985, Tz. 807 f.), c) cadmiumhaltige Filterstäube (SRU, 1991, Tz. 1417 ff.).

1226. Die Frage nach der Eignung von Abgaben zur Verminderung der Cadmium-Einträge kann nur im Kontext mit der Ausgestaltung der beiden, zum Teil konkurrierenden, EU-Richtlinien 91/157/EWG (gefährliche Stoffe in Batterien/Akkus) und 76/769/EWG (Beschränkung des Inverkehrbringens und der Verwendung bestimmter gefährlicher Stoffe), in bezug auf Cadmium geändert durch 91/338/EWG, beantwortet werden (BÄTCHER und BÖHM, 1992). Die erweiterte Beschränkungsrichtlinie ist jedoch mittlerweile in Deutschland von geringer Bedeutung, weil die dort aufgeführten und mit einem Cadmiumverbot belegten Anwendungen auch schon vorher nicht mehr üblich waren (BÄTCHER und BÖHM, 1992). Anders verhält es sich beim Cadmium-Einsatz in Nickel-Cadmium-Akkumulatoren, bei denen aufgrund steigender Nachfrage nach Geräteakkumulatoren in Akku-Werkzeugmaschinen, schnurlosen Telekommunikations-, Unterhaltungselektronik-Geräten und

Elektrospielzeugen hohe Zuwachsraten zu verzeichnen sind. Zugleich stagniert die Altakku-Rücklaufquote bei rund 60 % (Fachverband Batterien, persönl. Mitt., 1995). Eine Zwangspfandregelung wurde bisher mit Ausnahme von Schweden in den EU-Mitgliedstaaten noch nicht eingeführt.

1227. Wegen ihres hohen, aber durch längere Lebensdauer (kein sog. „Memory-Effekt") teilweise amortisierbaren Preises und bestimmter Anwendungseigenschaften sind der weiten Verbreitung neuer Akkusysteme, wie dem Nickel-Metallhydrid(NiMH)-Akkumulator, vorerst Grenzen gesetzt, so daß sie den weiteren Verbrauchsanstieg an Nickel-Cadmium-Akkus allenfalls bremsen können. So ist das NiMH-System zum Beispiel auf dem künftigen Wachstumsmarkt Elektrofahrzeuge aufgrund von Leistungsschwankungen in Abhängigkeit von der Betriebstemperatur sowie der Gefahr ihrer Überlastung bei hohen Leistungen vorerst keine Alternative.

1228. Der Umweltrat hat den Cadmium-Eintrag als Verunreinigung von Rohstoffen und Produkten immer wieder als gravierendes Umweltproblem bezeichnet. Dabei wurde besonderer Wert auf die Kontrolle der ersten Anfallstelle im Stofffluß – den Zwangsanfall des Cadmiums als Begleitmetall in den Buntmetall-, vor allem den Zinkgewinnungsprozessen – gelegt, um die Zink-, Blei- und Kupfermärkte vom Cadmiummarkt weitgehend zu entkoppeln und so zu verhindern, daß der Cadmiumüberschuß in den Markt hinein entsorgt wird (SRU, 1991, Tz. 798). Das Recycling von Cadmium sollte unter diesen Aspekten überdacht werden, weil das Aufrechterhalten von Stoffkreisläufen besonders gefährlicher Substanzen umweltpolitisch kontraproduktiv ist (SRU, 1991, Tz. 55, 1977, 1979, 1982, 1991, 2001).

Moderne metallurgische Verfahren der Buntmetallgewinnung sind in der Lage, Feinzink mit Cadmium-Restgehalten von 1 bis 15 ppm zu erzeugen und somit weitgehenden Cadmium-Entzug aus dem Zinkfluß sicherzustellen. Cadmium-Abreicherungsverfahren für Phosphatdüngemittel werden erst erprobt.

1229. Der Umweltrat empfiehlt, im Umgang mit Cadmium an zwei Stellen Pflichtpfand- beziehungsweise „deposit refund"-Systeme zu etablieren:

– bei Verarbeitungsprozessen sowie Importen cadmiumhaltiger Grundstoffe und Rückstände (Abgabe, die bei Nachweis einer ordnungsgemäßen Endlagerung bzw. Export rückzahlbar ist). Davon wären vor allem zink-, blei- und kupfermetallurgische Prozesse beziehungsweise Betriebe betroffen.

– bei Herstellern und Importeuren cadmiumhaltiger Produkte.

Bei der Bestimmung der notwendigen Höhe der Abgabe (vgl. dazu die Überlegungen zum Pfand auf Nickel-Cadmium-Akkus bei BÄTCHER und BÖHM, 1992) sollte in erster Näherung zum nominale Kostenunterschied zu den Substituten herangezogen werden, wobei die umweltverträglicheren Alternativen häufig Benutzervorteile aufweisen. Ein solches „deposit-refund"-System könnte als Muster für die Regelung weiterer umweltgefährlicher Stoffe dienen (vgl. dazu den Vorschlag von EWERS und BRENCK,

1994). Will man eine Abwanderung cadmiumverarbeitender Industrie verhindern, wird man um Ausnahmeregelungen für Produktexporte nicht umhinkommen.

5.4.4 Förderung einer umweltverträglichen Landnutzung

5.4.4.1 Erschließungsabgaben

Ausgleichsabgaben

1230. In allen Bundesländern außer Bayern und Sachsen-Anhalt wird eine naturschutzrechtliche Ausgleichsabgabe erhoben (in Niedersachsen nur für den unbeplanten Innenbereich), das heißt eine Sonderabgabe, die ein Landnutzer oder -entwickler bei Eingriffen in Natur und Landschaft zu tragen hat, soweit Vermeidungs-, Ausgleichs- und Ersatzmaßnahmen nicht durchführbar sind (SRU, 1994, Tz. 821 ff.; UBA, 1994 c, S. 45). Die Ausgestaltung ist in den einzelnen Bundesländern unterschiedlich; eine Orientierung der Abgabe an den mit einem Eingriff verbundenen Vermeidungskosten gelingt in der Regel aber nur unvollständig und die umweltpolitische Lenkungswirkung ist vergleichsweise gering (HARTJE, 1994, S. 346).

1231. Die politische Zukunft der bereits 1992 mit der zweiten Änderung des Bundesnaturschutzgesetzes vorgesehenen bundesweiten Naturschutzabgabe ist derzeit ungewiß. Der Umweltrat empfiehlt stattdessen, Ausgleichsabgaben auch in den Bundesländern einzuführen, wo diese bislang nicht erhoben werden. Eine entsprechende Erhöhung der Abgabensätze ist notwendig, um die Naturschutzabgaben zu echten Lenkungsabgaben auszubauen. Der Umweltrat verweist auf frühere Forderungen (SRU, 1994, Tz. 822), wonach neben den Wiederherstellungskosten von Biotopen (Sachkosten) auch der Verlust von Umweltfunktionen während der Entwicklungszeit (Zeitabgabe), das Wiederherstellungsrisiko (Risikoabgabe) sowie die Beeinträchtigung des Naturschutzwertes (Wertabgabe) mit Geldäquivalenten bei der Ermittlung der Abgabenhöhe zu berücksichtigen sind (SCHEMEL et al., 1993). Durchgeführte Renaturierungs- oder Ersatzmaßnahmen sind in Abhängigkeit von deren Qualität und Umfang mit der Abgabe verrechenbar.

Erschließungsbeiträge

1232. Eine in kommunaler Zuständigkeit erhobene Abgabe stellt der Erschließungsbeitrag dar, der von Grundstücks- und Hauseigentümern für den Anschluß an Infrastrukturen gezahlt werden muß. Die bisherige Regelung, nach der über Erschließungsbeiträge vor allem die Straßeninfrastruktur gefördert wird, begünstigt in hohem Maße den Individualverkehr (BLAK, 1993, S. 59). Zur Verminderung des Flächenverbrauchs und der Verkehrsbelastung durch Zersiedlung sollte erwogen werden, bei der Grundstückserschließung die Grenzkosten des Anschlusses an die Ver- und Entsorgungsinfrastruktur zu erheben. Bei gewerblichen Einrichtungen sollten regel-

mäßig notwendige Investitionen beziehungsweise Fixkosten der Anbindung an den Öffentlichen Personennahverkehr angelastet werden, um auf diese Weise sowohl die Zersiedlung als auch das Verkehrsaufkommen zu reduzieren.

1233. Die bestehende Rechtslage läßt solche Kostenanlastungen des Öffentlichen Personennahverkehrs nicht zu: Nach den §§ 123 ff. BauGB gelten als beitragsfähige Erschließungsanlagen nur solche des öffentlichen Straßenverkehrs, der Versorgung und Entsorgung. Die Länder können jedoch weitergehende Beitragspflichten einführen. Die Kommunalabgabengesetze ermächtigen regelmäßig die Gemeinden, für die Schaffung, den Ausbau und die Verbesserung „öffentlicher Einrichtungen" Beiträge zu erheben. Darunter fallen allgemein der Öffentlichkeit zugängliche Einrichtungen nur, wenn sie von der Gemeinde betrieben werden oder sich die Gemeinde jedenfalls einen bestimmenden Einfluß auf das Benutzungsrecht sichert.

1234. Grundstücksbezogenheit meint, daß sich der Vorteil im Rahmen der Grundstücksnutzung auswirken kann (OVG Münster, VerwRspr. 28, 463, 465) und dadurch die Gebrauchsfähigkeit des Grundstücks steigert (DRIEHAUS, 1995, S. 592 f.). Die abstrakte Besserstellung muß sich aus einer qualifizierten Inanspruchnahmemöglichkeit der öffentlichen Einrichtung vom Grundstück aus ergeben, die durch eine räumlich enge Beziehung des Grundstücks zur öffentlichen Anlage begründet ist (ZIMMERMANN, 1988, S. 100). Eine Anlage des öffentlichen Personennahverkehrs ist nicht in diesem Sinne grundstücksbezogen. Der Vorteil des einzelnen Grundstückseigentümers besteht lediglich in der Möglichkeit, die Verkehrsmittel zu nutzen. Dieser Vorteil ist weder, wie etwa bei Entwässerungsanlagen und der Versorgung mit Strom, Gas, Wärme und Wasser, an das Grundstück gekoppelt, noch erhöht er dessen Gebrauchsfähigkeit. Er kommt vielmehr jedem Einwohner zugute, ohne daß eine Besserstellung des Grundstückseigentümers gegenüber der Allgemeinheit ersichtlich ist. Hinzu kommt, daß ein Netz des ÖPNV, ähnlich wie das Schienensystem der Bahn (vgl. dazu BVerwGE 78, 321, 326), nicht Grundstücken eines abgrenzbaren örtlichen Gebietes dient, sondern in erster Linie überörtliche Verbindungsfunktion hat, so daß auch die Festlegung der Beitragspflichtigen zu einer Abrechnungseinheit auf Schwierigkeiten stößt.

1235. Ein gewisser grundstücksbezogener Vorteil kann allenfalls für die Haltestellen der Verkehrsanlagen anzunehmen sein, da diese typischerweise der Bequemlichkeit der Personen dienen, die Grundstücke gerade in der Umgebung der Haltestelle aufsuchen wollen (DRIEHAUS, 1995, S. 701). Auch insoweit muß jedoch der Anliegeranteil erheblich geringer bewertet werden als das Allgemeininteresse, so daß allenfalls ein Anteil von 20 bis 30 % angemessen sein kann (OVG Lüneburg, Kommunale Steuerzeitschrift 1988, 55).

1236. Eine Abschöpfung von Vorteilen durch die Einrichtung des Öffentlichen Personennahverkehrs kommt nach der bestehenden Rechtslage auf jeden Fall nicht in Betracht; beitragspflichtig sind immer

nur die Kosten der Schaffung, des Ausbaus oder der Verbesserung der Einrichtung. Ob Änderungen der Rechtslage zugunsten der ökologischen Lenkung trotz Bedenken gegen eine Kostenanlastung, die nur sehr bedingt mit den spezifischen Vorteilen von Grundstücks- und Hauseigentümern in Einklang steht, angezeigt sind, empfiehlt der Umweltrat der weiteren Diskussion.

5.4.4.2 Umweltabgaben zur Verminderung der Umweltbelastung durch die Land- und Forstwirtschaft

Einsatz von Düngemitteln

1237. Die Bundesregierung setzt in der Agrarumweltpolitik vorrangig auf den ordnungsrechtlichen Ansatz mit umweltbezogenen Auflagen. Im Zusammenhang mit dem Klimaschutz wird unter anderem auf die geplante Düngeverordnung und die darin enthaltene Festsetzung von Obergrenzen für die Ausbringung von Wirtschaftsdüngern verwiesen.

Mit dieser Verordnung sollen Teile der EG-Nitrat-Richtlinie (91/676/EWG vom 12. Dezember 1991) in nationales Recht umgesetzt werden. Die Verordnung soll außerdem dazu beitragen, die Nährstoffeinträge in Nord- und Ostsee bis 1995 (Basis 1985) zu halbieren. Abschätzungen vom März 1994 zeigen, daß dieses Reduktionsziel insbesondere von der Landwirtschaft keinesfalls erreicht wird (vgl. SRU, 1996, Abschn. 2.3.3; UBA, 1994 a, S. 473). Bezogen auf diese Verpflichtungen wird die Düngeverordnung zu spät vorgelegt.

Der nunmehr vorliegende Entwurf zur Düngeverordnung kann nur als ein erster Schritt zur Senkung der Nährstoffemissionen bezeichnet werden, der die Klima- und Gewässerbelastung durch Nährstoffe nicht hinreichend berücksichtigt (ausführlich zur geplanten Düngeverordnung vgl. Tz. 282 und insbesondere SRU, 1996, Tz. 195 f.)

1238. Als Alternativen zu ordnungsrechtlichen Maßnahmen werden häufig Abgabenlösungen zur Reduzierung des Nährstoffeinsatzes in der Landwirtschaft vorgeschlagen. Neben der ordnungsrechtlichen Begrenzung des Wirtschaftsdüngereinsatzes kommt zum Beispiel die Einführung einer Gülleabgabe in Betracht. Aus technischen Gründen müßte eine Gülleabgabe allerdings beim einzelnen Landwirt ansetzen, was zu unüberwindbaren organisatorischen Problemen und hohen Umsetzungskosten führen würde. Entsprechend wird dieser Lösungsansatz für unpraktikabel gehalten und deshalb nicht weiter verfolgt.

1239. Zur Reduzierung des Nährstoffeintrags aus mineralischer Düngung wird vom Umweltrat seit Jahren die Einführung einer Stickstoffabgabe und eine lenkungswirksame Rückverteilung der Einnahmen an die Landwirtschaft gefordert (SRU, 1985, Abschn. 5.7.4; 1994, Tz. 944). Die Forderung wurde inzwischen von vielen Autoren und Institutionen aufgegriffen (u. a. FELDWISCH und FREDE, 1995; Enquête-Kommission „Schutz der Erdatmosphäre", 1994, S. 268 ff.; UBA, 1994b; MEYER et al., 1993; Wissenschaftlicher Beirat beim BMELF, 1993; STREIT et al., 1989). Die Ausgestaltung der Besteuerung und Rückerstattung variiert von Konzept zu Konzept sehr stark. Zwei wesentliche Forderungen lassen sich jedoch in allen Konzepten ausmachen:

- Der Preis des mineralischen Stickstoffs (bzw. des Mineraldüngers insgesamt) muß steigen, um auf eine effiziente Weise die Nährstoffemissionen zu reduzieren.

- Die Besteuerung darf, bezogen auf den gesamten Agrarsektor, für die Landwirtschaft keine zusätzliche finanzielle Belastung bewirken.

1240. An dieser Stelle kann es nicht um die Darstellung der jahrelangen Diskussion über die Vor- und Nachteile einer Stickstoffabgabe gehen. Unbestreitbare Vorteile gegenüber ordnungsrechtlichen Instrumenten sind der einfachere Vollzug und die zwar von Standort zu Standort variierende, aber doch insgesamt weitgehend flächendeckende Senkung des Nährstoffeinsatzes. Kontrollprobleme wie bei der Durchsetzung von Düngemittel-Anwendungsvorschriften, insbesondere von Nährstoffobergrenzen, treten auf. Gleichwohl ist zu befürchten, daß die Stickstoffabgabe in Gebieten mit Sonderkulturanbau, Futterbau und Veredlungsbetrieben wegen des niedrigen Kostenanteils von Düngern beziehungsweise wegen des anfallenden Wirtschaftsdüngers nur eingeschränkt wirksam wäre. Deshalb wird die Stickstoffabgabe stets in Kombination mit dem Ordnungsrecht diskutiert. Zur Reduzierung verbleibender regionaler oder betriebstypenspezifischer Belastungsspitzen wird die Verschärfung des Düngemittelrechts (SRU, 1996, Tz. 194 ff.) empfohlen. Um spezifische Schutzziele zu erreichen, wird weiterhin die Ausweisung von Schutzgebieten und die Honorierung ökologischer Leistungen befürwortet (Abschn. 5.4.4.3; SRU, 1996). Zur lokalen Feinsteuerung von Umweltkonflikten ist das Ordnungsrecht auch wegen der im allgemeinen vorhandenen Kontrollprobleme nicht ausreichend in der Lage. Hierfür kommen nach Auffassung des Umweltrates am ehesten Verhandlungslösungen zwischen den Konfliktpartnern in Betracht (SRU, 1996, Tz. 213 ff.), weil diese auf spezifische Standortbedingungen Rücksicht nehmen können. Ob Kompromisse mit gewerblichen Tierhaltern überhaupt möglich sind, ist allerdings fraglich. Die Besteuerung des mineralischen Stickstoffs soll lediglich die Basis für die Verwirklichung spezifischer Umweltschutzziele schaffen. Den zu erwartenden Wettbewerbsvorteilen von viehstarken Betrieben gegenüber Ackerbau- beziehungsweise Marktfruchtbetrieben kann durch die Begrenzung der Wirtschaftsdüngermenge und – damit indirekt – des Viehbesatzes entgegengewirkt werden.

1241. Die vor der EG-Agrarreform im Jahre 1992 angestellten Untersuchungen zur Preiselastizität der Düngemittelnachfrage kamen überwiegend zu dem Ergebnis, daß die Wirkung einer Stickstoffverteuerung auf die optimale spezielle Intensität gering ist (zusammenfassend: FELDWISCH und FREDE, 1995; von URFF, 1992). Neuere Untersuchungen deuten auf Preiselastizitäten der Düngemittelnachfrage zwischen – 0,28 und – 0,5 und damit auf eine erhebliche Wirksamkeit einer Lenkungsabgabe hin (DUBBERKE und SCHMITZ, 1993; BECKER, 1992;

STROTMANN, 1992). WEINGARTEN et al. (1995) simulieren bei einem Gesamtkonzept von Abgaben auf Mineraldünger und Gülleüberschüsse (jeweils 1 DM/kg N bzw. Gülle-N) – bei gleichzeitigem Verbot von Pflanzenschutzmitteln mit Wasserschutz-Auflage und von Grünlandumbruch sowie einer Rückverteilung je ha Landfläche – den Abbau der Stickstoffüberschüsse in fast sämtlichen Regionen bis zum Jahre 2005.

Bei der Bestimmung der Abgabenhöhe muß beachtet werden, daß bei Einführung einer CO_2-Abgabe (vgl. Abschn. 5.3.1) bereits die Herstellung und die Ausbringung von Düngemitteln verteuert wird. Die Abgabenhöhe für die Besteuerung des Mineraldüngers muß also im Rahmen des Gesamtpaketes einer ökologischen Finanzreform bestimmt werden und sich zumindest am Ziel der Halbierung der Nährstoffeinträge in Nord- und Ostsee orientieren. Als langfristige Zielsetzung im Sinne einer dauerhaft-umweltgerechten Landnutzung ist die Einhaltung der kritischen Eintragsraten für Stickstoff in naturnahe Ökosysteme (SRU, 1996, Tz. 195 sowie 1994, Abschn. I.2.4.1) anzustreben. Die Verwirklichung dieser Zielsetzung erfordert eine erheblich stärkere Reduzierung des Nährstoffeintrags, und zwar nicht nur aus der Landwirtschaft. Solange das Konzept der kritischen Eintragsraten jedoch nicht flächendeckend zur Verfügung steht, fordert der Umweltrat als politisches Minimalziel, die Maßnahmen zur Reduzierung des Düngemitteleinsatzes an der internationalen Verpflichtung zur Reduzierung des Nährstoffeintrags auszurichten.

Da das Reduktionsziel einer Halbierung der Nährstoffeinträge in die Nord- und Ostsee von 1985 bis 1995 nicht erreicht wird und nach derzeitigem Stand durch die Düngeverordnung keine flächendeckende und ausreichende Reduzierung bei den Nährstoffeinträgen aus der Landwirtschaft zu erwarten ist, schlägt der Umweltrat parallel zum Erlaß der Düngeverordnung die Einführung einer Abgabe auf stickstoffhaltigen Mineraldünger vor. Hiermit soll sichergestellt werden, daß sich die Düngung flächendeckend auf einem standortangepaßten, niedrigeren Niveau einstellt und damit auch die Umweltbelastungen verringert werden.

Der Umweltrat hält eine Stickstoffabgabe dann für entbehrlich, wenn das Ordnungsrecht strengere Maßstäbe anlegte und in der Düngeverordnung zum Beispiel am Konzept der kritischen Eintragsraten orientierte maximale Nährstoffbilanzüberschüsse festlegte und deren Einhaltung auf effiziente Weise kontrolliert werden könnten.

Gasölbeihilfe

1242. Durch die Gasölverbilligung nach dem Landwirtschafts-Gasölverwendungsgesetz (LwGVG) wurde die Landwirtschaft 1994 mit 853 Mio. DM gefördert (Agrarbericht 1995). Im Agrarhaushalt 1994 bildete die Gasölbeihilfe den größten Einzelposten mit einem Anteil von 7 % am gesamten Agrarhaushalt. Die Gasölbeihilfe trägt zu rund 4 bis 8 % zum Jahreseinkommen eines Durchschnittsbetriebs bei (BML, 1995, pers. Mitt.). Zielsetzung dieser Subvention war bei ihrer Einführung die Förderung der Motorisierung und der Rationalisierung in der Landwirtschaft. Zur Rechtfertigung ihres Fortbestehens wird heute angeführt, daß die Dieselsubventionierung in der Land- und Forstwirtschaft zum Ausgleich von EU-Wettbewerbsnachteilen diene, weil jeder Mitgliedstaat den Kraftstoffeinsatz auf unterschiedlichen Wegen subventioniere. Zum Beispiel darf der Landwirt in Frankreich Heizöl als Dieselkraftstoff verwenden.

Durch die Verbilligung des Energieeinsatzes in der Landwirtschaft wird nicht nur die Luftbelastung, sondern auch die stoffliche Belastung von Böden und Gewässern und die mechanische Belastung des Bodens mit der Folge zunehmender Bodenverdichtung, Gefügezerstörung und Störung des Wasserhaushalts erhöht; gleichzeitig werden fortschrittliche Entwicklungen zur Kraftstoffeinsparung und von emissionsärmeren Antriebsarten behindert. Die Wirkungen der relativen Verbilligung des Faktors Energie – derzeit um etwa ein Drittel des Tankstellenpreises von rund 1,20 DM/L (fixer Subventionssatz von DM 41,15 pro 100 L) – können im Detail allerdings nur unter Berücksichtigung der Rahmenbedingungen der EU-Agrarmarktordnung betrachtet werden, weil sich die entstehenden Effekte nicht voneinander isolieren lassen.

1243. Mögliche Folge bei Wegfall der Gasölbeihilfe könnte die Stillegung ökologisch wertvoller Grenzertragsstandorte sein. Die Flächenstillegung vollzieht sich aber auch unabhängig von der Abschaffung der Gasölbeihilfe und wird zukünftig einen hohen Anteil der in Deutschland nutzbaren Agrarstandorte einnehmen (SRU, 1996). Nach Abschaffung der Gasölbeihilfe wird die Flächenstillegung gerade hofferne Flächen betreffen. In starker Abhängigkeit vom Standort, der Art des Betriebes (z. B. Marktfrucht oder Veredelung, Vollerwerb oder Nebenerwerb) und der Bewirtschaftung (konventionell, ökologisch) sowie den Fruchtfolgen und Kulturen wird die Bewirtschaftungsintensität beziehungsweise die Bodenbearbeitungsintensität reduziert. Beispielsweise könnten in konventionell wirtschaftenden Betrieben die Anzahl der Überfahrten sowie der Einsatz energieintensiver Geräte (bestimmte Zapfwellen- und Pflugvarianten) eingeschränkt werden. Gleichzeitig wird jedoch ein gewisser Anreiz zu verstärktem Pflanzenschutzmitteleinsatz bei reduzierter Bodenbearbeitung und zu weniger termingerechtem Düngemittel- und Gülleeinsatz gegeben. Dieses Problem ist nur durch gleichzeitige Maßnahmen zur Beschränkung der Intensität des Dünge- und Pflanzenschutzmitteleinsatzes zu lösen. Es erscheint dem Umweltrat als unrealistisch, daß durch die Abschaffung der Gasölverbilligung eine Extensivierung und eine Verlangsamung des Brachfallens von Flächen ausgelöst wird. Der Umweltrat erwartet jedoch, daß als Folge der von ihm in seinem Sondergutachten „Konzepte einer dauerhaft-umweltgerechten Nutzung ländlicher Räume" (SRU, 1996) befürworteten Umorientierung der landwirtschaftlichen Subventionen diese möglichen Nebenwirkungen kompensiert werden können.

1244. Auch durchaus ökologisch erwünschte Formen der Landwirtschaft, zum Beispiel die Substitution von Pflanzenschutzmitteln durch mechanische Behandlungsverfahren, können mit entsprechend höherem Energieverbrauch einhergehen, so daß die Verteuerung des Kraftstoffeinsatzes ökologisch unerwünschte Anreize setzt. Durch eine parallel zur Abschaffung der Gasölverbilligung einzuführende Energiebesteuerung würde jedoch der ökologische Landbau im Vergleich zum konventionellen Landbau relativ stärker belastet (Tz. 1101). Betriebe mit reduzierter Bodenbearbeitung (über „Minimalbodenbearbeitung" bis hin zur Direktsaat) würden unter Umständen verstärkt auf chemische Maßnahmen ausweichen. Auch das Konzept des integrierten Pflanzenbaus, bei dem in der Wachstumsphase entsprechend gedüngt wird und möglichst selektive, kurzfristig wirksame Pflanzenschutzmittel ausgebracht werden, wäre möglicherweise gefährdet, und langzeit- und breitenwirksame Pflanzenschutzmittel könnten verstärkt eingesetzt werden.

1245. Für den Einstieg in eine umweltgerechte Finanzreform empfiehlt der Umweltrat die Erhebung einer CO_2-Abgabe auf fossile Brennstoffe (Tz. 1062). Die Abgabe sollte nach Vorstellung des Umweltrates auf die Mineralölsteuer anrechenbar sein (Tz. 1183). Eine Steuerbefreiung oder -begrenzung der Landwirtschaft, wie etwa in Form der heutigen Gasölbeihilfe, erscheint mittelfristig nicht gerechtfertigt, zumal der Einsatz des Dieselkraftstoffs durch die Landwirte für den privaten Straßenverkehr ohnehin nicht zu verhindern ist, und durch die Gasölverbilligung erheblicher administrativer Aufwand entsteht. Trotz der schwer einzuschätzenden ökologischen Effekte empfiehlt der Umweltrat, die Subventionierung des Dieseleinsatzes in der Landwirtschaft schrittweise abzubauen. Soll die Abschaffung der Gasölverbilligung für die Landwirte akzeptabel sein, muß der Ausfall eines wesentlichen Einkommensanteils mit entsprechenden Kompensationen verbunden sein. Der Umweltrat empfiehlt daher an ökologische Leistungen gekoppelte Transferzahlungen (Abschn. 5.4.4.3). Allerdings kann eingewendet werden, daß die Höhe der ökologisch und sozialpolitisch motivierten Transferzahlungen durch die Abschaffung der Gasölverbilligung beträchtlich steigen muß; andererseits wäre es aber inakzeptabel, zur Senkung der erforderlichen Transferzahlungen ausgerechnet die zum Teil umweltbeeinträchtigenden Betriebsmittel steuerlich zu entlasten. Flankierend könnten Investitionshilfen zur Förderung des Einsatzes leichter Geräte mit niedrigem Diesel- oder Erdbeziehungsweise Biogasverbrauch geleistet werden. Da die umweltpolitisch unerwünschten Effekte der Abschaffung der Gasölverbilligung nicht exakt zu bestimmen sind (Tz. 1243), sollten zum Beispiel flankierende Instrumente zur Beschränkung des Düngemittel- und Pflanzenschutzmitteleintrags eingesetzt werden.

5.4.4.3 Honorierung ökologischer Leistungen

1246. Um die positiven externen Umwelteffekte ländlicher Räume zu internalisieren, ist eine Honorierung ökologischer Leistungen für private Entscheidungsträger erforderlich (ausführlich s. SRU, 1996, Abschn. 2.5). Dafür sind Kriterien zur Abgrenzung von solchen Leistungen, die als Ausfluß der Sozialpflichtigkeit des Eigentums ohne Honorierung erwartet werden können und Leistungen, die einer Honorierung bedürfen, zu entwickeln. Die Abgrenzung kann nicht aufgrund theoretischer Überlegungen erfolgen, sondern erfordert einen gesamtgesellschaftlichen Konsens.

1247. Das bestehende Fördersystem für Umweltleistungen, welches bisher *handlungsorientiert* ausgerichtet ist, das heißt, daß sich die Höhe der Honorierung nach dem Aufwand für die Produktionsfaktoren oder den Nutzenentgang durch Bewirtschaftungsauflagen bemißt, sollte stärker *leistungsbezogen* organisiert werden. Eine solche Honorierung ist an der gesellschaftlichen Wertschätzung für eine ökologische Leistung ausgerichtet. Durch eine leistungsorientierte Entlohnung wird das Interesse des Anbieters am ökologischen Erfolg geweckt. Erste Ansätze bieten Ökopunktesysteme, die allerdings einer Weiterentwicklung auch im Hinblick auf eine EU-Umweltpolitik bedürfen. Die Finanzierung der Honorierung ökologischer Leistungen ist über eine kurz- bis mittelfristige Umwidmung der Mittel des EU-Agrarhaushaltes und der Gemeinschaftsaufgabe Verbesserung der Agrarstruktur und des Küstenschutzes (GAK) sicherzustellen.

Umweltabgaben und an Umweltleistungen orientierte Transferleistungen ergänzen sich gegenseitig. Ein kombiniertes System von Umweltabgaben und -transferleistungen ist auf die langfristigen Herausforderungen einer dauerhaft-umweltgerechten Landnutzung ausgerichtet und entspricht den Vorstellungen einer ökologisch orientierten Marktwirtschaft.

1248. Als zentrales Finanzierungsinstrumentarium für die Honorierung von Umweltleistungen der Landwirtschaft kommt insbesondere der Europäische Ausrichtungs- und Garantiefonds für die Landwirtschaft (EAGFL) in Frage. Im Jahre 1993 beliefen sich die Marktordnungsausgaben der Europäischen Union in Deutschland auf 12,7 Mrd. DM (Statistisches Jahrbuch über ELF, 1994, Tab. 203). Die gezielte Umwidmung eines Teils dieser Mittel verspräche neben der Förderung positiver Umwelteffekte auch marktentlastende Wirkung. Einwänden, daß die gezielte Umwidmung wegen der Zentralität und Unflexibilität der EU-Agrarverwaltung wenig erfolgversprechend sei, ist mit dem Argument zu begegnen, daß durchaus eine Dezentralisierung gewisser Funktionen der EU-Agrarpolitik, darunter der Einkommenssicherung und der regionalen Umwelt- und Naturschutzpolitik, angedacht ist.

1249. Zentrales Instrument der Agrarstrukturpolitik ist die im Grundgesetz (Art. 91a GG) verankerte Gemeinschaftsaufgabe Verbesserung der Agrarstruktur und des Küstenschutzes (GAK). Die bisherige Zielsetzung der GAK ist primär auf die Verbesserung der Produktions- und Arbeitsbedingungen der Land- und Forstwirtschaft sowie der Markt- und Absatzstrukturen gerichtet.

In der Literatur wird eine originäre Förderung von Maßnahmen des Natur- und Landschaftsschutzes nach Artikel 91a GG überwiegend für unzulässig gehalten. Die Berücksichtigung und damit verbunden die Förderung natur- und landschaftsschützender Maßnahmen im Rahmen der Verbesserung der Agrar-

struktur ist demgegenüber zulässig. Der Begriff der Verbesserung der Agrarstruktur wird weit gefaßt und ermöglicht, daß im Zuge einer Ökologisierung der Agrarwirtschaft (angelegt in § 2 des Gesetzes über die Gemeinschaftsaufgabe Verbesserung der Agrarstruktur und des Küstenschutzes) die Gewichte zugunsten des Naturschutzes verschoben werden. Grundsätzlich sollte zwar stets die Verbesserung der Agrarstruktur Anlaß für eine Förderung sein; die Verbesserung der Agrarstuktur kann wegen ihrer begrifflichen Unbestimmtheit letztlich aber nicht als Abgrenzungskriterium dienen. Die Übergänge zwischen originären und abgeleiteten Maßnahmen des Naturschutzes sind so fließend, daß die Entscheidung, ob eine bestimmte Maßnahme den Rahmen des Artikel 91a GG sprengt, im Einzelfall zu treffen ist.

5.4.5 Förderung einer umweltverträglichen Gewässernutzung

1250. Im Gewässerbereich bestehen mit den kommunalen Abwassergebühren, den in den meisten Bundesländern eingeführten sogenannten Wasserpfennigen (Abgabe auf die Entnahme von Wasser) sowie der Abwasserabgabe bereits Anknüpfungspunkte für die umweltpolitische Steuerung mittels Umweltabgaben.

1251. Die Abwasserabgabe war bereits ausführlich Gegenstand früherer Gutachten (vgl. SRU, 1974, 1978, 1988, 1994). Sie kann nur im Rahmen einer Vielzahl von Einflußfaktoren, wie sonstiger wasserrechtlicher Regelungen und der kommunalen Gebührenpolitik, betrachtet werden, so daß der ökologische Erfolg nur schwer zu isolieren oder gar zu quantifizieren ist. Bereits die Signalwirkungen in der Vorphase der Einführung der Abgabe beeinflußte Gewässerschutzinvestitionen von kommunalen und industriellen Direkteinleitern, insbesondere bei denjenigen, die die Mindestanforderungen nach WHG noch nicht erfüllten.

Beeinträchtigt wird die ökologische Wirksamkeit zum Beispiel von

– der hohen Regelungsdichte und -intensität des Wasserrechts, die nahezu alle Direkteinleiter zur Einhaltung einheitlich hoher Mindestreinigungsgrade, unter Vernachlässigung von Vermeidungskostenunterschieden sowie regional uneinheitlicher Gewässerbelastungen oder Nutzungsanforderungen, zwingt,

– der zu geringen Abgabenhöhe sowie Ermäßigungs- und Aufrechnungsmöglichkeiten,

– der Ausklammerung der Indirekteinleiter, die im Rahmen der kommunalen Gebührenpolitik in der Regel nicht verursachergerecht belastet werden, und

– der Nichterfassung der diffusen Belastungen der Gewässer, insbesondere des Grundwassers, zum Beispiel durch die Landwirtschaft (SPRENGER et al., 1994).

1252. Nach der vierten Novellierung des Abwasserabgabengesetzes erfüllt die Abwasserabgabe (vgl. Tz. 335–338; SRU, 1994, Tz. 484) kaum noch die Anforderungen einer verursachergerechten Lenkungsabgabe. Das novellierte Abwasserabgabengesetz beinhaltet eine teilweise Rücknahme der im Abwasserabgabengesetz von 1990 vorgesehenen Abgabenerhöhungen pro Schadeinheit, die nun von 60 DM auf 70 DM ab 1997, anstatt wie bisher vorgesehen alle zwei Jahre um 10 DM auf 80 DM 1997 beziehungsweise 90 DM 1999, ansteigt. Weiterhin gilt eine einheitliche Ermäßigung bei Einhaltung der Mindestanforderungen nach WHG anstelle der bisherigen zeitlichen Staffelung, sowie eine Ausweitung der Verrechnungsmöglichkeiten von Investitionen.

1253. Der Umweltrat schließt sich Forderungen (LINSCHEIDT et al., 1994; SPRENGER et al., 1994; BLAK, 1993) nach Erhöhung der Abgabensätze mit progressiven Aufschlägen bei gewässerspezifischen Spitzenbelastungen sowie Einschränkung der Verrechnungsmöglichkeiten zur Stärkung des Effizienzpotentials der ökonomischen Lenkung an. Ein effizienterer Einsatz der Abwasserabgabe setzt überdies voraus, daß die ordnungsrechtlichen Anforderungen nicht ständig verschärft werden; vielmehr sollte die Bewirkung weiterer Vorsorgemaßnahmen der Steuerung durch die Abgabe überlassen werden. Zusätzlich sollten die Forderungen des Bundesrates bei einer Reform des Abwasserabgabengesetzes, zum Beispiel nach einer Regelung für Indirekteinleiter, Erfolgskontrollen und Informationspflichten, berücksichtigt werden. Die Reaktivierung der Abgabe mit höheren Abgabensätzen und eingeschränkten Verrechnungsmöglichkeiten ist unbedingt notwendig, wenn der Abwasserabgabe noch eine ökonomisch effiziente Lenkungsfunktion zugebilligt werden soll.

5.4.6 Abfallpolitik

1254. Im Bereich der Abfallpolitik erscheinen die Möglichkeiten, über das geltende Ordnungsrecht hinaus, zum Teil auch anstelle von noch zu schaffenden Verordnungen nach dem Kreislaufwirtschafts- und Abfallgesetz mit ökonomischen Instrumenten auf Vermeidung und Verwertung hinzuwirken, nicht ausgeschöpft. Insofern mahnt der Umweltrat eine grundsätzliche Überprüfung der bislang im Abfallbereich realisierten Abgabenlösungen an und schlägt vor, insbesondere die Möglichkeiten einer Einführung von Pfandsystemen für bestimmte Stoffe und Produkte zu überprüfen. Zu den bereits existierenden Abgaben in der Abfallwirtschaft zählen die Sonderabfallabgaben der Länder und die Einweg-Abgaben einiger Kommunen, die allerdings nicht uneingeschränkt zu befürworten sind.

1255. Die von einigen Bundesländern (u. a. Baden-Württemberg, Bremen, Hessen und Niedersachsen) erhobene Sonderabfallabgabe sowie das in Nordrhein-Westfalen eingeführte Lizenzentgelt für die Behandlung und Ablagerung von Sonderabfällen sind Versuche, die ökonomische Knappheit der Entsorgungskapazitäten für problematische Abfälle besser sichtbar zu machen. In ihrer gegenwärtigen Ausgestaltung sind sie hingegen weder geeignet, die Entsorgungsknappheit anzuzeigen, noch differenzieren sie ausreichend nach den von den verschiedenen Stoffen ausgehenden Entsorgungsrisiken.

1256. Die kommunale Verpackungssteuer wurde zuerst von der Stadt Kassel am 1. Juli 1992 erhoben und belastet die Verwendung von nicht wiederverwendbaren Verpackungen und Geschirr, sofern Speisen und Getränke darin zum Verzehr an Ort und Stelle verkauft werden. Außer Imbißständen und „fast food"-Restaurants sind davon auch Gaststätten und Hotels betroffen. Von der Steuer, die zwischen 0,10 und 0,50 DM je Verpackung beziehungsweise Geschirrteil beträgt, geht eine durchaus beachtliche Lenkungswirkung aus, die dadurch verstärkt wird, daß bei Sammlung und Recycling der Verpackungen beziehungsweise Geschirrteile eine Steuerbefreiung gewährt wird. Nachdem auf die Klage einer amerikanischen „fast food"-Kette das Bundesverwaltungsgericht (NVwZ 1995, 59) die Rechtmäßigkeit dieser Steuer bestätigt hat, haben zahlreiche andere Gemeinden ebenfalls die Einführung einer solchen Steuer beschlossen beziehungsweise erwogen. Allein in Nordrhein-Westfalen haben 150 Kommunen angekündigt, daß sie eine Verpackungssteuer planen.

1257. Es bleibt zu prüfen, ob eine Lenkungsabgabe zur Abfallvermeidung, die direkt beim Inverkehrbringer ansetzt und die Einnahmen (lenkungsneutral) zurückverteilt, auf Bundesebene nicht ökonomisch effizienter und ökologisch wirkungsvoller eingesetzt werden kann und sollte, zumal damit kommunale Finanzierungsabgaben – getarnt als Umweltlenkungsabgaben – verhindert würden. Zusätzliche kommunale Abgaben auf Einweggeschirr könnten dann nur als Gebühr für Einsammlung und Entsorgung von öffentlich entsorgten oder illegal deponierten Abfällen gerechtfertigt werden. Effizienter erscheint allerdings, die tatsächlichen Kosten der Sammlung und Entsorgung den anliegenden Inverkehrbringern oder den Verantwortlichen für Veranstaltungen mit Abfallaufkommen auf öffentlichen Flächen über eine entsprechende Gebührengestaltung direkt anzulasten. Geprüft werden könnte auch die Ausübung stärkeren politischen Drucks auf die Duales System Deutschland GmbH, um die Serviceverpackungen und das Einweggeschirr unter das Regime der Lizenzgebühren für den „grünen Punkt" zu stellen.

Begrenzte Erweiterung der kommunalen Gebührenordnung am Beispiel der Abfallpolitik

1258. Trotz großer Bedenken gegen die Einräumung von kommunalen Spielräumen für die Festlegung und Erhebung von Finanzierungsabgaben wird vom Umweltrat eine Anpassung des Rechtsrahmens der kommunalen Gebührenordnungen (ausführlich zur Ökologisierung kommunaler Entgelte JUNKERNHEINRICH und KALICH, 1995) empfohlen, die den Kommunen verbesserte Möglichkeiten zur Deckung betriebswirtschaftlicher Kosten und nachgewiesener Umweltkosten (Defensivkosten) über Gebühren und Beiträge einräumt. Damit würde eine an lokalen Verhältnissen ausgerichtete ökonomische Lenkung entsprechend ökologischer Ziele ermöglicht, ohne daß Türen für willkürliche Einnahmequellen der Kommunen geöffnet werden.

1259. Ein Beispiel für neue Gebührensysteme sind die Abfallgebühren, die bereits seit langem Gegenstand von Reformvorschlägen sind; mittlerweile liegen auch schon zahlreiche Erfahrungen vor. Großversuche einiger Bundesländer sowie Erfahrungen zahlreicher Kommunen mit verschiedenen mengenbeziehungsweise volumenabhängigen Berechnungs- und Erhebungssystemen (z. B. Banderolen-, Transponder-, Wertmarken-, Scanner- und Verwiegungssysteme) haben gezeigt, daß durch nach Aufkommen differenzierte Abfallgebühren durchaus Lenkungseffekte in Richtung Abfallvermeidung ausgehen (UBA, 1994c, S. 23 ff.). Allerdings werden die Möglichkeiten der Gebührendifferenzierung dadurch begrenzt, daß von dieser auch Anreize zur illegalen Entsorgung (wilde Entsorgung, Nachbartonne, öffentliche Abfallbehälter) ausgehen. Zum anderen stellen angesichts hoher Fixkostenblöcke feste Beiträge ein ökonomisch effizientes Preissystem dar.

Abbau steuerlicher Ungleichbehandlung öffentlicher und privater Leistungen am Beispiel der Abfallpolitik

1260. Die unterschiedliche steuerliche Behandlung öffentlicher und privater Leistungen sollte dort, wo diese in direktem Wettbewerb zueinander stehen könnten, abgebaut werden. Hoheitsbetriebe sind von Umsatzsteuer, Körperschaftsteuer (Gewinne bei öffentlichen Entsorgungseinrichtungen), Gewerbesteuer, Vermögensteuer und Grundsteuer befreit. Dazu gehören zum Beispiel öffentliche Abfallentsorgungsanlagen, deren Begünstigung zwar eine potentiell negative ökologische Wirkung hat, deren Preiseffekte aber als gering eingestuft werden.

Die Begünstigungen öffentlicher Leistungen bei praktisch allen Steuerarten verhindern einerseits die Verschiebung von Mitteln aus einer staatlichen Kasse in die andere. Andererseits behindern die Steuervergünstigungen öffentlicher Anbieter an vielen Stellen die fällige Privatisierung öffentlicher Leistungen oder benachteiligen private Anbieter. Aus Gründen der Gleichbehandlung fordert zum Beispiel der Bund/Länder-Arbeitskreis „Steuerliche und wirtschaftliche Fragen des Umweltschutzes" (BLAK, 1993, S. 13, 78) die Einführung der Umsatzsteuerpflicht für kommunale Entsorgungsunternehmen, die nach der Blockade durch die Länder nun vermutlich auf europäischer Ebene erzwungen werden wird. Durch Privatisierung ausgelöste Effizienzsteigerungen wären auch umweltpolitisch zu begrüßen. Sich durch die höhere Effizienz und mit Wettbewerb verbundene Preissenkungen einstellende ökologisch negative Lenkungswirkungen müssen gegebenenfalls durch entsprechende Umweltabgaben oder Vorgaben bei Ausschreibungen aufgefangen werden.

5.5 Umweltpolitische Anforderungen an die Aufkommensverwendung im Rahmen einer umweltgerechten Finanzreform

1261. Weil die Einführung zusätzlicher Abgaben sowohl den Anteil des Staates am Bruttosozialprodukt als auch die Verteilung des verfügbaren Einkommens auf die Einkommensbezieher beeinflussen kann, enthalten praktisch alle Vorschläge zu einer „ökologischen Steuerreform" Vorstellungen über die Verwendung des zusätzlichen Steueraufkommens. Aufgrund seines Auftrags und der auf diesen Auftrag hin angelegten fachlichen Kompetenz verzichtet der Umweltrat auf detaillierte Äußerungen zur Aufkommensneutralität, zur Nützlichkeit neuer, staatsfinanzierter Aufgaben und zum vertikalen und horizontalen Finanzausgleich. Hier genügt die Feststellung, daß man Einnahmen- und Ausgabenseite der anvisierten umweltgerechten Finanzreform durchaus getrennt diskutieren kann und daß es Aufgabe des Umweltrates ist, insbesondere die ökologische Treffsicherheit und die Effizienz der vorliegenden Steuervorschläge im Sinne eines arbeitsteiligen Vorgehens mit anderen Gremien zu prüfen, solange sichergestellt bleibt, daß die Verausgabung der zusätzlichen Steuereinnahmen keine negativen ökologischen Effekte erzeugt. Dies schließt nicht aus, daß es zur Unterstützung der vorgeschlagenen Maßnahmen im Einzelfall durchaus sinnvoll sein kann, die Einnahmen auch zur Beförderung umweltpolitischer Ziele zu verausgaben, zum Beispiel für Umweltschutzleistungen der Landwirte (Abschn. 5.4.4.3) oder für die Förderung der Altbausanierung (Tz. 1071).

Senkung der Abgabenquote insgesamt

1262. Die Erzielung von staatlichen Einnahmen durch die vorgeschlagenen Abgaben und der Abbau der genannten Vergünstigungen wären politisch nicht durchzusetzen und aus der Sicht des Umweltrates unverantwortbar, wenn sie nicht an die Senkung anderer Abgaben geknüpft werden. Hierin ist der Umweltrat sich mit dem Wirtschaftsrat (SRW, 1994, Tz. 328) und den vorliegenden Vorschlägen zur „ökologischen Steuerreform" (Abschn. 5.2.1) einig. Die Abgabenquote betrug im Jahre 1995 43,7 %, wobei 64 % dieser Abgaben auf die Lohnsteuer und auf Sozialabgaben entfielen. Eine mittelfristige Absenkung der Abgabenquote scheint geboten, zum Beispiel aus Gründen des Verlustes der Leistungs- und Investitionsanreize, der Zunahme ungemeldeter und damit nicht sozial gesicherter Beschäftigungsverhältnisse und der potentiellen Verlagerungen gerade zukunftsträchtiger neuer Arbeitsplätze in das Ausland. Dabei entstünden gleich zweifach ökologische Nachteile: Erstens bliebe die Möglichkeit ungenutzt, durch die Errichtung neuer Anlagen in Deutschland umweltverträglichere Verfahren einzusetzen, und zweitens würden durch eine Produktionsverlagerung aufgrund von geringeren Umweltschutzanreizen im Ausland Umweltbelastungen nicht nur verlagert, sondern vermutlich erhöht.

1263. Die „Rückzahlung" der Umweltabgaben sollte parallel zu deren Einführung verabschiedet werden. Problematischer als eine direkte Rückverteilung wäre eine die Finanzierungsfunktion des Abgabensystems sichernde vorherige Festlegung der Senkung oder Streichung bestehender Abgaben an völlig anderer Stelle des Finanzsystems.

Optionen bei der Verwendung der Einnahmen

1264. Für die Verwendung der Einnahmen besteht eine Vielzahl von politischen Optionen, die miteinander kombiniert werden können und aus ökologischer und sozialer Sicht jeweils spezifische Vor- und Nachteile aufweisen. Insgesamt muß aus Sicht des Umweltrates die Auflage formuliert werden, daß sie keine umweltbelastende Lenkungswirkung entfalten dürfen, es sei denn, dies wäre für die Vermeidung sozialer Härten unabdingbar. Bei den öffentlich diskutierten grundlegenden politischen Optionen der Verwendung handelt es sich um eine direkte Rückgabe an die Haushalte sowie um Verwendungen im Hinblick auf ökologische und beschäftigungspolitische Zielsetzungen.

1265. Eine rechtlich zulässige und grundsätzlich begrüßenswerte Form der „Zweckbindung" ist die *direkte Rückgabe* der Einnahmen an die Haushalte. Sie transferiert das Aufkommen pauschal als „Ökobonus" pro Kopf zurück an die Haushalte, gegebenenfalls gestaffelt nach der Haushaltsgröße und mit Abschlägen für Kinder (KOHLHAAS et al., 1994 a, S. 81 ff.). Die Akzeptanz von Umweltabgaben in der Bevölkerung könnte dadurch stark verbessert (SRU, 1994, Tz. 346) und ein Konflikt zwischen fiskalischen und umweltpolitischen Zielen grundsätzlich vermieden werden. Während die Abgabenerhebung eher regressiv auf die Haushalte wirkt (Tz. 1268), wirkt ihre Rückgabe stark progressiv. Zudem ist die direkte Rückgabe weitgehend lenkungsneutral.

1266. Im Hinblick auf *ökologische Zielsetzungen* können die Einnahmen in Form von Steuerstundungen und Subventionen für Umweltschutzinvestitionen verwendet werden, um den Lenkungseffekt zu verstärken (Mischinstrument Abgabe + Subvention). Eine Zweckbindung wäre nicht erforderlich. Förderungswürdig könnten alle Aktivitäten sein, die etwa die Erreichung einer Verbrauchsminderung fossiler Energieträger unterstützen, zum Beispiel Maßnahmen der Wärmedämmung. Andere Vorschläge befürworten Steuerstundungen für Emissionsminderungen, die über einen gesetzten Standard hinausgehen (Mischinstrument Auflage + Abgabe + Subvention) (ZIMMERMANN und HANSJÜRGENS, 1993; GAWEL, 1991; HANSMEYER und SCHNEIDER, 1990). Als staatliche Verwendungen der Einnahmen im Rahmen der Umweltpolitik kommen auch die Senkung bestehender umweltbelastender Abgaben und Subventionen, direkte staatliche Umweltschutzmaßnahmen, Anreize zur Aufforstung oder die Zahlung von Beiträgen an einen globalen Klimaschutzfonds (CANSIER, 1993, S. 189 f.) in Frage.

Wegen der generellen Probleme aller Fördermaßnahmen mit staatlichen Ausgaben, empfiehlt der Umweltrat im Rahmen der langfristigen Grobsteuerung ausschließlich die Erhebung zur umweltpolitischen Lenkung einzusetzen. Die Ausgabenseite sollte im Umweltschutz der Entlohnung positiver externer Effekte umweltschützender Leistungen (z. B. durch die Landwirte; vgl. Abschn. 5.4.4.3), der dringenden Schadensvorsorge und -nachsorge und Fällen wesentlichen Eingriffe in bestehende Besitzstände vorbehalten sein. Darüber hinaus sollte eine direkte Förderung dort erwogen werden, wo Marktversagen die Lenkungswirkung der Abgabe blockiert und einem Mißbrauch weitgehend vorgebeugt werden kann (Tz. 1071).

1267. Eine Verwendung im Hinblick auf *beschäftigungspolitische Ziele* ist in der Diskussion der Abgabenkonzepte die wohl populärste Rückgabeform. Sie steht in unmittelbarem Zusammenhang mit der Idee der „doppelten Dividende" (Tz. 940 ff.). Vorgeschlagen wurde die Entlastung des Faktors Arbeit zum Beispiel durch eine Senkung der Einkommensteuer und der Beiträge zu den Sozialversicherungen (von WEIZSÄCKER und JESINGHAUS, 1992) sowie durch die Senkung der Arbeitgeberbeiträge zur Renten- und Sozialversicherung (KOHLHAAS et al., 1994 a) oder die Finanzierung der Ausgaben der Bundesanstalt für Arbeit mit entsprechender Senkung der Beitragssätze (GÖRRES et al., 1994). Aus ökologischer Sicht steht einer solchen Verwendung nichts entgegen. So würde zum Beispiel der wesentlich personalintensivere ökologische Landbau durch die Kohlenstoffabgabe und die Senkung der Arbeitskosten doppelt entlastet.

1268. Grundsätzlich gilt, daß teilweise erhebliche Probleme in den regressiven Effekten der verschiedenen Konzepte für Umweltabgaben zu sehen sind (zur regressiven Verteilung einer Energieabgabe vgl. Tz. 938 sowie NAGEL, 1993, S. 363 f.). Die Sozialverträglichkeit bei der Einführung von Umweltabgaben muß dort abgesichert werden, wo beispielsweise im Bereich der Energieversorgung und Mobilität elementare Grundbedürfnisse in unzumutbarer Weise beschnitten werden. Dies kann jedoch nicht bedeuten, daß sozial schwächere Umweltnutzer generell weniger finanziell belastet werden als Besserverdienende, solange die Sicherung sozialer Mindeststandards gewährleistet ist. Mit anderen Worten: Es gibt zwar eine Schutz gegen enteignungsgleiche Eingriffe und des Erhalts sozialer Grundrechte, jedoch kein Grundrecht auf den privaten Pkw.

5.6 Schlußfolgerungen und Handlungsempfehlungen

1269. Die Forderung nach einer umweltgerechten Finanzreform entspringt der Erkenntnis, daß wirtschaftliche Anreize über die Wirkungen des klassischen ordnungsrechtlichen Instrumentariums hinaus und zum Teil erheblich effizienter als das Ordnungsrecht zur Reduktion der Inanspruchnahme unserer natürlichen Lebensgrundlagen beitragen können. Insofern ist der systematische Einbau preislicher Lösungen in die Umweltpolitik ein folgerichtiger Schritt, den der Umweltrat bereits in mehreren Gutachten (1987 und 1994) empfohlen hat. Die Diskussion über die Nutzung ökonomischer Instrumente in der Umweltpolitik und erste Erfahrungen mit solchen Instrumenten im In- und Ausland zeigen freilich auch, daß Preisinstrumente oder Mengenlösungen (wie z. B. handelbare Emissionsrechte) nicht einfach an die Stelle von oder zusätzlich zu vorhandenen ordnungsrechtlichen Instrumenten eingesetzt werden können, sondern zu ihrer Entfaltung oft spezieller ordnungsrechtlicher Voraussetzungen bedürfen. Insofern erscheint eine einzelfallbezogene, sorgfältige Prüfung der Einführung solcher Instrumente angezeigt.

1270. Die Umgestaltung des öffentlichen Finanzsystems im Hinblick auf die Erfordernisse einer dauerhaft-umweltgerechten Entwicklung läßt sich nicht in einer einmaligen Anstrengung bewältigen, sondern stellt eine langfristige Aufgabe dar. Die Gründe dafür sind offensichtlich: Einerseits erfordert eine umweltgerechte Finanzreform – neben der Einführung neuer Lenkungsabgaben und der Schaffung finanzieller Anreize für ökologisch richtiges Handeln –, daß jede Einnahmen- und Ausgabenposition in den öffentlichen Haushalten auf ihre Eignung zur Lenkung des Verhaltens von Haushalten und Unternehmen in die umweltpolitisch gewünschte Richtung beziehungsweise auf unerwünschte ökologische Effekte hin untersucht und gegebenenfalls verändert wird. Andererseits muß bei solchen Änderungen beachtet werden, daß sich die Steueradressaten in vielfältiger, oft nicht ausreichend bekannter Weise an das gewachsene Steuer- und Staatsausgabensystem angepaßt haben und deshalb die Wirkungen großer Veränderungen dieses Systems immer nur unzureichend abgeschätzt werden können. Beides legt eine Politik der kleinen Schritte nahe.

1271. Eine Politik der kleinen Schritte wird auch durch den schwierigen Auftrag nahegelegt, den das Leitbild der dauerhaft-umweltgerechten Entwicklung an die Gesellschaft stellt, nämlich ökologische, wirtschaftliche und soziale Entwicklung miteinander in Einklang zu bringen. Umweltpolitik nützt wenig, wenn sie durch einseitige ökologische ausgerichtete Bemühungen die wirtschaftliche und soziale Anpassungsfähigkeit der Menschen überfordert. Auf der anderen Seite ist es wenig sinnvoll, einer umweltgerechten Finanzreform, die den überfälligen Strukturwandel in der Wirtschaft hin zu einem Pfad einer dauerhaft-umweltgerechten Entwicklung stimulieren soll, genau diesen Strukturwandel vorzuwerfen, wie es in vielen Aussagen verschiedener gesellschaftlicher Gruppen mit Hinweis auf die Anzahl der Arbeitsplätze in den umweltintensiven Branchen und bei ihren

Zulieferern immer wieder geschieht. Klar muß sein, daß es umweltintensive Arbeitsplätze in einer am Leitbild der dauerhaft-umweltgerechten Entwicklung ausgerichteten Wirtschaft nicht geben kann. Insofern erfordert eine der dauerhaft-umweltgerechten Entwicklung entsprechende Politik den Abbau solcher Arbeitsplätze. Hier gibt es keinen Besitzstand. Gestritten werden kann allerdings über das Tempo des Abbaus solcher Arbeitsplätze, das mit einem weitgehend friktionslosen Übergang zu einer dauerhaft-umweltgerechten Wirtschaftsform verträglich ist.

1272. Ob ökologische Lenkungsabgaben neben der Einkommens- und Umsatzbesteuerung zu einer „dritten Säule" des Steuersystems werden oder nicht, bleibt zur Zeit eine offene Frage. Ziel einer ökologischen Finanzreform ist es, zusammen mit anderen Maßnahmen der Umweltpolitik die Inanspruchnahme der natürlichen Lebensgrundlagen zu geringsten Kosten auf jenes Maß zurückzuführen, das mit einer dauerhaft-umweltgerechten Entwicklung verträglich wird. Im Zuge der dazu erforderlichen schrittweisen Veränderung des öffentlichen Finanzsystems wird sich jedoch erst zeigen, welchen Anteil umweltpolitisch induzierte Lenkungsabgaben am Gesamtbudget haben werden. Eine bestimmte Höhe des Aufkommens aus solchen Abgaben kann nicht Ziel einer umweltgerechten Finanzreform sein.

1273. Eine umweltgerechte Finanzreform umfaßt die folgenden Bausteine (Abb. 5.14):

– Abbau von Vergünstigungen mit ökologisch negativer Wirkung

– Verstärkung bereits bestehender, umweltpolitisch motivierter Vergünstigungen und Abgaben

– Einbau von Anreizen zu umweltgerechtem Verhalten in bestehende Abgaben

– Einführung neuer Umwelt(lenkungs)abgaben.

Abbildung 5.14

Bausteine einer umweltgerechten Finanzreform

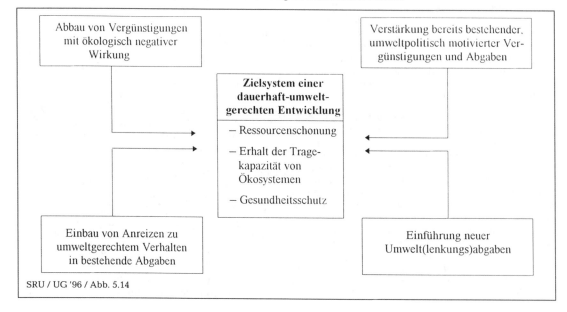

SRU / UG '96 / Abb. 5.14

Abbau von Vergünstigungen mit ökologisch
negativer Wirkung

1274. Im geltenden Steuer- und Beihilferecht sind
verschiedene Tatbestände festgelegt, die zu einer
Befreiung von der Mineralölsteuer führen und damit
aus ökologischer Sicht kontraproduktiv wirken. Der
Umweltrat empfiehlt daher die Abschaffung der Mineralölsteuerbefreiung für

- die nichtenergetische Verwendung von Rohölderivaten und Gasen,

- den Eigenverbrauch der Mineralölherstellung
  („Herstellerprivileg"), zu deren Abschaffung eine
  Änderung der entsprechenden EU-Richtlinie vorangetrieben werden sollte,

- die gewerbliche Binnenschiffahrt auf europäischer
  Ebene sowie

- den inländischen Flugverkehr. Die Aufhebung der
  Befreiung im internationalen Flugverkehr ist nur
  dann sinnvoll, wenn diese zumindest auf europäischer Ebene durchsetzbar ist.

Darüber hinaus wird empfohlen, die Gasölverbilligung für die Landwirtschaft zu streichen und durch
Kompensationen ohne negative ökologische Nebenwirkungen zu ersetzen. Da die umweltpolitisch erwünschten Effekte der Abschaffung der Gasölbeihilfe nicht exakt zu bestimmen sind, sollten zum Beispiel flankierende Instrumente zur Beschränkung
des Dünge- und Pflanzenschutzmitteleintrags eingesetzt werden. Die unterschiedliche Besteuerung von
leichtem Heizöl und Dieselkraftstoff ist aufzuheben,
die Belastung von Otto- und Dieselkraftstoff bei der
Mineralölsteuer auf eine einheitliche Emissionsbasis
umzustellen sowie die ökologisch nicht gerechtfertigte Begünstigung von Kohle gegenüber anderen, über
die Mineralölsteuer erfaßten Energieträgern aufzuheben.

1275. Da die derzeitige Kilometerpauschale bei der
Einkommensteuer für die Fahrt zum Arbeitsplatz die
Pkw-Nutzung gegenüber umweltverträglicheren Alternativen bevorzugt, schlägt der Umweltrat ihre
Umwandlung in eine verkehrsmittelunabhängige
Entfernungspauschale in Höhe der vergleichbaren
Benutzerkosten des öffentlichen Verkehrs vor. Bei
nichtvorhandenem direkten Anschluß an öffentliche
Verkehrsmittel sollte entsprechend eine Erstattung
der für die Fahrt bis zur nächsten Haltestelle des Öffentlichen Personannahverkehrs aufzuwendenden
Betriebskosten eines repräsentativen Kleinwagens
gewährt werden. Wird der Nachweis der Unzumutbarkeit der Nutzung des Öffentlichen Personennahverkehrs erbracht, kann die Kleinwagenpauschale
für die gesamte Entfernung bis zum Arbeitsplatz erstattet werden.

Daneben spricht sich der Umweltrat gegen die steuerliche Ungleichbehandlung der vom Arbeitgeber
bereitgestellten Parkplätze und Jobtickets aus. Wie
die Bezahlung von Jobtickets durch den Arbeitgeber
sollte auch die Parkplatzbereitstellung als geldwerter
Vorteil bei der Einkommensteuer berücksichtigt werden.

1276. Die Grund- und Vermögensteuerbefreiung
für Häfen und Flughäfen sollte nach Ansicht des Umweltrates ebenso abgeschafft werden wie die Umsatzsteuerbefreiung für Treib- und Schmierstoffe in
der See- und Luftfahrt und die Umsatzsteuerermäßigung für die Seeschiffahrt und den Luftverkehr. Im
Bereich des internationalen Verkehrs muß darauf
hingewirkt werden, zur Vermeidung von Wettbewerbsverzerrungen entsprechende Veränderungen
der Abgabenbelastungen durch internationale Abkommen zu erreichen.

1277. Der Abbau der steuerlichen Ungleichbehandlung öffentlicher und privater Leistungen erscheint
dort geboten, wo diese in direktem Wettbewerb stehen oder stehen können. Solche Maßnahmen begünstigen einen effizienzsteigernden Wettbewerb, wodurch die Kosten der Durchsetzung umweltpolitischer Ziele gesenkt werden. Begleitet werden sollten
diese Maßnahmen durch eine weitgehende Deregulierung bestehender Ver- und Entsorgungsmonopole,
gleich, ob sie der öffentlichen Hand oder (wie bei der
Energieversorgung) privaten Anbietern gehören, um
auch hier dem Wettbewerb mehr Raum zu bieten
und innovative Lösungen zur Senkung von Emissionen zuzulassen.

1278. Eine Neuorientierung des bestehenden agrarpoltischen Subventionssystems wird vom Umweltrat
im Hinblick auf zu internalisierende positive externe
Effekte, die sich aus einer das Naturraumpotential
fördernden land- und forstwirtschaftlichen Landnutzung ergeben, empfohlen. Von privaten Entscheidungsträgern erbrachte ökologische Leistungen sollten demnach finanziell honoriert werden. Durch eine
leistungsorientierte Entlohnung wird das Interesse
des Anbieters am ökologischen Erfolg geweckt. Die
Mittelvergabe kann nach noch zu entwickelnden
Ökopunktesystemen erfolgen.

Verstärkung bereits bestehender, umweltpolitisch
motivierter Vergünstigungen und Abgaben

1279. Zur Förderung einer umweltverträglichen
Flächennutzung kann an bereits bestehende Abgaben und Vergünstigungen angeknüpft werden. Besonders geeignet erscheint hier der Ausbau der naturschutzrechtlichen Ausgleichsabgaben der Länder.
Der Umweltrat hält eine Verpflichtung der Länder
zur Einführung solcher Ausgleichsabgaben sowie
bundesweite Vorgaben für die Struktur der Abgabe,
insbesondere eine Anbindung an Naturschutzziele,
für erforderlich.

1280. Mit der Abwasserabgabe liegt bereits ein
Konzept vor, das stärker in den Dienst der Lenkung
mittels Abgaben für eine umweltgerechte Wassernutzung gestellt werden sollte. Damit die Abwasserabgabe die ihr zugedachte Lenkungsfunktion ökonomisch effizient erfüllt, schließt sich der Umweltrat
Forderungen nach einer Erhöhung der Abgabensätze mit progressiven Aufschlägen bei gewässerspezifischen Spitzenbelastungen sowie Einschränkungen
der Verrechnungsmöglichkeiten an; ein effizienter
Einsatz der Abwasserabgabe setzt überdies voraus,
daß die ordnungsrechtlichen Anforderungen nicht
ständig verschärft werden; vielmehr sollte die Bewir

kung weiterer Vorsorgemaßnahmen der Steuerung durch die Abgabe überlassen bleiben.

Einbau von Anreizen zu umweltgerechtem Verhalten in bestehende Abgaben

1281. Die Mineralölsteuer ist durchaus als umweltpolitische Lenkungsabgabe geeignet, zumindest im Falle von CO_2-Emissionen, die in einem linearen Zusammenhang mit dem Brennstoffverbrauch stehen. Allerdings bleibt bei den Begründungen für die derzeitige Höhe der Mineralölsteuer unklar, welchen Zwecken die Steuer dient und welcher Teil der Steuer auf welche Zwecke entfällt. In Frage kommen rein fiskalische Zwecke, (umweltpolitische) Lenkungszwecke und Finanzierungszwecke (Wegekostenabdeckung). Der Umweltrat hält eine Trennung dieser Zwecke und dementsprechend eine Abschaffung der heutigen Mineralölsteuer beziehungsweise Reduzierung dieser Steuer auf den rein fiskalischen Zweck auf Dauer für den besten Weg. Das erfordert die Schaffung eines je eigenen Systems von Wegekostenanlastung und Emissionsabgaben. Solange es solche Systeme nicht gibt und gleichzeitig die europaweite Verpflichtung eines Mindeststeuersatzes für die Mineralölsteuer bestehen bleibt, läßt sich diesem Petitum nur dadurch Rechnung tragen, daß eventuelle CO_2-Abgaben auf die Mineralölsteuer beziehungsweise auf jenen Teil dieser Steuer, der als Emissionsabgabe gedacht ist, angerechnet werden.

1282. Für eine ökonomisch möglichst effiziente Lenkung sollten die Emissionsabgaben im Verkehrssektor an den tatsächlich emittierten Schadstoffmengen oder an Kennziffern der Umweltbelastung ansetzen, zum Beispiel an den im Abgas gemessenen Emissionen oder hilfsweise an der Motorcharakteristik, der Fahrleistung, den Betriebszuständen und anderem. Während für CO_2-Emissionen ein weitgehend linearer Zusammenhang mit dem Kraftstoffverbrauch sichergestellt ist, können Abgaben auf andere Schadstoffe des Verkehrs allenfalls als zweitbeste Lösung über die Kraftstoffverbräuche erhoben werden, da sie nur teilweise mit dem Kraftstoffverbrauch korrelieren und ihre Umweltwirkung unter anderem von Ort und Zeit des Ausstoßes abhängt. Wie der Umweltrat bereits in seinem Umweltgutachten 1994 betont hat, muß die Umweltpolitik deshalb den Ersatz der Erhebung von Emissionsabgaben langfristig über den Kraftstoffinput durch Errechnung der Emissionen verschiedener Schadstoffe über die Daten aus dem elektronischen Motormanagement anstreben. Mittelfristig kann eine Anrechnung von überwiegend fahrzeug- beziehungsweise motortypabhängigen Emissionen, zum Beispiel von kanzerogenen Stoffen und NO_x, auch über eine emissionsorientierte Differenzierung der Kfz-Steuer erfolgen.

1283. Die Kfz-Steuer in ihrer heutigen Form wird vor allem mit der Anlastung der nutzungsunabhängigen Wegekosten begründet, kann diese aber bei weitem nicht decken. Bei der Anlastung der tatsächlichen fixen Wegekosten über die Kfz-Steuer käme es folglich zu einer erheblichen zusätzlichen Steuerbelastung, die entsprechend dem individuellen Nutzen auf die Fahrzeughalter aufzuteilen wäre. Bis zur Rea-

lisierung einer elektronischen Lösung zur Anlastung der (fixen und variablen) Wegekosten schlägt der Umweltrat eine Erhebung der fixen Wegekosten über Vignetten vor, zum Beispiel eine Vignette für den eigenen und alle angrenzenden Kreise (Regionalvignette) und eine Vignette für die Benutzung aller anderen Straßen (Fernverkehrsvignette), jeweils gestaffelt nach den Kategorien Pkw, Lkw, Busse, Krafträder sowie unterschieden in private und gewerbliche Nutzer, wobei die Regionalvignette als Zwangsbeitrag erhoben wird und damit der Kfz-Steuer gleichkommt. Die Erhebung der Wegekosten in Form einer Vignette gestattet auch die Erfassung ausländischer Fahrzeuge.

Nutzungsabhängige (variable) Wegekosten sind (abgesehen von den Staukosten) beim Pkw vernachlässigbar gering, beim Lkw hingegen hoch genug, um fahrleistungsabhängig erhoben zu werden. Über Fahrtenschreiber könnten diese Nutzungsgrenzkosten verursachungsgerecht angelastet werden. Da ein deutscher Alleingang mit entsprechenden Grenzkontrollen nicht zulässig ist, empfiehlt der Umweltrat, bis zur Einführung einer europäischen Lösung, die Anlastung der variablen Wegekosten für Lkw über zusätzliche Vignetten, die dem Kilometerkriterium in pauschalierter Weise Rechnung tragen. Damit wird ein Ausflaggen der Flotten im Straßengüterverkehr verhindert.

Langfristig werden road pricing-Systeme die Möglichkeit bieten, sowohl die fixen Beiträge als auch Gastbeiträge zu erheben, Knappheits- oder Rationierungsgebühren anzulasten, eine fahrleistungsabhängige Belastung mit den Grenznutzungskosten für Lkw vorzunehmen sowie fahrleistungs-, strecken- oder fahrzeitabhängige Emissionen verursachungsgerecht in Rechnung zu stellen.

1284. Forderungen nach einer Differenzierung der Umsatzsteuer nach ökologischen Kriterien werden abgelehnt, da keine echten Relationen zwischen den Produkten und den durch ihre Herstellung, ihren Gebrauch und ihre Entsorgung ausgelösten Emissionen bestehen.

Dagegen wird vom Umweltrat eine einheitliche Regelung in den Landesgesetzen über Kommunalabgaben empfohlen, um den Spielraum der Kommunen bei der Ausgestaltung ihrer Gebührensatzungen zum Zwecke der Internalisierung von nachzuweisenden Umweltkosten und Knappheitspreisen (Opportunitätskosten) über Gebühren und Beiträge (z. B. Abfallgebühren) zu vergrößern.

Einführung neuer Umwelt(lenkungs)abgaben

1285. Der zur Zeit am meisten diskutierte Vorschlag für den Einstieg in eine umweltgerechte Finanzreform ist die Erhebung einer Energieabgabe. Energieabgaben werden von ihren Verfechtern als eine Art „Breitbandtonikum" gegen jede Art von Schadstoffemissionen angesehen. Dagegen steht freilich, daß Energieabgaben, selbst wenn sie das Emissionsziel für einen Schadstoff treffen sollten, nicht das gezielte Nacharbeiten mit spezifischen Schadstoffabgaben für andere Schadstoffe ersparen, um die Einhaltung der Emissionsziele auch für diese sicherzustellen, wie die ökologischen Wirkungsanalysen dieses Gutachtens zeigen. Darüber hinaus muß das Gesamtaufkommen einer Energieabgabe zur Erfüllung eines schadstoffspezifischen Emissionszieles wesentlich höher sein als das Aufkommen aus einer schadstoffspezifischen Emissionsabgabe. Der Wirtschaft und den Haushalten würde also mit einer Energiebesteuerung ein überflüssiges „excess burden" auferlegt.

Zwar wird bisweilen zugunsten einer Energieabgabe angeführt, daß sie auch den Risiken der Kernenergie Rechnung trage (was durch schadstoffspezifische Emissionsabgaben der Natur der Sache nach nicht geschieht). Es ist nicht plausibel, so unterschiedlichen Risiken wie der Gefahr eines weltweiten Treibhauseffektes und dem Restrisiko der Kernenergie mit Hilfe ein und derselben Abgabe Rechnung zu tragen. Festzuhalten ist allerdings, daß es zur Einführung eines Systems von Emissionsabgaben für Schadstoffe eines energiepolitischen Konsenses über die künftige Bedeutung der Kernenergie bedarf und daß aus diesem Konsens heraus ein Verfahren zur kostenmäßigen Anlastung der Restrisiken des Stroms aus Kernkraftwerken entwickelt werden muß.

Der Umweltrat ist insgesamt der Auffassung, daß CO_2-Abgaben aufgrund ihrer höheren Effizienz im Klimaschutz einer pauschalen Besteuerung des Energiegehaltes von Energieträgern vorzuziehen und durch zusätzliche Maßnahmen zur Reduzierung anderer Massenschadstoffe und Treibhausgase beziehungsweise zur Anlastung der Restrisiken der Kernenergienutzung zu ergänzen wären. Der EU-Vorschlag einer kombinierten CO_2-/Energieabgabe steht hinsichtlich der ökologischen Treffsicherheit und der ökonomischen Effizienz zwischen einer reinen Energieabgabe und einer CO_2-Abgabe. Sollte der Kommissionsentwurf in seiner gegenwärtigen Form vom Ministerrat verabschiedet werden, besteht ein nationaler Gestaltungsspielraum lediglich bei der Höhe und in begrenztem Umfang bei der Quote der beiden Steuerbestandteile sowie dem Anpassungspfad der Abgabe. Allerdings ist gegenwärtig unsicher, wie die künftige Richtlinie ausgestaltet sein wird.

Zur Erreichung des von der Bundesregierung für das Jahr 2005 gesetzten CO_2-Reduktionsziels von 25 bis 30 % auf der Basis von 1990 müssen die im EU-Vorschlag vorgesehenen Konvergenzsätze als unzureichend angesehen werden. Der Umweltrat schlägt deshalb ein deutlich höheres Abgabenniveau mit einer stärkeren Progression vor, das bis zur Erreichung des Emissionsreduktionsziels verbindlich festgeschrieben werden sollte, um ökonomisch effiziente Anpassungsformen anzuregen.

1286. Für den Fall, daß eine Einigung über eine EU-weit einheitlich gestaltete Abgabe nicht zustande kommt, könnte sich die Bundesregierung an sich frei zwischen den möglichen Gestaltungsformen einer Emissions- beziehungsweise CO_2-Abgabe entscheiden.

Die Schaffung eines Systems handelbarer CO_2-Emissionsrechte ist hinsichtlich der ökologischen Treff-

sicherheit einer Abgabenlösung (zumindest theoretisch) eindeutig überlegen. Zudem stellt ein solches System auf globaler Ebene höchstwahrscheinlich die einzige Lösung für eine weltweite CO_2-Politik dar. Verschiedene Steuersysteme sowie Unterschiede in den Inflationsraten der Länder sind unüberwindbare Hindernisse bei der Festlegung eines weltweit gültigen Abgabensatzes. Bei Lizenzen vollzieht der Markt hingegen die erforderlichen Anpassungen. Insofern fordert der Umweltrat die Bundesregierung dazu auf, sich für einen weltweiten, in einer Vorstufe zumindest europaweiten Lizenzmarkt für CO_2-Emissionen anstelle der geplanten Abgabe einzusetzen.

Dazu gehört auch die Konzeption von Importabgaben für Produkte jener Drittländer, die sich einer Politik gegen die Emission weltweit wirkender Schadstoffe entziehen; dies macht allerdings eine Ausnahmeregelung im GATT notwendig. Der Umweltrat will hier keinesfalls einem neuen Protektionismus unter dem Stichwort „Ökodumping" das Wort reden. Soweit aber Länder ihre eigenen Umweltressourcen mehr oder weniger schonen und demzufolge ihre Bürger mehr oder weniger mit Umweltkosten belasten, zählt dies genauso zu den komparativen Standortvor- oder -nachteilen, wie die unterschiedliche Gestaltung von Bildungs- und Sozialsystemen. Hier soll freier Wettbewerb der Systeme bestehen. Dies gilt jedoch nicht in jenen Fällen, in denen das Nichtgreifen umweltpolitischer Maßnahmen andere Länder schädigt.

Bis ein einheitliches europäisches System von handelbaren Umweltrechten oder anderen Maßnahmen gegen klimarelevante Emissionen Realität ist (von einem weltweiten System nicht zu reden), wird vermutlich viel Zeit vergehen. In der Zwischenzeit kann die Bundesrepublik Deutschland als führender Industriestaat nicht untätig bleiben, sondern muß zumindest den Anschluß an die Vorreiterstaaten in Europa suchen, um mit diesen in glaubwürdiger Weise Druck in Richtung auf eine europäische (und später eine weltweite) Lösung entfalten zu können, ganz abgesehen davon, daß sich ja die Bundesregierung auch in jüngerer Zeit mehrfach auf das CO_2-Minderungsziel von 25 bis 30 % des Emissionswertes von 1990 verpflichtet hat. Da unsicher ist, welche Lösung sich in Europa durchsetzen wird, sollte ein nationaler Alleingang der Bundesrepublik auf einem Ansatz basieren, der möglichst geringe institutionelle Kosten verursacht. Deshalb erscheint die Einführung einer CO_2-Emissionsabgabe zunächst geeigneter als die Einführung eines Systems handelbarer CO_2-Emissionsrechte. Der Umweltrat empfiehlt daher die unverzügliche Einführung einer CO_2-Emissionsabgabe als nationale Lösung.

1287. Um zu verhindern, daß bei einem nationalen Alleingang die CO_2-Emissionen lediglich vom Inland ins Ausland verlagert werden, schlägt der Umweltrat vor, Ausnahmeregelungen für die von der Abgabe besonders betroffenen Sektoren festzulegen, soweit diese Sektoren unter Importkonkurrenz stehen. Faktisch bedeutet dies, daß der Haushaltssektor und der Verkehr voll besteuert würden, während insbesondere für die Industrie – je nach ihrer Belastung durch die Abgabe – Ausnahmetatbestände gelten würden.

Der damit verbundene Nachteil, daß nämlich die angestrebte Emissionsvermeidung in Nicht-Ausnahme-Sektoren zu höheren Kosten erbracht werden muß und damit ein Teil der ökonomischen Effizienz marktwirtschaftlicher Instrumente eingebüßt wird, muß aus volks- und betriebswirtschaftlicher Sicht in Kauf genommen werden. Um die zusätzliche Belastung anderer Sektoren jedoch so klein wie möglich zu halten, schlägt der Umweltrat vor, das Ausnahmekriterium (Energiekostenanteil am Produktionswert oder der Bruttowertschöpfung) auf einzelne Prozesse und nicht auf ganze Branchen oder Betriebe zu beziehen. Für diese werden dann je nach Importkonkurrenz und Vermeidungsmöglichkeiten prozeßspezifische Grenzen festgelegt, ab denen eine Kompensation vorgenommen wird. Bei der vorgeschlagenen Einbeziehung der nichtenergetischen Nutzung fossiler Brennstoffe in die Steuer gelten die gleichen Ausnahmekriterien.

Als Bemessungsgrundlage für CO_2-Abgaben sollte grundsätzlich der Kohlenstoffgehalt der Primärenergieträger herangezogen werden, um Anreize zur Wirkungsgradverbesserung und zur Brennstoffsubstitution bei der Erzeugung von Sekundärenergieträgern zu setzen. Abgaben müssen dennoch auch im Inland an den Sekundärenergieträgern ansetzen, da sonst eine Gleichbehandlung von Importen nicht verwirklicht werden kann. Möglich erscheint aber, die Abgabensätze für inländische sowie ausländische Sekundärenergieträger in Abhängigkeit vom individuellen Brennstoffinput festzulegen. Sollte sich dabei herausstellen, daß die Schwierigkeiten bei der Ermittlung dieser Werte erheblich sind, könnte die Abgabe ersatzweise nach dem durchschnittlichen Brennstoffinput im Herkunftsland bemessen werden. Für den Strom aus Kernkraftwerken bedarf es bei einer am individuellen Brennstoffinput orientierten CO_2-Abgabe einer Kontingentierung der Kernenergie und der Besteuerung eventueller „windfall profits". Hier sind internationale Regelungen anzustreben. Regenerative Energiequellen einschließlich der nachwachsenden Brennstoffe sollten von der CO_2-Abgabe ausgenommen werden.

1288. Die Einbeziehung weiterer Klimaschadstoffe wie Methan, Lachgas und FCKW in eine Abgaben- oder Lizenzlösung auf der Basis von CO_2-Äquivalenten erscheint wegen der diffusen Quellen nicht möglich. Neben dem verursacherspezifischen Einsatz von Abgaben zum Beispiel auf den Düngemitteleinsatz werden hier vor allem auch ordnungsrechtliche Regelungen empfohlen.

1289. Der Umweltrat empfiehlt weiterhin, bei Herstellern und Importeuren cadmiumhaltiger Produkte eine fühlbare Abgabe zu erheben, die bei Nachweis des Rücklaufs der in Verkehr gebrachten Mengen und deren sicherer Endlagerung rückzahlbar ist („deposit refund"-System). Zur Bestimmung der erforderlichen Abgabenhöhe muß der Kostenunterschied zu den Substituten herangezogen werden.

1290. Zur Verminderung der Umweltbelastung durch die Land- und Forstwirtschaft tritt der Umweltrat je nach Wirkung der in Vorbereitung befindlichen Düngeverordnung gegebenenfalls für die Erhebung einer am Stickstoffgehalt bemessenen Mineraldüngerabgabe ein, die vom Hersteller abzuführen ist. Da die Einführung von CO_2-Abgaben die Herstellung und Ausbringung von Düngemitteln bereits verteuert, muß die Abgabe im Rahmen des Gesamtpaketes einer umweltgerechten Finanzreform und unter Berücksichtigung der zukünftigen Gestaltung der Transferzahlungen an die Landwirte bestimmt werden.

1291. Der Umweltrat hält eine grundsätzliche Überprüfung der bislang im Abfallsektor realisierten Abgabenlösungen für geboten. Die von einigen Bundesländern erhobenen Sonderabfallabgabe sowie das in Nordrhein-Westfalen eingeführte Lizenzentgelt für die Behandlung und Ablagerung von Sonderabfällen sind weder als Instrument zur Verdeutlichung der Knappheit von Entsorgungskapazitäten noch als Instrument zur Berücksichtigung der von den verschiedenen Stoffen ausgehenden Entsorgungsrisiken geeignet. Die neuerdings von den Kommunen favorisierten Abgaben für Einweggeschirr und Serviceverpackungen dürften vielfach eher fiskalischen als abfallpolitischen Motiven entspringen. Aus der Sicht der Abfallpolitik genügt es, die Inverkehrbringer von Einweggeschirr und Serviceverpackungen aus der Trittbrettfahrerposition gegenüber der Duales System Deutschland GmbH zu bringen, da sich die Rücknahmepflicht der Verpackungsverordnung auch auf sie bezieht.

Auf der anderen Seite erscheinen die Möglichkeiten, über das geltende Ordnungsrecht hinaus, zum Teil auch anstelle von noch zu schaffenden Verordnungen nach dem Kreislaufwirtschafts-/Abfallgesetz mit ökonomischen Instrumenten auf Vermeidung und Verwertung hinzuwirken im Bereich der Abfallpolitik nicht ausgeschöpft. Insofern empfiehlt der Umweltrat, weitere Forschung auf diesem Gebiet zu veranlassen und eine systematische Bestandsaufnahme durchzuführen.

1292. Das vorliegende Konzept umreißt verschiedene, in eine umweltgerechte Finanzreform einzubeziehende Sachverhalte. Es wird hier die Reichweite eines derartigen Ansatzes unter Einbeziehung der wesentlichen Bausteine aufgezeigt. Die Konkretisierung und Umsetzung dieses Konzeptes sollte einer von der Bundesregierung einzurichtenden ad-hoc-Kommission anvertraut werden, in der neben Vertretern des Umwelt-, Wirtschafts- und Finanzministeriums auch umwelt- und finanzpolitische Experten aus den Umweltverbänden, den Unternehmensverbänden, den Gewerkschaften und der Wissenschaft Mitglieder sind. Diese Kommission sollte so schnell wie möglich Vorschläge für umsetzbare Maßnahmen unterbreiten, am schnellsten im Hinblick auf die CO_2-Problematik. Die Kommission sollte gleichzeitig ein die Umsetzung begleitendes Forschungsprogramm ausarbeiten, um aus den ersten Wirkungen die nächsten Schritte für die Gestaltung eines umweltgerechten Finanzsystems bestimmen zu können.

1293. Ohne dabei den Gedanken der Verursachergerechtigkeit grundsätzlich preiszugeben, erscheint eine komplementäre soziale Entlastungsstrategie zur Einlösung des Anspruchs der sozialen Gerechtigkeit einer umweltgerechten Finanzreform unerläßlich. Was im Einzelfall den Verursachern ohne unverhältnismäßigen Schaden für sie und das Gemeinwohl nicht in vollem Umfang angelastet werden darf, muß in jeweils geeigneter Weise über den allgemeinen Haushalt kompensiert werden. Denkbar sind hier im wesentlichen vier Entlastungsstrategien:

– Progressive Pfade für die Abgabenhöhe: Ökologisch ausgerichtete Abgaben dürfen bei ihrer Einführung nicht als ökonomischer Schock wirken. Sie müssen mit einem angemessenen Tempo eingeführt und in ihren Lenkungswirkungen fortlaufend auf ihre Effizienz hin geprüft werden.

– Alternativangebote zur Verbesserung der Wahlmöglichkeiten der Betroffenen.

– Kompensation auf der Produzenten- wie auf der Konsumentenseite.

– Transfers zur Sicherung sozialer Mindestniveaus.

Es fällt nicht in den Aufgabenbereich des Umweltrates, hier im einzelnen konkrete Umsetzungsmodelle zu entwickeln. Der Umweltrat macht jedoch nachdrücklich darauf aufmerksam, daß für eine künftige ökologische Reform der Abgabenpolitik die Ausarbeitung solcher Umsetzungsmodelle unverzichtbar ist. Dies gilt nicht zuletzt auch im Hinblick auf die Akzeptanz und damit die politische Durchsetzbarkeit einer umweltgerechten Finanzreform.

1294. Der Umweltrat geht davon aus, daß durchgreifende rechtliche Bedenken gegen die Einführung einer CO_2-/Energieabgabe nicht bestehen. Zwar erlaubt die Regelung der bundesstaatlichen Finanzverfassung (Art. 105, 106 GG) wohl nicht die Einführung neuer, ihrem Typ nach im Steuerkatalog des Artikels 106 Abs. 2 GG nicht aufgeführter Steuerarten. Das Grundgesetz enthält für derartige Steuern keine Regelung der Ertragshoheit, die von der Verfassung verliehen werden müßte. Mit der Einführung derartiger Steuern wären Störungen der Ertragsverteilung zwischen Bund und Ländern verbunden, für deren Behebung kein verfassungsrechtlich geregeltes Verfahren zur Verfügung steht.

1295. Eine CO_2-/Energieabgabe kann jedoch als Verbrauchsteuer ausgestaltet werden, für die dem Bund die Sachkompetenz und die Ertragshoheit zusteht. Der Begriff der Verbrauchsteuer beschränkt sich nicht auf Konsumausgaben der Privaten Haushalte, sondern kann auch den produktiven Verbrauch erfassen. In einigen bestehenden Verbrauchsteuergesetzen ist dies bereits gegenwärtig der Fall; durchgreifende Bedenken gegen eine Erweiterung sind nicht ersichtlich. Es ist auch nicht erforderlich, daß das im Produktionsvorgang verbrauchte Gut substanziell im Endprodukt enthalten ist, wenn es nur als Faktor, ohne den das hergestellte Produkt nicht existent wäre, enthalten ist. Letztlich entscheidend muß sein, daß auch eine derartige Steuer auf Abwälzung auf den Letztverbraucher angelegt ist.

1296. Die Einführung einer Verbrauchsteuer auf den Kohlenstoffgehalt von Energieträgern und auf Sekundärenergie stellt auch keinen Verstoß gegen das steuerrechtliche Leistungsfähigkeitsprinzip dar.

Dieses ist bei indirekten Steuern notwendigerweise nur mit Abstrichen maßgeblich. Bei einer Abwägung mit dem Lenkungszweck der einzuführenden Verbrauchsteuer sind die aus dem Gleichheitssatz fließenden Minimalanforderungen erfüllt, da dem Konsumenten Wahlmöglichkeiten verbleiben und soziale Härten durch Transferleistungen ausgeglichen werden können.

1297. Es ist gegenwärtig noch nicht absehbar, welche Bindungen für die Einführung einer CO_2-/Energieabgabe auf nationaler Ebene sich durch die vorgeschlagene EU-Richtlinie ergeben werden. Der Umweltrat geht aber davon aus, daß die Mitgliedstaaten keine weiterreichenden Bindungen hinsichtlich der Struktur der Steuer eingehen werden und es daher möglich sein wird, das Schwergewicht der Besteuerung auf den Kohlenstoffgehalt von Energieträgern – und weniger auf den Energiegehalt – zu legen. Gegenwärtig zu beachten sind lediglich die Verpflichtungen aufgrund der Richtlinie 92/12/EWG, die eine Abschaffung der Mineralölsteuer zugunsten der CO_2-Abgabe ausschließen, einem Anrechnungssystem aber nicht im Wege stehen.

1298. Das in Artikel 99 EG-Vertrag enthaltene Verbot, neue indirekte Steuern in den Mitgliedstaaten einzuführen, die die Harmonisierung der indirekten Steuern in der Europäischen Union erschweren könnten, wird durch eine CO_2-/Energieabgabe nicht berührt, weil diese Steuer keine neuen Grenzkontrollen erfordert. Aus Artikel 95 EG-Vertrag ergeben sich jedoch Anforderungen hinsichtlich der Ausgestaltung der neuen Verbrauchsteuer. Diese darf ausländische Produkte grundsätzlich nicht nach herkunftsabhängigen Bemessungskriterien belasten. Dies wäre der Fall, wenn, wie der Umweltrat aus Praktikabilitätsgründen erwogen hat, die Energieabgabe nach dem durchschnittlichen Brennstoffinput des Herkunftslandes bemessen würde. Die Schwierigkeiten der Feststellung des individuellen Brennstoffinputs sind nach Einschätzung des Umweltrates nicht derart, daß eine solche herkunftsabhängige Bemessungsgrundlage ausnahmsweise zulässig sein könnte. Der Umweltrat tritt daher dafür ein, grundsätzlich an den individuellen Brennstoffinput anzuknüpfen und als Nachweis Herkunftsbescheinigungen der Behörden der Mitgliedstaaten – und parallel dazu anderer Nachbarstaaten Deutschlands – genügen zu lassen.

1299. Was die Verwendung des Aufkommens aus ökologisch induzierten Abgabenspreizungen oder der Einführung von Emissionsabgaben betrifft, so gelten drei Grundsätze:

– Jede ökologisch kontraproduktive Verausgabung dieser Mittel sollte unterbleiben.

– Von jeder Zweckbindung des Aufkommens aus Lenkungsabgaben ist abzuraten. Einerseits werden dadurch Entscheidungsspielräume der Politik unangemessen eingeschränkt. Andererseits werden selbst von der Politik hoch priorisierte umweltpolitische Ausgabenzwecke dann benachteiligt, wenn das Aufkommen aus einer für diese Zwecke gebundenen Lenkungsabgabe niedriger ist als es der Finanzierungszweck erfordert. Denn die Legitimation der Erhöhung einer Lenkungsabgabe endet dort, wo das festgelegte Lenkungsziel erreicht ist.

– Angesichts der jetzt schon sehr hohen Abgabenlast sollten ökologisch induzierte Abgabenspreizungen und Lenkungsabgaben aufkommensneutral sein. Soweit also zusätzliche Budgetmittel durch eine umweltgerechte Finanzreform gewonnen werden, sollten sie – über Transfers oder Entlastungen an anderer Stelle – an die Bürger und die Unternehmen zurückgegeben werden. Auf welche Weise dies erfolgt, ist – abgesehen von jenen Transfers, die die Sozialverträglichkeit und damit auch die Durchsetzbarkeit von Maßnahmen der umweltgerechten Finanzreform selber sicherstellen – nicht mehr Sache der Umweltpolitik. Die „doppelte Rente", die die Vertreter des Vorschlags einer Entlastung bei den Lohnnebenkosten für ihren Vorschlag in Anspruch nehmen, ist auch bei anderen, möglicherweise überlegenen Entlastungsvorschlägen sichergestellt. Welcher dieser Vorschläge zum Zuge kommt, muß anhand der voraussichtlichen Wohlfahrtswirkungen des jeweiligen Vorschlages beurteilt werden.

Anhang

Erlaß über die Einrichtung eines Rates von Sachverständigen für Umweltfragen bei dem Bundesminister für Umwelt, Naturschutz und Reaktorsicherheit

Vom 10. August 1990

§ 1

Zur periodischen Begutachtung der Umweltsituation und Umweltbedingungen der Bundesrepublik Deutschland und zur Erleichterung der Urteilsbildung bei allen umweltpolitisch verantwortlichen Instanzen sowie in der Öffentlichkeit wird ein Rat von Sachverständigen für Umweltfragen gebildet.

§ 2

(1) Der Rat von Sachverständigen für Umweltfragen besteht aus sieben Mitgliedern, die über besondere wissenschaftliche Kenntnisse und Erfahrungen im Umweltschutz verfügen müssen.

(2) Die Mitglieder des Rates von Sachverständigen für Umweltfragen dürfen weder der Regierung oder einer gesetzgebenden Körperschaft des Bundes oder eines Landes noch dem öffentlichen Dienst des Bundes, eines Landes oder einer sonstigen juristischen Person des öffentlichen Rechts, es sei denn als Hochschullehrer oder als Mitarbeiter eines wissenschaftlichen Instituts, angehören. Sie dürfen ferner nicht Repräsentanten eines Wirtschaftsverbandes oder einer Organisation der Arbeitgeber oder Arbeitnehmer sein, oder zu diesen in einem ständigen Dienst- oder Geschäftsbesorgungsverhältnis stehen, sie dürfen auch nicht während des letzten Jahres vor der Berufung zum Mitglied des Rates von Sachverständigen für Umweltfragen eine derartige Stellung innegehabt haben.

§ 3

Der Rat von Sachverständigen für Umweltfragen soll die jeweilige Situation der Umwelt und deren Entwicklungstendenzen darstellen. Er soll Fehlentwicklungen und Möglichkeiten zu deren Vermeidung oder zu deren Beseitigung aufzeigen.

§ 4

Der Rat von Sachverständigen für Umweltfragen ist nur an den durch diesen Erlaß begründeten Auftrag gebunden und in seiner Tätigkeit unabhängig.

§ 5

Der Rat von Sachverständigen für Umweltfragen gibt während der Abfassung seiner Gutachten den jeweils fachlich betroffenen Bundesministern oder ihren Beauftragten Gelegenheit, zu wesentlichen sich aus seinem Auftrag ergebenden Fragen Stellung zu nehmen.

§ 6

Der Rat von Sachverständigen für Umweltfragen kann zu einzelnen Beratungsthemen Behörden des Bundes und der Länder hören, sowie Sachverständigen, insbesondere Vertretern von Organisationen der Wirtschaft und der Umweltverbände, Gelegenheit zur Äußerung geben.

§ 7

(1) Der Rat von Sachverständigen für Umweltfragen erstattet alle zwei Jahre ein Gutachten und leitet es der Bundesregierung jeweils bis zum 1. Februar zu. Das Gutachten wird vom Rat von Sachverständigen für Umweltfragen veröffentlicht.

(2) Der Rat von Sachverständigen für Umweltfragen kann zu Einzelfragen zusätzliche Gutachten erstatten oder Stellungnahmen abgeben. Der Bundesminister für Umwelt, Naturschutz und Reaktorsicherheit kann den Rat von Sachverständigen für Umweltfragen mit der Erstattung weiterer Gutachten oder Stellungnahmen beauftragen. Der Rat von Sachverständigen für Umweltfragen leitet Gutachten oder Stellungnahmen nach Satz 1 und 2 dem Bundesminister für Umwelt, Naturschutz und Reaktorsicherheit zu.

§ 8

(1) Die Mitglieder des Rates von Sachverständigen für Umweltfragen werden vom Bundesminister für Umwelt, Naturschutz und Reaktorsicherheit nach Zustimmung des Bundeskabinetts für die Dauer von vier Jahren berufen. Wiederberufung ist möglich.

(2) Die Mitglieder können jederzeit schriftlich dem Bundesminister für Umwelt, Naturschutz und Reaktorsicherheit gegenüber ihr Ausscheiden aus dem Rat erklären.

(3) Scheidet ein Mitglied vorzeitig aus, so wird ein neues Mitglied für die Dauer der Amtszeit des ausgeschiedenen Mitglieds berufen; Wiederberufung ist möglich.

§ 9

(1) Der Rat von Sachverständigen für Umweltfragen wählt in geheimer Wahl aus seiner Mitte einen Vorsitzenden für die Dauer von vier Jahren. Wiederwahl ist möglich.

(2) Der Rat von Sachverständigen für Umweltfragen gibt sich eine Geschäftsordnung. Sie bedarf der Genehmigung des Bundesministers für Umwelt, Naturschutz und Reaktorsicherheit.

(3) Vertritt eine Minderheit bei der Abfassung der Gutachten zu einzelnen Fragen eine abweichende Auffassung, so hat sie die Möglichkeit, diese in den Gutachten zum Ausdruck zu bringen.

§ 10

Der Rat von Sachverständigen für Umweltfragen wird bei der Durchführung seiner Arbeit von einer Geschäftsstelle unterstützt.

§ 11

Die Mitglieder des Rates von Sachverständigen für Umweltfragen und die Angehörigen der Geschäftsstelle sind zur Verschwiegenheit über die Beratung und die vom Sachverständigenrat als vertraulich bezeichneten Beratungsunterlagen verpflichtet. Die Pflicht zur Verschwiegenheit bezieht sich auch auf Informationen, die dem Sachverständigenrat gegeben und als vertraulich bezeichnet werden.

§ 12

(1) Die Mitglieder des Rates von Sachverständigen für Umweltfragen erhalten eine pauschale Entschädigung sowie Ersatz ihrer Reisekosten. Diese werden vom Bundesminister für Umwelt, Naturschutz und Reaktorsicherheit im Einvernehmen mit dem Bundesminister des Innern und dem Bundesminister der Finanzen festgesetzt.

(2) Die Kosten des Rates von Sachverständigen für Umweltfragen trägt der Bund.

§ 13

Der Erlaß über die Einrichtung eines Rates von Sachverständigen für Umweltfragen bei dem Bundesminister des Innern vom 28. Dezember 1971 (GMBl. 1972, Nr. 3, S. 27) wird hiermit aufgehoben.

Bonn, den 10. August 1990

Der Bundesminister für Umwelt, Naturschutz und Reaktorsicherheit

Dr. Klaus Töpfer

Literaturverzeichnis

Kapitel 1

BARTHE, S., DREYER, M. (1995): Reflexive Institutionen: Eine Untersuchung zur Herausbildung eines neuen Typus institutioneller Regelungen im Umweltbereich (unveröffentlichter Projektzwischenbericht der Münchner Projektgruppe für Sozialforschung). – München.

Bayerische Landeszentrale für politische Bildung (1995): Zukunft gestalten durch Umwelterziehung: Einblicke und Ausblicke zur außerschulischen Umweltbildung in Bayern. – München: Selbstverl.

BEER, W., de HAAN, G. (1984): Ökopädagogik. Aufstehen gegen den Untergang der Natur. – Weinheim: Beltz.

BfLR (Bundesforschungsanstalt für Landeskunde und Raumordnung) (1996; in Vorbereitung): Nachhaltige Stadtentwicklung: Herausforderungen an einen ressourcenschonenden und umweltverträglichen Städtebau. – Bonn: BfLR.

BMU (Bundesministerium für Umwelt, Naturschutz und Reaktorsicherheit) (Hrsg.) (1992a): Bericht der Bundesregierung über die Konferenz der Vereinten Nationen für Umwelt und Entwicklung im Juni 1992 in Rio de Janeiro. – Bonn: BMU. – Umweltpolitik. – 26 S.

BMU (Hrsg.) (1992b): Konferenz der Vereinten Nationen für Umwelt und Entwicklung im Juni 1992 in Rio de Janeiro (Dokumente). – Bonn: BMU. – 289 S.

BMU (1994): Umwelt 1994: Politik für eine nachhaltige, umweltverträgliche Entwicklung. Zusammenfassung. – Bonn: BMU.

BÖLTZ, H. (1995): Umwelterziehung: Grundlagen, Kritik und Modelle für die Praxis. – Darmstadt.

BRAND, K.W. (1995): Regionale Nachhaltigkeit: Modelle und Probleme der regionalen Umsetzung des Konzepts Sustainable Development in Deutschland. – München. – (unveröffentlichtes Manuskript; Münchner Projektgruppe für Sozialforschung).

DALY, H. (1992): Sustainable Growth? – No Thank You. – Resurgence No. 153, July-August, 8–10.

Deutscher Städtetag (1995): Städte für eine umweltgerechte Entwicklung: Materialien für eine „Lokale Agenda 21". – Bearbeitet von K. FIEDLER, J. HENNERKES. – Köln: DST. – (DST-Beiträge zur Stadtentwicklung und zum Umweltschutz, Reihe E, Heft 24). – Köln.

Enquête-Kommission „Schutz des Menschen und der Umwelt" (Hrsg.) (1994): Die Industriegesellschaft gestalten: Perspektiven für einen nachhaltigen Umgang mit Stoff- und Materialströmen. – Bonn: Economica.

ERMEN, R. van (1995): The Relevance of the Agenda 21 for the Regions. – In: WIGGERING, H., SANDHÖVEL, A. (Eds.): European Environmental Advisory Councils: Agenda 21 – Implementation Issues in the European Union. – London u. a.: Kluwer Law International. – S. 57–64.

EULEFELD, G., FREY, K., HAFT, H. et al. (1981), Ökologie und Umwelterziehung: Ein didaktisches Konzept. – Stuttgart: Kohlhammer.

EULEFELD, G., KAPUNE, T. (Hrsg.) (1979): Empfehlungen und Arbeitsdokumente zur Umwelterziehung. – Kiel: Institut für Pädagogik der Naturwissenschaften. – IPN-Arbeitsbericht 36.

FISCHER, A. (1995) (Hrsg.): Sustainability-Ethos: Schule, Berufsausbildung und Hochschule für eine dauerhaft-umweltgerechte Entwicklung. – Hattingen.

Forum Umwelt und Entwicklung Köpenick (1995): 10-Punkte-Forderungsprogramm für eine nachhaltige Entwicklung im Bezirk Köpenick. – Köpenick.

HAAN, G. de (1985): Natur und Bildung: Perspektiven einer Pädagogik der Zukunft. – Weinheim: Beltz.

HAAN, G. de (1994): Ökologie-Handbuch Sekundarstufe I: sieben Umweltthemen in nicht mathematisch-naturwissenschaftlichen Fächern. – Weinheim/Basel: Beltz.

HABER, W. (1993): Von der ökologischen Theorie zur Umweltplanung. – Gaia H. 2, 96–106.

HALTER, H. (1995): Leitbild einer dauerhaften Entwicklung. – Neue Züricher Zeitung vom 13. Februar 1995, 27.

HAUFF, V. (Hrsg.) (1987): Unsere gemeinsame Zukunft: Der Brundtland-Bericht der Weltkommission für Umwelt und Entwicklung. – Greven: Eggenkamp Verlag.

HEID, H. (1992): Ökologie als Bildungsfrage. – Zeitschrift für Pädagogik 38 (1), 113–138.

HÖHN, H.-J. (1994): Umweltethik und Umweltpolitik. – In: Aus Politik und Zeitgeschichte. Beilage zur Wochenzeitung Das Parlament Nr. 49, 13–21.

Informationsstelle Lokale Agenda 21 (1995a): Ökologische Stadt-Initiativen und Lokale Agenda 21. – Wuppertal.

Informationsstelle Lokale Agenda 21 (1995b): Informationsstelle Lokale Agenda 21 im Clearing-house. Selbstdarstellung. – Wuppertal.

ICLEI (International Council for Local Environmental Initiatives) (1995): ICLEI und Lokale Agenda 21. – Freiburg.

JISCHA, M. J. (1995): Das Leitbild „Sustainable Development". – Mitteilungsblatt der TU Clausthal, H. 79, 26–29.

KAHLERT, J. (1991): Die mißverstandene Krise. – Zeitschrift für Pädagogik 37 (1), 97–122.

KLEMMER, P. (1994): Ressourcen- und Umweltschutz um jeden Preis? – In: VOSS, G. (Hrsg.): Sustainable Development. Leitziel auf dem Weg in das 21. Jahrhundert. – Köln: Deutscher Instituts-Verl. – Kölner Texte und Thesen Bd. 17.

Koalitionsvereinbarungen zwischen der CDU, CSU und F.D.P. für die 13. Legislaturperiode des deutschen Bundestags (1994): Das vereinte Deutschland zukunftsfähig machen. – Das Parlament Nr. 47 vom 25. 11. 95, 4–7.

KUHN, R. (1995): Das industrielle Gartenreich: Konzeption für eine nachhaltige Landschaftsentwicklung. – In: Landratsamt Bitterfeld (Hrsg.): Bergbaufolgelandschaft Bitterfeld. – Bitterfeld.

Kultusministerkonferenz (1980): Beschluß zu „Umwelt und Unterricht" vom 7. Oktober 1980. – Bonn.

Kuratorium zum Expo-Beitrag des Landes Sachsen-Anhalt (1995): Das Land Sachsen-Anhalt Korrespondenzstandort EXPO 2000: Die Region Bitterfeld, Dessau, Wittenberg als Reformlandschaft des 21. Jahrhunderts. – Magdeburg.

MAJER, H. (1995): Der Weg ist weiter als ein Jahr. – Ulm. – unw-nachrichten Nr. 3.

Mediterranean LA 21 Conference (1995): Mediterranean Cities' and Towns' call for Action – adopted by the participants at the Mediterranean Local Agenda 21 Conference (Rome, 22.–24. November 1995). – Rom.

MERTENS, G. (1995): Umwelterziehung: Eine Grundlegung ihrer Ziele – 3. Auflage (1. Auflage 1989). – Paderborn: Schoeningh.

MERTENS, G. (1996): Umwelterziehung: Vortrag vor dem Münsterschen Gesprächskreis „Naturwissenschaft, Wissenschaft und Bildung". – In: Münstersche Gespräche zu Themen der wissenschaftlichen Pädagogik (im Druck).

MÜNCK, H.J. (1995): Für eine dauerhaft-umweltgerechte Entwicklung. – Freiburg. – Stimmen der Zeit, H. 1, Januar, 55–66.

NARET (Nachhaltige Regionalentwicklung Trier) (1995): Nachhaltige Regionalentwicklung: Ein neues Leitbild für eine veränderte Struktur- und Regionalpolitik. – Trier.

PEARCE, D.W., TURNER, R.K. (1990): Economics of Natural Resources and the Environment. – Baltimore, Md: John Hopkins Univ. Pr.

Projektstelle Umwelt und Entwicklung (1994): Zwei Jahre nach Rio: Eine Bilanz. – Bonn.

Regierungspräsidium Leipzig (Hrsg.) (1994): Workshop „nachhaltige Entwicklung in der Region Leipzig". Dokumentation der Ergebnisse. – Leipzig.

SEMRAU, F. W. (1995): Zur regionalen bzw. lokalen Nachhaltigkeits-Diskussion in der Bundesrepublik Deutschland. – München. – (unveröffentlichtes Manuskript; Münchner Projektgruppe für Sozialforschung).

Senatsverwaltung für Stadtentwicklung und Umweltschutz (1995): Lokale Agenda 21 Berlin. – Berlin.

SEYBOLD, H. (1987): Umwelterziehung: Grundlagen für die regionale Lehrerfortbildung. – Network 3, 2–18.

SEYBOLD, H. (1990): Umweltbewußtsein und Umwelterziehung in der Bundesrepublik Deutschland. – Engagement: Zeitschrift für Erziehung und Schule I, 34–47.

SRU (Der Rat von Sachverständigen für Umweltfragen) (1991): Abfallwirtschaft. – Sondergutachten. – Stuttgart: Metzler-Poeschel. – 720 S.

SRU (1994): Umweltgutachten 1994. – Stuttgart: Metzler-Poeschel. – 380 S.

SRU (1996): Konzepte einer dauerhaft-umweltgerechten Nutzung ländlicher Räume. – Sondergutachten. – Stuttgart: Metzler-Poeschel.

Staatsinstitut für Schulpädagogik und Bildungsforschung (ISB) (1994): Klassenzimmer Natur: Schullandheimaufenthalte mit ökologischem Schwerpunkt. – München: ISB.

STOIBER, E. (1995): Regierungserklärung des Bayerischen Ministerpräsidenten Dr. Edmund Stoiber am 19. Juli 1995 im Bayerischen Landtag, München.

UNESCO-Kommissionen der Bundesrepublik Deutschland, Österreichs und der Schweiz (Hrsg.) (1977): Zwischenstaatliche Konferenz über Umwelterziehung, Schlußbericht und Arbeitsdokumente der von der UNESCO in Zusammenarbeit mit dem Umweltprogramm der Vereinten Nationen (UNEP) vom 14.–16. Oktober 1977 in Tiflis (UdSSR) veranstalteten Konferenz. – München/New York/London/Paris.

VOGT, M. (1996): Retinität: Vernetzung als ethisches Leitprinzip für das Handeln in komplexen Systemzusammenhängen. – In: BORNHOLDT, S., FEINDT, P. (Hrsg.): Komplexe adaptive Systeme. – Dettelbach. – S. 157–195. (im Druck)

VOSS, G. (1994): Der anonyme Staat als Zuteilungsmaschine. – Frankfurter Rundschau vom 22. März 1994.

WINGER, W. (1995): Der Rat von Sachverständigen für Umweltfragen: Umweltgutachten 1994: Eine Betrachtung vor allem der ethischen und pädagogisch relevanten Teile. – Münster. – Vierteljahresschrift für wissenschaftliche Pädagogik, H. 1/95, 106–110.

WUPPERTAL-INSTITUT (1995): Zukunftsfähiges Deutschland – Ein Beitrag zu einer global nachhaltigen Entwicklung: Eine Studie des Wuppertal-Instituts für BUND und Misereor. – Wuppertal: Wuppertal-Institut für Klima, Umwelt, Energnie. – (zitiert nach der Manuskriptfassung). – Auch: Kurzfassung vom Oktober 1995.

ZIRKWITZ, H.W. (1995): Stadt Heidelberg: Vortrag anläßlich des Seminars „Lokale Agenda 21 – Ansätze und Erfahrungen in Deutschland" in Berlin-Köpenick. – Berlin.

Kapitel 2.1

AGU (Arbeitsgemeinschaft für Umweltfragen) (Hrsg.) (1995): Umweltmediation in Deutschland. – Umweltkongreß Düsseldorf 1995. – Bonn: AGU. – Schriftenreihe der AGU, Nr. 49. – 155 S.

BELITZ, H., EDLER, D., KOMAR, W. (1995): Maßnahmen und Wirkungen der Umweltpolitik des Bundes in den neuen Ländern. – Vierteljahresheft zur Wirtschaftsforschung H. 3, 509–529.

BLAZEJCZAK, J., KOMAR, W. (1995): Ökologische Sanierung Ostdeutschlands nach dem westdeutschen Modell. – Zeitschrift für angewandte Umweltforschung 8 (3), 301–306.

BMU (1994): Umwelt 1994: Politik für eine nachhaltige, umweltgerechte Entwicklung. – Bericht des Bundesministeriums für Umwelt, Naturschutz und Reaktorsicherheit. – Bonn.

BMU (1995): Pressemitteilung des Bundesministeriums für Umwelt, Naturschutz und Reaktorsicherheit, 10/95. – Bonn.

BMU/UBA (1994): International Workshop on Contaminated Sites in the European Union: Policies and Strategies, 8.-9. Dezember 1994, Bonn.

CLAUS, F., WIEDEMANN, P. (Hrsg.) (1994): Umweltkonflikte, Vermittlungsverfahren zu ihrer Lösung. – Praxisberichte. – Taunusstein: Eberhard Blattner. – 240 S.

DIERKES, M., FIETKAU, H.J. (1988): Umweltbewußtsein, Umweltverhalten. – Stuttgart: Kohlhammer. – Materialien zur Umweltforschung Bd. 15. – 200 S.

DIW (Deutsches Institut für Wirtschaftsforschung) (1995a): Die Lage der Weltwirtschaft und der deutschen Wirtschaft im Herbst 1995. – DIW-Wochenbericht 62 (42–43), 724f.

DIW (1995b): Hat Westdeutschland ein Standortproblem? – DIW-Wochenbericht 62 (38), 653–661.

FRITZ, P. (1995): Zur aktuellen Umweltsituation in den neuen Bundesländern. – Zeitschrift für angewandte Umweltforschung 8 (3), 297–300.

GEBERS, B., KÜPPERS, P., ROLLER, G. (1995): Beschleunigung von Genehmigungsverfahren: Stellungnahme zu den Vorschlägen der „Schlichter-Kommission". – Freiburg, Darmstadt, Berlin: Öko-Institut. – 33 S.

HOLZWARTH, F. (1995): Freiwilligkeit beim Umweltschutz: Neue Chancen für Unternehmen. – Trend: Zeitschrift für Soziale Marktwirtschaft, II. Quartal, 40–43.

IPOS (Institut für praxisorientierte Sozialforschung) (1995): Einstellungen zur Fragen des Umweltschutzes 1994. – Ergebnisse jeweils einer repräsentativen Bevölkerungsumfrage in den alten und neuen Bundesländern. – Mannheim: IPOS.

Jahreswirtschaftsbericht 1995: Jahreswirtschaftsbericht 1995 der Bundesregierung. – BT-Drs. 13/370.

KRUSE, L. (1995): Globale Umweltveränderungen: Eine Herausforderung für die Psychologie. – Psychologische Rundschau H. 2, 81–92.

PETSCHOW, U. (1995): Transformationen: Einige Anmerkungen zur Entwicklung von Wirtschaft und Umwelt in den neuen Bundesländern. – Zeitschrift für angewandte Umweltforschung 8 (3), 306–312.

SRU (Der Rat von Sachverständigen für Umweltfragen) (1978): Umweltgutachten 1978. – Stuttgart: Kohlhammer. – 638 S.

SRU (1988): Umweltgutachten 1987. – Stuttgart: Kohlhammer. – 674 S.

SRU (1994): Umweltgutachten 1994. – Stuttgart: Metzler-Poeschel. – 384 S.

SRW (Sachverständigenrat zur Begutachtung der gesamtwirtschaftlichen Entwicklung) (1995): Im Standortwettbewerb: Jahresgutachten 1995/96. – Stuttgart: Metzler-Poeschel.

SRW (1994): Den Aufschwung sichern – Arbeitsplätze schaffen: Jahresgutachten 1994/95. – Stuttgart: Metzler-Poeschel.

STRIEGNITZ, M. (1990): Mediation: Lösung von Umweltkonflikten durch Vermittlung. – Praxisbericht zur Anwendung in der Kontroverse um die Sonderabfalldeponie Münchehagen. – Zeitschrift für angewandte Umweltforschung 3 (3), 51–62.

UBA (1995): Umweltbewußtsein als soziales Phänomen. – Berlin: Umweltbundesamt – UBA-Texte 32/95. – 110 S.

WBGU (Wissenschaftlicher Beirat der Bundesregierung Globale Umweltveränderungen) (1995): Welt im Wandel: Wege zur Lösung globaler Umweltprobleme: Jahresgutachten 1995. – Berlin: Springer. – 247 S.

WEIDNER, H. (1995): 25 Years of Modern Environmental Policy in Germany. – Berlin: WZB. – Schriftenreihe der Abteilung „Normbildung und Umwelt" des Forschungsschwerpunkts Technik-Arbeit-Umwelt am Wissenschaftszentrum Berlin für Sozialforschung. – FS II 95-301.

WEIDNER, H., FIETKAU, H.-J. (1995): Umweltmediation: Erste Ergebnisse aus der Begleitforschung zum Mediationsverfahren im Kreis Neuss. – Zeitschrift für Umweltpolitik und Umweltrecht 18 (4), 451–480.

Wissenschaftsrat (1994): Stellungnahme zur Umweltforschung in Deutschland. – Band 1. – Köln: Wissenschaftsrat. – 252 S.

WZB (Wissenschaftszentrum Berlin für Sozialforschung) (1995): 25 Jahre Umweltpolitik. – WZB-Mitteilungen 67. – S. 7–11.

ZILLEßEN, H., DIENEL, P., STRUBELT, W. (Hrsg.) (1993): Die Modernisierung der Demokratie. Internationale Ansätze. – Opladen. – 328 S.

Kapitel 2.2

ada (Arbeitsgemeinschaft Deutscher Autorecyclingbetriebe GmbH) (1995): Falsche Vorstellungen der Automobilverbände zum Autorecycling zurückgewiesen. – Autorecycling H. 4. – Köln.

Arbeitskreis „Europäische Umweltunion" (1994): Umweltpolitische Ziele und Grundsätze für die Europäische Union. – Bericht. – Natur und Recht H. 7, 346–351.

ARZT, C. (1993): Entwurf eines Umweltinformationsgesetzes vorgelegt. – Zeitschrift für Rechtspolitik 25 (1), 18–21.

AYRES, R.U. (1989): Industrial Metabolism. – In: AUSUBEL, J.H., SLADOVICH, H.E. (Eds.): Technology and Environment. – Washington D.C. – S. 23–49.

AYRES, R.U., KNEESE, A.V. (1969): Produktion, Verbrauch und Externalitäten. – In: MÖLLER, H. et al. (Hrsg.): Umweltökonomik – Beiträge zur Theorie und Politik. – Königstein: Hain. – Neue wissenschaftliche Bibliothek, Bd. 107. – S. 45–67.

AYRES, R.U., SIMONIS, U.E. (1993): Industrieller Metabolismus – Konzept und Konsequenzen. – Zeitschrift für angewandte Umweltforschung 6 (2), 235–244.

BACCHUS, F. (1994): Wer versichert die Versicherer? Rückwirkende Ansprüche bedrohen eine Branche. – Umweltmagazin 23 (9), 23.

BACCINI, P., BAECHLER, M., BRUNNER, P.H., HENSELER, G. (1985): Von der Entsorgung zum Stoffhaushalt: Die Steuerung anthropogener Stoffflüsse als interdisziplinäre Aufgabe. – Müll und Abfall 17 (4), 99–108.

BACCINI, P., BRUNNER, P.H. (1990): Der Einfluß von Maßnahmen auf den Stoffhaushalt der Schweiz, insbesondere auf die Entsorgung von Abfällen. – Müll und Abfall 22 (5), 252–270.

BANTLE, O. (1995): EU rügt deutsches Gesetz – Kommission: Zu wenig und zu teure Umweltinformationen. – Süddeutsche Zeitung vom 27. Juli 1995, 27.

BDI (Bundesverband der Deutschen Industrie) (1995): Erklärung der deutschen Wirtschaft zur Klimavorsorge vom 10. März 1995. – Köln: BDI.

BEHRENSMEIER, R., BRINGEZU, S. (1995): Zur Methodik der volkswirtschaftlichen Material-Intensitäts-Analyse: Ein quantitativer Vergleich des Umweltverbrauchs der bundesdeutschen Produktionssektoren. – Wuppertal Institut für Klima, Umwelt, Energie im Wissenschaftszentrum Nordrhein-Westfalen. – Wuppertal Papers Nr. 34.

Beirat Umweltökonomische Gesamtrechnung (1995): Umweltökonomische Gesamtrechnung – Zweite Stellungnahme des Beirats „Umweltökonomische Gesamtrechnung" beim Bundesministerium für Umwelt, Naturschutz und Reaktorsicherheit zu den Umsetzungskonzepten des Statistischen Bundesamtes. – Wiesbaden: Statistisches Bundesamt.

BLAZEJCZAK, J., EDLER, D., GORNIG, M. (1993): Beschäftigungswirkungen des Umweltschutzes – Stand und Perspektiven, Synthesebericht. – Berlin: E. Schmidt. – UBA-Berichte 5/93.

BMI (Bundesministerium des Innern) (Hrsg.) (1990): Beschleunigung von Genehmigungsverfahren für Anlagen, Empfehlungen der Unabhängigen Kommission für Rechts- und Verwaltungsvereinfachung auf der Grundlage einer Befragung von Beteiligten und Betroffenen. – Bonn.

BMU/UBA (1994 und 1995): Konzept für ein Umweltbeobachtungsprogramm, 3 Bd. – Berlin: Umweltbundesamt.

BMWi (Bundesministerium für Wirtschaft) (Hrsg.) (1994): Investitionsförderung durch flexible Genehmigungsverfahren. Bericht der Unabhängigen Expertenkommission zur Vereinfachung und Beschleunigung von Planungs- und Genehmigungsverfahren. – Bonn.

BMWi (Hrsg.) (1995a): Empfehlungen der Arbeitsgruppe aus Vertretern der Koalitionsfraktionen und der Bundesressorts zur Umsetzung der Vorschläge der Unabhängigen Expertenkommission zur Vereinfachung und Beschleunigung von Planungs- und Genehmigungsverfahren. – Bonn.

BMWi (Hrsg.) (1995b): Übersicht über noch nicht bzw. noch nicht komplett umgesetzte Richtlinien der EG. – EB3. – Mitteilung vom 6. März 1995.

BRÜGGEMEIER, G. (1989): Umwelthaftungsrecht – Ein Beitrag zum Recht der „Risikogesellschaft"? – Kritische Justiz 22 (2), 209–230.

BULLINGER, M. (1993): Beschleunigung von Investitionen durch Parallelprüfung und Verfahrensmanagement. – Juristenzeitung 10, 492–500.

BUND (1995): Für eine Europäische Umweltunion. – Umweltpolitische Vorschläge zur Revision des Maastrichter Vertrages. – Vertragsgemäße Formulierung, Juni 1995. – Bonn: BUND. – 9 S.

Bundeskriminalamt (1994): Polizeiliche Kriminalstatistik Berichtsjahr 1993. – Wiesbaden: BKA.

Bundeskriminalamt (1995): Polizeiliche Kriminalstatistik Berichtsjahr 1994. – Wiesbaden: BKA.

Bund/Länder-Arbeitskreis „Fachübergreifendes Umweltrecht" (1994): Zum Verhältnis medien- und bereichübergreifender Regelungen für Industrieanlagen im Recht der Europäischen Union. – Bericht des ad hoc Bund/Länder-Arbeitskreises „Fachübergreifendes Umweltrecht" an die 43. Umweltministerkonferenz am 24./25. November 1994 in Chemnitz. – Umwelt (BMU), H. 2, Sonderteil, XVI S.

CANSIER, D., RICHTER, W. (1995): Erweiterung der Volkswirtschaftlichen Gesamtrechnung um Indikatoren für eine nachhaltige Umweltnutzung. – Zeitschrift für Umweltpolitik und Umweltrecht 18 (2), 231–260.

COENEN, R., KLEIN-VIELHAUER, S., MEYER, R. (1995): TA-Projekt „Umwelttechnik und wirtschaftliche Entwicklung", Integrierte Umwelttechnik – Chancen erkennen und nutzen. – Bonn: Büro für Technikfolgenabschätzung. – TAB-Arbeitsbericht Nr. 35.

CSD (Commission on Sustainable Development) (1995): General discussion of progress in the implementation of Agenda 21, focusing on the cross-sectoral components of Agenda 21 and the critical elements of sustainability. – E/CN. 17/1995/18. – March 1995. – New York. – S. 25–42.

CUBE, A. von (1995): Konzeption für eine Umweltdemographische Gesamtrechnung (UDG). – Zeitschrift für Bevölkerungswissenschaft 20 (1), 27–65.

DESELAERS, J. (1995): Kreislaufwirtschaftsgesetz mit gesetzlichem Klärschlammfonds. – Agrarrecht (AgrarR), 257 ff.

DIEREN, W. van (Hrsg.) (1995): Mit der Natur rechnen. – Der neue Club-of-Rome-Bericht: Vom Bruttosozialprodukt zum Ökosozialprodukt. – Basel: Birkhäuser.

DIW (Deutsches Institut für Wirtschaftsforschung) (1994): Selbstverpflichtungen und Klimaschutz: Wenig Spielraum im Rahmen geplanter Gesetzesinitiativen. – Berlin: DIW. – DIW-Wochenbericht 61 (13), 179–183.

DIW (1995a): Beschäftigungschancen durch Umweltschutz in Berlin. – Berlin: DIW Wochenbericht 62 (26), 455–460.

DIW (1995b): Selbstverpflichtungen der Wirtschaft zur CO$_2$-Reduktion: Kein Ersatz für aktive Klimapolitik. – Berlin: DIW. – DIW-Wochenbericht 62 (14), 277–283.

DREHER, E., TRÖNDLE, H. (1995): Strafgesetzbuch und Nebengesetze. – 47. Auflage. – München: C.H. Beck Verlag.

ENDRES, A., REHBINDER, E., SCHWARZE, R. (1992): Haftung und Versicherung für Umweltschäden aus ökonomischer und juristischer Sicht. – Berlin u. a.: Springer (Ladenburger Kolleg).

Enquête-Kommission „Schutz des Menschen und der Umwelt" des Deutschen Bundestages (Hrsg.) (1994): Die Industriegesellschaft gestalten – Perspektiven für einen nachhaltigen Umgang mit Stoff- und Materialströmen. – Bonn: Economica.

ERICHSEN, H.-U. (1992): Zur Umsetzung der Richtlinie des Rates über den freien Zugang zu Informationen über die Umwelt. Unter Mitarbeit von Arno Scherzberg. – Berlin: E. Schmidt. – XXVI, 141 S. – UBA-Berichte, 1/92.

FhG-ISI (Fraunhofer Gesellschaft – Institut für Systemtechnik und Innovationsforschung) (Hrsg.) (1995): Vorschläge für die Ausgestaltung eines internationalen Umweltindikatorensystems für Deutschland. – 2. Zwischenbericht zum Forschungsvorhaben 101 05 016 des Umweltbundesamtes „Weiterentwicklung von Indikatorensystemen für die Umweltberichterstattung. – Februar 1995. – Karlsruhe: FhG-ISI – 64 S.

FLUCK, J. (1994): Der Schutz von Unternehmensdaten im Umweltinformationsgesetz. – Neue Zeitschrift für Verwaltungsrecht 13 (11), 1048–1056.

FRÄNZLE, O., ZÖLITZ-MÖLLER, R., et al. (1991): Erarbeitung und Erprobung einer Konzeption für die ökologisch orientierte Planung auf der Grundlage der regionalisierenden Umweltbeobachtung am Beispiel Schleswig-Holstein. – BMU-UFOPLAN 109 02 033. – Berlin: Umweltbundesamt – UBA-Texte 92/20.

FRIEDRICH, A., GLANTE, F., SCHLÜTER, Ch. et al. (1993): Ökologische Bilanz von Rapsöl bzw. Rapsölmethylester als Ersatz von Dieselkraftstoff (Ökobilanz Rapsöl). – Berlin: Umweltbundesamt. – UBA-Texte 4/93.

FÜHR, M. (1995): Ansätze für proaktive Strategien zur Vermeidung von Umweltbelastungen im internationalen Vergleich. – In: Enquête-Kommission „Schutz des Menschen und der Umwelt" (Hrsg.): Studienprogramm Umweltverträgliches Stoffstrommanagement, Bd. 2, Instrumente. – Bonn: Economica. – S. 60–68 und 140–162.

GEBERS, B., KÜPPERS, P., ROLLER, G. (1995): Beschleunigung von Genehmigungsverfahren: Stellungnahme zu den Vorschlägen der „Schlichter-Kommission". – Freiburg, Darmstadt, Berlin: Öko-Institut. – 33 S.

GENSCH, C.-O. et al. (1995): Gesamtökologische Betrachtung der Herstellung und Anwendung chemischer Produkte – Bausteine für ein strategisches Stoffstrommanagement. – Berlin: Umweltbundesamt. – UBA-Texte 7/95.

GEORGESCU-ROEGEN (1974): Was geschieht mit der Materie im Wirtschaftsprozeß? – In: Recycling: Lösung der Umweltkrise? – Ruschlikon/Zürich: Gottlieb Duttweiler-Institut. – Brennpunkte, Bd. 5, H. 2, 17–28.

GEORGESCU-ROEGEN, N. (1971): The Entropy Law and the Economic Process. – Cambridge, Mass./USA: Harvard University Press.

GIEGRICH, J. et al. (1995): Bilanzbewertung in produktbezogenen Ökobilanzen – Evaluation von Bewertungsmethoden, Perspektiven. – Berlin: Umweltbundesamt. – UBA Texte 23/95.

HALSTRICK-SCHWENK, M., HORBACH, J., LÖBBE, K., WALTER, J. (1994): Die umwelttechnische Industrie in der Bundesrepublik Deutschland. – Essen: RWI. – Untersuchungen des Rheinisch-Westfälischen Instituts für Wirtschaftsforschung, H. 12.

HANSMANN, K. (1995): Schwierigkeiten bei der Umsetzung und Durchführung des europäischen Umweltrechts. – Neue Zeitschrift für Verwaltungsrecht 14 (4), 320–325.

HASSEMER, W. (1992): Kennzeichen und Krise des modernen Strafrechts. – Zeitschrift für Rechtspolitik 10, 378–383.

HEINE, G. (1995a): Umweltstrafrecht im Rechtsstaat. – Zeitschrift für Umweltrecht H. 2, 63–71.

HEINE, G. (1995b): Die strafrechtliche Verantwortlichkeit von Unternehmen. – Baden-Baden: Nomos.

HINTERBERGER, F. (1993): Verringerung des Materialeinsatzes: eine ökonomische Fundierung des MIP-Konzeptes. – Fresenius Environmental Bulletin 2 (8), 425–430.

HOCH, H.J. (1994): Die Rechtswirklichkeit des Umweltstrafrechts aus der Sicht der Umweltverwaltung und Strafverfolgung. – Freiburg: Max-Planck-Institut für ausländisches und internationales Strafrecht.

HOFFMANN, G. (1995): Investitionsförderung durch flexible Genehmigungsverfahren – zum Bericht einer Expertenkommission der Bundesregierung. – Die öffentliche Verwaltung H. 6, 237–241.

HOHLOCH, G. (1994): Entschädigungsfonds auf dem Gebiet des Umwelthaftungsrechts – Rechtsvergleichende Untersuchung zur Frage der Einsatzfähigkeit einer Fondslösung. – Berlin: E. Schmidt. – XII, 327 S. – UBA-Berichte 31/94.

HOLZINGER, K. (1994): Politik des kleinsten gemeinsamen Nenners? – Umweltpolitische Entscheidungsprozesse in der EG am Beispiel der Einführung des Katalysatorautos. – Berlin: edition sigma. – 470 S.

Innosys Orgconsult (1992): Ergebnis einer bundesweiten Befragung hinsichtlich der Organisation des betrieblichen Umweltschutzes von 935 Unternehmen durchgeführt vom Lehrstuhl für Arbeitssystemplanung und -gestaltung an der Ruhr-Universität Bochum und den Beratungsgesellschaften Innosys, Bochum, und Orgconsult, Essen.

KAPP, W. (1950): The Social Costs of Private Enterprise. – Cambridge/Mass./USA: Harvard University Press.

KELLER, M. (1995): Wie im alten Preußen – Umweltschutz: Bei Öko-Informationen neigen deutsche Behörden zur Geheimniskrämerei. – DIE ZEIT vom 10. März 1995.

KIETHE, K., SCHWAB, M. (1993): EG-rechtliche Tendenzen zur Haftung für Umweltschäden. – Europäische Zeitschrift für Wirtschaftsrecht, H. 14, 437–440.

KLÖPFFER, W., RENNER, I. (1994): Methodik der Wirkungsbilanz im Rahmen von Produkt-Ökobilanzen unter Berücksichtigung nicht oder nur schwer quantifizierbarer Umwelt-Kategorien. – Berlin: Umweltbundesamt. – UBA-Texte 23/95.

KOHLHAAS, M., PRAETORIUS, B. (1994): Selbstverpflichtungen der Industrie zur CO$_2$-Reduktion. – Berlin: Duncker & Humblot. – Deutsches Institut für Wirtschaftsforschung, Sonderheft 152.

KREMER, E. (1990): Umweltschutz durch Umweltinformation: Zur Umwelt-Informationsrichtlinie des Rates der Europäischen Gemeinschaften. – Neue Zeitschrift für Verwaltungsrecht 9 (9), 843–844.

KUHN, M., RADERMACHER, W., STAHMER, C. (1994): Umweltökonomische Trends 1960 bis 1990. – Wirtschaft und Statistik, H. 8, 658–677.

LAUTENBACH, S., STEGER, U., WEIHRAUCH, P. (1992): Freiwillige Kooperationslösungen im Umweltschutz. – (Hrsg. Bundesverband der Deutschen Industrie). – Köln: Industrie-Förderung. – BDI-Drucksache Nr. 249.

Leitlinien Umweltvorsorge (1986): Leitlinien der Bundesregierung zur Umweltvorsorge durch Vermeidung und stufenweise Verminderung von Schadstoffen. – BT-Drs. 10/6028. – Bonn.

LÜBBE-WOLF, G. (1994): Die EG-Verordnung zum Umweltaudit. – Neue Zeitschrift Verwaltungsrecht H. 7, 361–374.

LÜBBE-WOLF, G. (1995): Beschleunigung von Genehmigungsverfahren auf Kosten des Umweltschutzes. – Zeitschrift für Umweltrecht H. 2, 57–61.

MEYER-RUTZ, E. (1995): Das neue Umweltinformationsgesetz – UIG -Einführung/Erläuterungen – Texte/ Materialien. – Köln: Bundesanzeiger Verlagsgesellschaft. – Beilage Nr. 13a zum Bundesanzeiger Nr. 13 vom 19. Januar 1995.

Molitor-Kommission (Kommission der Europäischen Gemeinschaften) (Hrsg.) (1995): Bericht der Gruppe unabhängiger Experten für die Vereinfachung der Rechts- und Verwaltungsvorschriften. – Brüssel. – KOM (95) 288 endg./2.

MÖHRENSCHLÄGER, M. (1994): Revision des Umweltstrafrechts. – Neue Zeitschrift für Strafrecht H. 11, 513–519.

OECD (Organisation for Economic Co-operation and Development) – Group on Environmental Performance (1993): Core Set of Indicators for Environmental Performance Review. – ENV/EPOC/GEP(93)5/ADD. OECD. – Paris: OECD. – 33 S.

ORTLOFF, K.-M. (1995): Abschied von der Baugenehmigung – Beginn beschleunigten Bauens? – Neue Zeitschrift für Verwaltungsrecht H. 2, 112–118.

OSSENBÜHL, F. (1995): Verfassungsrechtliche Fragen zum Solidarfonds Abfallrückführung. – Betriebsberater H. 36, 1805–1810.

PANTHER, S.: (1992): Haftung als Instrument einer präventiven Umweltpolitik. – Frankfurt a.M./New York.

RADERMACHER, W. et al. (1995): Umweltindikatorensystem für die Umweltökonomische Gesamtrechnung – das Profil eines Forschungsprojekts. – In: Gesellschaft für Umweltgeowissenschaften (Hrsg.): Umweltqualitätsziele, natürliche Variabilität, Grenzwerte. – Berlin: Ernst & Sohn. – S. 11–16.

RADERMACHER, W., STAHMER, C. (1994): Vom Umwelt-Satellitensystem zur Umweltökonomischen Gesamtrechnung: Umweltbezogene Gesamtrechnungen in Deutschland. – Erster Teil. – Zeitschrift für angewandte Umweltforschung 7 (4), 531–541.

REHBINDER, E. (1992): Der Beitrag von Versicherungs- und Fondslösungen zur Verhütung von Umweltschäden aus juristischer Sicht. – In: ENDRES, A., REHBINDER, E., SCHWARZE, R.: Haftung und Versicherung für Umweltschäden aus ökonomischer und juristischer Sicht. – Berlin u.a.: Springer (Ladenburger Kolleg). – S. 120–150.

REICH, U.-P. (1995): Antwort auf Carsten Stahmers Kommentar. – Zeitschrift für Umweltpolitik und Umweltrecht 18 (1), 111–112.

REICH, U.-P. (1994): Der falsche Glanz am Ökosozial-produkt. – Zeitschrift für Umweltpolitik und Umweltrecht 17 (1), 25–41.

REICHE, J. (1995): Wissenschaftlicher Stand des Stoffflußkonzeptes. – In: Kolloquium zur Konzeption des Stoffflußrechts. – Berlin: Umweltbundesamt. – UBA-Texte 18/95. – S. 2–12.

RENGELING, W. (1995): Zum Umweltverfassungsrecht der Europäischen Union. – In: IPSEN, J. (Hrsg.): Verfassungsrecht im Wandel. Zum 180jährigen Bestehen des Carl Heymanns Verlag. – S. 469–483.

RENNINGS, K., WIGGERING, H. (1995): Steps Towards Indicators of Sustainable Development: Linking Economic and Ecological Concepts. – Conference Proceedings. – Toronto, November 12–14. – 16 S.

RING, W.-M. (1995): Genehmigungsbedürftigkeit von Bauvorhaben in Mecklenburg-Vorpommern. – Landes- und Kommunalverwaltung H. 7, 236–240.

RÖGER, R. (1994): Zur unmittelbaren Geltung der Umweltinformationsrichtlinie. – Natur und Recht 16 (3), 125–128.

RÖGER, R. (1995): Regelungsmöglichkeiten und -pflichten der Landesgesetzgeber nach Inkrafttreten des Umweltinformationsgesetzes des Bundes. – Natur und Recht 17 (4), 175–184.

RUBIK, F., ANKELE, K., HELLENBRANDT, S. (1995): Entwicklung und Umsetzung eines Konzeptes zur vergleichenden Dokumentation der Ergebnisse produktbezogener Ökobilanzen. – Berlin: Umweltbundesamt. – UBA-Texte 24/95.

SANDHÖVEL, A., WIGGERING, H. (1995): Die Agenda 21 und deren Umsetzung auf nationaler Ebene. Berliner Konferenz der Umwelträte der EU-Mitgliedstaaten: Diskussion, Ergebnisse, Schlußfolgerungen. – Zeitschrift für angewandte Umweltforschung 8 (2), 265–272.

SCHÄFER, D., HOFFMANN-KROLL, R., SEIBEL, S. (1995): Indikatorensystem für den Umweltzustand in Deutschland. – Wirtschaft und Statistik H. 8, 589–597.

SCHENKEL, W., REICHE, J. (1992): Abfallwirtschaft als Teil der Stoffflußwirtschaft. – In: SCHENKEL, W. (Hrsg.): Recht auf Abfall? Versuch über das Märchen vom süßen Brei. – Berlin: E. Schmidt. – S. 59–110.

SCHERZBERG, A. (1994): Freedom of information – deutsch gewendet: Das neue Umweltinformationsgesetz. – Deutsches Verwaltungsblatt 109 (13), 733–745.

SCHINK, A. (1995): Die Entwicklung des Umweltrechts im Jahr 1994 (1. Teil). – Zeitschrift für angewandte Umweltforschung 8 (1), 67–78.

SCHMIDT-BLEEK, F. (1993): MIPS – re-visited. – Fresenius Environmental Bulletin 2 (8), 407–412.

SCHMIDT-BLEEK, F. (1994): Wieviel Umwelt braucht der Mensch? – MIPS – Das Maß für ökologisches Wirtschaften. – Basel: Birkhäuser.

SCHMIDT-SALZER, J. (1993a): Umwelthaftpflicht und Umwelthaftpflichtversicherung (VI): Skizzen zur Deckungsvorsorge-Umwelthaftpflichtversicherung. – Versicherungsrecht 44 (31), 1311–1318.

SCHMIDT-SALZER, J. (1993b): Die Umwelthaftpflichtpolice '92 des HUK-Verbands. – Versicherungswirtschaft 48 (6), 353–360.

SCHMITZ, S., OELS, H.-J., TIEDEMANN, A. (1995): Ökobilanz für Getränkeverpackungen. – Berlin: Umweltbundesamt. – UBA-Texte 52/95.

SCHNUTENHAUS, J. (1994): Die IPPC-Richtlinie – eine umweltrechtliche und politikanalytische Bestandsaufnahme. – Zeitschrift für Umweltrecht H. 6, 299–304.

SCHÖNTHALER, K., KERNER, H.-F., KÖPPEL, J., SPANDAU, L. (1994): Konzeption für eine ökosystemare Umweltbeobachtung: Pilotprojekt für Biosphärenreservate, 2 Bd. – BMU-UFOPLAN Nr. 101 04 040 / 08, im Auftrag des UBA.

SCOPE (Scientific Commitee on Problems of the Environment) (1995): SCOPE Project on Indicators of Sustainable Development. – Phase II. – Paris. – 4 S.

SENDLER, H. (1995): Vortrag bei den Dritten Osnabrücker Gesprächen zum deutschen und europäischen Umweltrecht am 18./19. Mai 1995 (noch nicht veröffentlicht).

SOLOW, R.M. (1971): The Economist's Approach to Pollution and its Control. – Science, Vol. 173, 498–503. – Deutsche Übersetzung in: MÖLLER, H. et al. (Hrsg.): Umweltökonomik – Beiträge zur Theorie und Politik. – Königstein: Hain. – Neue wissenschaftliche Bibliothek, Bd. 107.

SPRENGER, R.-U. (1989): Beschäftigungswirkungen der Umweltpolitik – eine nachfragenorientierte Untersuchung. – Berlin: E. Schmidt. – UBA-Berichte 4/89.

SRU (Der Rat von Sachverständigen für Umweltfragen) (1978): Umweltgutachten 1978. – Stuttgart: Kohlhammer. – 638 S.

SRU (1988): Umweltgutachten 1987. – Stuttgart: Kohlhammer. – 674 S.

SRU (1991a): Abfallwirtschaft. – Sondergutachten. – Stuttgart: Metzler-Poeschel. – 720 S.

SRU (1991b): Allgemeine ökologische Umweltbeobachtung. – Sondergutachten. – Stuttgart: Metzler-Poeschel. – 75 S.

SRU (1994): Umweltgutachten 1994. – Stuttgart: Metzler-Poeschel. – 384 S.

SRU (1995): Altlasten II. – Sondergutachten. – Stuttgart: Metzler-Poeschel. – 285 S.

SRU (1996): Konzepte einer dauerhaft-umweltgerechten Nutzung ländlicher Räume. – Sondergutachten. – Stuttgart: Metzler-Poeschel.

STAHMER, C. (1995): Utz-Peter Reichs Kritik am Ökosozialprodukt: Eine Erwiderung. – Zeitschrift für Umweltpolitik und Umweltrecht 18 (1), 101–110.

Statistisches Bundesamt (Hrsg.) (1995): Umwelt, Fachserie 19, Reihe 5, Umweltökonomische Gesamtrechnungen – Material und Energieflußrechnungen. – Wiesbaden.

STEINBERG, R., ALLERT, H.-J., GRAMS, C., SCHA-RIOTH, J. (1991): Zur Beschleunigung des Genehmigungsverfahrens für Industrieanlagen. – Baden-Baden: Nomos.

STEINBERG, R., MIQUEL, H.H. de, SCHARIOTH, J. et al. (1995): Genehmigungsverfahren für gewerbliche Investitionsvorhaben in Deutschland und ausgewählten Ländern Europas. – Baden-Baden: Nomos.

STOLLMANN, F. (1995): Umweltinformation im Verwaltungsverfahren – zwischen europäischem Anspruch und deutscher Umsetzung. – Neue Zeitschrift für Verwaltungsrecht 14 (2), 146–148.

TURIAUX, A. (1994): Das neue Umweltinformationsgesetz. – Neue Juristische Wochenschrift 47 (36), 2319–2324.

UN (United Nations) (1993): Integrated Environmental and Economic Accounting: Handbook of National Accounting. – New York. – Studies in Methods, Series F, No. 61.

VDA (Verband der Automobilindustrie) (Hrsg.) (1995): Freiwillige Zusage der deutschen Automobilindustrie zur Kraftstoffverbrauchsminderung. – Frankfurt: VDA. – VDA-Pressedienst vom 23. März 1995.

VERSEN, H. (1994): Zivilrechtliche Haftung für Umweltschäden: der Einfluß öffentlich-rechtlicher Gestattungen und Sicherheitspflichten. – Heidelberg: v. Decker.

VOGEL, J. (1995a): Versicherung umweltrelevanter Anlagen. – Umwelttechnik Forum 10 (1), 13–16.

VOGEL, J. (1995b): Erkennen und Tarifieren von Umweltrisiken gemäß Umwelthaftpflicht-Modell: Ein Leitfaden für die Praxis. – Karlsruhe: Versicherungswirtschaft. – XII, 284 S.

WAGNER, G. (1991): Die Aufgaben des Haftungsrechts – eine Untersuchung am Beispiel der Umwelthaftungsrechts-Reform. – Juristenzeitung 46 (4), 175–183.

WBGU (Wissenschaftlicher Beirat der Bundesregierung Globale Umweltveränderungen) (1994): Welt im Wandel: Die Gefährdung der Böden. Jahresgutachten 1994. – Bonn: Economica. – 263 S.

WEBER, J. (1995): Umweltdaten: Viele Ämter mauern. – VDI-Nachrichten Nr. 22 vom 2. Juni 1995, 12.

WEGENER, B. (1992): Umsetzung der EG-Richtlinie über den freien Zugang zu Umweltinformationen – Zum Referentenentwurf des BMU. – Informationsdienst Umweltrecht 3 (4), 211–218.

WIGGERING, H., SANDHÖVEL, A. (Eds.) (1995): European Environmental Advisory Councils: Agenda 21 – Implementation Issues in the European Union. – London: Kluwer Law International. – 160 S.

ZIEGLER, H., STEGMAIER, C. (1989): Das Krebsregister Saarland. – In: SCHÖN, D., BERTZ, J., HOFF-MEISTER, H. (Hrsg.): Bevölkerungsbezogene Krebsregister in der Bundesrepublik Deutschland, Bd. 2. – Dachdokumentation Krebs, Abt. Gesundheitswesen und Statistik [Institut für Sozialmedizin und Epide-miologie des Bundesgesundheitsamtes] (bga Schriften 4/89). – München: MMV Medizin-Verlag. – 553 S.

ZIMMERMANN, H. (1995): Das Ökosozialprodukt – kein neues Gesamtmaß. – Zeitschrift für Umweltpolitik und Umweltrecht 18 (2), 261–268.

ZIMMERMANN, R.-D. (1991): Ökologisches Wirkungskataster Baden-Württemberg. – VDI-Berichte 901. – S. 61–71.

ZWEIFEL, P., TYRAN, J.-R. (1994): Environmental Impairment Liability as an Instrument of Environmental Policy. – Ecological Economics H. 11, 43–56.

Kapitel 2.3

ada (Arbeitsgemeinschaft Deutscher Autorecyclingbetriebe GmbH) (1995): Autorecycling in Deutschland auf der Grundlage des Kreislaufwirtschaftsgesetzes. – Positionspapier vom 23. Oktober 1995. – 7. S.

AGS (Ausschuß für Gefahrstoffe) (1995): Technische Regeln für Gefahrstoffe TRGS 905. – Verzeichnis krebserregender erbgutverändernder oder fortpflanzungsgefährdender Stoffe (Bekanntmachung des BMA nach 52 Abs. 3 Gefahrstoffverordnung). – Bundesarbeitsblatt 4, 70–71.

ALDER, L., BECK, H., MATHAR, W., PALAVINSKAS, R. (1994): PCDDs, PCDFs, PCBs, and Other Organochlorine Compounds in Human Milk Levels and Their Dynamics in Germany. – Organohalogen Compounds Vol 21, 39–44.

BASLER, A. (1994): Dioxins and Related Compounds – Status and Regulatory Aspects in Germany. – Environmental Science and Pollution Research 2 (2), 117–121.

BAUMANN, P. (1994): Meßlösung zur Abwasserabgabe unter Einbeziehung von Online-Meßgeräten. – Abwassertechnik 45 (6), 52–54.

Bayerisches Landesamt für Wasserwirtschaft (1994): Versauerung von oberirdischen Gewässern in der Bundesrepublik Deutschland. – München. – 20 S.

Bayerisches Landesamt für Wasserwirtschaft (1995): Öffentliche Wasserversorgung in Bayern: Nitratgehalte im Trinkwasser am Ort der Gewinnung und Maßnahmen zu dessen Verringerung. Zusammenfassung. – München. – 6 S.

BGA (Bundesgesundheitsamt) (1993): Dioxine und Furane – ihr Einfluß auf Umwelt und Gesundheit: Erste Auswertung des 2. Internationalen Dioxin-Symposiums und der fachöffentlichen Anhörung des Bundesgesundheitsamtes und des Umweltbundesamtes in Berlin vom 9. bis 13. November 1992. – Bundesgesundheitsblatt (36), Sonderheft Mai, 3–14.

BGVV (Bundesinstitut für gesundheitlichen Verbraucherschutz und Veterinärmedizin) (1995): bgvv fordert besseren Verbraucherschutz beim Einsatz von Pyrethroiden. – bgvv pressedienst 8/95 vom 30. März 1995.

BLAG (Bund/Länder-Arbeitsgruppe DIOXINE) (1992): Bericht der Bund/Länder-Arbeitsgruppe

DIOXINE – Rechtsnormen, Richtwerte, Handlungsempfehlungen, Meßprogramme, Meßwerte und Forschungsprogramme. – Umweltpolitik: Eine Information des Bundesumweltministers. – Bonn: BMU.

BLAG (1993): 2. Bericht der Bund/Länder-Arbeitsgruppe DIOXINE. – Umweltpolitik: Eine Information des Bundesumweltministers – Bonn: BMU.

BMBau (Bundesministerium für Raumordnung, Bauwesen und Städtebau) (1993): Raumordnungspolitischer Orientierungsrahmen. – Bonn: BMBau. – 32 S.

BML (Bundesministerium für Ernährung, Landwirtschaft und Forsten) (1995): Waldzustandsbericht der Bundesregierung 1995: Ergebnisse der Waldschadenserhebung. – Bonn: BML. – 85 S. und Tabellen.

BMU (Bundesministerium für Umwelt, Naturschutz und Reaktorsicherheit) (Hrsg.) (1994a): Klimaschutz in Deutschland: Erster Bericht der Regierung der Bundesrepublik Deutschland nach dem Rahmenübereinkommen der Vereinten Nationen über Klimaänderungen. – Bonn: – 209 S.

BMU (1994b): Daten zur Schadstoffbelastung der erwachsenen Allgemeinbevölkerung in der Bundesrepublik Deutschland: Ausgewählte Ergebnisse aus dem Forschungsvorhaben „Umweltsurvey I". – Umwelt (BMU) H. 1, 27–31.

BMU (1995a): Schutz und nachhaltige Nutzung der Natur in Deutschland. – Bericht der Bundesregierung zur Umsetzung des Übereinkommens über die biologische Vielfalt in der Bundesrepublik Deutschland. – Bonn: BMU. – 46 S.

BMU (1995b): Aktuelle Untersuchung zur chemischen Gewässergüte von Mosel und Saar. – Umwelt (BMU) H. 5, 197–198.

BMU (1995c): Mehrweganteile bei Getränken 1994 leicht zurückgegangen. – Pressemitteilung vom 13. November 1995. – 3 S.

BMU (1995d): Anforderungen zur Emissionsbegrenzung von Dioxinen und Furanen – Bericht des Länderausschusses für Immissionsschutz an die Umweltministerkonferenz. – Umwelt (BMU) H. 2, 67–68.

BMU (1995e): Ratstagung der Europäischen Union (Umwelt). – Umwelt (BMU) H. 9, 306–307.

BREUER, R. (1995): Gewässerschutz in Europa: Eine kritische Zwischenbilanz. – Ein stimmiges Gesamtkonzept der europäischen Gewässerschutzpolitik wird angemahnt. – Wasser & Boden H. 11, 10–14.

BUND (1995): Stellungnahme des BUND zu den Strombaumaßnahmen an der Elbe. – BUND-Elbe-Projekt: schriftliche Mitteilung vom 23. August 1995. – 2 S.

Bundesverband der deutschen Gas- und Wasserwirtschaft e.V. (BGW) (1995): Stellungnahme zum „Vorschlag für eine Richtlinie des Rates über die Qualität von Wasser für den menschlichen Gebrauch". – Bonn, 30. Mai 1995, – 16 S.

CARLSEN, E., GIWERCMAN, A., KEIDING, N., SKAKKEBAEK, N.E. (1992): Evidence for Decreasing Qualitiy of Semen During the Past 50 Years. – British Medical Journal 305, 609–613.

DAVIS, D.L., BRADLOW, H.L. (1995): Verursachen Umwelt-Östrogene Brustkrebs? – Spektrum der Wissenschaft (12), 39–44.

DEKANT, W., VAMVAKAS, S. (1995): Toxikologie für Chemiker und Biologen. – Heidelberg: Spektrum Akademischer Verlag. – 432 S.

Deutsche Gesellschaft für Mykologie (1992): Rote Liste der gefährdeten Großpilze in Deutschland. – Eching: IHW-Verlag – 144 S.

Deutsche Kommission zur Reinhaltung des Rheins (1994): Rheinbericht 1993. – Mainz: DKRR. – 92 S.

Deutsche Physikalische Gesellschaft (1995): Zukünftige klimaverträgliche Energienutzung und politischer Handlungsbedarf zur Markteinführung neuer emissionsmindernder Techniken. – Stellungnahme der DPG – Energiememorandum 1995. – Bad Honnef.

Deutscher Rat für Landespflege (1994): Konflikte beim Ausbau von Elbe, Saale und Havel: Die Auswirkungen des Projektes 17 Deutsche Einheit und des Bundesverkehrswegeplans auf die Flüsse Elbe, Saale, Havel und die Notwendigkeit einer Gesamt-Umweltverträglichkeitsprüfung. Gutachterliche Stellungnahme und Ergebnisse einer Expertendiskussion vom 7. März 1994 in Berlin. – Bonn: DRL. – Schriftenreihe des DRL. – Nr. 64.

Deutsches Nationalkomitee für das UNESCO-Programm „Der Mensch und die Biosphäre" (MAB) (1995): Kriterien für Anerkennung und Überprüfung von Biosphärenreservaten der UNESCO in Deutschland. – 7. Fassung vom November 1995. – Manuskript

DFG (Hrsg.) (1993): MAK- und BAT-Werte-Liste 1993. – Senatskommission zur Prüfung gesundheitsschädlicher Arbeitsstoffe. – Mitteilung 29. – Weinheim: Verlag Chemie. – 153 S.

DIECKMANN, M. (1995): Was ist „Abfall"? – Zeitschrift für Umweltrecht (ZUR) H. 4, 169–175.

DIW (Deutsches Institut für Wirtschaftsforschung) (1995): Zur künftigen Entwicklung des Anfalls von Hausmüll in Deutschland. – DIW Wochenbericht H. 35, 618–621.

DJIEM LIEM, A.K., ZORGE, J.A. van (1995): Dioxins and Related Compounds: Status and Regulatory Aspects. – Environmental Science and Pollution Research 2 (1), 46–56.

DLR (Deutsche Forschungsanstalt für Luft- und Raumfahrt) (1995a): Pollution from Aircraft Emissions in the North Atlantic Flight Corridor (POLINAT). – Compiled for the Commission of European Communities. – Oberpfaffenhofen: DLR.

DLR (Deutsche Forschungsanstalt für Luft- und Raumfahrt) (1995b): Atmosphärenforschung dringender denn je. – Neue Erkenntnisse unter dem Einfluß von Schadstoffen aus der Luftfahrt. – DLR-Presseinformation Nr. 8/95 v. 28. Februar 1995.

EBERT, G. (Hrsg.) (1991 bis 1995): Die Schmetterlinge Baden-Württembergs. 4 Bd. – Stuttgart: Ulmer.

EC-UN/ECE (Wirtschaftskommission der Vereinten Nationen für Europa/Europäische Kommission) (1995): Der Waldzustand in Europa: Ergebnisse der Erhebung 1994. – Kurzbericht 1995. – Hamburg: Bundesforschungsanstalt für Forst- und Holzwirtschaft. – 46 S.

EDWARDS, R. (1995): Leak Links Power Lines to Cancer. – New Scientist, 7. Oktober, S. 4.

ELLWEIN, Th., BUCK, L. (1995): Wasserversorgung, Abwasserbeseitigung – Öffentliche und private Organisationen. – Landsberg: ecomed. – Schriftenreihe Umweltforschung in Baden-Württemberg. – 252 S.

Enquête-Kommission (1995): Enquête-Kommission „Schutz der Erdatmosphäre" des Deutschen Bundestages (Hrsg.): Mehr Zukunft für die Erde. Nachhaltige Energiepolitik für dauerhaften Klimaschutz. Schlußbericht der Enquête-Kommission, Teil B, Kap. 7, Ziff. 7.4.4.2, S. 632 ff. – Bonn: Economica – XXVIII, 1540 S.

EPA (United States Environmental Protection Agency) (1994):

Review Draft: Estimating Exposure to Dioxin-Like Compounds. – Volume I: Executive Summary. – Office of Research and Development – EPA/600/6-88/005Ca.

Review Draft: Estimating Exposure to Dioxin-Like Compounds. – Volume II: Properties, Sources, Occurrence and Background Exposures. – Office of Research and Development – EPA/600/6-88/005Cb.

Review Draft: Estimating Exposure to Dioxin-Like Compounds. – Volume III: Site-Specific Assessment Procedures. – Office of Research and Development – EPA/600/6-88/005Cc.

Review Draft: Health Assessment Document for 2,3,7,8-Tetrachlorodibenzo-p-Dioxin (2,3,7,8-Tetrachlordibenzo-p-dioxin) and Related Compounds. – Volume I of III. – Office of Research and Development – EPA/600/BP-92/001a.

Review Draft: Health Assessment Document for 2,3,7,8-Tetrachlorodibenzo-p-Dioxin (2,3,7,8-Tetrachlordibenzo-p-dioxin) and Related Compounds. – Volume II of III. – Office of Research and Development – EPA/600/BP-92/001b.

Review Draft: Health Assessment Document for 2,3,7,8-Tetrachlorodibenzo-p-Dioxin (2,3,7,8-Tetrachlordibenzo-p-dioxin) and Related Compounds. – Volume IIII of III. – Office of Research and Development – EPA/600/BP-92/001c.

ERDMANN, K.-H., NAUBER, J. (1995): Der deutsche Beitrag zum UNESCO-Programmm „Der Mensch und die Biosphäre" (MAB) – im Zeitraum Juli 1992 bis Juni 1994. – Bonn: BMU. – 295 S.

EWERS, U., KRAMER, M., KRÖTING, H. (1993): Diagnostik der inneren Exposition (Human-Biomonitoring). – In: WICHMANN, H.E., SCHLIPKÖTER, H.W., FÜLGRAFF, G. (Hrsg.): Handbuch der Umweltmedizin. – Landsberg: ecomed – III-2.1. – S. 1–19.

FISCHER, M. (Hrsg.) (1994): Krebsgefährdung durch künstliche Mineralfasern. – München: MMV Verlag. – BGA Schriften 4/94. – 79 S.

FRIEDRICH, J., BRUNSWIG, D. (1994): Belastung der Ostsee durch Nährstoffausträge aus der Bundesrepublik Deutschland (Schleswig-Holstein). – Forschungsvorhaben Wasser 102 04 355 im Auftrag des Umweltbundesamtes.

GAWEL, E. (1993): Novellierung des Abwasserabgabengesetzes: Ein umweltpolitisches Lehrstück. – Zeitschrift für Umweltrecht 4 (4), 159–164.

HENNE, H.J. (1994): Was wir uns vorgenommen haben. – BASF AG, Umweltbericht 1994, S. 4–5.

HERTZ, R. (1985): The Estrogen Problem. Retrospect and Prospect. – In: McLACHLAN, J.A. (Hrsg.): Estrogens in the Environment II. Influences in the Development. – North Holland, New-Port: Elsevier. – S. 1–11.

HOFFMANN, G. (1995): Wirkung, Einsatzgebiete und Erfordernis der Anwendung von Pyrethroiden im nicht-agrarischen Bereich. – Bundesgesundheitsblatt 8 (39), 294–303.

HOFFMANN, U. (1993): Zum Aufbau einer nationalen Gesundheitsberichterstattung. – Wirtschaft und Statistik (1), 33–42.

HOFFMANN, U., BÖHM, K. (1995): Fortschritte beim Aufbau der Gesundheitsberichterstattung des Bundes. – Wirtschaft und Statistik (2), 113–125.

Internationale Kommission zum Schutz der Elbe (1994): Gewässergütebericht Elbe 1993. – Magdeburg: IKSE. – 197 S.

IRPA (International Radiation Protection Association) (1988): Guidelines on Limits of Exposure to Radiofrequency Eletromagnetic Fields in the Frequency Range from 100 kHz to 300 Ghz. – Health Physics H. 54, 115–123.

IRPA (1990): Interim Guidelines on Limits of Exposure to 50/60 Hz Electric and Magnetic fields. – Health Physics H. 58, 113–122.

ISING, H., BABISCH, W., KRUPPA, B. (1995): Straßenverkehrslärm und Erkrankungshäufigkeit. – Interner Bericht des Umweltbundesamtes.

Jahresbericht der Wasserwirtschaft (1995): Gemeinsamer Bericht der mit der Wasserwirtschaft befaßten Bundesministerien. – Haushaltsbericht 1994. – Wasser & Boden 47 (7). – 120 S.

KAISER, U. (Hrsg.) (1993): Umweltmedizinischer Informationsdienst UMID – Sammelband 1992/1993. – Berlin: Institut für Wasser-, Boden- und Lufthygiene des Umweltbundesamtes. – WaBoLu Hefte 2/1994. – S. 56–58.

KAISER, U. (Hrsg.) (1995): Erste Ergebnisse der „Pyrethroid-Studie". – Umweltmedizinischer Informationsdienst H. 1, 13.

KOHLHAAS, M., BACH, St., MEINHARD, U. et al. (1994): Ökosteuer – Sackgasse oder Königsweg? Wirtschaftliche Auswirkungen einer ökologischen Steuerreform. – Gutachten des Deutschen Instituts für Wirtschaftsforschung im Auftrag von Greenpeace e.V. – Projektleitung: Michael Kohlhaas. – Berlin: Greenpeace e.V. – 272 S. und Anhang.

KRÄMER, L., KROMAREK, P. (1995): Europäisches Umweltrecht. – Chronik vom 1. Oktober 1991 bis 31. März 1995. – Zeitschrift für Umweltrecht (ZUR) H. 3. – Beilage.

KRAUSE, C., CHUTSCH, M., HENKE, M. et al. (1989): Umwelt-Survey Band I – Studienbeschreibung und Humanbiologisches Monitoring. – Berlin: Institut für Wasser-, Boden- und Lufthygiene des Umweltbundesamtes. – WaBoLu Hefte 5/1989.

KRAUSE, C., CHUTSCH, M., HENKE, M. et al. (1991a): Umwelt-Survey Band IIIa – Wohn-Innenraum: Spurenelementgehalte im Hausstaub. – Berlin: Institut für Wasser- Boden- und Lufthygiene des Umweltbundesamtes. – WaBoLu Hefte 2/1991.

KRAUSE, C., CHUTSCH, M., HENKE, M. et al. (1991b): Umwelt-Survey Band IIIb – Wohn-Innenraum: Trinkwasser. – Berlin: Institut für Wasser-, Boden- und Lufthygiene des Umweltbundesamtes. – WaBoLu Hefte 3/1991.

KRAUSE, C., CHUTSCH, M., HENKE, M. et al. (1991c): Umwelt-Survey Band IIIc – Wohn-Innenraum: Raumluft. – Berlin: Institut für Wasser-, Boden- und Lufthygiene des Umweltbundesamtes. – WaBoLu Hefte 4/1991.

KUNZ, P.X. (1994): Die Goldwespen Baden-Württembergs. – Karlsruhe: Landesanstalt für Umweltschutz. – Beihefte zu den Veröffentlichungen für Naturschutz und Landschaftspflege in Baden-Württemberg, H. 77. – 189 S.

LABO (Bund/Länder-Arbeitsgemeinschaft Bodenschutz) (1995): Hintergrund- und Referenzwerte für Böden. (Hrsg.: Bayerisches Staatsministerium für Landesentwicklung und Umweltfragen). – Bodenschutz H. 4.

LABO/LAGA AG „Abfallverwertung auf devastierten Flächen" (1994): Anforderungen an den Einsatz von Abfällen zur Verwertung bei der Dekultivierung von devastierten Flächen: Biokompost und Klärschlamm. – September 1994. – Stuttgart: Umweltministerium.

LAI (Länderausschuß für Immissionsschutz) (1995): Bilanz der Altanlagensanierung nach der TA Luft: Stand der Umsetzung des Teil 4 der TA Luft in den Bundesländern. – Düsseldorf: Ministerium für Umwelt. – 39 S.

LANA (Länderarbeitsgemeinschaft für Naturschutz, Landschaftspflege und Erholung) (1992): Lübecker Grundsätze des Naturschutzes. – Kiel: Minister für Natur, Umwelt und Landschaftsentwicklung des Landes Schleswig-Holstein. – Schriftenreihe 3. – 93 S.

Landesanstalt für Umweltschutz Baden-Württemberg (1995): Umweltdaten 93/94. – Karlsruhe: LfU. – getr. Pag.

Landesgruppen Trinkwasser und Fachkommission Soforthilfe Trinkwasser des Bundesministeriums für Gesundheit (1994): Vorkommen von PBSM im Trinkwasser der neuen Länder. – Berichtsband zur Tagung vom 12. Oktober 1993, mit Ergänzungen. – Berlin: Umweltbundesamt, Institut für Wasser-, Boden- und Lufthygiene. – 170 S.

LAWA (Länderarbeitsgemeinschaft Wasser) (1991): Die Gewässergütekarte der Bundesrepublik Deutschland 1990. – Bonn: BMU. – 37 S.

LAWA (1993): Fließgewässer der Bundesrepublik Deutschland: Karten der Wasserbeschaffenheit 1982 bis 1991. – Deggendorf: Wasserwirtschaftsamt Deggendorf.

LAWA (1994): Handlungsanleitungen für Maßnahmen zur Reduzierung von Kosten und Gebühren bei der kommunalen Abwasserentsorgung. – Stuttgart: LAWA. – 33 S.

LAWA (1995): Leitlinien für einen zukunftsweisenden Hochwasserschutz; im Auftrag der Umweltministerkonferenz. – Stuttgart: Länderarbeitsgemeinschaft Wasser (Hrsg.) unter Vorsitz des Umweltministers Baden-Württemberg. – 24 S.

LEYMANN G. (1991): Die Ersatzstoffproblematik am Beispiel phosphatfreier Waschmittel. – Gas- und Wasserfach – Ausgabe Wasser, Luft 132 (7), 361–368.

LOSERT, R., MAZUR, H., THEINE, W., WEISNER, Ch. (1994): Handbuch Lärmminderungspläne. – Berlin: E. Schmidt. – UBA-Berichte 94/7.

MAHLMANN, W. (1995): Verbote und Beschränkungen nach 17 Chemikaliengesetz. – Verbot bestimmter Neuer Stoffe. – Umsetzung der 14. Änderungsrichtlinie zur Richtlinie 76/769/EWG. – Umwelt/VDI 25 (3), A12 – A13.

MASCHKE, C., ARNDT, D., SING, H. et al. (Hrsg.) (1995): Nachtfluglärmwirkungen auf Anwohner. – Stuttgart: Gustav Fischer. – Schriftenreihe des Vereins für Wasser-, Boden- und Lufthygiene 1996.

MATTHES, W. (1995): Bestand und Zustand der Abwasserkanäle in der BRD. – Umwelt Technologie Aktuell H. 1, 23–31.

Michael Otto Stiftung für Umweltschutz (1994) (Hrsg.): Das 1. Elbe-Colloquium. Protokoll der Gespräche und Diskussionen vom 6. Mai 1994 in Dessau. – Edition Arcum.

Michael Otto Stiftung für Umweltschutz (1995) (Hrsg.): Das 2. Elbe-Colloquium. Protokoll der Gespräche und Diskussionen vom 14. Juni 1995 in Potsdam. – Edition Arcum.

MÜNZINGER A., BÜTHER H., WILL R., HÄDICKE A., THIEL A. (1995): Emissions-/Immissionsbetrachtungen als Grundlage für die Gewässersanierung am Beispiel der Emscher. – Forum Städte-Hygiene H. 46, 330–336.

NOWAK, E., BLAB, J., BLESS, R. (1994): Rote Liste der gefährdeten Wirbeltiere in Deutschland. – Greven: Kilda. – Schriftenreihe für Landschaftspflege und Naturschutz, H. 42. – 190 S.

OBERMEIER, A., FRIEDRICH, R., JOHN, C., SEIER, J., VOGEL, H., FIEDLER, F., VOGEL, B. (1995): Photosmog: Möglichkeiten und Strategien zur Verminderung des bodennahen Ozons. – Landsberg: Ecomed. – 184 S.

Oslo and Paris Commissions (1993): North Sea Quality Status Report 1993. – London: Oslo and Paris Commissions. – 132 S.

PAETZ, E. (1995): Klärschlammfonds zur Risikoabsicherung der landwirtschaftlichen Klärschlammverwertung. – Wasser & Boden 47 (5), 56–58.

PERGER, G., SZADOWSKI, D. (1994): Wirkungsweise und Toxikologie von Pyrethroiden mit besonderer Berücksichtigung des berufsbedingten Expositionsrisikos. – Deutsches Ärzteblatt 91 (15), B-803 – B-806.

REICH, N. (1994): PCP-Verbot und Binnenmarkt. – NJW 51, 3334-3335.

RHEINHEIMER, G., GERICKE, H., WESNIGK, J. (1992): Prüfung der biologischen Abbaubarkeit von organischen Chemikalien im umweltrelevanten Konzentrationsbereich. – Berlin: Umweltbundesamt. – UBA-Texte 92/33. – 179 S.

RIECKEN, U., RIES, U., SSYMANK, A. (1994): Rote Liste der gefährdeten Biotoptypen der Bundesrepublik Deutschland. – Greven: Kilda. – Schriftenreihe für Landschaftspflege und Naturschutz, H. 41. – 184 S.

SCHÄFER, Th., LAASER, U., SCHWARTZ, F.W. (1993): Umweltbezogene Gesundheitsberichterstattung/Überblick und konzeptionelle Grundelemente. – In: WICHMANN, H.E., SCHLIPKÖTER, H.W., FÜLGRAFF, G. (Hrsg.): Handbuch der Umweltmedizin. – Landsberg: ecomed – III-2.5. – S. 1–11.

SCHETTLER-KÖHLER, H.-P. (1995): Wärmebedarfsausweis. Ein neues Qualitätsmerkmal bei Gebäuden. – Bundesbaublatt 44 (1), 10–13.

SCHMITZ, S., OELS, H.-J., TIEDEMANN, A. (1995): Ökobilanz für Getränkeverpackungen. – Berlin: Umweltbundesamt. – UBA-Texte 52/95.

SCHÖNTHALER, K., KERNER, H.-F., KÖPPEL, J., SPANDAU, L. (1994): Konzeption für eine Ökosystemare Umweltbeobachtung: Pilotprojekt für Biosphärenreservate. 2 Bd. – BMU-UFOPLAN – Nr. 101 04 040/08, i. Auftr. d. UBA.

SCHREY, P., WITTSIEPE, U., EWERS, U., EXNER, M., SELENKA, F. (1993): Polychlorierte Dibenzo-p-dioxine und Dibenzofurane in Humanblut. – Bundesgesundheitsblatt 11 (36), 455–463.

SCHULZ, P.-M. (1994): Die 4. Novelle des Abwasserabgabengesetzes – Inhalt der Änderungen und Zielvorstellungen des Gesetzgebers. – Korrespondenz Abwasser 41 (9), 1613–1617.

SCHUMANN, U. (1994): Impact of Emissions From Aircraft and Spacecraft Upon the Atmosphere: An Introduction. – In: SCHUMANN, U., WURZEL, D. (Eds.) (1994): Impact of Emissions From Aircraft and Spacecraft Upon the Atmosphere. – Proceedings of an International Scientific Colloquium Köln, Germany, April 18-20, 1994. – DLR-Mitteilung 94-06. – S. 8–13.

SCHUMANN, U. (Ed.) (1995): The Impact of NO$_x$ Emissions From Aircraft Upon the Atmosphere at Flight Altitudes 8–15 km (AERONOX). – Final Report to the Commission of European Communities (CEC Contract EV5V-CT91-0044). – Oberpfaffenhofen: DLR, August 1995.

SCHUMANN, U., WURZEL, D. (Eds.) (1994): Impact of Emissions From Aircraft and Spacecraft Upon the Atmosphere. – Proceedings of an International Scientific Colloquium Köln, Germany, April 18-20, 1994. – DLR-Mitteilung 94-06.

SCHWABE, R., BECKER, K., CLASS, T. et al. (1994): Pyrethroide im Hausstaub – Eine Übersicht. – Berlin: Institut für Wasser-, Boden- und Lufthygiene des Umweltbundesamtes. – WaBoLu Hefte 3/1994.

SCHWARZ, E., CHUTSCH, M., KRAUSE, C., SCHULZ, C., THELFELD, W. (1993): Umwelt-Survey Band IVa – Cadmium. – Berlin: Institut für Wasser-, Boden- und Lufthygiene des Umweltbundesamtes. – WaBoLu Hefte 2/1993.

SRU (Der Rat von Sachverständigen für Umweltfragen) (1978): Umweltgutachten 1978. – Stuttgart: Kohlhammer. – 638 S.

SRU (1980): Umweltprobleme der Nordsee. – Sondergutachten. – Stuttgart: Kohlhammer. – 508 S.

SRU (1982): Flüssiggas als Kraftstoff: Umweltentlastung, Sicherheit und Wirtschaftlichkeit von flüssiggasgetriebenen Kraftfahrzeugen (Stellungnahme). – Bonn: BMI. – Umweltbrief Nr. 25.

SRU (1985): Umweltprobleme der Landwirtschaft. – Sondergutachten. – Stuttgart: Kohlhammer. – 423 S.

SRU (1988): Umweltgutachten 1987. – Stuttgart: Kohlhammer. – 674 S.

SRU (1991): Abfallwirtschaft. – Sondergutachten. – Stuttgart: Metzler-Poeschel. – 720 S.

SRU (1993): Stellungnahme des Umweltrates zum Entwurf des Rückstands- und Abfallwirtschaftsgesetzes (RAWG). – Wiesbaden. – 15 S. – Auch in: SRU (1994): Umweltgutachten 1994. Für eine dauerhaft-umweltgerechte Entwicklung. – Stuttgart: Metzler-Poeschel. – Anhang A, S. 321–327.

SRU (1994): Umweltgutachten 1994. – Stuttgart: Metzler-Poeschel. – 384 S.

SRU (1995a): Altlasten II. – Sondergutachten. – Stuttgart: Metzler-Poeschel. – 285 S.

SRU (1995b): Sommersmog: Drastische Reduktion der Vorläufersubstanzen des Ozon notwendig (Stellungnahme). – Zeitschrift für angewandte Umweltforschung 8 (2), 160–167.

SRU (1996): Konzepte einer dauerhaft-umweltgerechten Nutzung ländlicher Räume. – Sondergutachten. – Stuttgart: Metzler-Poeschel.

SSK (Strahlenschutzkommission) (1991): Schutz vor elektromagnetischer Strahlung beim Mobilfunk. – Empfehlung der Strahlenschutzkommission, verabschiedet auf der 107. Sitzung am 12./13.Dezember 1991. – SSK-Band 22.

SSK (1995): Bekanntmachung einer Empfehlung der Strahlenschutzkommission. – Schutz vor niederfrequenten elektrischen und magnetischen Feldern der Energieversorgung und -anwendung vom 10. Mai 1995. – Bundesanzeiger 47 (147a) – 20 S.

Ständige Arbeitsgruppe der Biosphärenreservate in Deutschland (1995): Biosphärenreservate in Deutschland: Leitlinien für Schutz, Pflege und Entwicklung. – Berlin: Springer. – 377 S.

Statistisches Bundesamt (1995a): Erhebung der Bodenbedeckungsdaten in den neuen Bundesländern abgeschlossen. – In: Zahlen – Fakten – Trends, Monatlicher Pressedienst des Statistischen Bundesamtes Juli 1995, S. 2–3.

Statistisches Bundesamt (1995b): Statistisches Jahrbuch für die Bundesrepublik Deutschland. – Stuttgart: Metzler-Poeschel.

Statistisches Jahrbuch über Ernährung, Landwirtschaft und Forsten der Bundesrepublik Deutschland (1975-1993). – (Hrsg.: Bundesministerium für Ernährung, Landwirtschaft und Forsten). – Münster-Hiltrup: Landwirtschaftsverlag.

STREMPEL, M.L., MÜLLER, L. (1995): Bleibelastung des Trinkwassers durch Leitungsmaterialien in öffentlichen Gebäuden. – Blei-Meßprogramm Bremen. – Forum Städte-Hygiene H. 5, 259–264.

Symonds Travers Morgan/ARGUS (1995): Construction and Demolition Waste Project in the Framework of the Priority Waste Streams Programme of the European Commission. – Report of the Project Group to the European Commission. – Part 1-3. – August. – Brüssel: European Commission, Directorate-General XI.

TAB (Büro für Technikfolgen-Abschätzung) (1994): Grundwasserschutz und Wasserversorgung. – Bericht des Ausschusses für Forschung, Technologie und Technikfolgenabschätzung (20. Ausschuß). – BT-Drs. 12/8270 vom 12. Juli 1994. – Bonn. – 413 S.

THEUER, A. (1995): Neuere Entwicklungen im Chemikalienrecht. – NVwZ H. 2, 127–134.

THIERFELDER, W., MEHNERT, W.H., LAUßMANN, D., ARNDT, D., REINEKE, H.H. (1995): Der Einfluß umweltrelevanter östrogener oder östrogenartiger Substanzen auf das Reproduktionssystem. – Bundesgesundheitsblatt 9 (38), 338–341.

TOPPARI, J., LARSEN, J.C., CHRISTIANSEN, P. et al. (1995): Male Reproductive Health and Environmental Chemicals with Estorgenic Effects. – Ministry of Environment and Energy, Denmark, Danish Environmental Protection Agency. – ISSN 01505-3094; ISBN 87-7810-345-2.

UBA (Umweltbundesamt) (1991): Handbuch Chlorchemie I. – Gesamtstofffluß und Bilanz. – Berlin: Umweltbundesamt. – UBA-Texte 55/91. – 460 S.

UBA (1992a): Handbuch Chlorchemie II. – Ausgewählte Produktlinie. – Berlin: Umweltbundesamt. – UBA-Texte 42/92. – 268 S.

UBA (1992b): Daten zur Umwelt 1990/91. – Berlin: E. Schmidt.

UBA (1993): Jahresbericht 1993. – Berlin: Umweltbundesamt. – 349 S.

UBA (1994a): Bedarf des Bundes an bodenschutzrelevanten Infomationen: Sachstand und weiteres Vorgehen zum Aufbau eines Fachinformationssystems Bodenschutz. – Berlin: Umweltbundesamt.

UBA (1994b): Daten zur Umwelt 1992/93. – Berlin: E. Schmidt. – 688 S.

UBA (1994c): Zustand der Fließgewässer und Entwicklung der Gewässergüte in der Bundesrepublik Deutschland (Entwurf). – Berlin: Umweltbundesamt. – 64 S.

UBA (1994d): Jahresbericht 1994. – Berlin: Umweltbundesamt. – 420 S.

UBA (1994e): Bundesweite Gewerbeabfalluntersuchung. – Berlin: Umweltbundesamt. – UBA-Texte 68/94.

UBA (1994f): Untersuchungen zur Innenraumbelastung durch faserförmige Feinstäube aus eingebauten Mineralwolle-Erzeugnissen. – Berlin: Umweltbundesamt. – UBA-Texte 30/94.

UBA (1995a): Ozonsituation 1993 in der Bundesrepublik Deutschland. – Berlin: Umweltbundesamt. – 80 S.

UBA (1995b): Ozonsituation 1990-1994 in der Bundesrepublik Deutschland. – Berlin: Umweltbundesamt. – 28 S.

UBA (1995c): Fachgespräch Umweltchemikalien mit endokriner Wirkung – Berlin, 9.-10. März 1995. – Berlin: Umweltbundesamt. – UBA-Texte 65/95.

UBA (1995d): Studie über die Epidemiologie lösemittelbedingter Erkrankungen. – Berlin: E. Schmidt. – UBA-Berichte 3/95.

UBA (1995e): Bewertung der Gefährdung von Mensch und Umwelt durch ausgewählte Altstoffe. – Berlin: Umweltbundesamt. – UBA-Texte 38/95.

Umweltministerium Baden Württemberg (Hrsg.) (1995): Ozonversuch Neckarsulm/Heilbronn. – Stuttgart: Selbstverlag. – 104 S.

WBGU (Wissenschaftlicher Beirat der Bundesregierung Globale Umweltveränderungen) (1993): Welt im Wandel: Grundstruktur globaler Mensch-Umwelt-Beziehungen. Jahresgutachten 1993. – Bonn: Economica.

WBGU (1995): Welt im Wandel: Wege zur Lösung globaler Umweltprobleme. Jahresgutachten 1995. – Berlin: Springer.

WHO (World Health Organization Regional Office for Europe) (1995): Concern for Europe's Tomorrow – Health and the Environment in the WHO European

Region. – Stuttgart: Wissenschaftliche Verlagsgesellschaft. – 537 S.

WINKHAUS, E. (1994): Über den ATV-Workshop zum Meßprogramm im neuen 4 Abs. 5 AbwAG am 18. Mai 1994 in Hennef. – Korrespondenz Abwasser 41 (7), 1064–1066.

WINTER, G. (1995): Risikoanalyse und Risikoabwehr im Chemikalienrecht. – Düsseldorf: Werner Verlag.

Kapitel 3

BACH, S., KOHLHAAS, M., PRAETORIUS, B. (1995): Möglichkeiten einer ökologischen Steuerreform. – WSI-Mitteilungen H. 4, 244–254.

BECK, U. (1993): Abschied von der Abstraktionsidylle: Die Umweltbewegung in der Risikogesellschaft. – Politische Ökologie H. 31, 20–23.

BEHRENS, H. (1993): Magere Mitgliederzahlen: Die Situation der Umweltbewegung in den neuen Bundesländern. – Politische Ökologie H. 31, 44–47.

BEHRENS, H., BENKERT, U., HOPFMANN, J., MAECHLER, U. (1993): Wurzeln der Umweltbewegung: Die „Gesellschaft für Natur und Umwelt" (GNU) im Kulturbund der DDR. – Marburg: BdWi-Verlag.

Beirat für Naturschutz und Landschaftspflege beim BMU (1995): Zur Akzeptanz und Durchsetzbarkeit des Naturschutzes. – Zeitschrift für Naturschutz, Landschaftspflege und Umweltschutz 70, 51–61.

BILLIG, A. (1995): Ethische Aspekte des Umweltbewußtseins der bundesdeutschen Bevölkerung: Welche Schlüsse lassen sich in Hinblick auf die ethische Sensibilität der Bevölkerung aus der Studie des Bundesumweltamtes zur „Ermittlung des ökologischen Problembewußtseins" ziehen? – In: VESPER, S. (Hrsg.): Umweltbildung und Umweltethik: Startpositionen eines Projekts. – Bad Honnef: Katholisch-Soziales Institut der Erzdiozöse Köln. – S. 99–129.

Billig & Partner (1994): Ermittlung des ökologischen Problembewußtseins der Bevölkerung. – Berlin: Umweltbundesamt. – UBA-Texte 7/94.

BRAND, K.-W. (1993): Strukturveränderungen des Umweltdiskurses in Deutschland. – Forschungsjournal Neue Soziale Bewegungen H. 1, 16–24.

BRENDLE, U., HEY, C. (1993): Über den nationalen Tellerrand hinaus: Strategien und Erfahrungen von Umweltverbänden in Europa. – Politische Ökologie H. 31, 52–57.

BUND (für Umwelt und Naturschutz Deutschland) (Hrsg.) (1993): Jahresbericht 1993. – Bonn: BUND.

BUND (Hrsg.) (1995): Rückblick 1975-1995: 20 Jahre für Natur und Umwelt. – Bonn: BUND.

CASPAR, R. (1990): Bürgerbewegungen für Natur- und Umweltschutz. – Umweltreport H. 1, 25–29.

CLAUS, F. (1993): Dornenreicher Weg zum Dialog: Neue Wege zur Austragung von Umweltkonflikten im Bereich der Chemiepolitik. – Politische Ökologie H. 31, 74–80.

CONTI, C. (1984): Abschied vom Bürgertum. Alternative Bewegungen in Deutschland von 1980 bis heute. – Reinbek: Rowohlt.

CONWENTZ, H.W. (1904): Die Gefährdung der Naturdenkmäler und Vorschläge zu ihrer Erhaltung. Denkschrift, dem Herrn Minister der geistlichen, Unterrichts- und Medizinal-Angelegenheiten überreicht von H. Conwentz. – Berlin: Bornträger.

CORNELSEN, D. (1991): Anwälte der Natur. Umweltverbände in Deutschland. – München: Beck.

ELLWEIN, T., LEONHARD, M., SCHMIDT, P. M. (1983): Umweltverbände in der Bundesrepublik Deutschland. Studie im Auftrag des Bundesumweltamtes. – Berlin: Umweltbundesamt. – UBA – FB 83–115

ERZ, W. (1989): Strukturelle und funktionale Aspekte der Verbandsarbeit von Naturschutzverbänden in der Umweltpolitik. – In: Naturschutz und Umweltpolitik als Herausforderung. Festschrift für Konrad Buchwald zum 75. Geburtstag. – Hannover. – S. 365–384.

ERZ, W. (1990): Rückblicke und Einblicke in die Naturschutzgeschichte. – Natur und Landschaft H. 65, 103–106.

FLASBARTH, J. (1992a): Arbeit und Umwelt. – Naturschutz heute H. 4, 5.

FLASBARTH, J. (1992b): Strategiedebatte und Krise der Umweltpublizistik. – Ökologische Briefe H. 38, 13–15.

FLASBARTH, J. (1993): Nur gemeinsam eine Chance! Strategie für eine höhere Effizienz der Umweltverbände. – Politische Ökologie H. 31, 61–62.

FLASBARTH, J. (1994): Ziele und Probleme des Umweltsponsorings aus der Sicht von Umweltverbänden. – (NABU). – Schneverdingen: Norddeutsche Naturschutzakademie. – NNA-Berichte 4/94, 51–54.

FRIEDRICH, W. (1994): Neue finanzielle Mittel erschließen! Ohne Werber geht es nicht. – Bundschau 4/94, 27.

Friedrich-Ebert-Stiftung (Hrsg.) (1987): Organisationen und Verbände in der DDR: Ihre Rolle und Funktion in der Gesellschaft. – 2. Auflage. – Bonn: Verlag Neue Gesellschaft.

GÄRTNER, E. (1991): Selbstbesinnung der Ökologiebewegung. – Ökologische Briefe H. 45, 3–4.

GENSICHEN, H.-P. (1991): Kritisches Umweltengagement in den Kirchen. – In: ISRAEL, J. (Hrsg.): Zur Freiheit berufen: Die Kirche in der DDR als Schutzraum der Opposition 1981-1989. – Berlin: Aufbau Taschenbuch Verlag. – S. 146–170.

GENSICHEN, H.-P. (1994): Das Umweltengagement in den evangelischen Kirchen in der DDR. – In: BEHRENS, H., PAUCKE, H. (Hrsg.): Umweltgeschichte: Wissenschaft und Praxis. Umweltgeschichte und Umweltzukunft II. – Marburg: BdWi-Verlag. – S. 65–83.

GILSENBACH, R. (1990): Der Minister blieb, die Grünen kommen. – In: KNABE, H. (Hrsg.): Aufbruch in eine andere DDR. – Reinbek: Rowohlt. – S. 107–117.

HAßLER, R. (1993a): Kein Bock auf Umweltschutz? – Politische Ökologie H. 31, 6–7.

HAßLER, R. (1993b): Umweltschutz als Werbegag: Sponsoring im Kreuzfeuer der Kritik. – Politische Ökologie H. 31, 93–96.

HERMAND, J. (1991): Grüne Utopien in Deutschland: Zur Geschichte des ökologischen Bewußtseins. – Frankfurt a. M.: Fischer.

HEY, C., BRENDLE, U. (1994): Umweltverbände und EG: Strategien, politische Kulturen und Organisationsformen. – Opladen: Westdeutscher Verlag.

HOPLITSCHEK, E. (1984): Der Bund Naturschutz in Bayern: Traditioneller Naturschutzverband oder Teil der Neuen sozialen Bewegungen? – Inauguraldissertation am Fachbereich Politische Wissenschaften der Freien Universität Berlin. – Berlin.

JONES, M. E. (1993): Origins of the East German Environmental Movement. – German Studies Review H. 2, 235–265.

KACZOR, M. (1989): Institutionen in der Umweltpolitik: Erfolg der Ökologiebewegung? – Forschungsjournal Neue Soziale Bewegungen 3-4/89, S. 47–62.

KLEINERT, H. (1992): Die Umweltbewegung heute: Bilanz und Perspektive. – Ökologische Briefe H. 38, 16–18.

KNABE, H. (1985): Gesellschaftlicher Dissens im Wandel: Ökologische Diskussionen und Umweltengagement in der DDR. – In: Redaktion Deutschland Archiv (Hrsg.): Umweltprobleme und Umweltbewußtsein in der DDR. – Köln: Verlag Wissenschaft und Politik. – S. 169–197.

KNABE, H. (1992): Opposition in einem halben Land. Die Besonderheiten kritischer Bewegungen in der DDR im Vergleich mit anderen Staaten des ehemaligen Ostblocks. – Forschungsjournal Neue Soziale Bewegungen 1/92, 9–15.

KNAUT, A. (1990): Der Landschafts- und Naturschutzgedanke bei Ernst Rudorff. – Natur und Landschaft 65 (3), 114–118.

KNOEPFEL, P. (1989): Wenn drei dasselbe tun ..., ist es nicht dasselbe: Unterschiede in der Interessenvermittlung in drei Sektoren der Umweltpolitik (Industrie/Gewerbe, Landwirtschaft und staatliche Infrastrukturpolitiken). – In: HARTWICH, H.-H. (Hrsg.): Macht und Ohnmacht politischer Institutionen. – Opladen: Westdeutscher Verlag. – S. 177–209.

KOHLHAAS, M., BACH, St., MEINHARD, U. et al. (1994): Ökosteuer – Sackgasse oder Königsweg? – Ein Gutachten des Deutschen Instituts für Wirtschaftsforschung – im Auftrag von Greenpeace. Kurzfassung. – Hamburg: Greenpeace.

KORFF, W. (1987): Migration und kulturelle Transformation. – In: K.-H. KLEBER: Migration und Menschenwürde. – Passau. – S. 128–150.

KRÄMER, A. (1986): Ökologie und politische Öffentlichkeit: Zum Verhältnis von Massenmedien und Umweltproblematik. – München: tuduv-Verlag.

KUNZ, H. (1991): Die Umweltbewegung zwischen Ende und Neubeginn. – Ökologische Briefe H. 37, 16–17.

LEIF, T. (1993): Greenpeace vor einer großen Strategiediskussion: Der professionelle Umweltkonzern als Seismograph für die Probleme der Umweltschutzbewegung. – Forschungsjournal Neue Soziale Bewegungen H. 2, 115–117.

LEONHARD, M. (1986). Umweltverbände: Zur Organisation von Umweltinteressen in der Bundesrepublik Deutschland. – Opladen: Westdeutscher Verlag.

LINSE, U. (1986): Ökopax und Anarchie: Eine Geschichte der ökologischen Bewegungen in Deutschland. – München: dtv.

LOWE, P., GOYDER, J. (1983): Environmental Groups in Politics. – London/Boston/Sydney.

MALUNAT, B.M. (1994): Die Umweltpolitik der Bundesrepublik Deutschland. – Aus Politik und Zeitgeschichte B 49. Beilage zur Wochenzeitschrift Das Parlament, 3–12.

MAY, H. (1994): Gesamtnote „gut": Die Ergebnisse der NH-Leserumfrage. – Naturschutz heute H. 4, 52–53.

MEADOWS, D., MEADOWS, D. L. (1971): The Limits of Growth. – New York: Universe Books.

MITTER, A., WOLLE, S. (Hrsg.) (1990): Ich liebe euch doch alle! Befehle und Lageberichte des MfS Januar-November 1989. – 2. Auflage. – Berlin: Basis Druck.

MÖLLER, C. (1992): Für eine neue Standortbestimmung der Umweltbewegung. – Ökologische Briefe H. 25, 13–15.

MÖLLER, C. (1993): Heraus aus der Oppositionsrolle: Wie die Umweltbewegung mit der staatlichen Institutionalisierung der Umweltpolitik umgehen soll. – Politische Ökologie H. 31, 64–69.

MÜLLER, E. (1986): Innenwelt der Umweltpolitik: Sozial-liberale Umweltpolitik. (Ohn)macht der Organisation? – Opladen: Westdeutscher Verlag.

MÜSCHEN, K. (1988): Institutionalisierungsprozesse im Wissenschaftsbereich: Das Öko-Institut. – In: Stiftung Mitarbeit (Hrsg.): Institutionalisierungsprozesse sozialer Bewegungen. Beiträge einer Tagung. – S. 3–15.

NABU (Naturschutzbund Deutschland) (Hrsg.) (1994): Entwicklungsland Deutschland? Denkanstöße für eine zukunftsfähige Gesellschaft. – Bonn: NABU.

NULLMEIER, F. (1992): Institutionelle Innovation und neue soziale Bewegungen. – Aus Politik und Zeitgeschichte B 26. Beilage zur Wochenzeitschrift Das Parlament, 3–16.

OBERHOLZ, A. (1990): Chancen für die ökosoziale Marktwirtschaft? Erster Kongreß der Umweltverbände aus beiden Teilen Deutschlands vom 6. bis 8. April in Leipzig. – UmweltMagazin H. 5, 72.

OBERHOLZ, A. (1992): Diagnose: Verbesserungsbedürftig: B.A.U.M. und future. Zwei Umweltverbände auf dem Prüfstand. – UmweltMagazin H. 5, 46–47.

PLATZECK, M. (1995): In Konflikt geraten, weil wir die Utopie in der Praxis einklagten: Umweltminister Matthias Platzeck über Ökologiebewegung in der DDR. – Märkische Allgemeine Zeitung 29. März 1995.

PRITTWITZ, V. (1993): Reflexive Modernisierung und öffentliches Handeln. – In: PRITTWITZ, V.: Umweltpolitik als Modernisierungsprozeß: Politikwissenschaftliche Umweltforschung und -lehre in der Bundesrepublik Deutschland. – Opladen: Leske + Budrich. – S. 31–50.

PROBST, L. (1993): Ostdeutsche Bürgerbewegungen und Perspektiven der Demokratie: Entstehung, Bedeutung und Zukunft. – Köln: Bund-Verlag.

REISS, J. (1989): Greenpeace: Der Ökomulti. Sein Apparat, seine Aktionen. – Rheda-Wiedenbrück: Daedalus.

RÖSCHEISEN, H. (1993): Verkehrsrat in der Sackgasse: Ein einmaliger Dialogversuch scheitert am Veto der Autoindustrie. – Politische Ökologie H. 31, 80–82.

RÖSLER, M., SCHWAB, E., LAMBRECHT, M. (Hrsg.) (1990): Naturschutz in der DDR. – Bonn: Economica.

ROSSMANN, T. (1993): Das Beispiel Greenpeace: Öffentlichkeitsarbeit und ihr Einfluß auf die Medien. – Media Perspektiven 2/93, 85–94.

ROTH, R. (1991): Gegen Eliten oder Gegeneliten? Grüne und neue soziale Bewegungen in der politischen Kultur der Bundesrepublik. – In: KLINGEMANN, H.-D., STÖSS, R., WEßELS, B. (Hrsg.): Politische Klasse und politische Institutionen: Probleme und Perspektiven der Elitenforschung. – Opladen: Westdeutscher Verlag. – S. 434–465.

RUCHT, D. (1987): Von der Bewegung zur Institution? Organisationsstrukturen der Ökologiebewegung. – In: ROTH, R., RUCHT, D. (Hrsg.): Neue soziale Bewegungen in der Bundesrepublik. – Frankfurt a.M./New York: Campus. – S. 238–259.

RUCHT, D. (1989): Environmental Movement Organisations in West Germany and France: Structure and Interorganizational Relations. – International Social Movement Research H. 2, 61–94.

RUCHT, D. (1991): Von der Bewegung zur Institution? Organisationsstrukturen der Ökologiebewegung. – In: ROTH, R., RUCHT, D. (Hrsg.): Neue soziale Bewegungen in der Bundesrepublik. – 2. Auflage. – Bonn: Bundeszentrale für politische Bildung. – S. 334–358.

RUCHT, D. (1993): Entwicklung und Struktur von Naturschutzverbänden und Ökologiebewegung: Eine institutionalisierte Bewegung. – Politische Ökologie H. 31, 36–43.

RUCHT, D. (1994): Modernisierung und neue soziale Bewegungen: Deutschland, Frankreich und USA im Vergleich. – Frankfurt a.M./New York: Campus.

RÜDDENKLAU, W. (1992): Störenfried: DDR-Opposition 1986–1989. Mit Texten aus den „Umweltblättern". – Berlin: Basis-Druck.

SAAR, D. (1994): Frauen im Natur- und Umweltschutz dargestellt am Beispiel des BUND. – Diplomarbeit. – Berlin.

SANDER, R. (1992): Die neue Kooperation von Umweltverbänden und Gewerkschaften. – Forschungsjournal Neue Soziale Bewegungen H. 3, S. 18–23.

SANDHÖVEL, A. (1994): Marktorientierte Instrumente der Umweltpolitik. – Opladen: Westdeutscher Verlag. – 263 S.

SCHENKLUHN, B. (1990): Umweltverbände und Umweltpolitik. – In: SCHREIBER, H., TIMM, G. (Hrsg.): Im Dienste der Umwelt und der Politik: Zur Kritik der Arbeit des Sachverständigenrates für Umweltfragen. – Berlin: Analytica. – S. 127–157.

SCHOENICHEN, W. (1934): Naturschutz im Dritten Reich. – Berlin: Bermühler.

SCHOENICHEN, W. (1954): Naturschutz und Heimatschutz: Ihre Begründung durch Ernst Rudorff, Hugo Conwentz und ihre Vorläufer. – Stuttgart: Wissenschaftliche Verlagsgesellschaft.

SRU (Der Rat von Sachverständigen für Umweltfragen) (1974): Umweltgutachten 1974. – Stuttgart: Kohlhammer. – 320 S.

SRU (1978): Umweltgutachten 1978. – Stuttgart: Kohlhammer. – 638 S.

SRU (1994): Umweltgutachten 1994. – Stuttgart: Metzler-Poeschel. – 384 S.

SRU (1996): Konzepte einer dauerhaft-umweltgerechten Nutzung ländlicher Räume. – Sondergutachten. – Stuttgart: Metzler-Poeschel.

TEICHERT, V. (1992): Gewerkschaften und Ökologiebewegung: Die Annäherung der Königskinder. – Forschungsjournal Neue Soziale Bewegungen 3/92, S. 14–17.

THAA, W. (1993): Bedeutung und Wandel der Öffentlichkeit in der demokratischen Transformation sozialistischer Gesellschaften. – In: MEYER, G. (Hrsg.): Die politischen Kulturen Ostmitteleuropas im Umbruch. – Tübingen/Basel: Francke. – S. 109–119.

THORBRIETZ, P. (1986): Vernetztes Denken im Journalismus: Ökologie und Umweltschutz als Thema der Berichterstattung im öffentlich-rechtlichen Rundfunk. – Tübingen: Niemeyer.

ULBRICHT, J. H. (1993): Grün als Brücke zu Braun: Über die Schwierigkeiten der Ökologiebewegung mit dem rechten Rand. – Politische Ökologie H. 34, 7–12.

VORHOLZ, F. (1995): Ein Feindbild zerbröselt: Unternehmer bekennen sich zum Umweltschutz. – Die Zeit, 6. Januar 1995, 16.

VOSS, G. (1990): Die veröffentlichte Umweltpolitik: Ein sozio-ökologisches Lehrstück. – Köln: Kölner Universitäts-Verlag.

VOWINKEL, K. (1993): Verbandsarbeit im Natur-schutz. Eine Standortbestimmung. – In: Naturschutz in Niedersachsen, April 1993.

WEIGER, H. (1987): Leistungsvermögen und Leistungsversäumnisse der Naturschutzverbände. – Jahrbuch für Naturschutz und Landschaftspflege 39, S. 365–384.

WEINZIERL, H. (1993): Das grüne Gewissen: Selbstverständnis und Strategien des Naturschutzes. – Stuttgart/Wien: Weitbrecht.

WEINZIERL, H. (1991): Naturschutzverbände als Lobby der Umweltpolitik. – Berichte der Akademie für Naturschutz und Landschaftspflege 15, S. 5–13.

WEITZEL (1994): Ein grauer Blick ins Grüne: Frauen in Umweltorganisationen. – Robin Wood Magazin 43/4, 22–25.

WENSIERSKI, P. (1985a): Von oben nach unten wächst gar nichts: Umweltzerstörung und Protest in der DDR. – Frankfurt a.M.: Fischer.

WENSIERSKI, P. (1985b): Die Gesellschaft für Natur und Umwelt: Kleine Innovation in der politischen Kultur der DDR. – In: Redaktion Deutschland Archiv (Hrsg.): Umweltprobleme und Umweltbewußtsein in der DDR. – Köln: Verlag Wissenschaft und Politik. – S. 151–168.

WEßELS, B. (1991): Erosion des Wachstumsparadigmas: Neue Konfliktstrukturen im politischen System der Bundesrepublik?. – Opladen: Westdeutscher Verlag.

WEY, H.-G. (1982): Umweltpolitik in Deutschland: Kurze Geschichte des Umweltschutzes in Deutschland seit 1900. – Opladen: Westdeutscher Verlag.

WILHELM, S. (1994): Umweltpolitik: Bilanz, Probleme, Zukunft. – Opladen: Leske + Budrich.

WINKLER, R. (1994): Wachstum ist kein Selbstzweck: Warum Profi-Werber der falsche Weg sind. – Bundschau H. 2, 28.

WOLLENWEBER, M. (1991): Ökologische Allianz. – Forschungsjournal Neue Soziale Bewegungen H. 4, 104–105.

WOLF, R. (1994): Zur Entwicklung der Verbandsklage im Umweltrecht. – ZUR (Zeitschrift für Umweltrecht) H. 1, 1–12.

ZAHRNT, A. (1991): Marketing-Strategie und moralischer Diskurs. – Ökologische Briefe H. 51/52, 18–19.

Kapitel 4

AGU (Arbeitsgemeinschaft für Umweltfragen) (1986): Umweltstandards: Findungs- und Entscheidungsprozeß. – Reihe: Das Umweltgespräch Aktuell. – Bonn: AGU.

Akademie der Wissenschaften zu Berlin (1992): Umweltstandards: Forschungsbericht 2. – Berlin: Walter de Gruyter. – 494 S.

BALTES, W. (1992): Lebensmittelchemie. – 3. Auflage. – Heidelberg: Springer. – 474 S.

BATTIS, U. (1992): Exekutivische Rechtssetzung – In: KOCH, H.-J. (Hrsg.): Auf dem Weg zum Umweltgesetzbuch. – Baden-Baden: Nomos. – S. 170–180.

BATTIS, U., GUSY, Ch. (1988): Technische Normen im Baurecht. – Düsseldorf: Werner-Verlag.

BGA (Bundesgesundheitsamt) (1993): Festsetzung einer duldbaren täglichen Aufnahme (DTA-Wert, BGA) für Rückstände von Pflanzenschutzmittel-Wirkstoffen im Rahmen des Zulassungsverfahrens. – Bundesgesundheitsblatt H. 6, 247–252.

BgVV (Bundesinstitut für gesundheitlichen Verbraucherschutz und Veterinärmedizin) (1995a): ADI-Werte und DTA-Werte für Pflanzenschutzmittel-Wirkstoffe, Ausgabe: 5 (Stand 1. November 1994). – Bundesgesundheitsblatt H. 1, 29–31.

BgVV (1995b): Richtwerte für Schadstoffe in Lebensmitteln. – Bundesgesundheitsblatt H. 5, S. 204–206.

BMA (Bundesministerium für Arbeit und Sozialordnung) (1991): TRK-Wert für 4,4'-Methylen-bis-(2-chloranilin): 0,02 mg/m^3 (erfaßt nach der Gesamtstaubdefinition. – Bundesarbeitsblatt Nr. 3, 87–89.

BRENNECKE, V.M. (1994): Entscheidungsverfahren der verbandlichen technischen Normsetzung im Umweltschutz: Eine empirische Untersuchung der Verschränkung von Hierarchie und Verhandlung zur Lösung von Interessenkonflikten bei der Konkretisierung des „Standes der Technik" im Immissionsschutz. – Dissertationsschrift. – Ruhr-Universität Bochum, Dissertation.

BREULMANN, G. (1993): Normung und Rechtsangleichung in der Europäischen Wirtschaftsgemeinschaft. – Berlin: Duncker & Humblot. – Münsterische Beiträge zur Rechtswissenschaft Band 75.

BROHM, W. (1987): Sachverständige Beratung des Staates. – In: ISENSEE, J., KIRCHHOF, P. (Hrsg.): Handbuch des Staatsrechts der Bundesrepublik Deutschland, Band II, 36 (S. 207–248) (236 ff.). – Heidelberg: C.F. Müller.

Bundesamt für Strahlenschutz (1994): Jahresbericht 1994. – Salzgitter: BfS. – 312 S.

CLASSEN, H.G. (1994): Lebensmitteltoxikologie. – In: MARQUARDT, H., SCHÄFER, S.G. (Hrsg.): Lehrbuch der Toxikologie. – Mannheim: B.I. Wissenschaftsverlag. – S. 758–779.

DEKANT, W., VAMVAKAS, S. (1994): Toxikologie für Chemiker und Biologen. – Heidelberg u.a.: Spektrum Akademischer Verlag. – 432 S.

DENNINGER, E. (1990): Verfassungsrechtliche Anforderungen an die Normsetzung im Umwelt- und Technikrecht. – Baden-Baden: Nomos.

DFG (Deutsche Forschungsgemeinschaft) (1991): Begriffsbestimmungen im Lebensmittelbereich. – Mitteilung I der Kommission zur Beurteilung der ge-

...sundheitlichen Unbedenklichkeit von Lebensmitteln. – Weinheim: VCH Verlagsgesellschaft.

DIETER, H.H. (1995): Trinkwasser. – In: WICHMANN, H.E., SCHLIPKÖTER, H.W., FÜLGRAFF, G. (Hrsg.): Handbuch der Umweltmedizin. – Landsberg: ecomed Verlag. – IV-3. 1–54.

DIN (Deutsches Institut für Normung) (1986): DIN 820 Teile 1 und 4. – Berlin: Beuth.

DIN (1987): DIN-Normenheft 10. Grundlagen der Normungsarbeit des DIN. – 5. geänderte Auflage. – Berlin: Beuth. – 316 S.

DIN (1992): 75 Jahre DIN: 1917-1992. Festschrift. – Berlin: Beuth. – 268 S.

DIN (1995): Europäische Normung: Ein Leitfaden des DIN Deutsches Institut für Normung e.V. – 31 S.

ECKERT, D. (1993): Rechtsgrundlagen – Lebensmittel. – In: WICHMANN, H.E., SCHLIPKÖTER, H.W., FÜLGRAFF, G. (Hrsg.): Handbuch der Umweltmedizin. – Landsberg: ecomed Verlag. – X-5. 1–8.

EIKMANN, T., KLOKE, A. (1993): Nutzungs- und schutzgutbezogene Orienterungswerte für (Schad-) Stoffe in Böden: Eikmann-Kloke-Werte. – In: ROSENKRANZ, D. et al. (Hrsg.): Bodenschutz. – Berlin: E. Schmidt. – Losebl.-Ausg.

ENDERS, A., MARBURGER, P. (1993): Umweltschutz durch gesellschaftliche Selbststeuerung. – Bonn: Economica Verlag. – Studien zum Umweltstaat (Reihe).

FALKE, J. (1986): Rechtliche Kriterien für und Folgerungen aus Grenzwerten im Arbeitsschutz. – In: WINTER, G. (Hrsg.): Grenzwerte: Interdisziplinäre Untersuchungen zu einer Rechtsfigur des Umwelt-, Arbeits- und Lebensmittelschutzes. – Düsseldorf: Werner-Verlag. – Umweltrechtliche Studien Bd. 1. – S. 164–198.

FLURY, F., LEHMANN, K.B. (1938): Toxikologie und Hygiene technischer Lösemittel. – Berlin: Springer.

FLURY, F., ZERNIK, F. (1931): Schädliche Gase und Dämpfe. – Berlin: Springer.

FRAENKEL, E. (1964): Der Pluralismus als Strukturelement der freiheitlich-rechtsstaatlichen Demokratie. – In: Verhandlungen des 45. Deutschen Juristentages, Band II/B. – München: C.H. Beck.

FÜHR, M. (1994): Wie souverän ist der Souverän? Technische Normen in demokratischer Gesellschaft. – Frankfurt: VAS Verlag für Akademische Studien.

FÜHR, M. (unter Mitarbeit von BRENDLE, U., GEBERS, B., ROLLER, G., Environmental Law Network International (ELNI)) (1995): Reform der europäischen Normungsverfahren: Verfassungs- und europarechtliche Anforderungen an private Normungsverfahren. – Studie mit Unterstützung des Büros für Technikfolgenabschätzung am Deutschen Bundestag und der Europäischen Kommission. – Darmstadt: FID.

FÜLGRAFF, G. (1989): Lebensmittel-Toxikologie. – Stuttgart: Ulmer. – 240 S.,

GETHMANN, C. F., MITTELSTRAß, J. (1992): Maße für die Umwelt. – GAIA 1, 16–25.

GRABITZ, E. (1980): Die Harmonisierung baurechtlicher Vorschriften durch die Europäischen Gemeinschaften. – Berlin: E. Schmidt.

GROHMANN, A. (1995): Zur Problematik der Grenzwerte für Stoffe im Trinkwasser. – Umweltmedizinischer Informationsdienst H. 1, 2–4.

GUSY, Ch. (1988): Leistungen und Grenzen technischer Regeln – am Beispiel der technischen Baunormen. – Verwaltungsarchiv 1988, 68–84.

GUSY, Ch. (1995): Probleme der Verrechtlichung technischer Standards. – Neue Zeitschrift für Verwaltungsrecht, 14. Jg., 105–112.

HÄSSELBARTH, U. (1991): Die Bedeutung der Grenzwerte für chemische Stoffe in der Trinkwasserverordnung und die Regelungen beim Überschreiten von Grenzwerten. – In: AURAND, K. et al. (Hrsg.): Die Trinkwasserverordnung: Einführung und Erläuterungen für Wasserversorgungsunternehmen und Überwachungsbehörden. – Berlin: Erich Schmidt. – S. 126–140.

HOLZINGER, K. (1994): Politik des kleinsten gemeinsamen Nenners? – Berlin: Edition Sigma.

ICRP (International Commission on Radiation Protection) (1977): Allgemeine Grundsätze der Strahlenschutzüberwachung von Beschäftigten. – Stuttgart: G. Fischer. 43 S.

JAEDICKE, W., KERN, K., WOLLMANN, H. (1992): Internationaler Vergleich von Verfahren zur Festlegung von Umweltstandards. – Berlin: Erich Schmidt Verlag. – UBA-Berichte 3/93.

JOERGES, C., FALKE, J., MICKLITZ, H.W., BRÜGGEMEIER, G. (1988): Die Sicherheit von Konsumgütern und die Entwicklung der Europäischen Rechtspolitik. – Baden-Baden: Nomos. – Schriftenreihe des Zentrums für Europäische Rechtspolitik, Band 2.

KLOEPFER, M., REHBINDER, E., SCHMIDT-AßMANN, E. (Hrsg.) (1990): Umweltgesetzbuch – Allgemeiner Teil. – Berlin: Erich Schmidt Verlag. – UBA-Berichte 7/90. – 504 S.

KORTENKAMP, A., GRAHL, B., GRIMME, L.H. (Hrsg.) (1988): Die Grenzenlosigkeit der Grenzwerte: Zur Problematik eines politischen Instruments im Umweltschutz: Ergebnisse eines Symposiums des Öko-Instituts und der Stiftung Mittlere Technologie. – Karlsruhe: C.F. Müller. – 304 S.

KRÄMER, L. (1992): Arbeit und Konzeption der EG-Kommission in der Umweltpolitik. – In: CALLIES, C., WEGENER, B. (Hrsg.): Europäisches Umweltrecht als Chance. – Taunusstein: Eberhard Blottner Verlag. – S. 33–46.

KRdL (Kommission Reinhaltung der Luft in VDI und DIN) (1990): Tätigkeitsbericht 1990. – Düsseldorf: Verein Deutscher Ingenieure. – S. 5.

KRdL (1993): Tätigkeitsbericht 1993. – Düsseldorf: Verein Deutscher Ingenieure.

KRdL (1994): Tätigkeitsbericht 1994. – Düsseldorf: Verein Deutscher Ingenieure.

LADEUR, K.-H. (1995): Das Umweltrecht der Wissensgesellschaft. – Berlin: Duncker & Humblot. – Schriften zur Rechtstheorie, H. 167.

LAMB, I. (1995): Kooperative Gesetzeskonkretisierung. – Baden-Baden: Nomos.

LERSNER, H. von(1990): Verfahrensvorschläge für umweltrechtliche Grenzwerte. – Natur und Recht 12 (2), 193–197.

LIPS, P. (1993): Wegweiser durch das Lebensmittelrecht. – München: Deutscher Taschenbuchverlag, Verlag C.H. Beck.

LÖSTER, W. (1986):Radioaktivität und Strahlung: Grundbegriffe zur Strahlenphysik und Dosimetrie. – gsf mensch + umwelt, Heft Dezember 1986, Radioaktivität und Strahlenfolgen: Messen, Abschätzen, Bewerten. – S. 5–14.

LUDEHN, J.-R., HANS, R. (1990): Rückstände von Pflanzenschutzmitteln in der Nahrung: Zulässige Höchstmengen und Abschätzung der Aufnahme. – Gesunde Pflanzen 1 (42), 23–29.

LÜBBE-WOLFF, G. (1991): Verfassungsrechtliche Fragen der Normsetzung und Normkonkretisierung im Umweltrecht. – Zeitschrift für Gesetzgebung, 6. Jg., 219–248.

MAIER-LEIBNITZ, H. (1982): Vorschlag einer Glaubwürdigkeitsprüfung. – Frankfurter Allgemeine Zeitung v. 12. Oktober 1982.

MAYNTZ, R. (1990): Entscheidungsprozesse bei der Entwicklung von Umweltstandards. – Die Verwaltung, 23. Jg., 137–151.

MENG, W. (1988): Die Neuregelung der EG-Verwaltungsausschüsse. – Zeitschrift für ausländisches öffentliches und Völkerrecht, 48. Jg., 208–228.

NETTESHEIM, M. (1995): In: GRABITZ, E., HILF, M. (Hrsg.): Kommentar zum EG-Vertrag. – München: C. H. Beck. – Losebl.-Ausg.

PAPIER, J. (1979): Die Stellung der Verwaltungsgerichtbarkeit im demokratischen Rechtsstaat. – Berlin: de Gruyter.

Pharmakopoea Germanica (1882): Editio Altera. – Berlin: R. Decker.

REICH, A. (1986): Gesetzliche Anforderungen an Grenzwerte im Lebensmittelrecht. – In: WINTER, G. (Hrsg.): Grenzwerte: Interdisziplinäre Untersuchungen zu einer Rechtsfigur des Umwelt-, Arbeits- und Lebensmittelschutzes. – Düsseldorf: Werner-Verlag. – Umweltrechtliche Studien Bd. 1. – S. 199–226.

RITTSTIEG, A. (1982): Die Konkretisierung technischer Standards im Anlagenrecht. – Köln: Heymann.

ROETHE, T. (1994): Management von Gefahrstoffrisiken in Regelungsausschüssen der Europäischen Gemeinschaft. – In: WINTER, G. (Hrsg.): Risikoanalyse und Risikoabwehr im Chemikalienrecht. – Düsseldorf: Werner-Verlag. – Umweltrechtliche Studien Bd. 17. – S. 115–164.

ROHRMANN, B. (1991): Die Setzung von Grenzwerten als Risikomanagement. – (unveröffentlichtes Manuskript). – Universität Mannheim, September 1991.

SALZWEDEL, J. (1987): Risiko im Umweltrecht – Zuständigkeit, Maßstäbe und Verfahren zur Bewertung. – Neue Zeitschrift für Verwaltungsrecht, 6. Jg., 276–279.

SCHMOELLING, J. (1986): Grenzwerte in der Luftreinhaltung: Entscheidungsprozesse bei der Festlegung. – In: WINTER, G. (Hrsg.): Grenzwerte: Interdisziplinäre Untersuchungen zu einer Rechtsfigur des Umwelt-, Arbeits- und Lebensmittelschutzes. – Düsseldorf: Werner-Verlag. – Umweltrechtliche Studien Bd. 1. – S. 73–85.

SCHUMACHER, W. (1991): Entwicklung der Rechtsnormen für Trinkwasser. – In: AURAND, K., HÄSSELBARTH, U., LANGE-ASSCHENFELDT, H., STEUER, W. (Hrsg.): Die Trinkwasserverordnung: Einführung und Erläuterungen für Wasserversorgungsunternehmen und Überwachungsbehörden. – Berlin: Erich Schmidt. – S. 13–23.

SRU (Der Rat von Sachverständigen für Umweltfragen) (1988): Umweltgutachten 1987. – Stuttgart u. a.: Kohlhammer. – 674 S.

SRU (1994): Umweltgutachten 1994. – Stuttgart: Metzler-Poeschel. – 384 S.

SRU (1995): Altlasten II. – Sondergutachten. – Stuttgart: Metzler-Poeschel. – 284 S.

SSK (Strahlenschutzkommission) (1987): Empfehlungen der SSK 1985/1986.- Stuttgart: G. Fischer. – 212 S.

SSK (1988): Empfehlungen der SSK 1987. – Stuttgart: G. Fischer. – 114 S.

STERN, K. (1984): Das Staatsrecht der Bundesrepublik Deutschland, Bd. I. – 2. Auflage. – München: C.H. Beck.

TAB (Büro für Technikfolgenabschätzung beim deutschen Bundstag) (1994): Europäische Umweltnormenn: Absenkung des Umweltschutzniveaus oder neue Chance für eine proaktive Umweltpolitik? – Bonn: TAB. – TAB-Brief Nr. 8, S. 10 f.

UMK (1993): Geschäftsordnung der Umweltministerkonferenz vom 19./19. April 1991, geändert am 5./6. Mai 1993.

VDI (Verein Deutscher Ingenieure) (1981): VDI-Richtlinie 1000: Richtlinienarbeit: Grundsätze und Anleitungen. – Berlin: Beuth.

VDI (1983): VDI-Richtlinie 2309, Bl. 1: Ermittlung von Maximalen Immissionswerten: Grundlagen. – Berlin: Beuth.

VDI (1988): VDI-Richtlinie 2310, Bl. 1: Zielsetzung und Bedeutung der Richtlinen Maximale Immissionswerte. – Berlin: Beuth.

VDI (1994): Umwelttechnik im VDI. – Düsseldorf: VDI. – 48 S.

VDI (1995): Tätigkeitsbericht 1994/1995. – Düsseldorf: VDI. – 27 S.

VIEBROCK, J. (1994): Öffentlichkeit im Verfahren der Chemikalienkontrolle am Beispiel „PCP". – Umweltrechtliche Studien, Band 18. – Düsseldorf: Werner-Verlag.

WAECHTER, K. (1994): Geminderte demokratische Legitimation staatlicher Institutionen im parlamentarischen Regierungssystem: Zur Wirkung von Verfassungsprinzipien und Grundrechten auf institutionelle und kompetenzielle Ausgestaltungen. – Berlin: Duncker & Humblot. – Schriften zum Öffentlichen Recht Bd. 667. – 320 S.

WHO (World Health Organisation) (1987): Principles for the Safety Assessment of Food Additives and Contaminants in Food. – Genf: WHO. – Environmental Health Criteria 70. – 174 S.

WILD, W. (1985): Über die Glaubwürdigkeit von Expertenaussagen. – Vortrag bei der Jahresversammlung der Gesellschaft für Reaktorsicherheit in München am 7. November 1985. – unveröffentlicht. – Braunschweig: GRS.

WINTER, G. (1986): Gesetzliche Anforderungen an Grenzwerte für Luftimmissionen. – In: WINTER, G. (Hrsg.): Grenzwerte: Interdisziplinäre Untersuchungen zu einer Rechtsfigur des Umwelt-, Arbeits- und Lebensmittelschutzes. – Düsseldorf: Werner-Verlag. – Umweltrechtliche Studien Bd. 1. – S. 127–141.

WOLF, R. (1986): Der Stand der Technik. – Opladen: Westdeutscher Verlag.

YOUNG, J. H. (1993): Food and Drug Administration (FDA). – In: WHITNAH, D.F. (Ed.): The Greenwood Encyclopedia of American Institutions, Bd. 7: Government Agencies. – Westport, London: Greenwood Press. – S. 251–257.

ZIPPELIUS, R. (1994): Recht und Gerechtigkeit in der offenen Gesellschaft. – Berlin: Duncker & Humblot. – Schriften zur Rechtstheorie H. 163.

Kapitel 5

ABERLE, G., ENGEL, M. (1992): Verkehrswegerechnung und Optimierung der Verkehrsinfrastrukturnutzung. – Hamburg: Deutscher Verkehrs-Verlag. – Giessener Studien zur Transportwirtschaft und Kommunikation Bd. 6. – VII, 190 S.

Agrarbericht (1995): Agrar- und ernährungspolitischer Bericht der Bundesregierung. – BT-Drucksache 13/400.

ARNDT, H.-W. (1995): Rechtsfragen zur deutschen CO_2-/Energiesteuer entwickelt am Beispiel des DIW-Vorschlags. – Frankfurt a.M.: Peter Lang. – Mannheimer Beiträge zum Öffentlichen Recht und Steuerrecht Bd. 6. – 198 S.

BACH, S. (1995): Wirtschaftliche Auswirkungen und rechtlich-institutionelle Aspekte einer ökologischen Steuerreform. – Steuer und Wirtschaft H. 3, 264–279.

BACH, S., KOHLHAAS, M., PRAETORIUS, B., WESSELS, H., ZWIENER, R. (1995): Wirtschaftliche Auswirkungen einer ökologischen Steuerreform. – Berlin: Duncker & Humblot. – DIW Sonderheft 153.

BARETT, E., POLLIT, T. (1994): Auswirkungen einer veränderten Benzinzusammensetzung in Europa. – Berlin: Umweltbundesamt. – UBA-Texte 16/94.

BÄTCHER, K., BÖHM, E. (1992): Untersuchungen über die Auswirkungen geplanter gesetzlicher Beschränkungen auf die Verwendung, Verbreitung und Substitution von Cadmium in Produkten. – Karlsruhe: Fraunhofer Institut für Systemtechnik und Innovationsforschung (FhG-ISI). – Forschungsbericht Nr. 104 08 320. – 294 S.

BAUER, A. (1993): Der Treibhauseffekt: Eine ökonomische Analyse. – Tübingen: J.C.B. Mohr. – Schriften zur angewandten Wirtschaftsforschung Bd. 60. – XI, 237 S.

BAUM, H., SARIKAYA, M.H. (1995): Umweltsteuern als Instrument zur Verringerung von Schadstoffemissionen im Straßengüterverkehr: Ergebnisse einer empirischen Untersuchung. – Zeitschrift für Verkehrswissenschaft 66 (2), 113–163.

BAUMGARTNER, T., RUBIK, F. (1991): Mehrwertsteuer und ökologische Produktpolitik. – Zeitschrift für angewandte Umweltforschung (ZAU) 4 (3), 304–315.

BAUMOL, W.J., OATES, W.E. (1971): The Use of Standards and Prices for Protection of the Environment. – Swedish Journal of Economics Bd. 73, 42 ff.

BECKER, H. (1992): Reduzierung des Düngemitteleinsatzes – Ökonomische und ökologische Bewertung von Maßnahmen zur Reduzierung des Düngemitteleinsatzes. Eine quantitative Analyse für Regionen der Europäischen Gemeinschaft. – Münster-Hiltrup: Landwirtschaftsvertrag. – Schriftenreihe des BMELF, Reihe A, Angewandte Wissenschaft, H. 416.

BECKER-NEETZ, G. (1988): Rechtliche Probleme der Umweltzertifikatmodelle in der Luftreinhaltepolitik. – Frankfurt a. M.: Peter Lang. – Europäische Hochschulschriften, Reihe II, Rechtswissenschaft Bd. 763.

BEHRING, K., KARL, H.-D. (1994): Wirkung einer CO_2-Minderungspolitik auf die Wohnungsversorgung. – Berlin u.a.: Duncker & Humblot. – Schriftenreihe des Ifo-Instituts für Wirtschaftsforschung Nr. 136. – 322 S.

BENKERT, W., BUNDE, J., HANSJÜRGENS, B. (1990): Umweltpolitik mit Ökosteuern? Ökologische und finanzpolitische Bedingungen für neue Umweltabgaben. – Marburg: Metropolis. – Ökologie und Wirtschaftsforschung Bd. 1. – 214 S.

BERGMANN, E., EWRINGMANN, D. (1989): Ökosteuern: Entwicklung, Ansatzpunkte und Bewertung. – In: NUTZINGER, H. G., ZAHRNT, A. (Hrsg.): Ökosteuern: Umweltsteuern und -abgaben in der Diskussion. – Karlsruhe: C.F. Müller. – S. 43–73.

BINSWANGER, H.C., NUTZINGER, H.G. (1983): Arbeit ohne Umweltzerstörung. – 3. Aufl. – Frankfurt a. M.: S. Fischer. – 366 S.

BIRK, D. (1989): Art. 106 GG. – In: Kommentar zum Grundgesetz für die Bundesrepublik Deutschland Bd. 2. – 2. Aufl. – Neuwied: Luchterhand.

BIRK, D., FÖRSTER, J. (1985): Kompetenzrechtliche Grenzen des Gesetzgebers bei der Regelung der Verbrauchsteuer. – Der Betrieb, Beilage Nr. 17, 1–12.

BLAK (Bund/Länder-Arbeitskreis „Steuerliche und wirtschaftliche Fragen des Umweltschutzes") (1993): Gesamtkonzept Umweltabgaben/Steuerreform. – Bericht zur 41. Umweltministerkonferenz am 24./25. November 1993 in Saarbrücken.

BLANK, J. E. (1994): Marktstrukturen und Strategien auf dem Weltölmarkt. – Spieltheoretische Betrachtungen. – Münster u.a.: LIT. – 256 S.

BLANK, J. E., STRÖBELE, W. J. (1995): The Economics of the CO_2-Problem: What About the Supply Side? – Universität Oldenburg. – Discussion Paper Nr. V-147-95.

BMU (Bundesministerium für Umwelt, Naturschutz und Reaktorsicherheit) (Hrsg.) (1994): Dritter Bericht der Bundesregierung an den Deutschen Bundestag über Maßnahmen zum Schutz der Ozonschicht. – Bonn: BMU. – Umweltpolitik. – 63 S.

BMU (1995): Überblick über CO_2-/Energiesteuern in Europa. – Stand: 1. Juni 1995. – (unveröffentlichtes Manuskript).

BÖHRINGER, C., FAHL, U., VOß, A. (1994): Ökologische Steuerreform – ein Königsweg? Kritische Anmerkungen zur DIW-Studie „Wirtschaftliche Auswirkungen einer ökologischen Steuerreform". – Energiewirtschaftliche Tagesfragen 44 (10), 622–626.

BÖHRINGER, C., RUTHERFORD, T.F. (1994): Carbon Taxes with Exemptions in an Open Economy: a General Equilibrium Analysis of the German Tax Initiative. – Stuttgart: Institut für Energiewirtschaft und Rationelle Energieverwendung (IER). – (unveröffentlichtes Manuskript).

BONUS, H. (1994): Vergleich von Abgaben und Zertifikaten. – In: MACKSCHEIDT, K., EWRINGMANN, D., GAWEL, E. (Hrsg.): Umweltpolitik mit hoheitlichen Zwangsabgaben? Karl-Heinrich Hansmeyer zur Vollendung seines 65. Lebensjahres. – Berlin: Duncker & Humblot. – S. 287–300.

BONUS, H. (1995): Umweltlizenzen. – In: JUNKERN-HEINRICH, M., KLEMMER, P., WAGNER, G.R. (Hrsg.): Handbuch zur Umweltökonomie Bd. 2. – Berlin: Analytica. – S. 301–305.

BRESSLER, G., KUHN, H., MÜNZER, T., KUHN, S., LEIS, U. (1994): Betriebliche Wärmenutzungskonzepte als Instrumente eines integrierten Umweltschutzes. – UBA-Forschungsbericht Nr. 104 07 309/ UBA-FB 94-029. – 2 Bde. – UBA-Texte 41/94.

BREUER, R. (1992): Umweltrechtliche und wirtschaftslenkende Abgaben im europäischen Binnenmarkt. – Deutsches Verwaltungsblatt, 485–496.

Bureau du Plan Erasme (1993): Introduction d'une taxe sur l'énergie en Europe – Raport à la DG XI de la C.C.E. – (unveröffentlichter Bericht).

BUTTERMANN, H.G. (1994): Zur Interdependenz von Energieverbrauch und Kapitaleinsatz – dargestellt am Beispiel der Zementindustrie. – RWI-Mitteilungen Bd. 45, 147–175.

CANSIER, D. (1993): Umweltökonomie. – Stuttgart: G. Fischer. – X, 396 S.

CURTIUS, F. (1995): Emission von Ozon-Vorläufersubstanzen an Tankstellen. – WLB Wasser, Luft und Boden 39 (9), 57–59.

Danish Government (1995): A Presentation of the Danish Energy Package: Green Taxes.

DECKER, F. (1994): Ökologie und Verteilung: Eine Analyse der sozialen Folgen des Umweltschutzes. – Aus Politik und Zeitgeschichte (Beilage zu ‚Das Parlament – die Woche im Bundestag') 49, 22–32.

DIW (Deutsches Institut für Wirtschaftsforschung) (1992): Berechnung der Wegekosten- und Wegeausgabendeckungsgrade für den Straßenverkehr in den alten Ländern der Bundesrepublik Deutschland. – Gutachten für den Bundesminister für Verkehr. – Berlin: DIW.

DIW (1995): Hohe Subventionen in Ostdeutschland – wenig Abbau in Westdeutschland. – DIW-Wochenbericht 62 (4), 106–117.

DIW/IfE (Deutsches Institut für Wirtschaftsforschung/Institut für Energetik GmbH, Leipzig) (1991): Entwicklung des Energieverbrauchs und seiner Determinanten in der ehemaligen DDR. – Berlin: Deutsches Institut füt Wirtschaftsforschung.

DIW/IVM (Deutsches Institut für Wirtschaftsforschung/Institut für Verkehrswissenschaft an der Universität Münster) (1993): Gesellschaftliche Kosten und Nutzen der Verteuerung des Transportes. – Gutachten für die Enquête-Kommission „Schutz der Erdatmosphäre" des Deutschen Bundestages. – Berlin und Münster. – (unveröffentlichter Bericht).

DIW/IVU/IFEU (Deutsches Institut für Wirtschaftsforschung/Institut für Verkehrswissenschaft an der Universität Münster/Institut für Energie- und Umweltforschung Heidelberg GmbH) (1994): Verminderung der Luft- und Lärmbelastung im Güterfernverkehr 2010. – Gutachten im Auftrag des UBA. – Berlin: Umweltbundesamt. – UBA-Berichte 5/94.

DRECHSLER, W. (1995): Auswirkungen veränderter Ottokraftstoffe auf die Abgasemissionen und die Raffinerien. – Erdöl, Erdgas, Kohle 111 (1), 4–7.

DRIEHAUS, H.-J. (1995): Erschließungs- und Ausbaubeiträge. – 4. Aufl. – München: Beck. – 799 S.

DUBBERKE, H., SCHMITZ, P.M. (1993): Ökonometrische Schätzung von Elastizitäten. – In: SCHMITZ, P.M., HARTMANN, M. (Hrsg.): Landwirtschaft und Chemie: Simulationsstudie zu den Auswirkungen einer Reduzierung des Einsatzes von Mineraldüngern und Pflanzenschutzmitteln aus ökonomischer Sicht. – Kiel: Wissenschaftsverlag Vauk. – S. 169–189.

EBEL, W., EICKE, W., FEIST, W., et al. (1990): Altbaumodernisierung und -sanierung bei Wohngebäuden. – In: Enquête-Kommission „Vorsorge zum Schutz der Erdatmosphäre" des Deutschen Bundestages (Hrsg.):

Energie und Klima, Bd. 2. – Bonn: Economica. – S. 111–198.

ECKERLE, K., HOFER; P., MASUHR, K. P. (1992): Energiereport 2010: die energiewirtschaftliche Entwicklung in Deutschland. – Stuttgart: Schäffer-Poeschel. – 498 S.

EDMONDS, J., REILLY, J.M. (1985): Global Energy: Assessing the Future. – New York u.a.: Oxford Univ. Pr. – XII, 317 S.

ENDRES, A., JARRE, J., KLEMMER, P., ZIMMERMANN, K. (1991): Der Nutzen des Umweltschutzes. – Synthese der Ergebnisse des Forschungsschwerpunktprogramms „Kosten der Umweltverschmutzung/Nutzen des Umweltschutzes". – Berlin u.a.: E. Schmidt. – UBA-Berichte 12/91. – 152 S.

ENDRES, A., QUERNER, I. (1993): Die Ökonomie natürlicher Ressourcen: eine Einführung. – Darmstadt: Wissenschaftliche Buchgesellschaft. – 173 S.

ENDRES, A., SCHWARZE, R. (1994): Das Zertifikatsmodell vor der Bewährungsprobe? – Eine ökonomische Analyse des Acid Rain-Programms des neuen US-Clean Air Act. – In: KLOEPFER, M. (Hrsg.): Umweltzertifikate und Kompensationslösungen aus ökonomischer und juristischer Sicht. – Bonn: Economica. – S. 137–215.

ENGELHARDT, C. (1995): Gesundheitsbedrohendes Benzol: Die kanzerogene Wirkung ist seit langem bekannt und wird dennoch bagatellisiert. – Umwelt (VDI) 25 (4), 147–148.

ENGSTRÖM, M. (1993): Energie- und Umweltabgaben in Schweden. – In: Bundesamt für Umwelt, Wald und Landschaft (BUWAL) (Hrsg.): Umweltabgaben in Europa: Konsequenzen für die Schweiz. – Bern: Bundesamt für Umwelt, Wald und Landschaft. – Umwelt-Materialien Bd. 8. – S. 11–16.

Enquête-Kommission „Schutz der Erdatmosphäre" des Deutschen Bundestages (Hrsg.) (1994): Schutz der Grünen Erde: Klimaschutz durch umweltgerechte Landwirtschaft und Erhalt der Wälder. – Bonn: Economica. – 702 S.

Enquête-Kommission „Schutz der Erdatmosphäre" des Deutschen Bundestages (Hrsg.) (1995): Mehr Zukunft für die Erde: Nachhaltige Energiepolitik für dauerhaften Klimaschutz. – Schlußbericht der Enquête-Kommission „Schutz der Erdatmosphäre" des 12. Deutschen Bundestages. – Bonn: Economica. – 1540 S.

Enquête-Kommission „Schutz des Menschen und der Umwelt" des Deutschen Bundestages (Hrsg.) (1994): Die Industriegesellschaft gestalten: Perspektiven für den Umgang mit Stoff- und Materialströmen. – Bonn: Economica. – 765 S.

Enquête-Kommission „Vorsorge zum Schutz der Erdatmosphäre" des Deutschen Bundestages (Hrsg.) (1990): Schutz der Erde – Eine Bestandsaufnahme mit Vorschlägen zu einer neuen Energiepolitik. – Dritter Bericht der Enquête-Kommission „Vorsorge zum Schutz der Erdatmosphäre" des 11. Deutschen Bundestages. – 2 Bde. – Bonn: Bonner Universitäts-Buchdruckerei.

EPA (United States Environmental Protection Agency) (1993): 1993 EPA Allowance Auction Results. – Washington D.C.

EPA (1994): 1994 EPA Allowance Auction Results. – Washington D.C.

EPA (1995): 1995 EPA Allowance Auction Results. – Washington D.C.

European Commission (1993): Taxation, Employment and Environment: Fiscal Reform for Reducing Unemployment. – Dez. Doc II-645-93EN, working paper.

EWERS, H.-J., BRENCK, A. (1994): Divergenz zwischen Stoff- und Wertströmen: Ökonomische Lösungen des Problems der Gefährlichkeit von Stoffen. – Studie im Auftrag der Enquête-Kommission „Schutz des Menschen und der Umwelt" des Deutschen Bundestages. – (unveröffentlicht).

EWERS, H.-J., RENNINGS, K. (1996): Quantitative Ansätze einer rationalen umweltpolitischen Zielbestimmung. – In: SIEBERT, H. (Hrsg.): Elemente einer rationalen Umweltpolitik. – Tübingen: J.C.B. Mohr. (im Druck).

EWERS, H.-J., RODI, H. (1995): Privatisierung der Bundesautobahnen. – Göttingen: Vandenhoeck & Ruprecht. – 140 S.

EWRINGMANN, D. (1994): Ökologische Steuerreform? – Zeitschrift für Umweltpolitik und Umweltrecht (ZfU) 17 (1), 43–56.

FAROSS, P. (1993): Die geplante CO_2-/Energiesteuer in der Europäischen Gemeinschaft. – Energiewirtschaftliche Tagesfragen H. 5, 295–298.

FEIST, W., BIALLY, M., EICKE-HENNIG, W., et al. (1994): Wirtschaftlichkeit von Niedrigenergiehäusern. – Sonnenenergie und Wärmetechnik H. 4, 32–38.

FELDER, S., RUTHERFORD, T. F. (1993): Unilateral CO_2 Reductions and Carbon Leakage: the Effect of International Trade in Oil and Basic Materials. – Journal of Environmental Economics and Management H. 25, 162-176.

FELDWISCH, N., FREDE, H.-G. (1995): Maßnahmen zum verstärkten Gewässerschutz im Verursacherbereich Landwirtschaft. – Bonn: DVWK. – DVWK-Materialien 2/1995. – 124 S.

FISCHER-MENSHAUSEN, H. (1983): Art. 105 GG. – In: MÜNCH, I. von (Hrsg.): Grundgesetz-Kommentar Bd. 3. – 2. Aufl. – München: Beck.

FONGER, M. (1993): Gesamtwirtschaftlicher Effizienzvergleich alternativer Transportketten: Eine Analyse unter besonderer Berücksichtigung des multimodalen Verkehrs Schiene/Straße. – Göttingen: Vandenhoeck & Ruprecht. – Beiträge aus dem Institut für Verkehrswissenschaft an der Universität Münster Bd. 132. – 316 S.

FÖRSTER, J. (1989): Die Verbrauchsteuern. – Heidelberg: C.F. Müller. – 162 S.

FRANKE, S. F. (1991): Hindernisse im Verfassungsrecht für Öko-Abgaben. – Zeitschrift für Rechtspolitik 24 (1), 24–28.

FRANKE, S. F. (1994): Umweltabgaben und Finanzverfassung. – Steuer und Wirtschaft H. 1, 26–38.

FROMM, O., HANSJÜRGENS, B. (1994): Umweltpolitik mit handelbaren Emissionszertifikaten: eine ökonomische Analyse des RECLAIM-Programms in Südkalifornien. – Zeitschrift für angewandte Umweltforschung (ZAU) 7 (2), 211–223.

GAMILLSCHEG, H. (1995): Zurück vom Paulus zum Saulus: Norwegen kann seine Umweltziele nicht einhalten. – Frankfurter Rundschau vom 6. Juni 1995.

GAWEL, E. (1991): Gemischte Lenkungsstrategien auf Zertifikatmärkten für Umweltgüter: Ein Modell kombinativen Einsatzes von handelbaren Emissionsrechten und Abgaben. – Zeitschrift für Umweltpolitik und Umweltrecht (ZfU) 14 (3), 279–297.

GAWEL, E. (1992): Finanzausgleichsprobleme eines ökologieorientierten Steuer- und Abgabensystems. – Wirtschaftsdienst VIII, 429 ff.

GÖRRES, A., EHRINGHAUS, H., WEIZSÄCKER, E. U. von et al. (1994): Der Weg zur Ökologischen Steuerreform: Weniger Umweltbelastung und mehr Beschäftigung. Das Memorandum des Fördervereins Ökologische Steuerreform. – München: Olzog. – 174 S.

GRAßL, H. (1995): Die Klimadebatte – Bestätigung, aber erhöhte Komplexität. – Energiewirtschaftliche Tagesfragen 45 (1/2), 40–44.

GRETSCHMANN, K., VOELZKOW, H. (1986): Ökosoziale Steuerreform: Ein Ausweg aus der Beschäftigungs- und Umweltkrise. – Wirtschaftsdienst H. 11, 560 ff.

HAHN, J. (1993): Kühlwasser, der Entwurf des Anhangs 31 zu 7a WHG. – UTA Umwelt-Technologie-Aktuell 4 (2), 75–83.

HANSJÜRGENS, B. (1992): Umweltabgaben im Steuersystem: Zu den Möglichkeiten einer Einführung von Umweltabgaben in das Steuer- und Abgabensystem der BRD. – Baden-Baden: Nomos. – 274 S.
HANSJÜRGENS, B., FROMM, O. (1994): Erfolgsbedingungen von Zertifikatelösungen in der Umweltpolitik – am Beispiel der Novelle des US-Clean Air Act von 1990. – Zeitschrift für Umweltpolitik und Umweltrecht (ZfU) 17 (4), 473-505.

HANSMEYER, K.-H. (1980): Steuern auf spezielle Güter. – In: Handbuch der Finanzwissenschaft, Band II. – 3. Aufl. – Tübingen: J.C.B. Mohr (Paul Siebeck). – S. 709–885.

HANSMEYER, K.-H., SCHNEIDER, H. K. (1990): Umweltpolitik: Ihre Fortentwicklung unter marktsteuernden Aspekten. – Göttingen: Vandenhoeck & Ruprecht. – 81 S.

HARTJE, V. J. (1994): Naturschutzabgaben: Eine ökonomische Bewertung ihres Einsatzes nach dem Bundesnaturschutzgesetz. – In: MACKSCHEIDT, K., EWRINGMANN, D., GAWEL, E. (Hrsg.): Umweltpolitik mit hoheitlichen Zwangsabgaben? Karl-Heinrich Hansmeyer zur Vollendung seines 65. Lebensjahres. – Berlin: Duncker & Humblot. – S. 331–347.

HASSEL, D., JOST, P., DURSBECK, F., et al. (1994): Abgasemissionsfaktoren von PKW in der Bundesrepublik Deutschland: Abgasemissionen von Fahrzeugen der Baujahre 1986 bis 1990. – Berlin u.a.: E. Schmidt. – UBA-Berichte 8/94. – 333 S.

HEISTER, J., MICHAELIS, P. et al. (1991): Umweltpolitik mit handelbaren Emissionsrechten: Möglichkeiten zur Verringerung der Kohlendioxid- und Stickoxidemissionen. – Tübingen: J.C.B. Mohr. – Kieler Studien des Instituts für Weltwirtschaft an der Univ. Kiel Bd. 237. – XVI, 292 S.

HILLEBRAND, B. (1992): Zur ökologischen Wirksamkeit von CO_2-Abgaben in der Elektrizitätsversorgung. – RWI-Mitteilungen Bd. 43, 1–18.

HILLEBRAND, B. (1995): Progressive Besteuerung von Energie – nationaler Alleingang oder international abgestimmte Lösung. – Untersuchung des Rheinisch-Westfälischen Instituts für Wirtschaftsforschung für den Rat von Sachverständigen für Umweltfragen (unveröffentlicht).

HÖEL, M. (1994): Should a Carbon Tax Be Differentiated Across Sectors? – Oslo. – (unveröffentlichtes Manuskript).

HOELLER, P., COPPEL, J. (1992): Energy Taxation and Price Distortions in the Fossil Fuel Markets: Some Implications for Climate Change Policy. – Paris: OECD. – Working papers/Economics Department, OECD. – 35 S.

HOELLER, P., DEAN, A., NICOLAISEN, J. (1990): A Survey of Studies of the Costs of Reducing Greenhouse Gas Emissions. – Paris. – OECD Working paper No. 89.

HOFER, R. (1994): Technologiegeschützte Analyse der Potentiale industrieller Kraft-Wärme-Kopplung. – Dissertation am Lehrstuhl für Energiewirtschaft und Kraftwerkstechnik der TU München. – 135 S.

HOFFMANN, C. (1993): Einfluß und Problematik der Bilanzierung indirekter Energieaufwendungen am Beispiel des Pkw. – VDI Berichte Nr. 1093. – S. 45–56.

HÖFLING, W. (1992): Verfassungsfragen einer ökologischen Steuerreform. – Steuer und Wirtschaft H. 3, 242–251.

HOHMEYER, O., ANGERER, G., BÖHM, E. et al. (1992): Methodenstudie zur Emittentenstruktur in der Bundesrepublik Deutschland: Verknüpfung von Wirtschaftsstruktur und Umweltbelastungsdaten. – Forschungsbericht der Fraunhofer-Gesellschaft zur Förderung der Angewandten Forschung. – Karlsruhe: Fraunhofer-Institut für Systemtechnik und Innovationsforschung (FhG-ISI). – Forschungsbericht 92-101 05 014. – XXIV, 380 S.

HOHMEYER, O., RENNINGS, K., VÖGELE, S., WEINREICH, S. (1995): Umweltauswirkungen einer ökologischen Steuerreform. – Untersuchung des ZEW im Auftrag des Rates von Sachverständigen für Umweltfragen (unveröffentlicht).

HOLZINGER, K. (1987): Umweltpolitische Instrumente aus der Sicht der staatlichen Bürokratie. – ifo Studien zur Umweltökonomie Bd. 6. – München: Ifo-Institut für Wirtschaftsforschung. – 524 S.

HÖPFNER, U., KNÖRR, W. (1992): Motorisierter Verkehr in Deutschland: Energieverbrauch und Luftschadstoffemissionen des motorisierten Verkehrs in der DDR, Berlin (Ost) und der Bundesrepublik Deutschland im Jahr 2005. – Berlin: Umweltbundesamt. – UBA-Berichte 5/92. – 313 S.

HOPF, R., KUHFELD, H. (1995): Zunahme der Umweltbelastungen durch den Güterfernverkehr muß und kann gebremst werden. – DIW-Wochenbericht H. 12, 247–158.

HOWE, C.W. (1994): Taxes Versus Tradable Discharge Permits: A Review in the Light of the U.S. and European Experience. – Environmental and Resource Economics H. 4, 151–169.

HUCKESTEIN, B. et al. (1991): Eckwerte einer CO_2-Minderungspolitik durch CO_2-Lizenzen. – Berlin: Umweltbundesamt. – 25 S.

HUCKESTEIN, B. (1996): Effizienzbedingungen ökonomischer Instrumente in der EU-Politik: Voraussetzungen für den Einsatz von Umweltabgaben und -lizenzen auf Gemeinschaftsebene. – Berlin: E. Schmidt.

HUCKESTEIN, B., VERRON, H. (1995): Externe Effekte des Verkehrs in Deutschland. – In: Mobilität um jeden Preis? Tagungsband zum 382. FGU-Seminar des Fortbildungszentrums Gesundheit und Umweltschutz Berlin e.V. am 6. Nov. 1995 in Berlin. – S. 3–52.

IEUP (Institut für Europäische Umweltpolitik) (1993): Perspektiven und Konsequenzen der Vollendung des europäischen Binnenmarktes, insbesondere der schrittweisen Schaffung eines europäischen Strommarktes, und von internationalen Vereinbarungen (vor allem zum Klimaschutz) für eine Politik der Reduktion der Treibhausgasemissionen. – Studie im Auftrag der Enquête-Kommission „Schutz der Erdatmosphäre" des Deutschen Bundestages.

IfE (Institut für Energetik GmbH, Leipzig) (1991): Gesamtbilanz Energie 1990 – Wirtschaftsraum der fünf neuen Länder in der Bundesrepublik Deutschland. – Verantw. Bearb. Dr. J. HESSELBACH. – Leipzig: IfE.

Interministerielle Arbeitsgruppe „CO_2-Reduktion" (IMA) (1994): Klimaschutz und Energiepolitik – eine nüchterne Bilanz. – 3. Bericht des Arbeitskreises I „Energieversorgung" der Interministeriellen Arbeitsgruppe „CO_2-Reduktion". – Bonn: Bundeswirtschaftsministerium (Hrsg.). – BMWi Dokumentation Nr. 359. – 64 S.

JATZKE, H. (1993): Das neue Verbrauchsteuerrecht im EG-Binnenmarkt. – Betriebs-Berater H. 1, 41–49.

JUNKERNHEINRICH, M., KALICH, P. (1995): Ökologisierung kommunaler Entgeltpolitik. Zur konfliktären Beziehung zwischen juristischen, betriebswirtschaftlichen und umweltökonomischen Leitbildern kommunaler Gebührengestaltung. – BENKERT, W., BUNDE, J., HANSJÜRGENS, B. (Hrsg.): Wo bleiben die Umweltabgaben? Erfahrungen, Hindernisse,

neue Ansätze. – Marburg: Metropolis. – Ökologie und Wirtschaftsforschung Bd. 17. – S. 179–212.

KALISCHER (1995): Erdgasfahrzeuge im Konzept der deutschen Energiepolitik. – Energiewirtschaftliche Tagesfragen 45 (8), 516–521.

KEMPER, M. (1989): Das Umweltproblem in der Marktwirtschaft: wirtschaftstheoretische Grundlagen und vergleichende Analyse umweltpolitischer Instrumente in der Luftreinhalte- und Gewässerschutzpolitik. – Berlin: Duncker & Humblot.- Volkswirtschaftliche Schriften Bd. 390. – X, 354 S.

KETTNACKER, K., FRANK, K. (1987): Das Mineralölsteuerrecht. – Heidelberg: R. v. Decker's. – 207 S.

KIRCHHOF, P. (1993): Verfassungsrechtliche Grenzen von Umweltabgaben. – In: KIRCHHOF, P. (Hrsg.): Umweltschutz im Abgaben- und Steuerrecht. – Köln: Otto Schmidt. – Veröffentlichungen der Deutschen Steuerjuristischen Gesellschaft Bd. 15 – S. 3–31.

KLEMMER, P. (1994): Steuern auf Energie als Instrument der Klimapolitik. – RWI-Symposium „Energiebesteuerung und ökologischer Umbau des Steuersystems", September 1994, Essen. – (unveröffentlichtes Redemanuskript).

KLODT, H., SCHMIDT, K.-D. et al. (1989): Weltwirtschaftlicher Strukturwandel und Standortwettbewerb: Die deutsche Wirtschaft auf dem Prüfstand. – Tübingen: J.C.B. Mohr. (Paul Siebeck). – Kieler Studien des Instituts für Weltwirtschaft an der Univ. Kiel Bd. 228. – S. 139 ff.

KLODT, H., STEHN, J. et al. (1994): Standort Deutschland: Strukturelle Herausforderungen im neuen Europa. – Tübingen: J.C.B. Mohr. (Paul Siebeck). – Kieler Studien des Instituts für Weltwirtschaft an der Univ. Kiel Bd. 265. – S. 182 ff.

KLOEPFER, M., THULL, R. (1992): Rechtsprobleme einer CO_2-Abgabe. – Deutsches Verwaltungsblatt 107 (4/5), 195–204.

KÖCK, W. (1991a): Die Sonderabgabe als Instrument des Umweltschutzes. – BATTIS, U., REHBINDER, E., WINTER, G. (Hrsg.). – Düsseldorf: Werner. – Umweltrechtliche Studien Bd. 11. – XI, 214 S.

KÖCK, W. (1991b): Umweltsteuern als Verfassungsproblem. – Juristenzeitung H. 14, 692–699.

KOHLHAAS, M., BACH, St., MEINHARDT, U. et al. (1994a): Ökosteuer – Sackgasse oder Königsweg? – Ein Gutachten des Deutschen Instituts für Wirtschaftsforschung (DIW) im Auftrag von Greenpeace. – Berlin: Greenpeace (Hrsg.). – 278 S.

KOHLHAAS, M., PRAETORIUS, B. et al. (1994b): Selbstverpflichtungen der Industrie zur CO_2-Reduktion: Möglichkeiten der wettbewerbskonformen Ausgestaltung unter Berücksichtigung der geplanten CO_2-/Energiesteuer und Wärmenutzungsverordnung. – Berlin: Duncker & Humblot. – DIW Sonderheft 152. – 192 S.

441

KOHLHAAS, M., PRAETORIUS, B. (1995): Selbstverpflichtungen der Wirtschaft zur CO_2-Reduktion: Beitrag zum Klimaschutz? – IÖW/VÖW-Informationsdienst 2/95, 7–9.

KOOPMANN, G. J., MORS, M., SCHERP, J. (1992): Die Klimaherausforderung: Ökonomische Aspekte der Gemeinschaftsstrategie zur Begrenzung der CO_2-Emissionen. – Baden-Baden: Nomos. – Schriftenreihe Europäische Wirtschaft Bd. 51. – XVII, 267 S.

KRANENDONK, S., BRINGEZU, S. (1993): Major Material Flows Associated with Orange Juice Consumption in Germany. – Fresenius Environmental Bulletin 2 (8), 455–460.

LANG, J. (1993): Verwirklichung von Umweltschutzzwecken im Steuerrecht. – In: KIRCHHOF, P. (Hrsg.): Umweltschutz im Abgaben- und Steuerrecht. – Köln: Otto Schmidt – Veröffentlichungen der Deutschen Steuerjuristischen Gesellschaft Bd. 15. – S. 115–159.

LANGEN, P. (1995): Erdgasfahrzeuge: Technik für eine umweltschonende Mobilität. – Energiewirtschaftliche Tagesfragen 45 (8), 522–525.

LINSCHEIDT, B., TRUGER, A. et al. (1994): Umweltorientierte Reform des Steuersystems. – Schlußbericht des Finanzwirtschaftlichen Forschungsinstituts an der Universität zu Köln. – Bonn: Bundesminister für Umwelt, Naturschutz und Reaktorsicherheit (Hrsg.). – Umweltpolitik. – 87 S.

LUHMANN, H.-J., BEUERMANN, C., FISCHEDICK, M., OTT, H. (1995): Making Joint Implementation Operational: Solutions for Some Technical and Operational Problems of JI in the Fossil Fuel Power Sector. – Zusammenfassung des ersten Teils einer Studie für das BMU. – Wuppertal Papers Nr. 31, März 1995.

MAIER-RIGAUD, G. (1994): Umweltpolitik mit Mengen und Märkten: Lizenzen als konstituierendes Element einer ökologischen Marktwirtschaft. – Marburg: Metropolis. – Ökologie und Wirtschaftsforschung Bd. 12. – 222 S.

MANNE, A.S., RICHELS, R.G. (1992): Buying Greenhouse Insurance. – Cambridge, Mass.: MIT Pr. – XII, 182 S.

MASSARAT, M. (1995): Auf Kosten Dritter? – Auswirkungen einer Energiesteuererhebung auf Weltwirtschaft und Weltklima. – Politische Ökonomie H. 7/8, 40–42.

MAUCH, W. (1994): Kumulierter Energieaufwand verschiedener Entsorgungswege von Hausmüll. – Forschungsstelle für Energiewirtschaft (FfE), München. – Manuskript. – 6 S.

MAUCH, S.P., ITEN, R. (1992): Schweizer Fallbeispiel. – In: WEIZSÄCKER, E. U. von et al. (Hrsg.): Ökologische Steuerreform: Europäische Ebene und Fallbeispiel Schweiz. – Chur u.a.: Rügger. – S. 85–234.

MEINZEN, F., HARZ, J. (1991): Parameterstudie zur Wirtschaftlichkeit von kleinen und mittleren Windkraftanlagen in der Bundesrepublik Deutschland. – Wuppertal: Selbstverl. – Arbeitspapiere des Fachbereichs Wirtschaftswissenschaft an der Universität-Gesamthochschule-Wuppertal, Nr. 149. – 56 S.

MEYER, R., JÖRISSEN, J., SOCHER, M. (1993): TA-Projekt „Grundwasserschutz und Wasserversorgung". – Teilbericht „Vorsorgestrategien zum Grundwasserschutz für den Bereich der Landwirtschaft" – Büro für Technikfolgenabschätzung beim Deutschen Bundestag (Hrsg.). – TAB-Arbeitsbericht Nr. 17. – Teilbericht I. – Langfassung. – 277 S.

MEZ, L. (1995): Erfahrungen mit der ökologischen Steuerreform in Dänemark. – In: HOHMEYER, O. (Hrsg.): Ökologische Steuerreform. – Baden-Baden: Nomos. – ZEW-Wirtschaftsanalysen Bd. 1. – S. 109–126.

MICHAELOWA, A. (1995): Internationale Kompensationsmöglichkeiten zur CO_2-Reduktion unter Berücksichtigung steuerlicher Anreize und ordnungsrechtlicher Maßnahmen. – Endbericht zum Gutachten im Auftrag des Bundesministeriums für Wirtschaft. – Bonn: Bundesministerium für Wirtschaft (Hrsg.). – Studienreihe Nr. 87. – 166 S.

Mineralölwirtschaftsverband (1995): Jahresbericht 1994. – Hamburg: Selbstverl. – 71 S.

Ministry of Housing, Physical Planning and Environment of the Netherlands (1995): The Netherlands' Environmental Tax on Fuels: Questions and Answers. – Directorate-General for Environmental Protection, Air and Energy Directorate, Energy Division.

MÜLLER, C. (1994): Möglichkeiten und Grenzen der indirekten Verhaltenssteuerung durch Abgaben im Umweltrecht. – Köln u.a.: Heymanns. – 198 S.

MÜLLER-WITT, H. (1989): Progressive Umweltabgaben als politische Vision. – In: NUTZINGER, H. G., ZAHRNT, A. (Hrsg.): Öko-Steuern: Umweltsteuern und -abgaben in der Diskussion. – Karlsruhe: C.F. Müller. – S. 261–280.

NAGEL, T. (1993): Umweltgerechte Gestaltung des deutschen Steuersystems: Theoretische und empirische Analyse der Aufkommens- und Verteilungseffekte. – Frankfurt u.a.: Campus. – Wirtschaftswissenschaft Bd. 29. – 413 S.

NITSCH et al. (1994): Wirtschaftliches und ausschöpfbares Potential der Kraft-Wärme-Kopplung in Baden-Württemberg. – Untersuchung im Auftrag des Wirtschaftsministeriums Baden-Württemberg. – Stuttgart.

OBERHEITMANN, A. (1995): Auswirkungen einer progressiven Energiesteuer auf die Produktion, den Energieverbrauch und die CO_2-Emissionen in der ökologischen und konventionellen Landwirtschaft der Bundesrepublik Deutschland. – Untersuchung des Rheinisch-Westfälischen Instituts für Wirtschaftsforschung für den Rat von Sachverständigen für Umweltfragen (unveröffentlicht).

OECD (Organisation für wirtschaftliche Zusammenarbeit und Entwicklung) (1993): Taxation and the Environment – Complementary Policies. – Paris: Selbstverl.

OECD (1994a): Environment and Taxation – The Cases of the Netherlands, Sweden and the United States. – Paris: Selbstverl.

OECD (1994b): GREEN: Reference Manual. – Paris: Selbstverl.

OECD (1994c): La fiscalité et l'environnement: Le cas del la France. – Paris: Selbstverl.

OECD (1995): Environmental Taxes in OECD Countries. – Paris: Selbstverl.

OSTERLOH, L. (1991): „Öko-Steuern" und verfassungsrechtlicher Steuerbegriff. – Neue Zeitschrift für Verwaltungsrecht H. 9, 823–829.

PEFFEKOVEN, R. (1990): Ökosteuern und Steuerharmonisierung in der EG. – Energiewirtschaftliche Tagesfragen H. 40, 652–654.

PETERS, M. (1989): Das Verbrauchsteuerrecht. – München: Vahlen. – 423 S.

PETERSEN, L. (1995): Bodenschutz und Property Rights in der US-Landwirtschaft. – Berlin: Duncker & Humblot. – Schriften zu internationalen Wirtschaftsfragen Bd. 18. – 229 S.

PIGOU, A. C. (1932): The Economics of Welfare. – 4. Aufl. – London: MacMillan.

PROOPS, J., FABER, M., WAGENHALS, G. (1993): Reducing CO_2-Emissions – a Comparative Input-Output Study for Germany and the UK. – Berlin u.a.: Springer. – XIV, 300 S.

REICHERTS, M. (1992): Art. 99. – In: EHLERMANN, C.-D., BIEBER, R. (Hrsg.): Handbuch des Europäischen Rechts. – Baden-Baden: Nomos. – S. 31–36.

RENNINGS, K., WIGGERING, H. (1995): Weak and strong sustainability: how to combine economics and ecological indicator concepts? – In: Proceedings of the International Sustainable Development Research Conference, 27-28 March, ERP Environment, Shipley. – S. 76–79.

RENTZ, H. (1995): Kompensation im Klimaschutz: Ein erster Schritt zu einem nachhaltigen Schutz der Erdatmosphäre. – Berlin: Duncker & Humblot. – 261 S.

REPNIK, H.-P. (1995): Eckpunkte der umweltorientierten Weiterentwicklung des Steuersystems. – Arbeitspapier vom 10. November 1995 (unveröffentlicht).

RESSING, W. (1993): Die CO_2-/Energiesteuer – Chance oder Risiko für die Wettbewerbsfähigkeit der deutschen Wirtschaft? – Energiewirtschaftliche Tagesfragen H. 5, 299–306.

REXRODT, G. (1995): Konzept für eine CO_2-/Energiesteuer und eine ökologische Weiterentwicklung des Steuersystems. – Arbeitspapier vom 15. August 1995 (unveröffentlicht).

RICO, R. (1995): The U.S. Allowance Trading System for Sulfur Dioxide: An Update on Market Experience. – Environmental and Resource Economics H. 5, 115–129.

RODI, M. (1993): Umweltsteuern. – Baden-Baden: Nomos. – 159 S.

ROMMERSKIRCHEN, S. et al. (1991): Wirksamkeit verschiedener Maßnahmen zur Reduktion der verkehrlichen CO_2-Emissionen bis zum Jahr 2005: Schlußbericht. – Untersuchung der Prognos AG im Auftrag des Bundesministers für Verkehr. – Basel, getr. Zähl. (295 Bl.). FE-Nr. 90303/90. – Proj.-Nr. 581/3667.

ROUVEL, L., KOLMETZ, S., KOLMANN, H., HECKLER, R. (1994): Das Teilprojekt Raumwärme. – Energiewirtschaftliche Tagesfragen H. 8, 504–507.

RWE Energie (1995): Energieflußbild der Bundesrepublik Deutschland. – Essen: RWE Energie, Anwendungstechnik.

RWI (Rheinisch-Westfälisches Institut für Wirtschaftsforschung) (1995): Wege aus der Sackgasse: Befunde und Empfehlungen zum Klimagipfel in Berlin. – RWI-Konjunkturbrief Nr. 2, März 1995.

SANDHÖVEL, A. (1994): Marktorientierte Instrumente der Umweltpolitik: Die Durchsetzbarkeit von Preis- und Mengenlösungen am Beispiel der Abfallpolitik. – Opladen: Westdeutscher Verlag. – 263 S.

SAUERBORN, W. (1989): Das Konzept einer allgemeinen Umweltverbrauchsteuer. – In: NUTZINGER, H. G., ZAHRNT, A. (Hrsg.): Ökosteuern: Umweltsteuern und -abgaben in der Diskussion. – Karlsruhe: C.F. Müller. – S. 247–260.

SCHÄRER, B. (1995): Schadstoffausstoß handelbar? – Umweltmagazin H. 7, 50–51.

SCHEMEL, H.-J., HARTMANN, G., WEDEKIND, K.-C. (1993): Methodik zur Entwicklung von Geldwertäquivalenten im Rahmen der Eingriffsregelung – Naturhaushalt – (Ausgleichsabgabe). – Forschungsbericht (unvollständige Fassung) im Auftrag der Bundesforschungsanstalt für Naturschutz und Landschaftsökologie. – München. – (unveröffentlicht).

SCHEUER, A., ELLERBROCK, H.-G. (1992): Möglichkeiten der Energieeinsparung bei der Zementherstellung. – ZKG Zement-Kalk-Gips 45 (5), 222–230.

SCHLEGELMILCH, K. (1995): Niederlande: Einstieg in ÖSR ab 1996. – Wuppertal Bulletin H. 2, 18.

SCHRÖER-SCHALKLENBERGER, S. (1995): Harmonisierung der sonstigen Verbrauchsteuern. – In: BIRK, D. (Hrsg.): Handbuch des Europäischen Steuer- und Abgabenrechts. – Herne u.a.: Neue Wirtschafts-Briefe. – S. 709–759.

SCHWARZ, W., LEISEWITZ, A. (1995): Keine Entwarnung für Ozonschicht und Erdklima. – Hamburg: Greenpeace e.V. (Hrsg.). – 60 S.

SEIFERT, K., RIBBE, L. (1994): Um(welt)steuern in Europa. – Rheinbach u.a.: Stiftung Europäisches Naturerbe (Euronatur). – 15 S.

SELMER, P. (1992): Verfassungsrechtliche und finanzrechtliche Rahmenbedingungen. – In: BREUER, R. et al. (Hrsg.): Umweltschutz durch Abgaben und Steuern. – Heidelberg: R. v. Decker's. – Umwelt- und Technikrecht Bd. 16. – S. 15–54.

SIEVERT, M. (1992): Die Harmonisierung der besonderen Verbrauchsteuern in der EG – und sie bewegt sich doch! – Zeitschrift für Zölle und Verbrauchsteuern H. 4, 98–101.

SIMONIS, U.E. (1995): International handelbare Emissions-Zertifikate: Zur Verknüpfung von Umweltschutz und Entwicklung. – Berlin: Wissenschaftszentrum Berlin für Sozialforschung (WZB). – Papers FS II 95-405. – 21 S.

SOLOMON, B.D. (1995): Global CO_2 Emissions Trading: Early Lessons from the U.S. Acid Rain Program. – Climatic Change H. 30, 75–96.

SPD-Bundestagsfraktion (1995): Ökologische Modernisierung der Industriegesellschaft – Wirtschaft – Umwelt – Arbeitsplätze. – Diskussionspapier vom 24. Oktober 1995.

SPRENGER, R.-U. et al. (1994): Das deutsche Steuer- und Abgabensystem aus umweltpolitischer Sicht: eine Analyse seiner Wirkungen sowie der Möglichkeiten und Grenzen seiner stärkeren ökologischen Ausrichtung. – Studie im Auftrag des Bayerischen Staatsministeriums für Landesentwicklung und Umweltfragen, des Bayerischen Staatsministeriums der Finanzen und des Bayerischen Staatsministeriums für Wirtschaft und Verkehr. – ifo Studien zur Umweltökonomie Bd. 18. – München: Ifo-Institut für Wirtschaftsforschung. – 562 S.

SPRINGMANN, F. (1986): Steuerreform zum Abbau von Arbeitslosigkeit und Umweltbelastung. – Dokumente des internationalen Instituts für Umwelt und Gesellschaft des Wissenschaftszentrums Berlin. – Berlin: Selbstverl. – IIUG-paper 86-11.

SPRINGMANN, F. (1988): Abgaben als Instrument der Umweltentlastung – Vorschlag für ein Konzept. – In: MÜLLER-WITT, H., SPRINGMANN, F. (Hrsg.): Ökologischer Umbau des Steuersystems. – Berlin: Schriftenreihe des IÖW Bd. 21. – S. 53–79.

SRU (Der Rat von Sachverständigen für Umweltfragen) (1974): Umweltgutachten 1974. – Stuttgart: Kohlhammer. – 620 S.

SRU (1978): Umweltgutachten 1978. – Stuttgart: Kohlhammer. – 638 S.

SRU (1985): Umweltprobleme in der Landwirtschaft (Sondergutachten). – Stuttgart: Kohlhammer. – 423 S.

SRU (1988): Umweltgutachten 1987. – Stuttgart: Kohlhammer. – 674 S.

SRU (1991): Abfallwirtschaft (Sondergutachten). – Stuttgart: Metzler-Poeschel. – 720 S.

SRU (1994): Umweltgutachten 1994. – Stuttgart: Metzler-Poeschel. – 380 S.

SRU (1995): Sommersmog: Drastische Reduktion der Vorläufersubstanzen des Ozons notwendig. – Zeitschrift für angewandte Umweltforschung (ZAU) 8 (2), 153–167.

SRU (1996): Konzepte einer dauerhaft-umweltgerechten Nutzung ländlicher Räume. – Stuttgart: Metzler-Poeschel.

SRW (Sachverständigenrat zur Begutachtung der gesamtwirtschaftlichen Entwicklung) (1994): Den Aufschwung sichern – Arbeitsplätze schaffen. Jahresgutachten 1994/95. – Stuttgart: Metzler-Poeschel. – 441 S.

Statistisches Jahrbuch über ELF (Ernährung Landwirtschaft und Forsten) (1994): Münster-Hiltrup: Landwirtschaftsverlag. – 509 S.

Statistisches Bundesamt (1995): Statistisches Jahrbuch für das Ausland 1995. – Stuttgart: Metzler-Poeschel. – 399 S.

STEENBLOCK, R., EICHSTÄDT-BOHLIG, F., FISCHER, A. et al. (1995): Eckpunkte für den Einstieg in eine ökologisch-soziale Steuerreform – Erläuterungen und Begründungen zum Beschluß der Bundestagsfraktion vom 4. September 1995.

STORCHMANN, K.-H. (1993): Abgaben auf den Pkw-Verkehr und ihre Wirkungen auf den Kraftstoffverbrauch im internationalen Vergleich. – RWI-Mitteilungen Bd. 44, 345–374.

STREISSLER, E. (1994): The Problem of Internalization of and Liability for Environmental Damages. – In: MACKSCHEIDT, K., EWRINGMANN, D., GAWEL, E.: Umweltpolitik mit hoheitlichen Zwangsabgaben? Karl-Heinrich Hansmeyer zur Vollendung seines 65. Lebensjahres. – Berlin: Duncker & Humblot. – S. 245–260.

STREIT, M. E., WILDENMANN, R., JESINGHAUS, J. (Hrsg.) (1989): Landwirtschaft und Umwelt: Wege aus der Krise. – Baden-Baden: Nomos. – Studien zur gesellschaftlichen Entwicklung (SGE) Bd. 3. – 20 S.

STROTMANN, B. (1992): Analyse der Auswirkungen einer Stickstoffsteuer auf Produktion, Faktoreinsatz, Agrareinkommen und Stickstoffbilanz für Regionen der alten Länder der Bundesrepublik Deutschland. – Witterschlick/Bonn: – Studien zur Wirtschafts- und Agrarpolitik Bd. 6.

15. Subventionsbericht der Bundesregierung (1995): Bericht der Bundesregierung über die Entwicklung der Finanzhilfen des Bundes und der Steuervergünstigungen für die Jahre 1993 bis 1996. – Bonn: Bundesministerium der Finanzen (Hrsg.).

Swedish Ministry of Environmental and Natural Resources (1994): The Swedish Experience – Taxes and Charges in Environmental Policy. – Stockholm: Selbstverl. – 52 S.

TEUFEL, D., BAUER, P., BEKER, G., et al. (1988): Ökosteuern als marktwirtschaftliches Instrument im Umweltschutz – Vorschläge für eine ökologische Steuerreform. – Erweiterte Auflage. – Heidelberg: Umwelt- und Prognose-Institut Heidelberg. – UPI-Bericht Nr. 9. – 73 S.

TIEPELMANN, K. (1994): Umweltabgaben – Renaissance der Fondswirtschaft? – In: MACKSCHEIDT, K., EWRINGMANN, D., GAWEL, E.: Umweltpolitik mit hoheitlichen Zwangsabgaben? Karl-Heinrich Hansmeyer zur Vollendung seines 65. Lebensjahres. – Berlin: Duncker & Humblot. – S. 75–89.

TIETENBERG, T. (1985): Emissions Trading: An Exercise in Reforming Pollution Policy. – Washington D.C.: Resources for the future. – XIII, 222 S.

TILLMANN, G., NETT, L. (1994): Mengensteuer und Wertsteuer im Vergleich. – WISU H. 8/9, 724–729.

TIPKE, K. (1993): Die Steuerrechtsordnung, Bd. II, III. – Köln: Otto Schmidt. – 3 Bde. – 1600 S.

TIPKE, K., LANG, J. (1994): Steuerrecht. – 14. Aufl. – Köln: Otto Schmidt. – 956 S.

TRIEBSWETTER, U., FRANKE, A., SPRENGER, R.-U. (1994): Ansatzpunkte für eine ökologische Steuerreform: Überlegungen zum Abbau umweltpolitisch kontraproduktiver Einzelregelungen im deutschen Steuerrecht. – München: Ifo-Institut für Wirtschaftsforschung. – ifo Studien zur Umweltökonomie Bd. 21. – 124 S.

TRZASKALIK, C. (1992): Der instrumentelle Einsatz von Abfallabgaben. – In: Steuer und Wirtschaft H. 2, 135–150.

UBA (Umweltbundesamt) (1994a): Daten zur Umwelt 1992/1993. – Berlin: Umweltbundesamt. – 688 S.

UBA (1994b): Stoffliche Belastung der Gewässer durch die Landwirtschaft und Maßnahmen ihrer Verringerung. – Berlin: E. Schmidt. – UBA-Berichte 2/94.

UBA (1994c): Umweltabgaben in der Praxis – Sachstand und Perspektiven. – Berlin: Umweltbundesamt. – UBA-Texte 27/94. – 111 S.

UBA (1995): Erprobung handelbarer Umweltlizenzen: Machbarkeitsstudie. – Leistungsbeschreibung UFOPLAN-Vorhaben 101 03 193. – Berlin, 27. Juli 1995.

UNCTAD (United Nations Conference on Trade and Development) (1995): Controlling Carbon Dioxide Emissions: the Tradeable Permit System. – Genf: United Nations (Hrsg.). – 40 S.

URFF, W. von (1992): Die Besteuerung von landwirtschaftlichen Betriebsmitteln als Agrarreformkonzept. – In: Agrarsoziale Gesellschaft (Hrsg.): Ökosteuern als Ausweg aus der Agrarkrise? Ergebnisse der internationalen Tagung vom 15. bis 17. Juni 1992 in Stuttgart-Hohenheim. – Göttingen: Selbstverl. – Schriftenreihe für ländliche Sozialfragen H. 115. – S. 18–36.

VOGEL, K. (1980): Die bundesstaatliche Finanzverfassung des GG (Art. 104a–108). – Juristische Ausbildung H. 10, 577–583.

VOGEL, K., WALTER, H. (1971): Art. 105 GG. – In: DOLZER, R. (Hrsg.): Bonner Kommentar zum Grundgesetz. – Heidelberg: C.F. Müller.

VOß, R. (1988): Strukturelemente der Verbrauchsteuern. – In: KRUSE, H. W. (Hrsg.): Zölle, Verbrauchsteuern, Europäisches Marktordnungsrecht. – Köln: Otto Schmidt. – Veröffentlichungen der Deutschen Steuerjuristischen Gesellschaft Bd. 11. – S. 261–282.

WÄGENBAUR, R. (1989): Art. 95 EGV. – In: GRABITZ, E., HILF, M. (Hrsg.): Kommentar zur Europäischen Union. Stand 1995. – München: Beck. – S. 1–12.

WAGNER, G. (1992): Auswirkungen einer CO_2-/Energiesteuer aus städtebaulicher Sicht. – Energiewirtschaftliche Tagesfragen 42 (12), 828–832.

WALTER, F., SUTER, S., NIEUWKOOP, R. van (1993): Umweltabgaben in Europa: Überblick und Vorstudie für die Tagung „Umweltabgaben in Europa – Konsequenzen für die Schweiz". – Bern: Bundesamt für Umwelt, Wald und Landschaft. – Schriftenreihe Umwelt (BUWAL) Bd. 198.

WASMEIER, M. (1995): Umweltabgaben und Europarecht. – München: Beck. – 360 S.

WBGU (Wissenschaftlicher Beirat der Bundesregierung Globale Umweltveränderungen) (1993): Welt im Wandel: Grundstruktur globaler Mensch-Umwelt-Beziehungen. – Jahresgutachten 1993. – Bonn: Economica. – 224 S.

WBGU (1995): Scenario for the derivation of global CO_2 reduction targets and implementation strategies. – Bremerhaven: Selbstverl.

WBGU (1996): Welt im Wandel: Wege zur Lösung globaler Umweltprobleme. – Jahresgutachten 1995. – Berlin u.a.: Springer. – 247 S.

WEHNER, B. (1992): Die Katastrophen der Demokratie. Über die notwendige Neuordnung des politischen Verfahrens. – Darmstadt: Wiss. Buchges. – XIII, 142 S.

WEINGARTEN, P., HENRICHSMEYER, W., MEYER, R. (1995): Abschätzung der Auswirkungen von Vorsorgestrategien zum Grundwasserschutz im Bereich Landwirtschaft. – Agrarwirtschaft 44, H. 4/5, 191–204.

WEIZSÄCKER, E.U. von (1989): Internationale Harmonisierung im Umweltschutz durch ökonomische Instrumente: Gründe für eine europäische Umweltsteuer. – In: ELLWEIN, T. et al. (Hrsg.): Jahrbuch zur Staats- und Verwaltungswissenschaft Bd. 3. – Baden-Baden: Nomos. – S. 203–216.

WEIZSÄCKER, E.U. von (Hrsg.) (1994): Umweltstandort Deutschland. Argumente gegen die ökologische Phantasielosigkeit. – Berlin u.a.: Birkenhäuser. – Wuppertaler Paperbacks.

WEIZSÄCKER, E.U. von, JESINGHAUS, J. (1992): Europäische Ebene. – In: WEIZSÄCKER, E.U. von et al. (Hrsg.): Ökologische Steuerreform: Europäische Ebene und Fallbeispiel Schweiz. – Chur u.a.: Rügger. – S. 13–83.

WELSCH, H. (1993): Die Lenkungswirkung von CO_2-Abgaben: Ein Vergleich unterschiedlicher Ausgestaltungsformen für den Bereich der öffentlichen Stromversorgung. – In: Zeitschrift für Angewandte Umweltforschung (ZAU) 6 (1), 54–66.

WELSCH, H., HOSTER, F. (1994): Gesamtwirtschaftliche Auswirkungen von Emissionsminderungsstrategien. – Enquête-Kommission „Schutz der Erdatmosphäre" des 12. Deutschen Bundestages (Hrsg.): Studienprogramm Energie. – 2 Bde. – Bd. 2. – Bonn: Economica.

WENKE, M. (1994): Zur Elastizität der Kraftstoffnachfrage bei unterschiedlich spezifizierten Nachfragefunktionen und asymmetrischen Verbraucherreaktionen. – RWI-Mitteilungen Bd. 45, 39–59.

WIDMER, A. (1995): Die Benzoleleminierung kostet 10 Mrd. DM. – Chemische Rundschau, 3. März 1995, 1.

WIESCH, G. (1991): Ein marktwirtschaftlicher Ansatz zur Allokation von Wasserressourcen in den USA. – Zeitschrift für angewandte Umweltforschung (ZAU) 4 (4), 358–372.

WIETSCHEL, M., RENTZ, O. (1995): Zur kosteneffizienten Minderung von CO_2-Optionen bei Einbezug des Verbraucherverhaltens. – Energiewirtschaftliche Tagesfragen H. 3, 134–138.

Wissenschaftlicher Beirat beim BMELF (1993): Reduzierung der Stickstoffemissionen der Landwirtschaft. – Münster-Hiltrup: Landwirtschaftsverlag. – Schriftenreihe des BMELF, Reihe A, Angewandte Wissenschaft, H. 423.

ZIMMERMANN, F. (1988): Das System der kommunalen Einnahmen und die Finanzierung der kommunalen Abgaben in der Bundesrepublik Deutschland. – Köln: Deutscher Gemeindeverlag/W. Kohlhammer. – 158 S.

ZIMMERMANN, H., HANSJÜRGENS, B. (1993), Umweltpolitische Einordnung verschiedener Typen von Umweltabgaben. – In: ZIMMERMANN, H. (Hrsg.): Umweltabgaben: Grundsatzfragen und abfallwirtschaftliche Anwendung. – Bonn: Economica. – S. 1–34.

Verzeichnis der Abkürzungen

a	=	Jahr
a.a.O	=	am angegebenen Ort
a.M.	=	anderer Meinung
AbfG	=	Abfallgesetz
ABl.EG	=	Amtsblatt der Europäischen Gemeinschaften
Abs.	=	Absatz
AbwAG	=	Abwasserabgabengesetz
AbwVwV	=	Abwasser-Verwaltungsvorschrift
ACK	=	Amtschefkonferenz
ADI	=	Acceptable Daily Intake
ADV	=	Automatische Datenverarbeitung
AG	=	Aktiengesellschaft
AGÖF	=	Arbeitsgemeinschaft ökologischer Forschungsinstitute
AGS	=	Ausschuß für Gefahrstoffe
ALARA	=	As Low As Reasonably Achievable
ÄndVO	=	Änderungsverordnung
AO	=	Abgabenordnung
Art.	=	Artikel
ARW	=	vorläufige Arbeitsplatzrichtwerte
As	=	Arsen
ATV	=	Abwassertechnische Vereinigung
AVwV	=	Allgemeine Verwaltungsvorschrift
B.A.U.M.	=	Bundesarbeitskreis umweltbewußtes Management
BAnz	=	Bundesanzeiger
BAT	=	Biologischer Arbeitsstofftoleranzwert
BauGB	=	Baugesetzbuch
BauPG	=	Bauproduktengesetz
BBodSchG	=	Bundesbodenschutzgesetz
Bd.	=	Band
BDI	=	Bundesverband der Deutschen Industrie
BFHE	=	Entscheidungen des Bundesfinanzhofes
BfLR	=	Bundesforschungsanstalt für Landeskunde und Raumordnung
BfN	=	Bundesamt für Naturschutz
BGA	=	Bundesgesundheitsamt
BGB	=	Bürgerliches Gesetzbuch
BGBl.	=	Bundesgesetzblatt
BGH	=	Bundesgerichtshof
BGHSt	=	Entscheidungen des Bundesgerichtshofes in Strafsachen

BgVV	=	Bundesinstitut für gesundheitlichen Verbraucherschutz und Veterinärmedizin
BImSchG	=	Bundes-Immissionsschutzgesetz
BImSchV	=	Verordnung zur Durchführung des Bundes-Immissionsschutzgesetzes
BLAU	=	Bund/Länder-Arbeitskreis für Umweltchemikalien
BMA	=	Bundesministerium für Arbeit und Sozialordnung
BMBau	=	Bundesministerium für Raumordnung, Bauwesen und Städtebau
BMBF	=	Bundesministerium für Bildung, Wissenschaft, Forschung und Technologie
BMELF/BML	=	Bundesministerium für Ernährung, Landwirtschaft und Forsten
BMI	=	Bundesministerium des Innern
BMU	=	Bundesministerium für Umwelt, Naturschutz und Reaktorsicherheit
BMWi	=	Bundesministerium für Wirtschaft
BN	=	Bund Naturschutz in Bayern
BNatSchG	=	Bundesnaturschutzgesetz
BR-Drs.	=	Bundesrats-Drucksache
BSB_5	=	Biochemischer Sauerstoffbedarf in 5 Tagen
BStBl	=	Bundessteuerblatt (Teile I und II)
BT-Drs.	=	Bundestags-Drucksache
BTEX	=	Benzol, Toluol, Ethylbenzol und Xylol
BUND	=	Bund für Umwelt und Naturschutz Deutschland
BVerfG	=	Bundesverfassungsgericht
BVerfGE	=	Entscheidungen des Bundesverfassungsgerichts
BVerwG	=	Bundesverwaltungsgericht
BVerwGE	=	Entscheidungen des Bundesverwaltungsgerichts
CBoT	=	Chicago Board of Trade
Cd	=	Cadmium
CE-Kennzeichnung	=	Kennzeichnung der Europäischen Kommission (Erfüllung grundlegender Sicherheitsnormen)
CEN	=	Europäisches Komitee für Normung
CENELEC	=	Europäisches Komitee für Elektrotechnische Normung

CH_4	= Methan		EFTA	= European Free Trade Association (Europäische Freihandelszone)
ChemG	= Chemikaliengesetz			
CO	= Kohlenmonoxid		EG	= Europäische Gemeinschaft(en)
CO_2	= Kohlendioxid		EGV	= Vertrag über die Europäische Union
CORINE	= Coordination de l'Information sur l'Environnement		EN	= Europäische Norm
Cr	= Chrom		endg.	= endgültig
CSB	= Chemischer Sauerstoffbedarf		ENV	= Europäische Vornorm
CSD	= United Nations Commission on Sustainable Development (Kommission der Vereinten Nationen für nachhaltige Entwicklung)		EPA	= Environmental Protection Agency (US-amerikanische Umweltschutzbehörde)
			EPOC	= Environment Policy Committee
Cu	= Kupfer		ERP	= European Recovery Program
DAU	= Deutsche Akkreditierungs- und Zulassungsgesellschaft für Umweltgutachter mbH		ESEPI	= European System of Environmental Pressure Indices
			ESF	= Europäischer Sozialfonds
dB(A)	= Schallpegel in Dezibel, bewertet mit der Filterkurve A		EStDV	= Einkommensteuer-Durchführungsverordnung
DBV	= Deutscher Bund für Vogelschutz		ETBE	= Ethyltertiärbutylether
DDT	= Dichlordiphenyltrichlorethan		EU	= Europäische Union
DFG	= Deutsche Forschungsgemeinschaft		EUA	= Europäische Umweltagentur
			EuGH	= Gerichtshof der Europäischen Gemeinschaften
DGB	= Deutscher Gewerkschaftsbund		EUV	= Vertrag über die Europäische Union
DIHT	= Deutscher Industrie- und Handelstag			
DIN	= Deutsche Industrienorm; Deutsches Institut für Normung		EWG	= Europäische Wirtschaftsgemeinschaft
DIN/NAGUS/AA	= DIN-Normenausschuß Grundlagen des Umweltschutzes Arbeitsausschuß		FAO	= Food and Agriculture Organization (Welternährungsorganisation der Vereinten Nationen)
DIS	= Draft International Standard		FCKW	= Fluorchlorkohlenwasserstoffe
DIW	= Deutsches Institut für Wirtschaftsforschung		FDA	= Food and Drug Administration
			FFH-Richtlinie	= Flora-Fauna-Habitat-Richtlinie
DLR	= Deutsche Forschungsanstalt für Luft- und Raumfahrt		FIAF	= Finanzinstrument zur Ausrichtung der Fischerei
DNR	= Deutscher Naturschutzring		FKW	= Fluorkohlenwasserstoffe
DSD	= Duales System Deutschland GmbH		FlurbG	= Flurbereinigungsgesetz
DTA	= Duldbare Tägliche Aufnahmemenge		FÖS	= Förderverein Ökologische Steuerreform
DTPA	= Diethylentriaminpentaessigsäure		GAK	= Gemeinschaftsaufgabe Verbesserung der Agrarstruktur und des Küstenschutzes
DVBl.	= Deutsches Verwaltungsblatt			
DVWG	= Deutscher Verein des Gas- und Wasserfaches		GATT	= General Agreement on Tariffs and Trade (Allgemeines Zoll- und Handelsabkommen)
E.	= Entwurf			
EAGFL	= Europäischer Ausrichtungs- und Garantiefonds für die Landwirtschaft		GefStoffV	= Gefahrstoffverordnung
			GG	= Grundgesetz
EAWAG	= Eidgenössische Anstalt für Wasserversorgung, Abwasserreinigung und Gewässerschutz		GJ	= Gigajoule
			GmbH	= Gesellschaft mit beschränkter Haftung
EBM	= Eisen-Blech-Metallindustrie		GMol	= Giga Mol
EDTA	= Ethylendiamintetraessigsäure		GNU	= Gesellschaft für Natur und Umwelt
EEB	= European Environmental Bureau (Europäisches Umweltbüro)			
			GuD	= Gas- und Dampfturbinen
EFRE	= Europäischer Fonds für regionale Entwicklung		GWB	= Gesetz gegen Wettbewerbsbeschränkungen

GWh	=	Giga-Wattstunden
h	=	Stunde
ha	=	Hektar
HC	=	Kohlenwasserstoffe
HCH	=	Hexachlorcyclohexan
HD-Entwurf	=	Entwurf für ein Harmonisierungsdokument, prHD
HF	=	Fluorwasserstoff
Hg	=	Quecksilber
I-TEQ	=	Internationale Toxizitätsäquivalente
ICAO	=	Internationale Zivilluftfahrtorganisation
ICNIRP	=	International Commission on Non-Ionizing Radiation Protection
ICRP	=	International Commission on Radiological Protection
IEC	=	International Electronical Commission
IFEU	=	Institut für Energie- und Umweltforschung Heidelberg
IKSR	=	Internationale Kommission zum Schutz des Rheins
INK	=	Internationale Nordseeschutzkonferenz
inkl.	=	inklusive
IPOS	=	Institut für Praxisorientierte Sozialforschung
IPPC	=	Integrated Pollution Prevention and Control
IRPA	=	Internationale Strahlenschutzvereinigung
ISO	=	Internationale Normungsorganisation
ISO/TC	=	Internationale Normungsorganisation Technisches Komitee
IUFRO	=	Internationaler Verband forstlicher Forschungsanstalten
IVU-Richtlinie	=	Richtlinie über die integrierte Vermeidung und Verminderung der Umweltverschmutzung
iwd	=	Informationsdienst des Instituts der Deutschen Wirtschaft
IWH	=	Institut für Wirtschaftsforschung Halle
IWU	=	Institut für Wohnen und Umwelt
KOM	=	Kommission der Europäischen Gemeinschaften
KraftStG	=	Kraftstoffsteuergesetz
KRdL	=	Kommission Reinhaltung der Luft im VDI und DIN
KrW-/AbfG	=	Kreislaufwirtschafts- und Abfallgesetz
KTA	=	Kerntechnischer Ausschuß
kW	=	Kilowatt
kWh	=	Kilowattstunde

LAA	=	Länderausschuß für Atomkernenergie
LABO	=	Länderarbeitsgemeinschaft Bodenschutz
LAGA	=	Länderarbeitsgemeinschaft Abfall
LAI	=	Länderausschuß für Immissionsschutz
LANA	=	Länderarbeitsgemeinschaft Naturschutz, Landschaftspflege und Erholung
LAWA	=	Länderarbeitsgemeinschaft Wasser
LD_{50}	=	Letale Dosis, die bei 50 % der Versuchstiere zum Tod führt
LIFE	=	Financial Instrument for the Environment (Finanzierungsinstrument für die Umwelt)
LMBG	=	Lebensmittel- und Bedarfsgegenständegesetz
LwGVG	=	Landwirtschafts-Gasölverwendungsgesetz
m.w.N.	=	mit weiteren Nachweisen
MAB	=	Man and Biosphere
MAK	=	Maximale Arbeitsplatzkonzentration
max.	=	maximal
MID	=	Maximale Immissionsdosis
MIK	=	Maximale Immissionskonzentration
MIR	=	Maximale Immissionsraten
MJ	=	Megajoule
MRL	=	Maximum Residue Limits
Mt	=	Megatonne
MTBE	=	Methylbutylether
MW	=	Megawatt
N_2O	=	Distickstoffoxid
NABU	=	Naturschutzbund Deutschland
NE	=	Nichteisen
NEPP	=	National Environmental Policy Plan (niederländischer Umweltpolitikplan)
NH_3	=	Ammoniak
Ni	=	Nickel
NJW	=	Neue Juristische Wochenschrift
NO_2	=	Stickstoffdioxid
NOAEL	=	No Observed Adverse Effect Level
NOEL	=	No Observed Effect Level
NO_x	=	Stickstoffoxide
NTA	=	Nitrilotriacetat
NVwZ	=	Neue Zeitschrift für Verwaltungsrecht
O_3	=	Ozon
OECD	=	Organisation for Economic Cooperation and Development (Organisation für wirtschaftliche Zusammenarbeit und Entwicklung)

ÖPNV	= Öffentlicher Personennahverkehr		StrlSchV	= Strahlenschutz-Verordnung
OVG	= Oberverwaltungsgericht		t	= Tonne
OWiG	= Gesetz über Ordnungswidrig-keiten		TA	= Technische Anleitung
PAK	= Polyzyklische aromatische Kohlenwasserstoffe		TAB	= Büro für Technikfolgenabschätzung des Deutschen Bundestages
Pb	= Blei		TC	= total carbon = gesamter organischer Kohlenstoff
PCB	= polychlorierte Biphenyle		TCDD	= 2,3,7,8-Tetrachlordibenzo-p-dioxin
PCDD/F	= Polychlorierte Dibenzo-p-dioxine und Dibenzofurane		TJ	= Terajoule
PCP	= Pentachlorphenol		TRGS	= Technische Regeln für Gefahrstoffe
PCT	= polychlorierte Terphenyle		TRK	= technische Richtkonzentration
PDTA	= Propylendiamintetraessigsäure		Twh	= Tera-Wattstunden
PflSchG	= Gesetz zum Schutz der Kulturpflanzen (Pflanzenschutzgesetz)		Tz.	= Textziffer
pH-Wert	= Maß für Säuregrad		UAG	= Umweltauditgesetz
PJ	= Petajoule		UBA	= Umweltbundesamt
priv. Org.	= private Organisationen		UGB-AT	= Umweltgesetzbuch – Allgemeiner Teil (Entwurf)
ProdHaftG	= Produkthaftungsgesetz		UIG	= Umweltinformationsgesetz
PTWI	= Provisional Tolerable Weekly Intake		UMK	= Umweltministerkonferenz
PVC	= Polyvinylchlorid		UmweltHG	= Umwelthaftungsgesetz
RAL	= Deutsches Institut für Gütesicherung und Kennzeichnung		UNEP	= United Nations Environmental Programme (Umweltprogramm der Vereinten Nationen)
RL	= Richtlinie		unw	= Ulmer Initiativkreis nachhaltige Wirtschaftsentwicklung e. V.
RLS	= Richtlinie Lärmschutz			
Rn.	= Randnummer		UPI	= Umwelt- und Prognose-Institut Heidelberg
ROG	= Raumordnungsgesetz			
RSK	= Reaktorsicherheitskommission		US-$	= US-amerikanische Dollar
RVA	= Richtlinien-Verabschiedungs-Ausschuß		UVP	= Umweltverträglichkeitsprüfung
RWE	= Rheinisch-Westfälisches Elektrizitätswerk		UVPG	= Gesetz über die Umweltverträglichkeitsprüfung
RWI	= Rheinisch-Westfälisches Institut für Wirtschaftsforschung		VDA	= Verband der Automobilindustrie
Sb	= Antimon		VDE	= Verband Deutscher Elektrotechniker
SCOPE	= Scientific Committee on Problems of the Environment		VDI	= Verein Deutscher Ingenieure
SEEA	= System for Integrated Environmental and Economic Accounting		VerwRspr	= Verwaltungsrechtsprechung
			VOC	= leichtflüchtige organische Verbindungen
SETAC	= Society for Environmental Toxicology and Chemistry		Vol.-%	= Volumenprozent
Slg.	= Amtliche Sammlung der Entscheidungen des Europäischen Gerichtshofes		VwGO	= Verwaltungsgerichtsordnung
			VwV	= Verwaltungsvorschrift
			VwVfG	= Verwaltungsverfahrensgesetz
SO_2	= Schwefeldioxid		VwVwS	= Allgemeine Verwaltungsvorschrift über die nähere Bestimmung wassergefährdender Stoffe und ihre Einstufung entsprechend ihrer Gefährlichkeit
SO_x	= Schwefeloxide			
SRU	= Der Rat von Sachverständigen für Umweltfragen			
SRW	= Sachverständigenrat zur Begutachtung der gesamtwirtschaftlichen Entwicklung		WaBoLu	= Institut für Wasser-, Boden- und Lufthygiene
			WBGU	= Wissenschaftlicher Beirat der Bundesregierung Globale Umweltveränderungen
SSK	= Strahlenschutz-Kommission			
STABIS	= Statistisches Informationssystem zur Bodennutzung			
StGB	= Strafgesetzbuch		WHG	= Gesetz zur Ordnung des Wasserhaushalts (Wasserhaushaltsgesetz)

WHO	= World Health Organization (Weltgesundheitsorganisation)		
WSchVO	= Wärmeschutz-Verordnung		
WWF	= Word Wide Fund for Nature		
ZDH	= Zentralverband des Deutschen Handwerks		
ZEBS	= Zentrale Erfassungsstelle und Bewertungsstelle für Umweltchemikalien		
ZEW	= Zentrum für Europäische Wirtschaftsforschung		
Zn	= Zink		

Zehnerpotenzen im internationalen Einheitensystem

E	= exa-	=	10^{18}
P	= peta-	=	10^{15}
T	= teta-	=	10^{12}
G	= giga-	=	10^{9}
M	= mega-	=	10^{6}
k	= kilo-	=	10^{3}
m	= milli-	=	10^{-3}
μ	= mikro-	=	10^{-6}
n	= nano-	=	10^{-9}
p	= pico-	=	10^{-12}
f	= femto-	=	10^{-15}
a	= atto-	=	10^{-18}

Schlagwortverzeichnis

(Die Zahlenangaben beziehen sich auf Textziffern)

VERÖFFENTLICHUNGSVERZEICHNIS

Gutachten und veröffentlichte Stellungnahmen des Rates von Sachverständigen für Umweltfragen

(zu beziehen im Buchhandel oder vom Verlag Metzler-Poeschel, Postfach 11 52, 72125 Kusterdingen; Bundestags-Drucksachen über Bundesanzeiger Verlagsgesellschaft mbH, Postfach 13 20, 53003 Bonn)

AUTO UND UMWELT

Sondergutachten
Stuttgart: Kohlhammer, 1973, 104 S., kart.
vergriffen

DIE ABWASSERABGABE

– Wassergütewirtschaftliche und gesamtökonomische Wirkungen –

Sondergutachten
Stuttgart: Kohlhammer, 1974, 90 S., kart.
vergriffen

UMWELTGUTACHTEN 1974

Stuttgart: Kohlhammer, 1974, 320 S., Plast.
vergriffen
zugleich Bundestags-Drucksache 7/2802

UMWELTPROBLEME DES RHEINS

Sondergutachten
Stuttgart: Kohlhammer, 1976, 258 S.,
Plast., DM 20,–
Best.-Nr.: 7800 04-760000
zugleich Bundestags-Drucksache 7/5014

UMWELTGUTACHTEN 1978

Stuttgart: Kohlhammer, 1978, 638 S., Plast.
vergriffen
zugleich Bundestags-Drucksache 8/1938

UMWELTPROBLEME DER NORDSEE

Sondergutachten
Stuttgart: Kohlhammer, 1980, 508 S., Plast.
ISBN 3-17-003214-3
vergriffen
zugleich Bundestags-Drucksache 9/692

ENERGIE UND UMWELT

Sondergutachten
Stuttgart: Kohlhammer, 1981, 190 S.,
Plast., DM 19,–
ISBN 3-17-003238-0
Best.-Nr.: 7800 105-81901
zugleich Bundestags-Drucksache 9/872

WALDSCHÄDEN UND LUFTVERUNREINIGUNGEN

Sondergutachten
Stuttgart: Kohlhammer, 1983, 172 S.,
Plast., DM 31,–
ISBN 3-17-003265-8
Best.-Nr.: 7800 106-83902
zugleich Bundestags-Drucksache 10/113

UMWELTPROBLEME DER LANDWIRTSCHAFT

Sondergutachten
Stuttgart: Kohlhammer, 1985, 423 S.,
Plast., DM 31,–
ISBN 3-17-003285-2
zugleich Bundestags-Drucksache 10/3613
vergriffen

LUFTVERUNREINIGUNGEN IN INNENRÄUMEN

Sondergutachten
Stuttgart: Kohlhammer, 1987, 110 S.,
Plast., DM 22,–
ISBN 3-17-003361-1
Best.-Nr.: 7800 108-87901
zugleich Bundestags-Drucksache 11/613

UMWELTGUTACHTEN 1987

Stuttgart: Kohlhammer, 1988, 674 S.,
Plast., DM 45,–
ISBN 3-17-003364-6
Best.-Nr.: 7800 203-87902
zugleich Bundestags-Drucksache 11/1568

ALTLASTEN

Sondergutachten
Stuttgart: Metzler-Poeschel, 1990, 303 S.,
Plast., DM 32,–
ISBN 3-8246-0059-5
zugleich Bundestags-Drucksache 11/6191

ABFALLWIRTSCHAFT

Sondergutachten
Stuttgart: Metzler-Poeschel, 1991, 720 S.,
kart., DM 45,–
ISBN 3-8246-0073-0
zugleich Bundestags-Drucksache 11/8493

ALLGEMEINE ÖKOLOGISCHE UMWELTBEOBACHTUNG

Sondergutachten
Stuttgart: Metzler-Poeschel, 1991, 75 S.,
kart., DM 20,–
ISBN 3-8246-0074-9
zugleich Bundestags-Drucksache 11/8123

UMWELTGUTACHTEN 1994

Stuttgart: Metzler-Poeschel, 1994, 384 S.,
kart., DM 68,–
ISBN 3-8246-0366-7
zugleich Bundestags-Drucksache 12/6995

UMWELTPROBLEME DER LANDWIRTSCHAFT

Sachbuch Ökologie
Wolfgang Haber und Jürgen Salzwedel,
hrsg. Rat von Sachverständigen für
Umweltfragen
Stuttgart: Metzler-Poeschel, 1992, 186 S.
mit Farbbildern, Abbildungen und Tabellen,
kart., DM 29,80
ISBN 3-8246-0334-9

ALTLASTEN II

Sondergutachten
Stuttgart: Metzler-Poeschel, 1995, 285 S.,
kart., DM 49,–
ISBN 3-8246-0367-5
zugleich Bundestags-Drucksache 13/380

UMWELTGUTACHTEN 1996

Zur Umsetzung einer dauerhaft-
umweltgerechten Entwicklung
Stuttgart: Metzler-Poeschel, kart., DM 68,–
ISBN 3-8246-0545-7
Best.-Nr.: 7800 205-96902
zugleich Bundestags-Drucksache 13/4108

KONZEPTE EINER DAUERHAFT-UMWELT-GERECHTEN NUTZUNG LÄNDLICHER RÄUME

Sondergutachten
Stuttgart: Metzler-Poeschel, kart., DM 32,–
ISBN 3-8246-0544-9
Best.-Nr.: 7800 113-96901
zugleich Bundestags-Drucksache 13/4109
(Bei Bestellung des Umweltgutachtens
und des Sondergutachtens 1996:
Best.-Nr.: 7800 401-96907, Preis dann: DM 84,–)

MATERIALIEN ZUR UMWELTFORSCHUNG

herausgegeben vom Rat von Sachverständigen für Umweltfragen

(zu beziehen im Buchhandel oder vom Verlag Metzler-Poeschel, Postfach 11 52, 72125 Kusterdingen)

Nr. 1:

Einfluß von Begrenzungen beim Einsatz von Umweltchemikalien auf den Gewinn landwirtschaftlicher Unternehmen

von Prof. Dr. Günther Steffen und
Dr. Ernst Berg – Stuttgart: Kohlhammer,
1977, 93 S., kart., DM 20,–
ISBN 3-17-003141-4
vergriffen

Nr. 2:

Die Kohlenmonoxidemissionen in der Bundesrepublik Deutschland in den Jahren 1965, 1970, 1973 und 1974 und im Lande Nordrhein-Westfalen in den Jahren 1973 und 1974

von Dipl.-Ing. Klaus Welzel und
Dr.-Ing. Peter Davids
Stuttgart: Kohlhammer, 1978, 322 S.,
kart., DM 25,–
ISBN 3-17-003142-2
Best.-Nr.: 7800 302-78901

Nr. 3:

Die Feststoffemissionen in der Bundesrepublik Deutschland und im Lande Nordrhein-Westfalen in den Jahren 1965, 1970, 1973 und 1974

von Dipl.-Ing. Horst Schade und
Ing. (grad.) Horst Gliwa
Stuttgart: Kohlhammer, 1978, 374 S.,
kart., DM 25,–
ISBN 3-17-003143-0
Best.-Nr.: 7800 303-78902

Nr. 4:

Vollzugsprobleme der Umweltpolitik – Empirische Untersuchung der Implementation von Gesetzen im Bereich der Luftreinhaltung und des Gewässerschutzes

von Prof. Dr. Renate Mayntz u. a.
Stuttgart: Kohlhammer, 1978, 815 S., kart.
ISBN 3-17-003144-9
vergriffen

Nr. 5:

Photoelektrische Solarenergienutzung Technischer Stand, Wirtschaftlichkeit, Umweltverträglichkeit

von Prof. Dr. Hans J. Queisser und
Dr. Peter Wagner
Stuttgart: Kohlhammer, 1990, 90 S., kart.
ISBN 3-17-003209-7
vergriffen

Nr. 6:

Materialien zu „Energie und Umwelt"

Stuttgart: Kohlhammer, 1982, 450 S.,
kart., DM 38,–
ISBN 3-17-003242-9
Best.-Nr.: 7800 306-82901

Nr. 7:

Möglichkeiten der Forstbetriebe, sich Immissionsbelastungen waldbaulich anzupassen bzw. deren Schadwirkungen zu mildern

von Prof. Dr. Dietrich Mülder
Stuttgart: Kohlhammer, 1983, 124 S., kart.
ISBN 3-17-003275-5
vergriffen

Nr. 8:

Ökonomische Anreizinstrumente in einer auflagenorientierten Umweltpolitik – Notwendigkeit, Möglichkeiten und Grenzen am Beispiel der amerikanischen Luftreinhaltepolitik –

von Prof. Dr. Horst Zimmermann
Stuttgart: Kohlhammer, 1983, 60 S., kart.
ISBN 3-17-003279
vergriffen

Nr. 9:

Einsatz von
Pflanzenbehandlungsmitteln und die dabei auftretenden Umweltprobleme

von Prof. Dr. Rolf Diercks
Stuttgart: Kohlhammer, 1984, 245 S., kart.
ISBN 3-17-003284-4
vergriffen

Nr. 10:

Funktionen, Güte und Belastbarkeit des Bodens aus agrikulturchemischer Sicht

von Prof. Dr. Dietrich Sauerbeck
Stuttgart: Kohlhammer, 1983, 260 S., kart.
ISBN 3-17-003312-3
vergriffen

Nr. 11:

Möglichkeiten und Grenzen einer ökologisch begründeten Begrenzung der Intensität der Agrarproduktion

von Prof. Dr. Günther Weinschenck und
Dr. Hans-Jörg Gebhard
Stuttgart: Kohlhammer, 1985, 107 S., kart.
ISBN 3-17-003319-0
vergriffen

Nr. 12:

Düngung und Umwelt

von Prof. Dr. Erwin Welte und
Dr. Friedel Timmermann
Stuttgart: Kohlhammer, 1985, 95 S., kart.
ISBN 3-17-003320-4
vergriffen

Nr. 13:

Funktionen und Belastbarkeit des Bodens aus der Sicht der Bodenmikrobiologie

von Prof. Dr. Klaus H. Domsch
Stuttgart: Kohlhammer, 1985, 72 S., kart.,
DM 16,–
ISBN 3-17-003321-2
vergriffen

Nr. 14:

Zielkriterien und Bewertung des Gewässerzustandes und der zustandsverändernden Eingriffe für den Bereich der Wasserversorgung

von Prof. Dr. Heinz Bernhardt und
Dipl.-Ing. Werner Dietrich Schmidt
Stuttgart: Kohlhammer, 1988, 297 S.,
kart., DM 26,–
ISBN 3-17-003388-3
Best.-Nr.: 7800 314-88901

Nr. 15:

Umweltbewußtsein – Umweltverhalten

von Prof. Dr. Meinolf Dierkes und
Dr. Hans-Joachim Fietkau
Stuttgart: Kohlhammer, 1988, 237 S.,
kart., DM 23,–
ISBN 3-17-003391-3
Best.-Nr.: 7800 315-88902

Nr. 16:

Derzeitige Situationen und Trends der Belastung der Nahrungsmittel durch Fremdstoffe

von Prof. Dr. G. Eisenbrand,
Prof. Dr. H. K. Frank,
Prof. Dr. G. Grimmer,
Prof. Dr. H.-J. Hapke,
Prof. Dr. H.-P. Thier,
Dr. P. Weigert
Stuttgart: Kohlhammer, 1988, 237 S.,
kart., DM 25,–
ISBN 3-17-003392-1
Best.-Nr.: 7800 316-88903

Nr. 17:

Wechselwirkungen zwischen Freizeit, Tourismus und Umweltmedien Analyse der Zusammenhänge

von Prof. Dr. Jörg Maier,
Dipl.-Geogr. Rüdiger Strenger,
Dr. Gabi Tröger-Weiß
Stuttgart: Kohlhammer, 1988, 139 S.,
kart., DM 20,–
ISBN 3-17-003393-X
Best.-Nr.: 7800 317-88904

Nr. 18:

Die Untergrund-Deponie anthropogener Abfälle in marinen Evaporiten

von Prof. Dr. Albert Günter Herrmann
Stuttgart: Metzler-Poeschel, 1991, 101 S.,
kart., DM 20,–
ISBN 3-8246-0083-8

Nr. 19:

Untertageverbringung von Sonderabfällen in Stein- und Braunkohleformationen

von Prof. Dr. Friedrich Ludwig Wilke
Stuttgart: Metzler-Poeschel, 1991, 107 S.,
DM 20,–
ISBN 3-8246-0087-0

Nr. 20:

Das Konzept der kritischen Eintragsraten als Möglichkeit zur Bestimmung von Umweltbelastungs- und -qualitätskriterien

von Dr. Hans-Dieter Nagel,
Dr. Gerhard Smiatek,
Dipl.-Biol. Beate Werner
Stuttgart: Metzler-Poeschel, 1994, 77 S.,
kart. DM 24,–
ISBN 3-8246-0371-3

Nr. 21:

Umweltpolitische Prioritätensetzung – Verständigungsprozesse zwischen Wissenschaft, Politik und Gesellschaft –

von RRef. Gotthard Bechmann,
Dipl. Vw. Reinhard Coenen,
Dipl. Soz. Fritz Gloede
Stuttgart: Metzler-Poeschel, 1994, 133 S.,
kart., DM 20,–
ISBN 3-8246-0372-1

Nr. 22:

Bildungspolitische Instrumentarien einer dauerhaft-umweltgerechten Entwicklung

von Prof. Gerd Michelsen
Stuttgart: Metzler-Poeschel, 1994, 87 S.,
kart., DM 20,–
ISBN 3-8246-0373-x

Nr. 23:

Rechtliche Probleme der Einführung von Straßenbenutzungsgebühren

von Prof. Dr. Peter Selmer,
Prof. Dr. Carsten Brodersen
Stuttgart: Metzler-Poeschel, 1994, 46 S.,
kart., DM 15,–
ISBN 3-8246-0379-9

Nr. 24:

Indikatoren für eine dauerhaft-umweltgerechte Entwicklung

von Dipl. Vw. Klaus Rennings
Stuttgart: Metzler-Poeschel, 1994, 226 S.,
kart., DM 20,–
ISBN 3-8246-0381-0

in Vorbereitung sind:

Nr. 25:

Die Rolle der Umweltverbände in den demokratischen und ethischen Lernprozessen der Gesellschaft

von F. Hengsbach u.a.
ISBN: 3-8246-0442-6
Best.-Nr. 7800325-96903
Preis: DM 24,–

Nr. 26:

Gesamtinstrumentarium zur Erreichung einer umweltverträglichen Raumnutzung

von S. Bauer u.a.
ISBN: 3-8246-0443-4
Best.-Nr. 7800326-96904
Preis: DM 24,–

Nr. 27:

Honorierung ökologischer Leistungen in der Forstwirtschaft

von U. Hampicke
ISBN: 3-8246-0444-2
Best.-Nr. 7800327-96905
Preis: DM 24,–

Nr. 28:

Institutionelle Ressourcen bei der Erreichung einer umweltverträglichen Raumnutzung

von K.H. Hübler und J. Kaether
ISBN: 3-8246-0445-0
Best.-Nr. 7800328-96906
Preis: DM 24,–